Für

Karl-Ernst Behre

mit herzlichem Dank

für einen schönen Vortrag

und anregende Gespräche!

Auf ein Wiedersehen!

U. [illegible]

1. Februar 2004

Springer-Lehrbuch

Springer
Berlin
Heidelberg
New York
Barcelona
Hongkong
London
Mailand
Paris
Tokio

V. Storch · U. Welsch · M. Wink

Evolutionsbiologie

Mit einem Beitrag von P. Sitte, Freiburg

Mit 242 Abbildungen
und 25 Tabellen

Springer

Professor Dr. Volker Storch
Universität Heidelberg
Zoologisches Institut
Im Neuenheimer Feld 230
69120 Heidelberg
e-mail: volker.storch@urz.uni-heidelberg.de

Professor Dr. Dr. Ulrich Welsch
Universität München
Anatomische Anstalt
Pettenkoferstraße 11
80336 München
e-mail: welsch@anat.med.uni-muenchen.de

Professor Dr. Michael Wink
Universität Heidelberg
Institut für Pharmazeutische Biologie
Im Neuenheimer Feld 364
69120 Heidelberg
e-mail: michael.wink@urz.uni-heidelberg.de

ISBN 3-540-41880-6 Springer-Verlag Berlin Heidelberg New York

Die Deutsche Bibliothek – CIP-Einheitsaufnahme
Storch, Volker: Evolutionsbiologie / Volker Storch; Ulrich Welsch; Michael Wink. – Berlin; Heidelberg; New York; Barcelona; Hongkong; London; Mailand; Paris; Tokio: Springer, 2001
(Springer-Lehrbuch)
ISBN 3-540-41880-6

Springer-Verlag Berlin Heidelberg New York
ein Unternehmen der BertelsmannSpringer Science+Business Media GmbH

http://www.springer.de

Satz: K+V Fotosatz GmbH, Beerfelden
Einbandgestaltung: de 'blik, Berlin

SPIN 10693627 29/3130-5 4 3 2 1 0 – Gedruckt auf säurefreiem Papier

Vorwort

Seit mehr als dreieinhalb Milliarden Jahren gibt es Organismen auf der Erde, die sich zu einem immer umfangreicheren Lebensstrom entwickelten, der seine unbelebte Umwelt und immer wieder auch sich selbst in viel stärkerem Ausmaß verändert hat, als vielen von uns bewusst ist.

Der Sauerstoff der Erdatmosphäre, von dem das Leben der meisten Organismen abhängig ist, wurde und wird durch Photosynthese produziert; ganze Landschaften verdanken ihre Existenz kalkproduzierenden Lebewesen. Die Schwäbische Alb, die Kreidefelsen von Rügen und das Rheinische Schiefergebirge – um nur drei nahegelegene unter vielen Beispielen zu nennen – sind emporgehobener ehemaliger Meeresgrund und bergen vergangenes marines Leben in Form von Fossilien.

Heute offenbart sich das Leben in einer kaum noch zu überschauenden Diversität und in einer Fülle von Arten, die jedoch durch die kurzsichtigen Aktivitäten des modernen Menschen zunehmend beeinträchtigt wird. Dieser moderne Mensch – *Homo sapiens* – ist erst sehr spät in der Geschichte des Lebens aufgetreten. Wenn man die Erdgeschichte mit einem Kalenderjahr vergleicht, existiert er seit dem 31. Dezember. Dieser eine Tag hat die Biosphäre allerdings so stark verändert wie kein anderer zuvor.

In einer solchen Situation interessieren unsere eigene Stellung in der belebten Natur und unsere Herkunft, also die Frage nach dem „Woher" und „Wohin". Diesem Thema haben wir ein umfangreiches Kapitel gewidmet. Es werden auch Phänomene angesprochen, die für den Menschen offensichtlich spezifisch sind, wie Kulturgeschichte, Sprache, Tradition, Erkenntnis und Moral.

Der Mensch ist das erste Lebewesen in der Evolution, welches die Fähigkeit hat, sich selbst und andere Organismen genetisch zu verändern. Die sich daraus ergebenden Konsequenzen vermitteln manchem Zeitgenossen Optimismus, anderen Ängste. In Zeitungen und Magazinen, Reden von Politikern, Fernseh- und Rundfunkberichten werden diese Probleme fast täglich angesprochen, oft von schmaler Sachkenntnis ausgehend. Dementsprechend haben wir dem Themenbereich der molekularen Genetik und der molekularen Evolution breiten Raum gewidmet.

Der Mensch ist heute so sehr mit sich selbst, seinem Überleben und seiner Bedeutsamkeit beschäftigt, dass er meist vergisst, dass er nur einen kleinen Teil der organismischen Vielfalt repräsentiert und in dieser verwurzelt ist. Über die Geschichte der Millionen und Abermillionen anderer Organismen hat uns insbesondere die moderne Paläontologie so viele Kenntnisse vermittelt, dass wir über den Ablauf der Evolution viele neue Einsichten gewonnen haben. Auch diese werden im vorliegenden Buch in angemessener Breite dargestellt.

Damit ergibt sich eine breite Palette an Themen, die nicht für jeden Leser in allen Facetten in gleicher Weise verständlich sein wird, aber jeden anregen und neugierig machen müsste, mehr über die Evolution zu erfahren.

Das Gedankengebäude der Evolutionsbiologie ist komplex und mit anderen Gebieten wie Geologie, Paläontologie, Astro- und Geophysik, Klimatologie, Ökologie, Biochemie, Botanik, Mikrobiologie, Molekularbiologie und Zoologie eng verknüpft und hat sich in den vergangenen Jahrzehnten auch auf Wissenschaften außerhalb der Naturwissenschaften ausgewirkt. In der Tat können wir das Leben nur aufgrund seiner Geschichte verstehen, auch wenn wir die Zukunft planen.

Nicht alle Menschen jedoch akzeptieren die Evolution als Tatsache, sondern verharren in einem Schöpfungsglauben, wie er seit Jahrtausenden gepflegt wurde. Auch dieses Thema wird angesprochen, jedoch gilt möglicherweise auch hier die Aussage von Albert Einstein: „Es ist leichter, ein Atom zu zertrümmern, als eine vorgefasste Meinung".

Unser Buch hat einen Vorläufer in Taschenbuchformat. 1973 verfassten Adolf Remane, Volker Storch und Ulrich Welsch ein gut 200-seitiges dtv-Bändchen, welches 1989 in 6. Auflage erschien. Dieses Buch tat seinen Dienst, ist aber den Fortschritten der letzten Jahre nicht mehr angemessen.

In dieser Übersicht können wir das Hintergrundwissen der verschiedenen Disziplinen nur kursorisch und exemplarisch erläutern. Die Leser seien auf die in den Kapiteln genannten Lehrbücher und Originalarbeiten verwiesen, wenn sie tiefer in die Materie eindringen möchten. Die Auswahl der Beispiele und Abbildungen kann in einem Buch, das einen so großen Bogen spannt, immer nur subjektiv und lückenhaft bleiben. Wir haben in einigen Kapiteln bevorzugt Beispiele aus Europa gewählt, die dem deutschsprachigen Leser vertrauter sein werden als diejenigen der einschlägigen amerikanischen Lehrbücher.

Mehrere Kollegen haben uns während der Arbeiten an diesem Buch mit Ratschlägen geholfen, indem sie Teile früherer Manuskript-Versionen kommentierten.

Insbesondere möchten wir den folgenden Personen danken: Doz. Dr. Ilse Jahn (Berlin), Dr. Monika Niehaus-Osterloh (Düsseldorf), Dr. Coralie Wink (Dossenheim), Prof. Dr. Armin Geus (Marburg), Dr. Hans Hagdorn (Ingelfingen), Prof. Dr. Winfried Henke (Mainz), Prof. Dr. Gero Hillmer (Hamburg), Prof. Dr. Noor Farsan (Heidelberg), Hermann Polz (Geisenheim), Dr. Ronny Rößler (Chemnitz), PD Dr. Arnd Schreiber (Heidelberg), Prof. Dr. Friedemann Schrenk (Frankfurt), Prof. Dr. Volker Schweizer (Heidelberg), Prof. Dr. Fritz F. Steininger (Frankfurt), PD Dr. Peter Kappeler (Göttingen), Prof. Dr. Uwe Jürgens (Göttingen), Prof. Dr. Dieter Kruska (Kiel), Prof. Dr. Colin Groves (Canberra), Prof. Dr. Dietrich Starck (Frankfurt/Main), Prof. Dr. Wighart von Koenigswald (Bonn).

Bei der Illustration halfen uns Horst Ruß (München), Gisela Adam (Heidelberg), Carsten Wertel (Heidelberg), Michael Gottwald (Heidelberg) und Barbara Reyerman (München); Präparate bzw. Fotos erhielten wir von Ulrich Heidtke (Offstein), Prof. Dr. Klemens Oekentorp (Münster), Dr. Martin Rauschert (Potsdam), Sven Tränkner (Frankfurt) und Prof. Dr. Dietrich Schumann (Darmstadt).

Schließlich danken wir all denen, die mit viel Geduld und manchem Ratschlag zum Gelingen dieses Buches beigetragen haben.

Volker Storch, Ulrich Welsch, Michael Wink

Heidelberg und München
im Sommer 2001

Inhaltsverzeichnis

1 Evolutionsbiologie: Geschichte und Fundament

1.1 Geschichte der Naturerkenntnis und der Evolutionstheorie

Naturerkenntnis und Biologie gehen auf zwei Traditionen zurück, die vor mehr als 2500 Jahren im östlichen Mittelmeerraum entstanden:

- eine medizinische, z. B. in Ägypten und bei Hippokrates, sowie
- eine naturgeschichtliche, die mit ionischer Naturphilosophie und Aristoteles beginnt.

Auf der medizinischen Tradition beruhen vor allem Anatomie und Physiologie, auf der naturgeschichtlichen im Wesentlichen Systematik, Ökologie, vergleichende Disziplinen und Evolutionsbiologie. Medizinische und naturgeschichtliche Traditionen blieben über die Botanik verbunden. Die moderne Biologie hat ihren Ursprung im 19. Jh., ein besonders wichtiges Jahr war 1859, in dem Charles Darwins „Origin of Species" erschien.

1.1.1 Die Antike: Griechenland und Rom

Bereits in der alten **ionischen Naturphilosophie** wurde der Versuch unternommen, die Zusammenhänge und Gesetzmäßigkeiten der natürlichen Vorgänge auf der Erde zu erkennen sowie Existenz, Ursprung und Vergänglichkeit der Materie zu erklären. In seinem Lehrgedicht „Über die Natur" macht sich z. B. **Anaximander**, der ungefähr zwischen 611 und 546 vor Christus in Milet (Kleinasien) lebte, Gedanken über den Ursprung des Universums einschließlich der Erde. Lebewesen entstanden seiner Ansicht nach aus Schlamm, der die Erde ursprünglich bedeckt haben sollte. Zuerst, so glaubte er, bildeten sich Pflanzen und Tiere, dann der Mensch, der zuerst wie ein Fisch geformt war und im Wasser lebte, dann aber die Fischhaut abstreifte und seine Existenz auf dem Festland fortsetzte. Das Universum befindet sich nach Anaximander in einem ständigen Prozess des Werdens, der niemals zu einem Ende kommt. **Pythagoras**, ein sehr vielseitiger Denker, der um 500 v. Chr. auf Samos geboren wurde und in der griechischen Kolonie Kroton in Süditalien Philosophenschulen gründete, lehrte u. a., dass der Bau der Welt und der Naturobjekte nach Zahlengesetzen gestaltet ist und dass sich Erde, Planeten und Sonne um ein primordiales Feuer drehen. Das Konzept, dass die Erde ein kugeliger Körper sei, der sich auf einer elliptischen Bahn bewegte, wurde erst 2000 Jahre später von Kopernikus wieder aufgenommen. **Heraklit** von Ephesus (ca. 510 bis 450 v. Chr.) lehrte, dass Veränderlichkeit das Wesen der Existenz sei. „Kämpfen ist Leben" und „Alles ist im Fluss" sind überlieferte Sätze. **Demokrit** wurde um 460 v. Chr. in Abdera (Thrakien) geboren und starb hier mit über 90 Jahren. Seine Bedeutung liegt darin, dass er eine materialistische Theorie des Universums entwarf und eine Atomtheorie begründete; alle Existenz, auch die geistige, besteht danach aus kleinsten unteilbaren Partikeln, den Atomen. Er hat offensichtlich verschiedene Tiere präpariert und unterschied, wie nach ihm Aristoteles, Wirbeltiere (Bluttiere) und Wirbellose (blutlose Tiere). Das Gehirn hielt er für das Organ des Denkens (Aristoteles hielt es dagegen für ein Organ zur Blutkühlung).

Neben diesen naturphilosophischen Denkrichtungen gab es auch andere Schulen, z. B. die der Sophisten, die sich um die Natur keine tieferen Gedanken machten. Von **Protagoras**, der Skeptizismus und Subjektivität in die griechische Philosophie einführte und der wohl der erste war, der sich für seine Lehrtätigkeit bezahlen ließ, sind z.B. Sätze überliefert wie: „Der Mensch ist das Maß aller Dinge" und „Gegenteilige Behauptungen sind auch wahr".

Plato (Abb. 1-1), geboren 427 v. Chr. in Athen und dort 347 v. Chr. gestorben, wies der geistigen Welt einen besonderen Wert zu; er war ein hervorragender Mathematiker und systematisierte das Denken. Er begründete die Ideenlehre, die später auch in der Geschichte der Biologie eine große Rolle spielte. Jedem sichtbaren, individuellen Phänomen auf der Erde lag seiner Meinung nach eine ewige, reale Idee zugrunde.

Abb. 1-1. Plato (427–347 v. Chr.) und Aristoteles (384–322 v. Chr.) auf einer Darstellung von Raffael. Plato (mit weißem Bart und den Gesichtszügen Leonardo da Vincis) weist mit der rechten Hand zum Himmel, dem Sitz der Ideen. Aristoteles deutet auf die Erde

Die sichtbaren Dinge und Lebewesen waren nur Abbilder der perfekten Idee. Aus der Idee „Pferd" wurde später das Artkonzept „Pferd". Auf Plato und seine Schüler gehen auch Systematisierungskonzepte zurück, z.B. die dichotomen Klassifikationstafeln für Gattungen und Arten. Platos idealistische Philosophie neigte allerdings dazu, die Naturkunde zu vernachlässigen und die Erforschung natürlicher Gegenstände sogar zu verachten.

Aristoteles (Abb. 1-1; geboren 384 v. Chr. in Stagira, einer griechischen Kolonie an der mazedonischen Küste, gestorben 322 v. Chr. auf Euböa) wurde 342 Lehrer des 14-jährigen Alexanders des Großen, widersprach vielen Gedanken seines Lehrers Plato und wurde zum größten und vielseitigsten Philosophen der Antike. Er änderte Platos Gegensatz zwischen „Welt der Ideen" und „Welt der Erscheinungen" und unterschied Stoff und Form, die untrennbar zusammengehören: So ist z.B. Lehm der Stoff, die Kachel die Form. Eine Form kann wieder Stoff für eine neue Form sein, und so gliedert Aristoteles den Kosmos in eine Folge von Stoff-Form-Verhältnissen. Unbestimmtes und Mögliches werden so zunehmend bestimmbar; der ruhende göttliche Geist ist höchste und reinste Form, von der die Stoff-Form-Entwicklung über verschiedene Stufen ausgeht. Hinsichtlich der Natur des Menschen entscheidet sich Aristoteles dafür, dass der Körper Stoff und die Seele Form sei.

Aristoteles nahm eine stetige Stufenfolge von niederen zu höheren Lebewesen an. Er untersuchte die individuelle Entwicklung vom Ei über den Embryo zum erwachsenen Individuum. Er begründete auch die formale Logik und auf deren Grundlage die Zoologische Systematik. Meerestiere, z.B. Fische, Mollusken und Krebse, interessierten ihn offenbar mehr als Landtiere, bei Linné war dies später anders, sein Hauptinteresse lag bei den Landorganismen. Aristoteles studierte nicht nur die Anatomie und Physiologie der Tiere, sondern auch Vogelzug und Fischwanderungen. Viele seiner Beobachtungen zur Reproduktionsbiologie der Tiere haben bis heute Gültigkeit (seine Vorstellungen zur Reproduktion des Menschen sind dagegen i.a. ziemlich phantastisch, z.B. sollte kalter Nordwind die Geburt von Mädchen fördern). Der Kiefer- und Zahnapparat der Seeigel trägt bis heute seinen Namen (Laterne des Aristoteles). Es zeigte sich, dass die Aussagen des Aristoteles und sein System etwas Dogmatisches an sich haben, was die Weiterentwicklung seiner Ideen unterdrückte. Er gilt daher nicht nur als Begründer der Zoologie, sondern seine Philosophie wurde auch Gegenstand der scholastischen Philosophie des Mittelalters.

In der Antike ist die Biologie nie über Aristoteles hinausgekommen. Dies liegt sicher nicht nur an dessen dominierender Persönlichkeit, sondern auch am geschichtlichen Niedergang Griechenlands. Sein Nachfolger und Schüler **Theophrastus** (371 bis 285 v. Chr.) schuf zwei wichtige botanische Werke, „Ursachen des Pflanzenwuchses“ (ein Lehrbuch der allgemeinen und angewandten Botanik) und „Geschichte der Pflanzen“ (ein Lehrbuch der Bäume, Sträucher, Kräuter und Arzneipflanzen). Er definierte systematisch die verschiedenen Pflanzenorgane, wie z.B. Rinde, Holz, Mark, Blatt, Blüte, Frucht und Samen (z.B. angeiospermos und gymnospermos).

Die berühmten medizinischen Schulen in Alexandria, wo unter anderem **Herophilus** und **Erasistratus** um 300 v. Chr. lehrten, brachten zwar manche Entdeckungen hinsichtlich der Anatomie des Menschen, aber keine weiterführenden allgemeinen Konzepte. Auch die Naturgeschichte der Römerzeit kam nicht über Aristoteles hinaus. Ihr berühmtester Vertreter war **Plinius** (Gaius Plinius Secundus, geboren 23 n. Chr. in Como, gestorben 79 n. Chr. bei Betrachtung des Ausbruchs des Vesuvs). Er trug das Wissen seiner Zeit zusammen und brachte vor allem im Bereich der praktischen Landwirtschaft viele neue und dauerhaft gültige Einsichten. Sein Werk blieb für ca. 1500 Jahre in Europa die wichtigste Quelle für viele Naturforscher.

Dioskurides (1. Jh. n. Chr.) berichtet in seiner Materia Medica über mehr als 400 Arzneipflanzen und ihre medizinische Verwendung. Er schuf damit eine Phytotherapie, die teilweise bis heute aktuell ist. Fast 1000 Jahre lang nach Dioskurides und Plinius wurde das botanische Wissen nicht wesentlich erweitert. Erst Ibn Al-Baytar (um 1240 n. Chr.) stellt ca. 1400 Pflanzen unter dem Aspekt der Heil- und Nahrungsmittel zusammen.

1.1.2 Das Mittelalter

Die naturwissenschaftlichen Kenntnisse der Antike wurden insbesondere durch die Araber bewahrt, vermittelt und erweitert (**Avicenna**, um 980–1030; **Averroes**, 1126–1198).

In Europa führten **Hildegard von Bingen** (1098 bis 1179) und **Albertus Magnus** (1193 bis 1280) einerseits die Tradition der Antike fort und verbanden diese mit christlichen Dogmen; andererseits erweiterten sie das Wissen über die Morphologie verschiedener Pflanzen, vor allem jedoch über ihre medizinische Nutzung. Im „Thierbuch“ (lateinisch 1478; deutsch 1545) schrieb Albertus Magnus in 19 Kapiteln Kommentare zu Aristoteles, in 7 fügte er neue Beobachtungen hinzu. Die sachlichen Beschreibungen kontrastieren allerdings mit den verbreiteten Tierbüchern („Bestiarien“) aus den Klosterschulen, in denen Fabeln und christliche Moral gleichermaßen dargestellt werden.

1.1.3 Die Renaissance

In der **Renaissance** (ab dem 15. Jh.) kam es zu einem neuen Aufbruch des Geistes, zu raschen Fortschritten und einer zunehmenden Befreiung von den Dogmen der Kirche. Sie begann in Italien und erfasste dann die meisten Länder Europas. Wiederbelebt wurde v.a. das Interesse an der römischen und griechischen Antike, deren Schriften jetzt ohne Bevormundung durch die Kirche gelesen und kritisch erörtert wurden. Das freie Denken und Diskutieren forderte viele Opfer, v.a. durch die Inquisition; besonders tragisch und exemplarisch war die grausame Verbrennung von **Giordano Bruno** 1600 auf dem Scheiterhaufen. Er hatte die Idee des „Kreislaufs“ der Himmelskörper vertreten.

Francis Bacon (1561 bis 1626) stellte fest, dass die Geheimnisse der Natur nur durch unvoreingenommene Forschung mit Beobachtung und Experiment zu ergründen sind; er selbst blieb jedoch ganz überwiegend Theoretiker.

Galileo Galilei (1564 bis 1642) gilt als Schöpfer der modernen Physik und Astronomie.

Bekannt ist sein kluges Verhalten vor der römischen Inquisition. Er führte eigene Untersuchungen und Beobachtungen durch, überwand endgültig das aristotelische Denken, soweit es Kosmos und Natur betraf, und verhielt sich bei seinen Forschungen im Prinzip wie ein moderner Wissenschaftler. Andere Bereiche des Aristotelismus wurden später von Denkern wie Descartes, Spinoza und Leibniz überwunden.

Ein bedeutender Zoologe der Renaissance war der Züricher Arzt, Philologe und Bibliograph **Conrad Gesner** (1516 bis 1565), der neben vielen anderen Werken eine „Historia animalium" schrieb, das umfangreichste und bedeutendste Werk seiner Zeit über Tiere. Neu war, dass Gesner den Texten zahlreiche Illustrationen hinzufügte. Sein Nashorn beispielsweise stammte von Albrecht Dürer. Abb. 1-2 zeigt, wie man sich damals Wale vorstellte.

Ein anderes großes zoologisches Werk der Renaissance wurde von dem Bologneser **Ulisse Aldrovandi** (1522 bis 1605) verfasst. **Pierre Belon**, geboren 1517 in Le Mans, ermordet von Straßenräubern 1564, bemühte sich um eine Systematik der Tiere, die auf äußeren und inneren

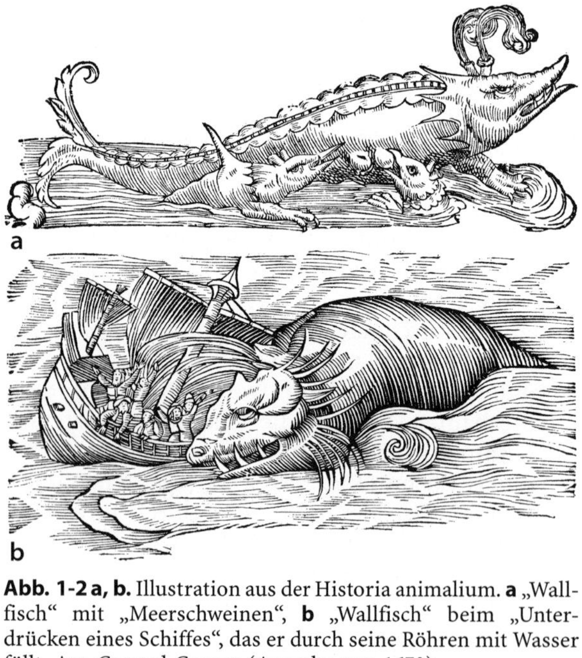

a

b

Abb. 1-2 a, b. Illustration aus der Historia animalium. **a** „Wallfisch" mit „Meerschweinen", **b** „Wallfisch" beim „Unterdrücken eines Schiffes", das er durch seine Röhren mit Wasser füllt. Aus Conrad Gesner (Ausgabe von 1670)

anatomischen und funktionellen Merkmalen beruhte. Bei ihm finden sich Anfänge der vergleichenden Anatomie. Seine „Histoire des oiseaux" ist wegen der sorgfältigen Beobachtungen und Vergleiche von großer Bedeutung in der vergleichenden Anatomie geworden.

Auch die Botanik erlebte in der Renaissance eine deutliche Weiterentwicklung. Bedeutende Botaniker waren **Otto Brunfels** (1488 bis 1534), **Hieronymus Bock** (1498 bis 1554) und **Leonhart Fuchs** (1501 bis 1566), die auch als die „Deutschen Väter der Pflanzenkunde" bezeichnet werden. Sie schufen reich bebilderte „Kreuterbücher", die eine Identifizierung vieler Arten erlaubten. In den pharmazeutischen Anwendungsbeschreibungen beziehen sie sich noch weitgehend auf Dioskurides, Galen und Hippokrates. Fuchs stammte aus der Gegend von Nördlingen und war hochangesehener Professor der medizinischen Fakultät der Universität Ingolstadt, die er aber als Lutheraner bald wieder verlassen musste. Er wirkte bis zum Ende seines Lebens in Tübingen; nach ihm ist die Gattung *Fuchsia* benannt. Schüler von Brunfels, Bock und Fuchs, wie z.B. R. Dodoens, M. L'Obel (Lobelius), J. Theodor aus Bergzabern (Tabernaemontanus), J. Daléchamps, V. Cordus, C. de l'Ecluse (Clusius), J. Camerarius und vor allem C. Gesner beschrieben viele neue Pflanzenarten und veröffentlichten erste Regionalfloren.

Schon in dieser Zeit ist eine Gruppierung der Pflanzen nach gemeinsamen Merkmalen zu finden, die z.T. einigen unserer heutigen Familien entsprechen, wie z.B. Gräser, Liliaceen, Orchideen, Umbelliferen, Labiaten, Compositen und manchen anderen. Die Anfänge der Pflanzensystematik sind insbesondere mit Botanikern wie **Andrea Cesalpino** (1519 bis 1603), **Kaspar Bauhin**, dessen Söhnen und **Joachim Jungius** (1587 bis 1657) verbunden. Berühmt ist der „Pinax theatri botanici" von Bauhin, in dem bereits 6000 Arten genannt werden. Viele der verwendeten Gattungsnamen werden später von Linné übernommen. **John Ray** (1627 bis 1705), der sich als Zoologe und Botaniker betätigte, systematisierte in seinem „Methodus plantarum" die Artbeschreibung und unterschied bereits Genera und Familien. Er wurde von Albrecht von Haller in Göttingen sogar als der „größte Botaniker seit

Menschengedenken“ bezeichnet. Als weitere Wegbereiter Linnés sind **Joseph Pitton de Tournefort** (1656 bis 1708), **Pier Antonio Micheli** (1679 bis 1731) und **Johann Jacob Dillenius** (1687 bis 1747) zu nennen; letztere behandelten vor allem niedere Pflanzen (Algen, Pilze, Flechten, Moose).

Auch die Anatomie entwickelte sich in der Renaissance besonders rasch. Zu den Pionieren gehörten u. a. **Leonardo da Vinci** (1452 bis 1519) und **Jacob Sylvius** (1478 bis 1555). Zu den vielen großen Anatomen **(Fallopio, Fabrizio, Eustachio, Varolio** u. v. a.) gehörte auch **Andreas Vesalius** (geboren 1514 in Brüssel, verschollen 1564 während einer Pilgerreise nach Jerusalem), der Vater der modernen Anatomie; sein Hauptwerk „De humani corporis fabrica“ entstand im Wesentlichen aufgrund seiner Tätigkeit in Padua und wurde 1543 in Basel gedruckt. Nach der Veröffentlichung dieses großartigen Werkes wurde er Arzt am Hofe Karls V. und später Philips II. in Madrid, dessen schwieriger Charakter der Anlass war, wieder nach Norditalien zurückzukehren. Vesalius betonte, dass dem männlichen Körper keine Rippe fehlt, eine sollte der Bibel zufolge bekanntlich zur Erschaffung Evas entnommen worden sein.

Einen besonders bedeutenden Platz nahm in der Renaissance die Erforschung des Herz-Kreislaufsystems ein, dessen funktionelle und strukturelle Prinzipien **William Harvey** (1578 bis 1657) aufdeckte. Dies erfolgte mit rein wissenschaftlicher Methodik: Beobachtung, Experiment und quantitativen Berechnungen.

Im 17. Jh. kam es zu immer neuen Entdeckungen auf dem Gebiet der Anatomie. **Thomas Bartholin** (geboren 1616 in Kopenhagen, gestorben daselbst 1680) entdeckte z. B. das Lymphgefäßsystem; **Francis Glisson** (1597 bis 1677) verfasste in Cambridge die erste Monografie über die Leber.

Giovanni Alfonso Borelli aus Neapel (1608 bis 1679) hatte es sich zur Aufgabe gemacht, die Phänomene des Lebens mechanisch zu erklären. Sein bekanntestes Werk trägt den Titel „De motu animalium“. Es ist der schwedischen Königin Christine, deren Arzt er zeitweilig war, gewidmet. **Nils Steensen** (Steno, 1638 bis 1686), ein vielseitiger dänischer Naturforscher, legte u. a. einen Grundstein zur modernen Paläontologie. Als hoher katholischer Würdenträger in Florenz führte er in der Toskana geologische Untersuchungen durch und entwickelte eine Theorie über den Ursprung der geologischen Schichten der Erde.

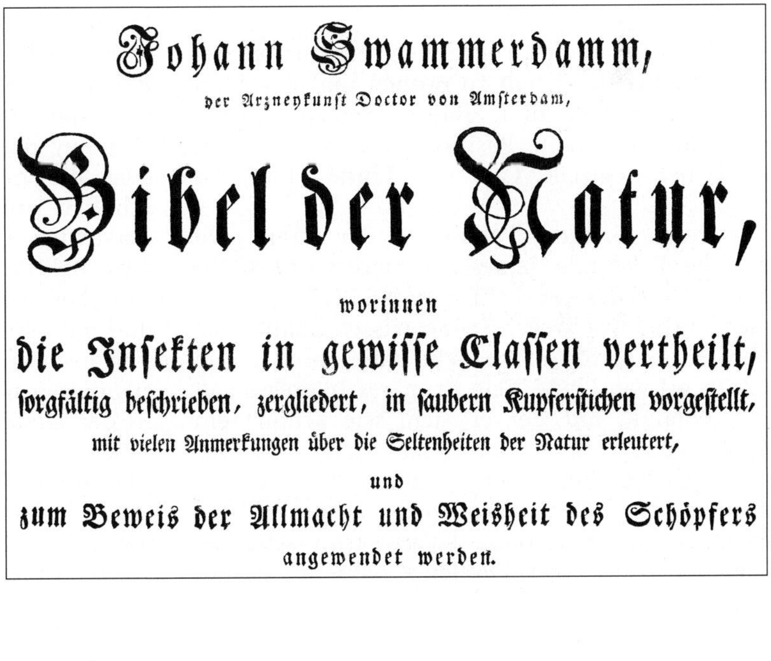
Johann Swammerdamm,
der Arzneykunst Doctor von Amsterdam,
Bibel der Natur,
worinnen
die Insekten in gewisse Classen vertheilt,
sorgfältig beschrieben, zergliedert, in saubern Kupferstichen vorgestellt,
mit vielen Anmerkungen über die Seltenheiten der Natur erleutert,
und
zum Beweis der Allmacht und Weisheit des Schöpfers
angewendet werden.

Abb. 1-3. Titelseite der Bibel der Natur von 1752 (Übersetzung ins Deutsche, einschließlich des Autornamens Jan Swammerdam)

Von großer Wichtigkeit war die Entwicklung des Mikroskops, mit dessen Hilfe die Erforschung biologischer Systeme wesentliche Fortschritte erzielte. Die ersten guten Instrumente baute **Antoni van Leeuwenhoek** (1632 bis 1723), ein Textilhändler und Autodidakt in Delft. **Marcello Malpighi** (1628 bis 1694) aus Bologna benutzte das Mikroskop als Arbeitsinstrument und begründete damit die Mikroskopische Anatomie der Tiere und der Pflanzen. Er machte zahlreiche Entdeckungen, und noch heute tragen manche Strukturen seinen Namen, z.B. die Malpighischen Körperchen der Niere und die Malpighischen Schläuche am Darm der Insekten. Andere große niederländische Forscher auf mikroskopischem Gebiet waren **Jan Swammerdam** (1637 bis 1680) und **Reignier de Graaf** (1641 bis 1673). Von Jan Swammerdam stammt auch die Bibel der Natur, die ins Deutsche übersetzt wurde und deren Titelblatt (Abb. 1-3) die Einstellung damaliger Forscher widerspiegelt.

So war im 16., 17. und 18. Jh. ein enormer Wissenszuwachs zu verzeichnen, der jedoch nur unzureichend theoretisch beherrscht wurde; im allgemeinen standen mystische oder phantastische Vorstellungen im Vordergrund.

1.1.4 Systematische Biologie

Im 18. Jahrhundert begannen ernsthafte Bemühungen, die Vielfalt zu ordnen und eine Systematik der Tier- und Pflanzenwelt zu erarbeiten. Eine dominante Position in dieser Hinsicht hatte der Schwede **Carl von Linné** (1707 bis 1778).

Abb. 1-4. Carl von Linné (1707–1778), Gemälde von G. Lundberg

Carolus Linnaeus (Abb. 1-4) (der Name geht auf die Dorflinde seines Heimatorts im südlichen Schweden zurück) wurde 1707 geboren und starb 1778. Wegen seiner wissenschaftlichen Verdienste wurde er geadelt, daher hieß er ab 1762 Carl von Linné. Sein primäres Interesse galt der Botanik, mit der er sich, wie schon sein Vater, von Kindheit an beschäftigte. Mit ungewöhnlicher Beobachtungsgabe sah er Unterschiede und Gemeinsamkeiten zwischen den Pflanzen seiner Heimat. Relativ früh schuf er sein epochales Werk „Systema naturae", das in Leiden gedruckt wurde und viele Auflagen erlebte, in denen das System der Pflanzen und Tiere in einer z.T. noch heute brauchbaren Weise dargestellt wurde. Linnaeus war kein radikaler Eiferer und Neuerer. Für ihn war die Natur von Gott geschaffen. Seine Vorstellung von Gott war dabei eher allgemein, romantisch oder pantheistisch. Besondere Förderung seiner Talente fand er schon früh in Holland, z.B. durch den großen Naturforscher Boerhaave. Er bemühte sich immer um ein natürliches System, in dem die „drei Reiche der Natur", eingeteilt in Klassen, Ordnungen, Gattungen und Arten, dargestellt wurden. Von Ray übernahm er zunächst die Auffassung, dass die Arten zu Beginn der Schöpfung erschaffen wurden und unveränderliche Einheiten darstellten. Dieses Konzept änderte er aber langsam. Bald musste er erkennen, dass die Grenzen zwischen den Arten manchmal unscharf sind und dass es Hybriden gibt. Er erwog daher, dass sich nach anfänglicher Schöpfung weniger Arten aus diesen neue Arten entwickelt haben könnten. In der letzten Auflage seines „Systema naturae" strich er den Satz, dass keine neuen Arten entstünden. Der große Erfolg seines Werks beruhte darauf, dass er 1753 die binäre Nomenklatur einführte; jede Art wurde mit zwei lateinischen Namen gekennzeichnet, einer für die Gattung, der zweite für die Art. Weiterhin schuf Linnaeus die technischen Regeln, wie die Nomenklatur, die Beschreibung, die Kennzeichnung der Arten, Gattungen usw. zu handhaben sei. Auch für Synonyme erstellte er Regeln. Sein auf sorgfältiger Beobachtung beruhendes Gespür für natürliche Gruppierungen wird auch dadurch belegt, dass viele Pflanzengruppen, die er als natürlich bezeichnete, noch heute als gültige Gruppen angesehen werden. Bei den Tieren stellte er u. a. die Gruppe der Mammalia auf und ordnete diesen als erster die Wale und auch den Menschen zu. In seiner „Politia naturae" stellte er zudem ökologische Zusammenhänge dar.

1.1.5 Die Evolutionsvorstellung entsteht

Ein weiterer großer Biologe des 18. Jh. war **Georges Louis Leclerc de Buffon**, der im gleichen Jahr wie Linnaeus, 1707, in Burgund geboren wurde und 1788 starb. Sein Hauptwerk war die „Histoire naturelle". Angeregt durch die großen Entdeckungen der Physik und Mathematik (Newton, Leibniz) suchte er nach Gesetzmäßigkeiten auch in der Biologie. Dabei versuchte er biologische Phänomene in das Gesamtbild aller Naturwissenschaften einzubauen. In dieser Version ist er auch heute noch modern. Er durchschaute viele Vereinfachungen und Naivitäten in den Schriften Linnés und nahm auch gegen Schwachpunkte in dessen System Stellung. So polemisierte er gegen die Künstlichkeit dieses Systems, übersah dabei aber dessen Nutzen für die Praxis. In seiner Schrift „Epoques de la nature" erkannte er eine Abfolge von verschiedenen Epochen und beschrieb Veränderungen und Klimawechsel im Laufe der Erdgeschichte. Er brach auch mit dem Dogma, dass die Erde erst vor ca. 6000 Jahren geschaffen sei und erkannte ihr viel höheres Alter; Angriffe der Kirche parierte er elegant. Obwohl er erkannte, dass der allgemeine Kenntnisstand seiner Zeit nicht ausreichte, unangreifbare allgemeine biologische Konzepte aufzustellen, entwickelte er eine einflussreiche Organismustheorie, die gegen die Präformationstheorien (s. unten) gerichtet war und noch Darwin anregte. Sein Mitarbeiter war übrigens **Louis Daubenton** (1716 bis 1880), der die Vergleichende Anatomie maßgeblich förderte. Buffons Gedanken regten u. a. Cuvier, Bichat und Lamarck an.

Viele andere große Naturwissenschaftler des 18. Jh. entwickelten einzelne Gebiete weiter und kamen auf experimentellem Weg zu neuen Einsichten, z. B. in der Anatomie, Physiologie und Entwicklungsgeschichte (**Albrecht von Haller, Charles Bonnet, Lazzaro Spallanzani** u.v.a.). Bei der gedanklichen Interpretation der beobachteten Phänomene überrascht aber immer wieder das Ausmaß an z. T. spekulativen Interpretationen, was angesichts der Tatsache, dass es sich bei den Forschern dieser und auch früherer Zeiten um die geistige Elite handelte, stets eine gewisse Warnung in Hinsicht auf aktuelle eigene Vorstellungen sein sollte.

Caspar Friedrich Wolff (1734 bis 1794) gab der Embryologie viele neue Impulse; seine Theorien, vielfach Produkte einer lebhaften Vorstellungskraft, wurden später immer wieder aufgegriffen. Er führt erneut die im Prinzip von Aristoteles vertretene Lehre von der Epigenese ein, die besagt, dass sich ein Lebewesen im Laufe seiner Embryonalentwicklung langsam aus einfachen Vorstufen entwickelt und über Zwischenstufen vervollkommnet. Das Konzept der Epigenese steht im Gegensatz zur Theorie der Präformation, die auf Mikroskopiker wie Malpighi, Leeuwenhoek und Swammerdam zurückgeht, und der zufolge bereits in Ei oder Spermium alle Strukturen des fertigen Organismus in Miniaturform vorhanden sind und sich lediglich entfalten.

Am Ende des 18. Jh. setzte sich vor allem in Deutschland die romantische Naturphilosophie durch, was eine Abkehr von der objektbezogenen, experimentellen Arbeit zur Folge hatte, wie sie **Stephen Hales, Joseph Gottlieb Koehlreuter, Christian Konrad Sprengel** u. v. a. vertraten.

Ausgehend von Linné versuchten die Botaniker in der Folgezeit, das „Natürliche System" der Pflanzen zu vertiefen und zu erweitern. Wichtige Forscher sind in diesem Zusammenhang **Antoine Laurent de Jussieu** (1748 bis 1836, „Genera plantarum" mit 1754 Gattungen in 100 Ordnungen), **Joseph Gärtner** (1732 bis 1791), „De fructibus et seminibus plantarum", 1275 Gattungen), **Robert Braun** (1773 bis 1858) und Augustin **Pyramus de Candolle** (1778 bis 1841, „Théorie élémentaire de la Botanique“ und „Prodromus systematis naturalis regni vegetabilis“). Alphonse de Candolle hat das Werk seines Vaters mit 17 Bänden abgeschlossen, in denen 5100 Gattungen und über 59000 Arten beschrieben sind. Nachdem Candolle die Dicotyledonen bearbeitet hatte, wurde das gesamte Pflanzenreich erstmals seit Jussieu durch **Stephan Endlicher** (1805 bis 1849, „Genera plantarum secundum ordines naturales disposita“) zwischen 1836 und 1840 bearbeitet. Sein Werk blieb jahrzehntelang die Basis der Botanik. Es wurde von der „Genera plantarum“ von Bentham und J. Hooker (1817 bis 1911) und durch die „Natürlichen Pflanzenfamilien“ von A. Engler (1844 bis 1930) und K. Prantl abgelöst. Zu den wichtigen Wissenschaftlern, die neue Wege in der Botanik bahnten, gehören auch Jean Baptiste de Lamarck, der eine Regionalflora nach der Stufenleiteridee aufstellte, Wilhelm Hofmeister, der den Generationswechsel entdeckte und Grundlagen für die Phylogenie der Pflanzen schuf, A. Engler und R. von Wettstein. Eine umfassende Neugliederung der Pflanzensystematik erfolgte erst in den letzten Jahren des 20. Jh., als es möglich wurde, die Evolution der Pflanzen mit Hilfe molekularer Daten zu rekonstruieren (s. Mägdefrau, 1992).

Wichtig für die Entwicklung der Biologie war, dass sich im 18. Jh. die Vergleichende Anatomie in schnellen Schritten entwickelte, die dann im 19. Jh. ihren Höhepunkt erreichte und für die Evolutionstheorie eine zentrale Rolle spielte. In jedem Fall waren ihre Ergebnisse eine Herausforderung für Erklärungsversuche der gefundenen Übereinstimmungen und Verschiedenheiten.

1.1.6 Das Zeitalter der Aufklärung

Die Zeit des ausgehenden 17. und des 18. Jh. wird auch Zeitalter der Aufklärung genannt. Sie erlebte fundamentale soziale und politische Umwandlungen, deren sichtbarster Ausdruck die französische Revolution 1789 war. Der einzelne Bürger erhob den Anspruch frei zu sein, sein Leben eigenverantwortlich zu gestalten und sich an der Verwaltung des Staates zu beteiligen. In der Philosophie gab es ganz unterschiedliche, z. T. rein materialistische, z. T. romantisch spirituelle Strömungen. Weiterführend war die kritische Philosophie **Immanuel Kants** (1724 bis 1804). Er versuchte, die Bedingungen zu bestimmen, unter denen Wissen und Erkenntnis möglich seien und welche Grundlagen Moral und Religion haben („Was kann ich wissen? Was soll ich tun? Was darf ich hoffen?“). Seine kritische Philosophie verhalf auch der Naturwissenschaft zu klareren gedanklichen Grundlagen. Die Biologie beschränkte sich künftig auf die Erforschung der materiellen Phänomene des Körpers. Die Erforschung der Seele wurde Gegenstand der Psychologie, die mit anderen Methoden arbeitete. Dies war ein gewaltiger Fortschritt. Dass diese methodische Trennung auch von Anfang an zu Widerspruch reizte (Schelling) und dass auch heute z. T. die seelischen und moralischen Äußerungen des Menschen ernsthaft auf rein materielle Bedingungen zurückgeführt werden, ist eine Entwicklung, die ihr Eigengewicht erst durch Kants Philosophie erhält. Kant ist schwer zu lesen und zu verstehen, weshalb er nie populär wurde. Weite Verbreitung fanden dagegen eher romantische, vage, vereinfachende, vereinheitlichende und mystische Philosophien (**Herder, Schelling** u. a.) mit zoologischen und botanischen Vorstellungen. Die romantische Naturphilosophie war besonders in Deutschland gegen Ende des 18. und in den ersten Jahrzehnten des 19. Jh. recht einflussreich.

Weit verbreitet finden sich im 18. Jh. zwei verschiedene Auffassungen vom Leben, eine rein mechanistische und eine vitalistische, letztere wurde v.a. von Stahl und seine Schülern vertreten. **Georg Ernst Stahl** (1660 bis 1734) war Iatro-Chemiker und trug viel dazu bei, dass die Chemie über das Niveau der Alchimie hinauskam, die am Ende des 17. Jh. noch weit verbreitet an deutschen Universitäten gelehrt wurde. Als Arzt ging er davon aus, dass der Organismus kein einfacher Mechanismus ist, sondern eine „Mixtio“ – ein Chemismus –, der von der Seele zusammengehalten wird („Animismus“). Auch der große niederländische Naturforscher und Arzt **Hermann Boerhaave** (1668 bis 1738) befasst sich mit den Beziehungen von Körper und Seele und grenzt die beiden gedanklich klar gegeneinander ab. Seine Studien der Organfunktionen gehen von einem mechanistischen Grundkonzept aus, Denken und Fühlen hingegen gehören in den Bereich der Seele. **Marie Francois Xavier Bichat** (1771 bis 1802) erarbeitete viele neue Einsichten über den Aufbau des gesunden Körpers und beeinflusste nachhaltig die allgemeine Anatomie und Histologie, er unterschied (ohne Mikroskop!) 21 verschiedene Gewebetypen (Knorpel-, Knochen-, Drüsen-, Nerven-, epidermoides Gewebe und viele andere) und sah, dass die Organe aus Geweben aufgebaut waren.

Eine wichtige Stellung in der Entwicklung der Biologie nahm **Johann Wolfgang von Goethe** (1749 bis 1832) ein. Seine Ideen zur Metamorphose der Pflanzen und Tiere, zum Typus, zum Bauplan gelten zum Teil noch heute, ebenso wie die Formulierung des wichtigsten Homologiekriteriums. Er entdeckte in der Vielfalt der Arten einheitliche (typische) Prinzipien, betrieb ausgedehnte vergleichende Studien und sah, was seit Darwin als Gemeinsamkeiten aufgrund gemeinsamer Abstammung interpretiert wird. Bekannt ist sein Nachweis des Os intermaxillare (Zwischenkiefer, trägt die oberen Schneidezähne) beim Menschen. Das angebliche Fehlen dieses Knochens sollte bis dahin die einzigartige Stellung des Menschen belegen. Goethe prägte den Begriff Morphologie. Obwohl selbst kein Naturwissenschaftler, hatte Goethe ohne Frage einen großen, anregenden Einfluss auch auf die physiologische und anatomische Forschung des 19. Jh. (z.B. Johannes Müller, Jan Evangelista Purkinje und Ernst Haeckel).

Während Anfang des 19. Jh. besonders in Deutschland die romantische Naturphilosophie sehr einflussreich wurde (**Lorenz Oken, Albert Steffens, J. W. Richter**), spielte sie in England und Frankreich eine untergeordnete Rolle. In Frankreich traten in den Jahrzehnten vor und nach 1800 eine ganze Reihe bedeutender Biologen auf, darunter vergleichende Anatomen, wie **Felix Vicq d'Azyr** (1748 bis 1781), **Etienne Geoffroy Saint-Hilaire** (1772 bis 1844) und **Georges Cuvier** (1769 bis 1832; Abb. 1-5a). Besonders hervorzuheben ist auch **Jean Baptiste Pierre Antoine de Monet, Chevalier de Lamarck** (1744 bis 1829, Abb. 1-5b). Geoffroy führte die von Buffon und Daubenton begründete Vergleichende Anatomie fort, und Cuvier machte sie zur Grundlage der modernen Zoologie. Geoffroy erarbeitete viele Beiträge zum Skelett der Wirbeltiere, erging sich aber hinsichtlich theoretischer Überlegungen in recht phantastischen Spekulationen. Er nahm an der ägyptischen Expedition von Napoleon Bonaparte teil und sammelte hierbei unermüdlich umfangreiches zoologisches Material.

Abb. 1-5 a, b. Zwei wichtige französische Forscher: **a** Georges Cuvier (1769–1832), **b** Jean Baptiste de Lamarck (1744–1829)

Lamarcks Leben war ständig überschattet von finanziellen und persönlichen Sorgen, lange Jahre lebte er als armer Literat im Quartier Latin. Er war viermal verheiratet; jedes Mal starb ihm die Ehefrau, ebenso wie die meisten seiner Kinder. Er arbeitete auf vielen Gebieten der Naturkunde, Botanik, Meteorologie, Geologie und Zoologie und verfasste mehrere große Werke, darunter die „Philosophie zoologique" (1809) und die „Histoire naturelle des animaux sans vertebrés" (1815 bis 1822). Lamarck erkannte die Existenz der Evolution und wurde auch dem jungen Darwin bekannt (s.u.). Die Lebewesen ordnete er anfänglich in einer Reihe an, beginnend mit den einfachsten und endend mit den höchst entwickelten, den Säugetieren. In seinen reiferen Werken erkannte er zunehmend die Beziehungen zwischen den einzelnen Tiergruppen. Seiner Systematik lag vielfach der Ausbildungsgrad wichtiger Organsysteme zugrunde. Die Höherentwicklung ist korreliert mit zunehmender Komplexität der Organe, und er stellt fest, dass die Lebensweise Gestalt, Komplexität und spezifische Struktur der Organe und Tiere bestimmt – nicht umgekehrt. Maulwürfe haben ihre Augen verloren wegen ihrer vor vielen Generationen aufgenommenen unterirdischen Lebensweise, Ameisenbären haben ihre Zähne verloren, weil sie die Nahrung im Ganzen herunterschluckten usw. Lamarck spekulierte weiterhin, dass, wenn man Kindern nach der Geburt ein Auge entfernen würde und wenn man solchen Kindern erlauben würde, miteinander Nachkommen zu zeugen, dann würden diese nach einigen Generationen eine neue einäugige Menschenrasse bilden. Auch Klima, die Menge an zur Verfügung stehender Nahrung und andere Faktoren würden dadurch zur Veränderung von Organismen führen, dass diese neue Bedürfnisse und Triebe verursachen und die innere Organisation verändern. Insbesondere sah er einen inneren Drang nach Vervollkommnung als Ursache der Höherentwicklung von Tieren an. Die Größe eines obersten göttlichen Schöpfers sah Lamarck darin, dass er die Veränderlichkeit des Lebens und seine Anpassungsfähigkeit zulasse.

In Bezug auf den Menschen sah er dessen besonders hochdifferenziertes Wesen, hielt es aber für denkbar, dass auch die Natur der Menschenaffen durch Training verfeinert werden könne. Erde und Leben haben sich nach Lamarck kontinuierlich entwickelt und nicht in Form von Katastrophen, wie es Buffon und Cuvier forderten. Alle Tiergruppen haben sich nach Lamarck auseinander entwickelt und sollten daher nicht in einer Reihe angeordnet werden; die Gattungen könnten sich als Verzweigungen einer Stammform entwickeln. Er vermutete, dass sich sowohl Vögel als auch Säugetiere aus Reptilien entwickelt haben, Vögel aus Schildkröten, Säuger aus Krokodilen. Seine bedeutendste Leistung erbrachte Lamarck als Systematiker. Seine Wirbellosengruppen sind weitgehend noch heute gültig; lediglich die Radiata werden heute auf zwei Gruppen verteilt: Echinodermen und Cnidarier, und die Cirripedia werden den Krebsen zugeordnet. Auf alle Fälle stellte sein Wirbellosensystem einen gewaltigen Fortschritt gegenüber Linnés System dar, wobei bemerkenswert ist, wie bescheiden Lamarck seine eigenen Leistungen bewertete. Im Hinblick auf die Entstehung des Menschen zog er die Herkunft von vierbeinigen Menschenaffen in Betracht, war aber betont vorsichtig aus Furcht vor politischen Repressalien. Wie Buffon hielt er „Arten" und alle taxonomischen Gruppen für künstliche Konstruktionen und nur Individuen als „natürlich" gegeben.

Georges Cuvier (1769–1832) hatte zu seiner Lebenszeit einen viel größeren Einfluss auf die biologischen Wissenschaften als Lamarck, mit dem er, ebenso wie mit Geoffroy, harte, aber offensichtlich faire wissenschaftliche Auseinandersetzungen führte. Cuvier war ein brillanter, unermüdlicher Geist mit außerordentlichen organisatorischen Fähigkeiten. Er war daher auch in verschiedenen einflussreichen Ämtern für den französischen Staat tätig, z. B. als Generalinspekteur für Erziehung und als Minister für die Angelegenheiten der Protestanten. Napoleon schätzte ihn außerordentlich. Unter seiner Führung wurde das Erziehungswesen gründlich reformiert und sogar neue Universitäten gegründet. Er war übrigens, wie Friedrich Schiller, Schüler der strengen Karlsschule in Stuttgart, aus der Schiller flüchtete, deren Ausbildung Cuvier aber mit Auszeichnung abschloss. Er starb 1832 an Cholera.

Cuviers systematisches Werk „Règne animal" (1817) ist von außerordentlich hohem Rang und weist ihn als Begründer der modernen vergleichenden Anatomie aus. Er studierte sehr sorgfältig und methodisch, wie Organsysteme innerhalb eines Organismus korrelieren, wie sich Form und Lebensweise entsprechen und wie bestimmte anatomische Strukturen Rückschlüsse auf die Gestalt anderer Organe und die Lebensweise erlauben. Mit den gleichen Methoden betrieb er das Studium der Fossilien, die gerade im Pariser Becken reichlich vorkommen. Er rekonstruierte aus einzelnen Fundstücken das Skelett des gesamten Tieres und bezog fossile Formen in die zoologische Systematik ein; besonders bekannt wurde sein Werk über Elefanten, in dem er unter anderem die verwandtschaftliche Nähe des Mammuts zum indischen Elefanten erklärte, die Gattung *Mastodon* errichtete sowie die Klippschliefer von den Rodentiern entfernte und in die Nähe der Elefanten stellte.

Das Studium der Fossilien konfrontierte ihn, wie vorher u. a. Buffon, mit der Frage, welche Veränderungen auf der Erde stattgefunden haben, die für die Umwandlungen der Tiere und

Pflanzen verantwortlich sein könnten. Er interpretierte seine geologischen und paläontologischen Beobachtungen dergestalt, dass wiederholt große geologische Katastrophen stattgefunden haben müssten, die für das Verschwinden von Tierarten verantwortlich gewesen seien. Er formulierte seine „Katastrophentheorie" sehr scharf und bemerkte dabei, dass heutige Formen nicht fossil vorkommen. Bekannt ist seine Aussage, dass es keine fossilen Menschen gäbe. Er hielt die Unveränderlichkeit der Arten für eine Tatsache und machte sich daher keine Gedanken über deren Entstehung. Er ging davon aus, dass bei jeder Katastrophe in nicht oder kaum betroffenen Regionen Organismen überlebten, die sich erneut ausbreiteten oder dass es zu Neuschöpfungen kam. Er spekulierte nicht gerne und hielt sich an das, was er beweisen konnte.

In seinem „Règne animal" spricht er sich klar gegen eine „aufsteigende Reihung" von Tieren und Tierklassen aus, das „erste" Säugetier sei nicht vollkommener als der „letzte" Vogel aus einer Reihe. Er teilte das Tierreich in vier Hauptgruppen ein: Vertebrata, Mollusca, Articulata und Radiata. Sie sind durch einen Grundbauplan gekennzeichnet, der innerhalb der Gruppe vielfach abgewandelt ist. Beziehungen zwischen den vier Gruppen diskutierte er nicht. Das sehr sorgfältig ausgearbeitete typologische System Cuviers stellt eine ungeheure Leistung dar und ist in modifizierter Form noch heute Grundlage der Systematik. Auch die spätere Abstammungstheorie konnte mit diesem System verlässlich arbeiten.

Besonders bekannt wurde Cuviers Kontroverse mit **Geoffroy Saint-Hilaire** 1830–1832, die von Cuvier zwar scharf, aber höflich und ohne persönliche Angriffe geführt wurde. Geoffroy hatte der Pariser Akademie der Wissenschaften eine Arbeit zweier junger Wissenschaftler über einen ausführlichen Vergleich von Tintenfischen und Wirbeltieren vorgelegt, um die Einheit des Tierreichs zu beweisen. Der Tintenfisch wurde als ein in der Mitte umgeknicktes Wirbeltier angesehen, mit dem After unter dem Kopf, mit Knorpeln, die den Schädelknochen entsprechen sollten, und vielen anderen phantasievollen Gedanken. Die Studie enthielt eine mündlich vorgetragene Kritik an Cuviers Einteilung des Tierreichs in vier getrennte Typen, die auch schriftlich vorgelegen hatte, aber vor der Drucklegung gestrichen wurde. Cuvier antwortete ausführlich und sorgfältig und wies die Absurdität des Vergleichs nach. Er kritisierte die verschwommenen Grundprinzipien von Geoffroys Methodik, hob aber auch dessen große Leistungen für die vergleichende Anatomie hervor. Geoffroy fühlte sich stark beleidigt und begann einen langen, wenig ersprießlichen und nutzlosen Streit, wie er zwischen grundverschiedenen Charakteren immer wieder vorkommt. Geoffroy nahm von dem unhaltbaren Vergleich Tintenfisch-Wirbeltier überraschend Abstand und verlagerte den Streit in den Bereich der Wirbeltiere und ersetzte seinen Begriff „unité de plan" durch „théorie des analogues". Er sah dabei offensichtlich das Prinzip der Homologie, wie es heute verstanden wird, blieb aber vage und voller romantischer Spekulationen. Der nüchterne Cuvier konnte im Detail immer wieder viele Fehler nachweisen. Das Suchen Geoffroys nach ideeller Einheit entsprach auch anfänglich Goethes Denken; und dieser verfolgte mit Anteilnahme den Streit auf Seiten Geoffroys, suchte aber schließlich zu vermitteln und die Berechtigung beider Standpunkte zu analysieren.

Karl Ernst von Baer (1792 bis 1876) war ein ungewöhnlich einflussreicher Mediziner. Er wurde 1811 Professor in Königsberg, wo er 1828 den ersten Teil seiner „Entwickelungsgeschichte der Thiere" veröffentlichte, nachdem er 1827 die Eizelle der Säugetiere entdeckt hatte. 1834 gab er die Entwicklungsgeschichte auf und ging nach St. Petersburg, von wo aus er u. a. Expeditionen an das Kaspische Meer und nach Nowaja Semlja leitete. Er beschäftigte sich ausführlich mit Fragen der Rekapitulation im Laufe der Embryonalentwicklung (s. S. 50 ff.). Baer stand dem Rekapitulationsgedanken recht kritisch gegenüber, sah aber, dass Ähnlichkeiten zwischen Embryonen höherer und niederer Tiere bestehen. Einer seiner Kerngedanken war, dass die individuelle Entwicklung vom Allgemeinen zum Speziellen fortschreitet. Der menschliche Embryo z. B. beginnt mit allgemeinen Wirbeltiermerkmalen und gewinnt zunehmend Eigenständigkeit. Zuerst bilden sich „Keimblätter", es folgen histologische Differenzierungen, wobei immer mehr artspezifische Merkmale hinzukommen. Baer war ein hervorragender

Beobachter und verabscheute bloßes Spekulieren. Darwins Evolutionstheorie wurde von ihm angegriffen. Darwin selbst war mit von Baers Werk recht gut vertraut und hatte großen Respekt davor. Er interpretierte jedoch die Befunde anders und schrieb 1859, dass die Gemeinsamkeiten embryonaler Strukturen bei verschiedenen Arten gemeinsame Abstammung offenbaren.

1.1.7 Ein Kapitel für sich: Charles Darwin

Der entscheidende Durchbruch des modernen Evolutionsgedankens kam mit **Charles Robert Darwin** (1809 bis 1882; Abb. 1-6). Er entdeckte den Mechanismus der Evolution mittels natürlicher Auslese (*natural selection*) und revolutionierte das gesamte Weltbild der denkenden Menschheit.

Charles Darwin war Sohn wohlhabender, politisch liberaler und geistig interessierter Eltern. Er wurde in Shrewsbury geboren. Sein Vater war Arzt. Der Großvater väterlicherseits, Erasmus Darwin, war Arzt, Dichter und ein unabhängiger Denker, dessen Buch „Zoonomia“ den Gesetzen des Lebens und den ständigen Umwandlungen breiten Raum ließ. Der Wunsch seiner Eltern, Charles solle Arzt werden, scheiterte an dessen Widerwillen gegen die Ausbildung zum Arzt an der Universität Edinburgh. Es waren vor allem die Eindrücke in der Anatomie (Präpariersaal) und in der Chirurgie (man arbeitete noch ohne Anästhesie und ohne Hygienemaßnahmen), die ihn von der Medizin abstießen. Er erfuhr aber in Edinburgh sehr vielseitige Anregungen naturwissenschaftlicher, philosophischer und auch sozialpolitischer Art. Er erlebte die sozialen Spannungen der Zeit des frühen Kapitalismus, sah, wie Kirche und andere gesellschaftliche Gruppen ihre Macht verteidigten, bzw. um Macht kämpften. Der Zoologe **Robert Edmond Grant** machte ihn mit Vorstellungen zur Evolution und mit den Gedanken Lamarcks bekannt. Darwin hielt vor einem wissenschaftlichen Verein, der Plinian Society, am 27. März 1827 seinen ersten Vortrag über Larven mariner Moostierchen und über die Eier des Meeresegels *Pontobdella muricata*.

Darwin wechselte 1827 zum Theologiestudium an die Universität in Cambridge, mit dem Ziel, Landpfarrer zu werden. Dieser überraschende Plan ging auf seinen Vater zurück, der erkannte, dass sein Sohn für den Arztberuf nicht geeignet war und seine naturkundlichen Interessen besser mit einem geistlichen Amt verbinden konnte. Er hielt den Beruf eines Geistlichen auf dem Lande für eine sichere Existenz. Charles Darwin war kein herausragender Student, aber sein Interesse an der Tier- und Pflanzenwelt und an der Geologie kam immer stärker zum Vorschein, er verbrachte viel Zeit in freier Natur (lange Zeit war er vorwiegend mit Käfersammeln beschäftigt), hörte vor allem Vorlesungen in Naturwissenschaften und suchte den Umgang mit Naturkundlern, unter denen er sich insbesondere dem besonders gebildeten Professor der Botanik John Henslow anschloss. Es ist nicht ganz leicht, sich ein Bild dieser Lebensphase von Charles Darwin zu machen. Obwohl er nie ein überzeugt gläubiger Mensch gewesen war und die Schattenseiten der Kirche kannte, steuerte er dennoch auf ein Amt in ihr zu.

Von zentraler Bedeutung für Darwin waren, neben der Naturkunde, immer auch Geologie und Paläontologie. Im letzten Jahr seines Studiums in Cambridge hörte er bei Adam Sedgwick, Professor für Geologie, und sammelte mit ihm in Nord-Wales auch praktische geologische Erfahrungen. Auf der Beagle las er neben Alexander von Humboldt und Miltons „Paradise Lost“ intensiv und kritisch Charles Lyells „Principles of Geology“. In Kapstadt diskutierte er mit Sir John Herschel über Vulkanismus, die Entstehung und Veränderungen von Kontinenten und über die Entstehung neuer Arten.

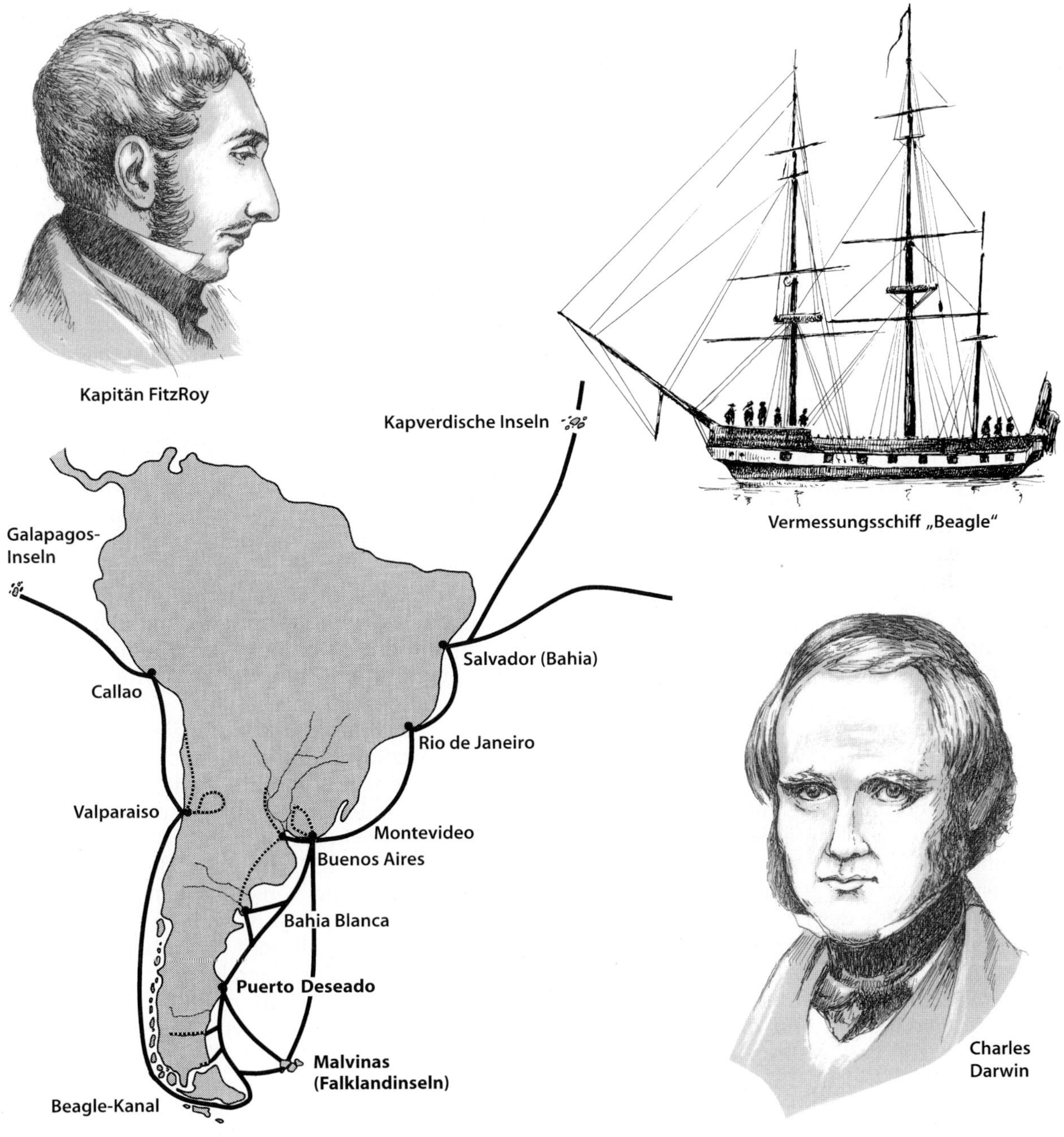

Abb. 1-6. Charles Darwin (1809–1882) und Kapitän FitzRoy (1805–1865), die „Beagle" sowie die Reiseroute in Südamerika

EXKURS 1.1.8

Darwins Weltreise

Als Charles Darwin 1831 nach dem Studium in das väterliche Haus zurückkehrte, fand er dort einen Brief mit aufregendem, für sein weiteres Leben entscheidenden Inhalt vor: Henslow und George Peacock, Dekan an der Universität Cambridge, fragten, ob er bereit wäre, als Naturforscher an einer Weltumsegelung des Vermessungsschiffes der königlichen Marine „Beagle" teilzunehmen. Darwins Vater fand ein solches Vorhaben eines jungen Pfarrers unwürdig, meinte jedoch: „Wenn Du einen Menschen mit gesundem Menschenverstand findest, der Dir zurät, dann gebe ich meine Zustimmung." Dieser Mensch war sein Onkel Josiah Wedgwood, er hielt die Reise für eine großartige Idee und stimmte Robert Darwin um. Aber auch der Kapitän des Vermessungsschiffes, Robert FitzRoy (Abb. 1-6), mit 25 Jahren schon ein erfahrener Seemann und bewährter Kartograph, hatte Einwände. Er war gerade von einer fünfjährigen Vermessungsfahrt zurückgekommen, von der er vier Feuerländer mitgebracht hatte. Das verstieß gegen die bestehenden Gesetze und hätte ihm eine hohe Strafe wegen Sklaverei einbringen können. FitzRoy, ein Tory (Konservativer), der für Sklavenhaltung eintrat, wurde verpflichtet, auf eigene Kosten die drei noch lebenden Indianer nach Tierra del Fuego zurückzubringen, der vierte war zwischenzeitlich an Typhus gestorben. Die Admiralität stellte ihm dafür die mit zehn Kanonen bestückte Brigg „Beagle" zur Verfügung und gab ihm zusätzlich Aufträge zur Vermessung, eine Fortsetzung der Arbeiten, welche 1826–1830 unter Kapitän King begonnen worden waren. Speziell die Falklandinseln (Malvinas) und die Küsten Südamerikas sowie verschiedene Inseln des Pazifik sollten vermessen werden. Zusätzlich wurde ihm auferlegt, die Fahrt nach Westen fortzusetzen. Schließlich hatte FitzRoy einen Naturwissenschaftler als Gast – also auf seine Kosten – mitzunehmen. FitzRoy war wohl aus drei Gründen zunächst gegen Darwin eingenommen: Erstens wollte er einen Freund mitnehmen, zweitens war Darwin ein „whig", ein Liberaler, der Sklaverei verabscheute, und drittens hing FitzRoy mit Nachdruck der Lehre an, derzufolge man aus der Physiognomie eines Menschen auf dessen Charakter und Verhalten rückschließen könne. Darwins Nase, so FitzRoy, ließ nicht auf Energie und Ausdauer schließen, wie sie für eine Weltumsegelung nötig sind.

Darwin suchte die persönliche Begegnung mit FitzRoy, dessen Freund kurz vorher von der Mitreise Abstand genommen hatte und wirkte auf ihn im Gespräch überzeugend. FitzRoy suchte natürlich auch einen verträglichen und gebildeten Gefährten und „Gentleman" der eigenen Generation, mit dem die harte Zeit einer fünfjährigen Isolation auf einem Schiff erträglicher war. Er durfte als Kapitän mit der Mannschaft des Schiffes nur auf sehr ritualisierte und distanzierte Art verkehren. FitzRoy hatte wohl auch Angst vor Depressionen und verübte in der Tat später in einem Depressionsanfall Selbstmord.

Charles Darwin war 22 Jahre alt, als er am 27. Dezember 1831 an Bord der „Beagle" (Abb. 1-6) England verließ. Er kam stets gut mit der Mannschaft aus und erwarb rasch den Respekt der Offiziere und Matrosen. Es gehörte zu Darwins Charakter, sich gut auf verschiedene Menschen einstellen zu können. Während der ganzen Reise, die fünf Jahre dauerte, litt Darwin jedoch unter Seekrankheit und starken Kopfschmerzen, was aber seine Schaffenskraft nicht beeinträchtigte. Dies ist auch deswegen erwähnenswert, da er an Bord in sehr beengten Verhältnissen zusammen mit dem Kapitän in einer Kabine leben musste. Die „Beagle" war 31 m lang und hatte 70 Mann Besatzung zu befördern.

EXKURS 1.1.8 (Fortsetzung)

Über Teneriffa und die Kapverdischen Inseln ging es nach Brasilien (Abb. 1-6), wo Darwin in Bahia (heute Salvador) den ersten Kontakt mit den Tropen hatte. Er war überwältigt von der Fülle verschiedener Organismen, aber entsetzt über die Sklaverei, über die er mit FitzRoy in heftigen Streit geriet.

Kurze Zeit später unternahm er von Rio de Janeiro aus einen zweiwöchigen Ausflug auf einen landwirtschaftlichen Betrieb im Landesinneren. Er brachte sehr deutlich seine Ablehnung der Sklaverei und der doppelten Moral der Weißen zum Ausdruck

Nach einem kurzen, durch politische Verwicklungen gekennzeichneten Aufenthalt in Montevideo – es ist die Zeit der Loslösung vieler südamerikanischer Länder von Spanien – erreichte die „Beagle" Mitte August 1832 Argentinien, wo sich Darwin zunächst an der Küste bei Patagonas (an der Mündung des Rio Negro) und Bahia Blanca aufhielt, aber auch Ausflüge in dieser Gegend und sogar eine große Reise über Land nach Buenos Aires unternahm. Sehr sachlich und aufgeschlossen beurteilte er die Indianer und ihr Schicksal und fand sehr positive Urteile über sie.

Es stellte sich heraus, dass Darwin die entscheidenden Eindrücke für seine biologischen Konzepte in Südamerika, einschließlich der Galapagos-Inseln erhalten wird. Sein Tagebuch und seine anderen Aufzeichnungen sind dementsprechend in dem langen Zeitraum, in dem er sich in Südamerika aufhält, besonders ausführlich, inhaltsreich und engagiert. Alle späteren Notizen, die vor allem Australien betreffen, sind knapp, der Verfasser wirkt relativ unbeteiligt und nicht mehr sonderlich interessiert. Hierbei gilt es zu beachten, dass die „Beagle" in Neuseeland bzw. Australien erst die Hälfte der Erdumsegelung hinter sich hatte, aber schon 80% der geplanten Zeit verstrichen war.

Seine geologischen Interessen veranlassen ihn zu Untersuchungen der Pampa und ihrer geologischen Struktur. Er findet dabei nicht nur zahllose fossile Schalen von Schnecken und Muscheln, sondern auch Skelette von ungefähr zehn ausgestorbenen Großsäugerarten, vor allem ausgestorbener Huftiere und Verwandter der Gürteltiere, der Faultiere und der Ameisenbären, also von Säugetieren, die heute unter dem Begriff Xenarthra zusammengefasst werden und ihre wesentliche phylogenetische Entwicklung in Südamerika erfahren haben. Zum Teil handelt es sich um Riesenformen: Das Riesenfaultier *Megatherium* erreichte Elefantengröße und muss – auf den Hinterbeinen sitzend – Baumkronen zu sich heruntergezogen haben, um deren Laub zu verzehren. Vertreter der fossilen Riesengürteltiere, Riesenfaultiere und Ameisenbären sowie der großen ausgestorbenen Huftiere findet man heute übrigens eindrucksvoll aufgestellt im naturkundlichen Museum von La Plata bei Buenos Aires. Das Aussterben dieser Arten erfolgte erst im Laufe der Eiszeit und wurde möglicherweise durch den modernen Menschen verursacht.

Für Darwin verliert zunächst die damals vorherrschende „Katastrophentheorie", die auf Cuvier zurückgeht, an Überzeugungskraft. Seine Beobachtungen zeigen ganz klar, dass eine „große Katastrophe" nicht die Ursache des Aussterbens gewesen sein kann. Er stellt Vergleiche mit Trockengebieten Afrikas an, erwägt Klimaschwankungen, Ausrottung durch den Menschen und ungünstige Populationsentwicklungen, kommt aber zu dem Schluss, dass alle Erklärungsversuche letztlich unbefriedigend bleiben. Sehr deutlich wird, dass Darwin in Kategorien wie Populationen, Populationsschwankungen und Kontrollmechanismen denkt, welche die Individuenzahlen in einer Population steuern können. Auf alle Fälle kam Darwin durch die Analyse der ausgestorbenen Säuger zur Auffassung eines allmählichen Artenwandels von Arten und stetiger, langsamer Veränderungen. Weiterhin lehnt er einfache Erklä- ►

EXKURS 1.1.8 (Fortsetzung)

rungen des Aussterbens beziehungsweise der Zu- und Abnahme von Individuen einer Art ab.

Beim Einlaufen nach Puerto Deseado, einem kleinen einsamen Hafen im südlichen Patagonien, in dem schon berühmte Seefahrer wie Magellan, Francis Drake, Cavendish u.a. Schutz gesucht hatten, erlitt die „Beagle" Schaden. Die Reparatur erfolgte weiter südlich an der Mündung des Santa-Cruz-Flusses, den Darwin mit Ruderbooten mehr als 100 km flussaufwärts fährt, so dass er bis an den Fuß der Anden kommt. Er notiert hier besonders viel über die Geologie Patagoniens, die eine erhebliche Anhebung des Landes in den letzen Jahrzehntausenden kennzeichnet.

Während der Reise mit der Beagle besucht Darwin zweimal Feuerland im Abstand eines Jahres. Hier werden die drei Feuerländer – Jemmy Button, York Minster und Fuegia Basket (die Namen gehen zum Teil auf Ereignisse während des „Erwerbs" zurück) in ihrer Heimat abgeliefert. Darwin beobachtet die Vorgänge der Wiederaufnahme und die Lebensbedingungen der Feuerlandindianer. Er ist sehr beeindruckt von dem, was er sieht, und empfindet Mitleid mit diesen ursprünglich lebenden Menschen und ihrer Behandlung durch die Europäer: „... wer hätte glauben können, dass in unserem Zeitalter solcherlei Abscheulichkeiten in einem christlichen zivilisierten Land begangen werden können..." Er sieht die Unvereinbarkeit der Lebensweise moderner Europäer mit derjenigen der Indianer, er beschreibt erneut seine Ablehnung der Doppelmoral der Europäer und sieht den Untergang der Indianer voraus. Erst Jahre nach Darwins Besuch setzt die unnachsichtige Verfolgung der Feuerländer ein, die heute fast ausgerottet sind. Schon Darwin vergleicht ihr Schicksal mit dem der Eskimos, der Ureinwohner Australiens, der südafrikanischen Ureinwohner und anderer Menschen, die nicht in den Sog der Zivilisation geraten sind. Er stellt auch anthropologische Forschungen an, analysiert soziale Strukturen und Verhaltensweisen und äußert natürlich auch sein Erstaunen über manches, was er sieht. Seine Ausführungen sind jedoch nicht verletzend oder herabsetzend, wie ihm das bis heute von voreingenommenen Autoren bisweilen unterstellt wird.

Im Juni 1834 verließ die „Beagle" Feuerland in Richtung Pazifik und Chile. Während der Fahrt machte Darwin ausführliche Notizen über den Riesentang und erkennt die große ökologische Bedeutung dieser wohl längsten Pflanzen der Erde. Das Schiff erreichte nach gut einem Monat Valparaiso. Dort nutzt er die Zeit zu Exkursionen in die Berge, wo er ausgiebige biologische und geologische Studien unternimmt. Er überquerte dabei die Anden und erreichte Mendoza in Argentinien. Die Küstenvermessungen des Kapitäns FitzRoy in Nord-Chile und Peru geben Darwin Gelegenheit, auch in dieser Region Proben zu nehmen. In Iquique, das damals zu Peru gehörte, besucht er die bekannten, wirtschaftlich wichtigen Salpeterlagerstätten. Eine persönliche Krise FitzRoys, die dazu führte, dass dieser aufgeben wollte und Selbstmordgedanken hegte, wurde vor allem durch Darwins Ruhe und verständnisvolles Argumentieren beseitigt.

Ende August 1835 verlässt die „Beagle" die südamerikanische Küste in Richtung Galapagos-Archipel, wo Darwin weitere wichtige Erkenntnisse sammelt. Seine Zweifel an der Unveränderlichkeit der Arten wurden hier besonders genährt. Die Behauptung, dass seine Vorstellung von der Existenz der Evolution während des kurzen Aufenthaltes auf den Galapagos-Inseln vom September bis zum Oktober 1935 entstanden sei, ist allerdings zu einfach. Darwins Gedanken festigten sich vielmehr allmählich und unter stetiger kritischer Überprüfung der Tatsachen. Die wesentliche evolutionsbiologische

EXKURS 1.1.8 (Fortsetzung)

Bedeutung der Galapagos-Inseln liegt darin, dass hier auf einzelnen, recht dicht beieinanderliegenden Inseln nahe verwandte Vogel- und Reptilienarten vorkommen, die sich in geringfügigen, aber konstanten Merkmalen unterscheiden. Darwin schenkte der Tatsache, dass auf den Inseln unterschiedliche Riesenschildkröten und Vogelarten vorkommen, allerdings zunächst nur wenig Beachtung. Erst Monate nach dem Aufenthalt erwähnt er in seinem Tagebuch, dass es lohnenswert sei, die Organismen derartiger Archipele zu untersuchen, weil solche Tatsachen die Vorstellung von der Stabilität der Arten unterminieren würden. Auch die gründliche Erörterung der berühmten Darwin-Finken erfolgt erst 1845 in der zweiten Auflage seiner „Reise eines Naturforschers", also zehn Jahre nach seinem kurzen Besuch auf den Galapagos-Inseln. Bei den Darwinfinken, die zu den Geospizinae gehören, handelt es sich um finkenähnliche Vögel, die offensichtlich von einer einzigen Art abstammen, welche die einzelnen Inseln besiedelte und in relativer Isolation spezielle Anpassungen an gegebene Nahrungsverhältnisse herausbildete, so dass dreizehn leicht unterschiedliche neue Arten entstanden. Die Unterschiede betreffen vor allem die Schnabelform. Darwin schreibt, man könne sich vorstellen, dass auf diesem Archipel eine Art für verschiedene Zwecke modifiziert worden sei.

Von den Galapagos-Inseln ging es weiter nach Tahiti. Wie auch bei früheren Darstellungen über Menschen anderer Kulturen beschreibt Darwin die Südsee-Insulaner sachlich und mit viel Sympathie.

Von Tahiti erreichte man nach dreiwöchiger Fahrt die Bay of Islands auf der Nordinsel Neuseelands. Der kurze Aufenthalt dort hat Darwin enttäuscht. In der Tat hat er nicht viel gesehen, und es blieb ihm in diesem Land vieles verborgen, was seine Gedanken durchaus hätte anregen können.

Auch Australien hat Darwins Ideen nicht besonders beeinflusst, obwohl Flora und Fauna dieses Kontinentes aus heutiger Sicht immer wieder als Schulbeispiele für das Phänomen der Konvergenz herangezogen werden.

In Hobart, der Hauptstadt Tasmaniens, hatte Darwin keine Möglichkeit zu eingehenden Studien, da der Aufenthalt der „Beagle" nur kurz währte. Die Südküste Australiens besuchte Darwin 1836 nahe Albany, also schon weit im Westen. Er vermerkte, dass er in ein so wenig einladendes Land niemals zurückkehren wolle. Hier unterlag er einer Fehleinschätzung, und schon sein Freund, der Botaniker Sir Joseph Hooker, wies darauf hin, dass er selten so viele bemerkenswerte Pflanzen in einem so kleinen Gebiet gesehen hatte.

Wenn Australiens Natur Darwin auch nicht in besonderem Maße inspiriert hat, so ist es umso bemerkenswerter, dass in diesem Lande eine Stadt nach ihm benannt wurde: die Hauptstadt des Nordterritoriums. Bedeutende Erkenntnisse sammelte er über Korallenriffe und entwickelte eine Theorie zu deren Entstehung.

Von Australien ging es in den Indischen Ozean, wo die Keeling- oder Cocos-Inseln südlich von Sumatra besucht wurden, von dort segelte man über Mauritius in Richtung Südafrika.

In Kapstadt traf Darwin mit Sir John Herschel zusammen, einem berühmten Astronomen, der dort seit zwei Jahren den südlichen Sternenhimmel studierte und auf den winzigen Platz hinwies, den unser Sonnensystem im Universum einnimmt. Darwin war davon bis an sein Lebensende außerordentlich beeindruckt, und offensichtlich haben die beiden auch über den Ersatz ausgestorbener Arten durch andere diskutiert.

Von einiger Bedeutung war wenig später der Aufenthalt auf St. Helena im Südatlantik. Auf dieser Insel waren zu Darwins Zeiten über 700 Pflanzenarten bekannt, von denen ►

EXKURS 1.1.8 (Fortsetzung)

nur etwa 40 einheimisch waren. Die Konkurrenz der Arten untereinander wurde Darwin hier besonders deutlich. Rücksichtsloses Abholzen der Wälder hatte die Vegetation nachhaltig beeinträchtigt, die Einfuhr von Ziegen zu Beginn des 16. Jh. hatte weiteren Schaden nach sich gezogen. Als man diese später abschoss, war es schon zu spät, die geringen Reste der Wälder noch zu retten. St. Helena ist für uns heute ein Schulbeispiel für Umweltzerstörung, Faunen- und Florenverfälschung.

Nach einem kurzen Aufenthalt auf Ascension ging es noch einmal nach Bahia in Brasilien. Abermals erlebte Darwin die grausame Behandlung von Negersklaven.

Im Anschluss an entsprechende Erlebnisse in Pernambuco, dem heutigen Recife, betont er, dass all diese Grausamkeiten von Menschen ausgeführt und verteidigt würden, die vorgäben, ihren Nächsten wie sich selbst zu lieben.

Auf der gesamten Reise zeigt sich Darwin also nicht nur als ungewöhnlich vielseitiger Biologe und Geologe mit Fähigkeit zu weitreichenden Schlussfolgerungen, der unermüdlich beobachtet und Fakten sammelt, sondern auch als aufrechter, der Wahrheit verpflichteter Mensch, der sich persönlich über fünf Jahre lang in der schwierigen Situation zwischen einem neurotischen Kapitän, den Schiffsoffizieren und der Mannschaft menschlich hervorragend bewährt hat.

Am 2. Oktober 1836 kehrte er nach Falmouth (England) zurück, um fünf Jahre älter, aber unvergleichlich reicher an Erfahrungen, die Tagebücher voll von Ideen, die Kisten voll von Gesammeltem. Von 1837 bis 1842 arbeitete er in London, um mit Hilfe der Museumszoologen die Sammlungen auszuwerten. Die zahlreichen fossilen Säugetier-Skelette, die er in Südamerika gefunden hatte, haben seinen Glauben an die Unveränderlichkeit der Arten nachhaltig erschüttert. Die Verbindung zwischen noch lebenden und ausgestorbenen Formen hatte ihn auf den Gedanken weitreichender Zusammenhänge gebracht, die nur mit Kontinuität und schrittweisem Wandel zu verstehen waren. Die taxonomische Analyse der Tierwelt der Galapagos-Inseln gab ihm die Überzeugung, dass sich eine schrittweise Umwandlung – die Evolution – der Lebewesen tatsächlich abgespielt haben muss, dass also neue Arten sich aus schon bestehenden gebildet haben. Die nächsten zwanzig Jahre seines Lebens verwendete er darauf, diese Hypothese zu untermauern.

Schon ein halbes Jahr nach seiner Rückkehr begann Darwin eine Reihe von Notizbüchern über die „Transmutation of species – die Umwandlung der Arten“ anzulegen. Er war sich der Schlussfolgerung bewusst, dass wahrscheinlich alle Lebewesen der Erde, einschließlich des Menschen, auf gemeinsame Vorfahren zurückzuführen seien. Im Oktober 1838 las er fast zufällig „Das Bevölkerungsgesetz“ (Essay on the Principle of Population...“) von **Thomas Robert Malthus**, und dabei blitzte ihm der Gedanke von der natürlichen Auslese auf. „Hier nun“, so fährt er fort, „hatte ich endlich eine Theorie gefunden, mit der sich arbeiten ließ“.

Darwins eigene Entwicklung als Schöpfer der Theorie von der Evolution des Lebens ging stetig und langsam voran. Er türmte Berge von Tatsachenmaterial auf, das für seine Vorstellungen sprach. Die Beweisführung arbeitete er bis ins letzte, fest begründete Detail aus. Veröffentlichungen schob er immer wieder hinaus. Sein Zaudern, vor die Öffentlichkeit zu treten, hatte fast etwas Krankhaftes, so Julian Huxley, und hätte ihn beinahe seinen Platz unter den Großen der Wissenschaft gekostet. Zu einem Teil resultierte das Zaudern aus der Rücksichtnahme auf religiöse Gefühle anderer, insbesondere seiner Frau (Abb. 1-7). In seiner Autobiografie – die

Abb. 1-7. Darwins Frau Emma, geb. Wedgwood (1808–1896), kurz nach ihrer Hochzeit; Aquarell von J. Richmond (1839)

vollständig erst 1958 von seiner Enkelin Lady Nora Barlow herausgegeben wurde – beschrieb Darwin, dass er ganz langsam und allmählich den Glauben an die Kirche und das überkommene Christentum verlor. Erst 1842 verfasste er auf 35 Seiten mit Bleistift eine Zusammenfassung seiner Evolutionstheorie. Dieses Manuskript wurde nie veröffentlicht, man fand es erst 50 Jahre später in einem Schrank unter der Treppe seines Hauses in Kent. Offensichtlich war sich Darwin der weitgehenden Konsequenzen seiner Vorstellungen in vollem Umfange bewusst. Wenn die belebte Welt nicht, wie man glaubte, statisch sei, sondern sich unaufhörlich aufgrund wissenschaftlich erfassbarer Vorgänge wandelte, dann war ganz offensichtlich, dass die Annahme eines Schöpfergottes nicht notwendig ist: Hier lag gleichzeitig die Ursache für spätere Anfeindungen, die bis in unsere Tage reichen.

1844 verfasste Darwin eine 230 Seiten lange Abhandlung seiner Evolutionstheorie. Hätte er sie damals schon veröffentlicht, sie hätte nach Ansicht Julian Huxleys die gleiche Durchschlagskraft gehabt wie fünfzehn Jahre später sein großes Buch von der Entstehung der Arten. Nur mit wenigen Freunden, vor allem dem Geologen Charles Lyell und dem Botaniker Joseph Hooker, diskutierte er seine Gedanken. 1856 begann er, auf Lyells Veranlassung, eine breit angelegte Abhandlung über die Transmutation der Arten niederzuschreiben. Diese Arbeit ist jedoch erst aus seinem Nachlass als sein „Big Species Book" 1975, von R. C. Stauffer ediert, erschienen. Im Frühsommer 1858 erhielt Darwin den größten Schock seines wissenschaftlichen Lebens: **Alfred Russel Wallace** (1823–1913), ein Naturforscher, der im fernen Ternate im heutigen Indonesien arbeitete und mit Darwin seit etwa einem halben Jahr in Briefwechsel stand, schickte ihm von den Molukken die Abhandlung „Über die Tendenz der Varietäten, unbegrenzt vom Originaltypus abzuweichen". Bei der Lektüre fand Darwin Punkt für Punkt eine Zusammenfassung seiner eigenen Theorie von der Evolution durch natürliche Auslese. Auch Wallace hatte, ähnlich wie das freilich größere Genie Darwin, den Gedanken einer Evolution nach vielen Jahren der Beobachtung in der freien Natur gefasst, konnte ihn jedoch nicht mit der gleichen Fülle von Beweismaterial stützen. Bekannt geblieben ist Wallace daher auch mehr durch seine lebendige, wenn auch weniger grundlegende Arbeit über die geografische Verbreitung der Tiere. Nach einem schweren Gewissenskampf Darwins („... viel lieber würde ich mein ganzes Buch verbrennen, als dass Wallace oder irgend jemand denken sollte, ich hätte mich irgendwie unredlich benommen...") und dank der Tatsache, dass Lyell und Hooker sich der Angelegenheit annahmen, wurden seine und Wallaces Auffassungen zugleich vor der Linnean Society am 1. Juli 1858 verlesen und noch im selben Jahr in der Zeitschrift der Gesellschaft veröffentlicht.

Unter dem Druck von Lyell und Hooker vollendete Darwin eine „Kurzfassung" seines Werkes in gut einem Jahr. Es wurde das Hauptwerk seines Lebens, erschien am 24. November 1859 in einer Auflage von 1250 Exemplaren und war noch am selben Tag vergriffen. Die Reaktion war Entsetzen und Faszination, nicht nur in der breiten Öffentlichkeit, auch in seinem engeren Umkreis (Abb. 1-8, 9). Sein früherer Lehrer, Adam Sedgwick, fand Teile des Buches „ganz und gar falsch und bitter schädlich". Der Naturphilosoph Sir John Herschel sprach vom „Kraut- und Rüben-Gesetz". Richard Owen gehörte zu den massivsten Kritikern. Lyell, Wallace und Hooker waren be-

Abb. 1-8 a, b. Karikaturen von Charles Darwin (um 1880): **a** Darwin und der Affe, **b** Darwin und der Regenwurm. Darwin hatte erkannt, dass Regenwürmer für die Bodenfruchtbarkeit wichtig sind; bis dahin waren sie negativ eingeschätzt worden

Abb. 1-9 a, b. Karikaturen von Gegnern der Evolutionstheorie: **a** Samuel Wilberforce, der Bischof von Oxford, **b** Richard Owen, der anonym und hinter den Kulissen agierende Paläontologe

geistert. Thomas Henry Huxley wurde in England zum geschickten Vorkämpfer Darwins, in Deutschland übernahm diese Aufgabe der noch jüngere Jenaer Zoologe Ernst Haeckel.

Im Jahre 1860 hielt die „Britische Vereinigung für den Fortschritt der Wissenschaft" ihre Tagung in Oxford ab. Nach dem Hauptvortrag des Amerikaners Dr. Draper mit dem Thema „The intellectual development of Europe considered with reference to the views of Mr. Darwin" kam es zu einer lebhaften Diskussion zwischen dem Bischof von Oxford, Samuel Wilberforce, Robert FitzRoy, dem inzwischen zum Admiral beförderten ehemaligen Kapitän der „Beagle", Thomas Henry Huxley und Joseph Hooker. Darwin war nicht anwesend. Nachdem Wilberforce angeblich „eine volle halbe Stunde mit unnachahmlicher Lebhaftigkeit, Hohlheit und Unehrlichkeit" gesprochen hatte, fragte er Huxley, ob er seinen Großvater oder seine Großmutter meine, wenn er behaupte, vom Affen abzustammen. Huxley erwiderte, dessen brauche man sich nicht zu schämen. Eine Schande dagegen sei jedoch ein Mensch, der, nicht zufrieden mit seinem fragwürdigen Erfolg auf dem eigenen Tätigkeitsgebiet, sich auf ein Feld wissenschaftlicher Probleme wagt, von denen er nichts versteht, und das nur, um sie durch sinnloses Gerede zu verdunkeln und die Aufmerksamkeit seiner Zuhörer durch redegewandtes Abschweifen und geschicktes Appellieren an religiöse Vorurteile vom entscheidenden Thema abzulenken. Ob diese Diskussion tatsächlich so einfach abgelaufen ist, bleibt zweifelhaft. Soweit überhaupt rekonstruierbar, verlief sie relativ ruhig, und es war im wesentlichen Hooker, der überzeugende Argumente für Darwins Theorie vorbrachte.

Heinrich Georg Bronn (1800 bis 1862), Zoologe und Paläontologe in Heidelberg (Abb. 1-10), übersetzte Darwins Werk ins Deutsche, wobei er sich jedoch Veränderungen und „Reinigungen" herausnahm. In den USA trat der Botaniker **Asa Gray** (1810–1888) für Darwins Theorie ein.

Darwins „Origin of Species" löste eine wissenschaftliche Revolution aus, die auf fünf Haupttheorien beruht, an denen Darwin seit der Beagle-Expedition gearbeitet hatte:

- Evolution beruht auf gemeinsamer Abstammung. Die Entwicklung erfolgt nicht in Form einfacher gerader Linien, sondern in Form von sich verzweigenden Stämmen. Die Evolution bedarf keiner übernatürlichen Erklärung. Die Vielfalt der Organismen spiegelt die zahllosen evolutiven Entwicklungswege wider, die in

Abb. 1-10. Heinrich Georg Bronn (1800–1862): erster Übersetzer von Darwins Hauptwerk

einem „natürlichen System“ erfasst werden. Diese theoretischen Überlegungen wurden rasch akzeptiert.

- Organismen entwickeln sich ständig weiter.
- Arten vervielfachen sich im Laufe der Zeit. Darwin sah z. B., dass die drei Spottdrosselarten auf den Galapagosinseln von einer Spottdrosselart des südamerikanischen Festlandes abstammen.
- Die Evolution erfolgt in Form eines allmählichen Wandels.
- Der Evolutionsmechanismus beruht auf der Konkurrenz unter zahlreichen einzigartigen Individuen um begrenzte Ressourcen: Theorie der natürlichen Selektion, die an der Variabilität der Individuen ansetzt. Diese Theorie stieß bis ca. 1940 (synthetische Evolutionstheorie) auf verbreiteten Widerstand von Kirche, Kreationismus, Essentialismus, Reduktionismus und Physikalismus („Gottes Gesetze“).

Sexuelle Selektion, d. h. geschlechtliche Zuchtwahl, ist ein Phänomen, das Darwin in hohem Maße beschäftigte und das er für die Evolution für ebenso wichtig hielt wie Anpassungen an Klima, physiologische Verbesserungen, verbesserte Abwehrreaktionen gegen Krankheitserreger usw. Man versteht darunter die Selektion auf Merkmale, welche den Fortpflanzungserfolg der Merkmalsträger vergrößern. Der genetische Beitrag eines individuellen Organismus zur nächsten Generation wird durch besondere Eigenschaften gesichert, die den ganzen Bereich der Reproduktionsbiologie betreffen. Hierher gehören z. B. männliche sekundäre Geschlechtsmerkmale, wie das Gefieder der Paradiesvögel. Die Weibchen haben oft die Fähigkeit, ihren Partner nach solchen Merkmalen auszuwählen (sexuelle Zuchtwahl durch die Weibchen). In modernen Versionen der sexuellen Selektion spielen die Weibchen eine wichtigere Rolle bei der Paarung als die Männchen, und sie sind es, die den Partner auswählen (s. Kap. 4.3). Wesentlich ist der Beitrag, den Merkmale und Eigenschaften der Eltern zum Überleben der Nachkommenschaft liefern.

Weitere wichtige Werke von Darwin sind z. B. „Animals and Plants under Domestication“ und „The Descent of Man“. Darwin starb am 19. April 1882 und wurde trotz großer Ferne zu Kirche und Christentum in der Westminster Abbey beigesetzt, die größte Ehre, die England ihm zuteil werden lassen konnte.

Die weitere biologische Forschung stand jetzt im Rahmen der Gedanken Darwins und unter dem Konzept der Evolution.

1.1.9 Ernst Haeckel und die Auseinandersetzungen im deutschen Sprachraum

Ernst Haeckel (Abb. 1-11; 1834 in Potsdam geboren und 1919 in Jena gestorben) war der engagierteste Verfechter Darwins und der Evolutionslehre in der deutschen Wissenschaft des 19. und des beginnenden 20. Jh. Er war ein unglaublich schaffensfreudiger, ideenreicher und fleißiger Zoologe. Seine großen Werke über Radiolarien, Kalkschwämme und Medusen sind unübertroffen. Er studierte Medizin und schloss mit Staatsexamen und Approbation als praktischer Arzt, Wundarzt und Geburtshelfer ab. Haeckel habilitierte sich in der medizinischen Fakultät der Universität Jena für Vergleichende Anatomie. Von hier aus, wo er seit 1865 als ordentlicher Professor für Zoologie amtierte, verbreitete und popularisierte er den Evolutionsgedanken. Es konnte nicht ausbleiben, dass er massiven un-

Abb. 1-11. Ernst Haeckel (1834–1919), Gemälde von F. Lenbach

sachlichen und diffamierenden Angriffen ausgesetzt war (die z. T. auch heute noch andauern, insbesondere im angelsächsischen Bereich). Er selber neigte zu kämpferischer Polemik, was ihm auch unter Kollegen und seinen hervorragenden Schülern Feindschaften einbrachte. In Preußen wurden die Schriften von Haeckel und Darwin an höheren Schulen verboten, weil man sie für staatsgefährdend hielt. Diesem Verbot war 1879 eine dreitägige Debatte im preußischen Abgeordnetenhaus vorausgegangen. Ab 1882 wurde Haeckels wegen sogar der Biologieunterricht in den höheren Schulklassen in Preußen verboten. Mit welcher Intensität hier gestritten wurde, geht aus Abb. 1-12 hervor, die Haeckel für eine „Bierzeitung" angefertigt hatte. Hier wird der preußische Kultusminister v. Zedlitz-Trützschler verspottet, den Haeckel schon früher wegen seines „ultramontan gefärbten Volksschulgesetz-Entwurfes" bekämpft hatte: Er widmet ihm eine neue entdeckte Tierart, für die eine neue Familie errichtet wird, die Coelocephala (Hohlköpfe).

Haeckels „Kunstformen der Natur" (Abb. 1-13) hat Hunderttausenden die Augen für die Schönheit der belebten Natur geöffnet und hatte Auswirkungen auf den Jugendstil.

Haeckel hat über 90 größere Reisen bis nach Java und Sumatra unternommen. Er hat dabei zahllose Anregungen erhalten und zumeist auch wissenschaftlich gearbeitet. Sein primäres Interesse galt immer der Meeresbiologie. Auf Haeckel gehen wichtige Begriffe wie Ökologie, Natürliches System der Organismen, Ontogenie und Phylogenie zurück, und er regte viele wissenschaftliche Arbeiten an. Sein „Biogenetisches Grundgesetz" (s. unten) erwies sich bis heute als besonders fruchtbar und betrifft eine zentrale Frage der Evolutionsbiologie; sich damit auseinander zu setzen, ist heute so wichtig wie damals.

Haeckel schuf in der „Generellen Morphologie" (1866) die Begriffe **Ontogenie** und **Phylogenie** und wies nachdrücklich auf den Kausalzusammenhang zwischen beiden hin. Ontogenie ist die „Entwicklungsgeschichte der organischen Individuen", also die Entwicklung von der befruchteten Eizelle bis zum erwachsenen Organismus. Phylogenie ist „die Entwicklungsgeschichte der Stämme". Er betonte nachdrücklich Parallelen zwischen Onto- und Phylogenie und formulierte das „**Biogenetische Grundgesetz**" folgendermaßen: „Die Ontogenie ist die kurze und schnelle Rekapitulation der Phylogenie, bedingt durch die physiologischen Funktionen der Ver-

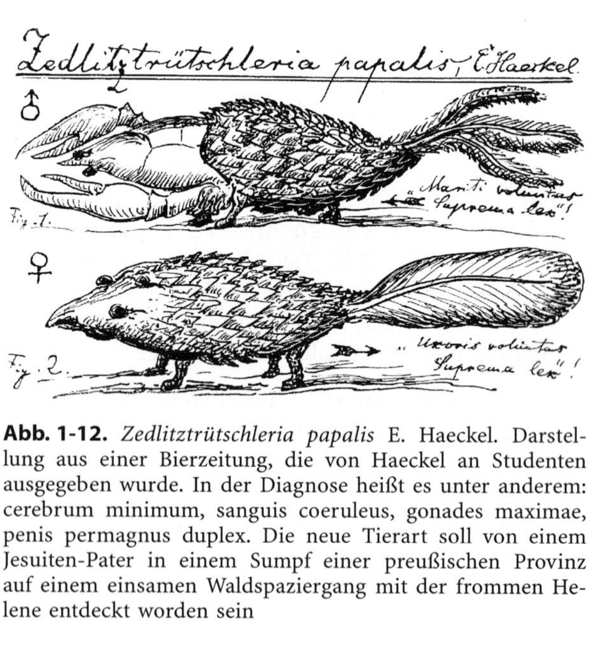

Abb. 1-12. *Zedlitztrütschleria papalis* E. Haeckel. Darstellung aus einer Bierzeitung, die von Haeckel an Studenten ausgegeben wurde. In der Diagnose heißt es unter anderem: cerebrum minimum, sanguis coeruleus, gonades maximae, penis permagnus duplex. Die neue Tierart soll von einem Jesuiten-Pater in einem Sumpf einer preußischen Provinz auf einem einsamen Waldspaziergang mit der frommen Helene entdeckt worden sein

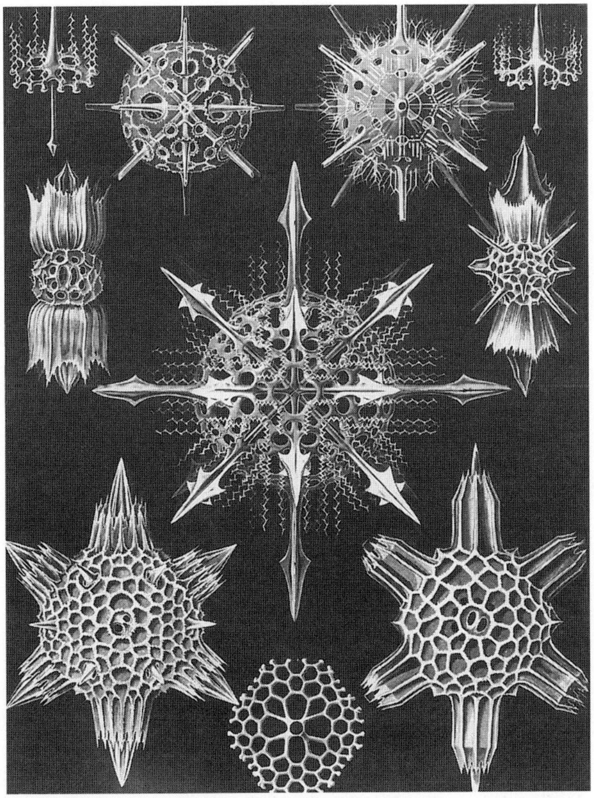

Abb. 1-13. Darstellung von Radiolarien aus Ernst Haeckels „Kunstformen der Natur" (1904)

erbung (Fortpflanzung) und der Anpassung (Ernährung). Das organische Individuum wiederholt während des raschen und kurzen Laufes seiner individuellen Entwicklung die wichtigsten von denjenigen Formveränderungen, welche seine Voreltern während des langsamen und langen Laufes ihrer paläontologischen Entwicklung nach den Gesetzen der Vererbung und Anpassung durchlaufen haben."

Ähnlichkeiten zwischen Stadien der Embryonalentwicklung höherer Formen und erwachsenen Organismen primitiver Formen hatten vor Haeckel schon andere Anatomen gesehen, so **J.F. Meckel** (1811), **E.R.A. Serres** (1830, 1860) und auch Darwin (1842). Von Baer stand dem Gedanken der Rekapitulation der Stammesgeschichte im Laufe der Indivudualentwicklung jedoch kritisch gegenüber.

Haeckel sah in der Analyse von Embryonalstadien die Möglichkeit, phylogenetische Rekonstruktionen vorzunehmen, womit er eine Fülle von Forschungsvorhaben auslöste. Diese führten zu vielen Einschränkungen des Haeckelschen „Grundgesetzes" bis hin zur völligen Ablehnung, und Haeckel schrieb bereits 1866: „Jede Wiederholung der Stammesgeschichte ist eben nur in seltenen Fällen ganz vollständig und entspricht nur selten der ganzen Buchstabenreihe des Alphabets. In den allermeisten Fällen ist vielmehr dieser Auszug sehr unvollständig, vielfach verändert, gestört oder gefälscht". Er selbst modifizierte sein Gesetz und baute es aus. So unterschied er z. B. „Palingenesen" (Stadien oder Merkmale in der Embryonalentwicklung, die für die Beurteilung der Phylogenie geeignet sind) und „Caenogenesen" (Embryonalstadien, die spezielle Anpassungen an das Embryonalleben darstellen und keine Beziehungen zur Phylogenie haben).

Interessant ist, dass homologe Organe auf unterschiedliche Art und Weise in der Ontogenese entstehen können. Adolf Remane (1956) hält 60 bis 70% der Morphogenese für phylogenetisch auswertbar, auf frühen Embryonalstadien seltener als auf späteren.

Seit einiger Zeit wird der Begriff „phylotypisches Stadium" für die Entwicklungsphase gebraucht, in der sich die Embryonen eines Tierstammes oder einer Tierklasse besonders stark ähneln. Bei Säugern tritt dieses Stadium nach der Neurulation und der Bildung der Somiten auf.

Obwohl man an fast jeder Einzelformulierung von Haeckels Biogenetischem Grundgesetz Kritik üben kann, bleibt es im Kern gültig. Haeckel ging es um die Beziehung von Phylogenie und Ontogenie, und es ist unbestritten, dass die Embryonalentwicklung die Evolution der Vorfahren widerspiegelt. Die molekularbiologische Forschung hat hochkonservierte molekulare und zelluläre Entwicklungsmechanismen nachgewiesen. Bei Arthropoden und Vertebraten werden z. B. *Hox*-Gen-Komplexe und dieselben Familien von Signalmolekülen in der Embryonalentwicklung eingesetzt. Was heute bei *Drosophila* in dieser Hinsicht entdeckt wird, kann auch große Bedeutung für das Verständnis der Entwicklung anderer Tiere haben. Einmal entstandene Entwicklungsmechanismen, die sich bewährt haben, werden beibehalten, obwohl die betreffenden Arten seit mehreren 100 Mio. Jahren getrennt sind. Zum Beispiel spielen in der frühen Entwicklung der Tetrapodenextremität wie bei der Bildung der Knochenfischflossen das Schlüsselsignal-Gen „*Sonic hedgehog*" und die *Hoxd*- und *Hoxa*-Gene eine wichtige Rolle. Im Laufe der Weiterentwicklung entstehen eigene Genexpressionsmuster, die oft mit den Ontogeneseabläufen korrelierbar sind. Heute liegt der Schwerpunkt der Embryologie auf der Erforschung des Zusammenspiels der Expressionsmuster verschiedener Gene.

„Fälschungen": Seit seiner Veröffentlichung von Abbildungen der Embryonalstadien verschiedener Wirbeltiere in der „Natürlichen Schöpfungsgeschichte" (1868), sah sich Haeckel immer wieder dem Vorwurf ausgesetzt, Befunde gefälscht zu haben. Dieser Vorwurf ist bis in unsere Zeit hinein zu hören, speziell in der angelsächsischen Welt und in kirchlichen Kreisen. Einer der ersten, der diesen Vorwurf erhob, war der Baseler Anatom Ludwig Rütimeyer (1868). Rütimeyer wies nach, dass Haeckel für frühe Stadien von Schildkröte, Huhn und Hund denselben Druckstock benutzte. Haeckel erwiderte darauf, dass diese frühen Stadien einander außerordentlich ähnlich seien; er wies den Vorwurf der Fälschung zurück und war sich offenbar keiner Schuld bewusst; der Druckstock wurde in späteren Auflagen aber nur noch für die Illustration eines frühen Säugetierstadiums gebraucht. Haeckels Persönlichkeit, seine Stellungnahmen zu Politik und Kirche schufen ihm viele Gegner, die nur zu gerne auf den Vorwurf der „Fälschungen" zurückgriffen, um ihn zu diskreditieren, speziell als er sich nicht scheute, konsequent auch den Menschen als Produkt der Evolution zu bezeichnen („Anthropogenie", 1874). Haeckels polemische Angriffe gegen Institutionen des Staates, gegen Missstände in Schulbehörden, das Kartell von Kirche und Staat usw. provozierten wütende unsachliche Gegenangriffe. Man hätte ihn gerne vernichtet, seine Vorgesetzten in Jena hielten aber schützend die Hand über ihn. Auch aus der Wissenschaft kamen Angriffe gegen ihn, immer wieder tauchte neben der Ablehnung des „Darwinismus" auch der Vorwurf von unzulässiger Vereinfachung, Fälschung und sogar Unglaubwürdigkeit auf. Er verteidigte sich u. a. mit dem Hinweis, dass „einfache schematische Figuren weit brauchbarer und lehrreicher seien als möglichst naturgetreue und sorgfältigst ausgearbeitete". Im Grunde ging es Haeckel um allgemeine Prinzipien und große Linien, bei deren Vermittlung er zum Teil großzügig verfuhr. Persönlichkeiten, die ihre Konzentration auf das Detail richteten, fanden hier leicht Anlass zur Kritik. Manche konnten und wollten die große didaktische Linie Haeckels offensichtlich nicht sehen. Dass Haeckel jedoch auch im Detail exakt sein konnte, hat er in seinen Radiolarien- und Medusen-Monographien bewiesen. Haeckel war der erste, der Stammbäume aller Organismen entwarf, da musste er in großen Linien vorgehen, und dies tat er mit der ihm eigenen Begeisterung. Bewusstes Fälschen ist ihm in keinem Falle zu unterstellen. 1909 kam es – nach heftigen Angriffen des evangelischen Keplerbundes – zu einer Erklärung von 46 bekannten Biologen, darunter Theodor Boveri, Karl Grobben und Richard Hertwig, in der diese zwar ein „in einigen Fällen geübtes Schematisieren" und einige „unzutreffend wiedergegebene Embryonenbilder" nicht „gutheißen", aber „im Interesse der Wissenschaft und der Freiheit der Lehre" den Kampf des Keplerbundes gegen Haeckel „aufs Schärfste" verurteilen und sich uneingeschränkt zum „Entwicklungsgedanken" bekennen. 1910 trat Haeckel aus der Kirche aus. Er konzentrierte sich immer mehr auf seine Weltanschauung, den „Monismus", in dem er die Einheit von Materie, Geist und Seele zu definieren suchte, so wie es sich logisch aus dem Evolutionskonzept ergibt. Haeckels Wirken reichte weit in die Geisteswissenschaften und die Kunst hinein. Sein immenses Werk, seine pointierten Formulierungen, seine zahllosen Anregungen sind noch heute wirksam. Die molekularbiologische Forschung bestätigt seine Grundgedanken immer wieder. Es gelang ihm, das Phyletische Museum in Jena zu gründen (Eröffnung 1912), dessen Besuch heute ebenso lohnt wie der des Ernst-Haeckel-Hauses, das auch zu einem Museum umgestaltet ist (Berggasse 7, 07745 Jena).

1.1.10 Die Bedeutung der Genetik

Die entscheidenden Fortschritte nach Darwin brachte vor allem die Wissenschaft der **Genetik**, deren Grundlagen schon 1865 von **Gregor Mendel** (1822 bis 1884; Abb. 1-14) gelegt wurden, die aber erst um das Jahr 1900 aufzublühen begann. Natürlich war das Phänomen Vererbung als solches lange bekannt, und auch der Einfluss der Umwelt auf den Phänotyp war bekannt (s. Goethes „Urworte", „Dämon" und „Das Zufällige" in der Morphologie). Bereits Darwin hat sich jahrelang mit der Vererbung befasst, wenn auch weitgehend nur spekulativ.

Mendel hatte ein naturwissenschaftliches Studium in Wien abbrechen müssen. Im Augustiner-Kloster in Brünn, das er später als Abt leitete, hatte er hier seine grundlegenden genetischen Untersuchungen mit Erbsen zwischen 1856 und 1863 durchgeführt und 1866 veröffentlicht. Prominente Botaniker wie **Karl Naegeli** nahmen sie nicht ernst. Darwin blieben Mendels Ergebnisse unbekannt, und auch Haeckel, der erst nach 1900 von ihnen erfuhr, hat ihre Bedeutung nicht verstanden. **Hugo de Vries, Carl Correns** und **Erich von Tschermak** wiederholten die Versuche Mendels Ende des 19. Jh. ohne dessen Experimente und Resultate zu kennen. Sie kamen zu denselben Erkenntnissen und entdeckten die vergessene Arbeit Mendels wieder.

Abb. 1-14. Gregor Mendel (1822-1884), im Amtsornat des Abtes um 1868, Brünn, Mendelianum

Ab 1900 setzte sich die Genetik durch. Die Mendelschen Regeln (s. S. 224) waren die Basis, es wurden Präzisierungen und Erweiterungen erarbeitet. In der Zoologie wurde durch den Amerikaner **Thomas Hunt Morgan** (1866–1945) *Drosophila* mit ihren Riesenchromosomen das beliebteste Untersuchungsobjekt. Der dänische Pflanzenzüchter **Wilhelm Johannsen** (1857–1927) schuf 1909 den Begriff Gen, abgeleitet von Darwins „Pangen". 1943 wies **Oswald Avery** nach, dass die Desoxyribonukleinsäure (DNA), die bereits 1869 von **Friedrich Miescher** in Tübingen entdeckt worden war, in den Chromosomen Trägerin der genetischen Information ist. Mit der Aufklärung der Struktur der DNA und ihres Replikationsmechanismus (**E. Chargaff, J.D. Watson, F.H.C. Crick, M.H.F. Wilkins**, 1953) ließen sich immer exaktere Einblicke in das Phänomen Evolution und ihre Mechanismen gewinnen. Es zeigte sich eine unerwartete Komplexität der DNA. Der genetische Code wurde entdeckt (**M.W. Nirenberg, H.G. Khorana, S. Ochoa**), Exons wurden von Introns unterschieden, Regulatorgene, flankierende Sequenzen usw. wurden gefunden (s. Kap. 3). Bedeutsam war die Entdeckung der HOX Gene (*Hom/Hox*-Gene), die in allen Tiergruppen nachgewiesen wurden und die die relative Lage von Organen in einem Organismus und Phänomene wie Segmentierung codieren (s. Kap. 3). Vergleiche von DNA-Abschnitten und DNA-Produkten, der Proteine, können jetzt auch für die Verwandtschaftsforschung eingesetzt werden („Molekulare Evolutionsforschung", s. Kap. 3 und 4). Das Zusammenspiel des gesamten Genoms ist heute noch ein ungelöstes Problem der genetischen Forschung.

1.1.11 Denkansätze im 20. Jahrhundert

Neben der Genetik mit all ihren Teildisziplinen entwickelten sich nach Darwin und Haeckel auch Vergleichende Anatomie, Systematik, Entwicklungsbiologie und Erforschung der biologischen Vielfalt intensiv weiter, zumeist getragen von der Idee der Evolution und oft auch von Haeckels biogenetischem Gesetz.

Die **Kontinentalverschiebungstheorie** wurde 1912 von **Alfred Wegener** (Abb. 1-15; 1880–1930) veröffentlicht. Nach anfänglicher Ablehnung ist sie seit ca. 1960 in modifizierter Form anerkannt (Entwicklung zur **Plattentektonik**) und heute bei biogeografischen Untersuchungen und für die Erklärung mancher evolutionären Phänomene zu berücksichtigen. In der Paläogeografie ist sie unverzichtbar. Sie hat sich im Prinzip auch bei der geografischen (allopatrischen) Artbildung (Speziation) als fruchtbar erwiesen, aber nicht alle disjunkten Verbreitungen lassen sich auf die Kontinentaldrift zurückführen (s. Kap. 4).

In den **theoretischen Grundlagen der Systematik**, deren Ziel es ist, in der biologischen Vielfalt die Verwandtschaft der Organismen zu erkennen und Pflanzen und Tiere aufgrund ihrer Verwandtschaft zu ordnen, gab es ab ca. 1950 große Fortschritte.

Der Zoologe und Meeresbiologe **Adolf Remane** (1898 bis 1976), ein Schüler **Willi Kükenthals**, veröffentlichte 1952 sein Hauptwerk „Grundlagen des Natürlichen Systems". Es beruht auf einzigartiger Kenntnis der Geschichte der Biologie und der Tier- und Pflanzenwelt. Besonders fruchtbar sind die von Remane formulierten **Homologiekriterien**, deren Erkennen und Anwendung für theoretische und praktische Arbeit von entscheidender Bedeutung ist. Remanes Natürliches System beruht auf der Evolution und bezieht Genealogie und Ähnlichkeit ein. Der Theorie des Natürlichen Systems Remanes entspricht die „evolutionäre" oder „Darwinsche" Systematik, die später formuliert wurde.

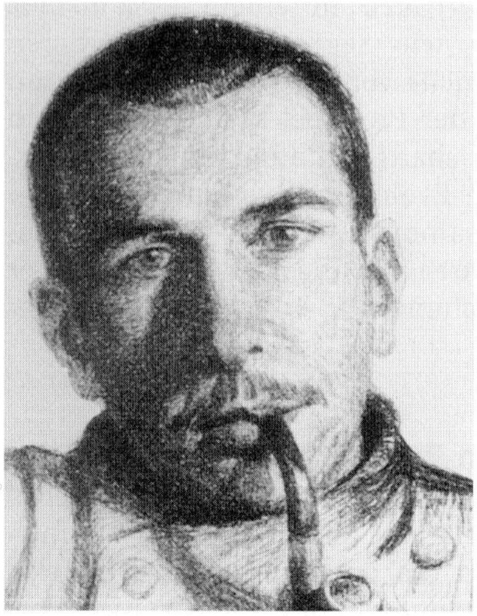

Abb. 1-15. Alfred Wegener (1880–1930). Nach einer Zeichnung von Achton Friis (1907)

Es existieren konkurrierende Denkschulen, z.B. die numerische Phänetik, die versucht, „objektive", abzählbare Merkmale zu erfassen und in ein System umzusetzen. Relativ überzeugende Ergebnisse hat diese Vorgehensweise nur in der molekularen Systematik erbracht im Rahmen der Computertaxonomie mit „Abstands-" oder „Distanzmethoden" (s. Kap. 4). Hier wird das alte Problem deutlich, dass Merkmale nicht nur abgezählt, sondern auch bewertet werden müssen.

Das „konsequent phylogenetische System" von **Willi Hennig** (1950) ist ein Ordnungssystem, das ausschließlich auf Genealogie beruhen soll. Es stützt sich nur auf abgeleitete (apomorphe) Merkmale. Ursprüngliche (plesiomorphe) Merkmale werden ebenso wenig berücksichtigt wie Ausmaß des evolutionären Wandels und Ähnlichkeit. Zweige (Kladen) des Stammbaums werden konstruiert, die sich i.a. gut zur Prüfung auf Monophylie eignen. Viele Nachteile sind zu bedenken, die Kladen sind heterogen, ähnliche Arten werden auf verschiedene, unähnliche auf gleiche Kladen verteilt, anerkannte höhere Taxa, z.B. die Reptilien, werden zunichte gemacht, die Bestimmung des taxonomischen Ranges von Geschwistergruppen ist unrealistisch, es fehlt eine Theorie über das Erstellen einer Rangfolge. Die Hennigsche Kladifikation hat weniger die Merkmale einer Klassifikation als die eines Identifikationsschemas, was u.U. verständlich ist, wenn man weiß, dass Hennig Entomologe und Museumszoologe war. Bedeutsam ist der Kladismus in der molekularen Systematik („maximal parsimony", s. Kap. 4).

Ein wichtiger Schritt in Hinsicht auf die Akzeptanz der Evolutionstheorie war **die synthetische Evolutionstheorie**, die sich allmählich im Zeitraum von 1930 bis 1950 herausbildete. Sie umfasst u.a. Fortschritte der Genetik, darunter Erkenntnis der Mechanismen der Mitose und

Meiose, Nachweis der Bedeutung der Populationsgenetik und die Herauskristallisierung des biologischen Artkonzepts. Wichtige Evolutionsbiologen dieser Zeit waren u.a. **Theodosius Dobzhansky** („Genetics and the Origin of Species", 1937), **Julian Huxley** („Evolution, the modern synthesis", 1942), **Ernst Mayr** (zahlreiche Veröffentlichungen zu Artbildung und Evolution), **Bernhard Rensch** („Neuere Probleme der Abstammungslehre", 1947), **G.L. Stebbins** („Variation and Evolution of Plants", 1950) und **George Gaylord Simpson** („Tempo and Mode in Evolution", 1944). Zentrale Erkenntnis dieser und vieler anderer Biologen jener Zeit war, dass die Evolution das zentrale Prinzip aller Lebensäußerungen ist.

Die synthetische Evolutionstheorie gab weiten Raum auch für kontroverse Diskussion und Forschung. Eine Rolle spielte immer wieder die Frage, ob die Variation zufällig zustande kommt oder nicht. Es wurde deutlich, dass Evolution zeitliche und räumliche Aspekte hat, dass Adaptationen in einer Stammlinie ebenso wichtig sind wie die Entstehung organismischer Vielfalt. Beruhend auf dem Konzept der synthetischen Evolutionstheorie und Ideen des Evolutionsbiologen Ernst Mayr entstanden verschiedene, z.T. spektakulär vorgebrachte Evolutionstheorien, z.B. zur Makroevolution der sogenannte Punktualismus (punctuated equilibria) von **Niles Eldredge** und **Stephen Jay Gould** (1971, 1972). Er besagt, dass wichtige Ereignisse der Evolution während kurzer Phasen mit vielfacher Artbildung stattfinden und dass erfolgreiche Arten dann oft für lange Zeit nur geringe Veränderungen erfahren („Stase"). Mit dem Phänomen, dass es in den Erdzeitaltern immer wieder zu Phasen mit Entstehung neuer Arten und Typen kam und dass z.T. relativ schnell viele Arten verschwanden, hatten sich schon in der Vergangenheit Forscher beschäftigt, z.B. Cuvier und in der Mitte des 20. Jh. der Tübinger Paläontologe **Otto Schindewolf**.

Man sollte sich bei solchen Theorien immer vor Augen halten, dass es i.a. nicht nur einen Grund für ein Phänomen gibt und nicht nur eine Erklärung für ein Problem. Der Punktualismus ist keineswegs die einzig mögliche Theorie zum evolutionären Wandel (siehe Tempo der Evolution, Kap. 3 und 4). Es ist wohl so, dass die meisten Phänomene in der Biologie mit mehreren Theorien erklärt werden müssen (Pluralismus der Erklärungen). Zu berücksichtigen ist stets, dass es auch bei Wissenschaftlern grundlegende Ideologien („Tiefen-Paradigmen") gibt, so dass sie bestimmte Auffassungen nicht akzeptieren können. Wissen entwickelt sich weiter, z.B. durch neue Methoden. Ein Beispiel sind die molekularbiologischen Methoden, welche die makro- und mikroskopischen Methoden erweitern. Wissen wird durch den Wettstreit alternativer Ansichten gefördert. Auch die Wissenschaft entwickelt sich – wie die organische Welt – weiter; man kann sich sogar auf den Standpunkt stellen, dass es trotz aller Verschiedenheiten, auch bei naturwissenschaftlichen Theorien Phänomene wie Variation und Selektion gibt.

In der gegenwärtigen Diskussion um die Evolution nimmt die **Soziobiologie** einen beachtlichen Raum ein (**Edward O. Wilson**: „Sociobiology, the New Synthesis", 1975). Sie beschäftigt sich mit der Bedeutung der Evolution für das Sozialverhalten, ein verständliches aber nicht unbedingt neues Anliegen. Bestehende Kontroversen beruhen vor allem darauf, dass Wilson, dessen Forschungsgegenstand primär soziale Insekten wie die Ameisen sind, ausdrücklich das menschliche Verhalten in seine Theorie einschließt. E. Mayr (1998) formuliert scharf: „Wir Menschen wären natürlich bloße genetische Maschinen, wenn all unsere Handlungen strikt ausschließlich von Genen gesteuert werden. Jeder weiß, dass das nicht so ist." Andererseits ist der Menschheit seit langem bekannt, dass unser Genom viel zu unserem Verhalten, unseren Vorlieben und unseren Begabungen beitragt. Alle Eigenschaften werden durch die Wechselwirkung von Vererbung und kultureller Umgebung beeinflusst. Wilson und Ruse konzentrierten sich auf Verhaltensaspekte, die im Rahmen der Fortpflanzung eine Rolle spielen: Sexualverhalten, sexuelle Zuchtwahl, elterliche Fürsorge, Fortpflanzungsstrategien der Weibchen, Aggression, Verwandtenselektion, elterliche Manipulation, Altruismus und reziproker Altruismus. Andere Verhaltensaspekte, z.B. Wanderungen sozialer Tiere, werden nicht berücksichtigt. Die Soziobiologie schärft den Blick für das Sozialverhalten, die Anwendung auf den Menschen bleibt aber sehr umstritten, insbesondere aus Sicht der Geisteswissenschaften, die häufig eine biologische evolutionäre Basis des Menschen nicht hinreichend berücksichtigen. Plausibel ist ein Konzept des Wechselspiels aus Vererbung und Lernen („nature and nurture").

Im Rahmen der synthetischen Evolutionstheorie spielt auch die **Ökologie** eine wichtige Rolle und zwar in Hinsicht auf Nischen, Konkurrenz, Populationsdichte, Fortpflanzungsstrategien (r-Selektion [Produktion vieler Nachkommen, von denen oft viele zugrunde gehen, stark schwankende Populationen, die oft Katastrophen ausgesetzt sind], K-Selektion [konstante, geringe Nachkommenzahl]), Räuber-Beute-Beziehungen, Nahrungskette und Co-Evolution. Unter Co-Evolution versteht man evolutionäre Veränderungen bei zwei zusammenlebenden Organismen, z. B. bei Pflanzen und Pflanzenfressern oder bei Blüten und Blütenbestäubern (s. Kap. 4). Ein Beispiel bietet die Yucca-Motte: die Larven fressen einen Teil der Samenanlagen, die Motte bestäubt aber die Blüten und stellt so genügend überlebende Samen (für die Pflanze und ihre Larven) sicher.

1.2 Wissenschaften, die zum Fundament der Evolutionstheorie beigetragen haben

Da bis auf den heutigen Tag eine z. T. erschreckende Unkenntnis über Ablauf und Mechanismen der Evolution besteht und da Sachverhalte der Evolution bisweilen völlig verzerrt dargestellt werden, sollen im Folgenden die Wissenschaften kurz dargestellt werden, die zu unserem Wissen über die Evolutionsbiologie in besonderem Ausmaß beigetragen haben.

Für historische Abläufe können keine Beweise im mathematischen Sinne geliefert werden. Man ist daher auf Indizienbeweise angewiesen. Selbst für die Existenz Karls des Großen und Cäsars gibt es keine exakten mathematischen Beweise – Aufzeichnungen und Berichte können ja die Wahrheit entstellen und tun es oft genug –, aber die Indizienbeweise sind so zwingend, dass niemand an der historischen Wahrheit betreffs deren Existenz zweifelt. Anders ist die Situation bei Romulus und Remus, und noch schwieriger wird es, wenn Abläufe rekonstruiert werden sollen, die Millionen oder gar Milliarden Jahre zurückliegen, und nach heutiger Vorstellung ist das Leben auf der Erde vor 3,5 Mrd. Jahren entstanden, vielleicht sogar noch früher.

1.2.1 Biogeografie

Tier- und Pflanzengeografie (Biogeografie) lieferten – historisch gesehen – die ältesten Hinweise auf eine Evolution. Ausgangspunkt war die Tatsache, dass viele Tier- und Pflanzenarten nur in einem begrenzten Gebiet vorkommen. Da die Arten bestimmte Anforderungen an Nahrung, Temperatur, Wasser und andere Umweltfaktoren stellen, ist diese Tatsache scheinbar von problemloser Selbstverständlichkeit. Ökologisch gleichartige Lebensräume müssten demnach gleichartige Tier- und Pflanzenarten aufweisen, das ist aber keineswegs der Fall.

Die Polarmeere des Nordens und des Südens haben völlig verschiedene Faunen (Abb. 1-16). Im Norden sind Herings- und Dorschartige (Clupei- und Gadiformes) sowie Plattfische (Pleuronectiformes) typische Fische. Sie fehlen im Südpolarmeer, wo eine eigenständige Fischfauna lebt, die sich von der des Nordpolarmeers stark unterscheidet und in der Nototheniidae und Channichthyidae (Eisfische) bis über 90% ausmachen. Auch die Gefrierschutzproteine im Gewebe dieser Fische sind in beiden Polargebieten verschieden. Unter den bodenlebenden Krebsen sind im Norden die brachyuren Decapoden eine dominierende Gruppe. Sie fehlen in den Gewässern der Hochantarktis; hier leben vor allem Isopoden und Amphipoden.

Ebenso sind die tropischen Regenwälder Südamerikas und Afrikas trotz klimatischer Übereinstimmung botanisch und zoologisch völlig verschieden; es gibt unter den Säugetieren keine gemeinsamen Arten, in Südamerika nur Affen der Gruppe der Platyrrhinen, in Afrika nur Catarrhinen. Lediglich der Mensch ist beiden Gebieten gemeinsam, aber wir wissen, dass er erst sehr spät über die damals trockene Landverbin-

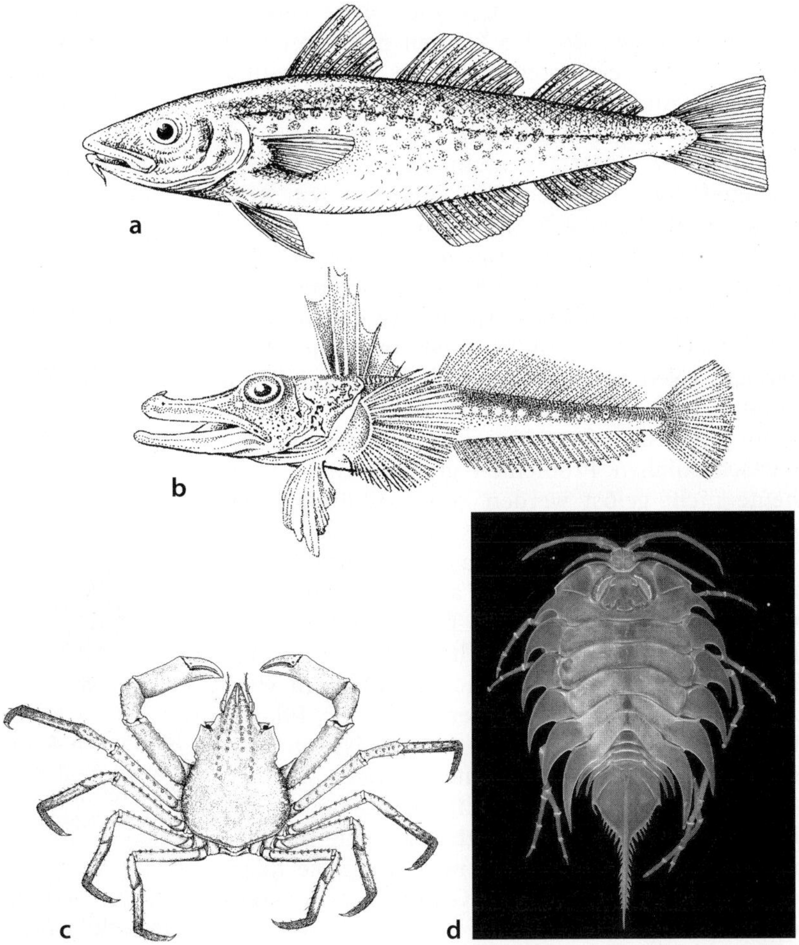

Abb. 1-16 a–d. In Nord- und Südozean haben sich ganz verschiedene Tiergruppen entfaltet. Unter den Fischen dominieren im Norden die Gadiformes (**a** *Gadus*, Kabeljau), im Süden die Channichthyidae (**b** *Channichthys*). Unter den Malacostraca sind im Norden die Brachyura verbreitet (**c** *Hyas*), die in der Hochantarktis fehlen. Hier sind Isopoda häufig (**d** *Ceratoserolis*)

dung in der heutigen Bering-Straße nach Amerika eingewandert ist.

Schon Alfred Russel Wallace und andere Biogeografen des 19. Jh. erkannten, dass viele verwandte Arten jeweils mehr oder weniger kongruente Verbreitungsgebiete aufweisen, die aber nicht genau den heutigen Kontinenten entsprechen müssen. Auf diese Weise kann man auf der Erde verschiedene **tier- und pflanzengeografische Regionen** unterscheiden: Paläarktis, Aethiopis, Orientalis, Australis, Antarktis, Nearktis und Neotropis. Die Aethiopis umfasst Afrika südlich der Sahara und beherbergt beispielsweise Nilpferde, Giraffen, Gorillas, Schimpansen und Paviane, für die Australis sind Kloakentiere und die Großzahl der Beuteltiere typisch, in der Neotropis (Mittel- und Südamerika) leben Ameisenbären, Gürtel- und Faultiere sowie Lamas. Diese Beispiele ließen sich beliebig vermehren. Die Verbreitung der genannten Säugetiere ist nur zu einem geringen Teil direkt durch ihre Lebensansprüche interpretierbar, es bleibt ein großer, unverständlicher Rest, den nur die Evolutionsbiologie erklären kann.

1.2.1.1 Adventivorganismen

Hat sich eine Gattung oder eine Familie in einem Gebiet herausgebildet und in eine Anzahl Arten aufgespalten, so wird deren Ausbreitung oft durch Verbreitungsschranken gehemmt. Für viele Landtiere stellen z.B. Meere solche Verbreitungshindernisse dar. Sie können daher nicht in jenseits der Schranken gelegene Lebensräume gelangen, auch wenn diese für sie günstige Lebensbedingungen aufweisen. So konnten viele Waldbewohner Afrikas nicht nach Südamerika gelangen und umgekehrt (s. aber Kap. 4.4, Ausbreitung über große Entfernungen).

Wenn durch den Menschen Organismen über Verbreitungsschranken hinweg verschleppt wurden, zeigte sich oft, dass sie außerhalb ihres Ursprungsgebietes als **Adventivorganismen (Neophyten, Neozoen)** sehr erfolgreich existieren können, z.T. erfuhren sie sogar eine Massenentfaltung. Nicht selten hat diese zu erheblichen wirtschaftlichen Problemen geführt, die oft bis heute nicht gelöst werden konnten. Einige Beispiele mögen das erläutern:

Die südamerikanische Wasserhyazinthe (*Eichhornia crassipes*, Abb. 1-17a) wurde zunächst wegen ihrer schönen blauen Blüten in Nordamerika und den Tropen der Alten Welt ausgesetzt. In kurzer Zeit hatte sich die im Schlamm wurzelnde oder auf dem Wasser treibende Pflanze über die Oberfläche von Süßgewässern ausgebreitet und behindert heute in vielen warmen Gebieten der Erde die Schifffahrt, schädigt die Fischerei und beeinträchtigt sogar die Erträge im Reisanbau. Mittlerweile nutzt man sie allerdings zur Herstellung von Gebrauchsgegenständen.

Ebenfalls aus Amerika wurde die Wasserpest (*Elodea canadensis*, Abb. 1-17b) in andere Kontinente gebracht. Ausgehend von Botanischen Gärten wurde sie vorwiegend von Wasservögeln verschleppt.

Aus Peru stammt das bekannte Franzosenkraut oder Knopfkraut (*Galinsoga parviflora*, Abb. 1-17c), das als einjähriges Unkraut auf Hackfruchtäckern und in Gärten bei uns weit verbreitet ist.

Auch verschleppte Tiere haben außerhalb ihres Ursprungsgebietes Massenentfaltungen erlebt. Kaninchen, die in Australien ausgesetzt wurden, vermehrten sich hier mit einer enormen Geschwindigkeit und breiteten sich jährlich um 150 km auf dem Kontinent aus.

Einen Siegeszug in Europa trat der Kartoffelkäfer (*Leptinotarsa decemlineata*, Abb. 1-17d) an, der erst im 19. Jh. in den Rocky Mountains entdeckt wurde, dann entlang der Eisenbahnlinie an den Atlantik vorstieß und im 20. Jh. zu einem gefährlichen Schädling in Mitteleuropa wurde.

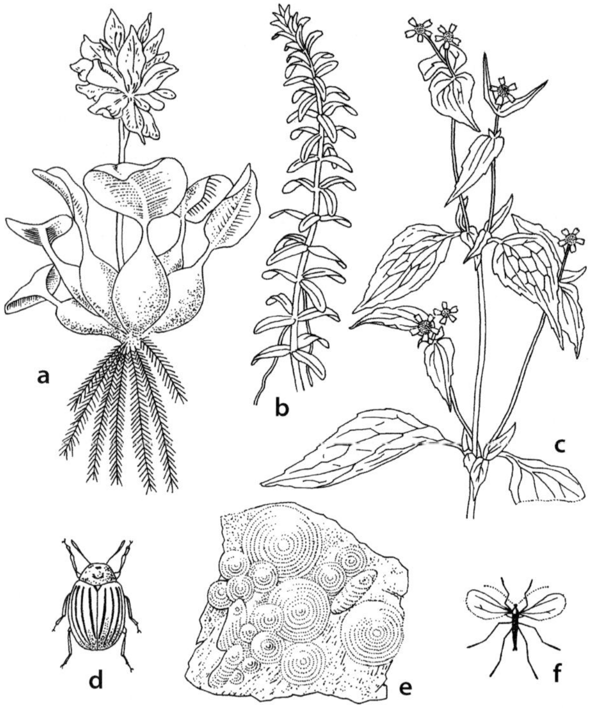

Abb. 1-17a–f. Durch den Menschen verschleppte Organismen. **a** Wasserhyazinthe, **b** Wasserpest, **c** Franzosenkraut, **d** Kartoffelkäfer, **e** San-José-Schildlaus, **f** Hessenmücke. Nach Storch, Welsch (1989)

Nach dem zweiten Weltkrieg gelangte als Dauerschädling die San-José-Schildlaus (*Quadraspidiotus perniciosus*, Abb. 1-17e) – wohl aus Ostasien via Nordamerika – zu uns und bedrohte den Obstanbau im Süden Deutschlands.

Zur Zeit der amerikanischen Befreiungskriege gelangte – vielleicht mit dem Futter für Pferde – eine Gallmücke, die Hessenmücke (*Mayetiola destructor*, Abb. 1-17f), nach Nordamerika und wurde hier zu einem der wichtigsten Schädlinge im Getreideanbau.

Alle genannten Adventivorganismen zeigen, dass der angestammte (ursprüngliche) Lebensraum keineswegs optimal sein muss. Das Fehlen von bestimmten Krankheitserregern, Fraßfeinden und Konkurrenten ermöglicht ihnen, im neuen Lebensraum vielmehr eine nahezu ungebremste Vermehrung. Nicht immer bedeutet jedoch ein neuer Lebensraum für eine verschleppte Art eine Erfolgsgeschichte, oft können sich Fremdorganismen auch nicht halten. Beispiele sind das Damwild in Südafrika oder die verschiedenen Fasanen in Mitteleuropa.

1.2.1.2 Inseln – Endemiten

Inseln, die im Ozean durch Vulkanausbrüche entstanden, besitzen eine Anzahl spezifischer Arten und Gattungen, die nur hier existieren. Solche Inseltiere und -pflanzen sind von den Galapagos-Inseln, wo Darwin sie studierte, den Hawaii-Inseln, den Kanaren und anderen in großer Zahl bekannt. Ihre nächsten Verwandten leben auf den benachbarten Kontinenten; die Galapagos-Eidechsen sind z. B. Leguane, deren nächste Verwandte auf dem Festland des benachbarten Südamerika leben. Solche Formen, die nur in begrenzten Gebieten vorkommen, bezeichnet man als endemisch für das betreffende Areal (Endemiten). Die Ahnen solcher Arten erreichten zufällig einmal die Inseln, z. B. durch Verdriftung, durch Wind, Wasser, Flöße oder Vögel und bildeten sich dann zu den speziellen Arten und Gattungen um. Die Zahl der Arten ist proportional zur Inselgröße und zur Festlandsnähe.

1.2.1.3 Plattentektonik – Relikte

Eine ähnliche Situation ergibt sich, wenn sich Kontinente oder Kontinentalschollen von Landmassen ablösen: Je früher in der Erdgeschichte die Ablösung erfolgte, desto eigenständiger sind Landflora und -fauna heute. Sie entwickelten nach der Ablösung ihre heutige Eigenart. Das gilt z. B. für Australien und Madagaskar, die schon sehr lange eigenständig sind, während Nordamerika und Eurasien, die sich erst spät trennten, trotz ihrer Entfernung eine ähnliche Tier- und Pflanzenwelt aufweisen. Viele Arten sind sogar beiden Kontinenten gemeinsam, besonders in den nördlichen Regionen, die daher auch als Holarktis zusammengefasst werden; Wolf und Eisbär sind Beispiele für Tiere, die sowohl im nördlichen Eurasien als auch in Nordamerika vorkommen.

Wenn lange getrennte Kontinente erneut in Kontakt treten, wandern viele Arten von dem einen auf den anderen und entwickeln sich im neuen Bereich zu eigenen Arten und Gattungen. So erhielt Südamerika im Pliozän Bären, Hirsche, Schweine, Kamele, Katzen u. a. von Nordamerika, die sich zum Teil zu geografischen Rassen (Puma), meistens sogar zu eigenen Arten und Gattungen (*Plianchenia*: Pliozän, Nordamerika; *Lama*: rezent, Südamerika) entwickelten.

Insgesamt hat die Erdgeschichte nicht nur dazu geführt, dass abgrenzbare Regionen der heutigen Floren und Faunen entstehen, sondern oft ist es auch zu **disjunkter Verbreitung** gekommen, das heißt, dass nahe verwandte Formen weit voneinander entfernt leben, auf verschiedenen Kontinenten, unter Umständen in kleinen Gebieten. So gibt es die heutigen Lungenfische in Südamerika (*Lepidosiren*), in Afrika (*Protopterus*) und in Australien (*Neoceratodus*, Abb. 2-75 a). Vermutlich sind sie Relikte aus Zeiten, als die Kontinente noch zusammenhingen. Gleiches gilt wohl für die Südbuche *Nothofagus*, die mit etwa 35 Arten auf bestimmte Regionen der Südhemisphäre um den Pazifik beschränkt ist. Vieles spricht zudem dafür, dass mehrere an ihnen lebende Insekten und Pilze die gleiche Geschichte hinter sich haben und dass die Verbreitung auf das Auseinanderbrechen des alten Südkontinents **Gondwana** zurückgeht.

Weitere Beispiele für disjunkte Verbreitung sind auf Abb. 1-18 dargestellt. Es handelt sich um Tertiärrelikte, die im Süden Nordamerikas und in Ostasien vorkommen: die Löffelstöre *Polyodon* (Abb. 1-18 a) und *Psephurus*, die Salamander *Cryptobranchus* und *Andrias* (*Megalobatrachus*, Abb. 1-18 b) sowie die Alligatoren *Alligator mississipiensis* und *A. sinensis* (Abb. 1-18 c). Auch ihre nächsten Verwandten lebten früher in einem zusammenhängenden Areal.

Disjunkte Verbreitung kann auch durch Wanderungen entstehen, so sind die Kamele in Nordamerika – wo es sie heute nicht mehr gibt – entstanden. Von hier wanderten sie nach Südamerika und Eurasien ein.

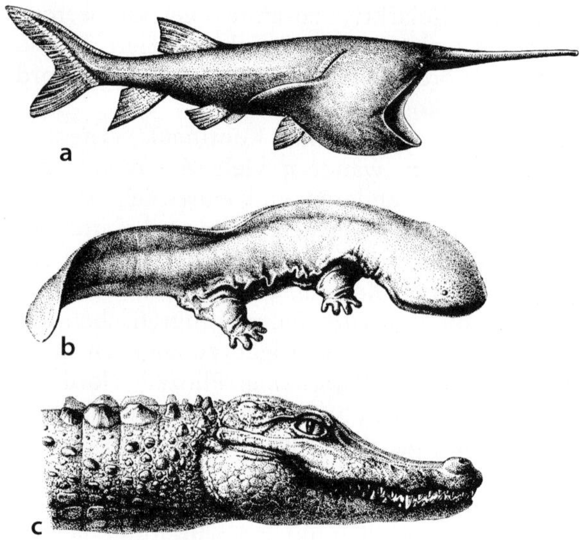

Abb. 1-18 a–c. Tertiärrelikte. **a** *Polyodon spathula*, **b** *Andrias japonicus*, **c** *Alligator sinensis*. Nach Storch, Welsch (1989)

So ist also ein erheblicher Teil der heutigen Verbreitung von Lebewesen nur durch evolutive Veränderungen der Organismen und Veränderungen der Erdoberfläche zu verstehen.

Viele Erkenntnisse der letzten Jahre haben unsere Vorstellungen von der Entwicklung der Kontinente sehr differenziert, so dass sich für die Evolutionstheorie wichtige Ergänzungen und weitere Beweise ergeben haben. Inzwischen ist es sogar gelungen, heutige Bewegungen von Landmassen direkt zu messen, so etwa die von Hawaii gegen Japan oder die von Nordamerika und Europa: Hawaii bewegt sich um gut 8 cm Jahr für Jahr in Richtung Japan; Europa und Nordamerika entfernen sich in derselben Zeit um knapp 2 cm voneinander.

Im ausgehenden Paläozoikum existierte ein riesiger Kontinent (**Pangaea**), im Mesozoikum waren es – vereinfacht ausgedrückt – ein Nord- (**Laurasia**) und ein Südkontinent (**Gondwana**) sowie ein umfangreiches Meer, die **Tethys**, zwischen den beiden, welche die Erdoberfläche über längere Zeit prägten. Wenn es auch bezüglich der Datierung noch Diskrepanzen gibt, so besteht doch darin Übereinstimmung, dass diese Kontinente nicht nur zerbrachen, sondern auch ihre Lage veränderten. Man spricht von **Kontinentaldrift** oder von **Plattentektonik**; der zweite Begriff trägt auch der Tatsache Rechnung, dass verschobene Platten unterseeisch sein können. Diese Platten, von denen es über 10 gibt (Abb. 1-19), werden z. B. dadurch dauernd verlagert, dass sich zwischen ihnen Material aus der Tiefe emporschiebt (mittelozeanische Rücken, Spreitungszonen), dass sie übereinandergeschoben werden, dass Gebirge entstehen oder dass Platten zerbrechen. Man schätzt, dass durch diese Veränderungen innerhalb von etwa 400 Mio. Jahren 70% der Erdoberfläche ausgetauscht werden. All das hat in der Erdgeschichte natürlich Auswirkungen auf den Wasserstand der Meere, Meeresströme, Klima und Verbreitung von Organismen gehabt. Mehrfach hat es einen Anstieg des Meeresspiegels (**Transgressionen**) gegeben, dann wieder Absenkungen (**Regressionen**).

Aus Laurasia gingen Nordamerika, Grönland und Eurasien hervor, Gondwana zerfiel fortschreitend von Osten nach Westen und ist heute durch Australien, die Antarktis, Indien, Afrika und Südamerika repräsentiert. Australien ist schon lange fast vollständig vom Meer umgeben und behielt weitgehend seine ursprüngliche Fauna, die Antarktis driftete südwärts, kühlte ab und verlor viele ihrer Lebensformen. Unter Berücksichtigung der heutigen Verhältnisse ist interessant, dass auch Indien aus Gondwana hervorgegangen ist. Es nahm einen Teil der Südkontinent-Organismen mit. Afrika und Südamerika schließlich waren lange in kontinentaler Verbindung und haben sich wohl erst in der Kreide getrennt. Desgleichen blieb im Bereich von Laurasia die Verbindung zwischen Nordamerika und Eurasien lange bestehen.

Natürlich änderte sich mit der Kontinentaldrift auch die Gestalt der Ozeane. Die **Tethys** wurde durch die Norddrift Afrikas eingeengt und hier zum Binnenmeer, dem heutigen Mittelmeer. Am ehesten vermittelt die rezente Meeresfauna des Indo-Westpazifik einen Eindruck von der Vielfalt der Tierwelt der Tethys. Hier kommen noch zahlreiche Tiergruppen vor, die aus anderen Gebieten der Erde, z. B. auch aus marinen Ablagerungen Mitteleuropas, nur fossil bekannt sind. **Tethys-Relikte** im Indo-Westpazifik sind zum Beispiel die lebenden Fossilien *Lingula* (Abb. 2-9 a) und *Nautilus* (Abb. 2-74 f).

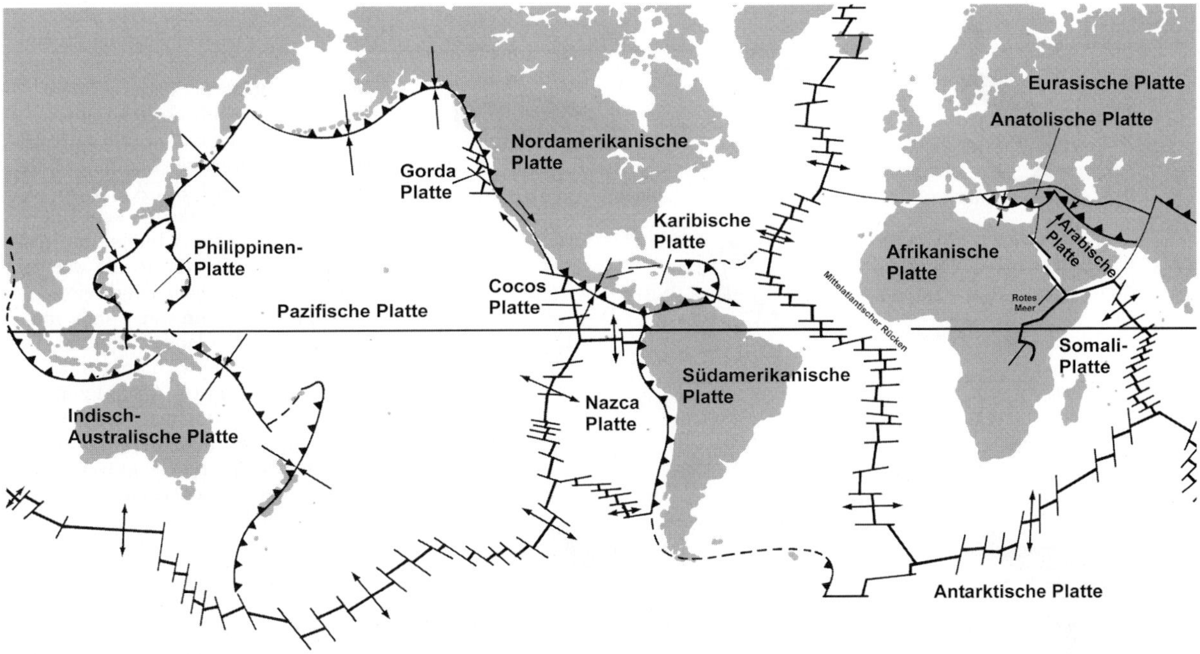

Abb. 1-19. Aufbau der Erdkruste aus Platten, die sich in Bewegung befinden (Pfeile). Einige bewegen sich an mittelozeanischen Rücken voneinander weg (Divergenz), manche stoßen in Subduktionszonen zusammen (Konvergenz; durch Pfeilköpfe markiert), andere gleiten aneinander entlang

In den letzten Jahren hat man sehr intensiv daran gearbeitet, Paläogeografie und aktuelle Biogeografie unter Einbeziehung der Plattentektonik in Einklang zu bringen. Die ältesten Amphibien sind aus Eurasien und Nordamerika bekannt; wie gesagt, bestand die Verbindung dieser Kontinente im Bereich des heutigen Nordatlantik recht lange. Mehrere fossile Reptilien, z.B. der aquatische *Mesosaurus* und *Cynognathus*, sind bis in die Trias hinein aus dem heutigen Südamerika und aus Afrika bekannt; noch weiter waren *Lystrosaurus* und der Farn *Glossopteris* verbreitet, ein altes Gondwana-Element, das man von allen oben genannten Gondwana-Abkömmlingen aus Fossilstätten kennt (Abb. 1-20).

1.2.2 Paläontologie

Direkte Zeugen des Lebens früher Erdepochen sind die Fossilien. Aufgrund ihres Auftretens in aufeinanderfolgenden Gesteinsschichten kann man eine **relative Zeitbestimmung** vornehmen (**Biostratigrafie; Leitfossilien**); mit Hilfe radioaktiver Elemente und deren Zerfallsprodukten sind zudem **absolute Altersbestimmungen** möglich (**radiometrische Datierung**), die heute schon recht genau sein können. Technische Fortschritte in der Massenspektrometrie ermöglichten zudem Messungen der Isotopenverhältnisse, zum Beispiel in Schalen, und bei vorsichtiger Handhabung sogar Aussagen über frühere Umweltverhältnisse wie Wassertemperatur und Salinität (Salzgehalt). Zusätzlich besteht die Möglichkeit, das Alter mittels magnetischer Anomalien zu bestimmen. Diese entstehen durch wiederholtes Umpolen des Erdmagnetfeldes während der Erdgeschichte. Durch die Lage kleinster magnetischer Partikel in vulkanischen, aber auch in Sedimentgesteinen wurden die Paläomagnetfelder und damit die Umpolungen konserviert. Die einander ergänzenden Methoden erlauben heute eine gute Gliederung der Erdgeschichte.

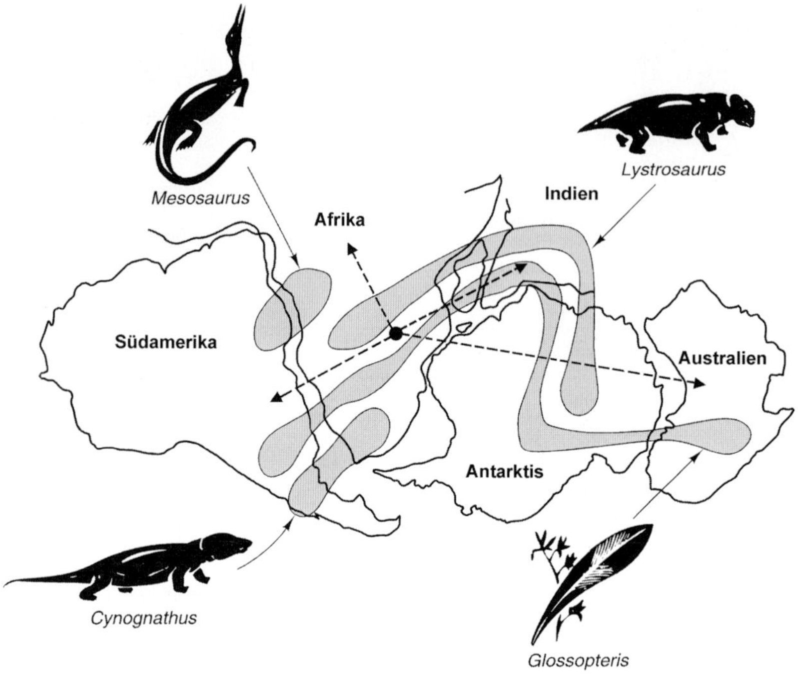

Abb. 1-20. Gondwana-Verbreitung verschiedener fossiler Formen im ausgehenden Paläozoikum (Perm), als der Südkontinent noch existierte. *Mesosaurus*, ein im Süßwasser lebendes Reptil, und *Cynognathus*, ein terrestrisches, säugetierartiges Reptil, sind fossil aus Südamerika und Afrika bekannt, das säugetierartige Reptil *Lystrosaurus* aus Afrika, Indien und Antarktika. Über fünf Kontinente war der Nacktsamer *Glossopteris* verbreitet. Im Jungpaläozoikum war Gondwana großflächig von Inlandeis bedeckt. Die Gletscher bewegten sich vom Akkumulationszentrum (in Afrika) zum Meer (Pfeile). Betrachtet man die heutigen Kontinente Südamerika und Australien sowie Indien, so weist die Richtung der Gletscherbewegungen vom Meer aufs Land

1.2.2.1
Methoden der Altersbestimmung

Die **absolute Altersbestimmung** beruht auf dem Zerfall radioaktiver Elemente. Voraussetzung ist, dass Ausgangselemente und Zerfallsprodukte in einem geschlossenen System vorliegen. Bei bekannter Halbwertszeit kann aus der Konzentration beider Anteile das Alter berechnet werden. Als Beispiel sei das radioaktive Kohlenstoffisotop C^{14} genannt, das in einem bestimmten Prozentsatz in biogene organische Substanzen eingebaut wird und bei der Altersbestimmung aus jüngster Zeit der Erdgeschichte besonders wichtig ist. Nach dem Tod eines Organismus wird dieses Isotop nicht mehr erneuert, sondern nimmt durch radioaktiven Zerfall gesetzmäßig ab (Halbwertzeit 5730 Jahre). Eine recht genaue Altersbestimmung ist bis zum Erreichen dieser Halbwertzeit möglich, eine weniger exakte danach, ihre Grenze findet die Methode bei 60 000 Jahren (Abb. 1-21).

Zur Zeit sind fast 300 000 fossile Organismen-Arten bekannt. Diese Zahl liegt wesentlich unter der der rezenten Arten, aber sie vermittelt uns bei Tierstämmen, die Hartteile ausgebildet hatten, doch ein vergleichsweise gutes Bild ihrer Verteilung in Raum und Zeit. Zu den faszinierendsten Fortschritten der letzten Jahre gehört zweifellos die Entdeckung von verschieden hoch differenzierten Organismen in den Gesteinen des Präkambriums (Abb. 2-2). Früher hatte man das „plötzliche“ Auftreten von Tierstämmen im Kambrium als großes Rätsel angesehen.

Unter der Voraussetzung, dass keine tektonischen Veränderungen erfolgt sind, kann man davon ausgehen, dass die untersten Gesteinsschichten früher abgelagert wurden als die weiter oben liegenden. Sind sie durch Fossilien gekennzeichnet, so kann man diese und die entsprechenden Schichten zeitlich ordnen: **relative Altersbestimmung.** Man spricht von Leitfossilien, wenn die fossilen Organismen einen bestimmten und klar definierten Raum-Zeit-Abschnitt kennzeichnen. Abgesehen vom wissenschaftlichen Interesse hat die genaue Altersbestimmung heute erhebliche praktische Bedeutung bei der Suche nach Bodenschätzen (v.a. Erdgas und Erdöl) gewonnen. Hier arbeitet man vorwiegend mit Mikrofossilien.

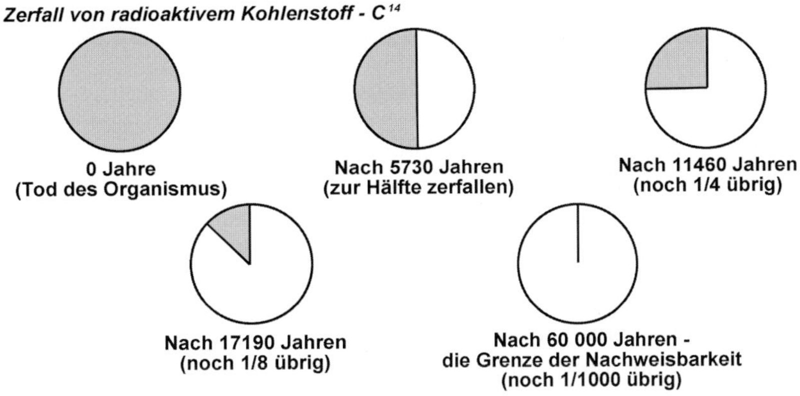

Abb. 1-21. C^{14}-Methode. Höhenstrahlung in den oberen Schichten der Atmosphäre macht Kohlenstoff radioaktiv. Radioaktiver Kohlenstoff hat eine Halbwertzeit von 5730 Jahren; zusammen mit normalem Kohlenstoff wird er in lebende Organismen bis zu deren Tod eingebaut. Der Tod markiert also den Nullpunkt einer möglichen Messreihe. Bei 60 000 Jahren liegt die Nachweisbarkeitsgrenze dieser Methode. Nach Lehmann (1997)

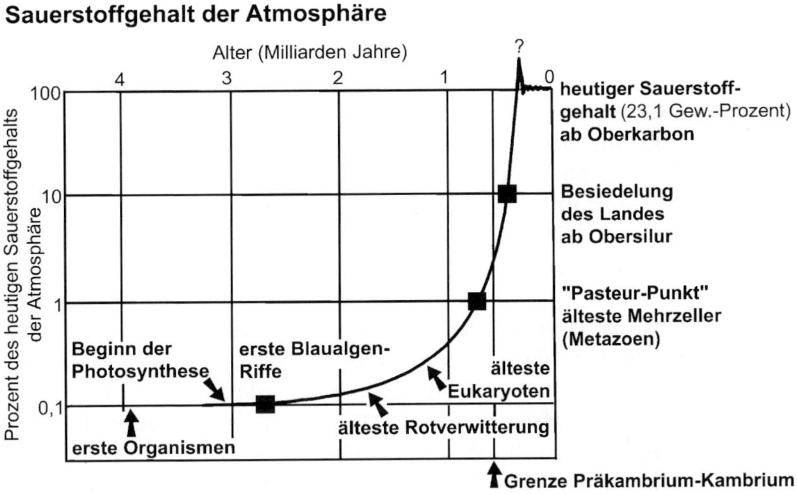

Abb. 1-22. Sauerstoffgehalt der Atmosphäre in der Erdgeschichte und Kennzeichnung besonderer Schlüsselereignisse in der Evolution der Organismen

Fossilien hat man schon seit Jahrhunderten beobachtet und gesammelt. Oft wurden sie als Schmuck verwendet, auch wurden sie als Heilmittel, speziell Aphrodisiaka, angesehen und in Apotheken verkauft, so z. B. in China und Europa. Bisweilen sah man sie als unvollkommene Versuche eines Gestaltungstriebes der Natur auf dem Weg zur Schaffung von Lebewesen oder sogar als „Sünder" an (Riesensalamander *Andrias scheuchzeri* [Abb. 1-24], s. unten). Die intensive Erforschung der Fossilien begann mit Cuvier zu Beginn des 19. Jh., der unter anderen die fossilen Säugetiere des Gipses vom Montmartre beschrieb und ihre Skelette rekonstruierte. Er sah aber in ihnen nicht eventuelle Vorfahren heutiger Arten, sondern Lebewesen vergangener Erdepochen, die durch Katastrophen vernichtet worden waren (Katastrophentheorie). Auf solche Katastrophen sollten Neuschöpfungen von Lebewesen erfolgen. Erst um die Mitte des 19. Jh. begann die Auswertung der Fossilfunde im Sinne der Evolutionsbiologie,

Die Methoden der Altersbestimmung zeigen uns, dass nicht nur Organismen im Laufe der Erdgeschichte Wandlungen unterworfen waren, sondern auch die unbelebte Welt, z. B. die Atmosphäre (Abb. 1-22).

EXKURS 1.2.2.2

Fossilien in der Menschheitsgeschichte

Interpretation und Verwendung

Das Interesse des Menschen an Fossilien ist bereits aus der Steinzeit belegt; schon im Neolithicum haben Menschen Fossilien in Metall gefasst und offenbar als Schmuck oder Idole verwendet.

Was die Interpretation betrifft, so haben schon griechische Philosophen und Naturforscher vor Aristoteles (z. B. Pythagoras, Xenophanes und Herodot) vermutet, dass Fossilien auf ehemals lebende Tiere zurückgehen. Aristoteles (384–322 v. Chr.) jedoch sah im Zusammenhang mit seiner Vorstellung von der Urzeugung Fossilien als Produkte von „Exhalationen" der Erde. Diese Vorstellung wirkte bis ins 16. Jahrhundert. Plinius d.Ä. (23–79), der vieles von Aristoteles übernahm, hielt fossile Haizähne für versteinerte Zungen, die vom Himmel gefallen waren (glossopetrae: Zungensteine). Bei den Germanen wurden die in Norddeutschland in der Schreibkreide und in eiszeitlichen Geschieben häufigen fossilen Seeigel (z. B. *Echinocorys*) als Donnersteine interpretiert. Man brachte sie mit dem Donnergott Donar (= Thor) in Verbindung. Wenn er mit seinem Hammer geschlagen hatte und es blitzte und donnerte, blieben Donnersteine liegen. Auch Donnerkeile (Reste des Innenskeletts mesozoischer Cephalopoden [Belemnitida, S. 112]) wurden mit Gewittern in Verbindung gebracht.

Die Stielglieder fossiler Seelilien (*Encrinus*, Abb. 1-23) aus der Trias Mitteleuropas wurden als Sonnenradsteine verehrt. Wo sie in großen Mengen vorkamen (Trochitenkalk, S. 130), gab es sogar Kultstätten. Im Zuge der Christianisierung wurde dieser Brauch geächtet, aus den Sonnenradsteinen wurden „Bonifatiuspfennige".

Die jüdisch-christliche Vorstellung von der Erschaffung der Erde in sechs Tagen stand mit ihrer Ad-Verbum-Interpretation (buchstabengetreuem Festhalten am Wortlaut) des Schöpfungsberichts lange Zeit einer angemessenen Deutung der Fossilien als Zeugnissen längst vergangenen Lebens entgegen. Nur mit Verzögerung und oft nach erbittertem Widerstand modifizierten insbesondere christliche theologische Autoritäten die Lehre vom Schöpfergott und seinem Wirken jeweils so, dass sie mit unbezweifelbaren naturwissenschaftlichen Erkenntnissen in Einklang blieb.

Doch wird auch heute noch die Lehre von der Schöpfung als einem abgeschlossenen Werk von sechs Tagen (oder in abgemilderter Form dem Sechsfachen eines größeren Zeitraums bis hin zum Jahrhundert oder Jahrtausend) vertreten (Kreationismus).

Aus wissenschaftlicher Sicht wirkt eine solche Interpretation anachronistisch und hat auch zu merkwürdigen Interpretationen geführt. Bis ins 18. Jh. sah man Fossilien (damals Petrefakten genannt) meist als Naturspiele (lusus naturae) an. Auch wurden sie als Opfer der Sintflut (Sündflut) interpretiert. Dass ein Großteil der Fossilien Meerestiere sind, die ja eigentlich Hochwasser überstehen sollten, blieb unberücksichtigt. Anhänger der Sintflutlehre (Diluvianer, lat. diluvium = Überschwemmung) war der Züricher Naturforscher und Arzt Johann Jakob Scheuchzer (1672–1733), der ein aus dem Miozän bei Öhningen, nahe dem Bodensee, gefundenes Skelett eines 1,2 m langen Riesensalamanders (heute: *Andrias scheuchzeri*, Abb. 1-24) als „**Homo diluvii testis**" interpretierte, also einen Zeugen der Sintflut und armen Sünder. Seine Interpretation wird heute nur noch von wenigen Kreationisten geteilt, wenn auch vielleicht nicht in jeder Einzelheit. Scheuchzer veranschlagte die Sintflut (und

EXKURS 1.2.2.2 (Fortsetzung)

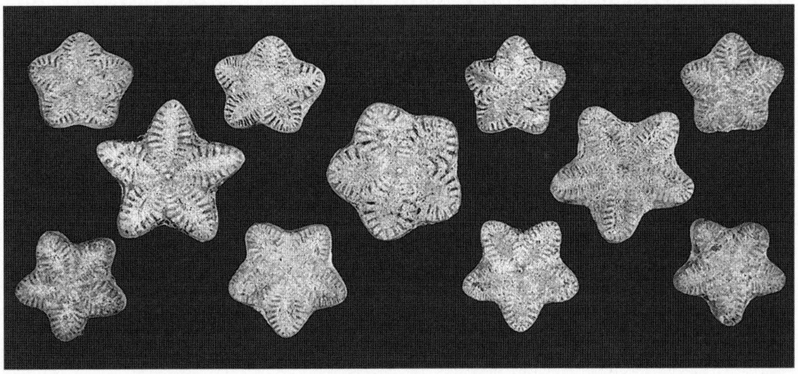

Abb. 1-23. Stielglieder mesozoischer Seelilien (Crinoidea); Bonifatius-Pfennige

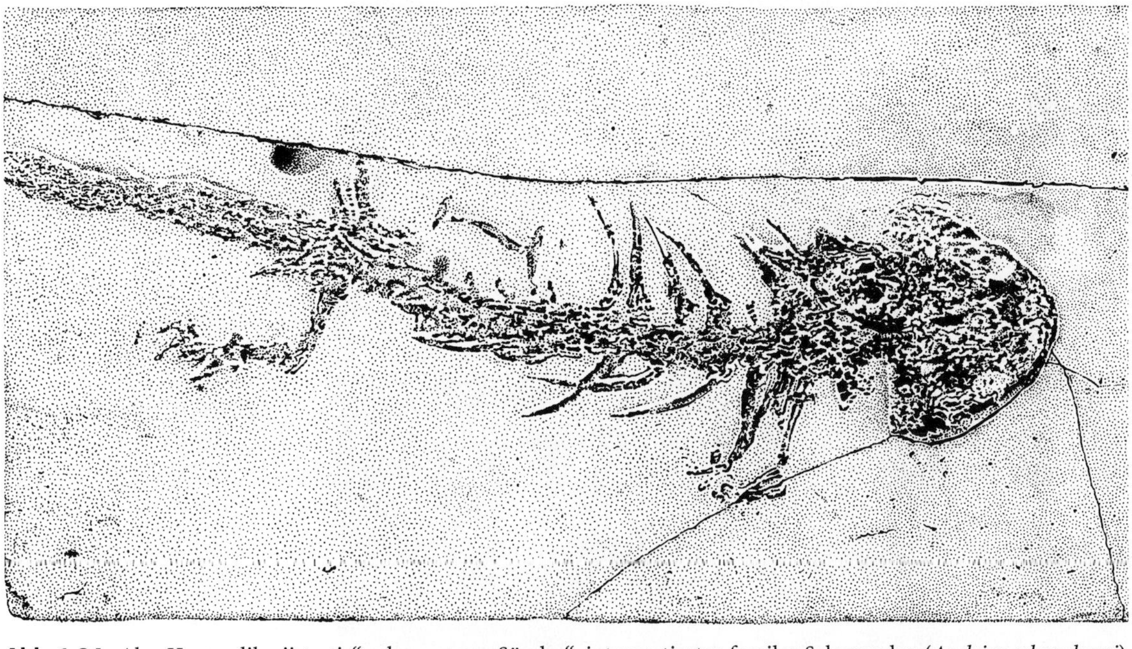

Abb. 1-24. Als „Homo diluvii testis“ oder „armer Sünder“ interpretierter fossiler Salamander (*Andrias scheuchzeri*)

damit den Tod der Fossilien) auf 250 Jahre vor dem Bau der Pyramiden bei Kairo. Ihm verdanken wir das erste detaillierte Werk über fossile Pflanzen (Herbarium diluvianum).

Erst im 19. Jh. entstanden das Bild der Erdgeschichte und eine Interpretation der Fossilien, wie wir sie heute noch akzeptieren. Charles Lyell (1797–1875) brachte 1830 seine Principles of Geology heraus und schuf auch die Bezeichnung Paläontologie für eine neue Wissenschaft. 1841 prägte Richard Owen (1804–1892) den Begriff „Dinosaurier“ und erkannte diese als ausgestorbene riesige ►

EXKURS 1.2.2.2 (Fortsetzung)

Reptilien. Fossilien wurden nicht mehr nur als Zeitmarken angesehen, die „Petrefaktenkunde", die eine Hilfswissenschaft der Geologie gewesen war, begann ihr eigenes Dasein.

Der Begriff **Leitfossil**, im frühen 19. Jh. geschaffen, leitet nicht mehr „nur" zu bestimmten Gesteinsschichten, er wurde zu einem wesentlichen Begriff im Zusammenhang mit der Evolution der Organismen auf der Erde.

Interessante Neuinterpretationen folgten: Der Lindwurm, Wahrzeichen der österreichischen Stadt Klagenfurt, erwies sich als Phantasieprodukt mit dem Kopf eines Woll-

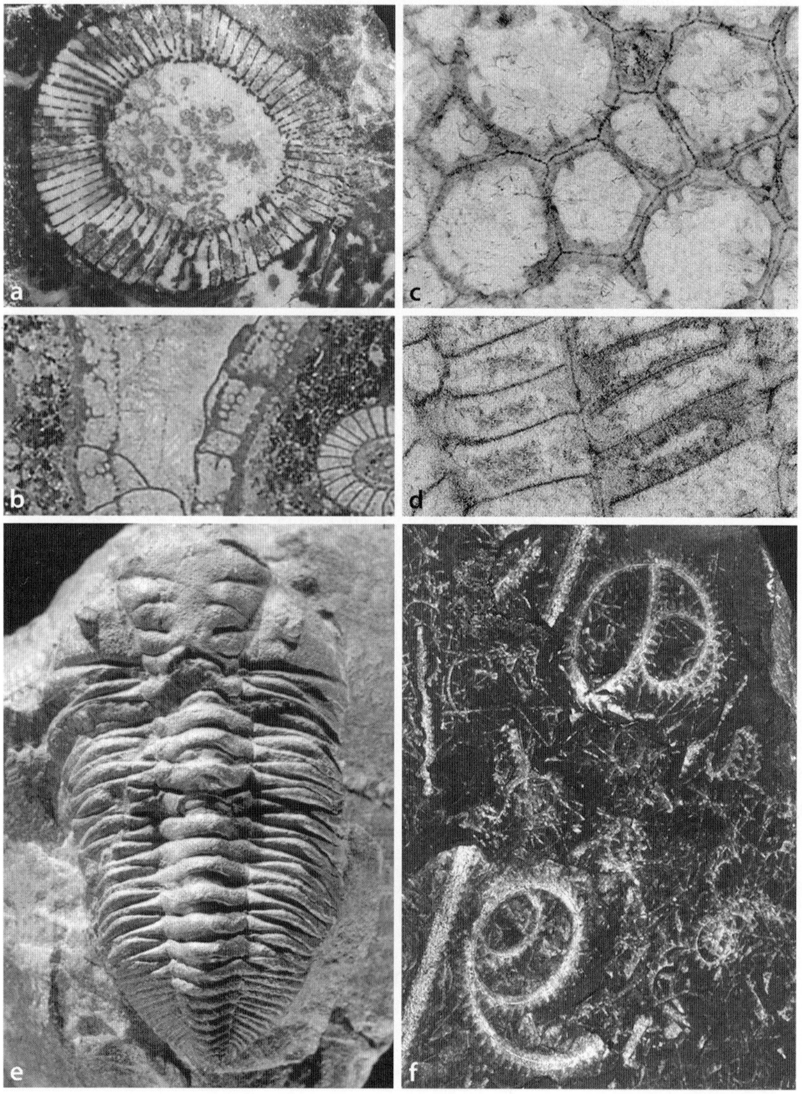

Abb. 1-25 a–f. Im Paläozoikum ausgestorbene Formen: **a**, **b** Archaeocyathida, **c**, **d** Tabulata, **a** und **c** zeigen Querschnitte, **b** und **d** Längsschnitte, **e** Trilobita, **f** Graptolitha

EXKURS 1.2.2.2 (Fortsetzung)

Abb. 1-26 a, b. Im Mesozoikum ausgestorbene Formen: **a** Pterosauria (*Pteranodon*, Flügelspannweite 7 m), **b** Plesiosauria (*Macroplata*, Körperlänge 7 m)

a

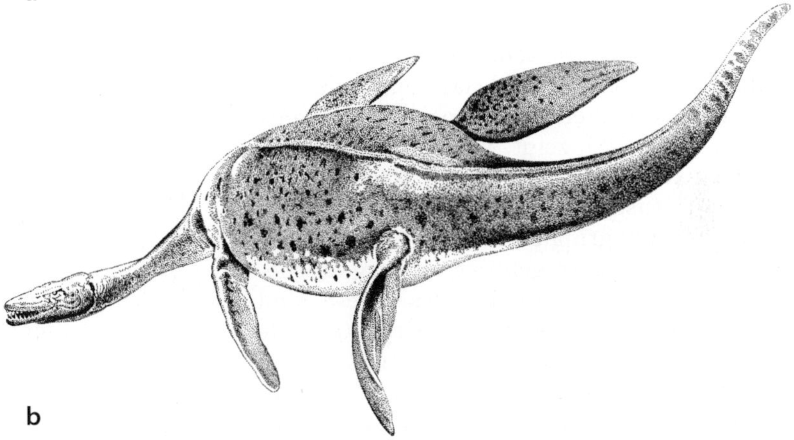

b

nashorns; das legendäre Einhorn, nach dem heute noch Gaststätten und Apotheken genannt werden, konnte mit den Stoßzähnen tertiärzeitlicher Elefanten (*Gomphotherium*) den Stoßzähnen des Mammuts (*Mammuthus primigenius*), aber auch dem Zahn des rezenten Narwales (*Monodon*) in Verbindung gebracht werden. Aus „versteinerten Münzen" (Nummuliten) wurden eozäne Foraminiferen (Abb. 2-69). Der einäugige Riese Polyphem aus der Homerischen Odyssee bzw. die einäugigen Zyklopen lassen sich möglicherweise auf Schädel des Zwergelefanten (*Palaeoloxodon*) von Mittelmeerinseln zurückführen. Plausibel erscheint auch eine andere Erklärung: Mit Alkaloiden aus dem Germer (*Veratrum*), einem Liliengewächs, kann man Foeten so beeinflussen, dass sie einäugig (stirnäugig) werden. Da Germer in Griechenland vorkommt, wäre es möglich, dass die alten Griechen dieses Phänomen bei Tieren und beim Menschen gesehen haben.

Unsere heutige Kenntnis über Fossilien hängt zu einem ganz wesentlichen Teil mit der Verwendung im Bauwesen von Kleinverbrauch bis zur Massenverwendung der Industrie zusammen bzw. geht auf diese zurück.

Was an Kalkstein seit Jahrtausenden als Baumaterial verwendet wird, ist zu einem erheblichen Teil biogenen Ursprungs, also durch Organismen entstanden und enthält vielfach Fossilien. Die gesamte Zementindustrie basiert auf dem biogenen Produkt Kalziumkarbonat (S. 67), und bei dessen Abbau ▶

EXKURS 1.2.2.2 (Fortsetzung)

werden in Steinbrüchen Fossilien zutage gefördert. Die großen Pyramiden Ägyptens bestehen aus eozänem Nummulitenkalk, das Berliner Olympiastadion aus Muschelkalk, das Dach der Hagia Sophia in Istanbul aus spezifisch leichten, da hohlraumreichen Diatomeen- und Radiolarienskeletten, und Kalkstein in vielen Gebäuden zeigt Anschliffe durch Belemniten.

Schließlich sind Erdöl, Steinkohle und Braunkohle (S. 114, 165) zu nennen, wesentliche Rohstoffe für die moderne Industrie und damit ein Eckpfeiler heutiger Zivilisation. Diese fossilen Energieträger sind Reste ausgestorbener Organismen, die wesentliche Teile der Erde gestaltet haben.

Die Paläontologie erbrachte zunächst folgende Tatsachen: Zahlreiche Arten, Gattungen und sogar Ordnungen früherer Erdepochen sind ausgestorben. Abb. 1-25 zeigt Wirbellose, die auf das Paläozoikum beschränkt sind, Abb. 1-26 im Mesozoikum ausgestorbene Wirbeltiere. Viele fossile Organismengruppen sind nicht die Ahnen heutiger Arten, sondern gehören zu ausgestorbenen Seitenästen des Stammbaumes. Diese sind keineswegs immer kurzlebig, im Gegenteil, die meisten haben viele, oft Hunderte von Millionen Jahren gelebt, ehe sie ausstarben. Bei dieser Vielfalt von erloschenen Seitenlinien ist die Entscheidung oft schwer, ob eine fossile Art in die Ahnenreihe einer rezenten Gruppe gehört oder eine ausgestorbene Seitenlinie ist. Die dreizehigen Pferde der tertiären Gattung *Hipparion*, die in der Alten Welt verbreitet waren, hielt man lange Zeit für die Ahnen unserer heutigen, einzehigen Pferde (Abb. 1-27). Morphologisch wäre das durchaus möglich; aber mit der Zunahme der Fossilfunde, durch welche die Lücken in Reihen immer mehr geschlossen wurden, ergab sich, dass die rezenten Pferde nicht von *Hipparion*, sondern von der amerikanischen Gattung *Pliohippus* abzuleiten sind. Der Evolutionsbiologe muss für die Lösung mancher Einzelfragen Geduld aufbringen, bis neue Funde die Linienführung der Stammesentwicklung sichern. Es geht ihm wie dem Archäologen, dessen historische Schlüsse von den Fundmaterialien abhängen. Erfreulicherweise wächst dieses Fundmaterial in der Paläontologie auch heute noch von Jahr zu Jahr.

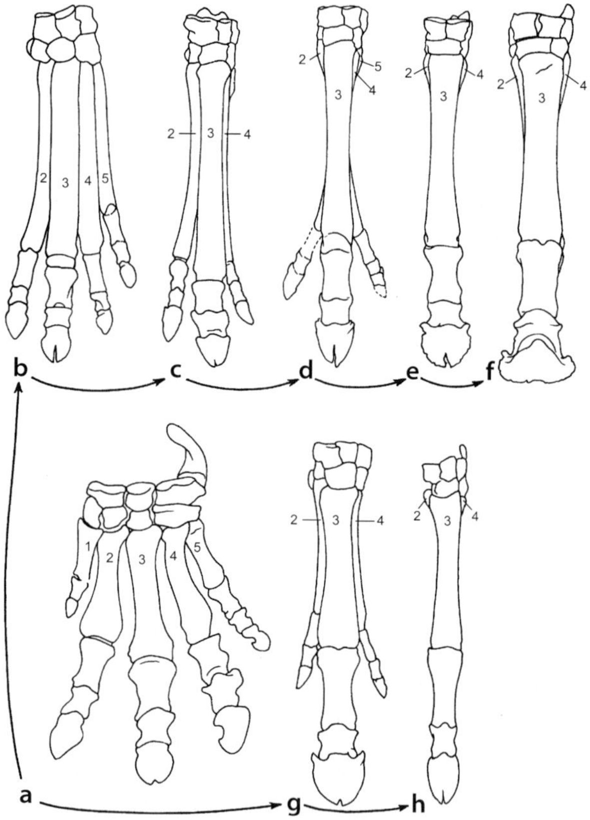

Abb. 1-27 a–h. Entwicklung der Vorderextremitäten vom eozänen *Phenacodus* (a) zu rezenten Pferden (b-f) sowie zu miozänen südamerikanischen pferdeähnlichen Formen (Litopterna) (g–h). **a** *Phenacodus*, **b** *Hyracotherium* (*Eohippus*), **c** *Miohippus*, **d** *Parahippus*, **e** *Pliohippus*, **f** *Equus*, **g** *Diadiaphorus*, **h** *Thoatherium*. Bei den letzten beiden Formen handelt es sich um eine Parallelentwicklung zu den echten Pferden. Aus Gregory (1951)

Folgende Tatsachen der Paläontologie fordern die Annahme einer Evolution:

1.2.2.3 Kontinuierliche Veränderungen in der Erdgeschichte

Verfolgen wir von der heutigen Fauna und Flora aus die Erdzeitalter, so ergibt sich kein chaotischer Wechsel der Formen, sondern eine strenge Gesetzmäßigkeit. Je älter Flora und Fauna sind, desto mehr weichen sie von den heutigen Verhältnissen ab; von den ältesten Fossilschichten aus betrachtet, nähern sich die Lebewesen in stufenweiser Abänderung den heutigen Formen. Nehmen wir als Beispiel die Säugetiere: Manche Arten des Pleistozäns (Beginn vor ca. 2 Mio. Jahren) gehören noch der heutigen Fauna an. Wir finden im noch jungen Pleistozän Mitteleuropas Marder, Löwen, Hyänen, Rothirsche usw. Auch der Mensch als *Homo sapiens* ist gegen Ende des Pleistozäns vorhanden. Viele dieser Arten sind jedoch in Pleistozän und Jetztzeit nicht identisch; Menschen des mittleren Pleistozäns werden wegen ihrer deutlichen Unterschiede zum *Homo sapiens* zu mehreren eigenen Arten, z. B. *Homo neanderthalensis*, *Homo heidelbergensis* und *Homo erectus*, gestellt (s. Kap. 5). Im Tertiär (vor 3 bis 65 Mio. Jahren) sind die meisten rezenten Arten verschwunden, allmählich verschwinden die rezenten Gattungen, d. h. die zurückverfolgten Stammeslinien sind so abgewandelt, dass man sie in eigene Gattungen stellt. Zu Beginn des Tertiärs sind nur noch wenige der heutigen Familien nachweisbar. In der Kreide sind nur noch einzelne Ordnungen vorhanden, in der Oberen Trias verschwinden die Säugetiere ganz, oder genauer gesagt, gehen in ihrer Organisation in Formen über, die man definitionsgemäß als Reptilien bezeichnet.

Eine vergleichbare Situation finden wir in allen Gruppen, von denen reiche Fossilfunde vorliegen; allerdings ist das Tempo der Abänderung verschieden: Knochenfische (Teleostei) und Vögel „verschwinden“ im Jura in Übergangsformen zu anderen Gruppen.

Fossile Faunen und Floren sind nicht nur durch Vorläufer heutiger Arten charakterisiert, sondern auch durch völlig ausgestorbene Entwicklungslinien. Die in den letzten 2 Mio. Jahren ausgestorbenen Arten gehören fast ausnahmslos zu rezenten Gattungen und Familien. Mammut und *Mastodon* sind Elefanten, wollhaariges und Merksches Nashorn sind Nashörner, die Riesengürteltiere Südamerikas Gürteltiere. Im Tertiär finden wir schon viele ausgestorbene Familien und eine Reihe aussterbender Ordnungen. Von den Paarhufern (Artiodactyla) leben noch neun Familien in der Jetztzeit, im Tertiär starben sechzehn aus, von den Unpaarhufern (Perissodactyla) leben heute mit Pferden, Nashörnern und Tapiren drei Familien, acht starben in Tertiär aus, aber alle diese ausgestorbenen Familien gehören zu rezenten Ordnungen.

Im Mesozoikum, einem Zeitraum von etwa 180 Mio. Jahren, starben viele Ordnungen und Überordnungen aus, die den rezenten Formen ferner stehen, z. B. die Ichthyosaurier (Abb. 2-61), Plesiosaurier (Abb. 1-26 b), Pterosaurier (Abb. 1-26 a) und Dinosaurier (Abb. 2-55 bis 2-60).

Im Paläozoikum starben viele Ordnungen und Klassen aus, die den rezenten Wirbeltieren noch ferner stehen, z. B. die Fischgruppen der Acanthodii, Heterostraci, Anaspida, Placodermi usw. Dasselbe Phänomen finden wir z. B. bei Echinodermen, Mollusken und Pflanzen. Diese Korrelation zwischen der geologischen Zeit und einer stufenweisen Abänderung der Organismen kann schlüssig nur mit der Evolutionstheorie erklärt werden.

1.2.2.4 Umwandlungsreihen

Da die Evolution eine kontinuierliche Abänderung von Organismen darstellt, müssen heute isoliert stehende Formen mit Fossilien in einer zeitlichen Abfolge schrittweise zu verbinden sein. Das gilt nicht nur für Arten und ganze Gruppen des Systems, sondern auch für Organsysteme. Beispiele hierfür gibt es in großer Anzahl. Das Musterbeispiel ist der Pferdefuß: Vorder- und Hinterextremitäten haben bei rezenten Formen nur eine Zehe und einen Huf. Die fossilen Funde erbrachten drei- und vierzehige Pferde, so dass im Alttertiär der Anschluss an die fünfzehige Grundstruktur der Säugerextremität gewonnen ist (Abb. 1-27).

Die so verschiedenen Zähne und Zahnformeln der plazentalen Säuger lassen sich alle auf eine Grundformel zurückführen: In jeder Ober- und Unterkieferhälfte befinden sich drei Schneidezähne, ein Eckzahn, vier Prämolaren und drei Molaren.

Ein Beispiel für Umwandlungen liefern die Kiefergelenkknochen der Säugetiere. Diese haben ein sekundäres Kiefergelenk aus den Hautknochen Squamosum und Dentale erworben, während alle übrigen Landwirbeltiere ein primäres Kiefergelenk aus den Ersatzknochen Articulare und Quadratum besitzen. Diese beiden Ersatzknochen fehlen allerdings den Säugern nicht, sie sind ins Mittelohr gewandert und wurden dort zu Hammer (Malleus) und Amboss (Incus). Fossile Formen zeigen alle Zwischenstadien zwischen primärem und sekundärem Kiefergelenk, Ausdehnung der Hautknochen Squamosum und Dentale in die Gelenkregion, bis sie sich am Gelenk beteiligen (Abb. 1-34), so dass Formen mit beiden Kiefergelenken nebeneinander entstehen, wie *Diarthrognathus* in der Oberen Trias, bis schließlich das primäre Kiefergelenk ins Mittelohr gelangt und nur das sekundäre im Kieferbereich verbleibt. Die Säuger sind übrigens auch ein Beispiel dafür, wie eine ganze Gruppe sich über ausgestorbene Formen bis zu ihrer Vereinigung mit ihrer Nachbargruppe, den Sauropsiden (Reptilien und Vögel), verfolgen lässt. Zahlreiche Gattungen verbinden die Organisation der Säuger über die Ictidosaurier, Theriodontier und Pelycosaurier mit der der primitiven Reptilien (Gephyrostegida), die an der Grenze zwischen Amphibien und Reptilien stehen und in deren Nähe auch die Sauropsiden einmünden. Das ist nicht ein Einzelfall, sondern die Norm bei Gruppen, die fossil gut belegt sind. Das gilt unter den Säugern für Elefanten mit der primitiven Form *Moeritherium*, die Wale mit *Protocetus*, die Nashörner u. a., unter den Reptilien für die Krokodile, Dinosaurier usw.

Die bisherigen Reihen haben entfernte Formen über lange erdgeschichtliche Zeiträume verbunden. Ebenfalls von Interesse ist die Umwandlung von Arten innerhalb kurzer Epochen. Entsprechende Untersuchungen wurden zum Beispiel anhand der Zähne von Säugetieren, der Schalen von Muschelkrebsen (Ostracoden) und Mollusken sowie der Panzer von Trilobiten durchgeführt. Ein sehr genau untersuchter Umwandlungsprozess ist die Entwicklung der Bären im Pleistozän einerseits zum Höhlenbären und andererseits zum Braunbären. Die schrittweise Umbildung der Molaren von Elefanten konnte nach Übergang in kalte Steppen zum Mammut (*Mammuthus primigenius*) verfolgt werden (Abb. 4-48). Noch reicheres Material liefern Molluskenschalen. Bekannt sind die gradweisen Umbildungen von Deckelschnecken (*Paludina* bzw. *Tolutoma*) in den Schichten eines pliozänen Sees in Slowenien. Die glatten Schalen aus den Tiefenschichten des Sees (*Paludina hoernesi*) wandeln sich allmählich in die mit Ornamenten versehenen Schalen von *Paludina neumayri*. Austernschalen zeigen, durch verschiedene Zonen verfolgt, eine Wandlung von der schwach gewölbten Schale des *Ostrea*-Typs (*Ostrea irregularis*) zu der eingerollten Schale des *Gryphea*-Typs.

1.2.2.5 Fossile Übergangsformen

Die Existenz fossiler **Übergangsformen (missing oder connecting links)** wurde oft bejaht, aber auch verneint. Dieser Gegensatz beruht auf verschiedenen Anforderungen an die Feststellung einer Übergangsform. Die bisweilen erhobene Forderung, sie müsste in allen Charakteren eine Mittelstellung einnehmen, ist kaum erfüllbar, da die Umbildung der einzelnen Organe in unterschiedlichem Tempo erfolgt und viele Lebewesen gleichzeitig ursprüngliche (= primitive, plesiomorphe) und abgeleitete (apomorphe) Merkmale aufweisen. Übergangsformen werden also stets neben primitiven Charakteren, die sie mit der älteren Gruppe teilen, auch abgeleitete, d. h. fortschrittliche Organisationszüge besitzen. Das gilt für fast jedes Lebewesen. Andere Autoren lehnen die Existenz von missing links ab, weil man immer irgendwie spezialisierte Seitenzweige findet und nicht die zu fordernden unspezialisierten Ahnenformen. Dass diese Forderung auf einer falschen Voraussetzung beruht, wird später näher ausgeführt.

Wenn wir das fossile Material bewerten, müssen wir eher erstaunt sein, wie viele missing links uns die Paläontologie schon gebracht hat.

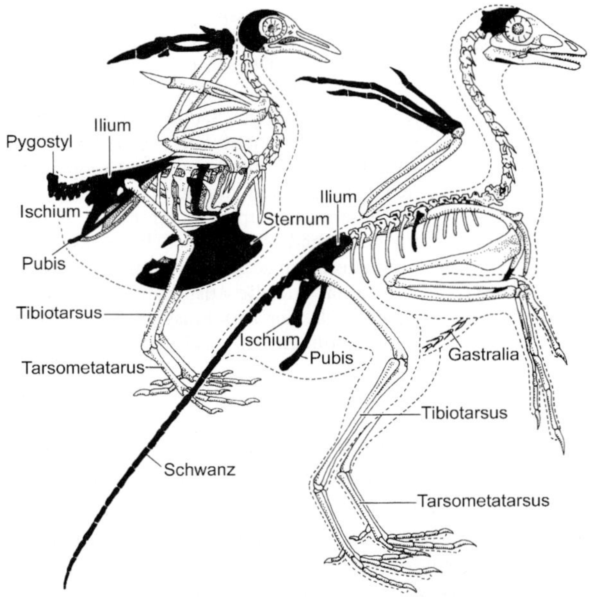

Abb. 1-28. Vergleich des Skeletts einer Taube (links) mit dem von *Archaeopteryx*. Einige homologe Strukturen, die unterschiedlich ausgeprägt sind, wurden schwarz gezeichnet. Nach Heilmann (1926)

Das bekannteste Beispiel ist der berühmte *Archaeopteryx*, der Urvogel aus dem Jura Solnhofens (Abb. 1-28). Sein Skelett trägt viele Merkmale fossiler Reptilien, speziell der theropoden Dinosaurier, das Flügelskelett und zum Teil der Schädel nehmen eine Zwischenstellung ein, die Federn sind echte Vogelmerkmale. Die Ichthyostegiden, speziell *Ichthyostega* aus dem Devon Grönlands, sind Zwischenformen von Fischen und Amphibien (Abb. 1-29). Diese ältesten Landwirbeltiere haben in der Schwanzflosse noch Flossenstrahlen wie Fische. Der Schädel ist dem der fossilen Crossopterygier (Fische) noch ganz ähnlich. Die Extremitäten besitzen aber bereits primitive Hände und Füße, wie sie für Landwirbeltiere typisch sind. Dass die Säugetiere über eine Kette von Formen mit primitiven Reptilien verbunden sind, wurde bereits erwähnt. Auch innerhalb der Säuger gibt es viele Reihen verbundener Formen; Elefanten beginnen mit *Moeritherium*, Pferde mit *Hyracotherium* (Abb. 2-71), Wale mit *Protocetus*. Das gleiche gilt für viele Sauriergruppen. Unter den Wirbellosen nähern sich die recht verschiedenen Echinodermenklassen der Seesterne (Asteroidea) und der Schlangensterne (Ophiuroidea) im Paläozoikum stark. Die Schwertschwänze (Xiphosura) zeigen im Paläozoikum Annäherungen an Trilobiten. Nur für die ganz großen Gruppen, die bereits im Kambrium zu Beginn des Paläozoikums vorhanden sind, kennen wir rückwärts kaum Verbindungen, weil uns aus präkambrischen Schichten nicht viele Fossilien bekannt sind. Insgesamt erfüllt die Paläontologie nicht nur die Forderungen der Evolutionslehre, die Existenz der vielen Fossilien und ihre zeitliche Abfolge sind ohne die Annahme einer Evolution gar nicht zu verstehen.

1.2.3 Systematik

Ein System ist die Gliederung einer Mannigfaltigkeit mit der Zielsetzung, eine Übersicht zu gewinnen. Systeme sind primär vom Menschen aufgestellte Ordnungen, und das beste System ist dasjenige, das die Mannigfaltigkeit am besten beherrscht. In der Biologie wurden zunächst die heute künstlich genannten Systeme errichtet. Bei diesen handelt es sich um Klassifikationen, die durch sehr unterschiedliche Einteilungsprinzipien gekennzeichnet sind. Linné errichtete z.B. ein System der Pflanzen, das auf der Zahl der Staubgefäße beruhte. Bei der Klassifizierung der Gliedertiere war für Linné ein wesentlicher Punkt, ob sie Flügel besaßen oder nicht. In die Gruppe der Flügellosen (Aptera) stellte er die Gattungen *Pediculus, Acarus, Araneus, Oniscus* und *Scolopendra*, also Läuse, Milben, Spinnen, Asseln und Tausendfüßler. Solche Systeme sind oft sehr klar aufgebaut und praktisch brauchbar, wenn es z.B. darum geht, Pflanzen oder Tiere zu bestimmen oder einzuordnen. Aber schon Linné erkannte, dass es eine andere Gruppierung gibt, die auf einer in der Natur gegebenen Übereinstimmung beruht. Ein System, welches diese Gruppierungen ordnet, nennt man „**natürliches** oder **phylogenetisches System**". Ein solches ist dem künstlichen in vieler Hinsicht überlegen (s. unten) und spiegelt die Verwandtschaft der untersuchten Organismen wider.

Die vielen Diskrepanzen, die es zwischen einer reinen Klassifikation und den natürlichen Systemgruppen gibt, beruhen darauf, dass ein

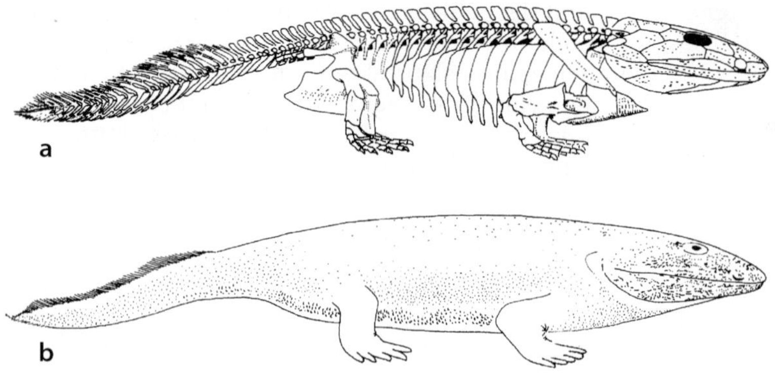

Abb. 1-29 a, b. Rekonstruktion von *Ichthyostega* (**a** Skelett, **b** Lebensbild; 65 cm lang) aus dem Oberen Devon Grönlands. Die Ichthyostegalia sind die ältesten bekannten vierfüßigen Landwirbeltiere und entsprechen in vieler Hinsicht Formen, die zwischen Crossopterygiern und ursprünglichen Amphibien vermitteln. An die Fische erinnern unter anderem die Struktur des Schädels und des Schwanzes; Amphibienmerkmale sind die fünfstrahlige Extremität und die Ausbildung eines Beckengürtels, der Anschluss an die Wirbelsäule gefunden hat. Nach Jarvik (1955)

praktisches System getrennte Einzelmerkmale fordert, welche die Klassen, Ordnungen usw. völlig isolieren und möglichst in Zahlen ausdrückbar sind, und dass natürliche Systeme auf zahlreichen korreliert auftretenden Merkmalen basieren. Diese Korrelation ist aber in der Natur selten vollständig, so dass in einzelnen Charakteren Ausnahmen existieren. Die durch eine ganze Anzahl von Merkmalen gekennzeichneten Einheiten sind „natürliche Einheiten" oder Typen. Der Begriff Typ ist in diesem Zusammenhang sachlich-konkret und bezeichnet nicht ein gedankliches Konstrukt der Phantasie.

Wir wissen heute, dass das natürliche System auf Verwandtschaft beruht. Der historische Weg zu diesem Wissen war lang.

Es ist schwer zu entscheiden, wann zum ersten Mal die Erkenntnis gewonnen wurde, dass es ein objektives System, eben das natürliche, gibt. In manchen künstlichen Systemen des 18. und 19. Jh. kommen zwar natürliche Gruppen vor, wie die der Vögel oder Schmetterlingsblütler, aber den nötigen methodischen Unterbau konnte die rein klassifikatorische Systematik nicht liefern.

Während künstliche Systeme nur eine Nebeneinanderstellung der einzelnen Gruppen kennen, existieren in der Vorstellung von einer Stufenleiter höhere und niedere Lebewesen. Diese Forschungsrichtung gewann im 19. Jh. Anschluss an die klassifikatorische Systematik und entwickelte ein Gabel- bzw. Stammbaumschema. Dieses beruht darauf, dass der Gedanke der höheren und niederen Organisation und die Vorstellung der aufsteigenden Entfaltung in einer Darstellung zum Ausdruck gebracht werden sollte.

Die vergleichend-anatomische Forschung (= Morphologie im Sinne Goethes) hat ihren Ansatzpunkt bereits in der naiven Betrachtung. Jedes Kind stellt an Mensch und Tier und an gleich organisierten Tieren identische Teile fest (Augen, Ohren, Füße usw.) und belegt sie mit identischen Namen. „Die Ähnlichkeit der Tiere, besonders der vollkommenen untereinander, ist in die Augen fallend und im Allgemeinen auch stillschweigend von jedermann anerkannt" (Goethe).

Schon früh wurden zwei grundlegende Erkenntnisse gewonnen:

- Ähnlichkeit bedeutet nicht automatisch gleiche Funktion.
- Der Vergleich erlaubt die Konzeption des Typus.

Häufig stellt sich das Problem, Struktur und Funktion zu trennen, nicht, weil die untersuchten Organe bei nahe verwandten Arten meist identisch bezüglich dieser beiden Komponenten sind. Anlass, Strukturelemente und Funktionsteile begrifflich zu trennen, ergab sich erst, als ein Organ bei einer großen Zahl von Arten betrachtet wurde. Dabei stellte sich zunächst heraus, dass identische Organe sehr unähnlich werden können; dann wurde entdeckt, dass sie auch verschiedene Funktionen besitzen können (Funktionswechsel).

Identische Strukturelemente werden seit Owen als **Homologien** bezeichnet. Im Laufe der weiteren Forschung stellte sich heraus, dass Homologien sehr oft korrelativ gebunden auftreten. Das bedeutet, wenn zwei Organismen einzelne homologe Merkmale aufweisen, so sind im Allgemeinen auch alle oder fast alle anderen Merkmale homolog. Das Prinzip der Korrelation von Homologien beherrscht also die Gestaltung der Organismen. Diese Strukturteile treten nun nicht nur korreliert, sondern auch in gleichartiger Anordnung und Verbindung auf. Aufgrund dieser Tatsachen entstand die Vorstellung des Typus oder Bauplans, da sich nunmehr eine Vielzahl von Arten in ihren Organisationen unter einem gemeinsamen Bilde darstellen ließ. Die Aufstellung eines Typus erlaubte, auf die Existenz bestimmter Charaktere zu schließen. Goethes Arbeit über den Zwischenkiefer ist ein Beispiel hierfür. Aufgrund seiner Vorstellungen vom Typus des Säugetierschädels, zu dem ein Zwischenkiefer (Praemaxillare) mit Schneidezähnen gehört, vermutete er, dass auch dem Menschen dieser Knochen zukommt, und es gelang ihm auch, diesen Nachweis zu führen.

Diese Einheit des Typus gestattet es einem Metzger, der bisher nur Hühner ausgenommen hat, sich sofort in der Anatomie einer Ente zurechtzufinden. Die griechischen Ärzte lernten die Anatomie des Menschen durch Sektion von Schweinen, und die berühmte Anatomie des Galen, eines griechischen Arztes der römischen Kaiserzeit, wurde nach Präparation von Affen geschrieben und war bei Berücksichtigung der unterschiedlichen Proportionen durchaus brauchbar. Diese Gemeinsamkeiten natürlicher Gruppen betreffen die gesamte Organisation und sind außerordentlich zahlreich. Aus den Anforderungen der Umwelt und Lebensweise sind sie nicht erklärbar, jedoch aus der Evolution. Durch Abstammung von einem Ahnen haben sie von diesem die gemeinsamen Strukturen erhalten und dann abgewandelt. Der einheitliche Bauplan natürlicher Gruppen lässt sich bildlich darstellen, indem jede Struktur durch ein Zeichen oder einen Buchstaben gekennzeichnet wird. Die Botaniker stellen z.B. den Typus des Blütenbaus einer Gruppe in einem Blütendiagramm dar, wofür Abb. 1-30 ein Beispiel bietet. Tausende von Orchideenarten lassen sich trotz ihrer äußerlich so verschiedenen Blüten in einem einfachen Diagramm darstellen. Ebenso kann für die vielen Formen der Arme und Hände tetrapoder Wirbeltiere (Abb. 1-31) ein diagrammatischer Typus aufgestellt werden. Er beginnt mit dem Humerus (Oberarmknochen), es folgen nebeneinander Ulna (Elle) und Radius (Speiche), dann die Handwurzelknochen, die Mittelhandknochen und die Fingerglieder. Wo dieses Muster am erwachsenen Tier verwischt ist, kann es in den Embryonen noch angelegt sein.

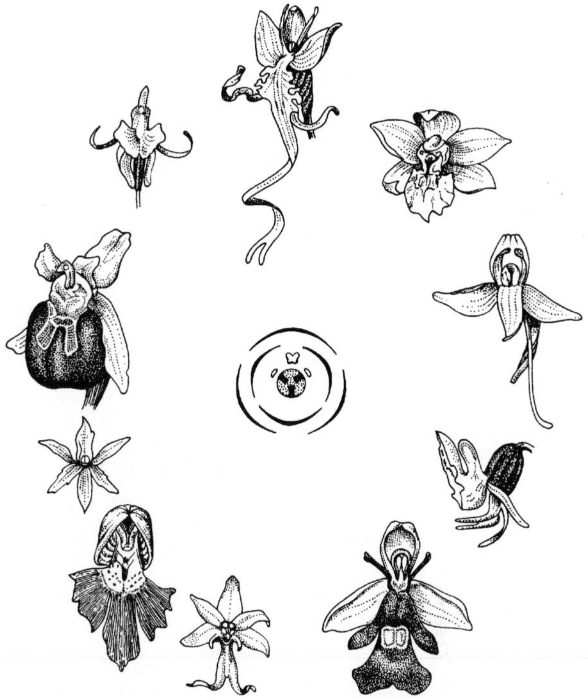

Abb. 1-30. Diagrammatischer Typus (=Grunddiagramm; Mitte) und Einzelformen monandrischer Orchideen. Außen sind verschiedene Blüten europäischer Orchideen dargestellt. Nach Remane (1956)

Diagrammatische Typen geben zwar eine bildliche Darstellung des Bauplans natürlicher Gruppen, aber der Evolutionsforscher will mehr, er will die Umformungen kennen lernen, die von der Ahnform zu der heutigen Formenfülle geführt haben.

Vor einer weiteren Diskussion dieses Problems muss darauf hingewiesen werden, dass gleiche Lebensweise zu einer gewissen Ähnlichkeit verschiedener Organismen führen kann. Für die Lösung bestimmter biologischer Tätigkeiten, z.B. Festheften, gibt es immer nur eine begrenzte Zahl technischer Möglichkeiten. Daher wird

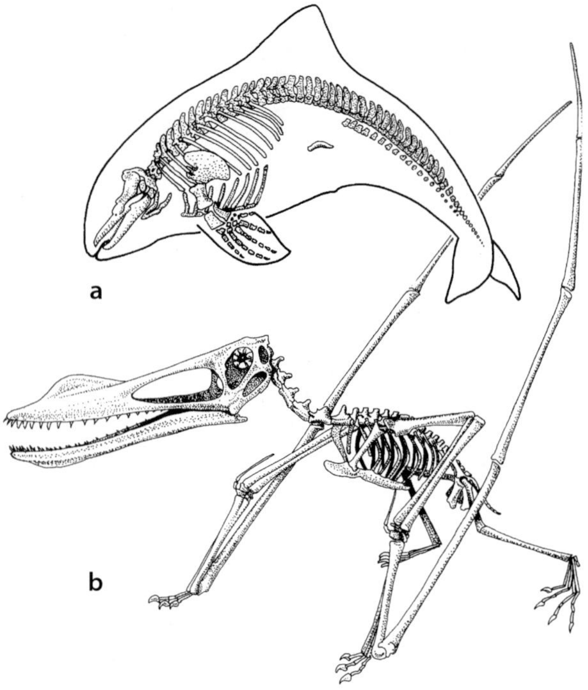

Abb. 1-31 a, b. Die Extremitäten der Wirbeltiere wurden vielfältig abgewandelt und erfüllten ganz verschiedene Funktionen, z. B. als Flossen, Lauf- oder Grabbeine sowie als Flügel. **a** Delphin, **b** *Anhanguera* (Pterosaurier), Flügelspannweite 4,5 m. Nach Schäfer (1972), Wellnhofer (1988)

man bei Organismen mit gleichen funktionellen Erfordernissen einige sich wiederholende Konstruktionstypen finden. Diese ermöglichen es, bestimmte Arten zu einer Gruppe, also wieder einem Typus, einem sog. **Lebensformtypus**, zusammenzufassen (Abb. 1-32). Wir kennen das z. B. von Pflanzen in Trockengebieten: Ihre Gestalt ist oft so ähnlich, dass Kakteen, Wolfsmilchgewächse (Euphorbiaceen), Stapeliaceen u. a. auf den ersten Blick oft verwechselt werden; sie konvergieren auf eine Gestalt (Konvergenz). Auch unterirdisch lebende Säugetiere wie Maulwurf, Goldmull, Blindmull und Nacktmull haben viele äußerliche Ähnlichkeiten und sind doch nicht nahe verwandt. Bei genauerer Untersuchung zeigt sich auch fast immer, dass die Gemeinsamkeiten dieser Lebensformtypen, die auf die gleiche Lebensweise zurückzuführen sind, gering sind gegenüber den Übereinstimmungen in Einheiten des natürlichen Systems. Das sei an den Möglichkeiten, zutreffende Voraussagen zu machen, verdeutlicht. Für eine sukkulente Pflanze kann man folgenden Bau voraussagen: Verdickung des Stammes oder Stängels unter Rückbildung der Blätter und Ausbildung von Dornen oder Stacheln, Verdickung und oft Rosettenanordnung der Blätter. Früchte und Blüten zeigen dagegen kaum Gemeinsamkeiten. Die Voraussagemöglichkeiten sind also auf wenige Organe beschränkt, die auf die besonderen Anforderungen der Lebensweise und des Lebensraumes reagieren.

Den Lebensformtypen stehen die **morphologischen Typen** gegenüber, deren Organisationszusammenhänge viel tiefgreifender sind.

Es stellte sich bald heraus, dass die morphologischen Typen nicht isoliert nebeneinander stehen, sondern geordnet werden können (Typenfolge). Nehmen wir den Typ der Gattung Eichhörnchen (*Sciurus*). Die Gattung enthält eine Reihe von Arten. Hier können wir über einen

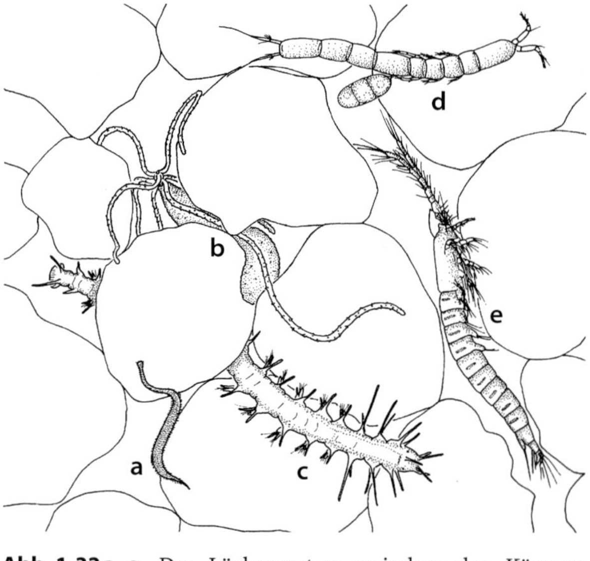

Abb. 1-32 a–e. Das Lückensystem zwischen den Körnern mariner Sande wird von winzigen Tieren mehrerer Tierstämme besiedelt, die oft eine langgestreckte Körpergestalt aufweisen und damit einen Lebensformtypus darstellen (Konvergenz). **a** *Tracheoraphis* (Ciliata), **b** *Halammohydra* (Cnidaria), **c** *Microphthalmus* (Annelida), **d** *Cylindropsyllus* (Copepoda), **e** *Derocheilocaris* (Mystacocarida). Nach Higgins, Storch, Welsch (1989)

Knochen, etwa den Oberschenkelknochen oder den Zwischenkiefer, viel mehr aussagen als nur auf seine Existenz hinweisen. Wir können die Form dieser Knochen bis in viele Einzelheiten (am Femur [Oberschenkelknochen] Kopf, Hals, Trochanter, spezielle Gelenkrollen u. a.) dem Typus der Gattung *Sciurus* zuschreiben, und dieser Typus besitzt bis auf kleine Varianten (Fellfärbung) das Aussehen *eines* lebenden Wesens. Will man einen solchen Typ der Familie Sciuridae bestimmen, zu der auch Erdhörnchen, Ziesel, Murmeltier u. a. gehören, so kann man einzelne Merkmale des Typus der Gattung *Sciurus* auch diesem Typ zuschreiben, während andere wie Kiefer, Kaumuskeln, Schwanzlänge, Behaarung und Extremitätenproportionen unsicher werden. Bei umfassenderen Typen, etwa dem der Nager (Rodentia), Placentalia, Mammalia, Amniota, Vertebrata usw., wird das „Bild" dieses Typus immer ärmer, wenn wir uns auf die heutigen Formen beschränken. Wir können aber das erste Auftreten von Organen festlegen, z. B. das der Milchdrüsen der Säugetiere, das der echten Nagezähne der Rodentia usw. Es lässt sich also aus der Typenfolge das Nacheinander des Erscheinens von Organen ablesen. Bei Gruppen mit engverwandten Arten lässt sich die Ahnenform bis in viele Einzelheiten rekonstruieren, für weiter zurückliegende Ahnenformen wird die Rekonstruktion immer lückenhafter. Aber je mehr fossiles Material gefunden wird, desto genauer wird die Rekonstruktion der Ahnen.

1.2.3.1 Homologie-Kriterien

Im Folgenden sollen kurz die Kriterien aufgeführt werden, die bei der Ermittlung von Homologien angewendet werden und die im vorhergehenden Text bereits kurz erwähnt wurden.

Während in der Mitte des 19. Jh. zahlreiche Forscher die methodischen Probleme bei der Homologisierung von Strukturen und Organen sahen, setzte am Ende des 19. und im 20. Jh. eine methodische Verwilderung ein, die zu absurden Behauptungen führte. Beispiele sind die Ableitung der Wale von Ichthyosauriern und die getrennte Zurückführung verschiedener Wirbeltiere auf verschiedene Flagellaten aufgrund bestimmter Spermienmerkmale.

Die Kriterien zur Ermittlung von Homologien werden in drei Haupt- und einige Hilfskriterien untergliedert. Die Hauptkriterien:

- Das **Kriterium der Lage** ist am längsten bekannt.
  Ein Vergleich der Lage von bestimmten Strukturen ist auf verschiedenen Wegen möglich; in der Biologie ist davon nur einer gangbar, nämlich der Vergleich von Lageähnlichkeiten in einem Gefügesystem. Selbst in komplizierten Gebilden lässt sich noch objektiv eine Lageidentität ermitteln, auch wenn sie nicht geometrisch ähnlich sind, nämlich dann, wenn die Teilstrukturen in gleicher Zahl und gleicher relativer Verknüpfung vorhanden sind. Mit Hilfe dieses Kriteriums lassen sich in vielen Fällen homologe Strukturen erkennen. Beispiele sind die Flügeladern vieler Insekten, die Schädelknochen von Wirbeltieren, die Zahnhöcker vieler Säuger sowie Spross- und Blattdornen der Pflanzen. Solange die gegenseitigen Verbindungen der einzelnen Strukturen gewahrt bleiben, können sie auch bei ungleicher Lage als homolog erkannt werden.
  Ausfall oder Hinzutreten eines Elementes des Gefügesystems kann die Homologisierung nach diesem Prinzip unsicher machen. Ein Beispiel für solche Schwierigkeiten ist die Beurteilung des am medialen Vorderrand der Orbita der Säuger gelegenen Knochens. Bei Reptilien befinden sich hier zwei Knochen: Präfrontale und Lacrimale. Die Homologisierung des einen Knochens der Säugetiere gilt auch heute noch als unsicher; er wird jedoch generell Lacrimale genannt. Auch die gegenseitigen Verbindungen der einzelnen Elemente des Gefüges können sich verändern, wie die Verlagerungen von Blutgefäßen, Muskeln und Nerven bei Wirbeltieren zeigen.
- **Kriterium der speziellen Qualität der Strukturen**. Hier werden Gebilde für homolog erklärt, die in spezifischen Sondercharakteren übereinstimmen, auch wenn sie nicht die gleiche Lage einnehmen. Die Bedeutung dieses Prinzips ist in der Biologie sehr groß, denn dadurch lassen

sich auch Einzelorgane homologisieren; ein Beispiel sind wieder Organe der Plathelminthen wie Hoden und Ovarien, die aufgrund gleichartigen Baues und auch gleicher Funktion trotz ganz unterschiedlicher Lage homologisiert werden. In der Paläontologie kann sogar umgekehrt aus isolierten Teilen von Organismen der Gesamtorganismus wieder aufgebaut werden. Aber auch hier gibt es Bereiche, wo die Anwendung dieses Kriteriums schwierig wird, denn die Ausbildung von Übereinstimmungen in den Sondercharakteren kann gering sein, wie ein Vergleich der Ausprägung von Knochen bei verschiedenen Wirbeltieren zeigt, z. B. des Humerus von Crossopterygiern bis zum Menschen. Unsicherheiten können auch beim Beurteilen von Blütenblättern auftreten, zumal wenn sie ähnliche Form, Farbe, Größe und Funktion besitzen.

- **Kriterium der Verknüpfung durch Zwischenformen (Stetigkeitskriterium).** Dieses Kriterium besagt, dass extreme Ausbildungsformen eines Organs durch Übergangs- oder Zwischenformen verbunden sein können, die eine Identität der Extremformen erkennbar machen. Solche Zwischenformen können durch den ontogenetischen Entwicklungsprozess (Beispiele vgl. biogenetisches Gesetz) oder aber durch Formenreihen ausgebildeter Strukturen geliefert werden. Letztere Möglichkeit kann zu Vieldeutigkeiten Anlass geben, denn zwischen einem Dreieck und einem Viereck können z. B. auf verschiedenen Wegen Übergangsformen konstruiert werden. Wünschenswert ist, dass die verwendeten Zwischenformen sich in ihrer gesamten Organisation intermediär verhalten oder dass sich wenigstens die Organe der verglichenen Reihe gleitend abändern. Von Wichtigkeit ist auch der Grad der Dichte, mit dem die Zwischenformen aneinander schließen.

  In manchen Fällen ist die Beurteilung von Zwischenformen sogar den zwei ersten Kriterien übergeordnet, nämlich dann, wenn die Organe zweier Organismen trotz gleicher Lage und sehr ähnlicher Struktur eine unterschiedliche Entstehung zeigen. Ein Beispiel liefern die Augen von Wasserflöhen (Phyllopoden) und Hüpferlingen (Copepoden). Viele Formen besitzen bei diesen Gruppen ein unpaares Scheitelauge. Während das von Cladoceren (Phyllopoden), z. B. *Diaphanosoma*, aber aus der Verschmelzung von paarigen Seitenaugen hervorgeht, ist das der Copepoden, z. B. das von *Cyclops*, ein unpaares Nauplius-Auge. Das unpaare Auge der beiden Krebsgruppen ist also nicht homolog.

Gleichgelegene und gleichstrukturierte Gebilde werden auch dann nicht homologisiert, wenn echte Zwischenformen fehlen. Ein Beispiel ist die Knochenleiste auf dem Schädel von Säugetieren, an der die Schläfenmuskulatur entspringt (Crista sagittalis). Sie ist z. B. bei Gorilla und Hyänen ausgebildet. Zwischen beiden Gattungen stehen so viele systematische Zwischenstufen ohne Crista sagittalis, dass dieses Gebilde nicht als homolog betrachtet wird.

Ähnlichkeiten, die an homologen Organen unabhängig entstehen, nennt man **Homoiologien**. Ein Beispiel ist die Atemhöhle von Pulmonaten und Prosobranchiern. Diese Homoiologien sind in der Praxis im Allgemeinen leicht zu erkennen und von Homologien zu unterscheiden. Es handelt sich meist um einfache Leisten, Knochenkämme, Stachelbildungen oder Strukturen, die nur oberflächlich gleich aussehen.

Mit Hilfe der genannten Hauptkriterien lassen sich in zahllosen Fällen Homologien ermitteln, besonders bei kompliziert gebauten und ähnlichen Organismen einer Gattung oder Familie. Wo größere Lücken auftreten, wird die Beurteilung unsicher, z. B. beim Vergleich von Ringelwürmern und Wirbeltieren, auch bei einfacher gebauten Organismen wie Algen und Cnidariern sind Homologieermittlungen schwierig. Hier können einige Hilfskriterien herangezogen werden:

- Selbst einfache Gebilde können als homolog erklärt werden, wenn sie bei einer großen Zahl nächstähnlicher Arten auftreten. Ein Beispiel liefern die Querleisten der Molaren der cynomorphen Primaten. Dieses Hilfskriterium beruht auf einem einfachen Wahrscheinlichkeitsschluss: Gehäuftes Auftreten einer einfachen Struktur bei nächstähnlichen Arten sowie deren Fehlen bei benachbarten Gruppen lässt Parallelentwicklung unwahrscheinlich erscheinen.

- Die Wahrscheinlichkeit der Homologie einfacher Gebilde wächst mit dem Vorhandensein weiterer Ähnlichkeiten von gleicher Verbreitung bei nächstähnlichen Arten. Hier muss beachtet werden, dass funktionell zusammengehörige Merkmale, wie der Komplex Kaumuskulatur-Knochenleisten am Schädel der Säugetiere, nur als ein Merkmal gewertet werden.
- Die Wahrscheinlichkeit der Homologie eines Merkmales sinkt mit der Häufigkeit des Auftretens dieses Merkmals bei sicher nicht verwandten Arten. Dieses Hilfskriterium zeigt z.B., dass Hämoglobin, das bei sicher nicht nahe verwandten Gruppen wie Schnecken, Chironomiden und Wirbeltieren auftritt, nicht als Zeuge von Homologie und Verwandtschaft herangezogen werden darf, wenn es um großsystematische Zusammenhänge geht.
  Leider wurde in der Biologie versäumt, die zahllosen als homolog erkannten Strukturen konsequent mit einheitlichen Namen zu belegen.

Ganz kurz sei hier auf das Problem der Beziehungen von ontogenetischer Entwicklung von Organen und Homologie eingegangen. Ursprünglich wurde gefordert, dass homologe Organe auch gleiche Entwicklung haben müssten. Es hat sich jedoch herausgestellt, dass dieser Forderung nicht immer Genüge geleistet werden kann:

- Für viele homologe Organe liefern unterschiedliche Keimbezirke das Bildungsmaterial.
- Auch der Entwicklungsablauf, z.B. die Neuralrohrbildung bei Wirbeltieren, kann verschieden sein, ohne dass davon die Homologie berührt zu werden braucht. Aus einer großen Fülle von Befunden ergibt sich also der Schluss, dass ontogenetische Übereinstimmung nur mit Vorsicht als Definition oder Kriterium der Homologie eingesetzt werden darf.

Vor allem bei Haeckel finden wir das Bestreben, auch stammesgeschichtliche Entwicklungsvorgänge in die Homologiedefinition einzuschalten, etwa in dem Sinne, dass Strukturen gemeinsamer phylogenetischer Herkunft homolog seien. Derartige Aussagen sind auch kritisiert worden. Hierzu ist zu sagen, dass Homologie durch die Phylogenie erklärt wird, und zwar handelt es sich um die einzige zur Zeit mögliche Erklärung von Homologien. Ihr liegt zu Recht die Annahme zugrunde, dass die homologen Ähnlichkeiten auf gemeinsamem Erbgut eines gemeinsamen Ahnen beruhen.

Auch gleichartig gebaute Teile an ein und demselben Organismus können identifiziert und „homologisiert" werden. Solche „homologen" Gebilde sind z.B. die Blätter einer Pflanze, die Wirbel eines Wirbeltieres und die Haare eines Säugers. Seit Bronn bezeichnet man diesen Typ der Homologie als **Homonomie** und gebraucht den Begriff Homologie nur für die Identifizierung von Strukturen verschiedener Organismen (Individuen, Arten, Gattungen usw.). Bei Streitfragen, ob Organe – z.B. die Mundwerkzeuge und Schreitbeine eines Krebses – homonom seien, muss häufig auf das Kriterium der Zwischenformen zurückgegriffen werden.

1.2.3.2
Analogie/Konvergenz

Der Begriff Analogie geht auf Richard Owen (1848) zurück. Er definiert ihn folgendermaßen: „An analogue is a part or organ in one animal which has the same function as a part or organ in another animal". Diese Fassung des Begriffes Analogie ist sehr weit und braucht gar nicht im Gegensatz zur Bedeutung der Homologie zu stehen; denn homologe Organe haben ja oft die gleiche Funktion. Beispiele sind die Lungen von Spitzmaus und Giraffe oder die Flügel von Biene und Schmetterling. Daher wurde der Analogiebegriff bald eingeengt. Man beschränkte ihn auf strukturelle Ähnlichkeiten, die nur durch gleiche Funktion bedingt erschienen. Es erfolgte bald eine phylogenetische Interpretation der Analogie, die durch gleiche Anforderungen des Lebensraumes oder der Funktion unabhängig von phylogenetischer Verwandtschaft entstanden war. Die Analogien beruhen also auf konvergenter oder paralleler Evolution (Analogie/Konvergenz; Abb. 1-32). In diesem Sinne gebrauchte Darwin den Analogiebegriff, der von ihm und auch heute von vielen Wissenschaftlern mit „Anpassungsähnlichkeit" gleichgesetzt wurde.

Die Analogie besitzt zwei Kennzeichen:

- Sie weist immer eine Beziehung zur Funktion und Lebensweise auf.
- Sie steht immer im Gegensatz zur Homologie im Sinne eines Entweder – Oder.

Untersuchungen von verschiedenen Tieren gleicher Lebensräume zeigen aber, dass Analogie eine Vielzahl von Erscheinungen umfasst, für die sich nur schwer einheitliche Kriterien geben lassen.

Verbreitete Erscheinungen, die in den Bereich der Analogie gehören, sind die Schutzanpassungen. Hierunter versteht man Anpassungen bei Tieren hinsichtlich Organ- und Körperform, Farbmustern, Haltung und Verhaltensweisen, die ihre Träger von ungünstigen Einwirkungen durch andere Organismen schützen.

Verbreitet sind Farbübereinstimmungen mit der Umgebung (Schutzfärbung, Homochromie). Beispiele stellen viele weißgefärbte arktische Tiere, grüne Laubbewohner und braune Wüsten- und Steppentiere dar. Eine noch bessere Tarnung wird erreicht, wenn durch Form und Farbe andere Objekte nachgeahmt werden (Mimese, Abb. 1-33). Unter **Zoomimese** versteht man eine Ähnlichkeit, die sich auf ein anderes Tier bezieht, **Phytomimese** liegt vor, wenn Pflanzenteile nachgeahmt werden, **Allomimese**, wenn tote Gegenstände (Steine, Kot) kopiert werden. Die Farbanpassungen werden vielfach in ihrer Wirksamkeit durch unauffällige Körperhaltungen unterstützt.

Schutzanpassungen, die ein Abschrecken des Angreifers bewirken sollen, sind die Droh-, Schreck- und Warntrachten, die oft von Schrecklauten und Schreckstellungen begleitet werden.

Ein Sonderfall der Schutzanpassungen liegt in der **Mimikry** vor. Hier wird ein gut geschütztes Tier, z.B. eine wehrhafte Wespe oder eine Giftschlange, das über eine Warntracht verfügt, von einem ungeschützten Tier einer anderen Art so gut imitiert, dass dieses von der Ähnlichkeit profitiert. Das Problem der Entstehung der Mimikry ist viel diskutiert, aber bisher nicht gelöst worden.

Homologien und Analogien können in allen Lebensäußerungen von Organismen nachgewiesen werden. Beispiele aus Biochemie und Verhaltenslehre werden in Kap. 1.2.5 und 1.2.6 gesondert behandelt.

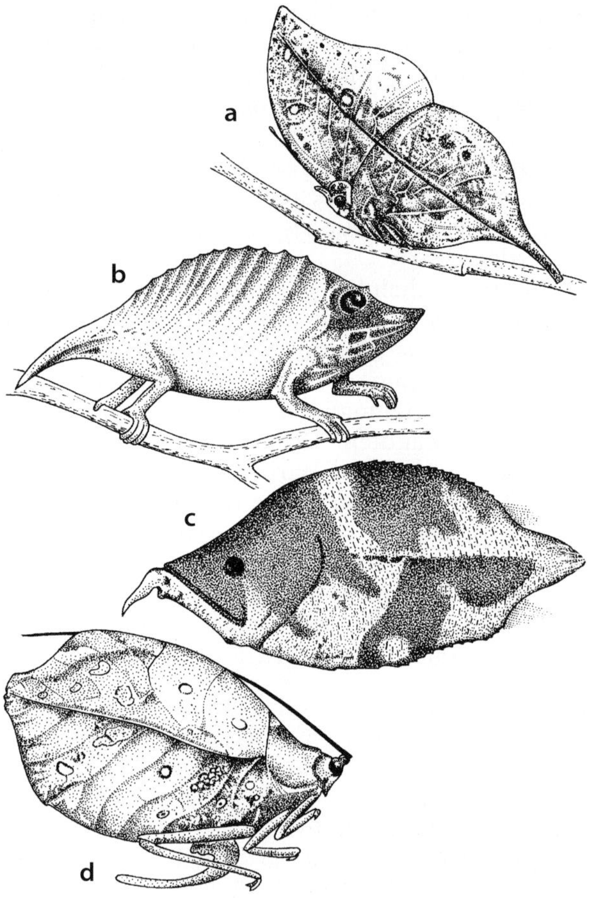

Abb. 1-33 a–d. Tarntrachten (Phytomimese). **a** *Kallima* (Blattschmetterling), **b** *Rhampholeon* (Reptil), **c** *Monocirrhus* (Fisch), **d** *Cycloptera* (Heuschrecke). Alle Formen täuschen ein Blatt vor. Nach Grant (1960)

1.2.4 Entwicklungsbiologie

Die Entwicklung der Lebewesen vom Ei bis zum fertigen Organismus unterliegt ganz bestimmten Gesetzmäßigkeiten. Dass Organe aus einfacheren Vorstadien geformt werden, ist eine Selbstverständlichkeit, aber sehr oft machen die Lebewesen Umwege der Entwicklung durch.

Vielfach haben die Jugendstadien eine andere Lebensweise als die Adulten und bewohnen einen anderen Lebensraum – wie die Larven der meisten Insekten, z.B. der Libellen, Schmetterlinge und vieler Käfer, sowie die planktischen Larven vieler am Boden des Meeres lebender Tiere. In diesem Falle besitzen die Larven Strukturen, die den Erwachsenen fehlen. Darüber hinaus findet man aber häufig Umwegsentwicklungen von Organen, die nicht mit der Lebensweise erklärbar sind, wohl aber durch die Evolution. Wir erwähnten die merkwürdige Umbildung des Kiefergelenks im Vorfahrenbereich der Säugetiere. Ein primäres Kiefergelenk wird hier durch ein sekundäres ersetzt. Dieser Vorgang läuft auch in den Embryonen der Säugetiere ab (Abb. 1-34). Bei den Beutelratten ist im Säuglingsstadium sogar noch das primäre Kiefergelenk in Aktion.

In den Embryonen werden vielfach auch Organe angelegt und entwickelt, die vor Erreichen des erwachsenen Stadiums wieder abgebaut oder abgestoßen werden. Auch das ist zum Teil aus den Anforderungen der Lebewesen verständlich. Ein solches embryonal funktionierendes Organ ist die Plazenta. Bei Larven haben pelagische Stadien oft spezielle Schwebeorgane (Pluteus-Larve der Seeigel, Larven mariner Krebse usw.), wasserlebende Larven landbewohnender Imagines besitzen spezielle Atmungsorgane (Eintags-

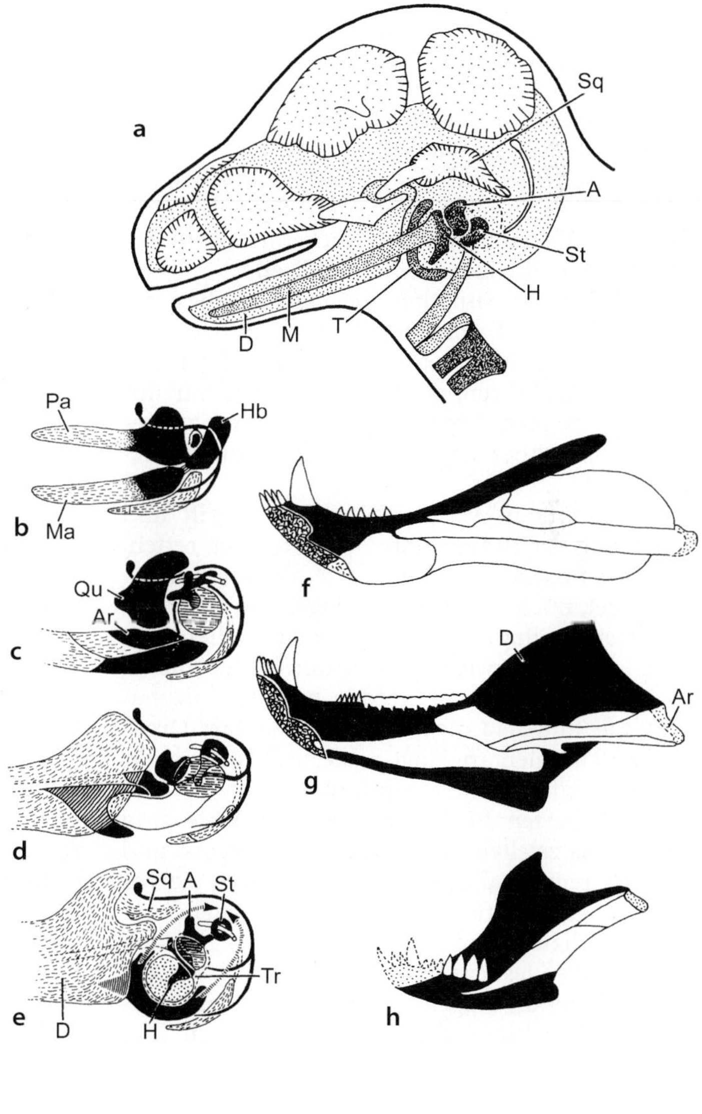

Abb. 1-34 a–h. Umformung des Kiefergelenks bei den Wirbeltieren. **a** Kopf eines Säugerembryos mit primärem Kiefergelenk. St: Steigbügel, A: Amboss, H: Hammer (proximaler Anteil des Mandibulare [=Meckelscher Knorpel M], T: Tympanicum, Sq: Squamosum, D: Dentale. Das primäre Kiefergelenk liegt zwischen Hammer und Amboss, die bei erwachsenen Säugern Gehörknöchelchen bilden, das sekundäre zwischen Dentale und Squamosum. **b–e** Kieferapparate von Fischen, primitiven Tetrapoden, säugerähnlichen Reptilien und Säugern. Zuerst wird das Kiefergelenk von Palatoquadratum (Pa), welches dem Quadratum (Qu) entspricht, und Mandibulare (Ma), das dem Articulare (Ar) entspricht, gebildet, bei Säugern von Squamosum (Sq) und Dentale (D). Bei den Säugern bilden Quadratum und Articulare Amboß (A) und Hammer (H); das dritte Gehörknöchelchen, der Steigbügel (St), das innerhalb der Wirbeltiere als erstes schallleitende Funktion übernimmt, entspricht dem Hyomandibulare (Hb); Tr: Trommelfell. **f–h** Unterkiefer in der Ansicht von innen (primitiver Tetrapode, säugerähnliches Reptil, hochentwickeltes säugerähnliches Reptil). Beachte die Vergrößerung des Dentale (D, schwarz) und die Reduktion der anderen Deckknochen; Ar: Articulare. Nach Portmann (1950)

fliegen, Libellen, Köcherfliegen u. a.). Auch hier gibt es aber Fälle embryonaler Organe, deren Vorhandensein nur aus der Evolution verständlich wird. Die Chorda dorsalis (Rückensaite) ist beim Lanzettfischchen, bei Neunaugen und Copelaten ein Dauerorgan mit Stützfunktion, bei den meisten Wirbeltieren wird sie aber nur embryonal angelegt und hat in der Embryonalzeit die Funktion, das Neuralrohr zu induzieren.

Die Kiementaschen werden embryonal noch bei den Landwirbeltieren angelegt, entwickeln sich aber niemals zu Kiemen; sie sind aber wichtig für die Ausbildung von Mittelohr, Thymus und der inkretorischen Organe Nebenschilddrüse (Epithelkörperchen) und Ultimobranchialkörper (Abb. 1-35), offensichtlich gehen auch die Lungen von einer Kiementaschenanlage aus.

Für manche embryonalen Organe aber ist eine spezielle Funktion unwahrscheinlich, z. B. für die embryonalen Zahnanlagen, die bei vielen Säugetieren vorübergehend in den Kiefern erscheinen, bei den Erwachsenen jedoch fehlen (Abb. 1-36), oder für die embryonalen Rückenmuskeln der Schildkröten, die sich wieder auflösen.

Eine ähnliche Situation wie bei den eben genannten Embryonalorganen findet sich bei rudimentären Organen. Man hielt sie lange für funktionslose Strukturen, deren Anwesenheit nur mit funktionierenden Organen der Vorfahren zu begründen sei. Aber wann ist ein Organ funktionslos?

Auf mehreren Wegen lassen sich Begriff und Bedeutung der rudimentären Organe noch retten. Der afrikanische Strauß hat, wie alle flugunfähigen Vögel, noch rudimentäre Flügel, die unter bestimmten Bedingungen sogar noch – allerdings erfolglos – Flugbewegungen ausführen. Sie dienen als Balanceorgane und werden bei der Balz bewegt. Sie sind also nicht total rudimentäre Organe, aber rudimentäre Flugorgane, also rudimentär in Bezug auf die eine Hauptfunktion.

Die isolierten Beckenknochen der Wale sind noch Ansatzstellen für Muskeln des Penis und der Afterregion, aber ursprünglich waren sie vor allem Traggerüst für die Hinterextremitäten.

Noch weiter sind oft Systeme rückgebildet, die sich als desorganisierte Apparate erweisen, zum Beispiel die Augen mancher unterirdisch lebender Wirbeltiere. Sie weisen zwar noch ihre wesentlichen Bestandteile auf, aber in einer Anordnung, die ein hinreichendes Funktionieren nicht gewährleistet: Eine kleine Linse kann z. B. seitlich von der rückgebildeten Netzhaut liegen, und somit ihre Funktion nicht erfüllen.

Bei vielen Insekten sind Vorder- und Hinterflügel durch einen Haftapparat verbunden.

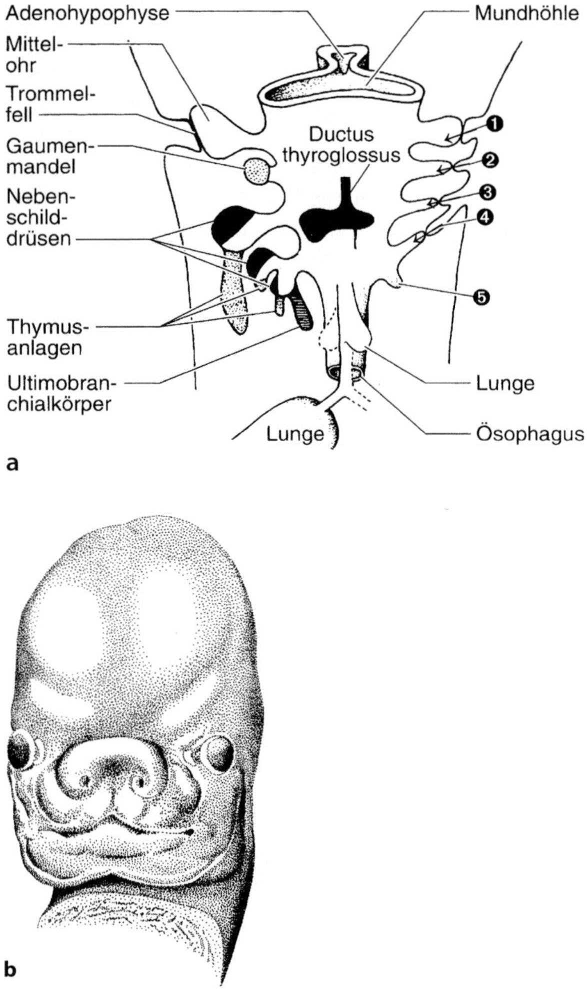

Abb. 1-35 a–b. Kiemendarm und branchiogene Organe. **a** Bei Säugetieren wird, wie bei allen Wirbeltieren, embryonal ein Kiemendarm angelegt, aus dem verschiedene Organe (=branchiogene Organe) entstehen. Links: Derivate des Kiemendarmes, rechts: früheres Stadium als links. 1–5: Kiementaschen. **b** Kopf eines menschlichen Embryos zu Beginn des dritten Schwangerschaftsmonats. Nach Storch, Welsch (1994) und Wiedersheim (1908)

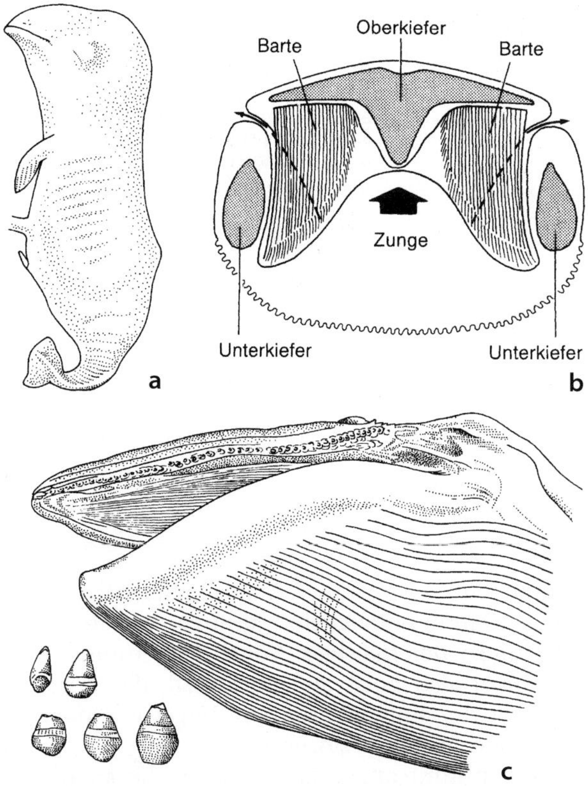

Abb. 1-36 a–c. a Walembryo (*Phocoena*, Schweinswal) mit noch deutlich erkennbarer Halsregion. **b** Querschnitt durch den vorderen Teil des Kopfes von einem Bartenwal (*Balaenoptera*). Beachte das Fehlen von Zähnen. **c** Kopf eines 1,2 m langen Embryo von einem Bartenwal (*Balaenoptera*) mit freigelegter Zahnreihe des Oberkiefers, die im Laufe der weiteren Entwicklung vollständig resorbiert wird. Links unten herauspräparierte Zahnanlagen. Nach Kükenthal aus Tschulok (1922)

Bei manchen Wanzen, z. B. Arten der Gattung *Nabis*, sind die Hinterflügel rückgebildet. Die Vorderflügel tragen aber noch ihren Anteil des Haftapparates, also einen halben Apparat. Es gibt auch flugunfähige Insekten, deren Flügel noch erhalten sind, aber die Flugmuskulatur ist reduziert, und es gibt Insekten mit reduzierten Flügeln, aber erhaltener Flugmuskulatur. In solchen Fällen wird man schwer noch eine andere Funktion nachweisen können.

Das gilt auch für den letzten Typ rudimentärer Organe, der durch mangelnde histologische Ausdifferenzierung gekennzeichnet ist. In der Entwicklung wird embryonal zuerst die Form ausgebildet. In diesem Stadium sind die Gewebe und Zellen noch undifferenziert. Wir erwähnten die unterentwickelten Sehzellen rudimentärer Augen. Erst in der letzten Phase, der Differenzierung der Gewebe, erreichen die Zellen die Struktur, die für die Funktion des Organs notwendig ist.

Rudimentäre Organe können also

- embryonal noch eine Funktion erfüllen (Chorda dorsalis der Vögel),
- Organen entsprechen, die ihre Hauptfunktion eingestellt haben (Flügel der Strauße),
- desorganisierte Apparate darstellen (Augen unterirdisch lebender Säugetiere),
- der histologischen Ausdifferenzierung entbehren (Sinneszellen von Augen unterirdisch lebender Tiere).

In der ersten Zeit der Evolutionsbiologie spielten auch **Atavismen** eine große Rolle (Wiedersheim, 1908). Atavismen sind Rückschläge auf Merkmale eines Ahnen, die als einzelne Varianten innerhalb einer Art auftreten. Dreizehige Pferde, Wale mit Hinterextremitäten, Menschen mit Vollbehaarung des Körpers, mit einem kurzen Schwanz, mit einer Kiemenspalte am Hals, Frauen mit überzähligen Brustwarzen oder Vollbart (Abb. 1-37) sind Beispiele dafür. Die oben genannten Beispiele von Flügelbewegungen bei flugunfähigen Tieren zeigen, dass es auch rudimentäre Verhaltensweisen gibt, die zum Teil erst ausgelöst werden, wenn man den Tieren ihre alten, jetzt aber abnormen, Umweltsituationen bietet. Raben und Tauben, die sekundär Baumbrüter geworden sind, rollen noch ihre Eier ins Nest, wenn man durch ein Stück Pappe eine Ebene um ihr Nest schafft. Haussperlinge bauen gelegentlich Kugelnester wie Webervögel, mit denen sie verwandt sind. Wüstenchamäleons, die in buschloser Wüste leben, setzen sich in Terrarien sofort auf Büsche. Für den Menschen hat man eine Reihe von Verhaltensrudimenten registriert, z. B. das Sträuben der Haare (Gänsehaut). Dieses bewirkt bei Schimpansen noch eine Vergrößerung der Körpers, ist also Imponiermittel. Beim Menschen verfehlt die Aufrichtung der meist sehr spärlichen Behaarung allerdings ihre Wirkung in dieser Hinsicht. Viele Menschen ziehen in prekären Lagen, oft schon

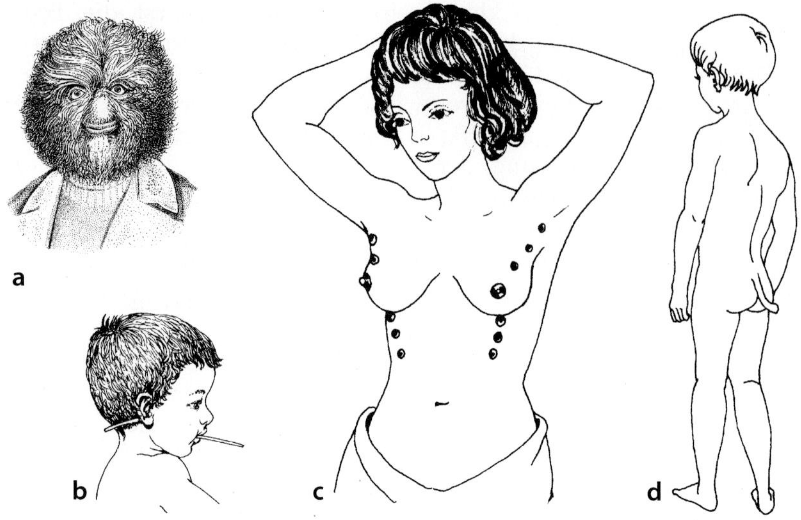

Abb. 1-37 a–d. Atavismen. **a** Mann mit Vollbehaarung des Gesichts, **b** Junge mit Halsfistel, d. h. offener Kiemenspalte, durch die ein Schlauch geführt wurde, **c** junge Frau mit zusätzlichen Brustwarzen, **d** Junge mit Schwanz. Nach Storch, Welsch (1994) und Wiedersheim (1908)

bei Schilderung grausamer Situationen, Muskeln des hinteren Beckens zusammen – eine rudimentäre Verhaltensweise, die dem Schwanzeinziehen entspricht. Weitere rudimentäre Verhaltensweisen beziehen sich auf die Rangordnung beim Menschen (Sitzordnung an Tafeln, Passierenlassen durch Türen usw.).

Atavismen können auf Mutationen beruhen oder sind modifikatorische Entwicklungsanomalien, die in einzelnen Fällen auch experimentell induziert werden können. Bei Vögeln kann unter bestimmten Versuchsbedingungen die Entwicklung einer vollständigen Fibula erreicht werden, die wiederum die Ausbildung von Metatarsalia zur Folge hat, so dass ein Muster entsteht, welches dem der Hinterextremität von *Archaeopteryx* entspricht.

Atavismen zeigen, dass Entwicklungsmechanismen in der Evolution sehr konservativ sein können. Hierfür bildet auch die Epidermis der Wirbeltiere Beispiele: Transplantiert man die Epidermis einer Eidechse auf die Dermis einer Maus, so bildet sie Schuppen aus, allerdings in dem Muster der Mäusehaare. Das Signal der Dermis ist offenbar so konservativ, dass es von der Reptilienepidermis erkannt wird.

Zahnschmelz von Wirbeltieren wird vom Mundepithel durch die Induktion des Kiefermesenchyms gebildet, das sich von der Neuralleiste herleitet. Entsprechendes Mundepithel vom Hühnchen kann auf Mäusekiefermesenchym noch Zähne entwickeln, ähnlich wie bei den Vorläufern der heutigen Vögel. Das Mundepithel antwortet also noch auf ein Signal, das anscheinend in der Entwicklung der Vögel vor über 80 Millionen Jahren verloren ging.

Man nimmt an, dass die Gene, die an diesen Vorgängen beteiligt sind, weitere Funktionen haben, die noch benötigt werden.

1.2.5 Biochemie/Molekularbiologie

Die Evolution lässt sich natürlich auch an Änderungen auf molekularer Ebene nachweisen. In sehr vielen Fällen kann man beobachten, dass wichtige Strukturelemente der Zelle, Molekültypen oder Biosynthesewege bei allen Organismen, von *E. coli* bis zum Menschen, gleich oder sehr ähnlich sind. Wären die einzelnen Organismengruppen unabhängig voneinander entstanden, so könnte man eine solche Übereinstimmung kaum erklären. Geht man dagegen von der Evolution aus, so sind diese Befunde nur plausibel. Die Strukturelemente der Zelle, Molekültypen oder Biosynthesewege, die sich in der frühen Evolution als brauchbar und stabil erwiesen, wurden beibehalten und als Bausätze auf späteren Entwicklungsstufen weiterverwendet (s. Kap. 3.4).

1.2.5.1 Aufbau der Makromoleküle und der Biomembran

Betrachtet man die biochemischen Bausteine, aus denen Proteine, Nucleinsäuren oder auch Biomembranen aufgebaut sind, so finden wir nahezu identische Bausätze auf allen Organisationsstufen.

Alle Organismen benutzen 20 **Aminosäuren** zum Aufbau der **Proteine** (s. Tabelle 3-3), die als universelle Werkzeuge in den Zellen dienen, angefangen von den Strukturproteinen, über Rezeptoren, Transporter bis hin zu den Enzymen und regulatorischen Proteinen. Es ist bemerkenswert, dass nur die L-Formen der Aminosäuren als Proteinbausteine universell genutzt werden, während D-Aminosäuren nur in speziellen Proteinen, die vor dem Abbau von Proteasen geschützt sein sollen (beispielsweise die Zellwände oder Peptidantibiotika in Bakterien), vorkommen. Die Universalität der L-Aminosäuren wird häufig als Argument dafür genutzt, dass das Leben nur ein einziges Mal auf der Erde entstand. Die Art und Weise, wie in Ribosomen Proteine synthetisiert werden, ist bei allen Organismen grundsätzlich gleich (Abb. 3-8); bei den Prokaryoten und Eukaryoten sind jedoch die beteiligten Proteine und ribosomalen Ribonukleinsäuren (s. Kap. 3.2) unterschiedlich aufgebaut.

Der Aufbau der DNA (Desoxyribonukleinsäure; Einzelheiten s. Kap. 3.2), die als Träger der Erbsubstanz dient, sowie der zugehörigen Ribonukleinsäuren (insbesondere mRNA, tRNA, rRNAs; s. Kap. 3.2 für eine ausführliche Darstellung) erfolgt bei allen Organismen nach demselben Grundprinzip, das offensichtlich nur einmal zu Beginn des Lebens entstand.

Alle Zellen werden von einer Lipiddoppelmembran (**Biomembran**) begrenzt, die als Permeationsschranke verhindert, dass Ionen und Metabolite unkontrolliert verschwinden oder eindringen. Bei den Eukaryoten finden wir im Zellinneren ein komplexes System von Membranen, die vielseitige Reaktionsräume (Kompartimente) bilden, in denen Stoffwechselwege ungestört voneinander ablaufen können. Auch dieses Prinzip ist universell bei allen Eukaryoten zu finden. Zum Aufbau der Biomembran werden in allen Organismen Phospholipide benutzt, die nach demselben Strukturschema aufgebaut sind. Es handelt sich dabei um amphiphile Moleküle, die mit einem lipophilen Strukturteil (meist zwei Fettsäureketten) ins Innere der Lipiddoppelmembran orientiert sind, während das Glyzerolgrundgerüst mit den angehängten Phosphatgruppen (an die weitere Moleküle gekoppelt sein können) hydrophil ist und den äußeren Mantel der Biomembranen bildet. Weiterhin sind in den meisten Biomembranen Sterole (z.B. Cholesterol) eingelagert, die Fluidität und Stabilität der Biomembran unterstützen. Die Phospholipide und Sterole bilden in einem wässrigen Milieu spontan Lipidbilayer aus, die durch kooperative Wechselwirkungen zusammengehalten werden. Bei den Biomembranen wird das Prinzip der Selbstorganisation deutlich, das man auch bei vielen anderen Strukturelementen der Zelle beobachtet, z.B. beim Zytoskelett, bei der Ausbildung der Raumstruktur der Proteine oder bei der Ausbildung der DNA-Doppelhelix (s. Kap. 3.2).

Die einheitliche Struktur der Grundbausteine der Proteine, Nucleinsäuren und Lipide hat zu manchen Spekulationen Anlass gegeben. Weshalb werden nur bestimmte Aminosäuren, Nucleotide oder Fettsäuren verwendet? Eine überzeugende Hypothese besagt, dass diese Moleküle auf der Erde spontan in der reduzierenden „Ursuppe“ entstanden, in der einfache Kohlenwasserstoffe und Stickstoffverbindungen, wie Blausäure, bereits vorhanden waren. Gibt man solche einfachen Ausgangssubstanzen in ein Reaktionsgefäß und lässt sie miteinander reagieren (z.B. indem man starke elektrische Entladungen durchführt), so bilden sich spontan komplexe organische Moleküle, unter denen man Aminosäuren, Nucleotide und Zucker nachweisen konnte. Diese Grundmoleküle wurden dann weiter optimiert. Es bildeten sich die ersten Makromoleküle, vermutlich zunächst enzymatisch aktive Ribonukleinsäuren, später die Proteine und zuletzt die Desoxyribonukleinsäuren, deren Raumstrukturen über das Selbstorganisationsprinzip gesteuert wurde. Der Beginn der Evolution ist in vielen Fällen noch spekulativ. Einige Wissenschaftler gehen in ihrer Spekulation sogar so weit, dass sie behaupten, dass das Leben auf der Erde durch L-Aminosäuren und andere organische Moleküle „angeimpft“ und initiiert wurde, die aus anderen Galaxien stammen und durch Meteoriteneinschlag zur Erde gelangten.

Da wir heute in der Lage sind, die **Aminosäuresequenzen** der Proteine und die **Nucleotidsequenzen** der Nucleinsäuren zu bestimmen (s. Kap. 3.2; 4.1), können wir uns unmittelbar davon überzeugen, dass in der Evolution strukturelle Komponenten, wie Proteine und zugehörige Gene, ursprünglich angelegt und von Evolutionsstufe zu Evolutionsstufe weitergegeben wurden. Im Verlauf der frühen Evolution bis heute traten Mutationen auf, indem einzelne Nucleotide oder Aminosäuren oder ganze Domänen ausgetauscht wurden (s. Kap. 3,4; 3.5). Die Analyse dieser Veränderungen ist das zentrale Thema der molekularen Evolutionsforschung. Diese wird ausführlich in den Kap. 3 und 4 abgehandelt.

1.2.5.2 Organisation der Grundstoffwechselwege

Alle Zellen benötigen Energie, um Stoffwechselreaktionen (z. B. Biosynthesen von Aminosäuren, Zuckern, Fettsäuren, Nucleotiden, Hormonen und Makromolekülen) durchzuführen, um Substanzen gegen ein Konzentrationsgefälle über Biomembranen hinweg zu transportieren, um mit anderen Zellen zu kommunizieren oder um sich zu teilen oder fortzubewegen.

In der Evolution wurden früh Stoffwechselwege entwickelt, um Sonnenlicht in chemische Energie umzuwandeln (**Photosynthese**) oder um vorhandene organische Verbindungen abzubauen und daraus chemische Energie, insbesondere in Form von ATP zu gewinnen. Die Photosynthese entstand früh in der Evolution bei phototrophen Bakterien und Cyanobakterien. Im Verlauf der Eucytenevolution wurden Cyanobakterien aufgenommen, aus denen sich die Chloroplasten entwickelten (Endosymbiontenhypothese; s. Kap. 3.1). Die zugehörigen Moleküle (wie Chlorophyll) und Reaktionswege, insbesondere das Photosystem I und II sowie der Calvin-Zyklus (mit den zugehörigen Enzymen) wurden grundsätzlich bis zu den heutigen Pflanzen beibehalten.

Die meisten Prokaryoten, Pilze und Tiere sind heterotrophe Organismen, die vorhandene organische Materie (insbesondere Kohlenhydrate und Fettsäuren) abbauen und daraus NADH und letztlich ATP gewinnen. Die katabolen Stoffwechselwege entstanden zuerst bei Bakterien. Wie wir in Kap. 3.1 ausführlicher dargestellt haben, wurden α-Purpurbakterien von den frühen Eucyten aufgenommen, aus denen sich die Mitochondrien entwickelten. Dabei kam es auch zum Transfer der wichtigen Energiestoffwechselwege, wie z. B. der Atmungskette, die in der Eucyte in den Mitochondrien lokalisiert ist. Die katabolen Stoffwechselwege, wie Glycolyse, Zitratzyklus, β-Oxidation der Fettsäuren und die Energieumwandlung in der Atmungskette sind nahezu universell.

Ebenso universell sind bei Bakterien und Eukaryoten die Stoffwechselwege, die zur Biosynthese von Kohlenhydraten, den einzelnen Aminosäuren, Fettsäuren und Steroiden führen. In vielen Fällen (aber natürlich nicht allen) sind die biochemischen Erkenntnisse, die bei der Hefe oder *E. coli* gefunden wurden, direkt auf die Biochemie einer menschlichen Zelle übertragbar.

Die nachgewiesene Universalität der katabolen und anabolen Stoffwechselwege liefert einen direkten und weiteren Hinweis für die Richtigkeit der Evolutionstheorie.

1.2.5.3 Sekundärstoffe

Substanzen, die jede Zelle zum Leben benötigt, werden als **Primärstoffe** den **Sekundärstoffen** gegenübergestellt, die nur in speziellen Zellen oder nur in speziellen Organismen hergestellt werden.

Zu den Sekundärstoffen im weitesten Sinne zählen die mannigfaltigen **Hormone** und andere **Signalmoleküle**, die insbesondere im tierischen Organismus eine wichtige funktionelle Rolle in der Kommunikation der Gewebe und Organe untereinander und in der Regulation von Entwicklungs- und Wachstumsprozessen spielen. Auch auf dieser Stufe finden wir eine außerordentlich große Strukturkonservierung; d. h. einmal als funktionelle und wirksame Metabolite entwickelte Substanzen wurden in späteren Evolutionsstufen beibehalten. Die meisten Hormone und Signalsubstanzen, die wir im Menschen vorfinden, kommen, wie ihre Rezeptormoleküle, in identischer oder ähnlicher Form bereits bei den frühen Wirbeltieren, häufig auch schon bei den Wirbellosen vor.

In vielen Bakterien, Pilzen, sessilen marinen Lebewesen und insbesondere in Pflanzen kann man eine außerordentliche Mannigfaltigkeit an organischen Substanzen feststellen, deren Funktion man lange Zeit nicht erkannt und wohl auch deshalb „Sekundärstoffe" genannt hat. Inzwischen gibt es viele direkte und indirekte Hinweise, dass es sich bei den Sekundärstoffen um Substanzen handelt, die für die Produzenten im ökologischen Kontext wichtig sind. Viele Substanzen sind Abwehrstoffe gegenüber Fraßfeinden oder Mikroorganismen; andere dienen der intra- und interspezifischen Kommunikation. Die Struktur der Sekundärstoffe ist nicht zufällig, sondern sie wurde durch Selektion im Verlauf der Evolution so abgeändert, dass sie mit zellulären Zielstrukturen (DNA, Proteinen, Rezeptoren, Enzymen, Biomembran) unmittelbar interagieren kann. Man kann deshalb sogar von einem evolutionären *„molecular modelling"* sprechen. Die Bedeutung der Sekundärstoffe für die Fitness der sie produzierenden Organismen kann man auch daran ablesen, dass diese Merkmale, deren Erhaltung energetisch äußerst aufwendig ist, in der Evolution beibehalten wurde. Wären Sekundärstoffe ohne Funktion, so wären sie längst wegselektiert worden. Einige Sekundärstoffe trifft man nur punktuell in verwandten Organismengruppen an. Auch dies kann ein weiterer wichtiger Hinweis für eine gemeinsame Evolution der betreffenden Arten sein. Eine ausführliche Diskussion der Evolution der Sekundärstoffe liefern die Kap. 3 und 4.

1.2.5.4 Aufbau der Zellen

Bis auf die Viren bestehen alle Lebensformen aus Zellen, die von einer semipermeablen Biomembran umgeben sind. Während Bakterienzellen nur wenig strukturiert sind (siehe EXKURS 3.1), weisen Eukaryoten eine starke Kompartimentierung durch ein kompliziertes Endomembransystem auf. Wichtige Kompartimente sind Zellkern, glattes und raues endoplasmatisches Retikulum, Golgi-Apparat, Mitochondrien, Chloroplasten (nur bei Pflanzen), Peroxisomen, ferner Endo- und Lysosomen (s. EXKURS 3.1). Der Erwerb von Mitochondrien und Chloroplasten wird in Kap. 3.1 genauer abgehandelt.

Wenn man bei Pflanzen und insbesondere bei Tieren auch eine vielfältige und zunehmende Spezialisierung der Zelle in viele unterschiedliche Zelltypen vorfindet, so erfolgt jedoch der Grundaufbau grundsätzlich nach einem einheitlichen Prinzip. Zellen vermehren sich durch Teilung, die bei den Eukaryoten einheitlich mit Hilfe der Mechanismen der Mitose bzw. Meiose (s. EXKURS 3.2) erfolgt. Die gemeinsamen Grundstrukturen bei Mikroorganismen und Eukaryoten sowie Grundprozesse der eukaryotischen Zellteilung bei Eukaryoten kann man plausibel nur erklären, wenn man eine Evolution von einfachen Zelltypen in der frühen Evolution zu komplexeren Zelltypen in nachfolgenden Evolutionsphasen annimmt.

1.2.6 Verhaltensbiologie

Ebenso wie in der Evolution von Strukturen kann man Evolutionsreihen, Funktionswechsel usw. im Verhalten feststellen. Schon Linné nannte die Hühnervögel „Scharrvögel", verwendete also ein Verhalten zur Namensgebung. Alle drei Gattungen der großen Menschenaffen (Orang Utan, Gorilla und Schimpanse) bauen in Bäumen Schlafnester aus zusammengelegten Zweigen. Alle Saturniden und Bombyciden (Seidenspinner) fertigen als Raupen Kokons für das Puppenstadium mit dem Sekret ihrer Spinndrüsen. Es gibt also im Bereich des Verhaltens Homologien, deren Vorkommen sich auf Verwandtschaftsgruppen erstreckt, die anderweitig erschlossen wurden. Tembrock hat sogar Homologiebereiche in den Lauten der Hunde (Canidae) aufgezeigt. Jeder Ornithologe wird solche in den Lauten der Meisen, Grasmücken u. a. entdecken. Die Männchen von räuberischen Tanzfliegen (Empipidae) bieten dem Weibchen als Hochzeitsgeschenk eine Beute dar. Andere Arten umhüllen die Beute mit einem Schaumgespinst, so dass die Gabe größer erscheint, und schließlich überbringen Männchen weiterer Arten als Hochzeitsgabe ein großes Gespinst, also nur die Verpackung ohne Inhalt.

Die Feststellung von Homologien und Verwandtschaft mit Hilfe des Verhaltens allein ist aber schwieriger, als sie es aufgrund der Struktur oder der Chemie ist. Das hat drei Gründe:

- **Parallelentwicklungen und Analogien** sind häufig. Viele Insektengruppen bauen Kokons oder Gespinste für ihre Puppen mit einem Sekret der Spinndrüsen. Die sonderbare Art des Maulbrütens, bei dem die Eier bis zum Schlüpfen der Jungtiere in den Mund genommen werden, ist bei Fischen mehrfach entstanden, nach Wickler dreimal. Das „Verleiten", d.h. das Ablenken eines Feindes von den Jungvögeln durch ein Elterntier, das sich oft flügellahm stellt, ist offenbar bei bodenbrütenden Vögeln mehrfach entstanden. Sogar bei einem Affen, dem Husarenaffen *Erythrocebus patas*, versucht das Männchen, einen Feind von seiner Weibchengruppe weg auf sich zu lenken. Auch der merkwürdige Brutparasitismus unseres Kuckucks hat eine weitgehende Parallele bei dem Stärling *Molothrus*, dessen Jungvögel gleichfalls die Eier und Jungvögel seines Wirtsvogels aus dem Nest befördern.
- Die Notwendigkeit der **Anpassung** erfordert eine schnelle Umgestaltung des Verhaltens. So können im allgemeinen Verhaltensgrundtypen nur für kleinere Gruppen des Systems aufgestellt werden. Bei den Wirbeltieren insgesamt kann man dem Grundtypus nur Leben im Wasser und Entleerung von Eiern und Spermien ins Wasser zuschreiben, den Vögeln nur Eiablage und Bebrütung (die Flugfähigkeit kann man kaum zum typischen Verhalten zählen); ebenso bleibt kaum etwas für das Verhaltenssystem der Insekten übrig, außer dem Leben an Land. Der Ordnung der Webspinnen kann man allgemein die Beförderung der Spermien in Behältern am zweiten Gliedmaßenpaar (Taster) durch das Männchen und die Übertragung des Spermas in die Geschlechtsöffnung des Weibchens mit diesem Taster zuschreiben. Viel mehr verhaltenstypische Merkmale können wir von Familien der Spinnen nennen, etwa für die Araneidae das bekannte Radnetz, wie es die Kreuzspinne baut. Aber der Verhaltenstypus einer Gruppe bleibt wesentlich enger und spärlicher als der Bautypus.
- Die dritte Besonderheit der Evolution des Verhaltens ist die **Übernahme von Verhaltensweisen**, sogar von anderen Arten. Sie beginnt mit der „Ansteckbarkeit" der Handlung. Sie ist bei soziallebenden Arten verbreitet und kommt in der einfachsten Form in dem Nachlaufen und Nachfliegen schon bei Insekten vor (Prozessionsspinner, Heerwurm [= Wandergesellschaften von Trauermückenlarven], Wanderheuschrecken) und führt bei Fischschwärmen dazu, dass alle Mitglieder einer Gruppe jeweils dasselbe tun: Fressen, Putzen, Ruhen. Bei höheren Wirbeltieren (Vögeln und Säugetieren) kann sich aber auf diesem Wege das neue Verhalten eines „Erfinders" rasch über Angehörige der gleichen Art durch Tradition ausbreiten. Berühmt ist das Öffnen des Deckels abgestellter Milchflaschen durch Meisen, das sich von einem Zentrum in England ausbreitete. Genau verfolgt wurde die Entstehung und Ausbreitung neuer Verhaltensweisen bei den japanischen Makaken (*Macaca fuscata*) durch japanische Forscher (Itani u.a.). In einer Gruppe begann ein jüngeres Tier die Nahrung (Bataten = Süßkartoffeln) zu waschen. Andere übernahmen das Verfahren, und so breitete es sich innerhalb der Gruppe aus. Nur alte Tiere, besonders alte Männchen, lehnten die neue Mode ab. In einer anderen Gruppe wurde das Trennen von Sand und Körnern durch Werfen ins Wasser eine neue Verhaltensweise, und manche Sitten von Schimpansen, z.B. das Fangen von Termiten mit Zweigen, die in die Öffnung eines Termitenhügels gesteckt wurden, so in einer Population in Tansania (Lawick-Goodall), gehen ebenfalls auf Imitation des „Entdeckers" zurück. Ein solches neues Verhalten wird natürlich nicht nur an Altersgenossen, sondern auch an kommende Generationen weitergegeben.

  Man hat diesen Prozess als „neue Evolution" bezeichnet. Während sich die alte Evolution von einer einzelnen Mutation nur langsam in der Generationsfolge ausbreiten kann, besonders durch Selektion, kann die Ausbreitung neuer Moden sehr schnell innerhalb einer Generation erfolgen. Selbst komplizierte Verhaltensweisen können sich so ausbreiten. Betrachtet man solche durch Tradition und Nachahmung entstandenen komplexen Übereinstimmungen auch als Homologien, so muss man zwischen phylogenetischen und **Traditions-Homologien** unterscheiden. Beiden gemeinsam ist, dass sie ihre Übereinstimmung historischen Zusammenhängen verdanken; die **phylogenetische Homologie** beruht auf DNA mit ihren Erbinformationen, die traditionelle auf Informationen, die von Individuum zu Individuum, z. B. beim Menschen durch die Sprache weitergegeben werden. Es ist sicher, dass die neue Evolution über Weitergabe von Informationen in der Kulturgeschichte der Menschheit eine entscheidende Rolle gespielt hat. So entstanden Sitten, Moden, technische Entwicklungen und schließlich das enorme Gedächtnis der Art Mensch, das in Büchern festgelegt ist und jeder Generation eigenes Schaffen auf der Basis der Erfahrungen und Entdeckungen der früheren Generationen bietet. In der Gegenwart läuft die Weitergabe dieser Information nicht mehr allein über Nachahmung gesehener Vorgänge, angefertigter Gegenstände oder Mitteilung von Mensch zu Mensch ab, sondern über das in Büchern und jetzt auch in Computerprogrammen festgelegte Gesamtgedächtnis und über die Massenmedien. In welchem Umfang das Verhalten des Menschen durch mit anderen Säugetieren homologe (d. h. angeborene) Komponenten festgelegt ist, lässt sich noch nicht mit Sicherheit sagen. Zweifellos ermöglicht unser Lernvermögen plastisches Verhalten in vielen Situationen; das alte Erbe darf aber keineswegs unterschätzt werden (Abb. 1-38). Es spielt offenbar in gesellschaftlicher Hierarchie, in Gestik und Mimik sowie bei territorialen Auseinandersetzungen eine wichtige und – bezogen auf ein wünschenswertes harmonisches Sozialgefüge – nicht immer positive Rolle.

Es gibt im Bereich der Tradition auch einen Einbau von Verhaltensweisen fremder Arten. Das ist besonders deutlich im Gesang der Vögel. Es kommt hier zum Einbau von Strophen und Lauten fremder Arten durch aktive Aufnahme (Acception). Der Gelbspötter (*Hippolais icterina*) kann z. B. den Schrei von Möwen und sogar das Quietschen von Rädern in seinen Gesang aufnehmen. Die Witwen Afrikas, die, wie bei uns der Kuckuck, Brutparasiten bei verschiedenen anderen Vögeln sind, übernehmen sogar den ganzen Gesang ihrer Wirtsvögel, die ja auch ihre Pflegeeltern sind.

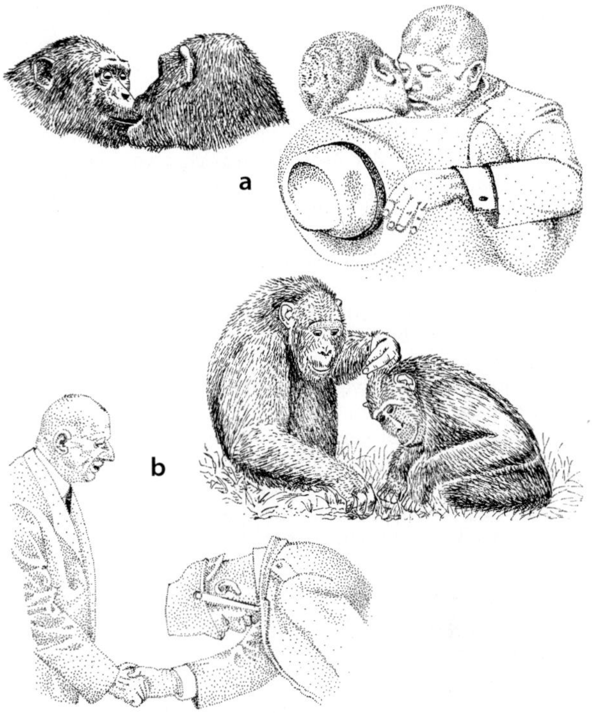

Abb. 1-38 a, b. a Kussbegrüßung zweier Schimpansen; Parteichef Chruschtschow, seinen amerikanischen Gastgeber durch Wangenkuss begrüßend. **b** Schimpansen-Weibchen, ein Männchen begrüßend; Staatschef de Gaulle, einem deutschen Polizisten die Hand reichend. Nach Fotos von Eibl-Eibesfeldt, Lawick-Goodall, UPI

Bei einem Prozess der Evolution sind Verhaltensweisen äußerst wichtig: bei der Artentrennung (Speziation, S. 233). Ganz ähnliche Arten, die man lange Zeit nicht getrennt hatte, unterscheiden sich deutlich im Gesang, z. B. Sumpfmeise (*Parus palustris*) und Weidenmeise (*P. montanus*), das Sommergoldhähnchen (*Regulus ignicapillus*) und das Wintergoldhähnchen (*R. regulus*) usw. Überhaupt sind es gerade die Balzhandlungen, die sich recht schnell auseinanderentwickeln und so die Isolation von Arten fördern.

1.2.7 Literatur

1. Futuyma DJ (1989) Evolutionsbiologie. Birkhäuser, Basel
2. Heberer G (Hrsg) (1959) Darwin-Wallace: Dokumente zur Begründung der Abstammungslehre vor 100 Jahren. Fischer, Stuttgart
3. Jahn J (1990) Grundzüge der Biologiegeschichte. Fischer, Jena
4. Jahn J (Hrsg) (2000) Geschichte der Biologie. Spektrum, Heidelberg
5. Jahn J, Schmitt M (Hrsg) (2001) Darwin & Co. Eine Geschichte der Biologie in Portraits (2 Bände). Beck, München
6. Kämpfe, L (1992) Evolution und Stammesgeschichte der Organismen. Fischer, Jena
7. Kimura M (1992) Die Neutralitätstheorie der molekularen Evolution. Parey, Hamburg
8. Kraußе E (1984) Ernst Haeckel – Biographien hervorragender Naturwissenschaftler, Techniker und Mediziner, Band 70. Teubner, Leipzig
9. Mägdefrau K (1992) Geschichte der Botanik. Fischer, Stuttgart
10. Mayr E (1986) Entwicklung der biologischen Gedankenwelt. Springer, Heidelberg Berlin
11. Remane A (1971) Die Grundlagen des Natürlichen Systems, der vergleichenden Anatomie und Phylogenetik. Koeltz, Königstein
12. Siewing R (Hrsg) (1987) Evolution. Fischer, Stuttgart
13. Storch V, Welsch U (1989) Evolution. dtv, München
14. Strickberger MW (1996) Evolution. Jones & Bartlett, Boston
15. Vollmer G (1998) Evolutionäre Erkenntnistheorie. Hirzel, Stuttgart
16. Wiedersheim K (1908) Der Bau des Menschen als Zeugnis für seine Vergangenheit. Laupp, Tübingen
17. Wieser W (Hrsg) (1994) Die Evolution der Evolutionstheorie. Spektrum, Heidelberg
18. Wilson EO (1998) Consilience. The unity of knowledge. Vintage, New York

2 Entfaltung der Organismen in der Erdgeschichte

ÜBERSICHT

Die Erde ist ungefähr 4,6 Mrd. Jahre alt und hat seitdem dauernd Veränderungen durchgemacht. Schon in den ersten 500 Mio. Jahren entstanden eine feste äußere Schale, die **Lithosphäre**, und die **Atmosphäre**, welche vor etwa 4 Mrd. Jahren die 100 °C-Grenze unterschritt. Mit der Abkühlung der zunächst heißen Erde wurden große Mengen Wasser bei magmatischen Prozessen in Form von Wasserdampf freigesetzt, der dann kondensierte, und es bildeten sich Urmeere. Neuerdings geht man davon aus, dass ein Teil des Wassers aus dem Weltraum stammt und mit dem anfänglich intensiven Meteoritenhagel auf die Erde gelangt ist. Vor etwa 2,3 Mrd. Jahren bildete sich auf der Erde zum ersten Mal Eis: die **Kryosphäre** war entstanden.

Die heutige Lithosphäre besteht aus etwa 12 unterschiedlich dicken und großen Platten, die auf der zähflüssigen, darunter liegenden **Asthenosphäre** schwimmen. Die kontinentale Kruste ist etwa 30–60 km dick, die ozeanische ungefähr 7 km. Aufsteigende Ströme (Konvektionsströme) im magmatischen Untergrund werden als Motoren der Platten- bzw. Kontinentverschiebung angesehen.

In den Meeren, so die heute vorherrschende Meinung, entstand das Leben vor knapp 4 Mrd. Jahren. Archaea (Archaebakterien) und Eubakterien sind zwei besonders ursprüngliche Gruppen. Sie betrieben schon früh Photosynthese, produzierten Sauerstoff und veränderten die Atmosphäre kontinuierlich, bis der atmosphärische Sauerstoff vor etwa 350 Mio. Jahren den heutigen Wert erreichte.

Zu den ältesten Lebensspuren auf der Erde zählen die **Stromatolithen** oder „Teppichsteine". Sie sind Lebensgemeinschaften von Prokaryoten (blaugrünen Algen oder Cyanobakterien), die im flachen Wasser am Meeresboden Matten bildeten, Schwebstoffe einfingen und Gesteinskörper aufbauten. Übereinander entstanden im Laufe der Zeit viele Matten (oder „Teppiche"), die sich schließlich kuppel- oder tafelartig vom Meeresboden abhoben. Stromatolithen wurden in 3,5 Mrd. Jahren alten Gesteinen des Präkambriums konserviert und können auch heute noch in manchen flachen Meeresgebieten gefunden werden, z. B. in Westaustralien (Shark Bay).

Vergleicht man die 4,6 Mrd. Jahre lange Geschichte der Erde, also den gesamten geologischen Zeitablauf, mit einem Kalenderjahr, dann war es Mitte November, als das **Phanerozoikum** begann, jene Zeit, in der sich die Organismen auf der Erde entfaltet haben. Das Phanerozoikum begann vor 570 Mio. Jahren mit der ersten Periode des Paläozoikums, dem Kambrium, in dem zum ersten Mal in der Erdgeschichte uns vertraute Tierstämme in größerer Zahl auftraten. Die Zeit vor dem Kambrium, das **Präkambrium**, war also etwa siebenmal so lang wie das Phanerozoikum.

Die genannten Zahlen demonstrieren, welchen Schwierigkeiten Paläontologen bezüglich des Zeitablaufes gegenüberstehen, wenn sie die Entfaltung der Organismen in der Erdgeschichte darstellen wollen. Dazu kommen noch die riesigen, geradezu unvorstellbaren

ÜBERSICHT (Fortsetzung)

Artenzahlen: Nach verbreiteter Ansicht sind derzeit etwa 1,5 Mio. rezente Tier- und 500 000 Pflanzenarten beschrieben worden, und sie stellen weniger als 10%, vielleicht sogar weniger als 1% der Arten dar, die in der Vergangenheit auf der Erde gelebt haben. Es hat also bis zur Gegenwart vielleicht Milliarden von Tier- und Pflanzenarten gegeben (zuzüglich einer unbekannten Zahl von Prokaryoten). Wenn man dann bedenkt, dass bisher „nur“ einige hunderttausend Fossilien-Arten beschrieben wurden, wird deutlich, wie schwierig die Beurteilung der Entfaltung der Organismen ist. Zudem hat es in der Erdgeschichte viele Organismengruppen gegeben, die heute nicht mehr existieren und die zum Teil ohne bekannte Nachkommen ausgestorben sind.

Abb. 2-1 stellt die wichtigsten Schlüsselereignisse in der Evolution der Organismen dar.

Das Phanerozoikum, das einen Zeitraum von 570 Mio. Jahren umfasst, ist in drei Erdzeitalter sehr verschiedener Länge gegliedert. Diese Unterteilung basiert im Wesentlichen auf der Existenz bestimmter Organismen.

- Das **Paläozoikum** (Erdaltertum) gliedert sich in die sechs Perioden Kambrium, Ordovizium, Silur, Devon, Karbon und Perm, enthält damit unter den Erdzeitaltern die meisten Perioden und ist mit über 300 Mio. Jahren mit Abstand am längsten. Drei Massenaussterben fallen in diese Zeit. Im frühen Paläozoikum gab es nur im Wasser lebende Organismen, dann eroberten Pflanzen und Tiere das Land, und später entstanden riesige Wälder mit einer komplexen Fauna, so dass in den nicht marinen Schichten des Karbons eine Gliederung nach Pflanzenfossilien möglich ist. Die marinen Abfolgen werden mittels Goniatiten, Conodonten, Trilobiten, Brachiopoden und Foraminiferen untergliedert.
- Das **Mesozoikum** (Erdmittelalter) wird in die Perioden Trias, Jura und Kreide aufgeteilt. Mit 185 Mio. Jahren ist es nur gut halb so lang wie das Paläozoikum. Es wird als Zeitalter der Saurier angesehen. Zwei Massenaussterben fallen in diese Zeit.
- Das **Käno- oder Neozoikum** (Erdneuzeit) umfasst die letzten 65 Mio. Jahre und gliedert sich in Tertiär und Quartär. In seine Zeit entfällt die Entfaltung von Säugetieren, Vögeln, Teleosteern und vielen Blütenpflanzen, deren Wurzeln allerdings weiter zurückreichen.

2.1 Präkambrium

Noch im Präkambrium, in einer Zeit vor 900–600 Mio. Jahren, als große Teile der Erdoberfläche von Eismassen bedeckt waren, machten einzellige, planktische Algen, die **Acritarchen**, eine adaptive Radiation im Ozean durch. Es handelt sich um kugelige, glattschalige oder auch skulpturierte Formen mit komplizierten Zellwänden, die allem Anschein nach schon zu den Eukaryota zu rechnen sind. Auch im Paläozoikum waren sie die dominierende Gruppe planktischer Algen. Ob sie enger mit Dinoflagellaten oder Grünalgen verwandt sind, wird noch diskutiert. Sie waren photosynthetisierende Organismen, mit ihnen wird der Anstieg der Sauerstoffkonzentration in der Atmosphäre in Zusammenhang gebracht (Abb. 1-22). Erst durch dieses Ereignis – so nehmen wir heute an – wurde die Entstehung vielzelliger Organismen überhaupt möglich. Ebenfalls in dieser Zeit kam es zur ersten biogenen Entstehung von Silikat.

2.1.1 Ediacara-Fauna: präkambrische Vielzeller

Seit geraumer Zeit wissen wir, dass die Präkambrium-Kambrium-Grenze nicht so scharf war, wie man früher glaubte. Schon vor etwa 700 Mio. Jahren gab es eine offenbar weit verbreitete, spätpräkambrische, marine, vorwiegend bo-

Abb. 2-1 a, b. Entfaltung des Lebens mit der Kennzeichnung von zehn Zeitpunkten, zu denen jeweils eine besonders wichtige Neuerung nachweisbar ist. **a** Darstellung der 3,6 Mrd. Jahre, in denen es Leben auf der Erde gibt, **b** Darstellung des Phanerozoikums. 1 Ursprung des Lebens auf der Erde, 2 Eukaryoten, 3 Vielzelligkeit, 4 Hartstrukturen, 5 Räuber, 6 Riffe, 7 Besiedlung des Landes, 8 Bäume/Wald, 9 Flug, 10 Bewusstsein. Nach Benton und Harper (1997)

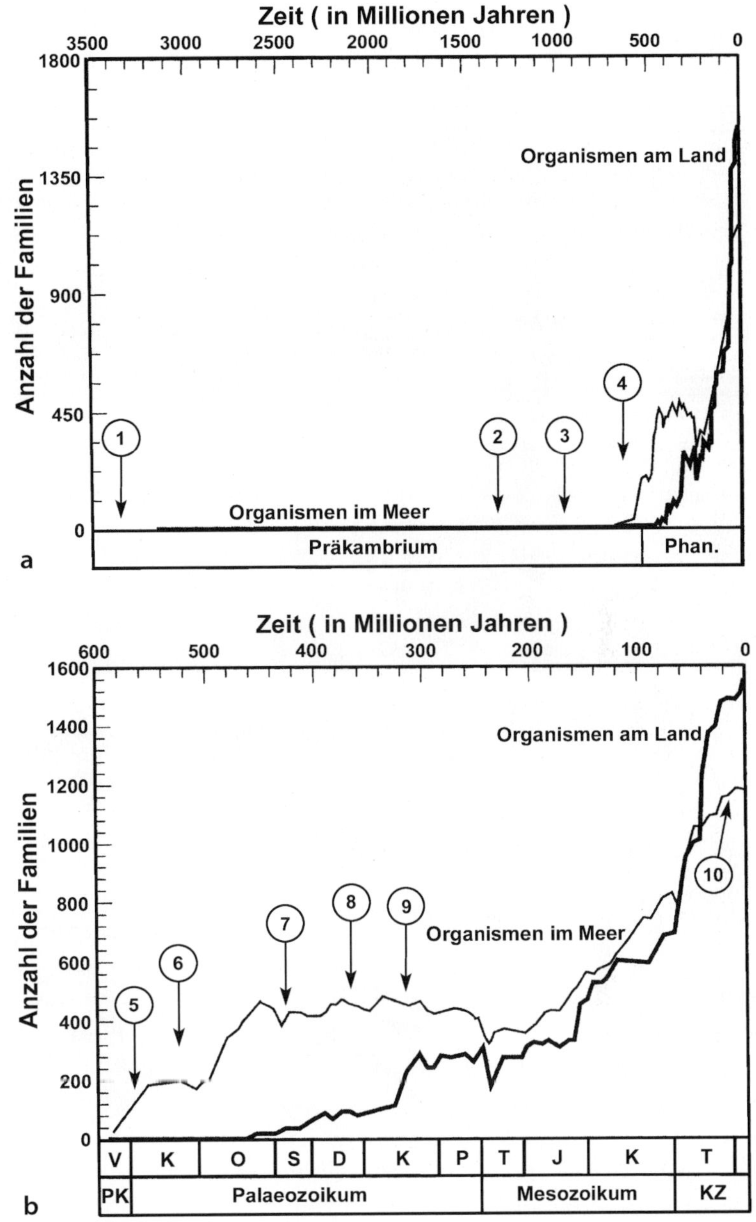

denbewohnende vielzellige Fauna, die nach den Ediacara Hills in Südaustralien heute allgemein **Ediacara-Fauna** genannt wird und mittlerweile nicht nur aus Australien, sondern auch aus dem südlichen Afrika, aus China, Russland und Großbritannien bekannt ist, nach manchen Autoren sogar von allen Kontinenten.

Abb. 2-2 vermittelt einen Eindruck der Ediacara-Fauna. Allem Anschein nach sind mit ihrem Entstehen die Stromatolithen stark zurückgegangen. Einzeller wurden durch Vielzeller verdrängt.

Die über 1600 Exemplare zum Teil vorzüglich erhaltener Fossilien von vielzelligen Tieren (Metazoa) dieser Fauna gliedert man in etwa 30 (nach

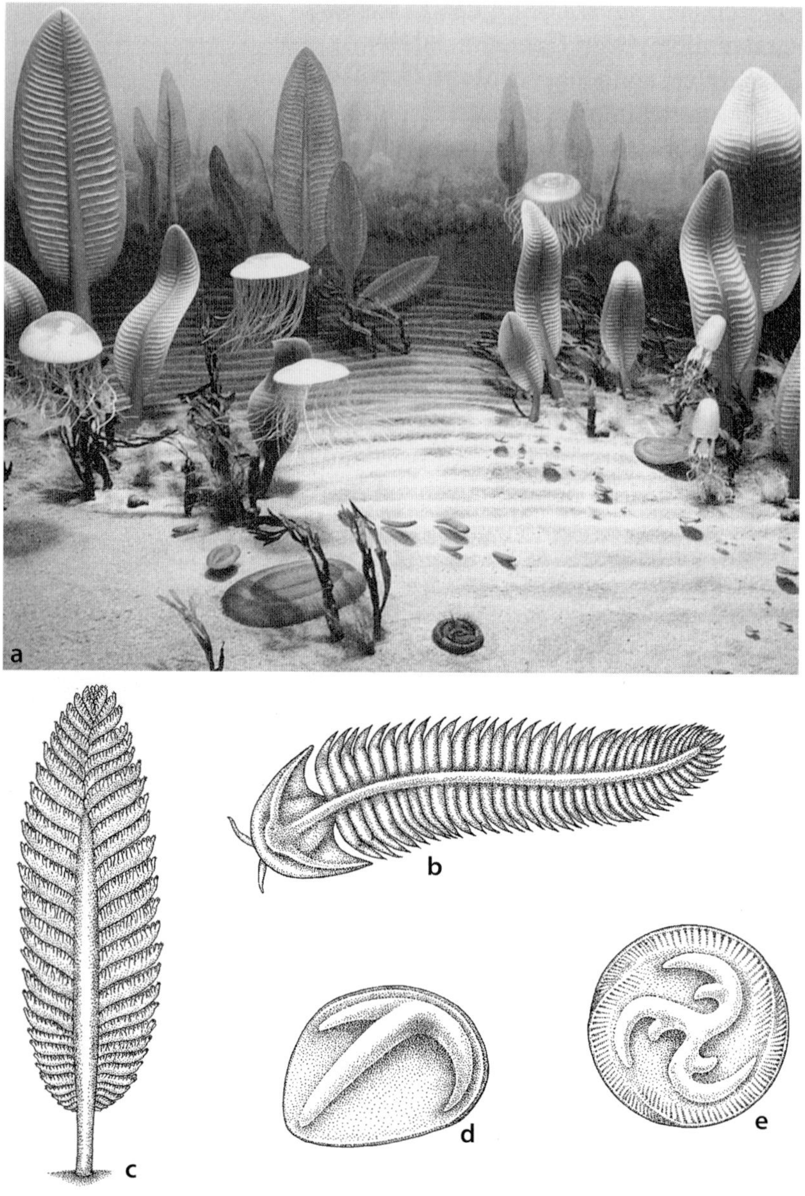

Abb. 2-2 a–e. Ediacara-Fauna. **a** Rekonstruktion einer Lebensgemeinschaft im Vendium. Nach Stanley (1998). **b–d** Formen der Ediacara-Fauna Südaustraliens. **b** *Spriggina,* **c** *Rangea,* **d** *Parvancorina,* **e** *Tribrachidium.* Nach Cloud (1989)

manchen Autoren 100) Gattungen, deren systematische Einordnung im Einzelfall jedoch nicht ganz gesichert ist. Über die Hälfte der Fossilien ähneln Cnidariern, meist Medusen oder Seefedern; ein Viertel erinnert in starkem Maße an Anneliden, eine kleine Minderheit wird zu den Arthropoden gestellt. Dieser verbreiteten und eigentlich gut begründeten Sichtweise wird auch widersprochen. Es wird argumentiert, dass die Elemente der Ediacara-Fauna mit dem Ende des Präkambriums (im Vendium) zum großen Teil ausgestorben sind, und dass ihre Baupläne etwas ganz Besonderes waren. Autoren, die diese Sichtweise eines frühen Seitenzweiges der Evolution akzeptieren, bezeichnen diese Organismen als Vendozoa. In dieser frühen Phase der Metazoen-Entfaltung gibt es in der Tat erhebliche Interpretationsschwierigkeiten. Das abgeflachte *Tribrachidium* (Abb. 2-2 e) mit seiner Dreiersymmetrie ähnelt keinem rezenten Organismus, bei der ebenfalls abgeflachten *Parvancorina* (Abb. 2-2 d) handelt es sich eventuell um eine frühe Trilobitenlarve. Leichter ist die Einordnung der „medusoiden Formen" wie *Ediacaria*, *Cyclomedusa*, *Medusinites* und *Beltanella*, die in der Tat heute lebenden Medusen ähnlich sind; auch ist die Zuordnung der „pteridinoiden Formen" (z. B. *Pteridinium*, *Glaessnerina*, *Rangea* [Abb. 2-2 c] und *Charnia*) in das Umfeld der Seefedern nachvollziehbar. Bei den „sprigginoiden Formen", z. B. *Spriggina* (Abb. 2-2 b), gibt jedoch schon wieder erheblichen Interpretationsspielraum: Sind es wirklich Anneliden, die keine Borsten hatten?

Auffällig ist, dass alle Ediacara-Formen eine im Verhältnis zum Körpervolumen sehr große Oberfläche besaßen und manche abgeplattet waren und wohl dem Substrat auflagen, z. B. die bis 1 m lange, aber nur 3 mm dicke *Dickinsonia*. Dieser Lebensformtyp lässt auch an eine Ernährung über Symbionten denken, die vielleicht photosynthetisch tätig waren. In der Tat war das flache, lichtdurchflutete Wasser der Hauptlebensraum der Ediacara-Fauna. Bemerkenswert ist weiterhin, dass Skelettteile selten sind und dass die Weichteilerhaltung vorzüglich ist. Die geringe Ausbildung von Skelettelementen wird mit dem Mangel an Räubern, die gute Erhaltung der Weichteile mit dem Fehlen von Aasfressern erklärt.

Die Ediacara-Fauna verschwand weitgehend vor etwa 550 Mio. Jahren, also im Kambrium. Insgesamt hatte sie über 100 Mio. Jahre am Boden der Meere vorgeherrscht.

2.2 Paläozoikum (Erdaltertum)

Im **Paläozoikum**, das vor 570 Mio. Jahren begann und vor 250 Mio. Jahren endete, waren bald die meisten der auch heute noch existierenden Tierstämme vorhanden. In Kambrium und Ordovizium existierte tierisches Leben nur im Meer, pflanzliches Leben war im Kambrium fast nur durch Algen vertreten, im Ordovizium wuchsen am Rande der Meere die ersten Gefäßpflanzen. Im Silur breiteten sie sich auf dem Festland aus, und Arthropoden wie Skorpione und Tausendfüßer folgten. Ende Silur kam die für Europa und Nordamerika wichtige Kaledonische Gebirgsbildung zum Abschluss. Der im Devon bei der Kollision von Laurentia und Baltica entstandene Old-Red-Kontinent war durch Pflanzen schon relativ dicht besiedelt; hier gingen die Wirbeltiere an Land. Im Karbon erreichte die variscische Gebirgsbildung ihren Höhepunkt. Im Vorland des dabei entstandenen Gebirges und auf dessen Rumpf entwickelten sich Sümpfe mit baumhohen Bärlappgewächsen (Siegel- und Schuppenbäumen), Schachtelhalmen und Farnen, es erwuchs die Grundlage vieler Steinkohlevorkommen. Auf dem Südkontinent herrschte über Teile von Karbon und Perm eine intensive Eiszeit, in Mitteleuropa wurden im Perm unter aridem Klima riesige Salzlagerstätten gebildet.

2.2.1 Kambrium

ÜBERSICHT

Reiches Leben im Meer. Fossilien sind vorwiegend tierischen Ursprungs. Verschiedene Tiergruppen bilden Skelette aus, vielleicht als Reaktion auf räuberische Organismen. Produktion biogener Karbonate in größerem Maßstab. In der fossilen Überlieferung dominieren Trilobiten, Brachiopoden und Archaeocyathiden (Archaeocyathiden-Kalke), aber es gibt z. B. auch schon Mollusken, Echinodermen und sogar Chordaten. Weit verbreitet: Burgess-Shale-Fauna mit besonders großem Anteil von Konstruktionsformen, die noch im Kambrium wieder aussterben.

Die erste Periode des Paläozoikums, das **Kambrium** (570–510 Mio. Jahre vor heute) wurde nach der römischen Bezeichnung Cambria für Nordwales benannt, weil dort Schichten aus dieser Zeit besonders reichhaltig vertreten sind. Sie erreichen hier eine Mächtigkeit von 400 m. Das Kambrium markiert den Beginn der Überlieferung von Fossilien in großer Zahl und an vielen Fundorten auf der Erde. In dieser Zeit kam es allem Anschein nach zu einer so raschen Entstehung verschiedener Konstruktionstypen von Tieren, dass man auch von der „kambrischen Explosion" spricht. Jedoch ist auch diese Entwicklung in geologischen Zeitmaßstäben zu sehen; sie ist in Millionen von Jahren erfolgt. Noch kann man diese rasche Entwicklung nicht mit Sicherheit erklären. Lag es an der vermehrten Verfügbarkeit von molekularem Sauerstoff? Machte die Entstehung eines Ozongürtels eine Kontinuität der DNA möglich, die jetzt weniger mutagener Strahlung ausgesetzt war? Waren auf DNA-Ebene so viele Funktionsmodule (z. B. Bauplan-Gene) entwickelt, dass durch deren verschiedene Kombination viele neue Formen entstehen konnten? Sind Transgressionen (also das Vorrücken der Ozeane in küstennahe Ebenen) zu Beginn des Kambriums nach der jungpräkambrischen Vereisung wesentlich an der Diversifizierung beteiligt, da durch sie große Flachmeerbereiche mit photosynthetisierenden Organismen entstanden? Festzuhalten bleibt, dass alle oder fast alle damals existierenden Organismen auf das Meer beschränkt waren. Abb. 2-3 vermittelt eine Vorstellung von der damaligen paläogeografischen Situation. Der Meeresspiegel war im Kambrium sehr hoch und blieb es auch über den größten Teil des Ordoviziums. Für ein Leben im Süßwasser gibt es keine unumstrittenen fossilen Belege, der terrestrische Bereich war noch kaum besiedelt. Wenn bisher fast nur von Tieren die Rede war, bedeutet das lediglich, dass sie als Fossilbelege vorliegen. Der freie Sauerstoff, den sie für die Atmung brauchten, stammt zu über 99% aus der Photosynthese. Im frühen Paläozoikum, so schätzt man, betrug die Sauerstoff-Konzentration der Atmosphäre etwa 10% des heutigen Wertes (Abb. 1-22).

Eine Besonderheit der Organismen, die sich im frühen Kambrium (in den ersten 20 Mio. Jahren, dem **Tommotium**) in verschiedenartiger Weise entfalteten, sind deren Hartteile (Abb. 2-4). Zum größten Teil können wir diese keiner bestimmten Tiergruppe zuordnen, einige sind uns jedoch durchaus vertraut, da wir sie in ähnlicher Form von heute lebenden Schwämmen und Weichtieren kennen. Tommotium-Elemente sind im Unterkambrium Sibiriens besonders intensiv untersucht worden, aber auch z. B. aus

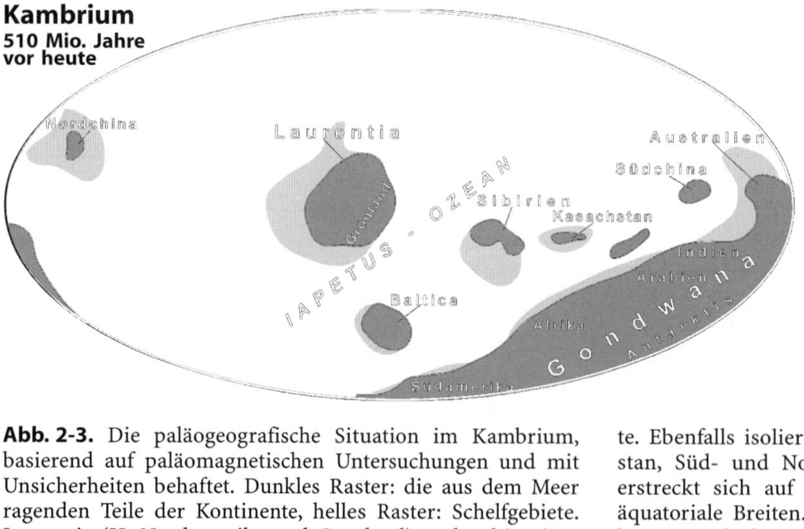

Abb. 2-3. Die paläogeografische Situation im Kambrium, basierend auf paläomagnetischen Untersuchungen und mit Unsicherheiten behaftet. Dunkles Raster: die aus dem Meer ragenden Teile der Kontinente, helles Raster: Schelfgebiete. Laurentia (Ur-Nordamerika und Grönland) und Baltica (Ur-Europa) sind durch den Iapetus-Ozean getrennte Kontinente. Ebenfalls isoliert liegen die Kontinente Sibirien, Kasachstan, Süd- und Nordchina. Der Großkontinent Gondwana erstreckt sich auf der Südhemisphäre von polaren bis in äquatoriale Breiten. Die geologische Entwicklung des Kambriums verlief relativ ruhig ohne stärkere tektonische oder vulkanische Aktivitäten. Nach Scotese, Wertel (2000)

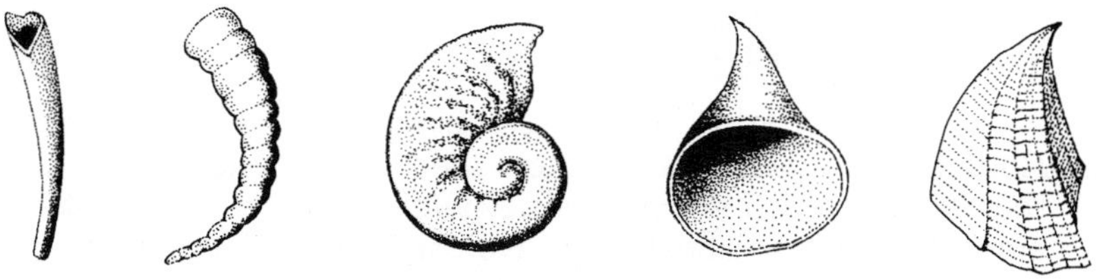

Abb. 2-4. Tommotium-Elemente. **a** *Hertzina*, **b** *Lapworthella*, **c** *Aldanella*, **d** *Fomitchella*, **e** *Tommotia*

China und Grönland bekannt. Ihr Name geht auf die Stadt Tommot (südlich Jakutsk) zurück. Die Hartteile bestehen aus Karbonat, Phosphat oder können auch organisch sein. Da sie etwa 10 Mio. Jahre vor den Trilobiten auftraten und es kaum Vergleichbares in der späteren Fauna gibt, divergieren die Interpretationen verschiedener Paläontologen erheblich.

Auf die vergleichsweise kurze Zeitspanne des Tommotiums folgte ein Zeitraum, in dem eine große Zahl mariner Organismen entstand, die ebenfalls Hartteile ausbildeten: Dies wird als wesentlicher Fortschritt in der Evolution angesehen und als Wehrhaftigkeit gegenüber Fressfeinden interpretiert. Solche Hartteile dürften vielfach auch eine Stütz- oder Skelettfunktion besessen haben.

EXKURS 2.2.1.1

Karbonatmineralien: von Organismen hervorgebracht und landschaftsgestaltend

Sehr oft bestehen Hartteile im Tierreich aus Karbonatmineralien (z.B. Kalziumkarbonat), und parallel zu den Skelettstrukturen in Organismen entstehen in der Erdgeschichte auch Kalksteinschichten. Deren Genese begann in größerem Umfang vor etwa 1 Mrd. Jahren; zunächst dominierte Kalzium-Magnesium-Karbonat (Dolomit). Reine Kalksteine traten in nennenswertem Umfang erst mit dem Kambrium auf. Beispiele sind der Marmor vom Südrand des Fichtelgebirges, Kärntens und der Steiermark. Diese Kalke, wie auch praktisch alle später entstandenen, sind organismischer Herkunft, also biogen. Das hat schon Linné im 18. Jahrhundert prägnant formuliert: „Aller Kalk kommt vom Lebendigen". Wichtigster Ort der Karbonatbildung sind die Meere. Die Verhältnisse liegen ähnlich wie beim schon erwähnten freien Sauerstoff: Die Organismen haben einen wesentlichen Teil der Welt, in der sie leben, selbst hervorgebracht.

Bezüglich der Kalksteinfolgen beginnt es in Europa mit mächtigen schneeweißen Riffen im Unterkambrium Spaniens. Daran sind Schwämme und Archaeocyathiden wesentlich beteiligt. Im Silur Englands und der Ostseeinsel Gotland folgen Korallenriffe. In Deutschland entstehen im Devon die Korallen- und Stromatoporenriffe des Rheinischen Schiefergebirges (s. Kap. 2.2.4.2).

Triassische Kalklager sind in Deutschland von besonderer Bedeutung, weil sie als Zementrohstoff abgebaut werden. Da ist zunächst der von Süd- bis Norddeutschland verbreitete Muschelkalk, der Unmengen von Mollusken- und Brachiopodenschalen sowie Seelilien enthält (s. Kap. 2.3.1.1), zu nennen. In den nördlichen Kalkalpen dominieren Korallen und Kalkalgen sowie Kalkschlamm, der wohl von Mikroorganismen produziert wurde. Die Kalke der alpinen Trias sind zehnmal so mächtig wie die des mitteleuropäischen Muschelkalkes. Weitere Höhepunkte der Kalkbildung waren im Jura (Malm, s. Kap. 2.3.2.1), in der Kreide (Plänerkalke, Schreibkreide (s. Kap. 2.3.4.1) und in manchen Gebieten im Tertiär.

►

EXKURS 2.2.1.1 (Fortsetzung)

Im Tertiär wurden die Mittelgebirge von Norden nach Süden zerspalten; der Oberrheingraben brach ein und war zeitweise Teil eines Verbindungskanals von Nordsee und Mittelmeer. In dieser sehr bewegten Zeit entwickelten wenige Muschel- und Schneckenarten zahllose Individuen, welche die Kalksedimente des Mainzer Beckens hinterließen.

Kalziumkarbonat ist also ein Zeugnis der Geschichte der Organismen und der Besonderheiten der Lebensräume. Heute nehmen biogene Karbonatschlämme etwa 40% der marinen Sedimente ein.

2.2.1.2 Burgess Shale, Chengjiang-Fauna, Kambrische Explosion

Einen besonders guten Einblick in eine spezielle kambrische Tierwelt (Abb. 2-5) liefern die Fossilien des **Burgess Shale** (Rocky Mountains; Kanada). Diese marine Fossillagerstätte liegt heute am Burgess-Pass in fast 3000 m Höhe und ist eine der berühmtesten Fundstätten der Erde. Die hier 1909 von dem amerikanischen Paläontologen Charles D. Walcott entdeckten mittelkambrischen Formen, etwa 530 Mio. Jahre alt, waren weit verbreitet und enthalten eine Fülle von Arthropoden, aber auch weichhäutige Tiere, wahrscheinlich bis hin zu den ersten bekannten Chordaten. Zu ihrer Fossilisation kam es unter sehr günstigen Umständen: Das Milieu im bodennahen Wasser muss praktisch sauerstofffrei gewesen sein, Aasfresser und auch zersetzende Bakterien gab es nicht oder kaum, weiche Tierkörper zeichnen sich als Abdrücke oft bis in Einzelheiten ab. Walcott barg bis 1917 über 60000 Fundstücke und unterschied im Burgess-Schiefer 70 Gattungen und 130 Arten, die er rezenten Taxa zuordnete. Heute ist man der Ansicht, dass die Fossilien des Burgess Shale aus einer gigantischen Radiation, insbesondere der Arthropoden, stammen. Die meisten sind noch im Kambrium wieder ausgestorben.

So stellte Walcott *Opabinia* (Abb. 2-5 n), eine segmentierte Form mit fünf großen Komplexaugen und einem langen Rüssel, zu den Krebsen. Heute steht diese Gattung für einen der vielen „Versuche" in der Evolution, der wieder „aufgegeben" wurde. Diese neue Sichtweise geht insbesondere auf Harry B. Whittington zurück, der seit den 1970er Jahren aufgrund vieler neuer Fundstücke zu der Annahme kam, dass die Fossilien des Burgess Shale ein Experimentierfeld der Evolution widerspiegeln. Allein innerhalb der Arthropoden unterscheidet man jetzt zwischen 10 und 20 Konstruktionstypen, die sich rezenten Gruppen nicht zuordnen lassen.

Unter den weichhäutigen Tieren dominieren die Priapuliden, eine heute nur noch mit etwa 20 Arten existierende Reliktgruppe mariner Benthosbewohner. Die fossile Gattung *Ottoia* (Abb. 2-6 a) weist eine große Ähnlichkeit mit der noch „ein wenig" (30 Mio. Jahre) älteren *Maotianshania* aus der Chengjiang-Formation im Süden Chinas (s. unten) und dem rezenten *Halicryptus* auf (Abb. 2-6 b) auf. Eine solche Konstanz der äußeren Gestalt – über eine halbe Milliarde Jahre konserviert – ist ein Extrem im Tierreich.

Andere Gruppen weisen dagegen kaum Ähnlichkeiten mit heutigen Organismen auf, z.B. *Wiwaxia* (Abb. 2-5 g), die von manchen Autoren zu den Mollusca gestellt wird.

Insbesondere die Fülle der Arthropoden der Burgess-Fauna, die derzeit in etwa 30 Gattungen gegliedert werden, zeigt, dass hier in der Evolution „experimentiert" wurde: Zahlreiche Konstruktionstypen entstanden, die meisten verschwanden wieder. *Anomalocaris* (Abb. 2-7 a) war mit 60 cm Länge der größte Arthropode des Burgess Shale, allein seine vorderen Extremitäten erreichten 18 cm Länge; sein Mund war von harten Zähnen gesäumt. Allem Anschein handelte es sich um einen Räuber. *Sanctacaris* (Abb. 2-7 b) wird in die Reihe der Chelicerata eingeordnet, *Kottixerxes* (Abb. 2-7 c) war durch

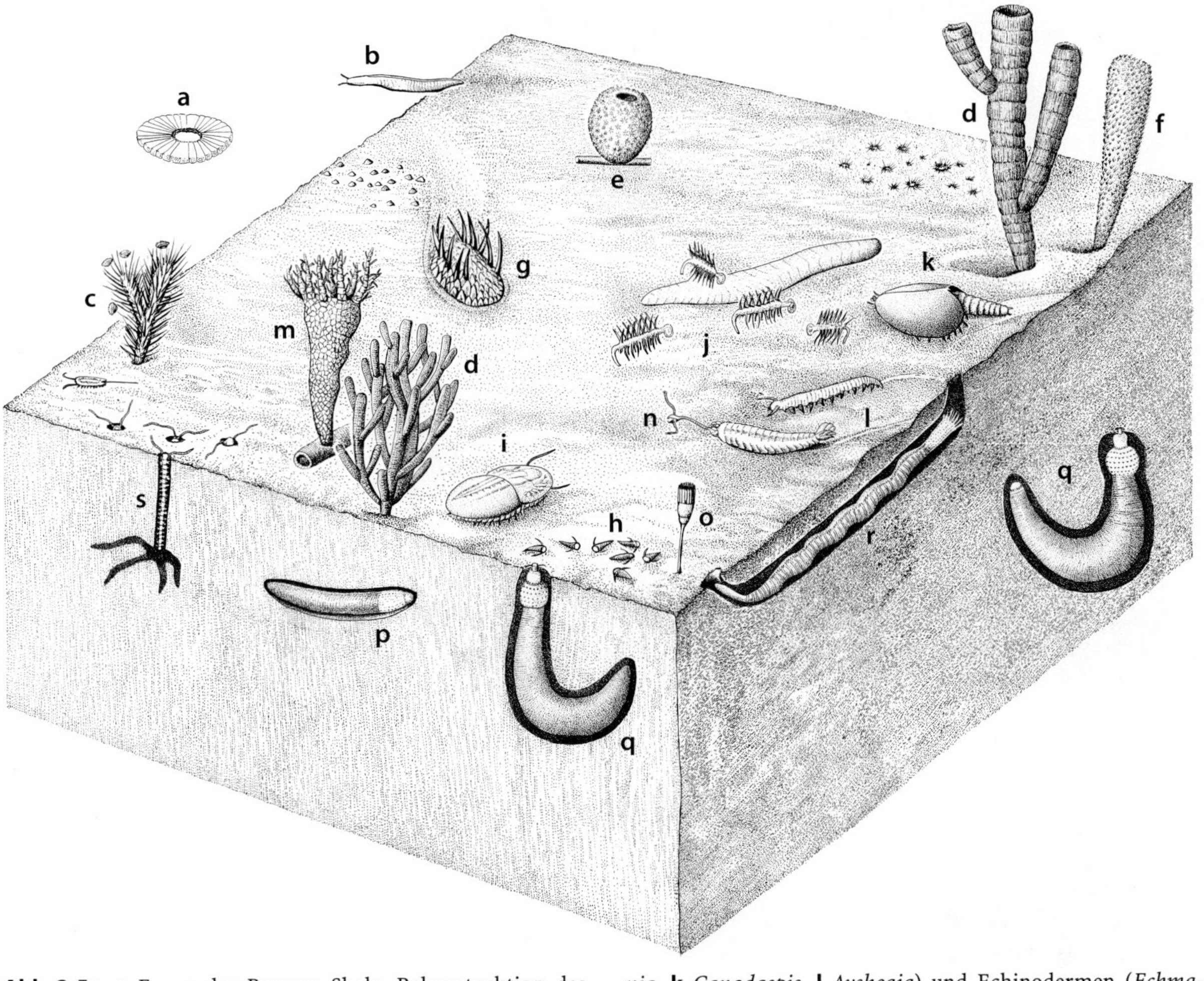

Abb. 2-5 a–r. Fauna des Burgess Shale. Rekonstruktion des Lebensraumes mit einer Fülle von Tieren. Im freien, bodennahen Wasser: **a** *Peytoia* (Meduse), **b** *Pikaia* (Chordata). Auf dem Meeresboden leben Schwämme (**c** *Pirania*, mit Brachiopoden besetzt, **d** *Vauxia*, **e** *Eiffelia*, **f** *Chancelloria*), **g** *Wiwaxia*, **h** *Hyolithes*, Arthropoda (**i** *Naroia*, **j** *Hallucigenia*, **k** *Canadaspis*, **l** *Aysheaia*) und Echinodermen (*Echmatocrinus*, **m**) sowie Formen unbekannter Zuordnung (**n** *Opabinia*, **o** *Dinomischus*). Im Substrat dominieren Priapuliden: **p** *Ancalagon*, **q** *Ottoia*, **r** *Louisella*) und Anneliden (**s** Burgessochaeta). Nach Conway Morris, Whittington (1989)

Doppelsegmente gekennzeichnet. Der häufigste Arthropode war *Marrella* (Abb. 2-7 d), von dem viele tausend Stücke gefunden wurden; er lässt sich nicht mit Sicherheit in das System einordnen. All diese Formen lebten in sonnendurchflutetem, flachem Wasser auf Schlamm- oder Sandbänken. Durch Schlammlawinen oder auch vulkanische Ereignisse wurden sie getötet und in tiefere Wasserlagen transportiert, wo sie unter Sauerstoffabschluss fossilisieren konnten, bevor sie mit der Auffaltung der Rocky Mountains in luftige Höhen aufstiegen.

Die auf Schwämmen gefundene *Aysheaia* (Abb. 2-5 l) stellen die meisten Autoren zu den Onychophoren. Auch Polychaeta sind aus dem Burgess Shale bekannt, z. B. *Canadia* und *Burgessochaeta*. *Hallucigenia* (Abb. 2-5 j) weist ebenfalls metamere Strukturen auf. Ihre besonders langen Fortsätze wurden erst als Laufbeine, jetzt als Rückenanhänge interpretiert.

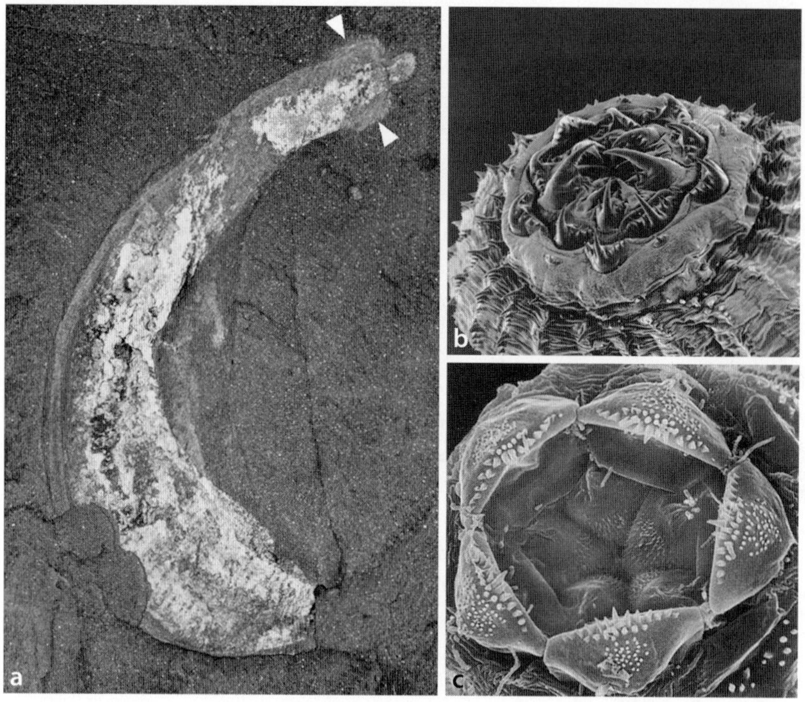

Abb. 2-6 a–c. Priapulida. **a** *Ottoia prolifica*; diese häufige Art aus dem Burgess Shale erreichte 20 cm Länge. Die Pfeile zeigen auf das ausgestülpte Introvert, mit dem sich die Tiere im Substrat verankerten. **b** Introvert der verwandten rezenten Gattung *Halicryptus*. **c** Introvert einer rezenten Priapuliden-Larve

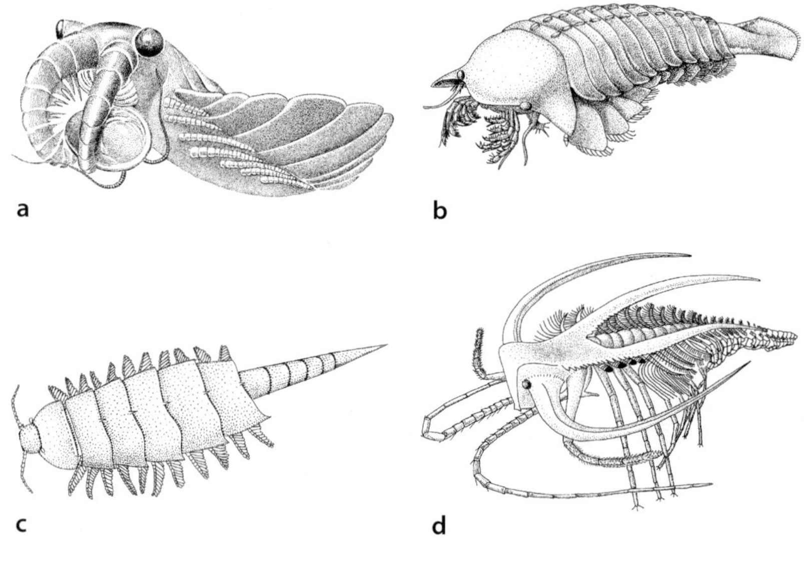

Abb. 2-7 a–d. Arthropoden des Burgess Shale: **a** *Anomalocaris*, **b** *Sanctacaris*, **c** *Kottixerxes*, **d** *Marrella*

Im Jahre 1984 entdeckte man die **Chengjiang-Fauna** in Yunnan (China), die etwa 30 Mio. Jahre älter ist als die vom Burgess-Pass. Sie steht dem Beginn des Kambriums sehr nahe, und ihre Weichteilerhaltung ist vorzüglich. Bisher kennt man ca. 80 Arten, die zum Teil eine große Ähnlichkeit mit der Burgess-Fauna haben. Weitere Entdeckungen, z. B. in Grönland, führten zu der Ansicht, dass die Burgess-Fauna globale Verbreitung hatte, wenn auch „nur" im Kambrium.

Die **„kambrische Explosion"**, auch „Big Bang" in der Evolution der Tiere genannt, wird als die rascheste und am stärksten differenzierende Radiation in der gesamten Geschichte der Tiere angesehen. Diese hohe Geschwindigkeit erklärt man teilweise mit der Entwicklung von Räubern, die allem Anschein nach in der Ediacara-Fauna noch fehlten. Durch sie ist offenbar ein starker Selektionsdruck auf andere Organismen entstanden. Außerdem waren die Meere noch „leer". Fast alles, so sieht man es heute, konnte sich entwickeln, denn die Konkurrenz war noch gering. Später, in einer dichter besetzten Welt – im Wasser wie am Land – war dieses „Experiment" nicht wiederholbar.

Es hat wohl nur etwa 10 Mio. Jahre gedauert, bis praktisch alle Tierstämme, die auch heute noch existieren, entstanden, bis hin zu *Pikaia* (Abb. 2-5b), die mit dem Chordaten *Branchiostoma* verwandt zu sein scheint. *Pikaia gracilens* ist gut 3 cm lang. Sie ist segmentiert und besitzt offensichtlich keinen Hautpanzer. Die Segmentgrenzen verlaufen nicht gerade von dorsal nach ventral, sondern bilden, wie bei Amphioxus, einen nach vorne gerichteten, spitzen Winkel. Wahrscheinlich besaß *Pikaia* eine Chorda dorsalis, ein stabförmiges axiales Stützorgan. Eine sorgfältige Beschreibung dieses potenziell sehr wichtigen und in der Ahnenreihe der Chordaten stehenden Fossils steht noch aus.

2.2.1.3 Trilobita: dominierende Fossilien des Kambriums

Wenn man die Fossilien des gesamten Kambriums oberhalb der Tommotium-Stufe bewertet, stehen die zu den Arthropoden gehörenden Trilobiten aufgrund ihrer Arten- und Individuenzahl weit an der Spitze. Über die Hälfte der etwa 3000 Arten umfassenden kambrischen Fossilien entfallen auf diese Gruppe, die eine ganz oberflächliche Ähnlichkeit mit Asseln hat (Abb. 2-8). Man gliedert die Trilobiten insgesamt in 140 Familien; davon stammen 90 aus dem Kambrium.

Trilobiten sind die ursprünglichsten bekannten Arthropoden, sie sind jedoch bereits der Entwicklungslinie zuzuordnen, die zu den Spinnentieren führt. Die meisten waren 3–10 cm lang, die Extrema liegen bei 5 mm (*Strumardia*) und 75 cm (*Uralichas*). Manche Trilobiten waren weichhäutig, die meisten hatten jedoch ein hartes, mineralisiertes Exoskelett mit Kalziumkarbonat- und Kalziumphosphatanteilen. An den Kopf schließen sich ein Rumpf mit bis zu 40 beintragenden Segmenten und ein Schwanzbereich an. Trilobita bedeutet Dreilapper und bezieht sich auf die Gliederung in großen Kopfschild, vielgliedrigen Rumpf und Schwanzschild. Außerdem wird der Körper durch Längsfurchen dreigeteilt: in einen Mittelteil (die Spindel oder Rhachis) und die beiden Seitenteile (Pleurae). Mittlerweile kennt man auch Details ihrer inneren Anatomie. Wichtig ist die Existenz von Mitteldarmdrüsen, wie sie auch bei Spinnentieren vorkommen.

Ihre kennzeichnende Verbreitung führte zu einer detaillierten Zonengliederung im Kambrium und zur Erstellung von Trilobitenprovinzen. Da viele Arten nur in einer – geologisch gesehen – kurzen Zeitspanne von 1 Mio. Jahre oder weniger lebten, eignen sie sich vorzüglich als Leitfossilien (Abb. 2-8): Man unterscheidet eine Olenelliden-Serie (im Unterkambrium) von einer Paradoxiden-Serie (im Mittelkambrium) sowie einer Oleniden-Serie (im Oberkambrium). Trilobiten wurden durch wiederholte Aussterbeereignisse reduziert und machten anschließend neue adaptive Radiationen durch. Für Nordamerika ist erwiesen, dass die Radiationen jeweils einige Millionen Jahre dauerten, dass die Aussterbeereignisse – im Oberkarbon gab es drei Massensterben der Trilobiten – jedoch relativ plötzlich eintraten und sich nur über ein paar tausend Jahre erstreckten. Trilobiten waren im Wesentlichen bodenlebende Formen, die wohl von Kleinstorganismen lebten. Nur wenige Gattungen wer-

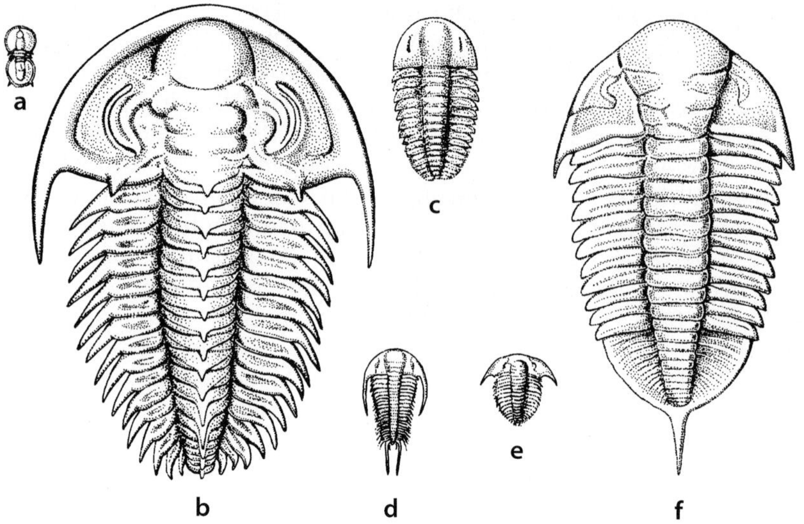

Abb. 2-8 a–f. Trilobiten in natürlicher Größe. **a** *Agnostus* (Kambrium), **b** *Holmia* (Olenelliden-Serie: Unterkambrium), **c** *Ellipsocephalus* (Kambrium), **d** *Paradoxides* (Paradoxiden-Serie: Mittelkambrium), **e** *Olenus* (Oberkambrium: Oleniden-Serie), **f** *Dalmanitina* (Ordovizium)

den als Räuber angesehen. Die mit langen Stacheln versehene Gattung *Deiphon* lebte wohl im Oberflächenwasser und nahm Plankton auf. Viele Trilobiten hinterließen Spuren auf dem Boden, aber auch im Substrat. Die Trilobiten hatten zum Teil gut entwickelte Komplexaugen, die aus vielen Ommatidien zusammengesetzt waren. Ihre Position am Kopf variiert: sie liegen zum Teil seitlich, zum Teil auf Höckern der Oberseite oder an der Vorderseite des Kopfes. Manche Tiefseeformen waren blind. All das lässt auf eine sehr unterschiedliche Lebensweise der Trilobiten schließen. Am Ende des Perm sterben sie aus.

In Deutschland findet man Trilobiten in kambrischen Ablagerungen vor allem in Sachsen und Thüringen. Bekannte Fundorte liegen bei Görlitz (Unterkambrium: *Eodiscus, Lusatiops, Protolenus*), bei Doberlug/Delitzsch (Mittelkambrium: *Paradoxides, Micmacca*) und im Frankenwald (Mittelkambrium: *Strenella, Ellipsocephalus*). Einen besonderen Höhepunkt stellt das Mittelkambrium Böhmens dar. In der Mulde von Prag erreichen Schiefer aus dieser Zeit eine Mächtigkeit von 400 m und enthalten wunderbar erhaltene Trilobiten. Nach ihrem Bearbeiter Joachim Barrande (1799–1883) wird die gesamte paläozoische Schichtenfolge dieser Gegend als Barrandium bezeichnet.

2.2.1.4 Brachiopoda: Nr. 2 der kambrischen Fossilien

Die Brachiopoden sind eine weitere dominierende Gruppe kambrischer Meere. Bezüglich ihrer Artenzahl stehen sie nach den Trilobiten in dieser Zeit an zweiter Stelle. Auf sie entfallen ungefähr 30% der bekannten Arten des Kambriums. Brachiopoden sind zu den Tentaculata gehörende, zweiklappige Suspensionsfresser (Abb. 2-9), die später wohl zum großen Teil durch die ihnen äußerlich ähnlichen Muscheln (Bivalvia), welche zu dieser Zeit schon existierten, ersetzt wurden. Die Nahrungsaufnahme der Brachiopoden erfolgt über paarige Arme (Lophophore), die Tentakel tragen. Auf den Tentakeln finden sich Wimperstraßen, mit deren Hilfe Nahrung herbeigestrudelt wird. Die Lophophore können zwei Drittel des Schaleninnenraumes einnehmen. Ihre Größe lässt sich mit der Wassertiefe ihres Lebensraumes korrelieren: Im tieferen (nahrungsarmen) Wasser sind die Lophophore im Allgemeinen größer als im flachen (nahrungsreichen) Wasser. Zu den Brachiopoden gehört *Lingula*, deren Schalenmorphologie sich ohne wesentliche Veränderungen bis heute erhalten hat (Abb. 2-9 a) und damit eines der ältesten „lebenden Fossilien" darstellt (s. Kap. 2.4.2.1).

Alle Brachiopoden sind marin. Die meisten sind mit einem Stiel am harten Substrat befes-

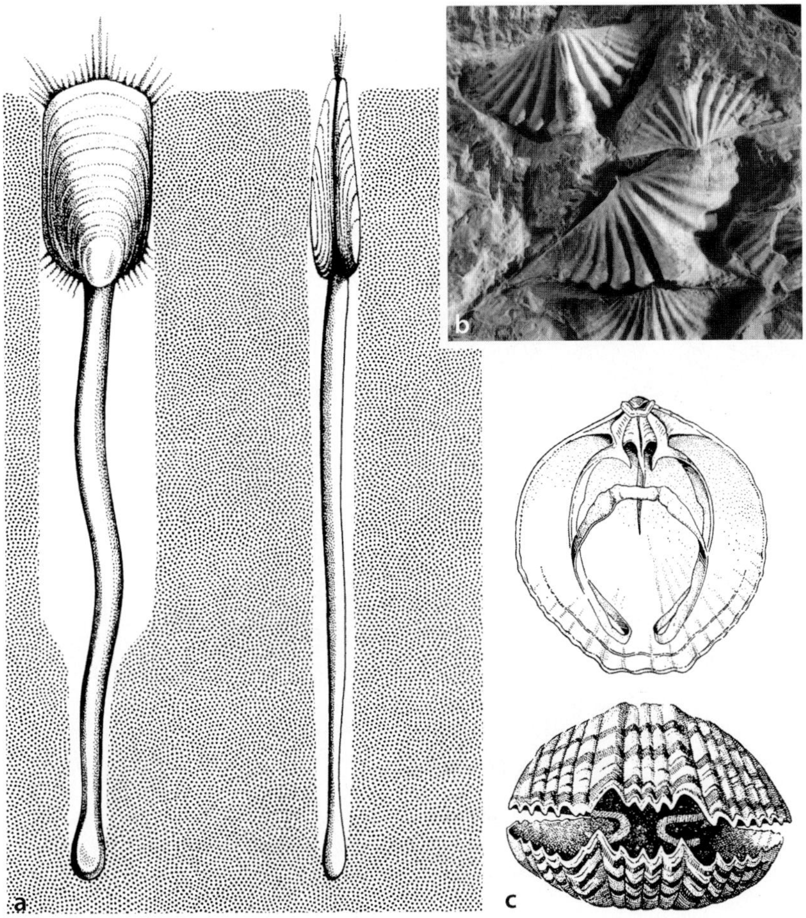

Abb. 2-9 a–c. Brachiopoden. **a** *Lingula* im Substrat, links in Dorsal-, rechts in Lateralansicht; **b** *Acrospirifer* (Devon, China); **c** *Magellania* (Terebratulida), oben Innenansicht der Dorsalschale mit Armskelett, unten Vorderansicht mit geöffneten Schalen

tigt, die Schalen der Mehrzahl der Arten enthalten Kalziumkarbonat. Die Schalengröße reicht bis 35 cm (*Gigantoproductus*).

Die Klassifizierung der Brachiopoden ist umstritten; verbreitet ist die Gliederung nach dem Fehlen oder Vorhandensein eines Schalenschlosses in die Taxa Ecardines (Inarticulata) und Testicardines („Articulata"). Zu ersteren gehören die Lingulida (Abb. 2-9 a), die heute als langstielige Formen in küstennahen Böden leben. Zu den Testicardines (Abb. 2-9 b, c) gehört die Mehrzahl der rezenten Gattungen.

Die Brachiopoden hatten ihre maximale Entfaltung im Paläozoikum; mit dessen Ende nahm ihre Vielfalt ab. 30 000 fossile Arten stehen 330 rezenten gegenüber.

2.2.1.5
Archaeocyathida, Nr. 3 der kambrischen Fossilien – Riffbildner

Die Archaeocyathiden (Archaeocyatha; Abb. 2-10), die dritthäufigste Tiergruppe kambrischer Meere, waren im Unterkambrium über die ganze Erde verbreitet und dienen als wichtige Leitfossilien. Auf sie entfallen etwa 5% der bekannten Arten des Kambriums. Sie waren festsitzende, kegelförmige Organismen – zwei ineinander stehenden, durchlöcherten Bechern ähnelnd (Abb. 2-10 a). Einige haben im Kambrium zeitweise die Rolle gespielt, welche später von Schwämmen und Korallen eingenommen wurde. Als Riffbildner (oft gemeinsam mit Stromatolithen) und Zeugen eines milden Klimas lebten sie in flachen

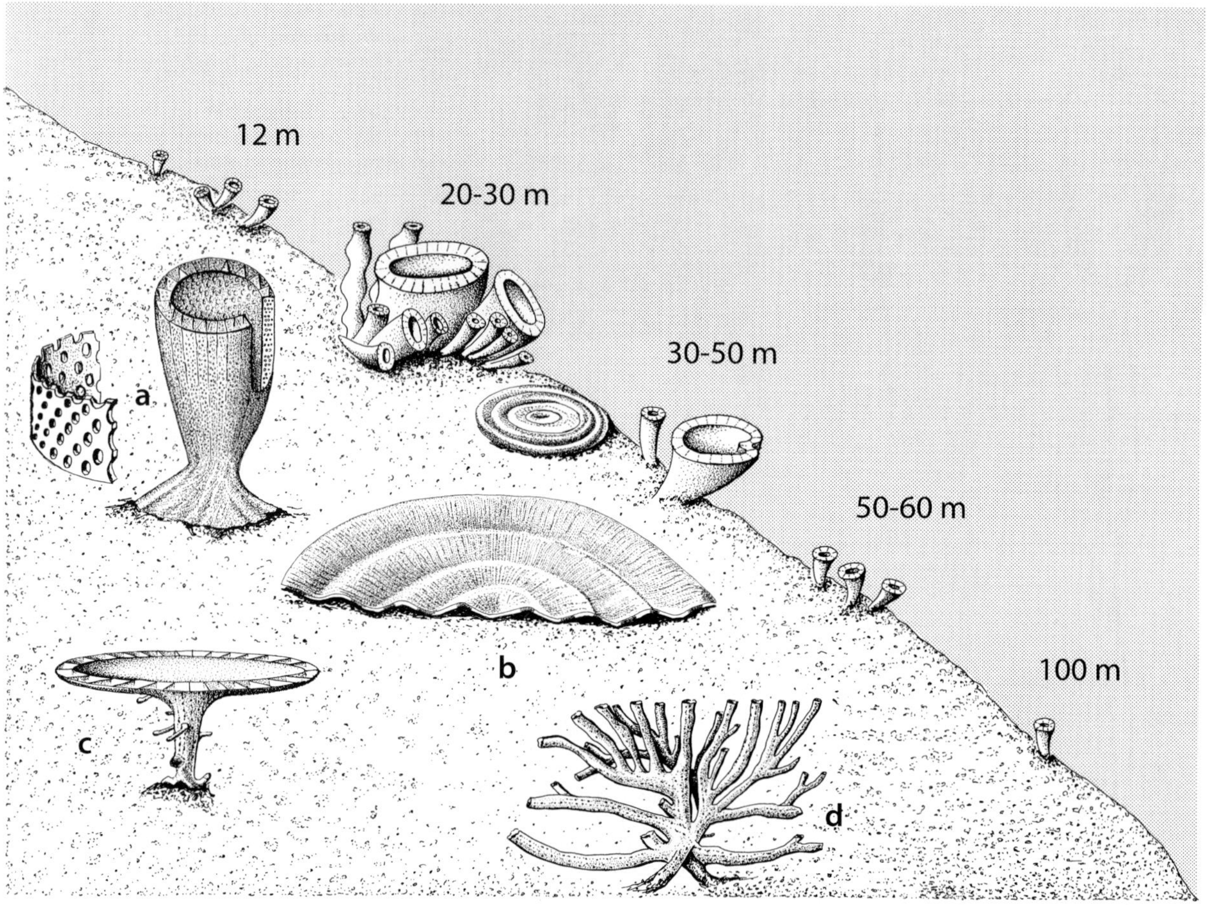

Abb. 2-10 a–d. Archaeocyathida. An der Kante des Substrates Wachstumsformen in Beziehung zur Meerestiefe. **a** Außenwand von *Ajacicyathus*, **b** *Okulitchicyathus*, gewellt-scheibenförmige Gestalt, **c** *Paranacyathus*, konisch-terminal abgeflachte Form, **d** *Archaeolynthus*, verzweigte Form. Nach Hill (1972), Vologdin (1962), Zhuravleva (1960)

und warmen Meeresgebieten, meist in einer Wassertiefe von 20–50 m und auf Karbonatböden. Sie ernährten sich vermutlich mikrophag, pumpten Wasser durch ihre porösen Wände – der Zwischenraum zwischen den beiden „Bechern" (= Intervallum) wurde von einem Kalkgerüst durchzogen – und entließen es durch eine große Ausströmöffnung nach oben. Ein anderer Gedankenansatz geht davon aus, dass der Wasserdurchstrom rein physikalisch (d. h. ohne Cilien) erfolgte: durch die kleinen Poren der äußeren Becherwandung, das Intervallum, die größeren Poren der inneren Becherwandung, den Innenraum und die große zentrale Ausströmöffnung.

Archaeocyathiden lebten meist solitär, einige auch kolonial (Abb. 2-10 d). Die meisten waren relativ klein und hatten einen oberen Durchmesser von 1–2 cm sowie eine Höhe von 8–15 cm. Jedoch existierten auch größere Formen: 60 cm Durchmesser erreichte die flache Gattung *Okulitchicyathus* (Abb. 2-10 b), und 30 cm wird als maximale Höhe angegeben. Vielleicht gehörten sie in die nähere Verwandtschaft der Schwämme, die zur Zeit der Archaeocyathiden schon existierten. Ihre weite Verbreitung macht sie besonders wichtig für eine interkontinentale Parallelisierung von Gesteinsschichten. Sie umgaben die Erde mit einem breiten Gürtel. In Südschweden, auf der Ostseeinsel Öland, im Baltikum, in Marokko sowie in Nordamerika und an einigen anderen Stellen findet man sie in Sedimenten, die unmittelbar über den anscheinend fossilfreien älteren Gesteinen liegen. Im Raum des heutigen Europa – damals ein Flachmeer – waren die Archaeocyathiden recht selten, aber im damals tropischen Sibirien (von wo man die ältesten Archaeocyathiden aus dem Tommotium kennt) sowie in Australien besiedelten sie den Meeresboden in großer Fülle. In Deutschland findet man sie im Görlitzer Schiefergebirge, im Gebiet von Torgau und Delitzsch. Von Sardinien kennt man so schöne Archaeocyathen, dass man die fossilführenden Steine zur Herstellung von Schmuck abbaut. Die Riffe, die von ihnen aufgebaut wurden, hatten im Vergleich zu heutigen Riffen bescheidene Ausmaße. Sie waren bis 3 m dick und maßen zwischen 10 und 30 m im Durchmesser. Archaeocyathiden waren aber die ersten Tiere, die den komplexen Lebensraum Riff wesentlich strukturierten. Mit ihnen traten Algen, Brachiopoden, Trilobiten und in geringem Maße auch Schwämme, Hyolithen und Echinodermen auf.

Da Archaeocyathiden bisher unterhalb von 100 m Wassertiefe nicht gefunden wurden, schließt man auf eine Symbiose mit photosynthetisierenden Organismen. Aufgrund der weiten Verbreitung einzelner Archaeocyathiden nimmt man ein planktisches Larvenstadium an.

Unzweifelhaft waren die Archaeocyathiden bedeutende biogene Kalkbildner des frühen Erdaltertums. Da sie vergleichsweise zart gebaut waren und wohl nur eine geringe Wellenresistenz aufwiesen, vermeiden manche Autoren jedoch den Begriff „Riff" im Zusammenhang mit ihnen.

Spätestens mit dem Beginn des Mittelkambriums starben die Archaeocyathiden aus. Über die Ursachen wissen wir nichts, aber ihre Nische wurde bald von Schwämmen und Korallen eingenommen.

2.2.1.6
Weitere Wirbellose der kambrischen Meere

Auch **Mollusca** lebten in kambrischen Meeren, jedoch waren sie noch verhältnismäßig klein und kamen auch nur selten vor: Polyplacophoren sind bekannt, Monoplacophoren sogar schon reich differenziert, Bivalvia noch selten, die ältesten Cephalopoden gruppieren sich um die oberkambrische Gattung *Plectronoceras* (Abb. 2-11 a). Spät im Kambrium entstanden die Nautiloideen; sie waren zunächst noch sehr klein; die meisten maßen 2–6 cm.

Umstritten ist die Zugehörigkeit der **Hyolitha** (Abb. 2-11 b) zu den Mollusken. Sie entfalteten sich im Kambrium, gingen danach stetig zurück und starben im Perm aus. Die Hyolithen trugen ein kegelförmiges, dünnes Kalkgehäuse, dessen spitzer Anfangsteil oft durch Querwände gekam-

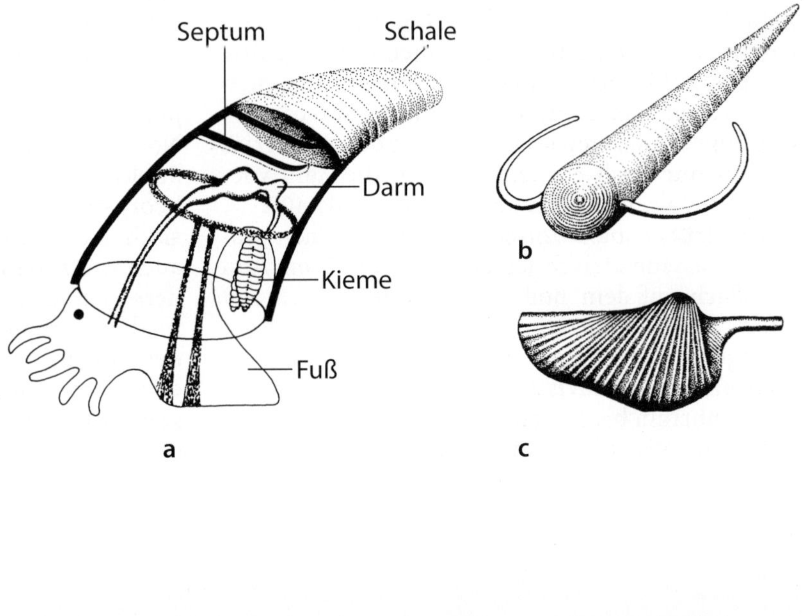

Abb. 2-11 a–c. a *Plectronoceras*, **b** Hyolith, **c** *Rostroconcha*. Nach Clarkson (1998), Lehmann, Hillmer (1988)

mert ist. Die Mündung konnte durch eine Klappe verschlossen werden; manchmal waren am Vorderende seitliche Fortsätze ausgebildet. Die Lebensweise der Hyolithen ist unbekannt.

Als Parallelentwicklung zu den Muscheln werden die **Rostroconchia** (Abb. 2-11 c) interpretiert. Sie hatten eine zweiklappige Schale, jedoch ohne Schloss und Ligament. Die Klappen wuchsen dorsal zusammen. Sie lebten von Kambrium bis Perm.

Unter den **Crustacea** waren die Ostracoden nicht selten, die bis heute als eine sehr artenreiche Gruppe überlebt haben. Zahlreiche andere Krebsgruppen erfuhren eine starke Entfaltung.

Die **Echinodermata (Stachelhäuter)** sind eine sehr alte marine Tiergruppe mit zahlreichen ursprünglichen Merkmalen. Aufgrund ihres mesodermalen Hautpanzers liegen seit dem Kambrium zahlreiche Fossilfunde vor, die erlauben, ihre wechselvolle Geschichte zu rekonstruieren. Entwicklungsgeschichte, vergleichende Anatomie und auch Paläontologie haben die verwandtschaftlichen Beziehungen zu den Hemichordaten und Chordaten aufgedeckt. Ob drei- bzw. fünfstrahlige präkambrische Elemente aus der Ediacara-Fauna Australiens (*Tribrachidium, Arkarua*) den Echinodermen angehören, ist umstritten, das kennzeichnende Hautskelett fehlt diesen Formen.

Die Fossilgeschichte der Echinodermen ist sehr wechselvoll mit Perioden der Entfaltung und des Niederganges. Der erste Nachweis fällt in das Kambrium, am Ende des Ordovizium gab es schon 19 Echinodermenklassen. Diese hohe Zahl reduziert sich dann bis zum Karbon stetig auf 5 bis 6, eine Zahl, die auch heute noch gültig ist. Die Zahl der Gattungen nimmt einen anderen Verlauf, am Ende des Karbon sind ca. 400 Gattungen nachgewiesen, am Ende der Trias sind es nur noch 40; seither steigt die Zahl wieder stetig an, heute liegt sie bei mehr als 400.

Die frühen paläozoischen Echinodermen waren oft asymmetrisch (Abb. 2-12); sie lagen zum Teil flach auf dem Boden und konnten sich mit Hilfe eines schwanzähnlichen Fortsatzes langsam bewegen. Viele hatten ganz offensichtlich Kiemenspalten und auch Ambulakralrinnen. Sehr alte (Kambrium bis Devon) und in ihrer Bedeutung umstrittene Formen sind die **Carpoidea** (**Homalozoa**; Abb. 2-12 a-d), die weder Anzeichen einer Radiär- noch einer Bilateralsymmetrie erkennen lassen, sondern asymmetrisch waren. Vermutlich handelt es sich um eine Sammelgruppe ursprünglicher Taxa. Einige von ihnen werden als primitive Chordaten interpretiert (Calcichordata; Calcichordaten-Theorie). Die birnen- oder spindelförmigen **Helicoplacoidea** (Abb. 2-12 e) aus dem Unterkambrium waren wohl Echinodermen mit einer dreistrahligen Radiärsymmetrie, die möglicherweise der fünfstrahligen vorausging. Ältestes fünfstrahliges Echinoderm ist die kambrische *Camptostroma*. Noch im Kambrium bildeten sich zwei große Echinodermengruppen heraus, die gestielten, sessilen Pelmatozoa und die ungestielten, freibeweglichen Eleutherozoa.

Die **Pelmatozoa** (Cystoidea, Crinoidea) erfuhren im Laufe der Erdgeschichte wechselvolle Phasen der Entfaltung und des Niederganges. Heute überleben nur noch relativ wenige Formen, Seelilien – meist in der konkurrenzarmen Tiefsee – und Haarsterne, die nach einem festsitzenden Jugendstadium freibeweglich am Boden oder in Korallenriffen leben und sogar frei schwimmen können.

Die rein fossilen **Cystoidea** (Abb. 2-12 f, h) bieten noch viele offene Fragen. Ihnen gehören u. a. Blastoidea, Paracrinoidea, Rhombifera und Eocrinoidea an. Zu den Blastoidea zählt die bekannte und vor allem in Nordamerika und Timor relativ häufige Gattung *Pentremites* aus dem Karbon. Die **Crinoidea** (Seelilien) waren zeitweilig so häufig, dass die Glieder ihrer zerfallenen Stiele (Trochiten), Kelche und Arme große Kalkbänke (Crinoidenkalke) aufbauen konnten. Ganz überwiegend waren sie festsitzend und konnten z. T. dichte Rasen bilden. Die silurisch-devonische Gattung *Scyphocrinites*, die aus Europa, Afrika, Asien und Nordamerika bekannt ist, besass am Ende ihres Stieles eine kugelige Auftreibung, die als Schweborgan interpretiert wird. *Seirocrinus*, eine jurassische Seelilie aus der Gruppe der Articulaten, der auch die rezenten Seelilien zugehören, ist besonders schön in den Posidonienschiefern Holzmadens erhalten (Abb. 2-62 a). Die Krone mit den langen Armen war ca. 80 cm hoch, die Stiele erreichten eine Länge von bis zu 18 m. Die Haarsterne (Comatuliden) existieren erst seit dem Mesozoikum. Die häufige jurassische Gattung *Sacco-*

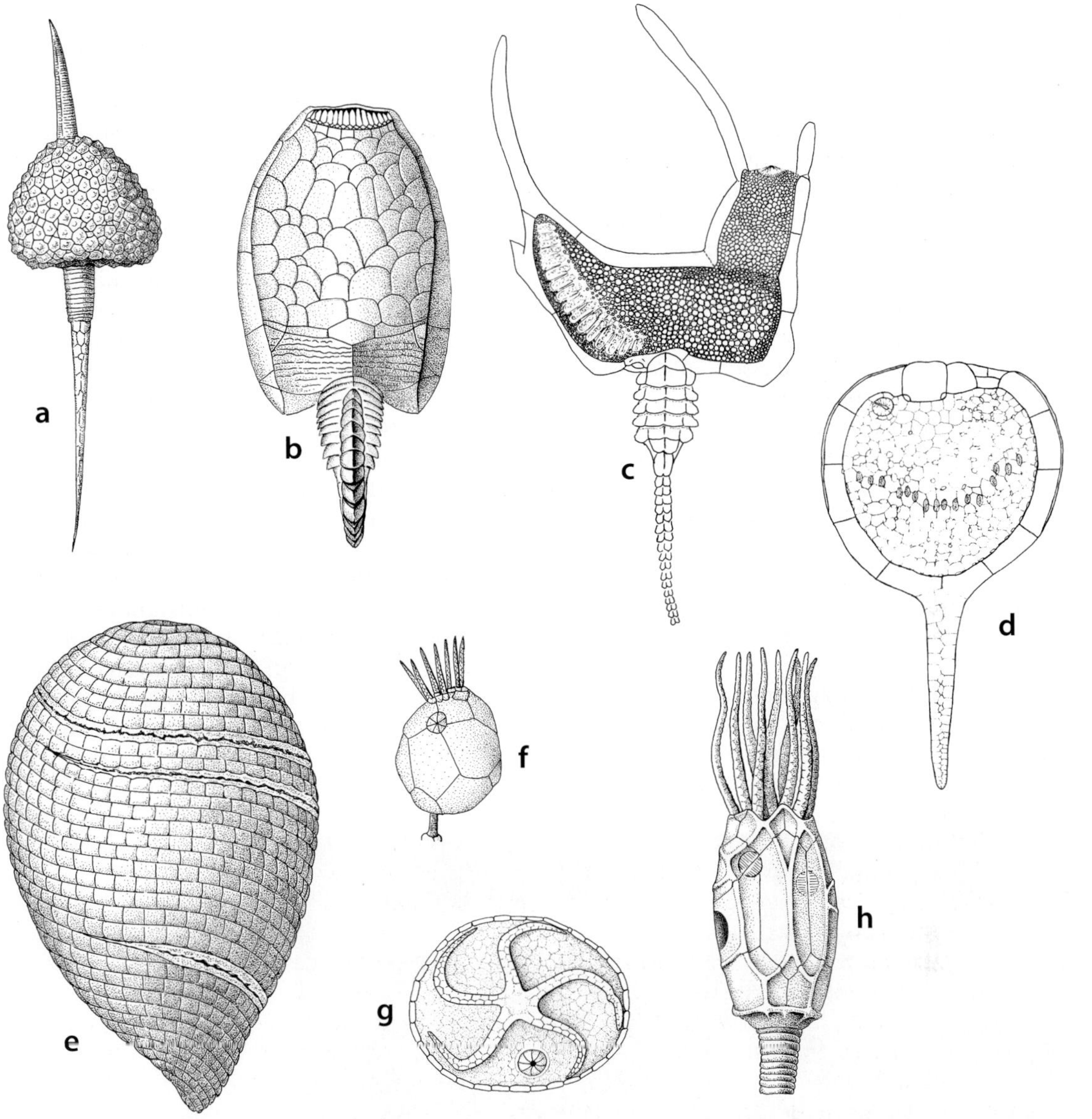

Abb. 2-12 a–h. Paläozoische Echinodermata. **a–d** Carpoidea. **a** *Heckericystis* (Ordovizium), **b** *Mitrocystella* (Ordovizium), **c** *Cothurnocystis* (Ordovizium), **d** *Trochocystites* (Kambrium), **e** *Helicoplacus* (Helicoplacoidea; Kambrium), **f** *Cryptocrinites* (Cystoidea, Eocrinoidea; Ordovizium), **g** *Cooperidiscus* (Edrioasteroidea; Devon), **h** *Cheirocrinus* (Cystoidea; Silur)

coma aus den Plattenkalken Solnhofens lebte vermutlich pelagisch.

An der Basis der **Eleutherozoa** steht die freibewegliche kambrische *Stromatocystites*. Von ihr lassen sich die fossilen **Edrioasteroidea** (Ordovizium bis Karbon; Abb. 2-12 g) ableiten. Die seit dem Ordovizium überlieferten Seesterne bewahren viele ursprüngliche Merkmale, wie z. B. die offene Ambulakralrinne, und haben sich im Laufe ihrer Evolution wenig verändert. Gut erhaltene Fundstücke stammen aus dem Devon der Hunsrückschiefer (*Urasterella*), wo auch schon vielarmige Formen (*Helianthaster*) vorkamen. Schlangensterne, Seeigel und Holothurien weisen einige Gemeinsamkeiten auf, wie den Epineuralkanal, und werden auch als Cryptosyringoidea zusammengefasst. Auch die Schlangensterne sind seit dem Ordovizium bekannt, von ihnen liegen gut erhaltene Fundstücke (*Furcaster*) aus dem devonischen Hunsrückschiefer vor. Die Schlangensterne sind die beweglichsten unter den heutigen Echinodermen. Auch die Seeigel sind seit dem Ordovizium bekannt, sichere Holothurien seit dem Devon. *Aulechinus* aus dem Ordovizium ist der älteste bekannte Seeigel, dessen interradiäre Plattenreihen noch recht unregelmäßig verlaufen. Die Lanzenseeigel (Cidaroidea) erscheinen im Devon und sind die Grundgruppe aller modernen Seeigel; einige Formen, z. B. *Cidaris*, haben bis heute überlebt. Die typischen modernen Seeigel sind seit der Trias bekannt.

2.2.1.7 Conodonta

Die Conodonta oder Conodonten-Tiere (Conodontophorida) sind marine Craniaten, die vom Kambrium bis zur Trias weit verbreitet vorkamen und der Wissenschaft in Form von kleinen, spitzen, meist 0,2–2 mm langen Hartgebilden aus Kalziumphosphat (Conodonten) schon seit Mitte des 19. Jh. bekannt sind, ohne dass man sie irgendwo sicher einordnen konnte. Der Begriff „Conodonta“ ist doppeldeutig: er wird gleichermaßen für die Hartgebilde wie für die ganzen Tiere benutzt. Die Formenvielfalt der Hartgebilde ist auffallend (Abb. 2-13), und für erdgeschichtliche Forschungen haben Conodonten eine erhebliche Bedeutung als Leitfossilien. Die feinstratigrafische Gliederung des Paläozoikums basiert heute weitgehend auf dem Auftreten verschiedener Conodonten-Arten. Da sie zudem bei Erwärmung irreversible Farbänderungen durchmachten, sind sie auch eine Hilfe bei der Bestimmung von Temperaturen in einer lange vergangenen Zeit („Geothermometer“).

Conodonten gehören zu den häufigsten Fossilien: Man kann davon ausgehen, dass ein vor 520–205 Mio. Jahren entstandener Kalkstein Conodonten freigibt, wenn man nur ein faustgroßes Stück sorgfältig analysiert. Paläontologen unterscheiden bis über 3000 Formen.

Erst nach 1980 wurden vollständige Tiere in Südafrika (Ordovizium), in Wisconsin (Silur)

Abb. 2-13. Conodonta. Diese Tiergruppe ist uns fast nur durch winzige, vielgestaltige Hartgebilde bekannt, die hier im rasterelektronenmikroskopischen Bild dargestellt sind. Die Länge der abgebildeten Teile liegt im Bereich eines Millimeters. Aus Aldridge und Purnell (1996)

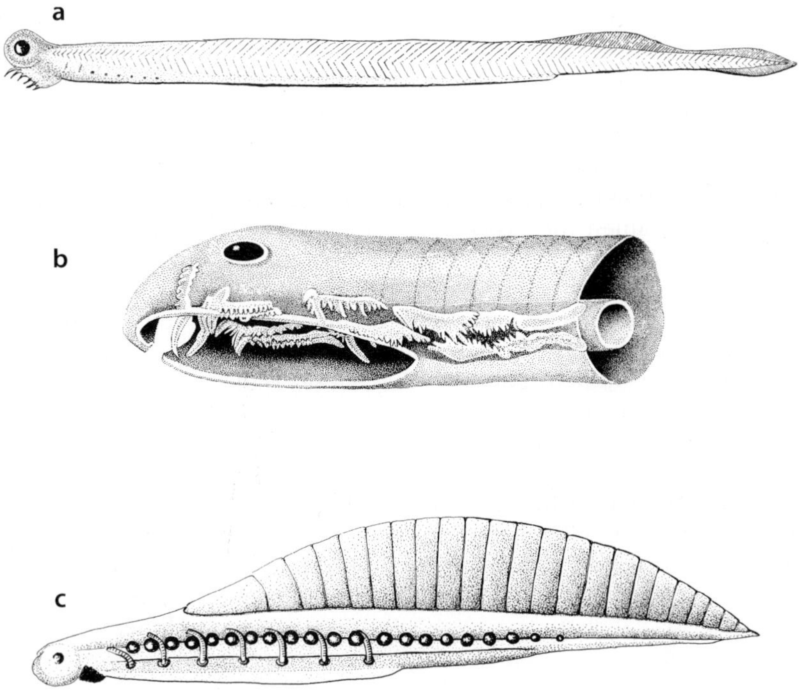

Abb. 2-14 a–c. Paläozoische Chordata. a,b. Conodonta, **a** ganzes Tier, **b** Rekonstruktion des Vorderendes, **c** *Yunnanozoon*. Nach Davis, Fuger (1998)

und in Schottland (Karbon) entdeckt, die uns eine recht gute Vorstellung ihrer Anatomie vermitteln, so dass auch Rückschlüsse auf ihre Lebensweise möglich sind. Es waren bis 40 cm lange, schlanke, seitlich zusammengedrückte, fischähnliche Meerestiere, deren Kopf große Augen und einen komplizierten Zahnapparat zur Nahrungsaufnahme besaß (Abb. 2-14 a, b). Ein Schädel mit typischen Kiefern und ein Hautskelett waren jedoch noch nicht ausgebildet. Die Zähne waren mit einzigartigen Stützstrukturen aus Hartgewebe verbunden. Es wurden im Bereich dieses Gebissapparates insgesamt 4 verschiedene Hartgewebe beschrieben: Knochen, verkalkter Knorpel, Dentin und Schmelz. Die Rumpfmuskulatur war wie bei Fischen und Amphioxus segmentiert. Offensichtlich führten sie ein räuberisches, pelagisches Leben.

Die phylogenetische Stellung der Conodonten ist noch schwer zu beurteilen; vielleicht gehören sie zur Stammgruppe der gnathostomen Wirbeltiere, bevor diese ihre typischen Kiefer erworben hatten.

2.2.1.8 Kambrische Wirbeltiere

Das Bild vom Ursprung der Wirbeltiere hat sich in den letzten Jahren stark gewandelt. Hierzu haben u. a. die oben erwähnten Fossilfunde der Conodonta und Funde aus dem Kambrium Südchinas Ende der 1990er Jahre beigetragen. Letztere repräsentieren aller Wahrscheinlichkeit nach frühe Wirbeltiere. Sie stammen aus marinen Ablagerungen, waren weichhäutig, besaßen eine Chorda dorsalis und einen in Myomere gegliederten Körper. Die bisherigen Funde lassen sich zwei Gruppen zuordnen:

- *Haikouichthys* und *Myllokunmingia*, die möglicherweise einzelne anatomische Anklänge an Neunaugen zeigen. Sie besaßen Kiemenbögen und wohl auch eine Schädelkapsel. Vielleicht hatten sie neben einer dorsalen Flosse auch schon ein Paar ventrolateraler Flossen. Da das Vorderende dieser Formen bisher nur unvollkommen bekannt ist, können noch keine sicheren Aussagen über Gehirn und Augen gemacht werden.

- *Yunnanozoon* (Abb. 2-14c) und *Haikouella*. Die über 300 erst 1999 entdeckten Fossilien von *Haikouella* lassen vermuten, dass diese Formen der Stammgruppe der Wirbeltiere zugezählt werden können. Wie bei Amphioxuslarven verlaufen die Myosepten relativ gerade. Dies erlaubt undulierende Schwimmbewegungen. Die Chorda erreicht, wie bei Wirbeltieren, das Vorderende des Körpers nicht. Der geräumige Pharynx ist von Kiemenbögen begrenzt. Vermutlich nahmen die Tiere Nahrungspartikel mittels Saugbewegungen des Mundes und des Pharynx auf.

Die meisten der bisher beschriebenen kambrischen Tiere waren Pflanzenfresser im weitesten Sinne, die sich von Cyanobakterien, Algen oder Mikrophagen (z. B. Brachiopoden und Archaeocyathiden) ernährten.

Einige Formen, z. B. mehrere Arthropoden aus der Burgess-Fauna, besaßen spezialisierte Mundwerkzeuge, die auf Carnivorie schließen lassen. Auch die Nautiloida dürften mit ihren Tentakeln tierische Beute gegriffen und mit ihren Schnäbeln getötet haben.

In der Pflanzenwelt dominieren noch, wie im Präkambrium, marine Schizophyten und Thallophyten, d. h. kalkabscheidende Blau- und Grünalgen. Dabei spielten verschiedene Gattungen, z. B. *Renalcis* und *Girvanella*, eine besondere Rolle als Riffbildner. Die Stromatolithen verloren an Bedeutung. Zum Phytoplankton gehörten die schon erwähnten Acritarchen, die eine genaue zeitliche Festlegung ermöglichen.

Das Kambrium endete mit einem Aussterben vieler Organismen, insbesondere Trilobiten- und Nautiloiden-Gattungen. Trilobiten haben sich nie wieder so reichhaltig entfaltet: Bezüglich Populationsdichte und Mannigfaltigkeit hatten sie ihren Höhepunkt im Kambrium.

2.2.2 Ordovizium

ÜBERSICHT

Die Fossilien sind vorwiegend marinen Ursprungs. Es dominieren die freischwebenden Graptolithen und die großen Orthoceren. Trilobiten sind verbreitet, Conodonten als Leitfossilien. Anthozoen (Rugosa und Tabulata) und Stromatoporen ersetzen die kambrischen Archaeocythiden als Riffbildner. Das pflanzliche Plankton entfaltet sich (Acritarchen). Massenaussterben gegen Ende des Ordoviziums.

Das **Ordovizium** (510–438 Mio. Jahre vor heute) ist ein etwa 70 Mio. Jahre währender Zeitabschnitt und wurde nach dem walisischen Keltenstamm der Ordovizier benannt. An der walisischen Küste sind ordovizische neben kambrischen und silurischen Sedimenten zu finden. Alle drei Systeme lieferten Baumaterial für das Kaledonische Gebirge. Das Ordovizium ist vor allem durch das Vorkommen von Graptolithen (Abb. 2-15a, 2.20), aber auch durch die adaptive Radiation anderer Tiergruppen, insbesondere der Weichtiere, gekennzeichnet. Abb. 2-15 vermittelt einen Eindruck von der Organismenwelt ordovizischer Meere. Die paläogeografischen Verhältnisse sind ähnlich wie im Kambrium, und die Verteilung von Land und Meer ist ähnlich wie dort beschrieben (Abb. 2-3). Gondwana lag auf der Südhalbkugel; Baltica, Laurentia und Sibiria bewegten sich aufeinander zu.

Im Ordovizium sind alle Tierstämme der nachfolgenden geologischen Zeitabschnitte in den Meeren vorhanden. Trilobiten, Brachiopoden, Graptolithen und Conodonten sind verbreitete Gruppen. Die Trilobiten sind größer als früher, weisen gegenüber denen des Kambriums eine verstärkte Bestachelung auf, und viele können sich einrollen. Neben Bryozoen- und Stromatoporen-Riffen kommen Korallenriffe vor,

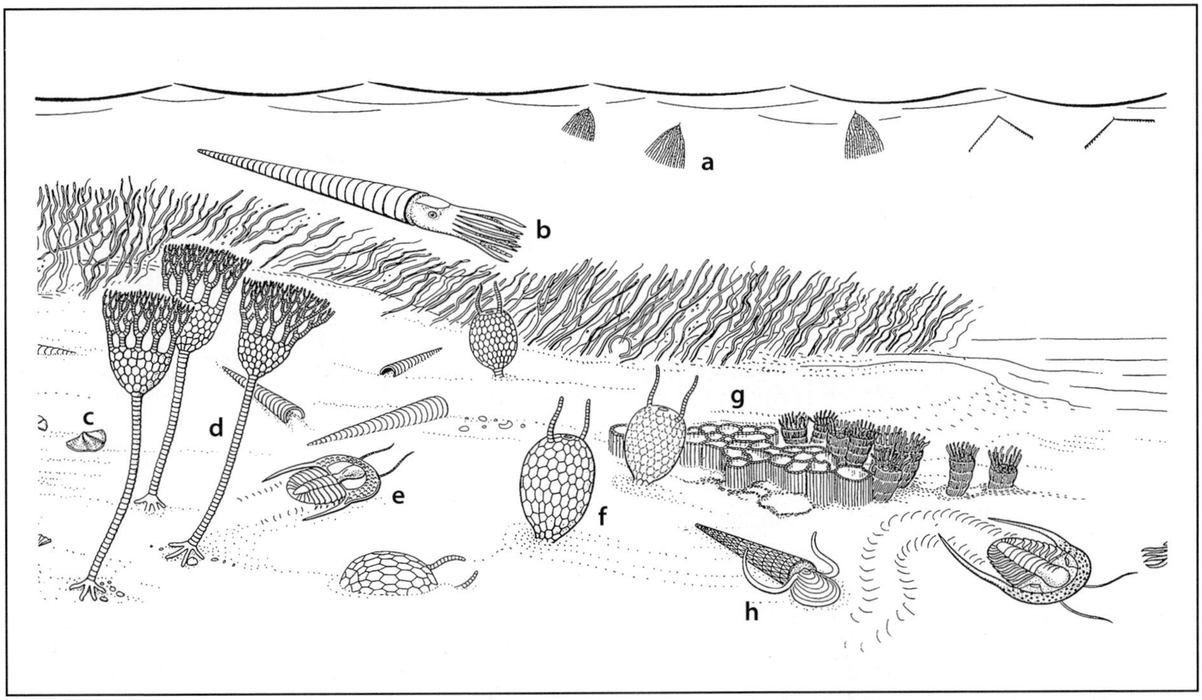

Abb. 2-15 a–h. Das Meer im Ordovizium. Im freien Wasser trieben **a** Graptolithen-Kolonien und **b** große Cephalopoden (*Orthoceras*). Am Meeresboden lebten **c** Brachiopoden, **d** Crinoiden (*Caleidocrinus*), **e** Trilobiten (*Cryptolithus*), **f** Cystoidea (*Aristocystites*) und diverse Korallen, z. B. **g** *Halysites* (Tabulata). Unbekannt ist die systematische Stellung der **h** Hyolithen (*Elegantulites*). Berühmte Fundstätten: Schweden, Baltikum, Ohio. Nach Schäfer, Senckenberg-Museum (2000)

EXKURS 2.2.2.1

Plattentektonik – Gebirgsbildung (Orogenese)

Nach der Theorie der Plattentektonik entstehen Gebirge im Sinne langgestreckter tektonisch deformierter Krustenbereiche durch konvergente Plattenbewegungen. Die Konvergenz von ozeanischer und kontinentaler Lithosphäre und auch die Konvergenz zweier kontinentaler Lithosphärenplatten führt zur Ausbildung aktiver Kontinentalränder. Treffen eine ozeanische und eine kontinentale Platte aufeinander, so taucht die erstere wegen ihrer höheren Dichte unter der letzteren in die Asthenosphäre ab (Subduktion). Als Folge dieser Plattenkonvergenz können mit der abtauchenden subduzierten Platte kleinere Krustenstücke (Mikrokontinente, Terrane) im Kollisionsbereich an die kontinentale Kruste angegliedert werden.

Ähnlich wie im Falle der Mikrokontinente kommt es bei einer Kontinent-Kontinent-Kollision wegen der geringen Dichte der kontinentalen Lithosphäre nicht zur Subduktion. Die Kruste dieser Platten schiebt sich zu einem Gebirge in- und übereinander. Die Alpen und der Himalaya entstanden auf diese Weise.

Im Verlauf der phanerozoischen Erdgeschichte kam es naturgemäß mehrfach zu solchen Kollisionen, die für die Evolution ▶

EXKURS 2.2.2.1 (Fortsetzung)

und Verteilung der Organismen von Bedeutung waren.

Die Kaledonische Gebirgsbildung hatte ihren Höhepunkt gegen Ende des Silurs vor mehr als 410 Mio. Jahren erreicht. Durch den Zusammenstoß der nordamerikanischen (Laurentia) mit der nordosteuropäischen Platte (Baltica) wurden Ablagerungen des Meeres Iapetus (Abb. 2-22) zum Kaledonischen Gebirge (den Kaledoniden) aufgefaltet. Caledonia ist der keltisch-römische Name für Schottland, und Teile dieses Gebirges sind von Schottland, Wales, Irland, der Bretagne, Ostgrönland, Norwegen, Spitzbergen sowie Neufundland und den nördlichen Appalachen in den USA bekannt.

Die Variscische Gebirgsbildung hat praktisch die gesamte Erde umspannt und eine große zusammenhängende Landmasse, Pangaea, aus vielen Einzelteilen zusammengefügt. Sie erreichte ihren Höhepunkt im Karbon, endete im Perm und verdrängte das Meer aus Mitteleuropa. Der Begriff „variscisch" erinnert an den römischen Namen Curia Variscorum für die bayerische Stadt Hof und an das Vogtland (im anschließenden Bundesland Sachsen), das ehemalige Gebiet der germanischen Varisker. Dort waren zum ersten Mal Belege für diese Gebirgsbildung gefunden worden. In Europa erstrecken sich die Varisciden von Spanien über das französische Zentralmassiv bis in die Sudeten und zum polnischen Mittelgebirge. In Deutschland gehören beispielsweise Rheinisches Schiefergebirge, Spessart, Bayerischer Wald, Schwarzwald, Harz und Erzgebirge dazu. Am Ostrand von Baltica entstand durch die Kollision mit mehreren Festlandmassen der Ural.

Die bedeutendste Gebirgsbildung des Känozoikums war die im ausgehenden Mesozoikum (Oberkreide) einsetzende und bis in das Känozoikum hinein fortdauernde **Alpidische Gebirgsbildung**. Der entstandene Gebirgsgürtel erstreckt sich von den Pyrenäen über die Alpen, die Karpaten und die Türkei hinweg bis zum Himalaya. Diese Vorgänge waren die Folge einer Kollision von Nord- und Südkontinent. Dabei schob sich im Falle der Alpen die afrikanische Platte unter die eurasische. Das dazwischen liegende Meer, die Tethys, wurde dabei geschlossen.

Ein erheblicher Teil der in den Kalkalpen (und in anderen Gebirgen) zu Tage tretenden Gesteine geht auf die Aktivitäten von Organismen zurück. Wer hält sich schon vor Augen, dass in Karwendel und Wettersteingebirge, in den Salzburger Alpen, in den Dolomiten und anderswo wesentliche Teile durch Algen (Dasycladales, Wirtelalgen) aufgebaut wurden? Ihre heute noch lebenden nahen Verwandten kommen vor allem in den lichtdurchfluteten Küstengewässern der Meere der Tropen und Subtropen vor. Man unterscheidet etwa 40 rezente Arten und 170 fossile. Unter den rezenten Formen ist wohl die Schirmalge *Acetabularia* die bekannteste. Eine Besonderheit der Dasycladales sind ihre Kalkausscheidungen, die einen massiven Panzer aufbauen können. Sie erlebten ihre erste Blütezeit im späten Paläozoikum, nur etwa die Hälfte der Gattungen überlebte die Perm-Trias-Grenze. Eine zweite und dritte Entfaltung erfolgte in der Trias (an deren Ende wiederum viele ausstarben) und in der Kreide. Die Kreide-Tertiär-Grenze überstanden sie weitgehend unbeschadet; im frühen Alttertiär kam es sogar zu einer besonderen Entfaltung, im Oligozän folgte dann ein Niedergang, von dem sie sich bis heute nicht erholt haben.

die von Rugosa und Tabulata aufgebaut werden. Diese Riffe markieren eine weitere Epoche der Riffbildung: Archaeocyathiden als Riffbildner waren im Kambrium ausgestorben.

2.2.2.2 Riffbildner des Paläozoikums

Rugosa sind auf das Paläozoikum beschränkte, in der Mehrzahl solitäre Anthozoa, die an der Riffbildung von Ordovizium bis Perm beteiligt waren. Ihr Kalkskelett ist zunächst durch sechs sogenannte Protosepten gekennzeichnet, weitere Septen werden dann nur in vier Fächern gebildet, weswegen die Gruppe auch Tetracorallia genannt wird. Vermutlich sind aus ihnen die heute dominierenden Riffkorallen, die Scleractinia (= Madreporaria) hervorgegangen. Der Name Rugosa geht darauf zurück, dass die Außenwand des Korallenskeletts Runzeln = Rugae aufweist. Rugosa und Tabulata sind die ersten nennenswerten Riffbildner unter den Anthozoa. Infolge kurzfristiger, aber starker Meeresspiegelanstiege im Oberdevon kommt es zum Massenabsterben von Riffen; Rugosa und Tabulata waren dem Aussterben nahe: über 90% der im Flachwasser lebenden Rugosa verschwanden, Tiefwasserformen wurden etwa zur Hälfte ausgelöscht. Von dieser Katastrophe erholten sie sich nicht wieder; an der Wende zum Mesozoikum verschwanden sie endgültig. *Zaphrentis* war im Flachmeer des Rheinlandes verbreitet; *Calceola* (Abb. 2-16 a–c; die Pantoffelkoralle) ist eine mitteldevonische Leitform und z. B. in Eifel und Hunsrück zu finden. Mit dreieckiger Grundfläche lag sie dem Substrat auf und konnte sich mit einem halbkreisförmigen Deckel schließen.

Tabulata sind auf das Paläozoikum beschränkte, stets koloniebildende Anthozoa. Die ersten Tabulata kennt man aus dem Ordovizium; später, insbesondere in Silur und Devon, waren sie an der Riffbildung beteiligt. Im Karbon waren sie stark rückläufig, im Perm starben sie aus. Die Kalkskelette der einzelnen Polypen

Abb. 2-16 a–d. Paläozoische Korallen. **a–c** *Calceola* (Rugosa), **a** Ansicht von der Unterseite, **b** Ansicht des Deckels, **c** Ansicht von der Oberseite. Die Länge des Fossils beträgt 3 cm. **d** *Halysites* (Tabulata)

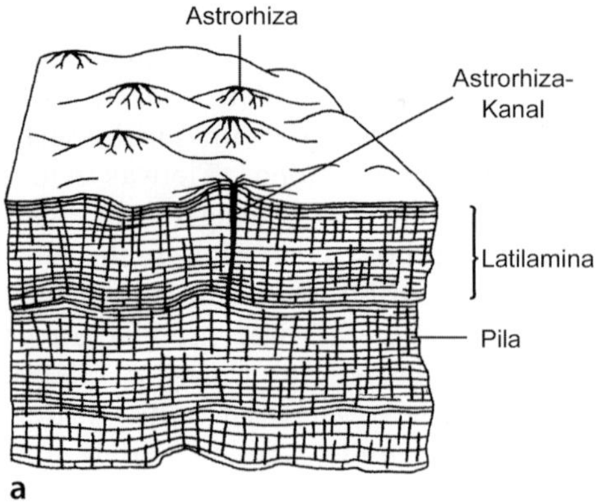

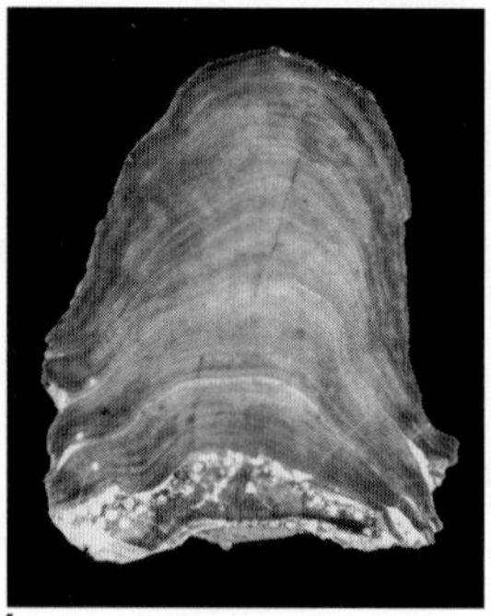

Abb. 2-17 a, b. Stromatoporen.
a Schematische Darstellung eines Ausschnittes. Mehrere horizontale Schichten (Laminae) bilden eine Latilamina. Senkrecht dazu verlaufen dünne Pilae und dickere Astrorhiza-Kanäle.
b Angeschliffener Stromatopore aus dem Silur der schwedischen Insel Gotland, auf einer tabulaten Koralle festgewachsen

(= Corallite) sind durch Querböden (= Tabulae) gekennzeichnet (Abb. 1-25 d), Sklerosepten, die für heutige Korallen so typisch sind, hatten sie praktisch nicht. Statt dessen ragten Dornen in den Hohlraum der 0,5–5 mm breiten Coralliten (Abb. 1-25 c). Querböden wurden immer dann eingezogen, wenn der Polyp ein wenig höher gewachsen war und sich dann aus dem unteren, älteren Stockwerk in das obere, neue begab. Der Formenreichtum der Tabulata war groß; man unterscheidet über 300 Gattungen, wobei nicht ganz sicher ist, in welchem Umfang einige diagnostisch verwendete Merkmale erst nach dem Absterben (= diagenetisch) eintraten. Tabulata besiedelten ausschließlich Schelfbereiche und Kontinentalabhänge; z. B. gab es rheinisch-ardennische Riffe (Abb. 2-30). Wie heutige Riffkorallen lebten sie bevorzugt in Äquatornähe. Sie sind zweifellos eine der erfolgreichsten Tiergruppen des älteren Paläozoikums. Eine verbreitete und dominierende Gattung war *Favosites*. Bekannt ist auch die „Kettenkoralle" *Halysites* (Abb. 2-16 d) mit ihren zylindrischen bis ovalen Coralliten. Im Ordovizium und Silur war sie sehr weit verbreitet.

Stromatopora (**Stromatoporoidea**) sind marine, sessile und koloniale Organismen, die seit dem mittleren Ordovizium bekannt sind. Bis zum mittleren Devon – als sie ihren Höhepunkt erreichten – waren sie in flachen, strömungsreichen Meeresgebieten verbreitet und eng mit Algen und Korallen assoziiert. Oberflächlich ähnelten sie Tabulaten. Ihre systematische Zuordnung ist unsicher: Sie werden von manchen Autoren zu den Porifera, von anderen zu den Cnidaria gestellt. Typischerweise haben die Stromatoporoidea ein Kalkskelett mit vertikalen und horizontalen Strukturelementen (Abb. 2-17 a) und bilden unregelmäßig geformte, im Prinzip halbkugelige Blöcke, die 2 m Durchmesser und 1 m Höhe erreichen konnten. Manche Strukturelemente (Latilaminae, Laminae) werden als Hinweise auf Wachstumsperioden gewertet. Bei einigen Formen finden sich an der Oberfläche sternförmig verzweigte Kanäle (Astrorhizae), die als Ausfuhrgänge interpretiert werden. Die schwedische Insel Gotland ist durch eine besondere Fülle von silurischen Stromatoporen gekennzeichnet, und in den devonischen Riffen des Rheinlandes (s. Kap. 2.2.4.2) spielten sie ebenfalls eine wichtige Rolle. Eine bekannte und gleichzeitig besonders alte Gattung ist *Pseudostylodictyon* (aus den Staaten New York und Vermont in Nordamerika). Stromatoporen geben uns noch manches Rätsel auf. Nach verbreiteter Ansicht starben sie im Devon fast aus, erlebten jedoch im Jura eine weitere Entfaltung und verschwanden Ende des Mesozoikums. Einige Autoren halten sie für noch existent und verweisen auf die Ähnlichkeit mancher rezenter Schwämme (*Astrosclera, Calcifimbrospongia*) mit Stromatoporen.

2.2.2.3 Weitere Meeresorganismen im Ordovizium

Schnecken, Muscheln und Cephalopoden sind weitere wichtige Gruppen, die im Ordovizium arten- und individuenreicher wurden.

Unter den **Cephalopoda** sind die z. T. meterlangen Vertreter der Gattungen *Orthoceras, Actinoceras* und *Endoceras* zu nennen. In bis zu 9 m langen Kalkröhren lebten die Tiere in deren vorderem Bereich, während der hintere in gasgefüllte Kammern unterteilt war. Ob sich diese Riesenformen im freien Wasser schwimmend bewegten oder am Meeresboden krochen, wissen wir nicht mit Sicherheit. Alle erwähnten Gattungen gehören zu den Palcephalopoda.

Palcephalopoda (= Tetrabranchiata) umfassen die Nautiloida in weiterem Sinne, von denen sich bis heute noch eine Gattung als „lebendes Fossil" gehalten hat (Abb. 2-74 f). Palcephalopoda besitzen gekammerte Gehäuse (Abb. 2-18 a–c). Die zuletzt gebaute, nach außen offene Kammer ist die Wohnkammer, alle davor entstandenen Kammern (Phragmokon) sind zwar durch einfach gebaute, leicht gewölbte Scheidewände getrennt, stehen jedoch über einen Gewebestrang (Siphunkel) miteinander in Verbindung, der bis in die zuerst ge-

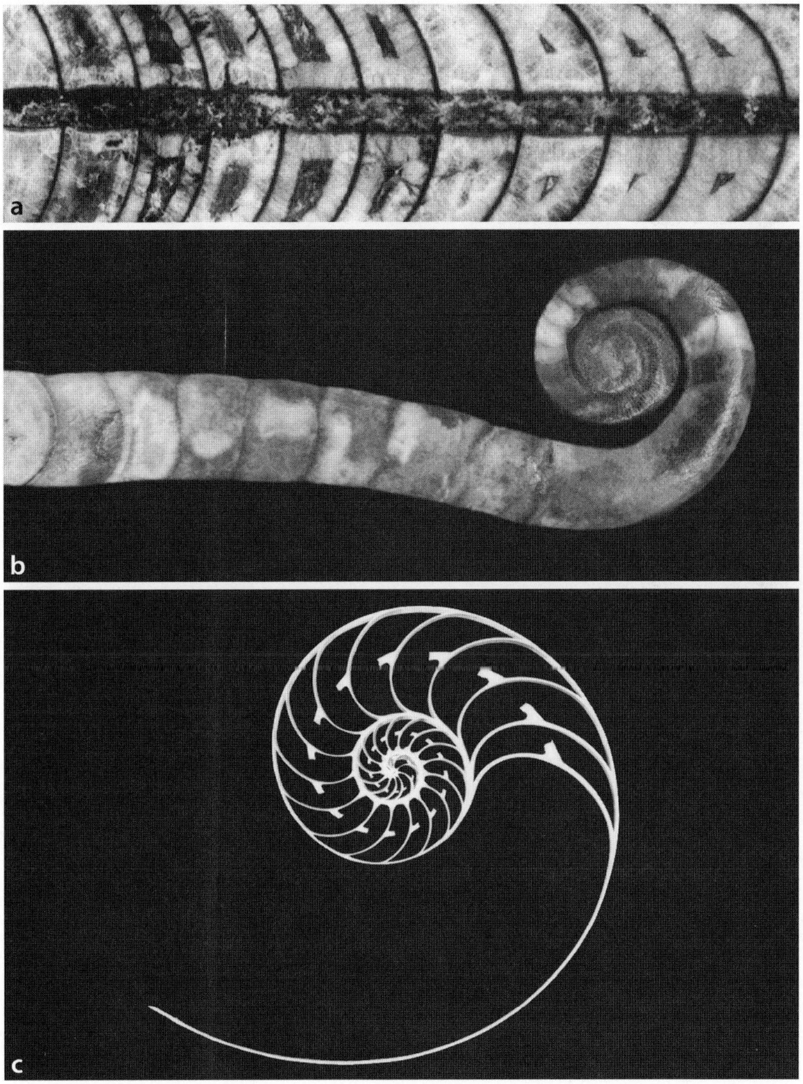

Abb. 2-18 a–c. Palcephalopoda. **a** *Michelinoceras* vom *Orthoceras*-Typ mit Siphunkel, **b** *Lituites*, **c** *Nautilus*

bildete Kammer (den Protoconch) zieht. Bei *Orthoceras* liegt er zentral, bei *Endoceras* in randlicher (ventraler) Position. Über den Siphunkel kommt es zum Stoffaustausch: Die jeweils neueste Kammer wird zunächst mit Flüssigkeit gefüllt, dann mit Gas. Die hintereinander liegenden Gaskammern dienen dem Tier dann als hydrostatisches Organ. In der Paläontologie wird der Siphunkel „Sipho“ genannt.

Palcephalopoden besitzen ein relativ großes Embryonalgehäuse (meist über 1 cm Durchmesser), was mit der Produktion von wenigen dotterreichen Eiern in Zusammenhang gebracht wird. Palcephalopoda gibt es seit dem Kambrium, im Ordovizium fand jedoch eine starke Entfaltung statt. Anfangs waren ihre Gehäuse gerade (z.B. *Orthoceras*, *Michelinoceras*, Abb. 2-18a), geologisch jüngere Formen sind in wechselndem Maße (z.B. *Lituites*, Abb. 2-18b) oder völlig eingerollt (z.B. *Nautilus*, Abb. 2-18c). Von manchen Formen kennt man Massenvorkommen (Orthoceren-Schlachtfelder; *Michelinoceras* in Marokko, *Lituites*-Kalk auf der schwedischen Insel Öland).

Unsicher ist die Zuordnung der **Tentaculita** (Abb. 2-19) zu den Mollusken. Sie lebten vom Ordovizium bis zum Devon. Ihre kleinen, spitzkegelförmigen Gehäuse bestehen aus Kalk; ihr Anfangsteil ist meist durch Querwände gekammert, ihre Oberfläche skulpturiert. Über die Lebensweise der Tentaculita wissen wir wenig; ihre Gehäuse sind bisweilen in großer Dichte zu finden (Tentaculitenschiefer).

Auch **Echinodermata** waren nicht selten (Abb. 2-15). In der vagilen Epifauna traten Seeigel (Echinoidea), Schnecken (Gastropoda) und Muschelkrebse (Ostracoden) zum ersten Mal auf (Echinoidea) oder waren vielfältiger als im Kambrium (Gastropoda, Ostracoda). Den Seeigeln fehlte noch der typische starre Panzer. Auch See- und Schlangensterne sind erstmalig im Ordovizium zu finden. Auffällig ist, dass die meisten Tiergruppen des Ordoviziums noch auf dem Boden (epibenthisch) oder im freien Wasser (pelagisch) lebten, jedoch kaum im Boden (endobenthisch). Man nimmt an, dass die Sedimente sauerstoffarm waren und nur wenige Tiere anoxybiotisch leben konnten. Eine Ausnahme stellen die sich im Ordovizium stark entwickelnden Muscheln dar, die allerdings über Siphonen mit der Oberfläche in Verbindung standen. Sie traten nun in großer Formenfülle auf und waren großräumig im Meer verbreitet. Ihre Stellung im Ökosystem war durchaus schon der heutigen vergleichbar. Besonders wichtige Leitfossilien des Ordoviziums sind die articulaten Brachiopoden, die Graptolithen und die Conodonten.

Während sich im älteren Ordovizium noch häufig schlosslose **Brachiopoda** finden (z.B.

Abb. 2-19. Tentaculiten und Brachiopoden (Spiriferiden) aus dem Devon der Ukraine

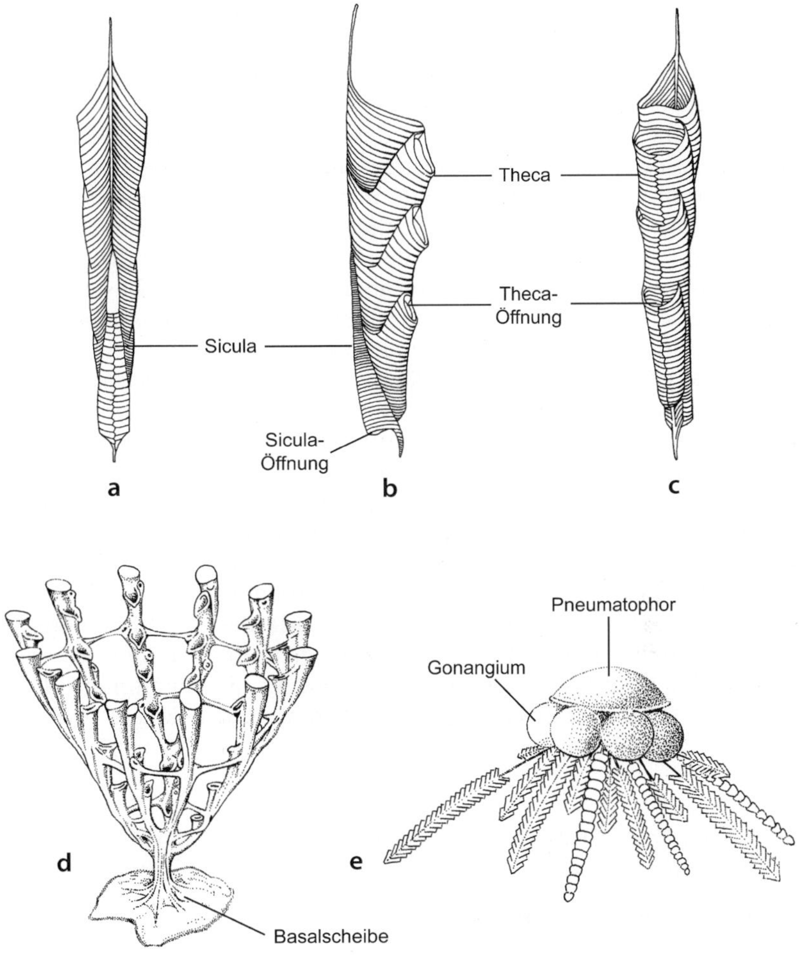

Abb. 2-20 a–e. Graptolithen. **a–c** Ausschnitte einer Kolonie, von verschiedenen Seiten betrachtet. Jede Kolonie wurde von einem Tier in einer Anfangskammer (Sicula) begründet. Durch asexuelle Fortpflanzung kamen weitere Tiere hinzu, die in je einer Theca lebten. **d** Rekonstruktion einer sessilen Kolonie, die mit einer Basalscheibe am Substrat festgeheftet war; **e** Rekonstruktion einer schwimmenden Kolonie (*Glossograptus*) mit „Schwimmblase" (Pneumatophor) und Gonangien-Ring

Acrothele und *Lingulella*), werden später die articulaten, kalkschaligen, schlosstragenden Brachiopoden dominierend (*Orthis*, *Dalmanella*, *Strophomena*). Diese mit einer dorsalen (= Armklappe) und einer ventralen Schale (= Stielklappe) versehenen Suspensionsfresser existieren noch heute.

Die **Graptolitha** (Abb. 2-20) sind seit dem Ordovizium bekannt, in dem sie die wichtigsten Leitfossilien darstellten; sie waren allem Anschein den Pterobranchiern unter den Hemichordaten nahestehende koloniale Strudler. Man nennt sie in ihrer fossilisierten Form auch Schriftsteine, weil sie auf Schiefergestein wie Schriftzeichen aussehen (Abb. 1-25 f). Sie gehören zu den häufigsten Fossilien des Ordoviziums. Ihr Aussehen erinnert auch ein wenig an Laubsägeblätter. In jedem „Zahn"(= Theca) lebte ein Einzeltier mit einem Tentakelkranz. In Deutschland kommen sie vor allem in Sachsen, Thüringen, im nördlichen Bayern, im Harz sowie im Rheinischen Schiefergebirge vor. Graptolithen-Kolonien konnten stabförmig, spiralig oder verzweigt sein und über 1 m Länge erreichen, von einigen kennt man – ähnlich wie von Staatsquallen – zu Gasblasen (Pneumatophoren) und zu Geschlechtstieren (Gonangien) umgewandelte Individuen (Abb. 2-20 e). Die Entwicklung der Graptolithen begann mit festsitzenden Formen (Abb. 2-20 d), später erfolgte eine Radiation der schwebenden Kolonien (Abb. 2-20 e). Sie werden für Ordovizium und Silur als die besten Leitfossilien angesehen. Da sie sich relativ rasch in gut unterscheidbare Formen differenzierten, kann man mit ihrer Hilfe eine vergleichsweise feine Unterteilung von Sedimentlagen vornehmen. Schon Altersunterschiede von einigen hunderttausend Jahren werden erkennbar, was für geologische Zeiträume im Paläozoikum etwas Besonderes ist. Die schwimmenden Kolonien trieben anscheinend oberflächennah durch die Meere (Abb. 2-15 a) und wurden so weit verbreitet. Nach ihrem Tod sanken sie ab und wurden stellenweise in großen Mengen fossilisiert. Graptolithen sind meist „kohlig" erhalten, und ihre Abdrücke glänzen auf der Oberfläche dunkler, toniger Gesteine. Im Devon starben die pelagischen Graptolithen aus, im Karbon die sessilen.

Das Klima entlang einem äquatorialen Gürtel führte zur Entfaltung zahlreicher neuer Wirbellosen-Gruppen, v.a. unter den Kalkschalern. Insgesamt ist die Fauna des Ordoviziums reicher als die des Kambriums. Es wurde ein Diversitätsgrad erreicht, der im Wesentlichen bis Ende des Paläozoikums erhalten blieb. Paläontologen unterscheiden über 400 verschiedene Taxa von Familienrang, gegenüber etwa 150 im Kambrium.

Die Entwicklung der Pflanzen ist durch die Entfaltung der Kalkalgen gekennzeichnet; das Festland war noch weitgehend unbesiedelt. Cyanobakterien und kalkbildende Grünalgen drangen bis ins Brackwasser ein, im Plankton dominierten noch die Acritarchen. Ordovizische Sedimente sind in Mitteleuropa in größerem Umfang anzutreffen als kambrische und kommen von Nordrügen bis zum Erzgebirge vor.

Das Ordovizium ging mit einem der größten Massenaussterben der Tiere des gesamten Phanerozoikums zu Ende. Es war der erste von mindestens fünf dramatischen Einbrüchen im Phanerozoikum. In manchen Regionen starb über die Hälfte der Brachiopoden- und Bryozoen-Gattungen aus, etwa 100 Familien mariner Organismen überlebten die Ordovizium-Silur-Grenze nicht. Besonders betroffen waren die tropischen Riffgemeinschaften mit Stromatoporen, Tabulaten und Bryozoen. Auch Trilobiten, Nautiloiden, Brachiopoden, Graptolithen, Crinoiden und Conodonten waren stark betroffen. Als Ursachen kommen Plattenbewegungen und Abkühlung der Meere in Frage (s. EXKURS 2.2.2.4).

EXKURS 2.2.2.4

Massenaussterben

Man schätzt, dass im Laufe der Evolution über 90% – vielleicht über 99% – aller einmal entstandenen Arten wieder verschwunden sind. Ob es sich bei diesem Aussterben um einen mehr oder weniger kontinuierlichen Prozess handelt oder ob Zeiten gleichmäßigen, langsamen Aussterbens von Katastrophen abgelöst wurden, ist nicht in allen Fällen klar erwiesen. Die Existenz einiger Episoden extremen Massenaussterbens gilt jedoch aufgrund geologischer, paläontologischer und biologischer Befunde als gesichert.

Abgesehen von der heutigen, in großem Maßstab erfolgenden Ausrottung von Tier- und Pflanzenarten durch den modernen Menschen (S. 427) haben im Phanerozoikum mindestens fünf Massenaussterben von globalem Umfang stattgefunden (Abb. 2-21): im späten Ordovizium (vor 440–450 Mio. Jahren), im Oberdevon (vor 360–370 Mio. Jahren), am Ende des Perm (vor 250–255 Mio. Jahren), am Ende der Trias (vor gut 200 Mio. Jahren) und an der Kreide-Tertiär-Grenze (vor 65 Mio. Jahren).

Massenaussterben erfolgten im Allgemeinen nicht „auf einen Schlag", sondern haben sich über mehrere Millionen Jahre erstreckt. Sie haben gemeinsam, dass nach diesen Episoden freier Lebensraum entstanden war, der von anderen Organismen genutzt werden konnte. Besonders deutlich tritt uns das nach der Katastrophe an der Kreide-Tertiär-

EXKURS 2.2.2.4 (Fortsetzung)

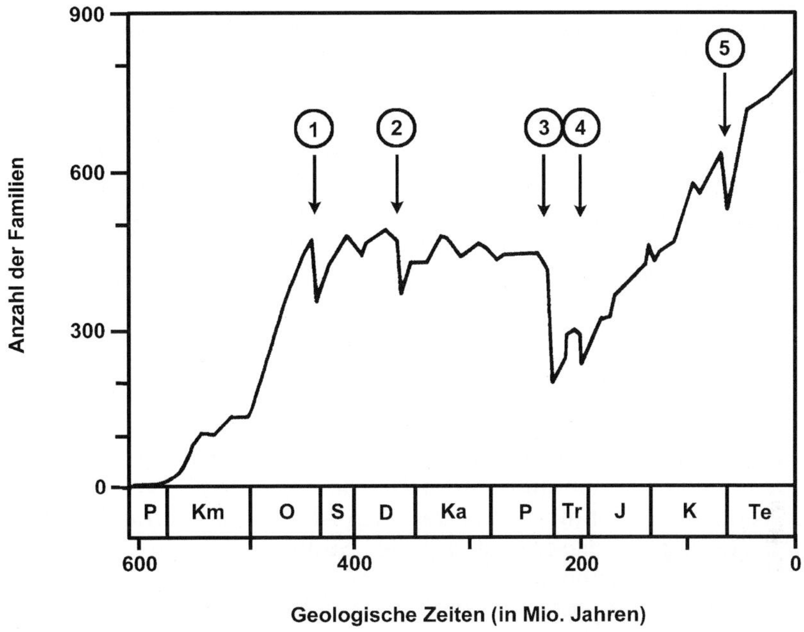

Abb. 2-21. Aussterberaten mariner Organismen, die aufgrund ihres Skeletts leicht fossilisieren. Die Pfeile 1-5 zeigen die Massenaussterben. Nach Sepkoski (1982)

Grenze vor Augen: die Säuger übernahmen die Rolle der großen Reptilien. Die fünf Massenaussterben bedeuteten im Strom des Lebens also nur Unterbrechungen auf einer langen Reise; auf die Dezimierung erfolgte jeweils eine starke Diversifizierung.

Alle fünf Massenaussterben sind durch große Verluste im freien Wasser und am Boden lebender Meerestiere gekennzeichnet. Der größte Einschnitt erfolgte Ende des Perm, als etwa 50% der marinen Wirbellosen-Familien verschwanden und wohl über 80% (nach manchen Autoren über 90%) aller Arten. Neuere Untersuchungen zeigten, dass es im Paläozoikum und im Mesozoikum außer den fünf Massenaussterben weitere Phasen des Aussterbens in großem Ausmaße gegeben hat; manche Autoren gehen sogar von einer Periodizität aus, die etwa 26 Mio. Jahre beträgt.

Über die vermuteten Ursachen wurde viel nachgedacht und geschrieben, die Beweislage ist allerdings keineswegs eindeutig, und allem Anschein nach gibt es nicht eine Ursache für alle Massenaussterben. Grundsätzlich kommen viele verschiedene Faktoren in Frage.

Große Bedeutung haben Klimaschwankungen. Vergletscherung und Bildung von Inlandeis in den Polarregionen haben zur Folge, dass der Meeresspiegel sinkt und dass Schelfgebiete trockenfallen (Regression des Meeres). Das bedeutet Zurückziehen oder Aussterben von marinen Flachwasserorganismen und Vorrücken von Landflora und -fauna. Auf dem Höhepunkt der letzten Eiszeit, vor ca. 20 000 Jahren, lag der Meeresspiegel etwa 100 m unter dem heutigen. Wo heute vor Nordost-Australien das Große Barriereriff mit seiner reichen Organismenwelt als das größte Bauwerk des Känozoikums steht, konnten sich damals australische Ureinwohner trockenen Fußes fortbewegen und Beuteltiere jagen. Auch in der Mitte des Oligo-

EXKURS 2.2.2.4 (Fortsetzung)

zän (vor etwa 30 Mio. Jahren) hat es einen Meeresspiegel-Tiefstand gegeben, jedoch kein Massenaussterben.

Kommt es zum Abschmelzen des Eises, steigt der Meeresspiegel, weite Landgebiete werden überflutet (Transgression des Meeres). Das war im extremen Maße der Fall Ende des Erdaltertums und Ende des Erdmittelalters. Beide Ären schlossen mit Massenaussterben ab.

Die drei Massenaussterben des Paläozoikums werden von mehreren Autoren – jedoch nicht unwidersprochen – mit Inlandvereisungen in Zusammenhang gebracht.

Das Massenaussterben Ende Ordovizium, welches bis zu drei Viertel aller Meeresorganismen erfasste, wird mit einer dramatischen Abkühlung in Verbindung gebracht. Die große Landmasse Gondwana, zu der auch Afrika gehörte, lag zu dieser Zeit auf der Südhemisphäre, weswegen dieses Eiszeitalter auch Sahara-Vereisung genannt wird. Umfangreiche kontinentale Vereisung sorgte für weiteren Temperaturrückgang. Im Zuge der Vereisung kam es äquatorwärts zu einer Konzentration vieler Organismen und schließlich zum umfangreichen Aussterben.

Ende Devon erfolgte eine weitere Vereisung in Gondwana, dieses Mal mit dem Schwerpunkt im heutigen Südamerika, welches nahe dem Südpol lag. Wiederum waren es die Meeresorganismen, vor allem die tropischen, die beeinträchtigt wurden. 70% wurden vernichtet. Riffgemeinschaften wurden dezimiert, und bis Ende des Paläozoikums erreichten sie nicht wieder die Bedeutung, die sie im Devon gehabt hatten. Besonders eindrucksvolle Riffe aus dem Devon finden wir im Nordwesten von Westaustralien, wo sich ein Barriereriff entlang dem Canning Basin über eine Länge von mehr als 300 km erstreckt. Aber auch das Rheinisch-Ardennische Gebiet beherbergt Reste devonischer Riffe und demonstriert den Umfang der Korallen-Stromatoporen-Riffe dieser Zeit sowie den Umfang des Massenaussterbens (Abb. 2-30).

Ende des Perm folgte das verheerendste Massenaussterben des gesamten Phanerozoikums. 80–90% aller marinen Tierarten starben im Laufe von etwa 10 Mio. Jahren aus. Tropische Formen waren besonders betroffen. Fusulinen und Trilobiten verschwanden vollständig, Crinoiden und Korallen entgingen dem totalen Aussterben nur ganz knapp, an Land wurden die Therapsiden stark dezimiert. Auch diese Katastrophe wird mit einer Abkühlung in Verbindung gebracht. Im Oberperm war fast die gesamte kontinentale Erdkruste zu einem Kontinent vereinigt, der sich von Pol zu Pol erstreckte (Abb. 2-47). Beide Polarregionen waren vereist. Der Meeresspiegel war besonders niedrig, Flachmeergebiete wenig umfangreich. Ein erheblicher Teil der Kontinentalschelfe war trockengefallen, und möglicherweise ist es durch umfangreiche Oxidationen in diesen Gebieten zum Abfall der Sauerstoff-Konzentration in der Atmosphäre gekommen.

Die Ursachen für das Aussterben Ende der Trias scheinen besonders unklar zu sein. Erst wurde das Festland, dann das Meer heimgesucht. Die Labyrinthodontia verschwanden, die Therapsiden wurden abermals reduziert, im Meer verschwanden Conodonten und mehrere Gruppen von Meeresreptilien (z. B. Placodontia und Nothosauria).

Besonderes Aufsehen haben Veröffentlichungen erregt, die für die hohe Aussterberate an der Kreide-Tertiär-Grenze einen Meteoriten-Einschlag verantwortlich machen (Impakt-Hypothese nach „impact“ = Aufprall). Als Beleg werden hohe Iridiumwerte in einem begrenzten Sedimentabschnitt dieser Zeit angegeben (Iridium-Anomalie; Iridium ist in gewisser außerirdischer Materie in höherer Konzentration vorhanden als in irdischen Gesteinen) und Veränderungen von Quarzen an verschiedenen Orten der Erdoberfläche, die auf hohe Drucke zurückgeführt werden. Diese Vorstellung wurde zum ersten Mal 1980 publiziert und in der

EXKURS 2.2.2.4 (Fortsetzung)

Folgezeit kontrovers diskutiert. Ein Jahrzehnt später wurde dann nahe der Nordwestspitze der Halbinsel Yucatan (Mexiko) ein Riesenkrater (Durchmesser 180 km) entdeckt und auf ein Alter von 65 Mio. Jahren datiert. Einschränkend muss allerdings gesagt werden, dass an der Kreide-Tertiär-Grenze nach heutigen Kenntnissen nicht alle Organismengruppen „auf einen Schlag" ausgestorben sind. In der Tat setzte ein umfangreicher Aussterbeprozess der Dinosaurier bereits 7 Mio. Jahre vor Ende der Kreidezeit ein. Er beschleunigte sich zum Beispiel in Nordamerika in den letzten 300000 Jahren, zur gleichen Zeit, als sich ungulate Säugetiere rasch entwickelten und von Asien nach Nordamerika einwanderten. Andererseits überlebten einige Dinosaurier-Gattungen die Kreide-Tertiär-Grenze. Die letzten Dinosaurier sind wohl erst 40000 Jahre nach dem Asteroiden-Einschlag ausgestorben. Für Nordamerika schätzt man, dass 8 Mio. Jahre vor Ende der Kreidezeit zwölf Gattungen von Dinosauriern existierten, von denen sieben noch im Paleozän lebten. Neben dem Asteroiden-Einschlag werden sinkende Temperaturen in den letzten 15 Mio. Jahren der Kreidezeit, ein Absinken des Meeresspiegels und das Entstehen von ausgeprägten Jahreszeiten und damit verbunden eine Umgestaltung der Flora und die schon erwähnte Konkurrenz durch Säugetiere als wesentliche Faktoren angesehen. Man schätzt, dass am Ende des Mesozoikums ungefähr ein Drittel der Tetrapoden-Gattungen ausgestorben ist.

2.2.3 Silur

ÜBERSICHT

Mannigfaltigkeit der Organismen ist größer als im Ordovizium. Korallen (Tabulata, Rugosa) und Stromatoporen bilden umfangreiche Riffe. Graptolithen nehmen in ihrer Bedeutung ab. Wirbeltiere entfalten sich; es gibt viele Agnatha und auch mit Kiefern versehene Fischgruppen (Gnathostomata), z.B. Acanthodii, die das Erdaltertum nicht überleben. In Brackwasserzonen leben die größten Arthropoden aller Zeiten, die bis 2 m langen Eurypterida. Die ersten Pflanzen besiedeln das Land. Kaledonische Gebirgsbildung.

Das **Silur**, welches nach dem keltischen Volksstamm der Silurer benannt wurde und einen Zeitraum von gut 20 Mio. Jahren umfasste, ist die kürzeste Periode des Paläozoikums. Es währte von 438 bis 410 Mio. Jahre vor heute. Aus dieser Zeit kennen wir besonders viele Organismen aus Gesteinen im südlichen Schweden. Von hier wurden während der letzten Eiszeit Geschiebe in den norddeutschen Raum transportiert, wo sie heute, z.B. in Kiesgruben, zu finden sind, einschließlich der in ihnen erhaltenen Fossilien (S. 97). Südskandinavien, aber auch Südgrönland und das Gebiet der Hudson Bay waren damals besonders warme Gebiete (zur paläogeografischen Situation s. Abb. 2-22). Zu jener Zeit entstanden in Nordamerika und Sibirien durch Verdunstung von Meerwasser umfangreiche Salzlager. Die Mannigfaltigkeit der Organismen übertraf offenbar die des Ordoviziums. Die häufigsten Gesteine sind Graptolithen-Schiefer, Brachiopoden-Mergel und Korallen- sowie Stromatoporen-Kalke. Mehrere marine Gruppen, die sich im Ordovizium entfaltet hatten und an dessen Ende fast ausstarben, entfalteten sich im Si-

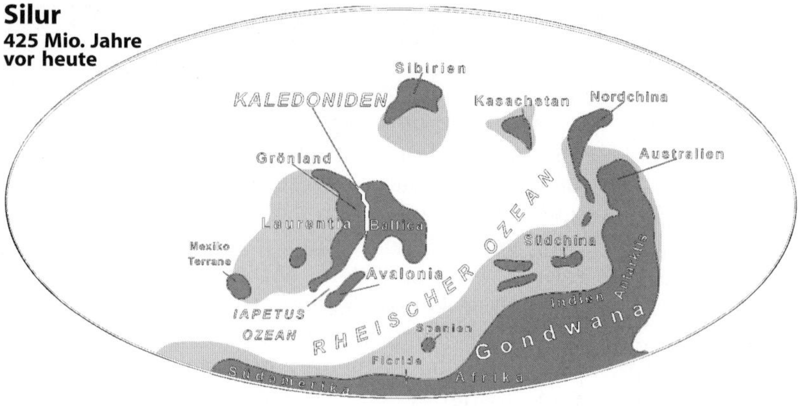

Abb. 2-22. Die paläogeografische Situation im Silur: Baltica ist weiter nach Norden gedriftet und liegt jetzt in äquatorialen Breiten. Im heutigen Skandinavien wachsen tropische Riffe. Es kommt zu einer Kollision von Laurentia und Baltica. Dabei entsteht das kaledonische Gebirge (die Kaledoniden), dessen Deckenbau in Skandinavien und den Appalachen erhalten geblieben ist. Der Mikrokontinent Avalonia, von Gondwana abgetrennt, liegt südlich von Laurentia. Der Rheische Ozean trennt Gondwana, Laurentia-Baltica, Sibirien und Kasachstan voneinander. Nach Scotese, Wertel (2000)

lur abermals. Auffallend waren Riffkomplexe mit einem reichen tierischen Leben: sie waren reicher entwickelt und größer als im Ordovizium (Abb. 2-23). Hauptriffbildner waren Anthozoa, insbesondere Rugosa und Tabulata, sowie Stromatoporen. Tabulaten-Stromatoporen-Riffe erhoben sich stellenweise etwa 10 m über den umgebenden Meeresgrund und konnten mehrere Kilometer Länge erreichen. Dazu kamen z.B. verschiedene Brachiopoden-Gruppen (Strophomenida, Rhynchonellida, Spiriferida) und auch Muscheln (die Brachiopoden zum großen Teil ersetzten) und Schnecken sowie Moostierchen und Seelilien. Das nördliche Europa lag im Bereich des Äquators; daran erinnert zum Beispiel die Insel Gotland, die aus Riffkomplexen besteht. Die auffälligste Radiation betrifft die Graptolithen. Da die einzelnen Arten meist nur eine kurze Lebensdauer besaßen und weit verbreitet waren, eignen sie sich, wie schon im Ordovizium, sehr gut als Leitfossilien. Die Trilobiten jedoch gehen weiter zurück.

Nach der ordovizischen Eiszeit, die eine globale Regression bewirkt hatte, war der Beginn des Silur durch eine Transgression markiert. In Silur und Devon war der Meeresspiegel weltweit ziemlich hoch. Es kam zu großräumiger Sedimentation unter häufig sehr geringer Wasserbedeckung, doch finden sich beispielsweise im Devon des Rheinischen Schiefergebirges auch ausgesprochene Tiefwassersedimente. Eine einschneidende Neuerung im Silur sowie im anschließenden Devon war die Eroberung des freien Wasserkörpers, des Pelagials, durch mehrere Tiergruppen.

Die gegen Ende des Silur erfolgende Hauptfaltung der kaledonischen Gebirgsbildung führte zum Entstehen ausgedehnter Festlandbereiche, die zum Siedlungsraum für Skorpione, Spinnen, Tausendfüßer und vor allem für Gefäßpflanzen wurden. Zu den ersten Tieren, die im Silur das Land eroberten, gehören die **Euthycarcinoidea**. Sie haben eine gewisse oberflächliche Ähnlichkeit mit Schaben, liefen jedoch auf 11 Beinpaaren. Sie sind beispielsweise aus Australien bekannt, jüngere Formen auch aus Frankreich, und gelten als Vorläufer von Insekten. Unter den Arthropoden spielen nach wie vor Trilobiten eine wichtige Rolle, außerdem **Ostracoda**. Letztere bildeten lokal in Flachmeeren Steinkomplexe, z.B. Leperditien- und Beyrichien-Kalk von Gotland. Die glattschalige *Leperditia* und die skulpturierte *Beyrichia* umfassen mehrere cm lange Formen. Sie sind wichtige Leitformen für die Zonierung der Schichten und für deren interkontinentale Parallelisierung.

Wichtige Faunenelemente sind außerdem die bis etwa 2 m langen **Eurypterida** (Abb. 2-24);

Abb. 2-23 a–d. Das Meer im Silur. Im freien Wasser lebten **a** Graptolithen, **b** diverse Panzerfische und **c** Cephalopoden. Am Boden wuchsen Seelilien (z.B. **d** *Laubeocrinus*), verschiedene koloniale Korallen (z.B. *Halysites* und *Favosites*) und Einzelkorallen (z.B. *Entelophyllum*). Berühmte Fundstellen: Oslo, Shropshire, Gotland. Nach Schäfer, Senckenberg-Museum (2000)

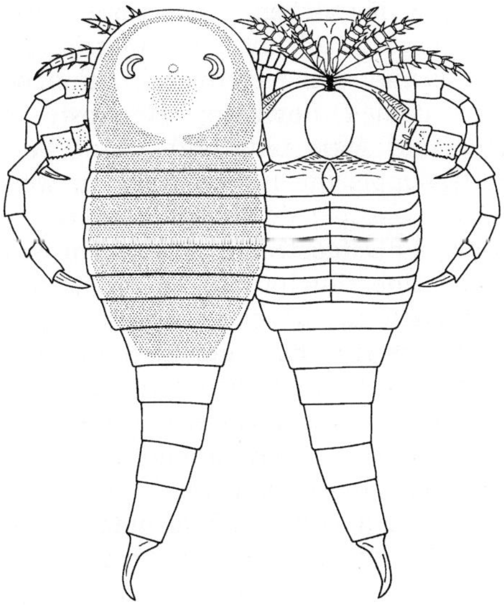

Abb. 2-24. Eurypterida („Seeskorpione"): Dorsal- und Ventralansicht von *Moselopterus* (Devon, bei Alken an der Mosel gefunden). Nach Störmer (1974)

viele besaßen große Scheren, mit denen sie ihre Beute greifen konnten. Sie erschienen im Ordovizium, reichten bis ins Devon und trugen vermutlich zur Ausrottung nicht gepanzerter Lebewesen bei. In Silur und Devon erreichten sie ihre größte ökologische Bedeutung. Aus ihrer weiteren Verwandtschaft haben sich bis heute die Xiphosura erhalten (S. 177, Abb. 2-74 e). Die Eurypterida waren ursprünglich marine Organismen; gegen Ende des Silurs lebten sie jedoch bevorzugt im Süßwasser.

Nautiloida differenzierten sich und umfassten außer mehrere Meter langen gestreckten Formen („Orthoceren") Gattungen mit gekrümmter Schale (*Cyrtoceras*) und völlig eingerollte wie *Nautilus*.

Die rein fossile Echinodermengruppe der Cystoidea ging zurück und wurde z.T. von Crinoidea abgelöst. Diese erreichten eine bis ins Perm andauernde Artenmannigfaltigkeit. Ihre Stielglieder findet man gesteinsbildend.

Neben Agnatha traten die ersten Gnathostomata auf, die 10–20 cm langen Acanthodii, aber auch viel größere Formen. Die Acanthodii trugen zahlreiche paarige Flossen mit spitzen Dornen. Kiefer, paarige Flossen und Schuppen erinnern schon an moderne Fische. Am Ende des Silur tauchten auch erste Placodermen (Panzerfische) auf. Sie sind ebenso wie die Acanthodier gnathostome Wirbeltiere.

2.2.3.1 Agnatha

Die Agnatha (Abb. 2-25) waren im Allgemeinen kleine Tiere. Außer den Kiefern fehlte ihnen wohl auch der Knochen im Innenskelett weitgehend. Sie trugen einen Knochenpanzer (worauf der alte Begriff „Ostracodermi" = Ostracodermata hinweist). Viele Agnatha lebten am Boden oder gruben sich in das Substrat ein, z. B. die Gattungen *Hemicyclaspis, Thestes* und *Didymaspis*. Andere lebten freischwimmend, z. B. *Pteraspis* und *Rhyncholepis*. Die Agnathen des Silurs sind zum Teil vorzüglich erhalten, so dass wir anhand von Serienschliffen sehr detaillierte Kenntnisse über ihren inneren Bau einschließlich Gehirn und Gehörorgan haben. Die frühen Agnatha waren vorwiegend im Vorderteil gepanzert. Diese paläozoischen Formen waren offenbar langsame, bodenbewohnende Fische. Ihre Augen waren z. T. nach dorsal gerückt. Wie die Eurypteriden waren sie zunächst marin, dann limnisch. Die Agnatha sind anscheinend eine Basisgruppe nicht näher miteinander verwandter Formen.

Um der Forderung nach monophyletischen Gruppierungen nachzukommen, wird jetzt wiederholt vorgeschlagen, alle bisherigen Agnathen – einschließlich der Schleimaale – und die Gnathostomen als Craniota (Craniata) zusammenzufassen. Mit dem Begriff Wirbeltiere (Vertebrata) werden dann die Neunaugen und die Gnathostomen zusammengefasst, die Schleimaale gehören zufolge dieser Auffassung also nicht mehr zu den Vertebraten. Auch der Begriff Ostracodermi wird – wegen der Heterogenität der fossilen Agnatha – in der strengen Systematik nicht mehr verwendet.

Zu den fossilen Agnathen zählen:

- **Heterostraci**: In die Nähe der Schleimaale gestellt, weil sie, wie die moderne *Myxine*, nur eine Kiemenöffnung haben. Da aber moderne Schleimaale der Gattung *Eptatretus* viele Kiemenöffnungen besitzen, ist die Situation von *Myxine* abgeleitet und kann nicht als Argument der Verwandtschaft zwischen Schleimaalen und den Heterostraci herangezogen werden, zumal sich jetzt gezeigt hat, dass die mit den Heterostraci verwandten Arandaspida mehrere Kiemenöffnungen besaßen. Heterostraci besaßen feste knöcherne Kopfschilde (makromeres Hautskelett) und Einzelschuppen am Körper (mikromeres Hautskelett) sowie i. a. symmetrische Schwanzflossen. Sie lebten vom unteren Silur bis zum oberen Devon Nordamerikas, Europas und Nordasiens. *Errivaspis* (Abb. 2-25 a), *Torpedaspis* (Abb. 2-25 b). Im Hunsrückschiefer kommt *Drepanaspis gemuendensis* vor (vgl. S. 100, Abb. 2-25 c).
- **Arandaspida**: Hierher gehören *Arandaspis* aus dem unteren Ordovizium Australiens und die sehr ähnliche *Sacabambaspis* (Abb. 2-25 d) aus dem oberen Ordovizium Boliviens. Auch sie besitzen einen festen knöchernen Kopfschild und einen von länglichen Einzelplatten bedeckten Körper. Schwanzflosse symmetrisch.
- **Astraspida**: Kleine, den Heterostraci ähnliche Formen aus dem Ordovizium. Heterostraci, Arandaspida und Astraspida bilden eine Verwandtschaftsgruppe, die Heterostraci im weiteren Sinne.
- **Cephalaspida (= Osteostraci)**: Diese Formen weisen einige Übereinstimmungen mit Neunaugen, aber auch mit Placodermen auf. Der Schwanz war heterocerk, eine Besonderheit sind zwei Brustflossen. In den großen Kopfschild waren Felder mit sensorischen Strukturen eingebaut, die mit dem Innenohr in Verbindung standen. *Ateleaspis* (Abb. 2-25 e).
- **Galeaspida**: Ähneln den Cephalaspida, besaßen aber keine Brustflossen. Z. T. bizarre Gestalt der Kopfschilde (*Sanchaspis*), viele Details der Nasenanatomie ähneln denen der Schleimaale. Unteres Silur bis oberes Devon, China und Vietnam.

Abb. 2-25 a–g. Fossile Agnatha. **a** *Errivaspis* (Heterostraci), Devon, Europa, **b** *Torpedaspis* (Heterostraci), Devon, Kanada, **c** *Drepanaspis gemuendensis* (Heterostraci; Devon, Hunsrück), **d** *Sacabambaspis* (Arandaspida), Ordovizium, Bolivien, **e** *Ateleaspis* (Cephalaspida = Osteostraci), Silur, Schottland, **f** *Loganellia* (Thelodonti), Silur, Schottland, **g** *Rhyncholepis* (Anaspida), Silur, Norwegen

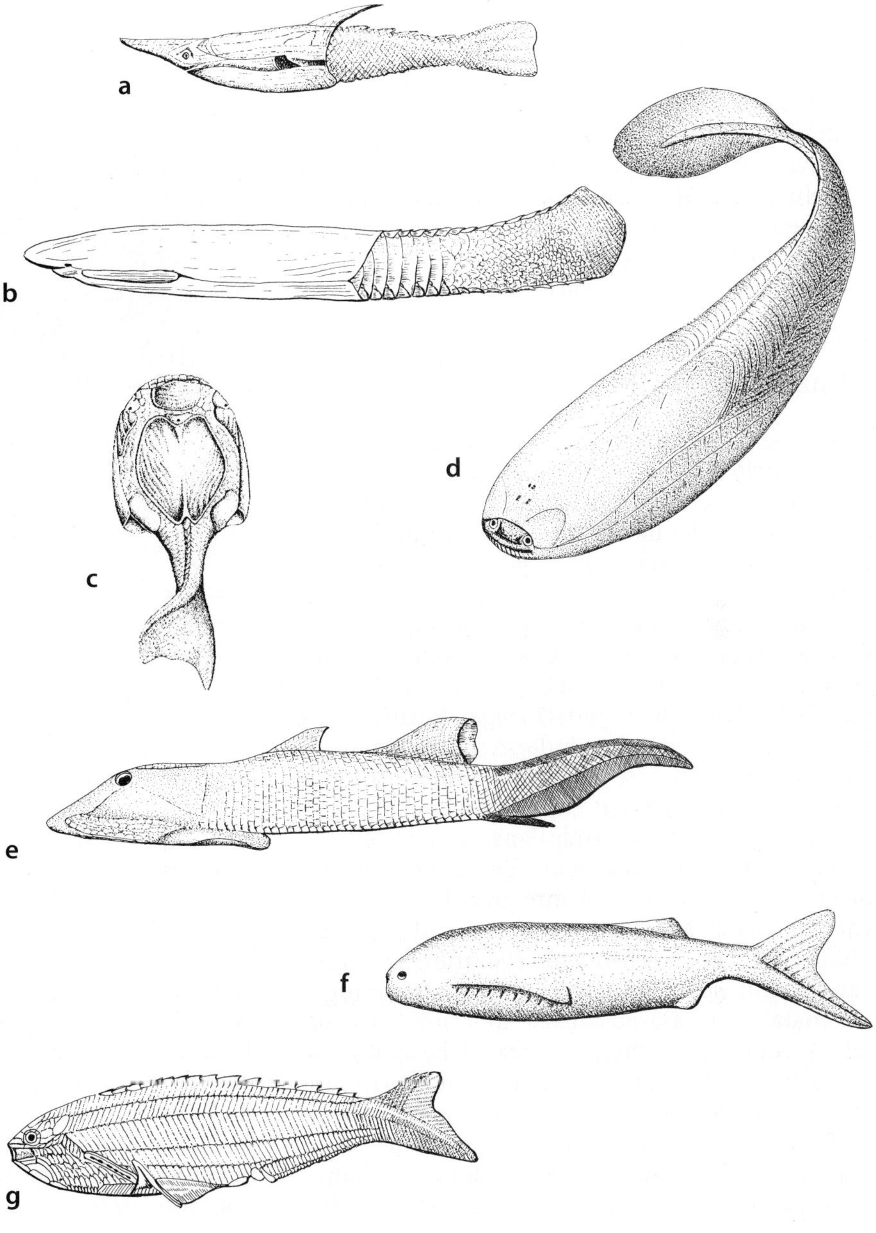

- **Thelodontia:** Meist flache, mit kleinen Schuppen bedeckte Formen, oder auch seitlich komprimierte Arten mit z. T. symmetrischen Schwanzflossen wie die frühen Heterostraci. Z. T. schräg aufsteigende Reihe von Kiemenöffnungen, wie bei Neunaugen und Anaspida. Bei den Funden aus dem Silur Kanadas war offensichtlich ein Magen vorhanden, der den rezenten Agnathen fehlt, was als Anpassung an die spezielle Ernährungsweise, der das Verschlingen großer Nahrungsstücke fehlt, angesehen wird. *Loganellia* (Abb. 2-25 f). Silur, Devon.

- **Pituriaspida:** Mit Kopfschild, ähneln äußerlich den Galeaspida und Cephalaspida, mittleres Devon Australiens.
- **Anaspida:** Kleine, noch wenig bekannte, spindelförmige Fische, unteres Silur bis oberes Devon Nordamerikas, Europas und Chinas. Kein Kopfschild, einige anatomische Ähnlichkeiten mit Neunaugen und Cephalaspida. Einige Formen (*Pharyngolepis*) mit langer paariger Bauchflosse. *Rhyncholepis* (Abb. 2-25 g).

2.2.3.2 Pflanzen ragen in die Luft

Das Leben außerhalb des Wassers war im Silur noch spärlich entwickelt. Es erschienen die ersten Gefäßpflanzen auf dem Land, die Psilophytales mit den Rhyniales. Sie waren zunächst auf Sumpfgebiete beschränkt und überzogen das Festland mit einer immer größer werdenden Vielfalt. Psilophytales bedeutet „Nacktpflanzen“: Ihre Sprosse besaßen noch keine Blätter, echte Wurzeln fehlten ihnen auch noch. Ihre Sporangien befanden sich in endständiger Position. Die ältesten Sporen von Landpflanzen fand man bei Ölbohrungen in Libyen (*Ambitisporites*). Sie werden den Psilophyten zugeordnet.

Die erste kormöse Landpflanze war *Cooksonia* (Abb. 2-26); sie ist aus dem Silur der Britischen Inseln und Böhmens bekannt und hat ein Alter von etwa 420 Mio. Jahren. Das Landleben der Pflanzen brachte erhebliche evolutionäre Neuerungen mit sich: Epidermis mit Spaltöffnungen (Stomata) zum Gasaustausch und mit Cuticula (als Verdunstungsschutz), Wurzeln bzw. Rhizoiden zur Verankerung und zum Transport, Leitgewebe mit Xylem aus Tracheiden zum Wasser- und Ionentransport sowie Phloem zum Transport organischer Stoffe, verschiedene Mechanismen zur Stabilisierung des Pflanzenkörpers (Lignin, Sklerenchym), Umhüllung der Gametangien (Archegonien und Antheridien) und der Meiosporangien mit einem Mantel steriler Zellen. Entwicklung der Zygote zu einem Embryo im Schutze der Mutterpflanze, Meiosporen mit Sporopollenin-Innenwand, Reduktion der haploiden Gametophyten, heteromorpher Generationswechsel, diploide Sporophytengeneration mit Kormusbauplan (Achse, Wurzel, Blatt).

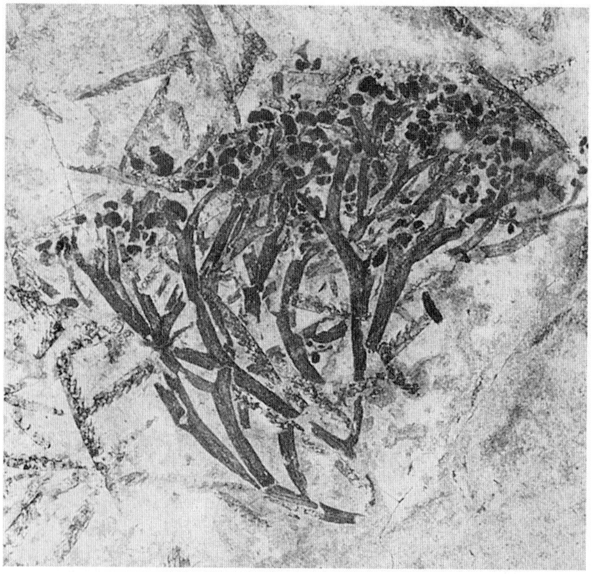

Abb. 2-26. *Cooksonia bohemica* (Silur, Böhmen) mit Graptolithen. Das abgebildete Stück ist der bisher vollständigste Fund dieser Gattung frühester Gefäßpflanzen. Nach Schweitzer (1990)

Am Ende des Silurs erschienen bärlappähnliche Gefäßsporenpflanzen, und mit der terrestrischen Vegetation entstanden Lebensraum und Nahrungsquelle für viele Tiere, z. B. Skorpione, Spinnen und Tausendfüßer, alles Formen mit Chitincuticula. Wie Pflanzen haben auch Tiere das Problem des Verdunstungsschutzes zu lösen. Im Gegensatz zu Pflanzen machen die genannten Tiere regelmäßige Häutungen (Ecdysis) durch; Volumen- und Längenwachstum erfolgen also in Schüben. Man fasst seit einiger Zeit daher die sich häutenden Aschelminthes und Arthropoda auch als Ecdysozoa zusammen (vgl. auch Abb. 4-25). Der Gasaustausch erfolgt durch sehr zarte Einstülpungen der Körperoberfläche (Buchlungen, Tracheen).

EXKURS 2.2.3.3

Eiszeitliche Geschiebe – Fenster in die Vergangenheit der nordischen Länder

Pleistozäne Eismassen haben im Verlauf von mehreren Vorstößen bis vor etwa 10000 Jahren riesige Mengen von Gesteinen von ihrer ursprünglichen Lagerstätte im Norden, zum Beispiel in Skandinavien, dem Baltikum oder dem Ostseegrund, nach Süden transportiert und hier nach dem Abschmelzen wieder abgelagert. Solche Geschiebe bieten auf kleinstem Raum Gesteine (und Fossilien) unterschiedlichen Alters. Die Oberfläche Norddeutschlands und der Nachbarstaaten Niederlande, Dänemark und Polen wird zu großen Teilen von quartären Ablagerungen gebildet. Zwar hat das pleistozäne Eis mit seiner Schuttdecke den vorquartären Untergrund der genannten Gebiete unserem unmittelbaren Zugriff entzogen, aber andererseits Fossilien aus verschiedenen Erdzeitaltern herantransportiert. Man findet sie an oder vor Steilufern der Ostsee, in Kiesgruben, an Baustellen, auf Äckern und bei der Gartenarbeit.

Aus dem Paläozoikum finden sich insbesondere kambrische, ordovizische und silurische Fossilien. Die oft großkalibrigen Kalkgeschiebe aus Ordovizium und Silur sind im Allgemeinen fossilreich.

Am spektakulärsten ist das kambrische Fossil *Xenusion auerswaldae*, beim Umgraben eines Gartens in der Prignitz (zwischen Schwerin und Berlin) gefunden und später als frühes Onychophor interpretiert (Abb. 2-27). Am häufigsten findet man Trilobiten (z.B. *Paradoxides*, Abb. 2-8d) und auch die meistens zu ihnen gestellten Agnostida (Abb. 2-8a). Seltener ist der Volborthellen-Sandstein mit den gekammerten Gehäusen von *Volborthella*, eines frühen Cephalopoden. In grauen Sandsteinen findet man bisweilen Hyolithen (Abb. 2-11b), deren systematische Einordnung nicht sicher ist. Die häufigen Chitinozoa kann man bisher gar nicht einordnen. Es handelt sich um merkmalsarme, radiärsymmetrische Kleinformen (bis 1,5 mm) von flaschen- oder keulenförmiger Gestalt, die in Ordovizium und Silur des Ostseegebietes entdeckt wurden und in dieser Zeit in Europa besonders häufig waren.

Wegen ihres Umfanges hat man Kalkgeschiebe mancherorts (z.B. in Lausitz und Uckermark) zur Gewinnung von Mörtelkalk gebrannt, und Fossiliensammler haben sich nahe den Brennöfen auf die Suche nach frühen Lebensspuren gemacht.

Hauptvertreter der ordovizischen Geschiebe ist der Orthocerenkalk, der vielerorts zu Grabsteinen und Fußbodenbelägen verarbeitet wurde. Man findet ihn in dieser verbreiteten Form in Hafenstädten der Ostsee, aber auch in den Niederlanden als roten Gehwegbelag. Ceratopygekalk enthält die auch im Ordovizium häufigen Trilobiten *Ceratopyge* und *Pliomera*; er ist oft besonders bunt gefärbt. Verbreitet sind in Geschieben aus dem Ordovizium auch Graptolithen und Conodonten.

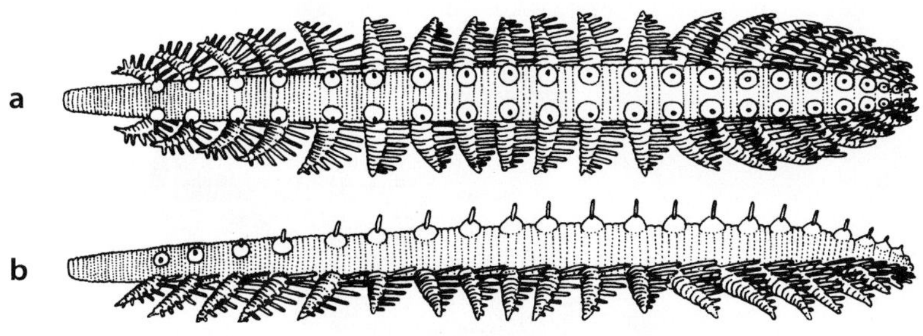

Abb. 2-27 a, b. *Xenusion auerswaldae.* **a** Dorsal- und **b** Ventralansicht

EXKURS 2.2.3.3 (Fortsetzung)

Silurische Gesteine erreichen in Schonen (Südschweden) 1000 m Mächtigkeit und auf Gotland über 600 m. Verbunden mit der außerordentlichen Zunahme der riffbildenden Rugosa und Tabulata findet man diese Korallen, dazu auch Graptolithengestein und Fische (Agnatha und Acanthodii). Ein besonders häufiges Silurgeschiebe ist der Beyrichienkalk (*Beyrichia:* 2–3 mm langer Ostracode) mit Trilobiten, Brachiopoden, Tentaculiten und vielen anderen. Leperditiengesteine enthalten bis bohnengroße Ostracoden (*Leperditia*).

Auch in Kreidegeschieben findet man zahlreiche Fossilien (vgl. Rügen, Kap. 2.3.4.1), und schließlich ist das Känozoikum repräsentiert. Am bekanntesten ist das fossilreiche Holsteiner Gestein des Miozän, welches fast ausschließlich aus Molluskenschalen besteht.

2.2.4 Devon

ÜBERSICHT

Reich in Mitteleuropa repräsentiert: Dachschiefer im Hunsrück, Riffe im Rheinland. Rasche Entfaltung der Gnathostomata. Fische dominieren in Meer und Süßwasser und bringen Riesenformen hervor. Neben den langgestreckten Cephalopoden (Nautiloida) gibt es jetzt auch zunehmend Formen mit aufgerolltem Gehäuse (Ammonoida). Der Meeresboden wird weiterhin von Rugosa und Tabulata besiedelt. Auf dem Land entstehen komplexe Lebensgemeinschaften aus Pflanzen und Tieren. Insekten treten in Erscheinung. Die ersten Wirbeltiere besiedeln das Land: es entstehen die Tetrapoden. Ende Devon: Faunenschnitt.

Das **Devon** (410–355 Mio. Jahre vor heute) erhielt seinen Namen nach der südenglischen Grafschaft Devonshire, wo Gesteinsserien aus dieser Zeit ausgebildet sind. Allerdings gibt es andernorts devonische Gesteine mit sehr viel besser erhaltenen Fossilien, z. B. auch in den deutschen Mittelgebirgen. Sie wurden abgelagert, bevor hier im Karbon das variscische Gebirge (s. Kap. 2.2.2.1) entstand.

Das Devon war das Zeitalter des großen Nordkontinentes (Old-Red-Kontinent, Abb. 2-28), an dessen Südrand bis 5000 m mächtige Sedi-

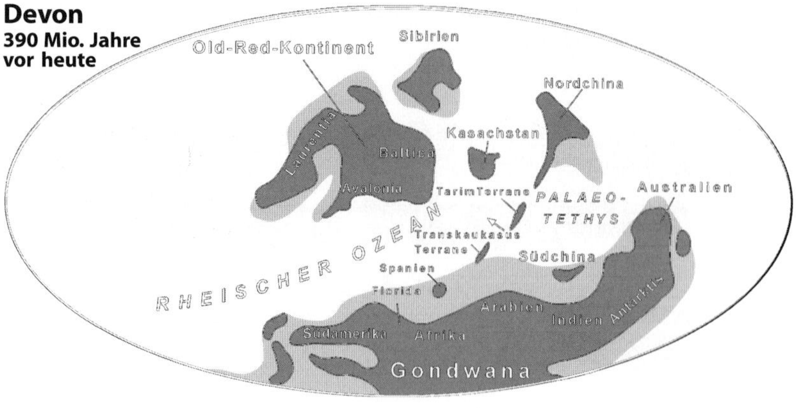

Abb. 2-28. Die paläogeografische Situation im Devon: Avalonia – von Gondwana stammend – hat sich an Laurentia-Baltica angeschlossen (Akkretion). Es ist der Old-Red-Kontinent entstanden. Außer ihm liegen Sibirien, Kasachstan und Nordchina auf der Nordhalbkugel. Der Rheische Ozean trennt die Nordkontinente von Gondwana. Nach Scotese, Wertel (2000)

mentschichten entstanden. Aus dieser Zeit stammt der Hunsrückschiefer, der in einer Meeresbucht mit sauerstoffarmem Tiefenwasser entstand. Umfangreiche Riffe, z. B. im Rheinischen Schiefergebirge (s. Kap. 2.2.4.2), sind ein Hinweis auf relativ hohe Temperaturen. Viele Formen wärmeliebender mariner Flachwasserorganismen hatten eine besonders weite Verbreitung.

EXKURS 2.2.4.1

Hunsrückschiefermeer: Das Röntgengerät ermöglicht Einblicke in die Lebenswelt vor fast 400 Mio. Jahren

Im Devon war die Erde in der Verteilung der Kontinente und Ozeane völlig verschieden von dem uns vertrauten Bild des heutigen Globus (Abb. 2-28). Da eine zusammenhängende Pflanzendecke auf den Kontinenten noch nicht entstanden war, bewirkten Wind und Niederschlag eine intensive Abtragung, so auch von dem im Norden des heutigen Rheinischen Schiefergebirges liegenden Old-Red-Kontinent. Vorgelagert war ein Schelfmeer, das nach Süden in einen tieferen Meeresraum überging und in das Flüsse im Verlauf von 25 Mio. Jahren Abtragungsschutt, Sand und Schlick transportierten.

Daraus wurde unter anderem der Hunsrückschiefer, der schon zur Römerzeit abgebaut wurde und der heute aus dem Hunsrück und seiner Umgebung als Dachschiefer und Fassadenverkleidung nicht wegzudenken ist. Auch zur Herstellung von Schiefertafeln fand das Material Verwendung. In besonders typischer Ausbildung und mit vielen Fossilien findet man den Hunsrückschiefer in einem Gebiet um die Orte Gemünden und Bundenbach (Abb. 2-29), nach denen zahlreiche Formen benannt wurden (z. B. *Gemuendina* und *Bundenbachia*).

Im Rahmen der Gewinnung und Verarbeitung dieses Schiefers wurden schon im 19. Jh. Fossilien gefunden. Inzwischen hat sich das Gebiet als eine erdgeschichtliche Schatzkammer erwiesen, aus der man etwa 400 fossile Organismenarten kennt.

Der Schlüssel zu dieser Schatzkammer liegt im Pyrit (FeS_2) und im Röntgengerät. Der Pyrit verdankt seine Bildung dem Schwefel in tierischen Geweben und Eisenionen aus dem anoxischen Sediment, das von anaeroben Bakterien besiedelt wurde, und da der Pyrit ein hohes Absorptionsvermögen für Röntgenstrahlen hat, lassen sich die Fossilien im Röntgengerät oft bis in feine Details darstellen. In Parapodien von Polychaeten sieht man Muskelzüge, an Seesternen erkennt man Ambulakralfüßchen, Trilobiten zeigen Mitteldarmdrüsen und den Verlauf der Nervenbahnen, die Komplexaugen und Gehirn verbinden.

Zur letztgenannten Gruppe gehört auch das häufigste Fossil des Hunsrückschiefers, der Trilobit *Phacops* (= *Chotecops*) *ferdinandi*. Als besonders auffälliger Vertreter der Arthropoden ist außerdem der bizarre „Scheinstern" *Mimetaster hexagonalis* zu nennen (Abb. 2-29 a). Aus dem Bereich der frühen Chelicerata lebte im Hunsrückschiefermeer der Pfeilschwanz *Weinbergina* (Abb. 2-29 c). Als früher Pantopode wird *Palaeoisopus* (Abb. 2-29 b) angesehen. Besonders bemerkenswert sind die vielen Echinodermen, z. B. die ausgezeichnet erhaltenen verschiedenartigen Seelilien (*Hapalocrinus, Taxocrinus*), See- und Schlangensterne (*Helianthaster, Furcaster*) sowie Holothurien. Unter den Seesternen sind bereits vielarmige, an die heutigen Sonnensterne erinnernde Formen vertreten. Unter ihnen erreichte *Helianthaster* 20 cm Durchmesser. Verbreitet waren Brachiopoden und Muscheln, aber auch Conularien, Goniatiten und Tentaculiten. Zwei Korallen-Gattungen, die solitäre *Zaphrentis* (Rugosa) und das koloniale *Pleurodictyum* (Tabulata) waren häufige ►

EXKURS 2.2.4.1 (Fortsetzung)

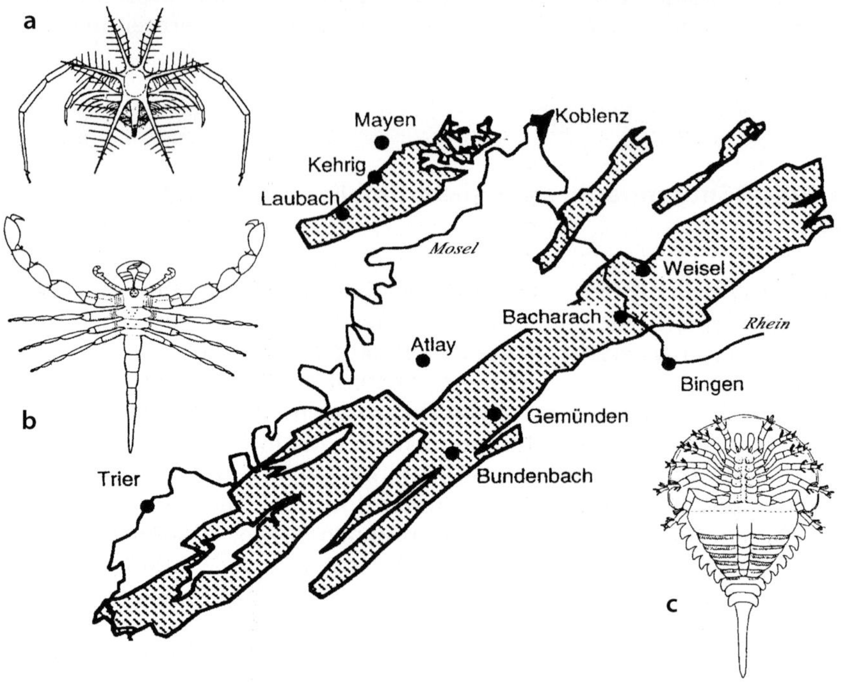

Abb. 2-29 a–c. Die Karte zeigt die heutige Verbreitung des Dachschiefers. **a** *Mimetaster*, **b** *Palaeoisopus*, **c** *Weinbergina*

Bewohner des devonischen Flachmeeres im Rheinland. Letztere bildeten polsterförmige Kolonien, die häufig einen S-förmigen „Wurm" (*Hicetes*) umschlossen, der vielleicht ein Parasit war. Die Fischfauna umfasste Agnatha (kieferlose Wirbeltiere, s. S. 94), zum Beispiel *Drepanaspis gemuendensis* (Abb. 2-25 b), der zu den Heterostraci zählt. Die Art wurde nach der Ortschaft Gemünden genannt, ebenso wie die Gattung *Gemuendina* (Abb. 2-34 g), ein rochenartig abgeflachter Placoderme, also ein Fisch, der zu den Gnathostomata (s. S. 105) zählt. Auch Lungenfische (*Dipnorhynchus*) hat man gefunden. Sie sind ursprünglich Bewohner des Süßwassers – wo sie auch heute noch vorkommen –, aber im Devon drangen sie auch in Meere ein.

Die Zeugnisse der Pflanzenwelt sind bescheiden, obwohl wir eine Küstenvegetation annehmen müssen: Das Hunsrückschieferbecken lag damals schließlich nahe dem Äquator. Aus dem Meer kennt man Grünalgen (*Receptaculites*), Rotalgen (*Prototaxites*) sowie eingespülte Teile von Psilophyten (*Psilophyton, Taeniocrada*) und Bärlappgewächsen.

EXKURS 2.2.4.2

Devonische Riffe in der Eifel

Riffe sind im Devon des Rheinischen Schiefergebirges verbreitet (Abb. 2-30). Ihre maximale Entwicklung hatten sie im Mitteldevon, und sie reichten bis ins Oberdevon. Besonders gut bekannte Riffkomplexe kennen wir linksrheinisch aus der Eifel (bei Prüm, Gerolstein, Hillesheim, Dollendorf, Blankenheim und Sötenich). Rechtsrheinisch verläuft ein Riffgürtel entlang der Ruhr (Wülfrath, Dornap, Hagen, Warstein, Brilon). Riffe findet man auch etwas weiter südlich von Bergisch-Gladbach sowie von Attendorn und schließlich im Lahngebiet. Der Dom der Stadt Limburg an der Lahn steht auf devonischem Riffkalk. Aus diesem Gestein ist auch der Heilige auf der alten Brücke am Fluss geschlagen, und die Brücke selbst besteht weitgehend aus devonischen Stromatoporen und Korallen.

Unter den Riffbauern der Eifel, die besonders schön im Naturkunde-Museum 54568 Gerolstein, Eifel dargestellt sind, spielten die Stromatoporen eine besondere Rolle. Die Dolomitfelsen von Gerolstein sind Reste eines großen Stromatoporenriffs aus dem Mitteldevon. Stromatoporen erlebten ihren Höhepunkt im Devon. Sie konnten im Riffkern große Blöcke bilden, existierten jedoch auch als inkrustierende Kolonien, die als Sedimentfestiger dienten. Bekannte Gattungen waren *Stromatopora* und *Actinostroma*.

Die Korallengruppen der Rugosa und Tabulata waren weitere Bestandteile der mitteldevonischen Riffe der Eifel. Die Rugosa haben

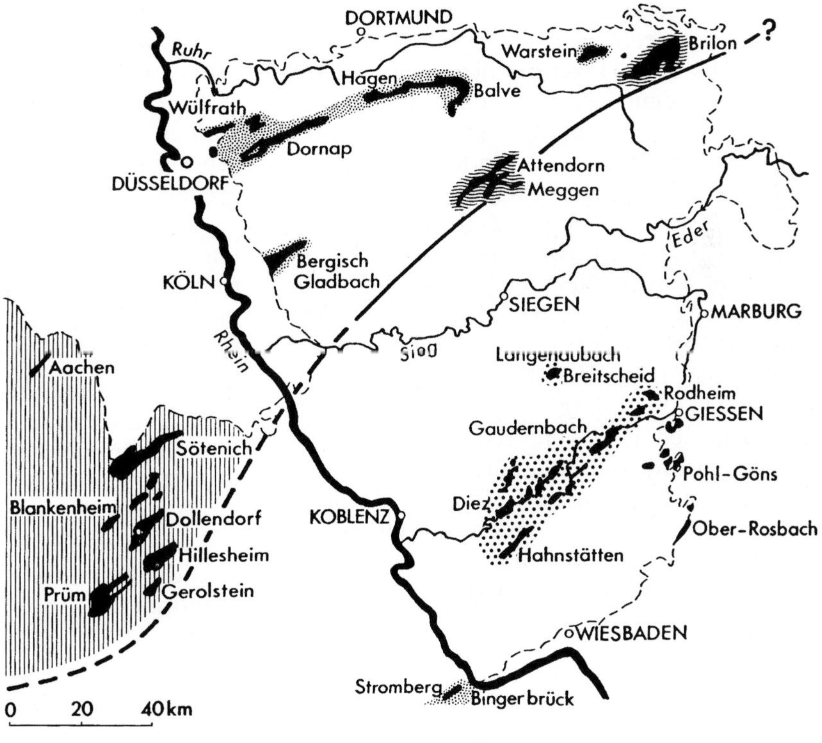

Abb. 2-30. Verbreitung devonischer Riffe im Rheinischen Schiefergebirge. Nach Krebs (1974)

EXKURS 2.2.4.2 (Fortsetzung)

große Einzelkorallen hervorgebracht, z. B. *Cyatophyllum* mit einem Durchmesser um 10 cm, aber auch koloniale Formen, z. B. *Columnaria*. Auch die Pantoffelkoralle (*Calceola sandalina*, Abb. 2-16a–c) ist von Gerolstein bekannt und wurde sogar auf Äckern gesammelt.

Die Tabulata sind am Riffaufbau mit einer Reihe kolonialer Formen verbreitet, z. B. *Favosites*, *Heliolites* und *Pleurodictyum*. Weitere dominierende Gruppen auf dem Riff oder in dessen unmittelbarer Umgebung sind Mollusken mit Schnecken (unter anderem den auch heute noch existierenden Gattungen *Turbo* und *Pleurotomaria* sowie *Bellerophon*, Muscheln und Kopffüßern). Unter den letzteren sind die großen Stücke von *Cyrtoceras* hervorzuheben.

Trilobiten waren verbreitete vagile Tiere, u. a. *Harpes* und *Otarion*. Unter den sessilen Formen sind die reiche Brachiopoden- und Crinoiden-Stände zu nennen.

Auch Fische sind aus devonischen Riffen überliefert. Eine besonders reiche marine Wirbeltierfauna ist aus dem Gebiet bei Bergisch-Gladbach (nahe Köln) bekannt. Sie enthält z. B. Acanthodii (*Protogonacanthus*), Crossopterygii (*Ctenurella, Nesides*) und Actinopterygii. *Nesides* steht der rezenten Gattung *Latimeria* recht nahe.

Die Wirbellosenfauna des Devon ähnelt der im Silur. Die großen Nautiloida aus Ordovizium und Silur waren zwar ausgestorben; dafür gab es jetzt kleinere Formen, deren Schale meist zu einer Spirale aufgerollt war, der rezenten Gattung *Nautilus* (Abb. 2-74 f) vergleichbar. Aus kleinen Geradhörnern, den Bactriten, entstanden im Devon die späteren Belemniten und Ammoniten, die die Flachmeere bis zum Ende des Mesozoikums mit einer unglaublichen Formenfülle besiedelten. In diesem langen Zeitraum von 300 Mio. Jahren liefern sie der Wissenschaft besonders wichtige Leitfossilien. Viele sind zudem ästhetisch so ansprechend, dass man sie als Ausstellungsstücke schätzt und vielfach zu Schmuck verarbeitet hat. Unter den Nautiloideen überwogen teilweise oder völlig eingerollte Arten. Die Trilobiten kamen in vielen Arten vor, viele waren bestachelt und mit Skleroproteinwülsten versehen, manche konnten sich einrollen. Ostracoden waren verbreitet und werden als Leitfossilien im Oberdevon verwendet. An Land erschienen apterygote Insekten (Collembola).

2.2.4.3 Ammonoida

Die Ammonoida sind eine etwa 10 000 Arten umfassende Gruppe fossiler Cephalopoden, meist mit einer spiraligen Schale (oft Gehäuse genannt). Über 350 Mio. Jahre waren sie dominierende Formen der Meere. Sie sind seit dem frühen Devon überliefert und starben Ende der Kreide aus. In dieser langen Zeit haben sie eine sehr wechselhafte Geschichte durchgemacht (Abb. 2-32). Da wir von ihnen lediglich Hartteile kennen (Schale, Kiefer, sehr selten Radula), lassen sie sich anatomisch nicht immer sicher abgrenzen, speziell gegen die Nautiloida.

Abgesehen von der äußeren Form (die meisten Ammonoida haben spiralige Schalen, nur wenige unregelmäßige oder nicht eingerollte; viele Nautiloida haben gestreckte Schalen) sind folgende Unterschiede wichtig:

- Der Siphunkel (Sipho) ist bei den Ammonoida meist dünn und liegt, außer bei Clymenien, immer am Rande der Schale (Abb. 2-31 a); bei den Nautiloida ist er umfangreich, oft mit Kalkeinlagerungen versehen, seine Lage in der Schale variiert.
- Die Kammerscheidewände (Septen) der Ammonoida (Abb. 2-31 b) sind, abgesehen von den ältesten, zur Wohnkammer hin gewölbt (opisthocöl), bei den Nautiloida sind sie dagegen zur Anfangskammer gewölbt (procöl).
- Die Lobenlinien, das sind die Verwachsungslinien der Kammerscheidewände mit der In-

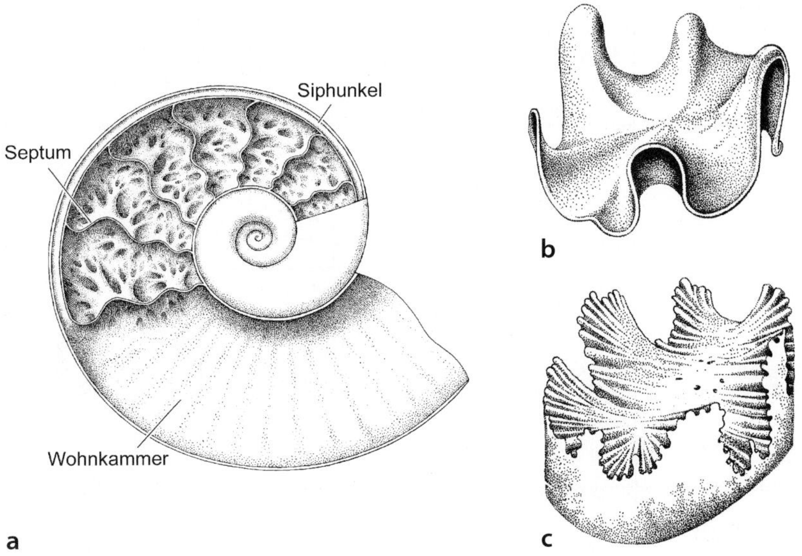

Abb. 2-31. Ammonoida. **a** Median aufgeschnittener Ammonit. **b** Kammerscheidewand (Septum), **c** Steinkern; solche Kammerausfüllungen sind z. B. von Helgoland als „Katzenpfötchen" bekannt. Sie stammen von dem Kreide-Ammoniten *Ancyloceras*. Nach Ward (1989)

nenseite der Schalenwand, sind bei den Ammonoida, vor allem in ihrer späten Entwicklungsphase, kompliziert (Abb. 2-31), bei den Nautiloida im Allgemeinen geschwungen oder gerade (Abb. 2-18).

Unter den Ammonoida sind die Ammoniten, die aus Jura- und Kreidezeit bekannt sind, die bekanntesten Formen und haben Menschen schon sehr früh beeindruckt. Sie gehören zweifellos zu den auffälligsten und schönsten Fossilien und fanden schon früh Eingang in die Sagenwelt. Benannt wurden sie nach dem altägyptischen Gott Ammon (Amun), dem der Widder heilig war, an dessen Hörner die Ammoniten („Ammonshörner") erinnern.

Im Vordergrund des wissenschaftlichen Interesses stehen sie wegen ihres hohen Wertes als Leitfossilien. Sie lieferten das Grundgerüst für die zeitliche Untergliederung von Jura und Kreide. In der Kreide, also kurz vor ihrem Aussterben, brachten sie Riesenformen, z. B. *Parapuzosia* (Durchmesser des größten Fundsstückes 1,8 m; ursprünglicher Durchmesser 2,5 m) und sogenannte heteromorphe Formen (Abb. 2-32, 33) hervor, deren Windungen nicht mehr spiralig angelegt sind.

Die Ausgangsgruppe der Ammonoida sind wohl die kleinen, paläozoischen Bactritida (Abb. 2-32), die äußerlich den Orthoceraten (Abb. 2-18 a) ähneln, aber einen dünnen, marginalen Siphunkel besaßen. Ihre Schale war gerade (*Bactrites*) oder schwach gebogen (*Cyrtobactrites*). Von ihnen sind wohl auch die Coleoida abzuleiten. Bactritida existierten von Devon bis Perm.

Die Systematik der Ammonoida ist kompliziert, auch noch nicht generell akzeptiert, lässt sich aber folgendermaßen vereinfachen:

- Die Palaeo-Ammonoida (= „Goniatiten") sind auf das Paläozoikum (Devon-Perm) beschränkt. Im Perm folgte ein sehr starker Rückgang, in dessen Verlauf diese Gruppe ausstarb. Palaeo-Ammonoida werden in drei Ordnungen gegliedert:
  Die devonischen Anarcestida (Abb. 2-32) gelten als Ausgangsformen aller späteren Ammonoida. Sie haben nur eine geringe Anzahl von Loben. Die Clymenida hatten ihre Blütezeit im oberen Devon. Sie nehmen eine Sonderstellung ein, weil ihr Siphunkel dorsal positioniert ist. Von ihnen gibt es in Europa und Nordafrika besonders viele Arten. Die Goniatitida (Abb. 2-32) sind vorwiegend jungpaläozoisch verbreitet. Ihre Lobenlinien sind einfach und gewinkelt (gonion = Winkel).
- Die Meso-Ammonoida (= „Ceratiten") sind ebenfalls seit Devon bekannt, existieren je-

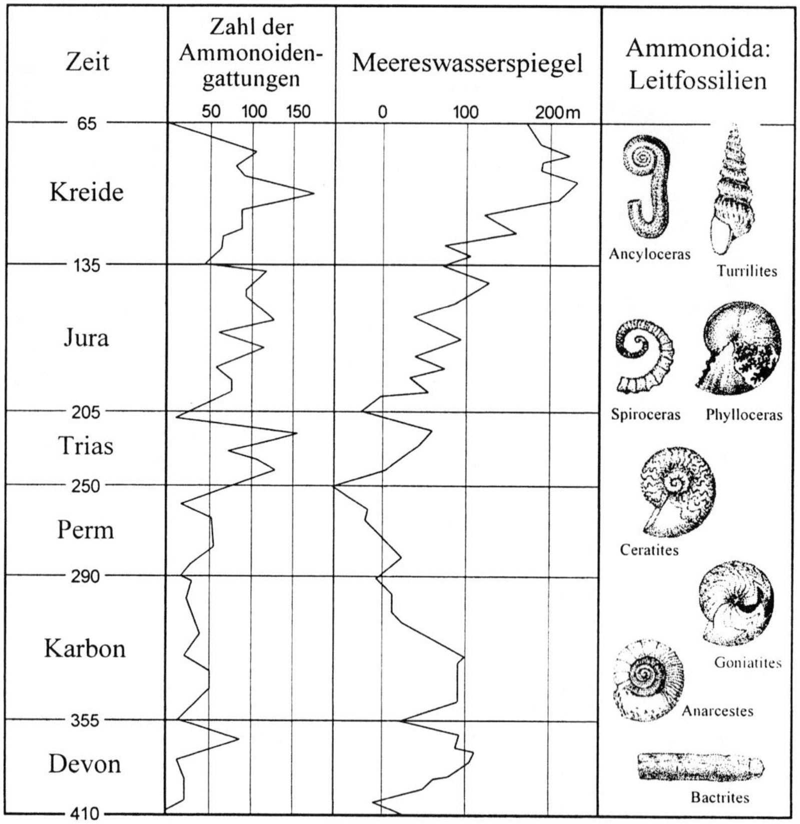

Abb. 2-32. Verteilung der Ammonoida in der Zeit. Die Anzahl der Gattungen ist mit dem Meereswasserspiegel korrelierbar: War dieser hoch, gab es auch viele Gattungen. In Zeiten extremer Transgression gab es Heteromorphe. Beachte die großen Aussterbeereignisse Ende des Devon, Ende des Karbon, im Perm, Ende der Trias und Ende des Jura, die jeweils mit sinkendem Meereswasserspiegel zusammenfallen

doch zum Teil bis Ende des Mesozoikums. Sie erleben in der Trias eine starke Entfaltung, nachdem das Überleben der Ammonoida Ende Perm am seidenen Faden gehangen hatte (Abb. 2-32). Auch zu den Meso-Ammonoida zählt man drei Ordnungen: Prolecanitida, Ceratitida und Phylloceratida (*Phylloceras*, Abb. 2-32). Zu den Ceratitida zählen die meisten Trias-Ammonoiden (Abb. 2-49).

- Die Neo-Ammonoida (= „Ammoniten") schließlich sind auf das Mesozoikum beschränkt. Auch auf sie entfallen drei Ordnungen: Lytoceratida, Ammonitida and Ancyloceratida. Bisweilen werden ihnen auch die ebenfalls rein mesozoischen Phylloceratida zugeordnet. Zu den Ancyloceratida gehören die sogenannten „Kreide-Heteromorphen" mit ihren stark abgewandelten Schalen (Abb. 2-32, 33). *Baculites* ist stabförmig, *Turrilites* (Abb. 2-32) ist wie eine Schnecke (z.B. *Turritella*) schraubig, entweder links- oder rechtsgewunden, *Spiroceras* (Abb. 2-32) stellt eine lose Spirale dar.

Ammonoida sind die mit am intensivsten untersuchten Fossilien, und an ihnen lässt sich die Schwierigkeit paläontologischer Forschung einschließlich der Irrwege aufzeigen.

Erst spät erkannte man ihren Geschlechtsdimorphismus (Weibchen sind oft viel größer als Männchen), ebenfalls sehr spät wurde die erste Radula entdeckt (mit 7 Zähnen pro Reihe), die belegt, dass Ammonoida und Coleoida relativ eng miteinander verwandt sind. Lange währte der Streit um Aptychen und Anaptychen. Erstere sind zweiklappige Kalzit-Strukturen, die eine gewisse Ähnlichkeit mit Muscheln haben, letztere waren ursprünglich wohl chitinig und sehen aus wie auseinander geklappte Muscheln. Heute ist man der Ansicht, dass es sich um Kieferteile von Ammonoida handelt, von denen sich

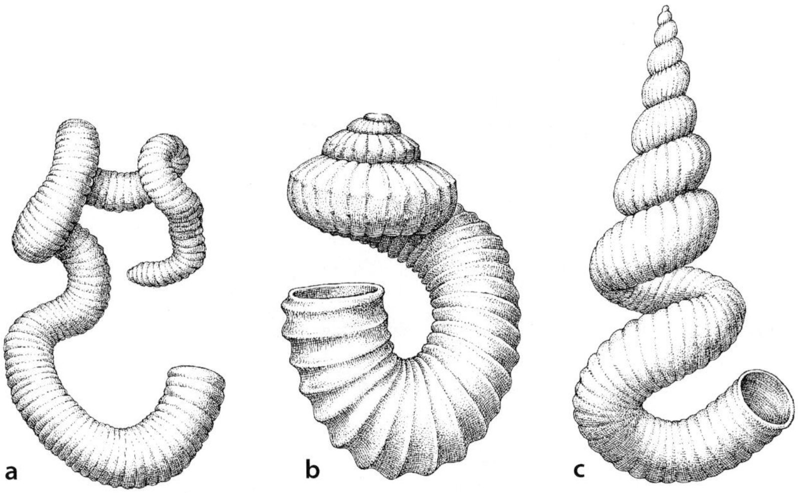

Abb. 2-33 a–c. Heteromorphe Ammoniten. **a** *Nipponites*, **b** *Nostoceras*, **c** *Didymoceras*. Nach Ward (1989)

ein Teil zum Deckel für die Gehäuse entwickelt hat.

Die meisten Ammonoida lebten in Bodennähe, bevorzugt im Schelfbereich. Die Fortbewegung erfolgte wohl langsam, manche können kriechende Bodenbewohner gewesen sein. Ihre wenig scharfen Kieferapparate lassen vermuten, dass sie ihre Nahrung eher einsammelten als erjagten. Ammonoida wurden wohl mehrere Jahre alt (wie auch *Nautilus*, aber im Gegensatz zu den rezenten Coleoida, die oft in einem Jahr heranreifen).

Sie selbst wurden Opfer von Mosasauriern, Plesio- und Ichthyosauriern, von Schildkröten, Fischen und von größeren Individuen ihresgleichen.

2.2.4.4 Gnathostomata und Landgang der Wirbeltiere

Im Devon entfalteten sich die gnathostomen Wirbeltiere, die Gnathostomata, geradezu explosiv. Sie besitzen einen Kieferapparat, der sich aus dem vorderen Kiemenbogensystem der Kieferlosen, der Agnatha, entwickelt hat. Dieser Neuerwerb erwies sich rasch als erfolgsbringendes Instrumentarium, das den Gnathostomen eine dominierende Stellung in den devonischen Meeren verlieh, und das ein bemerkenswertes evolutives Potential zur Weiter- und Höherentwicklung in sich barg. Die Agnathen verschwanden weitgehend und sind heute nur noch mit wenigen Formen, den Myxinoidea (Schleimaalen) und Petromyzonta (Neunaugen) vertreten.

Zu den devonischen Gnathostomata gehören z. B. die **Placodermi** (Panzerfische; Abb. 2-34 b), zu denen die bis 10 m lange Riesenform *Dunkleosteus* (= *Dinichthys*) zählt. Die Placodermi sind die klassischen Leitfossilien für den Old-Red-Kontinent. Sie standen am Gipfel der marinen Nahrungspyramide. Diese gepanzerten, kiefertragenden Fische waren lange die vorherrschenden Wirbeltiere und erlebten im Devon ihre Blütezeit. Sie lebten zunächst im Süßwasser, später drangen sie auch in die Meere ein, so die schon erwähnte Gattung *Dunkleosteus*. Ihre vordere Körperhälfte wurde von einem Knochenpanzer geschützt. Oft fehlten den Placodermen echte Zähne, statt dessen waren an den Kieferrändern Knochenzacken ausgebildet. Generell waren zwei Paar Extremitäten ausgebildet, das vordere wurde bei einigen von Hautknochen umhüllt (Antiarchi), das hintere war bisweilen reduziert. Zu den Placodermi zählt auch die rochenartig abgeplattete Gattung *Gemuendina* (Abb. 2-34 g), nach der Ortschaft Gemünden im Hunsrück genannt. Die Placodermen starben noch im Devon aus.

Auch die **Acanthodii** (Abb. 2-34 c), die schon im Silur erschienen, sind freischwimmende gnathostome Fische. Sie waren im Devon verbreitet und starben im Perm aus. Kopf und Körper die-

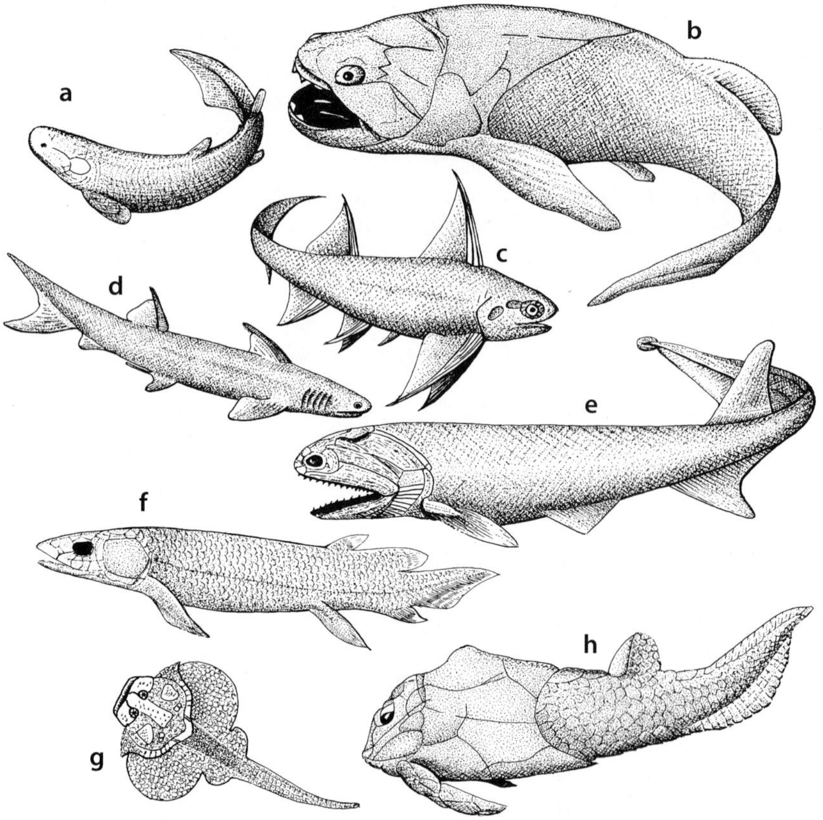

Abb. 2-34 a–h. Gnathostome Fische aus dem Devon. **a** *Osteolepis* (Crossopterygii), **b** *Coccosteus* (Placodermi), **c** *Diplacanthus* (Acanthodii), **d** *Ctenacanthus* (Chondrichthyes), **e** *Cheirolepis* (Acantopterygii), **f** *Dipterus* (Dipnoi), **g** *Gemuendina* (Placodermi), **h** *Pteroichthyodes* (Placodermi)

ser meist kleinen, selten bis 2,5 m langen Fische waren oft mit Knochenplatten und Schuppen bedeckt, bisweilen war das Hautskelett stark rückgebildet. Zähne sind vorhanden. Die Flossen werden von starken Stacheln an ihrem Vorderrand gestützt. Neben den paarigen Flossen kommen seitlich am Körper bis zu sechs Paar Dornen (oder Flossen?) vor, daher auch der deutsche Name „Stachelhaie". Eine verbreitete Gattung war *Acanthodes*, z. B. mit *A. bronni* in der Pfalz und im Saargebiet. Eine nur 8 cm lange Kleinform war *Climatius*. Auch **Haie (Chondrichthyes)** gehörten zu den verbreiteten Fischen der devonischen Meere, z. B. *Cladoselache* und *Ctenacanthus* (Abb. 2-34 d).

Ebenfalls im Devon traten die ersten **Knochenfische (Osteichthyes)** auf, denen die Actinopterygii (Strahlenflosser, Abb. 2-34 e), die Crossopterygii (Quastenflosser, Abb. 2-34 a) und die Dipnoi (Lungenfische, Abb. 2-34 f) angehören. Das Devon war die Zeit der größten Verbreitung der Lungenfische, von denen heute nur noch drei Gattungen leben (*Neoceratodus* (Abb. 2-75 a), *Lepidosiren*, *Protopterus*), und der Quastenflosser, von denen nur noch eine Gattung (*Latimeria;* Abb. 2-75 b) existiert. Die Actinopterygier waren noch relativ spärlich vertreten; sie entfalteten sich erst im Meso- und im Känozoikum zur dominierenden Fischgruppe. Zu ihnen gehören heute über 90% der Fische, die alle Weltmeere und Süßgewässer besiedeln.

In das Devon fällt der **Landgang der Wirbeltiere**. Im Oberdevon gingen aus den Crossopterygii die ältesten labyrinthodonten Amphibien hervor: die Ichthyostegida (Dachschädler, Abb. 1-29), die 1931 in Lagerstätten Grönlands entdeckt wurden. Grönland lag damals äquatornah, und *Ichthyostega* ist aus heutiger Sicht ein Organismus, der wasserlebende Fische und landlebende Tetrapoden verbindet, also ein „connecting link“: mit Fischschwanz und pentadactylen Laufextremitäten, deren Skelett dem „standardisierten“ System entspricht, welches selbst unsere Arme und Hände sowie Beine und Füße noch heute kennzeichnet. Die Crossopterygii oder Quastenflosser benutzten ihre reich mit Muskeln versorgten Flossen auch dazu, sich abzustützen und sogar am Land fortzubewegen. Auf diese Weise konnten sie austrocknende Gewässer verlassen und fürs Überleben günstige Wasseransammlungen aufsuchen. Die sogenannte „Eroberung des Landes“ war bei ihnen also eigentlich eine aus Not geborene Verhaltensweise, die das Überleben ermöglichte. Nahrung gab es am Land noch nicht genug; es musste das nächste Gewässer gefunden werden.

Der endgültige Milieuwechsel vom Wasser zum Land war mit erheblichen Umgestaltungen des Gesamtorganismus verbunden. Besonders betroffen waren Bewegungsapparat, Harnorgane und Atmungssystem.

Die Crossopterygii waren Doppelatmer: Kiemen und Lungen-Schwimmblasen-Organ dienten dem Gasaustausch. Letzteres entstand vielleicht schon am Beginn der Gnathostomata und wird bei den Tetrapoden das zentrale Atmungsorgan.

Innerhalb der Crossopterygii unterscheidet man zwei Gruppen: Rhipidistia und Actinistia (Coelacanthini).

Die Rhipidistia waren vom Devon bis Perm im Süßwasser verbreitet. Sie sind die Ahnen der Tetrapoden. In ihren Vorderflossen lassen sich, wie oben erwähnt, schon die typischen Knochen der Tetrapoden-Extremität identifizieren, und ihre Zähne sind so aufgebaut wie die der ältesten Amphibien. Außerdem sind jederseits drei Nasenöffnungen ausgebildet:

- der vordere Eingang in die Nasenhöhle,
- der Tränennasengang und
- die Choanen, also die Verbindung von Nasen- zur Mundhöhle. *Eusthenopteron* ist eine besonders bekannte Form der Rhipidistia.

Die Actinistia erschienen im Devon und existieren bis heute in einer Art, *Latimeria chalumnae* (Abb. 2-75b), die erst 1938 für die Wissenschaft vor der südafrikanischen Ostküste entdeckt und 1997 auch in Südostasien vor der Nordküste von Sulawesi (Celebes) gefunden wurde.

Die Actinistia waren im Devon zunächst Süßwasserbewohner und wanderten dann ins Meer ein. Ihre Lunge wurde zur Schwimmblase, die bei *Latimeria* eine große Fettmasse darstellt. Das Gehirn wurde sehr klein und nimmt bei *Latimeria* nur 1/100 des Volumens der Schädelhöhle ein, der ansonsten von einem lockeren Fettgewebe ausgefüllt wird.

2.2.4.5 Pflanzen erobern das Land

Auch die großflächige Eroberung des Landes durch Pflanzen mit Stützgewebe, Wurzeln, Leitungssystemen, Verdunstungsschutz sowie Spaltöffnungen fällt in das Devon (Abb. 2-35). Zwar gab es schon im Silur primitive Landpflanzen, aber erst jetzt breiteten sie sich richtig aus. Ursprüngliche Landpflanzen sind die Psilophytatae, „Nacktpflanzen“ Nackt- oder Urfarne genannt, da sie in ihrer primitivsten Form noch keine Blätter hatten. Sie besiedelten in großer Artenvielfalt Küstensäume und feuchte Niederungen. Die bekannteste Form war *Rhynia* aus dem Psilophyten-Moor von Rhynie bei Aberdeen in Schottland (Abb. 2-36a). Es handelt sich um eine bis 30 cm hohe, blattlose Pflanze, deren gegabelte aufrechte Stängel aus kriechendem Spross entspringen und am Ende Sporangien tragen. Verkieselte Pflanzen blieben so gut erhalten, dass wir außer ihrer Gestalt auch den Aufbau ihrer Gewebe kennen.

Die Psilophytatae waren im Unterdevon teilweise noch submers (lebten also im Wasser); nur ihre Sporangien ragten über die Wasseroberfläche hinaus. Spaltöffnungen und Cuticula waren nur im oberen Bereich der Pflanzen entwickelt.

Bekannte Gattungen dieser ursprünglichen Gruppe waren *Taeniocrada* (Abb. 2-35d) und *Zosterophyllum* (Abb. 2-35a). Erstere umfasste Wasser- und Landpflanzen, letztere bildete in Verlandungszonen ausgedehnte Bestände. *Taeniocrada* ist eine der häufigsten Pflanzen im Unterdevon des Rheinlandes und kann hier verhältnismäßig leicht als Fossil gefunden werden. Sie bildete sogar kleine Kohleflöze. Die Gattung *Sawdonia* (Abb. 2-36b) spielt eine besondere Rolle für die Ableitung der Bärlappe; sie ist aus

Abb. 2-35 a–d. Lebensbild der Wahnbachflora im Unterdevon; Küstenzone an der Südküste des Old-Red-Kontinents. **a** *Zosterophyllum*, **b** *Drepanophycus* (Charakterpflanze des Rheinischen Unterdevons), **c** *Sawdonia* (*Psilophyton*), **d** *Stockmansella* (*Taeniocrada*); diese Form bildete im Gegensatz zu anderen *Taeniocrada*-Arten schilfartige Bestände. Nach Schweitzer (1994)

der Eifel bekannt. Schon im Oberdevon starben die Psilophytatae aus. Ihnen folgten Lycopodiatae, Filicatae, Equisetatae und den Nacktsamern nahestehende Formen („Progymnospermae").

Eine etwas jüngere Flora als die Moorflora von Rhynie ist vom Kirberg bei Wuppertal bekannt. Hier fand man neben Psilophyten auch Farne, z.B. *Aneurophyton*, einen mehrere Meter hohen Baum mit fein gegliederten Seitensprossen, die Farnwedeln ähneln, jedoch in alle Richtungen verzweigt sind („Raumblätter") und *Asteroxylon*, eine Übergangsform von Psilophytatae und Lycopodiatae (Bärlappgewächsen). *Asteroxylon* war die häufigste Pflanze dieser Gemeinschaft und ist eine der ältesten Landpflanzen Deutschlands. Sie wurzelte im flachen Wasser, z.B. bei Wuppertal-Elberfeld (*A. elberfeldense*). Ihre Sprosse wurden bis 1 m hoch und erreichten den Luftraum. Sie tragen in den bodennahen Abschnitten kleine schuppenförmige Auswüchse (Blattschuppen) ohne Blattadern; an den kahlen Enden befanden sich die Sporangien. Der Name *Asteroxylon* (= Sternholz) weist auf die im Querschnitt sternförmige Anordnung der Leitbündel hin. Für *Asteroxylon* wurde eine Pilz-Symbiose nachgewiesen: In der Rindenschicht des Rhizoms lebte *Palaeomyces asteroxyli*. Im Unterschied zu den Psilophytatae war der Spross mit Schuppen- bzw. nadelförmigen Auswüchsen bedeckt, die zwar noch keine Blattader besaßen, zu denen aber vom Stammleitbündel eine Bündelspur abzweigte. Die Sporangien waren seitenständig.

Weitere Lycopodiatae waren *Drepanophycus* (bisweilen als Mitteleuropas älteste echte Landpflanze angesehen), *Protolepidodendron* (beide z.B. aus dem Wahnbachtal bei Bonn bekannt), und *Duisbergia* (Abb. 2-36 c). Letztere ist in ihrer Stellung umstritten.

Ausgangsformen der Equisetatae (Schachtelhalme) sind *Protohyenia* und *Hyenia*. Sie besaßen lange Rhizome, ihre Beblätterung war stockwerkartig in Quirlen, und sie wurden mehrere Dezimeter hoch.

Während die bisher erwähnten „Landpflanzen" sich zwar in die Luft erhoben, aber noch

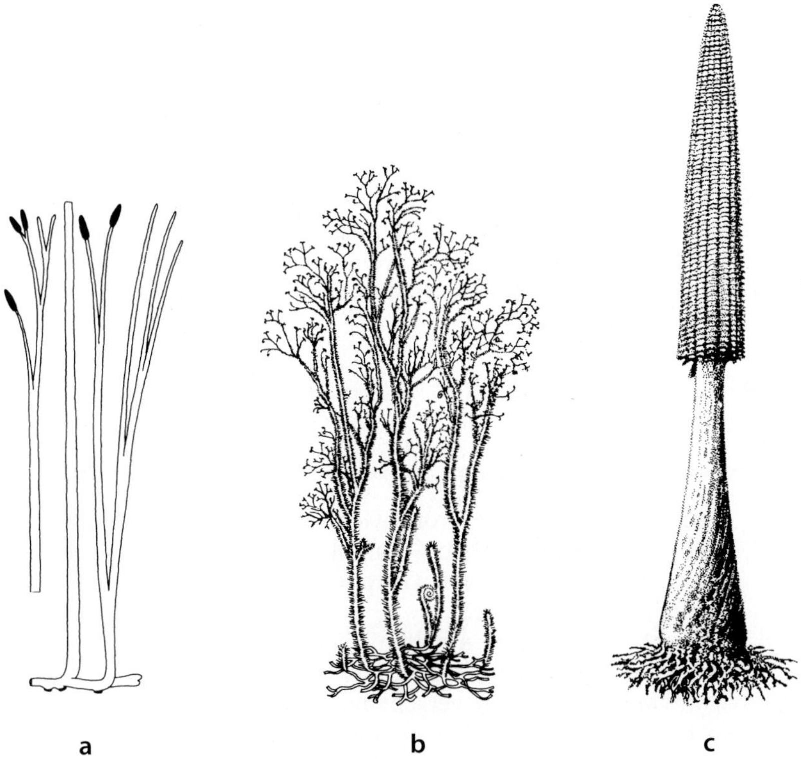

Abb. 2-36 a–c. Devonische Pflanzen: **a** *Rhynia minor* aus verkieseltem Torf (Schottland), **b** *Sawdonia spinosissima* aus der Eifel, **c** *Duisbergia mirabilis*, bis 3 m hoher Baum aus dem Rheinland. Nach Schweitzer (1990)

im Grund des flachen Wassers wurzelten, besiedelten andere schon das trockene Land, so der bis 20 Meter hohe Baumfarn *Archaeopteris* mit dem wohl ersten Holzstamm in der Evolution und großen Wedeln (Megaphyllen). Seine Holzanatomie weist schon auf Nacktsamer hin. Sein Stammdurchmesser erreichte 1,5 m. Man kennt ihn seit dem Oberdevon. Die bedeutendsten Funde stammen aus Marokko.

Heute ausgestorbene, baumförmige Schachtelhalme, Bärlappe, Farne, sowie frühe Nacktsamer (Progymnospermae und Pteridospermae) haben im Devon schon mächtige Wälder gebildet, so z. B. auf der Bäreninsel (nördlich von Norwegen, zwischen Nordkap und Spitzbergen). Aus diesen ersten Wäldern in der Erdgeschichte entstand sogar Kohle.

Im Oberdevon gab es dann schon verschiedene Bäume, auch in Mitteleuropa, z. B. das bis 8 m hohe Bärlappgewächs *Cyclostigma* im Harz. Das bis dahin karge Land wurde grün. Farne, Schachtelhalme und Bärlappgewächse machten einen wesentlichen Teil der Vegetation aus, aber auch die anderen großen Pflanzengruppen existierten schon. Aus dem Ober-Devon kennt man auch die erste Pflanze mit Samen (*Moresnetia*). Die Pflanzen waren auch Wegbereiter für andere Organismen, die jetzt – aus dem Wasser kommend – einen neuen Lebensraum samt Nahrungsgrundlage vorfanden. Das gilt insbesondere für die Arthropoden, heute mit über 1 Mio. beschriebener Arten die artenreichste Tiergruppe. Wir müssen annehmen, dass diese ersten terrestrischen Arthropoden auch von pflanzlicher Biomasse lebten, aber wir wissen darüber nur wenig. Die bisher bekannten Fossilien sind Räuber, leben also von anderen Tieren, z. B. Skorpione, Spinnen, Milben, Collembolen und manche Tausendfüßer. Hier klafft noch eine erhebliche Wissenslücke.

Kurz vor Ende des Devons raffte ein Massenaussterben viele der aquatischen Organismengruppen hinweg. Es war eines der verheerendsten Ereignisse des Phanerozoikums. Im marinen Bereich waren vor allem die Brachiopoden betroffen: Über 80% aller Gattungen verschwanden. Fast ebenso hart wurden die Ammonoiden betroffen. Die im Wesentlichen aus Tabulata und Stromatoporen aufgebauten Riffgemeinschaften scheinen in dieser Zeit fast völlig ausgelöscht worden zu sein, etwa 100 Mio. Jahre nach ihrer Entstehung. Im Pelagial wurden die Acritarchen, die einzige Gruppe des Phytoplanktons, die noch über weite Strecken des Devons umfangreich fossil erhalten blieb, und die Placodermen, die dominierenden Räuber devonischer Meere, dezimiert. Die fischartigen Tiere traf es besonders: Unter den Agnathen starben Anaspida, Heterostraci sowie Thelodonti aus. Unter den Gnathostomata verschwanden die Acanthodii. Generell wurden tropische Formen stärker betroffen als polare, weswegen man eine Abkühlung als Ursache des Massenaussterbens annimmt (Inlandvereisung in Gondwana).

2.2.5 Karbon

ÜBERSICHT

Sumpfwälder nehmen große Gebiete des Festlandes der Nordhemisphäre ein; sie werden später zu umfangreichen Steinkohlelagern, z.B. in Ruhr- und Saargebiet. In ihnen dominieren Riesenformen von Gruppen, die zum Teil heute noch existieren: Bärlappgewächse, Farne, Schachtelhalme.

Die Sumpfwälder enthalten eine Vielzahl neu entstandener Tiergruppen, zum Beispiel Pterygota, Pulmonata und Amphibia.

Im Meeresplankton verschwinden die Acritarchen, die vom Kambrium bis zum Devon so umfangreich vertreten waren, Trilobiten und Graptolithen gehen zurück, Ammonoida, speziell Goniatiten, breiten sich aus, unter den Cephalopoden kommen die Belemniten hinzu. Foraminiferen sind Leitfossilien. Variscische Gebirgsbildung; Vereisung auf Südkontinent.

Das **Karbon**, welches etwa 65 Mio. Jahre dauerte (355-290 Mio. Jahre vor heute), erhielt seinen Namen nach dem lateinischen Wort carbo für Kohle, die im Ober-Karbon (in den USA Pennsylvanian genannt) in großen Mengen entstand; das Unter-Karbon (in den USA = Mississippian) besteht dagegen in manchen Gebieten vorwiegend aus Kalksteinen, die in flachen Meeresteilen gebildet wurden. Irland sei als Beispiel genannt; ein Großteil seiner Oberfläche besteht aus Kohlekalk. Das Karbon ist die Zeit der tropischen Steinkohlenwälder. Seine untere Grenze ist durch eine rasche Veränderung der Pflanzenwelt gekennzeichnet. Das Klima war auf der Nordhemisphäre tropisch-feucht, und Mitteleuropa und Nordamerika lagen in der Nähe des Äquators. Zur paläogeografischen Situation siehe Abb. 2-37. Zum ersten Mal in der Erdgeschichte kam es zu wirklich umfangreichem Pflanzenwachstum (Abb. 2-38) und anschließend zu riesigen Ablagerungen von organischem Material, aus denen die mächtigsten Steinkohlelager der Erde entstanden. Auf der Südhalbkugel war es dagegen überwiegend kühl-gemäßigt. Antarktis, Australien, Afrika, Arabien, Südamerika und Indien bildeten den großen Südkontinent Gondwana, auf dem auch der von einem dicken Eispanzer bedeckte Südpol lag. In der Tat fällt in das Karbon auch eine Eiszeit, die der im Pleistozän nicht nachstand. Die Flora Gondwanas wird zu dieser Zeit nach einer häufigen Pflanze *Glossopteris*-Flora genannt. *Glossopteris* war ein Farnsamer (Pteridospermae). Er hatte einfache, zungenförmige Blätter, deren Mittelrippe an der Basis in einen kurzen Stiel übergeht (Abb. 2-39). Die Blätter von *Glossopteris*-Arten sahen durch-

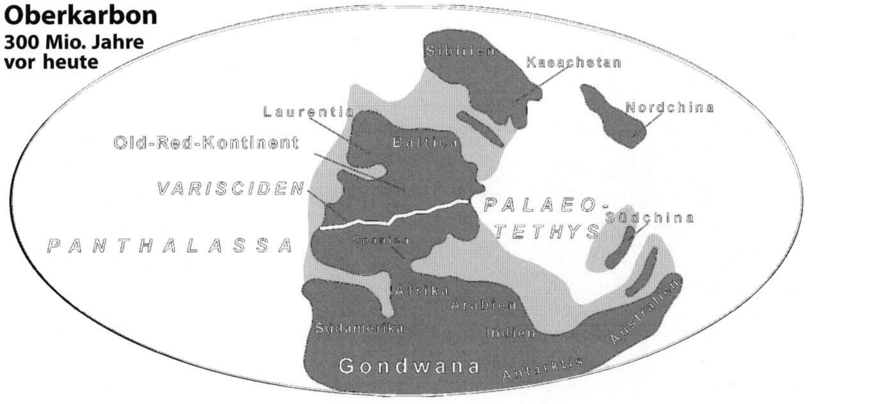

Abb. 2-37. Die paläogeografische Situation im Karbon: Bei der Kollision des Old-Red-Kontinents mit Gondwana entsteht das variscische Gebirge (Varisciden). Sibirien und Kasachstan bilden einen Kontinent. Gegen Ende des Karbon kommt es zur Abkühlung und zu Vereisungen. Nach Scotese, Wertel (2000)

Abb. 2-38. Karbonwald mit Baumfarnen *(Psaronius)*, Schuppenbäumen (*Lepidodendron*), Siegelbäumen (*Sigillaria*), Schachtelhalmen (*Calamitina*) und einigen Tieren im Vordergrund (Panzerlurch *Eryops*, schlangenähnlichem Amphib (Aistopoda) und den Insekten *(Homoioptera* und *Heterologopsis)*. Nach Schäfer, Senckenberg-Museum (2000). Berühmte Fundstätten: Ruhrgebiet, Saarland, Belgien, Donez-Becken, Appalachen

weg sehr ähnlich aus. Die große Diversität der Gruppe offenbart sich insbesondere in ihren vielgestaltigen Fruktifikationen.

Tektonogenetisch ist das Karbon durch die in mehreren Impulsmaxima verlaufende Variscische Gebirgsbildung gekennzeichnet (s. Kap. 2.2.2.1). Das variscische Gebirge (die Varisciden, Abb. 2-37) erstreckte sich von Amerika über Nordafrika, Spanien und das französische Zentralmassiv bis zu den Sudeten und dem polnischen Mittelgebirge. Zu ihm gehören unter anderem das Rheinische Schiefergebirge, Harz, Spessart,

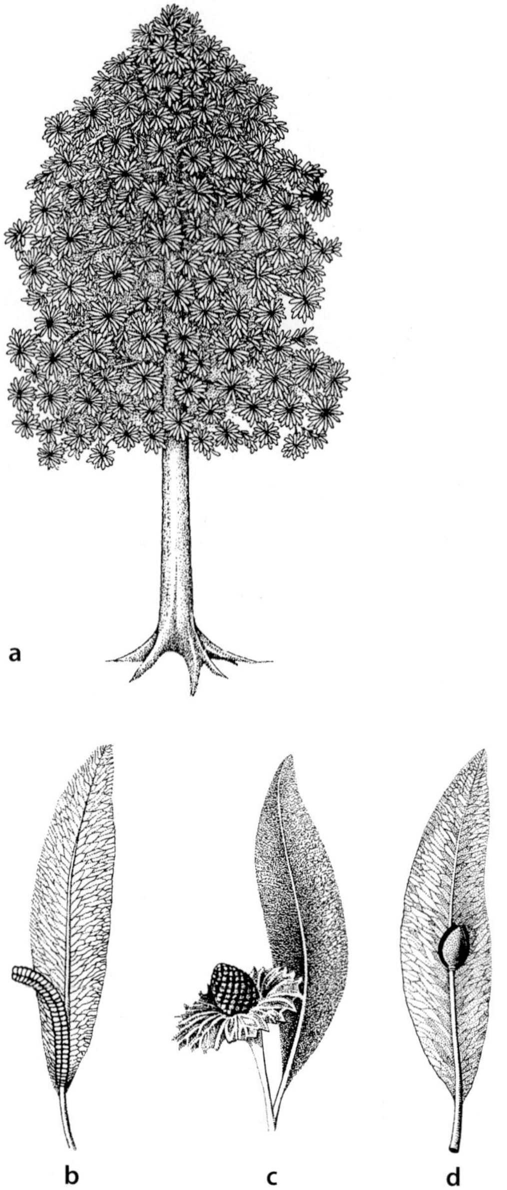

Abb. 2-39 a–d. *Glossopteris.* **a** 4 m hoher Baum aus dem Perm Australiens, **b–d** verschiedene Fruktifikationen. Die Fortpflanzungsorgane stehen auf modifizierten Blättern: **b** aus Australien, **c** aus Indien, **d** aus Afrika. Nach White (1998)

Schwarzwald sowie Erzgebirge. Die variscische Gebirgsbildung endete im Perm und war in der Schlussphase von starkem Vulkanismus begleitet. Einhergehend mit der Orogenese entstanden vor und auf dem Gebirge Senkungsräume mit riesigen Sümpfen, den größten, die es im Erdaltertum in Europa gab. Insgesamt waren die Veränderungen, die sich auf dem Festland ereigneten, weitaus tiefgreifender als im Meer. Weite Gebiete lagen etwa in der Höhe des Meeresspiegels, der jedoch schwankte, so dass riesige Waldgebiete wiederholt überschwemmt wurden und abstarben, aber später wieder ersetzt wurden. Die Meeresspiegelschwankungen gehen auf Vereisungsphasen zurück. Auf diese Weise entstanden letztlich die zahlreichen Kohleflöze.

Die karbonische Meeresfauna entsprach einer verarmten devonischen. Die Korallen (Tabulata und Rugosa) zeigten einen deutlichen Rückgang, seit dem Niedergang der Tabulaten-Stromatoporen-Riffe im Devon blieben Riffe im jüngeren Paläozoikum von untergeordneter Bedeutung und spielten keine größere ökologische Rolle mehr. Die Trilobiten waren dem Aussterben nahe, Graptolithen und Placodermen verschwanden vollständig. Foraminiferen und Ammonoiden (Goniatiten!) dagegen zeigten eine deutliche Entfaltung. Innerhalb der Cephalopoden entstand eine neue und erfolgreiche Gruppe: die Belemnoida. Ihre nach innen verlagerte Schale war relativ groß. An das dorsale Proostracum schloss sich ein Teil mit Gaskammern und Septen an (Phragmoconus, Phragmokon); die Spitze war durch ein massiges Rostrum („Donnerkeil") beschwert (Abb. 2-40 a). Nach Einzelfunden zu urteilen, waren seitliche Flossen und 10 Arme mit Haken (Abb. 2-40 b) ausgebildet.

Donnerkeile, die Rostren der Belemniten, haben eine gewisse Ähnlichkeit mit Geschossen, und in früheren Jahrhunderten hat man Massenvorkommen von Belemniten vor allem im Jura als Überreste früherer Schlachtfelder interpretiert (belemnon=Wurfspeer). Dieser Begriff ist bis heute im Gebrauch; Abb. 2-40 c zeigt einen Ausschnitt aus einem Belemniten-Schlachtfeld.

Die stark gepanzerten gnathostomen Fische wurden durch beweglichere Formen ersetzt. Im Benthos entwickelten sich die Crinoiden zu großer Mannigfaltigkeit. In vielen Meeren bildeten sie geradezu Rasen. Auf sie, Foraminiferen und Bryozoen gehen viele unterkarbonische Kalksteine (Kohlekalk) zurück. Fusulinen, bis 10 cm lange, spindelförmige Foraminiferen, machten in Ober-Karbon und Perm eine adaptive Radiation

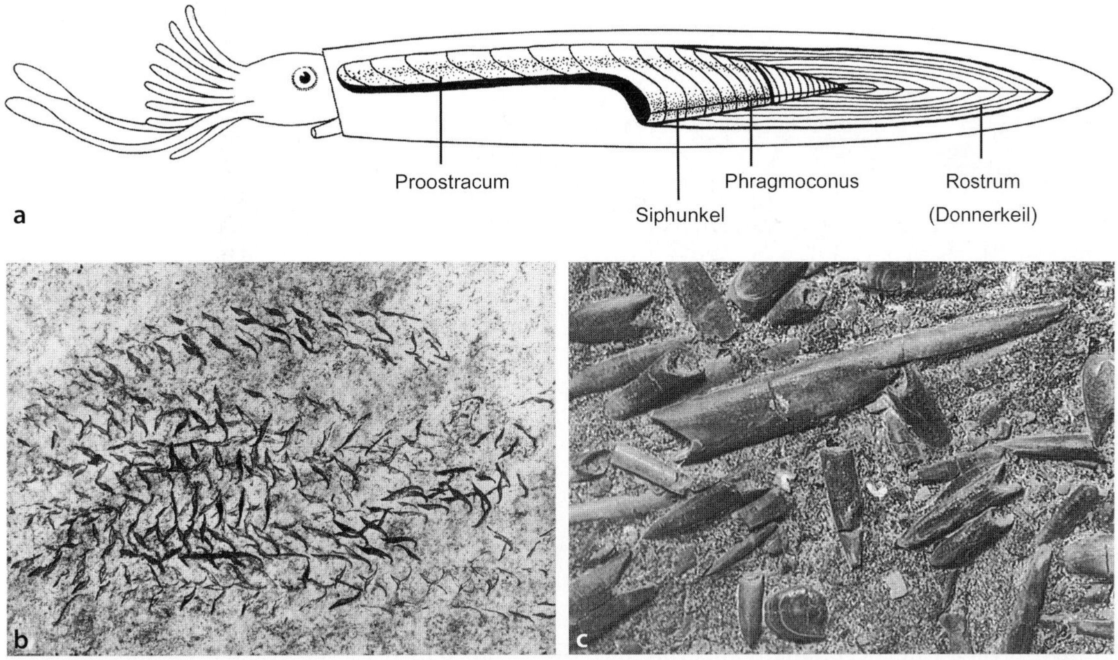

Abb. 2-40 a–c. Belemnoida. **a** Lage des Innenskeletts im Tier, dessen Gestalt und Armzahl nicht mit Sicherheit angegeben werden kann. **b** Haken der Arme von *Acanthoteuthis* (Jura, Solnhofen). **c** Ausschnitt aus einem jurassischen Belemniten-Schlachtfeld. Nach Müller (1994)

durch: Aus permischen Gesteinen wurden etwa 5000 Arten beschrieben. Für Ober-Karbon und Perm stellen sie wichtige Leitfossilien dar. Bryozoen bildeten Riffe, so die netzförmige *Fenestella* und die schraubige Gattung *Archimedes*. Brachiopoden stellten einige Leitfossilien und gelegentlich Riesenformen (*Gigantoproductus*). Unter den Muscheln ist *Posidonia becheri* eine bekannte Leitform, die man im Rheinischen Schiefergebirge finden kann.

Auf dem Festland entwickelten sich zahlreiche Insekten und Spinnentiere in einer reichhaltigen Vegetation. Damit verbunden entstanden die ersten Landschnecken, die von Pflanzensubstanz leben. Die Insekten, die seit dem Devon bekannt sind, nahmen wichtige ökologische Rollen ein und eroberten den Luftraum. Bereits seit dem Oberdevon gab es die Urflügler (Palaeodictyoptera) mit seitlich abstehenden, starren Flügeln. Im Karbon lebten die vermutlich größten Insekten aller Zeiten, Libellen der Gattung *Meganeura* aus Frankreich mit einer Flügelspannweite von 75 cm. Auch Ephemeroptera, Orthoptera und Blattodea sind im Karbon nachgewiesen, so dass man von einer reichen Insektenfauna ausgehen darf, allerdings war die Puppe noch nicht „erfunden", holometabole Insekten fehlten noch. Unter den Tausendfüßern erreichte *Arthopleura* (Abb. 2-41 a) eine Länge von über 2 m. Vermutlich lebte diese Form von abgestorbener Pflanzensubstanz; sie ist z.B. aus dem Saarland, aus Nordrhein-Westfalen und Sachsen bekannt. Auch Spinnentiere erreichten im Karbon ungewöhnliche Ausmaße: *Megarachne* (Abb. 2-41 b) aus Argentinien maß 34 cm Körperlänge, die Spannweite ihrer Laufbeine lag bei 50 cm.

Unter den Wirbeltieren dominierten in terrestrischen Habitaten zunächst die Amphibien, später die Reptilien. Die starke Entwicklung der Amphibien dürfte eng mit der reichen Vegetation zusammenhängen, die in ausgedehnten Senken und um Seen umfangreiche Wälder bildete. Karbon, Perm und Trias markieren die Blütezeit der Amphibien. In Steinkohlensümpfen lebten u.a. die

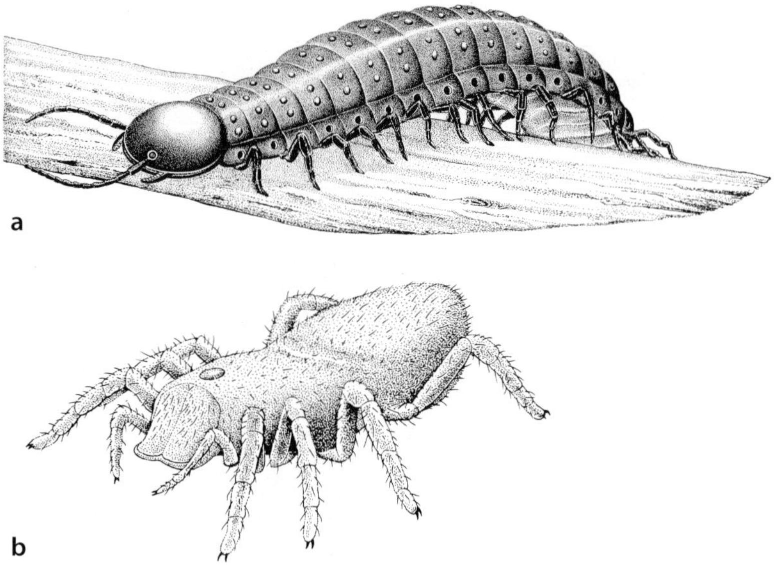

Abb. 2-41 a, b. Karbonische Arthropoden. **a** *Arthropleura*, **b** *Megarachne*. Nach Hünicken (1980)

Ichthyostegalia (Stegocephalia, Panzerlurche), die ihre wissenschaftlichen Namen nach ihrer Verwandtschaft mit Fischen bzw. dem geschlossenen Schädeldach erhielten. Sie wurden bis 5 m lang.

Die ältesten Reptilien kennen wir aus dem Karbon. Ihre Unterschiede zu den Amphibien sind noch gering und betreffen z. B. verschiedene Schädelmerkmale wie Gaumendach und Innenohr.

In dieser Zeit muss auch die besondere Embryonalentwicklung der Amnioten entstanden sein, also die Entwicklung des Embryos in der flüssigkeitsgefüllten Amnionhöhle („ancestraler Teich"), die wiederum in einer wenig durchlässigen Eihülle entsteht. Zu den Amnioten zählen alle Wirbeltiere oberhalb der Amphibien, also Reptilien, Vögel und Säugetiere, in deren ontogenetischer Entwicklung ein wasserlebendes Larvenstadium, das ja für die Amphibien typisch ist, fehlt. Hinsichtlich ihrer Lebensweise werden sie vom Wasser relativ unabhängig, was ihnen neue terrestrische Entfaltungsräume erschließt.

2.2.5.1 Der Steinkohlenwald

Die so auffällige und üppige karbonische Landflora der Nordhemisphäre führte zu zwei Kategorien von Kohlevorkommen: den paralischen (an den früheren Küsten entstanden, z. B. Schlesien, Ruhrgebiet, Nordfrankreich, Belgien, England, Wales und Schottland) und den limnischen in Gebirgsbecken (z. B. Saarland). Steinkohle entsteht, wenn umfangreiche Pflanzensubstanz luftdicht durch Schlamm oder Wasser bedeckt wird, so dass sie sich nicht zersetzt. Des weiteren sind hoher Druck und hohe Temperaturen nötig, um Wasser, Kohlendioxid und Methan aus den Holz- und Blattresten zu entfernen (Inkohlung). Über Torf und Braunkohle entsteht schließlich Steinkohle in etliche Meter dicken Kohleflözen. Diese können in eine bis über 5000 m mächtige, sandige, tonige oder konglomeratische Sedimentabfolge eingeschaltet sein. Im südrussischen Donez-Becken erreicht die Karbonfolge 10 000 m Mächtigkeit; darin liegen bis 300 Flöze. Die Sumpfwälder und Moore, auf die die karbonzeitliche Steinkohle zurückgeht, verschwanden im folgenden Perm, als das Klima trockener wurde.

Wenn der Steinkohlenwald auch ein Tropenwald war, so darf er doch nicht mit heutigen Tropenwäldern verglichen werden: Blüten und blütenbesuchende Insekten fehlten noch, ebenso wie Früchte und früchtefressende Vögel. Es dominierten vielmehr Gefäßsporenpflanzen wie Riesenbärlappe, Riesenschachtelhalme und

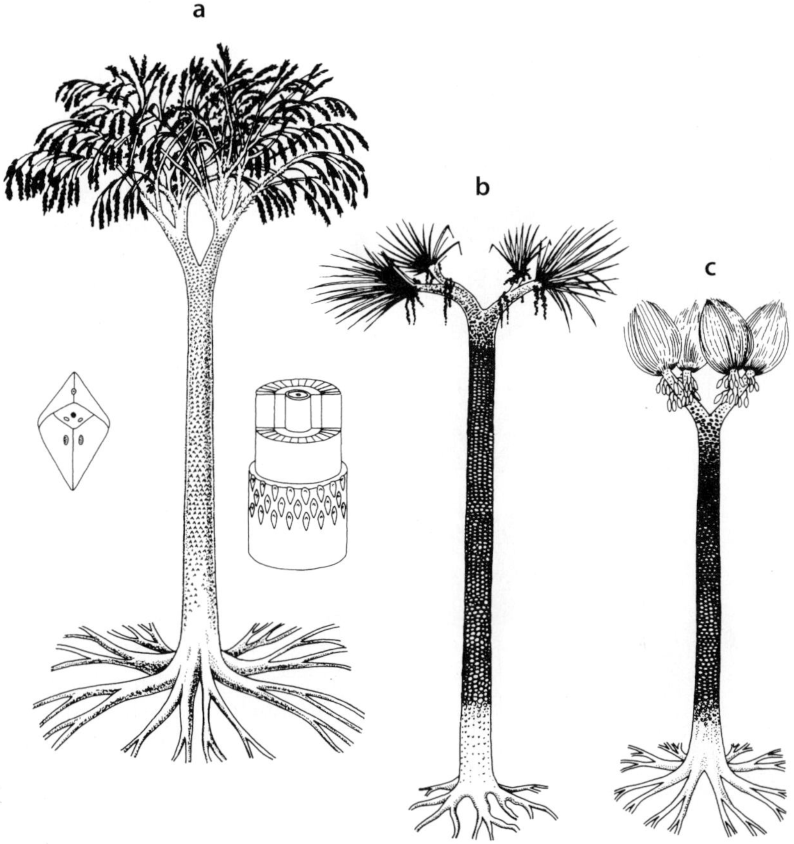

Abb. 2-42 a–c Bärlappgewächse des Steinkohlenwaldes. **a** *Lepidodendron* (Schuppenbaum) mit Blattpolster (links) und Stammausschnitt (rechts), **b, c** *Sigillaria* (Siegelbaum), **c** Exemplar mit Sporophyllzapfen. Nach Christner und Kühner (1989)

Baumfarne sowie Farnsamer. Diese Gruppen erreichten im Karbon und dem folgenden Unterperm ihre größte Entfaltung. Als große Bäume waren sie an das tropische Klima angepasst. Sie besaßen keine Jahresringe und keine ruhenden Knospen. Ihre allerdings sehr viel kleineren Nachkommen existieren bis heute. Die Vegetation bestand in den Kohlebildungsräumen aus einer verhältnismäßig kleinen Zahl von Gattungen, die in viele Arten aufgegliedert waren, z. B. *Lepidodendron* (Schuppenbaum, Abb. 2-42 a) und *Sigillaria* (Siegelbaum, Abb. 2-42 b, c), beides Bärlappgewächse. Einige *Lepidodendron*-Arten erreichten eine Höhe von über 30 m bei einem Stammdurchmesser bis 5 m an der Basis und sind damit neben Sigillarien, die bis 20 m hoch wurden, die höchsten Bärlappgewächse aller Zeiten.

Lepidodendron erhielt seinen Namen wegen der schuppenartigen Muster der rhombischen bis annähernd quadratischen Blattpolster (Abb. 2-42 a). Die Blattpolster lagen in Schrauben von der Stammbasis bis zur weit ausladenden Baumkrone, die durch zahlreiche Gabelteilungen ihrer Äste gekennzeichnet war (dichotome Verzweigung). Die immergrünen Blätter waren lanzettförmig. Sie waren 1–50 cm lang; die Spaltöffnungen waren in zwei Längsrillen an der Blattunterseite angeordnet (xeromorphes Merkmal). Die Zapfen erreichten 75 cm Länge. Eine weitere Besonderheit war die umfangreiche Rinde, die einen relativ dünnen und weichen Holzkern umfasste. Lepidodendren stürzten anscheinend leicht ein. Sie nahmen wohl einen Teil ihres Wassers über die Blattpolster auf. Diese bildeten ein Rinnensystem, das herablaufendes

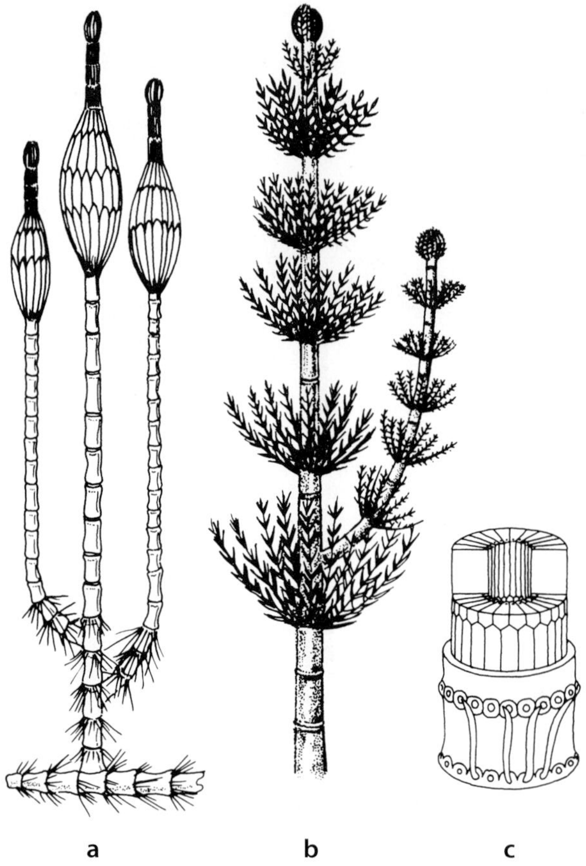

Abb. 2-43 a–c. Schachtelhalme des Steinkohlenwaldes. **a** *Stylocalamites*, **b** *Calamitina*, **c** Teil des Stammes. Nach Christner und Kühner (1989)

Wasser der Ligula zuführte, von dem ein Leitbündel ins Stamminnere zieht.

Sigillaria besaß eine ein- bis zweifach dichotom verzweigte Krone. Ihre siegelförmigen Blattnarben standen in Längszeilen. Die Blätter waren lang und bildeten am Stammgipfel bzw. am Ende der dichotomen Verzweigungen einen Schopf. Unter den Blättern hingen Sporenzapfen. Wie *Lepidodendron* hatte *Sigillaria* ein weit ausladendes, flach ausstreichendes Wurzelsystem. Sigillarien traten im Oberkarbon auf und starben im Unterperm aus.

Weitere Formen waren die baumförmigen Schachtelhalme, die Calamitales (Abb. 2-43). Besonders im Unterperm haben sie als Kohlebildner große Bedeutung. Im Gegensatz zu den heutigen Schachtelhalmen besaßen sie einen mächtigen, holzigen Stamm, der anfangs mit Mark gefüllt war. Die bis 10 cm langen, in Quirlen angeordneten Blätter sind auch unter dem Namen Annularia bekannt. Zwischen den Blattquirlen standen die sporenerzeugenden Zapfen (Sporangienträger). Die Calamiten bildeten im Steinkohlenwald auf sumpfigem Untergrund die mittlere Baumschicht. Manche erreichten jedoch 30 m Höhe. Calamiten heißen auch Röhrenbäume, weil ihr in Knoten (Nodien) und Internodien gegliederter Stamm im Alter einen großen Markhohlraum aufwies.

Sphenophyllum (Keilblatt), ebenfalls ein Schachtelhalmgewächs, bildete teilweise dichte, niedrige und lianenartige Bestände. Oft waren sie Spreizklimmer.

Neben den genannten Gefäßsporenpflanzen (Pteridophyta), die einen wesentlichen Teil der Steinkohle ausmachen, gab es im Karbon Samenpflanzen. Die Cordaiten (Abb. 2-44 b) (nach dem Prager Botaniker August Joseph Corda (1809–1847) genannt) erreichten 30 m Höhe und trugen bis 1 m lange Blätter, die Farnsamer oder Samenfarne (Pteridospermae) blieben kleiner. Cordaiten waren die höchstentwickelten Pflanzen des Karbon, waren häufig und bis Ende des Karbon verbreitet. Im Perm erloschen sie und wurden von ihren Nachfahren, den Nadelbäumen, ersetzt. Pteridospermen waren außer im Karbon im Perm verbreitet. Sie vereinigen in ihrem Bau Merkmale der Farne und der Gymnospermen. Hier gehören beispielsweise *Medullosa* (Abb. 2-44 a) und *Glossopteris* (Abb. 2-39). Die ersten Coniferen sind auf das oberste Karbon beschränkt.

In den Wäldern gab es eine reiche Fauna mit Tausendfüßern, Insekten, Spinnentieren, Stegocephalen und Reptilien, die noch an Panzerlurche erinnern (Cotylosaurier).

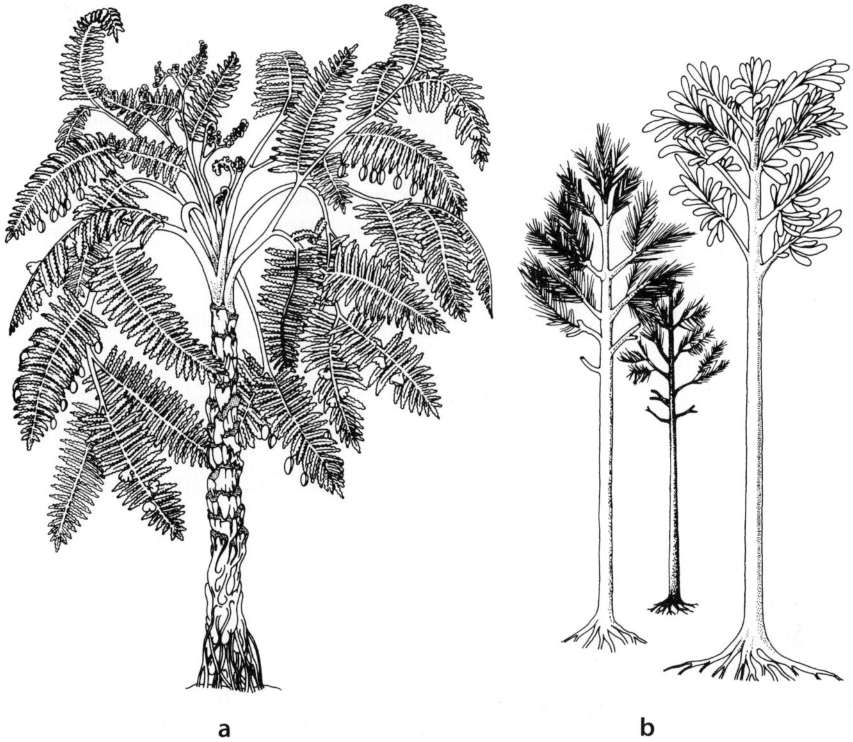

Abb. 2-44 a, b. a Farnsamer (Pteridospermae; *Medullosa*), **b** Cordaiten des Steinkohlenwaldes. Nach Christner und Kühner (1989)

2.2.6 Perm

ÜBERSICHT

Die holometabolen Insekten-Gruppen der Käfer, Hautflügler und Schmetterlinge sowie die Sauropsiden entfalten sich. Sie legen ihre dotterreichen Eier am Land ab und erreichen eine von Gewässern weitgehend unabhängige Lebensweise. Es entstehen Floren-Provinzen; Nadelhölzer werden immer häufiger; Samenpflanzen setzen sich gegenüber den Sporenpflanzen durch. In Rheinland-Pfalz und Sachsen wird uns heute ein Einblick in Süßgewässer und Wälder des Perm ermöglicht. Entstehen umfangreicher Salzlager.

Das Perm endet mit einem der gewaltigsten Massenaussterben der Erdgeschichte; zu den Opfern zählen Goniatiten, Trilobiten, Eurypteriden und Rugosa.

Das **Perm** (290–250 Mio. Jahre vor heute) erhielt seinen Namen nach dem russischen Gouvernement Perm. Schon im 17. Jh. war in Deutschland für altersgleiche Schichten der Begriff Dyas (Zweiheit) eingeführt worden, weil die Gesteinsbeschaffenheit in zwei Kategorien zerfällt: die fast ausnahmslos festländischen Ablagerungen des Rotliegend (Unterperm) und die überwiegend marinen des Zechstein (Oberperm).

Das Rotliegende besteht vor allem aus roten Sanden und Konglomeraten, den Abtragungsprodukten des im Karbon entstandenen variscischen Gebirges. Die darüber folgenden Sedimente des Zechsteins entstanden im Meer, welches über die eingeebneten Gebirge hin weite Teile im Norden und Nordosten Mitteleuropas überschwemmte. Im damals vorherrschenden Wüstenklima kam es im Nordeuropäischen Becken zur wiederholten Eindampfung in größtem Ausmaß, und es entstanden mächtige Gips-, Stein- und Kalisalzlager. Das Nordeuropäische Becken reichte im Westen bis England, im Osten bis Weißrussland, im Süden bis Heidelberg und im Norden bis weit in die Nordsee hinein. In seinem Inneren (Niedersachsen, Mecklenburg) sind die zyklisch entstandenen Salzlager bis 7000 m mächtig. Man schätzt, dass sie im Verlauf von etwa 20 000 Jahren entstanden sind, also 1 m Salz in 20 Jahren hinzukam. Diesen Ereignissen ist zu verdanken, dass Deutschland heute eines der Länder mit den größten Salzvorkommen ist. Gegen Ende des Perm zog sich das Meer zurück, die Festländer wurden ausgedehnter denn je. Im Süden der Erde (auf Gondwana) lagen weite Landstriche unter einer dicken Eisschicht.

EXKURS 2.2.6.1

Vor 290 Mio. Jahren: Haie und Lungenfische in der Pfalz

Teile des heutige Pfälzer Berglandes, am Südrand des Rheinischen Schiefergebirges gelegen, waren vor 290 Mio. Jahren, im Rotliegend, Teil einer großräumigen, flachen Senkungszone, die in den folgenden 30 Mio. Jahren Verwitterungsschutt in einer Mächtigkeit von über 3000 m aufnahm: Im Norden liegt die Grenze ungefähr an der Nahe, im Süden im Bereich der Autobahn Mannheim-Saarbrücken. Das Klima war in dieser Zeit tropisch-subtropisch (Mitteleuropa lag auf 10°–20° nördlicher Breite), und an einer tiefen Stelle der genannten Senkungszone, der Saar-Nahe-Senke, lag damals der größte See Mitteleuropas, der Rümmelbach-Humberg-See. West- bzw. Ostufer lagen nahe dem heutigen Lebach (Saarland) und Bad Kreuznach (Rheinland-Pfalz). Mit wenigstens 3500 km^2 Gesamtausdehnung war dieser Süßwassersee etwa viermal so groß wie der Bodensee mit seinen 900 km^2. Seine Umgebung wurde von Flüssen durchzogen und beherbergte kleinere stehende Gewässer.

Arbeiten der letzten beiden Jahrzehnte, im Wesentlichen durchgeführt vom Pfalzmuseum für Naturkunde in Bad Dürkheim und heute z. B. zu besichtigen im 1998 eröffneten GEOSKOP (Urweltmuseum Burg Lichtenberg, 66871 Thallichtenberg) nordwestlich von Kaiserslautern, haben eine Fülle von Fossilien aus den Ablagerungen dieses permischen Sees zutage gefördert. In ihm lebten viele Fische, darunter Acanthodii, Haie (Abb. 2-45) und Lungenfische.

Unter den Acanthodii war *Acanthodes bronni* besonders häufig. Diese Art wurde dem ersten Heidelberger Lehrstuhlinhaber in der Zoologie, H.G. Bronn (1800–1862), gewidmet, der 1860 Darwins Hauptwerk ins Deutsche übersetzt hatte.

Die Acanthodii sind seit dem Silur bekannt, lebten zuerst im Meer, drangen im Karbon ins Süßwasser ein und starben weltweit im Unterperm (dem Rotliegenden) aus. *A. bronni* ist eine der letzten Arten dieser Tiergruppe.

Die Lungenfische – heute auf relativ kleine Areale in Australien, Afrika und Südamerika beschränkt – werden durch *Conchopoma gadiforme* repräsentiert, eine sehr seltene Form. Sie waren überwiegend Süßwasserformen, deren Beziehungen zu den Tetrapoden bis heute kontrovers diskutiert werden.

Haie, deren Zähne in Karbon und Perm biostratigrafisch wichtig sind, sind in vorzüglicher Erhaltung mit vollständigem Skelett, Abbildung von Weichteilen und z. T. mit Mageninhalt mit mehreren Gattungen aus dem Rümmelbach-Humberg-See bekannt:

Orthacanthus wurden bis über 3 m lang. *Xenacanthus* erreichte 1,5 m, *Triodus* 70 cm.

EXKURS 2.2.6.1 (Fortsetzung)

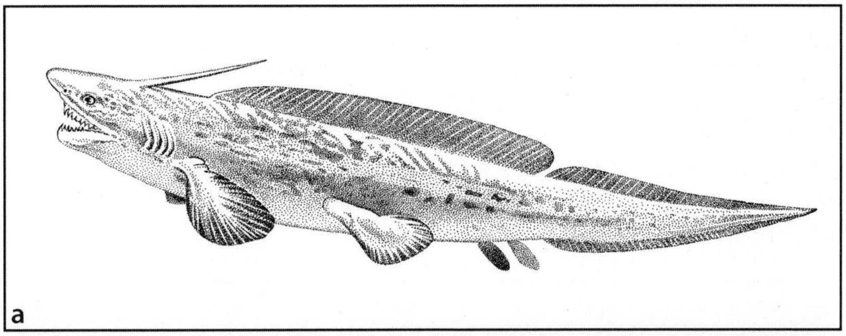

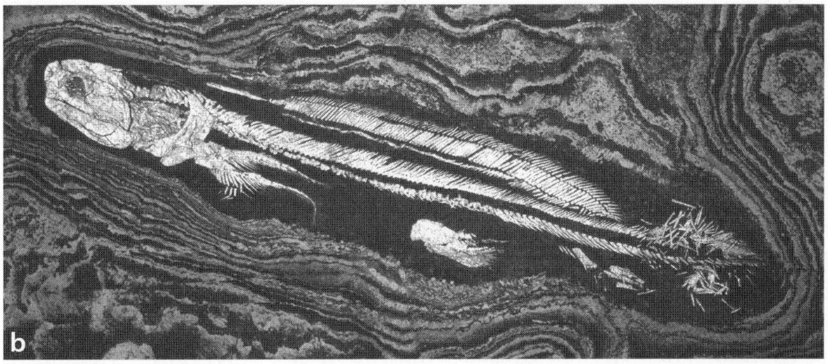

Abb. 2-45 a, b. Haie aus dem Perm (Rotliegend) der Pflaz. **a** *Xenacanthus*. Versuch einer Rekonstruktion, **b** Skelett von *Orthacanthus (Lebachacanthus) senckenbergianus*. Foto Heidtke (2000)

Alle gehören zu der Ordnung Xenacanthodi, die durch einen auffälligen Nackenstachel gekennzeichnet sind, der vom Hinterhaupt entspringt (Abb. 2-45 a). Diese altertümliche Gruppe lebte vom Devon bis zur Trias; in Karbon und Unterem Perm wurde der Höhepunkt der Entwicklung erreicht. Die älteste Form ist aus dem Devon Antarktikas bekannt. Von den Haien der Pfalz kennt man auch Koprolithen, an denen sich sogar die Spiralfalte des Darmes abzeichnet.

Aus der Gruppe der Knochenfische wurden Palaeoniscida gefunden, darunter *Paramblypterus*. Ihre Schwanzflosse war heterozerk, ihre rhombischen Schuppen trugen einen dicken Ganoinbelag („Schmelzschupper"). Sie sind mit den Stören verwandt.

Auch Amphibien waren in dem größten permischen See des heutigen Mitteleuropas nicht selten: Im Raum um Kaiserslautern fand man verschiedene Stegocephalia, z.B. den bis 1,5 m langen, besonders weit verbreiteten Dachschädellurch *Sclerocephalus* sowie *Archegosaurus*, der wegen seines breiten Schwanzes als ein guter Schwimmer interpretiert wird. Er lebte vorwiegend von Fischen. Von *Sclerocephalus* kennt man sogar Larven- und Jugendstadien.

An Wirbellosen hat man Malacostraca (*Uronectes*), Ostracoda (*Carbonita*) und sogar Medusen (*Medusina*) gefunden. Vom Land wurden z.B. Schaben (*Blattinopsis*, *Phylloblatta*) eingetragen. Das interessanteste Insekt ist *Eugereon boeckingi* aus der ausgestorbenen Ordnung der Palaeodictyoptera. Es hatte eine Flügelspannweite von 20 cm bei einer Körperlänge von 7–8 cm.

Die Vegetation der unmittelbaren Umgebung des Rümmelbach-Humberg-Sees unterlag im Unterperm vor 290–250 Mio. Jahren einer tiefgreifenden Veränderung. Auch in der Saar-Nahe-Senke starben damals die ▶

EXKURS 2.2.6.1 (Fortsetzung)

Schuppenbäume (*Lepidodendron*), Siegelbäume (*Sigillaria*), Riesen-Schachtelhalme (*Calamites*) sowie die meisten Baumfarne (Psaroniales) und Cordaitenbäume aus. Viele Stücke wurden als Fossilien aus dem Seegebiet geborgen und legen heute Zeugnis ab aus der subtropisch-tropischen Zeit im ausgehenden Paläozoikum.

Am Ende des Unterrotliegenden war die Saar-Nahe-Senke fast vollständig mit Sedimenten aufgefüllt. Erdbeben und Vulkanismus bewirkten das Aufsteigen von Magma. Damit wird in Verbindung gebracht, dass die Fossilien eine weiße Farbe erhielten („der weiße Hai der Pfalz").

2.2.6.2 Die Tierwelt des Perm

Im Perm existierte zeitweise eine der größten Landmassen aller Zeiten: Pangaea, ein Superkontinent, der von einem Meer umgeben war, welches Panthalassa genannt wird (Abb. 2-47). Pangaea war durch das Zusammendriften von Laurasia (Nordamerika, Europa, Sibiria) und Gondwana (Südamerika, Afrika, Indien, Australien sowie Antarktika) entstanden und teilte sich später wieder. Zwischen Laurasia und Gondwana entstand zunächst die Palaeo-Tethys, dann das Tethys-Meer.

Das Tethys-Meer war tropisch. In ihm lebten unter anderem die schon aus dem Karbon bekannten großwüchsigen Fusuliniden (Foraminifera), die einen raschen Formwandel durchmachten: Aus spindelförmigen (*Fusulina*) entstanden kugelige (*Paraschwagerina*) und zylindrische Formen (*Pseudoschwagerina*).

Tiefgreifende Veränderungen sind bei den Korallen zu beobachten: Die Tabulata sind weiter rückläufig und sterben Ende des Perm aus. Die Rugosa verschwinden ebenfalls und werden durch Scleractinia ersetzt. Dabei wird der bilaterale Bauplan der Rugosa von einem radiär-symmetrischen der Scleractinia abgelöst.

Die Bryozoa erlangten im Perm als Bewohner von Riffen und mancherorts auch als Riffbildner eine besondere Bedeutung (englische Nordseeküste und bei Pößneck und Saalfeld in Thüringen). Bekannte Formen sind *Fenestella*, *Acanthocladia* und *Thamniscus*.

Letztmalig erlebten die Brachiopoden eine reiche Entfaltung mit manchen Spezialisierungen, ehe sie im Mesozoikum weitgehend von Muscheln ersetzt wurden. Sie brachten unter vielen anderen Formen die korallenartigen Richthofenien und Arten mit langen Stacheln hervor (Productiden).

Unter den Mollusca ist *Bellerophon* eine dominierende Gattung; in den oberpermischen *Bellerophon*-Kalken der Karnischen Alpen wurden sie gesteinsbildend, außerdem in der Kasan-Stufe Russlands und in Indien (*Productus*-Kalk).

Außer den Ammonoiden erlebten auch die Echinodermen noch einmal eine Blüte: Unter den Blastoiden (Knospenstrahlern) wurden 14 Gattungen bekannt, von Crinoiden kennt man 94 Gattungen. Bei den Seeigeln erscheinen erstmals echte Echiniden mit aus 20 Plattenreihen aufgebautem Panzer.

Die Fischfauna des Perm ist von der des Karbons deutlich unterschieden. Jetzt dominieren die Actinopterygii, insbesondere die Chondrostei mit den Palaeoniscoidea. Ihre rhombischen Schuppen tragen einen dicken Ganoinbelag. Aus dieser Gruppe haben sich bis heute die Flösselhechte (Polypterini, Afrika), und die Störe und Löffelstöre (Acipenserini, Europa, Asien, Nordamerika) erhalten. Zu den permischen Chondrosteern zählt z. B. der bis 35 cm lange „Kupferschieferhering" *Palaeoniscum*, der wohl weltweit in Brackwassergebieten vorkam. Auch Haie, z. B. die rochenähnliche *Janessa bituminosa*, und die Xenacanthi, Acanthodii und Dipnoi waren verbreitet. Die Entwicklung der Amphibien war rückläufig. *Archegosaurus* und *Branchiosaurus* sind verbreitete Gattungen.

Im Perm ist eine erste Entfaltung der Reptilien zu beobachten. An ihrer Basis stehen die Cotylosauria (Stammreptilien) mit einem geschlossenen Schädeldach. Sie sind seit dem Karbon bekannt und starben Ende der Trias aus. Zu ihnen gehören die Captorhinomorpha, aus denen vermutlich alle höheren Reptilien hervorgingen. *Captorhinus* und *Limnoscelis* sind bekannte Gattungen. Generell verdrängten die Reptilien die Amphibien. Sie erwiesen sich als besser angepasst an trockene Lebensräume. Die Embryonalentwicklung in Eihüllen (mit Amnion, Serosa und Allantois) sowie die Epidermis mit Stratum corneum sind zwei Merkmale, die ihnen das Überleben in Nadelwäldern und sogar in Wüsten ermöglichten. Der Süden der USA (Texas, Neu-Mexiko), Südafrika und Russland westlich vom Ural haben besonders reiche Funde früher Reptilien hervorgebracht. Der carnivore Pelycosaurier *Dimetrodon* („Texasdrache") gehört zu den größten Formen dieser Zeit. Er besaß einen hohen Rückenkamm, der mit Thermoregulation in Verbindung gebracht wird. Ähnlich sah der pflanzenfressende *Edaphosaurus* aus, der in Nordamerika und Europa nachgewiesen wurde. Eine mitteleuropäische Besonderheit unter den Reptilien ist *Coelurosaurus* aus dem oberen Perm Thüringens. Das 15 cm lange, eidechsenartige Tier gilt als das erste Reptil mit Flugvermögen (Gleitflug).

In den Tropen entfalten sich die erfolgreichsten Insekten der Geschichte der Organismen: Käfer (Coleoptera), Hautflügler (Hymenoptera) und Schmetterlinge (Lepidoptera), alles Formen mit einer Puppenruhe (Holometabola).

2.2.6.3 Die Pflanzenwelt des Perm

Im Perm lässt sich wegen ausgeprägter Klimagradienten eine deutliche Differenzierung der Vegetation in Florenprovinzen vornehmen. Die Klimagradienten hingen mit mehreren Gebirgsketten zusammen, die z.B. mit dem Zusammentreffen von Gondwana und dem Old-Red-Kontinent entstanden waren. Unter den Florenprovinzen unterscheidet man im oberen Perm eine südliche *Glossopteris*-Flora, eine Sibirische *Angara*-Flora und eine *Cathaysia*-Flora in den Tropen Südostasiens. Auf der Südhemisphäre wurden großblättrige Formen wie *Glossopteris* und *Gangamopteris* zu Kohle (Permkohle Australiens und Antarktikas, wo die größten Kohlevorkommen der Erde vermutet werden). Im Laufe des Perm wurde das Klima generell trockener und es erfolgten dann deutliche Veränderungen: Im Norden wurde *Walchia* zu einer dominierenden Form, im Süden *Dicroidius*, eine Gymnosperme mit gabelförmigen, blättertragenden Zweigen. Das Aussterben von Organismen war geologisch gesehen kein plötzliches Ereignis, sondern erfolgte in Etappen. Die Wälder waren artenärmer als die des Karbons; in größerer Entfernung vom Wasser war die Vegetation relativ spärlich. Farne und Farnsamer waren auf die unmittelbare Nähe von stehenden oder fließenden Gewässern beschränkt, z.B. der Baumfarn *Psaronius* (Abb. 2-46), der Farnsamer *Medullosa* (Abb. 2-44 a), und *Callipteris*, eine auch aus Rheinland-Pfalz (Trier, Sobernheim) bekannte Form. *Callipteris conferta* gilt als Leitform für das Rotliegend Europas. Baumfarne (Marattiales) wurden bis 15 m hoch; ihre Wedel konnten 3 m Länge erreichen. Die Grenze zwischen Rotliegendem und Zechstein markiert das Ende der Vorherrschaft der Gefäßsporenpflanzen und den Beginn der Dominanz der Nacktsamer. Der Rückgang der Gefäßsporenpflanzen wird nicht nur mit dem zunehmend trockenen kontinentalen Klima, sondern auch mit Abkühlung der Erde in Verbindung gebracht. Die Bärlappgewächse starben Ende des Rotliegend fast völlig aus, auch die Cordaiten verschwanden. Schachtelhalme waren mit bis 5 m hohen Formen vertreten; *Calamitina, Stylocalamites, Encalamites* und Sphenophyllales waren häufig.

Etwa an der Grenze zwischen Rotliegend und Zechstein liegt ein wichtiger Einschnitt in der Entwicklung der Pflanzenwelt. Die bislang dominierenden Sporenpflanzen wurden zunehmend durch Gymnospermen ersetzt.

Im sehr trockenen und warmen Zechstein dominierten die verhältnismäßig gut an Trockenheit angepassten Coniferen, z.B. *Walchia* (*Lebachia*) und *Ernestiodendron*. *Walchia* war ein mit-

Abb. 2-46 a–c. Der Versteinerte Wald von Chemnitz. **a** Verkieselte Stämme vor dem dortigen Museum für Naturkunde, **b** Ausschnitt aus dem Luftwurzelmantel des verkieselten Baumfarnes *Psaronius*. Jede Luftwurzel stellt einen kleinen Achat dar, **c** Rekonstruktion von *Psaronius*. Fotos Rößler (2000)

telgroßer Nadelbaum mit waagerechten, fiederartig verzweigten Ästen in mehreren Stockwerken. Mit seinen kurzen, dichtstehenden Nadeln ähnelte *Walchia* der bekannten Zimmertanne. Ein besonders häufiger Nadelbaum war *Ullmannia*. Seine tief eingesenkten Spaltöffnungen sind ein Hinweis auf Anpassung an Trockenheit. Erstmals erschienen Ginkgogewächse.

Der vielleicht berühmteste mitteleuropäische permische Wald ist als „Versteinerter Wald“ vor dem Naturkundemuseum von Chemnitz zu besichtigen (Abb. 2-46). Dabei handelt es sich um Reste von Cordaiten und Coniferen, die im frühen Perm in Waldmooren vorkamen. Sie erreichten 30 m Höhe und trugen über 1 m lange Blätter.

EXKURS 2.2.6.4

Der Versteinerte Wald von Chemnitz

Einen der besten Einblicke in den Wald des Rotliegenden vermitteln uns die Funde im Raum Chemnitz in Sachsen, die im Museum für Naturkunde, Theaterplatz 1, in 09111 Chemnitz ausgestellt sind (Abb. 2-46). Mit dem Rotliegenden ging die Zeit der großen Schachtelhalme, Bärlappe und Farne, die im Karbon ihren Höhepunkt erreicht hatten, zu Ende. Jetzt traten Samenpflanzen auf, zunächst die zu den Nacktsamern gehörenden Pteridospermae (Farnsamer), Cordaitinae und Coniferae. Letztere entwickelten sich im Perm zu wichtigen Florenelementen. Der Versteinerte Wald von Chemnitz spiegelt diese Umbruchphase in der Florenentwicklung wider, in der die alte, feuchtigkeitsliebende Vegetation verschwindet und die neue, an zunehmende Trockenheit angepasste Flora zunimmt, die zum Teil Sukkulenz aufweist (z. B. der Riesenschachtelhalm *Calamites gigas* und der Farn *Psaronius*), über ein tiefreichendes Wurzelsystem verfügt und resistente Samen entwickelt (Cordaiten, Coniferen).

Chemnitz liegt in einem Becken, das in Karbon und Rotliegendem allmählich einsank und mit Abtragungsschutt und Resten der Vegetation der umliegenden Gebirge aufgefüllt wurde. Seit über 250 Jahren findet man hier versteinertes Holz. Seine organische Substanz wurde zu über 99% durch Kieselsäure ersetzt. Wegen seiner prächtigen Farben (im Falle von Rottönen durch Eisenoxid bedingt) und seiner guten Polierbarkeit wurde das versteinerte Holz von Chemnitz schon im 18. Jh. zu Schmucksteinen verarbeitet. In Wagenladungen ging es an Mineralienkabinette und Schleifereien in Dresden. Am bekanntesten wurden die Stämme des Baumfarnes *Psaronius* (auch als Starsteine bekannt, Abb. 2-46).

Heute unterscheidet man über 80 fossile Pflanzenarten aus dieser Region aus einer Zeit von über 250 Mio. Jahren. Sie gehören überwiegend zu Schachtelhalmen, Farnen, Farnsamern, Cordaiten und Coniferen.

Die Mehrzahl der Kieselhölzer wird zu der Sammelgattung *Dadoxylon* (Cordaiten) gezählt. Sie ist mit den heute noch lebenden Araukarien verwandt. Der längste Stamm war über 26 m lang, als maximaler Durchmesser werden 3 m angegeben.

Der Baumfarn *Psaronius* besaß einen nach unten schlanker werdender Stamm, der von einem Wurzelmantel umhüllt wurde, welcher nach unten an Breite zunahm und so zur Festigkeit beitrug. Auf Querschnitten sieht man außer dem Wurzelmantel bandförmige Leitbündel. Psaronien wurden bis 12 m hoch.

Baumförmige Schachtelhalme (*Arthropitys*, *Calamodendron*) erreichten 8 m Höhe. Sie lebten vorwiegend in feuchten Regionen. Vermutlich noch ein wenig kleiner blieb *Medullosa* (Abb. 2-44 a), wegen seiner Wuchsform und Beblätterung zunächst als Farn angesehen, später aber als Samenpflanze erkannt.

Außerdem gab es in Karbon und Devon eine Vielfalt weiterer Lebensformen unter Farnen und Farnsamern, z. B. Lianen und Epiphyten (z. B. *Ankyropteris*, *Tubicaulis*).

2.2.6.5 Massenaussterben im Perm

Am Ende des Perm kam es zu einer der umfangreichsten Katastrophen in der Geschichte der Organismen. Innerhalb von etwa 1 Mio. Jahre sank der Meeresspiegel stark ab, und umfangreiche Flachmeer-Lebensräume fielen trocken. Extreme Klimaschwankungen, durch Vulkanausbrüche bewirkt, und Anstieg von Kohlendioxid förderten den Treibhauseffekt. Wenig später stieg der Meeresspiegel wieder an, und umfangreiche, gerade neu entstandene Lebensräume wurden überflutet.

Es bildeten sich die schon erwähnten riesigen Salzlagerstätten. Etwa 90% aller Meerestiere fielen diesen Ereignissen zum Opfer. Es war die erste große Katastrophe nach der Eroberung des Landes durch Wirbeltiere, und auch diese sowie andere terrestrische Formen waren stark betroffen. Die Zeit der Calamiten, Siegelbäume, Schuppenbäume und Bärlappgewächse ging zu Ende.

Viele Charakterformen des Paläozoikums, z. B. Trilobiten, Graptolithen und Goniatiten starben aus. In der marinen Fauna verschwanden des Weiteren die spindelförmigen Fusulinen (Foraminifera), außerdem die Alt-Korallen (Rugosa) und wohl die Stromatoporiden. Stark reduziert wurden die Bryozoen, die sich jedoch später, insbesondere in der Kreide, zu einer riesigen Formenfülle entwickelten.

Unter den Brachiopoden verschwanden die korallenartig wachsenden, sehr dickschaligen Richthofenien und die mit langen Stacheln versehenen Productiden. Von den Ammonoiden überlebten nur wenige. Gigantostracen verschwanden, Crinoiden erlitten starke Verluste, weniger dagegen Muscheln und Schnecken (unter denen jedoch die Bellerophontaea ausstarben).

In terrestrischen Lebensräumen erloschen die Palaeodictyoptera und ursprüngliche Orthoptera, Blattodea und Odonata.

Das permische Massenaussterben erstreckte sich über mehrere Millionen Jahre. Erwähnenswert ist, dass nicht überall ein solch drastischer Einschnitt zwischen Perm und der anschließenden Periode, der Trias, zu beobachten ist.

2.3 Mesozoikum (Erdmittelalter)

Auf das Perm, die letzte Periode des Paläozoikums, folgte ein neuer Abschnitt der Erdgeschichte, das **Mesozoikum**, das von 250 bis 65 Mio. Jahren vor heute dauerte. Es gliedert sich in Trias, Jura und Kreide. Die Bezeichnung Trias geht auf eine ursprüngliche Dreiteilung dieser Periode in Mitteleuropa in die Epochen Buntsandstein, Muschelkalk und Keuper zurück. Für die zweite Periode waren die Juragebirge in der Schweiz und in Süddeutschland namengebend (Jura bedeutet in keltischer Sprache das Waldgebirge), und nach der Schreibkreide, wie sie z. B. auf der Ostseeinsel Rügen zu Tage tritt, wurde die dritte Periode benannt.

Zu Beginn des Mesozoikums waren alle größeren Landmassen noch in dem Superkontinent Pangaea vereint, der das warme Klima dieser Zeit prägte. Man ist der Ansicht, dass global ein ausgeprägtes Monsunklima herrschte, etwa wie heute in Südasien. Es war durch den starken Gegensatz zwischen extrem trockener und extrem niederschlagsreicher Jahreszeit gekennzeichnet („Megamonsun"), was auch durch Sedimente und Fossilien belegt wird. Pangaea grenzte an den Groß-Ozean Panthalassa (Abb. 2-47) und hatte eine solche Ausdehnung, dass sein Großteil weit entfernt vom Meer lag und niederschlagsarm (arid) war. Im Laufe der Zeit wurde dieser Superkontinent durch eine eindringende „Meeresbucht", das Tethys-Meer bzw. die Palaeo-Tethys in einen Nord- und einen Südkontinent geteilt. Im Jura war dieser Vorgang abgeschlossen, und aus Pangaea waren Laurasia und Gondwana geworden. Im weiteren Verlauf des Mesozoikums kam es zum Zerfall in mehrere Teile, und durch tektonische Vorgänge entstanden seit der Kreide große Gebirgsketten, z. B. am Westrand Nord- und Südamerikas.

Nach dem letzten Massenaussterben im Perm waren marine und terrestrische Lebensräume erheblich verarmt. Viele Tiergruppen erholten sich von dieser Katastrophe nur langsam; in der Trias jedoch breiteten sich beispielsweise die Mollusken erneut aus (insbesondere die Ammoniten erlebten eine Blüte) und entwickelten eine viel größere Vielfalt als im Paläozoikum. Der Erfolg der Mollusken dauert bis heute an, und nach den Arthropoden sind die Weichtiere mit über 100 000 Arten die zweitgrößte Gruppe der rezenten Fauna. Der Schwerpunkt ihrer Entfaltung liegt nach wie vor im Meer, am artenreichsten sind die Schnecken.

Im terrestrischen Bereich machten die Reptilien eine einzigartige Entwicklung durch. Insbesondere die Formenvielfalt der Dinosaurier und mariner Reptiliengruppen sowie die Größe vieler Formen fasziniert heute viele Menschen. Im Gegensatz zu den Reptilien blieben die Säugetiere des Mesozoikums unauffällig. In das Erdmittelalter fällt auch die Entstehung der Angiospermen, die Gymnospermen dominierten allerdings noch.

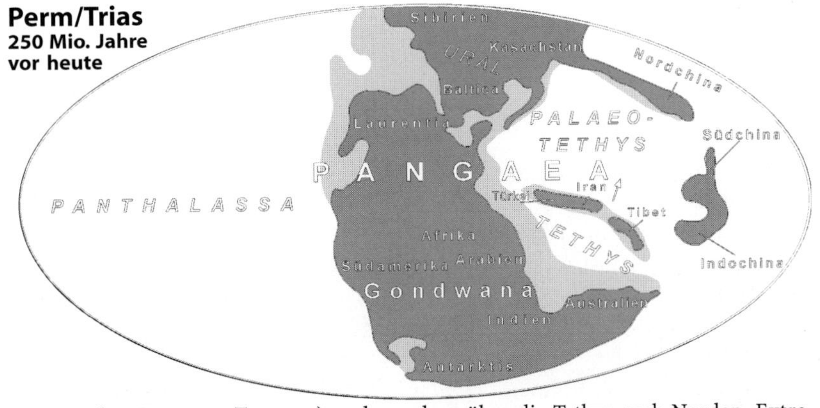

Abb. 2-47. Die paläogeografische Situation an der Perm-Trias-Grenze: Durch die Akkretion von Sibirien, Kasachstan (Entstehung des Ural) und Nordchina entsteht der Superkontinent Pangaea. Am Nordostrand von Gondwana lösen sich Mikrokontinente (Türkei-Iran, Tibet = Kimmerische Terranes) und wandern über die Tethys nach Norden. Extreme Klimaverhältnisse und der geringe Umfang der Schelfgebiete führen zum größten Artensterben der Erdgeschichte an der Grenze Perm/Trias. Nach Scotese, Wertel (2000)

2.3.1 Trias

ÜBERSICHT

Nach dem großen Aussterben Ende des Paläozoikums insbesondere Entwicklungsschübe bei Korallen und Landwirbeltieren. Riffbildung wird von Scleractinia übernommen, die bis heute wesentlich am Aufbau von Korallenriffen beteiligt sind. Es erscheinen die Säuger. Reptilien entwickeln sich zu beherrschenden Formen im Meer, auf dem Land und in den Lüften. Die Pflanzenwelt wird von Farnen, Ginkgos und Nadelbäumen dominiert. Es entsteht die erste Zwitterblüte. Im Meer spielen Crinoidea, Brachiopoden, Gastropoden und vor allem Bivalvia eine bedeutende Rolle. Unter den Ammonoida sind die Ceratiten wichtige Leitfossilien. Fossilien im südwestdeutschen Raum vermitteln uns einen Einblick in die marine Organismenwelt dieser Zeit. Die Trias endet mit einem Massenaussterben.

In der **Trias** (250–205 Mio. Jahre vor heute) teilte das Tethys-Meer – zunächst nur eine Bucht und benannt nach der Schwester und Gattin des griechischen Meeresgottes Okeanos – langsam den nach Norden driftenden Riesenkontinent Pangaea in den späteren Nordkontinent Laurasia und den Südkontinent Gondwana. Ein Teil der Tethys-Sedimente wurde später als riesige Gebirgskette von den Pyrenäen über die Alpen, die Karpaten, den Kaukasus bis zum Himalaja aufgefaltet, deshalb sind diese Hochgebirge fossilienreich.

In der Trias herrschte ein warmes Klima; weite Teile Europas befanden sich in warmen Klimazonen. Nord- und Südpol lagen im Meer.

In Mitteleuropa begann dieser Zeitabschnitt mit der Ablagerung des vor allem aus rötlichen Sandsteinen (Abb. 2-48) und Tonen bestehenden Buntsandsteins (250–240); ihm folgte der marine Muschelkalk (240–230) mit grauen Kalken und Tonen, dann der Keuper (230–205), dessen Gesteine meist tonig, aber auch sandig sind (Keuper von fränkisch „Kipper, Keiper“ für zerfallendes Gestein). Buntsandstein und Keuper sind meist arm an Fossilien, sie sind überwiegend festländisch beeinflusste Bildungen. Beim Muschelkalk handelt es sich um Meeresablagerungen. Große Entwicklungsschritte machten verschiedene Reptilien, z.B. Krokodile, Dinosaurier

Abb. 2-48. Die Turmruine des Heidelberger Schlosses besteht aus Buntsandstein. Daneben: *Pleuromeia*, eine auffällige Buntsandsteinpflanze

und Flugsaurier. Die Dinosaurier waren so auffällige Tiere, dass das Mesozoikum auch als „ihr“ Zeitalter angesehen wird, zumindest aber als das der Reptilien. Einen guten Einblick in die mesozoische Organismenwelt, speziell die des Muschelkalks, kann man sich an verschiedenen Stellen in Mitteleuropa verschaffen. Der Muschelkalk findet schon lange als Werkstein Verwendung und prägt Kulturlandschaften und bekannte Gebäude, z. B. Orte in Franken, Stauferburgen an Neckar, Jagst und Kocher, den Dom zu Naumburg, den Stuttgarter Hauptbahnhof und das Berliner Olympiastadion. 25 000 qkm werden in Deutschland von den grauen Kalksteinen des Muschelkalkes geprägt, d. h. hier tritt er unmittelbar zutage.

EXKURS 2.3.1.1

Mitteleuropa zu Beginn des Mesozoikums: Meerestiere im Germanischen Becken

Das heutige Mitteleuropa wurde in der Trias von einem großen Senkungsgebiet eingenommen, dem Germanischen Becken. Die Sedimente, die dieses Becken auffüllten, lassen eine deutliche Dreigliederung erkennen, die den Bergwerksdirektor von Friedrichshall, Friedrich August von Alberti 1834 veranlasste, die Schichtenfolge aus Buntsandstein, Muschelkalk und Keuper als Trias zu bezeichnen. Heute findet dieser Begriff allgemein Verwendung, wenn auch die Gliederung anderenorts nicht in der Weise hervortritt wie im süddeutschen Raum.

Besonders spektakuläre Fossilien sind aus dem subtropischen Muschelkalkmeer erhalten, das als Randmeer der Tethys das Germanische Becken ausfüllte. Seit einigen Jahren vermittelt das Muschelkalkmuseum Hagdorn, Schloßstraße 11, in 74653 Ingelfingen (nahe Heilbronn) einen hervorragenden Einblick in die Organismenwelt Mitteleuropas vor 235 Mio. Jahren.

Die wohl auffälligsten Muschelkalkfossilien sind die Ceratiten (Abb. 2-49). Sie bewohnten mit fast 500 Gattungen die Meere der Trias, während allerdings im Muschelkalkmeer nur wenige Gattungen heimisch wurden. Muscheln gehörten nach der starken Dezimierung der Brachiopoden Ende Perm zu den „großen Gewinnern", besetzten viele Lebensräume, drangen in Meeresböden ein oder bauten bisweilen mit Seelilien Riffe. Wesentlich beteiligt war die etwa markstückgroße *Placunopsis ostracina* (Abb. 2-50), die mit ihrer rechten Klappe an der Unterlage festwuchs und meterhohe Riffe bildete. Muschelkalk-Seelilien waren in Form ihrer Stielglieder schon lange als Trochiten bekannt (Bonifatiuspfennige, Sonnenrädchen, Hexengeld, Abb. 1-23). Der zehnarmige *Encrinus liliiformis* (Abb. 2-51) ist eine besonders bekannte Form; man findet sie vor allem im Jagsttal bei Crailsheim und auf dem Höhenzug des Elm bei Braunschweig. Dort bilden Trochitenkalke meterdicke Lagen, die auch als Baustein Verwendung fanden. Freyberg an der Unstrut ist klassischer Fundort der zwanzigarmigen Art *Chelocrinus carnalli* (Abb. 2-51).

Auch Fische lebten im Muschelkalkmeer in großer Vielfalt. Es dominierten die Actinopterygii. Die meisten muss man allerdings

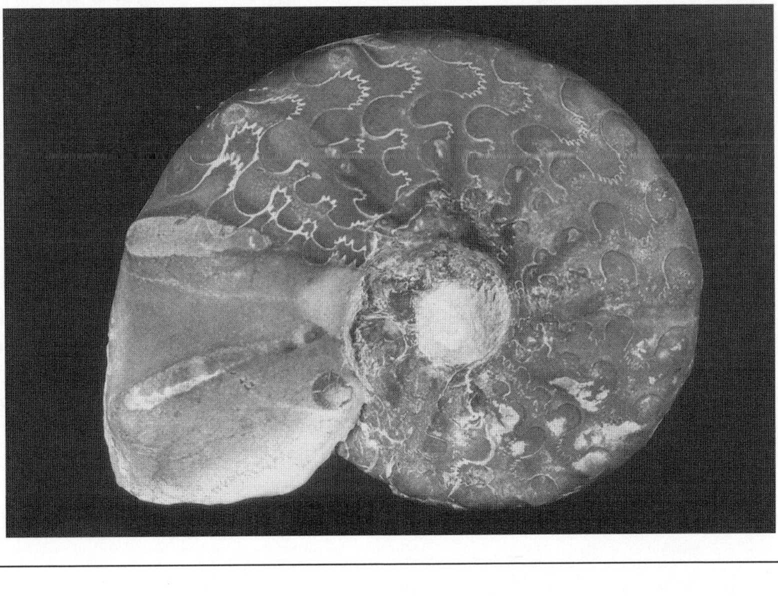

Abb. 2-49. *Ceratites*, ein im Muschelkalkmeer häufiger Ammonit

►

EXKURS 2.3.1.1 (Fortsetzung)

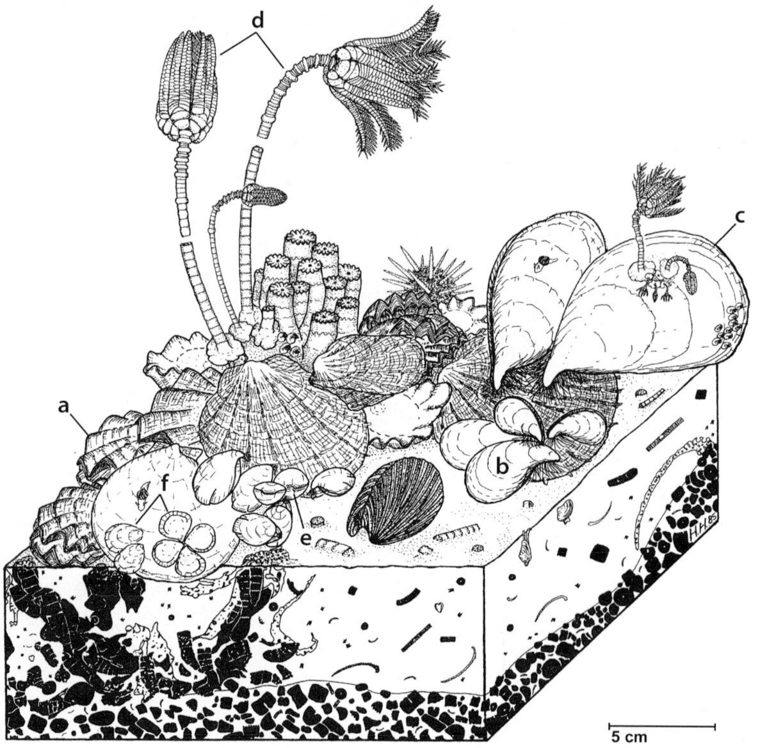

Abb. 2-50 a–f. Benthos-Lebensgemeinschaft des Muschelkalkmeeres. Besonders auffallende Formen sind verschiedene Muscheln (z. B. die austernartige Gattung *Enantiostreon* (**a**) und Miesmuscheln (*Mytilus* (**b**), *Myalina* (**c**)) und Seelilien (*Encrinus liliiformis* (**d**)). Wichtige Faunenelemente sind auch Brachiopoden (*Coenothyris* (**e**)) und die bisweilen riffbildende Muschel *Placunopsis* (**f**). Nach Hagdorn und Simon (1988)

aus Einzelknochen, Zähnen und Schuppen rekonstruieren, die oft in großen Mengen angereichert wurden („bonebeds"). Über 50 000 qkm erstreckt sich das Muschelkalk-Keuper-Grenzbonebed vom Hochrhein bis ins Thüringer Becken. Bei Crailsheim (Baden-Württemberg) und Rothenburg ob der Tauber (Bayern) ist es besonders fossilreich.

Die ökologischen Nischen der heutigen Robben und Wale wurden im Muschelkalkmeer von Reptilien eingenommen. Die räuberischen Nothosaurier (Abb. 2-52 a) und die schalenknackenden Placodontier (Abb. 2-52 b) konnten sich noch am Land bewegen und legten hier auch ihre Eier ab, die viviparen Ichthyosaurier (S. 143) waren dagegen reine Wassertiere.

Nothosauria ernährten sich von Cephalopoden und Fischen. *Nothosaurus giganteus* war die größte Art, sie erreichte 5 m Länge.

Placodontia (Pflasterzahnechsen) sind vorwiegend aus Mitteleuropa bekannte Formen mit meißelförmigen Greifzähnen und flachen, schwarzen oder dunkelbraunen Quetschzähnen zum Zerdrücken der Nahrung. Sie sind eine nur aus der Trias bekannte Gruppe; alle Funde stammen aus den Randgebieten des Tethys-Meeres. *Placodus gigas* ist in Mitteleuropa die häufigste Art dieser Gruppe. Zur Nahrungssuche suchte *Placodus* wohl die küstennahen Muschelbänke auf, wo er Muscheln und andere Tiere mit Hartteilen (z. B. Krebse und Stachelhäuter) erbeutete. Manche Fundstellen liegen jedoch bis 150 km von der damaligen Küste entfernt. Eine zweite Gattung (*Henodus*) wurde in Tübingen gefunden. Sie erinnert durch ihren breiten Rückenschild (und einen entsprechenden Bauchschild) auf den ersten Blick an Schildkröten. *Henodus* lebte wohl in Tümpeln oder Fließgewässern.

Abb. 2-51. *Encrinus liliiformis,* Stiel und Krone in Seitenansicht. *Chelocrinus carnalli,* Krone mit ausgebreiteten Armen, ohne Stiel

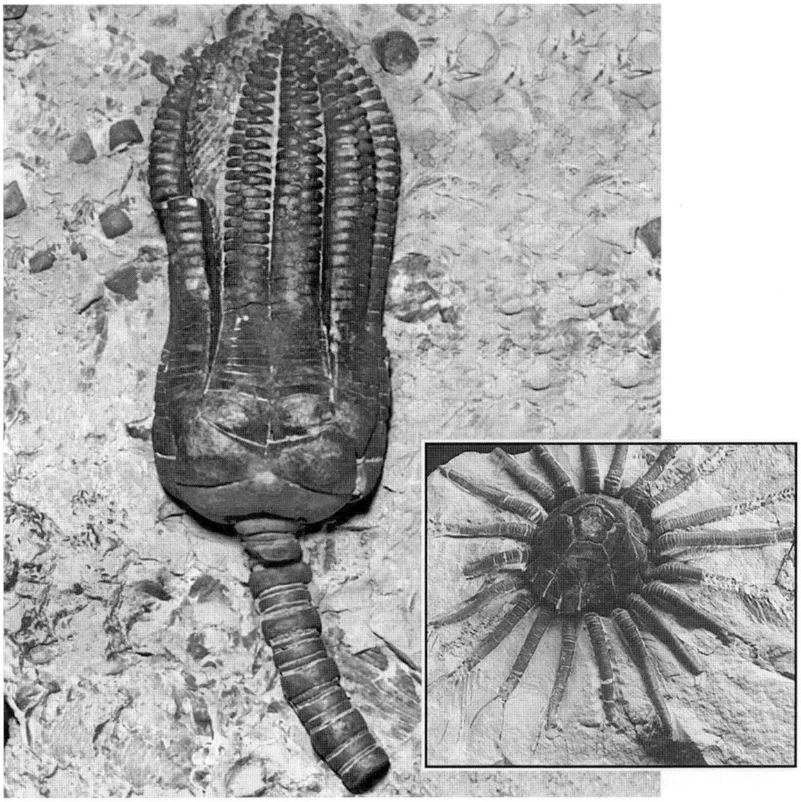

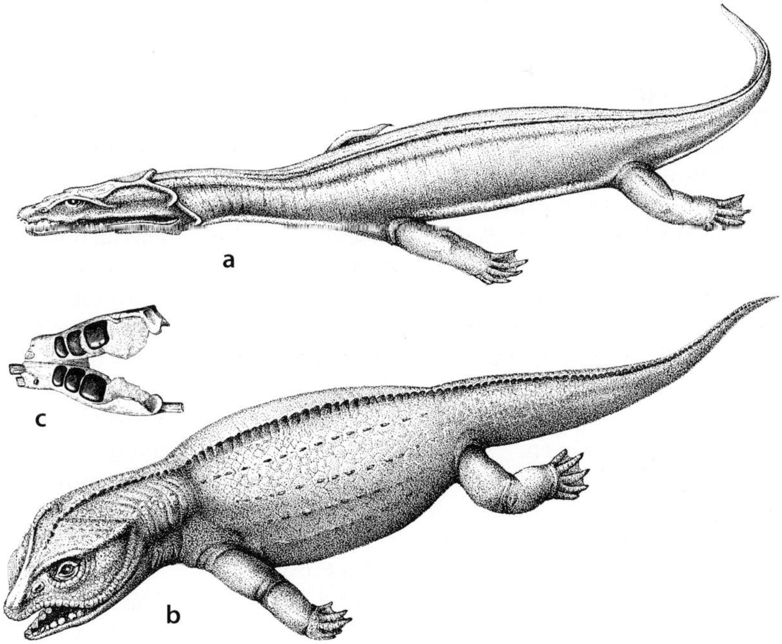

Abb. 2-52 a–c. a Nothosaurier (*Nothosaurus*), **b** Placodontier (*Cyamodus*), **c** Quetschzähne von *Placodus*. Nach Brinkmann (1994)

Die modernen riffbildenden Korallen, die Scleractinia (Madreporaria), entwickelten sich im Mesozoikum in vielfältiger Weise. Diese Gruppe umfasst solitäre Formen, die den paläozoischen Rugosa ähneln, und viele koloniebildende Gattungen. Am Anfang der Trias waren die Riffe noch klein und artenarm, später wurden sie größer und artenreicher. Heute stellen sie eines der reichsten Ökosysteme unserer Erde dar. Die frühen Hexacorallia lebten in vergleichsweise tiefem Wasser. Im Gegensatz zur Mehrzahl der rezenten, vorwiegend im Flachwasser vorkommenden, riffbildenden (= hermatypen) Korallen haben sie also wohl nicht mit photosynthetisierenden Einzellern in Symbiose gelebt. Diese extrem wichtige symbiotische Beziehung ist erst später in der Trias oder im Jura entstanden, als die Scleractinia große Riffe aufzubauen begannen. Das größte rezente Riff ist das Große Barriereriff vor der Nordostküste Australiens. Es erstreckt sich über eine Länge von etwa 2300 km bei einer maximalen Breite von 300 km. Ein weiteres Merkmal mesozoischer und moderner Riffe ist ihre enge Assoziation mit Kalkalgen. Diese versehen die abgestorbenen Riffteile mit einer festen Kruste und schützen sie vor Zerstörung.

Schnecken und Muscheln, die vom permischen Massenaussterben weniger stark betroffen waren als viele andere Gruppen, wurden schon in der unteren Trias und besonders in der folgenden Zeit zu dominierenden marinen Organismen. Muscheln machten eine geradezu explosive Entfaltung durch. Sie übertrafen jetzt die Brachiopoden an Formenfülle. Eine wichtige Familie sind die Trigoniidae, von denen einzelne Formen noch heute leben. In der alpinen Trias und im germanischen Muschelkalk waren sie verbreitet und formenreich. Stratigrafisch wichtig sind die Myophorien. Gesteinsbildend in der alpinen Trias wurden die dickschaligen, bis zu 20 cm langen Megalodontidae, die im Tethys-Meer verbreitet waren.

Die Ammonoida erholten sich nicht nur besonders rasch vom starken Rückgang am Ende des Perm, sondern sie erlebten jetzt sogar ihre größte Blütezeit. Man nimmt an, dass nur zwei Gattungen die permische Katastrophe überlebt hatten, und in der unteren Trias gab es bald mehr als 100 Gattungen. Einige lebten nur vergleichsweise kurz, manchmal weniger als 1 Mio. Jahre. Das machte sie zu wertvollen Leitfossilien. Die adaptive Radiation der Ammonoida ging wohl von *Ophiceras*, einem Nachfahren von *Xenodiscus* aus. In unglaublicher Formenfülle bevölkerten diese „Ceratiten" die Meere. Im germanischen Muschelkalk-Meer war die Gattung *Ceratites* (Abb. 2-49) so häufig, dass man sie heute in vielen Steinbrüchen und auf Äckern, z. B. bei Braunschweig, findet.

Auch Seeigel entfalteten sich in starkem Maße in benthischen Lebensräumen des Muschelkalkmeeres. Generell war die Stachelhäuterfauna jedoch verarmt. Eine verbreitete Gruppe von Seelilien sind die Encrinidae (Abb. 2-51), deren Stielglieder gesteinsbildend wurden („Trochitenkalk"). Die meisten Ordnungen der heutigen Crinoiden reichen bis in die Obertrias zurück.

Wegen des großen Erfolges der Scleractinia, der Muscheln, Schnecken und Seeigel glich das benthische Leben des frühen Mesozoikums den heutigen Verhältnissen mehr als den paläozoischen. Noch fehlten allerdings die vielen modernen Arthropoden. In der Mitteltrias sind jedoch bereits einige Decapoda-Gruppen belegt, z. B. die Penaeidae.

Im Pelagial der paläozoischen Meere hatten die Acritarchen dominiert; sie wurden jedoch vom Aussterben am Ende des Perms so getroffen, dass sie sich nicht wieder erholten. Im Gegenzug entwickelten sich die Dinoflagellaten, die bis heute wichtige Bestandteile mariner Nahrungsnetze darstellen.

Ähnlich wichtig für die Stratigrafie und Parallelisierung triassischer Gesteine wie die Ammoniten sind die Conodonten.

Unter den Fischen dominierten die Actinopterygii, z. B. die Chondrostei mit *Gyrolepis* im Muschelkalk. Auch die Haie traten deutlicher hervor (*Acrodus, Hybodus*), einige waren Mollusken-Fresser. Die am besten erhaltene und individuenreichste Fischfauna des mitteleuropäischen Buntsandsteins ist von Durlach bei Karlsruhe bekannt.

Unter den Amphibien gab es sehr große Formen, z. B. den bis 4 m langen Labyrinthodontier *Mastodonsaurus* („Zitzenzahnsaurier", so genannt wegen seiner eigenartig geformten Zäh-

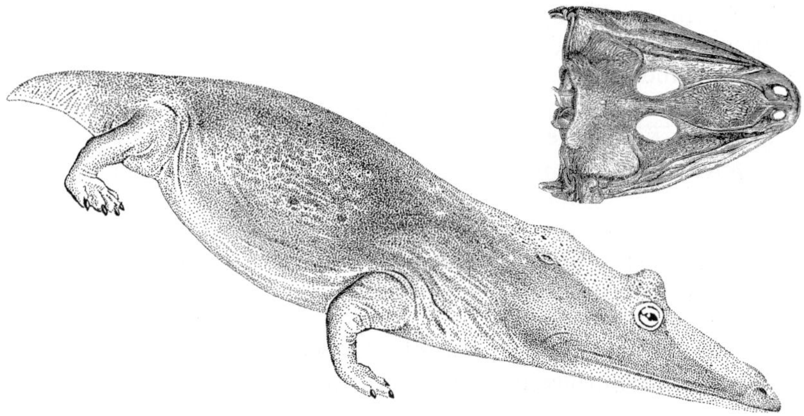

Abb. 2-53. *Mastodonsaurus*: Rekonstruktion und Schädel

ne), dessen Kopf über 1 m Länge erreichte (Abb. 2-53). Der bislang längste Unterkiefer (1,4 m) wurde bei Kupferzell im Hohenloher Land (Baden-Württemberg) in einem „Saurier-Massengrab“ gefunden. *Mastodonsaurus* gilt als das größte Amphib aller Zeiten. Er war vermutlich ein träger Wasserbewohner, der nur gelegentlich an Land ging. Reste ähnlicher Labyrinthodontier wurden auch im Buntsandstein nachgewiesen. Aus dem Buntsandstein sind weiterhin *Capitosaurus* und *Trematosaurus* zu nennen. Einen Panzerlurchschädel kennen wir sogar aus dem Buntsandstein der Nordseeinsel Helgoland; er gehörte wohl zu einem der letzten Vertreter dieser Amphibiengruppe. Zu Beginn der Trias traten die ersten Froschlurche auf. *Triadobatrachus* aus triassischen Ablagerungen Madagaskars wird als besonders ursprüngliche Form aus der Fossilgeschichte der Anuren angesehen.

Auf die außerordentliche Entwicklung der Reptilien war schon oben hingewiesen worden. Zu Beginn der Trias erschienen die Thecodontia, i.a. kleine Formen mit grubenförmigen Vertiefungen (Alveolen) in den Kiefern, in denen die Zahnwurzeln steckten. Diese Tiere waren bald weltweit verbreitet. Sie sind die Grundgruppe der Archosauria, der beherrschenden Reptilien des Mesozoikums; hierher gehören u. a. auch die Dinosaurier (S. 134). Fast alle Archosauria starben im Mesozoikum wieder aus, lediglich die Krokodile mit etwa 20 Arten gehören noch zur rezenten Fauna.

In der Trias gab es zahlreiche Meeresreptilien, z. B. die schon erwähnten Placodontia und Nothosauria. Beide Gruppen überlebten die Trias nicht.

Aus den Nothosauriern jedoch gingen die Plesiosaurier (Abb. 1-26 b) hervor, die in mesozoischen Meeren später eine bedeutende Rolle einnahmen. Ihre frühesten Vertreter sind die in der Mitteltrias Europas und Amerikas belegten Pistosaurier. Plesiosaurier waren Fischfresser und erreichten in der Kreide eine Länge von 12 m. Auch ihre Extremitäten waren Paddel.

Äußerlich fisch- oder delphinartig waren die Ichthyosaurier (Abb. 2-61) oder Fischechsen, die ebenfalls zuerst in der Trias erschienen. Ichthyosaurier lebten im offenen Ozean, waren schnelle, räuberische Schwimmer mit großen Augen und brachten lebende Junge zur Welt. Ihre Schwanzflosse erfuhr auffallende Umformungen (Abb. 2-61).

Die letzte wichtige marine Reptilien-Gruppe in der Trias – und des späteren Mesozoikums – waren die Krokodile. Noch in der Trias entwickelten sie sich zu Landtieren.

Eine weitere Gruppe von Reptilien kennt man vor allem aus Südafrika: die Theropsida (s. Kap. 2.3.1.2). Sie sind schon den Säugern ähnlich und werden als deren direkte Vorfahren angesehen. Man nimmt an, dass sie im kalten Klima von Gondwana (dort hatte es an der Wende vom Karbon zum Perm eine große Eiszeit gegeben) die Homoiothermie („Warmblütigkeit“) entwickelt haben. Die Theropsida entwickelten sich stetig in Richtung der späteren Säugetiere. *Cyno-*

gnathus (Abb 1-20) ist eine bekannte Form. Kieferapparat und Gehörknöchelchen sind besonders klare Indizien für die Zugehörigkeit zu den Säugetieren: nur die Säuger verfügen über ein sekundäres Kiefergelenk und über drei Gehörknöchelchen im Mittelohr.

2.3.1.2
Theropsida (Säugetierähnliche Reptilien) Mammalia (Säugetiere)

Die Theropsida (= Theromorpha = Synapsida) sind eine alte Reptiliengruppe, die seit dem Karbon zu verfolgen ist und aus der Basisgruppe der Reptilien hervorgeht. Aus ihnen sind am Ende der Trias die Säugetiere entstanden. Alte, z. T. recht große Formen in Karbon und Perm waren die **Pelycosauria**, unter denen es Fleisch- und Pflanzenfresser gab. Jüngere Formen des späten Perms und der Trias waren die **Therapsida**, deren eine Untergruppe, die carnivoren Theriodontia, sich insgesamt zunehmend dem Säugertierniveau annäherte.

Säuger sind morphologisch-paläontologisch durch die Entstehung folgender Merkmale gekennzeichnet:

- sekundäres Kiefergelenk (zwischen Dentale und Squamosum),
- drei Gehörknöchelchen,
- einheitlichen Unterkiefer,
- heterodontes Gebiss,
- differenzierte Wirbelsäule,
- zwei Hinterhauptskondylen.

Die Extremitäten werden dem Körper seitlich angelegt und stehen nicht wie bei Reptilien seitlich von ihm ab. Paläontologisch nicht nachweisbar sind Säugetiermerkmale wie Homoiothermie, Haarkleid, Viviparie und Milchdrüsen. Die Viviparie ist nicht bei allen Säugetieren entstanden (s. Monotremen).

Innerhalb der Theriodontia sind vermutlich die triassischen Cynodontia die Ursprungsgruppe der Säugetiere. Aus der Trias sind echte Zwischenformen zwischen Reptilien und Säugern gefunden worden, z. B. in Südafrika *Diarthrognathus*.

Die ersten Säuger stammen also aus der oberen Trias und sind somit älter als Vögel und Te-

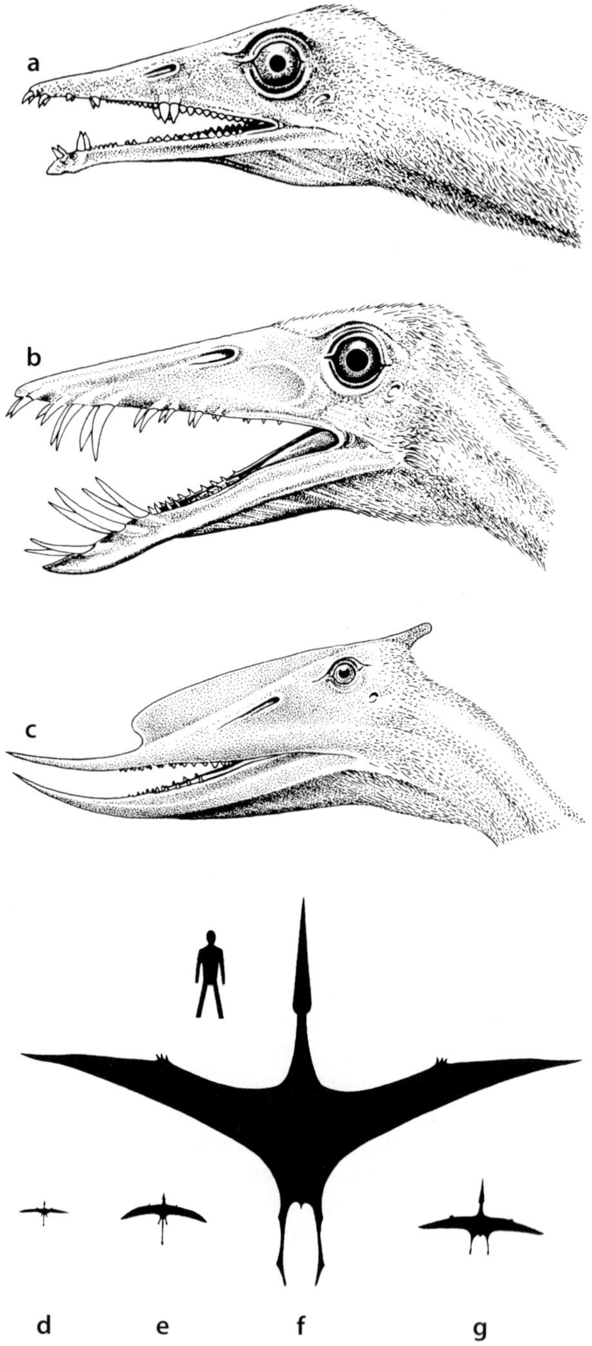

Abb. 2-54 a–g. Flugsaurier. **a–c** Rekonstruktion von Köpfen. **a** *Eudimorphodon*, **b** *Dorygnathus*, **c** *Dsungaripterus*, **d–g** Flugbilder im Vergleich zur Größe eines Menschen, **d** *Eudimorphodon*, **e** *Rhamphorhynchus*, **f** *Quetzalcoatlus*, **g** *Pterodactylus*. Nach Wellnhofer (1991)

leosteer. Während des ganzen Mesozoikums bleiben sie eine eher unbedeutende Gruppe kleiner Tiere, die im Schatten der großen mesozoischen Saurier stehen. Frühe Säuger sind die Morganucodontidae, Kuehneotheriidae und die Haramiyidae. Ab dem oberen Jura sind zwei große Gruppen der Säugetiere zu verfolgen, die Prototheria und die Theria. Die Prototheria sind ganz verschiedenartige, z. T. an Nagetiere erinnernde Formen, wie z. B. die bis ins Tertiär nachgewiesenen Multituberculata. Von den Prototheria überlebten bis heute die Schnabeltiere und die Ameisenigel in Australien und Neuguinea. Beide legen noch Eier, die Schnabeltiere betreiben Brutpflege in einem Nest, die Ameisenigel in einem Brutbeutel. Beide besitzen Milchdrüsen.

Den Theria gehören die Beuteltiere (Metatheria = Marsupialia) und die Placentalia (Eutheria) an. Sie sind weit in die Kreide zurückzuverfolgen und gehen aus den Pantotheria der Übergangszeit Jura-Kreide hervor.

Die Beuteltiere sind heute auf Amerika (primär Südamerika), die östliche indonesische Inselwelt und Australien beschränkt. In der Kreide waren sie auch in Nordamerika, Europa und vermutlich auch in Afrika verbreitet. Sie besiedelten Australien über eine Landbrücke von Süd-Amerika, ihrem vermutlichen Ursprung aus, was durch Fossilfunde in der Antarktis bekräftigt wird.

2.3.1.3 Pterosauria (Flugsaurier)

Die Flugsaurier (Abb. 2-54) beherrschten den Luftraum von der späten Trias (*Eudimorphodon*) bis zur Kreide-Tertiär-Grenze, also über eine Zeitspanne von über 150 Mio. Jahren. Die Funde stammen fast alle aus marinen Ablagerungen, so dass gefolgert werden kann, dass sie wohl vor allem fliegende Bewohner der Küsten und des offenen Meeres waren. Die Pterosauria hatten ein leicht gebautes Skelett und einen typischen Archosaurierschädel, der aber, wie der Schädel der Vögel, die Tendenz zum Verschmelzen der Knochennähte zeigte. Sie hatten große Augen, ihre Zähne waren meist kräftig und manchmal nach vorn gerichtet. Die Verschiedenheit ihrer Gebisse spricht für verschiedene Nahrung und Ernährungsweise. Die meisten Flugsaurier waren wohl Fischfresser. Bei *Eudimorphodon* fand man Fischreste im Magen, bei *Pterodactylus* im Kehlsack. Bei einigen Arten waren die Zähne vorn im Schnabel (*Dsungaripterus*, China, Abb. 2-54 c) oder völlig rückgebildet (*Pteranodon*, Kansas; Abb. 1-26). Ihr Rumpf war kurz und im Verhältnis zu den Flügeln relativ klein; der Schwanz unterschiedlich lang. Das Sternum hatte einen Kamm. Wie die Fledermäuse waren sie Flughautflieger, und ihr Armskelett war mit luftgefüllten Hohlräumen versehen. Dermale Schultergürtelknochen, z. B. das Schlüsselbein, fehlten, von den Ersatzknochen des Schultergürtels waren Schulterblatt und Rabenschnabelbein vorhanden und in der Regel verwachsen (Scapulocoracoid). Bei einigen Pterosauriern erreichte das Schulterblatt eine Grube an der Seite einiger verschmolzener Rückenwirbel. Eine solche gelenkige Verbindung zwischen Wirbelsäule und Schultergürtel gibt es bei keiner anderen Wirbeltiergruppe. Die Hauptstütze der Flügel ist der lange vierte Finger, die ersten drei sind dagegen kurz und tragen Krallen, der fünfte ist rückgebildet. Die Flughäute spannen sich zwischen Vorderextremitäten, Flanken und Hinterextremitäten. Die schlanken, relativ schwachen Beine waren normal am Körper angeordnet und nicht wie bei Fledermäusen nach hinten gerichtet, vermutlich waren viele der kleineren Flugsaurier durchaus in der Lage, biped am Boden zu laufen und auch im Gezweig zu klettern. Die Flugkonstruktion erlaubte den Tieren wahrscheinlich kein ganz so geschicktes Fliegen, wie es von den Vögeln bekannt ist. Die große Flughaut, die nur von einem Finger gestützt wurde (bei Fledermäusen von vier Fingern), erlaubte den großen Formen wohl vorwiegend nur einen Gleit- und Segelflug, aber die kleineren Arten waren vermutlich aktive Flieger (Schlagflug). Möglicherweise hielten sich die größeren Arten nur selten am Boden auf und hingen häufig an Zweigen und Felsvorsprüngen. Die kleineren Formen bewegten sich am Boden wohl mit allen vier Extremitäten fort. Das Gehirn war relativ groß, die Riechanteile reduziert. Endocranialausgüsse zeigen ganz auffallende Übereinstimmungen mit denen von Vögeln, so dass es im Aufbau des Gehirns wohl erhebliche Übereinstimmungen zwischen diesen beiden Gruppen gab. Möglicherweise waren die Flugsaurier warmblütig und besaßen vollständig getrennte Herzhälften; dazu passt, dass ihr Körper mit dicht stehenden, feinen, 2–3 mm langen haarähnlichen Gebilden bedeckt war.

In systematischer Hinsicht werden zwei Gruppen unterschieden:

- **Rhamphorhynchoidea** (Langschwanzflugsaurier, Abb. 2-54d, e): späte Trias, Jura; langer Schwanz, meist zahlreiche Zähne. *Eudimorphodon* (Italien), *Rhamphorhynchus* (Bayern).
- **Pterodactyloidea** (Kurzschwanzflugsaurier, Abb. 2-54f, g)): Oberer Jura, Kreide; sehr kurzer Schwanz, sperlingsgroß bis 15 m Spannweite: *Pterodactylus* (Bayern). *Pterodaustro* (Argentinien) mit Hunderten von zarten Zähnen, mit denen wohl Plankton aus dem Meer ausgeseiht wurde. *Pteranodon* (Kansas), bis 9 m Spannweite, eigenartiger Schädel mit langem, nach hinten geneigtem Knochenfortsatz und langem, zahnlosen Schnabel; hat vermutlich wie Pelikane Fische gefangen. *Quetzalcoatlus* (Kreide, Texas), bis 15 m Spannweite, bis 90 kg, größter Flugsaurier.

2.3.1.4 Dinosauria

Die Dinosaurier umfassen eine Fülle landlebender mesozoischer Reptilien (Abb. 2-55, 56), die z.T. sehr groß wurden und das dominierende Element der damaligen terrestrischen Fauna waren (*deinos*: griechisch „furchteinflößend, groß"; *sauros*: „Kriechtier, Reptil"). Diese vielseitigen und anpassungsfähigen Reptilien entstanden vor ca. 230 Mio. Jahren und starben vor ca. 65 Mio. Jahren aus. Sie existierten also ungefähr 165 Mio. Jahre. Ca. 350 Arten sind bisher bekannt geworden, was mit Sicherheit nur einem Bruchteil der tatsächlichen Artenzahl entspricht. Sie entwickelten sich nach ihrem ersten Auftreten – die ältesten Funde stammen aus NW-Argentinien – außerordentlich schnell in verschiedenen Richtungen. Zu ihrem Erfolg trug sicherlich die Konstruktion ihrer Extremitätengürtel, speziell des Beckengürtels, bei, die mit sich brachte, dass die Beine nicht mehr seitlich vom Körper abstanden, sondern unter den Körper gestellt wurden. Hierin liegt eine gewisse Parallele zu den säugetierähnlichen Reptilien und zu den Säugern. Dadurch wurden effektive, schnelle Fortbewegung und größere Körperausmaße möglich. Sehr kennzeichnend ist das knöcherne Becken, das in zwei Typen auftritt und die zwei großen Linien der Dinosaurier, die **Saurischia** und die **Ornithischia**, kennzeichnet (Abb. 2-55). Der Name Saurischia bedeutet: Dinosaurier mit reptilienähnlichem Beckengürtel, der Name Ornithischia: Dinosaurier mit vogelähnlichem Becken. Bei beiden Gruppen besteht das Becken aus drei Knochen (Ilium, Ischium, Pubis), die bei den Saurischia von einem Zentrum aus in drei verschiedene Richtungen weisen. Das Ilium übernimmt die Befestigung an der Beckenwirbelsäule, das Ischium weist nach hinten-unten, das Pubis nach vorn-unten. Bei den Ornithischia weist das Pubis auch nach hinten und ist parallel zum Ischium angeordnet, besitzt aber zusätzlich einen kräftigen, nach vorn gerichteten Fortsatz. Auch bei den Ornithischia übernimmt das große Ilium die Befestigung an der Wirbelsäule. Zum Erfolg der Dinosaurier hat u. U. auch der Klimawandel in der späten Trias beigetragen, in der es trocken und heiß wurde, was dem Reptilienstoffwechsel entspricht. Hinsichtlich des Stoffwechsels der Dinosaurier wird heute übrigens diskutiert, dass sie vielfach Warmblüter waren. Manche Dinosaurier besaßen offensichtlich ein hochentwickeltes Sozialleben. Dies wird vor allem für Dinosaurier der Kreidezeit vermutet. Dazu gehört auch z.B. koloniales Brutverhalten und Betreuung der aus den Eiern geschlüpften Jungtiere (*Maiasaura*). Bei anderen Formen (z.B. *Orodromeus*) verließen die Jungen vermutlich sofort nach dem Schlüpfen das Nest und wurden nicht betreut.

Insbesondere aus der Mongolei und aus Südfrankreich kennt man fossile Dinosaurier-Gelege. In manchen Fällen steht die Artzugehörigkeit der Eier fest. So hatte der etwa 2 m lange *Proceratops* aus der Mongolei bis 20 cm lange Eier, die zu 30–35 Stück in Nester abgelegt wurden. Die Eier der Provence (Aix-en-Provence, Montpellier) sind dagegen nicht mit Sicherheit zuzuordnen.

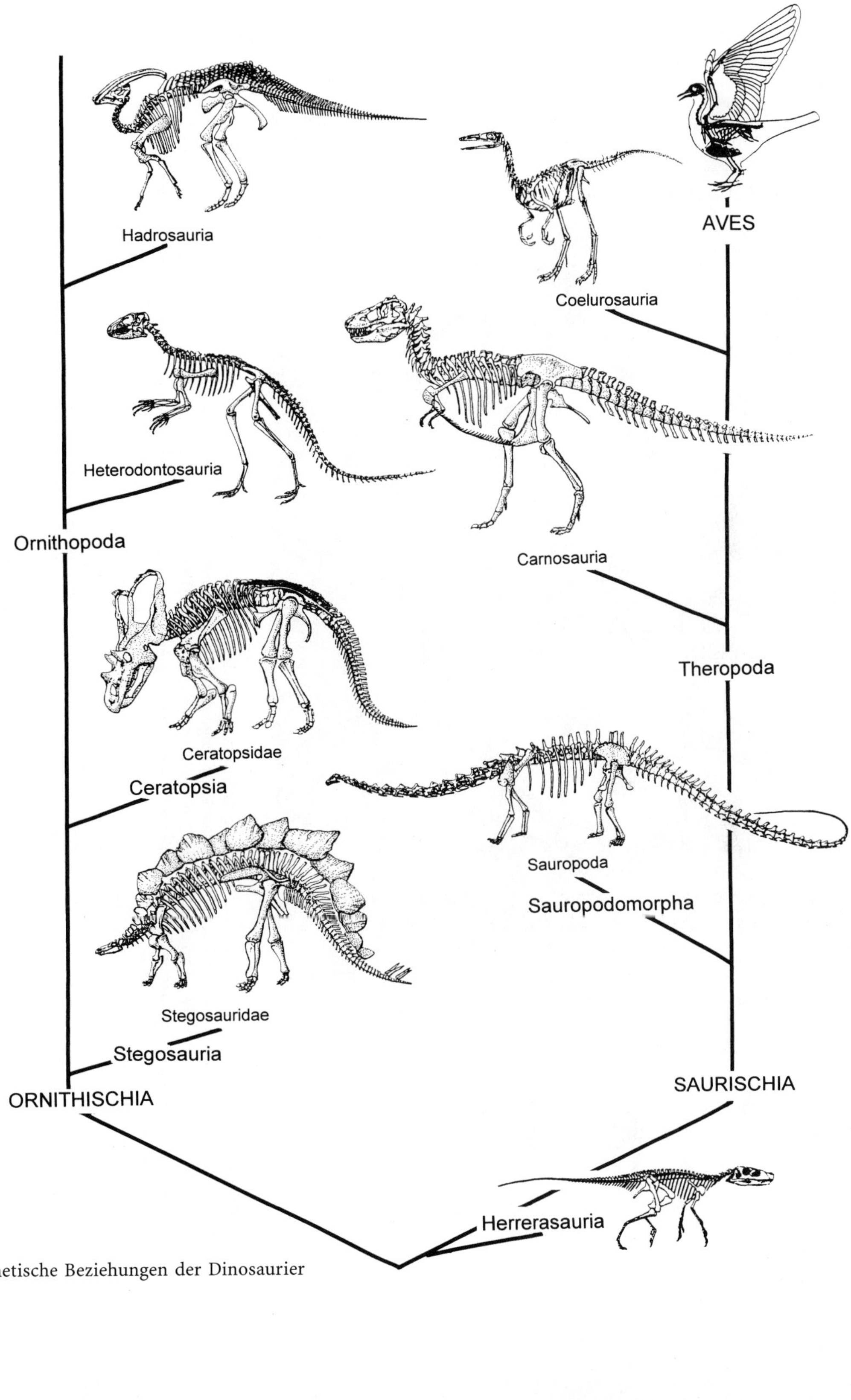

Abb. 2-55. Phylogenetische Beziehungen der Dinosaurier

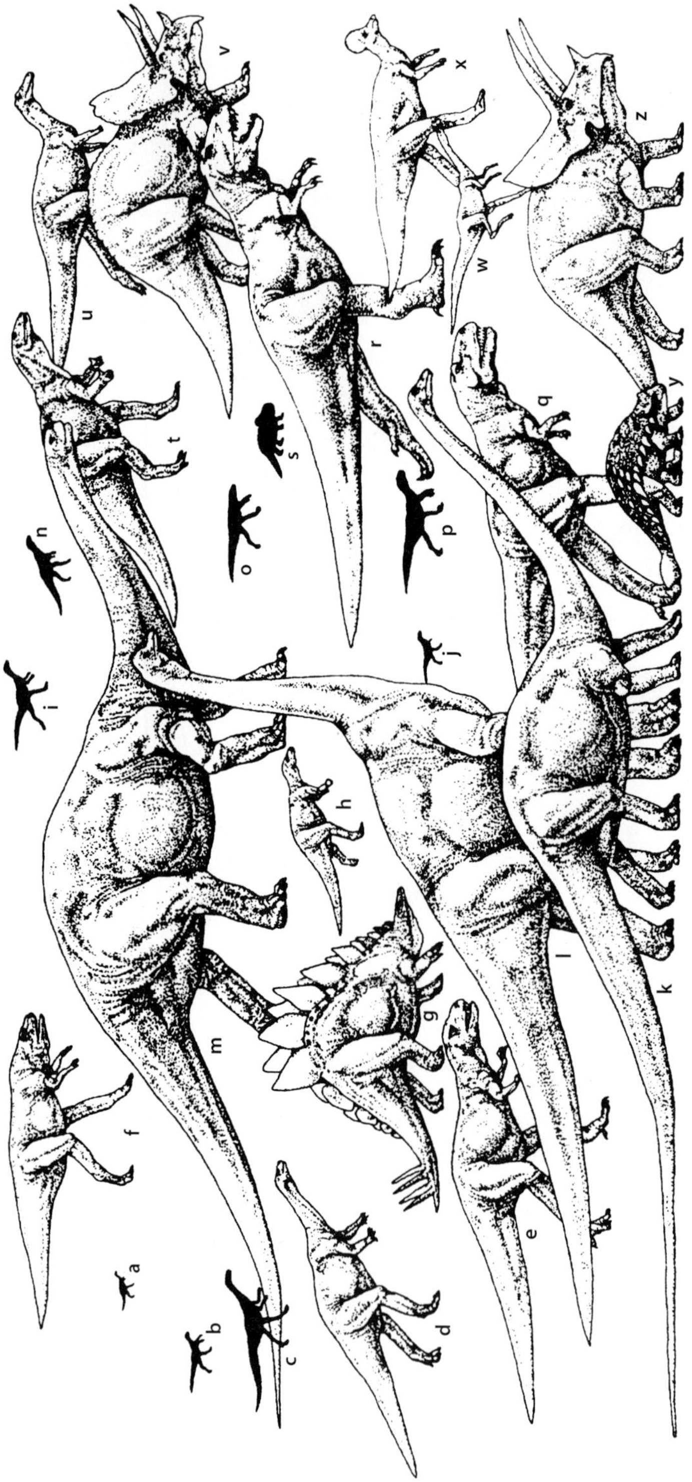

Abb. 2-56a–z. Dinosaurierformen von der Trias bis zur Kreide im gleichen Maßstab dargestellt. **a** *Procompsognathus* (Länge 0,75 m); **b** *Heterodontosaurus*; **c** *Coelophysis*; **d** *Plateosaurus*; **e** *Allosaurus*; **f** *Megalosaurus*; **g** *Stegosaurus*; **h** *Camptosaurus*; **i** *Ornitholestes*; **j** *Compsognathus*; **k** *Diplodocus* (Länge 27 m); **l** *Brachiosaurus*; **m** *Apatosaurus* (*Brontosaurus*); **n** *Hypsilophodon*; **o** *Velociraptor*; **p** *Deinonychus*; **q** *Fabrosaurus*; **r** *Tyrannosaurus*; **s** *Protoceratops*; **t** *Iguanodon*; **u** *Edmontosaurus*; **v** *Triceratops*; **w** *Struthiomimus*; **x** *Corythosaurus*; **y** *Ankylosaurus*; **z** *Tarbosaurus*. Nach Haubold (1990), Ostrom (1978)

Saurischia: Der Bau des Beckens begünstigte die Entwicklung großer Muskeln für die Bewegung der Beine, die meist viel größer waren als die Arme. Die ursprünglichen Formen waren biped und carnivor, jedoch entstanden später neben großen bipeden Formen auch große quadrupede, amphibisch lebende Pflanzenfresser. Den Saurischia (und nicht den Ornithischia) entstammen die Vögel.

- **Herrerasauria.** *Eoraptor* ist der älteste, bisher bekannte Dinosaurier, eine kleine bipede Form, die in NW-Argentinien gefunden wurde und vor ca. 228 Mio. Jahren (also in der mittleren Trias) lebte. *Herrerasaurus* war ca. 5 m groß und war nur wenig jünger, sein Alter beträgt 225 Mio. Jahre. Er wurde 1988 ebenfalls in NW-Argentinien gefunden und besaß, wie die anderen später lebenden fleischfressenden Saurischia, einen flexiblen Unterkiefer.
- **Theropoda.** Biped, carnivor, Obertrias, Jura, Kreide. Familiengruppe **Coelurosauria**: kleine (bis 3 m große), langschwänzige Formen mit vogelartigen Füßen. Hände mit drei, selten zwei krallentragenden Fingern; Nahrung vermutlich kleine Reptilien und Säuger. *Coelophysis*, *Compsognathus*, *Ornitholestes*. Die Coelurosauria kamen weit verbreitet vor und wurden in Nordamerika, Westeuropa, Ost- und Südafrika, Australien und China gefunden. Sie lebten von der späten Trias bis zur mittleren Kreide. **Ornithomimosauria** und **Oviraptorosauria**: zahnlose, bis ca. 6 m (*Deinocheirus*) große Tiere, die habituell Straußen ähnelten, aber lange Arme und Schwänze hatten. Nahrung u. a. Eier anderer Saurier. Westliches Nordamerika, China; spate Kreide. *Struthiomimus* (Abb. 2-57 b), *Oviraptor*, *Dromiceiomimus* (relativ große Augen und großes Gehirn). **Deinonychosauria**, v.a. mit den Familien Dromaeosauridae und Troodontidae, großköpfige carnivore Saurier mit relativ langen Armen, großer, sichelförmiger zweiter Zeh, vermutlich schnelle Läufer, Augen i.a. nach vorn gerichtet; westliches Nordamerika, England, China; Kreide. *Velociraptor* (1,8 m lang), *Deinonychus* (3 bis 3,3 m lang); *Dromaeosaurus* (1,8 m lang), *Sauronithoides* (1,6 m lang), *Troodon* (2 m lang), ein vogelartiger Saurier mit großem Gehirn, riesigen Augen und binokularem Sehvermögen. Troodontiden werden oft als intelligenteste aller Dinosauria angesehen. **Carnosauria**, große, schwere Theropoda mit gewaltigem Gebiss, die im Laufe ihrer Evolution die Arme verkürzten; möglicherweise unnatürliche Gruppe; westliches Nordamerika, Westeuropa, Nordafrika, China; später Jura. *Allosaurus* (12 m lang), *Ceratosaurus* (6 m lang). **Tyrannosaurida** (vielfach als Untergruppe der Carnosauria geführt): die größten Theropoda, gewaltige Carnivoren, Zähne bis 18 cm lang, ungewöhnlich kleine Vorderextremitäten; westliches Nordamerika, Ostasien, vermutlich Südamerika und Indien; späte Kreide. *Tyrannosaurus* (Abb. 2-57 a, 15 m lang, Schädel bis 1,5 m), *Albertosaurus* (9 m lang), *Daspletosaurus* (9 m lang).
  Tyrannosaurus rex aus der Kreide von Montana (USA) hat als 6 m hoher und bis 15 m langer Raubsaurier besondere Berühmtheit erlangt. Seine bis 18 cm langen (bananengroßen) Zähne hat er wohl in seine Saurier-Opfer geschlagen, die er mit den Hinterextremitäten gepackt hatte. Die Vorderextremitäten sind sehr klein und tragen nur zwei Finger. Mit ihnen konnten die Tiere wohl nicht den Mund erreichen. Mittlerweile kennt man die Bissspuren von *Tyrannosaurus* in fossilen Knochen und wohl auch seine Faeces. Ein 44 cm langer Koprolith aus der Kreide des kanadischen Saskatchewan, welches an Montana grenzt, der zum erheblichen Teil Knochenfragmente enthielt, wird diesem Raubsaurier zugeordnet.

Es existierten weitere Theropoden, die sich z. T. schwer einordnen lassen. Besonders bekannt wurde der 1,5 m große *Avimimus*, der in der späten Kreide der Mongolei gefunden wurde und der vogelähnliche Merkmale aufwies, vielleicht sogar federähnliche Gebilde auf der Körperoberfläche besaß. *Segnosaurus* (4,6 m lang, Kreide; Mongolei), zeigt in der Lage seines Os pubis Übereinstimmungen mit den Ornithischia; leider ist der Fund unvollständig, so dass eine eindeutige Zuordnung derzeit kaum möglich ist.

- **Sauropodomorpha.** Trias, Jura, Kreide, sekundär quadrupede Formen. Pflanzenfresser von z. T. ungewöhnlichen Ausmaßen. Hierher gehören die größten landlebenden Tiere, die je auf der Erde lebten. *Seismosaurus* wurde

Abb. 2-57 a–c. a *Tyrannosaurus*. **b** *Struthiomimus*, **c** *Diplodocus*

ca. 40 m lang und wog ca. 50 Tonnen. *Mamenchisaurus* hatte einen ca. 15 m langen Hals. Der Schädel blieb relativ klein, die äußeren Nasenöffnungen waren häufig erhöht und lagen zwischen den Augen, die Haut trug fast nie schützende Knochenplatten. Der Schwanz war oft außerordentlich lang und u.a. ein sehr effektives peitschenartiges Verteidigungsorgan.
Zwei große Gruppen: Prosauropoda und Sauropoda

Die ältesten Formen (späte Trias bis früher Jura) werden als **Prosauropoda** zusammengefasst. Es waren die ersten pflanzenfressenden Dinosaurier. Zu dieser vielgestaltigen Gruppe gehören Formen unterschiedlicher Größe wie *Musasaurus* (20 cm, Patagonien) und *Plateosaurus* (10 m, Europa). Bei einigen wurden Magensteine gefunden, die vermutlich der Zerkleinerung der pflanzlichen Nahrung dienten. *Plateosaurus* wurde in „Massengräbern" (Trossingen, Halberstadt, Chassagne [Frankreich]) gefunden, was vermuten lässt, dass sie in Herden lebten.

Plateosaurus (Abb. 2-58) war in der oberen Trias (Keuper) Europas verbreitet. Der erste Fund stammt von Heroldsberg bei Nürnberg; heute sind Trossingen (im südlichen Baden-Württemberg) und Halberstadt (nordöstlich vom Harz) mit Skelettresten von über 120 Tieren die ergiebigsten Fundstellen. *Plateosaurus* war im Keuper wohl eines der häufigsten großen Landtiere und der dominierende Pflanzenfresser; allein aus Deutschland kennt man seine Reste von etwa 30 Fundstellen, dazu kommen weitere, z.B. in der Schweiz und in Frankreich.

Plateosaurus hatte kräftige Hinter- und schwächere Vorderextremitäten und konnte sich vermutlich auf allen Vieren und allein auf den Hinterextremitäten fortbewegen. Der größte Teil seiner Länge von maximal 10 m entfiel auf Hals und Schwanz, der Kopf war relativ klein. Wegen der Häufigkeit der Fossilfunde an manchen Orten glaubt man, dass sich *Plateosaurus*-Herden ähnlich verhalten haben wie Großsäuger-Herden in der heutigen Savanne Afrikas. *Plateosaurus*-Skelette sind in mehreren Museen Mitteleuropas zu besichtigen, z.B. in Halberstadt und Trossingen, Göttingen, Stuttgart, Frankfurt und Berlin und werden bisweilen mit Lokalnamen belegt (Halberstädter Saurier, Schwäbischer und Fränkischer Lindwurm).

Die großen Formen werden **Sauropoda** genannt und werfen hinsichtlich ihrer Lebensweise noch viele Fragen auf. Lange Zeit wurde vermutet, dass sie amphibisch lebten (gewaltiges Körpergewicht, z.T. hochgelegene äußere Nasenöffnungen u.a. begünstigten diese Interpretation). Neuere,

Abb. 2-58. *Plateosaurus* – Skelett in Fundlage. Nach von Huene (1928)

detaillierte anatomische Untersuchungen der Extremitäten, des Thorax und der Zähne sowie Überlegungen zur Physiologie der Atmung sprechen für eine terrestrische Lebensweise. Mit giraffenartig langen Hälsen erreichten sie auch Laub an hohen Zweigen der damals verbreiteten Coniferen, Farne, Cycadeen und Gingkobäume. Wahrscheinlich besaßen sie sehr große Mägen mit einer muskulären Vorkammer, die Steine enthielt. Der riesige *Seismosaurus* (u. U. 40 m lang) besaß vielleicht sogar 2 muskuläre Kammern im Verlaufe seines Verdauungstraktes. Ihre Extremitäten zeigen Übereinstimmung mit denen von Elefanten. Die Köpfe – und damit auch die Gehirne – waren relativ klein. Der Wirbelkanal war im Sakralbereich erweitert und barg vermutlich eine Auftreibung des Rückenmarks, die die Neurone enthielt, welche die gewaltigen Hinterextremitäten versorgten. Die großen Wirbel bestanden oft nur aus dem Knochenspangengerüst. Die z. T. ca. 10–14 m langen Hälse der Sauropoden bieten durchaus anatomische und physiologische Probleme. Vermutlich konnten sie diese Hälse nicht kontinuierlich aufrichten, das wäre mit enormen Pumpleistungen des Herzens zur Versorgung des Gehirns und mit außerordentlichen Belastungen der Gefäßwände verbunden gewesen. Wie andere Dinosaurier haben auch diese Riesenformen Eier abgelegt; sie erreichten 15 cm Durchmesser, waren kugelförmig und sind aus Nordamerika und der Gobi bekannt. Ältester Sauropode ist der ca. 6,5 m große *Isanosaurus* aus der Obertrias von Thailand.

- **Diplodocidae** (weltweit, später Jura bis zum Ende der Kreide) mit *Apatosaurus = Brontosaurus* (21 m lang, Gewicht ca. 30 Tonnen), *Diplodocus* (27 m lang, Abb. 2-57 c), *Cetiosauriscus* (17 m lang) ist neben *Plateosaurus* (s. oben) bedeutendster Dinosaurier-Fund der Schweiz („Saurier von Montier"). *Apatosaurus* war bis vor einiger Zeit als *Brontosaurus* (Donnerechse) bekannt. Das erste Skelett dieses Dinosauriers entdeckte man 1879 in Wyoming, doch der Schädel des über 20 m langen Tieres war bis 1975 unbekannt. Mit 55 cm Länge erwies er sich geradezu als winzig. *Apatosaurus* hatte ein vergleichsweise leichtgewichtiges Skelett und lebte allem Anschein nach in Herden, wobei sich die Jungtiere in der Mitte der Gruppe aufhielten.
- **Camarasauria** und **Brachiosauria** (Nordamerika, Europa, Afrika, später Jura bis frühe Kreide). *Brachiosaurus* (12 m hoch, 22,5 m lang, Gewicht ca. 50 Tonnen; das einzige aufgestellte Skelett befindet sich im Berliner Naturkundemuseum), *Camarasaurus* (18 m lang), *Ultrasaurus* (ca. 30 m lang), *Supersaurus* (25 bis 30 m lang, 16,5 m hoch).
  Verschiedene andere Sauropoda wurden weltweit in Schichten des frühen Jura bis zur späten Kreide gefunden, oft in unvollkommenem Erhaltungszustand. Beispiele sind: *Vulcanodon* (6,5 m lang; Simbabwe), *Saltasaurus* (ca. 12 m lang, mit Knochenschuppen; Argentinien), *Titanosaurus* (Argentinien), *Cetiosaurus* (England).

Ornithischia: Die Ornithischia sind vielgestaltige bi- und quadrupede, ausschließlich herbivore Dinosaurier mit vogelähnlichem Becken. Ihr Unterkiefer hat eine hornbedeckte Spitze, die von eigenem Knochen (Prädentale) gebildet wird; kennzeichnend sind weiterhin verknöcherte Sehnen an der Wirbelsäule, die auch an Museumsexemplaren oft gut erkennbar sind. Die ältesten Ornithischier wurden, wie die ältesten Saurischier, im Norden des heutigen Argentinien gefunden. Physiologisch interessant ist, dass einige kleine Ornithischier, z. B. *Leaellynasaura* (Fundort Südküste Australiens) in Bereichen mit polarem Klima gelebt haben. Sie waren vermutlich warmblütig und besaßen große Augen, was auf gutes Sehen in der Dunkelheit hinweist. Auch andere Dinosaurier lebten in kalten Klimaten. Solche Formen wurden an verschiedenen Stellen der Erde gefunden.

- **Ornithopoda**: Jura bis Kreide; Nordamerika, Europa, Südafrika, China. Klein bis mittelgroß; **Fabrosauria** (mit *Lesothosaurus*), **Heterodontosauria** (mit *Heterodontosaurus* und *Scutellosaurus*), **Hypsilophodontida**, **Iguanodontida** (mit *Iguanodon* (Abb. 2-59 a), der bis 10 m lang wurde und einer der ersten wissenschaftlich bearbeiteten Dinosaurier war; Funde vor allem aus der frühen Kreide Westeuropas, insbesondere Belgiens, aufgestelltes Ske-

Abb. 2-59 a–d. **a** *Iguanodon*, **b** *Pinacosaurus*, **c** *Parasaurolophus*, **d** *Triceratops*

lett im Senckenberg-Museum in Frankfurt am Main) und **Hadrosaurida** (bis 13 m große Saurier mit sehr variabler Kopfform; Schnabelbildungen, Scheitelleisten, Hornbildungen, Helme u.ä. Die Helme und Kopfleisten enthielten Nasennebenhöhlen und waren möglicherweise Resonanzkörper; vermutlich hatten sie auch Signalfunktion). Die Hadrosaurier erschienen erst in der mittleren Kreide und waren eine weit verbreitete, sehr erfolgreiche Gruppe. *Parasaurolophus* (Abb. 2-59 c).

- **Ceratopsia**: Kreide; westliches Nordamerika, Mongolei, China. Kiefer zu kräftigen Schnäbeln umgebildet, **Psittacosauria, Protoceratopida, Ceratopida** (mit Hornbildungen am Kopf und z. T. großen, phantastisch geformten Nackenschilden, die Schutzfunktion gegen die großen carnivoren Dinosaurier gehabt haben dürften und vielleicht auch bei Rivalenkämpfen eine Rolle spielten: *Protoceratops*, *Triceratops* (Abb. 2-59 d; 10 m lang).
Der Dreihornsaurier *Triceratops* verkörpert den Nashorn-Typ unter den Dinosauriern. Bei einer Körperlänge von etwa 10 m erreichte der massige Kopf 2 m. Man schätzt sein Gewicht auf 10 Tonnen. Beide Geschlechter tragen bis 1 m lange Hörner. Diese dienten möglicherweise dem Schutz gegen *Tyrannosaurus*, der zeitgleich im selben Gebiet (Nordamerika) vorkam. *Triceratops* lebte wohl in Herden.
- **Pachycephalosauria**: späte Kreide; westliches Nordamerika, Mongolei, China, Westeuropa, Madagaskar. Bis zu 8 m lange Saurier mit auffälligen und massiven Knochenverdickungen am Schädel, die halbkugelförmig aufgewölbt

Abb. 2-60 a, b. a *Tuojiangosaurus*, **b** *Polacanthus*

sein konnten (spielten möglicherweise bei Rivalitätskämpfen eine Rolle).

- **Stegosauria**: Jura, Kreide; westliches Nordamerika, Europa, Ostasien, Afrika, Indien. Große, tetrapode Ornithischia mit Doppelreihen von Stacheln oder dreieckigen Knochenplatten entlang dem Rücken und Schwanz; schmale, flache Köpfe, schwaches Gebiss, an der Schnauzenspitze hornbedeckter Schnabel, *Tuojiangosaurus* (Abb. 2-60 a; 6 m lang), *Stegosaurus* (6 bis 7,5 m lang).
- **Scelidosauria**: früher Jura; Westeuropa, vielleicht auch südwestliche USA. Bis 4 m große, kräftige Tiere, Rückenhaut mit Knochenplatten, die einen stumpfen Stachel trugen.
- **Nodosauria**: später Jura bis späte Kreide, Nordamerika, Europa, vielleicht Australien. Mit unterschiedlich gestalteten Rückenpanzern, z.T. schalenartig, und etwas an den Panzer der Gürteltiere erinnernd. *Nodosaurus*, *Polacanthus* (Abb. 2-60 b).
- **Ankylosauria**: späte Kreide; westliches Nordamerika, Ostasien. Dinosaurier mit kräftigem Hautpanzer, am Schwanzende kugelförmige Knochenverdickung, möglicherweise eine Verteidigungswaffe gegen die Tyrannosaurier. *Pinacosaurus* (Abb. 2-59 b).

Das recht plötzliche Aussterben der Dinosaurier war und ist Anlass zu vielfältigen Spekulationen und bietet viele noch offene Fragen. Nach verbreiteter Ansicht hängt das Aussterben mit dem Aufschlag eines gewaltigen Meteoriten zusammen, der vor 65 Mio. Jahren vor der Halbinsel Yukatan niederging (S. 90). Der Einschlag führte zur Verdunklung durch Staub in der Atmosphäre und damit zur Abkühlung der Erdoberfläche, was die Lebensbedingungen der Dinosaurier entscheidend verschlechterte. Nach anderer Auffassung war es jedoch eher ein langsames Aussterben, das mit einer ganzen Serie von Asteroideneinschlägen, die sich u.U. über 1–2 Mio. Jahre hinzog, in Beziehung stand. Vielleicht hängt das Aussterben auch mit starkem Vulkanismus am Ende der Kreide zusammen. Lava vernichtete weite Lebensräume, CO_2 reicherte sich an, saurer Regen trat auf, die Ozonschicht wurde zerstört. Eine weitere Spekulation betrifft das Erscheinen giftiger Blütenpflanzen in der Kreide, das erst zum Aussterben der pflanzenfressenden und dann der fleischfressenden Dinosaurier geführt hat.

2.3.1.5 Ichthyosauria (Fischsaurier)

Die Ichthyosaurier waren große, mesozoische Reptilien mit vielen Anpassungen an das Wasserleben (Abb. 2-61), stromlinienförmiger Gestalt, Umwandlung der Extremitäten zu Flossen, häutiger Rückenflosse und hypozerker Schwanzflosse. Ihre Augen waren ungewöhnlich groß und mit Skleralring versehen. Man kennt Ichthyosaurier seit der Trias, ausgestorben sind sie in der Kreide, lange vor der Kreide-Tertiär-Grenze. Die weltweit beste Fundstelle von hervorragend erhaltenen Ichthyosauriern ist der Posidonienschiefer Holzmadens (Unterjura, 180 Mio. Jahre alt; S. 146); eine der umfangreichsten Sammlungen von Fischsauriern befindet sich im Geologisch-Paläontologischen Museum in Tübingen, Siegwartstrasse 10, 72076 Tübingen). Ichthyosaurier waren Räuber. Ihr Gebiss enthielt viele Zähne vom labyrinthodonten Typ. Ihre Extremitäten waren hochgradig abgewandelt: Ihre Knochenelemente waren plattenförmig und die Anzahl der Fingerknochen stark vermehrt. Eine Verbreiterung der Flossen wurde durch Aufspaltung und Neubildung von Fingern erreicht (Hyperdactylie). Der kretazische *Platypterygius* hatte 11 Finger. Das Becken der Ichthyosaurier war zu stabförmigen Knochen reduziert, und die Hinterextremitäten waren relativ klein.

Ichthyosaurier lebten anscheinend ähnlich wie Delphine. Sie ernährten sich insbesondere von Fischen oder Tintenfischen (*Stenopterygius*, S. 148). Zum Luftholen mussten sie sich vermutlich um die Längsachse drehen, denn ihre Nasenöffnungen liegen seitlich am Kopf. Ähnlich macht es heute der Gangesdelphin (*Platanista*).

Ichthyosaurier waren vivipar, und wiederum zeigen die Fossilien von Holzmaden besonders eindrucksvolle Beispiele (S. 146, Abb. 2-62 c): Man fand trächtige Weiber mit bis zu 11 Feten.

Der Riese unter den Ichthyosauriern war der jurassische *Leptopterygius*. Er erreichte 10 m, vielleicht sogar, wenn man von einzelnen Wir-

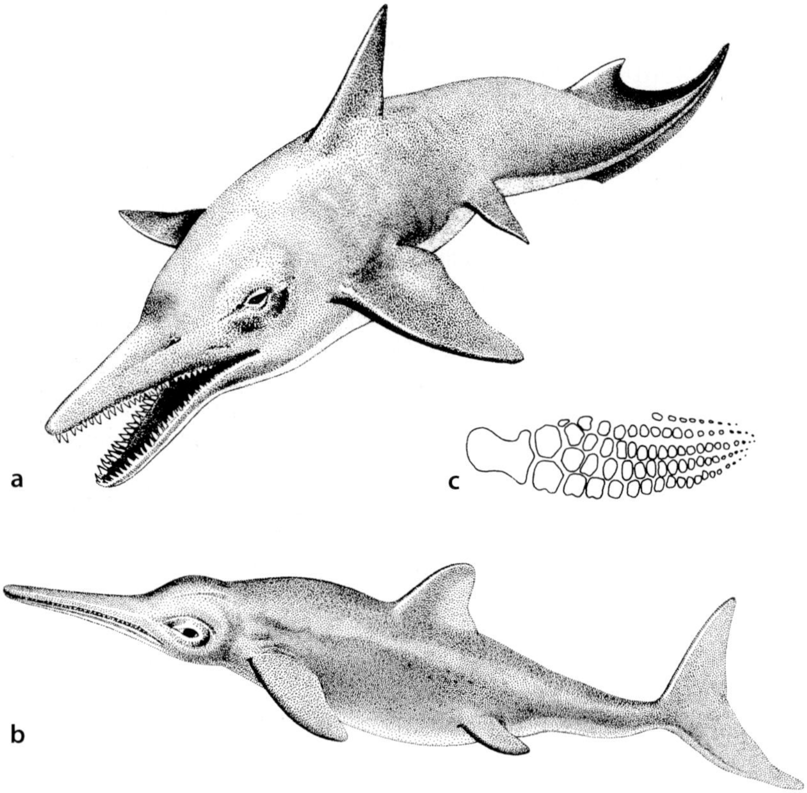

Abb. 2-61 a–c. Ichthyosaurier. **a** *Mixosaurus*, **b** *Stenopterygius*, **c** Skelett der Vorderextremität von *Stenopterygius*

beln extrapoliert, 15 m Länge. Während jurassische und kretazische Ichthyosaurier relativ einheitlich gebaut sind, gibt es in der Trias ganz verschiedene und noch recht ursprüngliche Formen. *Grippia* (von Spitzbergen) hatte noch eine kurze Schnauze, *Mixosaurus* (aus dem Tessin) hatte noch fünffingrige Vorderflossen und verlängerte Unterarmknochen; der Beckengürtel bestand noch aus sechs Knochen; eine vertikale Schwanzflosse war noch nicht ausgebildet. *Mixosaurus* war noch ein Schlängelschwimmer.

2.3.1.6 Die Pflanzenwelt der Trias

Am Land scheint das Massenaussterben Ende Perm die Pflanzen wesentlich weniger in Mitleidenschaft gezogen zu haben als die Tiere. Die spätpaläozoischen Floren hatten schon lange vor Ende des Perms Veränderungen durchgemacht. Im Perm hatten sich die Gymnospermen durchgesetzt; ihre mannigfaltigsten Gruppen waren die Cycadophytina (Palmfarne), Coniferen und Ginkgogewächse. Sie dominierten auch in den Wäldern des Mesozoikums.

Die Landflora des Buntsandstein war an das damals vorherrschende Wüstenklima mit kurzzeitigen Niederschlagsperioden angepasst. Die Vegetation war arm, der Bewuchs locker. In den trockenen, bodensatzreichen Ablagerungsgebieten herrschten Coniferen vor.

Auffälligste Buntsandsteinpflanze war die sukkulentenartige, bis 2 m hohe *Pleuromeia* (Abb. 2-48), ein Bärlappgewächs. Ihr verdickter Stamm diente als Wasserspeicher, die Achse endete mit einem großen Zapfen an der Stammspitze. Wie bei dem verwandten Siegelbaum war der Stamm dicht mit Narben abgefallener Blätter besetzt; Blätter standen nur im oberen Bereich. Schachtelhalme (*Equisetites, Schizoneura*) erreichten in der Trias 6 m Höhe. Da man ihre hohlen Stängel früher für Schilf hielt, wurde der *Equisetites arenaceus* enthaltende Sandstein Schilfsandstein genannt. Farne existierten als überwiegend an Trockenheit angepasste kleine Formen mit kurzem Stamm. Als Verdunstungsschutz trugen sie Haare, ähnlich wie rezente Trockenfarne. *Anomopteris* mit etwa 1 m langen Wedeln ist ein Leitfossil des Buntsandsteins. Die häufigsten und artenreichsten Fossilien des Buntsandsteins sind die Coniferen. Leitfossil ist *Voltzia*, die der Fichte ähnlich war. In der Pfalz und in den Vogesen erinnert der Voltziensandstein an diesen Nadelbaum. Seine Kurztriebe waren zweiseitig benadelt; allerdings gab es zwei Nadeltypen (Heterophyllie): 2–6 cm lange und unter 1 m lange. Männliche und weibliche Blüten standen in getrennten Zapfen.

Die Keuperflora war üppiger und abwechslungsreicher als die Flora des Buntsandsteins. Das Klima war insgesamt humider. Wie auch das marine Benthos zeigten die terrestrischen Landschaften mehr Ähnlichkeit mit heutigen als mit paläozoischen Verhältnissen. Das liegt im Wesentlichen an den Nadelhölzern, die den Gesamtcharakter der Flora prägten. In der Ober-Trias (Keuper) kündigt sich die bis zur Unterkreide dauernde Blütezeit der Cycadeen an. Die Fossilfunde entsprechen im vegetativen Bau oft schon rezenten Cycadeen-Gattungen. Auch die Ginkgogewächse, deren Blätter schon aus dem Rotliegenden bekannt sind, spielten in der Trias eine wichtige Rolle. Ihre Blütezeit lag im Keuper.

Eine weitere wichtige Gymnospermen-Gruppe dieser Zeit sind die Bennettitatae. Sie existierten von der Ober-Trias bis zur Unter-Kreide. Durch ihre Blattwedel ähnelten sie äußerlich den Cycadeen. Ihr Blütenbau wich jedoch grundlegend ab: Sie besaßen als erste Pflanzen der Erdgeschichte Zwitterblüten mit Perianth und wurden vermutlich von Käfern (Rüsslern) bestäubt. Bennettitatae waren außerordentlich vielgestaltig. *Cycadeoidea* (Abb. 2-68 a) hatte einen knolligen, niedrigen Stamm, *Williamsonia* (Abb. 2-68 b) war palmenartig und erreichte mehrere Meter Höhe, *Wielandiella* und *Williamsoniella* waren kleine, dichotom verzweigte Sträucher.

2.3.1.7 Massenaussterben Ende der Trias

Am Ende der Trias, vor etwa 200 Mio. Jahren, fand das vierte Massenaussterben statt. Es handelte sich abermals um einen der größten Einbrüche aller Zeiten; Meer und Festland waren gleichermaßen betroffen, allerdings wohl nicht genau zur selben Zeit. Im Meer wurden etwa 20% aller Tierfamilien ausgelöscht. Die großen Gruppen der Conodonten und Placodontia starben völlig aus, auch viele Ammonoida, Nothosaurier und Ichthyosaurier verschwanden. Im terrestrischen Bereich verschwanden die meisten säugetierähnlichen Reptilien und die großen Amphibien (Labyrinthodontia). Über Ursachen dieses Massenaussterbens wissen wir wenig.

2.3.2 Jura

ÜBERSICHT

Im Meer entfalten sich Ammoniten und Belemniten, Fische (Teleostei) und Meeresreptilien, auf dem Land die Dinosaurier, der Luftraum wird von Pterosauriern dominiert. Die ersten Vögel erscheinen. In der Pflanzenwelt sind Cycadales verbreitet, außerdem Filicales und Ginkgo-Gewächse sowie Bennettitatae. Die ersten Angiospermen treten auf. In Mitteleuropa bieten Fränkische und Schwäbische Alb sowie Jura-Gebirge in Frankreich und in der Schweiz Einblick in die marine Organismenwelt dieser Zeit.

Im **Jura** (205–135 Mio. Jahre vor heute) rückte das Meer weltweit vor: Große Teile des Festlandes wurden überflutet, darunter auch weite Teile Mitteleuropas, und die Flachwasserablagerungen aus dieser Zeit sind sehr viel umfangreicher als aus der Trias. In Europa herrschten relativ hohe Temperaturen; der Temperaturgradient vom Äquator zu den Polen war im Jura relativ gering, das Klima war also recht ausgeglichen. Eine wärmeliebende Vegetation erstreckte sich bis ungefähr 60 Grad nördlicher und südlicher Breite. Sie enthielt nach neueren Funden aus China sogar schon Angiospermen (*Archaefructus*); es dominierten allerdings die Gymnospermen. In den Meeren erreichten die Ammoniten den Höhepunkt ihrer Entwicklung. Im Tethys-Meer, welches großenteils in den Tropen lag, nahmen Korallenriffe große Flächen ein. Jurazeitliche Meeresböden sind die ältesten, die man in heutigen Meeren erbohrt hat. Auf dem Festland wurden die Dinosaurier die bestimmenden Formen. Die ersten Vögel entstanden.

Die Schichtenfolge des Jura wird in Süddeutschland in drei Abteilungen untergliedert: Schwarzen, Braunen und Weißen Jura. Der Schwarze Jura (unterer Jura oder Lias) Süddeutschlands ist wegen seiner hervorragend erhaltenen Wirbeltierfossilien in dunklen Tonen berühmt geworden (Abb. 2-62). Der Braune Jura (mittlerer Jura oder Dogger) bildet in der Nordsee braune, sandige Speichergesteine für Öl und Gas. Der Weiße Jura (oberer Jura oder Malm) ist besonders bekannt geworden durch die hellgefärbten Plattenkalke im süddeutschen Raum, z. B. die Solnhofener Plattenkalke (S. 148). Es handelt sich um sehr feinkörnigen Kalkstein, der zum Teil aus Hartteilen von Nannoplanktern entstanden ist. Besonders bekannt sind in diesen Kalksteinen der „Urvogel" *Archaeopteryx* (Abb. 1-28, 2-63) und der Pfeilschwanz *Mesolimulus*, zu den häufigsten Fossilien gehören Ammoniten und Belemniten. Jura-Gesteine sind an vielen Stellen Mittel- und Westeuropas reich an Fossilien. In Deutschland sind Schwäbische und Fränkische Alb großenteils aus Jura-Gesteinen aufgebaut und klassisches Land der Jura-Forschung. Der durch überwiegend helle Kalke charakterisierte Gebirgszug zieht in weitem Bogen bis in die Schweiz und nach Frankreich. In Norddeutschland werden Höhenzüge des Weser- und Leineberglandes aus marinen Sedimenten des Jura gebildet.

In Deutschland gibt es zwei weltberühmte Fossilfundstätten aus dem Jura: Holzmaden (Oberer Lias, Schwäbische Alb) und Solnhofen (Oberster Malm, Fränkische Alb).

EXKURS 2.3.2.1

Die Schwäbische Alb: vor 150 Mio. Jahren der Boden des Jurameeres

Ein Vorstoß des Meeres von England bis Norditalien über das absinkende Laurasia führte zu einer Verbindung von Nord- und Tethys-Meer, die sich zum 200–300 m tiefen Jurameer ausweitete. Große Gebiete Europas wurden für etwa 30 Mio. Jahre überflutet, und man unterscheidet heute drei große Meeresbecken: das Pariser, das Norddeutsche und das Süddeutsche Becken. In diesen entstanden vor 180–130 Mio. Jahren mächtige Ablagerungen, die uns einen Einblick in eine marine Tropenfauna geben.

In der anschließenden Kreidezeit und im Tertiär wurde der Meeresboden bis zu etwa 1000 m über den Meeresspiegel emporgehoben und bildet heute in Süddeutschland insbesondere die Fränkische und Schwäbische Alb und deren weite Vorebene.

Der Weiße Jura, der auf der Schwäbischen Alb eine Mächtigkeit von 450 m erreicht, ist durch Schwammriffe charakterisiert. Der Braune Jura erreicht 240 m Dicke, er ist heute der Untergrund welliger Obstbaumwiesen und Hügel am Fuß der Alb. Im Albvorland

EXKURS 2.3.2.1 (Fortsetzung)

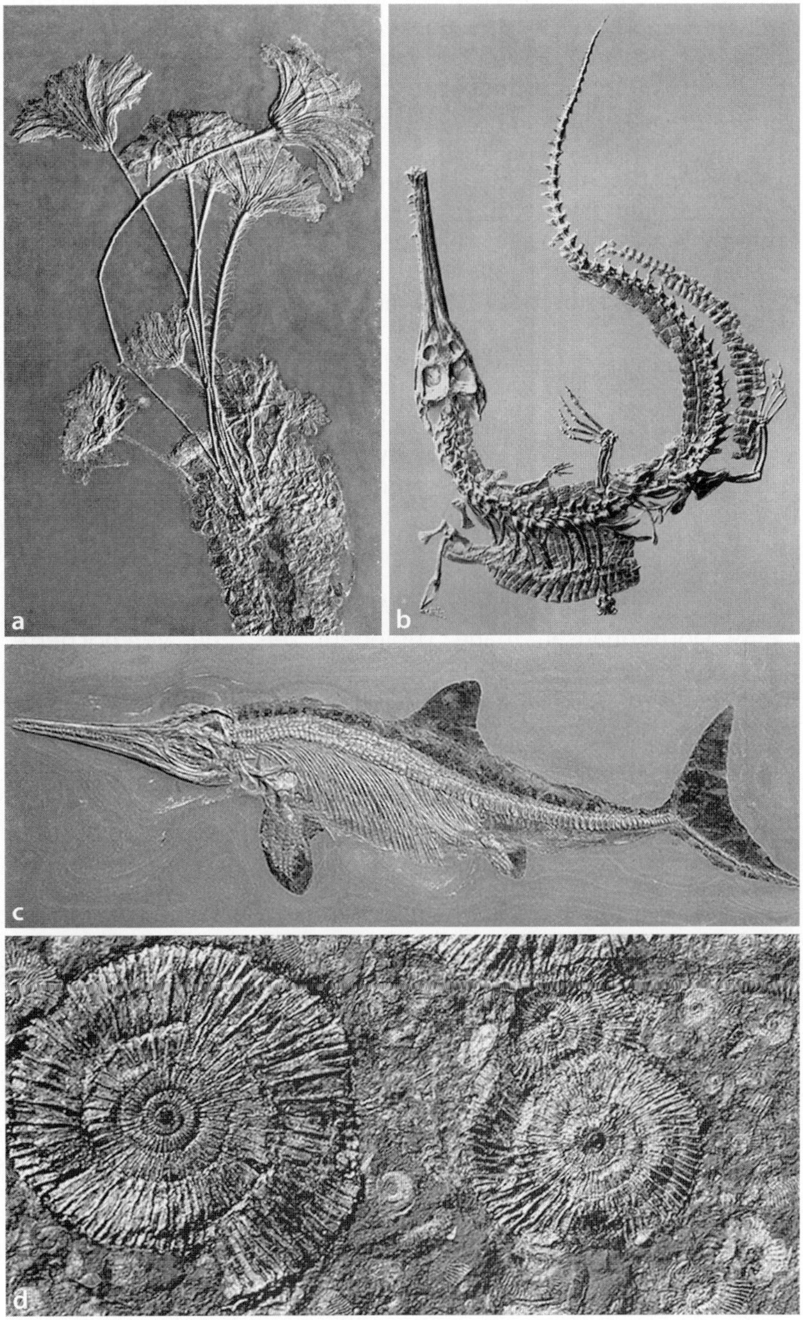

Abb. 2-62 a–d. Schwarzer Jura: Fossilien aus der Schwäbischen Alb (Holzmaden). **a** *Seirocrinus* **b** *Steneosaurus* (Krokodil), **c** *Stenopterygius* (Ichthyosaurier), **d** *Dactylioceras* (Ammonit). Nach Hauff (1998)

EXKURS 2.3.2.1 (Fortsetzung)

steht der 110 m dicke Schwarze Jura an. In ihm fand man im Bereich des Posidonienschiefers (*Posidonia* = Bezeichnung für die zwei heute meist getrennten Muschelgattungen *Bositra* und *Steinmannia*) besonders gut erhaltene Wirbeltier-Fossilien.

Während die Albhochfläche zunächst bis zum Odenwald reichte, führten vor 15 Mio. Jahren vulkanische Ereignisse und Erosion zu starken Veränderungen, die in weiten Teilen bis zur Freilegung des Schwarzen Jura führten.

Als häufigste Meeressaurier lebten im Jurameer die Fischechsen oder Fischsaurier (Ichthyosauria), die in die drei Gattungen *Stenopterygius* (2-62 c), *Leptopterygius* und *Eurhinosaurus* eingeordnet wurden. Sie brachten vollentwickelte Junge im Wasser zur Welt. Verschiedene Museen, z. B. das Urwelt-Museum Hauff in 73271 Holzmaden und das Fossilienmuseum im Werkforum, 72359 Dotternhausen (nahe Tübingen) zeigen wunderbare Stücke aus dem Jurameer (v. a. Schwarzer Jura), u. a. auch Skelette von trächtigen Ichthyosauriern. Die Erhaltung ist so vorzüglich, dass man bisweilen sogar Haut und Muskulatur erkennen kann. Die ungewöhnliche Häufigkeit von trächtigen *Stenopterygius*-Weibchen im Raum Holzmaden hat die Vermutung aufkommen lassen, dass diese Fischsaurier Wanderungen durchführten, ähnlich wie es von modernen Walen bekannt ist, um ihre Jungen hier zu gebären. Man hat Muttertiere mit maximal 11 Embryonen gefunden.

Viel seltener fand man *Leptopterygius* und *Eurhinosaurus*. *Leptopterygius* lebte wohl vorwiegend von Cephalopoden. Er erreichte 15 m Länge. *Eurhinosaurus* maß zwar nur 7 m, aber seine schmalen Flossen erreichten 1 m Länge. Sein Oberkiefer war doppelt so lang wie der Unterkiefer, aber vollständig bezahnt.

Des Weiteren lebten Plesiosaurier im Jurameer, deren Lebensweise der von Meeresschildkröten ähnelte. Mit ihren paddelförmigen Extremitäten bewegten sich diese langhalsigen, bis 3,5 m großen Tiere langsam fort. Ihre Eier legten sie an Land ab.

Die Steneosaurier erinnern an rezente Meereskrokodile. Sie erreichten 7 m Körperlänge und lebten räuberisch. Aus dem Bereich der Schwäbischen Alb kennt man die drei Gattungen *Steneosaurus* (Abb. 2-62 b), *Pelagosaurus* und *Platysuchus*. Wie rezente Krokodile besaßen sie Magensteine, die wohl der Zerkleinerung von Nahrung dienten.

Die fossilen Fische dieser Zeit zeigen eine Momentaufnahme des Wandels von eher trägen Schmelzschuppenfischen wie *Lepidotus* oder *Ptycholepis* mit ihrem knöchernen Panzer zu gewandten Raubfischen. Der etwa 9 cm lange *Leptolepis* (*Anaethalion*) *sprattiformis* wirkt sprottenähnlich und hat bereits eine verknöcherte Wirbelsäule. Störe waren mit ca. 3 m die größten Fische des Meeres; als echte Knorpelfische mit bis zu 2,60 m Länge sind Haie (*Hybodus*) erwähnenswert. Auch Quastenflosser (*Holophagus*, syn. *Trachymetopon*) gab es im Jurameer.

Unter den Wirbellosen sind die riesigen Seelilienkolonien auf Treibhölzern hervorzuheben, die wohl die eindrucksvollsten und umfangreichsten der Erde sind. Die größte in Holzmaden ausgestellte Ansammlung der Seeliliengattung *Seirocrinus* (Abb. 2-62 a) ist 18 m lang und 6 m hoch, wobei die Länge der Einzeltiere etwa 2 m betrug (Abb. 2-62). Holzmaden ist auch berühmt wegen der Ammoniten und Belemniten. Die Ammoniten erreichten einen Durchmesser von 150 cm (*Phylloceras*) und traten auch mit den kleineren Gattungen *Dactylioceras* (Abb. 2-62 d) und *Hildoceras* auf. Die Belemniten ähnelten in Körperbau und Lebensweise den Kalmaren.

EXKURS 2.3.2.2

Solnhofen (Fränkische Alb): Autofahrer werden auf *Archaeopteryx* hingewiesen

Neben Holzmaden, wo die Fundschichten schwarze Schiefer des Lias sind, ist Solnhofen im Altmühltal und seine weitere Umgebung mit dem Weißen Jura eine Fundstelle von besonderer Bedeutung. Die Steinbrüche der Fränkischen Alb dienen in erster Linie wirtschaftlichen Zwecken, denn die hellen Kalksteine in diesem Teil der Fränkischen Alb eignen sich hervorragend zur Herstellung von Platten für Fußböden und Wandverkleidungen. Die häufigen Anschnitte der zigarrenförmigen, braun-schwarzen Belemniten und die gekammerten Ammoniten-Gehäuse kann man landauf landab in öffentlichen Gebäuden und Privathäusern sehen. Schon in der Römerzeit hat man die Jura-Kalksteine genutzt. Unter den berühmten Gebäuden, für deren Bau man sie verwendete, ist die Hagia Sophia in Istanbul zu nennen. Später setzte man die Solnhofener Plattenkalke auch zur Lithografie (Steindruck) ein. Solnhofen wurde zu einer weltberühmten Fossilienfundstätte, wobei der „Urvogel" *Archaeopteryx* (Abb. 2-63) wohl der bekannteste Fund ist, aber dazu kommen viele weitere fossile Arten, die zum Teil wunderbar erhalten sind.

Abb. 2-63. *Archaeopteryx*, Rekonstruktion eines Lebensbildes

Schon 1860 hatte man den Abdruck einer Feder gefunden. Der Frankfurter Paläontologe Hermann von Meyer gab dem Tier, von dem sie stammte, den noch heute gültigen Namen *Archaeopteryx lithographica*. Bereits 1861 entdeckte man ein fast vollständiges Skelett, welches Reptilien- und Vogelmerkmale aufwies und kurz nach dem Erscheinen von Darwins Hauptwerk für Diskussionen sorgte. Es wurde 1862 für 700 Pfund Sterling an das Britische Museum in London verkauft („Londoner Exemplar"). Ein weiterer und der bisher schönste *Archaeopteryx*-Fund erfolgte 1876. Mit Hilfe des Industriellen Werner von Siemens ging es an Preußen („Berliner Exemplar"). 1956 fand man das später „Maxberg-Exemplar" genannte, teilweise zerfallene Exemplar. Es war zunächst im Museum auf dem Maxberg auf der Jurahöhe über dem Altmühltal bei Solnhofen ausgestellt, ging aber an seinen Besitzer zurück und gilt seit 1991 als verschollen. 1970 entdeckte man ein weiteres *Archaeopteryx*-Exemplar in einer alten Sammlung in Haarlem (Niederlande; „Haarlemer Exemplar"), das schon 1855 im Altmühltal geborgen worden war. 1973 wurde das fünfte Exemplar beschrieben, welches im Jura-Museum auf der Willibaldsburg in Eichstätt ausgestellt ist. Es war bereits 1951 gefunden und zunächst als Zwergdinosaurier angesehen worden. 1987 fand sich in der Fossiliensammlung des Altbürgermeisters Friedrich Müller von Solnhofen *Archaeopte-* ►

EXKURS 2.3.2.2 (Fortsetzung)

ryx No. 6, heute im Bürgermeister-Müller-Museum in Solnhofen zu besichtigen („Solnhofener Exemplar"). 1992 erfolgte der bislang letzte Fund, der in München liegt und als eigene Art (*A. bavarica*) gilt. Neu an diesem Fund ist ein verknöchertes Brustbein; dieser Knochen fehlte bei allen anderen Fundstücken.

Wer die Museen in Eichstätt, Solnhofen und weiteren Orten in der Umgebung betritt, ist überwältigt von der Fülle der Fossilien und der Qualität ihres Erhaltungszustandes: selbst gallertige Medusen, Holothurien, Muskelstränge von Fischen oder die Flughaut von Pterosauriern sind noch zu identifizieren. Insgesamt kennt man über 700 Organismenarten aus den Solnhofener Plattenkalken. Zur Zeit ihrer Entstehung lag im Bereich der Fränkischen Alb ein Lagunengebiet, welches zum Tethys-Meer gehörte. Den Lagunengrund bildeten Schwammriffe, in deren Senken sich Sediment absetzte, und zwar lagenweise aus Kalk und aus Ton oder Mischungen aus beiden.

Der Solnhofener Plattenkalk enthält neben vielen Meeresorganismen viele terrestrische Formen, z. B. Insekten. Unter den fast 200 beschriebenen Arten sei nur die Florfliege *Kalligramma* mit einer Flügelspannweite von 25 cm erwähnt. Mit der rezenten Brückenechse ist *Homoeosaurus* besonders nahe verwandt.

Unter den marinen Organismen seien außer Belemniten und Ammoniten die besonders häufige ungestielte Seelilie *Saccocoma*, der verbreitete Fische *Leptolepis* und die bis in Einzelheiten erhaltene Meduse *Rhizostomites* genannt.

Sehr oft findet man Dendriten, die zur optischen Attraktivität der Solnhofener Platten beitragen. Aufgrund ihrer filigranen Verästelungen werden sie oft als Algen interpretiert, es handelt sich aber um mineralische Gebilde, die aus Mangan- und Eisenverbindungen bestehen.

Dem Besucher fällt in den zahlreichen Steinbrüchen mit ihren ausgedehnten Halden die plattige Ausbildung der Schichten auf. Ihnen verdanken sie den Namen Solnhofener Plattenkalke statt der älteren Bezeichnung „Schiefer", da es hier keine eigentliche Schieferung durch Metamorphose gibt. Sie bestehen bis zu 95% aus Kalk und weichen, dünnen („faulen") Zwischenlagen aus tonigem Material. Man unterscheidet dementsprechend Flinz und Fäule, die regelmäßig miteinander abwechseln. Die rund 40 m mächtigen Schichten enthalten etwa 250 Flinz-Lagen.

An den steilen Hängen des Altmühltals fallen immer wieder weiße Kalkfelsen mit massigen Gesteinen auf: Sie stammen teilweise von Korallenriffen. Zwischen den Riffen lagerte sich der feine Kalkschlamm der Flinze mit den zwischengeschalteten tonigen Fäulen in vielfachem Wechsel ab.

Die riffbildenden Korallen weisen auf tropisches Klima im süddeutschen Jura-Meer hin. Kurz vor dem Ende des Jura zog sich das Meer aus dem Bereich der Frankenalb zurück.

2.3.2.3 Die Fauna des Jura

Im Jurameer machten die Schwämme eine rasche Entfaltung durch, deren Höhepunkt in der Kreide erreicht wurde. Kieselschwämme, v.a. Lithistiden, bauten im Malm Süddeutschlands umfangreiche Riffe auf (Schwammstotzen, Altmühltal), und ein wesentlicher Teil der Weißjura-Kalke besteht aus Schwamm-Riffen.

Korallenriffe, vorwiegend von Scleractiniern hervorgebracht, waren dominierend am Aufbau von Lebensgemeinschaften im küstennahen Bereich des Tethys-Meeres beteiligt.

An der Wende von Trias und Jura gab es bei Mollusken starke Veränderungen. *Pleurotomaria*, noch heute als lebendes Fossil erhalten (S. 177), brachte eine große Artenfülle hervor. Leitformen waren die dickschaligen Nerineacea. In Nordwestdeutschland entstanden die Nerineen- und *Natica*-Kalke, auf der Fränkischen Alb Nerineen- und *Diceras*-Kalke.

Unter den Muscheln sind die Pterioida besonders weit verbreitet. *Pteria* und *Posidonia* waren gesteinsbildend (Posidonien-Kalke der Schwäbischen Alb). *Steinmannia* (Syn. *Posidonia*) *bronni* war namengebend für den Schwarzen Jura epsilon in Holzmaden (Posidonienschiefer).

In den Südalpen ist *Posidonia alpina* Leitform des oberen Dogger. Mit den heutigen Austern sind *Gryphaea* und *Exogyra* verwandt, die im Lias Muschelbänke bildeten.

Die ausgeprägtesten Veränderungen betreffen die Cephalopoden, insbesondere die Ammoniten, die im Jura ihre Blütezeit fortsetzten. Sie sind die wichtigsten Leitfossilien und Grundlage für die biostratigrafische Gliederung des Jura. In manchen Gebieten ist es zu massenhafter Anreicherung von Ammoniten in marinen Kalksteinen gekommen. Solche Steine wurden zu hochgeschätzten Dekorationsstücken in der Bauindustrie, z.B. Altdorfer Marmor (Altdorf, Franken) und Ammonitenkalk (Schwäbisch-fränkischer Jura). Ammoniten lebten vorwiegend in Bodennähe; sie waren wohl langsame Schwimmer, die sich von Kleinorganismen ernährten. Im Jura und in der Kreide brachten sie eine Fülle von Formen hervor, auch große mit einem Schalendurchmesser von über 2 m. Die größte bekannte Ammonitenform stammt aus Seppenrade bei Münster (der Kreide-Ammonit *Parapuzosia)*. Das Original kann in Münster bewundert werden, Abgüsse stehen in verschiedenen Museen, z.B. in Darmstadt und Frankfurt/Main.

Auch die Belemnoiden entwickelten sich zu einer vielfältigen Gruppe. Die Doggerbelemniten waren besonders große Formen; ihre Rostren erreichten 1,5 m Länge (*Megateuthis giganteus, Belemnopsis*); die Tiere wurden insgesamt bis 3 m lang. Belemnoiden gehören innerhalb der Cephalopoden zu den fossil ansonsten kaum belegten Coloida (Dibranchiata), wohin auch Kalmare und Kraken gehören. Wie bei diesen fehlt die äußere Schale; es ist ein Innenskelett ausgebildet, das aus drei Teilen besteht (Abb. 2-40 c).

Man kennt weit über 1000 Arten dieser in Jura und Kreide so weit verbreiteten Belemnoiden. Sie waren rasche Schwimmer der offenen Meere, hatten wohl 10 Arme, die mit Haken (Onychiten) bewaffnet waren, und besaßen Tintenbeutel.

Die Rostren der Belemnoiden haben sich als ideal für die Analyse von Paläotemperaturen erwiesen, da sie das ursprüngliche Verhältnis verschiedener Sauerstoff-Isotope beibehielten. Mit dem Ende der Kreide verschwand die Gruppe.

Rostren kann man heute als Einzelstücke finden oder in größeren Ansammlungen (Belemniten-Schlachtfelder, Abb. 2-40 c), in denen die Einzelstücke oft „eingeregelt" liegen, was sich mit Wasserströmungen erklären lässt. Anschliffe von Belemniten sind vielfach an Fensterbänken oder Fußbodenplatten zu beobachten, die aus Weißjurakalken bestehen.

Innerhalb der Echinodermen erfolgten ebenfalls markante Veränderungen.

Die Crinoidea bringen Riesenformen hervor, ihre Arme sind oft stark verzweigt. *Seirocrinus subangularis* (Abb. 2-62 a) erreicht einen Kronendurchmesser von 1 m und eine Stiellänge von 15 m. Manche siedeln auf Treibholzstämmen und sind mit diesen als Fossilien erhalten (Holzmaden). Besonders häufig ist im Malm der Solnhofener Plattenkalke eine freischwimmende Crinoide, der kleine Haarstern *Saccocoma.*

Die Seeigel vollführen den Übergang von den radiär-pentameren Regularia zu den bilateral-pentameren Irregularia; als neuer Lebensraum werden von den Seeigeln Weichboden und Sandgründe erschlossen. Auch die sonstige marine Wirbellosen-Fauna war im Jura-Meer reich entwickelt.

Im Jura treten erstmals Teleostei auf (Leptolepidae, Pholidophoridae). Die Selachier ähneln noch denen der Trias; *Hybodus hauffianus* wurde fast 2 m lang. Im Magen eines Haies dieser Art fand man Rostren von etwa 250 Belemniten, was zwei Schlüsse nahe legt: *Hybodus* jagte pelagische Tiere, und dieses Exemplar ist wohl an der Menge der spitzen Rostren zugrunde gegangen. Mit *Latimeria* nahe verwandt ist *Trachymetopon hassicus*, ein bis 1,7 m langer Crossopterygier. Auch Störartige brachten besonders große Formen hervor, z.B. den bis 3 m langen *Chondrosteus hindenburgi.*

Unter den Reptilien waren die Ichthyosaurier im Jurameer verbreitet. Sie stellen ein klassisches Beispiel für Konvergenz mit den später entstandenen Thunfischen (Teleostei) und Delphinen (Mammalia) dar.

Gegenüber den Ichthyosauriern wirkten die bis 12 m langen Plesiosaurier plump. Schlangenartiger Hals, kurzer Rumpf und Schwanz kennzeichnen ihren Körper (Abb. 1-26 b). Der Antrieb erfolgte durch die zu Paddeln umgeformten Extremitäten. Da ihre Unterseite von kräftigen Bauchrippen gestützt wurde, nimmt man an, dass sie sich auch ans Land begeben konnten. Vielleicht haben sie dort, wie es heute Meeresschildkröten tun, ihre Eier abgelegt.

Nicht selten waren im Jurameer auch Krokodile, die sich Hunderte von Kilometern in den Ozean begaben. Über die Länge ihrer Wanderungen geben Magensteine Auskunft, die sie in ihren Magen aufnahmen, um Beute zu zerkleinern. Man kennt Herkunft der Steine und Fundort der Fossilien und kann so auf die Wanderung der Krokodile rückschließen.

Auch auf dem festen Land entwickelten sich die Reptilien weiterhin in großer Fülle. Die Sauromorpha umfassen Dinosaurier, Flugsaurier, Krokodile, Eidechsen, Schlangen sowie Vögel. Die Theromorpha (säugetierähnliche Reptilien) hatten ihre Blütezeit schon hinter sich, im Jura lebten nur noch ihre Nachkommen, die Säugetiere.

Zu den Dinosauriern gehören die größten Landwirbeltiere, die es jemals auf der Erde gegeben hat. Ihre Entwicklung hatte in der Trias begonnen (S. 134).

Schließlich sind unter den Reptilien des Jura die Brückenechsen zu nennen: Allein im Gebiet von Solnhofen hat man sechs Gattungen nachgewiesen, u. a. *Homoeosaurus* und *Pleurosaurus*. Während erstere besonders kleine Formen umfassten (unter 10 cm), erreichten letztere 1,5 m Gesamtlänge. Heute sind diese lebenden Fossilien auf kleine Areale in Neuseeland beschränkt (S. 179).

Im ausgehenden Jura finden sich die ersten Vögel.

EXKURS 2.3.2.4

Evolution der Vögel

Heute existieren gut 9000 Vogelarten, die in großer Formenvielfalt erfolgreich zahllose ökologische Nischen besiedeln. Wesentliches Kennzeichen ist das Flugvermögen, das auf die Entwicklung von Federn und die Umgestaltung des aktiven und passiven Bewegungsapparates zurückgeht. Weitere wichtige Kennzeichen sind das hochentwickelte Gehirn (in Bezug auf die Hirngröße ist z. B. ein Papagei mit einem höheren Primaten zu vergleichen), die hochdifferenzierten Augen, die Homoiothermie, die konstante (hohe) Körpertemperatur, die effektive Lunge und der hohe Stoffwechsel. Auffällig ist auch – im Vergleich mit Reptilien und Säugern – das relativ kleine Genom der Vögel.

Die Vögel leiten sich nach heute weit verbreiteter Auffassung von Dinosauriern ab und zwar von den Coelurosauriern aus der Gruppe der Saurischia. Manche Wissenschaftler stehen der spezifischen Herkunft von den Coelurosauriern skeptisch gegenüber, stimmen aber der Herkunft der Vögel von den Archosauriern zu. Die Archosaurier waren die beherrschende Reptilengruppe des Mesozoikums, zu denen insbesondere die Dinosaurier, aber auch die Flugsaurier und die Krokodile zählen. Die Diskussion um die Herkunft der Vögel von Archosauriern außerhalb der Dinosaurier hat neuen Auftrieb erhalten durch den Fund von *Longisquama insignis*, eines Fossils aus der unteren Trias Kirgisiens. Dieses Fundstück besitzt federähnliche Hautstrukturen und könnte ein Vogelvorfahr sein.

Der älteste Vogel ist der gut taubengroße *Archaeopteryx*, dessen fossile Reste in den

EXKURS 2.3.2.4 (Fortsetzung)

Plattenkalken des oberen Jura in der südlichen Frankenalb (Solnhofen, Eichstätt) gefunden wurden. Diese Plattenkalke entsprechen den Ablagerungen des Jurameeres, das im subtropischen Bereich zwischen 25° und 30° nördlicher Breite lag. Das Alter dieser fossilen Urvögel beträgt ca. 150 Millionen Jahre. Das älteste Fundstück (1860) ist eine isolierte Feder, deren Struktur offenkundig völlig der einer Feder eines modernen Vogels gleicht. Zur Fundgeschichte s. S. 148.

Archaeopteryx ist ein besonders gutes Beispiel für eine Übergangsform zwischen zwei größeren Tiergruppen und spielte daher von Anfang an eine wichtige Rolle in der Evolutionstheorie. Er zeigt ein Mosaik von Reptilen- und Vogelmerkmalen.

Vogelmerkmale sind v.a. Befiederung, wahrscheinlich prokinetischer Schädel (Beugezone zwischen Hirnschädel und Oberschnabel liegt wie bei heutigen Vögeln vor den großen Orbitae, beim mesokinetischen Schädel der Reptilien eher am Hinterrand der Orbitae), zum Gabelbein (Furcula) verwachsene Schlüsselbeine, langes nach hinten gerichtetes Os pubis (Analogie zum Pubis der Ornithischia), erste Zehe steht in Opposition zu den anderen Zehen, dünnwandige Knochen, vermutlich pneumatisierter Hirnschädel. Das Brustbein war vorhanden, aber noch sehr flach.

Reptilienmerkmale von Archaeopteryx sind u.a.: Zähne in beiden Kiefern, amphicoele Wirbelkörper, nur 5 bis 6 Sakralwirbel, langer Schwanz, Gastralia („Bauchrippen"), Symphyse im Beckengürtel, einfache Rippen, die wohl über Knorpelstücke mit dem Brustbein verbunden sind, 3. Finger mit Krallen, Wadenbein ebenso lang wie Schienbein, vermutlich kleines Kleinhirn.

Die kräftigen Beine und die Fußstruktur sprechen dafür, dass *Archaeopteryx* sich behände am Boden fortbewegen konnte. Die spitzen Krallen an den Zehen und den ersten drei Fingern lassen vermuten, dass er auch geschickt auf Bäumen klettern konnte. Möglicherweise konnte er von Bäumen aus im Gleitflug und vielleicht auch schon im einfachen Schlagflug auf andere Bäume oder auf den Boden fliegen (Arborealtheorie). In der Nähe der Fundstätten, die Ablagerungen in Lagunen des oberen Jurameeres entsprechen, befanden sich Araukarien und Ginkgobäume. Die Cursorialtheorie geht davon aus, dass *Archaeopteryx* primär ein Bodentier war, der seine Beute (wie viele Dinosaurier) auf zwei Beinen rennend jagte; dabei sprang er u.U. nach fliegenden Insekten, wobei er seine Reichweite durch die befiederten Vorderextremitäten verbesserte. Möglicherweise spielen die Elemente beider Theorien eine Rolle bei der Entstehung des Vogelflugs.

In den letzten Jahren wurden aus der Kreide verschiedener Länder fossile Vögel gefunden, z.B. in China (*Confuciusornis, Sinornis* u.a.), Spanien und den USA. Diese Vögel hatten z.T. noch Zähne, wie Sinornis, Hesperornis und Ichthyornis, während andere schon zahnlos waren (z.B. *Iberomesornis*). Kennzeichnend sind die Rückbildung des Schwanzes und die „Verbesserung" von Skelettstrukturen, die mit größerer Effizienz von Flugleistungen korreliert werden können (Schultergürtel, Brustbein, kurzer Schwanz, große Kreuzbeinregion u.a.). Interessanterweise hatte *Hesperornis*, ein taucherähnlicher Meeresvogel, das Flugvermögen sekundär wieder verloren. Die Beziehungen der Kreidevögel untereinander so wie zu *Archaeopteryx* werden noch kontrovers diskutiert.

Die modernen Vögel (Neornithes) entstanden zu Beginn des Tertiärs. Sie bilden zwei große Gruppen, die Palaeognathae (u.a. mit Emus, Kasuaren, Nandus und Straußen) und die Neognathae. Letztere umfassen fast alle rezenten Vögel, deren phylogenetisch jüngste Angehörige wahrscheinlich die Singvögel sind, die sich ab dem Miozän artenreich entwickelten und heute ca. 60% der Vögel umfassen.

2.3.4 Kreide

ÜBERSICHT

Rudisten (Muscheln) sind wichtige Riffbildner; kalkhaltige Einzeller (Coccolithophoriden) besiedeln in großen Mengen die Meere; ihre Schalen sind als umfangreiche Sedimente (Schreibkreide) erhalten. Teleostei sind die dominierenden Fische. Mehrere Tiergruppen, z. B. Ammoniten, Pterosaurier und Raubdinosaurier, bringen Riesenformen hervor. Wendepunkt in der Florengeschichte: Angiospermen dominieren. Die Kreide endet mit einer der größten Katastrophen in der Geschichte der Organismen. Rudisten, Ammoniten, Belemniten, Dinosaurier und zahlreiche andere Reptiliengruppen sterben aus. Steilküsten in Deutschland und Dänemark, Frankreich und England sind Zeugen aus der Zeit des Kreidemeeres.

Die 70 Mio. Jahre währende **Kreide** (135–65 Mio. Jahre vor heute) ist durch umwälzende Veränderungen gekennzeichnet. Der Südkontinent Gondwana zerfällt in Südamerika, Afrika und Indien; die Kontinente bewegen sich in Richtung auf ihre heutige Position (Abb. 2-64). Im Nordkontinent Laurasia liegen Nordamerika und Eurasien zunächst noch nahe zusammen. Das Meer überschwemmt bei den ausgedehntesten Überflutungen der jüngeren Erdgeschichte selbst alte Hochflächen, u. a. auch den nordwesteuropäischen Raum und lagert zunächst tonige, dann stärker kalkige Schichten ab, auf die in der Oberkreide die weiße Schreibkreide folgt. Auf den Kontinenten treten die Bedecktsamer (Angiospermen) an die Seite der Nacktsamer (Gymnospermen). Viele heute noch vorhandene Wirbeltiergruppen entfalteten sich in dieser Zeit, z. B. Schlangen, Schildkröten, Eidechsen und Krokodile. Nach wie vor dominierten jedoch die Dinosaurier. Gegen Ende der Kreide starben Ammoniten, Dinosaurier, Flugsaurier und bezahnte Vögel aus. Die Kreide-Tertiärgrenze vor 65 Mio. Jahren markiert das fünfte und letzte Massenaussterben vor dem Entstehen des Menschen.

Im Plankton der Ozeane machten die Kieselalgen (Diatomeen) eine Radiation durch. Sie haben wohl mit den Dinoflagellaten einen wesentlichen Teil zur Primärproduktion und zur Bildung von Tiefseesedimenten der Ozeane beigetragen. Auch die planktischen Foraminiferen – Globigerinen – entwickelten sich stark; ihre aus Kalziumkarbonat bestehenden Gehäuse haben auch

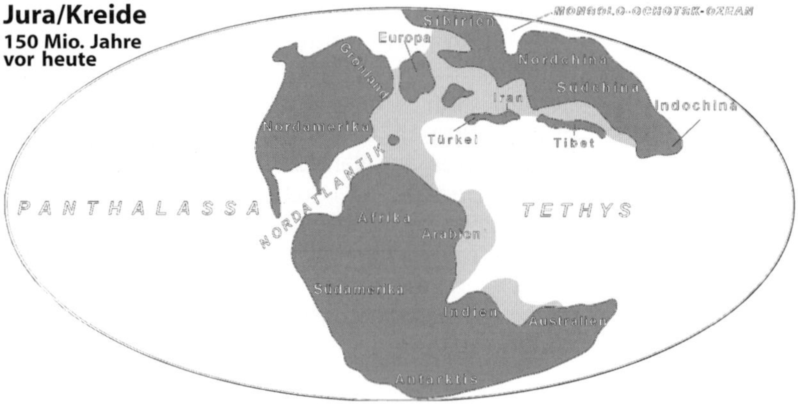

Abb. 2.64. Die paläogeografische Situation an der Jura-Kreide-Grenze. Der Nordatlantik ist entstanden und verbindet Panthalassa und Tethys. Nach Scotese, Wertel (2000)

Abb. 2-65. Kreideküste Rügens, zu einem erheblichen Teil aus den Schalenplatten (Coccolithen) einzelliger Algen (Coccolithophorida, Inset) aufgebaut

heute noch wesentlichen Anteil an der Sedimentbildung warmer Meere.

Speziell während der Oberkreide spielte auch das kalkige Nannoplankton eine wichtige Rolle. Die Platten, mit denen die Zellen der nannoplanktischen Coccolithophorida gepanzert waren, sammelten sich zu mächtigen Sedimenten (Schreibkreide, Abb. 2-65). Solche Ablagerungen kennen wir beispielweise von der Südostküste Englands bei Dover und den Ostseeinseln Rügen und Mön. In großer Gleichförmigkeit erstreckt sich die Schreibkreide von Süd-England bis zur Krim. In manchen Gebieten sind auch Schwämme an ihrem Aufbau beteiligt (Maastrichter Kreide). Unter den schon vorher erwähnten Lithistida sind die propellerförmige *Verruculina*, die birnenförmige *Siphonia* und unter den Hexactinelliden die trichterförmige Gattung *Ventriculites* sowie das schirmförmige *Coeloptychium* erwähnenswert.

EXKURS 2.3.4.1

Die Schreibkreide von Rügen: Reste spätmesozoischen Lebens

Die bis 120 m aus der Ostsee ragenden weißen Steilufer der Insel Rügen gehen auf marine Sedimente der Oberkreide zurück und sind etwa 68–70 Mio. Jahre alt. Die Schreibkreide hat sich am Grund eines etwa 100–200 m tiefen Schelfmeeres gebildet, dessen Nordküste in Südschweden und dessen Südküste im Bereich des Harzes lag. Im Westen stand dieser umfangreiche Sedimentationsraum mit dem Kreidemeer Englands und Frankreichs, im Osten mit dem Kreidemeer Russlands in Verbindung. Man schätzt, dass etwa 1 m Sediment in 2000 Jahren entstand.

Eine besondere Bedeutung besaßen im Kreidemeer die planktischen Coccolithopho-

EXKURS 2.3.4.1 (Fortsetzung)

rida (Abb. 2-65). Etwa drei Viertel der Rügener Schreibkreide bestehen aus ihren winzigen, nur wenige Mikrometer messenden Schalenschuppen, den Coccolithen. Coccolithophoriden sind bis 25 µm kleine, einzellige, photosynthetisierende Organismen, die sich vom Perm bis zur Oberkreide unter kontinuierlicher Zunahme ihrer Formenmannigfaltigkeit entwickelt haben. Einen weiteren wichtigen Anteil der Schreibkreide stellen Bryozoen-Bruchstücke; allerdings liegt ihr Anteil deutlich unter 10%. Die drittwichtigste Komponente sind Foraminiferen-Schalen, die zwar nur etwa 1% ausmachen, aber auf 150 Arten zurückgehen. Auch Ostracoden (Muschelkrebse) kommen vor und dienen als Leitfossilien. Gemeinsam ist den erwähnten Kreide-Bestandteilen, dass sie aus Kalziumkarbonat bestehen, welches insgesamt etwa 98% der Schreibkreide ausmacht.

Nicht selten findet man in der Schreibkreide Rügens auch Feuersteine. Sie bestehen vorwiegend aus Siliziumdioxid und verdanken ihre Existenz einer aus dem Sediment aufsteigenden Porenwasserströmung; der Hauptteil des SiO_2 dürfte wohl von Diatomeen und Radiolarien stammen, auch Schwämme waren beteiligt. Der leicht zu identifizierende Feuerstein wurde mit den Eismassen der letzten Eiszeiten weit nach Süden verfrachtet. Die Verbindungslinie der südlichsten Fundpunkte (die Feuersteinlinie) verläuft am Fuße der Mittelgebirge und gilt als Kriterium der maximalen Ausdehnung der pleistozänen Vergletscherung.

Damit offenbaren sich die Steilküsten Rügens, naher dänischer Inseln (Mön), von Dover (in Südengland) und der gegenüberliegenden Normandie (Frankreich) als organismischen Ursprungs. Bis heute enthalten sie darüber hinaus weitere Fossilien und haben schon viele in das umliegende Meer und an dessen Küsten entlassen, weswegen ein aufmerksamer Gang entlang Ostsee- oder Nordseeküste eine Fülle von Fossilien zutage fördern kann. Folgend seien einige besonders auffällige genannt:

Nicht selten kann man Schwämme finden. Alle heutigen Gruppen (Calcarea, Hexactinellida und Demospongiae) sind vertreten. Besonders auffällig ist der kugelförmige Kalkschwamm *Porosphaera globularis*. Oft findet man die weißen Kugeln mit ihrer porösen Oberfläche am Ostseestrand, vielfach von Fremdorganismen angebohrt oder durchlöchert (Abb. 2-66 a). Schon im Paläolithikum hat man sie für die Herstellung von „Perlenketten" verwendet.

Bryozoen sind in der Schreibkreide Rügens außerordentlich häufig; bis heute wurden über 200 Arten beschrieben! Die mit ihnen verwandten Brachiopoden sind ebenfalls auf Rügen und anderswo am Strand der südlichen Ostsee zu finden (z. B. *Cretirhynchia*, Abb. 2-66 b). Allein von Rügen kennt man etwa 30 Arten, darunter *Lingula cretacea*. Brachiopoden findet man fast immer doppelklappig.

Unter den Mollusken sind die Belemnitidae besonders leicht zu finden. Belemniten-Rostren sind allbekannte Fossilien, die interessanterweise auf Rügen alle nur einer Art angehören: *Belemnella occidentalis* (Abb. 2-66 c). Die bekannteste Muschel ist die Auster *Pycnodonte* (Abb. 2-66 e).

Ebenfalls auffällige und schöne Fossilien Rügens sind Seelilien und Seeigel. Von ersteren werden fast nur die scheibenförmigen, fünfstrahligen Stielglieder oder Stielbruchstücke, z. B. von *Isselicrinus* und *Nielssenicrinus*, gefunden (Abb. 2-66 d). Der Durchmesser der Stielglieder beträgt einige Millimeter; die Elemente sind also gut mit bloßem Auge zu finden. Kreide-Seeigel findet man in unterschiedlicher Erhaltung, oft die kompletten Coronen, besonders häufig die Irregularia *Galerites vulgaris* und *Echinocorys ovatus*.

Eine Vorstellung vom Reichtum der Kreide-Fossilien kann man im Deutschen Meeres-

EXKURS 2.3.4.1 (Fortsetzung)

Abb. 2-66 a–e. Kreide-Fossilien, die man am Ostseestrand finden kann: **a** *Porosphaera*, **b** *Cretirhynchia*, **c** *Belemnella*, **d** *Isselicrinus*, **e** *Pycnodonte*. Nach Nestler (1995)

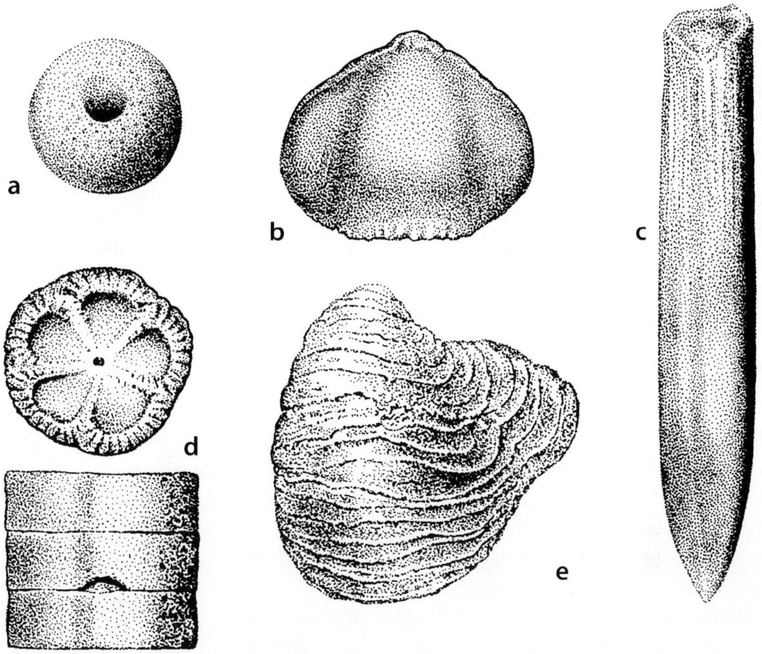

museum Katharinenberg 14-20, 18439 Stralsund, erhalten.

Um Missverständnisse zu vermeiden:

- Heute stellt man Schultafelkreide aus gemahlenem Gips her; der ist weicher und schont die Tafeln.
- Ebenfalls in der Kreide entstanden auch andere Sedimente, insbesondere entlang dem Nordrand der Mittelgebirge und in Süd- und Südostdeutschland, z.B. die Sandsteinfelsen der Sächsischen Schweiz.

Korallen sind als Riffbildner in der Kreide nur von untergeordneter Bedeutung; Korallenkalke aus dieser Zeit gibt es z.B. in den südfranzösischen Alpen (Urgon-Facies). Außer Korallen waren hier auch Bryozoen und vor allem Rudisten an der Riffbildung beteiligt.

2.3.4.2 Organismenwelt der Kreide

Im Benthos der Meere gehen die Brachiopoden weiter zurück (heute existieren von ihnen nur noch etwa 330 Arten – gegenüber 30 000, die fossil bekannt wurden); ähnliches gilt für die gestielten Crinoidea. Brachiopoden lebten allerdings in manchen küstennahen Gebieten in großer Dichte, so die Inarticulaten mit den kalkschaligen, festgewachsenen Gattungen *Isocrania*, im Volksmund als „Totenkopfmuschel“ oder „Totenköpfchen“ bezeichnet, weil die Muskelinsertionsstellen und das Armgerüst eine Ähnlichkeit mit einem Schädel suggerieren. Unter den Gastropoden, speziell den Neogastropoden, entstanden viele moderne Familien mit carnivoren Formen.

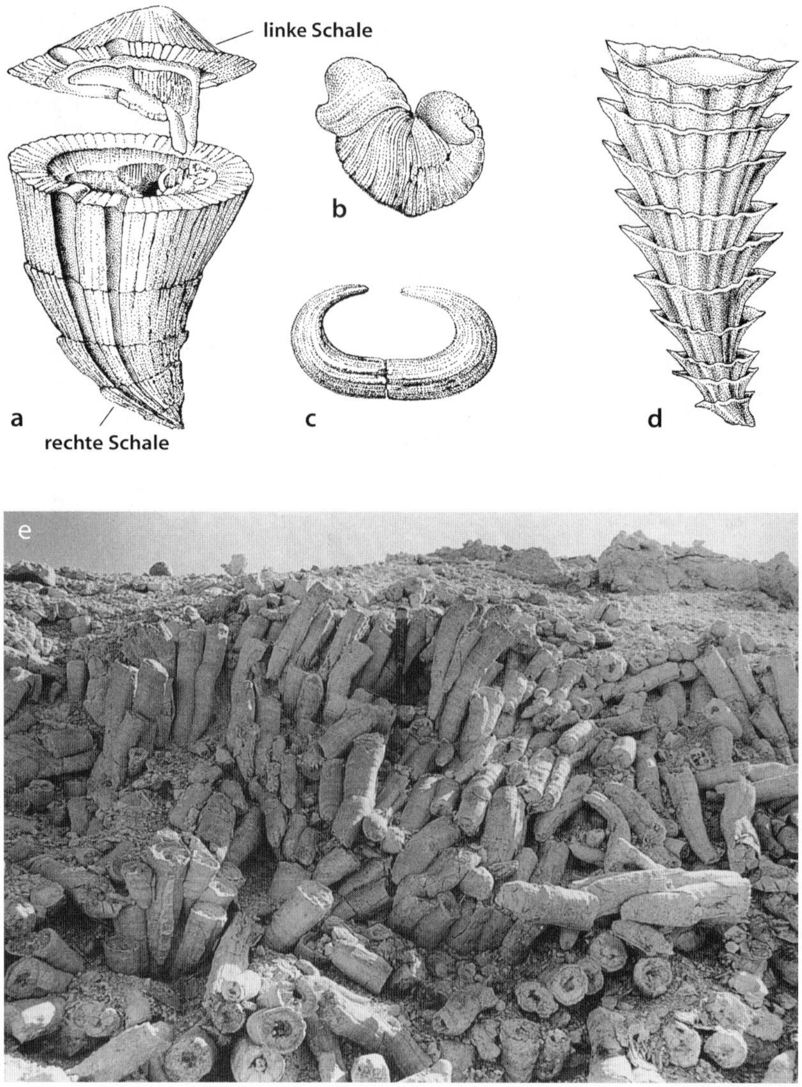

Abb. 2-67 a–e. Rudista. **a** Aufbau eines Rudisten. Die Muschel ist mit der rechten, kegelförmigen Schale am Substrat festgewachsen; die linke Schale ist als Deckel entwickelt. Der relativ kleine Weichkörper lebte im jeweils oberen Gehäusebereich. Höhe bis 1,5 m. **b** *Diceras*. Beide Schalen sind noch relativ ähnlich; ursprünglicher Rudist. **c** *Titanosarcolites*. Jede Schale bis 1 m lang. **d** *Vaccinites*. Diese Gattung hat Riffkörper bis 1,8 m Höhe aufgebaut. **e** *Vaccinites vesiculosus* in ursprünglicher Position (Kreide, Oman). Nach Schumann, Steuber (1997)

Die Bivalvia erreichen in Form der verbreiteten Inoceramen eine besondere Mannigfaltigkeit. Die Inoceramen sind häufige Muscheln, die bis 1 m lang wurden. Sie lebten vor allem in kühleren Meeren und stellen hier wichtige Leitfossilien dar. In flachen, warmen Meeresgebieten dominierten die bis 2 m hohen Rudisten, die zum Teil umfangreiche Riffe bildeten. Sie entstanden im Jura und besiedelten die tropischen und subtropischen Flachmeere etwa 70 Mio. Jahre, bevor sie etwa 100 000 Jahre vor der Kreide-Tertiär-Grenze ausstarben. Rudisten bevorzugten jene Schelfbereiche, in denen starke Wasserbewegung vorherrschte. Trotz ihrer robusten Schalen wurden sie oft zerstört, weswegen man heute vorwiegend Trümmerkalke findet (lat. *rudus* = Schutt). An manchen Stellen entstanden bis über 1000 m dicke Schichten! Für die Ausbreitung der Rudisten wirkte sicher die Überflutung großer Bereiche der Kontinente begünstigend. Rudisten hatten zwei sehr unterschiedliche Schalen. Die eine war kegelförmig und konnte fast 2 m Höhe erreichen, die andere war deckelförmig (Abb. 2-67). Flachwasserriffe der Oberkreide wurden im Wesentlichen von ihnen aufgebaut. Heute findet man fossile Rudisten-Riffe in Südeuropa, Nordafrika, Arabien, Iran, Indonesien, China, USA und Mittelamerika, also entlang der alten Tethys-Küste. Auf der arabischen Halbinsel sind Rudistenkalke wichtige Speichergesteine für Erdöl. Abb. 2-67 zeigt die Umgestaltung der bilateralsymmetrischen Formen (*Diceras*) in die merkwürdigen Gattungen *Titanosarcolites* und *Vaccinites*. Unglaublich war die Kalkproduktion: Ein Weichkörper von 5–10 cm^3 (entspricht einer heutigen Auster) konnte in einem Jahrzehnt mehrere Kilogramm Kalk produzieren. Der relativ kleine Weichkörper bewohnte in den hohen, kegelförmigen Gehäusen nur die oberste Etage; alle darunter liegenden ehemaligen Wohnbereiche wurden durch Kalkböden verschlossen.

Unter den Cephalopoden brachten die Ammoniten Riesenformen hervor. Die größte je gefundene Form stammt aus einem Steinbruch bei Seppenrade (Münsterland, Nordrhein-Westfalen): sie erreicht einen Durchmesser von über 2 m und eine Dicke von 40 cm. Gegen Ende der Kreide erlebten die Ammoniten ihren stammesgeschichtlichen Niedergang, die Belemniten dagegen erlangten in der Kreide eine größere Bedeutung als sie im Jura hatten. Zum Teil sind sie in riesigen Mengen fossiliert.

Auch Echinodermen sind aus der Kreide reichlich überliefert. Reguläre Seeigel wie *Stereocidaris, Salenia* und *Phymosoma* sind als schöne, aber seltene Formen im norddeutschen Tiefland zu finden.

Unter den Decapoda entfalteten sich die Brachyura.

In der Fischfauna der Kreide werden die Teleosteer mit ihren dachziegelartig angeordneten, dünnen und elastischen Schuppen die artenmäßig absolut vorherrschende Gruppe.

Insgesamt zeigt die Tierwelt der Meere der Kreidezeit jedoch gegenüber der des Jura keine grundsätzlichen Unterschiede. Auch die marinen Reptilien bleiben im großen ähnlich. Die Schildkröten entwickeln bis 2 m lange Formen, deren Panzer zu einem Rahmenwerk zurückgebildet wurde.

Gegen Ende der Kreidezeit drangen die rein kretazischen Mosasaurier (Maas-Saurier; nach dem Fluss Maas benannt) in die Meere ein. Der erste Schädel eines Mosasauriers wurde Ende des 18. Jh. bei Maastricht (Niederlande) gefun-

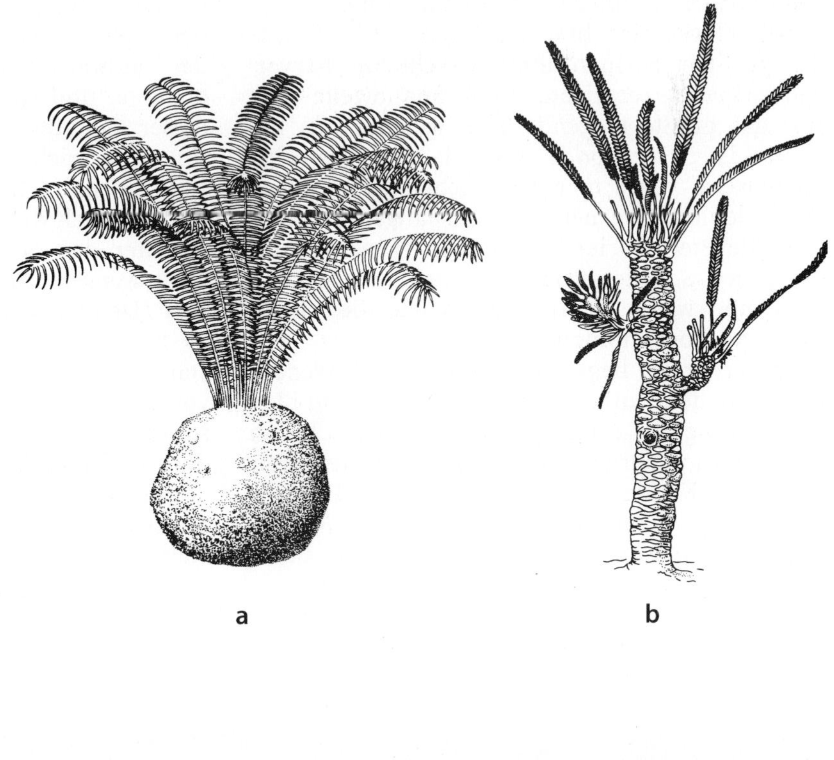

Abb. 2-68 a, b. Kretazische Blumenpalmfarne (Bennettitatae). **a** *Cycadeoidea*, **b** *Williamsonia*

a b

den. Als französische Truppen 1795 Maastricht belagerten, gab Napoleon den Befehl, diesen Schädel zu erbeuten. 600 Flaschen Wein waren als Prämie ausgesetzt! Der Schädel wurde gefunden, geraubt und zu Cuvier nach Paris gebracht.

Mosasaurier waren langgestreckte, carnivore Reptilien, die an Warane erinnern. Ihre Länge reichte von 2 m (*Clidastes*) bis 17 m (*Mosasaurus*). Mosasaurier haben sich vergleichsweise schnell in den Weltmeeren ausgebreitet. In ihrer relativ kurzen Geschichte von 25 Mio. Jahren brachten sie ganz verschiedene Lebensformen hervor, u.a. Muschelknacker (*Globidens*) und Räuber, die von ihresgleichen, Fischen und Vögeln (*Hesperornis*) lebten (*Tylosaurus* u.a.).

Auf dem Festland entwickelten die Saurischia mit den großen Raubdinosauriern und den riesigen Pflanzenfressern neue Gattungen (S. 134). Die Ornithischia brachten eine Reihe neuer Formen hervor, z.B. die bekannte Gattung *Iguanodon*. Diese bis 7 m großen Pflanzenfresser lebten auch in Europa. Bei Bernissart in Belgien stürzte eine ganze Herde in eine Felsspalte und wurde fossil erhalten. Im Naturkundemuseum in Brüssel hat man ihre Skelette aufgestellt und so ein Bild der Kreidezeit in Europa entworfen. Besonders bekannte Formen sind auch *Triceratops* (Abb. 2-59 d) mit langen Nasenaufsätzen und *Ankylosaurus* mit seiner starken Panzerung.

Die Flugsaurier brachten in der Oberkreide die größten Formen ihrer Geschichte hervor: *Quetzalcoatlus* erreichte 15 m Spannweite und war das größte fliegende Tier, welches uns bekannt ist. *Pteranodon* (Abb. 1-26) wies eine Spannweite von 9 m auf. Daneben gab es eine Fülle kleinerer Formen, z.T. mit langen Schwänzen. Die Pterosaurier besaßen eine feste Verbindung des Schultergürtels mit der Brustwirbelsäule und waren wahrscheinlich wie die Säugetiere und Vögel homoiotherm.

In der Kreide liegt ein entscheidender Wendepunkt in der Florengeschichte: Mit der rapiden Ausbreitung der Angiospermen – innerhalb von etwa 10 Mio. Jahren – ab der Grenze Unter-Kreide – Ober-Kreide beginnt vor etwa 120 Mio. Jahren das von diesen dominierte Neo- oder Kaenophytikum. Von der mittleren Kreidezeit an überflügeln die Angiospermen die viel älteren Gymnospermen. Manche Gymnospermen verschwanden ganz, so die Bennettitatae (Abb. 2-68), die im Mesozoikum ein wichtiges Florenelement waren (s. Kap. 2.3.1.6). Angiospermen sind „Bedecktsamer", d.h. ihre Samenanlagen werden von einem Fruchtknoten umhüllt und liegen nicht mehr frei wie bei den Gymnospermen („Nacktsamern"). Ihre Blüten sind bunt und locken Bestäuber an, die an ihrem Vermehrungsprozess beteiligt sind. Es beginnt eine enge Koevolution mit Insekten, insbesondere Schmetterlingen und Hautflüglern (vgl. Kap. 4.3.3.4). Ginkgogewächse sterben in der Kreide bis auf geringe Reste aus; auch die in der Unterkreide noch stark vertretenen Voltziales gehen zurück. Die Pinales machen etwa parallel zu den Angiospermen eine rasche Evolution durch, werden aber dann im Tertiär endgültig von den Angiospermen in Randsituationen gedrängt. Da Angiospermen von Anfang an weltweit auftreten (z.B. in der Potamac-Formation im Osten der USA, in Brasilien, Afrika und England) und zu dieser Zeit schon recht differenziert sind, müssen die ersten Angiospermen noch älter sein.

Mit dem Ende der Kreidezeit setzte ein weltweiter Rückzug der Meere aus den vorher überfluteten Flachmeergebieten ein, der dem am Ende des Perm vergleichbar ist und vom Aussterben vieler Organismen-Gruppen begleitet ist. In der Tat war dieser Rückzug des Meeres stärker denn je, und im Großen und Ganzen waren in dieser Zeit die jetzigen Umrisslinien der Kontinente erreicht. Mit dem Ende der Kreide verschwinden mehrere Organismengruppen oder werden doch drastisch reduziert.

Unter den Schwämmen hatten in der Kreide die massiven, zum Teil gesteinsbildenden Lithistida (Demospongiae) und die Hexactinellida eine besondere Blüte erlebt; jetzt ging ihre Zahl stark zurück, heute leben diese Schwämme bevorzugt in großen Meerestiefen. Auch die Kalkschwämme (Calcarea) verloren Ende der Kreide den Großteil ihrer Formen.

Die Bryozoen, die in der Kreide ihre größte Formenfülle erreicht hatten, verloren etwa die Hälfte ihrer Gattungen.

2.3.4.3 Massenaussterben an der Kreide-Tertiär-Grenze

Wie schon auf S. 88 und 143 dargestellt, hatte nach verbreiteter Ansicht das Auftreten eines Asteroiden (oder mehrerer Asteroiden-Trümmer) vor etwa 65 Mio. Jahren Konsequenzen für die Organismen. Die Atmosphäre wurde vermutlich schockartig aufgeheizt, Seebeben zerstörten küstennahe Lebensräume, gewaltige Staubmengen wurden in die Atmosphäre geschleudert. Es kam zu mehrjähriger Verdunkelung und zur Abkühlung. Das Aussterben hatte aber vermutlich mehrere Gründe (S. 91).

2.4 Känozoikum (Erdneuzeit)

Das **Känozoikum** ist mit 65 Mio. Jahren das kürzeste Erdzeitalter. An seinem Beginn steht das Aufblühen zahlreicher Organismengruppen, welche die Lebensräume einnahmen, die nach dem großen Einschnitt an der Kreide-Tertiär-Grenze (K-T-Grenze) ausgestorben waren. Das Känozoikum wird in **Tertiär** und **Quartär** gegliedert. Diese Bezeichnungen gehen auf eine heute nicht mehr übliche Einteilung der Erdgeschichte zurück, in der das Tertiär die dritte (lat.: tertius) und das Quartär (lat. quartus) die vierte Abteilung darstellten. Das Känozoikum ist durch bedeutende geologische Ereignisse gekennzeichnet, die letztlich die heutigen Bedingungen geschaffen haben. Das Öffnen der Drake-Passage zwischen Südamerika und der Antarktis führte zur Bildung der zirkumantarktischen Strömung. Damit erfolgte eine thermische Isolation der südpolaren Region. Die alpidische Gebirgsbildung ist ein weiteres wichtiges Ereignis der Erdneuzeit, und die Ausbildung der mittelamerikanischen Brücke veränderte das ozeanische Strömungsmuster. Der Golfstrom entstand.

Europa war relativ lange (bis zum Eozän, s.u.) über Spitzbergen und Grönland mit Nordamerika durch eine Landbrücke verbunden, und durch den Anschluss Europas an Asien und Afrika erfolgte ein weiterer Austausch von Organismen.

2.4.1 Tertiär

ÜBERSICHT

Säugetiere und Blütenpflanzen entfalten sich und formen das Bild der modernen Erde. Die Kontinente nehmen die heutige Position ein, wodurch sich die Strömungsmuster erheblich ändern. Es kommt zu erheblichen Meeresspiegelschwankungen.

Das **Tertiär** (65–2 Mio. Jahre vor heute) ist durch Artenvielfalt in tropischem oder doch warm-gemäßigtem Klima gekennzeichnet.

Im Tertiär erfolgten immer wieder Meereseinbrüche, die in Europa zu fossilreichen Ablagerungen in „Tertiär-Becken“ führten, dem Pariser, Londoner, Nordwestdeutschen und Wiener Becken sowie dem Rheingraben mit dem Mainzer Becken. Die tiefgreifendsten Veränderungen erfolgten jedoch im Raum der Pyrenäen, Alpen und Karpaten, wo hoch aufragende Gebirge und die heutigen Flusssysteme entstanden. Es handelt sich um die bedeutendste Gebirgsbildung der Erdneuzeit (alpidische Gebirgsbildung, S. 82).

In weiten, absinkenden Gebieten dagegen entstanden umfangreiche Braunkohlenlager, z. B. am Niederrhein (im Raum Aachen, Neuß), bei Helmstedt und bei Halle. Die klimatische Situation war damals dort ähnlich wie im Karbon: die Temperaturen waren relativ hoch, die Vegetation reich entwickelt, das Land sank langsam ab. Große Mengen absterbender Pflanzensubstanz sammelten sich, vertorften und wurden schließlich zu Kohle.

In der Braunkohlenzeit dominierten die Bedecktsamer (Angiospermen). Außerdem gab es Nadelhölzer in großer Artenfülle. Im Alttertiär standen entsprechend dem warm-feuchten Klima, wärme- und feuchtigkeitsliebende Gehölze mit immergrünen Blättern (Lorbeer-Mischwald-Gesellschaften) im Vordergrund. Im Zuge der Abkühlung im Jungtertiär wurde diese Vegetation von einer aus dem Norden einwandernden Flora verdrängt, die im Herbst ihre Blätter abwirft. Damit entstanden in Mitteleuropa zum ersten Mal Wälder, wie wir sie heute kennen.

Die Fauna der tertiären Meere ähnelte der der heutigen schon sehr. Die früher so hervortretenden Brachiopoden waren stark zurückgegangen, Muscheln statt dessen verbreitet. In Rheinhessen gab es zeitweise umfangreiche Austernriffe (*Pycnodonte callifera* ist in der Gegend von Bad Kreuznach keine Seltenheit). Der Oberrheingraben war ein Flachmeer, in dem z. B. Haie lebten, deren Zähne man heute z. B. bei Alzey finden kann. Schnecken entfalteten sich zu großer Artenfülle, im Pariser Becken findet man z. B. hervorragend erhaltene Schalen. Unter den Foraminiferen erschienen abermals Riesenformen: die scheibenförmigen Nummuliten (nach dem lateinischen Wort für kleines Geldstück = nummulus genannt) erreichten Durchmesser von mehr als 10 cm. Stellenweise sind sie gesteinsbildend. Am bekanntesten sind wohl die großen Pyramiden von Gisa in der Nähe von Kairo, die aus Nummulitengestein aus nahegelegenen Steinbrüchen im Alten Reich aufgebaut wurden. An ihnen kann man die Nummuliten-Schalen sehr schön sehen (Abb. 2-69); und schon in der Antike waren sie aufgefallen, jedoch als Linsen interpretiert worden. Man meinte, die Bauarbeiter hätten ihr Linsengericht verschüttet.

Die Tertiärschichten werden weitgehend nach dem prozentualen Anteil der heute noch lebenden Mollusken-Gattungen differenziert, und das Tertiär gegliedert in Alttertiär oder Paläogen (Paleozän, Eozän und Oligozän) sowie Jungtertiär oder Neogen (Miozän und Pliozän).

Das Paleozän ist die erste Epoche der Erdneuzeit, sie erstreckte sich über mehr als 10 Mio. Jahre (65–53 Mio. Jahre vor heute), das folgende Eozän (griechisch eos = Morgenröte) währte fast 20 Mio. Jahre (53–34 Mio. Jahre vor heute) und erlebte den Beginn der modernen Weichtiere. Im Oligozän (oligos = wenig; 34–25 Mio. Jahre vor heute) entsprachen nur wenige Weichtiere den heutigen Formen. Ähnliches soll mit dem Begriff Miozän (25–5 Mio. Jahre vor heute) ausgedrückt werden (griechisch meion = weniger), im abschließenden Pliozän (griechisch pleion mehr) gab es dann schon viele Weichtiere der Gegenwart.

Man schätzt heute, dass es im Eozän weniger als 5% der heute existierenden Mollusken-Gattungen gab, im Miozän waren es 20%, im Pliozän über 50%.

Abb. 2-69. Der Sphinx bei Gisa (nahe Kairo) – Löwenkörper mit Antlitz des Königs Chefren – und die großen Pyramiden (im Hintergrund die Chefren-Pyramide) bestehen aus eozänem Nummuliten-Kalk (Inset)

Nachdem im Mesozoikum die Reptilien als Raubtiere in den Meeren eine bedeutende Rolle gespielt hatten, folgten jetzt die Säuger. Schon im Alttertiär eroberten die Wale das Meer, sie stammen von den Paarhufern nahestehenden Ur-Huftieren ab. Aus Pakistan kennt man einen Schädelrest, der einer Übergangsform angehören soll, die wohl eine amphibische Lebensweise hatte (*Pakicetus*). In Mitteleuropa hat man eozäne Walreste bei Helmstedt (Niedersachsen) gefunden. Im frühen Jungtertiär folgten die Robben, die sich von bärenartigen Raubtieren ableiten lassen.

Auch auf dem Festland machten die Säugetiere eine rasche Entfaltung durch. Huftiere, Raubtiere, Nagetiere und Primaten waren schon im Paleozän vorhanden, Fledermäuse sind seit dem Eozän bekannt.

Es gab im Tertiär nicht nur das rasche Entstehen neuer Säugerordnungen (Kap. 4, Abb. 4-26), manche starben auch bald wieder aus.

Die Entfaltung der Blütenpflanzen, die vor etwa 100 Mio. Jahre vor heute begann, setzte sich im Tertiär fort. Mit ihr entstand vermutlich in einer engen Coevolution die große Vielfalt der Insekten.

Einen ganz besonders detaillierten Eindruck von der alttertiären Organismenwelt vermittelt uns die Grube Messel, die wegen ihrer kontroversen Einschätzung durch Wissenschaft und Politik in die Schlagzeilen kam.

EXKURS 2.4.1.1

Messel: Von der geplanten Mülldeponie zum UNESCO-Weltnaturerbe – in Blick in die Welt vor 50 Mio. Jahren

Die Grube Messel liegt etwa 8 km nordöstlich von Darmstadt auf einem Ausläufer des nördlichen Odenwaldes und erlangte in breiten Kreisen der Bevölkerung erst „Berühmtheit", als man das bis zu 70 m tiefe „Loch", das durch den Abbau von Ölschiefer zustande gekommen war und aus dem man schon viele Fossilien geborgen hatte, als Mülldeponie verwenden wollte. Ein fast 20 Jahre währender Kampf engagierter Personen führte jedoch dazu, dass dieser unverantwortliche Missbrauch nicht eintrat, sondern dass die Grube Messel 1995 durch die UNESCO, die Organisation der Vereinten Nationen für Bildung, Wissenschaft und Kultur, zum Weltnaturerbe der Menschheit ernannt wurde. Diese Fundstätte enthält einen einzigartigen Reichtum fossilisierter Pflanzen und Tiere aus dem Eozän, als Europa noch eine Inselwelt (Abb. 2-70) war, zu der auch Grönland mit Krokodilen und Palmen zählte und in der die großen Faltengebirge der Alpen, Pyrenäen und Karpaten noch nicht existierten.

Messel liegt heute etwa bei 50° nördlicher Breite, nach paläomagnetischen Messungen lässt sich für das frühe Tertiär eine Lage bei etwa 38° nördlicher Breite annehmen, also etwa auf der geografischen Breite des heutigen Neapel. Seitdem ist Mitteleuropa etwa 1300 km nach Norden verschoben worden.

Die Fossilien eröffnen uns einen Einblick in eine eozäne Seenlandschaft. In der Zeit vor knapp 50 Mio. Jahren reichte die Urnordsee bis etwa an die heutigen Mittelgebirge, und der Alpenraum war vom Meer bedeckt. Das Klima war tropisch-subtropisch, mit Jahresmitteltemperaturen von etwas über 20 °C. In dem Seengebiet um das heutige Messel lagerten sich über einen Zeitraum von 1–1,5 Mio. Jahre Faulschlammlagen ab, die später zu einer bis 200 m dicken Ölschieferschicht wurden, d. h. es sind nicht nur Skelettelemente und Zähne erhalten, sondern auch Bakterienrasen, die Organe wie die Haut und den Darmkanal abbilden, was direkte Rückschlüsse auf Lebensweise und speziell die Ernährung erlaubt. Der Messeler See, stagnierend und weniger als 200 m tief, wurde zu einem fossilen Sammelbecken, einer so genannten Grabgemeinschaft (Thanatocoenose) ►

EXKURS 2.4.1.1 (Fortsetzung)

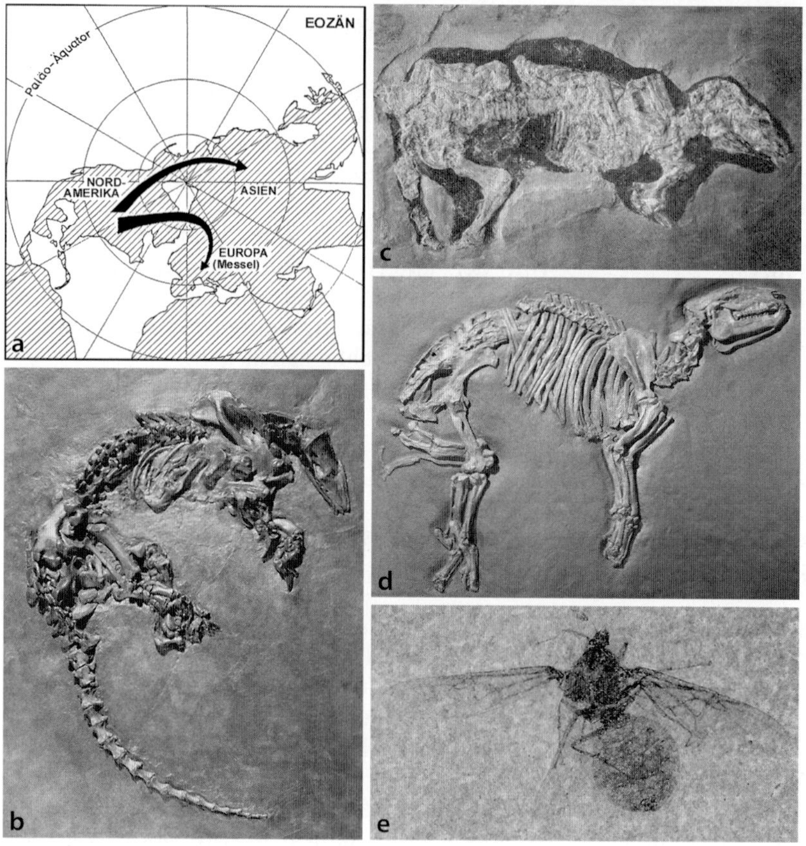

Abb. 2-70 a–e. Fossilien von Messel. **a** Paläogeografische Lage der Kontinente im Eozän (vor 50 Millionen Jahren). Ausbreitung der Schlammfische (*Amia*), **b** *Eurotamandua* (Ameisenbär), **c** *Eomanis* (Schuppentier), **d** *Hyrachyus* (Tapir), **e** *Formicium* (Ameise). Nach von Koenigswald, G. Storch (1998)

für Bewohner limnischer und terrestrischer Habitate sowie des Luftraumes. Weltruhm erlangte Messel als Fundstätte fossiler Säugetiere, die so gut erhalten sind wie nirgendwo sonst, und in sehr vielen Fällen lassen sich auch Magen- und Darminhalte identifizieren. In der ufernahen Vegetation spielten Palmen, Theaceae, Juglandaceae, Araceae, Magnolien u.a. eine wichtige Rolle. Insgesamt fand man Vertreter von 60 Blütenpflanzen-Familien. Selbst Pollenkörner sind von vielen erhalten. Der artenreiche, immergrüne subtropisch-tropische Regenwald hatte eine gewisse Ähnlichkeit mit den heutigen Wäldern Südostasiens, die Fauna des Sees zeigt Anklänge an die der „Everglades" im Süden Floridas, wo auch heute noch – wie damals in Messel – Knochenhechte, Schlammfische und Alligatoren zusammen vorkommen.

Groß ist die Zahl der gefundenen Insekten, allerdings handelt es sich bis auf wenige Wasserkäfer (Hydrophilidae) um terrestrische Formen, u.a. Riesenameisen (*Formicium*, Spannweite bis 16 cm; Abb. 2-70 e).

An Fischen sind der Schlammfisch *Cyclurus* und der Knochenhecht *Atractosteus* zu erwähnen. Diese zu den Holosteren zählenden Fische leben heute nur noch in Mittel- und Nordamerika (*Amia, Lepisosteus*), von wo sie nach Europa eingewandert sind

EXKURS 2.4.1.1 (Fortsetzung)

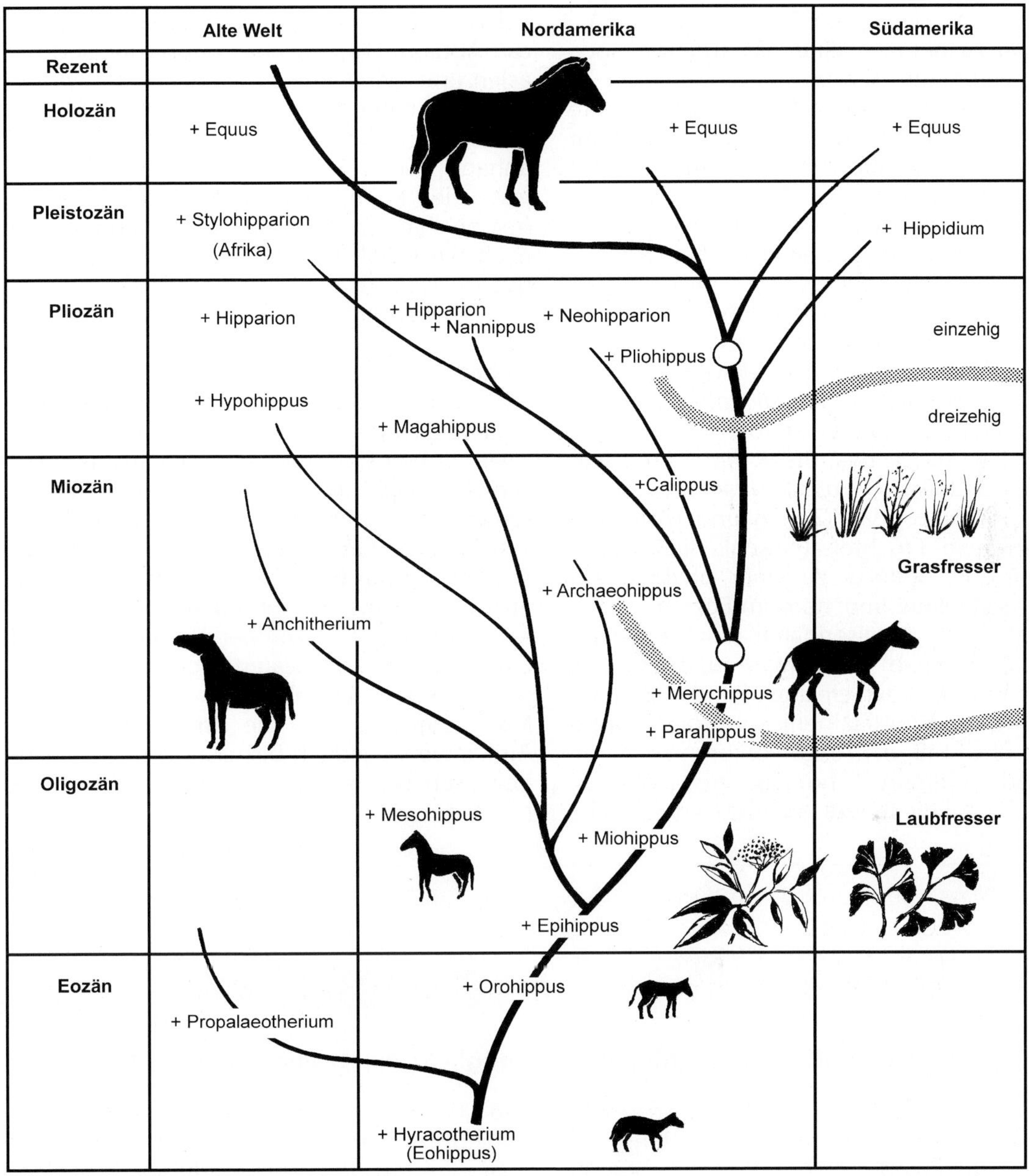

Abb. 2-71. Stammesgeschichte der Pferde vollzog sich hauptsächlich in Nordamerika. Immer wieder erreichten jedoch Entwicklungslinien die Alte Welt und auch Südamerika. Die ursprünglichen Pferde waren Laub- und Beerenfresser und besaßen vorn vier und hinten drei Zehen. Zwei Entwicklungstrends fallen besonders auf: die Rückbildung der Seitenzehen, bis die Mittelzehe allein die Last des Körpers trägt, und die Herausbildung hochkroniger Zähne, was parallel zur Ausbildung umfangreicher Grasflächen in Nordamerika erfolgte. Die Gattung *Equus* entstand in Nordamerika und starb hier erst vor einigen tausend Jahren aus. Nach Storch, Welsch (1997)

▶

EXKURS 2.4.1.1 (Fortsetzung)

(Abb. 2-70 a). Unter den Teleostei ist der Aal *Anguilla* zu nennen, eine Gattung, die noch heute verbreitet existiert.

Eine weitere wichtige Faunenkomponente waren Krokodile: 8 Arten wurden bisher auf relativ engem Raum nachgewiesen; so etwas gibt es heute nirgends. Mit 5 m Länge ist *Asiatosuchus germanicus* die längste Art.

Auch Vögel sind mit einer Anzahl Ordnungen, insbesondere Enten und Limicolen, vertreten. Neben vielen fliegenden Formen gab es den 2 m hohen Riesenlaufvogel *Diatryma*, der auch aus Nordamerika bekannt ist.

Das „Urpferdchen" *Propalaeotherium parvulum* dagegen hatte nur die Größe eines Foxterriers, das verwandte *P. hassiacum* war schäferhundgroß. *Propalaeotherium* besaß vorn drei, hinten vier Zehen und lebte von Blättern und Früchten (einschließlich Weintrauben). Es gehörte zu einer phylogenetischen Seitenlinie und starb im Eozän aus.

Auch einen Ameisenbären (*Eurotamandua joresi*, Abb. 2-70 b) kennt man aus Messel. Es handelt sich um den einzigen Fund außerhalb von Süd- und Mittelamerika, wo die Gruppe heute noch mit vier Arten vorkommt.

Dazu kommen Schuppentiere (*Eomanis*, Abb. 2-70 c), die heute auf Afrika und Teile Asiens beschränkt sind, und Tapire (*Hyrachyus*, Abb. 2-71 d), welche rezent in Südostasien und Lateinamerika leben.

Groß ist die Zahl der gefundenen Fledermäuse. Ihre Erhaltung ist so gut, dass man anhand von Mageninhaltsanalysen noch feststellen konnte, welche Nachtfalter sie gefressen hatten. Warum ihre Erhaltung, wie auch die vieler anderer Tiere, so unglaublich gut ist, weiß man nicht sicher. Vielleicht waren Gasausbrüche die Ursache für ein besonders rasches Sterben, und die nachfolgende Einbettung muss in einem absolut lebensfeindlichen Milieu am Seeboden erfolgt sein.

Etwa 60% der Säugetiergattungen der Messeler Formen sind übrigens auch aus dem Eozän Nordamerikas bekannt, was nicht überraschend ist, weil sich der nördliche Nordatlantik erst im Alttertiär öffnete. An der Grenze zwischen Paleozän und Eozän gab es über transatlantische Landbrücken noch einen umfangreichen Austausch zwischen Nordamerika und Europa. Unerwartet waren dagegen die paläogeografischen Beziehungen zu Südamerika. Man vermutet, dass die Ameisenbären aus Afrika, wo sie jedoch bisher noch nicht nachgewiesen werden konnten, nach Europa gelangten.

EXKURS 2.4.1.2

Das Geiseltal bei Halle: Braunkohleabbau ermöglicht einen Blick ins Eozän

Das etwa 20 km südwestlich von Halle (Sachsen-Anhalt) gelegene Geiseltal birgt ein tertiäres Braunkohlevorkommen von etwa 60 km^2 Ausdehnung und mit teilweise über 100 m mächtiger Kohle. Von der ältesten bis zur jüngsten Kohlebildung vergingen etwa 6 Mio. Jahre. Die „Unterkohle" entspricht in ihrem Alter den Messel-Fossilien, „Mittel-" und „Oberkohle" sind entsprechend jünger. Die Kohlegewinnung in diesem Gebiet hat zwar eine fast 300 Jahre währende Tradition, aber erst mit dem Tagebau zu Beginn des 20. Jh. stieß man auf die ersten Wirbeltierreste. Gezielte Fossilgrabungen begannen 1925, und speziell für diese Funde, insbesondere die Wirbeltiere, wurde 1934 in Halle

EXKURS 2.4.1.2 (Fortsetzung)

das Geiseltalmuseum eingerichtet. 1993 stellte man die Braunkohlegewinnung ein.

Das Geiseltal ist die einzige Braunkohlenlagerstätte Mitteleuropas mit einem derartigen Fossilreichtum. Eine besondere Bedeutung kommt der Wirbeltierfauna zu: Bis heute kennt man mehr als 120 Arten aus über 85 Gattungen. Die Mehrzahl gehört zu den Säugetieren (über 70 Arten aus 14 Ordnungen), von denen im Eozän ein ständiges Anwachsen von Arten, Gattungen und Familien bekannt ist. Unter den Säugern wiederum dominieren die Huftierordnungen Perissodactyla und Artiodactyla. Außerdem fand man z.B. Halbaffen, Fledermäuse, Urraubtiere (Creodonta), Nagetiere und Urhuftiere (Condylarthra) sowie Beuteltiere. Unter den Fischen sind der Schlammfisch *Cyclurus* und der Knochenhecht *Atractosteus* hervorzuheben, beides Holostei, die heute in leicht abgewandelter Form aus Nordamerika bekannt sind. Der häufigste Teleosteer ist *Thaumaturus* aus der Verwandtschaft der Lachsartigen. Wie in Messel waren im Geiseltal Krokodile im Eozän häufig. Auch der bis 2 m große Riesenlaufvogel *Diatryma* ist aus dem Geiseltal bekannt. Wie in Messel ist auch im Geiseltal bei pflanzlichen Resten Chlorophyll nachzuweisen.

Viele Fossilien aus dem Geiseltal sind im Geiseltalmuseum der Martin-Luther-Universität in 06108 Halle, Domstrasse 3, zu besichtigen.

2.4.1.3 Die Säugetiere entfalten sich

Dem Verlust an Biodiversität an der Kreide-Tertiär-Grenze folgte eine rasche Evolution und Diversifikation der Säugetiere, weswegen das Känozoikum auch als das Zeitalter der Säugetiere bezeichnet wird. In den Meeren entwickelten sich Wale, Robben und Seekühe. Auf dem Land breiten sich viele Ordnungen aus, die zum Teil auch heute noch leben.

Im Alttertiär waren bis nashorngroße Pflanzenfresser wie *Brontotherium*, *Brontops* und *Uintatherium* verbreitet. In dieser Zeit sahen sich die Ausgangsformen von Huf- und Raubtieren noch so ähnlich, dass es sogar zu Schwierigkeiten bei der Einordnung kommt. So hat man *Mesonyx* lange Zeit zu den Urraubtieren (Creodonta) gestellt, ordnet sie jetzt aber den Urhuftieren (Condylarthra) zu.

Die Vorfahren der heutigen Unpaarhufer und Paarhufer waren im Alttertiär noch kleine, etwa fuchsgroße Tiere.

Die Unpaarhufer entwickelten dann viele Formen, z.B. diverse Nashörner und das größte Landsäugetier aller Zeiten, das über 6 m Schulterhöhe messende und 9 m lange *Baluchitherium*, das vom Oligozän bis zum Miozän bekannt ist. Es wurde nach Baluchistan (Pakistan) benannt. Diese gigantische Form hatte einen 1,5 m langen Schädel, welcher an einem 2,5 m langen Hals saß. Die Körpermasse schätzt man auf 30 Tonnen. *Baluchitherium* war Pflanzenfresser. In Europa gab es zeitgleich eine ähnliche Form: *Indricotherium*.

Sehr genau ist die Geschichte der Pferde bekannt, und in der Tat ist der Pferdestammbaum (Abb. 2-71) „das Paradepferd" der Evolutionsbiologie. Ausgangspunkt sind kleine, etwa 1 m lange Formen wie *Hyracotherium* (*Eohippus*).

Unter den Paarhufern existierten die Kamele schon im Alttertiär mit vielen Formen, insbesondere in Nordamerika. Die übrigen Paarhufer erreichten den Höhepunkt ihrer Entwicklung erst im Jungtertiär, die Rinderartigen sogar erst im Pleistozän.

Ebenfalls im Jungtertiär spielten die Elefanten eine große Rolle. Im Alttertiär waren sie auf Afrika beschränkt gewesen, ab Miozän waren sie paktisch auf der ganzen Erde verbreitet (Abb. 4-48).

Auch Raubtiere haben im Tertiär viele ungewöhnliche Formen hervorgebracht, z.B. den Säbelzahntiger mit seinen extrem langen oberen Eckzähnen.

Mit zunehmender Kenntnis der Plattentektonik und des Genoms entstehen interessante neue Vorstellungen über die Verwandtschaftsbeziehungen zwischen den einzelnen Säugetierordnungen. So wurde z. B. kürzlich die Einrichtung einer Überordnung Afrotheria gefordert, der die Ordnungen Proboscidea (Elefanten), Sirenia (Seekühe), Hyracoidea (Klippschliefer), Tubulidentata (Erdferkel), Macroscelidea (Elefantenspitzmäuse) und Afrosoricida (Goldmulle und Tenrecs) angehören. Alle diese Tiergruppen sind in Afrika entstanden und zwar zu einer Zeit, als Afrika noch von den anderen Kontinenten isoliert war (Ende der Kreide, Beginn des Tertiärs). DNA- und Proteinsequenzdaten stimmen in erheblichem Ausmaß bei diesen Säugetiergruppen überein, so dass eine nähere Verwandtschaft durchaus wahrscheinlich ist.

Die Vögel brachten nahe der Kreide-Tertiär-Grenze zahlreiche sehr große, flugunfähige Formen hervor, z. B. den schon erwähnten Riesenvogel *Diatryma*.

EXKURS 2.4.1.4

Die jungtertiäre Tier- und Pflanzenwelt zur Zeit der Auffaltung der Alpen: Öhningen und Höwenegg

Als die Alpen im späten Eozän und noch einmal im Miozän zu einem Gebirge aufstiegen, entstand vor der Gebirgsfront ein Vorlandbecken, das unmittelbar am Gebirgsrand am tiefsten war, und in dem die Schichtenfolge der Molasse zur Ablagerung kam (Molasse: aus dem Französischen; Abtragungsschutt). Starke Schüttungen von klastischem Material von den aufsteigenden Alpen her drängten das Meer wiederholt aus dem Vorlandbecken hinaus. Daher lassen sich innerhalb der Molasseabfolge marine Serien (untere und obere Meeresmolasse) von den unter festländischen Bedingungen abgelagerten Süßwassermolassen unterscheiden.

Neben der Alpenfaltung war Vulkanismus ein weiteres wichtiges landschaftsgestaltendes Ereignis am Rande des Molassebeckens. Vulkanische Explosionstrichter ließen Seen entstehen, die später verlandeten. Zwei wurden zu besonders bekannten Fossilfundstätten: Öhningen und Höwenegg.

Öhningen (im Hegau nordwestlich des Bodensees) wurde schon im 18. Jh. bekannt, nachdem der Züricher Stadtarzt Johann Jakob Scheuchzer 1726 ein Fossil aus den dortigen Steinbrüchen beschrieben hatte. Scheuchzer war von der Existenz der Sintflut überzeugt und interpretierte das „menschenähnliche" Fossil als Überrest eines Sintflutopfers: Homo diluvii testis. Später wurde dieses Fossil noch detaillierter im Sinne des Sintflutglaubens als alter Sünder interpretiert. Heute trägt es den Namen *Andrias scheuchzeri* (Abb. 1.24): Der „alte Sünder" wurde als Riesensalamander erkannt, dessen nächster Verwandter heute nur noch in eng umschriebenen Gebieten Ostasiens vorkommt.

Mittlerweile kennt man aus den Öhninger Steinbrüchen etwa 500 Pflanzen und fast 900 Tierarten. Bei letzteren überwiegen Insekten. Das Klima war dort vor 13 Mio. Jahren ausgeglichen und relativ warm; die mittlere Jahrestemperatur lag etwa 7 °C über der heutigen, die Niederschläge von 1300–1500 mm waren recht gleichmäßig über das Jahr verteilt.

Im See von Öhningen lebten zahlreiche Fischarten, insbesondere Weißfische (*Leuciscus*), aber auch Schleie (*Tinca*) und Hechte (*Esox*). Die Öhninger Zahnkarpfen (*Prolebias*) gehörte wohl zu den eierlegenden Zahnkarpfen, die heute in Südeuropa, Asien und Mittelamerika verbreitet sind. An Grundfischen kamen Steinbeißer (*Cobitis*), Gründling (*Gobius*) und Groppe (*Cottus*) vor. Am Seeboden lebten Malermuscheln (*Unio*) und Süßwasserkrabben (*Telephusa*); an Pflanzen

EXKURS 2.4.1.4 (Fortsetzung)

wuchsen dort Laichkräuter (*Potamogeton*) und Brachsenkräuter (*Isoetes*). Die Uferzone wurde von einem Schilf-Rohrkolben-Gürtel eingenommen (*Phragmites, Arundo* und *Typha*). Hier lebten auch Wasserschildkröten (*Chelydropsis*) und Kröten (*Bufo*), Unken (*Bombinator*) sowie der Riesenfrosch (*Latonia*). Auch *Andrias* dürfte hier gelebt haben. In der Uferzone existierte eine reiche Insektenfauna. Auch über Lebensgemeinschaften aus der Umgebung des Sees haben wir Kenntnisse, da viel Material eingeweht oder eingeschwemmt wurde. Weide (*Salix*) und Erle (*Alnus*) standen dort, Pappel (*Populus*) und Ulme (*Ulmus*), aber auch Zimt- oder Kampferbäume (*Cinnamomum*) und Seifenbäume (*Sapindus*) sowie Palmen.

Im Gegensatz zum Öhninger See fand man im Höwenegg überwiegend große Skelette, insbesondere von Huftieren. Das Höwenegg ist der nördlichste der Hegau-Vulkane am Südrand der Schwäbischen Alb. Vor etwa 11 Mio. Jahren entstand dort ein vulkanischer Sprengtrichter von 1 km Durchmesser, der sich mit Wasser auffüllte. In seiner Umgebung entstand eine Vegetation mit Ahorn, Pappel, Ulme und Kastanie, Weide und Kiefer. Während den Mitteleuropäern dieses botanische Szenario aus der Jetztzeit geläufig ist, gilt das nicht in Bezug auf die großen Säuger: Sie erinnern eher an die Säugerfauna im heutigen Ostafrika. Waldantilopen (*Miotragocerus*), Nashörner (das hornlose *Aceratherium*), Pferde (die dreizehige Gattung *Hipparion*) sowie Elefanten (*Deinotherium, Mastodon*) und Säbelzahnkatzen (*Sansanosmilus*) kamen damals im Schwäbischen vor!

In der Umgebung des Höwenegg müssen große Huftierherden geweidet haben.

Mit Abkühlen des Klimas zogen sich die Höwenegg-Säuger in wärmere Gefilde zurück und starben spätestens zu Beginn der Vereisungen vor etwa 1 Mio. Jahre aus.

Eine umfassende Präsentation der genannten Fossilien findet sich z. B. im Naturkundemuseum am Friedrichsplatz in Karlsruhe.

EXKURS 2.4.1.5

Zeuge einer der größten Katastrophen unseres Planeten: das Steinheimer Becken, wo man die Evolution „beobachten" kann

Vor 15 Mio. Jahren schlugen zwei Meteoriten mit einer Geschwindigkeit von 20–50 km/s im Gebiet der Schwäbischen Alb ein, ein größerer mit einem Durchmesser von vielleicht 1000 m und ein kleinerer mit einem Durchmesser von 100 m. Es entstanden Krater von 25 km bzw. 3,5 km Durchmesser, noch heute als Nördlinger Ries und Steinheimer Becken erkennbar. Von den Meteoriten selbst blieb nichts Nachweisbares übrig, aber sie hinterließen zwei Hochdruckmodifikationen des Quarz, Coesit und Stishovit, die als Beweise für die meteoritische Herkunft von Kratern gelten.

In beiden Kratern entstanden abflusslose Seen, und der See im Steinheimer Becken hinterließ eine artenreiche Lebensgemeinschaft in fossilisierter Form, die uns einen detaillierten Einblick in die Organismenwelt des Miozäns erlaubt. Steinheim am Albuch (nicht mit Steinheim bei Ludwigsburg zu verwechseln, wo der „Steinheimer Mensch" gefunden wurde, S. 402), ist ein kleiner Ort im Landkreis Heidenheim und beherbergt ▶

EXKURS 2.4.1.5 (Fortsetzung)

ein Meteorkrater-Museum, wo die wichtigsten Fakten aus den 30–40 m dicken Seesedimenten dargestellt werden.

Die hohe Artenzahl der Fossilien des Steinheimer Beckens hängt damit zusammen, dass hier Organismen ganz unterschiedlicher Lebensräume zusammen kamen: aus dem See, seiner bewaldeten Uferzone und von der Hochfläche der Alb, die von einem lockeren Wald bestanden wurde. In der Uferzone gab es z.B. Erlen (*Alnus*), Gleditschien (*Gleditsia*) und Seifenbaum (*Sapindus*), auf der Hochfläche Eichen (*Quercus*), Scheinakazie (*Robinia*), Zürgelbaum (*Celtis*) und Walnuss (*Juglans*). Das Klima war offenbar durch größere jahreszeitliche Schwankungen gekennzeichnet. Die Durchschnittstemperatur lag über der heutigen.

Eine der paläontologischen Besonderheiten des Steinheimer Beckens ist die sich langsam verändernde Schneckenfauna. Unter den fast 100 beschriebenen Arten von Land- und Süßwasserschnecken dominiert die Tellerschnecke *Gyraulus*. In den etwa 40 m mächtigen Seeablagerungen zeigt sie ganz bestimmte Veränderungen ihres Gehäuses, die schon 1866 – 7 Jahre nach dem Erscheinen von Darwins epochalem Werk – von dem Tübinger Franz Hilgendorf (1839–1904) beschrieben wurden. Das war der erste konkrete Nachweis einer Entwicklungsreihe fossiler Lebewesen! Auch bei Muschelkrebsen (Ostracoda) wurden solche Veränderungen gefunden.

Die Fischfauna des Sees vom Steinheimer Becken ähnelte schon der heutigen mitteleuropäischen: man fand z.B. Barbe (*Barbus*) und Schleie (*Tinca*). Besonders groß ist die Zahl der Vögel: über 50 Arten wurden bisher identifiziert. Neben vielen, die noch heute hier vorkommen, gab es in dieser Zeit auch Papageien.

Ähnlich artenreich wie die Vögel sind die Säuger. Weit verbreitet waren Pfeifhasen, die heute v.a. in Steppen Zentralasiens leben. Unter den Paarhufern dominieren die Hirschverwandten, z.B. der fast elchgroße *Palaeomeryx*. Unter den Unpaarhufern sind verschiedene Nashörner zu nennen. Raubtiere waren durch 15 Arten vertreten, wobei das marderartige *Rochotherium* besonders häufig war. Größter Carnivore war der etwa löwengroße Bärenhund *Amphicyon*. Aus der Gruppe der Elefanten gab es die Gattung *Gomphotherium*.

2.4.2 Quartär

ÜBERSICHT

Die besonders auffälligen Veränderungen dieser Periode sind die Eiszeiten und das intensive Eingreifen des modernen Menschen in die Biosphäre. Das „Anthropozän“ hat begonnen.

Die Erdperiode, die dem Pliozän folgte und in der wir heute leben, ist das **Quartär**. Dieses wird unterteilt in das **Pleistozän** (das eigentliche Eiszeitalter, früher Diluvium (Sintflut) genannt) und das **Holozän**, die Zeit nach der letzten Vereisung, die Jetztzeit. Die Abtrennung des Holozäns vom Pleistozän ist ganz willkürlich und historisch bedingt. Es handelt sich um die Warmzeit nach der Würm- (Alpenvorland) bzw. Weichseleiszeit, (Norddeutschland). Das **Holozän** begann vor ca. 11500 Jahren und dauert bis heute an. Auch im Holozän gab es durchaus Temperaturoszillationen; interessant sind die Gletschervorstöße vom 16. bis 19. Jh. nach Chr. („Kleine Eiszeit“).

Die Grenze Tertiär/Quartär wird unterschiedlich angesetzt. Da bereits vor ca. 2,6 Mio. Jahren eine lang dauernde Kältephase einsetzte, die die bis dahin vorherrschende subtropisch-tropische Fauna und Flora aus Europa vertrieb, setzen manche Forscher die Grenze Tertiär-Quartär an diesen Zeitpunkt und lassen das Quartär also vor gut 2,6 Mio. Jahren beginnen, und zwar mit einer ca. 800000 Jahre langen Periode, die auch **Eo(Ältest)pleistozän** genannt wird. Andere Forscher rechnen diesen Zeitraum noch zum Pliozän und sind der Auffassung, dass das Quartär vor etwa 1,8 Mio. Jahren begann.

Die Gliederung des Quartärs erfolgt in Eo-, Alt-, Mittel- und Jungpleistozän sowie Holozän. Die Grenze zwischen Eo- und Altpleistozän liegt bei ca. 1,8 Mio. Jahren vor heute, die zwischen Alt- und Mittelpleistozän bei ca. 780000 und die zwischen Mittel- und Jungpleistozän bei ca. 130000 Jahren vor heute. Das Holozän, die Nacheiszeit, begann, wie erwähnt, vor ca. 11500 Jahren (Abb. 2-72, 2-73).

Die Datierung quartärer kontinentaler Ablagerungen ist mit vielen Problemen behaftet, weil diese Ablagerungen große zeitliche und räumliche Lücken aufweisen. Tiefseesedimente, die langsam und kontinuierlich abgelagert werden, sind i.a. weniger problematisch. In diesen Meeresablagerungen sind es insbesondere die Sauerstoffisotopen-Signatur und die paläomagnetische Polarität, die in stratigrafischer Hinsicht gut verwertbar sind (Sauerstoffisotopen-Stratigrafie und Magneto-Stratigrafie). Diese stratigrafischen Methoden liefern jedoch noch keine zahlenmäßigen Altersangaben in Jahren. Hierfür lassen sich physikalische Methoden einsetzen, die vor allem auf der Bestimmung der natürlichen Radioaktivität beruhen. Weiterhin sind recht genaue astronomische Datierungen nützlich, die auf den bekannten periodisch erfolgenden Veränderungen der Erdbahnelemente beruhen, die Anlass für globale Klimaveränderungen gewesen sind. Die Klimaveränderungen spiegeln sich auch in Änderungen des Pollenspektrums wider.

Die kalten Klimaabschnitte des Eo- und Altpleistozäns werden zumeist Kaltzeiten genannt, während die Kaltzeiten von Mittel- und Jungpleistozän Eiszeiten (Glaziale) heißen, da sie mit umfangreichen Gletscherbildungen und Verschiebungen von Steingeröll und Sandmassen verbunden waren. Zwischen den Kälteperioden lagen Warmzeiten, die auch als Interglaziale bezeichnet werden. Zu Beginn oder am Ende von Kälteperioden traten i.a. kürzere Wärmephasen auf, die sogenannten Interstadiale.

Noch im Pliozän breiteten auffallende Tiergruppen wie die echten Pferde (*Equus*), Elefanten (*Mammuthus meridionalis*) und große Rinder (*Leptobos*) ihr Areal nach Europa aus. Im späten Jungtertiär kam es dann zu ersten klimatischen Schwankungen, die im Eopleistozän zunehmend deutlicher wurden, aber im Allgemeinen noch nicht die Intensität der mittel- und jungpleistozänen Kalt- und Warmzeiten erreichten. Die zwei großen Hauptabschnitte des Eopleistozäns sind **Prätegelen** und **Tegelen** (Abb. 2-72), Bezeichnungen, die sich auf Ablagerungen bei dem Ort Tegelen in den südlichen Niederlanden beziehen. Der Übergang vom Eo- zum **Altpleistozän** wird auf das Ende der paläomagnetischen Olduvai-Subchrone vor etwa 1,8 Mio. Jahren gelegt. Biostratigrafisch trat an dieser Grenze erstmals die Wühlmausgattung *Microtus* auf, die durch wurzellose Molaren gekennzeichnet ist. Es handelt sich offensichtlich um einen Einwanderer. In der Florenentwicklung, die durch kombinierte Pollenprofile erschlossen ist, zeichnen sich mehrere kühlere und wärmere Phasen ab, die als **Eburon** (überwiegend kalt), **Waal** (zwei Warmzeiten und ein dazwischenliegender kalter Abschnitt) und **Menap** (überwiegend kalt) und **Bavel** (eher warm) beschrieben wurden (Abb. 2-73). In der Fauna lassen sich diese klimatischen Oszillationen noch nicht nachzeichnen. Es fehlen noch die klimatisch an kälteres Klima angepassten Arten. In der Fauna des Altpleistozäns sind der Südelefant (*Mammuthus meridionalis*) und ein Waldnashorn (*Stephanorhinus etruscus*) kennzeichnend. Unter den Hirschen fällt *Eucladocerus* wegen seines großen Geweihs auf. Daneben lässt sich aber

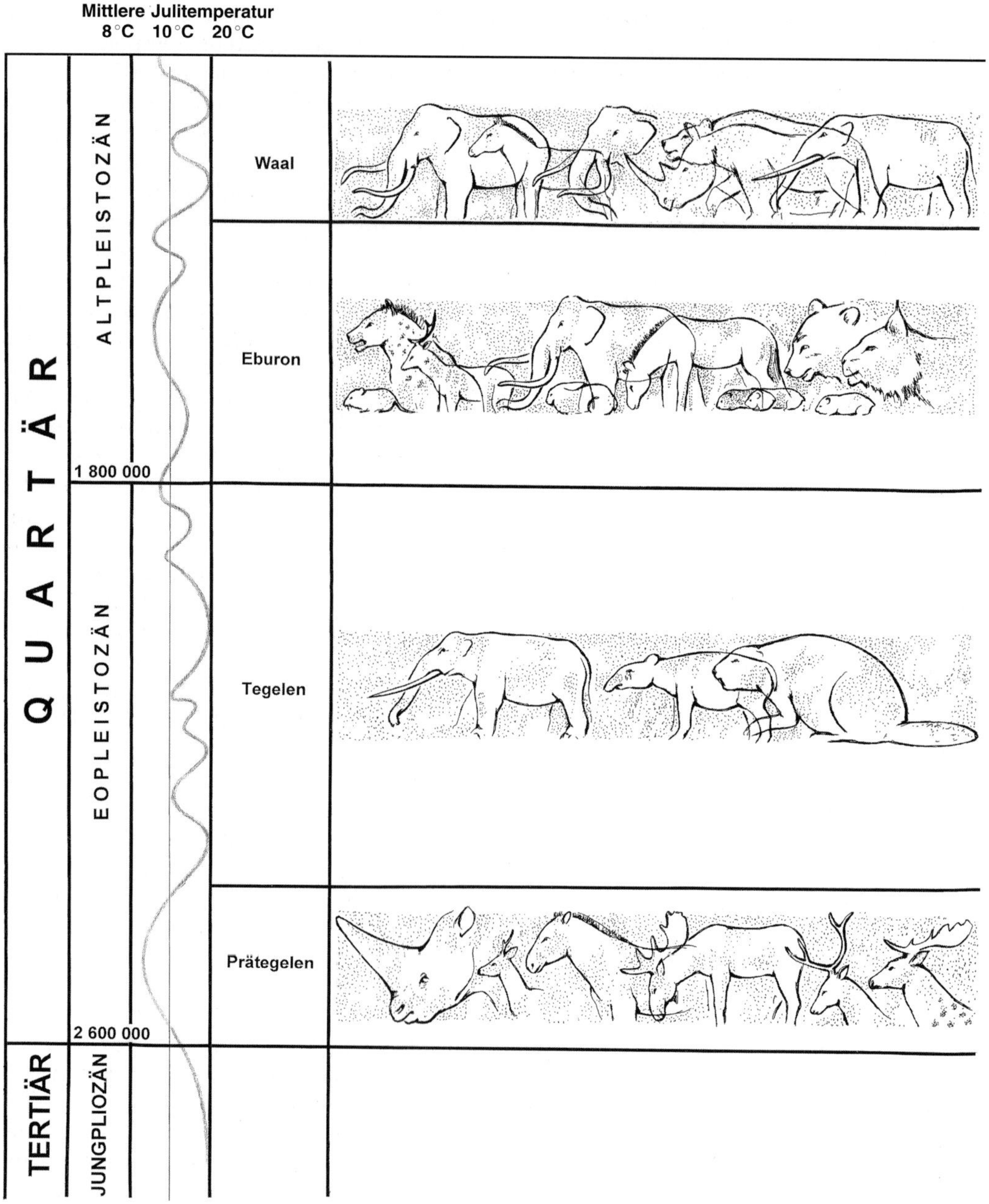

Abb. 2-72. Schematische Darstellung des Ablaufs von Ältest-(Eopleistozän) und unterem Altpleistozän in Mitteleuropa. Im Prätegelen herrschte ein eher warmes, im Tegelen ein eher kühles Klima vor. Die mittlere Julitemperaturkurve zeigt aber, dass auch in den größeren Zeitabschnitten deutliche Klimaschwankungen vorkamen. Folgende Tiere sind dargestellt, **Prätegelen**: *Elasmotherium sibiricum* (Nashorn), *Capreolus spec.* (Reh), *Equus stenonis* (Pferd), *Alces latifrons* (Elch), *Cervus philisi* (Hirsch) und *Praedama spec.* (Damhirsch). **Tegelen**: *Anancus arvernensis* (Elefant), *Tapirus arvernensis* (Tapir) und *Trogontherium cuvieri* (Riesenbiber). **Eburon**: *Allophaiomys spec.* (Wühlmaus), *Chasmaporthetes johnstoni* (Hyäne), *Cervus philisi, Mammuthus (Archidiscodon) meridionalis* (Südelefant), *Hypolagus brachygnathus* (Hase), *Equus stenonis, Dicrostonyx* (Lemming), *Ursus deningeri* (Bär), *Lynx issiodorensis* (Luchs). **Waal**: *Mammuthus meridionalis, Equus stenonis, Dicerorhinus etruscus* (Nashorn), *Ursus deningeri, Anancus arvernensis*

auch der viel kleinere Damhirsch (*Dama rhenena*) nachweisen. In Abschnitten mit besonders milden Wintern kam das Flusspferd (*Hippopotamus amphibius*) bis nach Thüringen vor. Die Raubtierfauna war wesentlich diverser als in jüngeren Perioden. Die Fundstelle Untermassfeld in Thüringen ist durch mehrere große Raubtiere, darunter Hyänen (*Pachycrocuta perrieri*), Geparden (*Acionyx*) und mehrere Säbelzahnkatzen (*Homotherium* und *Megantereon*) gekennzeichnet.

Das **Mittelpleistozän** beginnt vor ca. 780 000 Jahren und liegt zwischen Interglazial I und II der **Cromer**-Zeit, einem langandauernden Komplex aus warmen und kälteren Abschnitten. Im Laufe des Mittelpleistozäns beginnt der klassische Zyklus von Glazialen und Interglazialen, der in der Größenordnung von jeweils etwa 100 000 Jahren gelegen haben dürfte. Die Interglaziale waren vergleichsweise nur sehr kurz. Durch Tiefseebohrungen konnte ein sehr genaues Bild dieser Zyklen aus dem Verhältnis der Sauerstoffisotope gewonnen werden. Danach kamen in den letzten 780 000 Jahren wahrscheinlich 10 Zyklen mit Warm- und Kaltzeiten vor. Diese Zahl besagt, dass die klassische Gliederung mit den drei nordischen Vereisungen (Elster-Saale-Weichsel) und den vier alpinen Vereisungen (Günz-Mindel-Riß-Würm) auf jeden Fall unvollständig ist. Hinzu kommt, dass die drei nordischen Vereisungen in Mittel- und Jungpleistozän liegen. Die Günz- und Mindel-Ablagerungen, wenn sie überhaupt Gletschervorstöße belegen, gehören dagegen noch in das Altpleistozän. Damit ist auch die weitverbreitete Korrelation der alpinen und nordischen Vereisungsperioden unhaltbar geworden.

Im frühen Mittelpleistozän treten in Mitteleuropa die ersten Tiere auf, die heute auf den nordischen Lebensraum beschränkt sind, wie Rentier (*Rangifer tarandus*) und der Moschusochse (*Ovibos moschatus*). Ob sie aber bereits arktische Verhältnisse anzeigen ist fraglich. Bei den Elefanten löst der Steppenelefant (*Mammuthus trogontherii*) in den kühleren Phasen den Südelefanten (*Mammuthus meridionalis*) ab. Stammesgeschichtlich hat sich der Steppenelefant zwar sicher aus dem Südelefanten entwickelt, aber da beide Arten in Mitteleuropa im Wechsel vorkommen, scheint diese Entwicklung in einer anderen Region erfolgt zu sein. Die gesamte Veränderung der Säugetierfauna des Pleistozäns ist in Mitteleuropa in erster Linie durch klimatisch bedingte Arealverschiebungen bestimmt. Dabei sind zwar immer höher evoluierte Formen eingewandert, aber die evolutiven Vorgänge selbst haben offensichtlich nicht in diesem Raum stattgefunden.

Eine besonders wichtige warmzeitliche Einwanderungsphase, die im Bereich der Interglaziale II und III der Cromerzeit lag, ist auch das Auftreten des Waldelefanten (*Elephas antiquus*) gekennzeichnet. Er hat den Südelefanten ersetzt und wird in allen kommenden Warmzeiten mit Ausnahme des Holozäns in Mitteleuropa erscheinen. Der Waldelefant mag im Mittelmeergebiet bereits früher vorgekommen sein, aber sein erstes Auftreten nördlich der Alpen ist in Mauer bei Heidelberg belegt. Diese Warmzeit (wahrscheinlich Interglazial III des Cromer) hatte ein so mildes Klima, dass auch das Flusspferd seinen Lebensraum wieder nach Mitteleuropa ausdehnen konnte. Für die Biostratigrafie ist zwar das Erscheinen der Schermaus (*Arvicola*) von großer Bedeutung, aber für das Verständnis der Geschichte ist weit bedeutender, dass in dieser Warmzeit der Mensch das erste Mal in Mitteleuropa als Sammler und Jäger vorgekommen ist. Er ist durch den berühmten Unterkiefer von Mauer (*Homo heidelbergensis*) belegt. Jagdstationen dieses Menschen sind aus dem Rheingebiet von Miesenheim und Kärlich zusammen mit Steinwerkzeugen bekannt geworden. Die in Mauer belegte Warmzeit gehört in eine der jüngeren warmen Phasen (vermutlich Interglazial III) des Cromer-Komplexes.

Nach der Warmzeit von Mauer beginnt der Zyklus der großen Vereisungen. Während des Hochstandes der ersten nordischen Vereisung, dem **Elster**-Glazial (Abb. 2-73), drangen die Gletscher bis nach Leipzig vor und erreichten den Nordrand des Harzes. Zu Beginn des Glazials ist das Wollnashorn (*Coelodonta antiquitatis*) als typisch kaltzeitliches Faunenelement nachzuweisen, aber über die Zeit des Höchststandes der Gletscher gibt es keine Informationen zur Vegetation oder Fauna. Es ist allerdings anzunehmen, dass in dieser Zeit wie auch während der Maxima späterer Glaziale nur wenige Arten und diese

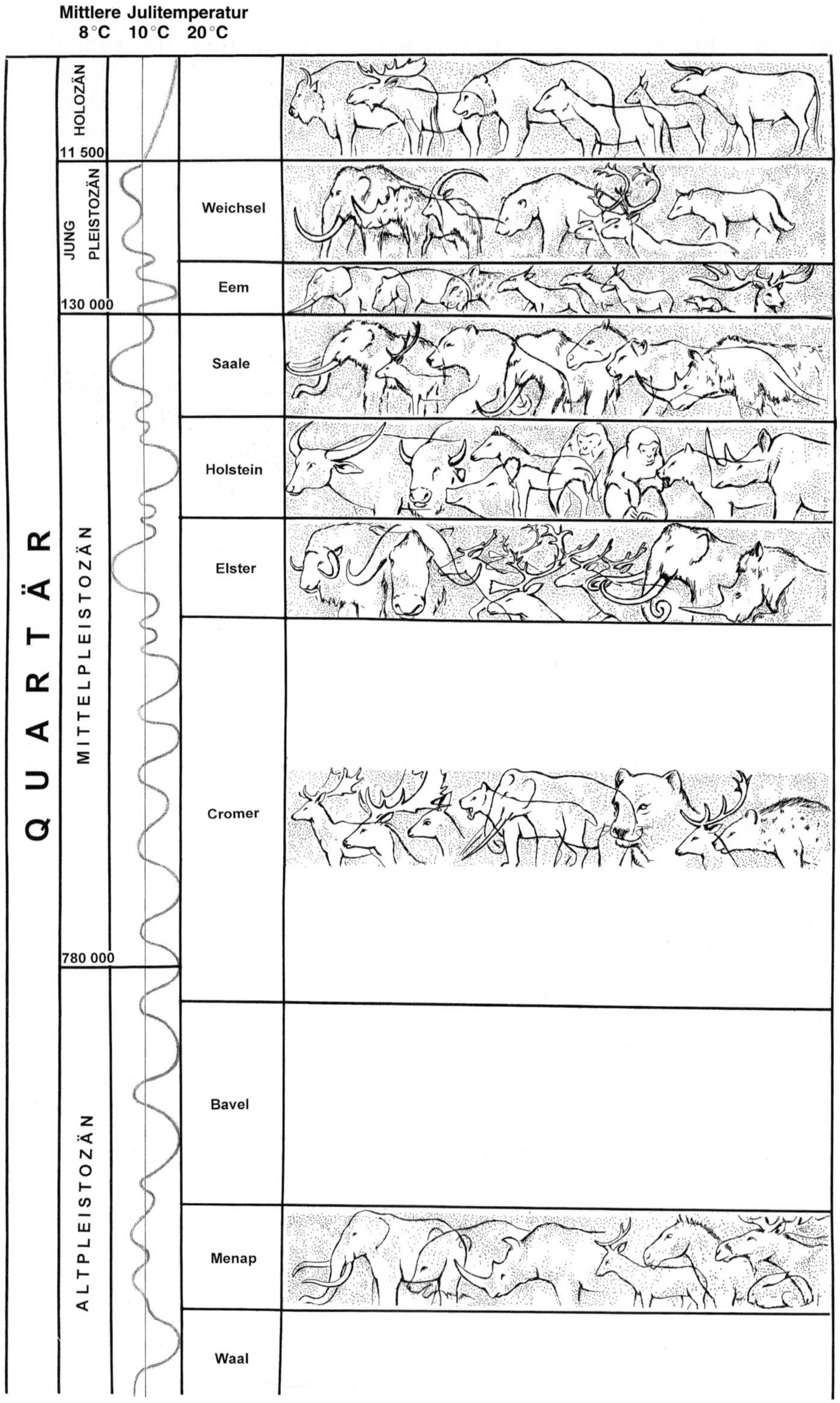
Mittlere Julitemperatur
8 °C 10 °C 20 °C
QUARTÄR
HOLOZÄN
11 500
JUNG PLEISTOZÄN
130 000
MITTELPLEISTOZÄN
780 000
ALTPLEISTOZÄN
Weichsel
Eem
Saale
Holstein
Elster
Cromer
Bavel
Menap
Waal

in geringer Dichte vorkamen. Der Mensch dürfte zu dieser Zeit wieder verschwunden sein, so dass sein Vorkommen in der nächsten Warmzeit (Holstein), etwa in Bilzingsleben, ebenso wie das der warmzeitlichen Fauna und Flora als Neueinwanderung verstanden werden muss.

Die Säugetierfauna der **Holstein**-Warmzeit, die insgesamt ca. 16000 bis 17000 Jahre dauerte, ist gegenüber der des frühen Mittelpleistozäns deutlich verarmt. Der großwüchsige Hirsch *Megaloceros verticornis* und die Waldnashörner fehlen. In der Kleinsäugerfauna sind auch einige Insektenfresser (*Talpa minor* und *Drepansorex savini*) ausgeblieben. Das Elster-Glazial mit seiner starken Gletscherausbreitung hat offensichtlich die Biodiversität erheblich eingeschränkt. In das Holstein-Interglazial fällt auch der Menschenfund von Steinheim an der Murr. Wahrscheinlich gehören auch die Funde von Bilzingsleben (Thüringen) in diese Zeit. An größeren Säugern kamen u. a. Waldelefant, Wildschwein, Auerochse, Reh, Wasserbüffel und wohl auch Makak vor.

Aus der Holstein-Zeit ist die Abfolge der Vegetation aus Pollenanalysen gut bekannt. Es lassen sich ca. 15 Vegetationsphasen unterscheiden, die belegen, dass auch in einer Warmzeit deutliche Klimaschwankungen vorkamen. Zu Beginn kamen z. B. Zwergbirken und Wachholder vor, es folgten Birken, dann traten Birken und Kiefern auf, denen sich nach ca. 1000 Jahren Ulmen anschlossen, in späteren Phasen herrschten für über 2000 Jahre Eiben, Hasel und Fichten vor, in weiteren Phasen kamen neben Kiefern und Erlen Eichen und Tannen vor.

Die folgende Eiszeit wird als **Saale-Eiszeit** (in Süddeutschland auch als **Riß-Eiszeit**) bezeichnet, ein über 100000 Jahre andauernder Komplex mehrerer Kalt- und Warmphasen. Das skandinavische Gletschereis erreichte die Region Dortmund, Düsseldorf, Kleve und die Niederlande. Das Rote Kliff auf Sylt entspricht einer saalezeitlichen Moräne. Die Alpengletscher erreichten den heutigen Stadtrand von München. Zwischen den Eisrändern breitete sich weitgehend baumlose Tundra aus mit dem Mammut (*Mammuthus primigenius*), Steppenelefanten, Fellnashörnern, Steinböcken, Höhlenbären, Löwen, Riesenhirschen, Rothirschen, Steppenbisons und den sogenannten Steinheimpferden.

Das **Jungpleistozän** beginnt mit der **Eem-Warmzeit**, die wohl nur gut 10000 Jahre dauerte und in Süddeutschland auch **Riß-Würm-Warmzeit** heißt. Nordseebecken und Ostseebecken waren mit Meerwasser gefüllt, so dass Skandinavien und Mitteleuropa getrennt waren. Wärmeliebende Meeresmollusken drängten über den Ärmelkanal nach Norden. Typisch ist die Abfolge a) Birken und Kiefern (frühe Eem-Zeit), b) Eichenmischwälder mit Ulmen, Haselnuss, Linden und Eiben, Hainbuchen und schließlich c) Fichten und Kiefern am Ende der Eem-Zeit. Es wanderten wieder wärmeliebende Tiere ein, darunter Leoparden, Flusspferde, Waldelefanten, Waldnashörner, Riesenhirsche, Damhirsche, die Wimpernspitzmaus und auch Löwen. Aus der zu Ende gehenden Eem-Warmzeit stammen Saiga-Antilopen.

Die bisher letzte Eiszeit war die **Weichsel-Eiszeit** (in Süddeutschland **Würm-Eiszeit** genannt), die vor ca. 115000 Jahren begann und vor ca. 11500 Jahren aufhörte. Auch diese Eiszeit ist durch unterschiedliche Klimaphasen gekennzeichnet. Immer wieder kam es zu wärmeren Klimaperioden mit Waldbildungen. Hocheiszeit-

Abb. 2-73. Schematische Darstellung des Ablaufs von oberem Altpleistozän, Mittelpleistozän, Jungpleistozän und Holozän. Folgende Tiere sind dargestellt, **Menap:** *Mammuthus meridionalis, Ursus deningeri, Dicerorhinus etruscus, Cervus philisi, Equus stenonis, Alces alces, Hypolagus brachygnathus.* **Cromer:** *Praedama spec., Capreolus suessenbornensis* (Reh), *Homotherium crenatidens* (Säbelzahnkatze), *Elephas antiquus* (Elefant), *Panthera leo* (Löwe), *Cervus elaphoides* (Hirsch), *Crocuta crocuta* (Hyäne). **Elster:** *Ovibos spec.* (Moschusochse), *Rangifer* (Rentier), *Mammuthus trogontherii, Coelodonta antiquitatis* (Fellnashorn). **Holstein:** *Bubalus murrensis* (Wasserbüffel), *Bison schoetensacki* (Wisent), *Sus scrofa* (Wildschwein), *Equus steinheimensis* (Pferd), *Macaca sylvana* (Makake), *Homotherium crenatidens, Dicerorhinus etruscus.* **Saale:** *Mammuthus trogontherii, Cervus elaphus, Ursus spelaeus* (Höhlenbär), *Mammuthus primigenius, Equus steinheimensis, Panthera leo* (Löwe), *Coelodonta antiquitatis.* **Eem:** *Elephas antiquus, Hippopotamus amphibius* (Nilpferd), *Panthera pardus* (Leopard), *Saiga tatarica* (Saiga), *Crocidura* (Wimpernspitzmaus), *Megaloceros giganteus* (Riesenhirsch). **Weichsel:** *Mammuthus primigenius, Coelodonta antiquitatis* (Fellnashorn), *Capra camburgensis* (Steinbock), *Ursus spelaeus, Rangifer tarandus, Canis lupus* (Wolf). **Holozän:** *Bison bonasus* (Wisent), *Alces alces, Ursus arctos* (Braunbär), *Canis lupus, Capreolus capreolus* (Reh), *Bos primigenius* (Auerochse) liche, trockene Kaltzustände traten vor ca. 20 000 Jahren auf; aber schon wenige tausend Jahre danach kam es wieder zur Erwärmung. Die skandinavischen Gletscher drangen nur bis Schleswig-Holstein, Mecklenburg, Brandenburg, Westpreußen und das südliche Ostpreußen vor. Flensburg, Kiel, Neumünster, Eutin, Neustadt in Holstein und Lübeck lagen unter Eis. Die Nordsee lag bis zur Doggerbank trocken, wo auch die Elbe die Nordsee erreichte. Die Alpengletscher erreichten eine Linie Bodensee-Salzburg. In den Alpentälern waren die Gletscher bis zu 1500 Metern dick. Wie in früheren Eiszeiten waren auch Schwarzwald und Vogesen vereist. Diese Eiszeit wird in drei Perioden gegliedert: Früh-, Hoch- und Spätglazial mit unterschiedlicher Ausprägung der Kälte. In der ersten Phase waren Wölfe, Biber, Braun- und Höhlenbären, Mammuts, Höhlenhyänen, Höhlenlöwen, Elche, Riesenhirsche, Vielfraß und andere Säuger verbreitet vorhanden. Gemsen kamen bis Thüringen und Wiehengebirge vor. In dieser Periode lebte auch der Neandertaler, von dem in Deutschland 1856 im Neandertal (Kap. 5) erste Funde gemacht wurden. Typische Pflanzen des Hochglazials waren Silberwurz (*Dryas octopetala*), Zwergbirken, Zwergweiden und Heidekräuter. In dieser Zeit traten u. a. Saiga-Antilopen und Rentiere auf, letztere waren auch für das Spätglazial typisch, ebenso wie Wildpferde. An manchen Stellen Deutschlands sind noch heute Pflanzen aus der ausgehenden letzten Eiszeit zu finden, so in der Oberrheinebene. Hierzu zählen u. a. Küchenschelle (*Pulsatilla vulgaris*), das Adonisröschen (*Adonis vernalis*), die Sandstrohblume (*Helichrysum arenarium*) und das Haar-Federgras (*Stipa capillata*).

Holozän. Das Holozän, die Jetztzeit, begann vor ca. 11 500 Jahren und ist in Deutschland durch gemäßigtes und relativ trockenes Klima gekennzeichnet. In den deutschen Alpen gibt es heute nur noch einige Gletscherreste, so im Watzmanngebiet und im Zugspitzmassiv.

Die ursprünglich überall verbreiteten Wälder sind erst seit ca. 1000 Jahren durch den modernen Menschen zunehmend gerodet und durch Kulturland ersetzt worden. Kälteliebende Tiere wurden von gemäßigt wärmeliebenden abgelöst. Kennzeichnend sind z. B. Wolf, Braunbär, Luchs, Wildschwein, Elch, Reh, Rothirsch und Auerochs. Viele dieser Tiere verschwanden in Deutschland. Der Auerochs wurde sogar völlig ausgerottet, das letzte Exemplar wurde 1627 südlich von Warschau getötet. Der Steppenwisent starb aus, der kleinere Waldwisent überlebt bis heute. Im Gebiet der Ostsee entstand zunächst ein Eisstausee, der sich dann eine Verbindung zur Nordsee schuf. Vor knapp 10 000 Jahren enthielt die Ostsee schon eine marine Fauna (*Yoldia*-Meer, nach der verbreitet vorkommenden Muschel *Yoldia* [*Portlandia*]). Vor 8000 Jahren war sie infolge Hebung des Meeresbodens ein Binnensee (*Ancylus*-See). Vor 7000 Jahren erhielt sie wieder Anschluss ans Meer (*Littorina*-Meer). Seither verengten sich die Verbindungen zum Kattegatt und Skagerrak und der Salzgehalt nahm stetig ab. Die Phase des *Littorina*-Meeres, die bis heute andauert, wird weiter untergliedert in eine Reihe von Unterstadien: *Mastogloia*-Meer (niedriger Salzgehalt), *Littorina*-Meer im engeren Sinne (hoher Salzgehalt), *Lymnaea*-Meer (zunehmend brackwasserhaltig) und *Mya*-Meer (nach der erst im 16. Jh. eingewanderten *Mya arenaria*).

Das Schicksal der Erde wird seit ca. 300 Jahren im globalen Maßstab zunehmend vom Menschen beeinflusst. Es wurde daher für diesen Zeitabschnitt der Begriff **„Anthropozän"** geschaffen, das ungefähr mit dem Beginn der Industrialisierung einsetzte. Treibhausgase, Zerstörung riesiger ökologischer Systeme und Gefährdung der Grundlagen allen höheren Lebens auf der Erde kennzeichnen heute dieses neue Zeitalter.

2.4.2.1
Durchläufer der Evolution: Lebende Fossilien

Als lebende Fossilien bezeichnet man Taxa, die in fast identischer Form schon in weit zurückliegenden Erdzeitaltern existierten. Man kennt sie unter Pflanzen (Kap. 3.5) und Tieren, und die ältesten von ihnen haben ihre äußere Gestalt seit über 500 Mio. Jahren kaum verändert.

Unter den Tieren stellen die Priapuliden die ältesten lebenden Fossilien. *Ottoia* aus dem Burgess Shale (Mittel-Kambrium) stimmt bis in Einzelheiten der inneren Anatomie mit der rezenten Gattung *Halicryptus* überein (Abb. 2-6). *Ottoia*

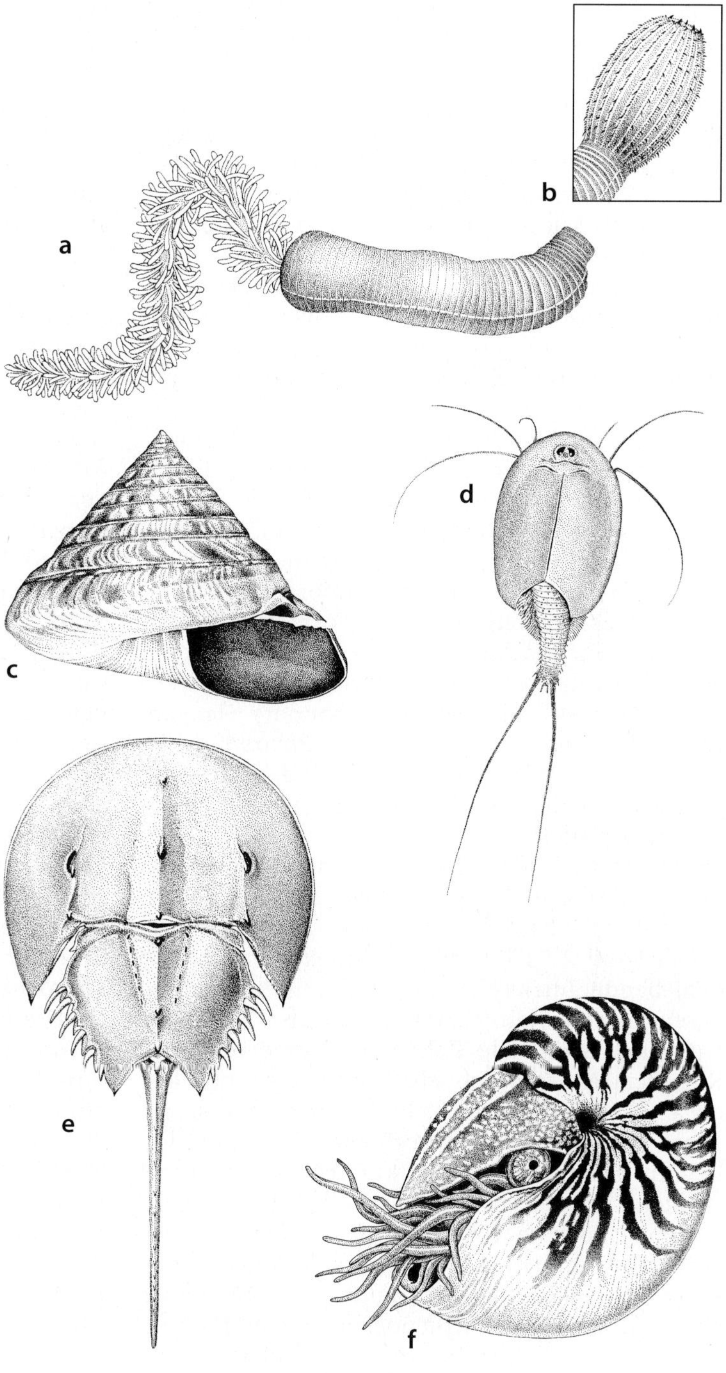

Abb. 2-74 –f. Lebende Fossilien (Wirbellose): **a** *Priapulus*, vollständiges Tier mit eingezogenem Introvert, **b** *Priapulus*, Vorderende mit ausgestülptem Introvert, **c** *Pleurotomaria*, **d** *Triops*, **e** *Limulus*, **f** *Nautilus*

prolifica weist sogar eine besondere Ähnlichkeit mit der kürzlich an der Küste Alaskas entdeckten Art *Halicryptus higginsi* auf. Etwas jüngeren Datums ist die Gattung *Priapulites* aus der karbonischen Mazon Creek Formation in den USA, die den rezenten Gattungen *Priapulus* (Abb. 2-74a, b) und *Priapulopsis* ähnelt.

Ebenfalls seit dem Paläozoikum (Silur) hat die Brachiopoden-Gattung *Lingula* ihre äußere Gestalt bewahrt. *Lingula* (Abb. 2-9a) ist heute in der Gezeitenzone des Indopazifik weit verbreitet und kommt in manchen Gebieten, z. B. in Südostasien, in so hohen Populationsdichten vor, dass sie kommerziell genutzt wird.

Neopilina, zur Mollusken-Gruppe der Monoplacophora gehörend, wurde als rezente Form erst 1952 im Peru-Chile-Graben entdeckt, wo sie bis in 6000 m Tiefe vorkommt. Bis dahin kannte man sie nur fossil. *Neopilina* und die nahe verwandte *Vema* gehen auf eine kambrische Radiation zurück. Damals lebten die Formen auf Felssubstrat im Flachwasser und hatten dickere Schalen als die rezenten Tiefseeformen. Ein weiteres Mollusk mit einer besonders langen Geschichte ist die Schnecke *Pleurotomaria* (Abb. 2-74c). Wir kennen sie seit dem Devon, und auch in ihrem Fall blieb die Gestalt weitgehend konstant.

Seit dem Karbon, also seit mehr als 300 Mio. Jahren, sind die Notostraca bekannt, von denen es heute die beiden Gattungen *Lepidurus* und *Triops* (Abb. 2-74d) gibt. Es handelt sich um bodenlebende, filtrierende und räuberische Krebse, deren vordere Rumpfextremitäten als Fangbeine entwickelt sind. Die Zahl von Segmenten und Rumpfextremitäten ist sehr hoch; es können bis etwa 70 Beinpaare ausgebildet sein, bis sechs Paare stehen auf einem Segment. Notostraca leben in Tümpeln, die nur kurzfristig existieren (ephemere, astatische Gewässer). Lange Trockenperioden überstehen sie in Form von Dauereiern, die Jahrzehnte trocken liegen können. Rasches Schlüpfen, tägliche Häutungen über etwa einen Monat und Parthenogenese ermöglichen die Existenz selbst in Regionen, wo nur kurzfristig Pfützen entstehen, so auf dem Ayers Rock im Zentrum Australiens (*Triops australiensis*).

Zur Verwandtschaft der Phyllopoda (wozu die Notostraca gehören) zählen auch die Anostraca. Sie sind seit dem Jura bekannt. Gemeinsame Vorfahren beider Gruppen (auch als Branchiopoda zusammengefasst) kennt man in vorzüglicher Erhaltung aus dem Ober-Kambrium Schwedens. Von der Gattung *Rehbachiella* ist die Entwicklung, die mit einem Nauplius beginnt, bis in Einzelheiten bekannt. Diese etwa 500 Mio. Jahre alten Fossilien werden als die ältesten fossil nachgewiesenen Krebse angesehen.

Seit dem späten Paläozoikum sind die Xiphosuren aus marinen Lebensräumen bekannt. *Palaeolimulus* aus dem Perm hatte schon große Ähnlichkeit mit heutigen Formen. *Mesolimulus* kennen wir mit wunderbar erhaltenen Exemplaren zum Beispiel aus dem Jura der Fränkischen Alb. Noch älter ist der Pfeilschwanz *Weinbergina*, der vor 400 Mio. Jahren lebte und heute im Hunsrückschiefer (Abb. 2-29c) zu finden ist. Heute sind Xiphosuren noch entlang der nordamerikanischen Atlantikküste verbreitet (*Limulus*; Abb. 2-74e), und kommen mit zwei Gattungen (*Carcinoscorpius, Tachypleus*) in Südostasien vor, wo sie auch ins Brackwasser eindringen. Es handelt sich also um eine disjunkte Verbreitung und relativ kleine Reliktvorkommen. *Limulus* wurde zeitweise in Wagenladungen zum Düngen von Feldern in Nordamerika eingesetzt, und die anderen genannten Gattungen werden in Südostasien zum Essen auf Märkten angeboten. Heute sind die Bestände rückläufig. Die heutigen Xiphosuren sind Bewohner von Flachmeeren. Die Weibchen legen ihre Eier in Sandgruben, die auf ihnen reitenden Männchen geben das Sperma ins freie Wasser ab. Die Entwicklung erfolgt direkt.

Nautilus (Abb. 2-74f) schließlich ist seit dem Jura bekannt und gehört zu einer ehemals blühenden Tiergruppe, den Nautiloida innerhalb der Cephalopoden. Die Nautiloida erlebten ihre Hauptblütezeit im älteren Paläozoikum. Mit Hunderten von Gattungen waren sie in den Weltmeeren vertreten (Kap. 2.2.2.3). Während die ältesten Formen vorwiegend langgestreckte Gehäuse besaßen, gibt es seit der Trias nur noch spiralig eingerollte Formen mit einfachem Siphunkel, ähnlich dem rezenten *Nautilus*. Derartige Fossilien dieser Art sind in Südschweden (Schonen), auf den Inseln Öland und Gotland, aber auch in Kiesgruben Norddeutschlands zu finden. Die rezente Gattung *Nautilus* ist auf Teile des Indo-Westpazifik beschränkt, wo sie in Tiefen von 60–500 m lebt.

Das Wachstum dieser Formen erfolgt im Gegensatz zu dem der modernen Kalmare, die im Laufe eines Jahres geschlechtsreif werden können, außerordentlich langsam. Es dauert 20 Jahre, bis eine Schale, die aus 30–35 Kammern besteht, ausgebildet ist. In 300 m Tiefe dauert allein das Absaugen der Flüssigkeit aus einer neugebildeten Kammer wenigstens ein halbes Jahr. Die Kopulation ist mit einer stundenlangen Umarmung verbunden, und ein Weibchen legt nur etwa zwei Dutzend Eier pro Jahr.

Unter den lebenden Fossilien wird vielfach auch die mittelkambrische Gattung *Aysheaia* (Abb. 2-51) abgehandelt und mit den rezenten Onychophoren in Zusammenhang gebracht. Auch *Xenusion* (Abb. 2-27) nennen viele Autoren in diesem Zusammenhang. Dieser Interpretation schließen wir uns nicht an. *Aysheaia* war ein mariner Organismus, der wohl auf Schwämmen lebte, die rezenten Onychophoren sind strikt terrestrische Formen, die gegen Meerwasser sehr empfindlich sind. Morphologisch sind beide im Kopfbereich grundsätzlich verschieden: *Aysheaia* hat eine terminale Mundöffnung, die Onychophoren besitzen einen subterminalen, ventral gelegenen Mund, der mit speziellen Extremitäten assoziiert ist (Mundhaken und Oralpapillen), so dass von einer morphologischen Gleichheit keineswegs ausgegangen werden kann. Fossile Onychophoren als terrestrische Formen sind nicht bekannt.

Vielfach ist die Frage gestellt worden, warum es überhaupt Formen gibt, die ihre Gestalt über so lange Zeiten bewahrt haben. Eine Antwort bemuht den konkurrenzarmen Lebensraum als Erklärung. Das mag für die Tiefsee gelten (und damit z.B. für *Neopilina)*, aber auf keinen Fall für andere Formen wie *Lingula* und *Limulus*, die in der turbulenten und wechselhaften Gezeitenzone leben. Eine weitere Antwort berücksichtigt Extrembedingungen (z.B. eine hohe Konzentration von Schwefelwasserstoff), unter denen nur wenige Organismen zu existieren vermögen. Das gilt für einige Priapuliden, jedoch nicht für die anderen genannten Formen.

Die Antwort liegt vermutlich im genetischen Polymorphismus. Untersuchungen von Priapuliden haben gezeigt, dass homologe Blutproteine

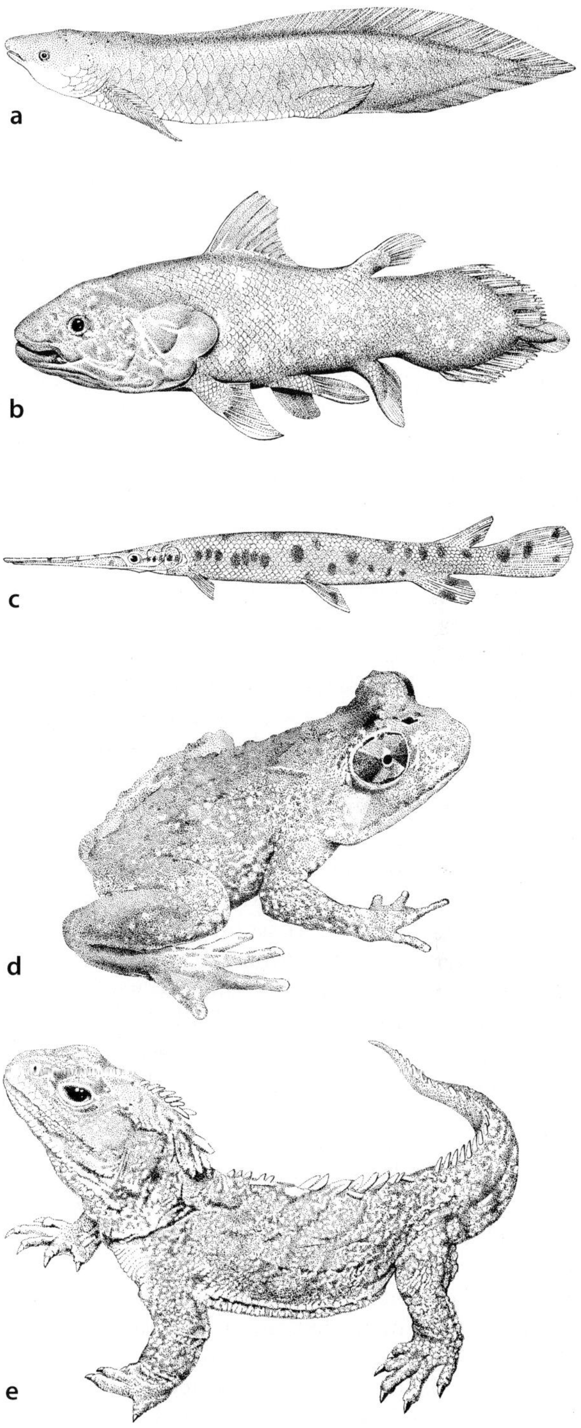

Abb. 2-75 a–e. Lebende Fossilien (Wirbeltiere): **a** *Neoceratodus*, **b** *Latimeria*, **c** *Lepisosteus*, **d** *Leiopelma*, **e** *Sphenodon*

bei Formen, die sich strukturell kaum unterscheiden, bei Arten einer Gattung stärker unterschieden sind als vergleichbare Blutproteine verschiedener Säugetier-Ordnungen. Hinter identischen oder sehr ähnlichen Strukturen muss sich also nicht ein entsprechender identischer oder sehr ähnlicher „Chemotyp" verbergen.

Das hohe Alter, welches lebende Fossilien unter den Wirbeltieren auszeichnet, erreichen Wirbeltiere nicht. Sie sind ja insgesamt jünger.

Seit dem frühen Mesozoikum sind Lungenfische (Dipnoi) bekannt. Man kennt sie beispielsweise aus triassischen Sedimenten Helgolands. Die Gattung *Ceratodus* hat sich in leicht abgewandelter Form bis heute in Australien gehalten (*Neoceratodus*, Abb. 2-75 a). Ähnliche Formen, allerdings in eine andere Gattung (*Conchopoma*) gestellt, lebten z. B. im permischen Rümmelbach-Humberg-See, der vor 290 Mio. Jahren weite Gebiete der heutigen Pfalz einnahm (Kap. 2.2.6.1).

Quastenflosser (Crossopterygii), wie die Lungenfische zu den Choanichthyes (= Sarcopterygii) innerhalb der Knochenfische gehörend, waren schon seit langem fossil bekannt (vom Devon bis zur Kreide mit einer Blütezeit in der Trias), als 1938 völlig überraschend die kaum abgewandelte, bis 2 m lange *Latimeria chalumnae* (Abb. 2-75 b) vor der südafrikanischen Küste für die Wissenschaft entdeckt wurde. *Latimeria* gehört innerhalb der Crossopterygii zu den Actinistia, deren Existenz schon seit dem Devon belegt ist. Danach lebten sie im Süßwasser; ihre Lunge wurde im Laufe der Evolution zu einer Schwimmblase. Wie sich später herausstellte, war *Latimeria* der Bevölkerung der Komoren schon lange bekannt. Mit dem freien Teil der bestachelten Cosmoidschuppen rauten sie die zu beklebenden Flächen von defekten Fahrradschläuchen auf. Seit Ende der 80er Jahre wissen wir, wie sich *Latimeria* in einer Tiefe von 150 – 300 m auf Felsböden vor der südafrikanischen Küste fortbewegt: langsam schwimmend, Brust- und Bauchflossen im Kreuzgang bewegend. Seit Ende der 90er Jahre kennen Wissenschaftler *Latimeria* auch aus Meeresgebieten nördlich von Sulawesi (Celebes). Auch dort war die Art den Einheimischen seit langem bekannt; in der Wissenschaft wird sie jetzt als *L. menadoensis* geführt. In ihrer inneren Anatomie weist *Latimeria* einige Besonderheiten auf: Das Gehirn nimmt nur ein Hundertstel des Volumens der Schädelhöhle ein, der übrige Raum wird von einer fettreichen Substanz ausgefüllt. Auch das Schwimmblasen-Organ stellt eine Fettmasse dar. Die Eier sind mit 300 g die größten aller Knochenfische. Die Jungtiere sind bereits 30 cm lange bei der Geburt.

Auch die Actinopterygii unter den Knochenfischen enthalten lebende Fossilien. *Lepisosteus* (Abb. 2-75 c) ist seit der Kreide bekannt und lebt heute noch in Süßgewässern Nord- und Mittelamerika, kann aber auch ins Salzwasser vordringen. In Mitteleuropa sind aus seiner nächsten Verwandtschaft Formen aus der Grube Messel (Kap. 2.4.1.1) nachgewiesen. Vor 50 Mio. Jahren lebten diese Stoßräuber mit ihrem Panzer aus rhombischen, aneinandergrenzenden Schuppen in dem dortigen Seengebiet.

Unter den Amphibien verdient wohl am ehesten der Frosch *Leiopelma* (Abb. 2-75 d) das Prädikat „lebendes Fossil". Die Gattung ist aus Neuseeland bekannt und weist erhebliche Übereinstimmungen mit den jurassischen *Montsechobatrachus* auf.

Unter den Reptilien bietet die Brückenechse (*Sphenodon*, Abb. 2-75 e) ein Beispiel für lebende Fossilien. Die beiden rezenten Brückenechsen-Arten leben tagsüber in selbstgegrabenen Erdlöchern oder in Höhlen von Sturmvögeln; nachts gehen sie auf Nahrungssuche (Insekten, Vogeleier und Küken). Sie kommen auf einigen kleinen Inseln vor der Nordinsel Neuseelands vor. Im Mesozoikum war die Gruppe der Rhynchocephalia dagegen weit verbreitet. Man kennt sie u. a. aus dem Jura Solnhofens (*Homoeosaurus*, Kap. 2.3.2.2).

Unter den Säugern hat sich offenbar *Didelphis*, das Opossum, besonders lange gehalten. Schädelteile sind aus der Kreide bekannt.

Literatur

1. Aldridge RJ, Donoghue RJ (1998) Conodonts: a sister group to hagfishes? In: Jorgensen JM, Lomholt JP, Weber RE, Malte H (eds) The biology of hagfishes. Chapmann & Hall, London
2. Bartels C, Briggs DEG, Brassel G (1998) The fossils of the Hunsrück slate. Marine life in the devonian. Cambridge Univ Press

3. Bell PB, Hemsley AR (2000) Green Plants – their origin and diversity. University, Cambridge
4. Chin K, Tokaryk T, Erickson GM, Calk LC (1998) A king-sized theropod coprolite. Nature 395:680–682
5. Christner J, Kühner G (1989) 400 Millionen Jahre Landpflanzen. Führer zur Ausstellung von Pflanzenfossilien im Geologischen Institut der Eberhard-Karls-Universität Tübingen. Attempto, Tübingen
6. Conway Morris S (1998) The crucible of creation. The Burgess Shale and the rise of animals. Oxford Univ Press, Oxford
7. Ehlers J (1994) Allgemeine und historische Quartärgeologie. Ferdinand Enke, Stuttgart
8. Erickson GM, Van Kirk SD, SU J, Levenston ME, Caler WE, Carter DR (1996) Brite-force estimation for *Tyrannosaurus rex* from tooth-marked bones. Nature 382: 706–708
9. Faupl P (2000) Historische Geologie. UTB, Stuttgart
10. Forey P (1998) A home from home for Coelocanths. Nature 395:319-320
11. Frey E, Sues HD, Munk W (1997) Gliding mechanism in the Late Permian Reptile *Coelurosaurus*. Science 275: 1450–1452
12. Gliemeroth AK (1995) Paläoökologische Untersuchungen über die letzten 22000 Jahre in Europa. Fischer, Stuttgart
13. Gothan W, Weyland H (1973) Lehrbuch der Paläobotanik. BLV, München Berlin Wien
14, Gould SJ (1993) Das Buch des Lebens. Verlagsgesellschaft, Köln
15. Gravesen P (1993) Fossiliensammeln in Südskandinavien. Goldschneck, Korb
16. Hagdorn H (Hrsg) (1991) Muschelkalk. Goldschneck, Korb
17. Haubold H (1990) Die Dinosaurier. Ziemsen, Wittenberg
18. Hauschke N, Wild V (Hrsg) (1999) Trias. Pfeil, München
19. Heizmann EPJ (1998) Vom Schwarzwald zum Ries. Pfeil, München
20. Jensen S, Gehling JG, Droser ML (1998) Ediacara-type fossils in Cambrian sediments. Nature 393:567–568
21. Jungheim HJ (1996) Die Eifel: Erdgeschichte, Fossilien, Lebensbilder. Goldschneck, Korb
22. Koenigswald W von, Meyer W (1994) Erdgeschichte im Rheinland. Pfeil, München
23. Koenigswald E von, Storch G (Hrsg) (1998) Messel – ein Pompeji der Paläontologie. Thorbecke, Sigmaringen
24. Küster H (1996) Die Geschichte der Landschaft in Mitteleuropa. C.H. Beck, München
25. Lehmann U, Hillmer G (1997) Wirbellose Tiere der Vorzeit. Enke, Stuttgart
26. Leins P (2000) Blüte und Frucht. Schweizerbart, Stuttgart
27. Mägdefrau K (1968) Paläobiologie der Pflanzen. Fischer, Jena
28. McGhee GR (1996) The Late Devonian mass extinction. Columbia Univ Press, New York
29. McKerrow WS (1992) Ökologie der Fossilien. Franckh, Stuttgart
30. Meischner D (Hrsg) (2000) Europäische Fossillagerstätten. Springer, Heidelberg
31. Meyer-Berthand B, Scheckler SE, Wendt J (1999) *Archaeopteris* is the earliest known modern tree. Nature 396:700–701
32. Meyer RKF, Schmidt-Kaler H (1997) Wanderungen in die Erdgeschichte. Auf den Spuren der Eiszeit südlich von München westlich und östlicher Teil. Dr. Friedrich Pfeil, München
33. Nestler H (2001) Die Fossilien der Rügener Schreibkreide. Spektrum, Heidelberg
34. Nielsen C (2001) Animal evolution. Oxford Univ Press, Oxford
35. Norman D (1996) Dinosaurs. Salamander, London
36. Probst E (1999) Deutschland in der Urzeit. Orbis, München
37. Richter, AE (1999) Handbuch des Fossilien-Sammlers. Weltbild, Augsburg
38. Scotese CR, McKerrow WS (1990) Revised world maps. Geol Soc London Mem 51:1–21
39. Schweitzer H-J (1987) Einführung in das pflanzenführende Unterdevon und seine Flora im Rheinland. Bonner Paläobotanische Mitteilungen, 17–94, Bonn
40. Sitte P, Ziegler H, Ehrendorfer F, Bresinsky A (1998) Strasburger-Lehrbuch der Botanik. Spektrum, Heidelberg
41. Stanley SM (1989) Historische Geologie. Spektrum, Heidelberg
42. Steiner W (1993) Europa in der Urzeit. Mosaik, München
43. Steininger FF, Marande D (1997) Städte unter Wasser. Senckenberg, Frankfurt a. M.
44. Storch V, Welsch U (1997) Systematische Zoologie. Fischer, Stuttgart
45. Sun G, Dilcher DL, Zengh S, Zhou Z (1998) In search of the first flower: A Jurassic Angiosperm, *Archaeofructus*. From Northeast China. Science 282:1692–1695
46. Thenius E (2000) Lebende Fossilien. Pfeil, München
46. Thenius E, Vávra N (1996) Fossilien im Volksglauben und im Alltag. Kramer, Frankfurt a. M.
47. Turek V, Marek J, Benes J (1991) Fossilien. Weltbild, Augsburg
48. Wagner GA, Beinhauer KW (1997) *Homo heidelbergensis* von Mauer (Das Auftreten des Menschen in Europa). HVA, Heidelberg
49. Weidert WK (Hrsg) (1995) Klassische Fundstellen der Paläontologie I-III. Goldschneck, Korb
50. Wellnhofer P (1993) Die große Enzyklopädie der Flugsaurier. Mosaik, München
51. White ME (1990) The flowering of Gondwana. Princeton Univ Press, Princeton NJ
52. Wolf HW (1991) Schätze im Schiefer. Faszinierende Fossilien aus der Grube Messel. Westermann, Braunschweig
53. Ziegler B (1998) Einführung in die Paläobiologie Bd 1ff. Schweitzerbart, Stuttgart
54. Zimmermann W (1959) Die Phylogenie der Pflanzen. Fischer, Stuttgart

3 Mechanismen und Ursachen der Evolution

3.1 Einführung

Bereits vor 150 Jahren belegte Charles Darwin durch zahlreiche Befunde, dass sich die heutigen Organismen aus früheren Formen herleiten lassen und durch Evolution entstanden sein müssen. Darwins großer Verdienst bestand ferner darin, dass er einen Mechanismus, nämlich die natürliche Selektion, vorschlug, der die Entwicklung und Spezialisierung der Organismen im Verlauf der Evolution plausibel erklären kann. Obwohl Darwin damals noch kein Wissen über Zellbiologie, Biochemie, Genetik und Molekularbiologie besitzen konnte, werden seine Vorstellungen immer noch als grundsätzlich richtig angesehen. Heute sind wir jedoch in der Lage, Einzelheiten der Evolution und dazugehörige Mechanismen wesentlich besser im Detail verstehen und belegen zu können. Dazu dienen die Ausführungen in den Kap. 3 und 4 dieses Buches.

Die Evolution und Phylogenie der Organismen lässt sich in Form von Stammbäumen anschaulich darstellen (Abb. 3-1). Die Grundidee besteht darin, dass Organismen, die gleiche Merkmale tragen, auch nahe verwandt sein müssen und in den Bäumen benachbart positioniert sind, da sie diese Merkmale von einem gemeinsamen Vorfahren ererbt haben. Die Zuordnung nach dem Ähnlichkeitsprinzip wird jedoch dadurch erschwert, dass gleiche Merkmale nicht in jedem Falle homolog sind, sondern auch konvergent (d.h. analog) entstanden sein können; bekannte Beispiele für analoge Merkmale sind die Flossen bei Fischen und („Tintenfischen", Cephalopoda) und das Flugvermögen bei Vögeln und pterygoten Insekten. Für die Interpretation von Verwandtschaftsverhältnissen sind aber nur die homologen Merkmale hilfreich. Die Unterscheidung zwischen homologen und analogen Merkmalen ist in der Praxis häufig problematisch und führt zu widersprüchlichen Phylogeniehypothesen. Schon Charles Darwin beklagte diese Problematik:

Charles Darwin schrieb 1857 an seinen Freund **Thomas H. Huxley**: *„In regard to classification, & all the endless disputes about the „natural system" which no two authors define in same way, I believe it ought, in accordance with my heterodox notions, to be simply genealogical. – But as we have no written pedigrees, you will, perhaps, say this will not help much; but I think it ultimately will, whenever heterodoxy becomes orthodoxy, for it will clear away an immense amount of rubbish about the value of characters & – will make the difference between analogy & homology, clear. – The time will come I believe, though I shall not live to see it, when we shall have fairly true genealogical trees of each kingdom of nature..."* [„In Hinblick auf die Klassifizierung der Organismen und die endlosen Dispute über das Natürliche System, das von zwei Autoren niemals gleich definiert wird, glaube ich ..., dass sie einfach genealogisch sein sollte. – Da wir aber keine dokumentierten Stammbäume besitzen, wirst Du vermutlich argumentieren, hilft diese Aussage nicht weiter; aber letztendlich wird sie weiterführen, dann nämlich, wenn der Irrglaube zur Rechtgläubigkeit wird. Denn genealogische Stammbäume werden die immensen Dummheiten, die über den Wert von Merkmalen geschrieben wurden, beseitigen und den Unterschied zwischen Analogie und Homologie klar-

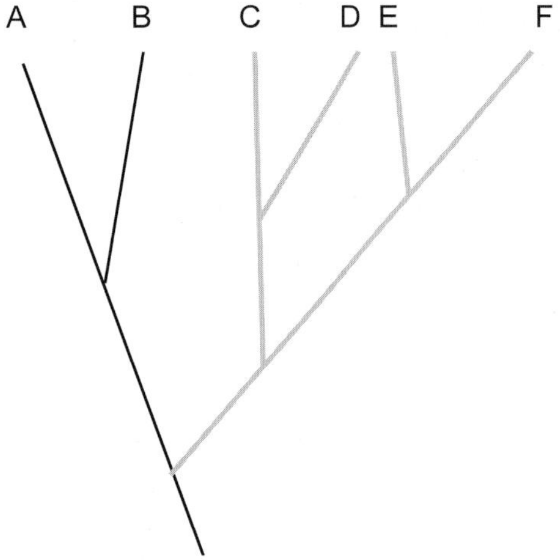

Abb. 3-1. Darstellung evolutionärer Beziehungen anhand eines Stammbaums. Taxa A und B, C und D sowie E und F sind jeweils Schwesterarten, die sich von einem gemeinsamen Vorfahren ableiten lassen. Taxa C, D, E und F bilden eine monophyletische Gruppe

stellen. – Ich glaube, dass einmal die Zeit kommen wird, obwohl ich es nicht erleben werde, dass wir ziemlich exakte genealogische Stammbäume für jedes Reich der Natur haben werden...“]

Die Evolutionsbiologie, die sich traditionell nur mit Proteinen, Anatomie und Morphologie, aber nicht mit der Erbsubstanz selbst beschäftigen konnte, hat in den letzten 30 Jahren durch die rasche Entwicklung der Molekularbiologie neue Werkzeuge erhalten, um Evolutionsvorgänge zu analysieren und besser zu verstehen.

Die vielen Millionen Basenpaare in den Genomen der heute lebenden Organismen stellen eine Blaupause der Evolution und Phylogenie eines jeden Individuums dar. Punktmutationen haben das Genom im Verlauf der Zeit in kleinen Schritten verändert. Durch Verdopplungen von DNA-Abschnitten oder ganzen Genomen, Insertionen und Inversionen wurden Genome umorganisiert oder vergrößert (Kap. 3.4). Alle diese DNA-Veränderungen, die in der Vergangenheit auftraten, sind gespeichert. Wenn es gelingt, diese Informationen zu lesen und zu interpretieren, dann können wir die nahe, mittlere und ferne evolutionäre Vergangenheit aller Lebewesen rekonstruieren. Theoretisch lässt sich über die DNA-Analyse die Verwandtschaft der Lebewesen bis zur Entstehung des Lebens zurückverfolgen, ohne dass wir die Zwischenglieder oder Fossilien kennen. So wie der Archäologe aus alten Scherben auf frühere Kulturen oder der Paläontologe anhand von Fossilien auf die Phylogenie ausgestorbener Arten schließen kann, vermag die molekulare Evolutionsforschung, anhand der DNA-Analyse die Entstehung des Lebens auf der Erde sowie die Phylogenie oder Phylogeografie einer Organismengruppe, Art oder Population zu rekonstruieren.

Die molekularen Methoden reichen von der bereits länger etablierten **Allozymanalyse** über neuere Verfahren, wie **DNA-Fingerprinting**, bis hin zur **DNA-Sequenzierung** und **vergleichenden Genomanalyse** (Kap. 4). Genetische Unterschiede sind klein zwischen Individuen einer Population, aber größer zwischen Arten oder Angehörigen verschiedener Gattungen oder Familien. Je länger zwei Organismen sich von einem gemeinsamen Vorfahren getrennt haben, desto größer sind die genetischen Unterschiede. Diese Tatsache ist die Grundlage der **molekularen Uhr**, die in Kap. 3.5 ausführlicher diskutiert wird.

Obwohl die Molekulare Evolutionsforschung eine noch junge Disziplin ist, kann man jetzt schon absehen, dass Darwins Vision bereits vielfach Realität geworden ist oder bald werden wird. Schon heute verfügen wir über verlässliche molekulare Stammbäume für ausgewählte Organismen (siehe Kap. 4), und vermutlich werden die Evolutionsbiologen in 10–20 Jahren derartige Stammbäume für alle wichtigen Tier-, Pflanzen- und Prokaryoten-Gruppen aufgestellt haben.

3.2 Grundlagen der Molekularbiologie und Genetik

In diesem Kapitel werden diejenigen Grundlagen der Molekularbiologie und Genetik kurz dargestellt, die wichtig sind, um die Ergebnisse der molekularen Evolutionsforschung zu verstehen. Zunächst erfolgt eine Übersicht über die Struktur der DNA und den Aufbau der Gene. Dann werden die zentralen Prozesse der Replikation, Transcription und Translation in ihren Grundzügen erläutert. Besonders wichtig sind in unserem Zusammenhang Funktionsweise und Redundanz des genetischen Codes. Zuletzt wird der Aufbau des Kerngenoms, der Mitochondrien- und Plastiden-DNA diskutiert. Ein Exkurs führt in die Problematik der Endosymbiontentheorie (d. h. die Evolution von Mitochondrien und Chloroplasten) ein.

ÜBERSICHT

3.2.1 Aufbau der DNA

Desoxyribonukleinsäure (DNA) ist ein Makromolekül, das aus linear gekoppelten Untereinheiten aufgebaut ist (Abb. 3-2). Jede der vier möglichen Untereinheiten besteht aus einer stickstoffhaltigen Base, d. h. einem heterozyklischen Kohlenstoffgerüst, das zwei (die Pyrimidinbasen Cytosin und Thymin) oder vier (die Purinbasen Adenin und Guanin) N-Atome aufweist, ferner der Desoxyribose (einer Pentose) und einer Phosphatgruppe. Im Unterschied zur DNA findet man in der **Ribonukleinsäure (RNA)** Uracil anstelle von Thymin und Ribose (der die Hydroxylgruppe in 2-Position fehlt) anstelle von Desoxyribose. DNA enthält also die Basen A, T, G und C, RNA die Basen A, U, G und C.

Die Basen sind N-glycosidisch mit der 1-Position der Pentosen verknüpft. Ein solches Molekül wird als Nucleosid bezeichnet; trägt die 5-Position der Pentosen einen Phosphatrest, so liegt ein Nucleotid vor (Tabelle 3-1).

Die Nucleotide stellen die Bausteine für DNA und RNA dar. Nucleotide sind über ein Phosphatrückgrat zu Polynukleotidketten verknüpft. Dabei wird jeweils die 5′-Hydroxylgruppe (sprich „Fünf-Strich-Hydroxylgruppe") einer Pentose über eine Phosphodiesterverbindung mit der 3′-Hydroxylgruppe einer zweiten Pentose verknüpft (Abb. 3-1). In einer Nucleinsäurekette haben die endständigen Nucleotide eine freie 5′-Gruppe auf der einen Seite und eine freie 3′-Gruppe auf der anderen Seite. Man hat sich darauf geeinigt, Nucleotidsequenzen in der $5' \rightarrow 3'$-Orientierung aufzuschreiben, wobei der 5′-Terminus links und das 3′-Ende rechts zu stehen kommt.

Zur Biosynthese der Nucleinsäuren (Abb. 3-1) werden die jeweiligen Triphosphate benötigt,

Tabelle 3-1. Nomenklatur der DNA- und RNA-Bausteine

Base	Nucleosid (Abkürzung)	Nucleotid (Anzahl Phosphatgruppen)					
		RNA			DNA		
		1	2	3	1	2	3
Adenin	Adenosin (A)	AMP*	ADP*	ATP*	dAMP	dADP	dATP*
Guanin	Guanosin (G)	GMP	GDP	GTP	dGMP	dGDP	dGTP
Cytosin	Cytidin (C)	CMP	CDP	CTP	dCMP	dCDP	dCTP
Thymin	Thymidin (T)				dTMP	dTDP	dTTP
Uracil	Uridin (U)	UMP	UDP	UTP			

*AMP: Adenosin-Monophosphat, ADP: Adenosindiphosphat, ATP: Adenosintriphosphat; dATP: Desoxyadenosin-Triphosphat

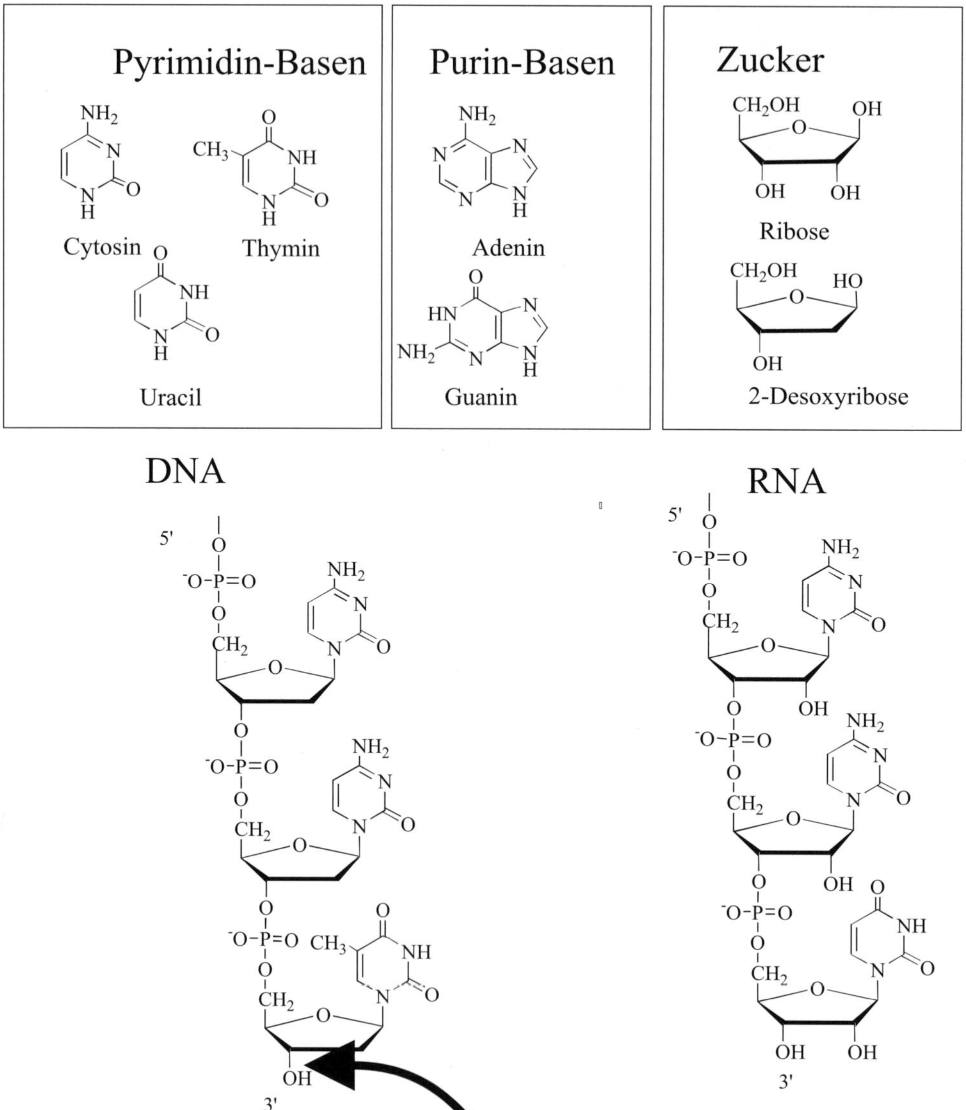

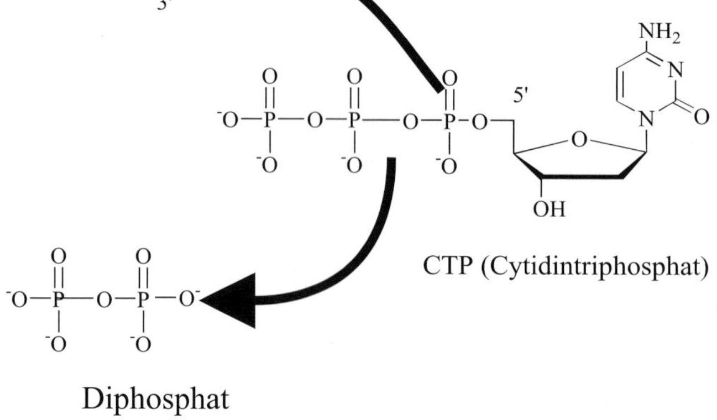

Abb. 3-2. Struktur der Bausteine der Nucleinsäuren und Aufbau von DNA und RNA. Bei der Biosynthese der Nucleinsäuren wird die α-ständige Phosphatgruppe von Trinukleotiden (dNTPs) mit der freien 3′-OH-Gruppe des bereits vorliegenden Stranges verknüpft

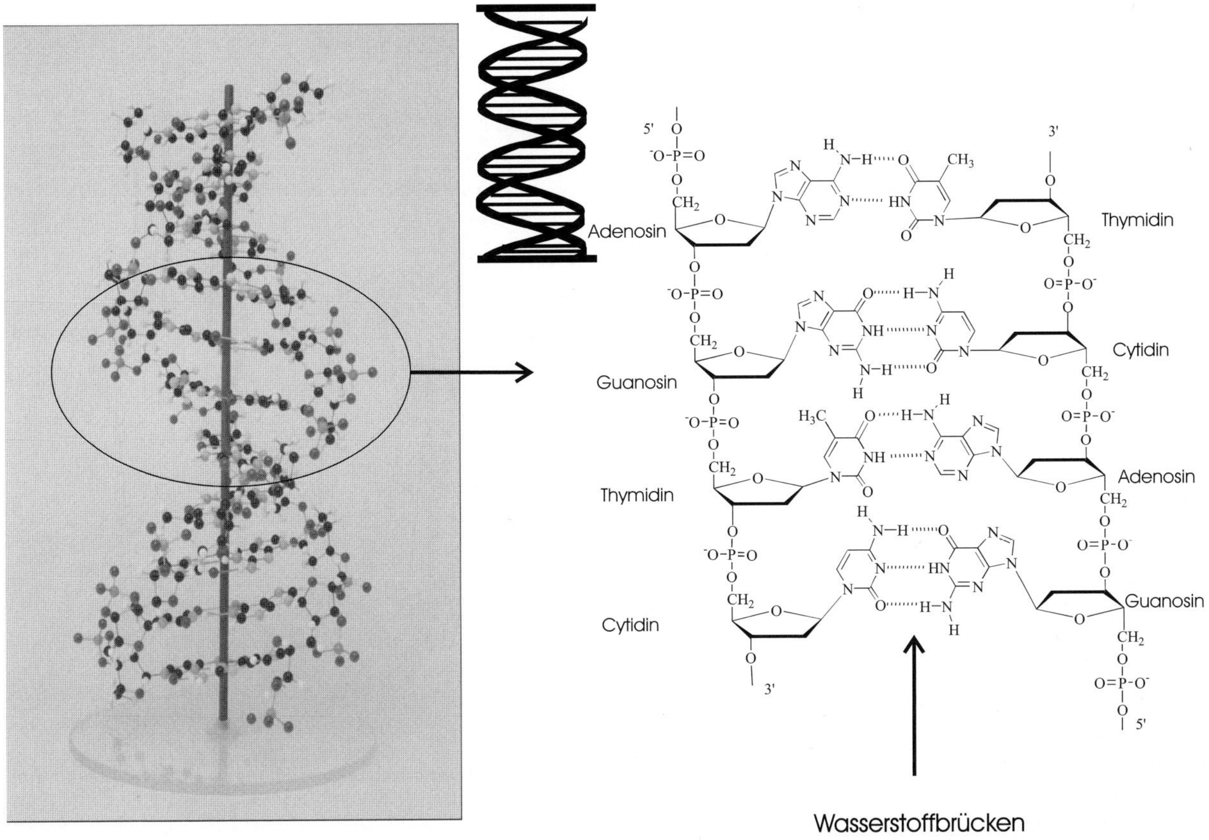

Abb. 3-3. Aufbau der DNA-Doppelhelix. Räumliche Orientierung der Basenpaare in der Doppelhelix (Raummodell) und Prinzip der komplementären Basenpaarung zwischen A und T, bzw. G und C durch Ausbildung von Wasserstoffbrücken-Bindungen

deren Phosphatesterbindungen besonders energiereich sind. In der fertigen Nucleinsäure liegen die jeweiligen Monophosphate vor. Nach Abspaltung eines Diphosphatrestes greift die α-Phosphatgruppe am freien 3′-Ende des bereits bestehenden Nucleinsäurestranges an und bildet eine neue Phosphodiesterbindung.

Die DNA liegt als Doppelhelix vor, wobei die Basen A und T bzw. G und C sich jeweils komplementär gegenüberstehen (Abb. 3-3). Die DNA-Doppelhelix weist einen Durchmesser von 2 nm auf. Die **komplementäre Basenpaarung** kommt durch Ausbildung von jeweils zwei bzw. drei Wasserstoffbrücken zwischen AT bzw. GC-Paaren zustande (Abb. 3-3).

Die beiden DNA-Stränge sind antiparallel angeordnet, d.h. wenn man auf die Helix blickt, läuft einer der Stränge in 5′ → 3′-Richtung, während der Partnerstrang in 3′ → 5′-Richtung orientiert ist. Die nach außen vielfach negativ geladene DNA-Doppelhelix wird bei Eukaryoten durch basische Histonproteine komplexiert; bei Prokaryoten übernehmen Polyamine diese Rolle. Die Basen sind ins Helixinnere gerichtet und bilden planare Stapel aus (Abb. 3-3). Das Innere der Helix ist wasserfrei, d.h. nur lipophile Substanzen, vor allem, wenn sie ebenfalls planar sind, können sich zwischen die Basenstapel einlagern (sog. **DNA-Interkalatoren**). Eine solche Interkalation führt meist zu Fehlern bei der Replikation, die *frameshift*-Mutationen auslösen können (Kap. 3.3).

Bedingt durch die Kooperativität vieler Wasserstoffbrücken und die lipophilen Wechselwirkungen zwischen den Basenstapeln ist die DNA-

Tabelle 3-2. Variation des GC-(Guanosin-Cytidin-)-Gehalts der DNA bei verschiedenen Organismengruppen

Organismus	%GC
Plasmodium (Malaria-Erreger; Protozoa)	18–20
Dictyostelium (Schleimpilz)	22
Saccharomyces cerevisiae (Bierhefe)	39
Rattus/Mus (Säugetier)	40–44
Gallus (Vogel)	43
Escherichia coli (Eubacterium)	51
Neurospora crassa (Hefe)	54
Herpes-simplex-Virus (Virus)	72

Doppelhelix sehr stabil und kann nur durch hohe Temperaturen in ihre beiden Einzelstränge getrennt werden. Dieser Vorgang wird auch als Schmelzen bezeichnet; **T_m kennzeichnet die Temperatur, bei der 50% der DNA bereits einzelsträngig vorliegen.** T_m ist abhängig vom GC-Gehalt der DNA, der zwischen den Organismengruppen deutlich schwankt (Tabelle 3-2).

Je höher der GC-Gehalt ist, desto höher liegt die mittlere Schmelztemperatur (bedingt durch drei Wasserstoffbrücken in GC-Paaren gegenüber zwei Wasserstoffbrücken in AT-Paaren). T_m-Werte wurden in der Anfangszeit der molekularen Systematik als taxonomisches Merkmal, insbesondere für die Klassifizierung von Prokaryoten, herangezogen. T_m-Werte spielen ferner bei der **DNA-DNA-Hybridisierung** eine wichtige Rolle (Kap. 4.1).

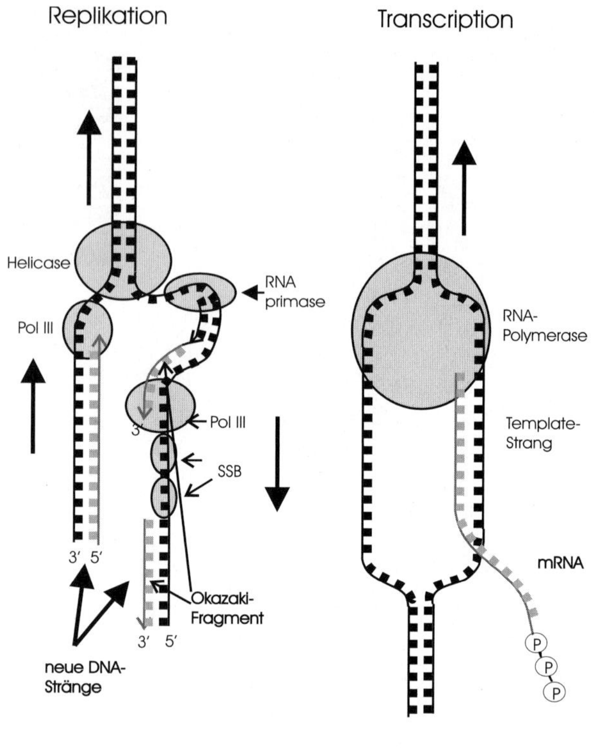

Abb. 3-4. Schematische Darstellung der DNA-Replikation und Transcription. DNA-Polymerase-Komplex (Pol III: DNA Polymerase III; SSB: *single-strand binding protein;* PriA= Protein, das DNA mit Primer erkennt; Transcription mittels RNA-Polymerase

3.2.2 Replikation

Bei jeder Zellteilung wird das gesamte Genom einer Zelle verdoppelt, d.h. aus jedem Chromosom entstehen zwei identische Chromatiden, die nach Trennung als identische Tochterchromosomen auf die Tochterzellen verteilt werden (Kap. 3.3). Die Verdopplung der DNA, die als **DNA-Replikation** bezeichnet wird, verläuft **semikonservativ**. Dabei wird der DNA-Doppelstrang zunächst lokal in seine Einzelstränge getrennt, in dem sich eine Replikationsgabel bildet. Die Einzelstränge dienen nun als Matrize für die Synthese der jeweils **komplementären** neuen Stränge (Abb. 3-4). Die DNA-Replikation ist ein komplexer Vorgang, an dem mehrere Proteine und Enzyme beteiligt sind.

DNA-Polymerasen kopieren die ursprüngliche Basensequenz äußerst exakt (ihre Fehlerrate liegt während der eigentlichen Synthese bei 1 falsch eingebautem Nucleotid pro 10000 Nucleotiden), wobei spezielle **Korrekturlese- und Reparaturfunktionen** des Enzyms eine große Rolle spielen. Falsch gepaarte Nucleotide werden durch eine spezifische Exonuclease entfernt und dann durch DNA-Polymerase ersetzt; zuletzt wird die Phosphodiesterbindung mittels DNA-Ligase kovalent verknüpft (Kap. 3.3). Diese hohe, aber nicht absolute Genauigkeit war und ist für die Evolution von großer Wichtigkeit, denn das Erzeugen von Variabilität ist eine Grundvoraussetzung für evolutive Vorgänge.

3.2.3
Vom Gen zum Protein

Ursprünglich wurden Mutations- und Rekombinationseinheiten als ein Gen bezeichnet; in den Fünfziger Jahren des 20. Jh. wurde die **„Ein Gen-, ein Protein“**-Hypothese aufgestellt („*DNA makes RNA, which makes proteins*“) (Abb. 3-5). Heute wird das Gen als **Transcriptionseinheit** definiert, da inzwischen sowohl die Intron/Exonstruktur (s. unten) als auch die nichtcodierenden regulatorischen Sequenzen, die zu einem Gen gehören, erkannt wurden.

Der **Fluss der Erbinformation** verläuft bei allen Organismen vom Gen über die mRNA zum Protein (Abb. 3-5). Nur Retroviren können RNA mittels Reverser Transcriptase in DNA zurückübersetzen; aber in keinem Falle wurde ein Informationsfluss vom Protein zum Gen nachgewiesen. Durch Variation und Kombination der 20 proteinbildenden Aminosäuren können Peptide und Proteine alle nur erdenklichen Raumstrukturen, aktive Zentren und Bindungsstellen bilden und sind so in der Lage, ihre mannigfaltigen Aufgaben zu übernehmen.

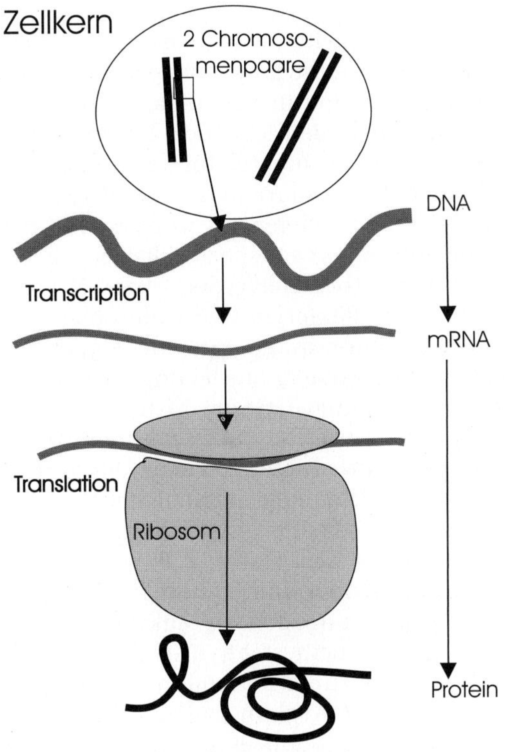

Abb. 3-5. Vom Gen zum Protein

3.2.4
Transcription und Mosaikstruktur der Eukaryotengene

Bei Eukaryoten finden wir drei verschiedene **RNA-Polymerasen**, die DNA in mRNA (RNA-Polymerase II), DNA in rRNA (RNA-Polymerase I) oder in andere funktionelle RNAs (z.B. tRNAs; RNA-Polymerase III) umschreiben. Dieser Prozess wird als **Transcription** bezeichnet.

Auch bei der Transcription wird die DNA-Doppelhelix lokal geöffnet, so dass die RNA-Polymerase die RNA (mRNA, rRNA oder tRNA) komplementär zum **Template**-DNA-Strang synthetisieren kann (Abb. 3-4). Der DNA-Strang, der die gleiche Sequenz wie die mRNA aufweist (außer dass er T anstelle von U enthält), wird (irreführender Weise) als codierender Strang bezeichnet. Üblicherweise wird die Sequenz des codierenden Stranges in 5′ → 3′ Orientierung abgebildet und auch so in Datenbanken hinterlegt.

codierender Strang
5′-GGC TCC CTA TTA GCA GTC TGC CTC ATG ACC CAA-3′

. . . .

Template-Strang
3′-CCG AGG GAT AAT CGT CAG ACG GAG TAC TGG GTT-5′

mRNA
5′-GGC **U**CC CUA **U**UA GCA GUC **U**GC CUC AUG ACC CAA-3′

Die Festlegung, Template- oder nicht-Template-Strang, gilt nicht für ein komplettes Chromosom; innerhalb eines Chromosoms kann diese Funktion von Gen zu Gen wechseln, d.h. Gen A kann von Strang L abgelesen werden, das benachbarte Gen B dagegen vom H-Strang.

Bei Eukaryoten sind die proteincodierenden Gene meist aus **Exons** und **Introns** aufgebaut; wir sprechen deshalb auch von **Mosaikgenen**. Das bei der Transcription entstehende Primärtrans-

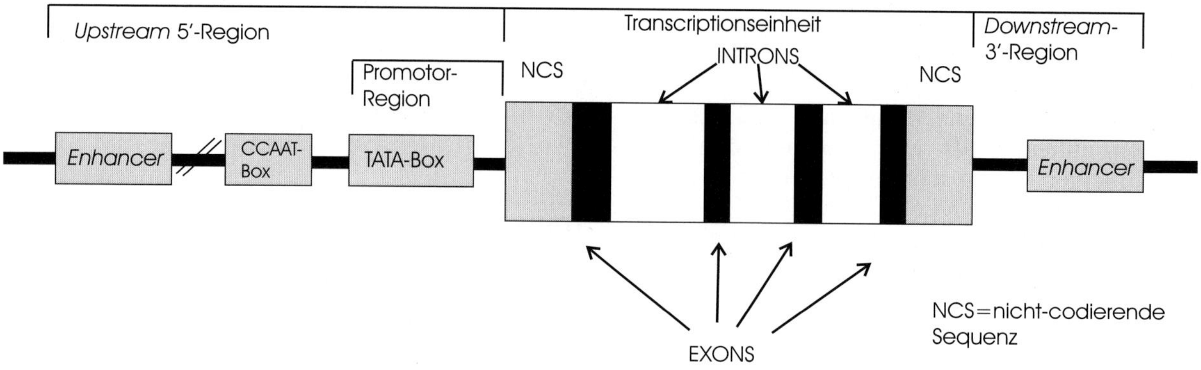

Abb. 3-6. Schematische Darstellung der Struktur eines Eukaryotengens. Zu einem Gen zählen die regulatorischen Enhancer- und Promotor-Regionen ebenso wie die eigentliche Transcriptionseinheit, die aus Introns, Exons und nicht-codierenden Sequenzen aufgebaut ist

cript wird anschließend noch im Zellkern so prozessiert („gespleißt"; abgeleitet von *splicing*), dass die jeweils nicht-codierenden Intronregionen, die durch **GU**- und **AG**-Sequenzen flankiert sind, entfernt werden. Am Spleißprozess sind **snRNAs** (*small nuclear RNAs*) beteiligt. Die wichtige Bedeutung der Intron-Exonstruktur für die Evolution wird in Kap. 3.4 ausführlich diskutiert.

Während bei Eukaryoten die Gene in der Regel linear hintereinander angeordnet sind, findet man bei Prokaryoten häufiger überlappende Gene, die entweder von demselben oder dem gegenüberliegenden komplementären DNA-Strang codiert werden. Dies ermöglicht eine erhöhte Informationsdichte, behindert aber die unabhängige Evolution der DNA-Sequenzen.

Die Transcription eines Gens wird durch benachbarte **regulatorische DNA-Bereiche** (Promotoren, *Enhancer*) (Abb. 3-6) mittels **Transcriptionsfaktoren** gesteuert, die darüber entscheiden, ob ein Gen angeschaltet und aktiv oder abgeschaltet und inaktiv ist. Von den vermutlich 30–40 000 proteincodierenden Genen des Menschen wird in einer einzelnen differenzierten Zelle nur immer ein kleiner Teil der Gene spezifisch angeschaltet.

Bei der **Genregulation** spielt die außerdem die **Methylierung von Cytosin** (bei Eukaryoten) und **Adenin** (bei Prokaryoten) eine wichtige Rolle. In der Regel sind Gene, die exprimiert werden, weniger methyliert als Gene, die abgeschaltet (*silent*) sind. Nach jeder Replikation muss die Methylierung des neuen replizierten DNA-Stranges erfolgen; eine Störung der Methyltransferasen kann die Genexpression und Differenzierung von Zellen stark beeinflussen.

3.2.5 Genetischer Code

Ein zentraler Fortschritt in der Anfangszeit der Molekularbiologie war die Entdeckung des einheitlichen, kommalosen und nicht überlappenden genetischen Codes bei allen lebenden Organismen. Jeweils drei Nucleotide codieren für den Einbau einer spezifischen Aminosäure in das jeweilige Protein (Abb. 3-7). Der weitgehend **universelle Triplettcode** beginnt an einem spezifischen Startsignal. Da Methionin (bei Eukaryoten) bzw. N-Formylmethionin (bei Bakterien und Chloroplasten) als erste Aminosäure in Polypeptide eingebaut wird, heißt das universelle Startcodon AUG (wesentlich seltener kommt GUG vor). Methionin wird jedoch nach der Translation in den meisten Fällen durch eine spezifische Protease wieder entfernt.

In tierischen (nicht aber pflanzlichen) Mitochondrien gibt es kleine Abweichungen vom universellen genetischen Code: Z. B. wird AUA zur Initiation verwendet und codiert für Methionin, während dieses Codon in eukaryotischen Ribosomen für Isoleucin steht; AGG/A wird bei Vertebraten als Terminationscodon eingesetzt, während es sonst für Arginin codiert. UGA, das gewöhnlich als Stoppcodon eingesetzt wird, codiert in tierischer mtDNA für Tryptophan.

	AGA									UUA					AGC					
	AGG									UUG					AGU					
GCU	CGA						GGA			CUA				CCA	UCA	ACA			GUA	
GCA	CGC						GGC		AUA	CUC				CCC	UCC	ACC			GUC	UAA
GCC	CGG	GAC	AAC	UGC	GAA	CAA	GGG	CAC	AUC	CUG	AAA		UUC	CCG	UCG	ACG		UAC	GUG	UAG
GCG	CGU	GAU	AAU	UGU	GAG	CAG	GGU	CAU	AUU	CUU	AAG	AUG	UUU	CCU	UCU	ACU	UGG	UAU	GUU	UGA
Ala	Arg	Asp	Asn	Cys	Glu	Gln	Gly	His	Ile	Leu	Lys	Met	Phe	Pro	Ser	Thr	Trp	Tyr	Val	Stop

Abb. 3-7. Überblick über den genetischen Code. Die meisten Aminosäuren werden von mehr als einem Triplett codiert. Unterschiede im Codon findet man meist in der dritten Triplett-Position. Die nicht variablen Basen der Codons, die jeweils dieselbe Aminosäure codieren, wurden durch Fettdruck hervorgehoben. Die Abkürzungen der Aminosäuren sind in Tabelle 3-3 erklärt.

Tabelle 3-3. Zusammenstellung und Gruppierung der proteinogenen Aminosäuren. Zwei Typen von Abkürzungen werden international verwendet, die entweder aus drei oder einem Buchstaben bestehen.

Klassifizierung	Abkürzungen	
Neutrale und hydrophobe Aminosäuren		
Glycin	Gly	G
Alanin	Ala	A
Valin	Val	V
Leucin	Leu	L
Isoleucin	Ile	I
Tryptophan	Trp	W
Phenylalanin	Phe	F
Methionin	Met	M
Prolin	Pro	P
Neutrale und polare Aminosäuren		
Serin	Ser	S
Threonin	Thr	T
Tyrosin	Tyr	Y
Cystein	Cys	C
Asparagin	Asn	N
Glutamin	Gln	Q
Basische Aminosäuren		
Lysin	Lys	K
Arginin	Arg	R
Histidin	His	H
Saure Aminosäuren		
Aspartat	Asp	D
Glutamat	Glu	E

Würde sich der Start der Translation auch nur um ein oder zwei Nucleotide verschieben, käme es zu einer Verschiebung des **Leserahmens**, einem sog. *frame shift*, und damit zu einem gänzlich anderen neuen Protein (Kapitel 3.3).

Bei einem **Triplett-Code** mit 4 Basen stehen $4^3 = 64$ Kombinationen zur Verfügung. Da aber nur **20 Aminosäuren** in Proteinen (Tabelle 3-3) vorkommen, gibt es mehr Codons als eigentlich notwendig wären. In der Evolution wurde dieses Problem so gelöst, dass einige Aminosäuren nicht von nur einem, sondern von zwei bis maximal sechs verschiedenen **synonymen Codons** codiert werden (Abb. 3-7). Häufig unterscheiden sich die Codons, die für dieselbe Aminosäure codieren, in der dritten Codonposition. Die zugehörigen tRNAs existieren grundsätzlich für jedes Codon; bei sog. degenerierten Codons, die alle dieselbe Aminosäure codieren, existiert häufig nur eine spezifische tRNA, die eine **Fehlpaarung** (*mismatching*) in der dritten Codonposition toleriert. Insgesamt wurden im eukaryotischen System ca. 31 tRNAs, in Mitochondrien 22 tRNAs nachgewiesen. Eine Mutation in der 3. Codonposition beeinflusst das Ergebnis der Proteinbiosynthese meist nicht, da dieselbe Aminosäure eingebaut wird; die Konsequenz aus dieser für die molekulare Evolution so wichtigen Tatsache wird ausführlich in Kapitel 3.5 diskutiert.

3.2.6 Proteinbiosynthese (Translation)

Die Proteinbiosynthese erfolgt in den **Ribosomen**, die komplex aufgebaute Multienzymkomplexe darstellen, in denen verschiedene rRNAs eine wichtige Rolle spielen (Abb. 3-8, 3-10). Zum Mechanismus der Translation und zum strukturellen Aufbau von Struktur- und Membranproteinen sowie von Enzymen sei auf die einschlägigen Lehrbücher verwiesen.

Ribosomale RNAs (rRNAs) gehören zu den häufigsten Makromolekülen in einer Zelle, alleine für *E. coli* schätzt man die Zahl der rRNA-Moleküle auf 38000. Die zahlreichen Kopien der

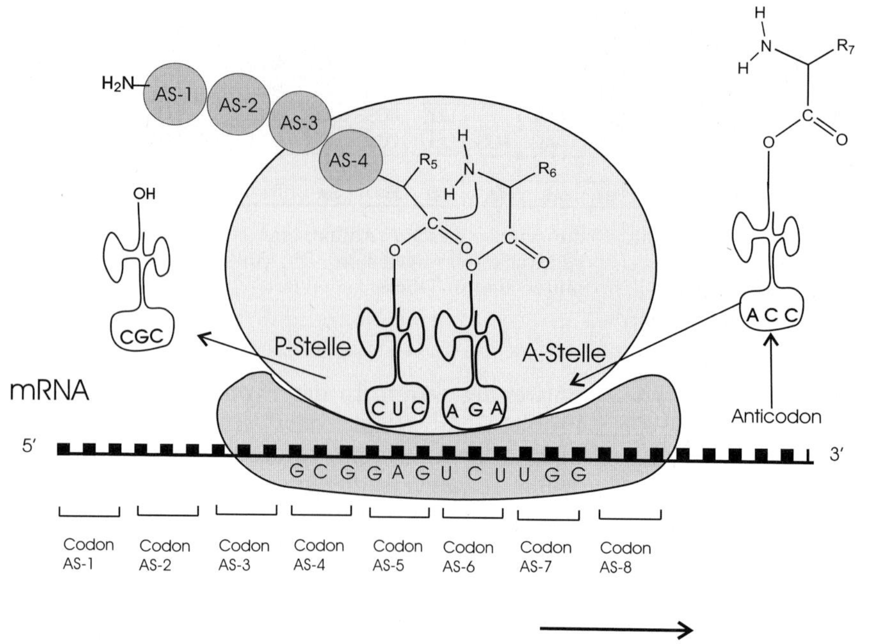

Abb. 3-8. Schematische Darstellung der Proteinbiosynthese im Ribosom. In der A-Stelle hybridisiert jeweils die ankommende, mit einer Aminosäure beladene tRNA mit ihrem Anticodon an das entsprechende Triplett der mRNA. Dann kommt es zum Transfer des Peptidrestes, der auf der tRNA in der P-Stelle sitzt, auf die Aminosäure in der A-Stelle (Peptidyltransferase). Jetzt rückt das Ribosom drei Nucleotide weiter auf der mRNA und entlässt die freie aatRNA aus der P-Stelle, die nun von der tRNA mit dem verlängerten Peptidylrest eingenommen wird. Diese Schritte wiederholen sich, bis ein Stopp-Codon erreicht wird

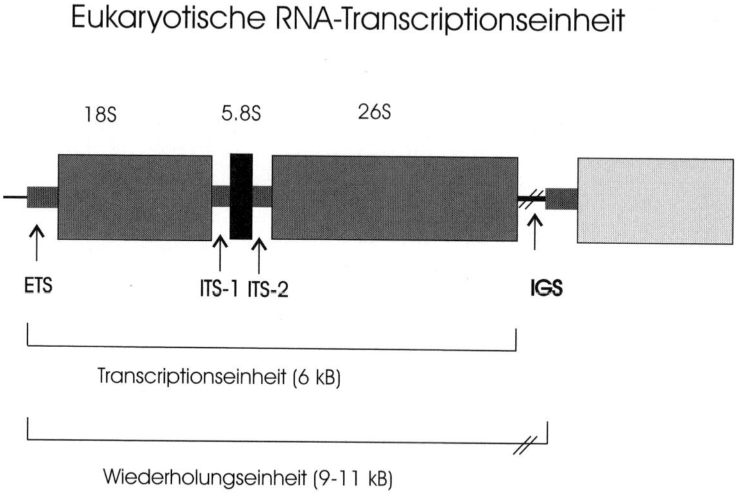

Abb. 3-9. RNA-Kassetten. ITS: *internal transcribed spacer*; EGS: *external transcribed spacer*; IGS: *intergenic spacer;* Gene der 5S rRNA liegen außerhalb der RNA-Kassetten auf anderen Chromosomenabschnitten

rDNA-Kassetten in den Genomen (Abb. 3-9) beruhen sicher auf der Tatsache, dass diese Gene sehr häufig abgelesen werden müssen, um die große Zahl an rRNA-Molekülen zu produzieren, die jede Zelle benötigt.

Weil rRNAs und zugehörige Gene auch für die molekulare Evolutionsforschung wichtig sind, wurden in Abb. 3-10 die Bausteine von prokaryotischen und eukaryotischen Ribosomen zusammengestellt. Da sich Mitochondrien und Chloroplasten aus Bakterien ableiten, finden wir in mtDNA und cpDNA erwartungsgemäß rRNAs, die denen der Bakterien weitgehend entsprechen (Abb. 3-13 und 3.14) (man beachte, dass in Mitochondrien eine 12S rRNA anstelle der 23S rRNA vorkommt).

Abb. 3-10. Vergleich des Aufbaus pro- und eukaryotischer Ribosomen, MW: Molekulargewicht

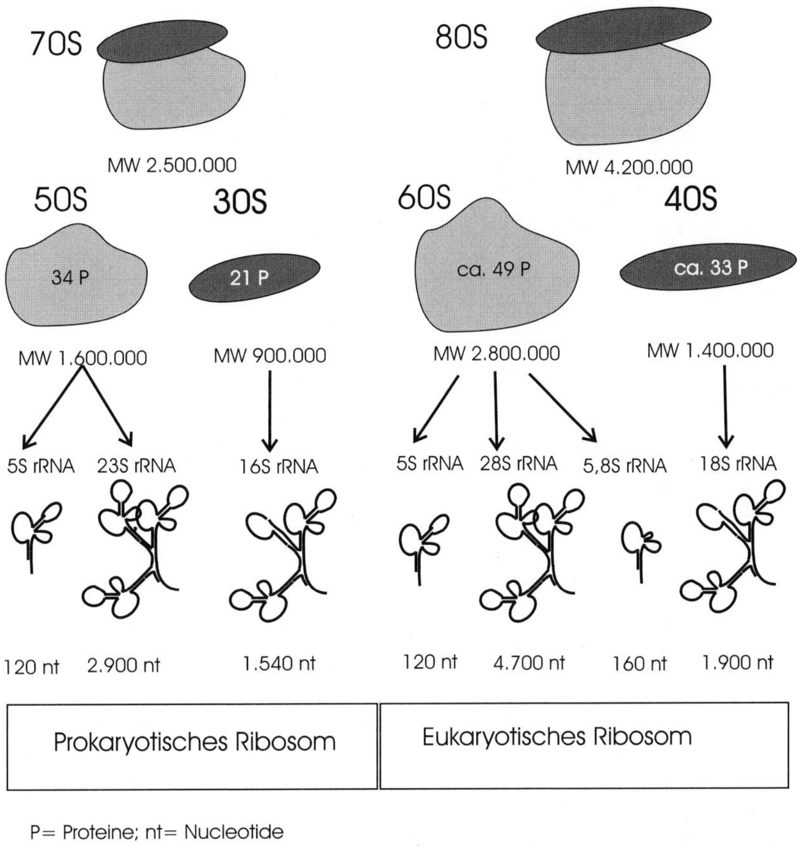

Insbesondere 16/18S rRNA und 23/28S rRNAs weisen komplexe Raumstrukturen auf, die über große Bereiche der Organismen konserviert wurden (Abb. 3-11). Obwohl RNAs als Einzelstränge vorliegen, bilden sie im wässerigen Milieu an vielen Stellen komplementäre Doppelstränge aus, sog. **Stammstrukturen**. Die Nucleotidsequenz dieser Bereiche der rRNAs wurde in der Evolution meist sehr stark konserviert. Anders sieht es bei den nicht basengepaarten **Schleifen** (*loops*) aus, in denen die Nucleotide zudem noch nachträglich modifiziert werden. Dieses Phänomen beobachtet man insbesondere bei **tRNAs**, bei denen mehr als 50 modifizierte Nucleotide entdeckt wurden. Substituierte Basen sind Thiouracil, 5-Methylcytosin, Dihydrouracil, 2-Thiothymin, 2-Thiocytosin, N4-Acetylcytosin, 1-Methylhypoxanthin, 1-Methylguanin oder N6-Methyladenin. In den *loops* finden wir vergleichsweise viele Substitutionen, Deletionen, Insertionen und Inversionen, die ein *Alignment* homologer Sequenzen erschweren (Kap. 4.1). Für die molekulare Evolutionsforschung sind die Nucleotidsequenzen der rRNAs jedoch von großem Interesse, da man mit ihrer Hilfe Stammbäume über alle Organismengruppen hinweg erstellen kann. Der *Tree of Life* und die davon abgeleitete Einteilung der Organismen beruhen auf der Analyse von konservierten rDNA-Genen (siehe Kap. 4.2).

3.2.7 Kerngenom, Mitochondrien-DNA und Chloroplasten-DNA

Die **Gene** eines Organismus sind die funktionellen Einheiten der Vererbung und enthalten die **Bauanweisungen** für RNAs, Struktur- und Mem-

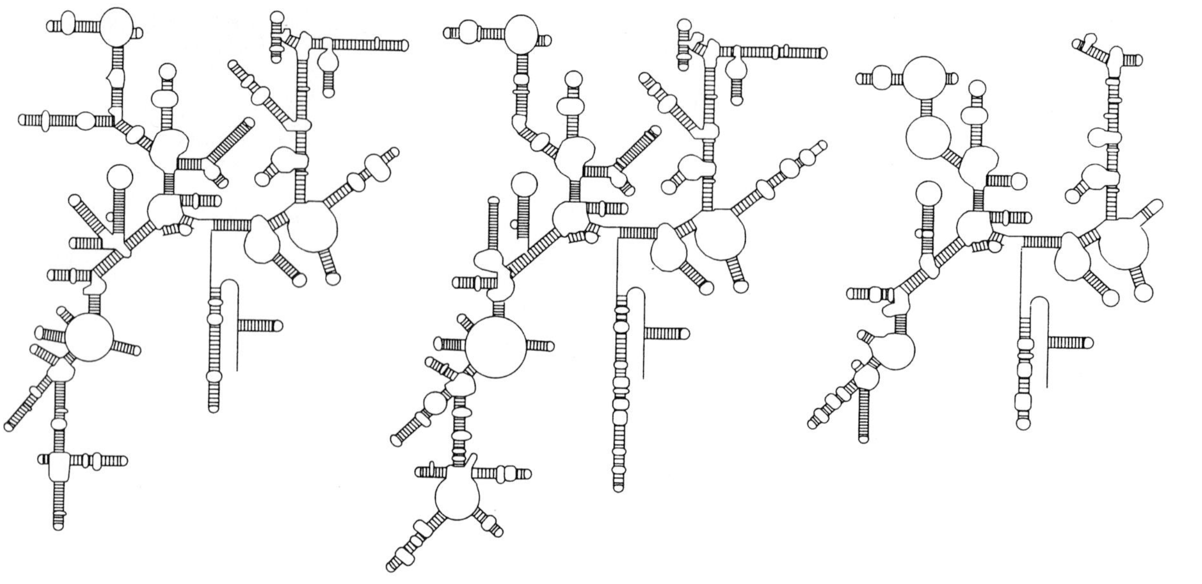

Abb. 3-11. Struktur der 16S rRNA am Beispiel von **a** *E. coli*, **b** *Saccharomyces cerevisiae* und **c** Säugermitochondrien (Rind)

branproteine sowie Enzyme (Abb. 3-6), die zum Aufbau der Zellen, Gewebe und des Gesamtorganismus und damit zur Ausbildung des **Phänotyps** notwendig sind. Ebenso steuern sie direkt oder indirekt alle zentralen Lebensvorgänge, sowohl Stoffwechsel und Organfunktion, Bewegung, Reizaufnahme und Erregungsleitung als auch Vermehrung und Fortpflanzung.

Bei Prokaryoten liegt die DNA als ringförmiges **Chromosom** in einem Kernäquivalent vor, während sie in eukaryotischen Chromosomen, von denen der Mensch z. B. 46 und die Taufliege *Drosophila* 8 hat, linear aufgebaut ist. Eukaryotische Chromosomen sind im Zellkern klar vom Rest der Zelle abgegrenzt lokalisiert.

3.2.7.1 Genomgröße

Die Gesamtheit der DNA einer Zelle wird als **Genom** bezeichnet. Betrachtet man das menschliche Genom, so erkennt man schnell, welche gigantische Informationsmenge hier vorhanden ist. Würde man die DNA einer einzelnen Zelle des Menschen als Faden aufspannen, so wäre er 2 Meter lang. Bei etwa 10^{13} Zellen in unserem Körper beträgt die Gesamtlänge der DNA aller Zellen 2×10^{10} km. Man könnte damit einen DNA-Faden spannen, der mehrfach von der Erde bis zur Sonne und zurück reicht.

Von den 3 Mrd. Basen, die z. B. im **haploiden Chromosomensatz** des Menschen vorhanden sind, codieren jedoch nur ca. 1 bis 3% direkt für Peptide und Proteine (Tabelle 3-4). Die restliche DNA besteht aus RNA-Genen und nicht-codierenden Bereichen, die oft keine Funktion besitzen oder deren Funktion man noch nicht kennt.

In den letzten Jahren hat sich die **Genomik** (*genomics*) als neues Teilgebiet der Genetik entwickelt, mit dem Ziel, komplette Genome molekular und funktionell zu charakterisieren. Es wird zwischen **struktureller** und **funktioneller Genomik** unterschieden. Im Rahmen des **humanen Genomprojektes** (HUGO; *human genome organisation*) wurde die Nucleotidsequenz eines haploiden Chromosomensatzes des Menschen inzwischen

Tabelle 3-4. Verhältnis zwischen Genomgröße und der Anzahl der Gene

Organismus	Genomgröße Basenpaare	Anzahl der Gene
Bakterien		
Mycoplasma genitalium	$0{,}58 \times 10^6$	470
Haemophilus influenzae	$1{,}83 \times 10^6$	1743
Escherichia coli	$4{,}67 \times 10^6$	4288
Hefen		
Saccharomyces cerevisiae (Bierhefe)	$1{,}2 \times 10^7$	5885
Pflanzen		
Arabidopsis thaliana (Ackerschmalwand)	$1{,}0 \times 10^8$	25 000
Tiere		
Caenorhabditis elegans (Fadenwurm)	$1{,}0 \times 10^8$	13 000
Drosophila melanogaster (Taufliege)	$1{,}2 \times 10^8$	10 000
Mus musculus (Hausmaus)	$3{,}0 \times 10^9$	30 000–40 000
Homo sapiens (Mensch)	$3{,}2 \times 10^9$	30 000–40 000

fast komplett ermittelt. Über 30 weitere Genome sind bereits (Stand 2001) vollständig sequenziert (Tabelle 3-5). Über den Vergleich mit Nucleotidsequenzen, die aus umfangreichen organ- und gewebespezifischen cDNA- und EST-Banken gewonnen wurden, oder durch Konstruktion von ***Knockout***- oder ***Antisense***-Mutanten wird im nächsten Schritt versucht, die genomischen Sequenzen funktionellen Einheiten oder Genen zuzuordnen. Die **funktionelle Genomik** wird letztlich eine genaue Antwort auf die Frage liefern, welche Bereiche des Genoms eine Funktion haben (heute schätzt man die zum Überleben notwendige Information auf 85–90% bei Bakterien und auf nur 10% der Gesamt-DNA bei Vertebraten) und welche Teile als inzwischen funktionsloses evolutionäres Erbe anzusehen sind.

Die Größe der Genome einiger Organismengruppen ist in Abb. 3-12 grafisch dargestellt. Betrachtet man die **minimale Genomgröße** in den Organismenreichen (d.h. nur die linke Seite der Balken in Abb. 3-12), so beobachtet man eine Zunahme, die im Wesentlichen parallel zur Organisationshöhe verläuft. Einfach aufgebaute Bakterien und Pilze haben kleinere Genome als komplex aufgebaute multizelluläre Organismen. Die

Tabelle 3-5. Übersicht über einige der bereits sequenzierten und publizierten Genome (MB = 1 Mio. Basen)

Organismus	Größe (MB)
Archaebakterien	
Archaeoglobus fulgidus	2,18
Methanobacterium thermoautotrophicum	1,75
Methanococcus jannaschii	1,66
Pyrococcus horikoshii	1,80
Eubakterien	
Bacillus subtilis (gram-positives Bakterium)	4,20
Borrelia burgdorferi (Borreliose-Erreger)	1,44
Chlamydia trachomatis (Trachom-Erreger)	1,05
Escherichia coli (Darmbakterium)	4,60
Haemophilus influenzae (Erreger eitriger Atemwegsentzündungen)	1,83
Helicobacter pylori (Gastritis-Erreger)	1,66
Mycobacterium tuberculosis (Tuberkulose-Erreger)	4,40
Mycoplasma pneumoniae (Lungenentzündung-Erreger)	0,81
Rickettsia prowazekii (Fleckfieber-Erreger)	1,10
Treponema pallidum (Syphilis-Erreger)	1,14
Eukaryoten	
Plasmodium falciparum (Malaria-Erreger)	1,00
Saccharomyces cerevisiae (Bierhefe)	13

maximale Genomgröße hat bei den Eukaryoten jedoch nur eine geringe Beziehung zur Entwicklungshöhe, denn viele Pflanzen und Amphibien haben Genome mit annähernd 10^{11} Basen, die damit 1 bis 2 Größenordnungen größer sind als das Genom des Menschen; offensichtlich kam es bei diesen Gruppen zu mehrfachen Verdopplungen der Genome. Dieses Phänomen (sog. **C-Wert-Paradoxon**) deutet schon darauf hin, dass die überdimensionierten Genome DNA-Bereiche aufweisen, die nicht mit dem Phänotyp im Zusammenhang stehen können (Kap. 4.3).

3.2.7.2 Mitochondrien und Chloroplasten enthalten DNA

Außer den Chromosomen enthalten alle Eukaryotenzellen weiteres genetisches Material. Besonders wichtig sind in diesem Zusammenhang die **Mitochondrien** und **Chloroplasten** (EXKURS 3.1).

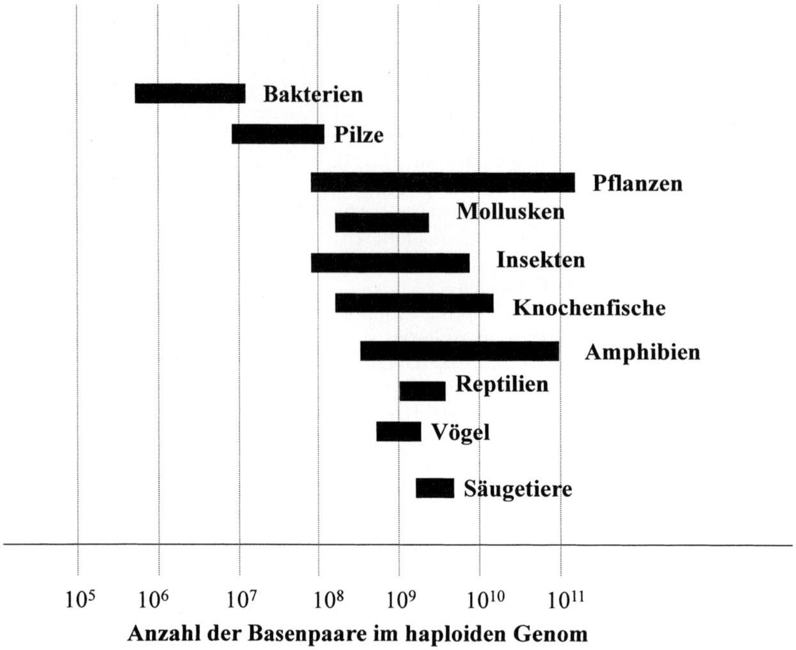

Abb. 3-12. Größe des haploiden Genoms bei den wichtigsten Organismengruppen

EXKURS 3.1

Symbiogenese in der Zell- und Lebensevolution

Peter Sitte (Freiburg)

Das Periodensystem der Biologie: Zwei Zelltypen, drei Domänen

Zellen sind die kleinsten lebensfähigen Systeme. Sie sind enorm vielgestaltig – man denke nur an Bakterien oder die größeren, sehr verschiedenen Einzellerformen, schließlich an die ganz unterschiedlichen Zellen unseres Körpers. Dennoch lassen sie sich zwei Grundtypen zuordnen: Proto- und Eucyten. Die meist sehr kleinen **Protocyten** der Bakterien und Archaeen enthalten keinen von Membranen umhüllten Zellkern, ihre DNA-haltigen Nukleoide liegen ohne Membranumgrenzung in der Zelle. Dagegen verfügen die viel größeren **Eucyten** aller übrigen Organismen über einen ‚echten', d. h. von einer Membranhülle umschlossenen Zellkern. Auch sonst gibt es eine Reihe fundamentaler Unterschiede (Tabelle 3-6). Nach ihrem Zellbau werden dementsprechend die beiden Großreiche der **Prokaryota** (der Monera im Sinne Ernst Haeckels; ihre Zellen entsprechen Protocyten) und der **Eukaryota** (mit Eucyten) unterschieden.

Inzwischen haben neben anderen Merkmalen vor allem Sequenzvergleiche ribosomaler RNAs bei den Prokaryoten eine tiefe Kluft deutlich werden lassen zwischen Bakterien und Archaeen (Tabelle 3-7; die Bakterien waren zunächst als Eubakterien, die Archaeen als Archaebakterien bezeichnet worden). Daher wird heute das Gesamtreich aller zellulär gebauten Organismen in drei Domänen gegliedert: Bacteria, Archaea und Eucarya (Abb. 3-13; Kap. 4.2). Diese Gliederung ent-

EXKURS 3.1 (Fortsetzung)

Tabelle 3-6. Typenunterschiede zwischen Protocyten und Eucyten

Merkmal	Protocyt	Eucyt
Endomembranen (Endoplasma-Reticulum, Golgi-Membranen, Vesikel, Vakuolen...)	–	+
Kernhülle mit Porenkomplexen	–	+
Cytoskelett (Actin-Mikrofilamente, Mikrotubuli)	–	+
Exo- und Endocytose (u.a. Phagocytose)	–	+
Genom	1 zirkuläres DNA-Molekül	mehrere lineare Chromosomen
Histone als DNA-Begleiter, Nucleosomen	–	+
Ribosomentyp	70S	80S
RNA-Polymerasen	1	3 (I–III)

Tabelle 3-7. Einige Unterschiede zwischen Bakterien und Archaeen

Merkmal	Bacteria	Archaea
Peptidoglycan (Murein) in der Zellwand	+	–
RNA-Polymerase	eubakt.	archaebakt.
Formylmethionyl-tRNA	+	–
Methanogenese	–	+
Isoprenyl-Ether-Lipide	–	+
Acylester-Lipide	+	–
Mosaik-Gene	–	+
ATP-Synthase-Typ	F	V
Katabolischer Embden-Meyerhof-Weg	+	–

spricht einer sehr frühen stammesgeschichtlichen Auffächerung des Organismenreiches.

Lebensevolution als Zellevolution

Spuren von Lebewesen lassen sich bis in älteste Sedimente zurückverfolgen. Es hat demnach schon vor mehr als 3,5 (vermutlich sogar 4) Mrd. Jahren Leben auf unserem Planeten gegeben (Kap. 2). Darüber, wie erste Zellen auf der unwirtlichen Urerde in nur einer halben bis einer Jahrmilliarde entstehen konnten (die Erde ist 4,6 Mrd. Jahre alt), gibt es mangels konkreter Daten nur unsichere Vorstellungen. Heute wird ein Szenario favorisiert, wonach sich zunächst in einer weitgehend sauerstofffreien Ur-Atmosphäre und an unterseeischen heißen Quellen abiotisch verschiedene organische Moleküle, darunter Aminosäuren, Zucker und organische Basen bilden konnten, aus denen schließlich mit Hilfe anorganischer Katalysatoren Oligonucleotide und Peptide entstanden. Diese Phase einer präbiotischen, chemischen Evolution, in der es zwar synergistische Aufschaukelungen gegeben haben mag, aber noch keine Vererbungsvorgänge, lieferte – so wird weiter angenommen – letztlich selbstreplizierende Ribonukleinsäuren (**‚RNA-Welt‘**), eine Vorstellung, die durch den Nachweis enzymatisch aktiver RNAs (Ribozyme) gestützt wird. Damit war zwar noch nicht die Organisationsstufe von Zellen erreicht, doch gab es jetzt schon Vererbung. Damit waren alle wesentlichen Voraussetzungen für eine Evolution im Sinne Darwins erfüllt: Vermehrung, erbliche Variation durch Mutationen, Konkurrenz und Selektion. Dabei stand das Mutationsgeschehen wegen der zunächst noch geringen Präzision der Nukleinsäure-Vervielfältigung im Vordergrund. Die Evolution konnte vergleichsweise rasch zur Verbesserung der Replikation mit Hilfe von Proteinen führen, damit zu Hyperzyklen (zyklische Reaktionenfolgen zwischen RNAs und Proteinen) und Translation, zu definierten Genen und über ►

EXKURS 3.1 (Fortsetzung)

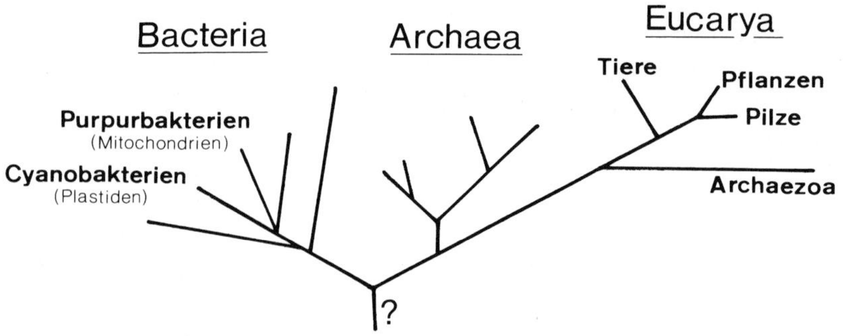

Abb. 3-13. Allgemeiner Stammbaum des Organismenreiches und Drei-Domänen-Konzept nach Sequenzvergleichen ribosomaler RNAs (verändert nach C. R. Woese)

RNA-Genome schließlich zu DNA-Genomen, Transcription und Gen-Regulation. Spätestens ab da musste es Zellen gegeben haben, die alle Errungenschaften dieser zweiten Evolutionsphase innerhalb einer ringsum geschlossenen Membran – der Zellmembran – vereinigten und in hohen Konzentrationen halten konnten. Mit dem Auftreten zellulärer Organismen war jene Evolutionsphase erreicht, die bis heute andauert. Dabei sind nach den freilich sehr lückenhaften Mikrofossilfunden Eucyten erst vor 1,4 Mrd. Jahren aufgetreten. Chemische (‚molekulare') Fossilien, vor allem Cholestane, deuten allerdings auf ein deutlich früheres Auftreten der Eukaryoten. Reste von Vielzellern finden sich erst in Ablagerungen, die nicht älter sind als eine Jahrmilliarde. Zwei Drittel bis vier Fünftel der Lebensentwicklung waren also Zellevolution.

Makroevolution und Großübergänge

In der Evolution der Organismen wurden und werden evolutive Fortschritte vorwiegend durch Rekombinationen im Gen-Pool der einzelnen Arten im Sinne immer besserer Anpassung an die jeweils gegebenen, veränderlichen Umwelten erzielt. Nun muss es allerdings in der Phylogenese neben den zahlreichen kleinen Veränderungsschritten gelegentlich auch größere Sprünge gegeben haben. Neben graduellen Veränderungen, wie sie die Rassen- und Artbildung beherrschen (Mikroevolution), wird für die Makroevolution also auch die mehr oder weniger unvermittelte Entstehung grundsätzlich neuartiger Organismen postuliert. Solche dramatische Veränderungen waren zwar sicher viel seltener als die kleinen Mutations- und Rekombinationsereignisse (Kap. 3.3), aber folgenreicher: Sie entsprechen den zukunftsträchtigen Bifurkationen im deterministischen Chaos der Evolution und markieren die großen Verzweigungen der Stammbäume. Allerdings bleiben solche Vorgänge wegen ihrer Seltenheit der direkten Beobachtung entzogen, die zugrundeliegenden Mechanismen sind einer experimentellen Erforschung kaum zugänglich. Nach manchen weniger überzeugenden Hypothesen wurde 1995 eine Vorstellung entwickelt, die eine plausible Erklärung in vielen Fällen möglich macht: das Konzept der phylogenetischen Großübergänge (*major evolutionary transitions*). Grundaussage ist, dass sich in der biologischen Evolution immer wieder Fortpflanzungseinheiten, die sich zunächst selbständig entwickelt hatten, zu komplexeren Einheiten zusammengeschlossen haben. Die so entstandenen Systeme konnten dann zu Ausgangspunkten für völlig neue Entwicklungslinien werden.

Ein Beispiel für einen solchen Großübergang ist die evolutive **Entstehung von Viel-**

EXKURS 3.1 (Fortsetzung)

zellern aus Einzellern. Bei Einzellern repräsentiert die einzelne Zelle einen ganzen Organismus, im Vielzeller ist sie nur mehr eines von vielen Elementen eines einzigen Lebewesens. Die einzelnen Zellen büßen mit dem Einbau in das größere System, das ihnen stabile Lebensbedingungen gewährt, viel von ihrer Selbständigkeit ein. Steuernde Einflüsse des Gesamtsystems diktieren z. B. die Teilungstätigkeit und entscheiden über Leistungen und Lebensdauer der einzelnen Zellen im übergeordneten Funktionsgefüge. Damit ist ein wichtiges Charakteristikum solcher Systeme angesprochen: sie sind arbeitsteilig. Im vielzelligen Organismus können sich die einzelnen Zellen auf bestimmte Teilaufgaben spezialisieren, andere sind ihnen dafür abgenommen. Dadurch können nicht nur Teilprozesse wichtiger Stoffwechselvorgänge mit höherer Effizienz ausgeführt werden, sondern auch Synergie-Potenziale voll ausgenutzt werden. Zusätzlich können die so differenzierten Zellen bzw. Gewebe während der weiteren Phylogenese ohne große genetische Veränderungen vermehrt oder vermindert, verschoben und wie Module im Gesamtsystem neu kombiniert werden. Dank dieser Kombinatorik können mit relativ wenigen unterschiedlichen Elementen fast beliebig viele verschiedene Systeme aufgebaut werden (Kap. 3.4). Dem ist letztlich die enorme Arten- und Formenfülle an Makroorganismen zu verdanken, die uns umgibt.

Mit steigender Komplexität der Organismen nimmt allerdings die für die systemgerechte Steuerung der einzelnen Zellen, Gewebe und Organe und ihrer Entwicklung in der Ontogenese erforderliche Informationsmenge dramatisch zu. Echte Vielzeller konnten sich deshalb nur bei den Eukaryoten entwickeln. Eucyten sind außer durch die Verteilung der genetischen Information auf mehrere unterschiedliche Chromosomen und viele andere Besonderheiten auch durch den Besitz eines komplexen Cytoskeletts

Tabelle 3-8. Prokaryotische Eigenschaften von Plastiden und Mitochondrien

Genom: meist zirkuläre DNA mit Membran-Anheftung, ohne Histone und Nucleosomen; jeweils mehrere Kopien in Nucleoiden konzentriert; Gene z. T. in prokaryotischer Anordnung (Operonstruktur); repetitive Sequenzen selten bis fehlend
Ribosomen: 70S Typ, Chloramphenicol-sensitiv
Translation: keine *Cap*-Struktur am 5′-Ende der mRNAs, prokaryotisches Komplement von Initiationsfaktoren
Tubulin und Actin: in den Organellen fehlend. Bei der Teilung von Plastiden wirkt das bakterielle, Tubulin-homologe Zellteilungsprotein mit (FtsZ)
Plastidäre Fettsäure-Synthese wie bei Bakterien mithilfe von Acylcarrier-Proteinen
Cardiolipin: als Membranlipid bei Bakterien verbreitet, fehlt in Eucytenmembranen außer in der inneren Mitochondrienmembran

ausgezeichnet (Tabelle 3-6). Neben dem bei ihnen allgegenwärtigen Actomyosin-System verfügen Eucyten über rasch auf- und abbaubare Mikrotubuli, die in Kooperation mit verschiedenen Motormolekülen ebenfalls Zellbewegungen vermitteln können. Mikrotubuli sind die prominentesten Komponenten der Kernteilungsspindeln von Eucyten, die eine präzise Gleichverteilung selbst zahlreicher Chromosomen auf Tochterzellen gewährleisten können. Daher konnten bei den Eukaryoten (im Gegensatz zu den Prokaryoten mit ihrem völlig andersartigen Zellteilungsmechanismus) die DNA-Mengen und damit die Speicherkapazität für Information stark erhöht werden. In der DNA der Chromosomen war damit Platz geschaffen für komplexe Regulationssequenzen. Das entspricht einer bemerkenswerten Präadaptation für die Evolution von Vielzellern.

Neben dem Übergang vom Einzeller- zum Vielzellerstatus gibt es eine Reihe weiterer Möglichkeiten für evolutive Großübergänge. Eine besonders bedeutsame ergibt sich aus **Symbiosen**, dem intimen Zusammenleben artverschiedener Organismen.

►

EXKURS 3.1 (Fortsetzung)

Endocytobiose

Unter Endocytobiose versteht man den Einbau artfremder Zellen in größere Wirtszellen. Solche intrazellulären Symbiosen stellen den engsten Symbiosebezug dar, der überhaupt denkbar ist. In der rezenten Organismenwelt finden sich zahlreiche Beispiele für mutuelle Endocytobiosen. Als Endocytobionten treten dabei vielfach Bakterien auf, so die N_2-fixierenden Knöllchenbakterien *(Rhizobium, Bradyrhizobium)* der Leguminosen oder die Photosynthese betreibenden Cyanobakterien im Erdpilz *Geosiphon* (s.u.). In vielen Fällen finden sich eukaryotische Einzeller in Wirtszellen eingebaut, z.B. einzellige Grünalgen (‚Zoochlorellen') in Amöben, Paramecien (Abb. 3-15 a) und Hydren, oder Dinophyceen (‚Zooxanthellen') in Foraminiferen und in die Zellen von Riffkorallen. Dabei gibt es neben vorübergehenden, fakultativen Endocytobiosen stabilere Verbindungen, deren Partner in der Natur zwar nur gemeinsam auftreten, nach künstlicher Trennung aber auch einzeln zu überleben vermögen. In obligaten Endocytobiosen können die Partner nur miteinander überleben.

Symbiogenese

Schon 1910 hat der russische Biologe Constantin Mereschkowsky postuliert, dass die Etablierung stabiler, mutualistischer Endocytobiosesysteme neue phyletische Entwicklungen einleiten kann. Sie entspricht dann einem evolutiven Großübergang. Er hat dergleichen als Symbiogenesis bezeichnet und damit nach seiner Überzeugung „eine neue Lehre von der Entstehung der Organismen" entwickelt. Tatsächlich erzwingt ja der dauerhafte Einbau artfremder Zellen in eine Wirtszelle eine besonders enge Co-Evolution der Partner, während welcher das Teilungsverhalten beider aufeinander abgestimmt und der gegenseitige Stoffaustausch optimiert werden muss. Den Startpunkt einer symbiogenetischen Entwicklung markiert der ursprüngliche Vereinigungsprozess ungleichartiger Zellen, die **Intertaxonische Kombination (ITC)**. Dabei ist wesentlich, dass es zwar zu einer stabilen Vereinigung, aber nicht zu einer Fusion der Partner kommt. Echte Zellfusionen, d.h. die Vermischung bisher getrennter Zellplasmen, sind nur zwischen artgleichen Zellen möglich. Beispiele dafür sind die Gametenverschmelzung bei Syngamie oder die Bildung vielkerniger Muskelfasern aus einkernigen Myoblasten. Von artfremden Zellen können die natürlichen Fusionsbarrieren offenbar nicht durchbrochen werden. Solche Zellen können zwar durch Endocytose in Wirtszellen aufgenommen werden, sie bleiben aber in deren Innerem von einer doppelten Membranhülle abgegrenzt gegen das Cytoplasma der Wirtszelle. Das entspricht der Situation bei rezenten Endocytobiosen, die auch bei fortdauernder Symbiogenese beibehalten wird. Von den beiden umhüllenden Membranen geht die innere auf die Zellmembran des Endocytobionten zurück, die äußere auf die Phagosomenmembran, die sich aus der Zellmembran der Wirtszelle während der Endocytose abgeschnürt hat (Abb. 3-14). Zwischen den beiden Membranen liegt ein extraplasmatischer Raum.

Ein besonders wichtiger weiterer Punkt bei ITC und nachfolgender Symbiogenese liegt in der Verschiedenheit der vorher selbständigen Partner. Ihre Kombination hat nur dann auf dem Prüfstand der Selektion Bestand, wenn sie sich in mindestens einer Hinsicht entscheidend ergänzen können. Nur dann hat das neue Übersystem emergente Eigenschaften, d.h. solche, die den einzelnen Partnern nicht zukamen. Bei erfolgreichen Endocytobiosen ist Arbeitsteiligkeit, wie sie für Großübergänge typisch ist, bereits vorgegeben. Und da beide Partner ihre eigene genetische Information mit einbringen, ist

EXKURS 3.1 (Fortsetzung)

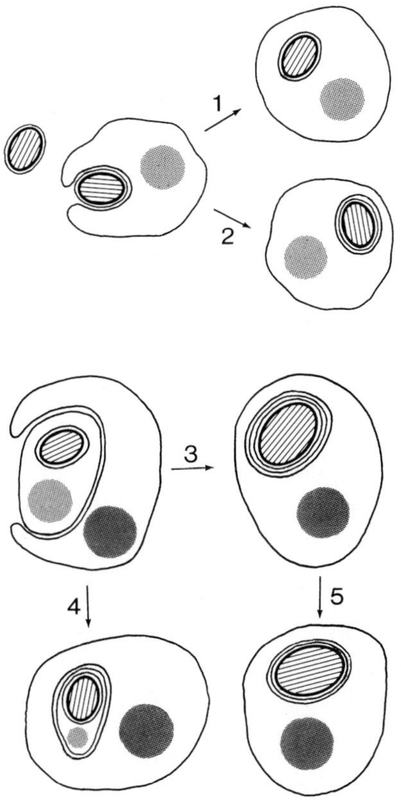

Abb. 3-14. Doppel-, Drei- und Vierfachmembranen von Plastiden bei primärer bzw. sekundärer Endocytobiose. Oben: Cyanobakterien werden durch Phagocytose in eukaryotische Wirtszellen aufgenommen (1; wenn dabei die sog. Outer Membrane der Cyanobakterien erhalten bleibt, können Plastiden mit 3 Hüllmembranen entstehen, 2). – Unten: Entstehung komplexer Plastiden durch Aufnahme plastidenhaltiger Einzeller in phagotrophe Wirtszellen und nachfolgende Reduktion der Endocytobionten auf Plastide und Zellmembran (3). Geht eine der vier Hüllmembranen verloren (5), entstehen auch hier Plastiden mit drei Hüllmembranen. Durch unvollständige Reduktion des Endocytobionten (4) entsteht eine Situation, wie sie bei Cryptomonaden und *Chlorarachnion* beobachtet wird (vgl. Abb. 3-16)

auch der Gehalt an genetischem Material im Gesamtsystem von vornherein entsprechend höher. Dazu zwei konkrete Beispiele:

- ***Geosiphon***: Dieser unscheinbare Zygomycet – als Pilz ohne Chloroplasten – bildet unter geeigneten Bedingungen etwa 1 mm große, zartwandige Blasenzellen und nimmt in diese durch Phagocytose Cyanobakterien (*Nostoc punctiforme*) auf. Die endocytobiotischen *Nostoc*-Zellen betreiben Photosynthese, sie spielen im Pilz die Rolle von Chloroplasten. Das Endocytobiose-System ist dadurch phototroph und vermag auch Luftstickstoff zu assimilieren.
- ***Paramecium bursaria***: Das ‚Grüne Pantoffeltierchen' (Abb. 3-15 a) enthält mehrere hundert *Chlorella*-Zellen, die ihren heterotrophen Wirt mit Produkten der Photosynthese – Maltose, Glucose und Sauerstoff – versorgen und von ihm mit anorganischen Ionen und CO_2 beliefert werden. Die Verdauung der eukaryotischen Symbionten durch den Wirt wird durch das Lektin Concanavalin A verhindert, ein Mannose und Glucose bindendes Oberflächenprotein der Chlorellen. Chlorellen, die dieses Lektin nicht bilden können, werden im *Paramecium* wie andere Nahrungspartikel verdaut. Das Grüne *Paramecium* ist – im Gegensatz zu anderen Paramecien – phototaktisch, es bringt also seine ‚Gäste' in günstige Lichtbedingungen für optimale Photosynthese. Das gesamte Endocytobiose-System kann bei Licht in rein anorganischen Medien kultiviert werden. Die *Paramecium/Chlorella*-Symbiose ist nicht obligatorisch, beide Partner sind unter geeigneten Umständen auch zu selbständigem Leben befähigt, doch wird dank seinem Selektionsbonus in freier Natur nur das komplette Symbiosesystem gefunden.

Die Endosymbionten-Theorie

Schon vor über hundert Jahren hatte Andreas Schimper nachgewiesen, dass **Plastiden** in den Eizellen der Pflanzen nicht neu gebildet, sondern in ununterbrochener Folge ►

EXKURS 3.1 (Fortsetzung)

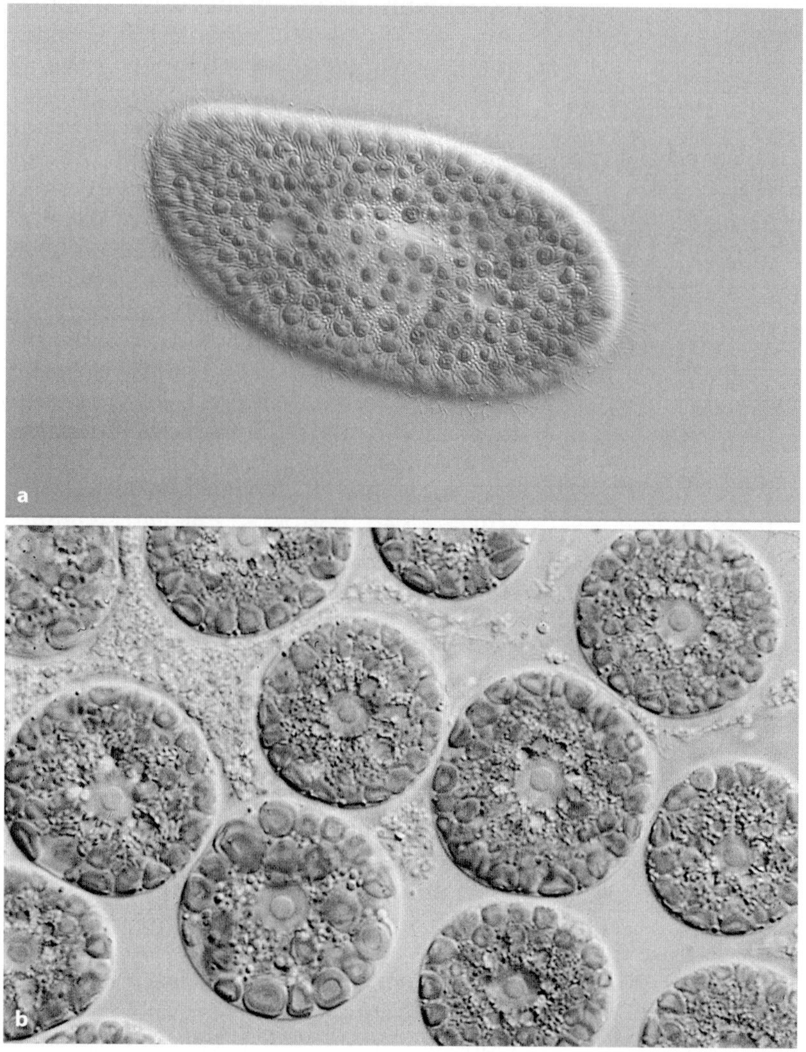

Abb. 3-15. Beispiele für Endocytobiosen rezenter Einzeller. **a** das Grüne Paramecium, *P. bursaria*, ist durch intrazelluläre, einzellige Grünalgen (*Chlorella lobophora*) phototroph. – **b** *Glaucosphaera vacuolata*, ein einzelliger Glaucophyt, mit Cyanellen, endocytischen Abkömmlingen von Cyanobakterien

über die Eizellen von den Mutterpflanzen auf die Nachkommen übertragen werden. Zeitgleich hatte Friedrich Schmitz für die Plastiden von Algen gezeigt, dass sie nicht – wie bis dahin angenommen – aus dem Zellplasma neu gebildet werden können, sondern immer nur durch Teilung aus ihresgleichen hervorgehen. Entsprechendes wurde bald auch für Mitochondrien vermutet.

C. Mereschkowsky hat dann eine bereits von Schimper (und nach ihm noch mehrfach) geäußerte Vermutung zu einer konsequenten Hypothese großer Tragweite ausgebaut. Danach gehen Plastiden (wie die Cyanellen der Glaucophyten, s. u.) stammesgeschichtlich auf endocytobiotische Cyanobakterien zurück. Es wird also postuliert, dass die grünen Pflanzen ihre Entstehung

EXKURS 3.1 (Fortsetzung)

und ihre Befähigung zur Photosynthese einem Symbiogenese-Prozess verdanken. Seither hat sich immer klarer gezeigt, dass Plastiden zahlreiche Typenmerkmale von Protocyten aufweisen (Tab. 3-8) und über ein eigenes genetisches System verfügen. Daher wird heute nicht mehr daran gezweifelt, dass Plastiden tatsächlich Abkömmlinge endocytischer Symbionten sind. Nach RNA- und DNA-Sequenzvergleichen stammen sie aus dem Bereich der Cyanobakterien, wie Mereschkowsky postuliert hatte.

Diese Vorstellung besagt letztlich, dass alle zur Photosynthese befähigten Eukaryoten, also alle grünen Pflanzen und alle Algen mit ihren grünen, braunen und roten Formen, ihre Existenz dem vor Urzeiten erfolgten Einbau von Cyanobakterien in bestimmte Protozoen verdanken – einem vermutlich mehrfach erfolgten evolutiven Großübergang von gigantischer Bedeutung für das gesamte Leben auf der Erde. Die vielerlei Photosynthetiker bilden ja schließlich das Fundament fast aller Nahrungspyramiden.

Für die **Mitochondrien**, die Atmungsorganellen der Eucyten, haben Sequenzvergleiche gezeigt, dass sie dem Bereich der Alpha-Purpurbakterien entstammen. Somit gehen auch alle atmenden Eukaryoten (das sind die allermeisten) auf einen phyletischen Großübergang zurück, der auf ITC und Symbiogenese beruht. Auch in diesem Fall sind die Konsequenzen gewaltig: Dass der durch die Photosynthese der ‚Grünen' gebildete atmosphärische Sauerstoff zu einer sehr effizienten Energieversorgung bei fast allen ‚Nichtgrünen' verwendet werden kann, beruht ja auf der Aktivität der Mitochondrien. Interessanterweise haben sich also jene beiden Organellen, die bei Eukaryoten den zellulären (und damit letztlich auch den organismischen) Energiebedarf befriedigen, aus endocytierten Prokaryoten evoluiert.

Bei den heute lebenden Organismen verfügen nun allerdings weder Plastiden noch Mitochondrien über genügend eigene genetische Information, um alle ihre Proteine selbst synthetisieren zu können. Während der Co-Evolution (Symbiogenese) von Symbiont und Wirt ist ein Großteil des Symbiontengenoms durch intrazellulären **horizontalen Gentransfer** in den Kern der eukaryoten Wirtszelle verlagert worden. Dadurch wurde die Steuerung wesentlicher Leistungen der Endocytobionten zentralisiert. Die Symbionten wurden zu sog. **Xenosomen** reduziert, die außerhalb der Wirtszelle nicht mehr auf Dauer überleben können. Die Vereinigung der taxonomisch so unterschiedlichen Zellen bzw. Genome ist damit unauflöslich. Moderne Eucyten sind genetische Chimären, nicht eigentlich Einzelzellen, sondern **Mosaikzellen**. Das ist ihnen allerdings kaum anzusehen, sie verhalten sich wie einheitliche Zellen.

Unter den heute lebenden Algen gibt es die kleine, heterogene Gruppe der Glaucocystophyten, die alle wesentlichen Aussagen der Endosymbionten-Theorie gut illustrieren kann. Die Vertreter dieser Gruppe waren durch ihre blaugrün gefärbten Plastiden aufgefallen, die schon im Lichtmikroskop an endocytische Cyanobakterien erinnern (Abb. 3-15b). Sie werden dementsprechend als **Cyanellen** bezeichnet, die stabilen Endocytobiose-Systeme als **Endocyanome**. Inzwischen konnte durch elektronenmikroskopische, biochemische und molekularbiologische Untersuchungen zweifelsfrei gezeigt werden, dass es sich bei den Cyanellen tatsächlich um Abkömmlinge endocytischer Cyanobakterien handelt, die sich in mancher Hinsicht bereits zu Plastiden evoluiert haben. So ließen sich zwar an den Cyanellen noch Reste prokaryotischer Zellwände nachweisen, aber ihr Genom ist bereits durch intrazellulären Gentransfer großenteils in den Kern der Wirtszelle verlagert wie bei Chloroplasten. Dementsprechend ist bei den Glaucocystophyten – im Gegensatz zu *Geosiphon* – die ►

EXKURS 3.1 (Fortsetzung)

Endocytobiose obligatorisch, die Partner können nicht getrennt voneinander kultiviert werden.

In Analogie zu den Verhältnissen bei Plastiden und Mitochondrien wird gelegentlich über einen symbiogenetischen Ursprung weiterer Zellorganellen spekuliert (Centriolen bzw. Centrosomen; Peroxisomen; Hydrogenosomen). Da diese Organellen aber keine DNA enthalten (Peroxisomen, Hydrogenosomen) oder der überzeugende Nachweis und die Isolierung von DNA noch aussteht (Centriolen), ist eine molekularphylogenetische Analyse z.Z. nicht möglich. Auf die Hydrogenosomen wird später noch einmal zurückzukommen sein.

Eucyten in Eucyten: Sekundäre Endocytobiose

Die Plastiden der höheren Pflanzen sowie zweier Algengruppen, der Rot- und Grünalgen, sind von zwei Membranen umgeben. Das entspricht der Art ihres einstigen Einbaues in die Wirtszellen durch Endocytose (Abb. 3-14). Nun haben aber die Plastiden aller übrigen Algen mehr als zwei Hüllmembranen. Solche Plastiden werden als komplex bezeichnet. **Komplexe Plastiden** mit drei Hüllmembranen finden sich bei den Euglenen und den meisten Dinoflagellaten, solche mit vieren sind charakteristisch für alle Heterokonten von den Xantho- und Chrysophyceen bis zu den Kiesel- und Braunalgen, ferner für die Haptophyten, Cryptomonaden und Chlorarachniophyten.

Dieser eigenartige Befund kann durch sekundäre Endocytobiose erklärt werden. Darunter versteht man Symbiogenesesysteme, bei denen nicht nur die Wirtszellen, sondern auch die Endosymbionten eukaryote Zellen sind und nicht Prokaryoten, wie bei der primären Endocytobiose. Da praktisch alle Eukaryotenzellen von primären Endocytobiosesystemen abstammen, ist die Etablierung solcher Systeme die Voraussetzung für sekundäre Endocytobiosen – daher ihre Bezeichnung als ‚sekundär'. Im Falle jener Algen, die Plastiden mit vier Hüllmembranen haben, war der sekundäre Endosymbiont ursprünglich offenbar ein phototropher Protist, dessen Plastoplasma vom Cytoplasma der Wirtszelle nun durch vier Membranen getrennt ist. In einem solchen System aus zwei artverschiedenen Mosaikzellen sind viele Zellstrukturen und Gene redundant, sie finden sich im Wirt wie auch im Symbionten. Man kann nun annehmen, dass der Symbiont während der Symbiogenese durch Eliminierung überflüssiger Zellorganellen immer weiter reduziert wurde, bis im Extremfall schließlich nur seine Plastiden übrig blieben als die einzigen Organellen, die der Wirtszelle gefehlt hatten.

Die komplexen Plastiden geben ihre Abkunft aus einem phototrophen Eucyten freilich nur noch durch den Besitz von vier umhüllenden Membranen zu erkennen. Nun konnte allerdings für zwei Algengruppen überzeugend gezeigt werden, dass sie ihre Plastiden tatsächlich durch sekundäre Endocytobiose erworben haben. Sowohl bei den einzelligen, biflagellaten Cryptomonaden wie auch bei den Chlorarachniophyten finden sich, wie erwähnt, komplexe Plastiden mit vier Hüllmembranen. Aber die beiden Membranpaare liegen bei diesen Organismen nicht wie sonst unmittelbar aneinander, sondern sind durch schmale Cytoplasmasäume voneinander getrennt. Diese sind sicher eukaryotischen Ursprungs, weil sie 80S-Ribosomen enthalten und einen kleinen Zellkern, das **Nucleomorph** (Abb. 3-14, Abb. 3-16). Das in den Nucleomorphen enthaltene Genom besteht in beiden Fällen aus drei sehr kleinen, linearen Chromosomen. Deren rRNA-Sequenzen unterscheiden sich eindeutig von denen der Wirtszellkerne, was wieder nur aufgrund einer intrazellulären Symbiose zweier taxonomisch unterschiedlicher, eukaryoter Zellen erklärbar ist. Die Pigmentaus-

EXKURS 3.1 (Fortsetzung)

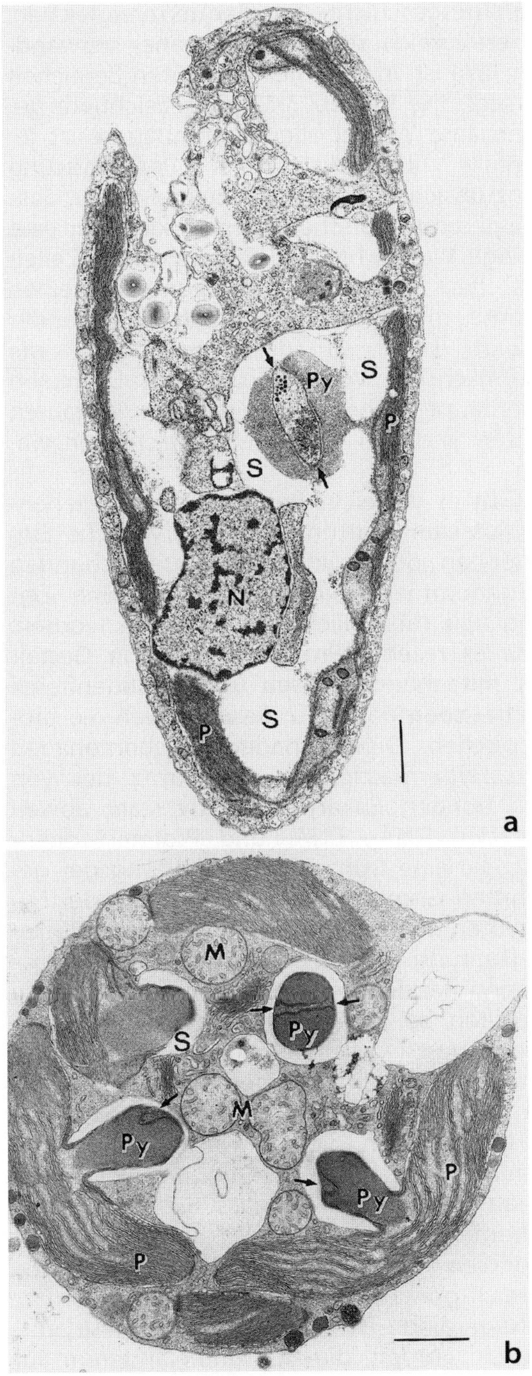

stattung der Plastiden und Sequenzvergleiche haben übereinstimmend gezeigt, dass die sekundären Endosymbionten der Cryptomonaden von Rotalgen stammen, jene der Chlorarachniophyten von Grünalgen.

Auch für sekundäre Endocytobiosen mit zwei eukaryoten Partnern gibt es rezente Beispiele, die der Veranschaulichung dienen können. Bei solchen Systemen tritt auch der komplexe Mosaik-Charakter der resultierenden Zellen klar hervor, weil er noch nicht durch sekundäre Veränderungen während einer langen Symbiogenese verschleiert ist. So hat das Grüne *Paramecium* (Abb. 3-15 a) bezüglich der Wirtszelle und ihrer eukaryotischen Symbionten noch keine Symbiogenese durchgemacht, die Endocytobiose dieser Partner ist dementsprechend auch nicht obligatorisch. Sie lässt deshalb auch ohne weiteres erkennen, dass in diesem Fall fünf verschiedenartige Zellen ineinander geschachtelt sind: die Wirtszelle (1) mit ihren Mitochondrien (2), sowie die endocytischen Chlorellen (3) mit ihren Plastiden (4) und Mitochondrien (5).

In jüngster Zeit hat sich zum Aspekt der (phyletisch) sekundären Endocytobiose noch eine medizinisch bedeutsame Facette ergeben. Sowohl *Toxoplasma gondii*, der Erreger der Toxoplasmos als auch der Malaria-Parasit *Plasmodium falciparum* (beide gehören zum Stamm der Apicomplexa) enthalten Reste komplexer Plastiden, die nach Genvergleichen auf endocytierte Rotalgen zurückgehen. Das eröffnet die Möglichkeit, diese gefährlichen Parasiten durch Pharmaka aus-

◀

Abb. 3-16. Nucleomorphen in den Zellen von *Pyrenomonas salina* (**a**) und *Chlorarachnion reptans* (**b**). P: Plastiden mit Pyrenoiden Py; S: Stärke oder entsprechende Speicherstoffe; N: Kern der Wirtszelle (in **b** außerhalb der Schnittebene); M: Mitochondrien. Pfeile: Nucleomorphen, in beiden Fällen in die Pyrenoide eingesenkt. Maßstab 1 µm. Elektronenmikroskop. Aufnahmen von H. Falk (**a**) und V. Speth (**b**)

▶

EXKURS 3.1 (Fortsetzung)

zuschalten, die spezifisch auf den Stoffwechsel von Plastiden einwirken, was die Gefahr ungünstiger Nebenwirkungen minimalisiert.

Die Herkunft der Eukaryoten

Nach der Endosymbiontentheorie sind also die Mitochondrien und Plastiden, die der Energieversorgung der Eucyten dienen, als Prokaryoten in die Zellen urtümlicher Eukaryoten endocytiert worden. Dabei besteht über die phyletische Herkunft der Endocytobionten heute Klarheit. Offen ist dagegen die Frage, woher ihre Wirte kamen, jene urtümlichen Einzeller (‚Urkaryoten' oder ‚Protoeukaryoten'), die weder Mitochondrien noch Plastiden besaßen und aus denen sich die modernen Eucyten entwickelt haben.

Diese Frage kann bis heute nur spekulativ beantwortet werden. Wenn alles Leben auf dieser Erde einen einzigen gemeinsamen Ahnen (**Conancestor**) hat, dann legen die eklatanten Unterschiede in den rRNA-Sequenzen, die zum Drei-Domänen-Konzept geführt haben (Abb. 3-13), eine sehr frühzeitige phyletische Trennung der Domänen nahe. Nun weisen die Archaeen in den Genen für Replikation, Transcription und Translation bemerkenswerte Ähnlichkeiten zu den Eukaryern auf. Daher wird vielfach angenommen, dass sich die Bakterien noch vor der Trennung der Stammlinien von Archaeen und Eukaryern vom zunächst gemeinsamen Stammbaum abgetrennt und ihre eigene Entwicklung eingeschlagen haben. Die Hoffnung, durch weitere Sequenzvergleiche diese Vorstellung untermauern zu können, hat sich allerdings nicht erfüllt – im Gegenteil. Je mehr DNA-, RNA- und Proteinsequenzen bekannt geworden sind, desto verwirrender wurde das Bild. Man hilft sich mit der nicht unplausiblen Annahme, dass es in der Frühzeit des Lebens intertaxonischen, horizontalen Gentransfer viel häufiger gegeben hat als heute, so dass die Ermittlung der Stammesgeschichte aus Sequenzvergleichen, so erfolgreich sie auch bei näher verwandten Taxa ist, in den hier relevanten Bereichen versagt. Die in Abb. 3-13 eingezeichnete gemeinsame Wurzel aller Stammbäume ist jedenfalls hinsichtlich ihrer Positionierung ganz unsicher. Es ist nicht einmal sicher, dass das gesamte irdische Leben wirklich nur eine einzige Wurzel hat. Die Bildung erster Zellen aus den damals verfügbaren Bausteinen könnte mehrfach unabhängig voneinander erfolgt sein, so dass womöglich die urtümlichsten Vertreter der drei Domänen überhaupt keinen gemeinsamen Vorfahren hatten und von vornherein verschieden waren.

Gibt es vielleicht heute noch – als lebende Fossilien – urtümliche eukaryotische Einzeller, an denen klärende Untersuchungen vorgenommen werden könnten? Eine Zeit lang war tatsächlich angenommen worden, dass es rezente Protoeukaryoten in Gestalt der mitochondrienlosen und plastidenfreien **Archaezoen** gäbe. Zu diesen zählen die protozoischen Diplomonaden, Trichomonaden und Hypermastiginen. Aber trotz der von den übrigen Eukaryern relativ stark abweichenden DNA-, RNA- und Protein-Sequenzen, die eine frühzeitige Abspaltung der genannten Gruppen vom Stammbaum der Eukaryoten zu bestätigen scheinen, bleibt diese Deutung unsicher. Bei allen diesen Organismen handelt es sich nämlich um obligate Parasiten, so dass ein sekundärer Mitochondrienverlust (wie er bei vielen Endoparasiten vorkommt) nicht ausgeschlossen werden kann. Tatsächlich finden sich in ihrer Kern-DNA-Sequenzen, die nur von Mitochondrien stammen können. Auch andere Molekulardaten sprechen dafür, dass die Archaezoen extrem abgeleitete Einzeller sind, die Microsporidien z.B. aus dem Verwandtschaftsbereich primitiver Pilze.

Neuerdings ist nun eine Hypothese entwickelt worden, die sich unter anderem auf

EXKURS 3.1 (Fortsetzung)

die besonderen Stoffwechselverhältnisse bei den Trichomonaden und Diplomonaden stützt: die **'Hydrogen-Hypothese'**. Ihre Basisaussage ist, dass es Urkaryoten als unabhängige, eigene Entwicklungslinie in der Frühevolution des Lebens überhaupt nicht gegeben hat, dass vielmehr bereits die ersten Eucyten Produkt einer zellulären Symbiose von methanogenen Archaeen und α-Proteobakterien waren und diese nicht erst zu inkorporieren brauchten.

α-Proteobakterien sind fakultative Anaerobier, sie können auch ohne O_2 leben und gewinnen das erforderliche ATP dann nicht durch Atmung, sondern – wenn auch viel weniger effizient – durch Gärung. Dabei wird Brenztraubensäure bzw. Pyruvat in H_2, CO_2 und Essigsäure gespalten. Dieselbe Reaktion führen auch **Hydrogenosomen** aus, eigenartige Organellen in den Zellen anaerober Eukaryoten, die nach Größe und Form Mitochondrien entsprechen, wie diese eine doppelte Membranhülle besitzen und sich durch Querteilung vermehren. Im Gegensatz zu den Mitochondrien enthalten Hydrogenosomen allerdings keine DNA. Dennoch wird nicht bezweifelt, dass sie abgewandelte Mitochondrien (und daher letztlich Abkömmlinge von α-Proteobakterien) sind, die nicht nur einen Teil, sondern ihre gesamte DNA an den Kern der Wirtszelle abgegeben haben. Es hat sich nämlich gezeigt, dass das Kerngenom solcher Zellen Gene für mitochondriale Hitzeschockproteine enthält.

Viele rezente anaerobe Protozoen, die Hydrogenosomen enthalten (z.B. der Ciliat *Plagiopyla frontata*, aber eben auch Trichomonaden und Diplomonaden), bergen zusätzlich methanogene Archaeen als Endocytobionten. Diese erzeugen aus H_2 und CO_2 Methan (CH_4) und H_2O und bilden dabei ATP. Hydrogenosomen und Methanogene sind in den sie enthaltenden Zellen verständlicherweise eng assoziiert. Im Sinne der Hydrogen-Hypothese kann man in solchen Assoziationen Abbilder der urtümlichsten Eucyten sehen: Methanogene Archaeen lagerten sich – damals natürlich außerhalb einer Eukaryotenzelle – unter anaeroben Bedingungen an gärende α-Proteobakterien an, deren H_2-Ausscheidung sie unabhängig machte von abiotischen Wasserstoffquellen. Im Zuge der weiteren Symbiogenese konnten diese Assoziationen dadurch gefestigt werden, dass die Methanogenen ihre H_2-Lieferanten schließlich ganz umwuchsen und sie sich damit total einverleibten. Das war allerdings erst möglich, nachdem die Gene für Transportproteine der Zellmembran vom Bakteriengenom in das Archaeengenom transferiert worden waren – erst dann konnte ja auch die zur Wirtszelle gewordene Archaeenzelle die organischen Substrate für die Gärung ihrer Symbionten aus der Umwelt aufnehmen und sie an diese weitergeben. Zugleich wurde durch diesen Gentransfer die zur Endocytobiose avancierte Assoziation unauflöslich. (Nebenbemerkung: Gerade die methanogenen Archaeen verfügen – wie sonst nur Eukaryoten – über Histone und vermögen dementsprechend ihre DNA in Nucleosomen zu kompaktieren). Sobald Sauerstoff zur Verfügung stand, konnten sich die bakteriellen Endocytobionten zu Mitochondrien entwickeln, unter anaeroben Bedingungen zu Hydrogenosomen. Der in Abb. 3-13 gezeigte allgemeine Stammbaum muss nach dieser Hypothese umgezeichnet werden. Denn nach ihr hätte es zunächst nur zwei Domänen gegeben, die Eukaryer wären erst später aus einer intertaxonischen Vereinigung bestimmter Vertreter dieser Domänen hervorgegangen. Schon die urtümlichsten Eukaryer hätten außerdem bereits Proteobakterien enthalten und brauchten sie sich (entgegen der entsprechenden Aussage der Endosymbionten-Theorie) nicht erst nachträglich einzuverleiben. Aber sei dem wie immer – auch diese Vorstellung kann sehr gut verdeutlichen, was einen evolutiven Großübergang ►

EXKURS 3.1 (Fortsetzung)

ausmacht: Zwei unterschiedliche, zunächst selbständige Organismen mit ganz verschiedenen metabolischen Fähigkeiten verbinden sich zu einem komplexeren System und starten damit eine fundamental neue Evolutionslinie – die der Eukaryota.

Offene Probleme

Von den geschilderten, noch weiter zu prüfenden Hypothesen werden weitere wesentliche Aspekte der Eucytenevolution nicht berührt. Wie kam beispielsweise das komplexe Cytoskelett der Eukaryoten zustande, ohne das es keine amöboide Bewegung, keine Endocytose, weder Mitose noch Meiose (und damit keine Sexualität) geben konnte? Wie bildeten sich die zahlreichen Endomembranen (Endoplasmatisches Reticulum und Kernhülle, Golgi-Zisternen, Vacuolen usw.)? Wie entstanden aus einem einzigen DNA-Ring mehrere lineare Chromosomen mit besonderen Telomeren und zahlreichen Startpunkten der Replikation?

Trotz dieser und weiterer noch offener Fragen kann heute vieles klarer gesehen werden als noch vor wenigen Jahren. Früher wurde nur selten daran gedacht, dass es in der Evolution nicht nur zu Auffächerungen, zu einer Cladogenese der Organismenformen gekommen ist, sondern gelegentlich – und besonders folgenschwer – auch zu **Vernetzungen**. Durch ITC und Symbiogenese können weit getrennte Zweigenden evolutiver Stammbäume zu Startpunkten für neue Entwicklungslinien verbunden werden. Die Formierung stabiler intertaxonischer Kombinationen ist damit, neben Mutation, genetischer Rekombination und horizontalem Gentransfer, ein weiterer wichtiger **Motor der Evolution**.

In den **Mitochondrien** ist die DNA ringförmig aufgebaut (Abb. 3-17), wie bei den α-Purpurbakterien, aus denen die Mitochondrien ursprünglich durch Endosymbiose entstanden sind. In Pflanzenzellen finden wir außerdem extranukleäre ringförmige DNA in den **Chloroplasten** (Abb. 3-18), die sich ursprünglich aus Cyanobakterien entwickelt haben. Mitochondrien und Chloroplasten werden niemals *de novo* gebildet, sondern vermehren sich durch Teilung. Bei jeder Zellteilung werden sie auf die Tochterzellen verteilt. Replikation, Transcription und Proteinbiosynthese laufen auch heute noch in den Mitochondrien und Chloroplasten ab, jedoch sind diese Organellen nicht länger autonom. Sie importieren die meisten ihrer Proteine aus dem Cytoplasma. Die zugehörigen Gene waren ursprünglich einmal Bestandteil der Endosymbionten, wurden dann aber zunehmend in den Kern ausgelagert, so dass heute nur ein vergleichsweise kleiner Bausatz in Mitochondrien und Chloroplasten übrig geblieben ist (Abb. 3-17 und 3-18). Im Gegensatz zu vielen proteincodierenden Genen verblieben die tRNA- und rRNA-Gene in diesen Organellen.

Das Chloroplastengenom (**cpDNA**) ist 120–200 kB groß und kommt 20- bis 40-mal in einem Chloroplasten vor. Da eine Pflanzenzelle bis zu 40 Chloroplasten enthält, liegt die Gesamtzahl der cpDNA-Kopien zwischen 800 und 1600 pro Zelle.

Das Mitochondriengenom (**mtDNA**) ist bei **Tieren** mit ca. 16–19 kB deutlich kleiner als bei Pflanzen. Es enthält 13 Gene, die für Enzyme oder andere am Elektronentransport beteiligte Proteine codieren, und Gene für tRNAs und 2 für rRNAs. Die Anordnung der mitochondrialen Gene ist unterschiedlich zwischen den Organismengruppen, z. B. zwischen Säugetieren und Vögeln (Abb. 3-17) Da jede tierische Zelle mehrere 100 bis 1000 Mitochondrien und jedes davon 5–10 mtDNA-Kopien enthält, liegt die Gesamtzahl der mtDNA Kopien bei mehreren Tausend pro Zelle. Die mtDNA macht etwa 1% der Gesamt-DNA-Menge einer Zelle aus. **Pflanzliche Mitochondrien** haben dagegen große Genome

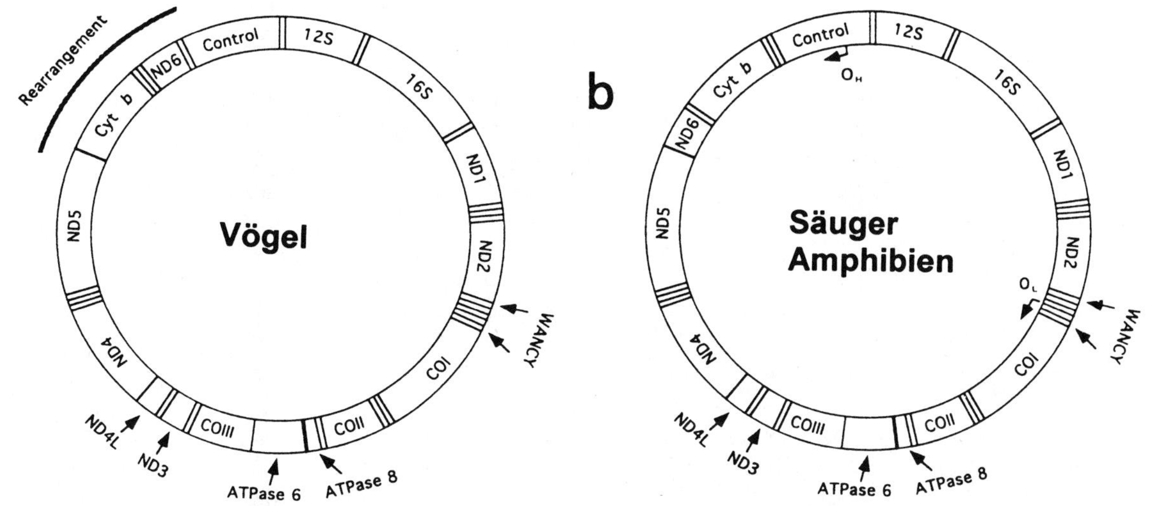

Abb. 3-17. Schematische Übersicht über die Anordnung der Gene in Mitochondrien von Vögeln, Säugetieren (ohne Beuteltiere) und Amphibien (nach Mindell 1997). Im Vergleich zu anderen Vertebraten ist bei Vögeln ist ein Teil der mtDNA neu arrangiert, indem das ND6-Gen zwischen Cytochrom b und der Kontrollregion inseriert wurde

(über 150 bis 2500 kB) und weisen z. T. Gene mit Intron-/Exonstruktur auf.

Bedingt durch die hohe Kopienzahl der mtDNA und cpDNA eignen sich diese Genome besonders gut für die molekulare Evolutionsforschung, da sie leichter zugänglich sind als *single-copy*-Gene der Kern-DNA (Kap. 4). Für die Betrachtung der **molekularen Systematik** ist außerdem die Tatsache wichtig, dass Mitochondrien fast immer und Chloroplasten bei höheren Pflanzen in ca. 70% der Arten **maternal** (also nicht nach den Mendelschen Regeln; siehe Kapitel 3.3) vererbt werden, da diese Organellen nur in der Eizelle, in der Regel aber nicht in Spermien (bzw. Pollen) vorhanden sind. mtDNA und cpDNA unterliegen außerdem keiner meiotischen Rekombination (Kap. 3.3). (Neueste Daten, Awadalla et al. 1999, deuten jedoch daraufhin, dass bei der Befruchtung doch einige Mitochondrien aus den Spermien in die Eizelle gelangen, so dass die Hypothese der rein maternalen Vererbung und dem Fehlen von Rekombination auch bei Tier und Mensch überprüft werden muss.) Über die Analyse von mtDNA und cpDNA kann man streng genommen nur maternale Linien zurückverfolgen. In den meisten Fällen entsprechen jedoch die Stammbäume, die auf mtDNA oder cpDNA beruhen, denjenigen von Speziesbäumen.

Da sich die DNA-Polymerasen und Repair-Enzyme der Mitochondrien und Chloroplasten untereinander und von denen des Zellkerns unterscheiden, beobachtet man unabhängige und unterschiedlich schnelle Evolutionsraten der mtDNA und cpDNA. Bei Tieren ist die Rate der Nucleotidsubstitutionen in den Mitochondrien etwa 10-mal höher als die der DNA im Zellkern **(ncDNA)**, da die mitochondriale Replikation eine höhere Fehlerrate aufweist. In Pflanzen dagegen ist die mtDNA am stärksten konserviert und die ncDNA am variabelsten; die cpDNA liegt in der Evolutionsgeschwindigkeit zwischen beiden Extremen.

Bakterien weisen zusätzlich zu einem ringförmigen Chromosom kleine ringförmige DNA-Moleküle auf, sog. **Plasmide**, die häufig Gene enthalten, die für Antibiotikaresistenz codieren. Plasmidähnliche DNA-Elemente wurden auch in Mitochondrien und Chloroplasten nachgewiesen, in denen sie aber angeblich keine Funktion haben. Vielleicht helfen sie, über Rekombination die DNA-Sequenzen der Organell-DNA einheitlich zu halten; denn extrachromosomale Elemente der Bakterien ermöglichen auch bei den haploiden Prokaryoten Rekombinationsvorgänge.

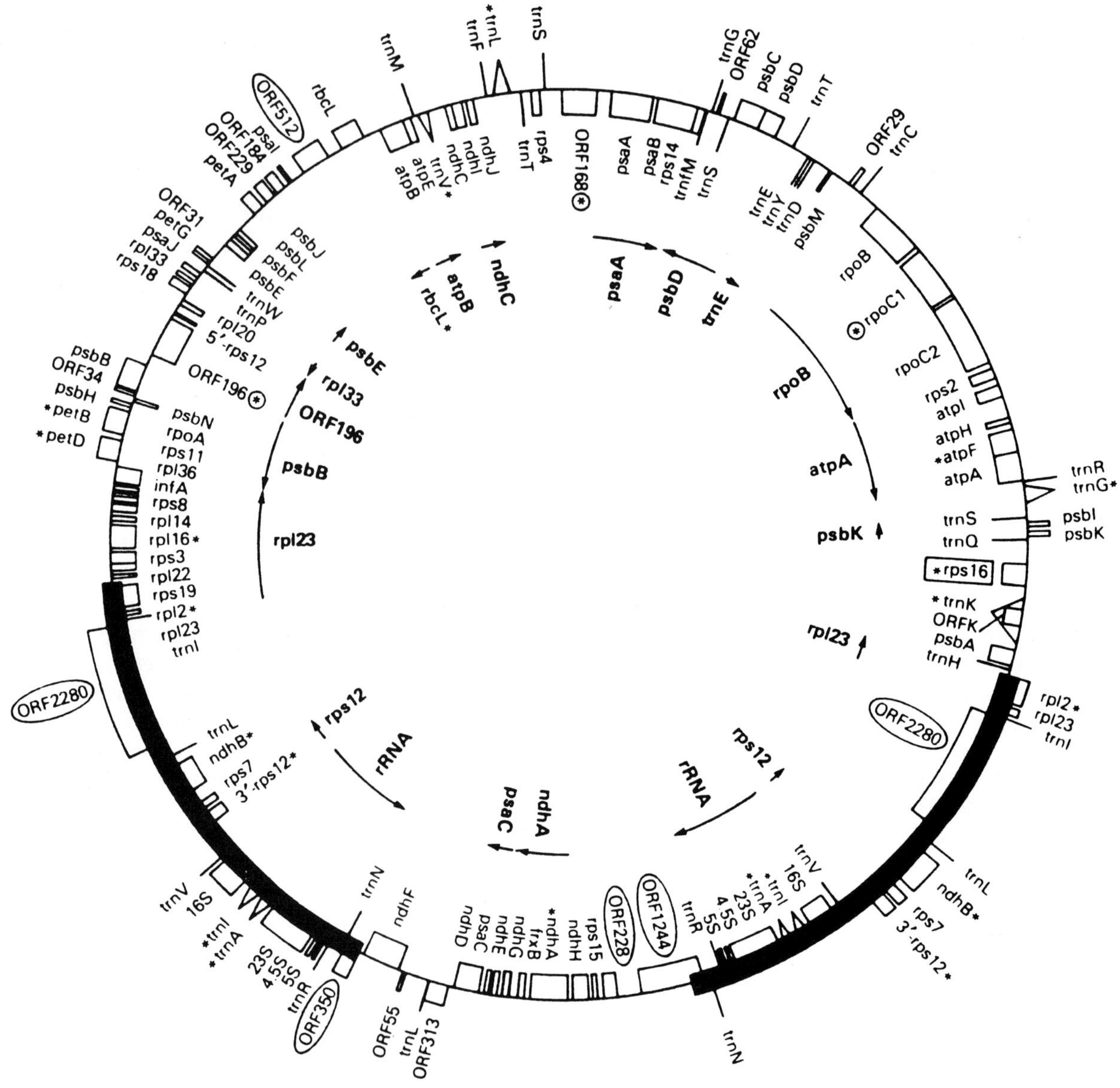

Abb. 3-18. Übersicht über die Gene im Chloroplastengenom des Tabaks (*Nicotiana tabacum*) (nach Soltis et al. 1992). Gene, die innerhalb des Kreises angeordnet sind, werden im Uhrzeigersinn gelesen; entsprechend werden die Gene, die außerhalb des Kreises stehen, gegen den Uhrzeigersinn. Die schwarzen Kreissegmente kennzeichnen durch Duplikation und Inversion entstandene Genbereiche. Gene mit Sternchen enthalten Introns. ORF = *open reading frame*

3.3 Veränderlichkeit und Vererbung der genetischen Information

ÜBERSICHT

In diesem Kapitel werden die genetischen Grundlagen besprochen, die der Veränderlichkeit und Vererbung der genetischen Information zugrunde liegen. Während die Mitose wichtig ist, um die Tochterzellen mit einem identischen Genom auszustatten, erzeugt die Meiose durch zufällige Mischung der haploiden Chromosomensätze und durch Rekombination die notwendige genetische Variation, an der die natürliche Selektion angreifen kann. Weitere wichtige Themen sind die Art, Auslösung und Häufigkeit von Mutationen. Wie Mutationen vererbt werden und sich in Populationen ausbreiten, beschreiben Mendelsche Regeln und Populationsgenetik. Diese Basisdaten sind wichtig, um das Phänomen der Artbildung und phylogenetischen Diversifikation zu verstehen.

Charles Darwin schreibt 1872 „... variations, ... if they be in any degree profitable to the individuals of a species, ... will tend to the preservation of such individuals, and will generally be inherited by the offspring ... I have called this principle, by which each slight variation, if useful, is preserved, by the term **Natural Selection.**" [Variationen, die auf irgendeine Weise einem Individuum einer Art nützen, werden zum Überleben dieser Individuen beitragen und an die nachkommenden Generationen weitergegeben. ... Ich habe dieses Prinzip, durch das jede kleine Variationen, falls nützlich, beibehalten wird, Natürliche Selektion genannt.]

In diesem Kapitel wird der Frage nachgegangen, wie eine Variabilität und Veränderlichkeit der genetischen Information zustande kommen kann.

3.3.1 Mutationen

Die Struktur der DNA muss relativ stabil sein und nahezu fehlerfrei repliziert und transkribiert werden, um als Informations- und Erbträger dienen zu können. Andererseits müssen verschiedene Veränderungen und Mutationen zugelassen werden, um die notwendige Variabilität für die natürliche Selektion zu schaffen. Offensichtlich haben sich die Mutationsraten bei allen Organismen im Laufe der Evolution auf ein Niveau eingependelt, das zu einer Weiterentwicklung der Organismen erforderlich ist und positive und negative Mutationseffekte in ein Gleichgewicht bringt.

Mutationen können spontan oder nach Induktion (z. B. durch mutagene Substanzen oder ionisierende Strahlung) auftreten. Man spricht von **Punktmutationen**, wenn nur einzelne oder wenige Nucleotide ausgetauscht wurden (Abb. 3-19), und von **Chromosomenmutationen** oder *rearrangements* (Abb. 3-20), wenn größere Sequenzabschnitte herausgeschnitten (**Deletion**), eingefügt (**Insertion** oder **Translokation**), verdoppelt (**Duplikation**) oder in der Orientierung umgedreht wurden (**Inversion**).

Erfolgen solche Mutationen innerhalb von Transcriptionseinheiten, sprechen wir von **Genmutationen**; sind mehrere Gene, Chromosomenabschnitte oder mehrere Chromosomen betroffen, handelt es sich um **Chromosomenmutationen.** Zahlenmäßige Abweichungen im Gesamtbestand der Chromosomen (z. B. Polyploidie) werden als **Genommutationen** bezeichnet.

Mutationen treten in allen Organismen auch spontan und zufällig auf; die Häufigkeit dieser **Spontanmutationen** (auch „Hintergrundmutationen" genannt) ist organismenspezifisch. Die meisten Mutationen beobachtet man in somatischen Zellen, die mit dem Tod des Individuums untergehen (**somatische Mutationen**). Nur Mutationen in Keimbahnzellen und Gameten (**Gameten-Mutationen** oder **generative Mutationen**) werden an Nachkommen weitergegeben. Muta-

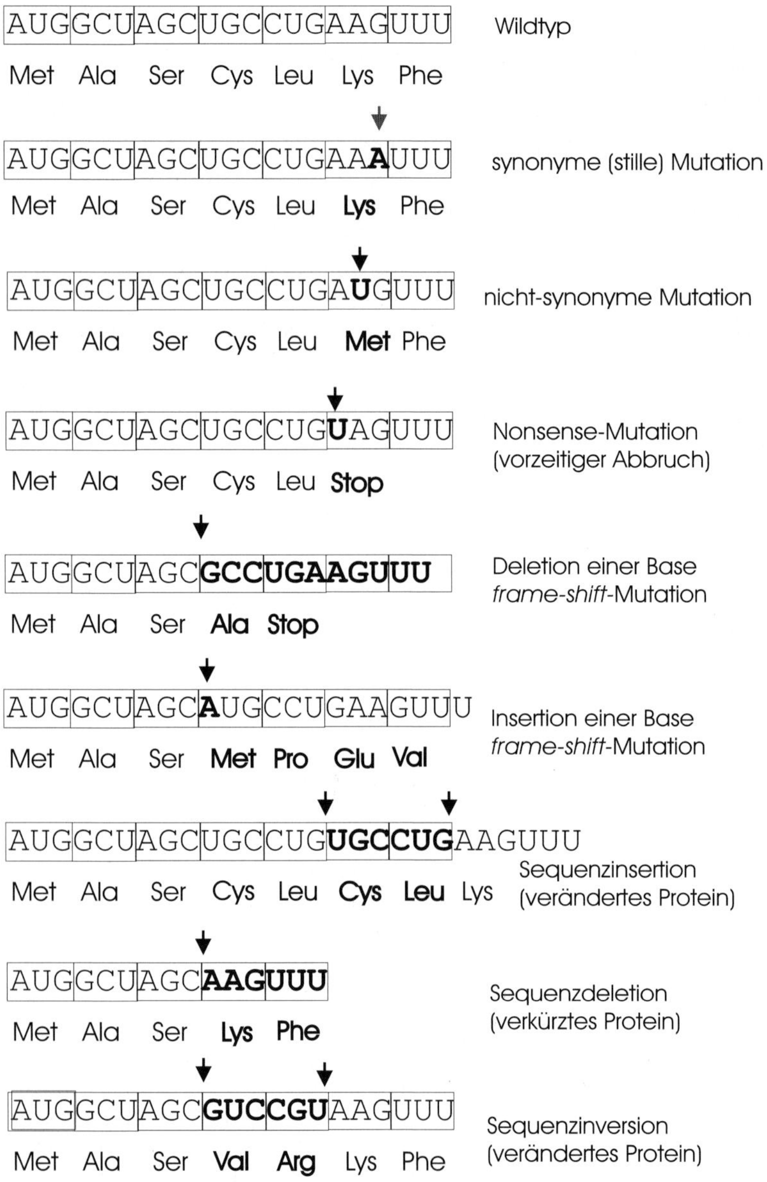

Abb. 3-19. Schematische Darstellung von Punkt- und Genmutationen

Abb. 3-20. Schematische Übersicht über die Mechanismen von Chromosomen-Rearrangements durch homologe Rekombination. Unterschieden werden direkte Chromosomenbrüche, die anschließend wieder verbunden werden und *crossing-over* zwischen repetitiven DNA-Sequenzen. Dabei kann es zu Deletionen (**a**) und Inversionen (**b**) innerhalb eines Chromosoms kommen. Aber auch der Austausch von Chromosomenstücken zwischen unterschiedlichen Chromosomen ist möglich. Als Folge werden reziproke Translokationen (**d**) festgestellt, die mit Sequenzdeletionen (**c**) und Sequenzduplikationen (**c**) einhergehen können. Chromosomenbereiche mit identischen repetitiven Sequenzelementen (z. B. Mikro- und Minisatelliten-DNA; Kap. 4.1) unterliegen häufig der homologen Rekombination. Innerhalb eines Chromosoms führt dies zu Deletionen (**e**) oder Inversionen (**f**). Aber auch Rekombination zwischen unterschiedlichen Chromosomen ist möglich. Als Folge treten reziproke Translokationen (**h**) auf, die mit Sequenzdeletionen (**g**) und Sequenzduplikationen (**g**) einhergehen können. Zahlen repräsentieren definierte Chromosomenabschnitte.

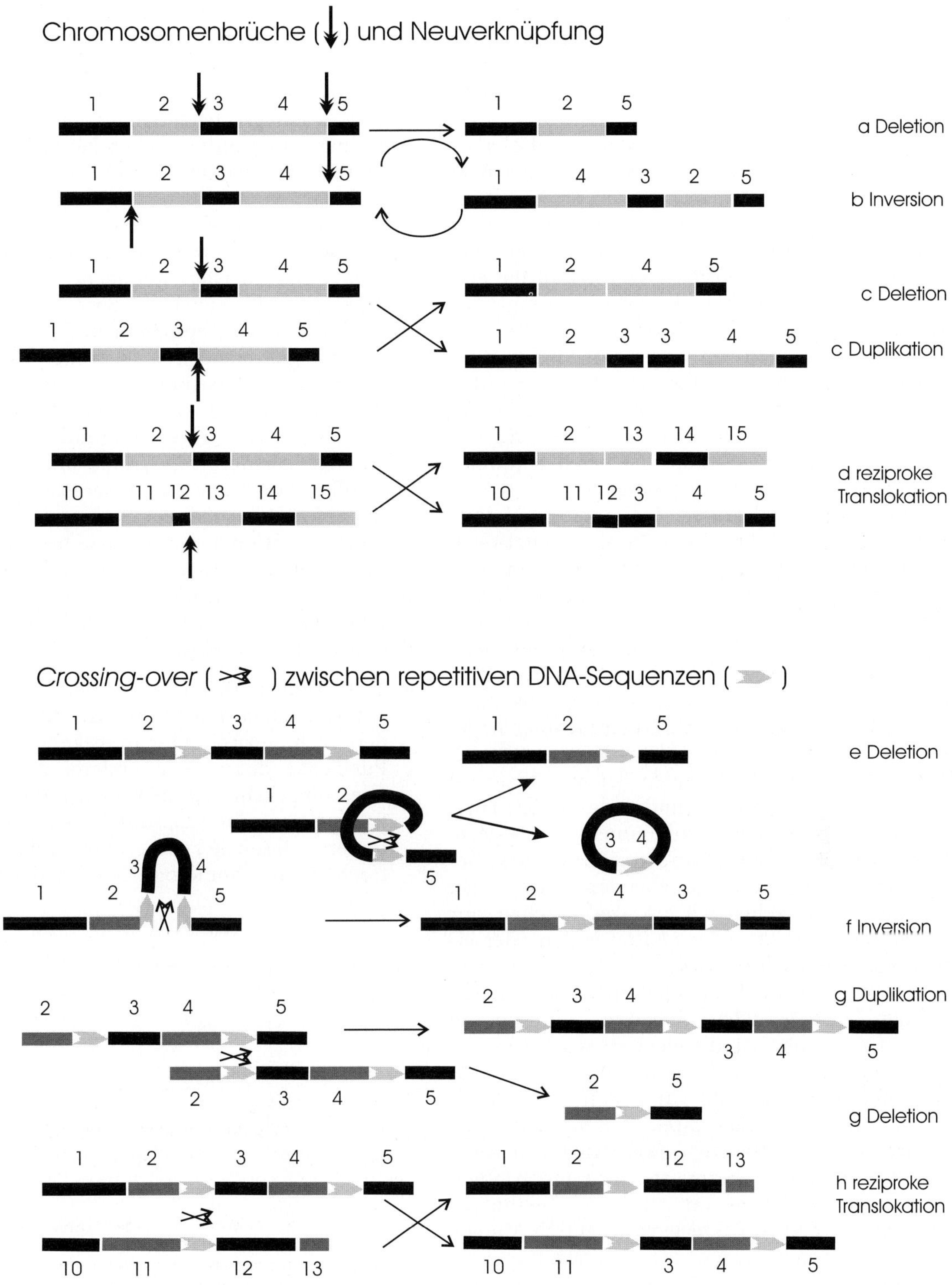
Chromosomenbrüche ( ) und Neuverknüpfung
a Deletion
b Inversion
c Deletion
c Duplikation
d reziproke Translokation
Crossing-over ( ) zwischen repetitiven DNA-Sequenzen ( )
e Deletion
f Inversion
g Duplikation
g Deletion
h reziproke Translokation

tionen, die in einer Population fixiert sind (d.h. mehrere Individuen tragen dieses Merkmal), werden zu einem evolutionären Ereignis und unterliegen der Selektion sowie Zufallsprozessen (genetische Drift).

Natürliche **Mutationshäufigkeiten**, die zum Ausfall eines Gens führen, schätzt man bei Bakterien auf 10^{-5} bis 10^{-6} Mutationen pro Genlocus und Generation. Bei Eukaryoten sind diese Häufigkeiten nur schwer zu bestimmen, dürften aber in derselben Größenordnung liegen. Auf die einzelne Nucleotidposition bezogen, beträgt die Mutationshäufigkeit bei Bakterien bei 10^{-9} bis 10^{-10} Substitutionen pro Generation. Beim Menschen kommt auf 100 000 bis 200 000 Genreplikationen eine Mutation. Bei 100 000 Genloci pro haploidem Genom finden wir entsprechend 1–2 mutierte Allele pro Genom, die bei den jeweiligen Eltern nicht vorhanden waren.

Außerhalb von codierenden oder regulatorischen DNA-Abschnitten wirken sich Mutationen nicht oder nur geringfügig aus. Wenn ein oder zwei Nucleotide oder größere Einheiten innerhalb eines Gens entfernt oder hinzugefügt werden, kommt es zu einer Verschiebung des Leserasters und damit zu gänzlich anderen Proteinen (Abb. 3-19), die fast immer funktionslos sind. Die meisten Mutationen sind neutral oder negativ, und nur in seltenen Fällen vermag ein mutiertes Gen oder Allel seinen Träger besser an seine Umwelt anzupassen und dadurch den Fortpflanzungserfolg der Nachkommen zu steigern. Wenn wir demnach DNA-Sequenzen oder Genomstrukturen der heute lebenden Organismen analysieren, so sehen wir im Wesentlichen nur Mutationen, die entweder neutral waren oder einen positiven Selektionswert hatten, zumal die Träger von schädlichen Mutationen keine nachhaltige Überlebenschance hatten, sondern im Verlauf der Evolution ausselektiert wurden.

Bei Bakterien und Viren mit hoher Teilungsrate und Individuenzahl kann man die Auswirkung von Mutationen direkt beobachten. Vermehrt man Bakterien in Anwesenheit von Antibiotika, so werden die meisten von ihnen abgetötet oder im Wachstum gehemmt. Gelingt es aber einer einzigen Bakterienzelle, durch Mutation eine Resistenz gegen das Antibiotikum auszubilden, so wird sie sich vermehren und – zumal es alle 20 Minuten zu einer Zellteilung kommt – bald hohe Dichten erreichen. Bei den Tieren und Pflanzen mit längerer Generationszeit und meist geringen Nachkommenzahlen dauert es entsprechend länger, bis man den Effekt einer Mutation feststellen kann.

Mutationen können durch Behandlung mit energiereichen Strahlen (UV-Strahlung, radioaktive Strahlung) oder mutagenen Agenzien vermehrt ausgelöst werden (sog. „induzierte Mutationen"). Die meisten Mutagene bewirken eine Interaktion mit einzelnen Basen (**Alkylierung, Desaminierung, Depurinierung**), werden als Basenanaloge eingebaut, hemmen Reparaturenzyme oder Topoisomerasen oder führen zu Strangbrüchen und Um- sowie Neuordnungen (*rearrangements*). **Interkalierende Substanzen** haben insbesondere sog. ***frame-shift*-Mutationen** zur Folge, durch die das Leseraster verschoben wird (Abb. 3-19).

Punktmutationen können wie bereits oben erwähnt spontan oder nach Einwirkung von Mutagenen auftreten. Punktmutationen, bei denen es sich um die Substitution einzelner Basen handelt, werden in zwei große Klassen unterteilt (Abb. 3-21):

- **Transitionen:** Darunter versteht man die Substitution einer Pyrimidinbase durch eine andere, d.h. T zu C oder umgekehrt, oder einer Purinbase durch eine andere, d.h. A zu G oder umgekehrt. Transitionen stellen die häufigste Klasse dar (u.a. durch Fehlpaarung tautomerer Basen hervorgerufen; Abb. 3-22). Betrachtet man homologe Gene nah verwandter

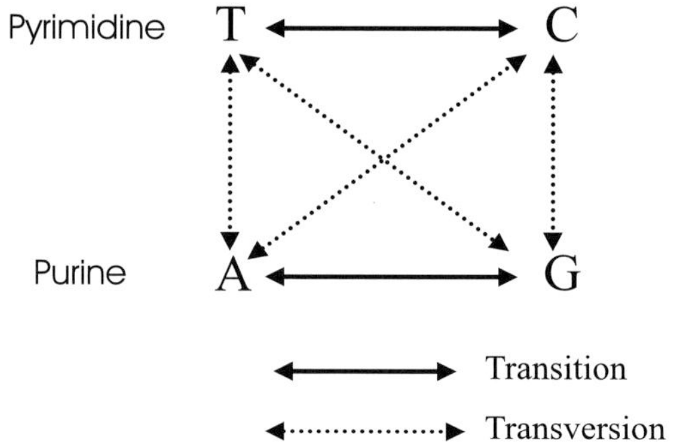

Abb. 3-21. Schematische Darstellung der Transition und Transversion von Nucleotiden

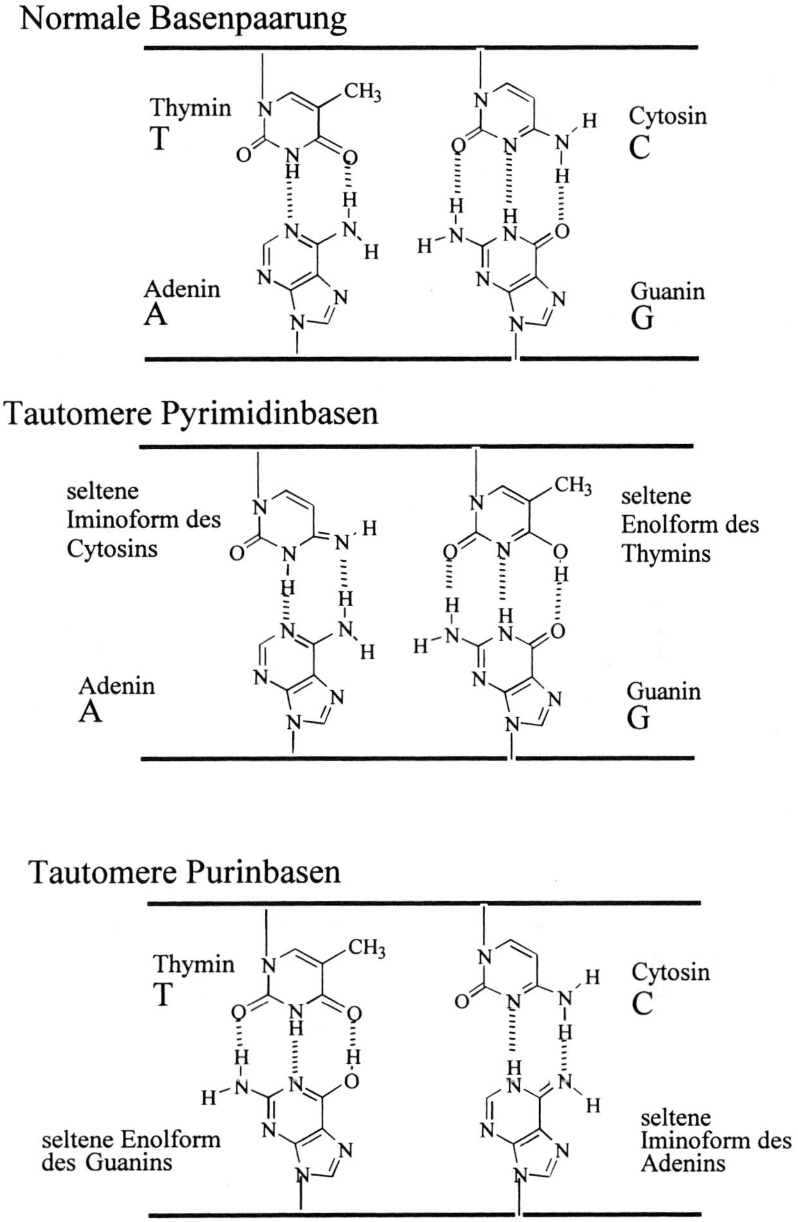

Abb. 3-22. Auslösung von Punktmutationen: Prinzip der Basenfehlpaarung tautomerer Nucleotide

Arten, so machen Transitionen ca. 90% und mehr der Substitutionen aus. Zwischen entfernt verwandten Arten geht der Anteil der Transitionen durch multiple Substitutionen auf unter 35% zurück.

- **Transversionen:** Darunter versteht man den Austausch einer Purinbase durch eine Pyrimidinbase, d.h. A → C oder T und G → C oder T oder umgekehrt. Transversionen sind deutlich seltener als Transitionen.

Als Beispiel für eine chemisch induzierte Mutation sei die Wirkung von salpetriger Säure oder Disulfit aufgeführt, die zu einer oxidativen Des-

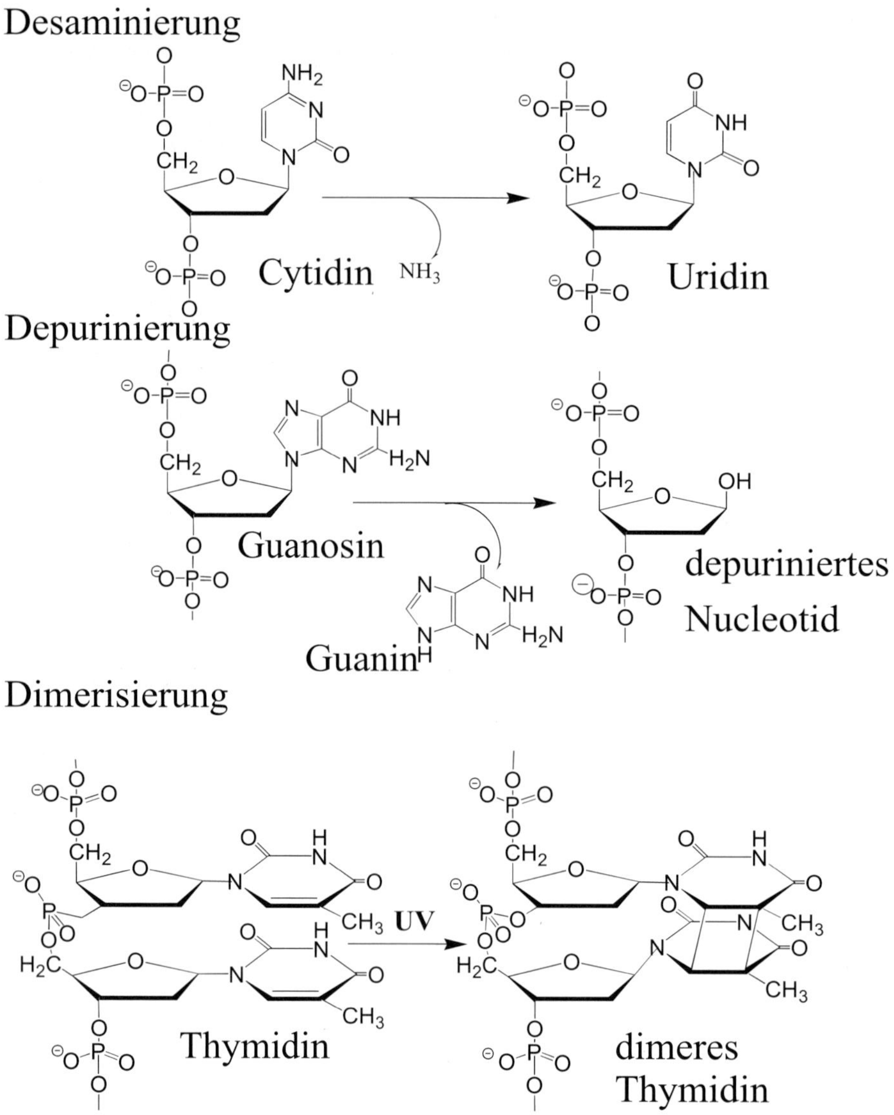

Abb. 3-23. Ursachen für Punktmutationen: Prinzip der Desaminierung, Depurinierung und Dimerisierung von DNA-Basen. Durch Desaminierung kann aus Cytosin Uracil, aus 5-Methylcytosin Thymin und aus Adenin Hypoxanthin entstehen. Durch Depurinierung können sowohl Guanosin als auch Adenosin verändert werden. Dimerisierung tritt besonders bei Thymidin auf, ist aber auch bei Cytosin festgestellt worden

aminierung von Cytosin zu Uracil (oder von 5-Methylcytosin zu Thymin) führen. Diese Reaktion erfolgt aber im menschlichen Körper mit einer Rate von 100 Desaminierungen pro Tag und Zelle auch spontan (Abb. 3-23). Bei der nachfolgenden Replikation paart U mit A statt mit G, wie es das ursprüngliche C getan hätte. Dadurch ist das CG-Paar letztlich durch ein TA-Paar ersetzt worden. Salpetrige Säure kann auch Purine desaminieren, z. B. A zu G. Die Purinreste Guanin und Adenin können außerdem spontan durch Hydrolyse aus der DNA entfernt werden (Abb. 3-23). Depurinierungen zählen zu den häufigsten spontanen Veränderungen und führen meist zu Transversionen; über 5000–10000 Purinbasen werden täglich in jeder menschlichen Zelle depuriniert. Unter UV-Bestrahlung können benachbarte Thymin- oder Cytosinreste aktiviert werden, die dann jeweils Dimere ausbilden. Solche Dimerisierungen treten verstärkt auf, wenn natürlich vorkommende Mutagene, wie z. B. die in Apiaceen und Rutaceen vorkommenden Furanocumarine, mit der Nahrung oder als Arzneimittel aufgenommen wurden. Denn diese Sekundärstoffe werden in der Haut abgelagert. Setzt man sich intensiver Sonnen- und UV-Strahlung aus, so werden die interkalierenden Furanocumarine photochemisch angeregt und können mit der DNA von Hautzellen reagieren.

Chemische Alkylantien sind Dimethylsulfat, die z. B. Guanin zu O^6-Methylguanin methylieren, das nicht länger mit Cytosin ein Basenpaar bilden kann. Ähnliche Reaktionen können auch durch natürlich vorkommende Substanzen, wie z. B. S-Adenosylmethionin hervorgerufen werden. In der Natur sind etliche Sekundärstoffe bekannt, die nach metabolischer Aktivierung in der tierischen Leber zu starken Alkylantien werden, Beispiele sind Pyrrolizidinalkaloide, Aristolochiasäure oder Aflatoxine. Weitere mutagene Effekte werden in unseren Zellen durch Wasserstoffperoxid, Sauerstoff- und Superoxid-Radikale hervorgerufen.

In seltenen Fällen können die Basen **tautomere Formen** (Abb. 3-22) einnehmen, die zu Fehlpaarungen bei der Replikation führen. Normalerweise liegen die Basen in der **Keto-Form** vor und nehmen selten die **Enol-Form** ein. Tautomeres Adenin paart mit Cytosin statt mit Thymin, und tautomeres Thymin mit Guanin statt mit Adenin und umgekehrt. Die dadurch bewirkten Nucleotidsubstitutionen fallen alle in die Klasse der Transitionen (Abb. 3-21).

Die meisten primären Veränderungen (Desaminierung, Depurinierung, Dimerisierung) werden von **Reparaturenzymen** (u. a. AP-Endonuklease; DNA-Glycosylasen) erkannt und herausgeschnitten (solange nicht auch der zweite DNA-Strang beschädigt wurde) und durch DNA-Polymerase und DNA-Ligase repariert. Aber auch Alkyltransferasen, Photolyasen und Fehlpaarungsreparatur- und Rekombinationsreparatursysteme, die nach der Replikation aktiv werden, sind vorhanden. In der Reparaturmöglichkeit liegt auch der große Vorteil der Doppelhelix, in der genetische Information komplementär gespeichert ist. Selbst wenn die Information auf einem Strang verloren geht, ist sie auf dem komplementären Strang noch vorhanden und kann genutzt werden, um eine entsprechende Korrektur durchzuführen. In einer **Keimbahnzelle**, z. B. der des Menschen, kommt es dank der Effektivität der Reparatursysteme nur zu 10 bis 20 Basensubstitutionen pro Jahr bezogen auf die vorhandenen $3 \cdot 10^9$ Basenpaare. Die Bedeutung der Reparatursysteme lässt sich gut bei Menschen erkennen, die an **Xeroderma pigmentosum,** einer seltenen autosomal-rezessiven neurokutanen Krankheit, erkrankt sind. Bei ihnen sind einzelne Elemente des Reparatursystems ausgefallen, die bei durch UV-Strahlung verursachter DNA-Schädigung benötigt werden. Als Folge der mutagenen UV-Strahlung des Sonnenlichts treten neben zahlreichen neurologischen und psychiatrischen Symptomen eine starke Hautfleckenbildung und Hautkrebs auf, die sich nur durch vollständige Vermeidung von Sonnenlichtexposition verhindern lassen.

Bedingt durch den redundanten genetischen Code (Kap. 3.2) führt bei weitem nicht jede Punktmutation in einem Gen zu einer Veränderung der Aminosäuresequenz. 25% aller theoretisch möglichen Substitutionen sind synonym; 4% führen zu Stopp-Codons und 71% zu Aminosäureaustauschen (Tabelle 3-9). Wie aus Abb. 3-7 ersichtlich, hat aber die Nucleotidsubstitution in der 3. Codonposition in ca. 69% der Fälle keine Veränderung zur Folge (man spricht von **stiller Mutation** oder ***silent mutation***). Eine solche Mutation kann demnach beibehalten werden, ohne dass der Träger des Merkmals negative Auswirkungen erfährt. Wie Tabelle 3-9 andeutet, sind theoretisch 392 aminosäureändernde (nicht-synonyme) Mutationen möglich; davon ändern 184 (47%) die Polaritätsklasse der Aminosäuren und 128 (33%) die Ladung, während 273 (70%) nichtkonservativ verlaufen und zu einer Aminosäure einer anderen Klasse führen. Doch selbst nichtkonservative Aminosäuresubstitutionen führen nur selten zum Totalausfall eines Proteins oder Enzyms (man spricht von *neutraler Substitution*), es sei denn, das aktive Zentrum wäre von einer Mutation betroffen oder ein Stopp-Codon wäre ein-

Tabelle 3-9. Konsequenzen von Nukleotidaustauschen in proteinkodierenden Genen. 549 Mutationen der Aminosäurecodons sind theoretisch möglich.

Mutation in	AS-ändernd	synonym	non-sense Stopp-Codons	Summe
1. Position	166	8	9	183 (100%)
2. Position	176	0	7	183 (100%)
3. Position	50	126	7	183 (100%)
Summe	392	134	23	549 (100%)

gefügt. Bei den Mutationen, die sich etablieren konnten, überwiegen die konservativen Aminosäureaustausche, da sie keinen oder nur geringen negativen Selektionswert aufweisen. Wenn auch positive Veränderungen selten sind, so führt die natürliche Auslese im Verlauf der Jahrmillionen doch zu einer Optimierung der Genfunktionen. Träger von Austauschen mit negativen Eigenschaften sind geschwächt (man denke an Patienten mit neuromuskulärer Dysfunktion, β-Thalassämie und anderen Erbkrankheiten, bei denen einzelne kritische Aminosäuren mutiert sind) oder sterben aus.

Insertionen/Deletionen oder Translokation längerer Sequenzelemente (Chromosomenmutationen) treten mit einer gewissen Häufigkeit auf und werden u.a. durch Transposons (Kap. 3.4) oder Viren hervorgerufen. Strangbrüche und Fehlpaarungen der DNA während der Meiose, so z. B. im Bereich repetitiver Sequenzelemente (Abb. 3-20), können ungleiches *crossing-over*, fehlerhafte Replikation und Reparatur zur Folge haben und führen meist zu einem größeren Nucleotidaustausch als einfache Punktmutationen (Abb. 3-19).

3.3.2 Mitose und Meiose

Im Gegensatz zu den haploiden Bakterien und primitiven Eukaryoten weisen die meisten höheren Eukaryoten einen **diploiden Chromosomensatz** auf. Im diploiden Genom sind von jedem Chromosom zwei Exemplare vorhanden, deren Länge und Struktur (z. B. Sitz des Centromers, lineare Anordnung der Genloci) identisch sind; man spricht von **homologen Chromosomen**. Jeweils eins der homologen Chromosomen lässt sich auf das väterliche, das andere auf das mütterliche haploide Genom zurückführen, denn bei der Befruchtung werden die jeweils haploiden Chromosomensätze der Gameten in der Zygote vereinigt und bleiben in den somatischen Zellen als diploider Chromosomensatz erhalten. In Tabelle 3-10 ist eine Übersicht von haploiden Chromosomenzahlen einiger Organismen zusammengestellt. Wie man leicht erkennt, gibt es keinen einheitlichen Trend hinsichtlich der evolutionären Entwicklungshöhe. Die Grünalge *Chlamydomonas* hat bereits 18 Chromosomen, der Seidenspinner 28, während der Mensch, *Homo sapiens,* 23 Chromosomen im haploiden Chromosomensatz aufweist.

Man unterscheidet die paarweise auftretenden **Autosomen** und die **Geschlechtschromosomen**, die beim heterogametischen Geschlecht nicht als identisches Paar (Abb. 3-24) vorhanden sind. Beim Menschen finden wir im diploiden Chromosomensatz (auch als **Karyotyp** bezeichnet) bekanntlich 44 Autosomen und 2 Geschlechtschromosomen; bei Frauen, dem **homogametischen** Geschlecht XX, bei Männern, dem **heterogametischen** Geschlecht XY (Abb. 3-24). Nicht bei allen Organismen ist das männliche Geschlecht heterogametisch; bei Vögeln und Schmetterlingen, z. B., haben die Weibchen ein WZ-, die Männchen ein ZZ-System (Kap. 4.3).

Die Anzahl und Form der in einer Zelle vorhandenen Chromosomen ist artkonstant. Bei der **mitotischen Zellteilung** wird die gesamte DNA zunächst verdoppelt (**Replikation**); es entstehen jeweils zwei parallel liegende identische **Schwesterchromatiden**, die über ein gemeinsames Centromer eng zusammenhängen (Abb. 3-24). Die

Abb. 3-24. Schematische Illustration der menschlichen Chromosomen während der Metaphase. **a** Darstellung einer Metaphase-Präparation eines Mannes. Von jedem Chromosom sind zwei homologe Partner vorhanden; nur die X- und Y-Chromosomen treten einzeln auf. Jedes einzelne Chromosom liegt verdoppelt vor, wobei die Schwesterchromatiden durch ein gemeinsames Centromer zusammengehalten werden. **b** Lokalisation wichtiger Gene, die bei genetisch bedingten Krankheiten eine Rolle spielen, auf den jeweiligen Chromosomen

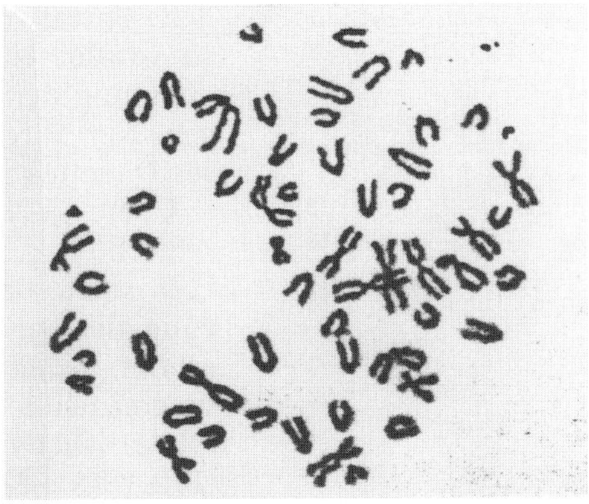

a

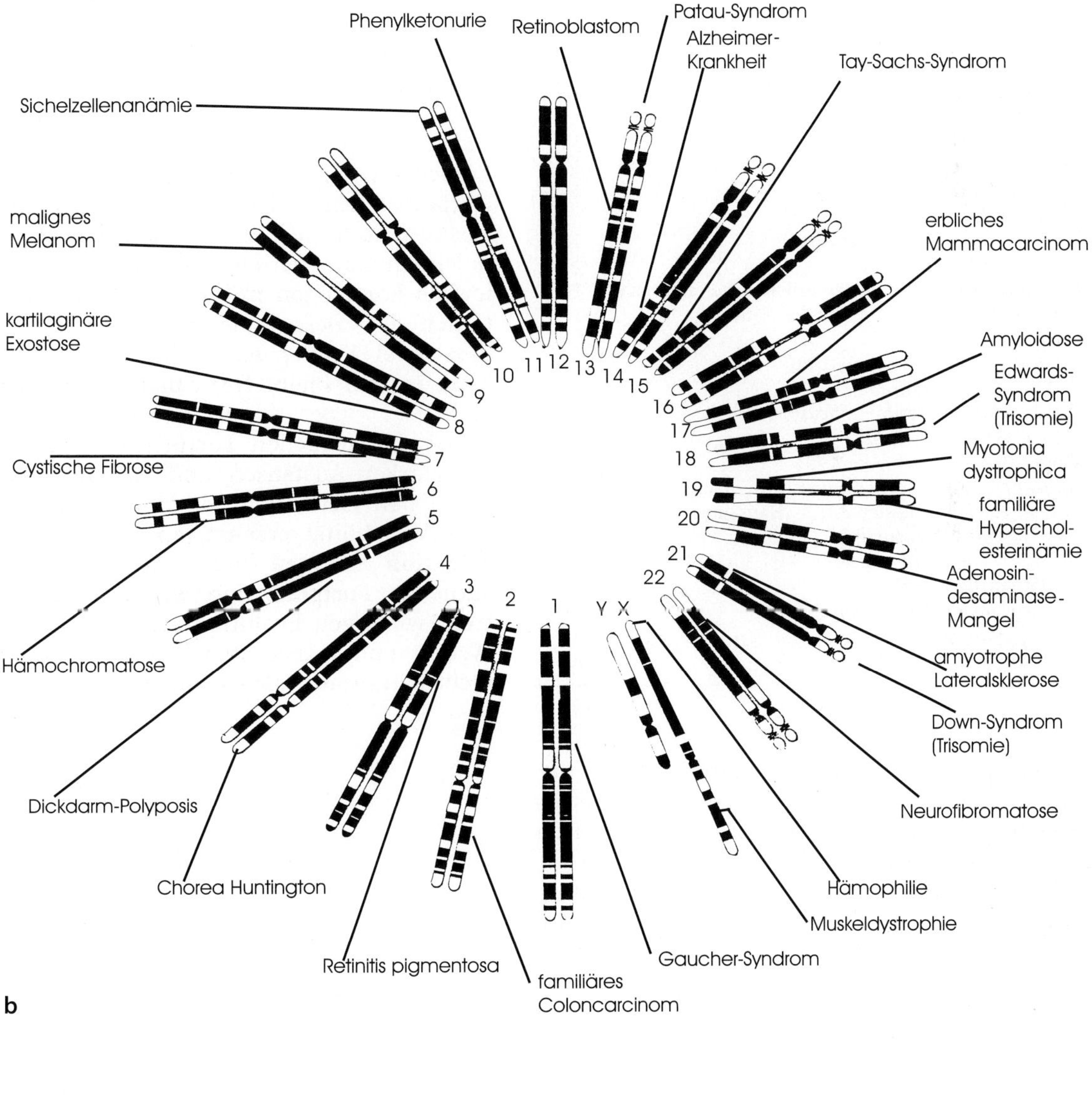
Phenylketonurie
Retinoblastom
Patau-Syndrom
Alzheimer-Krankheit
Tay-Sachs-Syndrom
Sichelzellenanämie
malignes Melanom
erbliches Mammacarcinom
kartilaginäre Exostose
Amyloidose
Edwards-Syndrom (Trisomie)
Cystische Fibrose
Myotonia dystrophica
familiäre Hypercholesterinämie
Adenosin-desaminase-Mangel
amyotrophe Lateralsklerose
Hämochromatose
Down-Syndrom (Trisomie)
Neurofibromatose
Dickdarm-Polyposis
Chorea Huntington
Hämophilie
Muskeldystrophie
Gaucher-Syndrom
Retinitis pigmentosa
familiäres Coloncarcinom
1
2
3
4
5
6
7
8
9
10
11
12
13
14
15
16
17
18
19
20
21
22
Y
X

b

Tabelle 3-10. Anzahl (n) der Chromosomen in haploiden Chromosomensätzen

Wissenschaftlicher Name	n
Hefen/ Pilze	
Aspergillus nidulans (Kolbenschimmel)	8
Saccharomyces cerevisiae (Bierhefe)	16
Algen	
Chlamydomonas reinhardii (einzellige Grünalge)	16
Pflanzen	
Oenothera biennis (Nachtkerze)	7
Solanum tuberosum (Kartoffel)	24
Vicia faba (Saubohne)	6
Zea mays (Mais)	10
Insekten	
Bombyx mori (Seidenspinner)	28
Culex pipiens (Mücke)	3
Musca domestica (Hausfliege)	6
Fische	
Alosa pseudoharengus (Alse)	24
Salmo salar (Lachs)	28
Amphibien	
Bufo regularis (Kröte)	10
Hyla chrysoscelis (Laubfrosch)	12
Rana pipiens (Frosch)	13
Reptilien	
Boa constrictor (Königsschlange)	18
Mabuya mabouya (Skink)	15
Tropidurus torquatus (südamerikanischer Leguan)	18
Xenodon merremii (neuweltliche Natter)	15
Vögel	
Bubo virginianus (Virginia-Uhu)	41
Corvus corax (Kolkrabe)	39
Gallus gallus forma *domesticus* (Haushuhn)	39
Rhea americana (Nandu)	41
Säuger	
Equus przewalskii forma *domestica* (Hauspferd)	32
Felis silvestris forma *domestica* (Hauskatze)	19
Mus musculus (Hausmaus)	20
Macaca mulatta (Rhesusaffe)	24
Gorilla gorilla (Gorilla)	24
Pan troglodytes (Schimpanse)	24
Pongo pygmaeus (Orang Utan)	24
Homo sapiens (Mensch)	23

kondensierten Chromatiden werden über den Spindelapparat so auseinander gezogen, dass jede neue Zelle einen kompletten diploiden Chromosomensatz erhält (EXKURS 3.2).

Bei der **Meiose** wird der verdoppelte Chromosomensatz halbiert (**Reduktionsteilung**) und somit wieder in haploide Genome zurückgeführt (EXKURS 3.2). Die Meiose ist bei diploiden Organismen die Voraussetzung für die geschlechtliche Fortpflanzung. Wären die Gameten diploid, so würde jede neue Zygotenbildung eine Verdopplung der Chromosomensätze mit sich bringen. Nur durch haploide Gameten lässt sich dieses Dilemma lösen.

Über die Evolution und Bedeutung der Geschlechter gibt es unterschiedliche Ansichten. Fest steht, dass die **geschlechtliche Fortpflanzung** die genetische Variabilität der Individuen erhöht. Jeder Gamet erhält in der Meiose eine unterschiedliche Mischung der ursprünglich mütterlichen und väterlichen Chromosomen (EXKURS 3.2); beim Menschen mit 23 Chromosomen sind 2^{23} Kombinationen möglich; d.h. theoretisch kann jeder Mensch über 8 Mio. genetisch unterschiedliche Gameten bilden. Da bei der Zygote zwei Gameten verschmelzen, liegt die Zahl der Chromosomenkombinationen bei $(8 \cdot 10^6)^2 = 64 \cdot 10^{12}$. Wie im EXKURS 3.2 und in Kap. 3.3.3 gezeigt, kommt es bei der Meiose außerdem zu einem ***crossing-over*** der homologen Chromosomen und damit zu einem zusätzlichen Genaustausch; d.h. jedes einzelne Chromosom in einem Gameten stellt bereits ein Mosaik aus jeweils homologen mütterlichen und väterlichen Genen dar. Deshalb ist die Wahrscheinlichkeit, dass zwei Kinder eines Elternpaares identisch sind, extrem klein. Nur **eineiige Zwillinge** sind gleich.

Bei der sexuellen Fortpflanzung finden also ein starker Austausch und Rekombination der elterlichen Gene statt; damit wird die notwendige Variabilität erzeugt, an der die **natürliche Selektion** ansetzen kann. Die Entwicklung der sexuellen Fortpflanzung war demnach ein extrem wichtiger Evolutionsschritt, ohne den die Weiter- und Höherentwicklung der Organismen nicht hätte stattfinden können.

EXKURS 3.2

Mitose und Meiose

Mitose (Kernteilung)

Grundsätzlich werden bei den meisten Eukaryoten mehrere Phasen der Mitose unterschieden: Prophase, Metaphase, Anaphase und Telophase (Abb. 3-25).

Nachdem die Chromosomen im **Interphasekern** (in der S-Phase) verdoppelt wurden, erfolgt in der **Prophase** eine Verdichtung des Chromatins zu diskreten Chromosomen, die aus zwei identischen Chromatiden bestehen. Am Ende der Prophase und vor Beginn der **Prometaphase** lösen sich Kernmembran und Nucleoli auf; die Kernspindel (bestehend aus polaren Mikrotubuli und Kinetochorenmikrotubuli) bildet sich aus. In der Prometaphase heften sich die Mikrotubuli über spezielle Proteinkomplexe (**Kinetochoren**) an die Centromeren der Chromosomen an. Die Chromosomen werden über die Mikrotubuli zum Zelläquator hin bewegt. In der **Metaphase** liegen die Chromosomen in der Äquatorialebene aufgereiht vor und Mikrotubuli verbinden die Centromere mit den beiden Spindelpolen. In der **Anaphase** verkürzen sich die Kinetochorenmikrotubuli; dadurch werden die Chromatiden zu den jeweiligen Spindelpolen gezogen. In der darauffolgenden Anaphase II verlängern sich die polaren Mikrotubuli, so dass die Zelle sich zu strecken beginnt. In der **Telophase** befinden sich die Tochterchromosomen an den jeweiligen Spindelpolen; die Kernmembran bildet sich wieder aus; auch werden die Nucleoli sichtbar. Gleichzeitig schieben die polaren Mikrotubuli die Zellen weiter auseinander. In der anschließenden **Cytokinese** schnürt sich die Mutterzelle durch, wodurch zwei Tochterzellen mit jeweils identischen Chromosomensätzen entstehen.

Meiose

Der wesentliche Unterschied zur Mitose liegt in der Paarung homologer Chromosomen und der anschließenden Reduktion des Chromosomensatzes. Es werden zwei Teilungen unterschieden: die 1. und 2. Reduktionsteilung (oder Meiose I und Meiose II) (Abb. 3-25).

In der **Prophase** der **1. Reduktionsteilung** unterscheidet man 5 Stadien: Leptotän, Zygotän, Pachytän, Diplotän und Diakinese. Nach der Verdopplung der Chromosomen in jeweils zwei Schwesterchromatiden werden diese im **Leptotän** sichtbar. Im Zygotän beginnt die Paarung der homologen mütterlichen und väterlichen Chromosomen (**Synapsis**). Die jeweils gepaarten Bereiche entsprechen sich auch auf der Sequenzebene, wodurch *crossing-over* und Rekombination möglich werden. Im **Pachytän** wird die Paarung der homologen Chromosomen abgeschlossen. Im darauf folgenden **Diplotän** trennen sich die Chromosomenpaare, haften aber an den Stellen, an denen ein *crossing-over* stattgefunden hat, zusammen (sog. **Chiasmata**). In dieser Phase sind die Chromosomen entspiralisiert und transkriptorisch aktiv. In der **Diakinese** hört die Transcription auf und die Chromosomen kondensieren erneut.

In der folgenden **Metaphase I** werden Kernmembran und Nucleoli aufgelöst und der Spindelapparat bildet sich aus. Die Chromosomenpaare ordnen sich in der Äquatorialplatte an, wobei die jeweiligen Centromeren zu den Spindelpolen ausgerichtet sind. Die Kinetochorenmikrotubuli setzen jedoch nicht an den Centromeren einzelner Chromatiden (wie in der Mitose) an, sondern an einem gemeinsamen Centromer jedes Chromatidenpaares. In der meiotischen Anaphase I werden die Chromosomenpaare über die sich verkürzenden Kinetochorenmikrotubuli ►

EXKURS 3.2 (Fortsetzung)

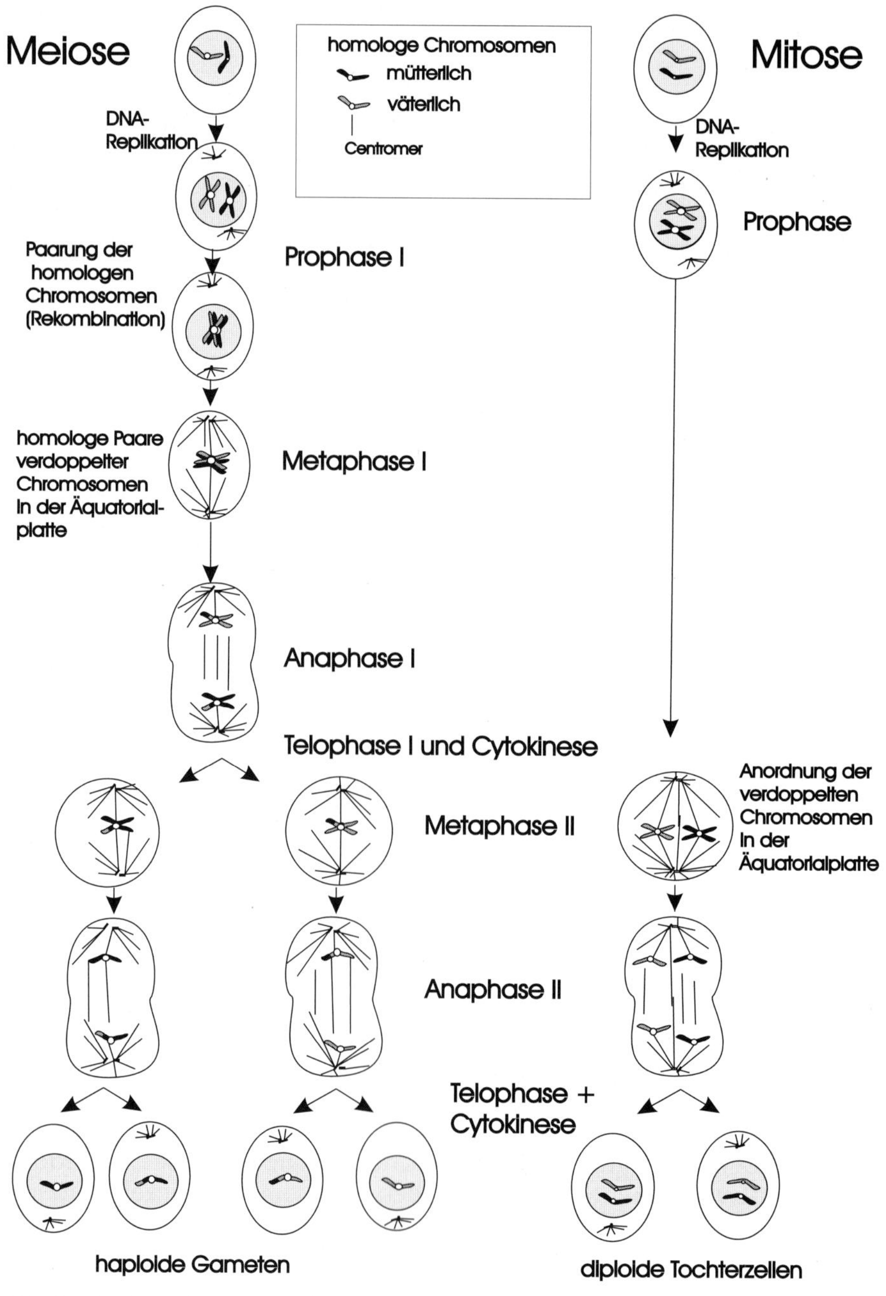

Abb. 3-25. Schematische Darstellung von Meiose und Mitose. Nach Alberts et al. (1994)

EXKURS 3.2 (Fortsetzung)

zu den Zellpolen auseinander gezogen. An den Chiasmata trennen sich die rekombinierten Chromosomenbereiche. Die Schwesterchromatiden bleiben dabei über ihr Centromer vereint.

Nach einer kurzen **Interphase** setzt die **2. Reduktionsteilung** ein, die mechanistisch der Mitose entspricht. Die Chromosomen werden wieder in einer Metaphase, der Metaphase II, angeordnet. Die Chromatiden werden über Kinetochoren Mikrotubuli zu den Zellpolen auseinander gezogen. Dieser Vorgang wird mit der Anaphase II abgeschlossen.

Nach der **Telophase II** und **Cytokinese** liegen vier haploide Zellen (sog. Meiosporen oder Meiogameten) vor, die jeweils über einen haploiden Chromosomensatz verfügen.

Die Meiose verläuft bei Pflanzen und Tieren, ebenso bei Männchen und Weibchen grundsätzlich nach dem hier schematisch dargestellten Muster ab. Dies deutet schon daraufhin, dass diese Mechanismen früh in der Evolution der Eucyte entstanden sein müssen. Im Speziellen gibt es jedoch etliche Unterschiede, z.B. in der männlichen und weiblichen Gametogenese.

3.3.3 Rekombination

Unter Rekombination verstehen wir den Austausch von homologen DNA-Sequenzen. Mehrere Formen der Rekombination werden unterschieden:

- Homologe Rekombination tritt zwischen homologen DNA-Sequenzen z.B. während der Meiose in der Prophase I (EXKURS 3.2) auf, die meist auf den homologen Chromosomen lokalisiert sind. In geringem Umfang finden Rekombinationsvorgänge auch während der Mitose statt.
- Ortsspezifische Rekombination durch spezifische Basenpaarung wird bei Viren beobachtet, deren DNA in die Wirtszell-DNA eingefügt wird.
- Transpositionale Rekombination ist durch Einfügen von Transposons an Stellen ohne Sequenzhomologie gekennzeichnet.

Für die Evolution sind die Rekombinationsereignisse während der Reduktionsteilung am wichtigsten. Während der Meiose (EXKURS 3.2) kommt es durch ***crossing-over*** regelmäßig zu einer gemischten Basenpaarung der jeweils homologen Gensequenzen homologer Chromosomen (Abb. 3-26). Werden die Stränge dabei durchschnitten, kann ein DNA-Strang aus dem ursprünglich mütterlichen Erbgut nun mit dem homologen väterlichen Strang hybridisieren (***breakage – and – reunion*** – Hypothese). Dabei können große, aber auch kleine Chromosomenabschnitte (z.B. Allele) ausgetauscht werden (Abb. 3-20; 3-26). Bei **geschlechtlicher Vermehrung** werden also Allele neu kombiniert und nach dem Zufallsprinzip auf die Chromosomen verteilt. Auf diese Weise entstehen neue Genotypen. Aus evolutionärer Sicht ist ein einzelnes Chromosom demnach ein Übergangszustand mit einer zeitweiligen Assoziation bestimmter Allele.

Fehlerhafte Hybridisierung während der Rekombination, insbesondere im Bereich repetitiver DNA (Abb. 3-20) erhöht deren Variabilität. Die daraus bedingte individuelle Architektur der Genome nutzt man beim DNA-Fingerprinting (Kap. 4.1) oder bei der Mikrosatelliten-PCR (Kap. 4.1) zur Untersuchung von Paternität oder von Genfluss in Populationen.

3.3.4 Polyploidisierung

Eine Verdopplung oder Vervielfältigung der Chromosomenzahl (Polyploidisierung) kann als weiterer wichtiger evolutionärer Mechanismus

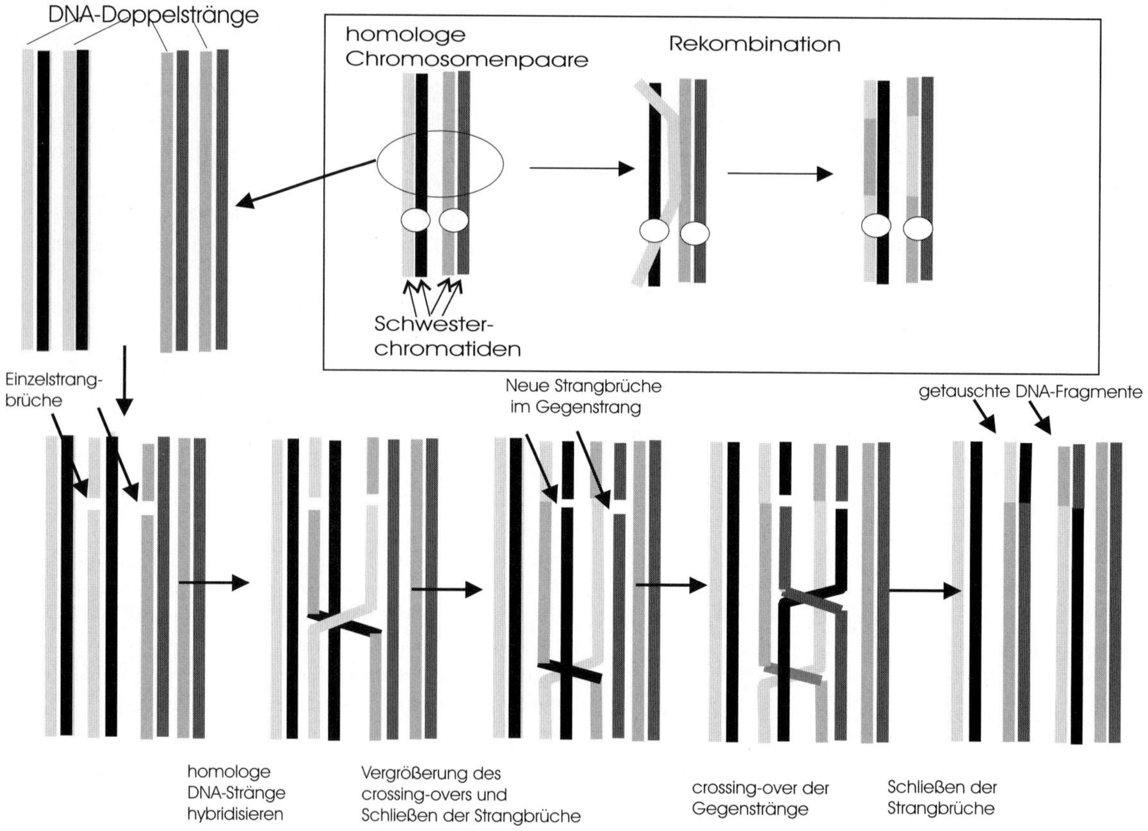

Abb. 3-26. Schematische Darstellung der homologen Rekombination

angesehen werden. Eine Polyploidisierung kann durch Wegfall der meiotischen Reduktionsteilung auftreten, indem diploide Gameten entstehen, die zu tetraploiden Zygoten verschmelzen (**Autoploidie**). Eine andere Entstehungsweise beruht auf der Hybridisierung zweier Arten (**Alloploidie**). Bei Organismen mit obligater Fremdbefruchtung ergeben sich aus der Polyploidisierung meist Probleme. Polyploidisierung findet man häufiger bei Pflanzen als bei Tieren. Ausnahmen im Tierreich sind zwittrige Oligochaeten, Turbellarien und Gastropoden sowie parthenogenetische Arten (einige Coleopteren, Lepidopteren und Garnelen). Polyploidie stört besonders, wenn ein XY/XX-Mechanismus der genotypischen Geschlechtsbestimmung vorliegt, da die XY-Gleichgewichte in der Zygote gestört werden. Nur bei Fischen und Amphibien, deren Mechanismus der Geschlechtsbestimmung weniger streng ist, kann deshalb regelmäßig Polyploidisierung auftreten, nicht aber bei Reptilien, Vögeln und Säugern. Bei einigen Amphibien existieren heute noch diploide und tetraploide Arten in derselben Gattung nebeneinander.

Verdoppelte Chromosomensätze (z. B. von Hybriden) tragen aber eine verdoppelte genetische Information, die evolutionär genutzt werden kann. Einzelne Allele werden durch Mutation abgeschaltet (sog. Null-Allele), oder aber die duplizierten Gene durchlaufen eine divergente Evolution und erwerben neue Eigenschaften. Meist werden sie dann entwicklungs- und gewebsspezifisch unterschiedlich exprimiert. Letztlich wird die Funktionalität des diploiden Chromosomensatzes durch diese Mechanismen wiederhergestellt (**Diploidisierung**). Da sich die DNA-Menge im Verlauf der Evolution vermutlich durch wiederholte Duplikationen des Genoms stark vermehrt hat (Abb. 3-12), könnte man die heutigen Eukaryoten als „diploidisierte Polyploide“ betrachten. Protostomia und die Deuterostomia-Vorfahren der Vertebraten enthalten in der Regel nur eine Ausführung eines Gens, während man in den Genomen der Chordata meist mehrere Kopien eines Gens vorfindet. Es wird deshalb angenommen, dass die Chordatengenome mindestens zweimal verdoppelt wurden (***1-2-4-Regel***). Die erste Genomduplikation während der Evolution der Chordaten erfolgte bereits vor der kambrischen Explosion (Kap. 2), während die zweite und nächste Verdopplung im frühen Devon stattfand. In der Evolution der Fische erfolgte im späten Devon, nachdem sich bereits die Actinopterygii und Sarcopterygii abgetrennt hatten, eine weitere Verdopplung des Genom auf 8 Kopien des ursprünglichen Deuterostomia-Genoms (1-2-4-8-Hypothese). Zu den Sarcopterygii zählen die Quastenflosser und Lungenfische. Aus ihnen gingen alle Landwirbeltiere (Amphibien, Reptilien, Vögel und Säuger) hervor.

3.3.5 Allel- und Genotypenfrequenz und Vererbungsregeln

Auf den Chromosomen befinden sich linear angeordnet die Gene. Homologe Genorte bezeichnet man als einen **Genlocus** (Plural Loci) mit jeweils einem **Allel** auf den beiden homologen elterlichen Chromosomen. Vererbung erfolgt demnach **biparental**. Ist die Nucleotidsequenz oder die Aminosäurenabfolge in den entsprechenden Genprodukten identisch, sprechen wir von **homozygoten Genen**; unterscheiden sie sich, z. B. weil in einem Allel eine Punktmutation oder anderweitige Veränderung aufgetreten ist, dann sind sie **heterozygot**. In einem diploiden Individuum gibt es natürlich für jeden Locus nur 2 Allele (Ausnahme sind multiple Kopien eines Gens). Anders kann es in der Gesamtheit einer Population aussehen. Wenn man für einen Locus mehrere Allele findet und wenn die Frequenz des häufigsten Allels kleiner als 0,99 bis 0,95 ist, spricht man von **Genpolymorphismus.** Den Gesamtbestand an Genen in einer Population zu einem bestimmten Zeitpunkt bezeichnet man als **Genpool** der Population.

Der Genotyp eines Individuums umfasst alle Gene des Genoms, während der Phänotyp nur durch die exprimierten Gene gekennzeichnet wird. Auf der Stufe der Allele kann die funktionale Genexpression ausfallen, wenn ein oder beide Allele durch Mutationen verändert oder die abgeleiteten Proteine funktionsunfähig geworden sind (Abb. 3-27). Solche Fälle kann man meist schon makroskopisch analysieren. Wir wollen von dem einfachen Fall ausgehen, dass in einer Population das Allel ***A*** und seine mutierte Form ***a*** vorkommen. In der Population finden wir demnach Individuen mit den Allelverteilungen ***AA***, ***Aa*** und ***aa***. ***AA*** und ***aa*** bezeichnen wir als **homozygot** und ***Aa*** als **heterozygot.** ***A*** soll ein Gen darstellen, das für ein Enzym codiert, welches einen schwarzen Farbstoff bildet. ***AA***-Tiere wären dann schwarz gefärbt, während ***aa***-Tiere, die dieses Pigment nicht bilden, weiß aussähen. (In der Wirklichkeit benötigen wir meist eine Serie von Biosynthesegenen, um einen Farbstoff zu bilden, die von einem oder mehreren Mastergenen reguliert werden. Unsere Betrachtung könnte demnach auf ein Kontrollgen zurückgehen, das einen Biosyntheseweg an- oder abschaltet). Treten heterozygote Mischtypen auf, so sind diese entweder intermediär grau gefärbt oder entsprechen dem homozygoten schwarzen Phänotyp. Im letzteren Fall würden wir ***A*** (man beachte die Großschreibung!) als **dominant** bezeichnen. Das entsprechende **rezessive** Allel wird mit ***a*** gekennzeichnet (man beachte die Kleinschreibung!). In welchem Grade die Dominanz ausgeprägt ist, kann von Genlocus zu Genlocus variieren, und der Phänotyp der Heterozygoten kann irgendwo zwischen dem den beiden Homozygoten liegen, in unserem Falle auch also alle Graustufen umfassen (wenn z. B. ein Enzym der Biosynthesekette von der Mutation betroffen wäre).

In vielen Fällen finden wir Nucleotid- und Aminosäuresubstitutionen in den Allelen eines Genlocus, welche die Funktion der zugehörigen Proteine nicht oder nicht wesentlich verändern. Dieser **Allelpolymorphismus** ist makroskopisch nicht zu erkennen und die Grundlage der **Allozymanalyse** (oder **Allelozymanalyse**) oder **DNA-Analytik** (Kap. 4.1). Häufig unterscheiden sich

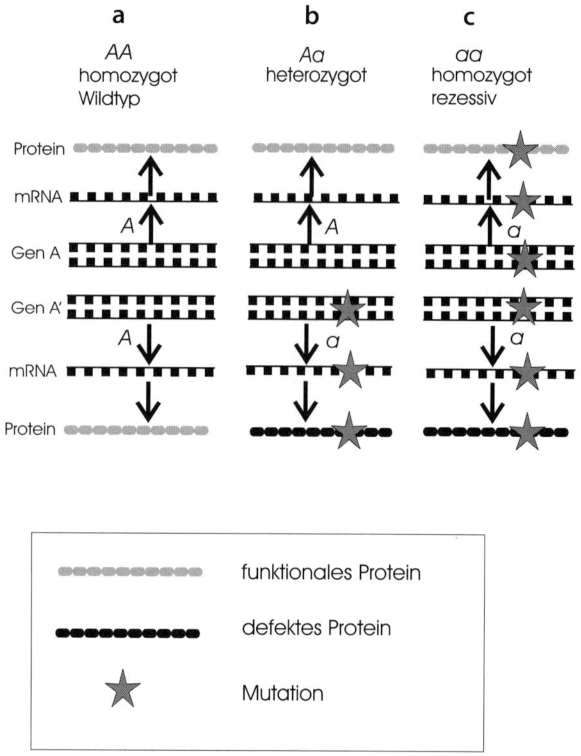

Abb. 3-27. Auswirkung von Mutationen, die zur Funktionslosigkeit von Proteinen in diploiden Organismen führen. **a** Wildtyp Genotyp *AA*; **b** heterozygoter Genotyp *Aa*, **c** homozygoter rezessiver Genotyp *aa*. *A* entspricht dem funktionalen Protein, *a* dem funktionslos gewordenen Gen

die Proteine eines Locus durch 1–2 Aminosäuren in ihrer Sequenz, was zu einem veränderten Laufverhalten in der Elektrophorese führt. Als 1966 die Enzymelektrophorese in die Populationsgenetik eingeführt wurde, hatte dies eine „elektrophoretische Revolution" zur Folge, denn nun konnten äußerlich nicht sichtbare Allele eines Individuums bestimmt werden. Heute werden in diesem Zusammenhang zunehmend DNA-Fingerprinting, AFLP (*amplified fragment length polymorphisms*) und Mikrosatelliten-PCR verwendet (Kap. 4.1), da sie den direkten Zugriff auf die variablere DNA-Sequenzebene erlauben.

Über die Allozym- und DNA-Analyse lässt sich der Heterozygotiegrad einer Population bestimmen. Die Heterozygotie des einzelnen Locus h ergibt sich aus folgender Berechnung:

$$h = 1 - \sum x_i^2,$$

wobei x_i die Frequenz des i-ten Allels darstellt.

In einer bisexuellen Population mit Zufallspaarung entspricht h dem Anteil der an einem einzelnen Locus heterozygoten Tiere, und H dem durchschnittlichen Anteil heterozygoter Loci. In natürlichen Populationen weicht der beobachtete Anteil der Heterozygoten H_{obs} oft von der erwarteten Größe H_{exp} ab. Inzucht und Selbstbefruchtung verringern H_{obs}, d.h. der Anteil der Homozygoten nimmt zu. H variiert in natürlichen Populationen zwischen 0,1 und 0,35. Die Wahrscheinlichkeit, dass 2 Individuen in solchen Populationen an z Loci die identische Allelverteilung aufweisen, kann über

$W = (1 - H)^z$ ermittelt werden.

Bei $H = 0{,}1$ und $z = 10^4$ ergibt sich $W = 10^{-458}$; d.h. die Wahrscheinlichkeit identischer Allelmuster ist extrem gering; nur bei eineiigen Zwillingen sind die Muster nahezu identisch. Diese Erkenntnis ist die Grundlage der Anwendung von **DNA-Fingerprinting** zum Erkennen von Individuen und für Vaterschaftsanalysen (Kap. 4.1).

3.3.5.1 Mendelsche Vererbungsregeln

Diese Betrachtung führt uns zu den **Mendelschen Vererbungsregeln**, die für die moderne Evolutionstheorie extrem wichtig sind, denn ohne diese Basis bleibt die Darwinsche Evolutionstheorie unbefriedigend. Diese Regeln erklären die Häufigkeit der Genotypen bei Nachkommen von Eltern, deren Genotyp genau definiert ist.

Wir bleiben bei den Genotypen ***AA*, *Aa*** und ***aa***, wobei ***A*** dominant und ***a*** rezessiv ist (Abb. 3-28). In unserem Beispiel sind die Nachkommen von ***AA***×***AA*** und ***AA***×***aa*** (oder vice versa) zu 100% schwarz gefärbt, da sie alle das dominante *A*-Allel besitzen. (**1. Mendelsche Regel** [Uniformitätsregel] nach der die Nachkommen reziproker Kreuzungen reiner Linien einen einheitlichen Phänotyp besitzen). Sind beide Eltern ***Aa***-heterozygot (F1-Kreuzung), so erhalten wir 25% ***AA***, 50% ***Aa***

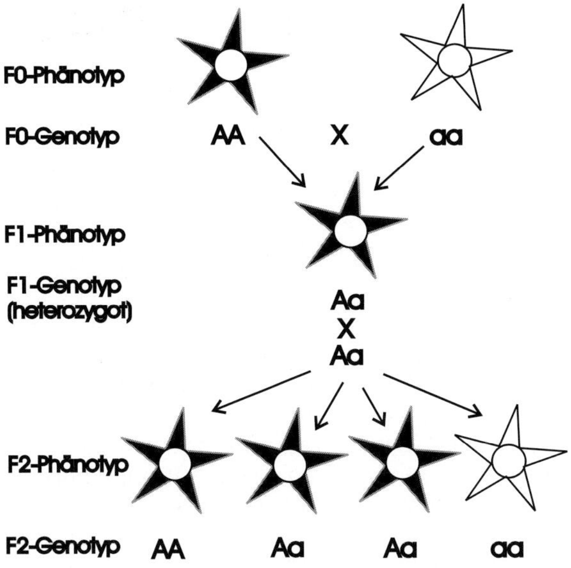

Abb. 3-28. Schematische Darstellung der Mendelschen Regeln. In der Elterngeneration werden die homozygoten Genotypen *AA* und *aa* mit einander gekreuzt. In der F1-Generation erhalten wir nur *Aa*-Genotypen, die das dominante Merkmal A exprimieren. Kreuzt man die Heterozygoten miteinander, so beobachtet man in der F2-Generation eine Aufspaltung in den *AA*-, *Aa*- und *aa*-Genotyp.

und 25% ***aa***-Genotypen; wir beobachten ein Phänotypenverhältnis von 3:1 und ein Genotypenverhältnis von 1:2:1 in der F2-Generation (**2. Mendelsche Regel**, Spaltungsregel). Bei der Kombination ***AA*×*Aa*** entstehen zu 50% ***AA*** und 50% ***Aa***-Genotypen (Abb. 3-28).

Betrachtet man die Kreuzung im dihybriden Erbgang (z.B. ***AaBb*×*AaBb***) so erhält man ein 9:3:3:1 Phänotypenverhältnis. Dieses Ergebnis belegt, dass die Allele frei kombiniert werden (**3. Mendelsche Regel** [*independent assortment*], Prinzip der unabhängigen Segregation). Kreuzungsschemata lassen sich auch für den trihybriden Erbgang etc. aufstellen. Viele Merkmale variieren jedoch nicht diskontinuierlich, wie in Abb. 3-28 dargestellt, sondern kontinuierlich. Für ihre Vererbung gelten die Regeln der sog. **quantitativen Genetik.**

Das in der Population am stärksten vertretene Allel wird häufig als **Wildtyp-Allel** bezeichnet. Bei diploiden Organismen wird das Wildtyp-Allel meist dominant, das mutierte Allel dagegen rezessiv vererbt. **Unvollständige** oder **partielle Dominanz** liegt vor, wenn die Heterozygoten intermediäre Merkmale ausbilden, z.B. sind die Nachkommen aus Kreuzungen zwischen rotblühenden mit weißblühenden Löwenmäulchen rosafarben; in der F2-Generation erhalten wir rote, rosa und weiße Pflanzen im 1:2:1-Verhältnis. Werden beide Allele gleich stark und unabhängig vererbt, so sprechen wir von Ko-Dominanz; einen solchen Vererbungsgang finden wir bei Mikro- und Minisatelliten-DNA (Kap. 4.1).

Komplizierter wird der Erbgang, wenn multiple Allele für einen Locus in der Population vorhanden sind; ein bekanntes Beispiel dafür ist die Verteilung der Blutgruppen AB0.

Auf einem typischen Säugerchromosom liegen ca. 5000 Gene. Bei der Vererbung segregieren einige Gene/Allele nicht unabhängig sondern zusammen. Wir bezeichnen die Zusammengehörigkeit solcher Gene, die häufig benachbart liegen, als **Kopplung.** Durch Erstellung von Kopplungskarten (***linkage maps***) mittels RFLP- oder AFLP-Markern kann man die Verteilung der verschiedenen Gene auf einzelnen Chromosomen und Chromosomenabschnitten und damit die Architektur des Genoms ermitteln. Der Vergleich solcher Kopplungskarten verschiedener Organismen kann uns interessante Information über die Phylogenie dieser Taxa liefern.

3.3.5.2 Grundlagen der Populationsgenetik

Die Betrachtung der Allelvariabilität führt unmittelbar zur Frage der Populationsgenetik, die herauszufinden versucht, wie und warum gewisse genetische Varianten in der Population erhalten bleiben, während andere abnehmen oder mit der Zeit gänzlich verschwinden. **Variation, Vererbung** und **natürliche Selektion** sind die wichtigsten Prozesse, die bereits von Charles Darwin als Kernelemente der Evolution erkannt wurden.

Dieser Bereich der sogenannten **Mikroevolution** ist zum Verstehen des Artbildungsprozesses und damit für das Gesamtverständnis der Evolutionsvorgänge wichtig. Die Grundlagen der Populationsgenetik, die bereits in den ersten Jahrzehnten des 20. Jh. erarbeitet wurden, sind in EXKURS 3.3 erläutert.

EXKURS 3.3

Populationsgenetik

Aus dem einfachen Genmodell mit einem Locus und zwei Allelen kann man die Grundlagen der Populationsgenetik ableiten. Zwei Kenngrößen spielen hier eine besondere Rolle

- die **Gen-** oder **Allel-Häufigkeit** (oder -Frequenz)
- die **Genotypen-Häufigkeit** (oder -Frequenz)

In einer Modellpopulation mit den Allelen ***A*** und ***a*** werden z.B. folgende Genotypen **Aa, AA, aa, aa, AA, Aa, AA, Aa** beobachtet. Daraus leitet sich die **Genotypenhäufigkeit** P (für ***AA***), Q (für ***Aa***) und R (für ***aa***) ab; wobei P+Q+R = 1,0 ergibt: P: ***AA*** (3/8) = 0,375; Q: ***Aa*** (3/8) = 0,375 und R: ***aa*** (2/8) = 0,25.

Als **Allelfrequenz** p für ***A*** und q für ***a*** ergibt sich: p: ***A*** (9/16) = 0,56; q: ***a*** (7/16) = 0,44; wobei **p + q = 1,0** ist. Aus den Genotypenhäufigkeiten kann man leicht die Allelfrequenz (und umgekehrt) ermitteln: **p = P + ½Q** und **q = R + ½Q.**

Wenn man die Häufigkeit der Genotypen und Allele in einer Population kennt, so möchte man in der Populationsgenetik wissen, wie sich diese Parameter in nachfolgenden Populationen entwickeln, denn durch natürliche Auslese könnten einzelne Genotypen unterschiedlich gut überleben oder sich fortpflanzen. Falls in großen Populationen Paarungen zufällig und nicht selektiv verlaufen und wenn keine Selektion gegen einen Genotyp eintritt, gelten die Regeln des **Hardy-Weinberg-Gesetzes** (nach den Wissenschaftlern Godfrey Harold Hardy und Wilhelm Robert Weinberg genannt).

Es lautet:

$$(p+q)^2 = p^2 + 2pq + q^2,$$ wobei p^2 für ***AA***, pq für ***Aa*** und q^2 für ***aa*** stehen.

Aus Abb. 3-29 kann man die Relation zwischen der Genotypenfrequenz und der Allelfrequenz bestimmen, auch wenn man nicht alle Größen kennt. Das Hardy-Weinberg-Gesetz hat drei wichtige Eigenschaften. Es besagt:

- Über die Allelfrequenz lässt sich die Genotypfrequenz vorhersagen.
- Allel- und Genotypfrequenzen ändern sich nicht von Generation zu Generation, wenn ein Hardy-Weinberg-Gleichgewicht vorliegt.
- Das Hardy-Weinberg-Gleichgewicht stellt sich bereits nach einer Generation ein, wenn die Partnerwahl zufällig erfolgt.

Als Voraussetzungen für die Gültigkeit des Hardy-Weinberg-Gesetzes gelten:

- Die Population ist so groß, dass Probenfehler und Zufallseffekte keine Rolle spielen.
- Die Partnerwahl in der Population erfolgt zufällig.
- Alle Genotypen sind gleich lebensfähig und fertil; d.h. sie haben keinen selektiven Vorteil gegenüber anderen Genotypen.
- Mutation, Migration und zufällige Gendrift spielen keine Rolle.

Über das Hardy-Weinberg-Gesetz lässt sich auch die Frequenz der Heterozygoten berechnen (Abb. 3-29). Beispiel: Das Merkmal **Albinismus** ist ein autosomal rezessiv; d.h. Träger des Merkmals (ihren Epidermiszellen fehlt durch einen Gendefekt das Enzym Tyrosinase, so dass kein Melanin gebildet werden kann) müssen homozygot sein. Wenn die Häufigkeit von albinistischen Individuen in einer Population bei 1:10 000 liegt, so ergibt sich die Frequenz des rezessiven Allels als $\sqrt{q^2} = \sqrt{0,0001}$; q = 0,01 oder 1:100. Da

EXKURS 3.3 (Fortsetzung)

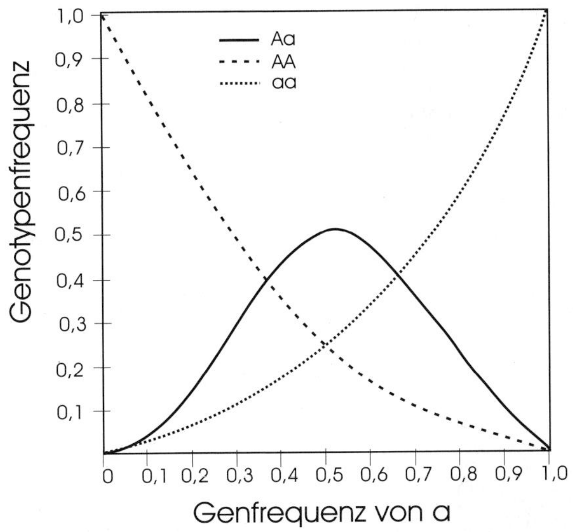

Abb. 3-29. Häufigkeit der Genotypen *AA*, *Aa* und *aa* in Abhängigkeit zur Frequenz des Allels *a*

p+q=1, ergibt sich für p die Häufigkeit 1−q=0,99. Die Frequenz der Heterozygoten ist 2pq; also 2 (0,99×0,01)=0,02 oder 2%.

Man kann das Hardy-Weinberg-Gleichgewicht natürlich auch für Populationen anwenden, in denen 3 und mehr Allele in einem Genlocus beobachtet werden. Liegt in einer Population kein Hardy-Weinberg-Gleichgewicht vor, so findet entweder natürliche Auslese statt, oder es erfolgt eine gerichtete Verpaarung. In diesen Fällen lohnt es sich, den zugrunde liegenden Variablen weiter nachzugehen.

Am Beispiel der Gefiedermorphen des Eleonorenfalken (*Falco eleonorae*) lassen sich die Mendelschen Regeln und das Hardy-Weinberg-Gesetz gut erläutern. Diese Falkenart brütet in großen Kolonien auf Felsinseln des Mittelmeers und überwintert in gemischten Schwärmen zusammen mit dem Schieferfalken (*Falco concolor*), mit dem der Eleonorenfalke nah verwandt ist (Kap. 4.3), auf Madagaskar. Beim Eleonorenfalken kann man eine helle und eine dunkle Gefiedermorphe eindeutig erkennen, während beim Schieferfalken nur die dunkle Morphe vorkommt (Abb. 3-30). In einer vereinfachten Betrachtung kann man etwa 29% der Altvögel des Eleonorenfalken in einer ägäischen Kolonie der dunklen und 71% der hellen Morphe zurechnen (in Wirklichkeit treten aber auch Übergänge auf). Tabelle 3-11 zeigt die Gefiedermorphen der Jungvögel in Relation zu den Morphen der Eltern.

Demnach treten bei Paaren der dunklen Morphe sowohl helle (in geringer Zahl) als auch dunkle Nachkommen (überwiegend) auf, während bei Paaren der hellen Morphe ausschließlich helle und keine dunklen Jungvögel beobachtet wurden. Diese Verteilung lässt sich erklären, wenn das Merkmal „dunkel" (**D**) dominant und „hell" (**d**) rezessiv ist. Bei **DD**×**DD**-, **DD**×**dd**- und **DD**×**Dd**-Paaren hätten 100% der Nachkommen den dunklen Phänotyp, während bei **dd**×**dd**-Paaren alle Nachkommen hell sind. Ebenso sind bei der Kombination von zwei mischerbig dunklen Falken sowohl helle als auch dunkle Nachkommen zu erwarten (Tabelle 3-11). Wäre das Merkmal **d** dagegen dominant, so hätte man in heterozygoten **d**×**d**-Kombinationen auch dunkle Morphen bei den Nachkommen finden müssen, was aber nicht der Fall ist.

Da wir den Anteil der hellen, d.h. des homozygot rezessiven Genotyps kennen, können wir über das Hardy-Weinberg-Gesetz (EXKURS 3.3), die Häufigkeit der **DD** und **Dd**-Genotypen ermitteln. Da $q^2=0{,}71$, ist nach der Formel p+q=1 p=0,157. Demnach ergibt sich eine Genotypfrequenz für **DD** von 2,5% und für **Dd** von 26,5%; dieses Ergebnis hätte man grafisch auch aus Abb. 3-29 entnehmen können. Im Phänotyp

Abb. 3-30. Gefiedermorphen des Eleonorenfalken (*Falco eleonorae*) (nach Ristow et al. 1998). **a** Männchen und **b** Weibchen der hellen Morphe; **c** heterozygotes Männchen der dunklen Morphe; **d** homozygoter Jungvogel der dunklen Morphe

Tabelle 3-11. Verteilung der Gefiedermorphen bei Jungvögeln des Eleonorenfalken bei bekannter Morphenzusammensetzung der Altvögel (nach Wink et al. 1978). ? = Morphe war nicht sicher zu bestimmen

Morphen-Kombination	n Elternpaare	n Jungvögel		?
		Hell	Dunkel	
Dunkel × dunkel	5	2	5	0
Dunkel × hell	23	23	17	3
Hell × hell	18	29	0	0

lassen sich homozygote **DD**-Falken nur bei genauem Hinsehen von heterozygoten **Dd**-Genotypen unterscheiden (Abb. 3-30); sie sind lediglich stärker schwarz gefärbt und weisen einen dunklen Schnabel auf. Diese Merkmale lassen sich bereits bei Falken im Jugendkleid erkennen. Da Paarungen zwischen hellen und dunklen Falken rein stochastisch erfolgen und da der Anteil der dunklen Morphe von Jahr zu Jahr zwar schwankt, aber im Trend weder zu- noch abnimmt, kann man annehmen, dass sich die Population im Hardy-Weinberg-Gleichgewicht befindet. Unklar ist, warum sich der Anteil der dunklen dominanten Morphe auf 29% eingependelt hat, d.h. welche Vor- oder Nachteile die dunkle Gefiederfärbung mit sich bringt.

In vielen Fällen liegt jedoch nicht das einfache Vererbungs- und Populationsmodell vor, wie wir es in den vorangehenden Abschnitten besprochen haben. In der Natur finden wir wesentlich häufiger Merkmale, die genetisch von mehreren Loci gesteuert werden. Ein Beispiel dafür ist der Polymorphismus bei den Schmetterlingen *Papilio glaucus* in Nordamerika (**mimetischer Polymorphismus**) oder *Papilio memnon* im Malayischen Archipel, bei denen nicht die Männchen, wohl aber die Weibchen mimetisch sind. Gut untersucht ist der Polymorphismus in der südamerikanischen Schmetterlingsgattung *Heliconius*, bei der die Morphen geografisch getrennt vorkommen.

Wenn nur ein Genlocus pro Merkmal vorkommt, ermittelt die Populationsgenetik Allelfrequenzen; liegt ein Multilocus-System vor, dann werden **Haplotyphäufigkeiten** bestimmt (der Begriff Haplotyp wird auch für Sequenzvarianten der Organellgene benutzt, was zu einer gewissen Verwirrung führen kann). In einem **Multilocus-System** können die Loci auf mehreren Chromosomen verteilt sein oder aber auf einem Chromosom liegen. Im letzteren Fall beobachtet man Kopplung; analog zum Hardy-Weinberg-Gleichgewicht kann man bei Multilocus-Systemen Kopplungsgleichgewichte (*linkage equilibrium*) bestimmen. Liegt kein Kopplungsgleichgewicht vor, so ist dies häufig ein Hinweis darauf, dass die Partnerwahl nicht zufällig erfolgt oder dass die Population sehr klein ist.

Neben diskreten Verteilungen von Merkmalen findet man in der Natur häufig eine **kontinuierliche Variation** eines Merkmals. In diesen Fällen geht man davon aus, dass mehrere Gene für die Expression eines Merkmals zuständig sind. Ein klassisches Beispiel für dieses Phänomen kann man bei den Darwinfinken auf den Galapagos-Inseln beobachten: 14 Darwinfinkenarten wurden als eigenständige Arten beschrieben, die sich in ihrer Körpergröße, insbesondere der Schnabellänge und -größe unterscheiden, je nachdem, welche Nahrungsnische genutzt wird. Große Finken haben „Nussknacker-Schnäbel" und können entsprechend große Samen öffnen, während sich Arten mit kleinen Schnäbeln auf kleine Samen spezialisiert haben. Die Schnabelgröße ist vererbbar, daran zu erkennen, dass Eltern mit größeren Schnäbeln im statistischem Mittel auch Nachkommen mit größeren Schnäbeln produzieren (Abb. 3-31). Für die Vererbung kontinuierlicher Merkmale gelten die Regeln der *quantitativen Genetik*. Die zugehörigen Loci werden als **QTL** (*quantitative trait loci*) bezeichnet.

Aus Zwillingsforschung und Ethologie kann man heute sicher sagen, dass auch viele Verhaltensmerkmale der Tiere und des Menschen genetische Komponenten aufweisen und vererbbar sind. Nur in wenigen Fällen wird ein Verhaltensmerkmal auf einem Genlocus liegen, eher müssen wir QTLs erwarten. Über Verhaltensgene

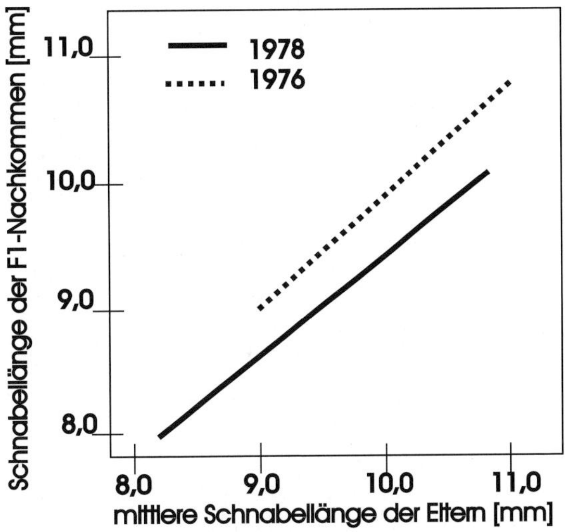

Abb. 3-31. Beispiel für die Vererbung eines kontinuierlichen Merkmals am Beispiel der Schnabelgröße des Galapagosfinken (*Geospiza fortis*). Eltern mit großen Schnäbeln erzeugen meist auch Nachkommen mit großen Schnäbeln

und ihre Veränderung in der Evolution können wir heute meist noch keine Aussage machen. Nicht vergessen werden darf in diesem Zusammenhang, dass Verhaltensmerkmale zwar genetisch determiniert sein können, aber häufig plastisch sind, d.h. durch Umwelteinflüsse, Erziehung und Lernen gestaltet werden. Eine gute Einführung liefern R. Plomin et al. (1997).

3.3.6 Selektion

Wie schon Charles Darwin erkannte, kann man die Evolution nur unter Annahme der **natürlichen Selektion** plausibel erklären. Die Auswirkungen der Selektion zugunsten oder zuungunsten eines Genotyps lassen sich einfach berechnen. Liegt keine Selektion vor, d.h. wenn der Selektionskoeffizient $s=0$ ist, dann befindet sich die Population im Hardy-Weinberg-Gleichgewicht. Ein Selektionskoeffizient von 0,1 für ***aa*** würde z.B. bedeuten, dass auf 100 ***AA***- 90 ***aa***-Genotypen kommen. Unter diesen Bedingungen beobachten wir (wie in Tabelle 3-12 dargestellt) über vergleichsweise wenige Generationen eine Abnahme von ***aa*** und eine Zunahme von ***AA*** in der Population.

Tabelle 3-12. Simulation der Veränderung von Allelfrequenzen, wenn eine Selektion gegen das rezessive Gen *a* erfolgt

Generationen	s = 0,05		s = 0,01	
	A	*a*	*A*	*a*
0	0,01	0,99	0,01	0,99
100	0,44	0,56	0,026	0,974
200	0,81	0,19	0,067	0,933
400	0,93	0,07	0,28	0,72
800	0,97	0,03	0,72	0,28

Kennt man die Veränderung der Allelfrequenzen in zwei aufeinanderfolgenden Generationen, dann lässt sich der Selektionskoeffizient s wie folgt berechnen:

$s = \Delta p/p' x\ q^2$; dabei ist p die Allel-Häufigkeit in Generation 1 und p′ diejenige in Generation 2.

Bei starker Selektion wird einer der Genotypen eliminiert und der andere in der Population fixiert. Ein instruktives Beispiel für eine starke Selektion ist die Zunahme der melanistischen Morphe des Birkenspanners (*Biston betularia*) in England. In der vor- und frühindustriellen Zeit, d.h. vor 1850 lag der Anteil der hellen Morphe (*typica*) bei 100% (Abb. 3-32). Durch zunehmende Umweltverschmutzung hatten sehr seltene dunkle Phänotypen (*carbonaria*) den Selektionsvorteil, nicht so leicht von Prädatoren, z.B. Vögeln, erkannt zu werden (Abb. 3-32b). Bereits 1878 lag der Anteil dunkler Spanner bei 45%, 1908 bei 90% und 1938 bei 96%. Aus diesen Daten lässt sich ein Selektionsvorteil von s = 0,33 berechnen; d.h. nach weniger als 100 Generationen kann sich eine Morphe in der Population quantitativ durchsetzen. Andere Beispiele sind das Auftreten von resistenten Insekten nach längerer Insektizidbehandlung, wie man es z.B. bei der *Anopheles*-Mücke nach DDT-Behandlung feststellte, oder resistenter Bakterien nach Antibiotika-Applikation.

Doch nicht immer wird der homozygote Genotyp bevorzugt. In wenigen Fällen haben die heterozygoten Genotypen einen Vorteil. Ein gut untersuchtes Beispiel ist die Sichelzellanämie, die in Gebieten mit Malaria vermehrt auftritt. Bei der Sichelzellanämie tritt eine Mutation im Hämoglobingen auf, die bewirkt, dass das Hämoglobin in den Erythrozyten kristallisiert. Entsprechende Erythrozyten sind sichelförmig und nicht länger funktionsfähig. Plasmodien, die Erreger der Malaria, überleben in Sichelzellen deutlich schlechter als in normalen Erythrozyten. Deshalb haben Menschen, die für die Sichelzell-Mutation heterozygot sind, in Malariagebieten einen Vorteil, während Homozygote zwar auch keine Malaria bekommen, aber unter starker Anämie leiden und frühzeitig sterben. Aus diesem Grunde ist der heterozygote Genotyp in Malariagebieten Afrikas deutlich erhöht. In Asien ist die Sichelzell-Mutation vermutlich unabhängig entstanden (Abb. 3-33). Die Sichelzellanämie kann auch als Beispiel für

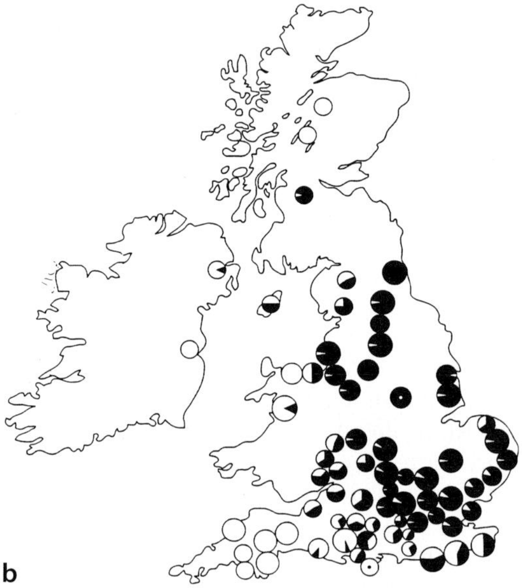

Abb. 3-32. Farbmorphen von *Biston betularia*. **a** Illustration der Tiere; Form typica (links), Form carbonaria (rechts). **b** Verteilung der Formen in Großbritannien. Die carbonaria-Mutante überwiegt in Industriegebieten mit starken Rußemissionen (aus Sperlich 1988)

Abb. 3-33. Potenzielles Verbreitungsgebiet der Malaria tropica und Häufigkeit des Sichelzellallels (HbS). Nach Bodmer und Cavalli-Sforza (1976)

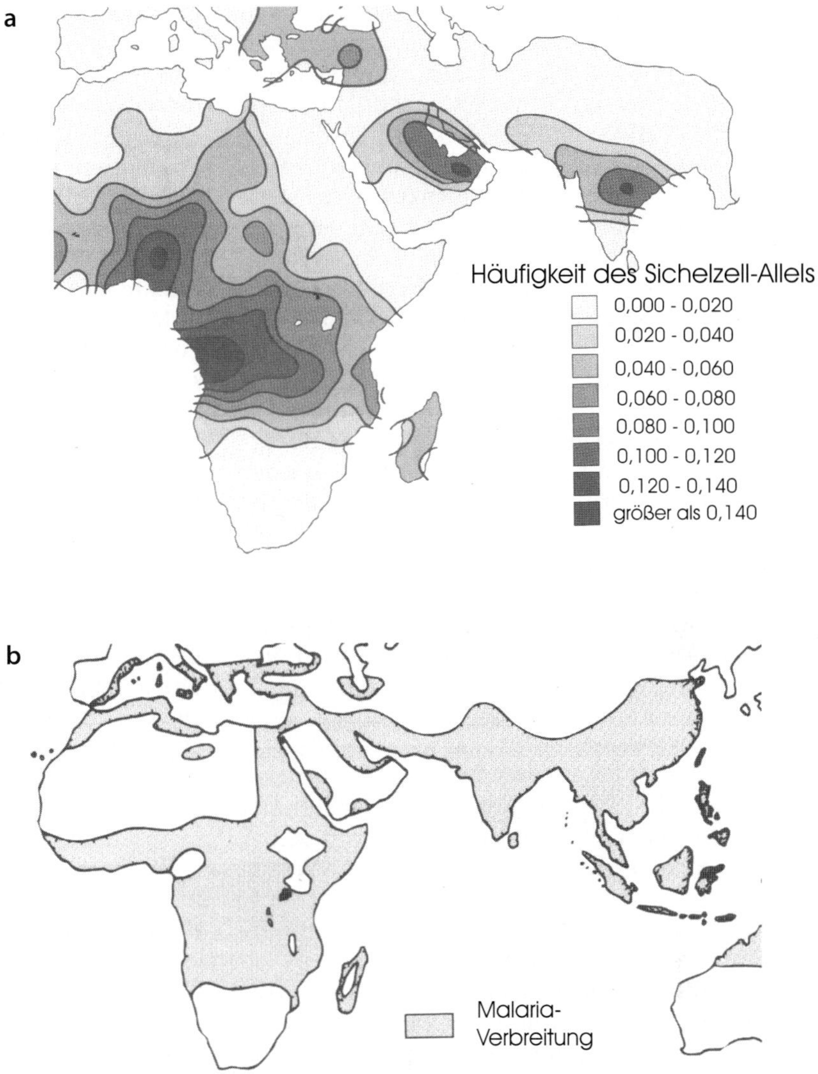

den Fall gesehen, dass ein Gen auf mehrere Merkmale einwirken kann (sog. Pleiotropie).

Selektion greift nicht an einzelnen Genen, sondern am ganzen Organismus an; nicht nur die Fähigkeit zu überleben entscheidet, sondern der reproduktive Erfolg (Fitness), d.h. die Frage, wie viele Nachkommen ein erfolgreiches Individuum produzieren kann. Doch der evolutionäre Einfluss der natürlichen Auslese zeigt sich nur, wenn man die Entwicklung einer Population über längere Zeiträume hin verfolgt. Somit evolviert letztendlich nicht das Individuum sondern die Population.

3.3.7 Genfluss und genetische Drift

Bisher haben wir die Allelverteilung bzw. den Polymorphismus in einer uniformen Population betrachtet. In der Natur finden wir jedoch häufig Populationen, die geografisch isoliert sind. Am auffälligsten ist dieses Phänomen bei Inselpopulationen. Jedoch bilden sich auch auf dem zusammenhängenden Festland lokale Verbreitungsinseln, die meistens geografisch bedingt sind, z.B. durch physische Barrieren (Gebirge, breite Flüsse, große Wälder). Da viele Tierarten dazu neigen, sich an ihrem Geburtsort anzusiedeln (sog. **Philopatrie**), wird der „**Verinselungseffekt**" weiter verstärkt und ist wesentlich häufiger, als meist allgemein angenommen wird.

Betrachten wir einmal zwei isolierte Inselpopulationen, deren Allelfrequenzen sich stark unterscheiden. Meistens finden wir bei längerer Isolierung eine höhere Anzahl an Homozygoten, als man sie aus dem Hardy-Weinberg-Gesetz erwarten würde. Kommt es aber zu einem **Genfluss** zwischen beiden Inseln (dazu reicht bereits der Austausch von 1–2 Individuen pro Generation aus), so verändern sich die Allelfrequenzen bald wieder in Richtung des Hardy-Weinberg-Gleichgewichtes. Man beobachtet dann wieder eine Zunahme der Heterozygoten und eine Abnahme von Erbkrankheiten, die bei homozygot rezessiven Individuen vermehrt auftreten können.

Die Veränderung der Allelfrequenzen durch Genfluss lässt sich nach folgender Formel berechnen:

$$\Delta p = m(p_m - p)$$

dabei ist p die Frequenz von *A* in der Hauptpopulation und p_m die Allelfrequenz von *A* bei den Einwanderern. Δp beschreibt die Veränderung nach einer Generation; m ist der Einwanderungskoeffizient (Verhältnis der Einwanderer zur Populationsgröße pro Generation).

In Inselpopulationen können sich die Allelfrequenzen durch Zufallseinflüsse deutlich verändern. Diese Zufallseffekte, die besonders bei kleinen Populationen ins Gewicht fallen, werden als **genetische Drift** bezeichnet. Wird von einer Art ein neues Areal besiedelt, z.B. eine bisher unbewohnte Insel, so hängt es von der Größe der Gründerpopulation ab, ob alle Genotypen vertreten sind, und ob sich die gleiche Allelfrequenz wie in der Ursprungspopulation entwickelt. Da Gründerpopulationen meist klein sind (im Minimum ein trächtiges Weibchen bei Tieren oder ein Samen bei Pflanzen), kommt es meist zu einer genetischen Verarmung (Flaschenhalseffekt), und eine Zunahme der Homozygoten wird beobachtet. Dieser Trend kann durch das Hardy-Weinberg-Gesetz leicht erkannt werden, da sich diese Populationen nicht länger im Hardy-Weinberg-Gleichgewicht befinden.

Populationsgröße und Selektion beeinflussen demnach signifikant die evolutionären Veränderungen und den Polymorphismus. Ist eine Population klein und die Selektion niedrig, so herrscht im Wesentlichen die genetische Drift vor. In großen Populationen mit deutlicher Selektion beobachtet man dagegen besonders die Effekte der natürlichen Auslese.

Die Paarung erfolgt unter natürlichen Bedingungen nicht immer nach dem Zufallsprinzip, sondern häufig gerichtet: positives *assortative mating* liegt vor, wenn verwandte oder ähnliche Partner, negatives *assortative mating*, wenn nicht verwandte, ungleiche Partner gewählt werden. Ein Spezialfall ist die **Inzucht** *(inbreeding)*, bei der sich nahverwandte Individuen paaren. Als Konsequenz fortgesetzter Inzucht wird man in einer Population eine Zunahme an Homozygoten und eine Abnahme an Heterozygoten feststellen. Insbesondere wird der Anteil der Nachkommen mit nachteiligen homozygot rezessiven Genen zunehmen; man spricht von **Inzuchtdepression.** Der ***inbreeding*-Koeffizient** F nach S. Wright beschreibt die Wahrscheinlichkeit, dass zwei Allele eines Gens in einem Individuum von einem gemeinsamen Gen des Vorfahren abstammen.

Auch in großen natürlichen Populationen tritt Inzucht auf. Da die Jugendmortalität in freier Natur meist sehr hoch liegt, kommt bei fast allen Organismen nur ein kleiner Teil der Nachkommen zur Fortpflanzung. Daher werden sich nachteilige rezessive Homozygote kaum auswirken, da sie meist nicht zur Fortpflanzung kommen. Anders sieht die Situation bei Haus- oder Zootieren aus. Hier fällt die natürliche Jugendmortalität weitgehend fort, so dass man die negativen Inzuchteffekte schon nach wenigen Generationen bemerkt. Durch DNA-Fingerprinting oder Mikrosatelliten-PCR lässt sich der Homozygotiegrad einer Zuchtpopulation leicht ermitteln (Kap. 4.1). Die erhaltenen Daten geben dem Züchter die Möglichkeit, möglichst wenig verwandte Tiere zur Nachzucht einzusetzen und damit Inzuchtdepression zu vermeiden.

Mutation, Selektion, Drift, Migration und Kopplung gehören demnach zu den Mechanismen, welche die Allel- und Genotypfrequenzen in einer Population beeinflussen. Dieser Evolutionsbereich wird auch als **Mikroevolution** bezeichnet, die den Wandel in der genetischen Ausstattung einer Population widerspiegelt.

3.3.8 Artbildung (Speziation)

Eine neue Art kann entstehen, wenn Angehörige einer Fortpflanzungsgemeinschaft in zwei getrennte Populationen aufgeteilt werden, deren Mitglieder sich nur noch innerhalb, aber nicht mehr zwischen den Populationen fortpflanzen. Man unterscheidet zwischen **allopatrischer** (d. h., Populationen entwickeln sich in geografischer Isolierung), **parapatrischer** (d. h., Populationen grenzen an einander) und **sympatrischer** (d. h. Populationen überlappen sich) **Artbildung** (Abb. 3-34).

Bei den meisten Vertebraten nimmt man eine allopatrische Artbildung an. Viele Arten zeigen erhebliche geografische Variabilität; bei einer räumlichen Trennung einzelner variabler Populationen können diese sich zu selbständigen Arten entwickeln. Allopatrische Speziation kann durch Teilung der Ausgangspopulation oder durch Abtrennung peripherer Teilpopulationen zustande kommen. Ein gut belegtes Beispiel ist die Besiedlung vulkanischer Inseln, die in den Ozeanen neu entstanden. Wenn Individuen oder Teilpopulationen auf diese Inseln verdriftet werden, können dort neue Arten entstehen, die sich von der Ausgangsart oft deutlich unterscheiden. Auf den Makaronesischen Inseln, zu denen die Azoren, Madeira, die Kanaren und die Kapverden zählen, wird ein erheblicher Anteil der Arten als **endemisch** angesehen, d. h. sie kommen nur hier vor: von 2400 Pflanzenarten gelten 1120 Arten als endemisch, unter den 105 Brutvogelarten, die wesentlich mobiler sind, liegt der Anteil der Endemiten bei 13%. Inseln sind daher zur Untersuchung von Artbildungsprozessen besonders gut geeignet.

Als Beispiel ist in Abb. 3-35 und 3-36 die molekulare Phylogeografie der Geckos der Gattung *Tarentola* und von Buchfinken (*Fringilla coelebs*) dargestellt. Bei den Geckos kann man vermuten, dass *Tarentola mauritanica* vom afrikanischen (Kanarentiere) oder europäischem Festland (Madeiratiere) auf die Inseln verdriftet wurde (z. B. mit Holzstämmen). Es scheinen mehrere unabhängige Kolonisierungen stattgefunden haben. So lassen sich alle Gecko-Haplotypen der Ostinseln, die als *T. angustimentalis* abgetrennt werden, von einer gemeinsamen Stammart ableiten. Selbst die vorgelagerten kleinen Inseln sind durch Geckos besiedelt, die bereits inselspezifische Haplotypen ausgebildet haben. Die Besiedlung der Westinseln erfolgte in einer zweiten Phase. Betrachtet man die Astlängen in den Phylogrammen, erhalten wir einen Anhaltspunkt dafür, wann die Besiedlung der einzelnen Inseln erfolgte. Da die Kanaren vulkanischen Ursprungs sind, kann man ihr Alter gut datieren. Alle Inseln entstanden in den letzten 20 Mio. Jahren (Abb. 3-35 a). Die Astlängen in den Phylogrammen der Geckos von den Westinseln sind größer als die der Ostinseln. Da die Westinseln ein Alter von 10 Mio. Jahren und weniger aufweisen, kann man folgern, dass die Geckos vor 5–10 Mio. Jahren dort ankamen, während die Besiedlung der Ostinseln erst später erfolgte.

Bei den Buchfinken erkennt man einen ähnlichen Phylogenietrend (Abb. 3-36). Ausgehend von den Buchfinken des europäischen und afrikanischen Festlandes erfolgte offenbar eine Kolonisierung der atlantischen Inseln, indem sich auf den Azoren, auf Madeira und auf den Kanaren eigenständige Entwicklungslinien etablierten, die man heute bereits morphologisch gut auseinanderhalten kann. Auf den Kanarischen Inseln werden zwei Unterarten unterschieden, die sich auch genetisch von einander abtrennen lassen. Spezifische Haplotypen innerhalb der Inselarchipele wie bei den Geckos (Abb. 3-35 b) sind offenbar nicht festzustellen, was man mit der höheren Mobilität der Buchfinken und dem damit verbundenen Genfluss erklären kann. Für andere Inselarchipele (z. B. die Galapagosinseln und Hawaii) lassen sich ähnliche Beispiele aufführen. Als Fazit kann man feststellen, dass sich auf den meisten landfernen Inseln inselspezifische (endemische) Haplotypen und Spezies/Subspezies erkennen lassen, die sowohl genetisch als auch morphologisch (bei Vögeln meist auch akustisch) differenziert sind.

Bei parapatrischen Taxa, deren Areale aneinander grenzen, findet man häufig eine Hybridzone.

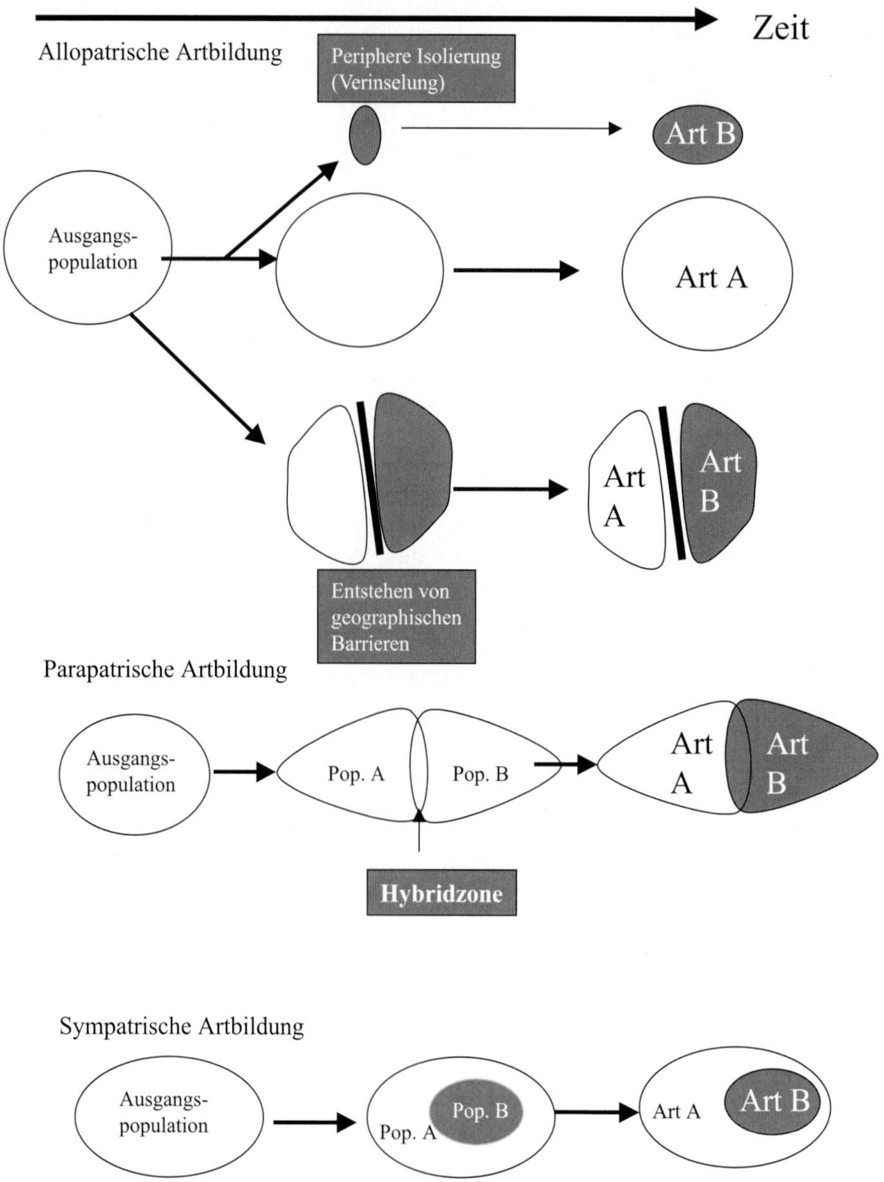

Abb. 3-34. Schematische Darstellung der verschiedenen Speziationsmodelle

Isolationsmechanismen und Hybridisierungsschranken folgen später. Ein Beispiel aus der heimischen Fauna ist das Auftreten von Aaskrähen, die in Raben- und Nebelkrähe (*Corvus corone corone* und *C. c. cornix)* unterschieden werden. In Westdeutschland treten Rabenkrähen auf, während östlich der Elbe die Nebelkrähen überwiegen. Wo beide Taxa aneinander stoßen, bilden sich Hybridzonen aus. Auf der Ebene von DNA-Sequenzen des mitochondrialen Cytochrom-b-Gens unterscheiden sich beide Taxa noch nicht, ein Hinweis darauf, dass immer noch ein Genfluss stattfindet und dass die Trennung erst vor erdgeschichtlich kurzer Zeit erfolgte. Sympatrische Artbildung ist schwerer nachzuweisen, aber bei Arten mit stabilen Polymorphismen denkbar,

Abb. 3-35. a Lage und Alter der Kanarischen Inseln und von Madeira; **b** Phylogeografie der Geckos (Gattung *Tarentola*) auf den Makaronesischen Inseln; rekonstruiert über Nucleotidsequenzen mitochondrialer DNA (Cytochrom b, 12S rRNA) (nach Nogales et al. 1998). Im Phylogramm entsprechen die Astlängen genetischen Distanzen

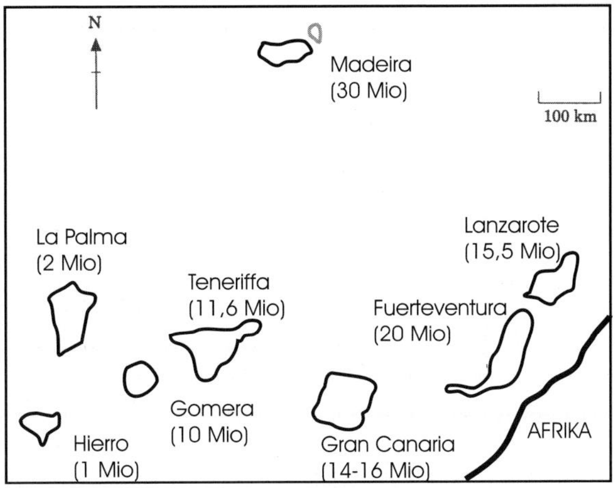

a

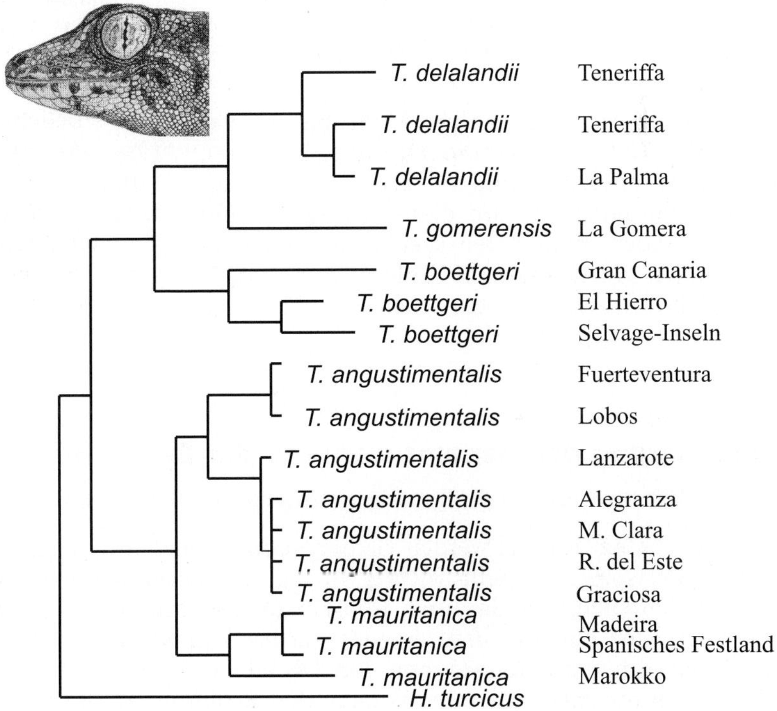

b

bei denen sich eine Paarung zwischen speziellen Genotypen bevorzugt einstellt.

Für Pflanzen spielt die **Hybridisierung** eine wichtige Rolle bei der Artbildung; einige Wissenschaftler vermuten, dass 50% der höheren Pflanzen durch Hybridisierung entstanden. Normalerweise sind Hybride steril. Durch Polyploidisierung (Kap. 3.3.4) kann die Fertilität jedoch u.U. wieder restauriert werden, so dass fertile neue Arten entstehen. Ein Beispiel für Artbil-

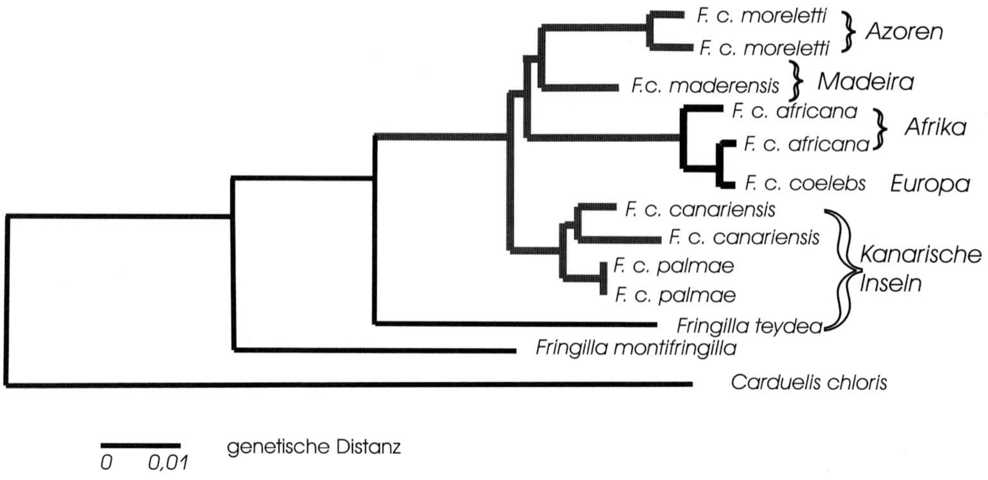

Abb. 3-36. Phylogeografie der Buchfinken (*Fringilla coelebs*) auf den Makaronesischen Inseln; rekonstruiert über Nucleotidsequenzen der mitochondrialen D-Loop-Region (nach Marshall & Baker 1998). Im Phylogramm entsprechen die Astlängen genetischen Distanzen

dung durch natürliche Hybridisierung ist der Hohlzahn *Galeopsis tetrahit* (Familie Labiatae), der aus *G. pubescens* und *G. speciosus* entstand. In der Pflanzenzucht wird diese Strategie häufig genutzt, indem man Arten kreuzt, anschließend die sterile Hybride durch Colchicin polyploidisiert und fertile Mutanten selektiert; z. B. ist so eine beliebte Zierpflanze *Primula kewensis* (2n = 36) aus *P. verticillata* (2n = 18) und *P. floribunda* (2n = 18) gezüchtet worden. In der Natur sind hybridreiche Arten z. B. in einigen Gattungen der Asteraceae, Brassicaceae, Labiatae (Gattung *Mentha*), Asphodelaceae (Gattung *Aloe*) und Orchidaceae zu finden.

3.4 Veränderung des Genoms während der Evolution

ÜBERSICHT

In diesem Kapitel werden Genomelemente und ihre Veränderungen im Verlauf der Evolution besprochen. Sehr wichtig in diesem Zusammenhang ist die Intron/Exon-Struktur der Eukaryotengene, da durch Kombinatorik vorhandener Grundbausteine (z. B. Exons) schneller neue Eigenschaften erzeugt werden konnten als durch einfache Punktmutationen. Mittels Um- und Neuordnung von DNA-Elementen durch Insertion, Duplikation oder Transposition entstanden im Verlauf der Evolution weitere neue Bausteine (Multigenfamilien, Pseudogene, Transposons) für eine evolutionäre Weiterentwicklung. Während bei einfachen Eukaryoten nur kurze nicht-codierende Bereiche zwischen zwei Genen liegen, finden wir bei Pflanzen und Tieren lange, oft repetitive DNA-Abschnitte (VNTR, Mikro- und Minisatelliten-DNA, SINE, LINE) zwischen individuellen Genen, die wichtige molekulare Marker liefern.

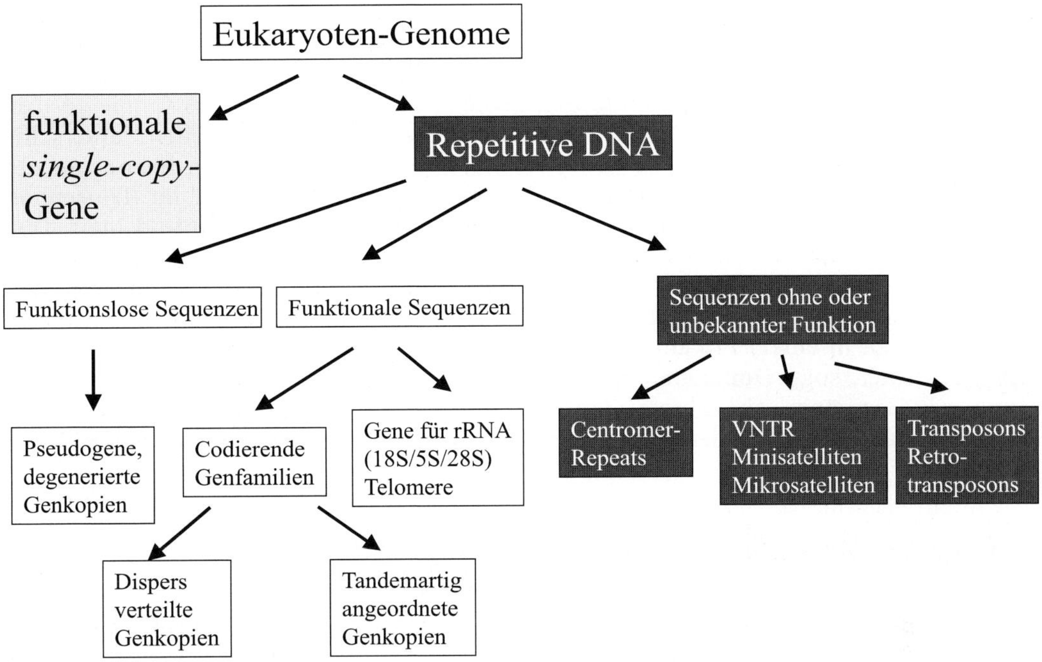

Abb. 3-37. Übersicht über die wichtigsten Elemente des Kerngenoms

Aus relativ einfach gebauten Genomen, wie man sie heute noch bei einigen Bakterien sieht und in denen nahezu alle DNA-Abschnitte funktionell von Bedeutung sind, entwickelten sich im Verlauf der Evolution bei den Eukaryoten durch genetische Rekombinationen (Kap. 3.3.3) und Mutationen (Kap. 3.3.1) sehr große und komplex aufgebaute Genome (Abb. 3-37), die umfangreiche nicht-codierende Bereiche aufweisen (z. B. Introns, Promotor- und Enhancerbereiche, Pseudogene und repetitive DNA). Die Erforschung der Genomstruktur ist die Domäne eines neuen Forschungszweiges, der **strukturellen** oder **vergleichenden Genomik**.

3.4.1 Eukaryotengene mit regulatorischen Sequenzabschnitten und Intron/Exon-Struktur

3.4.1.1 Bedeutung der Exon/Intron-Struktur der Eukaryotengene

Evolutionär interessant ist die Entwicklung der Mosaikstruktur der Eukaryotengene mit Introns und Exons (Abb. 3-38). Prokaryoten besitzen in der Regel keine Introns. Eine Ausnahme stellen die Archaebakterien dar, bei denen nur wenige Gene, wie z. B. die 23S rDNA, Introns aufweisen. Wie man Abb. 3-39 entnehmen kann, steigt die Zahl der Introns pro Gen in etwa mit der Entwicklungshöhe der Organismen.

Introns weisen eine Länge von über 1000 Nucleotiden auf, während **Exons** mit nur 100 bis 300 Nucleotiden (entsprechend 30–100 Aminosäuren) deutlich kürzer sind. Durch Intron/

Exon-Struktur erhalten Eukaryotengene häufig eine Gesamtlänge von 5–40 kB. Einzelne Gene haben sogar eine Länge von mehr als 2 Mio. Basenpaaren (2000 kB): das Dystrophie-Gen (eine mutierte Form ist für die Duchenne-Muskeldystrophie verantwortlich) weist 50 Introns auf, während die eigentliche Transcriptlänge 17 000 Nucleotide beträgt. Die Intronbereiche werden nach der Transcription durch *RNA-splicing* entfernt (Abb. 3-38).

Die funktionelle Analyse der Proteine hat gezeigt, dass man in einem Protein häufig funktionelle Bereiche, sog. **Domänen,** unterscheiden kann, z. B. Domänen für aktive Zentren, für Transmembranbereiche oder Bindungsstellen. Ein Protein wird in der Regel von mehreren Exons codiert, wobei die Exons häufig speziellen funktionellen Domänen entsprechen. Die nichtcodierenden Introns fungieren demnach als *Spacer.* Bei einigen Genen (unterschiedlicher Organismen) findet man Introns an identischen Genpositionen, so z. B. im Triosephosphat-Isomerase-Gen von Mensch und Mais. Dieses Phänomen deutet daraufhin, dass Introns recht alte genetische Erfindungen sein müssen, denn bei späterer Insertion hätte man Introns an unterschiedlichen Stellen erwarten müssen.

Man nimmt heute an, dass im Verlauf der frühen Evolution zunächst einmal die Struktur einzelner Domänen optimiert wurde. Diese

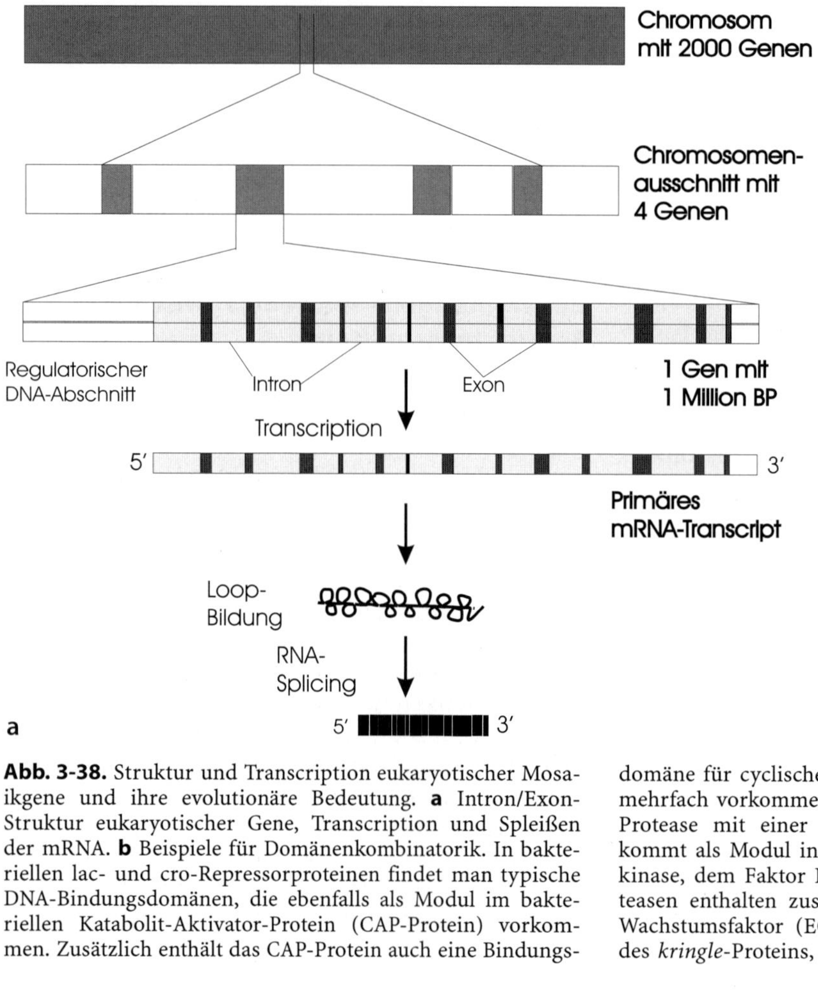

Abb. 3-38. Struktur und Transcription eukaryotischer Mosaikgene und ihre evolutionäre Bedeutung. **a** Intron/Exon-Struktur eukaryotischer Gene, Transcription und Spleißen der mRNA. **b** Beispiele für Domänenkombinatorik. In bakteriellen lac- und cro-Repressorproteinen findet man typische DNA-Bindungsdomänen, die ebenfalls als Modul im bakteriellen Katabolit-Aktivator-Protein (CAP-Protein) vorkommen. Zusätzlich enthält das CAP-Protein auch eine Bindungsdomäne für cyclisches AMP (cAMP), die bei Proteinkinasen mehrfach vorkommen kann. Chymotrypsin ist eine einfache Protease mit einer Serinprotease-Domäne; diese Domäne kommt als Modul in spezialisierten Proteasen, wie der Urokinase, dem Faktor IX und im Plasminogen vor. Diese Proteasen enthalten zusätzliche Module, z. B. des epidermalen Wachstumsfaktor (EGF), von Kalzium-Bindungsstellen und des *kringle*-Proteins, das drei interne Disulfidbrücken trägt

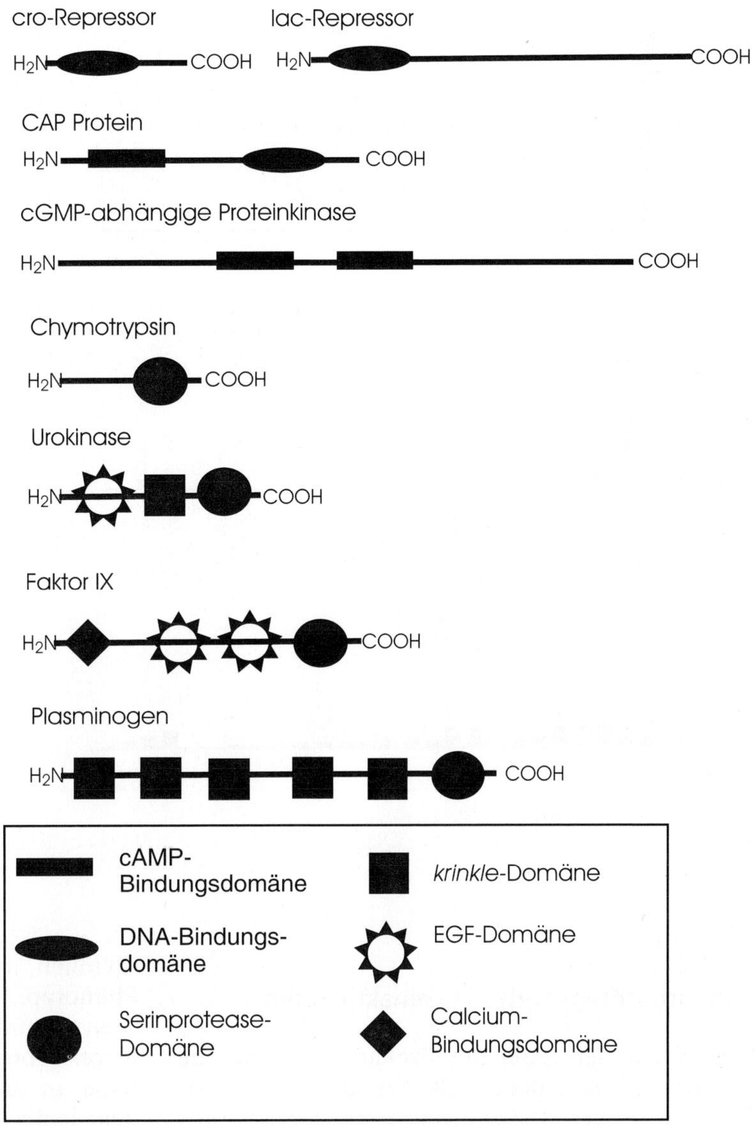

Abb. 3-38 b

Grundbausteine (**Module**) wurden bei den Eukaryoten offensichtlich so kombiniert, dass zusammengesetzte Proteine, Enzyme oder Rezeptoren mit neuer Funktion entstanden (Abb. 3-38 b). Dieser Prozess wurde von W. Gilbert 1979 als ***Exon-Shuffling*** bezeichnet. Die mannigfaltigen neuen Möglichkeiten, die sich aus einer solchen Kombinatorik ergeben, lassen sich gut am Beispiel der Antikörpergene (über 1 Mio. können in einem einzigen Individuum erzeugt werden) oder der variablen Oberflächenantigene der Trypanosomen und anderer Parasiten erkennen, mit denen das Immunsystem der Wirte überlistet wird.

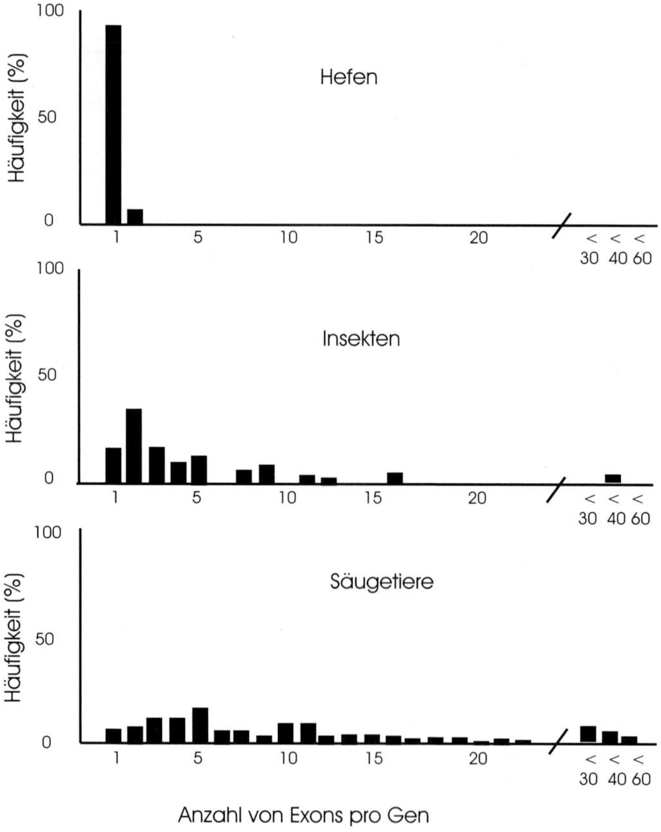

Abb. 3-39. Prozentualer Anteil der Zahl der Exons pro Gen bei Hefen, Insekten und Säugetieren

3.4.1.2
Bedeutung regulierbarer Genaktivitäten

Bereits auf der Stufe der Prokaryoten sind die meisten Strukturgene mit regulierbaren Promotoren ausgestattet, die es einem Organismus erlauben, Gene nur dann anzuschalten, wenn die Genprodukte benötigt werden. Bei den Eukaryoten ist die Genregulation noch wesentlich stärker weiterentwickelt. Von den vielen vorhandenen Genen des Genoms ist nur ein kleiner Teil in allen Zellen aktiv (sogen. *house-keeping genes*). Viele Gene werden nicht nur zell- und gewebespezifisch exprimiert, sondern auch noch entwicklungsspezifisch. Nur das korrekte An- und Abschalten der Gene während der Embryogenese, der Gewebe- und Zellspezialisierung, der Kindheit und im Erwachsenstadium führt zu Individuen mit angepasstem und artspezifischem Phänotyp. Die Steuerung erfolgt über spezifische Transcriptionsfaktoren und *enhancer*- bzw. *silencer*-Proteine (Abb. 3-38). Nur wenn diese Proteine an die regulatorischen Genabschnitte binden, kann die RNA-Polymerase die zugehörigen Gene transkribieren (Abb. 3-4).

Viele Gene der heutigen Organismen entstanden bereits in der frühen Evolution der Pro- und Eukaryoten. Diese Gene umfassen sowohl Gene, die Enzyme, Rezeptoren und andere Elemente des Zellstoffwechsels und der Zellstruktur codieren, als auch Bauplan- und Entwicklungsgene, die eine entwicklungsspezifische Morphogenese steuern.

Einmal entstandene Gene oder Genkomplexe wurden im Verlauf der Evolution meist beibehalten (wenn auch nicht notwendigerweise exprimiert) und standen als Bausteine in späteren Evolutionsphasen zur Verfügung, da die Genome ja von Generation zu Generation weitervererbt werden. Der vorhandene Gen-Pool lässt sich durch Kombinatorik insbesondere auf der Ebene der Genregulation vielfältig variieren. Die DNA-Sequenz im Promotorbereich eines Gens kann durch Punkt- oder andere Mutationen so geändert werden, dass andere oder neue Transcriptionsfaktoren binden können. Auf diese Weise würde dieses Gen zu einem Zeitpunkt oder in einem Organ aktiviert, wo es früher abgeschaltet gewesen wäre. Ebenso können Sequenzabschnitte, an die spezifische Transcriptionsfaktoren binden, als DNA-Elemente vor vorhandene Gene inseriert werden (z. B. durch Transposons) und so neue Expressionsmuster hervorrufen.

Das Arbeiten mit Modulen oder vorgefertigten Bausätzen findet man in der Evolution an vielen Stellen; selbst die Ausbildung komplexer morphologischer Strukturen ist offenbar modular geordnet und durch wenige Schritte, z. B. durch An- oder Abschalten von Kontroll- oder Mastergenen ursprünglich angelegter Gencluster regulierbar. Beispielsweise führt bei der Acker-Schmalwand (*Arabidopsis thaliana)* oder beim Löwenmäulchen der Austausch eines einzigen Mastergens dazu, dass die Blüte von einer radiären zu einer zygomorphen Form oder umgekehrt verändert wird. Bei *A. thaliana* zeigen die homöotischen *apetala*-Mutanten unterschiedliche Maße der Ausbildung von Staub-, Kron- und Fruchtblättern. Diese Kombinationsebene, d. h. das Umschalten von einem komplexen Phänotyp zu einem anderen durch Modifizierung weniger Kontroll- und Bauplangene (Morphogene), wird experimentell vermutlich bald in einem größeren Maße zugänglich sein als heute. Vermutlich werden wir dann besser verstehen können, wie durch „Makromutationen“ komplexe Strukturen relativ schnell entstehen konnten.

Auch bei künstlicher Selektion, wie sie bei Haustieren und Kulturpflanzen stattfindet, lässt sich diese Evolutionsebene erkennen. Man denke an die vielen, oft ungewöhnlichen Formen von Hunden, Katzen, Tauben oder Hühnern, die in vergleichsweise kurzer Zeit selektiert wurden, oder an die verschiedenen Kohlsorten, die aus der Wildform *Brassica oleracea* entstanden (Abb. 3-40).

Fände man die verschiedenen Haustier- und Kulturpflanzenvarietäten in einer Museumssammlung ohne eine Kenntnis ihrer Vorgeschichte, so würde man vermutlich eine größere Anzahl von distinkten Arten beschreiben und nicht auf die Idee kommen, dass es sich nur um junge Varietäten weniger Arten handelt. Charles Darwin hatte eine große Sammlung von verschiedenen Taubenrassen angelegt. Als C. Lyell ihn im April 1856 besuchte, legte ihm C. Darwin Bälge von 15 Taubenrassen vor, die so unterschiedlich aussahen, dass *„three good genera, and about 15 species according to the received mode of species and genera making of the best ornithologists“* [drei gute Gattungen und mindestens 15 Arten entsprechend dem Art- und Gattungskonzept der besten Ornithologen] plausibel gewesen wären.

Ein solches Variieren von Bauplan- und Entwicklungsgenen (insbesondere von Homöobox- und MADS-Box-Genen) hat sicherlich zu einer schnellen Evolution auf morphologischer Ebene beigetragen (man könnte sie auch „Makromutationen“ nennen). Platzgründe erlauben nicht, das spannende, aber komplexe Thema der Entwicklungsgenetik zu vertiefen; eine gute Einführung in die Entwicklungsbiologie wurde von Werner A. Müller und Monika Hassel (1999) publiziert. Wenn ein schneller Wechsel der Morphologie in erdgeschichtlich neuerer Zeit erfolgte, ist er auf der Ebene der Markergen-Sequenzen (Kap. 3.5) meist nicht zu sehen. Mit anderen Worten, bei jungen Ereignissen kann sich das apparente Tempo zwischen morphologischer und molekularer Evolution deutlich unterscheiden. In anderen Fällen beobachtet man eine Konstanz der Baupläne über viele Jahrmillionen hinweg, obwohl diese Arten weiterhin der molekularen Evolution unterlagen. Diese werden als „lebende Fossilien“ bezeichnet (s. S. 176).

Umformung und Neukombination von Vorhandenem ist demnach ein wichtiges Evolutionsprinzip, das von dem französischen Molekularbiologen F. Jacob als ***tinkering*** [spielen, basteln] bezeichnet wurde. Dadurch verlief die Evolution natürlich schneller als durch Veränderung der Proteine über einfache Punktmutationen. Man kann sich so eher jene sprunghaften morphologischen Veränderungen vorstellen, die bei Fossilien regelmäßig beobachtet wurden.

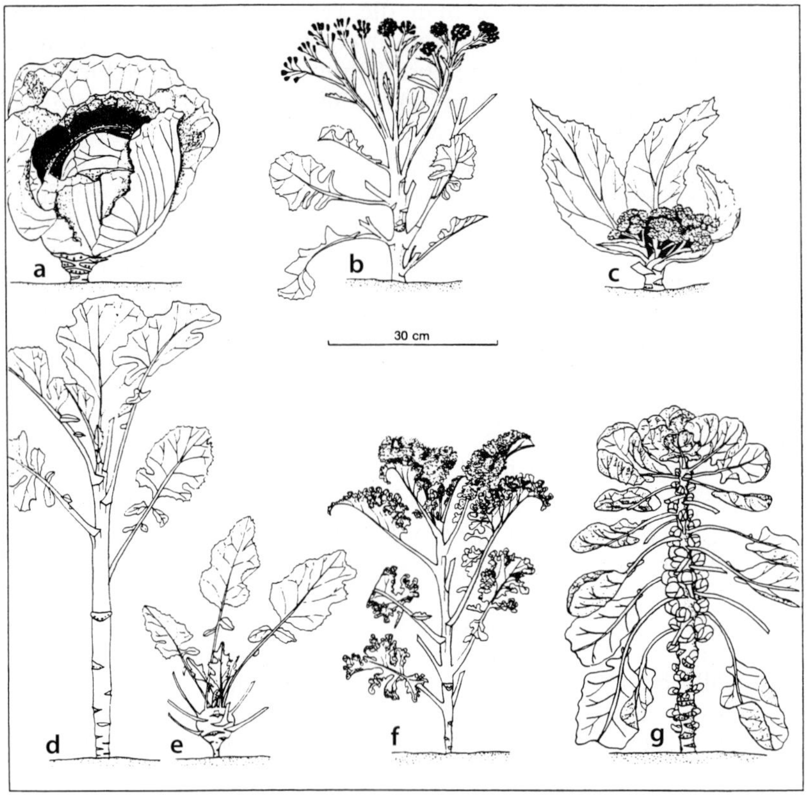

Veränderung	Varietät
a Vergrößerung der Endknospen	Kopfkohl
b Verdickung des Stiels und Vergrößerung des Blütenstandes	Broccoli
c Vergrößerung des Blütenstandes	Blumenkohl
d Verlängerung und Verdickung des Stiels	Markstammkohl
e Starke Verdickung des Stiels	Kohlrabi
f Vergrößerung der Blätter	Grünkohl
g Vergrößerung und Vermehrung der Achselknospen	Rosenkohl

Abb. 3-40. Sprunghafte Veränderung einer Wildform durch Züchtung, am Beispiel von *Brassica oleracea,* den man auch heute noch an der deutschen Nordseeküste finden kann, z. B. auf Helgoland. Schematische Illustration der Merkmalsvariation in den kultvierten Kohlsorten: **a** Kopfkohl, **b** Brokkoli, **c** Blumenkohl, **d** Markstammkohl, **e** Kohlrabi, **f** Grünkohl und **g** Rosenkohl (aus Körber-Grohne 1988)

3.4.2 Evolution von Multigenfamilien

Durch wiederholte Gen- und Genomverdopplung entstanden in der Evolution Genfamilien. In Abb. 3-41 ist ein molekularer Stammbaum der Proteinkinasefamilie dargestellt, der zeigt, wie aus einem ursprünglichen Protein eine Vielzahl von funktionellen Proteinkinasen entstehen konnte, die sich heute in diverse Unterfamilien aufteilen.

In Multigenfamilien lassen sich besondere Phänomene beobachten. In vielen Fällen sind die Mitglieder von Genfamilien in Genclustern auf den Chromosomen angeordnet und nicht zufällig irgendwo im Genom verteilt, sondern benachbart. Man könnte diese Cluster auch als **Supergen** bezeichnen. Markant und nicht ohne weiteres erklärbar ist die häufig beobachtete Sequenzähnlichkeit zwischen den Genen einer Familie, da sich die Sequenzen innerhalb von Multigenfamilien häufig nicht unabhängig entwickeln, wie man es eigentlich erwarten würde.

Der zugrunde liegende Evolutionsprozess wird als **konzertierte** oder **horizontale Evolution** bezeichnet. Diese Prozesse (Abb. 3-42) führen nicht

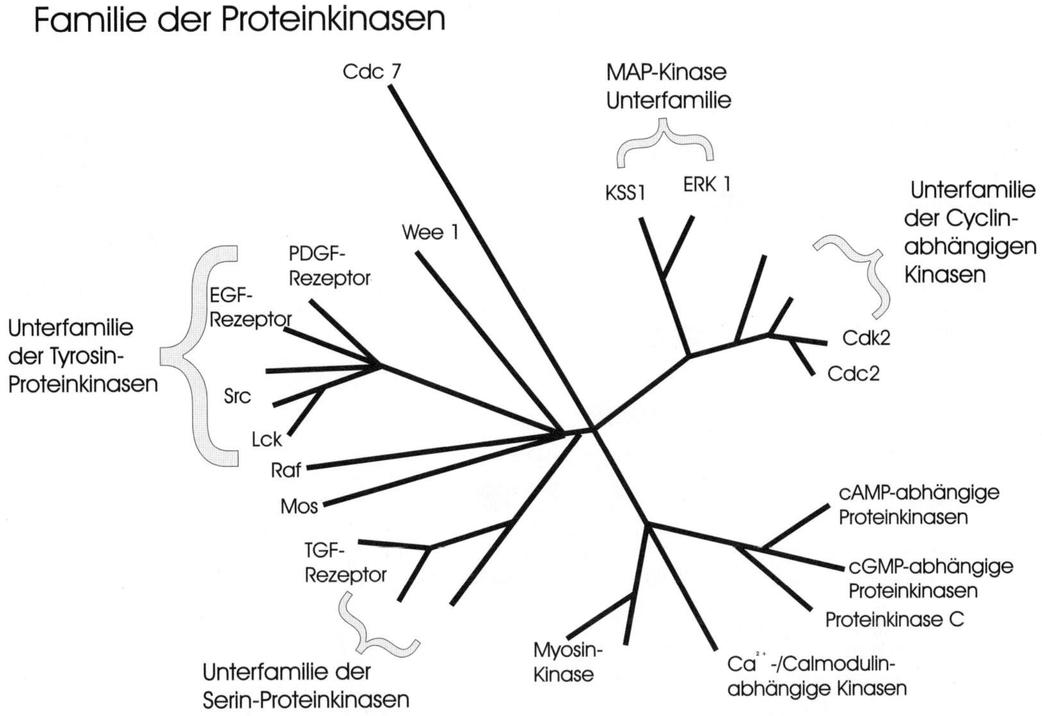

Abb. 3-41. Molekularer Stammbaum der Proteinkinasefamilie rekonstruiert über Aminosäuresequenzen der zugehörigen Proteine

nur dazu, dass die DNA-Sequenzen aller Mitglieder einer Genfamilie angeglichen werden, sondern auch dazu, dass sich Varianten in der Genfamilie ausbreiten können und letztlich in der Population fixiert werden. Dieses Phänomen ist für rRNA-Gene, Globin-, Immunoglobin-, HLA-, Histon- und Hitzeschockgene sowie für repetitive DNA genauer untersucht worden. Eine wichtige Multigenfamilie stellen die rRNA-Gene dar, die in der Grundeinheit als **Genkassette** vorliegen (Abb. 3-9). Zunächst wird die ganze Kassette transkribiert, später erfolgt das Herausschneiden der 5S, 18S und 28S rRNAs. Beim Krallenfrosch (*Xenopus*) findet man 400–600 tandemartige Wiederholungen der RNA-Kassette auf einem einzigen Chromosom. Beim Menschen sind ca. 300 Kopien auf 5 Chromosomen verteilt. Trotz hoher Kopienzahl sind die Nucleotidsequenzen in allen *repeats* fast immer identisch; dies ist eine wichtige Voraussetzung für die Verwendung der rRNA-Gene in der molekularen Phylogenieforschung (Kap. 4); die Sequenz eines einzelnen rDNA-Gens ist meist repräsentativ für die vielen Kopien, die im Genom vorhanden sind.

Für Um- und Neuordnungen (*rearrangements*) der Kern-DNA werden zwei Prozesse verantwortlich gemacht, das **ungleiche *Crossing-over*** (*unequal crossing-over*) und die **Genkonversion** (Abb. 3-42). Beide Mechanismen beruhen auf Fehlpaarungen homologer DNA. *Crossing-over* ist ein wesentlicher Prozess in der Meiose (Kap. 3.3), bei dem homologe Abschnitte der Chromatiden ausgetauscht werden. Beim *ungleichen Crossing-over*, das insbesondere im Bereich repetitiver Sequenzen auftritt, werden Sequenzbereiche oder vollständige Gene verdoppelt, d. h. Genzahl und Genlänge verändern sich. Bei repetitiver DNA (z. B. Minisatelliten-DNA; Kap. 4.1) ist dieses Phänomen am auffälligsten.

Genkonversion tritt dagegen sowohl in der Mitose als auch in der Meiose auf, wenn bereits durch Genduplikation mehrere Kopien eines Gens vorliegen. Bei der Genkonversion bleibt die Zahl der Gene und ihre Länge unverändert (Abb. 3-42 c). Gen-

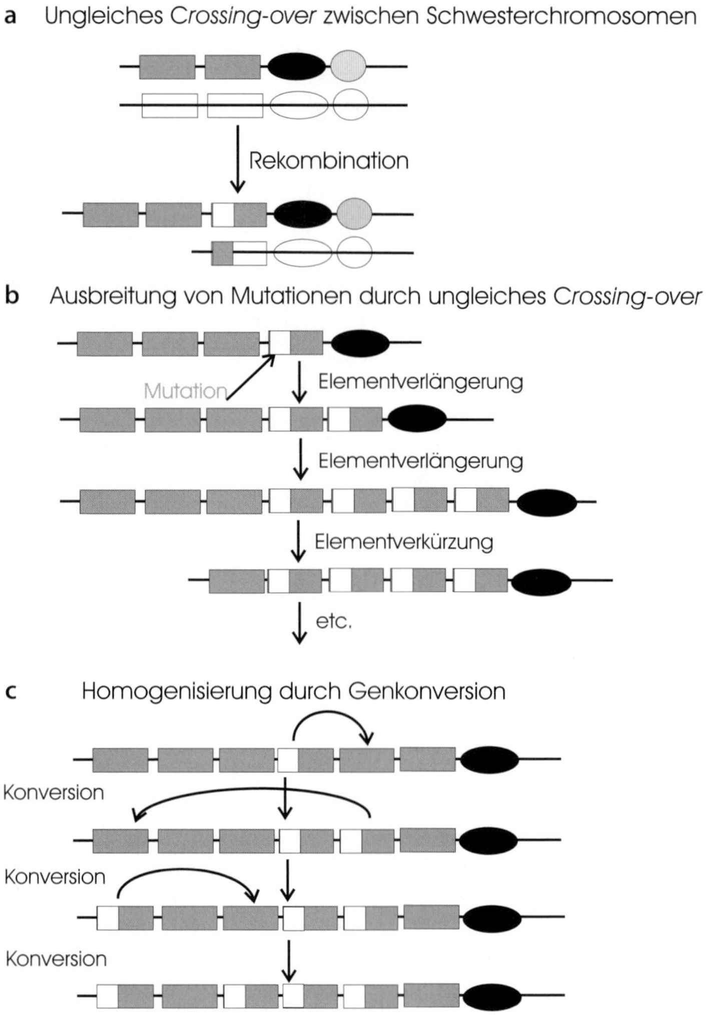

Abb. 3-42. Sequenzangleichung (Homogenisation) von tandemartig angeordneten DNA-Sequenzen durch ungleiches *Crossing-over* und Genkonversion.In einer Familie von tandemartig angeordneten DNA-Elementen kommt es zu einem regelmäßigen Gewinn oder Verlust von Einzelelementen durch ungleiches *Crossing-over* (**a**), denn homologe Genelemente sind Orte erhöhter genetischer Rekombination. Mutationen können sich durch ungleiches *Crossing-over* in einer Genfamilie durchsetzen (**b**), indem das mutierte Element bevorzugt dupliziert wird, während die Wildtyp-Allele verloren gehen. Ausbreitung von Mutationen in einer Genfamilie durch Genkonversion (**c**). Dabei dient eine Genkopie als Matrize und überführt ihre Information (und Mutation) auf andere Genkopien. Dieser Prozess verläuft bei höheren Eukaryoten nur bei Genkopien, die nebeneinander auf einem Chromosom lokalisiert sind

konversion beginnt mit einer **Heteroduplexbildung** von DNA-Einzelsträngen verwandter, aber nicht gleicher Gene, die dann durch *Mismatch-Repair* in vollständig komplementäre Stränge umgewandelt werden. Ausgangspunkt der Heteroduplexbildung sind identische (häufig repetitive) Sequenzbereiche, z. B. in der Intronregion oder in anderen Sequenzbereichen. Durch Genkonversion werden Sequenzen einander angeglichen oder neue Sequenzkombinationen erzeugt. Bei Vertebraten liegen rDNA-Repeats auf 5 Chromosomen und weisen alle die gleiche Sequenz auf. Demnach erfolgt Genkonversion nicht nur innerhalb eines Chromosomenpaares, sondern auch zwischen nicht-homologen Chromosomen. Nicht immer werden komplette Gene umgewandelt, manchmal sind es auch nur begrenzte Genbereiche, die dieses Merkmal zeigen, z. B. findet man bei zwei humanen Cytochrom p_{450}-Genen eine Sequenzidentität im 5′-Ende, aber eine Variabilität an 36 Positionen im 3′-Ende. Ein anderes Beispiel betrifft die beiden α-Globin-Gene ($\alpha 1$ und $\alpha 2$) des Hämoglobins, die an beiden Loci bei verschiedenen Organismen identische Mutationen aufweisen, obwohl eine Trennung beider Gene vermutlich bereits vor 300 Mio. Jahren erfolgte.

Genkonversion ist also nur bei DNA-Abschnitten möglich, die eine Sequenzhomologie aufweisen; ihre Häufigkeit ist proportional zur Sequenzhomologie. Sind die Mitglieder von Genfamilien durch **Alu-Sequenzen** (Kap. 3.4.4) getrennt, so tritt eine Genkonversion nicht oder seltener ein; wir beobachten in solchen Fällen, dass die Einzelgene getrennt evolvierten, d.h. unterschiedliche Sequenzen aufweisen

Unklar ist der Mechanismus, über den eigentlich eine Sequenzkonstanz in den vielen Kopien der **Organell-DNA** (Mitochondrien und Chloroplasten) erreicht wird, da hier Rekombinationsprozesse (angeblich) fehlen. Ob bei ihnen ebenfalls extra-chromosomale Elemente, wie z.B. Plasmide, eine Rekombination ermöglichen, wie bei haploiden Prokaryoten angenommen wird, bleibt zu prüfen.

3.4.3 Nichtcodierende repetitive DNA

Der vermutlich größte Teil des Genoms (über 50% bei vielen höheren Eukaryoten) wird nicht transkribiert und ist teilweise funktionslos. Wichtige Elemente stellen **Pseudogene** und **repetitive DNA-Sequenzen** dar (Abb. 3-37).

3.4.3.1 Pseudogene

Durch Verdopplung oder Vervielfachung von Genen entwickelten sich meist, aber nicht immer, neue funktionelle Gene (Kap. 3.4.3). Im Gegensatz dazu stehen **Pseudogene**, bei denen es sich um nicht translatierbare Kopien von Genen handelt, die Frame-shift-, Nonsense-Mutationen, Deletionen und Insertionen aufweisen. Pseudogene haben heute keine Funktion mehr. Auch Pseudogene unterliegen der horizontalen Evolution, d.h. sie können durch ungleiches *Crossing-over* und durch Genkonversion (Kap. 3.4.3) verändert werden.

Bei Pseudogenen kann man zwei Gruppen unterscheiden: Die erste entsteht durch **Genduplikation**, die zweite durch **Retroposons.** Im zweiten Fall werden die Gene transkribiert und prozessiert und nach Rückübersetzung in DNA an irgendeiner Stelle im Genom inseriert. Diese **Retropseudogene** haben keine Introns, aber häufig Poly-A-Schwänze und liegen nicht in Nachbarschaft zum Ursprungsgen, wie dies bei Pseudogenen, die durch Duplikation entstanden sind, der Fall ist.

Erstaunlicherweise kann die Natur es sich leisten, diesen „Müll" (*junk-DNA*) mit jeder Generation weiter zu vermehren, obwohl die Replikation ein energieaufwendiger Prozess ist. Aber vielleicht sind ja diese DNA-Abschnitte, die heute funktionslos erscheinen, in einer späteren Evolutionsphase (als molekulares „Ersatzteillager") wieder von Nutzen.

3.4.3.2 Repetitive DNA

Wird ein DNA-Bereich verdoppelt und neben dem ursprünglichen Gen positioniert, so sprechen wir von *Tandem-Repeat.* Diese *Tandem-Repeats* sind der Ausgangspunkt für weitere DNA-Amplifikationen, hervorgerufen durch *ungleiches Crossing-over* (Abb. 3-20). Mengenmäßig bedeutsam ist die **repetitive DNA**, die man in **mittelrepetitive DNA** (umfasst Transposons und Retroelemente) und **hochrepetitive DNA** unterteilen kann. Die letzte Klasse umfasst kurze Nucleotidsequenzen, die tandemartig in großer Anzahl in den Chromosomen vorkommen (Abb. 3-37; 3-43). Man unterscheidet **Telomer-**, **Satelliten-**, **Minisatelliten- und Mikrosatelliten-DNA.**

An den Enden der Chromosomen findet man die tandemartig wiederholten **Telomersequen-**

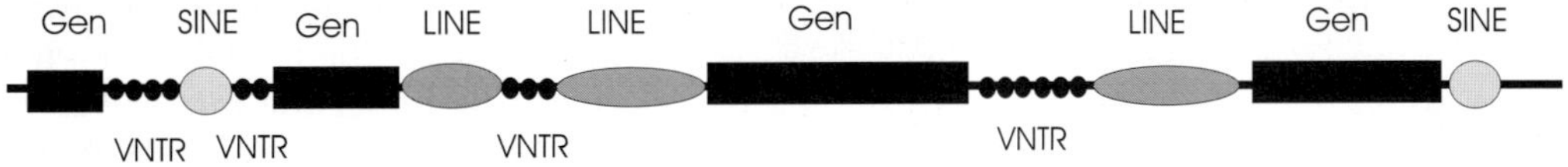

Abb. 3-43. Schematische Darstellung der Anordnung von Genen, VNTR, LINE, und SINE auf einem Chromosom: VNTR (*variable number tandem repeats*), SINE (*short interspersed elements*), LINE (*long interspersed elements*)

Tabelle 3-13. Nucleotidsequenz von Telomeren

Organismus	Sequenzelement
Mensch	CCCTAA
Pflanzen (*Arabidopsis*)	CCCTAAA
Bierhefe	CCA $(CA)_{1-3}$
Flagellaten	CCCTA
Ciliaten	CCCCAA

zen, die über weite Organismengruppen konserviert wurden (Tabelle 3-13). Telomere verhindern, dass Chromosomenenden vorzeitig durch Nucleasen abgebaut werden. Telomere werden durch spezielle Telomerasen an die Chromosomenenden eingebaut. Die Telomerase wird in Embryonal- und Tumorzellen besonders stark, in erwachsenen Organismen dagegen zunehmend weniger exprimiert. Ausgehend von diesem Phänomen wurde die Theorie aufgestellt, dass Altern und Tod eine Konsequenz des irreversiblen Abbaus der Telomersequenzen und funktionaler Chromosomenabschnitte ist.

Trennt man die Gesamt-DNA von Eukaryoten durch Cäsiumchlorid-Gradientenzentrifugation auf, so findet man häufig zwei Banden, von denen eine kleinere die sog. **Satelliten-DNA** enthält. Diese Satelliten-DNA ist besonders reich an repetitiven Sequenzen und kann auf den Chromosomen bevorzugt im Bereich der Centromeren lokalisiert werden. Bei Insekten und anderen Arthropoden ist die Satelliten-DNA sehr homogen aufgebaut, d.h. ihre Sequenzelemente sind hochkonserviert (Tabelle 3-14). Bei Vertebraten sind die bis 1000-fach wiederholten Sequenzeinheiten der Satelliten-DNA deutlich länger und variabler (Länge über 200 Basenpaare); in diesen Elementen findet man variierte Unterelemente, wie z.B. GA_5TGA. Durch ungleiches *Crossing-over* (Kap. 3.4.3) ist die Variabilität in der Satelliten-DNA etwa 10-mal höher als bei Genen, die nur in wenigen Kopien vorkommen. Verteilung und Organisation der repetitiven DNA-Elemente in den Centromerenbereichen sind chromosomen- und artspezifisch; vermutlich dient die repetitive Centromeren-DNA dazu, dass sich die homologen Chromosomen während der Meiose erkennen und zusammenlagern können.

Tabelle 3-14. Repetitive Sequenzelemente in Satelliten-DNA von *Drosophila*

Sequenzelement	Länge der Satelliten-DNA [Anzahl Basenpaare]
ACAAACT	10^7
ATAAACT	10^6
ACAAATT	10^6
AATATAG	10^6

Neben der eigentlichen Satelliten-DNA findet man bei Tieren und Pflanzen 5- bis 50-fach wiederholte Sequenzelemente, die jeweils 15 bis 100 Basenpaare umfassen. Die Sequenzelemente lassen sich auf ursprüngliche Sequenzen zurückführen, die durch Punktmutationen variiert wurden. Diese repetitive DNA, die jeweils ca. 500–5000 Nucleotide umfasst, ist wesentlich kürzer ist als die eigentliche Satelliten-DNA (Tabelle 3-15) und wird als **Minisatelliten** oder **VNTR** (*variable number tandem repeats*) bezeichnet. Sie zeigt eine starke Längenvariabilität an jedem Locus und weist durch ungleiches *Crossing-over* (Kap. 3.4.3) eine besonders hohe Mutationsrate auf (indem z.B. die Zahl und Länge der *Repeats* verändert wird), die bis zu 5% pro Gamet betragen kann. Man hat die Minisatelliten-DNA deshalb auch als *hot spot* der meiotischen Rekombination bezeichnet. Minisatelliten-DNA eignet sich besonders zur Identifizierung von Individuen (z.B. in der forensischen Medizin oder Kriminalistik bei Aufklärung von Sexualstraftaten oder Mord) und zur Aufklärung von Paternität und Homozygotie in einer Population. Viele VNTR-Loci haben jeweils Dutzende von Allelen, die ko-dominant vererbt werden. Diese Eigenschaft wird im DNA-Fingerprinting (Kap. 4.1) ausgenutzt. Die Wahrscheinlichkeit, dass zwei nicht verwandte Individuen identische Fingerprints aufweisen, ist kleiner als 1 zu 10 Mio. Diese Voraussetzung ist jedoch nicht immer gegeben, denn gerade in natürlichen Populationen oder bei Haustieren finden wir, dass nahverwandte Individuen in einer Population vorhanden sind (bedingt durch Philopatrie und Inzucht). Je höher die innere Verwandtschaft in einer Gruppe oder Population, desto schwieriger kann es sein, über DNA-Fingerprinting eindeutige Vaterschaftsnachweise zu erbringen.

Tabelle 3-15. Beispiele für Sequenzvariation und Länge von Minisatelliten-DNA

Sequenzelement	Repeat-Länge	Zahl der Repeats	Allele
AAGGGTGGGCAGGAAC	62	20–40	6
TGGGGAGGGCAGAAAG	64	10–18	5
GGA-GTGGGCAGGCAG	41	5	1

Daneben treten in tierischen und pflanzlichen Genomen noch kürzere repetitive Elemente auf, deren Grundeinheit aus 2 (manchmal bis 5) Nucleotiden (z.B. $(GC)_n$ oder $(CA)_n$) bestehen, die bis zu 100-mal wiederholt sind. Von diesen, als **Mikrosatelliten** bezeichneten Elementen, finden wir beim Menschen ca. 30000 Loci, die für die Erkennung von Individuen, für Paternitäts-, Populationsuntersuchungen und Genomkartierungen von großer Wichtigkeit sind (Kap. 4.1). Die Allele lassen sich mittels PCR (Kap. 4.1) amplifizieren. Da die Mikrosatelliten-PCR mit geringsten Mengen an DNA auskommt, ist sie heute für viele forensische und biologische Fragen die Methode der Wahl (Kap. 4.1). Die Variabilität von Mikrosatelliten-DNA wird während der Meiose durch ungleiches *Crossing-over* und *slippage* stark erhöht, indem die kurzen Sequenzelemente mutiert, verdoppelt oder verringert werden können (Abb. 3-42).

Im Genom von Pflanzen und Tieren findet man zusätzlich bis 500 Basen lange DNA-Abschnitte, sogenannte *scattered* oder ***short interspersed elements*** (**SINE**) oder 1000 bis 5000 Nucleotide lange ***long interspersed elements*** (**LINE**), die in vielen Kopien auftreten (jedoch nicht in tandemartigen Wiederholungen) (Abb. 3-43).

Zu den SINEs zählen die DNA-Elemente ***Alu*** (das durch das Restriktionsenzym Alu I erkannt wird), ***Kpn*** und **Poly-CA**. Im menschlichen Genom umfasst der Anteil dieser Elemente ca. 20% des Gesamtgenoms. Man vermutet, dass diese Elemente, die man auch als **mobile genetische Elemente** oder **Retrotransposons** bezeichnen kann, durch Reverse Transcription entstehen. Aus evolutionärer Sicht könnte man die **Transposons** (mit *long terminal repeats*, LTR oder *inverted repeats*, IR), **Retrotransposons** und **Retroposons** (Transposons ohne LTR) als Beispiele für aktive **„egoistische“ Gene** (*selfish DNA*) ansehen, die nur ihre Vermehrung im Sinn haben. Andererseits führen diese mobilen Elemente zur genetischen Variabilität (u.a. vermehrtes *Exon-Shuffling* oder *Enhancer-Shuffling*), die sich langfristig auch positiv auswirken kann. Chromosomen zeigen im Bereich von *Alu*-Sequenzen erhöhte Raten von Neuorientierung. Wenn *Alu*-Elemente in aktive Gene springen, so werden diese meist inaktiviert; umgekehrt können „schlafende“ Gene aktiviert werden, indem springende Elemente als Enhancer fungieren. Letztendlich werden damit der Selektion neue Merkmale zur Verfügung gestellt. Sexuelle Isolation und Artbildung können durch diese Mechanismen verstärkt werden.

Der relative Anteil der nichtrepetitiven DNA liegt bei Bakterien bei 100% und nimmt bei höher entwickelten Eukaryoten ab: 70% bei *Drosophila*, ca. 55% bei Säugetieren und 33% bei Pflanzen. Der Anteil der repetitiven DNA nimmt entsprechend zu. Bedingt durch ungleiches *Crossing-over* wird der Anteil der repetitiven DNA im Genom der Eukaryoten in der zukünftigen Evolution vermutlich weiter wachsen. Wie bereits oben erwähnt, kennen wir die Funktion von über 50% des Genoms nicht. Ob es sich bei der repetitiven DNA wirklich um funktionslose oder „egoistische“ DNA, wie manchmal angenommen wird, handelt, muss die weitere Forschung zeigen.

3.4.4 Horizontaler Gentransfer

Der Transfer von genetischem Material über Art- und Familiengrenzen (Hybridisierung; Kap. 3.3.4) hinweg tritt bei Prokaryoten regelmäßig auf und ist gut belegt. So wird z.B. die Antibiotikaresistenz, die durch Gene auf den Plasmiden codiert wird, durch Plasmidaustausch auch über Artgrenzen hinweg weitergegeben. Ebenso bekannt ist der Gentransfer von Viren (z.B. Retroviren), die als mobile genetische Elemente angesehen werden können, in tierische Genome. Bei Pflanzen kommt es bei Infektion durch *Agrobacterium tumefaciens* zu Kronengalltumoren oder durch *A. rhizogenes* zu *hairy roots*. Auch hier findet ein Transfer der T-DNA in die Pflanzenzelle statt, bei dem Gene für die Biosynthese von Wuchsstoffen und für die Opine übertragen werden.

Ein klassisches Beispiel für einen horizontalen Gentransfer kann man in Eukaryotenzellen sehen. Wie in EXKURS 3.3 dargestellt, entstanden durch die Aufnahme von Purpurbakterien in frühe Eucyten Mitochondrien und durch Aufnahme von Cyanobakterien Chloroplasten. Dabei wurden natürlich die bakteriellen Genome mit übertragen, wobei die bakteriellen Gene später größtenteils in den Zellkern der Wirtszelle ausgelagert wurden. Das gemeinsame Vorkommen von Hämoglobingenen bei Tieren und Leguminosen könnte ebenfalls durch horizontalen Gentransfer verursacht worden sein, nur kennen wir die Übertragungswege nicht. Die laufenden und zukünftigen Genomprojekte werden sicher noch viel mehr Evidenzen für horizontalen Gentransfer aufdecken, als wir heute vermuten.

3.5 Evolution auf der Ebene von Nukleotidsequenzen

ÜBERSICHT

In diesem Kapitel wird ausgeführt, wie man über die Analyse von DNA-Sequenzen von Markergenen die evolutionäre Vergangenheit der Organismen rekonstruieren kann. Aus der Beobachtung, dass Genmutationen relativ regelmäßig auftreten, leitet sich das Konzept der Molekularen Uhr ab. Morphologische Merkmale zeigen dagegen meist keine konstanten Entwicklungsraten. Bei „lebenden Fossilien" erscheint die Evolution stillzustehen oder nur langsam voranzuschreiten, während sie bei anderen Organismen besonders schnell verlaufen kann (z. B. bei Haustieren, Kulturpflanzen).

3.5.1 Sequenzevolution

Da Keimbahnmutationen, wie z. B. Nucleotidsubstitutionen, bei Eukaryoten über die Gameten an nachfolgende Generationen weitergegeben werden, kann man theoretisch den Weg der evolutionären Entwicklung (**Stammesgeschichte** oder **Phylogenie**) dadurch zurückverfolgen, dass man das Auftreten und die Weitergabe solcher Mutationen analysiert. Dieser Vorgang soll an einem einfachen Beispiel, wie es in der Evolution von Tieren und Pflanzen vielfach aufgetreten ist, schematisch erläutert werden (Abb. 3-44).

Aus einer Stammpopulation von Pflanzen oder Tieren werden einige Individuen auf eine Insel verdriftet und können sich dort etablieren und fortpflanzen (Kap. 3.3.8). In der Stamm- und der Inselpopulation treten im Verlauf der nachfolgenden Generationen zufällige Mutationen (vor allem Nucleotidsubstitutionen) auf. Diese Mutationen werden, sofern sie nicht die Merkmalsträger schwächen, an nachfolgende Generationen weitergegeben. Die Mutationen, die wir bei den heute lebenden Organismen sehen, betreffen insbesondere nichtcodierende DNA-Abschnitte und die dritte Codonposition proteincodierender Gene, da diese Mutationen sich in der Regel nicht auf die Aminosäuresequenz und damit die Funktion eines Proteins auswirken (Abb. 3-7). Wenn man sich Nucleotidsequenzen homologer Gene (oder die Aminosäuresequenzen der abgeleiteten Proteine) bei den heute lebenden Organismen ansieht, so kann man über entsprechende computergestützte Phylogenieprogramme den mutmaßlichen Verlauf der Evolution rekonstruieren, der zu den heutigen Formen führte, ohne dass man die Zwischenstufen jemals gesehen hat. Diese Logik wendet die molekulare Phylogenieforschung heute an, um die Phylogenie oder Phylogeografie von Organismen (Kap. 4) zu rekonstruieren.

Aber nicht nur Nucleotid- und Aminosäure-Substitutionen eignen sich zur Phylogenieforschung. Änderungen in der Topologie der Genome oder größere Genom-Rearrangements (Kap. 3.3

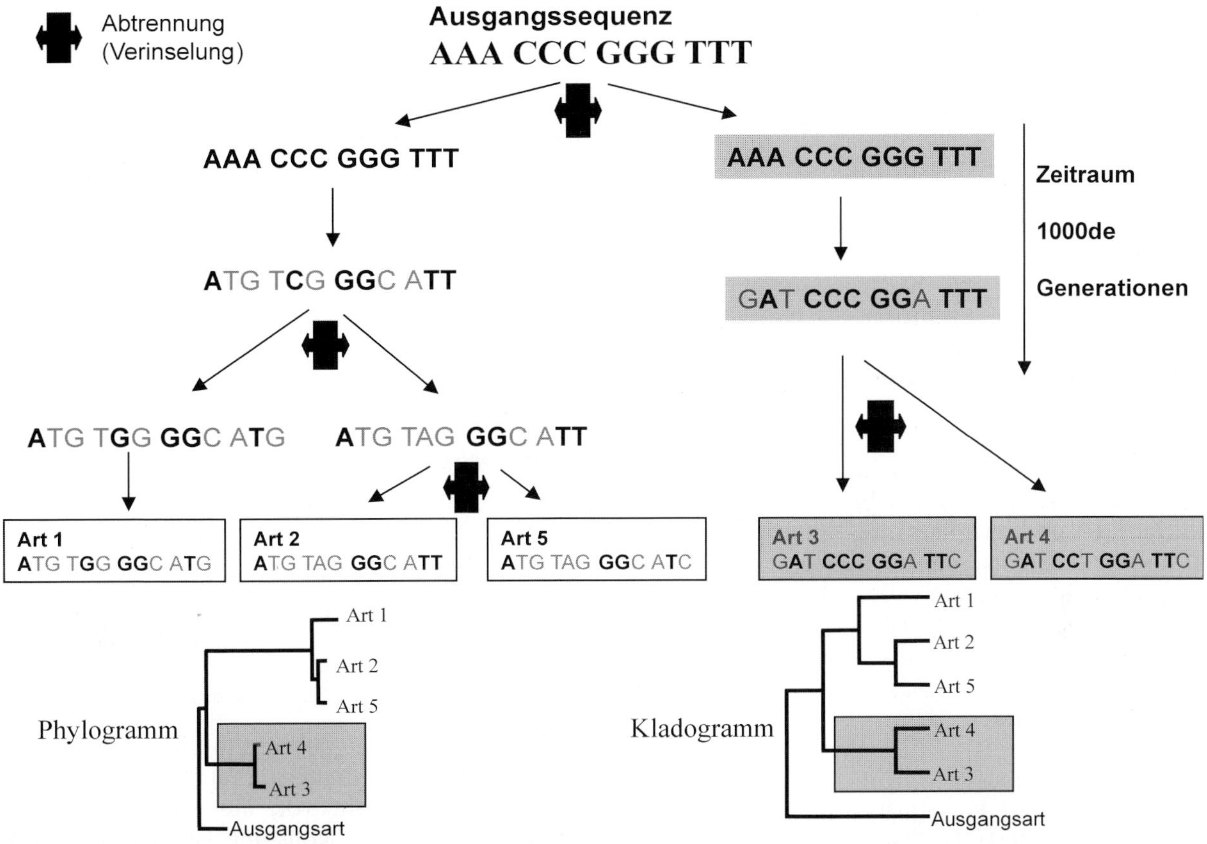

Abb. 3-44. Evolution auf der Ebene von Nucleotidsequenzen. Ausgehend von einer Stammart nehmen wir mehrere Trennungen der Entwicklungslinien an, z. B. durch Verdriften auf Inseln. Die isolierten Populationen sollen in keinem Genfluss mit der Ausgangspopulation stehen und deshalb eine unabhängige Evolution durchlaufen. Substituierte Nucleotide sind durch Fettdruck gekennzeichnet. Gehen wir von den bekannten Sequenzen der 5 Arten aus, die wir heute vorfinden, so kann man mit den Phylogenieprogrammen die Phylogenie rekonstruieren. Das Ergebnis einer solchen Rekonstruktion ist als Phylogramm und als Kladogramm dargestellt. In einem Phylogramm entsprechen die Astlängen den genetischen Distanzen

und 3.4) stellen ebenfalls wichtige Merkmale dar, die wenn sie einmal aufgetreten sind, an nachfolgende Generationen weitergegeben werden. In Abb. 3-17 sieht man z. B., dass bei allen Vögeln ein Teil der mtDNA neu angeordnet wurde, indem das ND6-Gen zwischen Cytochrom b und der Kontrollregion inseriert wurde. Diese Umlagerung trat offenbar bei den Vorfahren der Vögel auf und findet sich heute als synapomorphes Merkmal bei allen lebenden Vögeln.

Aussagen der molekularen Phylogenie sind Teil der Evolutionsgeschichte; da alle Aussagen zur Evolutionsgeschichte strenggenommen Hypothesen bleiben, können wir sie nicht experimentell beweisen. Diese Einschränkung gilt natürlich auch für die molekularen Ergebnisse. Je länger aber die Sequenzen und je vollständiger die Datensätze sind, die untersucht werden, desto größer wird die Wahrscheinlichkeit, über solche Analysen die realen Evolutionsereignisse zu rekonstruieren.

Es gibt einige experimentelle Befunde, welche die Validität molekularer Daten belegen. Walter Fitch und William Atchley untersuchten Allozymvariationen in einer Linie von Labormäusen, die seit 70 Jahren kontrolliert gezüchtet wird und von der man die Phylogenie der letzten 70 Jahre genau kennt. Die molekularen Daten konnten die bekannte zugrunde liegende Phylogenie exakt rekonstruieren, während streng kladistisch (die Kladistik wird als eine wichtige Methode der Systematik angesehen; Kap. 4.2.2) ausgewertete morphologische Daten zu gänzlich anderen Ergebnissen kamen. Ein weiteres aktuelles Beispiel stammt aus der AIDS-Forschung; auch hier konnte man über die Nucleotidsequenzen von HIV die bekannte Evolution der verschiedenen Virusstämme eindeutig rekonstruieren und den Ursprung von HIV in Schimpansen wahrscheinlich machen.

In den nachfolgenden Abschnitten und in Kap. 4.1 sind einige der Grundannahmen sowie das methodische Vorgehen bei der Analyse von Nucleotid- und Aminosäuresequenzdaten ausführlicher erläutert, da sie für das Verständnis molekularer Phylogenierekonstruktionen wichtig sind.

3.5.2 Molekulare Uhren

Die Anzahl der Nucleotidsubstitutionen ist mit der **Divergenzzeit** korreliert, d.h. je länger zwei Taxa getrennt sind, desto größer die Anzahl der Nucleotidunterschiede und Aminosäurenaustausche. Diese Tatsache ist die Grundlage für das Konzept der **molekularen Uhr**, wie es von Linus Pauling und Emile Zuckerkandl 1961 erstmals postuliert wurde. Eine molekulare Uhr bezieht sich meist auf die Mutationsraten in einzelnen Genen oder Proteinen und kann nur dann eine verlässliche Maßeinheit sein, wenn sie eine konstante Taktfrequenz aufweist und geeicht werden kann, z.B. über Fossilfunde. Molekulare Uhren werden in der Praxis häufig verwendet, aber ebenso häufig kritisiert. Wir wissen heute, dass es keine exakte und generelle molekulare Uhr im Sinne der Physik gibt, wie früher optimistisch angenommen wurde. Aber eine molekulare Uhr grundsätzlich zu negieren, wie es manche Kritiker tun, ist ebenso unangemessen. Es handelt sich bei der molekularen Uhr eher um lokale Uhren, die relative Zeitaussagen erlauben.

3.5.2.1 Aminosäuresubstitutionen

Seit ca. 1960 wurden **Aminosäuresubstitutionen** in Proteinen und seit 1980 vermehrt **Nucleotidsubstitutionen** in DNA analysiert, um das **Tempo der molekularen Evolution** zu bestimmen. Nehmen wir zur Erläuterung zwei Arten an, die von einem gemeinsamen Vorfahren abstammen. Wenn wir die Dauer der zugrunde liegenden Divergenzzeit durch Fossilfunde abschätzen können, ergibt sich z.B. die Rate der Proteinevolution als Anzahl der paarweisen AS-Substitutionen geteilt durch 2.

Rechenbeispiel
Angenommene Divergenzzeit = 80 Mio. Jahre; Länge des Proteins = 100 Aminosäuren (AS), davon sind 16 substituiert. Evolutionsrate (AS-Substitution pro Position und Jahr) = 16: $(100 \cdot 80 \cdot 2 \cdot 10^6) = 1 \cdot 10^{-9}$. Analog wird diese Berechnung auch für Nucleotidsubstitutionen bei DNA-Sequenzen benutzt.

Für viele Proteine liegen Abschätzungen der Evolutionsgeschwindigkeit (Tabelle 3-16) und der molekularen Uhr vor, die zeigen, dass die Evolutionsrate nicht konstant ist, sondern von Protein zu Protein variiert, je nachdem, wie wichtig die Beibehaltung der Raumstruktur für die Funktion eines Proteins ist (Tabelle 3-16). So ist die Struktur von *housekeeping genes*, wie z.B. Histonen, hoch konserviert, während spezialisierte Proteine, wie Fibrinopeptide, offensichtlich einen höheren Freiheitsgrad besitzen. Insbesondere Proteinbereiche, die funktional wichtig sind, z.B. aktive Zentren oder Bindungsstellen, evolvieren langsamer als funktionell weniger kritische Bereiche, z.B. in Transmembranregionen. Denn Träger von Mutationen, welche die Funktion eines wichtigen Proteins beeinträchtigen, haben eine geringere Fitness und sind daher weniger in der Lage, ihre Gene an die Nachkommen weiterzugeben, als Tiere mit neutralen oder sogar positiven Mutationen.

Für spezifische Proteine hat man zeigen können, dass die Evolutionsraten über lange Zeiträume relativ konstant blieben und damit das Kriterium einer molekularen Uhr erfüllen.

Tabelle 3-16. Evolutionsgeschwindigkeit verschiedener Proteine

Protein	UEP*	Substitutionsrate**
Histon H4	400	0,013
Histon H3	330	0,015
Glutamatdehydrogenase	55	0,09
Glucagon	43	0,12
Corticotropin	24	0,21
Triosephosphat-Isomerase	19	0,26
Lactatdehydrogenase	19	0,26
Cytochrom c	21	0,33
Insulin	14	0,36
Lipotropin (β-Kette)	8	0,60
Myoglobin	6	0,8
Trypsinogen	6	0,8
Prolactin	5	1,0
Hämoglobin (α-Kette)	3,7	1,4
Hämoglobin (β-Kette)	3,3	1,5
Albumin	3,0	1,7
Ribonuclease	2,3	2,2
Immunoglobulin C	1,7	2,9
Fibrinopeptid A	1,7	2,9
Fibrinopeptid B	1,1	5,5

* Als UEP (*unit evolutionary period*) gilt die Zeit (in Mio. Jahren), die zur Ausbildung von 1% Sequenzunterschied zwischen zwei Evolutionslinien notwendig ist

** Austauschrate pro Aminosäureposition und in 1 Mrd. Jahren

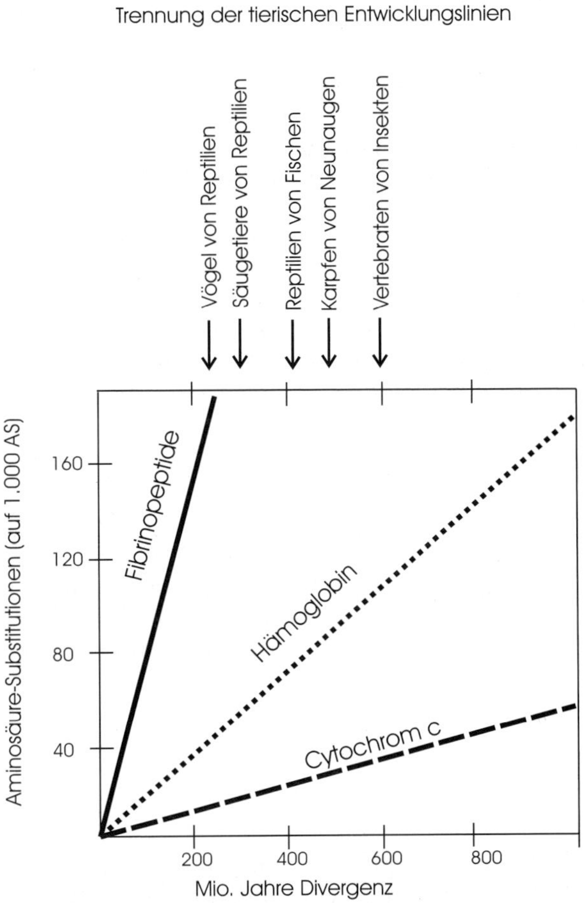

Abb. 3-45. Evolutionsraten (auf Aminosäureebene) von Fibrinopeptiden, Hämoglobin, und Cytochrom c. Wichtige Meilensteine der Evolution sind durch Pfeile gekennzeichnet

Beispiele sind Hämoglobin, Cytochrom c und Fibrinopeptide (Abb. 3-45). Die Kalibrierung erfolgte über das ungefähre Alter von Fossilien. Auch unabhängig von Fossilfunden kann man prüfen, ob die Veränderungsrate eines Proteins oder Gens in verschiedenen Entwicklungslinien konstant ist und damit in etwa den Bedingungen einer molekularen Uhr entspricht. Dazu dient der *relative rate*-Test nach Sarich und Wilson (1973) (EXKURS 3.4).

Wie in Abb. 3-45 gezeigt, verläuft die molekulare Evolution bei spezifischen Proteinen ungefähr mit gleicher Rate. Dabei spielt die Zahl der Generationen oder die Zahl der Nachkommen (wider Erwarten) keine wesentliche Rolle, d.h. die Substitutionsrate ist beim Elefanten (als Beispiel für eine Art mit langer Generationszeit) genauso hoch wie bei Mäusen (als Beispiel für eine Tiergruppe mit kurzer Generationszeit).

EXKURS 3.4

Relative rate-Test

Wenn die Sequenz von drei Arten 1, 2 und 3 und die zugehörige Phylogenie ermittelt ist (Abb. 3-46), kann die Veränderungsrate zwischen einem gemeinsamen Vorfahren und den heutigen Arten 1 und 2 berechnet werden.

Da wir die Substitutionsrate zwischen Art 1 und 2 (K), zwischen 1 und 3 (M) und 2 und 3 (L) kennen, ergeben sich 3 Gleichungen mit insgesamt 3 Unbekannten:

$$K = x + y;\ L = y + z \text{ und } M = x + z$$

Ist die Rate gleich, so sollte die Zahl der Aminosäuren- oder Nucleotidsubstitutionen zwischen Art 1 und dem Vorfahren gleich groß sein wie zwischen Art 2 und dem Vorfahren, deshalb ist x=y; ist x ungleich y, dann liegt keine konstante Rate vor, d.h. man kann das Gen oder Protein nicht als molekulare Uhr benutzen.

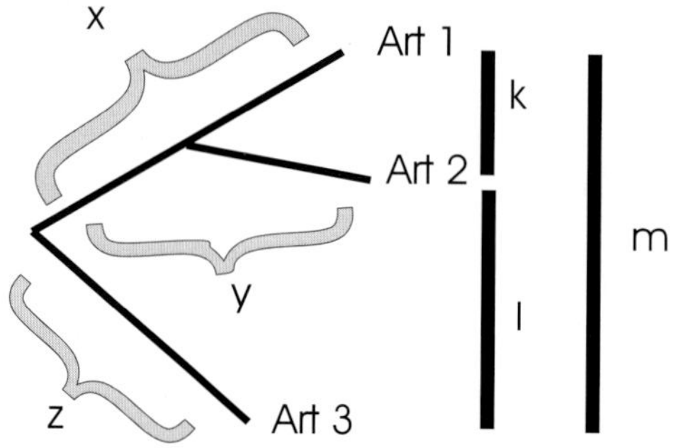

Abb. 3-46. Schematische Darstellung des *relative rate*-Tests; k, l und m entsprechen der Anzahl an Aminosäuresubstitutionen zwischen den drei Arten 1, 2 und 3. Zur Ermittlung der Evolutionsraten x, y und z s. Text

3.5.2.2 Nucleotidsubstitutionen

Bei Nucleotidsequenzen von proteincodierenden Genen ergibt sich ein anderes Bild (Tabelle 3-17), da sich nicht alle Nucleotidsubstitutionen auf die Aminosäuresequenz auswirken (z. B. sind ca. 70% der Substitutionen in der dritten Codonposition synonyme Austausche und damit selektionsneutral). Generell finden wir bei Tieren eine bis fünfmal schnellere Substitutionsrate in synonymen Nucleotidpositionen im Vergleich zu nicht-synonymen Positionen (Abb. 3-47; Tabelle 3-17), in denen eine Substitution zur Änderung der Aminosäure führen würde.

Tiere mit kurzer Generationszeit und hoher Nachkommenzahl haben in der Regel höhere Substitutionsraten an synonymen Nucleotidpositionen als Tiere mit wenigen Nachkommen und langen Generationszeiten (Tabelle 3-18). Die Zahl der Mutationen ist offenbar proportional zur Anzahl der DNA-Replikationen in Keimbahnzellen und damit zur der Generationszeit. Mutationsraten können außerdem von der Körper- und Umgebungstemperatur abhängen, da bei höheren Temperaturen spontane Mutationen (z. B. durch Depurinierung) leichter erfolgen. Entsprechend geht die molekulare Uhr bei wechselwarmen (poikilothermen) Tieren in der Regel langsamer als bei homöothermen Tieren.

Tabelle 3-17. Vergleich der Evolutionsrate (Substitution pro Position in 1 Mrd. Jahren) zwischen synonymen und nicht-synonymen Nucleotidpositionen (nach Li et al. 1985)

Gen	Rate der Nucleotidsubstitutionen	
	Nicht-synonym	synonym
β2-Mikroglobulin	1,21	11,77
Albumin	0,92	6,72
Histon H4	0,027	6,13
Immunoglobulin Vh	1,07	5,67
α-Globin	0,56	3,94
β-Globin	0,87	2,96
Mittel aus 38 Proteinen	0,88	4,65

Wenn Populationen auf Inseln verdriftet oder durch andere Ereignisse auf kleine Größe reduziert werden, dann können sich DNA-Veränderungen u. U. schneller manifestieren, als in

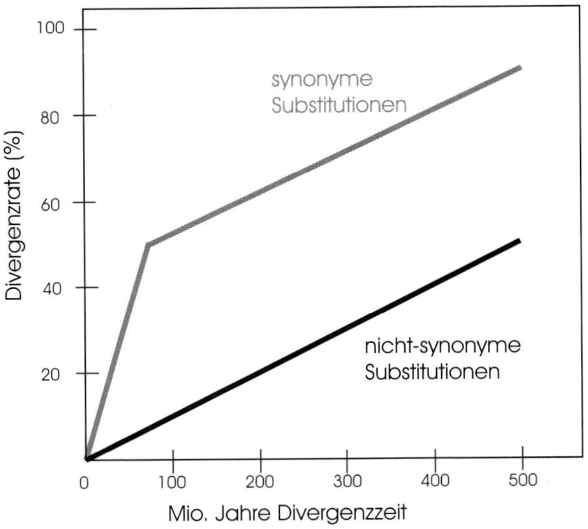

Abb. 3-47. Molekulare Evolution der synonymen und nicht-synonymen Nucleotidpositionen in Globingenen. Die Divergenzzeiten ergeben sich aus dem Alter von Fossilfunden

großen Populationen, die in einem regen Genfluss stehen; d.h. sog. Flaschenhalseffekte (***bottleneck***-Effekte) können die apparente Evolutionsrate erhöhen (Kap. 3.3.7).

Wir wissen heute, dass sich die Mutationsraten zwischen codierenden und nicht-codierenden DNA-Abschnitten unterscheiden. Im Allgemeinen haben Mutationen in nicht-codierenden Genombereichen keinen Einfluss auf die Fitness des Merkmalsträgers und unterliegen damit weniger der Selektion. Als Konsequenz manifestieren sich in diesen Bereichen höhere Substitutionsraten. Im Vergleich zwischen proteincodierenden Genen und ihren Pseudogenen (Kap. 3.4.4) lässt sich dieser Zusammenhang gut erkennen (Tabelle 3-19). Die Substitutionsrate liegt bei Pseudogenen so hoch wie in synonymen Codonpositionen und deutlich höher als bei nicht-synonymen Substitutionen (Tabelle 3-17).

Die Mutationsrate variiert ebenfalls zwischen Kern- und Organellgenen (Abb. 3-48), was mit den entsprechenden unterschiedlichen Reparaturmechanismen im Zusammenhang steht. Organellgene können selbst bei verschiedenen Organismen unterschiedlich schnell evolvieren: Bei Säugetieren ist mitochondriale DNA vergleichsweise variabel (ihre Rate ist 10- bis 20-mal höher als bei Kern-DNA), während sie bei Pflanzen zu den konserviertesten DNA überhaupt zählt. Bei Pflanzen ist die cpDNA dagegen dreimal und die ncDNA etwa sechsmal schneller als die mtDNA (Abb. 3-48). Die Relation zwischen Divergenzzeit und die Evolutionsrate von mtDNA und ncDNA ist in Abb. 3-49 skizziert. Für mtDNA von Säugern und Vögeln (protein-codierende Gene) setzt man in vielen Fällen 2% Divergenz mit einer Evolutionszeit von 1 Mio. Jahren gleich (Abb. 3-49b). Dieser Eichung liegen Divergenzzeiten bei verschiedensten Tieren zugrunde, deren zeitliches Auftreten man über Fossilien datieren konnte (Abb. 3-49b). Die 2%-Rate gilt jedoch nur für die lineare Anfangsphase; sobald sich die Kurve durch multiple Substitutionen abflacht, werden mit dieser Eichung die Divergenzzeiten meist unterschätzt. Trägt man anstelle der kompletten Substitutionsrate nur die Rate der nicht-synony-

Tabelle 3-18. Evolutionsrate von synonymen Nucleotidsubstitutionen in Relation zur Generationszeit (nach Li et al. 1987)

Vergleich	Untersuchte Gene	Divergenzzeit Mio. Jahre	Rate* $\times 10^{-9}$	Generations-zeit
Primaten				
Mensch × Schimpanse	7	7	1,3	langsam
Mensch × Nachtaffe	8	25	2,2	langsam
Paarhufer				
Kuh × Ziege	3	17	4,2	mittel
Schaf × Ziege	3	55	3,5	mittel
Nagetiere				
Maus × Ratte	24	15	7,9	schnell

* Substitution pro Nucleotidposition in 1 Mrd. Jahren

Tabelle 3-19. Substitutionsraten (pro Position in 1 Mrd. Jahren) in Pseudogenen verglichen mit synonymen Substitutionen in aktiven Genen (nach Li et al. 1987)

Vergleichspaare	Divergenz Zeit (Mio. Jahre)	Evolutionsrate Pseudogene	Synonyme Positionen in aktiven Genen
Mensch × Schimpanse	7	1,2	1,3
Mensch × Orang Utan	15	1,0	2,0
Mensch × Rhesusaffe	25	1,5	2,2
Kuh × Ziege	17	2,7	4,2

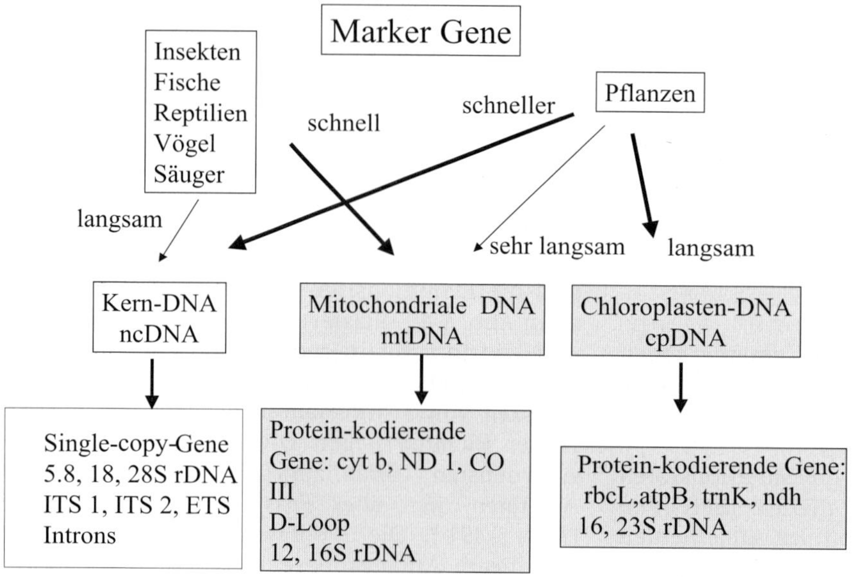

Abb. 3-48. Schematische Übersicht über das evolutionäre Tempo von ncDNA, mtDNA und cpDNA sowie eine kleine Auswahl häufig verwendeter Markergene

men Mutationen auf, so erhält man lineare Beziehungen, die denen von Kerngenen ähneln. Bei Vögeln z. B. liegt die Rate nicht-synonymer Substitutionen bei mitochondrialen protein-codierenden Genen bei ca. 0,1% pro Mio. Jahre.

Theoretisch sollten alle synonymen Substitutionen gleich häufig auftreten, da sie sich ja nicht auf die Proteinstruktur auswirken. In der Realität zeigt es sich jedoch, dass einzelne synonyme Codons häufiger auftreten als andere, wobei sich die relativen Häufigkeiten zwischen den Organismenklassen unterscheiden. Die Selektivität ist durch die Häufigkeit der einzelnen tRNA-Moleküle bedingt: Bei *E. coli* z. B. gibt es 6 Codons für Leucin (Abb. 3-7), von denen jedoch in den meisten Fällen nur CUG benutzt wird. Entsprechend ist in der Zelle nur die tRNA für dieses spezifisches Codon in nennenswerter Menge vorhanden. Bei der Hefe ist UUG dagegen das bevorzugte Codon für Leucin.

Da es nur vier Möglichkeiten (A,T,G oder C) gibt, welches Nucleotid an einer einzelnen Nucleotidposition eines Gens steht, können theoretisch **multiple Mutationen** an den einzelnen Nucleotidpositionen auftreten. Durch multiple Substitutionen (z. B. mehrfachen Austausch derselben Basenposition), die bei langen Divergenzzeiten beobachtet werden, können die realen genetischen Distanzen unterschätzt werden. Hieraus ergibt sich eine weitere Fehlerquelle für die Anwendung der molekularen Uhr; sie fällt aber nur bei Vergleichen über lange Zeiträume ins Gewicht. Durch multiple Substitutionen kann theoretisch der ursprüngliche Zustand wiederhergestellt wer-

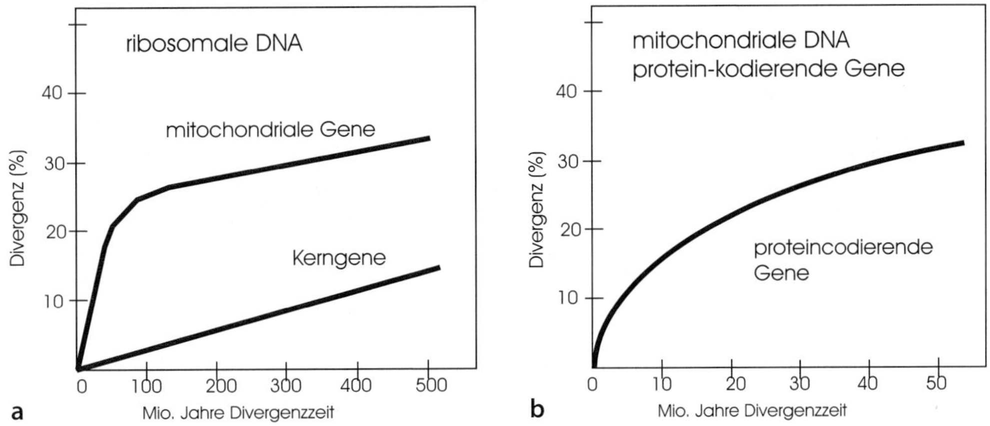

Abb. 3-49. Vergleich der Evolutionsraten ribosomaler RNA im Kern und in Mitochondrien (**a**) und proteincodierender Gene in tierischen Mitochondrien (**b**) (nach Brown et al. 1979)

den (sog. Rückmutationen) oder zwei Taxa können an derselben Position dieselbe Base aufweisen, obwohl dieses Nucleotid nicht durch gemeinsame Phylogenie sondern durch multiple Substitution entstand. In diesem Falle sprechen wir von **Homoplasie** oder molekularer Konvergenz. Bezogen auf die Gesamtzahl der variablen Nucleotidpositionen eines Markergens sind in der Regel nur wenige Positionen von multiplen Substitutionen betroffen, insbesondere wenn die Verwandtschaft in näher verwandten Gruppierungen untersucht wird. Werden Taxa mit langer Divergenzzeit verglichen, so muss man insbesondere in der dritten selektionsneutralen Codonposition mit Homoplasie (Analogien) rechnen. Deshalb lässt man diese Position manchmal in der Berechnung weg oder wichtet sie mit einem geringeren Faktor als die zweite oder erste Position. Die Arbeit mit sehr großen Datensätzen (z. B. *rbc*L-Datensätzen mit über 3000 Taxa) zeigte jedoch, dass die dritte Codonposition trotz Homoplasie wichtige Informationen zur Stammbaumrekonstruktion beiträgt, da bei weitem nicht alle Positionen von Homoplasie betroffen sind.

Innerhalb von Familien und Gattungen kann man molekulare Uhren gut verwenden, wenn man berücksichtigt, dass damit nur Annäherungswerte erhalten werden. Über molekulare Uhren können wir Ereignisse sicher nicht auf 100 Jahre genau datieren, wohl aber grobe zeitliche Einordnung von evolutionären Ereignissen. Man sollte dabei auch nicht vergessen, dass alle anderen Methoden der Datierung, die in der Paläontologie eingesetzt werden, ebenso problematisch und mit relativ großen Variationsbreiten versehen sind. Selbst wenn wir das Alter der Fossilien genau bestimmen könnten, wüssten wir nicht unbedingt, wann sich zwei Evolutionslinien getrennt haben.

3.5.3 Adaptive Merkmale unterliegen keiner konstanten molekularen Uhr

Die Annahme einer konstanten Uhr ist nur für die Entwicklung nicht **adaptiver Merkmale** sinnvoll; morphologische Merkmale, die der natürlichen Selektion unterliegen, entwickeln sich häufig nicht mit konstanter Rate. Dies kann man leicht erkennen, wenn man die Morphologie sog. **„lebender Fossilien"** (EXKURS 3.5 und S. 176) oder von Haustieren oder Kulturpflanzen (Kap. 3.4.1) mit ihrer molekularen Evolution vergleicht. Bei lebenden Fossilien bleibt die zugehörige Morphologie über Jahrmillionen annähernd konstant, während die molekularen Daten eine kontinuierliche Entwicklung zeigen und eine zeitlich richtige Einordnung der Entstehung der heutigen Arten zulassen.

EXKURS 3.5

Lebende Fossilien

Beispiele für lebende Fossilien sind die Brachiopodengattung *Lingula*, deren Morphologie seit 400 Mio. Jahren nahezu unverändert ist, oder der Pfeilschwanzkrebs *Limulus*. Brückenechsen (*Sphenodon*) und Krokodile sehen heute noch so aus wie ihre Vorfahren im Jura. Die genetische Variabilität dieser Gruppen entspricht jedoch der „normaler" Arten.

Unter der Pflanzen gelten Palmfarne (Cycadales), die als frühe Vertreter der Gymnospermen angesehen werden, als lebende Fossilien, da ihre Vorfahren bereits in der Trias vor 200 Mio. Jahren eine ähnliche Anatomie aufwiesen. Ein molekularer Stammbaum der heutigen Gattungen ist in Abb. 3-50 dargestellt. Erwartet hätte man, dass auch die heutigen Arten alt sind, d.h. dass sie lange Astlängen aufweisen. Die vorliegenden DNA-Daten, aber auch Allozymuntersuchungen, belegen jedoch eindeutig, dass die heutigen Arten eher jung sind und sich erst in den letzten 10 bis 20 Mio. Jahren entwickelt haben. Die Gattungen *Cycas, Encephalartos* oder *Zamia* wurden vermutlich schon vor 70 bis 80 Mio. Jahren von gemeinsamen Vorfahren auf dem Urkontinent Gondwana durch die Kontinentaldrift abgespalten. Die Vielfalt der Arten innerhalb der Gattung *Encephalartos* entstand in Südafrika in Trockenzeiten, in denen einzelne Pflanzen oder Population nur in kleinräumigen Feuchtigkeitsinseln überleben konnten. Dadurch wurden sie „verinselt" und durchliefen so den Prozess der allopatrischen Artbildung (Kap. 3.3.8).

Im Gegensatz zur Morphologiekonstanz bei lebenden Fossilien kann man bei Haustier- und Kulturpflanzen morphologisch stark divergierende Formen finden, die vor nicht langer Zeit aus jeweils einer Stammart selektiert wurden. Eine rasche morphologische Evolution wurde auch für *Drosophila*-Arten, z.B. auf Hawaii, für Buntbarsche (Cichliden) im Malawi-See in Ostafrika und für die Besiedlung der Kanarischen Inseln durch Boraginaceen der Gattung *Echium* beschrieben. Da die Artentstehung bei diesen Gruppen relativ rezent ist, können über die Sequenzen von Markergenen in diesen Fällen keine oder nur geringe Unterschiede festgestellt werden, während die morphologischen Änderungen lange Evolutionszeiten implizieren würden.

3.5.4 Neutrale Evolution versus natürliche Selektion

Ursprünglich wurde angenommen, dass Richtung und Geschwindigkeit der Evolution ausschließlich von der Selektion abhängen. Als man in den 60er Jahren des 20. Jh. den ungeheuren Allozympolymorphismus in Populationen und die Grundlagen der molekularen Uhr erkannte, suchte man nach neuen Erklärungsmöglichkeiten. Kimura (aber auch Ohta, King und Jukes) entwickelten 1969 die **Neutrale Theorie der molekularen Evolution**, die eine Gegenposition zum Denkmodell der Evolution durch natürliche Selektion darstellen sollte. Beide Standpunkte sind zwischenzeitlich sehr konträr diskutiert worden. Heute erkennt man jedoch, dass sich die Argumente beider Seiten ergänzen und keineswegs so gegensätzlich sind, wie zunächst angenommen. Weder ist die neutrale Evolution so wichtig, noch die natürliche Selektion so unwichtig, wie Kimura vermutete. Die molekulare Evolutionsforschung zeigt, dass Kimuras Vorstellung der neutralen Evolution am ehesten für die häufigen synonymen Mutationen gilt, während die nicht-synonymen Substitutionen den Regeln der natürlichen Selektion unterliegen. Der ursprüngliche Titel von Kimuras Publikation, „*Non-Darwinian Evolution*", entfachte eine Diskussion darüber, ob die Neutrale Theorie und

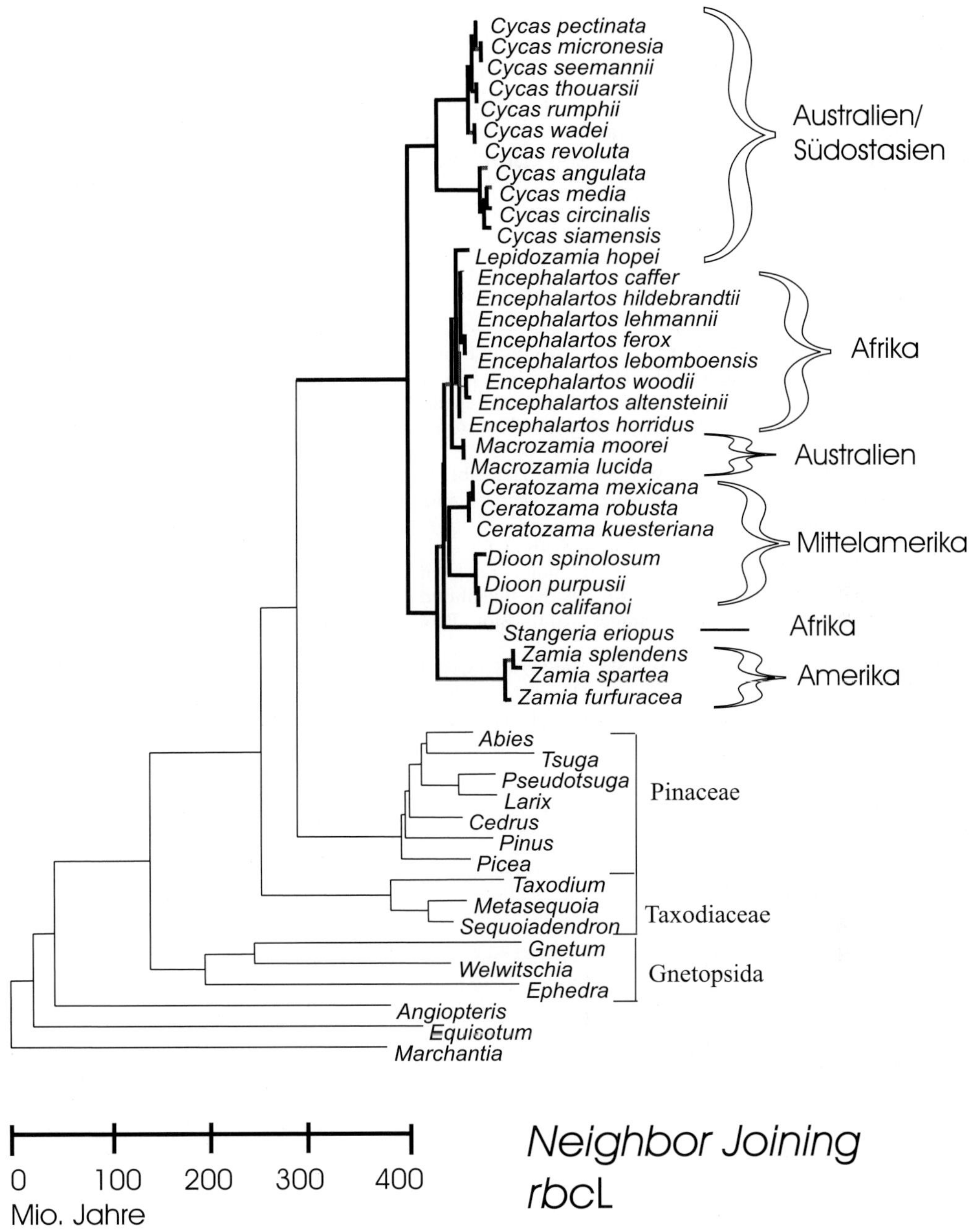

Abb. 3-50. Molekulare Phylogenie der Palmfarne, rekonstruiert über Nucleotidsequenzen des Chloroplastengens *rbc*L-Gens (Abb. 3-18) (nach Treutlein u. Wink 2001)

die molekulare Genetik den Darwinismus in Frage stellen. Jedoch erweitern gerade die Erkenntnisse der Molekularbiologie die Neodarwinistische Evolutionstheorie. Sie belegen lediglich, dass nicht alle Mutationen (man denke an die synonymen Substitutionen) der Selektion sondern der freien Drift unterliegen.

3.6 Literatur

1. Bodmer WF, Cavalli-Sforza LL (1976) Genetics, evolution and man. Freeman, San Francisco
2. Brown WM, George M, Wilson AC. (1979) Rapid evolution of animal mitochondrial DNA. Proc Natl Acad Sci USA 76:1967–1971
3. Hennig W (1998) Genetik. 2. Aufl. Springer, Heidelberg
4. Körber-Grohne U (1988) Nutzpflanzen in Deutschland. Theiss, Stuttgart
5. Li WH, Wu CI, Luo CC (1985) A new method for estimating synonymous and non-synonymous rates of nukleotide substitution considering relative likelihood of nukleotide and codon changes. Mol Biol Evol 2:150–174
6. Marshall HD, Baker AJ (1999) Colonization history of Atlantic island common chaffinches (*Fringilla coelebs*) revealed by mitochondrial DNA. Mol Phylogenet Evol 11:201–212
7. Meyer A, Schartl M (1999) Gene and genome duplications in vertebrates: The one-to-four (-to-eight in fish) rule and the evolution of novel gene functions. Current Opin in Cell Biol 11:699–704
8. Mindell DP (1997) Avian molecular evolution and systematics. Academic Press, San Diego
9. Müller WA, Hassel M (1999) Entwicklungsbiologie, 2. Aufl. Springer, New York Heidelberg
10. Nogales LM, Jimenez-Asensio J, Larruga J M, Hernandez M, Gonzalez P (1998) Evolution and biogeography of the genus *Tarentola* (Sauria: Gekkonidae) in the Canary Islands, inferred from mitochondrial DNA sequences. J of Evol Biol 11:481–494
11. Plomin R, DeFries JC, McClearn GE, Rutter M (1997) Behavioral Genetics. 3. Aufl. Freeman, New York
12. Ristow D, Wink C, Wink M, Scharlau W (1998) Colour polymorphism in Eleonora's Falcon, *Falco eleonorae.* Sandgrouse 20:56–64
13. Sarich VM, Wilson AC (1973) Generation time and genome evolution in primates. Science 179:1144–1147
14. Soltis PS, Soltis DE, Doyle JJ (1992) Molecular systematics of plants. Chapman & Hall, New York
15. Sperlich D (1988) Populationsgenetik. 2. Aufl. Fischer, Stuttgart
16. Treutlein J (1998) Molekulare Phylogenie der Cycadeen. Diplomarbeit, Universität Heidelberg
17. Wink M, Wink C, Ristow D (1978) Biologie des Eleonorenfalken (*Falco eleonorae*). 2. Zur Vererbung der Gefiederphasen (hell-dunkel). J für Ornithologie 119: 421–428

4 Molekulare Evolutionsforschung

4.1 Methoden der molekularen Evolutionsforschung

ÜBERSICHT

In diesem Kapitel erfolgt zunächst eine kurze historische Einführung in das noch junge Forschungsgebiet der molekularen Evolutionsbiologie. Den Methoden der Evolutionsforschung (Allozymanalyse, DNA-Fingerprinting, Mikrosatelliten-PCR und andere PCR-Verfahren, DNA-Sequenzierung und Sequenzanalysen, Stammbaumrekonstruktion) wird ein etwas breiterer Raum gewidmet, da man die Aussagekraft der Ergebnisse der molekularen Evolutionsforschung nur beurteilen kann, wenn man die Methoden und ihre Einschränkungen kennt.

4.1.1 Ein kurzer historischer Rückblick

Der britische Biologe G.H. Falkner untersuchte um 1900 immunologische Merkmale in Blutproben von Menschen und Menschenaffen (Schimpanse, Gorilla, Orang-Utan und Gibbon). Schon damals erkannte der Autor, dass *Homo sapiens* mit den afrikanischen Menschenaffen näher verwandt ist als mit den asiatischen Arten. 60 Jahre später wurden erneut Blutproben untersucht; dieses Mal wurden Blutproteine über die neu entwickelten Methoden der Proteinelektrophorese in ihre Einzelkomponenten aufgetrennt und die Aminosäuresequenzen ausgewählter Blutproteine in mühevoller Kleinarbeit über den Edman-Abbau bestimmt. Berühmte Forscher wie Linus Pauling, Emile Zuckerkandl und Morris Goodman sind mit dieser frühen Phase der molekularen Evolutionsforschung eng verbunden. Ab Mitte der 60er Jahre des 20. Jh. traten DNA-Untersuchungen an die Stelle der Proteinanalyse, da die Aminosäuresequenzierung sehr aufwendig ist und da Proteine nah verwandter Arten oft keine Unterschiede aufweisen (Tabelle 4-1).

Mitte der 70er Jahre, bevor die Klonierungs- und Sequenzierungsmethoden etabliert waren, führte Charles Sibley die **DNA-DNA-Hybridisierung** als eine wichtige Methode der Evolutionsforschung ein (die 1966 von R.J. Britten und D.E. Kohne entwickelt worden war), um Verwandtschaftsbeziehungen zwischen Organismen erkennen zu können. Bei dieser Methode hybridisiert man *single-copy*-DNA von zwei Organismen und bestimmt die Veränderung der Schmelztemperatur der DNA. Eine Veränderung um 1 °C in der Schmelztemperatur entspricht in etwa einer Divergenz von 1%, d.h. einem Austausch von 1 Nucleotid in 100 Nucleotiden. Sibley und Mitarbeiter untersuchten über 1000 Vogelarten mit dieser Methode und erstellten die erste molekulare Gesamtphylogenie einer großen Organismengruppe (Sibley und Ahlquist 1990). Da die DNA-DNA-Hybridisierung nur Distanzen und keine distinkten Merkmale liefert, konnten sich kladistisch arbeitende Systematiker (Kap.

Tabelle 4-1. Meilensteine in der Entwicklung molekularbiologischer Methoden oder Konzepte mit Bezug auf die molekulare Evolutionsforschung

Jahr	Methode	Maßgebliche Wissenschaftler
1871	DNA wird isoliert	Miescher
1881	Struktur der Nucleotide wird ermittelt	Kossel
1933	Entwicklung der Proteinelektrophorese	Tiselius
1944	Nachweis von DNA als Erbsubstanz	Avery
1953	Ermittlung der DNA-Doppelhelix-Struktur	Watson & Crick
1957	Entdeckung der DNA-Polymerasen	Kornberg
1959	Entwicklung der Polyacrylamid-Gelelektrophorese	Raymonds
1961	DNA-Denaturierung und Hybridisierung	Marmur & Doty
1961	Postulat einer molekularen Uhr	Pauling & Zuckerkandl
1962	Entdeckung der Restriktionsenzyme	Arber
1963	Erste molekulare Phylogenie wird über die Aminosäuresequenz des Cytochrom c aufgestellt	Margoliash
1966	Entzifferung des genetischen Codes	Nirenberg, Ochoa, Khorana
1967	Entdeckung der DNA-Ligase	Gellert
1972/73	Entwicklung der DNA-Klonierung	Boyer, Cohen, Berg
1975	DNA-Transfer aus Gel auf Membran	Southern
1975–1977	Entwicklung der DNA-Sequenzierung	Sanger & Barrell Maxam & Gilbert
1983–1985	Entwicklung der PCR	Mullis
1985	DNA-Fingerprinting von Minisatelliten-DNA	Jeffreys

4.2) nur schwer mit dieser Methode anfreunden. Außerdem ist ihre Auflösung in vielen Fällen nicht ausreichend, so dass heute die DNA-DNA-Hybridisierung durch die Sequenzierung von Markergenen abgelöst wird.

Durch die Entdeckung von **Restriktionsendonukleasen** durch Werner Arber im Jahre 1962 wurde es möglich, isolierte DNA in Abschnitte definierter Länge zu zerschneiden, da diese Enzyme spezifische Sequenzabschnitte erkennen können, die häufig eine **Palindromstruktur** aufweisen (Abb. 4-1). Man hat diese Methode insbesondere bei zirkulärer mtDNA und cpDNA eingesetzt und nach Gelelektrophorese komplexe Bandenmuster erhalten, wie man sie heute beim DNA-Fingerprinting kennt. Die Methode des **Restriktionsfragment-Längen-Polymorphismus (RFLP)** von mtDNA und cpDNA wurde besonders in den Jahren zwischen 1970 und 1990 benutzt, wird aber heute in der Evolutionsforschung zunehmend durch höher auflösende Methoden, z.B. DNA-Sequenzierung, ersetzt.

Durch die bahnbrechenden Versuche von Herbert Boyer, Stanley Cohen und Paul Berg wurde es ab 1973 möglich, Gene gezielt zu klonieren. Weitere Meilensteine waren reproduzierbare und schnelle Methoden zur DNA-Sequenzierung: In den Jahren 1975 bis 1977 entwickelten Frederick Sanger und Mitarbeiter die Strangabbruchmethode und Allan Maxam und Walter Gilbert die chemische Sequenzierung. Heute hat sich die Strangabbruchmethode mit Didesoxynucleotiden durchgesetzt und wird vor allem bei der automatischen Sequenzierung verwendet, bei der DNA-Fragmente durch Fluoreszenzfarbstoffe markiert werden (Kap. 4.1.2).

Durch die Fortschritte in der Klonierung und der Entwicklung der DNA-Sequenzierung konnte begonnen werden, anstelle von Proteinen Gene zu sequenzieren. Anfangs wurden nur leichter zugängliche Nucleinsäuren wie 5S rRNA unter phylogenetischen Aspekten bearbeitet, denn die Isolierung der DNA und die Klonierung waren aufwendige Arbeitsschritte.

Die Situation änderte sich gewaltig mit der Entwicklung der **Polymerase-Kettenreaktion (PCR)** in den Jahren 1983 bis 1985 durch Kay Mullis und Mitarbeiter. Mit Hilfe der PCR kann man heute einzelne DNA-Abschnitte (z.B. Mar-

Enzym	Herkunft	Erkennungssequenz	Produkt	
EcoRI	*Escherichia coli*	----G-A-A-T-T-C---- ----C-T-T-A-A-G----	----G ----C-T-T-A-A	A-A-T-T-C---- G----
HindIII	*Haemophilus influenzae*	----A-A-G-C-T-T---- ----T-T-C-G-A-A----	----A ----T-T-C-G-A	A-G-C-T-T---- A----
BamHI	*Bacillus amyloliquefaciens*	----G-G-A-T-C-C---- ----C-C-T-A-G-G----	----G ----C-C-T-A-G	G-A-T-C-C---- G----
BalI	*Brevibacterium albidum*	----T-G-G-C-C-A---- ----A-C-C-G-G-T----	----T-G-G ----A-C-C	C-A-A---- G-T-T----
Sau3A	*Staphylococcus aureus*	------G-A-T-C------ ------C-T-A-G------	---- ----C-T-A-G	G-A-T-C---- ----
TaqI	*Thermus aquaticus*	------T-C-G-A------ ------A-G-C-T------	----T ----A-G-C	C-G-A---- T----
HaeIII	*Haemophilus aegypticus*	------G-G-C-C------ ------C-C-G-G------	----G-G ----C-C	C-C---- G-G----
AluI	*Arthrobacter luteus*	------A-G-C-T------ ------T-C-G-A------	----A-G ----T-C	C-T---- T-A----

Abb. 4-1. Erkennungssequenzen und Hydrolyseprodukte einiger Restriktionsenzyme. Die in sich spiegelbildlich identischen Erkennungssequenzen werden als Palindrome bezeichnet

kergene) gezielt enzymatisch vermehren (amplifizieren), bis am Ende der Reaktion 10^8 bis 10^9 Kopien vorliegen (Abb. 4-2), eine ausreichende Menge für eine anschließende Sequenzierung. Als Ausgangsmaterial reicht die DNA aus wenigen Zellen oder Geweberesten. Ferner benötigt man Sequenzinformation über den DNA-Bereich, der amplifiziert werden soll. Entsprechende PCR-Primer von ca. 20 Nucleotiden Länge, die zur *Template*-DNA komplementär sind, werden chemisch synthetisiert. Die eingesetzte DNA-Polymerase (meist *Taq*-Polymerase) aus dem thermophilen Bakterium, *Thermus aquaticus*, ist temperaturtolerant, so dass die PCR bei hohen Temperaturen durchgeführt werden kann. Der schematische Verlauf der PCR ist in Abb. 4-2 dargestellt.

Weitere Meilensteine sind in Tabelle 4-1 aufgeführt.

4.1.2 Methoden der molekularen Evolutionsforschung

Da die Methoden der molekularen Evolutionsforschung von der DNA-Sequenzierung von Markergenen über die Analyse der Muster von Mini- und Mikrosatelliten sowie von Allozymen bis zur strukturellen Genomanalytik reichen (Abb. 4-3), sind entsprechend viele Methoden vorhanden, die für den Anfänger und Nichtfachmann häufig verwirrend sind. In den folgenden Abschnitten sind die wichtigsten Prinzipien einiger Basismethoden kurz dargestellt. Ausführlichere Beschreibungen finden sich in den in der Literaturübersicht aufgeführten Titeln.

4.1.2.1 Allozymanalyse

Mittels Allozym-, Alloenzym- oder Allelozymanalyse (s. auch Kapitel 3.3) kann geprüft werden, ob die Proteine eines Locus in ihrer Aminosäuresequenz identisch sind, oder ob Punktmutationen in einem der Allele vorkommen, die

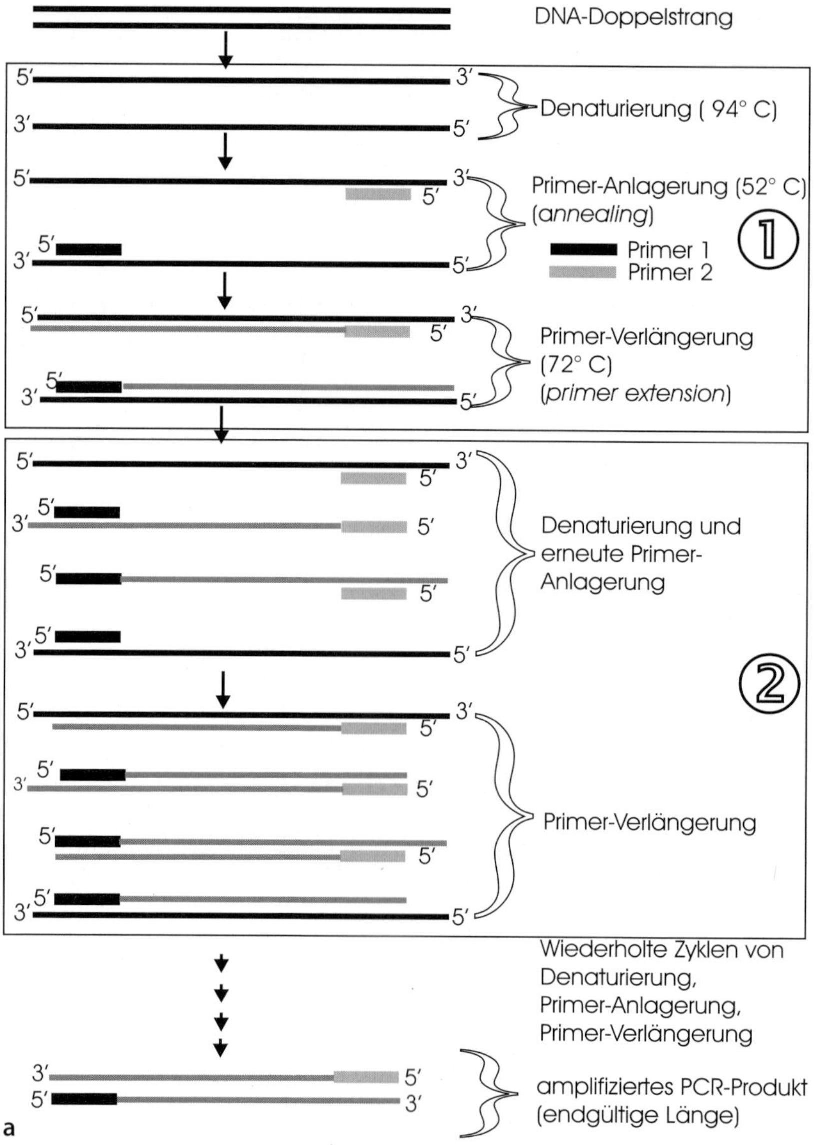

Abb. 4-2. Schematischer Verlauf der Polymerase-Kettenreaktion (PCR). Darstellung der einzelnen Reaktionsschritte: **a** Im 1. Schritt wird die DNA bei 94 °C denaturiert, d. h. die beiden Einzelstränge werden getrennt. Wenn anschließend die Reaktionslösung auf 52 °C abgekühlt wird, lagern sich die PCR-Primer an die jeweils komplementären Sequenzbereiche des zu amplifizierenden DNA-Abschnittes. Im folgenden Schritt wird die Temperatur auf 72 °C erhöht, bei der die *Taq*-Polymerase optimal arbeitet. Die *Taq*-Polymerase verlängert die PCR-Primer in $5' \rightarrow 3'$-Richtung, wobei die Sequenz des jeweiligen *Template*-Stranges als Matrize dient. Auf diese Weise wird die Ausgangs-DNA identisch kopiert und verdoppelt. Damit ist der 1. PCR-Zyklus abgeschlossen. Der 2. Zyklus beginnt wieder mit Denaturierung, Primer-Anlagerung und Primer-Verlängerung folgen. Die Zyklen werden 20- bis 30-mal wiederholt, so dass am Ende theoretisch 10^9 Kopien vorliegen. In der Praxis liegt die Ausbeute 1 bis 2 Zehnerpotenzen niedriger, da in den letzten Reaktionszyklen die Menge der PCR-Primer und Nucleotide zunehmend limitiert wird und die Taq-Polymerase durch Hitzeeinwirkung einen Teil ihrer Aktivität einbüßt. Im Verlauf der PCR stellt sich die Länge der PCR-Produkte auf genau die Länge ein, die durch die PCR-Primer vorgegeben ist, während die ersten Amplifikate noch deutlich länger sind.

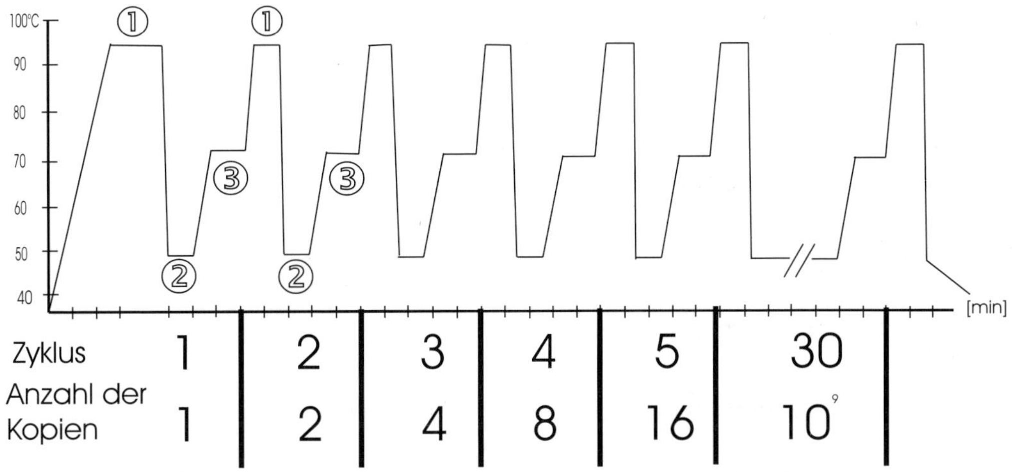

Abb. 4-2 b. Temperatur- und Zeitprofil der PCR. 1: Denaturierung, 2: Primeranlagerung, 3: Primerverlängerung. Die Anzahl der Kopien verdoppelt sich mit jedem Zyklus

man durch Trennung der **Elektromorphen** nachweisen kann. Da jedoch die Trennbedingungen der Elektrophorese nicht immer ausreichen, um alle Elektromorphen zu trennen, werden mit dieser Methode nicht alle Varianten (sog. kryptische Varianten) erfasst. In Abb. 4-4 sind verschiedene Ausprägungen von Polymorphismus in einem Genlocus schematisch dargestellt. Treten mehr als drei Allele in einer Population auf, werden die Expressionsmuster entsprechend komplexer.

Bei der Wahl der **Markerproteine** werden in der Regel Enzyme gewählt, deren Aktivität man durch chromogene Substrate visuell verfolgen kann. Tabelle 4-2 gibt eine Übersicht über häufig verwendete Markerproteine.

Der **Polymorphismus** (in Tabelle 4-2 durch die Spalte „Heterozygotie" gekennzeichnet) variiert zwischen Proteinen, aber auch zwischen Organismengruppen. In der Regel zeigen monomere Proteine eher Polymorphismus als di- oder tetramere Proteine mit mehreren Untereinheiten. Außerdem nimmt die Wahrscheinlichkeit, dass Punktmutationen auftreten, mit der Proteingröße zu. Bei Wirbeltieren sind ca. 25% der Loci polymorph mit einer mittleren Heterozygotie H von 0,06, bei Wirbellosen hingegen 47% der Loci (H = 0,134). Je kleiner die Tiere, desto größer im Allgemeinen der Heterozygotiegrad. Bei Arten mit Selbstbefruchtung oder Parthenogenese ist H = 0. Die Heterozygotie nimmt mit der Größe einer Population und ihrem Alter zu. Junge und von wenigen Individuen gegründete Populationen zeigen verminderten Polymorphismus (sog. **Gründereffekt; *Founder-Effekt***), ebenso Populationen, deren Größe reduziert wurde und dann wieder anstieg. Man spricht von ***Bottleneck***- oder **Flaschenhalseffekten**. Meist dauert es über 1000 Generationen, bis die Heterozygotie in solchen Populationen wieder den mittleren Wert großer Populationen erreicht. Gründer- und *Bottleneck*-Effekte sind für eine Reihe von Tier- und Pflanzengruppen beschrieben, u.a. für die Nördlichen See-Elefanten (*Mirounga angustirostris*), für die Mücke *Aedes aegypti*, für in Europa eingebürgerte Waschbären (*Procyon lotor*) oder südafrikanische Palmfarne der Gattung *Encephalartos*.

Aus den Allozymdaten lassen sich auch evolutionäre oder genetische Distanzen zwischen zwei Populationen oder Taxa abschätzen. Am häufigsten wird die *standard genetic distance* nach Nei verwendet. **D** entspricht der mittleren Anzahl erkennbarer Codondifferenzen pro Locus zwischen zwei Organismengruppen **X** und **Y**, abzüglich der mittleren Codondifferenzen innerhalb dieser Gruppen. **D** wird als der negative natürliche Logarithmus der normierten Genidentität **I** ausgedrückt:

Methoden der molekularen Evolutionsforschung

PROTEINE

Aminosäure-Sequenzierung*	**Phylogenie entfernt verwandter Organismen**
Allozym-Elektrophorese	**Verwandtschaft unterhalb Artniveau; Populationsgenetik**

DNA

Sequenzierung von Markergenen	**Phylogenie, Phylogeographie**
Mikrosatelliten-PCR	**Populationsgenetik; Individualerkennung Paternitätsbestimmung**
AFLP-PCR; ISSR-PCR	**Populationsgenetik; Genkartierung**
DNA-Fingerprinting	**Paternitätsbestimmung; Individualerkennung**
RAPD-PCR*	**Populationsgenetik, Genkartierung**
RFLP*	**Phylogenie/ Populationsgenetik**
DNA-DNA-Hybridisierung*	**Phylogenie**

* Diese Methoden werden heute nur noch selten eingesetzt

Abb. 4-3. Übersicht über wichtige Methoden in der molekularen Evolutionsforschung

$$D = \log_e \mathbf{I}, \text{ wobei } \mathbf{I} = J_{xy} : (J_x J_y)^{1/2}.$$
$$J_x = (1{:}r) \sum \sum x_{ij}^2, J_y = (1{:}r) \sum \sum y_{ij}^2$$
$$\text{und } J_{xy} = (1{:}r) \sum \sum x_{ij}^2 y_{ij}^2;$$

r ist die Zahl der verglichenen Loci, x_{ij} und y_{ij} die Frequenz des Allels i am Locus j in den Gruppen **X** und **Y**. J_x ist demnach die über alle Loci gemittelte Wahrscheinlichkeit, dass zwei beliebig aus der Gruppe X herausgegriffene Gene identisch sind; J_y gilt entsprechend für Gruppe Y; J_{xy} für den Vergleich eines Gens aus **X** mit einem aus **Y**. **I** kann den Wert zwischen 0 und 1 annehmen; **I** ist gleich 1, wenn in **X** und **Y** an allen Loci identische Allele in gleicher Frequenz vorliegen; **I** ist gleich 0, wenn dies an keinem Locus der Fall ist.

Da die Allozymanalyse synonyme Mutationen und Veränderungen in nicht-codierenden DNA-Abschnitten nicht erfassen kann, wird sie inzwischen häufig durch DNA-Analysen mit höherer Auflösung ersetzt. Dennoch bleibt die Allozymanalyse auch heute noch ein wichtiges Werkzeug der Populationsgenetik, da man viele Loci in vielen Individuen mit vergleichsweise geringem Aufwand untersuchen kann.

4.1.2.2
Analyse der DNA-Variabilität

Die Genome von Individuen, Mitgliedern einer Familie oder einer Population unterscheiden sich durch eine Vielzahl von Mutationen, beispielsweise synonyme Nucleotidsubstitutionen, vor

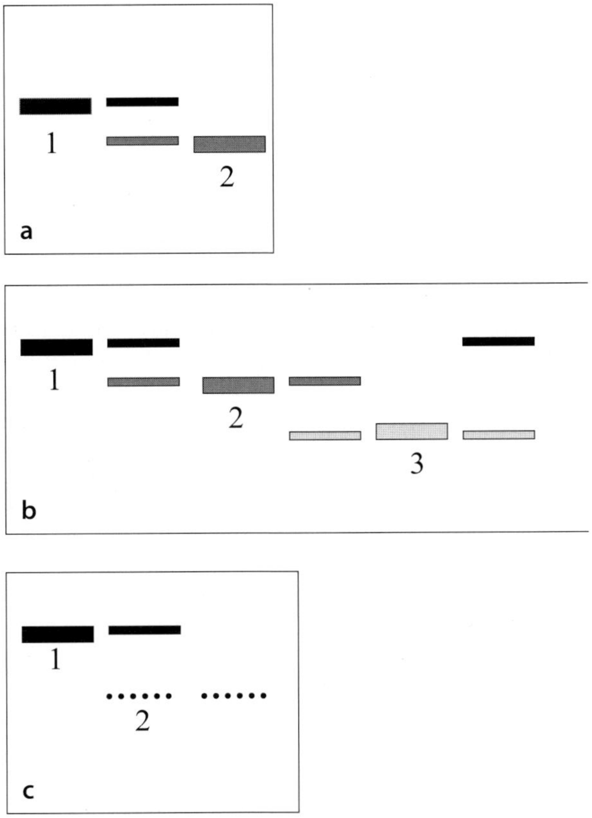

Abb. 4-4 a–c. Schematische Darstellung der Allozymmuster bei Vorliegen von Polymorphismus in einem einzigen Genlocus. **a** monomeres Protein mit zwei codominanten Allelen; Spur 1 homozygoter Locus mit Allel 1; Spur 3 homozygoter Locus mit Allel 2, Spur 2 heterozygoter Locus. **b** wie **a**, aber drei codominante Allele. **c** Ein Wildtyp-Allel, ein Nullallel (nicht sichtbar, da Gen nicht exprimiert wird)

allem aber durch Längenpolymorphismus im Bereich der repetitiven DNA (Kap. 3.4.4), insbesondere der Mini- und Mikrosatelliten. Man hat geschätzt, dass sich zwei beliebige Menschen bereits durch ca. 5 Mio. Nucleotidunterschiede (in einem Genom von 6×10^9 Nucleotiden) unterscheiden können (<0,1%). Gameten eines einzelnen Menschen differieren untereinander im Mittel schon durch 20 Nucleotidsubstitutionen. Diese Variabilität wird genutzt, um Individuen zu erkennen, Vaterschaft, Populationsstrukturen (Heterozygotiegrad; Hardy-Weinberg-Gleichgewicht) oder Genfluss zu bestimmen (Kap. 3.3).

Tabelle 4-2. Charakterisierung der bei der Allozymanalyse verwendeten Markerproteine

Protein	Heterozygotie	Funktionstyp
Adenylatkinase (ADKIN)	0,136	R
Alkoholdehydrogenase (ADH)	0,140	R
Aspartat-Transaminase (GOT)	0,057	N
Esterase (EST)	0,277	U
Glucose-6-Phosphat-Dehydrogenase (G6PDH)	0,121	N
Glycerophosphat-Dehydrogenase (GPDH)	0,039	N
Hexokinase (HK)	0,087	R
Isocitratdehydrogenase (IDH)	0,082	N
Malatdehydrogenase (MDH)	0,064	N
Malatenzym (ME)	0,131	R
Peptidasen (PEP, LAP)	0,192	U
Phosphoglucomutase (PGM)	0,170	R
Phosphoglucose-Isomerase (PGI)	0,138	R
Saure Phosphatase (ACPH)	0,224	U
Superoxiddismutase (SOD)	0,080	U
Triosephosphat-Isomerase (TIM)	0,054	N
Xanthin-Dehydrogenase (XDH)	0,208	R

U: relativ unspezifische Enzyme; R: spezifische regulatorische Enzyme; N: spezifische nicht-regulatorische Enzyme

Bei der Größe und Komplexität des Genoms ist es experimentell sehr aufwendig, diese Unterschiede gezielt nachzuweisen. In den letzten Jahrzehnten sind verschiedene Methoden entwickelt worden (neue Verfahren werden nahezu jährlich eingeführt), die zunehmend größere Auflösung und verbesserte Reproduzierbarkeit aufweisen.

Da mitochondriale DNA bei Tieren eine hohe Variabilität zeigt, setzte man in den 70er Jahren Restriktionsenzyme (Abb. 4-1) ein, um mtDNA in definierte Größenfragmente zu schneiden, die man elektrophoretisch trennen kann. Nach Gelelektrophorese erhält man komplexe Bandenmuster. Durch die **RFLP-Analyse** (***restriction fragment length polymorphism***) wird bereits eine Auflösung erreicht, die Unterschiede zwischen Arten, manchmal auch zwischen Populationen sichtbar macht.

Aus den Restriktionsmustern lässt sich der Anteil identischer Banden für zwei mtDNAs x und y leicht berechnen

$S = 2n_{xy} : (n_x + n_y)$, wobei n_x, n_y und n_{xy} die Zahl der Banden in x, y oder der gemeinsamen Banden zwischen x und y darstellt. Bei nahe verwandten Organismen liegt S bei 1,0.

Werden Restriktionsstellen durch Punktmutation verändert, so fallen u.a. bekannte Banden weg und neue Restriktionsschnittstellen entstehen. Da man mit Restriktionsenzymen nicht alle Punktmutationen erfassen kann, wird die RFLP-Analyse von Organell-DNA, die besonders in den Jahren zwischen 1970 und 1990 eingesetzt wurde, heute zunehmend durch Methoden mit höherer Auflösung, wie z.B. DNA-Sequenzierung oder DNA-Fingerprinting sowie Mikrosatelliten-PCR der Kern-DNA ersetzt.

4.1.2.2.1 DNA-Fingerprinting (genetischer Fingerabdruck)

Um 1985 entwickelte Alec Jeffreys das DNA-Fingerprinting, das heute in vielen Labors für Vaterschaftsuntersuchungen oder für forensische Fragestellungen eingesetzt wird. In diesem Verfahren wird die Gesamt-DNA eines Individuums mit einer spezifischen Restriktionsendonuklease, z.B. *Hinf* I, *Hae* III (Abb. 4-1) usw. in unterschiedlich große, aber definierte Restriktionsfragmente zerschnitten, die über Gelelektrophorese ihrer Größe nach aufgetrennt werden (Abb. 4-5). Anschließend wird die aufgetrennte DNA auf eine Nylon- oder Nitrocellulosefolie übertragen (im sog. *Southern-Blot*) und mit einer DNA-Sonde hybridisiert, welche Mini- oder

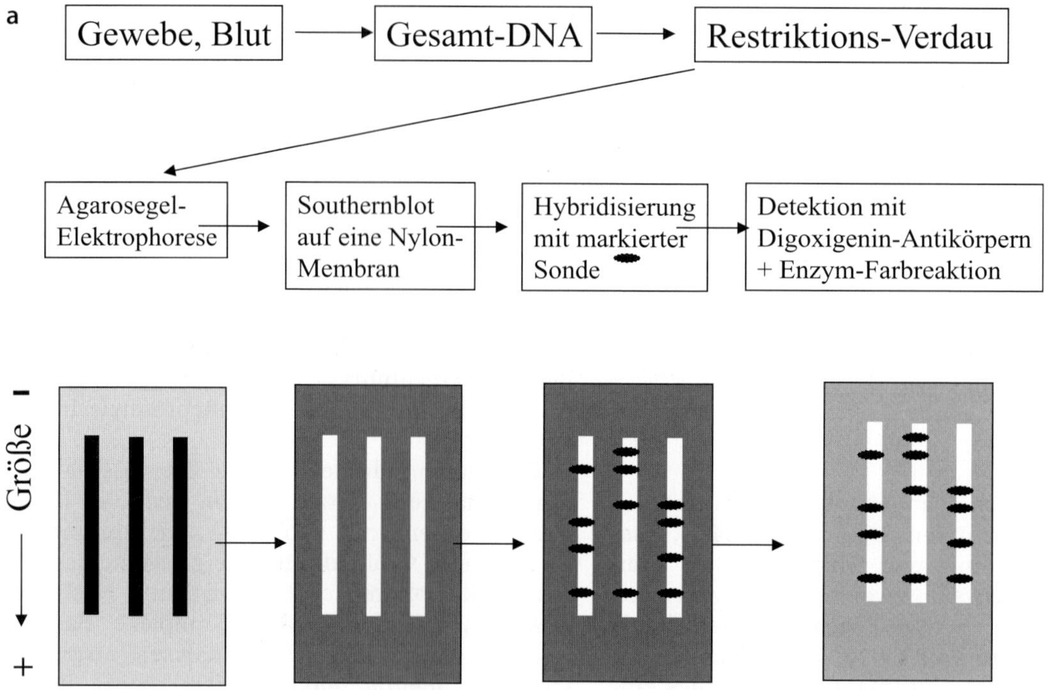

Abb. 4-5 a, b. Schematischer Verlauf des DNA-Fingerprintings mit Oligonucleotid-Sonden und immunologischer Detektion. Nach den jeweiligen Hybridisierungs- und Antikörperreaktionsschritten wird die Nylonfolie intensiv mit Puffer gewaschen, um unspezifisch gebundene Oligonucleotide oder Antikörper zu entfernen. Nach der Enzymreaktion (meist alkalische Phosphatase oder Peroxidase) erscheinen die DNA-Fragmente, an denen die Sonde gebunden hat, als gefärbte Banden. Zur sicheren Vaterschafts- oder Individualbestimmung wird die Analyse mit mehreren Restriktionsenzymen, die jeweils unterschiedliche Erkennungssequenzen aufweisen, wiederholt. Schematische Darstellung der wichtigsten Reaktionsschritte (**a**) und des Nachweisverfahrens (**b**) (siehe gegenüberliegende Seite

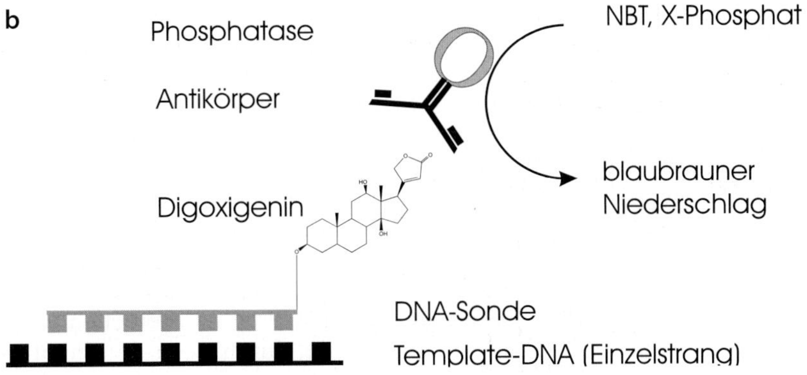

Abb. 4-5 b

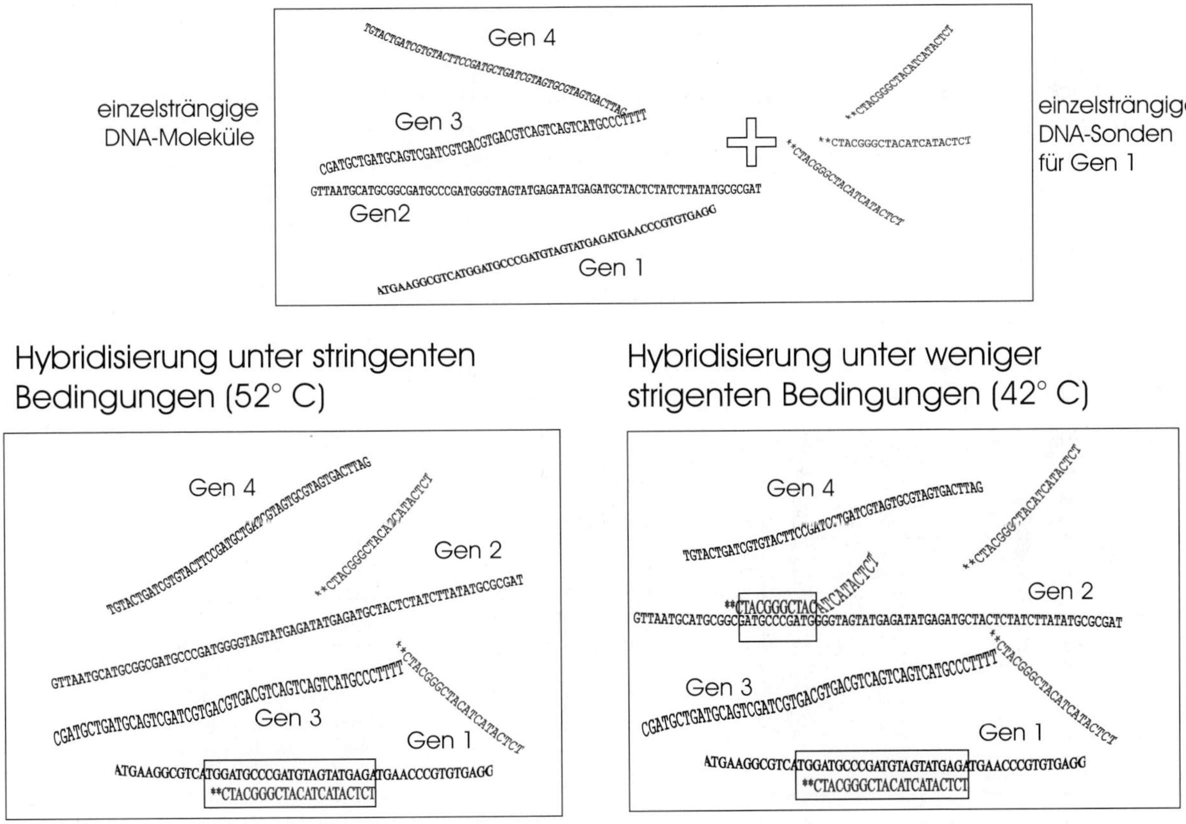

Abb. 4-6. Schematische Darstellung der DNA-Hybridisierung mit DNA-Sonden. Unter stringenten Hybridisierungsbedingungen bindet die Oligonucleotidsonde ausschließlich an Gen 1, da es auf eine perfekte Basenpaarung der komplementären Basen ankommt. Erfolgt die Hybridisierung unter weniger stringenten Bedingungen, dann bindet die Sonde auch an andere Gene, bei denen eine teilweise identische Sequenz vorhanden ist (hier Gen 2)

Mikrosatelliten erkennt. Die DNA-Sonde kann entweder aus kurzen Oligonucleotiden wie $(GGAT)_4$ oder $(CAC)_6$ oder aus komplexen Minisatellitsequenzen bestehen. Das Prinzip der spezifischen DNA-Hybridisierung ist in Abb. 4-6 schematisch dargestellt; nur wenn sich ausreichend viele komplementäre Basenpaare ausbilden können, kommt eine stringente und spezifische Hybridisierung zustande.

Wurde die Sonde radioaktiv markiert (z. B. mit ^{33}P-ATP oder ^{32}P-ATP), kann man die DNA-Fragmente, an denen eine Sonde gebunden hat, durch Autoradiographie nachweisen. In Abb. 4-5 b ist ein nicht-radioaktives Detektionssystem gezeigt, bei dem das Herzglykosid Digoxigenin an die Sonde gekoppelt ist. Die gebundenen Sondenmoleküle werden über einen Digoxigenin-spezifischen Antikörper detektiert, der seinerseits mit einem Enzym gekoppelt ist. Durch Zugabe eines chromogenen Substrats bildet sich an DNA-Fragmenten, an denen eine Sonde gebunden hat, eine blaue oder braune Farbe aus. Das Ergebnis der Autoradiographie oder der immunologischen Detektion ist ein spezifisches Bandenmuster, das als Fingerprint oder genetischer Fingerabdruck bezeichnet wird. Die Gleichsetzung mit dem Fingerabdruck ist berechtigt, da auch das DNA-Bandenmuster für jedes Individuum spezifisch und in der Regel nicht bei zwei Individuen einer Art identisch ist. Das DNA-Fingerprinting mit Mini- und Mikrosatellitensonden wird manchmal auch als **VNTR** (*variable number of tandem repeats*) oder **RFLP** (*restriction fragment length polymorphism*) Analyse bezeichnet.

In Abb. 4-7 a ist der DNA-Fingerprint einer Vogelfamilie mit 3 Jungvögeln exemplarisch dargestellt. Die DNA-Banden von Männchen und Weibchen werden nach den Mendelschen Regeln co-dominant vererbt, d. h. 50% der Banden im Jungvogel stammen vom Vater und 50% von der Mutter. Bei Jungvogel 1 und 2 kann man auf diese Weise alle Banden eindeutig zuordnen. Bei Jungvogel 3 ist das Weibchen eindeutig die Mutter, jedoch der BSC (*band-sharing coefficient*) von 0,1 zeigt, dass das Männchen nicht der Vater sein kann, sondern ein unbekanntes Männchen Jungvogel 3 gezeugt haben muss. Die Berechnung des BSC ist in Abb. 4-7 a schematisch dargestellt. BSC-Werte unter 0,2 deuten auf nichtverwandte Tiere hin, BSC-Werte über 0,5 in der Regel auf Vollgeschwister und Vater- bzw. Mutter-Kind-Verwandtschaftsverhältnisse hin. In Abb. 4-7 b, c sind Original-Fingerprints von Seggenrohrsängern und Gelbschnabelsturmtauchern

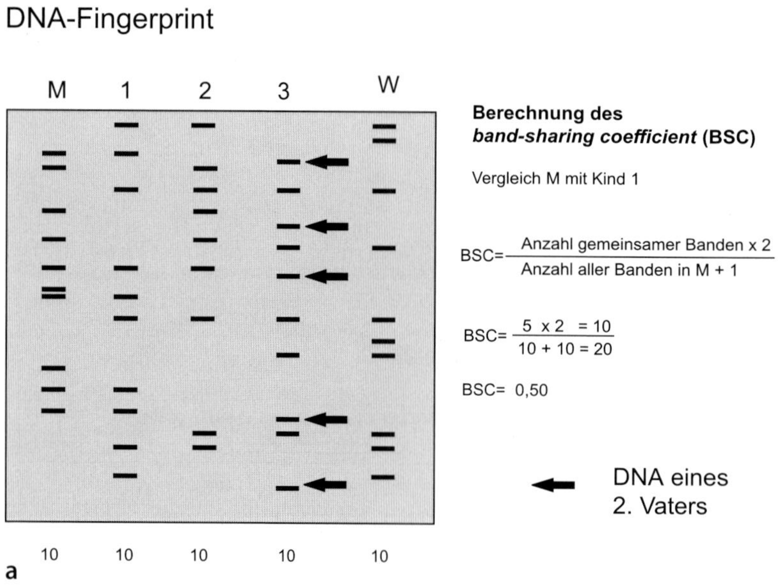

Abb. 4-7a. Beispiel für eine Paternitätsanalyse mittels DNA-Fingerprinting. Die Ähnlichkeit der Bandenmuster wird über den Band-Sharing-Koeffizienten ermittelt. Die Banden von Kind 1 und 2 lassen sich zu je 50% dem Vater (M) oder der Mutter (W) zuordnen. Bei Kind 3 liegt eine klare Übereinstimmung mit der Mutter, nicht jedoch mit dem vermeintlichen Vater vor. Demnach wurde Kind 3 von einem anderen Vater gezeugt. Über den Band-Sharing-Koeffizienten (BSC) lässt sich der Verwandtschaftsgrad ermitteln.

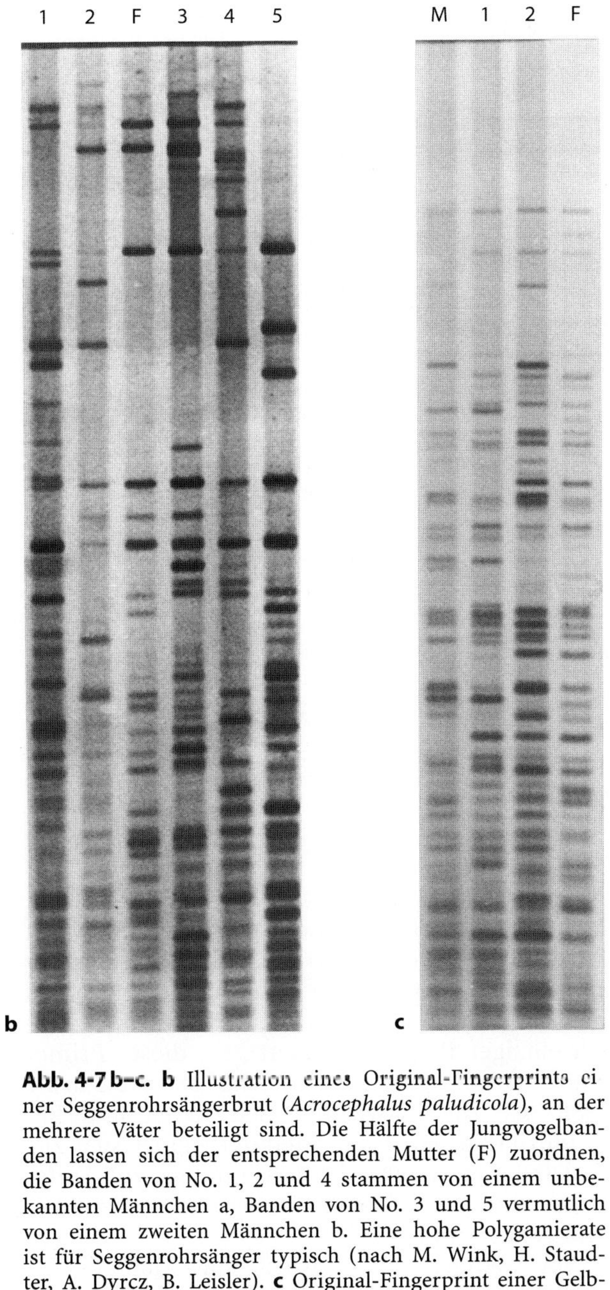

Abb. 4-7 b–c. b Illustration eines Original-Fingerprints einer Seggenrohrsängerbrut (*Acrocephalus paludicola*), an der mehrere Väter beteiligt sind. Die Hälfte der Jungvogelbanden lassen sich der entsprechenden Mutter (F) zuordnen, die Banden von No. 1, 2 und 4 stammen von einem unbekannten Männchen a, Banden von No. 3 und 5 vermutlich von einem zweiten Männchen b. Eine hohe Polygamierate ist für Seggenrohrsänger typisch (nach M. Wink, H. Staudter, A. Dyrcz, B. Leisler). **c** Original-Fingerprint einer Gelbschnabelsturmtaucherfamilie (*Calonectris diomedea*) mit Jungvögeln aus zwei aufeinanderfolgenden Jahren. Die DNA-Banden der Jungvögel lassen sich entweder denen des Männchens (M) oder denen des Weibchens (F) zuordnen, so dass die genetische Elternschaft hier durch DNA-Fingerprinting eindeutig belegt werden kann. Obwohl Gelbschnabelsturmtaucher in engen Kolonien brüten, konnten wir in keinem Falle *extra-pair young* (EPY) nachweisen (nach M. Wink, I. Swatschek, D. Ristow)

dargestellt, die mit dem immunologischen Nachweisverfahren erstellt wurden.

Beim DNA-Fingerprinting unterscheidet man zwischen ***Multilocus*-Sonden**, die komplexe Fingerprints vieler Loci produzieren, und ***Singlelocus*-Sonden**, mit denen man die beiden Allele eines Genlocus sichtbar machen kann. Die Auswertung von *Singlelocus*-Fingerprints ist meist einfacher, da die Muster direkt zu interpretieren sind. In vielen Fällen benötigt man jedoch ein Set von *Singlelocus*-Sonden (die meist artspezifisch sind), um eine eindeutige Entscheidung zu treffen. *Multilocus*-Sonden sind dagegen nicht artspezifisch und haben deshalb einen breiteren Anwendungsbereich, jedoch sind die Fingerprintmuster schwieriger zu interpretieren.

4.1.2.2.2
PCR-Methoden

Ausgehend von PCR (Abb. 4-2) sind inzwischen weitere Methoden entwickelt worden, die eine individuelle Identifizierung erlauben. Die anfangs der 90er Jahre entwickelte **RAPD-Analyse** (*randomly amplified polymophic DNA*; Abb. 4-8) mit Zufalls-Primern von 10 Nucleotiden Länge hat sich nur bedingt bewährt, da die Reproduzierbarkeit zu wünschen übrig lässt: Die Menge der *Template-DNA* und PCR-Primer, aber auch die gewählten Temperaturprogramme und Enzyme können das Ergebnis beeinflussen. Es lässt sich deshalb nicht ausschließen, dass mit dieser Methode ein künstlich hoher Polymorphiegrad vorgefunden wird. Ein größerer Ringversuch, an dem mehrere Laboratorien beteiligt waren, konnte eindeutig zeigen, dass nicht alle Ergebnisse reproduzierbar sind.

Mehr und mehr setzt sich anstelle der RAPD-PCR die **Mikrosatelliten-PCR** durch, bei der PCR-Primer von ca. 20 Nucleotiden Länge verwendet werden, die polymorphe Mikrosatelliten-Loci flankieren (Abb. 4-9). Während man beim DNA-Fingerprint komplexe Bandenmuster erzeugt, erhält man bei der Mikrosatelliten-PCR nur jeweils 2 Banden, die jeweils einem väterlichen und einem mütterlichen Allel entsprechen (Abb. 4-9). Durch Einsatz mehrerer polymorpher Mikrosatelliten-Loci kann man Vaterschafts-

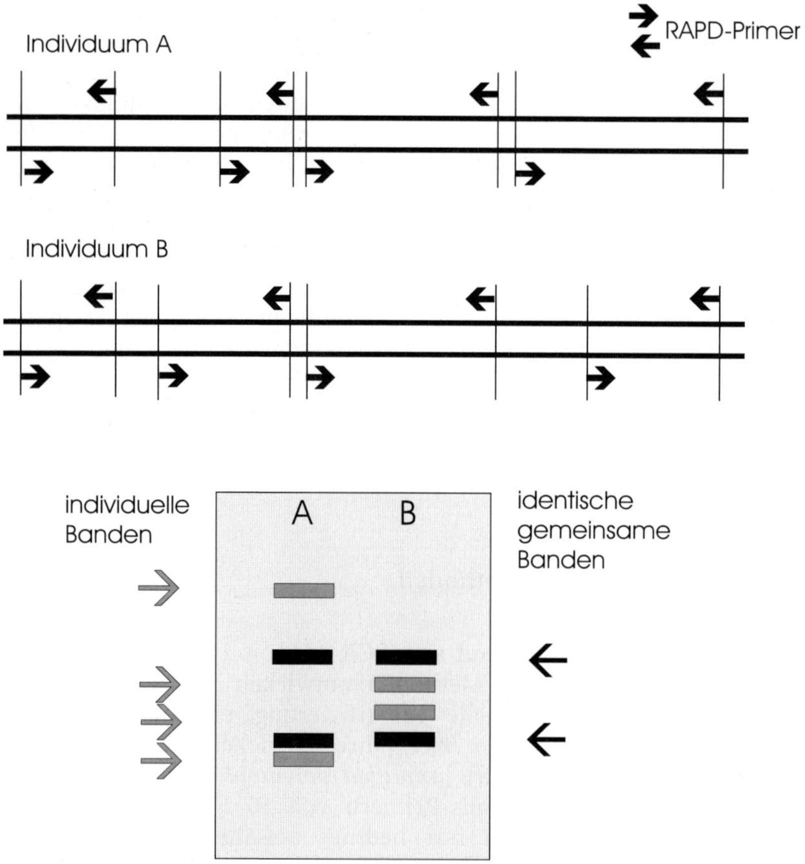

Abb. 4-8. Schematische Darstellung der RAPD-PCR. Die Gesamt-DNA von zwei nahe verwandten Individuen wird mit einem einzigen RAPD-Zufallsprimer (Länge 10 Nucleotide) mittels PCR amplifiziert. Die erhaltenen PCR-Produkte (Länge durch senkrechte Striche gekennzeichnet) werden durch Agarosegel-Elektrophorese aufgetrennt und durch Ethidiumbromid-Färbung sichtbar gemacht. Kleine DNA-Moleküle wandern als negativ geladene Ionen während der Elektrophorese schneller als große Moleküle durch das Agarosegel zum +-Pol. Identische und individuelle PCR-Produkte sind durch unterschiedliche Pfeile kenntlich gemacht. Diese PCR-Produkte können auch als Allele angesehen werden

bestimmungen auch in komplexen Sozialsystemen vornehmen oder die Populationsstruktur und den Genfluss bestimmen. Der Vorteil der Mikrosatelliten-PCR ist ihre Empfindlichkeit (sie benötigt nur Nanogramm-Mengen an DNA), ihr Nachteil, dass man für die meisten Arten eigene spezifische PCR-Primer entwickeln muss. Liegt die entsprechende Primerinformation vor, so stellt die Mikrosatelliten-PCR eine sehr effektive Methode dar, Individuen zu identifizieren, Vaterschaften aufzuklären oder Genfluss zwischen Populationen zu bestimmen.

In einem Spezialfall der Mikrosatelliten-PCR werden PCR-Primer benutzt, die direkt zu den Sequenzen von Mikrosatelliten komplementär sind. Liegen zwei Mikrosatelliten in Nachbarschaft (Abstand bis 3000 Bp.), von denen einer durch Inversion seine Orientierung geändert hat, erhält man PCR-Produkte (Abb. 4-10), die oft Polymorphismen zwischen Taxa klar erkennen lassen. Diese Methode wird als **ISSR-PCR** (***inter simple sequence repeats***) bezeichnet. Ebenso wie die RAPD-PCR wird bei der ISSR-Methode nur ein einziger Primer eingesetzt. Da dieser Primer jedoch meist 20 Nucleotide lang ist, erreicht die ISSR-PCR die notwendige Selektivität und Reproduzierbarkeit. Diese Methode eignet sich zur molekularen Geschlechtsbestimmung, zur Differenzierung und Identifizierung von Populationen und Arten (Abb. 4-10).

Vor wenigen Jahren wurde das Methodenrepertoire durch die **AFLP-PCR** (***amplified fragment length polymorphisms***) erweitert, welche die Selektivität der RFLP mit der Empfindlichkeit der PCR kombiniert (Abb. 4-11). Durch hochauflösende Gelelektrophorese werden komplexe Bandenmuster (Fingerprints) erzeugt, die Aufschluss über Variabilität zwischen Individuen, Populationen oder Arten geben. Diese Methode wird bereits vielfach in der **Kartierung von Pflanzengenen** (sog. *mapping*), aber auch für Vaterschaftsanalysen eingesetzt.

4.1.2.2.3
Analyse der Nucleotidsequenzen von Markergenen

Aminosäure- und Nucleotidsequenzen sind für die molekulare Evolutionsforschung, insbesondere für die Rekonstruktion von Phylogenie, Phylogeographie und Systematik durch folgende Eigenschaften besonders gut geeignet:

- Sequenzdaten sind eindeutige und diskrete Merkmale (im Unterschied zu Protein- oder DNA-Banden, unter denen sich mehrere Moleküle verstecken können).
- Sie sind quantifizierbar und statistischen Tests zugänglich.
- Sie lassen sich einem bestimmten Genlocus zuordnen (Homologiekriterium).
- Man kann sie erkennen, auch wenn sie nicht mutiert sind (im Unterschied zu den Methoden der klassischen Populationsgenetik).
- Sie sind unabhängig von inneren und äußeren Bedingungen und auch in Heterozygoten bestimmbar.

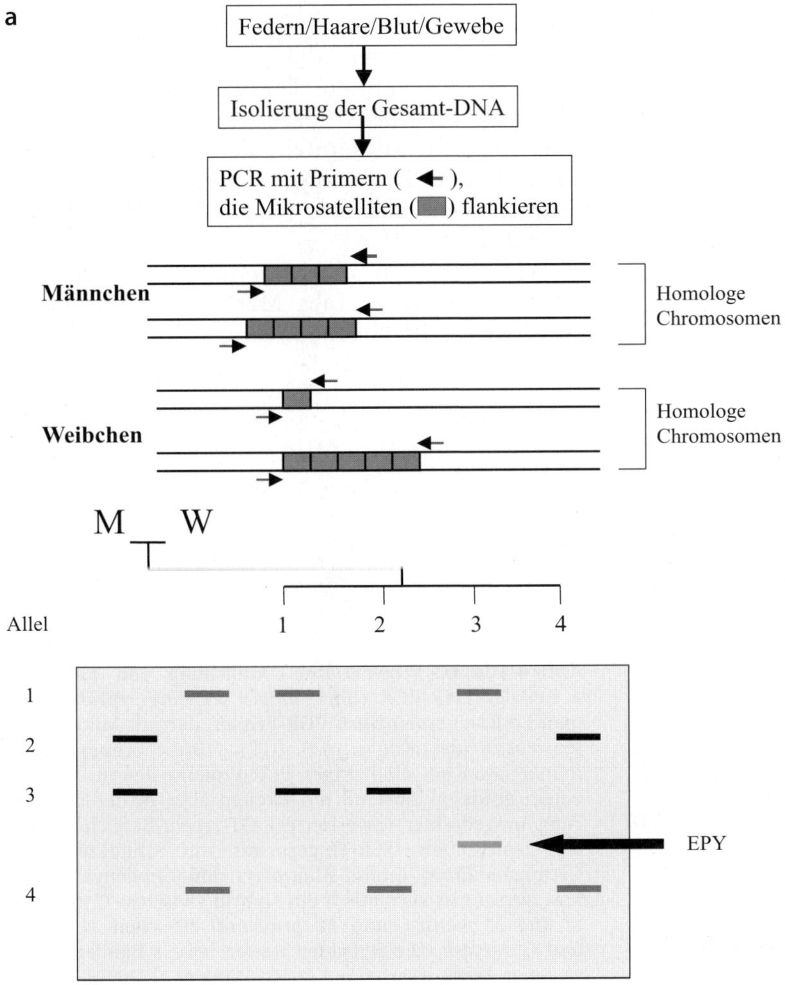

Abb. 4-9 a, b. Prinzip der Vaterschaftsbestimmung mittels Mikrosatelliten-PCR (Schematische Darstellung). **a** Bei der Mikrosatelliten-PCR werden PCR-Primer eingesetzt, die spezifische Mikrosatellitengruppen flankieren. Die Länge der erhaltenen PCR-Produkte hängt von der Länge, d.h. der Gesamtzahl der wiederholten Mikrosatelliten-Elemente (*repeats*) ab. In diesem Beispiel wurde ein Mikrosatelliten-Locus gewählt, der sehr polymorph ist, d.h. bei dem Vater (M) der Beispielsfamilie liegen andere Allele vor als bei der Mutter (W). Die Mikrosatellitenbanden der 4 Kinder sollten jeweils 2 der 4 möglichen Elternallele aufweisen. Bei Kind 1, 2 und 4 ist dies der Fall, d.h. Vater und Mutter sind nicht nur die sozialen, sondern auch die genetischen Eltern. Bei Kind 3 finden wir Allel 1, das dem der Mutter entspricht. Das zweite vorhandene Allel entspricht nicht den väterlichen Allelen; demnach sollte es von einem fremden Vater stammen; wir sprechen davon, dass es sich um ein EPY (*extra-pair young*) handelt. (Abb. 4-9 b siehe Seite 274)

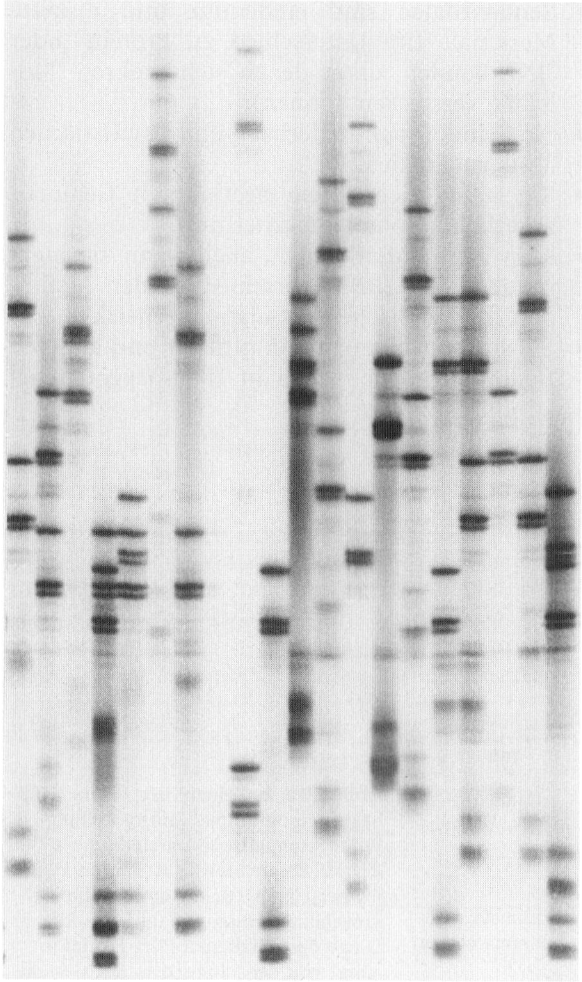

b

Abb. 4-9 b. Original einer Mikrosatelliten-PCR-Analyse an Seggenrohrsängern (*Acrocephalus paludicola*), die ein promiskes Paarungssystem aufweisen (M. Wink, A. Backhaus, A. Dyrcz, B. Leisler, K. Schulze-Hagen)

- Sie weisen einen hohen Informationsgehalt auf (jede Aminosäuren- oder Nucleotidposition in einem Protein oder Gen gilt als unabhängiges Einzelmerkmal; d.h. 1000 und mehr Merkmale werden durch die Sequenzierung eines Markergens bereitgestellt).
- Man kann sie über weite systematische Bereiche vergleichend analysieren, da homologe Gene direkt erkennbar sind.
- Eine Konvergenz längerer Sequenzbereiche ist extrem unwahrscheinlich.

Die Sequenzen von **Markergenen** lassen sich für eine Reihe von wichtigen biologischen und evolutionären Fragestellungen nutzen. Während man in den 60er und 70er Jahren des 20. Jh. im Wesentlichen **Markerproteine** sequenziert hat, um molekulare Stammbäume zu erstellen, findet man seit 1980, bedingt durch die Erfolge in der Klonierung, Amplifizierung und Sequenzierung von DNA, einen Rückgang der direkten Proteinsequenzierung und eine starke Zunahme der DNA-Sequenzen, aus denen leicht die zugehörigen Aminosäuresequenzen abgeleitet werden können. Nucleotidsequenzen weisen eine Reihe von Vorteilen auf: sie sind leicht zugänglich und erfassen zudem den großen Bereich der synonymen Substitutionen, die auf Proteinebene nicht sichtbar sein können. Deshalb steht die Untersuchung von Nucleotidsequenzen von Markergenen heute im Mittelpunkt der **Molekularen Systematik** und Evolutionsforschung, die in nachfolgenden Abschnitten (Kap. 4.2, 4.3) ausführlicher diskutiert wird.

Wie man von einer Gewebeprobe zu einer Nucleotidsequenz eines Markergens kommt, ist in EXKURS 4.1 abgehandelt.

Abb. 4-10 a, b. Schematische Darstellung von ISSR-PCR. **a** Bei der ISSR-PCR (*inter simple sequence repeats*) wählt man i.d.R. einen einzigen PCR-Primer, der mit Mikrosatelliten-*repeats* identisch ist, z.B. $(GT)_{10}$. Diese Primer werden immer dann ein eindeutiges PCR-Produkt liefern, wenn in einem gewissen Abstand ein zweiter, aber in der Orientierung umgedrehter (invertierter) GT-*repeat*-Bereich auftritt. **b** Beispiel eines ISSR-Fingerprints von Schildkröten der Gattungen *Emys, Cuora, Mauremys* und *Chinemys*. *Mauremys iversoni* ist vermutlich ein Hybrid zwischen *C. trifasciata* und *M. mutica*, und *M. pritchardi* zwischen *M. mutica* und *C. reevesii*. Die Hybriden weisen jeweils Banden der jeweiligen Ausgangsarten auf (nach Wink et al. 2000)

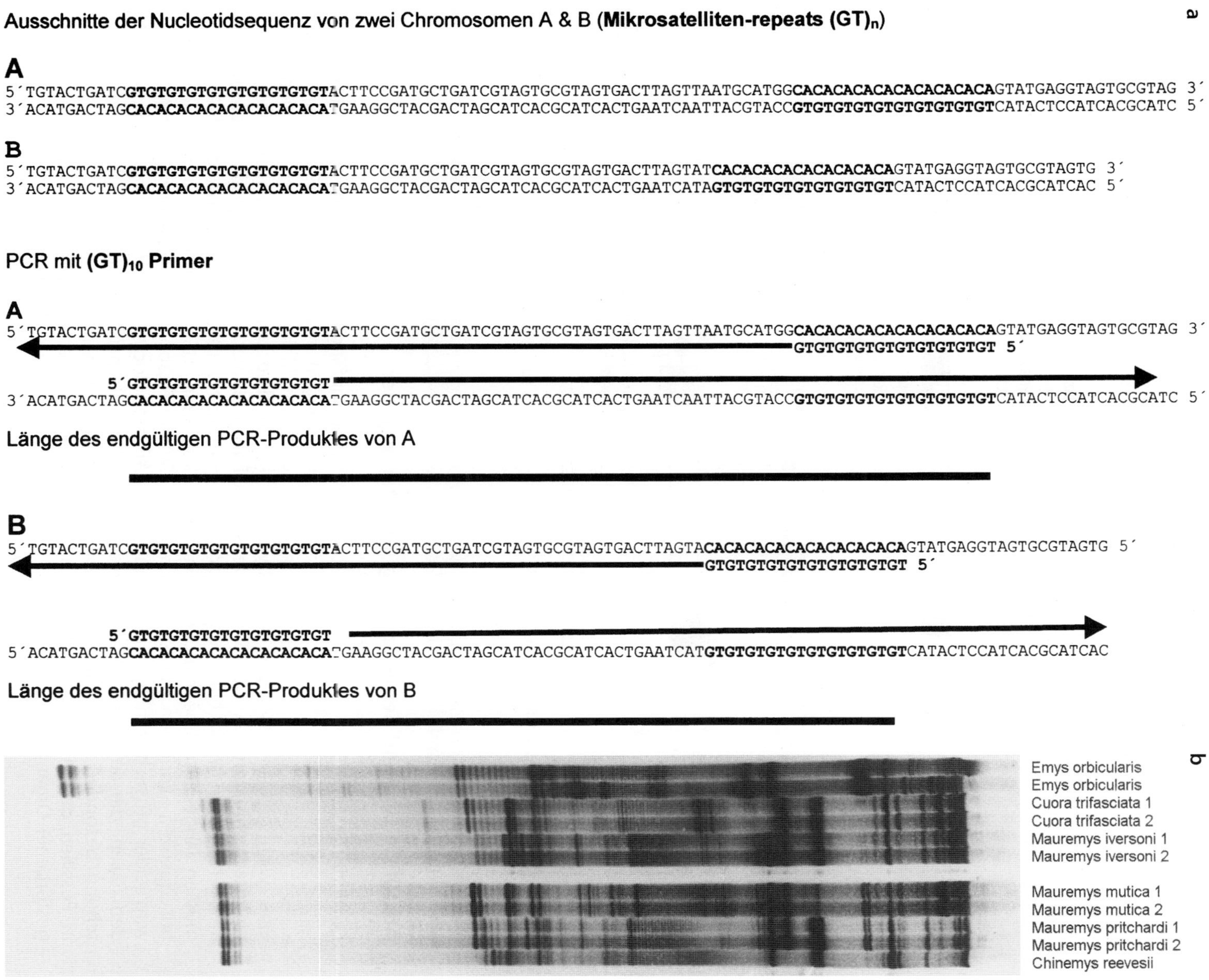
a
Ausschnitte der Nucleotidsequenz von zwei Chromosomen A & B (Mikrosatelliten-repeats (GT)n)
A
5´TGTACTGATCGTGTGTGTGTGTGTGTGTGTACTTCCGATGCTGATCGTAGTGCGTAGTGACTTAGTTAATGCATGGCACACACACACACACACACAGTATGAGGTAGTGCGTAG 3´
3´ACATGACTAGCACACACACACACACACACATGAAGGCTACGACTAGCATCACGCATCACTGAATCAATTACGTACCGTGTGTGTGTGTGTGTGTGTCATACTCCATCACGCATC 5´
B
5´TGTACTGATCGTGTGTGTGTGTGTGTGTGTACTTCCGATGCTGATCGTAGTGCGTAGTGACTTAGTATCACACACACACACACACAGTATGAGGTAGTGCGTAGTG 3´
3´ACATGACTAGCACACACACACACACACACATGAAGGCTACGACTAGCATCACGCATCACTGAATCATAGTGTGTGTGTGTGTGTGTCATACTCCATCACGCATCAC 5´
PCR mit (GT)10 Primer
A
5´TGTACTGATCGTGTGTGTGTGTGTGTGTGTACTTCCGATGCTGATCGTAGTGCGTAGTGACTTAGTTAATGCATGGCACACACACACACACACACAGTATGAGGTAGTGCGTAG 3´
GTGTGTGTGTGTGTGTGTGT 5´
5´GTGTGTGTGTGTGTGTGTGT
3´ACATGACTAGCACACACACACACACACACATGAAGGCTACGACTAGCATCACGCATCACTGAATCAATTACGTACCGTGTGTGTGTGTGTGTGTGTCATACTCCATCACGCATC 5´
Länge des endgültigen PCR-Produktes von A
B
5´TGTACTGATCGTGTGTGTGTGTGTGTGTGTACTTCCGATGCTGATCGTAGTGCGTAGTGACTTAGTACACACACACACACACACACAGTATGAGGTAGTGCGTAGTG 5´
GTGTGTGTGTGTGTGTGTGT 5´
5´GTGTGTGTGTGTGTGTGTGT
5´ACATGACTAGCACACACACACACACACACATGAAGGCTACGACTAGCATCACGCATCACTGAATCATGTGTGTGTGTGTGTGTGTGTCATACTCCATCACGCATCAC
Länge des endgültigen PCR-Produktes von B
b
Emys orbicularis
Emys orbicularis
Cuora trifasciata 1
Cuora trifasciata 2
Mauremys iversoni 1
Mauremys iversoni 2
Mauremys mutica 1
Mauremys mutica 2
Mauremys pritchardi 1
Mauremys pritchardi 2
Chinemys reevesii

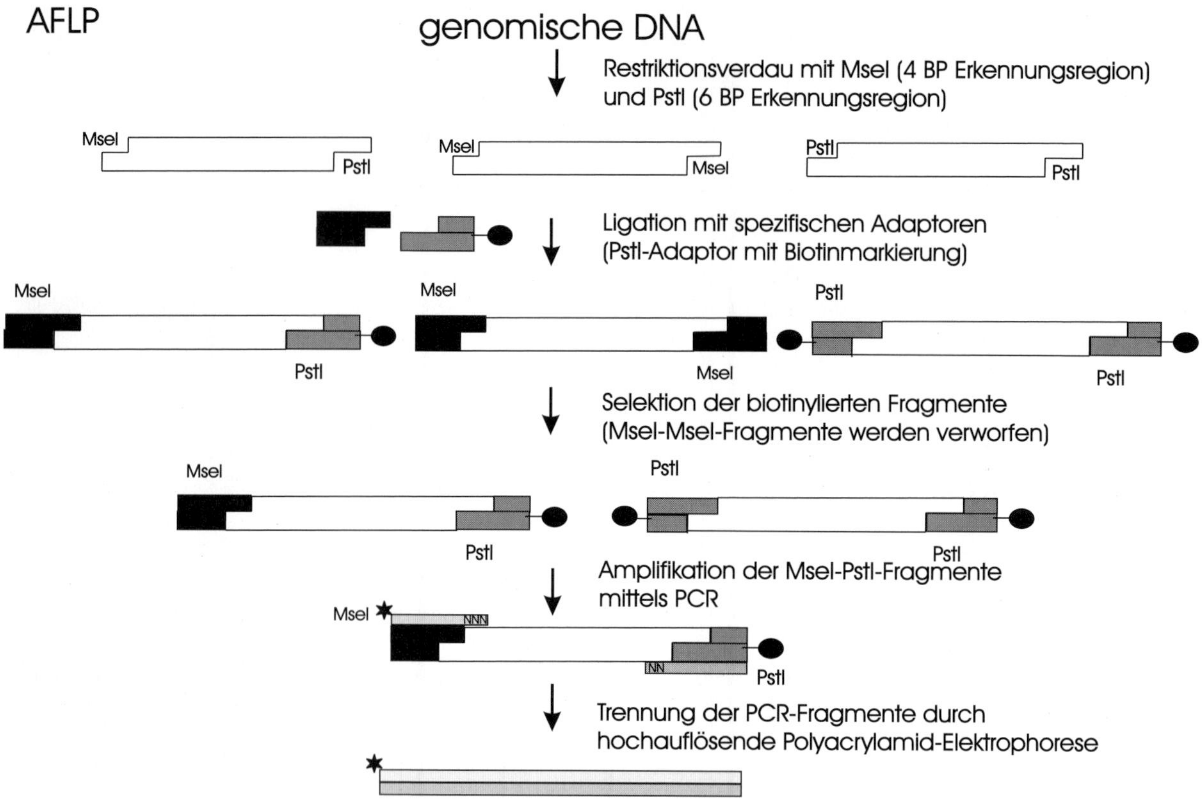

Abb. 4-11. Schematische Darstellung der AFLP-PCR

EXKURS 4.1

Amplifizierung und Sequenzierung von Markergenen

Qualität der DNA

Eine wichtige Voraussetzung für Phylogenieuntersuchungen ist das Vorhandensein intakter DNA, d.h. für eine Sequenzanalyse müssen lange zusammenhängende Nucleotidsequenzen vorliegen. Diese Bedingung wird leider oft nicht erfüllt, häufig gerade in den Fällen, die aus Sicht der Evolutionsforschung besonders interessant sind, nämlich in Fossilien oder im Museumsmaterial ausgestorbener Organismen.

Die anfänglichen sensationellen Erfolgsmeldungen zwischen 1980–1995, man habe DNA aus Millionen Jahre alten Fossilien isoliert und sequenziert, haben sich in fast allen Fällen als verfrüht herausgestellt. Vermutlich wurde rezente DNA, welche die Präparate kontaminiert hatte, kloniert und sequenziert. Svante Pääbo [LMU München; jetzt MPI für Anthropologie in Leipzig] hat mit seinen Mitarbeitern überzeugend darlegen können, dass DNA innerhalb von ca. 20000 Jahren komplett zerfällt. D.h. die Hoffnung, aus Knochen von Dinosauriern intakte DNA zu

EXKURS 4.1 (Fortsetzung)

isolieren oder vielleicht sogar zu exprimieren, wird sich demnach kaum erfüllen. Noch nicht abgeschlossen ist die Diskussion, ob man aus Insekten, die in Bernstein eingeschlossen wurden, intakte DNA gewinnen kann. Bei den wenigen positiven Befunden, die bislang publiziert wurden, muss man beachten, dass Bernstein häufig manipuliert wird, da er mit Einschlüssen einen hohen Handelswert hat. Bei den Fälschungen wird Bernstein geöffnet und rezente Insekten werden eingeschmolzen. Diese Fälschungen sind so gut, dass nur Fachleute sie erkennen können. Es ist nicht ausgeschlossen, dass solche Präparate bei den erfolgreichen DNA-Analysen unwissentlich verwendet wurden.

Es ist jedoch möglich, aus mehrere tausend Jahre alten Knochen kleine Bruchstücke von DNA (meist unter 100 Bp. Länge), z. B. der mtDNA, zu isolieren und zu klonieren. Aus den Bruchstücken wird dann schrittweise ein komplettes Gen rekonstruiert. Besonders eindrucksvolle Beispiele der letzten Jahre sind die Analysen der mtDNA des Neandertalers oder der Steinzeitmumie „Ötzi" im Labor von Svante Pääbo. Die Arbeit mit alter DNA ist jedoch äußerst schwierig und erfordert sehr viel Zeit und Vorsichtsmaßnahmen gegen Kontaminationen. Sind Basen in der alten DNA auf beiden DNA-Strängen ausgefallen (z. B. durch gleichzeitige Depurinierung und Desaminierung, s. Abb. 3.23) kann die *Taq*-Polymerase in der PCR unter Umständen diese Lücken zufällig auffüllen und so künstlich Variationen schaffen, wo ursprünglich gar keine vorhanden waren.

Leider ist die DNA auch in den meisten Museumsbälgen bereits so degradiert, dass man in der Regel keine intakte DNA mehr gewinnen kann. Ausnahmen bestätigen auch hier die Regel; die Klonierung von DNA Bruchstücken aus dem ausgestorbenen Quagga (einer Zebraart) war vermutlich ein glücklicher Zufall.

Aufbewahrung von Proben zur DNA-Untersuchung

Für die meisten Forschungsprojekte im Bereich der molekularen Systematik und Phylogenie wird man DNA aus lebenden Organismen bevorzugen, um zu einem sicheren Ergebnis zu kommen. Für Tiere mit kernhaltigen Erythrocyten (also Fische, Amphibien, Reptilien oder Vögel) bietet sich Blut als die einfachste DNA-Quelle an, zumal man die geringen Mengen an Blut, die benötigt werden (1–2 Tropfen), meist leicht entnehmen kann, ohne dem Tier zu schaden. Aber auch Federn und Haare, ja selbst Kot enthalten DNA (wenn auch geringe Mengen), die sich isolieren und über PCR amplifizieren lässt. Bei Säugetieren benötigt man entweder so viel Blut, dass man kernhaltige Leukocyten isolieren kann (ca. 1–10 ml), oder man entnimmt DNA-haltiges Gewebe, wie z. B. kleine Hautstücke aus der Ohrmuschel.

Gewebestücke und Blut lassen sich selbst bei Raumtemperatur über viele Monate hinweg in einem EDTA-Puffer aufbewahren (10% EDTA, 0,5% Natriumfluorid, 0,5% Thymol, 1% Tris, pH 7,0). Dadurch eignet sich dieser Puffer besonders für Felduntersuchungen. Aber auch eine Aufbewahrung in reinem Ethanol konserviert die DNA; man muss jedoch sicherstellen, dass der Alkohol nicht verdunstet. Auch tiefgefrorenes Gewebe eignet sich meist für eine DNA-Untersuchung. Material, das in Formaldehyd fixiert wurde (wie leider die meisten Museumspräparate), ist völlig ungeeignet, da Formaldehyd die DNA irreversibel verändert.

Pflanzenmaterial kann entweder durch Ethanol oder aber durch schnelles Trocknen so konserviert werden, dass intakte DNA isoliert werden kann. Auch Pflanzensamen eignen sich gut für die DNA-Isolierung, so dass sich hier die Konservierungsfrage nicht unbedingt stellt. Altes Herbarmaterial ist häufig genauso unbrauchbar wie Balgmaterial in Zoologischen Museen.

▶

EXKURS 4.1 (Fortsetzung)

Amplifizierung und Sequenzierung von Markergenen

Ausgehend von der isolierten Gesamt-DNA (d.h. Kern- und Organell-DNA) wird im nächsten Schritt ein Markergen (Abb. 3-38) entweder kloniert oder heute meistens mittels PCR in solcher Menge amplifiziert, dass es anschließend sequenziert werden kann (Abb. 4-13). Eine neuere Variante schließt eine Zyklische Sequenzierung ein: Ausgehend von PCR-Produkten wird die Sequenzierung mit fluoreszenzmarkierten Sequenzierprimern oder fluoreszenzmarkierten Nucleotiden und einer speziellen hitzestabilen δ-DNA-Polymerase mittels PCR durchgeführt.

Je nach Fragestellung wird das Markergen aus ncDNA oder mtDNA (bei Tieren) oder ncDNA und cpDNA (bei Pflanzen) ausgewählt (Abb. 3-38). Diese Gene haben nichts mit der Morphologie zu tun und unterliegen somit nicht den adaptiven Faktoren, welche die äußere Gestalt der Organismen geprägt haben. Aufgrund dieser Auswahl wirken sich Konvergenzen, welche die klassische Systematik erschweren, nicht aus. Sollen evolutionäre Ereignisse rekonstruiert werden, die vor Hunderten von Mio. Jahren erfolgten, so eignen sich rDNA-Gene des Kerns am besten, da sie in allen Eukaryoten gleichermaßen zur Verfügung stehen und sehr konserviert, d.h. wenig variabel sind. Die entsprechenden rDNA-Gene der tierischen Mitochondrien sind dagegen wesentlich variabler und sind gute Marker für Ereignisse zwischen 5 und 100 Mio. Jahren (Abb. 3-49).

In Mitochondrien der Tiere ist der D-Loop-Bereich, der am Start der Replikation liegt und nicht transcribiert wird, am variabelsten (ungefähr vier- bis sechsmal variabler als das Cytochrom-b-Gen, das häufig als Marker bei Tieren verwendet wird). Bei Kerngenen wählt

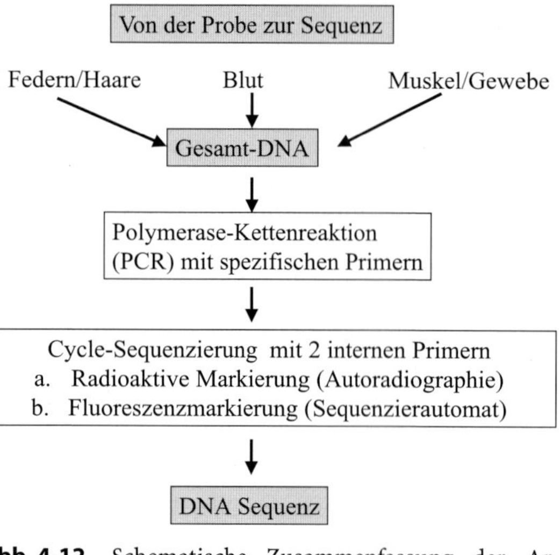

Abb. 4-12. Schematische Zusammenfassung der Arbeitsschritte, die zwischen Probeentnahme und Sequenzierung liegen

Abb. 4-13. Schematische Darstellung der DNA-Sequenzierung mittels Strangabbruchmethode. Bei dieser Methode werden dem Reaktionsansatz Didesoxynucleotide (ddNTP) zugegeben, denen die 3′-OH-Gruppe der Desoxyribose fehlt. Wird ein ddNTP von der DNA-Polymerase in einen neuen Strang eingebaut, kommt es zu einem Strangabbruch, da an dieses Nucleotid kein weiteres Nucleotid angehängt werden kann (es fehlt ja die 3′-OH-Gruppe). In einer ersten Reaktion muss die zu sequenzierende DNA in ausreichender Menge (d.h. in vielen Kopien) hergestellt werden (z.B. durch Klonieren oder PCR). Dann wird diese DNA in 4 Reaktionsgefäße gegeben, die alle DNA-Polymerase, einen Sequenzierprimer und die 4 dNTPs enthalten. Der Sequenzierprimer muss zum *Template*-Strang komplett komplementär sein. Bei der radioaktiven Sequenzierung wird der Primer mit ^{32}P-dATP, ^{33}P-dATP oder ^{35}S-dATP markiert. Bei der automatischen Sequenzierung wird der Primer mit einem Fluoreszenzfarbstoff gekoppelt (alternativ werden die dNTPs mit einem Farbstoff markiert). Zusätzlich gibt man in Reaktionsgefäß 1 eine kleine Menge an ddATP, in Gefäß 2 ddTTP, in Gefäß 3 ddCTP und in Gefäß 4 ddGTP. Die Mengen der dNTPs zu ddNTPs muss so eingestellt werden, dass die statistische Wahrscheinlichkeit gegeben ist, dass die DNA-Polymerase an allen infrage kommenden Positionen ein entsprechendes ddNTP einbauen kann. Dadurch wird eine Leiter von DNA-Fragmenten synthetisiert, die sich um jeweils ein Nucleotid unterscheiden

EXKURS 4.1 (Fortsetzung)

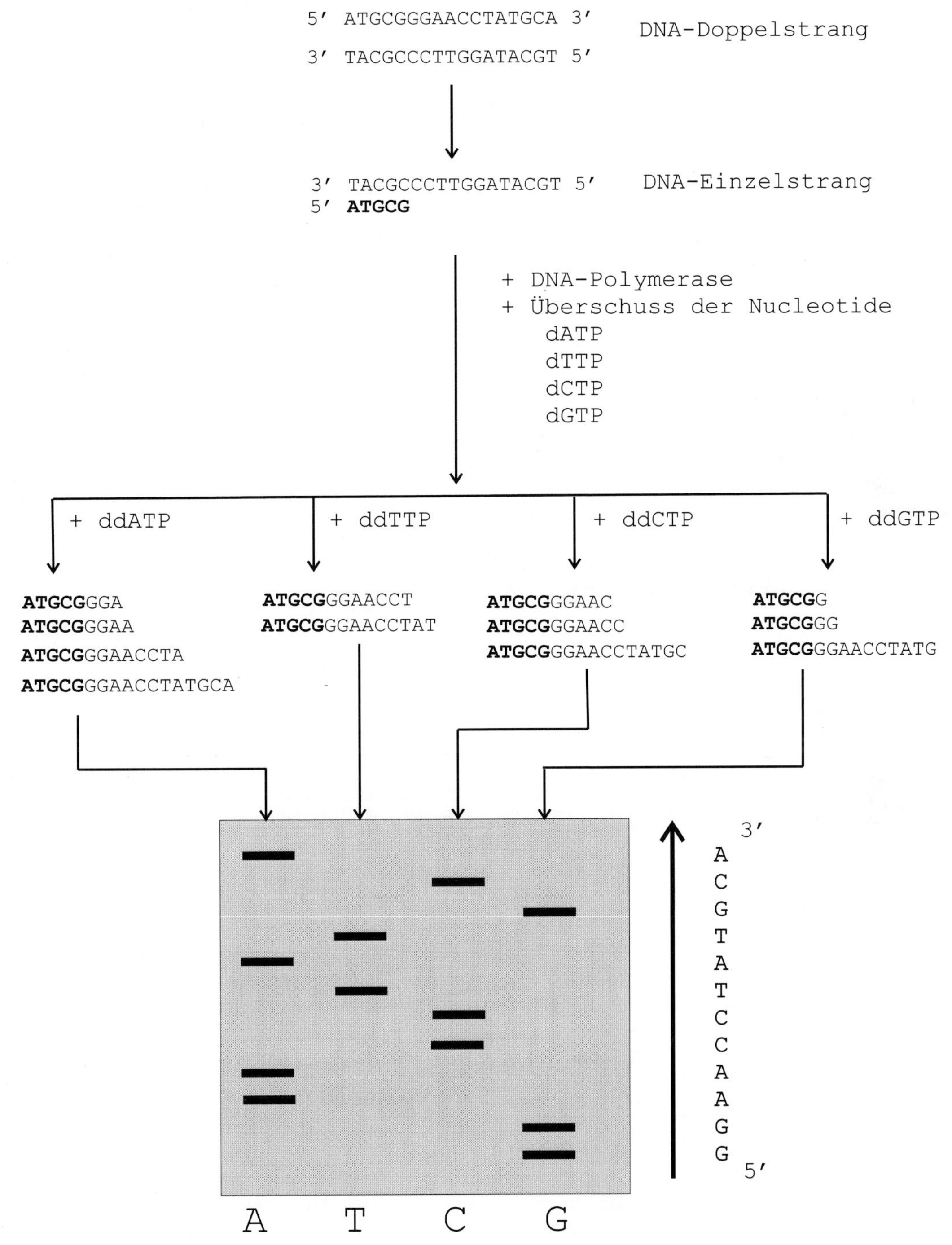

EXKURS 4.1 (Fortsetzung)

man die ITS-Bereiche (*internal transcribed spacer*) zwischen den rRNA-Genen, die zwar transcribiert werden, aber keine weitere Funktion ausüben (Abb. 3-9). Sie sind nicht so konserviert wie rRNA-Gene, kommen aber in ebenso vielen identischen Kopien im Genom vor. Eine Zusammenstellung wichtiger PCR-Primer zur Amplifizierung von Markergenen geben Mindell et al. (1999) und Karp et al. (1998).

Die Arbeitsschritte zwischen der Sequenzierung (Abb. 4-12) und der Phylogeniere-konstruktion sind in Abb. 4-14 schematisch dargestellt.

Bei der Auswahl der PCR-Bedingungen und Markergene ist es wichtig, dass man ausschließlich homologe Gene (sog. **orthologe Gene**) amplifiziert und miteinander vergleicht. Wenn von demselben Gen Pseudogene, d. h. multiple, aber unterschiedliche Kopien (z. B. im Fall von Multigenfamilien) vorkommen (man spricht von **paralogen Genen**), besteht die Gefahr, anstelle der homologen Gene solche paralogen Gene zu amplifizieren und zu sequenzieren. Werden Sequenzen von homologen und paralogen Genen gemischt, so erhält man meist falsche molekulare Stammbäume. Von paralogen Genen spricht man z. B., wenn ein mitochondriales Gen durch „illegitime Rekombination" eine funktionslose Kopie im Kerngen erhalen hat, die sich mit anderer Evolutionsgeschwindigkeit entwickelt als das mitochondriale Gen.

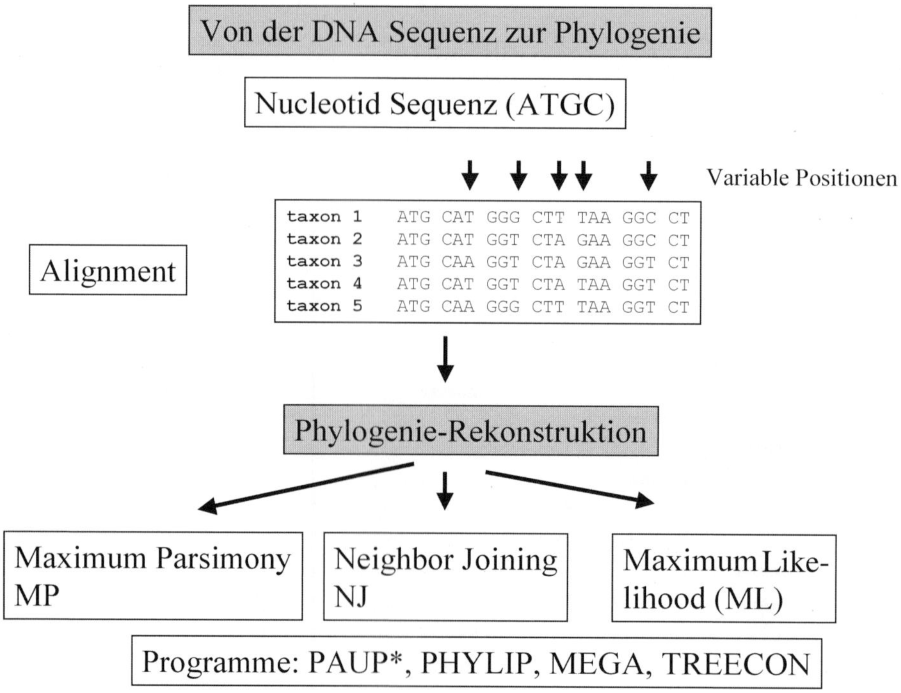

Abb. 4-14. Arbeitsschritte zwischen Sequenzierung und Phylogenierekonstruktion. Senkrechte Pfeile im *Alignment* weisen auf die Variabilität der dritten Codonposition hin

Erhaltene DNA-Sequenzen werden in einem *Alignment* so angeordnet, dass homologe Positionen (die alle als einzelne Merkmale gelten) jeweils untereinander zu stehen kommen (Abb. 4-14). Ein *Alignment* ist einfach durchzuführen, wenn in einem Gen keine Deletionen, Insertionen oder Inversionen auftreten, wie dies bei proteincodierenden Genen auch meist der Fall ist.

Nichtcodierende Gene und DNA-Abschnitte, wie z.B. rDNA und ITS-Regionen, weisen dagegen auch *rearrangements* auf. Diese Veränderungen können auf einen einzelnen Evolutionsschritt (Verlust oder Insertion eines DNA-Abschnittes) oder auf multiplen Schritten beruhen. Meist werden die unklaren Merkmale bei der Stammbaumrekonstruktion als ein Einzelmerkmal gewertet oder gänzlich weggelassen. *Alignment*-Programme, wie CLUSTAL V, können sehr hilfreich sein, ein erstes *Alignment* zu erstellen, doch muss in jedem Falle eine manuelle Feinkorrektur erfolgen, indem man z.B. auf die Raumstruktur der rRNA Rücksicht nimmt (Abb. 3-11; Struktur der 16S rRNA).

4.1.2.2.4 Evolutionäre Distanzen

Für Protein- und DNA-Sequenzen lässt sich der Unterschied zwischen zwei Sequenzen homologer Proteine oder Gene leicht quantitativ fassen, indem die Anzahl der unterschiedlichen Aminosäuren bzw. Nucleotide zwischen zwei Sequenzen ermittelt wird. Weil der Aminosäurenvergleich nur schwer Mehrfach-, Parallel- und Rückmutationen erkennen kann und vor allem synonyme Substitutionen unberücksichtigt lässt, wurden verschiedene Korrekturen vorgeschlagen, wie z.B. die Poissonkorrektur. Da heute zunehmend DNA-Sequenzdaten ermittelt werden, über die man synonyme Substitutionen erkennen kann, zieht man sie heran, um evolutionäre Distanzen zu berechnen. Im Kap. „Molekulare Uhren" (Kap. 3.5.2) wurde bereits über grundlegende Schwierigkeiten diskutiert. Um multiple Substitutionen, Parallel- und Rückmutationen zu berücksichtigen oder um Transition/Transversionsverhältnisse zu gewichten, wurden verschiedene Distanzalgorithmen entwickelt (z.B. Jukes-Cantor, Kimura, Tamura-Nei etc.; Näheres s. Handbücher von PAUP und MEGA).

Aus der Sequenzdifferenz ***K*** lässt sich die **Trennungs-** oder **Divergenzzeit** ***T*** zweier Taxa berechnen: $T=K:2$

Bei proteincodierenden Genen ist es u.U. sinnvoll, die Substitutionsraten für jede einzelne Codonposition oder synonyme versus nicht-synonyme Substitutionen getrennt zu berechnen, da die Evolutionsraten verschieden sind (Kap. 3.5).

Genetische Distanzen können hilfreich sein, Arten oder höhere Verwandtschaftsklassen zu definieren. Anfänglich hat man für diese Aussage Unterschiede in den Aminosäuresequenzen von Proteinen oder Allelhäufigkeiten herangezogen. Bedingt durch die Zunahme der DNA-Sequenzdaten liegt es nahe, auch diese Information für die Artdiagnose zu benutzen (Kap. 4.2.3).

Klassifizierungsebenen oberhalb des Artniveaus sind wesentlich schwieriger zu definieren. Bei gut untersuchten Organismengruppen findet man häufig eine Zunahme der genetischen Distanzen mit jeder höheren Klassifizierungsebene; eine verbindliche Richtschnur existiert jedoch nicht. Große Unterschiede findet man bei der Klassifizierung in unterschiedlichen Organismengruppen, die auf Traditionen in der Systematik der jeweiligen Organismen zurückgehen. So beobachtet man bei Pflanzen häufig große Gattungen mit genetischen Unterschieden, die bei höheren Tieren bereits zu einer Aufgliederung in mehrere Gattungen oder Tribe geführt hätten.

4.1.2.2.5 Stammbaumrekonstruktion

Das evolutionäre Verzweigungsmuster lässt sich am besten durch einen dichotom aufgebauten Stammbau darstellen (Abb. 4-15). Grundsätzlich wird zwischen numerischen **Distanzmethoden** und **Merkmalsmethoden** (***Parsimony***- und ***Maximum Likelihood***-Methoden) unterschieden (EXKURS 4.2). ***Neighbor-Joining*** (**NJ**) ist eine typische Distanzmethode, bei der die Gesamtähnlichkeit zwischen jeweils zwei Taxa als numerischer Wert ermittelt wird. Bei ***Maximum Parsimony*** (**MP**) werden Taxa so angeordnet, dass die

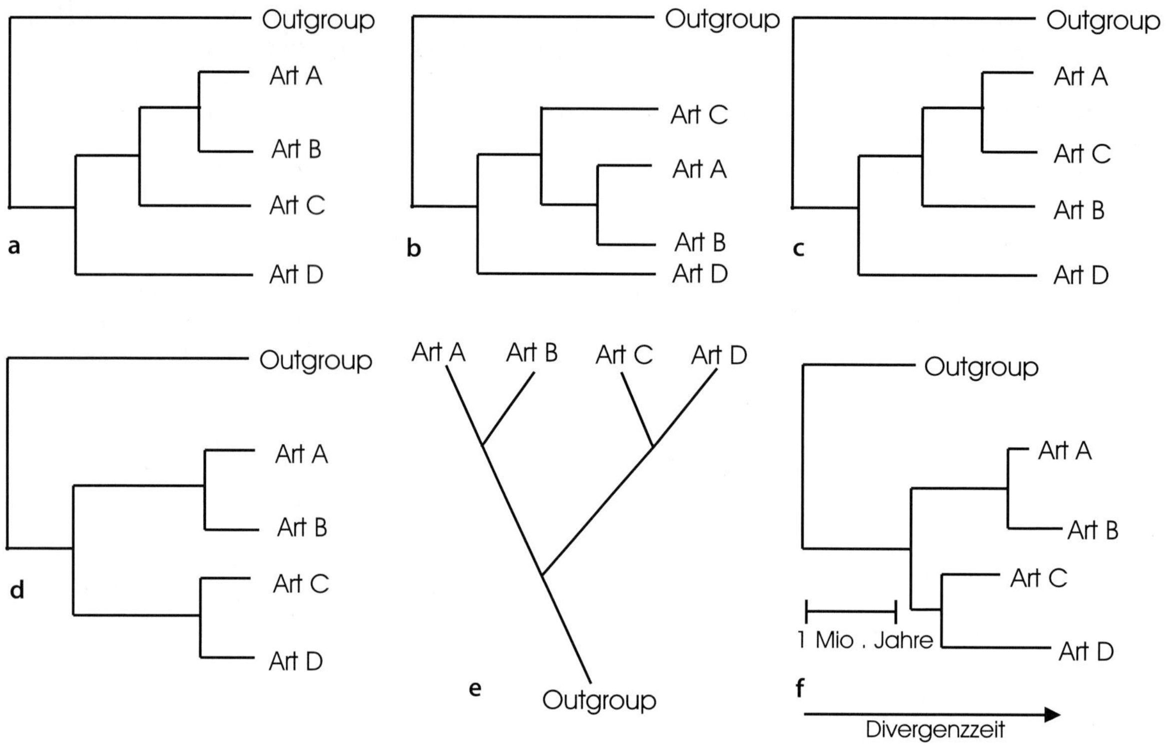

Abb. 4-15 a–f. Graphische Darstellung von Stammbäumen und Aussagemöglichkeiten. **a–e** Darstellung als Kladogramm; **f** ist ein Phylogramm, in dem die Astlängen mit der Divergenzzeit proportional sind. **a** A und B sind Zwillingsarten, die einen gemeinsamen Vorfahren teilen. A, B, C und D bilden eine monophyletische Gruppe, die sich von einem gemeinsamen Vorfahren ableitet. **b** In einem Stammbaum können die Äste frei um die jeweiligen Verzweigungsknoten gedreht werden; d. h. Kladogramme **a** und **b** sind identisch. **c** Kladogramm **c** unterscheidet sich von **a** und **b**, da die Reihenfolge der Arten A, B und C verändert ist. **d** und **e** zeigen ein Kladogramm in denen die Taxa A und B sowie C und D Zwillingsarten sind, die von einem gemeinsamen Vorfahren abstammen. Die Kladogramme d und e sind in ihrer Aussage identisch. **f** Darstellung der Verwandtschaftsbeziehungen aus **d** und **e** als Phylogramm, das die unterschiedlichen Divergenzzeiten der einzelnen Taxa aufzeigt. Outgroup = Außengruppe

Zahl der Merkmalsänderungen zwischen verwandten Taxa möglichst klein ist. Kladisten erkennen nur *Parsimony*-Methoden als sinnvoll an, da Distanzmethoden streng genommen nur phänetische Dendrogramme erstellen können und nicht zwischen ursprünglichen und abgeleiteten Merkmalen unterscheiden. In der Praxis der molekularen Phylogenieanalyse liefern aber häufig Distanz- und Merkmalsmethoden Bäume mit identischer oder ähnlicher Topologie.

In jedem Falle versuchen die Programme, einen Stammbaum zu erstellen, der die Entstehung der Taxa im Verlauf der Evolution so genau wie möglich widerspiegelt. Streng genommen ist jeder Stammbaum eine Hypothese über den Verlauf der Evolution, deren Plausibilität mit alternativen Hypothesen zu bewerten ist. Problematisch kann es sein, wenn in einer Organismengruppe die meisten Linien bereits ausgestorben sind und eine rezente Linie nur isoliert vorkommt, oder wenn unvollständige Datensätze zugrunde gelegt werden. Der Wahl des Markergens, das in der richtigen Geschwindigkeit evolviert (kann je nach Organismus und Fragestellung verschieden sein), kommt damit eine entscheidende Bedeutung zu. Wählt man ein schnell evolvierendes Markergen zur Analyse alter Gruppen, dann wird die ursprünglich vorhandene phylogenetische Information durch multiple Substitutionen bereits teilweise verloren gegangen sein. Wählt man konservierte Markergene, z. B. rRNA-Gene des Zellkerns, zur Analyse junger Gruppen, so wird man keine Unterschiede finden. Ferner muss beachtet werden, dass Stammbäume, die auf den Sequenzen eines Markergens beruhen, im strengen Sinne nur Genstammbäume darstellen, die nicht immer mit der Phylogenie der zugehörigen Organismen (Spezies-Bäume) übereinstimmen. Mitochondriale Gene, z. B. werden weitgehend maternal vererbt; falls in einem Datensatz Hybridarten vorkommen, so könnte es hier zu einer (meist lokalen) Unstimmigkeit kommen. Im Falle, dass molekulare Stammbäume und herkömmliche Vorstellungen divergieren, ist es angebracht, nicht nur ein einziges Markergen, sondern mehrere Markergene (sowohl mtDNA als auch ncDNA) zu untersuchen.

Man kann Stammbäume ohne Annahme einer Wurzel (***unrooted tree***) oder mit Wurzel (***rooted tree***) erstellen. Meistens wird der *rooted tree* vorgezogen, da er mehr Informationen enthält und eine zeitliche Abfolge der Verzweigungen sichtbar macht. Dabei werden die Arten, die man untersuchen möchte, als **Innengruppe** angesehen, die der **Außengruppe (*Outgroup*)** gegenübergestellt wird. Außengruppen sollen sich von einem früheren gemeinsamen Vorfahren mit der Innengruppe ableiten lassen, aber nicht nah mit der Innengruppe verwandt sein. Bei *Parsimony*-Methoden empfiehlt es sich, eine multiple Außengruppe zu wählen, so dass der Effekt der *long branch attraction* reduziert wird. Durch die Wahl der Außengruppe wird der Merkmalssatz polarisiert, d. h. es lassen sich jetzt **abgeleitete** (apomorphe) Merkmale von **ursprünglichen** (plesiomorphen) Merkmalen unterscheiden. Diese für die Kladistik wichtige Grundlage (nur abgeleitete homologe Merkmale zeigen verlässlich die Phylogenie an) findet bei *Maximum Parsimony* Anwendung; hier werden nur die phylogenetisch informativen Merkmale ausgewertet, während bei NJ-Rekonstruktionen alle Merkmalsunterschiede als Gesamtdistanz gewertet werden. In der Praxis der molekularen Phylogenie ist die Wahl einer geeigneten Außengruppe zwar wichtig, hat aber meist einen geringeren Einfluss auf die Baumtopologie, als gemeinhin angenommen wird, insbesondere dann, wenn Datensätze durch aussagekräftige Merkmale gestützt werden. Bei morphologischen Datensätzen ist die Wahl der Außengruppe von wesentlich größerer Bedeutung.

Verlässlichkeit der Phylogramme

Enthält ein Sequenzdatensatz viele Taxa, so verringert sich die Wahrscheinlichkeit, einen in **allen** Verzweigungen korrekten Baum zu finden. Bei 50 Arten sind bereits theoretisch $2{,}8 \times 10^{74}$ Bäume möglich (also mehr Bäume als Atome im Universum). Selbst wenn ein moderner und schneller Rechner 10^9 Bäume pro Sekunde durchrechnen könnte, würde er immer noch $8{,}9 \times 10^{54}$ Jahre benötigen, um alle Möglichkeiten zu berücksichtigen. Die mathematischen Verfahren müssen deshalb vereinfacht und die Kombinationsmöglichkeiten von vorneherein limitiert werden. Wir sprechen davon, dass *Maximum Parsimony* ein Optimalitätskriterium ist, das nur bei kleineren Datensätzen (ca. 25 Arten) streng durchgehalten werden kann. Werden vereinfachte Annahmen zugrunde gelegt, dann spricht man von Algorithmen (z. B. von heuristischer Suche bei MP). Computergestützte Phylogenieprogramme arbeiten, trotz theoretisch vorhandener Unzulänglichkeiten, erstaunlich verlässlich. Stammbäume über die Evolution der Nucleotidsequenzen von T7-Phagen, deren Phylogenie man genau kannte, ergaben eine hervorragende Übereinstimmung zwischen errechneter und bekannter Phylogenie. David Hillis, ein renommierter molekularer Systematiker, äußerte sich dazu „*Both simulation and experimental phylogenies indicate that many methods are powerful enough to reconstruct evolutionary histories with a high degree of accuracy*". [Computersimulationen und experimentelle Phylogenien belegen, dass viele Methoden ausreichend geeignet sind, die Evolutionsgeschichte mit einem hohen Grad an Genauigkeit zu rekonstruieren.]

Gute Datensätze liefern mit allen drei Verfahren kongruente Bäume; Unterschiede weisen auf Verzweigungen hin, die vermutlich nicht eindeutig sind. Wie sicher eine Verzweigung in einem Phylogramm ist, kann man ebenso durch ein statistisches Verfahren, der ***Bootstrap*-Analyse** bestimmen. Dabei werden von dem ursprünglichen Datensatz sehr viele (100 bis 10 000) zufällig erzeugte Pseudodatensätze gleicher Größe erstellt, in denen Basenpositionen des ursprünglichen Datensatzes entfernt werden; andere Positionen treten daher mehrfach auf. *Bootstrap*-Analysen lassen sich für MP und NJ leicht durchführen: In einem Konsensusbaum wird für jede Verzweigung angezeigt, wie oft sie gefunden wurde (Angabe meist in Prozent). Je höher der jeweilige *Bootstrap*-Wert, desto sicherer soll eine bestimmte Verzweigung sein. In der Praxis werden vielfach schon *Bootstrap*-Werte größer als 70% als ausreichend sicher angesehen. Eine *Bootstrap*-Analyse sollte jedoch nicht überbewertet werden, denn auch phylogenetisch falsche Verzweigungen lassen sich manchmal durch hohe Werte sichern, während sichere Verzweigungen, die auf wenigen Merkmalen beruhen, oft als unsicher bezeichnet werden. Bei der Interpretation sollte das Kongruenzargument ebenso in Betracht gezogen werden wie *Bootstrap*-Werte.

EXKURS 4.2

Methoden der Stammbaumrekonstruktion

Für die Stammbaumerstellung stehen heute eine Reihe brauchbarer Phylogenieprogramme zur Verfügung, wie z.B. PAUP (Swofford 1993/1999), PHYLIP (Felsenstein 1993) oder MEGA (Kumar et al. 1993). Diese Programme sind im Internet erhältlich:

PAUP:
http://onyx.si.edu/PAUP/

PHYLIP:
http://evolution.genetics.washington.edu/phylip.html

Hennig86:
http://www.vimsedu/~mes/hennig/software.html

MEGA:
http://www.bio.psu.edu/imeg

MacClade:
http://phylogeny.arizona.edu/macclade/macclade.html

Maximum Parsimony (MP)

MP-Methoden liegt das Prinzip der größten Sparsamkeit (englisch: *parsimony*) zugrunde, d.h. sie halten die Lösung, die mit der geringsten Anzahl evolutiver Schritte (hier Nucleotidsubstitutionen oder Merkmalsänderungen) auskommt, für die wahrscheinlichste Variante. Ob die Evolution in jedem Falle nach diesem Prinzip verläuft ist fraglich, doch sprechen viele Beobachtungen und Erfahrungen aus der Biologie und den Naturwissenschaften dafür, dass einfache Lösungswege wahrscheinlicher sind als komplexe.

Im MP-Verfahren wird derjenige Stammbaum als der wahrscheinlichste angesehen, der am kürzesten ist und auf der geringsten Anzahl an Merkmalsänderungen beruht. Zu beachten ist, dass bei MP nur informative Merkmale gewertet werden, die im *Alignment* bei mindestens zwei Taxa auftreten und diese von anderen abgrenzen (sog. **Synapomorphien**). **Autapomorphien**, die nur bei einem einzigen Taxon auftreten, haben dagegen keine Bedeutung, obwohl diese Merkmale für die Berechnung der genetischen Distanz und damit der Divergenzzeit wichtig sind. Solche autapomorphen Merkmale können real sein oder aber auch auf Sequenzierfehlern beruhen, d.h. eine schlechte Sequenzierung führt automatisch zu hohen Distanzen. Eine gründliche Kontrolle der Sequenzierergebnisse, insbesondere wenn sie über automatische DNA-Sequenzier-Geräte erhalten wurden, ist absolut notwendig, um falsche Aussagen zu vermeiden. Für jedes informative Merkmal wird ein eigenes Verzweigungsschema berechnet, für jedes Schema die Minimalzahl

EXKURS 4.2 (Fortsetzung)

an Substitutionen pro informativer Position abgeleitet, und schließlich werden die Ergebnisse aller informativer Positionen zusammengefasst. Aus der Gesamtheit dieser Rekonstruktionen wird der Baum ausgewählt, der bei minimaler Anzahl an Substitutionen durch die meisten informativen Merkmale gestützt wird.

Bei MP unterscheidet man zwischen ungewichteten (*unweighted parsimony*) und gewichteten Analysen. Bei gewichteten MP-Verfahren kann man z. B. die dritte Codonposition schwächer werten, um den Einfluss multipler Substitutionen (die hier besonders häufig auftreten) zu reduzieren, oder aber Transversionen höher bewerten als die häufigeren Transitionen. Das Problem bei einer Gewichtung ist jedoch, dass man u. a. damit bewusst oder unbewusst den Baum als richtig wählt, den man sich *a priori* gewünscht hat. Hillis et al. (1994) fanden, dass *unweighted parsimony* eine höhere Genauigkeit zeigte, als gewichtete MP oder Distanzanalysen.

Die Baumrekonstruktion kann bei MP durch „exakte" und „heuristische" Verfahren durchgeführt werden. Die exakten Algorithmen (*exhaustive search, branch-and-bound*) garantieren, den kürzesten unter allen möglichen Bäumen zu finden. Da die Kombinationsmöglichkeiten immens sind, lassen sich die exakten Algorithmen z. Z. nur mit kleinen Datensätzen unter 25 Taxa einsetzen. Bei größeren Datensätzen verwendet man heuristische Algorithmen, die mit hoher, aber nicht absoluter Wahrscheinlichkeit den kürzesten Baum finden.

Durch MP-Verfahren erhält man im günstigsten Falle nur einen einzigen Baum. Im Falle, dass mehrere gleich kurze Bäume gefunden werden, lassen sich die Ergebnisse entweder als ein „Strikter Konsensus" oder als 50%-Konsensusbaum darstellen. Maße für die Qualität der Daten sind der Retentions- (RI) und der Konsistenz-Index (CI); je näher beide Zahlen einem Wert von 1 kommen, desto besser wird ein Baum durch die zugrunde liegenden Daten gestützt und desto geringer ist die Homoplasie (als HI ausgedrückt).

Maximum Likelihood (ML)

ML-Methoden bevorzugen das Verzweigungsmuster, das statistisch die größte Wahrscheinlichkeit hat. Der Umfang der evolutiven Veränderungen wird über verschiedene statistische Substitutionsmodelle abgeschätzt; z. B. werden die Häufigkeiten von Transitionen und Transversionen und der einzelnen Nucleotide berücksichtigt. Durch ML werden bei der Analyse diejenigen Positionen stärker gewichtet, an denen nur zwei oder drei unterschiedliche Nucleotide auftreten und die deshalb weniger homoplasieträchtig sind, als solche Positionen, an denen alle vier Nucleotide vorhanden sind. Vergleichende Studien konnten zeigen, dass über ML berechnete Stammbäume der vermutlichen realen Phylogenie häufig am nächsten kommen. Den MP-Methoden gegenüber ist ML darin überlegen, dass man durch Einbeziehung der Astlängen den hypothetischen Merkmalszustand eines Vorfahren bestimmen kann. Zweigen von ihm zwei ungleich lange Äste ab, ist es wahrscheinlicher, dass er dem Nachkommen ähnelte, der mit ihm näher verwandt ist. Da jedoch lange Rechenzeiten notwendig sind, eignen sich ML-Methoden eher für kleine Datensätze (<50 Taxa), während umfangreiche Datensätze mit mehreren hundert Sequenzen bislang nur über MP und NJ bearbeitbar sind.

Neighbor-Joining (NJ)

Bei NJ werden die paarweisen Distanzen zwischen jeweils zwei Taxa bestimmt, wobei alle Merkmale (auch autapomorphe) berücksichtigt werden. Als Distanzalgorithmen stehen z. B. Jukes-Cantor, Tajima-Nei, Kimura ►

EXKURS 4.2 (Fortsetzung)

2-Parameter, oder Tamura-Nei zur Verfügung, die Nucleotidhäufigkeiten oder Transitionen/Transversionen berücksichtigen oder gar keine Annahmen machen (p-Distanz oder LogDet). Wenn informative Datensätze vorliegen, haben die verschiedenen Algorithmen kaum einen Einfluss auf die Baumtopologie.

NJ startet mit einem sternförmigen Kladogramm, sucht aus diesem das Taxonpaar mit der geringsten Distanz und verknüpft es mit einem Knoten. Von nun an wird dieses Paar als eigene OTU (*operational taxonomic unit*) betrachtet, die über einen internen Zweig mit den restlichen OTUs verbunden ist. Jetzt werden erneut die paarweisen Distanzen berechnet und dem ersten OTU-Paar die nächste OTU zugewiesen, zu dem die geringste Distanz besteht (*nearest neighbor*). Dieses Verfahren wird solange wiederholt, bis alle Taxa im Kladogramm eingebaut sind.

Da das Berechnungsverfahren relativ einfach ist, eignet sich NJ, zur schnellen Analyse großer Datensätze und um zu einer ersten Abschätzung zu kommen. Anschließend wählt man dann die aufwendigeren MP- und ML-Berechnungen.

Notwendige Länge der DNA-Sequenzen

Häufig wird die Frage diskutiert, wieviele Basen man sequenzieren muss, um eine verlässliche Aussage zu erhalten. In einer Computersimulation (Nei, 1996) erhielt man folgendes Ergebnis (Tabelle 4-3): Bei einem Datensatz mit einer Sequenzlänge von 300 Basen liegt die Wahrscheinlichkeit, mit allen drei Berechnungsverfahren den korrekten Baum zu finden, bereits über 80%. In der Praxis versucht man, Markergene von mindestens 1000 Nucleotiden zu analysieren. Wie man der Tabelle 4-5 klar entnehmen kann, führen dann alle drei Methoden zu nahezu identischen und korrekten Bäumen. Grundsätzlich gilt jedoch, dass längere DNA-Sequenzen aus verschiedenen Genomen und eine möglichst vollständige Artzusammenstellung zu den verlässlichsten Stammbäumen führt. Liegen Sequenzen mehrerer Gene vor, so kann man diese zu einem gemeinsamen Datensatz vereinen und damit die Gesamtlänge der zu untersuchenden Sequenzen erhöhen.

Tabelle 4-3. Wahrscheinlichkeit (in %), mit unterschiedlichen Phylogenieprogrammen die korrekte Baumtopologie zu erhalten. NJ: Neighbor-Joining, MP: Maximum Parsimony, ML: Maximum Likelihood

Anzahl der Nucleotide	NJ			MP		ML
	p	JC	K2	UW	W	
100	98	73	74	88	96	64
300	100	88	86	98	100	82
500	100	96	94	100	100	90
800	100	98	96	100	100	94
1000	100	99	99	100	100	96

p: p-Distanz; JC: Jukes-Cantor-Distanz; K2: Kimura-2-Parameter-Distanz; UW: ungewichtet; W: gewichtete Merkmale

Zunehmend stehen immer längere Sequenzen für eine phylogenetische Analyse zur Verfügung; schon heute existieren Sequenzierungen der kompletten mtDNA von über 100 Arten, die z. T. natürlich eine bessere und sicherere Aussage zulassen, als die Analyse eines einzelnen Markergens. In Abb. 5-19 ist eine Phylogenierekonstruktion gezeigt, die auf Datensätzen kompletter mtDNA-Genome basiert.

Wenn sowohl molekulare als auch morphologische Datensätze vorliegen, kann man beide natürlich getrennt berechnen und prüfen, ob die Ergebnisse kongruent sind. Einige Wissenschaftler plädieren dafür, beide Datensätze zu vereinen und berechnen sog. *total evidence trees* (Gesamtevidenzbäume).

4.2 Molekulare Systematik und Phylogenie

ÜBERSICHT

Organismen wurden in der Systematik hauptsächlich aufgrund gemeinsamer Ähnlichkeiten klassifiziert. Wenn gleiche Merkmale aber adaptiv in paralleler Evolution entstanden, werden Taxa u. U. zusammengefasst, obwohl sie phylogenetisch nicht verwandt sind. Die Anwendung genetischer Methoden, insbesondere die Analyse der Nucleotidsequenzen von Markergenen kann helfen, Konvergenzprobleme objektiv zu klären.

Die Basiseinheit der Taxonomie ist die Art. Wichtige Artkonzepte, beispielsweise das biologische und das phylogenetische Artkonzept, werden ausführlicher diskutiert. Phänetik und Kladistik gelten als wichtige Prinzipien der Stammbaumrekonstruktion, die auch für die molekularen Stammbäume relevant sind. Der Erkennung monophyletischer Gruppen, die über DNA-Sequenzen gut ermittelt werden können, kommt in der Kladistik eine besondere Bedeutung zu.

Exemplarische molekulare Stammbäume werden angeführt, um die Evolution der großen Organismenreiche, der Pflanzen und der Tiere zu illustrieren.

Die biologische Systematik erforscht die Vielfalt der Organismen, die heute bevorzugt als **Biodiversität** bezeichnet wird. Die Systematik einer Organismengruppe sollte die stammesgeschichtlichen Verwandtschaftsbeziehungen objektiv widerspiegeln, wie es Charles Darwin (Kap 3.1) bereits klar forderte. Arten, die von einem gemeinsamen Vorfahren abstammen, weisen häufig eine Reihe gemeinsamer morphologischer Merkmale oder Verhaltensweisen auf. Das **Ähnlichkeitskriterium** ist deshalb für die Klassifikation von Arten und höheren Organisationsebenen in Taxonomie, Systematik und Phylogenie seit jeher von entscheidender Bedeutung gewesen. Jedoch konnen sich durch Adaptation identische oder ähnliche Merkmale auch bei nicht verwandten Arten entwickeln (**Konvergenz**), die gleiche ökologische Nischen nutzen. In diesem Falle würde Ähnlichkeit (bedingt durch **analoge Merkmale**) eine falsche Verwandtschaft vortäuschen. So hat man bei Vögeln lange Zeit alle beutegreifenden Arten mit krummen Schnäbeln, also Falken, Habichte, Adler, Geier, Eulen und selbst Würger als Greifvögel zusammengefasst. Stammbaumrekonstruktionen über DNA-Sequenzen des Cytochrom-b-Gens zeigen dagegen eine Vielzahl von unabhängigen Entwicklungslinien und lassen deshalb die morphologischen Konvergenzen gut erkennen (Kap. 4.3).

Bei der Rekonstruktion von Stammbäumen über das Ähnlichkeitskriterium kommt der klassische Systematiker an manchen Stellen nicht weiter, weil entweder zu wenige Merkmale zur Verfügung stehen oder weil die Merkmale sich widersprechen. Auch in dieser Situation kann die Molekularbiologie helfen. Da die molekulare Phylogenieforschung häufig objektive Basisdaten liefern kann, wird sie zunehmend eine wichtige Grundlage der Systematik und Klassifizierung werden, ohne dass damit morphologische, anatomische Grundlagen oder Verhaltensmerkmale unwichtig würden. Im Gegenteil, Molekularbiologie und organismische Biologie schließen einander nicht aus, sondern sollten sich in synergistischer Weise ergänzen. Ein großer Vorteil der Analyse von **Markergenen** besteht darin, dass homologe Merkmale über weite Organismengruppen verglichen werden können. Dies ist besonders dann von Bedeutung, wenn nur wenige „klassische" Merkmale innerhalb einer Organismengruppe existieren. Bei Bakterien z. B. fußt heute schon die Systematik weitgehend auf Analysen von Markergenen, da in der Regel nur sehr wenige morphologische und biochemische Merkmale zur Verfügung stehen. Bei gut untersuchten höheren Tieren und

Pflanzen, bei denen meist viele morphologische Merkmale sichtbar sind, existiert häufig bereits eine fundierte Systematik, die durch die genetischen Daten zumeist bestätigt wird.

4.2.1 Die Art als Basiseinheit der Systematik

In der Praxis kommt diagnostischen morphologischen Merkmalen für die Artbeschreibung die größte Bedeutung zu. Hierbei hat man die interessante Beobachtung gemacht hat, dass Naturvölker und Naturforscher sich häufig darüber einig sind, was man unter einer Art zu verstehen hat. Phänotypische Merkmale stehen für die Klassifizierung allgemein im Vordergrund, und in über 95% der Fälle besteht kein Zweifel, was als Art anzusehen ist. Theoretisch ist die Definition der Art und ihre Abgrenzung zu anderen Arten wesentlich schwieriger, insbesondere aus Sicht der Evolutionsbiologie. Probleme treten bei jungen Arten auf, die sich nur wenig von einer Stammart unterscheiden: Wieviele Unterschiede muss man sehen, um eine distinkte Art anzuerkennen? Einige Arten weisen eine hohe morphologische oder geographische Variabilität auf: Sind alle unterschiedlichen Varietäten schon Arten? Bereits Darwin schrieb dazu 1859: „*No one definition has yet satisfied all naturalists; yet every naturalist knows vaguely what he means when he speaks of a species*". [Bisher hat noch keine Artdefinition alle Naturforscher überzeugt; jedoch weiß jeder Biologe ungefähr, was er meint, wenn er von einer Art spricht.]

Im Wesentlichen unterscheidet man zwischen phänetischen, biologischen, phylogenetischen und ökologischen Artkonzepten. Beim **phänetischen Artkonzept**, das eine Weiterentwicklung des typologischen und morphologischen Artkonzeptes darstellt, fasst man Individuen, die sich ähnlich sehen und sich von anderen unterscheiden, als Art zusammen. Das Maß für die Ähnlichkeit ist die Distanz. Wenn dieses Artkonzept auch in der Praxis meistens funktioniert, so ist es aus theoretisch evolutionärer Sicht fragwürdig, zumal es keine Regeln gibt, wie man Zweifelsfälle behandelt.

Das **biologische Artkonzept** (***biological species concept***, **BSC**), das alte Wurzeln hat, wurde von Ernst Mayr, Theodor Dobzhansky und Julian Huxley entwickelt. Es fasst Gruppen von natürlichen Populationen als Art zusammen, wenn sie sich fortpflanzen und durch **Isolationsmechanismen** (die sich im Verhalten, in der Anatomie, in der Kompatibilität der Gameten, in ökologischen und phänologischen Merkmalen zeigen können) reproduktiv von anderen Gruppen isoliert sind. Das biologische Artkonzept ist mit den Vorstellungen der Populationsgenetik vereinbar, und Arten stellen danach Genpools dar, in denen Allelfrequenzen und Genotyp-Häufigkeiten durch Genfluss und Gendrift variieren können. Arten, die sich morphologisch wenig oder nicht, wohl aber reproduktiv unterscheiden, werden als **Zwillingsarten** bezeichnet; als Beispiele aus der heimischen Vogelfauna gelten Garten- und Waldbaumläufer, Fitis und Zilpzalp sowie Sumpf- und Weidenmeise.

Im **phylogenetischen Artkonzept** (***phylogenetic species concept***, **PSC**) sind Arten die terminalen Glieder einer evolutionären Linie, die sich von einem gemeinsamen Vorfahren ableiten und sich durch klar **diagnostizierbare und relevante Merkmale** unterscheiden lassen.

Betrachtet man alle Artkonzepte, so stellt sich letztlich die Frage, ob man eher das biologische oder das phylogenetische Artkonzept vorzieht. Kritiker des BSC weisen darauf hin, dass im BSC auch paraphyletische oder nicht-historische Gruppen akzeptiert werden. Ein schwieriges Problem für das biologische Artkonzept stellen außerdem allopatrische Taxa dar, da man nicht ad hoc entscheiden kann, ob sie sich doch noch fortpflanzen würden, wenn sie sympatrisch vorkämen. Wenn sich distinkte Arten lange Zeit allopatrisch entwickeln konnten, bestehen häufig keine Reproduktionsschranken, d.h. man könnte sie u.U. kreuzen und fruchtbare Nachkommen erhalten. Nach dem biologischen Artkonzept müsste man diese Taxa streng genommen als eine Art ansehen. Von dem nordamerikanischen Specht *Colaptes auratus* existieren z.B. zwei Taxa, *Colaptes auratus* und *Colaptes cafer*, die sich morphologisch und über mtDNA klar trennen lassen. Im Phylogramm werden sie nicht einmal als Zwillingsarten vereint. Beide Taxa lassen sich aber hybridisieren und würden nach dem BSC deshalb als Unterarten klassifiziert werden, obwohl sie bereits unterschiedlichen genetischen Entwicklungslinien angehören. Mit anderen Worten: Der Befund, dass zwei Taxa miteinander hybridisieren können, bedeutet nicht notwendigerweise, dass es sich um nur eine distinkte Art handelt. In der Praxis würde das BSC in vielen Fällen keine oder falsche Aussagen über den Artstatus einer Population machen, wenn man die Kriterien streng anwendete. Ebenso schwierig oder unmöglich ist es, Organismen nach dem biologischen Artkonzept zu klassifizieren, die sich nicht sexuell fortpflanzen, z. B. die meisten Prokaryoten.

Kritiker des phylogenetischen Artkonzepts betonen, dass wenn man mit ausreichend auflösenden Methoden (z. B. Microsatelliten-PCR) an Populationen herangeht, letztendlich jedes Individuum als eigene Art anzusehen wäre. Hier wird jedoch übersehen, dass eine Monophylie nicht über **Einzelmerkmale** (**Autapomorphien**) definiert wird; bei einer kladistischen Analyse werden ausschließlich **synapomorphe Merkmale** berücksichtigt (Kap. 4.2.2.2).

Berücksichtigt man die genetischen Daten, so könnte man eine Art folgendermaßen definieren: ***Die Art ist das terminale Glied einer evolutionären Linie und umfasst Gruppen von Individuen oder Populationen, die sich von anderen Gruppen durch diagnostische Merkmale (Morphologie, Anatomie, Verhalten) eindeutig als distinkt abtrennen lassen. Genetische Unterschiede, die durch Analyse von Markergenen sichtbar werden, können dann als zusätzliches Kriterium herangezogen werden, wenn sie zwischen zwei etablierten Arten größer sind als die genetische Variation zwischen den Mitgliedern einer Art. Unterscheiden sich informative Markergene signifikant zwischen zwei Taxa, so kann man annehmen, dass beide Taxa nicht länger in einer Fortpflanzungsgemeinschaft stehen, während gleiche Gensequenzen auf Genaustausch hindeuten*** (Abb. 4-16). Nach diesem Konzept lassen sich auch allopatrische Taxa und sich nicht-sexuell fortpflanzende Organismen klassifizieren. Diese Definition enthält Teile des biologischen Artkonzeptes, ist aber im Wesentlichen ein phylogenetisches Artkonzept. Während im biologischen Artkonzept Unterarten zusätzliche Unterteilungen darstellen (d. h. sie können polytypisch sein), verzichtet dieses Artkonzept ebenso wie das phylogenetische Artkonzept auf diese Aufgliederung und wertet die Art als terminales Taxon in einer evolutionären Linie. Eine umfassende Diskussion der Artkonzepte haben Robert Zink und Barbara McKitrick 1995 publiziert.

Wie bereits in Kapitel 4.1 und 4.2.1 diskutiert, können **signifikante Unterschiede** in der DNA, insbesondere Sequenzunterschiede, ein wichtiges Kriterium darstellen, um Arten abzugrenzen (EXKURS 4.3).

4.2.2 Phylogeniekonzepte

Bei der Aufstellung von Phylogenien wird im Wesentlichen zwischen einem phänetischen und einem kladistischen Ansatz unterschieden. Die **Phänetik** oder numerische Taxonomie, die von R. R. Sokal und P. H. A. Sneath geprägt wurde, versucht, objektive Kriterien für die Klassifizierung von Organismen zu finden, die man als OTU (*operational taxonomic unit*) bezeichnet. Phänetik sucht nicht unbedingt nach der Phylogenie, sondern klassifiziert Arten aufgrund ihrer Ähnlichkeit und korreliert Hierarchiestufen mit abnehmender Ähnlichkeit. In der Phänetik werden möglichst viele Merkmale berücksichtigt, die jedoch alle mit gleichem Gewicht versehen sind. Auf diese Weise hofft man, das Problem der Konvergenz und der parallelen Evolution, die zu Merkmalsähnlichkeiten führen, zu verringern. Die **numerische Distanz** zwischen zwei Taxa ist die Grundeinheit der Phänetik. Diese Distanzen werden statistisch durch multivariate Clusteranalyse bearbeitet. Dieses Verfahren identifiziert Artenpaare mit jeweils größter Ähnlichkeit, d. h. geringster Distanz und stellt die Ergebnisse als Kladogramm dar. Unter der Voraussetzung, dass evolutive Veränderungen innerhalb eines Baumes uniform verlaufen, kann Phänetik auch evolutionäre Distanzen liefern, die man über die Astlänge im Phänogramm abschätzen kann.

EXKURS 4.3

Erkennung von Artniveau

Wenn sich zwei Taxa morphologisch durch diagnostische Merkmale unterscheiden, werden Unterschiede auf der Sequenzebene geeigneter Markergene sicher als Bestätigung dafür genommen, dass beide Taxa bereits sexuell isoliert sind; andernfalls wären die Sequenzen eines Markergens zwischen zwei Taxa identisch oder würden nur in einem Rahmen schwanken, wie er innerartlich üblich ist. Genetische Unterschiede, die größer als die Variation innerhalb einer Population sind, deuten demnach bei zwei isolierten Taxa darauf hin, dass sich beide Taxa nicht länger in einer Fortpflanzungsgemeinschaft befinden und dass seit einiger Zeit kein Genfluss mehr stattfand. Um Speziationsfragen zu klären, müssen wir aber die Sequenzvariabilität des entsprechenden Markergens in der zu untersuchenden Organismengruppe kennen, da die molekulare Uhr nicht in allen Organismen gleich schnell geht (Kap. 3.5). Kennt man die genetischen Distanzen zwischen gut etablierten Arten, z. B. einer Gattung oder Familie, so kann man eine untere genetische Distanz definie-

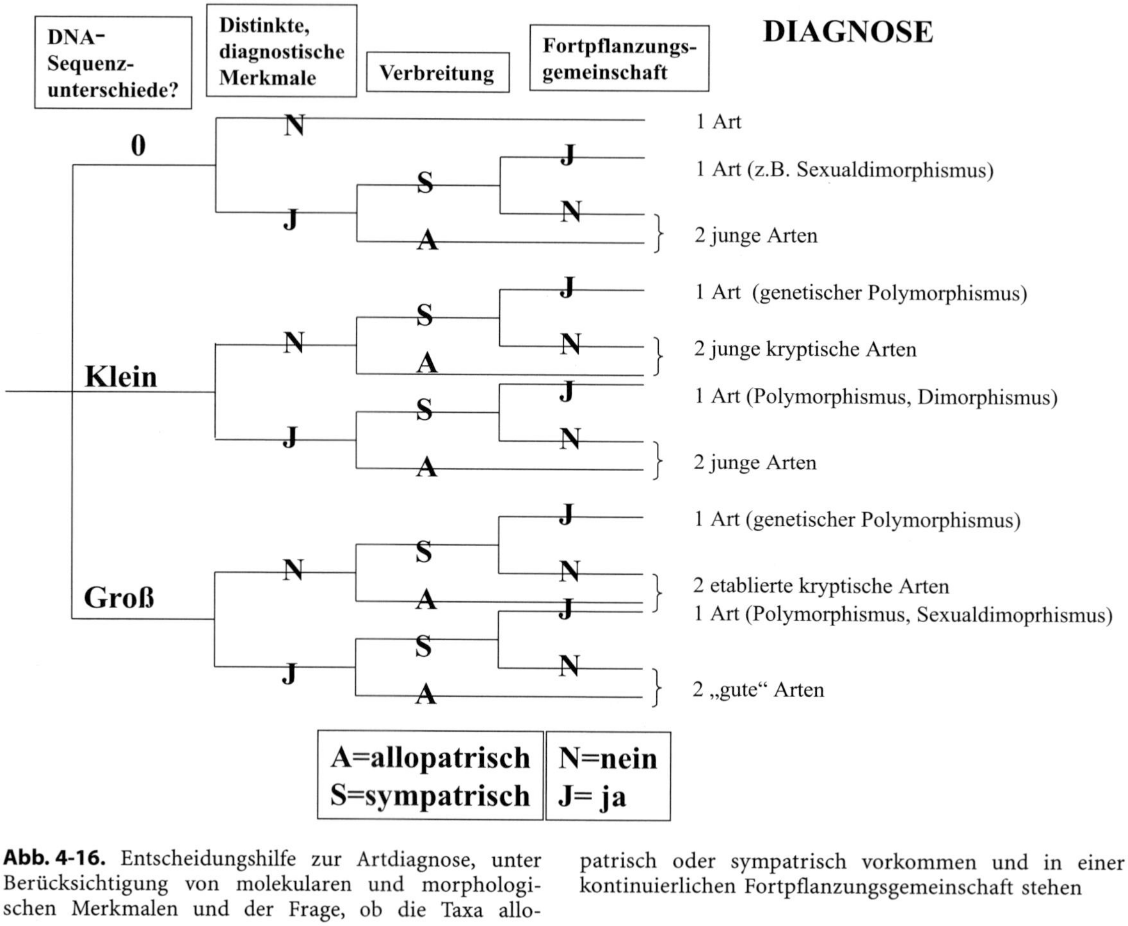

Abb. 4-16. Entscheidungshilfe zur Artdiagnose, unter Berücksichtigung von molekularen und morphologischen Merkmalen und der Frage, ob die Taxa allopatrisch oder sympatrisch vorkommen und in einer kontinuierlichen Fortpflanzungsgemeinschaft stehen

EXKURS 4.3 (Fortsetzung)

ren, die für abgegrenzte („gute") Arten typisch ist.

Findet man jetzt genetische Distanzen zwischen zwei Taxa, beispielsweise zwischen zwei Unterarten oder Populationen, die diesen **„Schwellenwert"** überschreiten, so ist dies ein Hinweis darauf, dass beide Taxa bereits seit längerer Zeit reproduktiv isoliert

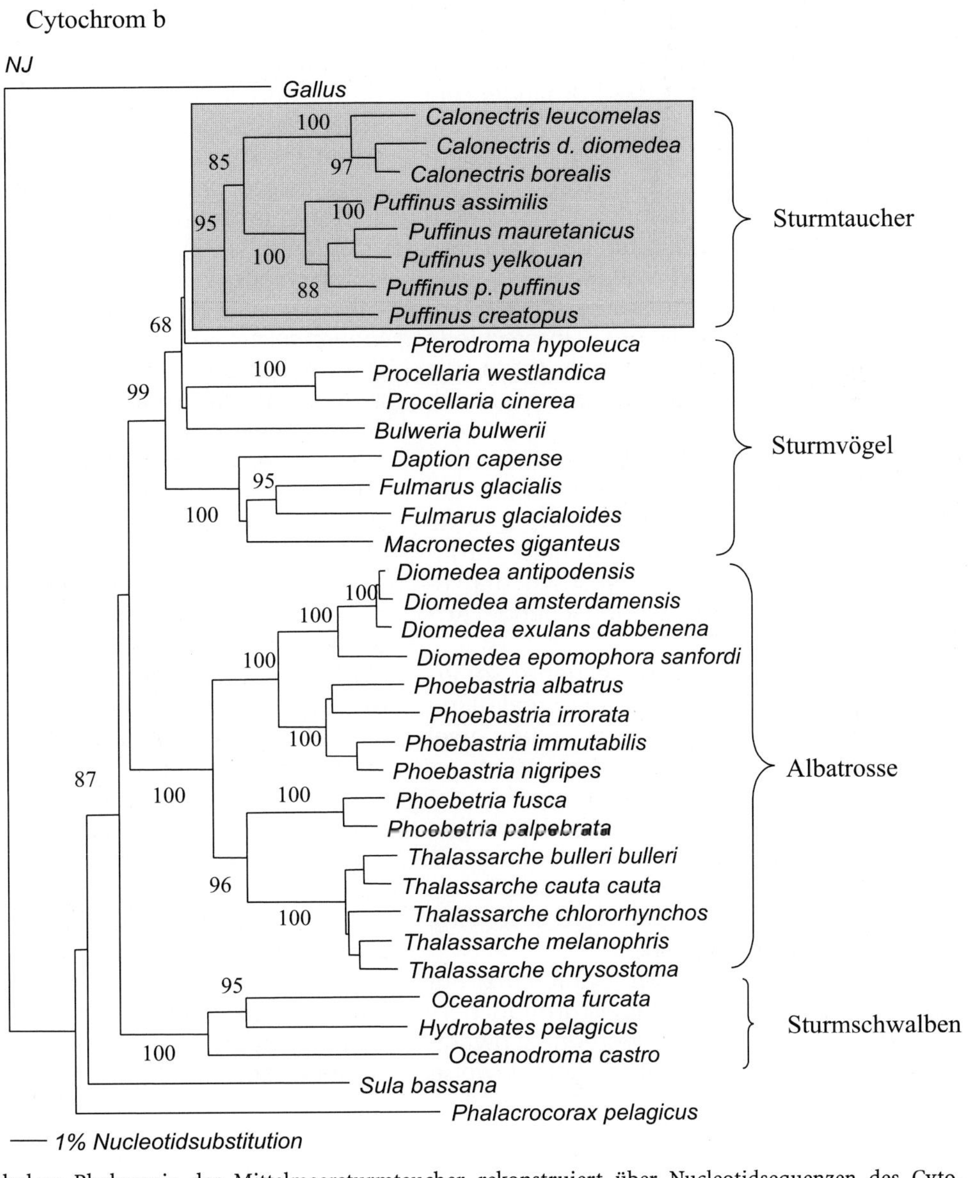

Abb. 4-17. Molekulare Phylogenie der Mittelmeersturmtaucher rekonstruiert über Nucleotidsequenzen des Cytochrom-b-Gens (nach Heidrich et al. 1998)

EXKURS 4.3 (Fortsetzung)

sein müssen. Gibt es jetzt noch zusätzliche diagnostizierbare morphologische, ökologische oder ethologische Unterschiede, so liegen mit großer Wahrscheinlichkeit zwei distinkte Arten vor.

Schwieriger wird die Situation bei Taxa, die sich morphologisch nur geringfügig, genetisch aber deutlich unterscheiden. Da die genetischen Differenzen für das Vorhandensein von sexueller Isolation sprechen, wären Sequenzunterschiede, die in derselben Größenordnung liegen wie bei etablierten Arten innerhalb der zu untersuchenden Organismengruppe ein guter Hinweis für das Vorliegen distinkter Arten. Bedenkt man, dass Sequenzunterschiede von Markergenen erst nach längerer Divergenz signifikante Unterschiede aufweisen, wird man bei jungen Arten, die sich rasch morphologisch differenzieren, noch keine oder nur geringe genetische Unterschiede feststellen. Diese Einschränkungen muss man berücksichtigen, wenn man Sequenzunterschiede für taxonomische Zwecke nutzen möchte. Abb. 4-16 fasst diese Argumente in ein mögliches Diagnoseschema zusammen, das die bisher vorherrschende Artdiagnose ergänzt.

Analysiert man nur Organellgene, so erfasst man in vielen Fällen nur maternale Linien. Wenn eine Hybridisierung zwischen zwei Arten mit anschließender Introgression erfolgt, können bei derselben Art zwei mitochondriale Haplotypen in der Population vorhanden sein, welche die Artdiagnose erschweren. Der zusätzliche Einsatz von ncDNA, die von beiden Eltern vererbt wird, ist in diesen Fällen hilfreich.

Die Speziationsproblematik soll kurz am Beispiel des Schwarzschnabelsturmtauchers (*Puffinus puffinus*) erläutert werden. Schwarzschnabelsturmtaucher brüten kolonieweise auf Inseln des Nordatlantiks sowie im Mittelmeergebiet, wo man bislang zwei Unterarten *P. p. yelkouan* und *P. p. mauretanicus* unterschied. *P. p. yelkouan* ist hauptsächlich im mittleren und östlichen Mittelmeer verbreitet, während *P. p. mauretanicus* ausschließlich auf den Balearen brütet. Beide Mittelmeerunterarten unterscheiden sich im Gefiederfärbung, Größe und in ihrem Zugverhalten von den Schwarzschnabelsturmtauchern der atlantischen Inseln. Die Analyse des Cytochrom b Gens zeigte populationsspezifische Sequenzunterschiede innerhalb der jeweiligen Unterarten (Abb. 4-17), jedoch wesentlich größere Unterschiede zwischen den Unterarten: *yelkouan* weist 2,2% Nucleotidsubstitutionen zu *mauretanicus* auf und beide Taxa haben eine Distanz von 3,3% zu *P. p. puffinus*. Bei den akzeptierten Sturmtaucherarten liegt der Schwellenwert zwischen 2-3%. Aufgrund der genetischen, morphologischen und ökologischen Daten wurden die beiden Mittelmeersturmtaucher als distinkte Arten *P. yelkouan* und *P. mauretanicus* abgetrennt (Abb. 4-17).

Die Abtrennung von *P. mauretanicus* als eigene Art hat unmittelbare Auswirkungen auf seinen Schutzstatus. Als Unterart wurde er in SPEC Kategorie 4 geführt. Als eigenständige Art rückt er nun mit maximal 4000 Brutpaaren in SPEC Kategorie 2 auf und hat damit einen wesentlich höheren Schutzstatus.

Ebenso wie bei den Schwarzschnabelsturmtauchern wird man bei einer ganzen Reihe anderer Vogelarten, in den Subspecies beschrieben wurden, distinkte Arten neu definieren können. Man hat geschätzt, dass durch die molekularen Analysen die Zahl der Vogelarten von heute 9500 auf maximal 20000 Arten steigen wird. Für andere Organismengruppen gelten vermutlich ähnliche Bedingungen.

Tabelle 4-4. Klassifizierungen in der Phänetik und Kladistik.

Klassifikation	Akzeptierte Gruppierungen			Merkmale		
	Monophylie	Paraphylie	Polyphylie	Analogie	Homologie	
					ursprünglich	abgeleitet
Phänetik	×	×	×	×	×	×
Kladistik	×	–	–	–	–	×
Evolutionäre Systematik	×	×	–	–	×	×

Die **Kladistik** (auch phylogenetische Systematik genannt) geht auf den deutschen Entomologen Willi Hennig zurück, der die Grundlagen zu dieser Methode um 1950 legte. Die Kladistik betrachtet Arten als verwandt, wenn sie von einem gemeinsamen Vorfahren abstammen; spaltet sich eine Art in zwei neue Arten auf, so sprechen wir von Schwesterarten. Die Kladistik versucht also, zu jeder Art oder Gruppe die zugehörige Schwesterart zu finden, die mit dieser den jüngsten gemeinsamen Vorfahren teilt (Abb. 4-15, 4-18). Systematische Klassifizierungsebenen spiegeln hierarchisch abnehmende Verwandtschaft wider. Für die Kladistik ist die Unterscheidung zwischen ursprünglichen (**plesiomorphen**) und abgeleiteten (**apomorphen**) Merkmalen von großer Bedeutung. Um zu erkennen, welches Merkmal ursprünglich und welches abgeleitet ist, wird eine Außengruppe gewählt, die mit der Innengruppe einen Vorfahren gemeinsam hat. Für die Analyse spielen nur gemeinsame abgeleitete Merkmale (**Synapomorphien**) eine Rolle. Andere Merkmale, z. B. solche, die nur bei einem Taxon (**Autapomorphien**) und solche, die bei allen Taxa gemeinsam (**Symplesiomorphien**) vorkommen, werden als „nicht informativ“ bezeichnet. Durch diese Vorgehensweise soll das Problem der Merkmalshomologie/-analogie (Konvergenz) umgangen werden; die Ähnlichkeit bleibt aber, wie in der Phänetik, das Maß, über das Verwandtschaft abgeleitet wird. Wie bereits erwähnt, lässt die Kladistik keine para- und polyphyletischen Gruppen zu (Tabelle 4-4; Abb. 4-18). **Polyphyletische Gruppen** bilden sich dann, wenn zwei Evolutionslinien, die nicht über gemeinsame Vorfahren verfügen, konvergent identische oder ähnliche Merkmale ausbilden. Das Phänomen der parallelen Evolution und Polyphylie ist Biologen seit langem bekannt; **Paraphylie** (Abb. 4-18) wurde aber erst durch Willi Hennig klar definiert.

Nur **monophyletische Gruppen** sollten (aus Sicht der Kladistik und Phylogenetik) als Einheiten für Systematik und Klassifizierung verwendet werden. Monophyletische Gruppen lassen sich meist über die Sequenzanalyse von Markergenen verlässlich erkennen. Wenn paraphyletische und polyphyletische Gruppierungen über die molekularen Stammbäume evident werden, so muss die Systematik dieser Gruppen neu bearbeitet werden (EXKURS 4.4).

EXKURS 4.4

Erkennung von mono-, para- und polyphyletischen Gruppen

Die Kladistik erkennt nur monophyletische Gruppen als Basis für eine Klassifizierung an; d. h. para- und polyphyletische Gruppierungen gelten als artifiziell. Die Analyse von Nucleotidsequenzen von Markergenen kann mithelfen, para- und polyphyletische Gruppen zu identifizieren. Am Beispiel der molekularen Systematik der Eulen soll das Vorgehen erläutert werden.

►

EXKURS 4.4 (Fortsetzung)

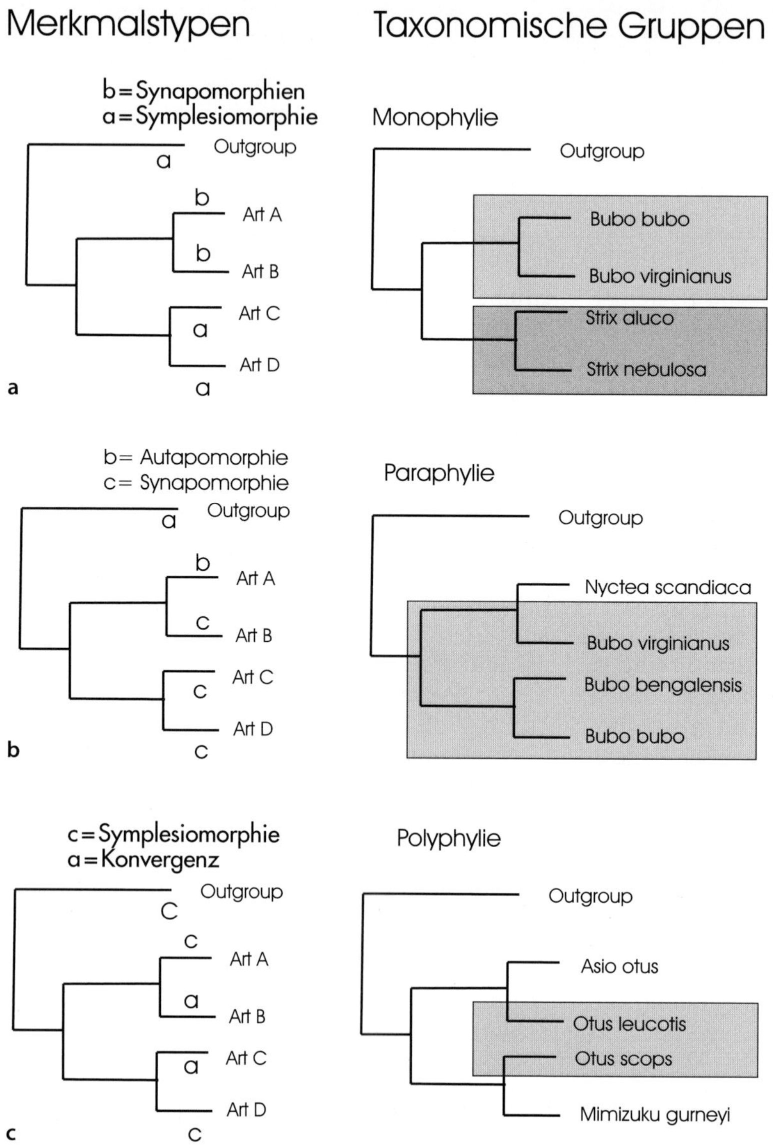

Abb. 4-18. Schematische Darstellung der verschiedenen Merkmalskategorien (Symplesiomorphie, Synapomorphie, Autapomorphie) und taxonomischen Gruppierungen (Monophylie, Paraphylie und Polyphylie). Symplesiomorphe Merkmale sind ursprünglich in der Ausgangsart und in allen davon abgeleiteten Taxa vorhanden; Synapomorphe Merkmale sind jünger und abgeleitet und bei allen Vertretern einer monophyletischen Gruppe vorhanden; autapomorphe Merkmale sind abgeleitet und treten nur isoliert in einem terminalen Taxon auf. Alle Mitglieder einer monophyletischen Gruppe (**a**) haben denselben gemeinsamen Vorfahren; Angehörige von paraphyletischen Gruppen (**b**) lassen sich zwar auf eine letzte gemeinsame Stammform zurückführen, die sie jedoch mit Angehörigen einer anderen Gruppierung teilen. Angehörige polyphyletischer Gruppen (**c**) gehen auf als mehr als eine Stammart zurück

EXKURS 4.4 (Fortsetzung)

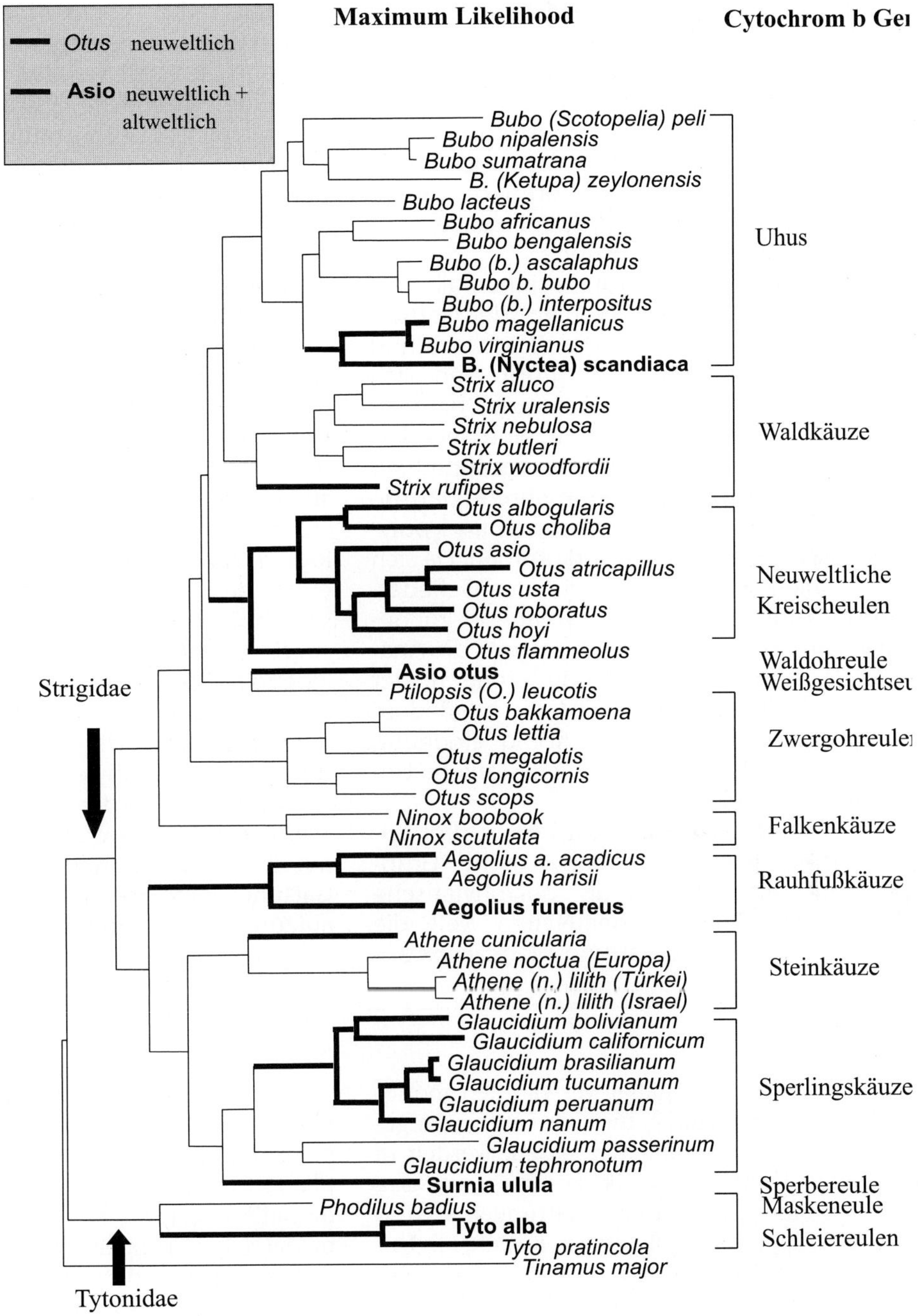

Abb. 4-19. Molekulare Phylogenie der Eulen, rekonstruiert über Nucleotidsequenzen des Cytochrom-b-Gens (nach Wink & Heidrich 1999)

▶

EXKURS 4.4 (Fortsetzung)

Abb. 4-19 zeigt die molekulare Phylogenie der Eulen, die über Nucleotidsequenzen des Cytochrom-b-Gens rekonstruiert wurden. Die Vertreter der Tytonidae (Schleiereule und Verwandte) clustern als Schwestergruppe zu den Strigidae (Käuze, Ohreulen und Uhus). Innerhalb der Strigidae gehören die Steinkäuze, Rauhfußkäuze und Sperlingskäuze zu einer monophyletische Gruppe.

Die zweite große Gruppe innerhalb der Strigidae umfasst die „Ohreulen" der Gattungen *Otus*, *Bubo* und *Asio*; die Waldkäuze und Verwandte (Gattung *Strix*) gruppieren sich als Schwestergruppe zu den Uhus. Demnach hat das Merkmal „Ohren" nur eine sehr begrenzte systematische Bedeutung. Innerhalb dieser Großgruppe gibt es mehrere Gattungen, in denen offensichtlich para- und polyphyletische Beziehungen vorkommen. Da sich diese Eulen oft nur wenig in der Gefiederfärbung unterscheiden, hat man sie zu gemeinsamen Gruppen vereint, obwohl die Analyse der angeborenen Lautäußerungen, der bei Eulen eine große taxonomische Bedeutung zukommt (wie Claus König eindeutig zeigen konnte) eine wesentlich stärkere Unterteilung nahelegt.

Die Gattung ***Otus*** z.B. clustert in drei unabhängige, jeweils monophyletische Gruppen und erweist sich als polyphyletische Gruppe. Die Ohreulen der Neuen Welt, die man als eigene Untergattung ***Megascops*** abtrennen sollte (König et al. 1999), trennten sich schon vor mindestens 6–8 Mio. Jahren von den altweltlichen Zwergohreulen; sie bilden eine artenreiche Gruppe, die sich an unterschiedliche Lebensräume angepasst hat. Die altweltlichen Zwergohreulen unterscheiden sich von den afrikanischen Büscheleulen, die man besser als Gattung ***Ptilopsis*** abtrennt. *Ptilopsis* ist die Schwestergruppe der Waldohreulen, zu denen sie auch morphologische Ähnlichkeiten aufweist.

Para- und polyphyletische Gruppierungen erkennt man innerhalb der Uhus (Abb. 4-18). Die Fischuhus der Gattung ***Ketupa*** teilen mit ***Bubo*** *nipalensis* und *B. sumatrana* einen gemeinsamen Vorfahren, der vermutlich im südlichen Asien zu Hause war. Die Fischuhus stehen den eigentlichen Uhus auch morphologisch nahe. Ähnliches gilt für die Fischeulen der Gattung ***Scotopelia***, die im demselben Cluster wie *Ketupa* und *Bubo nipalensis/B. sumatrana* liegen. Die in der Arktis lebende Schneeeule *Nyctea scandiaca* teilt sich mit den amerikanischen Uhus einen gemeinsamen Vorfahren und würde die Gattung *Bubo* paraphyletisch machen. Ein Ausweg wäre, entweder die Gattungen *Ketupa*, *Scotopelia* und *Nyctea* einzuziehen und sie mit *Bubo* zu vereinen, oder aber die große Gattung *Bubo* in mehrere neue Gattungen aufzuteilen. Wir favorisieren die erste Variante.

Die Mitglieder einer näher verwandten monophyletischen Artengruppe, die sich von einem gemeinsamen Vorfahren ableiten lassen, werden in der Regel als **Gattung** (Genus) zusammengefasst; eine Gruppe monophyletischer Gattungen als **Tribus**, eine Gruppe monophyletischer Tribe als **Unterfamilie** oder **Familie**, usw. Die Definition der jeweiligen hierarchischen Ebenen ist häufig nicht objektiv, sondern eher historisch bedingt. Aber auch für diese Klassifikationen bietet die molekulare Phylogenieforschung Entscheidungshilfen.

Evolutionsbedingt kann es **nur einen einzigen objektiven Stammbaum** für jede Gruppe von Organismen geben. Die Kladistik verfolgt das explizite Ziel, gerade diesen Baum zu finden. Es ist deshalb nur logisch, dass ausschließlich monophyletische Gruppen zugelassen werden. Bedingt durch die Komplexität und das Fehlen geeigneter Merkmale sind die meisten Bäume, die wir heute rekonstruieren, nur Annäherungen an den einzig richtigen Baum. Mit jedem Taxon oder Merkmal, welches man der Datenmatrix zuführt, kommt man aber dem Ziel in der Regel ein Stück näher.

4.2.3 Molekulare Phylogenie ausgewählter Organismengruppen

Die Zahl der bereits publizierten molekularen Stammbäume für einzelne Gruppen oder größere Organismenreiche hat bereits einen erstaunlichen Umfang angenommen. Es würde den Umfang dieses Evolutionsbuches sprengen, wenn wir alle Bereiche ausführlich dokumentieren wollten. Nachfolgend sind molekulare Stammbäume einiger ausgewählter Gruppen dargestellt.

4.2.3.1 Evolution der Organismenreiche

Schon Ernst Haeckel publizierte 1866 Stammbäume der Organismen, die vom Grundverständnis her den molekularen Stammbäumen durchaus entsprechen. Ähnlich wie bei kladistischen und molekularen Phylogenien legte Haeckel dichotome Verzweigungen als Grundschema zugrunde (Abb. 4-20).

Um phylogenetische Beziehungen aufzuklären, die von den Archaebakterien bis hin zu *Homo sapiens* reichen, benötigt man konservative molekulare Marker (Kap. 4.1). Hier kommen insbesondere rRNA-Gene oder von DNA abgeleitete Aminosäuresequenzen konservativer Proteine in Frage.

In Abb. 4-21 ist ein Stammbaum der großen Organismenreiche illustriert, dem die Nucleotidsequenzen der *small-subunit*-rRNA zugrunde liegen. Drei große Reiche lassen sich gut erkennen, die beiden Prokaryotenreiche Archaea und Bacteria sowie das Reich Eukaryota. Für die basale Verzweigung der drei Reiche wurde unlängst ein alternativer Vorschlag gemacht, der auf der Organisationsstruktur kompletter Genome beruht. Danach sind Archaea und Bacteria Schwestergruppen, die sich mit den Eukaryota einen gemeinsamen Vorfahren (die „Urzelle") teilen. Innerhalb der Eukaryota lassen sich die Microsporidia, Trichomonaden und Diplomonaden als Unterreich Archezoa abgrenzen, dem die Ciliaten, Euglenoiden und Trypanosomen nicht angehören. Die alte Gruppe der Protozoen bildet auf molekularer Ebene demnach keine einheitliche Gruppe. Die möglichen Zeitpunkte, zu denen Zellkern und Mikrotubuli evolvierten und die Eucyten durch Endosymbiose Mitochondrien erwarben (EXKURS 3.1), sind in Abb. 4-21 markiert.

Als Beispiel für ein proteincodierendes Gen wurde das *atpB*-Gen (codiert F-Typ ATPase) gewählt, das sowohl bei Prokaryoten als auch in Mitochondrien und Chloroplasten der Eukaryoten vorkommt (Abb. 4-22). Wie man Abb. 4-21 entnehmen kann, liegen drei Großgruppen vor: Die Archaebakterien bilden eine separate Gruppe, getrennt von den Cyanobakterien und den Chloroplastengenen der Algen, Moose, Farne und höheren Pflanzen sowie von den Eubakterien und den Mitochondriengenen der Pflanzen, Pilze und Tiere. Cyanobakterien und Chloroplasten sowie Purpurbakterien und Mitochondrien bilden jeweils Schwestergruppen, so wie man es aufgrund der Symbiontenhypothese erwarten würde. Innerhalb des plastidären *atpB*-Gens finden wir phylogenetische Bezüge, welche die Evolution von den Algen bis zu den höheren Pflanzen gut widerspiegeln. Ähnliche Ergebnisse erhält man auch, wenn Nucleotidsequenzen der rRNA oder des *rbc*L-Gens analysiert werden. Beim mitochondrialen *atpB*-Gen sieht man drei Großgruppen, Pilze, Tiere und Pflanzen, die erwartungsgemäß jeweils monophyletische Gruppen bilden.

Diese Stammbäume beantworten nicht die Frage, ob die Endosymbiose, die zu Mitochondrien und Chloroplasten führte, im Verlauf der frühen Evolution nur einmal oder mehrfach erfolgte. Neuerdings nimmt man an, dass dieser Prozess mehrfach und unabhängig stattgefunden hat (EXKURS 3.1).

4.2.3.2 Evolution der Prokaryoten, Einzeller und Pilze

Für die Systematik der Bakterien, die man morphologisch nur schlecht differenzieren kann, hat man schon frühzeitig biochemische und molekulare Marker eingesetzt, sodass die heutige Systematik der Bakterien im Wesentlichen auf Nuc-

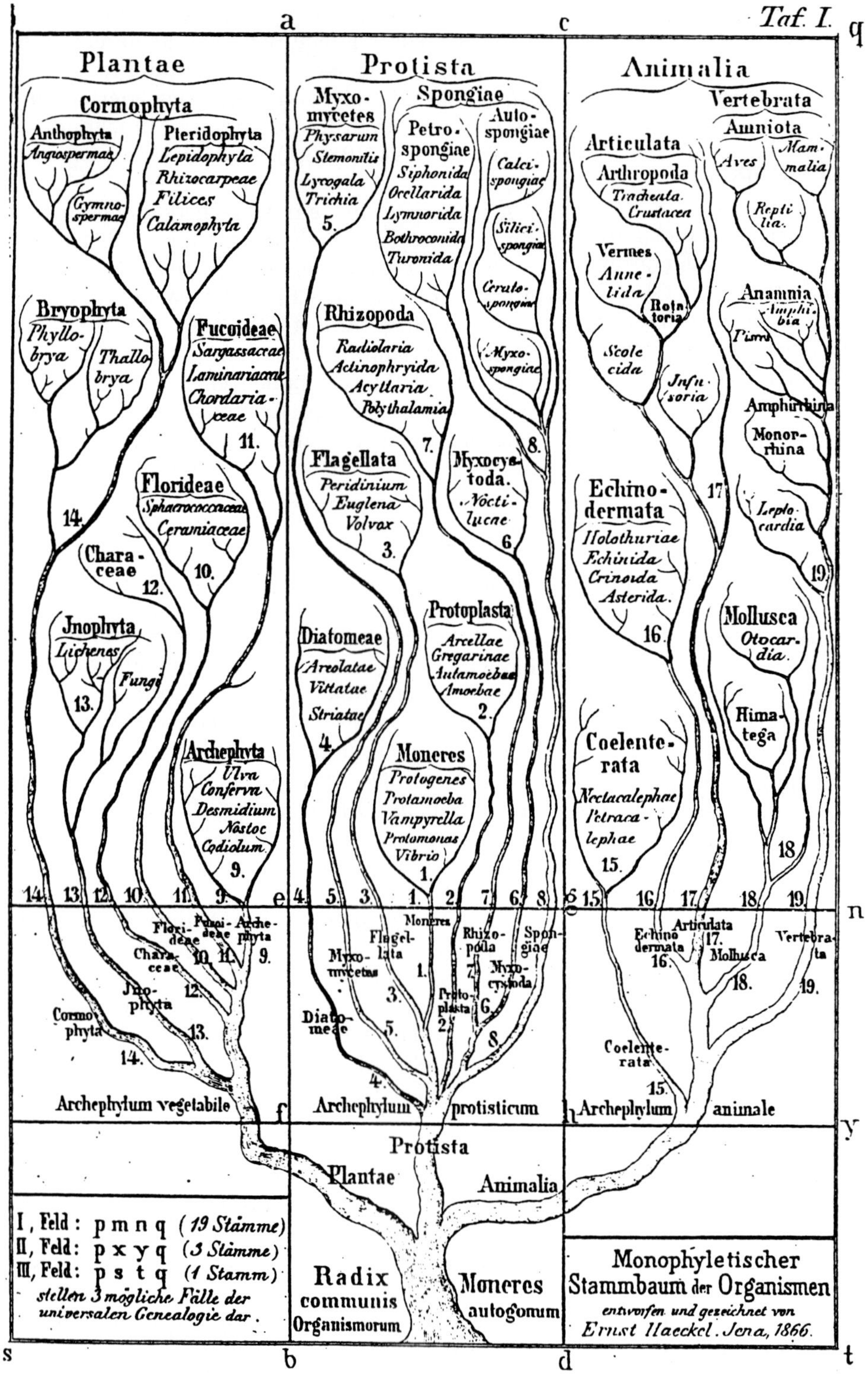

Abb. 4-20. Der Stammbaum des Lebens nach Haeckel (1866)

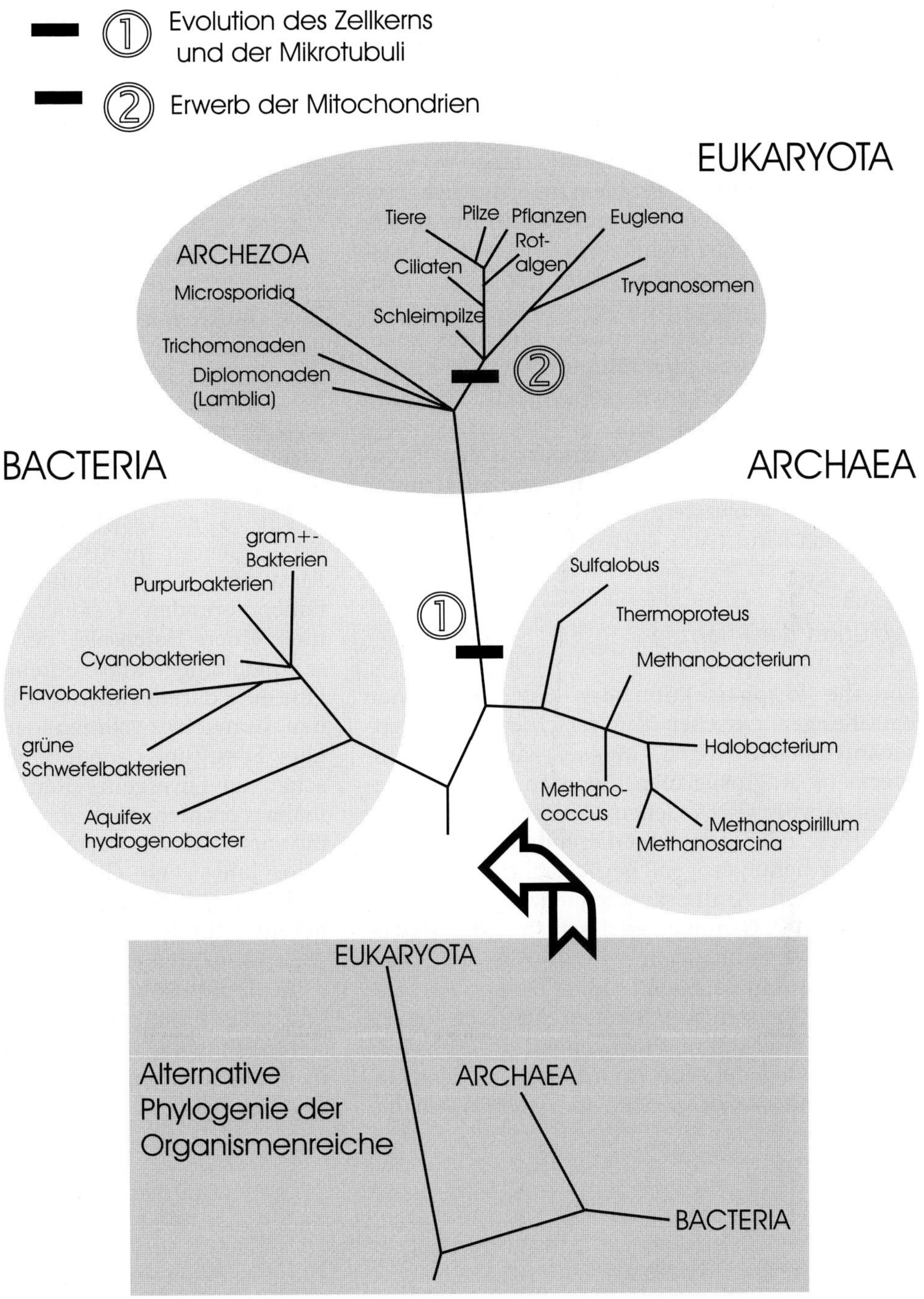

Abb. 4-21. Phylogenetische Beziehungen zwischen den Organismenreichen Archaea, Bacteria und Eukaryota, rekonstruiert über Nucleotidsequenzen der 16S rRNA. Die Sequenzierung der kompletten Genome einiger Vertreter der großen Organismenreiche impliziert, dass die Verzweigung an der Basis des Stammbaumes des Lebens alternativ verläuft, in dem Archaea und Bacteria Schwestergruppen darstellen und mit den Eukaryota einen gemeinsamen Vorfahren teilen

leotidsequenz-Analysen von Markergenen beruht. Die Evolution der Bakterien ist teilweise in Abb. 4-21 und 4-22 angedeutet, soll aber aus Platzgründen in diesem Buch nicht weiter vertieft werden.

Die Taxonomie der Einzeller (Protozoen) steht vor einem ähnlichen Problem wie die der Prokaryoten; ihre Systematik wird durch die häufig geringe Anzahl an sichtbaren Unterscheidungsmerkmalen sehr erschwert. Dies gilt insbesondere für parasitische Formen, die sich an das Leben in Wirt und Zwischenwirt besonders angepasst haben. Auch hier führen molekulare Analysen von Markergenen zu wesentlichen und neuen Erkenntnissen.

Pilze werden heute nicht länger zu den Pflanzen gezählt, sondern als eigenständige Gruppe, die eher als Schwestergruppe der Tiere betrachtet werden kann (Abb. 4-21, 4-22).

4.2.3.3 Evolution der Pflanzen

Für die Rekonstruktion der phylogenetischen Beziehungen zwischen den verschiedenen Pflanzenabteilungen (Algen, Moose, Farne, Gymnospermen, Angiospermen) wurden Nucleotidsequenzen von rRNA-Genen, Chloroplastengenen, wie *rbc*L oder proteincodierenden Genen wie GAP-DH herangezogen. Berücksichtigt man Nucleotid- und Aminosäuresequenzen sowie die Struktur der Genome, so lässt sich die Phylogenie der Landpflanzen wie in Abb. 4-23 dargestellt zusammenfassen.

Für die meisten Abteilungen existieren bereits genauere molekulare Phylogenien. In Abb. 4-23 ist die phylogenetische Anordnung der Spermatophyta genauer dargestellt. In vielen Fällen haben die molekularen Analysen klassische Befunde bestätigt, jedoch auch zu einer Vielzahl an neuen Gruppierungen geführt. Für die höheren Pflanzen wurde die Großsystematik (Abb. 4-23) völlig überarbeitet (Bremer et al. 1998, Chase et al. 1993).

4.2.3.4 Evolution der Tiere

Eine Auftrennung der Tierstämme von einem gemeinsamen Vorfahren erfolgte vermutlich vor ca. 800 Mio. Jahren (Abb. 4-25). Die wahrscheinliche Entwicklung zu den Schwämmen, Coelenteraten, Protostomiern und Deuterostomiern ist Abb. 4-25, die im Wesentlichen auf Sequenzdaten der 18S rDNA basiert, zu entnehmen.

Für ca. 80 Vertebraten wurde das mitochondriale Genom inzwischen komplett sequenziert. Fasst man die Nucleotidsequenzen von 11 proteincodierenden Genen zusammen, so erhält man einen Datensatz, der phylogenetische Zusammenhänge klar erkennen lässt. Abb. 4-26 gibt eine darauf fußende Übersicht über die großen Entwicklungslinien der Säugetiere und die über Fossilfunde sowie molekularen Daten abgeschätzten Divergenzzeiten. Innerhalb der Mammalia trennten sich die Marsupalia als basale monophyletische Gruppe bereits vor ca. 160 Mio. Jahren ab (Abb. 4-26). Die Position der Wale als Schwestergruppe der Unpaarhufer, die bereits durch frühere Rekonstruktionen aufgedeckt werden konnte, wird bestätigt.

Auch die Evolution der Primaten und des Menschen lässt sich gut molekularbiologisch analysieren. Entsprechende Ergebnisse sind in Kap. 5, in dem die Evolution des Menschen ausführlich abgehandelt wird, dargestellt.

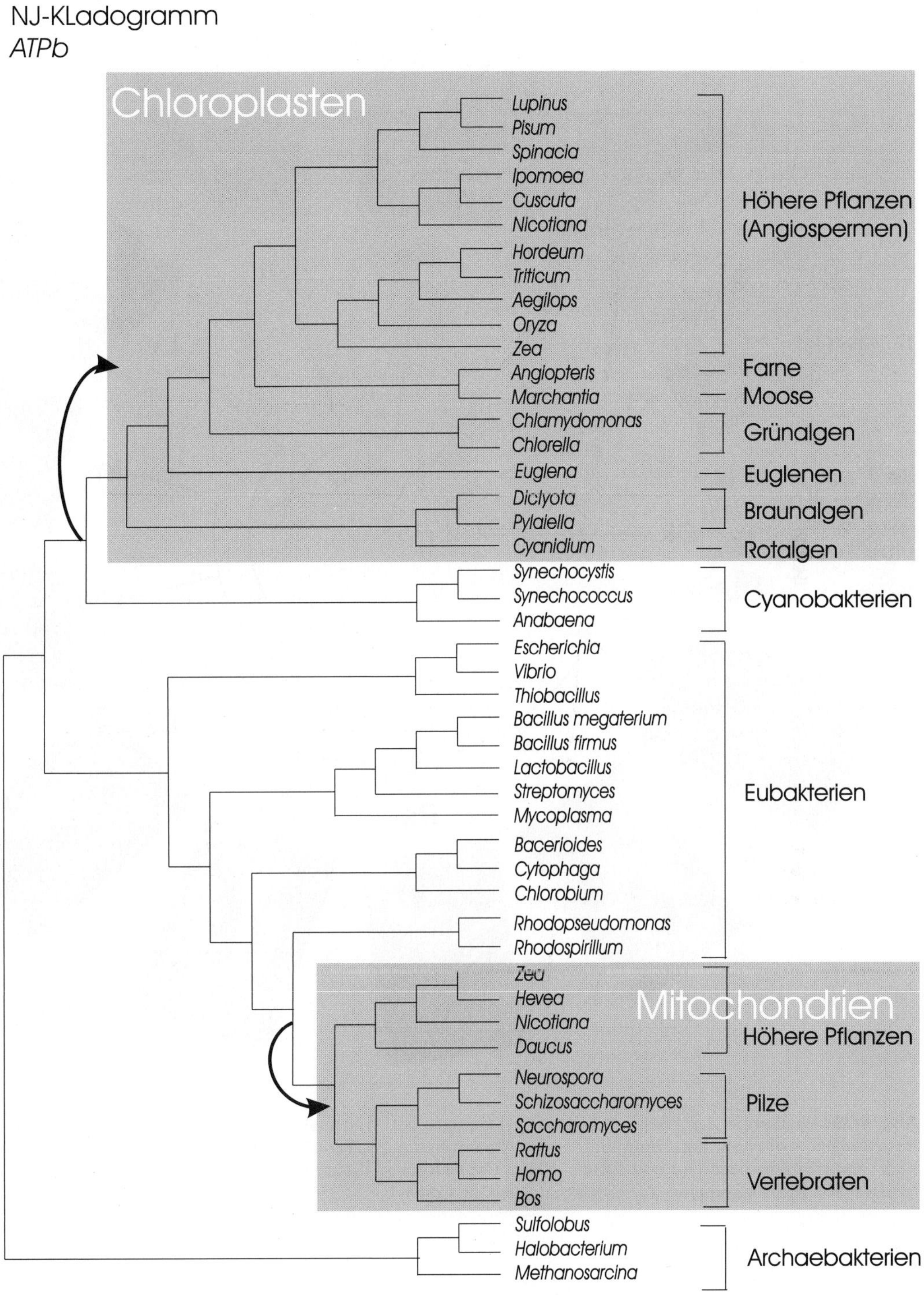

Abb. 4-22. Phylogenie des *atpB*-Gens aufgrund von Aminosäurensequenzen, die von Nucleotidsequenzen abgeleitet wurden

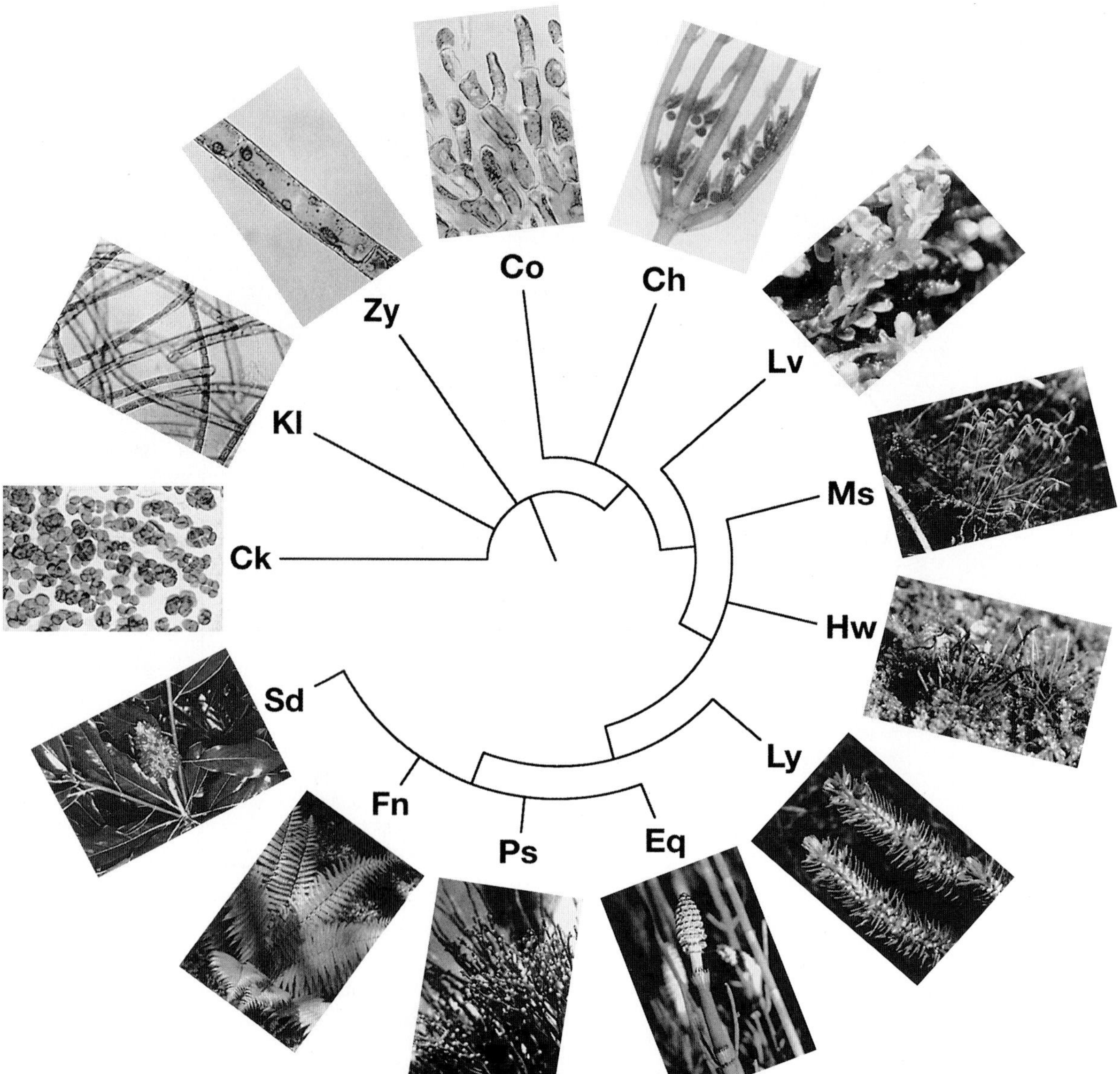

Abb. 4-23. Phylogenie des Pflanzenreiches. Phylogenetische Beziehungen zwischen den Hauptlinien der Charophyten und Landpflanzen (nach Qui und Palmer 1999). Ck: Chlorokybales; Kl: Klebsormidiales; Zy: Zygnematales; Co: Coleochaetales; Ch: Charales; Lv: Lebermoose; Ms: Laubmoose; Hw: Hornmoose; Ly: Bärlappe; Eq: Schachtelhalme; Ps: Psilotaceae; Fn: Farne; Sd: Samenpflanzen

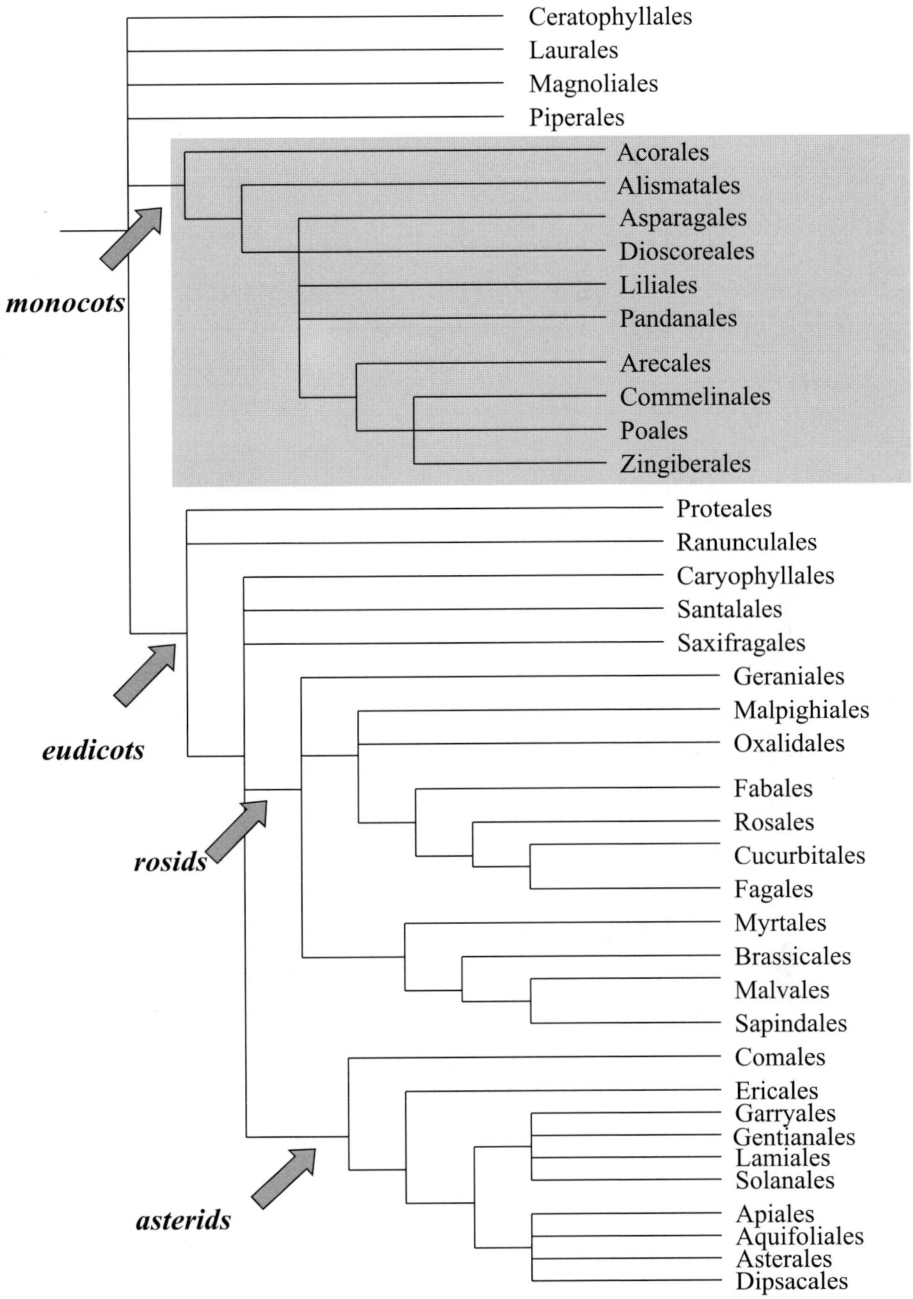

Abb. 4-24. Molekulare Phylogenie der höheren Pflanzen (nach Angiosperm Phylogeny Group 1999)

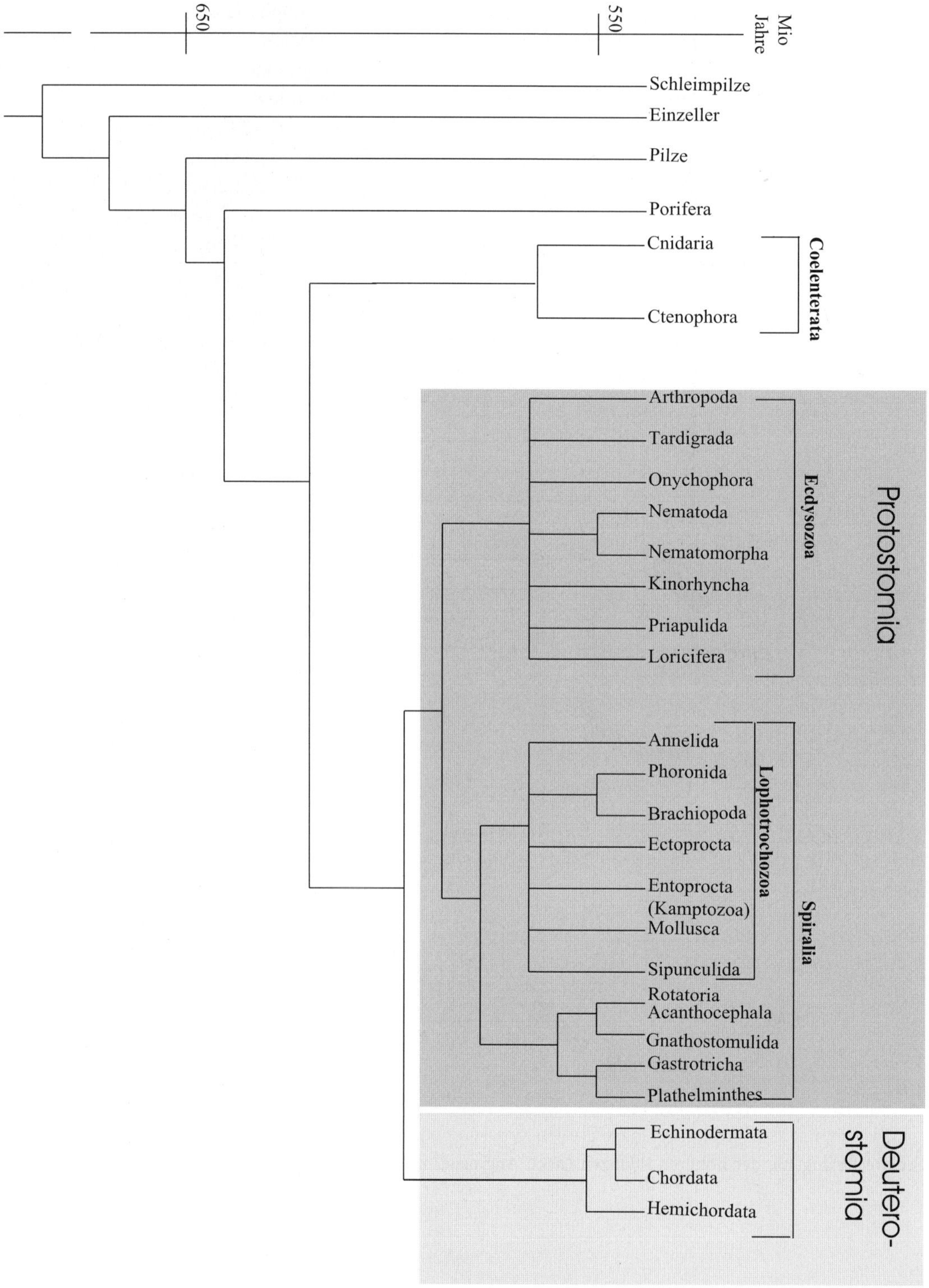

Abb. 4-25. Molekulare Phylogenie der Hauptentwicklungslinien der Tiere

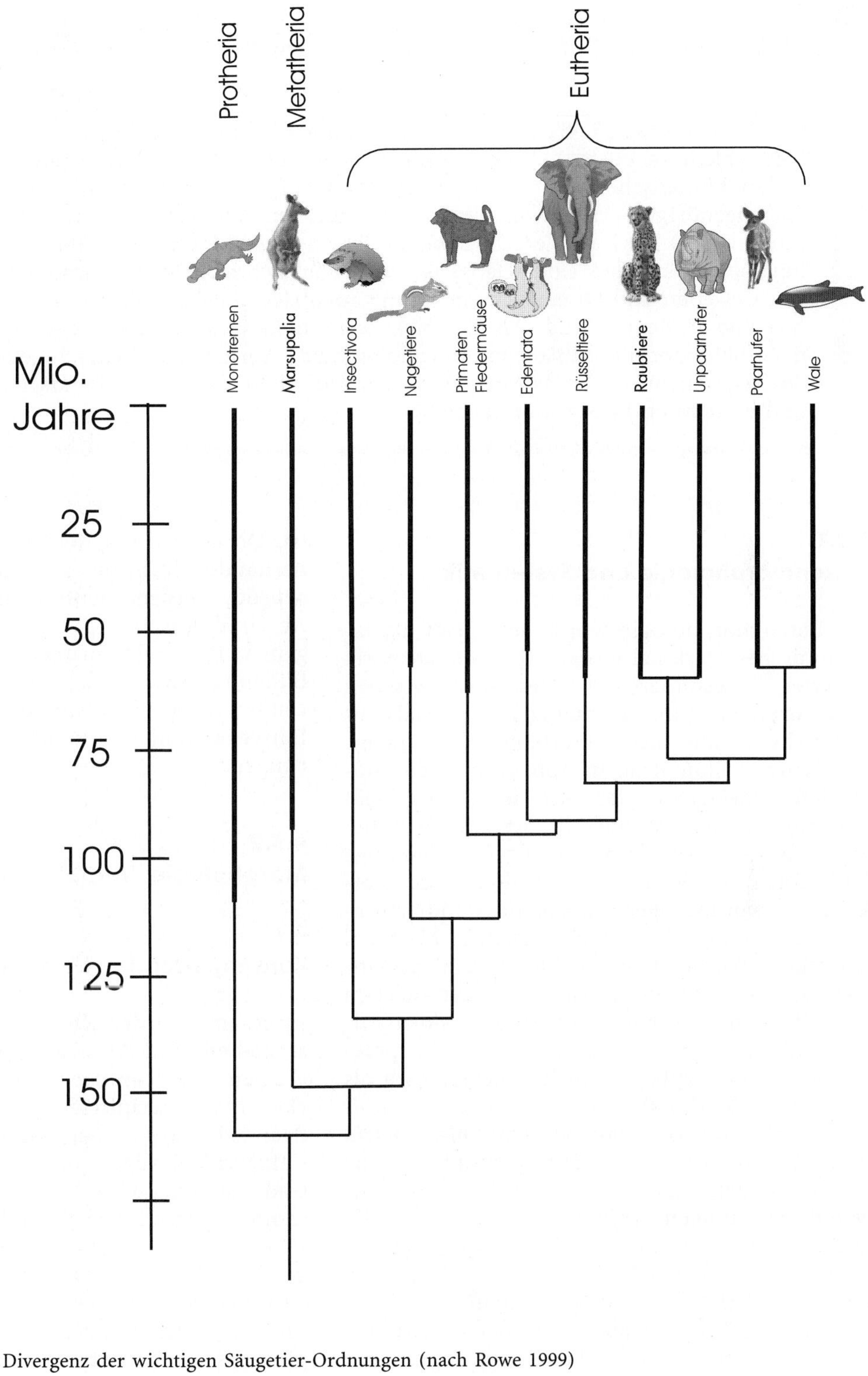

Abb. 4-26. Evolution und Divergenz der wichtigen Säugetier-Ordnungen (nach Rowe 1999)

4.3 Merkmalsevolution: Erkennung konvergenter Evolutionsprozesse

ÜBERSICHT

Wie in den Kap. 3.5, 4.1 und 4.2 dargestellt, erhält man über molekulare Stammbäume die Möglichkeit zu prüfen, ob gemeinsame morphologische, biochemische, soziologische oder andere biologische Merkmale in einer Organismengruppe dadurch zustande kommen, dass die zugehörigen Arten von einem gemeinsamen Vorfahren abstammen und dabei diese (homologen) Merkmale ererbt haben, oder ob diese Merkmale unabhängig und konvergent (analog) entstanden sind. Dabei ist zu berücksichtigen, dass Homologien auf der Ebene von Geweben und Organen nicht immer identisch mit Homologien auf der Ebene von Genen und Proteinen sind. Als Beispiele werden in diesem Kapitel exemplarisch die Merkmale Blütenform bei Pflanzen, Morphologie und Verhalten bei Greifvögeln, die Genetik von Sozialsystemen sowie das Vorkommen und die Funktion von Sekundärstoffen bei Pflanzen und herbivoren Insekten betrachtet.

4.3.1 Blütenmorphologie und Systematik

Die Blütenmorphologie wurde sehr früh als taxonomisches Merkmal in der Pflanzensystematik gewertet, insbesondere der Unterschied zwischen **zygomorphem** (ungleichmäßigem, partialsymmetrischem) und **actinomorphem** (radiärsymmetrischem) Blütenbau. In Abb. 4-27 ist die molekulare Phylogenie der Asteridae dargestellt (zur Stellung der Asteridae im System der höheren Pflanzen, vgl. Abb. 4-24). Die jeweilige Blütenform wurde im *rbc*L-Phylogramm markiert. Es wurde angenommen, dass radiärsymmetrische Blüten ein ursprüngliches Merkmal darstellen. Würde man die Blütenform als einziges Merkmal für die Klassifikation heranziehen und die Familien mit gleicher Blütenform als verwandt ansehen, erhielte man falsche Gruppierungen: Zygomorphe Blüten beobachtet man als abgeleitetes Merkmal in den Gattungen *Sinningia, Saintpaulia, Galeobdolon, Acanthus, Linaria* und *Antirrhinum*, die eine monophyletische Gruppe bilden, aber ebenso in den nichtverwandten Gattungen *Echium* und *Schizanthus,* die anderen Evolutionslinien angehören. Die Blütenform ist demnach teilweise sowohl ein synapomorphes Merkmal als auch ein adaptives Merkmal, das im Zusammenhang mit der Co-Evolution mit bestäubenden Insekten zu interpretieren ist. Ob es sich um Konvergenz im strengen Sinne handelt (d.h. um analoge Merkmale), müsste geprüft werden, denn denkbar wäre auch ein Ab- und Anschalten von vorhandenen Bauplangenen für zygomorphen bzw. actinomorphen Blütenbau (Kap. 3.4). Fazit: Morphologische Variationen im Blütenbau eignen sich u.U. nur mit Einschränkungen für taxonomische Klassifizierungen.

4.3.2 Morphologie, Verhalten und Systematik

4.3.2.1 Konvergenzen bei Geiern und Adlern

Insgesamt wurden über 230 Greifvogelarten beschrieben und 79 Gattungen und 5 Familien (Falken – **Falconidae**; Adler, Bussarde, Weihen, Habichte – **Accipitridae**; Fischadler – **Pandionidae**; Sekretäre – **Sagittariidae**; Neuweltgeier – **Cathartidae**) zugeordnet. Diese Familien werden traditionsgemäß als Ordnung **Falconiformes** zusammengefasst, da sie äußerlich ähnlich aussehen und viele gemeinsame Merkmale aufzeigen. Vögel dieser Ordnung sind daran angepasst, entweder lebende Beute zu erlegen oder Aas zu finden. Dazu besitzen sie entsprechende morphologische Anpassungen, wie z.B. kräftige ha-

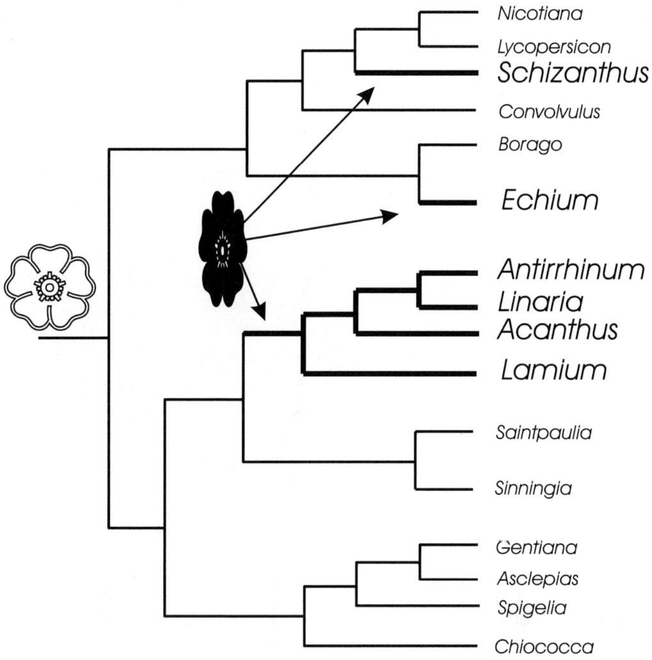

Abb. 4-27. Phylogenie der Asteridae und das Vorkommen von zygo- und actinomorphen Blütenformen (nach Donoghue et al. 1998)

kenförmige Schnäbel, kräftige Greiffüße mit starken Krallen, exzellentes Sehvermögen und sehr gut entwickelte Flugfähigkeit. Die meisten dieser Merkmale könnte man als synapomorph betrachten und deshalb diese Arten zu einer gemeinsamen Gruppe Falconiformes zusammenfassen. Vor einigen hundert Jahren zählte man auch die Würger und Eulen zur Gruppe der Greifvögel, doch wurden die Merkmale, die sie mit den eigentlichen Greifvögeln gemein haben, schon länger als Konvergenzen (d.h. als analoge Merkmale) erkannt. Heute gelten die Würger als eigene Familie unter den Singvögeln und die Eulen als eigene Ordnung Strigiformes unter den Non-Passeriformes. In der nächsten Phase hatten die DNA-DNA-Hybridisierungsanalysen (Sibley und Ahlquist 1990) bereits zeigen können, dass die Neuweltgeier keine Greifvögel im phylogenetischen Sinn sind, sondern in den Verwandtschaftskreis der Störche gehören. Auch Verhaltensmerkmale und die Zusammensetzung der Bürzeldrüsenfette deuten in dieselbe Richtung, wie es Jacob und König fanden.

In eigenen Arbeiten haben M. Wink und Mitarbeiter die Nucleotidsequenzen des mitochondrialen Cytochrom-b-Gens von ca. 500 Greifvögeln und Eulen erfasst und geprüft, ob die Falconiformes/Strigiformes und die einzelnen Familien jeweils monophyletische Gruppen bilden oder ob der ökologische „Beruf" Beutegreifer bzw. Geier nicht auch unabhängig in verschiedenen Verwandtschaftskreisen entstanden sein könnte.

In Abb. 4-28 haben wir molekulare Phylogenie der Falconidae, Accipitridae, Pandionidae, Sagittariidae, Cathartidae, Strigiformes (Familien Strigidae und Tytonidae) sowie Vertreter anderer Vogelfamilien rekonstruiert. Aus Gründen der Übersichtlichkeit wurde nur eine begrenzte Anzahl an Arten aus diesen Gruppen berücksichtigt; die Eigenständigkeit der Gruppen bleibt aber erhalten, wenn man alle vorhandenen Sequenzen zugrunde legt. Man kann eindeutig erkennen, dass jeweils die Familien der Falken, Greifvögel, Neuweltgeier, Fischadler und Eulen erwartungsgemäß monophyletische Gruppen bilden, die jedoch nicht unbedingt näher miteinander verwandt sind. Falken und Eulen bilden unabhängige Gruppen, die keine nähere Verwandtschaft zu den eigentlichen Greifvögeln (Accipi-

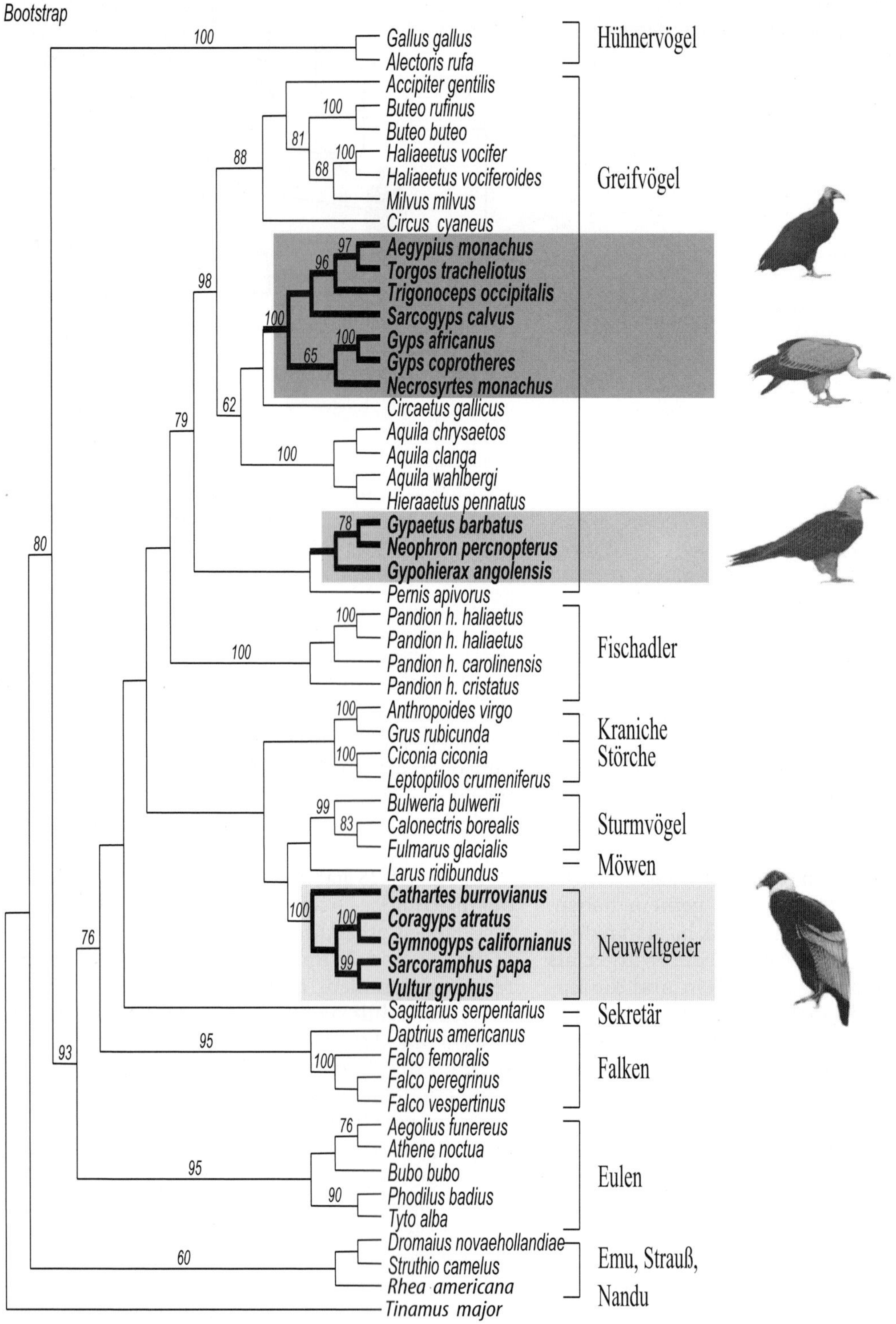

Abb. 4-28. Molekulare Phylogenie der Greifvögel und Eulen, abgeleitet aus Nucleotidsequenzen des Cytochrom-b-Gens

tridae) aufweisen. Ähnlichkeiten in ihren Lebensweisen sind deshalb vermutlich auf Konvergenz zurückzuführen. Fischadler stehen in dieser Rekonstruktion an der Basis des Astes, der zu den Accipitridae führt; sie teilen sich vermutlich einen gemeinsamen Vorfahren mit den eigentlichen Greifvögeln.

Am Beispiel der Geier kann man die konvergente Evolution der Greifvögel am klarsten erkennen. Die Sequenzanalyse bestätigt, dass die Neuweltgeier nicht mit den Altweltgeiern verwandt sind, sondern in die Ordnung Ciconiiformes gehören. Es sind jedoch keine Störche, wie es manchmal vereinfacht heißt. Neuweltgeier (Cathartidae), Sturmvögel (Procellariiformes), Kraniche, Flamingos, Störche und Larolimikolen stammen lediglich von einem gemeinsamen Vorfahren ab.

Innerhalb der Altweltgeier (Abb. 4-28) lassen sich zwei grundsätzlich unterschiedliche genetische Entwicklungslinien erkennen: Bartgeier, Schmutzgeier und Palmgeier zweigen basal im Baum der Accipitridae ab, d.h. sie stellen vermutlich eine sehr alte Entwicklungslinie dar, zu der auch die Wespenbussarde zählen, die mit den echten Bussarden der Gattung *Buteo* nicht verwandt sind (obwohl sie für den Laien ähnlich aussehen). Auch andere Merkmale, insbesondere in der Embryonal- und Jugendentwicklung, bestätigen den gemeinsamen Ursprung dieser Altweltgeiergruppe. Gänsegeier, Mönchsgeier und verwandte Arten repräsentieren dagegen eine zweite eigenständige Entwicklungslinie, die als Schwestergruppe zu den Schlangenadlern gruppiert. Innerhalb dieser Geier sind die Vertreter der Gattung *Gyps* sehr nah verwandt und stellen relativ junge Arten dar. Als Schwestergruppe gruppieren sich Mönchsgeier und verwandte Arten, die man in monotypische Gattungen gestellt hat. Da diese Arten eine monophyletische Gruppe darstellen und viele biologische Merkmale gemeinsam haben, wäre es plausibel, sie alle in eine gemeinsame Gattung *Aegypius* zu platzieren. Die Lebensweise als Aasfresser wurde offensichtlich mehrfach in der Evolution „erfunden" und führte jeweils zu vielen Ähnlichkeiten in Morphologie und Verhalten; dass diese Merkmale nicht homolog, sondern analog sind, kann die genetische Analyse unzweifelhaft herausstellen.

Fischadler, Seeadler und die Steinadlerverwandten könnte man oberflächlich alle in eine Gruppe „Adler" anordnen. Genauere morphologische, biologische und ökologische Analysen weisen darauf hin, dass diese Gruppen eigenständige Verwandtschaftslinien darstellen. Die Sequenzanalyse bestätigt diese Annahme: Seeadler der Gattung *Haliaeetus* teilen sich einen gemeinsamen Vorfahren mit den Bussarden (*Buteo* und Verwandte) und Milanen (*Milvus*, *Haliastur*), während Fischadler (*Pandion*) eine sehr frühe Entwicklungslinie repräsentieren. Die Adler der Gattungen *Aquila* und *Hieraaetus* hingegen, die man auch als „*booted eagles*" zusammenfasst, bilden in der jetzigen Form eine polyphyletische Gruppe. Würde man *Hieraaetus* mit *Aquila* vereinen, wie dies bereits vor einigen Jahrzehnten geschah, so erhielte man eine eigenständige monophyletische Gruppierung (Abb. 4-28), die biologisch und phylogenetisch sinnvoll wäre.

4.3.2.2 Evolution der Brutbiologie bei Baum-, Eleonoren- und Rotfußfalken

Innerhalb der Falken finden wir spezifische ökologische, morphologische und soziologische Besonderheiten; z.B. leben einige Arten sozial in Kolonien, andere dagegen solitär und territorial. Einige Arten sind strikte Flugjäger, andere nehmen die Beute vom Boden. Einige Falken sind Stand- oder Strichvögel, andere ausgeprägte Zugvögel, die im tropischen Afrika überwintern. Es stellt sich nun die Frage, inwieweit diese Besonderheiten von einem gemeinsamen Vorfahren entwickelt und an die Nachkommen einer monophyletischen Gruppe sequentiell weitergegeben wurden oder konvergent entstanden sind. Bei den Falken (Gattung *Falco*) lassen sich mindestens 3 bis 4 große Entwicklungslinien erkennen, die 1. zu den Turmfalken, 2. zu den Wander- und Ger-/Sakerfalken, 3. zu den Merlinen und 4. zu den Baum-, Eleonoren- und Rotfußfalken führen (Abb. 4-29).

Betrachten wir das Merkmal **Zugverhalten** (Abb. 4-29a), so erkennt man, dass alle Mitglieder der Gruppe 4 in Europa oder Asien brüten,

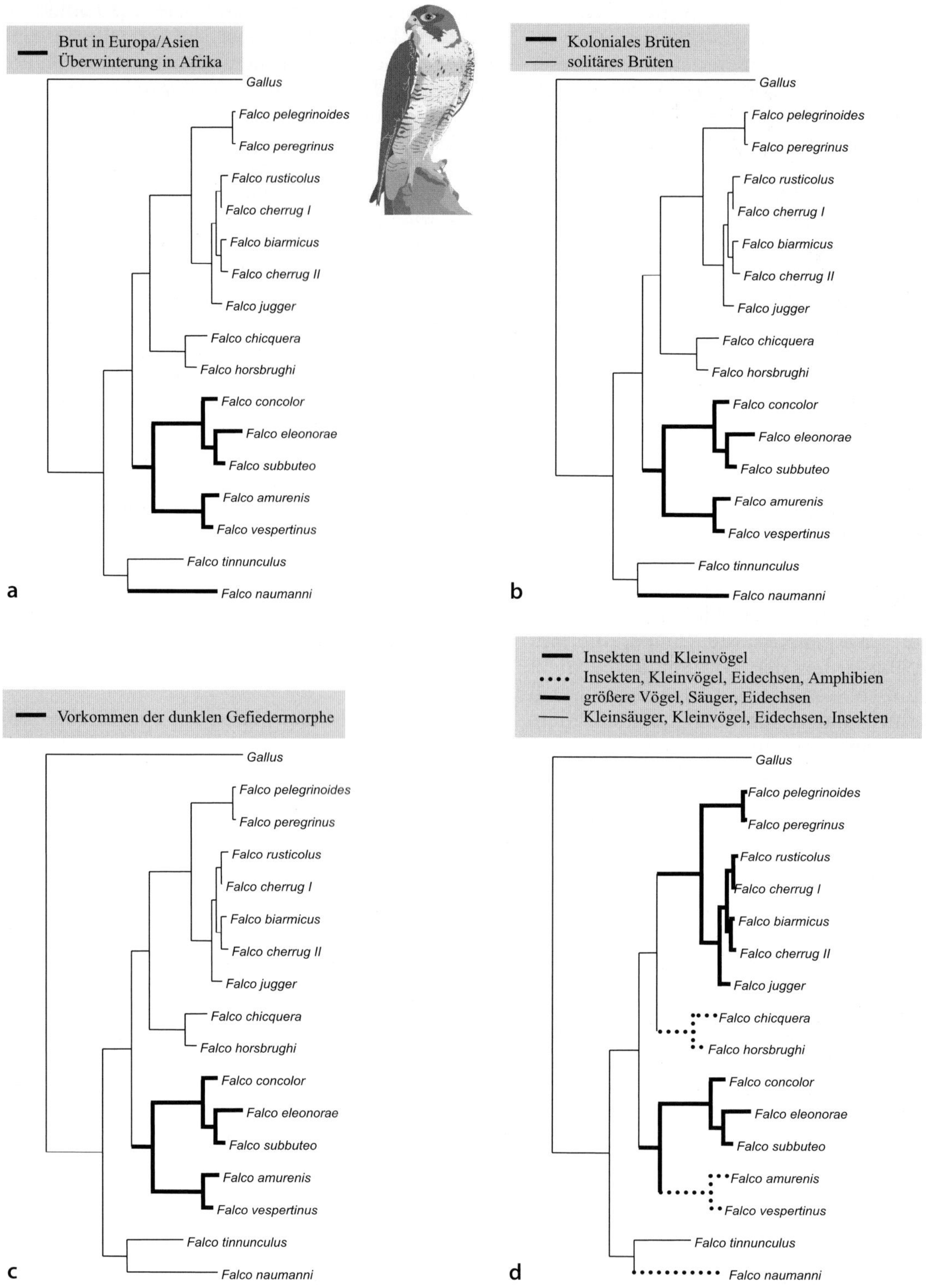
Brut in Europa/Asien
Überwinterung in Afrika
Gallus
Falco pelegrinoides
Falco peregrinus
Falco rusticolus
Falco cherrug I
Falco biarmicus
Falco cherrug II
Falco jugger
Falco chicquera
Falco horsbrughi
Falco concolor
Falco eleonorae
Falco subbuteo
Falco amurenis
Falco vespertinus
Falco tinnunculus
Falco naumanni
a
Koloniales Brüten
solitäres Brüten
Gallus
Falco pelegrinoides
Falco peregrinus
Falco rusticolus
Falco cherrug I
Falco biarmicus
Falco cherrug II
Falco jugger
Falco chicquera
Falco horsbrughi
Falco concolor
Falco eleonorae
Falco subbuteo
Falco amurenis
Falco vespertinus
Falco tinnunculus
Falco naumanni
b
Vorkommen der dunklen Gefiedermorphe
Gallus
Falco pelegrinoides
Falco peregrinus
Falco rusticolus
Falco cherrug I
Falco biarmicus
Falco cherrug II
Falco jugger
Falco chicquera
Falco horsbrughi
Falco concolor
Falco eleonorae
Falco subbuteo
Falco amurenis
Falco vespertinus
Falco tinnunculus
Falco naumanni
c
Insekten und Kleinvögel
Insekten, Kleinvögel, Eidechsen, Amphibien
größere Vögel, Säuger, Eidechsen
Kleinsäuger, Kleinvögel, Eidechsen, Insekten
Gallus
Falco pelegrinoides
Falco peregrinus
Falco rusticolus
Falco cherrug I
Falco biarmicus
Falco cherrug II
Falco jugger
Falco chicquera
Falco horsbrughi
Falco concolor
Falco eleonorae
Falco subbuteo
Falco amurenis
Falco vespertinus
Falco tinnunculus
Falco naumanni
d

aber in Afrika südlich der Sahara überwintern. Vermutlich hat der gemeinsame Vorfahre von Rotfuß-, Amur-, Baum-, Schiefer- und Eleonorenfalke bereits diese Eigenschaft aufgewiesen. Zugverhalten findet man aber auch beim Rötelfalken, der mit den Falken aus Gruppe 4 nicht verwandt ist; hier würde man eher eine unabhängige Entwicklung des Merkmals Zugverhalten annehmen.

Die meisten Greife und Falken brüten solitär und sind territorial. Unter den Falken sind Eleonoren-, Rotfuß- und Amurfalke ausgesprochene **Koloniebrüter**; Schieferfalken und Baumfalken, die zur selben monophyletischen Gruppe gehören, sind häufig Einzelbrüter, kommen manchmal aber in lockeren Kolonien (besonders der Schieferfalke) vor (Abb. 4-29b). Aber auch die Mitglieder der Turmfalkengruppe, insbesondere der Rötelfalke, brüten kolonial. Das wahrscheinlichste Szenario ist, dass Koloniebrüten und soziale Verhaltensweisen in beiden monophyletischen Falkengruppen unabhängig voneinander entstanden ist.

Setzt man die Nahrung und die Art der Nahrungssuche in Beziehung (Abb. 4-29c), so erkennt man Gemeinsamkeiten in einigen monophyletischen Teilgruppen: Baum-, Schiefer- und Eleonorenfalken, die sich erst vor ca. 1 Mio. Jahren trennten, sind reine Flugjäger und auf Insekten und Kleinvögel spezialisiert. Amur- und Rotfußfalken sind nah verwandte Zwillingsarten und ernähren sich ähnlich den Baum-, Schiefer- und Eleonorenfalken, sie haben aber ihr Nahrungsspektrum um Eidechsen und Amphibien erweitert, die auf dem Erdboden erbeutet werden. Darin ähneln sie den Rothalsfalken (*F. chicquera*), mit denen sie einen gemeinsamen Vorfahren teilen. Ganz anders sieht das Nahrungsspektrum der Großfalken aus, die sich auf größere Vögel, Kleinsäugern und Eidechsen spezialisiert haben. Die Vertreter der Turm- und Rötelfalken dagegen erbeuten ihre Nahrung auf dem Erdboden, insbesondere Kleinsäuger, Eidechsen, aber auch Kleinvögel und Insekten. Auch bei diesem Merkmal erkennt man sowohl phylogenetisch beibehaltene als auch konvergente Elemente.

Ein letztes Merkmal, das wir kurz diskutieren wollen, ist das Auftreten einer dunklen Gefiedermorphe, insbesondere in der Gruppe der Rotfuß-, Amur-, Baum-, Schiefer- und Eleonorenfalken (Abb. 4-29d): Während die dunkle Morphe beim Eleonorenfalken bei beiden Geschlechtern vorkommt (siehe Abb. 3-30), finden wir bei Rotfuß- und Amurfalken dunkelfarbige Männchen und helle Weibchen. Interessanterweise sind Schieferfalke (dunkel) und Baumfalke (hell) monomorph, d.h. sie besitzen nur eine Farbmorphe. Die phylogenetischen Beziehungen implizieren, dass bereits der gemeinsame Vorfahre dieser Gruppe beide Merkmale dunkel und hell besaß.

Die Analyse der Falken zeigt, dass gemeinsame morphologische, ökologische und soziologische Merkmale in einigen Fällen synapomorph sind, d.h. sich von einem gemeinsamen Vorfahren ableiten lassen, in anderen Fällen aber auf Konvergenz beruhen.

◀

Abb. 4-29. Molekulare Evolution der Falken im Zusammenhang mit ökologischen, ethologischen und morphologischen Merkmalen. **a** Zugverhalten, **b** Sozialverhalten, **c** Gefiederfärbung, **d** Nahrung

4.3.2.3 Genetik von Paarungssystemen

Wie in Kap. 3.3 erläutert, war die Entwicklung der Sexualität ein wichtiger evolutionärer Schritt, der die genetische Variabilität stark erhöhte. In diesem Kapitel soll die Evolution der sich daraus ableitenden Paarungssysteme bei Tieren diskutiert werden; außer Betracht bleibt der bei Pflanzen und anderen einfachen Organismen vorherrschende **Hermaphrodismus** (Zwittrigkeit).

Wenn getrennte Geschlechter vorliegen, so lassen sich theoretisch folgende Paarungsysteme unterscheiden:

- **Promiskuität**: es liegt keine Paarbildung vor und Kopulationen erfolgen bei beiden Geschlechtern mit mehreren Partnern.
- **Polygynie**: ein Männchen paart sich mit mehreren Weibchen (Haremsbildung); im Sonderfall, dass ein Männchen zwei Weibchen hat, spricht man von Bigynie.

- **Polyandrie:** ein Weibchen ist mit mehreren Männchen verpaart.
- **Polygamie:** umfasst Polygynie und Polyandrie.
- **Monogamie:** die Paarbindung hat während einer oder mehrerer Brutperioden Bestand.

Bei vielen Wirbellosen sind feste Paarungssysteme mit gemeinsamer Aufzucht der Nachkommen selten, so dass polygyne und promiskuine Paarungssysteme vorherrschen. Bei den sozialen Insekten (z.B. Bienen, Ameisen, Termiten) hat sich die Polyandrie als ein sehr erfolgreiches System etablieren können. Wie sieht die Situation bei den Vertebraten aus? Fische, Amphibien und Reptilien zeigen nur selten monogame Paarbeziehungen; meist liegt Polygamie und Promiskuität vor. Bei Vögeln überwiegen monogame Paarungssysteme; ca. 90% aller Vogelarten sollen wenigstens sozial monogam sein. Bei den Säugetieren ist wiederum die Polygynie besonders häufig, gefolgt von Promiskuität und Monogamie.

Der **sexuellen Selektion**, die bereits 1871 von Charles Darwin eingehend untersucht wurde, kommt aus evolutionärer Sicht besondere Bedeutung in den verschiedenen Paarungssystemen zu. Während Darwin die **Weibchenwahl** (***female choice***) zumindest in monogamen Paarungssystemen für nicht wichtig hielt, nimmt sie heute in der aktuellen Diskussion eine größere Rolle ein. Sexuelle Selektion kann Merkmale fördern, die aus Sicht der natürlichen Auslese auf den ersten Blick als schlecht angepasst gelten müssten. Man denke an die aufwendige Prachtfärbung der Vogelmännchen, zu denen auch das Rad des Pfaus, oder die für den menschlichen Betrachter oft merkwürdigen Balzgefieder bei Birkhühnern oder Trappen zählen. Der lautstarke Gesang vieler Singvogelmännchen während der Balzzeit ist ein weiteres Verhalten, womit die Männchen Prädatoren geradezu auf sich aufmerksam machen und anlocken. Diese Merkmale machen nur unter dem Aspekt der *female choice* Sinn. Es sind nämlich die Weibchen, welche die Männchen als Partner wählen. Als Auswahlkriterium gilt sicherlich die Vitalität der Männchen, die über solche „Statussymbole" indirekt sichtbar wird. Denn diese Balzkleider, ausgiebige Gesänge oder andere Luxusmerkmale verursachen Kosten und nur ein gesundes und vitales Männchen ist in der Lage, solche Merkmale auszubilden. Kommen Tiere mit solchen „Statussymbolen" vermehrt zur Fortpflanzung, dann werden sich auch die zugehörigen Merkmale (vorausgesetzt, dass sie genetisch vererbt werden) bevorzugt durchsetzen.

Das neue Methodenrepertoire der Molekularbiologie kann man auch nutzen, um die Soziologie von Paarungssystemen genetisch zu überprüfen. Durch DNA-Fingerprinting (Abb. 4-5, 4.7) oder Mikrosatelliten-PCR (Abb. 4-9) lässt sich analysieren, ob sozial monogame Arten auch auf genetischer Ebene als monogam anzusehen sind, oder ob ***Extra-Pair Young*** (**EPY**) außerhalb der Paarverbundes auftreten. Um Paternität oder individualspezifische DNA-Strukturen zu erkennen, muss der Bereich der DNA analysiert werden, der die höchste Variabilität aufweist (Kap. 3.4). Mini- und Mikrosatelliten-DNA, die in vielen unterschiedlich großen Kopien im Genom verbreitet sind und durch Rekombination individualspezifisch variieren, eignen sich für diese Fragestellung besonders. Die vielfältigen Analysen, die im letzten Jahrzehnt durchgeführt wurden, haben klar gezeigt, dass in monogamen Systemen Kopulationen außerhalb des Paarverbundes (sog. ***Extra-pair copulations***, **EPC**) regelmäßig auftreten und in nicht wenigen Fällen zu sog. ***Extra-pair fertilisation*** (**EPF**) und zu EPY führen. (Diese Terminologie hat sich auch im deutschen Sprachraum eingebürgert.) Deshalb schränkt man den Begriff Monogamie häufig durch das Adjektiv „sozial" ein.

Die Analysen haben außerdem gezeigt, dass in monogamen Beziehungen nicht nur die Männchen sondern auch die Weibchen versuchen, ihren individuellen Reproduktionserfolg durch EPC zu erhöhen. Weibchen können durch EPC **direkte und indirekte Fitness-Gewinne** erlangen. Zu den direkten Vorteilen zählen eine zusätzliche Versorgung und Verteidigung des Weibchens und der Jungvögel durch ein EPC-Männchen. Indirekte Vorteile betreffen die genetische Qualität des EPC-Männchens (*good gene hypothesis*), indem die Heterozygotie in den Nachkommen, ihre Fitness oder die Attraktivität der Söhne erhöht werden (*sexy son hypothesis*). Nicht immer ist die Wahl eines Partners ideal

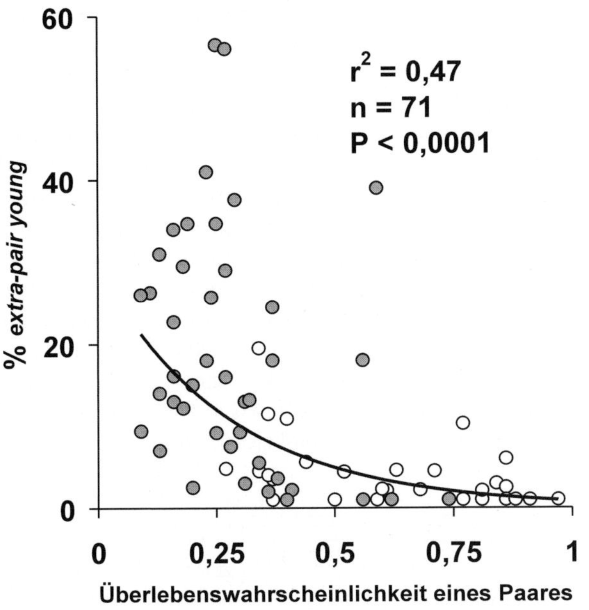

Abb. 4-30. Beziehung zwischen der Wahrscheinlichkeit, dass beide Partner eines Paares überleben und ein zweites Mal zusammen brüten, und dem Anteil an EPY bei den Nachkommen (nach M. Wink & A. Dyrcz 1999). Singvögel sind als gefüllte, Nichtsingvögel als offene Kreise dargestellt

(*constrained female hypothesis*); durch EPC können Weibchen diese Fehlentscheidung teilweise bereits im Brutjahr korrigieren. Bei längerlebigen Tieren kann aus einer solchen Beziehung eine Neuverpaarung in der nächsten Brutsaison resultieren (*re-pairing hypothesis*). Entspricht das Männchen jedoch dem Qualitätsstandard des Weibchens oder liegt es sogar darüber, dann sollte ein Weibchen keine EPC suchen und nicht die Vorteile der Monogamie riskieren.

Die Faktoren, die zur *Extra-Pair*-Paternität führen, sind vielschichtig und EPF-Raten können zwischen Arten, ja selbst Populationen und unterschiedlichen ökologischen Randbedingungen schwanken. Man kann nicht erwarten, dass ein einmal gefundener Wert für eine EPF-Rate bei einer Art für alle Populationen und Bedingungen gilt. Analysiert man die EPF-Raten bei sozial monogamen Vogelarten, so findet man relativ hohe Raten bei Singvögeln (bis zu 50% der Bruten können bei einigen EPY enthalten), aber deutlich geringere Raten (unter 10%) bei längerlebigen größeren Vogelarten (meist in der Gruppe der Nichtsingvögel), selbst wenn diese kolonial und synchron brüten und damit die theoretischen Möglichkeiten für EPC besonders günstig wären. Setzt man diese Werte in Relation zur Wahrscheinlichkeit, dass ein Brutpaar bis zur nächsten Saison überlebt (*pair survival*), so ergibt sich eine Beziehung, wie in Abb. 4-30 dargestellt. Vogelarten mit hoher Mortalität brüten oft nur einmal in ihrem Leben; für solche Arten sollte es wichtig sein, den Reproduktionserfolg in jedem Falle durch EPC abzusichern. Längerlebige Arten können eine schlechte Partnerwahl im nächsten Jahr revidieren. Einmal erfolgreich brütende Paare sollten jedoch zusammenbleiben und keine EPC eingehen. Dieser Trend wird aus Abb. 4-30 und aus Freilandstudien ersichtlich.

Hat man über diese Verfahren die Genetik der Sozialsysteme ermittelt, so kann man im nächsten Schritt prüfen, wie diese Systeme in der Phylogenie einer Organismengruppe entstanden, z.B. indem man die molekulare Phylogenie über Sequenzen von Markergenen ermittelt und in die erhaltenen Stammbäume die Paarungssysteme kartiert. Für amerikanische Stärlinge (Familie Icteridae), in denen monogame, polygyne, promiskuine und polymorphe Paarungssysteme nachgewiesen wurden, liegen entsprechende Analysen bereits vor (Abb. 4-31). Die Mehrzahl der Arten ist sozial monogam. Die Kuhstärlinge der Gattung *Molothrus* sind polygam und gleichzeitig Brutparasiten, die ihre Jungen von fremden Eltern ausbrüten und aufziehen lassen (ähnlich unserem Kuckuck). In der Gattung der Rotschulterstärlinge (die nach den Cytochrom-b-Analysen polyphyletisch erscheint) treten monogame und polygame Brutsysteme parallel auf. Nimmt man die Monogamie als ancestrales (ursprüngliches) Merkmal an, so erfolgten die Spezialisierungen zu polygamen Systemen nur bei einzelnen Arten oder bei Zwillingsarten; es handelt sich damit um vermutlich adaptive konvergente Merkmale.

Brutparasitismus stellt einen Sonderfall der Brutsysteme dar. Beim Kuckuck (*Cuculus canorus*) konnte die Genetik des Brutparasitismus weitgehend geklärt werden. Kuckucksweibchen bilden spezifische Wirtsrassen aus und legen Eier, die denen der jeweiligen Wirtseltern entsprechen, d.h. ein Kuckucksweibchen, das von einer Bachstelze aufgezogen wurde, legt seine Eier später nur in Bachstelzennester. Da seine Eier denen der Bachstelzen in Färbung und Größe ähneln, besteht eine große Chance, dass die Wirtseltern das Kuckucksei nicht entdecken, sondern ausbrüten. Die Kuckucksmännchen sind promiskuin und paaren sich mit allen verfügbaren Weibchen, unabhängig von deren Wirtsrasse. Da bei den Vögeln die Weibchen das heterogametische Geschlecht (Kap. 3.3) darstellen, wäre es möglich, dass die genetischen Anlagen für die Eimorphologie auf dem W-Chromosom lokalisiert sind. Dies würde die Herausbildung der genetisch determinierten Wirtsrassen ermöglichen.

Es liegt nahe, die Betrachtung der Evolution der Paarungssysteme auf den Menschen auszudehnen. Wenn auch eine zeitweise und soziale Monogamie als ein weitverbreitetes Paarungssystem in den meisten menschlichen Kulturen vorherrscht, kann man Polygynie (Haremsbildung) und Polyandrie in einigen Ethnien beobachten. Berücksichtigt man die Paarungsysteme bei den Menschenaffen, die im Wesentlichen von Polygynie (Gorilla) bis zur Promiskuität (Bonobo) reichen, ist die beim Menschen vorherrschende Monogamie nicht als selbstverständlich anzusehen. Es stellt sich eher die Frage, welche ökologischen und soziologischen Faktoren dieses System beim Menschen selektiert haben.

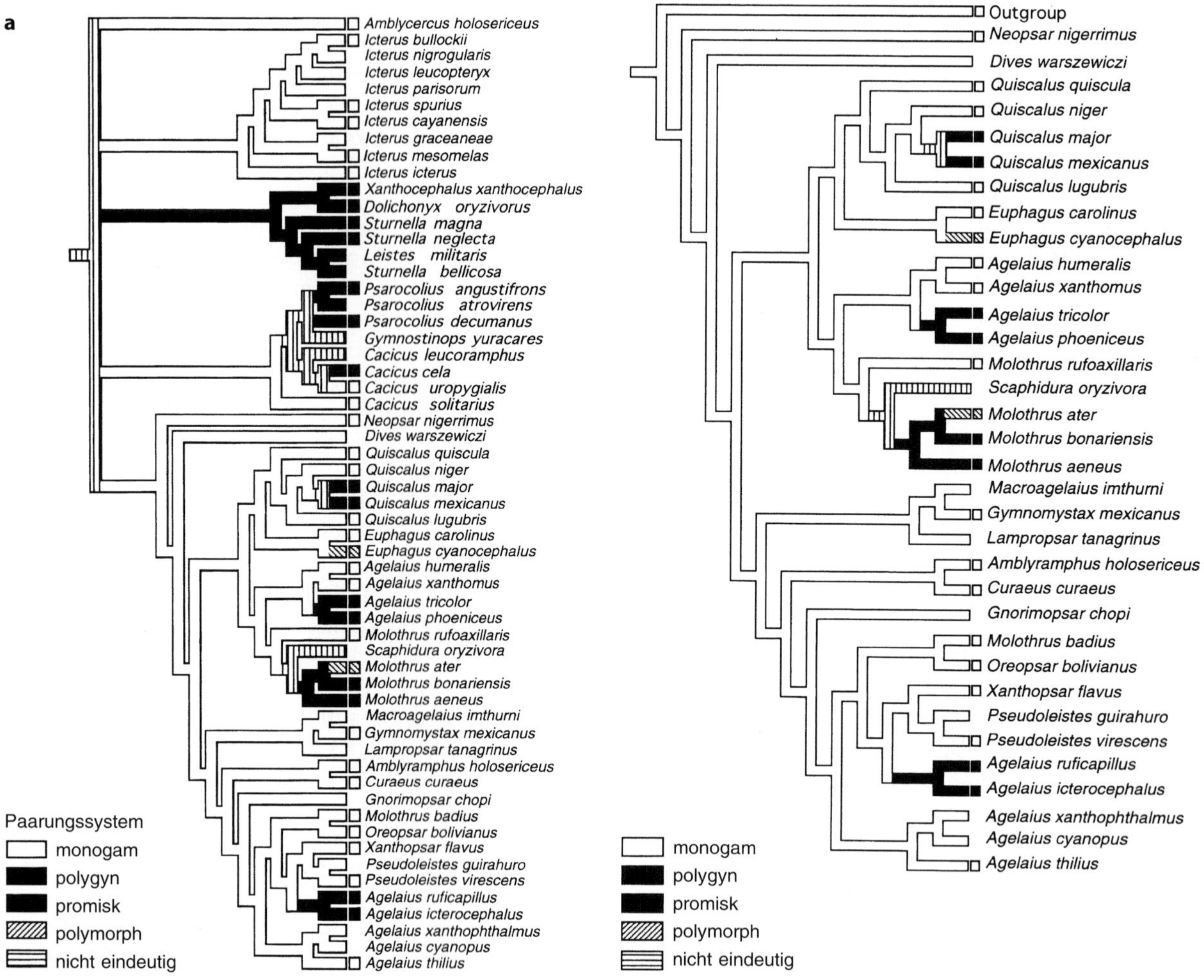

Abb. 4-31. Evolution von Sozialsystemen bei amerikanischen Stärlingen (nach Searcy et al. 1999). **a** Sozialsysteme

Abb. 4-31 b. Territorialverhalten

4.3.2.4 Primäres Geschlechtsverhältnis

Das Geschlechterverhältnis beträgt bei getrenntgeschlechtlichen Arten bei Geburt theoretisch 1:1, doch gibt es viele Beispiele, die Abweichungen von diesem Gleichgewicht zeigen.

Wie kann das Geschlechterverhältnis (***sex allocation***) verändert werden?

Nach der Befruchtung könnte es in der Gebärmutter zu einer **selektiven Mortalität** kommen, indem eines der Geschlechter bevorzugt abstirbt. Bei Organismen, in denen die Männchen heterogametisch sind (z.B. den Säugetieren) kann das Geschlechtsverhältnis auch dadurch beeinflusst werden, dass die Spermien mit Y- und X-Chromosomen unterschiedliche Fitness oder Motilität haben. Die *sex ratio* bei Geburt wird als **primäres Geschlechtsverhältnis** bezeichnet. Nach der Geburt kann das Geschlechtsverhältnis durch unterschiedliche Fitness und Mortalität weiter modifiziert werden (**sekundäres Geschlechtsverhältnis**).

Bei Rothirschen wurde beispielsweise beobachtet, dass vitale Weibchen mehr Söhne produzieren als schwächere Weibchen. Umgekehrt haben starke vitale Männchen mehr Töchter als Söhne. Als Erklärung wird diskutiert, dass

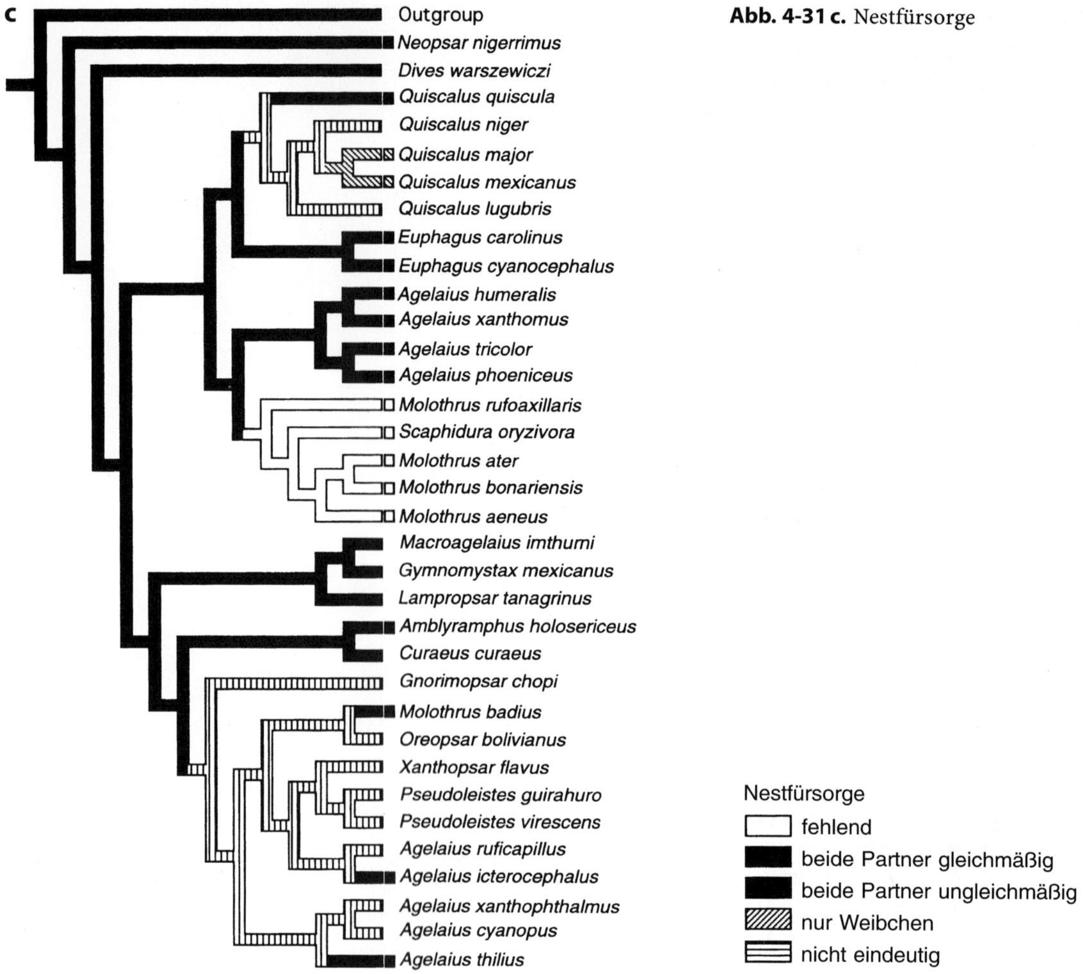

Abb. 4-31 c. Nestfürsorge

Töchter für eine vitale Mutter bzw. Söhne für einen starken Vater später u.U. zu Konkurrenten (man denke an die Gestalt des Ödipus in der Antike), während das gegenteilige Geschlecht nicht zum Konkurrenten, sondern eher sogar zum Geschlechtspartner werden könnte.

Eine Voraussetzung für die Analyse solcher Fragestellungen ist die Möglichkeit, das Geschlecht von Embryonen oder gerade geborenen Tieren molekular zu bestimmen. Denn bei vielen Tiergruppen, z.B. Vögeln, ist die Geschlechtsbestimmung nach äußerlichen morphologischen Kriterien schwierig. In den letzten Jahren wurden deshalb PCR-Verfahren entwickelt, welche DNA-Fragmente auf den Geschlechtschromosomen amplifizieren. In Abb. 4-32 ist ein solches Verfahren für Vögel dargestellt, bei denen die Weibchen bekanntlich heterogametische Geschlechtschromosomen aufweisen. Bei geeigneter Wahl der PCR-Primer kann man bei den Weibchen eine oder mehrere Banden amplifizieren, die bei den Männchen nicht vorhanden sind. Bei Säugetieren funktioniert die Methode analog, nur dass die Männchen zusätzliche geschlechtsspezifische Banden aufweisen.

Da die molekulare Geschlechtsbestimmung erst seit wenigen Jahren möglich ist, liegen bislang noch keine vergleichenden Untersuchungen in größeren systematischen Einheiten vor, mit denen sich prüfen ließe, ob dieses Merkmal sequentiell vererbt wird oder sich an mehreren Stellen unabhängig entwickelt hat.

Abb. 4-32 a, b. Schematische Darstellung der molekularen Geschlechtsbestimmung bei Vögeln (**a**). Beispiel einer Originalanalyse von Eleonorenfalken (**b**)

a

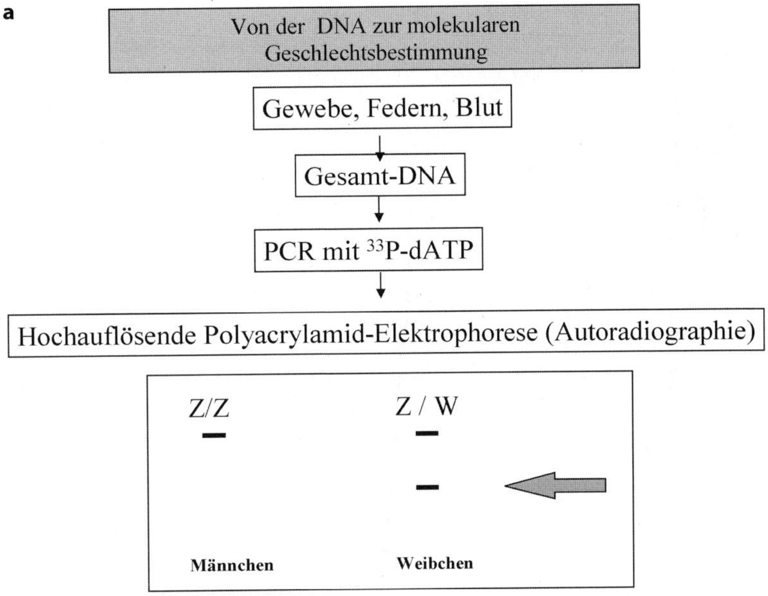

b

b

4.3.3 Sekundärstoffe und Systematik

4.3.3.1 Sekundärstoffe bei höheren Pflanzen – Funktion der Sekundärstoffe

Ein auffälliges Merkmal der höheren Pflanze ist ihre Fähigkeit, eine große Diversität meist niedermolekularer Naturstoffe, die sog. **Sekundärstoffe**, zu produzieren. Bei der Betrachtung der in Tabelle 4-5 aufgeführten Zahlen der derzeit bekannten Strukturvarianten muss man beachten, dass schätzungsweise lediglich 20% aller Pflanzen und diese bislang meist nur unvollständig phytochemisch untersucht wurden. Man kann annehmen, dass die Zahl der wirklich vorhandenen Strukturen, zu deren Aufklärung neuerdings sehr empfindliche und leistungsfähige Methoden, beispielsweise HPLC (*high pressure liquid chromatography*), GLC (*gas-liquid chromatography*), MS (Massenspektrometrie) und NMR (*nuclear magnetic resonance*) zur Verfügung stehen, ein Vielfaches betragen wird. Eine Auswahl der wichtigsten Strukturtypen ist in Abb. 4-33 aufgeführt.

Nachdem man die pflanzlichen Sekundärstoffe lange als Endprodukte und Abfallprodukte oder

Tabelle 4-5. Zahl der bekannten Sekundärstoffe

Substanzgruppe	Anzahl der Verbindungen
N-freie Substanzen	
Monoterpene	1000
Sesquiterpene	1500
Diterpene	1000
Triterpene/Steroide	800
Tetraterpene	350
Polyketide	700
Polyacetylene	750
Flavonoide	1200
Phenylpropane	500
N-haltige Substanzen	
Amine	100
Alkaloide	12000
Nichtproteinogene Aminosäuren	400
Cyanogene Glykoside	50
Glucosinolate	100

als funktionslose Stoffwechselprodukte angesehen hat, weiß man inzwischen, dass viele Sekundärstoffe für die Fitness und das Überleben der sie produzierenden Pflanze wichtig sind (Übersichten in Rosenthal & Berenbaum 1992; Harborne 1993; Wink 1988, 1993, 1999a, b). Die über 360000 Pflanzenarten stehen als autotrophe Organismen an der Basis der Nahrungskette (**Produzenten**). Direkt oder indirekt hängen über 1,5 Mio. Tierarten als Konsumenten von ihnen ab. Sowohl Pflanzen als auch Tiere werden von den Mikroorganismen als Nahrungssubstrat genutzt. Wir wissen in vielen Fällen, welche Strategien Tiere benutzen, um sich gegen Mikroorganismen oder gegen Fraßfeinde zu schützen: Da ist zum einen das hochentwickelte Immunsystem gegen Viren und Mikroorganismen wie Bakterien und Pilze, zum anderen sind es Waffen oder Verhaltensweisen (Flucht, Tarnung, etc.) gegenüber Prädatoren.

Pflanzen sind unbeweglich und können deshalb weder fliehen noch sich aktiv mit Waffen wehren, und gegen Mikroorganismen fehlt ihnen ein Immunsystem. Jede Pflanzenart hat in der Evolution spezielle Eigenschaften erworben, die ihr Überleben fördern. **Mechanischen Schutz** erhalten einige Arten durch Brennhaare, Dornen, Stacheln oder inerte Rinden und andere abweisende Abschlussgewebe. Einige Proteine (PR-Proteine, Enzyme wie Glucanasen oder Chitinasen) helfen gegen mikrobiellen Befall. Die wichtigste Funktion haben in diesem Zusammenhang aber wohl die **Sekundärstoffe** (Tabelle 4-5), die zum Teil konstitutiv vorkommen, zum Teil präformiert (z.B. als **„Protoxine"** wie Glucosinolate, cyanogene Glykoside, Cumaroylglykoside, Alliin und Ranunculin, die erst im Verteidigungsfall durch Enzyme aktiviert werden) oder nur nach Induktion (z.B. nach Pathogenbefall; sog. Phytoalexine). Die Hauptfunktion der Sekundärstoffe besteht besonders in der chemischen Abwehr von Pflanzenfressern aber auch von Mikroorganismen und anderen Pflanzen. Daneben wirken andere, manchmal aber auch dieselben Sekundärstoffe als Signale zur Anlockung von bestäubenden Insekten oder von früchteverbreitenden Tieren; auch UV-Schutz kann eine zusätzliche Komponente sein (Abb. 4-34).

Um erfolgreich gegen Pflanzenfresser geschützt zu sein, muss die Pflanze Substanzen in ausreichender Konzentration produzieren. Dazu müssen sie wichtige Organe oder Gewebe im Tier signifikant beeinflussen. In Abb. 4-35 sind die *Targets* aufgeführt, die besonders „sensibel" sind. Wichtige basale Zielstrukturen, die in allen Organismen vorkommen, wie DNA, RNA und zugehörige Enzyme und Prozesse, die Proteinbiosynthese und die Stabilität der Biomembran kommen genauso in Frage wie Neuroreceptoren oder andere Elemente der neuronalen Signaltransduktion, die nur im Tier angelegt sind. Es ist deshalb auch nicht überraschend, dass Pharmakologie und Toxikologie für jedes dieser *Targets* Naturstoffe nennen können, die hier spezifisch angreifen. Der Wirkung auf Organ- oder Gewebeebene (Abb. 4-35a) entspricht eine Wechselwirkung auf molekularer und zellulärer Ebene (Abb. 4-35b).

Da Pflanzenarten ihre Verteidigung unabhängig voneinander entwickeln mussten, ist nicht nur eine einzige Wirkstoffklasse, sondern es sind viele Wirkstoffe entstanden. Zudem wäre die chemische Abwehr sehr anfällig, wenn alle Pflanzen sich auf eine Substanz konzentriert hätten; es wäre den Tieren sicher ein Leichtes gewesen, entsprechende Resistenzmechanismen zu entwickeln. Man denke an die analoge Situation bei den Antibiotika: Werden alle Patienten nur mit Penicillin behandelt, so selektiert man Bak-

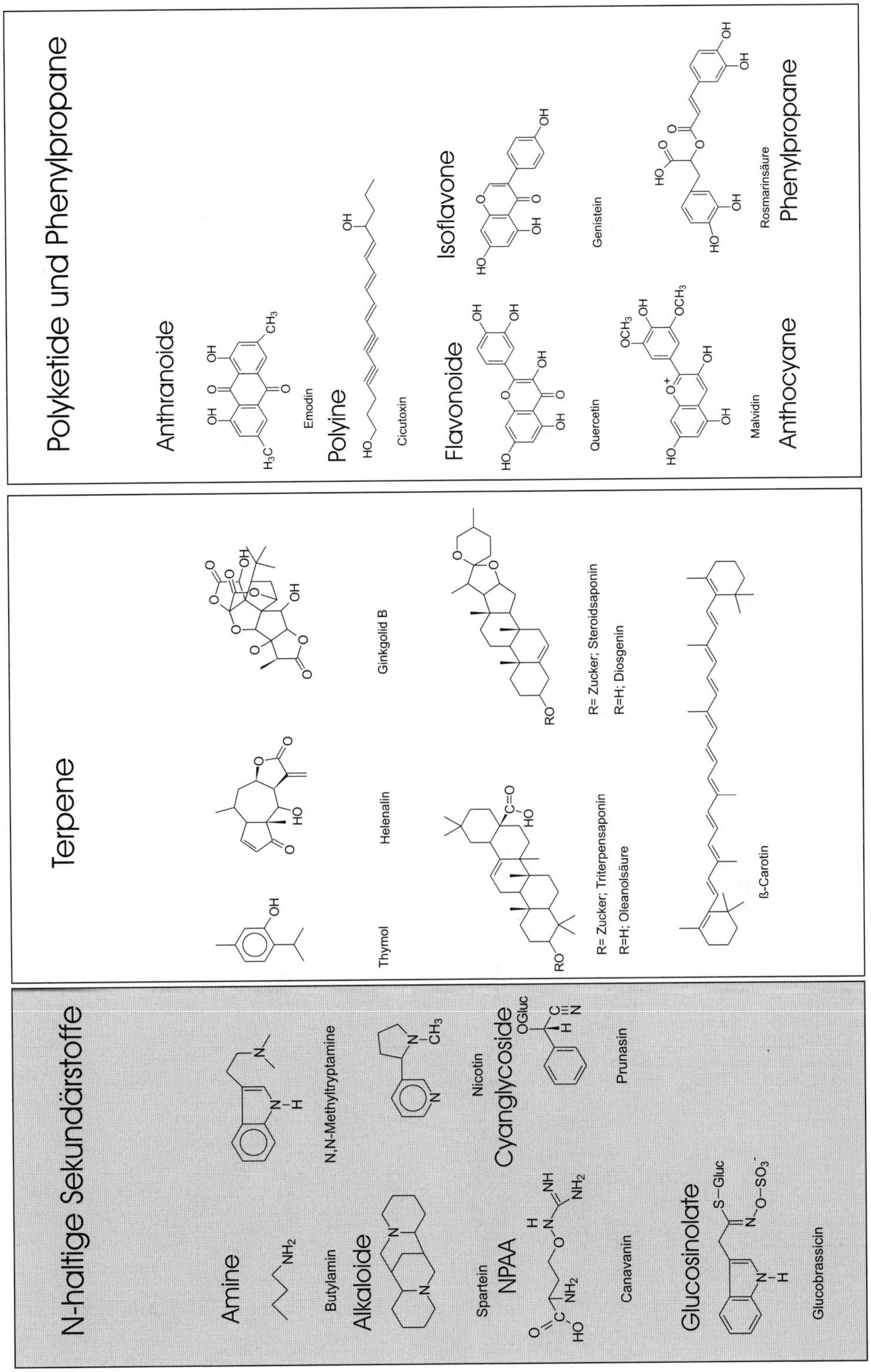

Abb. 4-33. Exemplarische Auswahl der Strukturtypen pflanzlicher Sekundärstoffe

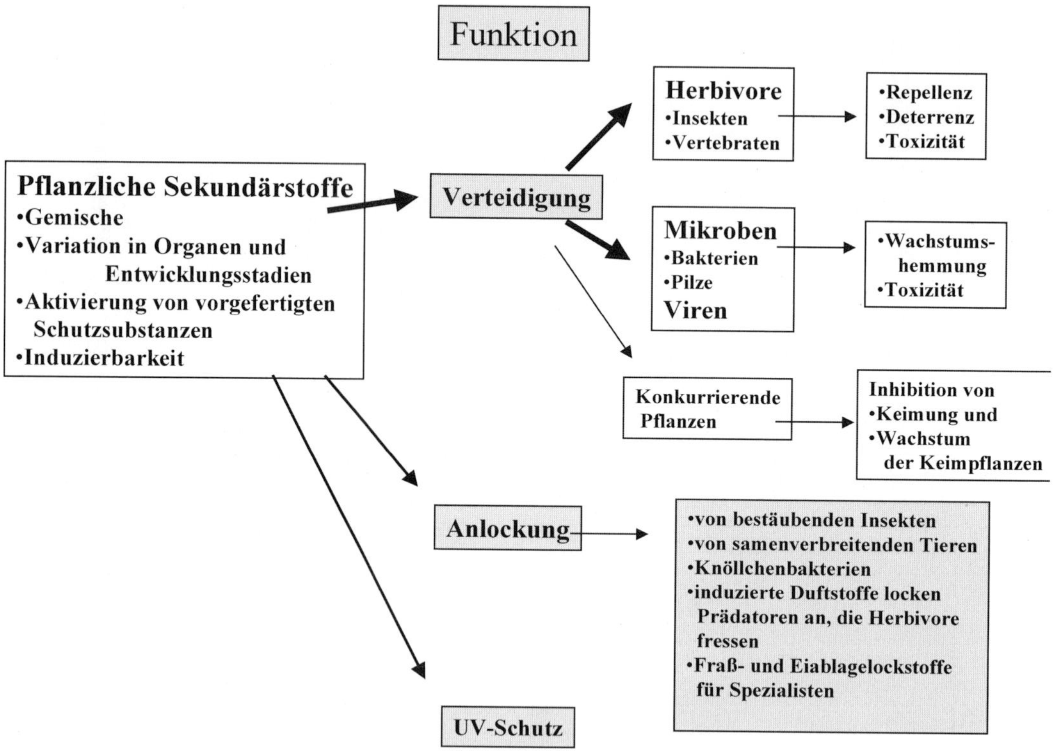

Abb. 4-34. Mögliche Funktionen von Sekundärstoffen bei Pflanzen und Tieren

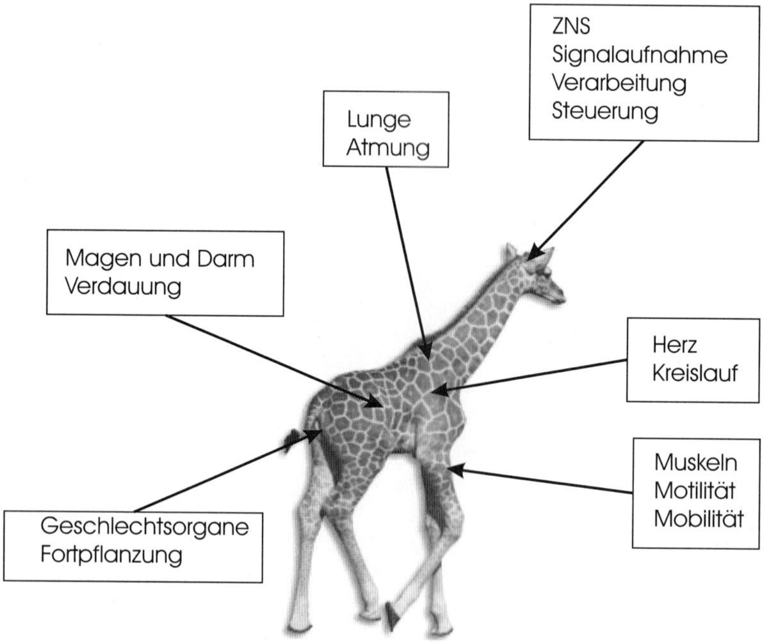

Abb. 4-35 a. Wirkorte von Sekundärstoffen in Tieren auf Körper- und Organebene

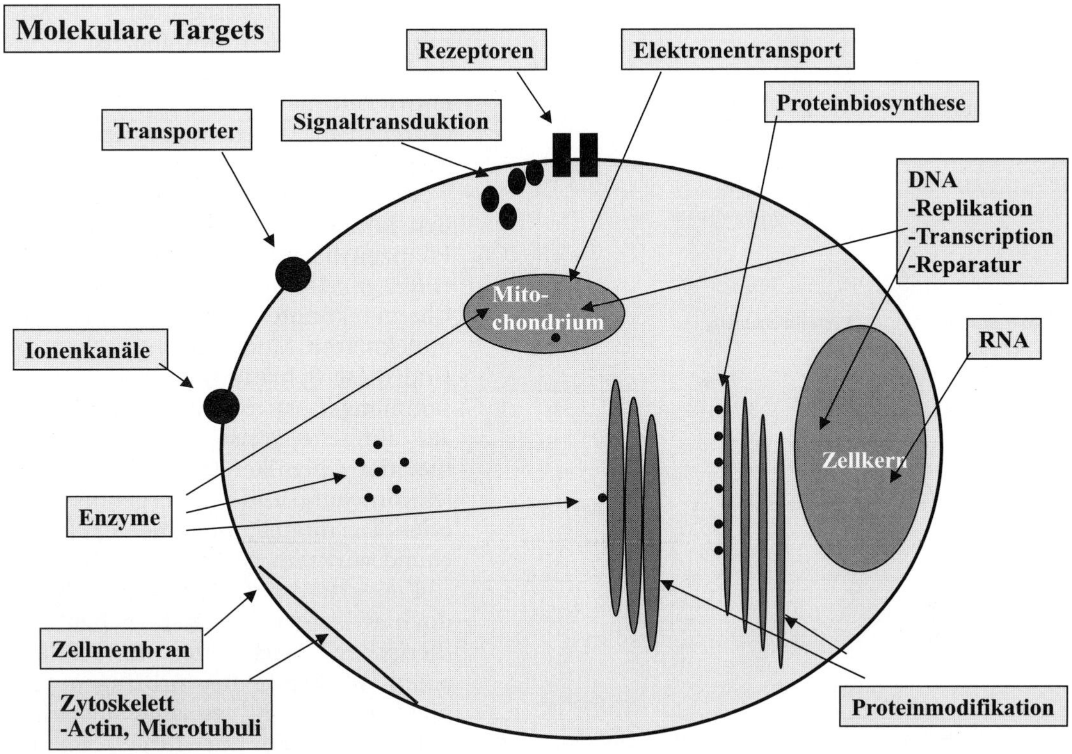

Abb. 4-35 b. Wirkorte von Sekundärstoffen in Tieren auf der Ebene der Zelle und Makromoleküle

terienstämme mit einer Penicillinresistenz. Setzt man dagegen unterschiedliche Antibiotika (die zudem noch an verschiedenen molekularen *Targets* angreifen) oder Mischpräparate ein, so lässt sich eine Resistenz in vielen Fällen vermeiden.

4.3.3.2 Evolution von Wirkstoffen

Wie kann man sich die Evolution eines Wirkstoffs vorstellen? In der Natur werden immer sehr viel mehr Nachkommen produziert als überleben können. Wenn auch die Nachkommen im Wesentlichen gleich sind, entstehen durch Mutation und Rekombination doch ständig kleine Varianten im Genotyp und konsequenterweise auch im Phänotyp einer Art. Man könnte sich vorstellen, dass in einer ursprünglichen Pflanzenart durch Mutation ein Enzym des Primärstoffwechsels (z. B. eine Decarboxylase) so modifiziert wurde, dass es Lysin als Substrat akzeptiert. Alle Nachkommen, die dieses mutierte Gen exprimierten, wandelten Lysin in das Diamin Cadaverin um. Würde bei diesen Pflanzen in weiteren Generationen eine erneute Mutation vorhandene Transaminasen oder Aminoxidasen so verändern, dass diese Cadaverin als Substrat einsetzen, so wurde Cadaverin in 5-Aminopentanal umgewandelt. Dieses instabile 5-Aminopentanal kann mit Cadaverin oder mit sich selbst zyklisieren und biologisch aktive Piperidein-Derivate, wie z. B. Ammodendrin bilden (Abb. 4-36). Also wären Pflanzen bereits durch mindestens zwei Mutationsschritte an Primärstoffwechselenzymen in der Lage, aktive Wirkstoffe zu synthetisieren.

In jeder Generation setzt die natürliche Selektion ein, d. h. in der Regel bleiben von den vielen potentiellen Nachkommen nur solche Individuen am Leben, die am besten an ihre Umwelt angepasst sind. Dabei verschwinden insbesonde-

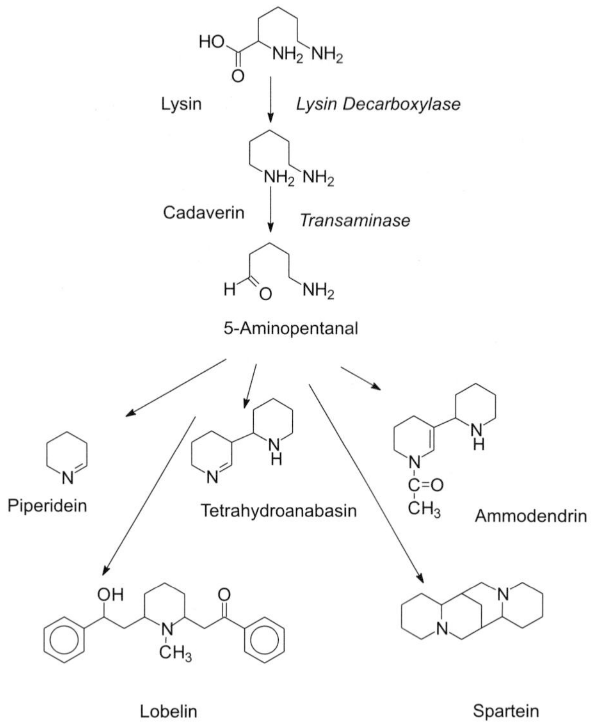

Abb. 4-36. Hypothetische Entstehung von Biosynthesewegen am Beispiel der von Lysin abgeleiteten Alkaloide

re Individuen, die funktionslose oder negative Merkmale exprimieren. Bezogen auf die Evolution der chemischen Verteidigung kann man annehmen, dass Individuen, die in der Lage sind, einen Abwehrstoff zu bilden, bessere Überlebenschancen haben, als Pflanzen ohne Schutzstoffe. Da bereits einfache Piperidein-Derivate Neuroreceptoren in Tieren negativ beeinflussen können, könnte man sich in unserem Beispiel vorstellen, dass die Pflanzen, die durch Mutation in der Lage sind, diese Alkaloide zu produzieren, einen gewissen Selektionsvorteil haben. Wenn sich die Selektionspirale weiterdreht, so können durch weitere Mutationen an Biosynthesegenen Enzyme entstehen, die aus den einfachen Piperideinen komplexere Alkaloide, z.B. Spartein machen (Abb. 4-36). Je besser diese Alkaloide mit einem molekularen *Target* interagieren können, (z.B. je besser es an die Bindestelle des Acetylcholins am Acetylcholin-Receptor passt), desto größer wird der evolutionäre Vorteil. Da diese Prozesse über viele Mio. von Generationen ablaufen konnten, ist es nicht verwunderlich, dass die Natur so viele Sekundärstoffe entwickelt hat, die so gut mit Zielstrukturen (*Targets*) in Tieren interagieren können. Bildlich gesprochen hat die Natur „Nachschlüssel" entworfen, die aber nur tierische Türen aufschließen können und damit für die produzierenden Pflanzen harmlos sind. In Analogie zum „*molecular modelling*" der modernen synthetischen Chemie könnte man von einem „evolutionären molekularen Modelling" sprechen. In Abb. 4-37a sind diese Schritte noch einmal schematisch zusammengefasst. Synthetische Wirkstoffe werden auf ähnliche Weise entwickelt; nur entscheidet hier der Chemiker (und nicht die natürliche Selektion) aufgrund von Ergebnissen im Bioassays oder Tiermodell, ob eine Struktur eine ausreichend wirksam ist (Abb. 4-37b).

Ein grundsätzlicher Unterschied besteht jedoch zwischen den „natürlichen" und den „synthetischen" Wirkstoffen. Eine Pflanze kann nur einen Wirkstoff hervorbringen, der sie selbst nicht tötet, d.h., es sind insbesondere solche Substanzen, die nur *Targets* im Tier angreifen oder aber für die es biochemische Schutzmechanismen gibt. Während der Chemiker auch Substanzen erzeugen kann, die alle Lebensformen vernichten, kann diese Möglichkeit für natürliche Wirkstoffe ausgeschlossen werden.

Dadurch, dass Pflanzen im Verlauf der Evolution eine Vielzahl an Wirkstoffen entwickelt haben, waren sie seit jeher auch für den Menschen interessant und nutzbar. Alkaloide, Herzglycoside und andere Wirkstoffe wurden früher bei uns und werden heute noch bei einigen Naturvölkern als **Gifte zur Jagd und Verteidigung** eingesetzt (z.B. als Pfeilgifte). Bei uns steht inzwischen die **medizinisch-pharmazeutische Nutzung** im Vordergrund, denn viele Sekundärstoffe liefern, richtig dosiert, interessante Therapeutica. Ökonomisch bedeutsam ist ferner die Nutzung der Sekundärstoffe als **Gewürz-, Aroma- und Duftstoffe**, ferner als **Stimulanzien** (beispielsweise das Koffein im Kaffee oder Tee, oder das Nicotin im Tabak) und **Naturfarben**. Da bislang nur etwa 20% aller Pflanzen phytochemisch untersucht wurden, lässt sich nur abschätzen, wieviele Wirkstoffe, insbesondere in tropischen

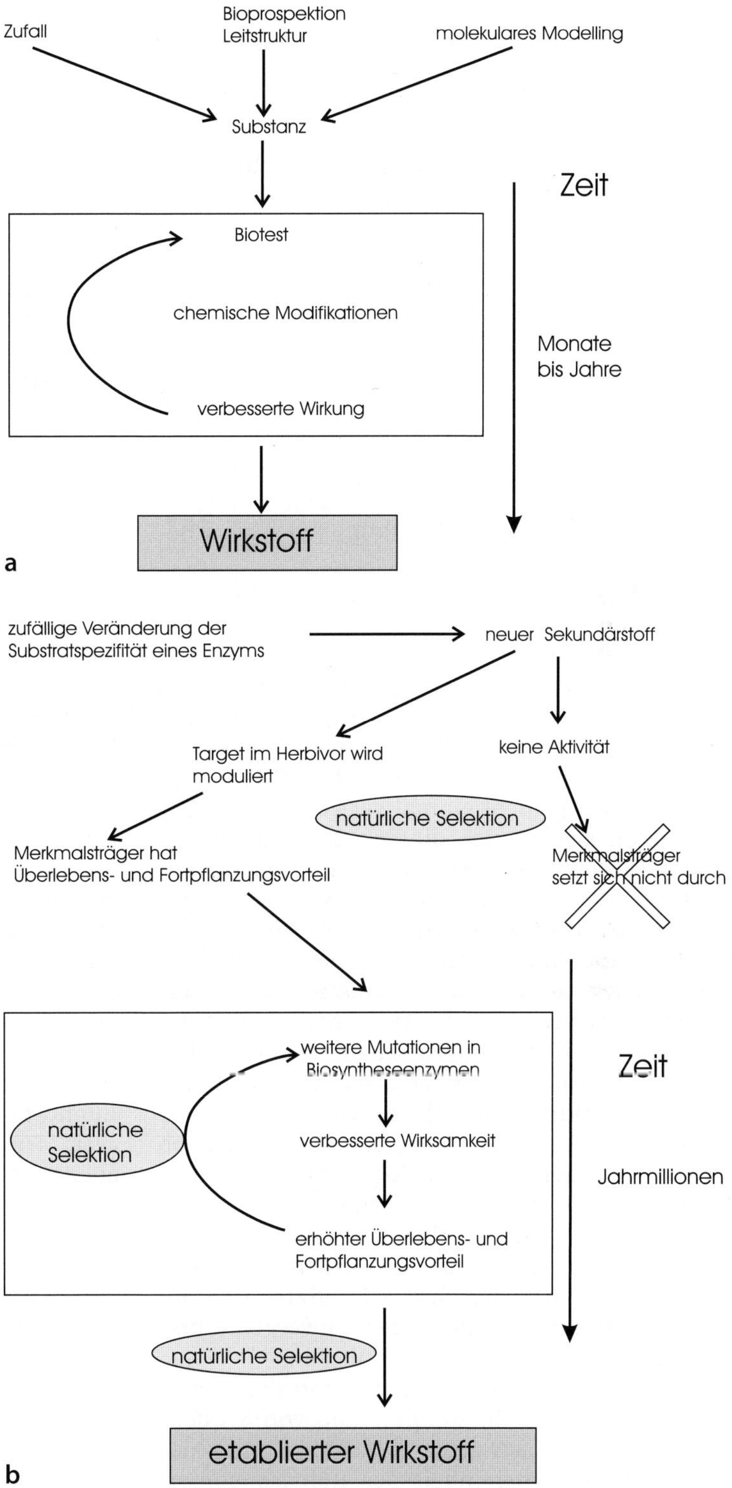

Abb. 4-37 a, b. Schematischer Vergleich **a** des molekularen Modellings in der chemischen Synthese mit **b** dem evolutionären molekularen Modelling der Natur

Pflanzenarten, noch nicht gefunden wurden. Mit z.T. großem Aufwand wird die Suche nach diesen Wirkstoffen (**Bioprospektion**) betrieben. Nicht nur aus evolutionären oder naturschützerischen Gründen, sondern auch unter biotechnologisch-ökonomischen Aspekten ist daher die vollständige Erhaltung der Biodiversität der Erde von großer Wichtigkeit.

4.3.3.3 Sekundärstoffe als taxonomische Marker

Da Sekundärstoffgruppen in vielen Fällen in gewissen Pflanzenfamilien oder Gattungen vermehrt auftreten, hat man Sekundärstoffe seit 200 Jahren als taxonomische Marker benutzt. Die daraus entstandene Disziplin wird als **Chemotaxonomie** bezeichnet.

Je mehr Sekundärstoffe in ihrer Struktur und Verbreitung aufgeklärt wurden, desto widersprüchlicher wurde die Bedeutung der Sekundärstoffe als unabhängige systematische Marker, denn in vielen Fällen ist eine Gruppe von Sekundärstoffen nicht nur in einer Pflanzengattung oder Familie anzutreffen, sondern in mehreren, die dazu häufig nicht einmal verwandt sind. Zudem unterscheiden sich die Sekundärstoffmuster innerhalb einer Pflanze (Profile von Samen und Blättern sind beispielsweise meist verschieden) häufig stärker als zwischen zwei verwandten Arten. Würde man die Sekundärstoffe stringent als Marker einsetzen und nach kladistischen Grundsätzen auswerten, so erhielte man eine Vielzahl von para- und polyphyletischen Gruppen. Die Grundfrage lautet demnach, ob gleiche chemische Strukturen von Sekundärstoffen in jedem Falle homologe Merkmale darstellen oder ob diese Merkmale auch analog entstanden sein können. Da wir heute die molekulare Phylogenie vieler Pflanzen relativ sicher kennen, besteht die Möglichkeit, noch genauer zu prüfen, inwieweit die Verbreitungsmuster von Sekundärstoffen auf Synapomorphien beruhen oder konvergente und parallele Entwicklungen widerspiegeln.

Abb. 4-38 zeigt die Rekonstruktion der Phylogenie der höheren Pflanzen anhand von Sequenzen des Chloroplastengens ***rbc*L** (Abb. 3-18), das für die große Untereinheit der Rubisco codiert und in der Evolution so konserviert wurde, dass man es als Marker für die Evolution aller chloroplastenhaltigen Pflanzen einsetzen kann (Chase et al. 1993). Erwartungsgemäß liegen die Gymnospermen, und unter ihnen die ursprünglichen Vertreter der Gnetopsida, an der Basis des Stammbaums. Die monokotylen Pflanzen bilden eine monophyletische Gruppe; innerhalb der Dikotylen kann man mehrere große Verwandtschaftskreise erkennen, u.a. die Asteriden und Rosiden (siehe Kap. 4.2.3 für eine weitere Darstellung der Verwandtschaftsbeziehungen höherer Pflanzen).

In diesem Stammbaum haben wir das Vorkommen von Glucosinolaten, Herzglykosiden, Pyrrolizidin- und Chinolizidinalkaloiden kartiert. **Glucosinolate** findet man als verbreitete Sekundärstoffe in den Brassicales, welche die Familien Tropaeolaceae, Caricaceae, Moringaceae, Capparidaceae, Resedaceae und Limnanthaceae umfassen. Die Glucosinolate, oder genauer die aus ihnen bei Gewebsverletzung freigesetzten Senföle oder Isothiocyanate, weisen ein breites Wirkungsspektrum gegen Mikroorganismen und Herbivore auf, so dass sie in diesen Pflanzengruppen als potente chemische Abwehrmittel genutzt werden können. Die Caricaceae, die man ursprünglich nicht zu der engen Verwandtschaft der Capparidales rechnete, werden durch molekulare und chemische Merkmale eindeutig in diesen Verwandtschaftskreis gestellt. Diese Familien sind offensichtlich monophyletisch, und die Glucosinolate könnte man als verlässliches synapomorphes Merkmal mit taxonomischer Bedeutung ansehen, gäbe es nicht auch noch isolierte Vorkommen von Glucosinolaten in den Familien Euphorbiaceae, Gyrostemonaceae und Salvadoraceae. Diese Familien sind mit den Brassicales aber nicht verwandt, wie man Abb. 4-38 eindeutig entnehmen kann.

Abb. 4-38. Molekulare Phylogenie der höheren Pflanzen und Vorkommen von Glucosinolaten, Pyrrolizidinalkaloiden, Chinolizidinalkaloiden und Herzglykosiden. Darstellung als strikter Konsensus-Baum einer MP-Analyse (nach Wink und Waterman, 1999) von *rbc*L-Sequenzen (Länge 1400 BP). changes = Merkmalsänderungen

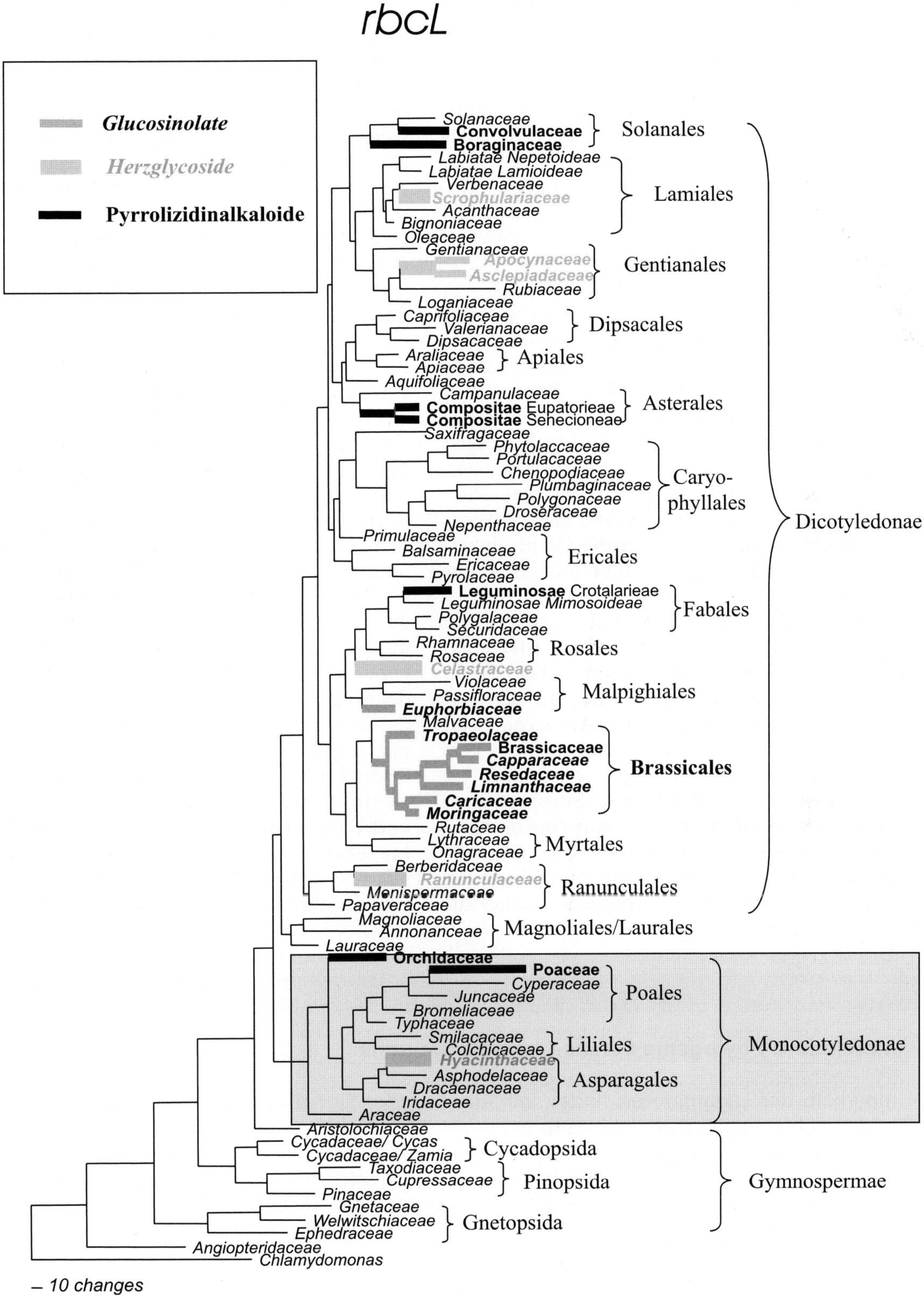
rbcL
Glucosinolate
Herzglycoside
Pyrrolizidinalkaloide
Solanaceae
Convolvulaceae
Boraginaceae
Solanales
Labiatae Nepetoideae
Labiatae Lamioideae
Verbenaceae
Scrophulariaceae
Acanthaceae
Bignoniaceae
Oleaceae
Lamiales
Gentianaceae
Apocynaceae
Asclepiadaceae
Rubiaceae
Loganiaceae
Gentianales
Caprifoliaceae
Valerianaceae
Dipsacaceae
Dipsacales
Araliaceae
Apiaceae
Apiales
Aquifoliaceae
Campanulaceae
Compositae Eupatorieae
Compositae Senecioneae
Asterales
Saxifragaceae
Phytolaccaceae
Portulacaceae
Chenopodiaceae
Plumbaginaceae
Polygonaceae
Droseraceae
Nepenthaceae
Caryo-
phyllales
Primulaceae
Balsaminaceae
Ericaceae
Pyrolaceae
Ericales
Leguminosae Crotalarieae
Leguminosae Mimosoideae
Polygalaceae
Securidaceae
Fabales
Rhamnaceae
Rosaceae
Rosales
Celastraceae
Violaceae
Passifloraceae
Euphorbiaceae
Malpighiales
Malvaceae
Tropaeolaceae
Brassicaceae
Capparaceae
Resedaceae
Limnanthaceae
Caricaceae
Moringaceae
Brassicales
Rutaceae
Lythraceae
Onagraceae
Myrtales
Berberidaceae
Ranunculaceae
Menispermaceae
Papaveraceae
Ranunculales
Dicotyledonae
Magnoliaceae
Annonanceae
Magnoliales/Laurales
Lauraceae
Orchidaceae
Poaceae
Cyperaceae
Juncaceae
Bromeliaceae
Typhaceae
Poales
Smilacaceae
Colchicaceae
Liliales
Hyacinthaceae
Asphodelaceae
Dracaenaceae
Iridaceae
Asparagales
Araceae
Monocotyledonae
Aristolochiaceae
Cycadaceae/ Cycas
Cycadaceae/ Zamia
Cycadopsida
Taxodiaceae
Cupressaceae
Pinaceae
Pinopsida
Gnetaceae
Welwitschiaceae
Ephedraceae
Gnetopsida
Gymnospermae
Angiopteridaceae
Chlamydomonas
– 10 changes

Ein ähnliches Dilemma lässt sich in der Verbreitung von **Herzglykosiden** erkennen, die als Hemmstoffe der Na^+-, K^+-ATPase sehr potente Fraßgifte gegen Herbivore darstellen. Ein gewisser Verbreitungsschwerpunkt liegt in den Familien Scrophulariaceae, Apocynaceae, Asclepiadaceae, Ranunculaceae, Brassicaceae, Hyacinthaceae, Liliaceae, Celastraceae und einigen anderen. Wie man aus Abb. 4-38 ersehen kann, ist das gemeinsame Vorkommen von Herzglykosiden kein Zeichen von näherer Verwandtschaft.

Auch die **Pyrrolizidinalkaloide (PA)**, die in ca. 3% aller höheren Pflanzen gefunden wurden, zeigen ein erratisches und mosaikartiges Verbreitungsmuster: Zwar findet man sie gehäuft in den Boraginaceen, in den Triben Eupatorieae und Senecioneae der Asteraceae, in der Tribus Crotalarieae der Leguminosae und bei einigen Orchideen, doch treten sie vereinzelt in den Apocynaceae, Celastraceae, Convolvulaceae, Poaceae, Ranunculaceae, Rhizophoraceae, Santalaceae und Sapotaceae auf. Auch die PA-produzierenden Familien sind nicht näher untereinander verwandt.

Chinolizidinalkaloide (QA) haben einen Verbreitungsschwerpunkt bei den Schmetterlingsblütlern (Unterfamilie (UF) Papilionoideae); man findet sie aber auch in Chenopodiaceae, Berberidaceae, Ranunculaceae, Scrophulariaceae und Solanaceae, die mit den Leguminosen nicht verwandt sind.

Wie lassen sich die Phänomene interpretieren, die wir im Verbreitungsmuster von Glucosinolaten, Herzglykosiden, Pyrrolizidin- und Chinolizidinalkaloiden sehen? Die getrennte Verbreitung könnte auf konvergente Evolution zurückzuführen sein. Da diese Substanzen für die Pflanzen als Verteidigungsmittel wichtig sind, hat ihre Produktion einen positiven Selektionswert. Aus dem Tierreich wissen wir, dass Verteidigungsstrategien, z. B. Tarnung, Flucht oder Waffen, an vielen Stellen unabhängig und konvergent entstanden sind. Ähnlich plausibel wäre eine konvergente Evolution von chemischen Schutzsubstanzen (Kap. 4.3.3.2).

Nicht auszuschließen ist jedoch auch eine andere Erklärungsmöglichkeit, die für das Vorkommen einiger Substanzen, z. B. der Chinolizidinalkaloide, in nicht verwandten Pflanzengruppen gelten könnte. Möglicherweise entstanden die notwendigen Biosynthesegene bereits früh in der Evolution, so dass alle späteren Pflanzen ein Grundset dieser Gene aufweisen. Jedoch werden diese Gene in den meisten Pflanzen nicht exprimiert und nur in wenigen Gruppen, z. B. Leguminosen, angeschaltet; hier finden wir auch noch eine Vielzahl von sekundären Modifikationen im Alkaloidskelett, die als spätere Entwicklung angesehen werden könnten. Demnach dürften diese Alkaloide echte homologe Merkmale darstellen, die ein mosaikartiges Expressionsmuster zeigen. Als stringente taxonomische Marker sind sie damit aber nur von begrenzter Bedeutung.

Man könnte nun aus Sicht der Chemotaxonomie argumentieren, dass die Aussagekraft von Sekundärstoffen weniger in der Großsystematik als in der Systematik innerhalb von Familien und Gattungen Gewicht besitzt. Wir wollen diese Frage am Beispiel der **Leguminosen** erörtern, die mit 650 Gattungen und ca. 18 000 Arten zu den größten Pflanzenfamilien zählen (EXKURS 4.5).

EXKURS 4.5

Molekulare Phylogenie versus Chemotaxonomie

Innerhalb der Leguminosen finden wir Alkaloide, nichtproteinogene Aminosäuren, Amine, Flavonoide, Isoflavone, Cumarine, Anthrachinone, Cyanglycoside, Protease-Inhibitoren, Lektine und etliche Terpene, die als Schutz- oder Signalsubstanzen eine funktionelle Rolle spielen.

Zur Rekonstruktion der molekularen Phylogenie der Leguminosen wurden Sequenzen des *rbc*L-Gens herangezogen. Wie man

EXKURS 4.5 (Fortsetzung)

Abb. 4-39 entnehmen kann, ist auf der molekularen Ebene eine Unterteilung der Leguminosen in drei Unterfamilien nicht erkennbar. Monophyletisch ist die UF Papilionoideae, aber die Mimosoideae leiten sich aus den Caesalpinioideae ab, die damit paraphyletisch werden. Die Mimosoideae stellen eindeutig nicht die ursprüngliche Gruppe der Leguminosen dar, wie man früher aufgrund der nicht zygomorphen Blüten annahm. Das Merkmal der Zygomorphie ist offensichtlich ancestral und bereits in der Schwestergruppe der Leguminosae, den Polygalaceae angelegt.

Betrachten wir zunächst das Vorkommen der Alkaloide, so finden wir Chinolizidinalkaloide QA in nahezu allen Triben der Sophoreae, Podalyrieae, Thermopsideae und Genisteae. Eine Ausnahme sind die Crotalarieae, in denen QA und PA vorkommen; im Genus *Crotalaria* finden wir ausschließlich PA als Schutzsubstanzen, aber keine QA, während andere Gattungen der Tribus noch QA aufweisen. Die plausibelste Erklärung ist, dass die QA-Gene in *Crotalaria* abgeschaltet und PA-Biosynthesegene entweder angeschaltet oder neu entwickelt wurden. Andere Alkaloide, wie die *Erythrina*-Alkaloide, findet man nur im Genus *Erythrina*, Indolizidin-Alkaloide nur bei ursprünglichen Sophoreae und *Astragalus*-Arten (Abb. 4-39).

Bei den Pflanzengattungen ohne Alkaloide finden wir vermehrt nicht-proteinogene Aminosäuren als chemische Schutzsubstanzen (Abb. 4-39), insbesondere bei baum- und strauchförmigen Caesalpinioideae und Mimosoideae. Ein ähnliches Muster zeigen die Protease-Inhibitoren und Cyanglykoside. Diesen stickstoffhaltigen Sekundärstoffen ist gemeinsam, dass sie gegen Insekten und Vertebraten giftig wirken. Sie werden meist den großen Samen in hoher Konzentration mitgegeben, die reich an Speicherprotein sind. Im Samen dienen diese Sekundärstoffe sowohl zur chemischen Verteidigung als auch zur Speicherung von Stickstoff, der später von den wachsenden Keimpflanzen genutzt werden kann. Das Vorkommen dieser Schutzsubstanzen ist mutuell exklusiv, d. h. Taxa, die Alkaloide produzieren, haben keine nichtproteinogenen Aminosäuren und umgekehrt.

Unter den nicht-stickstoffhaltigen Sekundärstoffen zeigen die Flavonoide ein auffälliges Muster. Die Gruppe der Isoflavone, die östrogene und fungizide Eigenschaften aufweisen, findet man nur in der UF Papilionoideae, während die anderen Strukturen in allen Gruppen vorkommen. Eine weite Verbreitung in vielen Gruppen der Leguminosen findet man auch bei den terpenoiden Verbindungen (eine ausführlichere Darstellung findet sich in Wink & Waterman 1999).

Würde man die Sekundärstoffprofile kladistisch bewerten, so würde man zwar an einigen Stellen gute monophyletische Gruppen erkennen, in vielen anderen Fällen dagegen para- und polyphyletische Beziehungen. Demnach finden wir auch auf der Stufe der Familien das Phänomen wieder, dass in einigen Fällen das gemeinsame Vorkommen von Sekundärstoffen tatsächlich auf eine gemeinsame Phylogenie hindeutet; hier wären die Sekundärstoffe gute Marker. Ihr gleichzeitiges Auftreten in nicht-verwandten Gruppen schränkt diese Aussage aber deutlich ein, denn dadurch handelt es sich nicht um konsistente Merkmale mit einem hohen prognostischen Wert.

Selbst innerhalb von Gattungen ist der Aussagewert von Sekundärstoffprofilen beschränkt. In der großen Gattung *Lupinus* finden wir Chinolizidinalkaloide als die wichtigsten chemischen Schutzsubstanzen. Etwa 150 unterschiedliche QA sind bekannt. Während man Lupanin und Spartein bei nahezu allen Arten antrifft, ist das Vorkommen anderer QA-Subtypen sporadisch. Die stark giftigen alpha-Pyridone vom Cytisintyp (die auch im Goldregen vorkommen) findet man nur ►

EXKURS 4.5 (Fortsetzung)

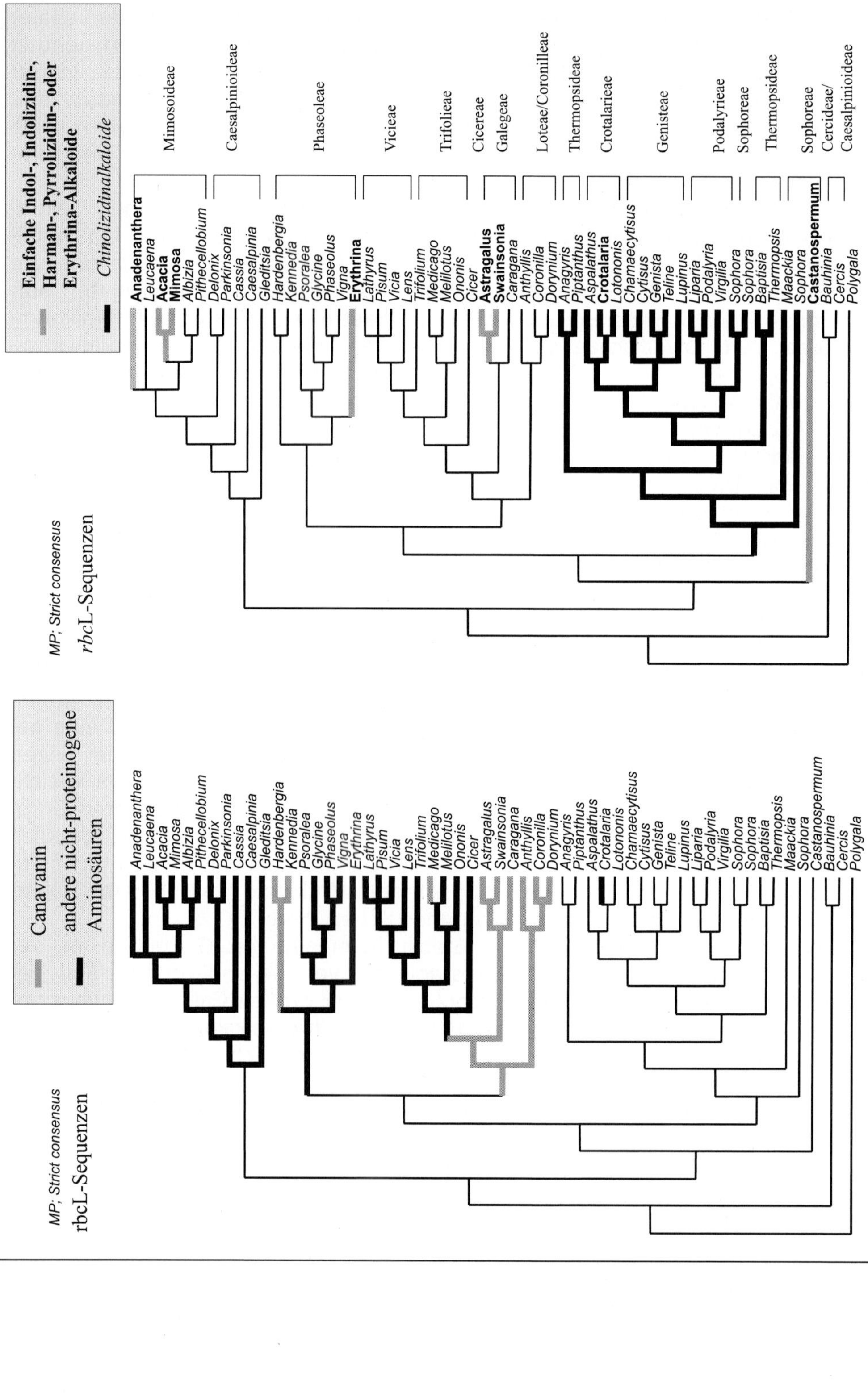

Abb. 4-39. Molekulare Phylogenie der Leguminosen und Verbreitung von Alkaloiden und nicht-proteinogenen Aminosäuren

EXKURS 4.5 (Fortsetzung)

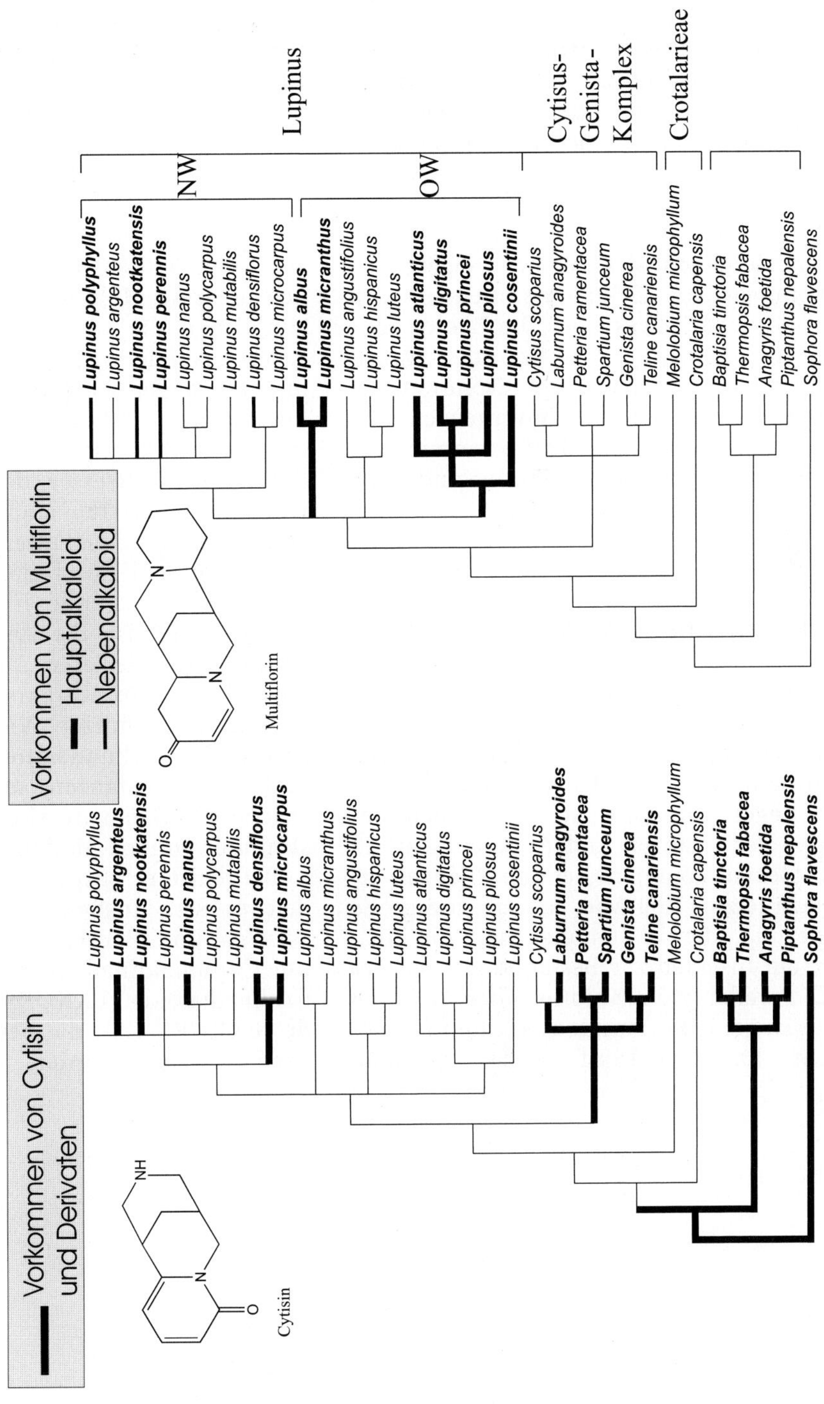

Abb. 4-40. Molekulare Phylogenie der Lupinen und Verbreitung von Chinolizidinalkaloiden. Phylogenierekonstruktion über ITS 1+2-Regionen der ncDNA; NW = Neue Welt, OW = Alte Welt

EXKURS 4.5 (Fortsetzung)

in einigen amerikanischen Lupinenarten, nicht jedoch bei den ursprünglicheren altweltlichen Arten (Abb. 4-40). Da auch ursprünglichere Gruppen der Genisteae und Thermopsideae diese alpha-Pyridone produzieren, liegt der Verdacht nahe, dass die zugehörigen Biosynthesegene überall vorhanden, aber bei altweltlichen und vielen neuweltlichen Arten abgeschaltet sind.

Zusammenfassend lässt sich demnach sagen, dass das Vorkommen von Sekundärstoffen in den meisten Fällen eher etwas über die ökologische Bedeutung als chemische Abwehr- oder Signalstoffe aussagt als über gemeinsame Evolution. Bedingt durch die Vielzahl von Konvergenzen sind Sekundärstoffe demnach für die Taxonomie u. U. von zweifelhaftem Wert, da sie adaptive und keine unabhängigen Merkmale darstellen.

4.3.3.4 Co-Evolution zwischen Insekten und Pflanzen

Pflanzen waren vermutlich schon vor 200 Mio. Jahren in der Lage, Sekundärstoffe zu bilden. Da zu diesem Zeitpunkt bereits viele der herbivoren Insektenordnungen entstanden waren, musste es zu einem engen Zusammenspiel zwischen der Wehrchemie der Pflanzen und Anpassungen auf Seite der Insekten kommen. Bei den Pflanzen erfolgte in den letzten 100 Mio. Jahren eine große Diversifizierung der Blütenpflanzen, die insbesondere auf Insekten zur Bestäubung angewiesen sind. Parallel zur Evolution der höheren Pflanzen erlangten die Insekten vermutlich koevolutiv eine besonders umfassende Diversität. Den über 350 000 Pflanzenarten stehen vermutlich mehrere Millionen Insektenarten gegenüber, von denen die vielen mono- oder oligophagen Arten besonders eng an die Chemie ihrer Wirtspflanzen angepasst sein müssen (Abb. 4-41). Die Entwicklung dieser wechselseitigen Beeinflussungen wird häufig als Co-Evolution angesehen.

Ein Pflanzenfresser, der erfolgreich überleben will, muss sich in vielfältiger Hinsicht mit der Wehrchemie seiner Futterpflanze auseinandersetzen. In diesem Abschnitt konzentrieren wir uns auf pflanzenfressende Insekten, denen es nicht nur gelungen ist, die Abwehrstoffe ihrer Wirtspflanzen zu tolerieren, sondern die auch in der Lage sind, diese Abwehrsubstanzen für die eigene Fitness zu nutzen. Viele Insekten verwenden pflanzliche Sekundärstoffe als Verteidigungs- und Signalsubstanzen, seltener als Morphogene, welche die Genexpression bzw. Entwicklung bestimmter Organe modulieren können.

Bei den hier besprochenen Insektenarten handelt es sich insbesondere um Schmetterlinge, Wanzen und Blattläuse, bei den Abwehrstoffen um Chinolizidinalkaloide (EXKURS 4.6), Pyrrolizidinalkaloide (EXKURS 4.7) und Herzglykoside (EXKURS 4.8), die bereits in Kap. 4.3.3.3 näher besprochen wurden.

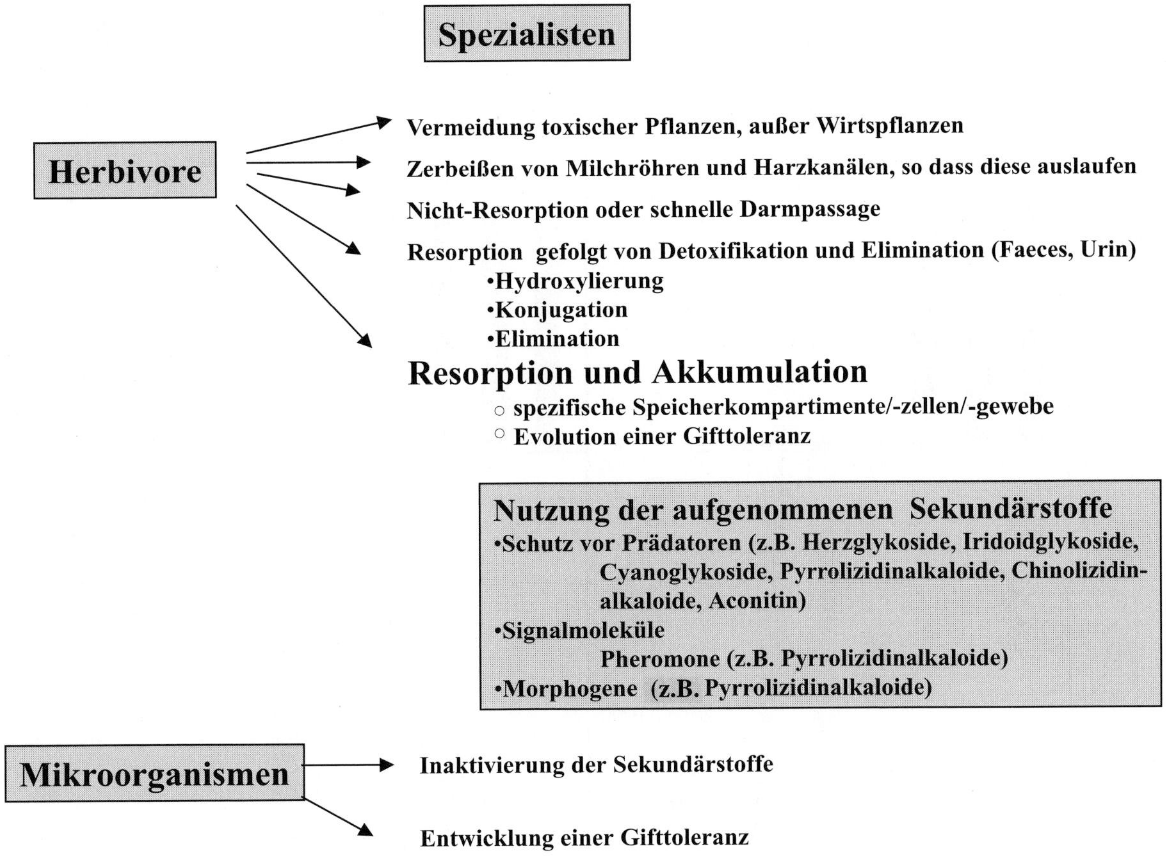

Abb. 4-41. Anpassungen von spezialisierten Insekten an die Sekundärstoffe ihrer Wirtspflanzen

EXKURS 4.6

Chinolizidin-Alkaloide (QA)

Viele Schmetterlingsblütler bilden QA als charakteristische Inhaltsstoffe, die sich durch eine breite biologische Wirkung auszeichnen: Neben allelopathischen, antiviralen, antibakteriellen und antifungalen Aktivitäten wirken sie auf viele Herbivore fraßabschreckend. Zugleich sind QA für die meisten Insekten und Vertebraten toxisch. Zellulär wurden mehrere Wirkorte erkannt: So hemmen QA insbesondere Na^+- und K^+-Kanäle und aktivieren muscarinische und nicotinische Acetylcholin-Receptoren. Beide Wirkungen führen zu gravierenden Störungen der neuronalen Erregungsleitung bei Tieren. Als Langzeitwirkung wurden für einige QA, wie Anagyrin, mutagene Effekte beschrieben, die bei neugeborenen Tieren zu verkrüppelten Gliedmaßen (sog. *crooked calf disease*) führen.

Aufgrund ihrer Giftigkeit (und ihres bitteren Geschmacks) werden QA-Pflanzen, wie ►

EXKURS 4.6 (Fortsetzung)

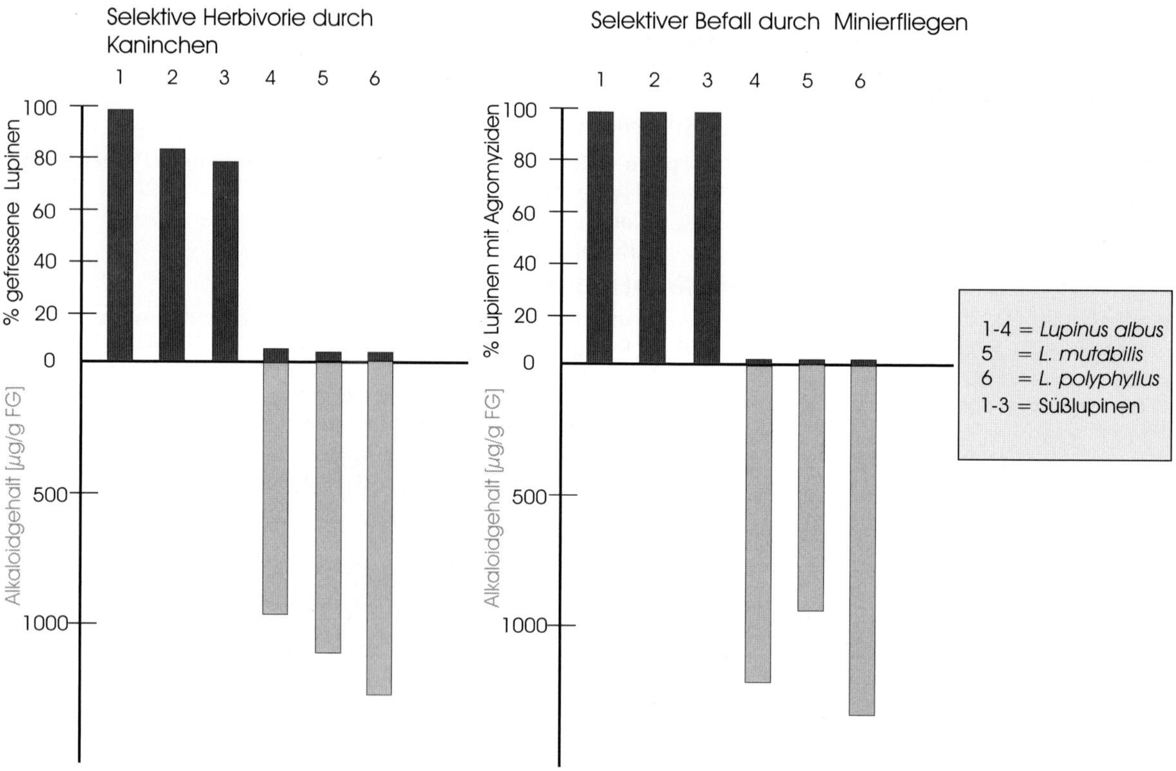

Abb. 4-42. Bedeutung der Lupinenalkaloide als chemische Schutzsubstanzen gegen Herbivore

Lupinen, Ginster und Goldregen, von Pflanzenfressern weitgehend gemieden. An vielen Stellen in Mitteleuropa kann man beobachten, dass sich diese Pflanzen, insbesondere der Besenginster (*Cytisus scoparius*) und die vielblättrige Lupine (*Lupinus polyphyllus*), gut behaupten und sich als Pionierpflanzen häufig bevorzugt durchsetzen. Die Bedeutung der QA als chemische Abwehrsubstanzen konnte im Freiland getestet und bestätigt werden: Da Lupinen von Natur aus sehr alkaloidreich sind, gleichzeitig aber proteinreiche Samen aufweisen, die ernährungsphysiologisch der Sojabohne nicht nachstehen, haben Pflanzenzüchter versucht, den Alkaloidgehalt der Lupinen zu senken. Es ist inzwischen gelungen, fast alkaloidfreie Mutanten von mehreren Lupinenarten zu selektionieren, die als „Süßlupinen" den wilden „Bitterlupinen" gegenübergestellt werden. Pflanzt man Süß- und Bitterlupinen, die sich nur in ihrem Alkaloidgehalt unterscheiden, nebeneinander an und setzt weder Zäune noch chemische Pflanzenschutzmittel ein, so zeigt sich bald ein klares Bild: Die alkaloidarmen Süßlupinen verschwinden sehr schnell, da sie von Kaninchen und Hasen selektiv gefressen und von verschiedensten Insekten (Pfirsich- und Erbsenblattläusen, Minierfliegen, etc.) befallen werden, während die am gleichen Platz stehenden Bitterlupinen unbelästigt bleiben (Abb. 4-42).

EXKURS 4.6 (Fortsetzung)

Keine auch noch so gute chemische Verteidigung ist perfekt. Fast immer ist es einigen wenigen Herbivoren gelungen, in diese „ökologische Nische" einzudringen, indem sie nicht nur die Alkaloide tolerieren, sondern diese speichern und sie zur eigenen chemischen Verteidigung gegen Prädatoren einsetzen. Gut untersuchte Beispiele für QA-Nutzer sind einige Blattlausarten, wie ***Macrosiphum albifrons***, die auf Lupinen lebt, oder ***Aphis cytisorum*** und ***A. genistae*** auf Goldregen und Ginster. Diese Blattläuse zeichnen sich dadurch aus, dass sie die Alkaloide der Wirtspflanze aus dem Phloem aufnehmen und speichern. Für *Macrosiphum albifrons* konnte experimentell gezeigt werden, dass insektenfressende Käfer und deren Larven, wie Laufkäfer und Marienkäfer, gelähmt oder sogar tödlich vergiftet wurden, wenn sie alkaloidhaltige Blattläuse fraßen. Nur diese adaptierten Blattlausarten tolerieren die Alkaloide ihrer Wirtspflanzen; alle anderen Blattlausarten werden durch QA abgeschreckt oder vergiftet. (Man könnte diese Alkaloide deshalb auch als natürliche Insektizide einsetzen; sog. **Biorationale Pestizide**.)

Ebenfalls gut ist eine Schmetterlingsart, ***Uresiphita reversalis*** (Pyralidae) untersucht, deren Larven auf QA-Pflanzen (*Teline monspessulana*) leben. Die Raupen nehmen Alkaloide vom Cytisin-Typ (der besonders toxisch ist) selektiv aus ihrer Nahrung auf und speichern sie in ihrer Haut. Die Alkaloidaufnahme erfolgt nicht passiv, sondern unter Beteiligung eines Transportsystems, das offensichtlich nur bei QA-speichernden Insekten vorkommt. Bevor die Larve sich verpuppt, webt sie sich einen mechanisch stabilen Kokon, den sie zusätzlich chemisch schützt, indem sie ihre als Larve gespeicherten Alkaloide in diesen transferiert. Die Puppe und die schlüpfende Motte enthalten keine Alkaloide mehr. Fressfeinde können offensichtlich erkennen, dass diese Raupen Alkaloide speichern und verschmähen sie im Wahlversuch. Das unterschiedliche Alkaloidspeicherverhalten von Larven, Puppen und Imagines spiegelt sich auch im Verhalten und Aussehen der Tiere wider: Während die alkaloidreichen Raupen bunt, auffällig gefärbt und tagaktiv sind, haben die Falter eine Tarnfärbung und leben versteckt.

EXKURS 4.7

Pyrrolizidin-Alkaloide (PA)

Über 200 unterschiedliche Pyrrolizidin-Alkaloide kommen insbesondere bei Korbblütlern (Asteraceae) und Raublattgewächsen (Boraginaceae) vor. Neben einer Modulation von Neuroreceptoren sind es mutagene und karzinogene Effekte, die diese Alkaloide als chemische Abwehrsubstanzen auszeichnen. Die letztgenannten Eigenschaften kommen erst dadurch zustande, dass die PA in der Vertebratenleber „entgiftet" werden. Erst durch die dabei ablaufenden biochemischen Reaktionen entsteht ein Pyrrolderivat, das DNA alkylieren und damit mutagene und karzinogene Effekte verursachen kann. Als Verteidigungskonzept scheint dieses Prinzip gut zu wirken, da PA-haltige Pflanzen von den meisten Pflanzenfressern gemieden werden. Dies ist auf Viehweiden leicht zu beobachten. Wenn alles andere bereits gefressen ist, stehen PA-Pflanzen wie das Jakobskreuzkraut (*Senecio jacobaea*) meist noch unberührt stehen.

►

EXKURS 4.7 (Fortsetzung)

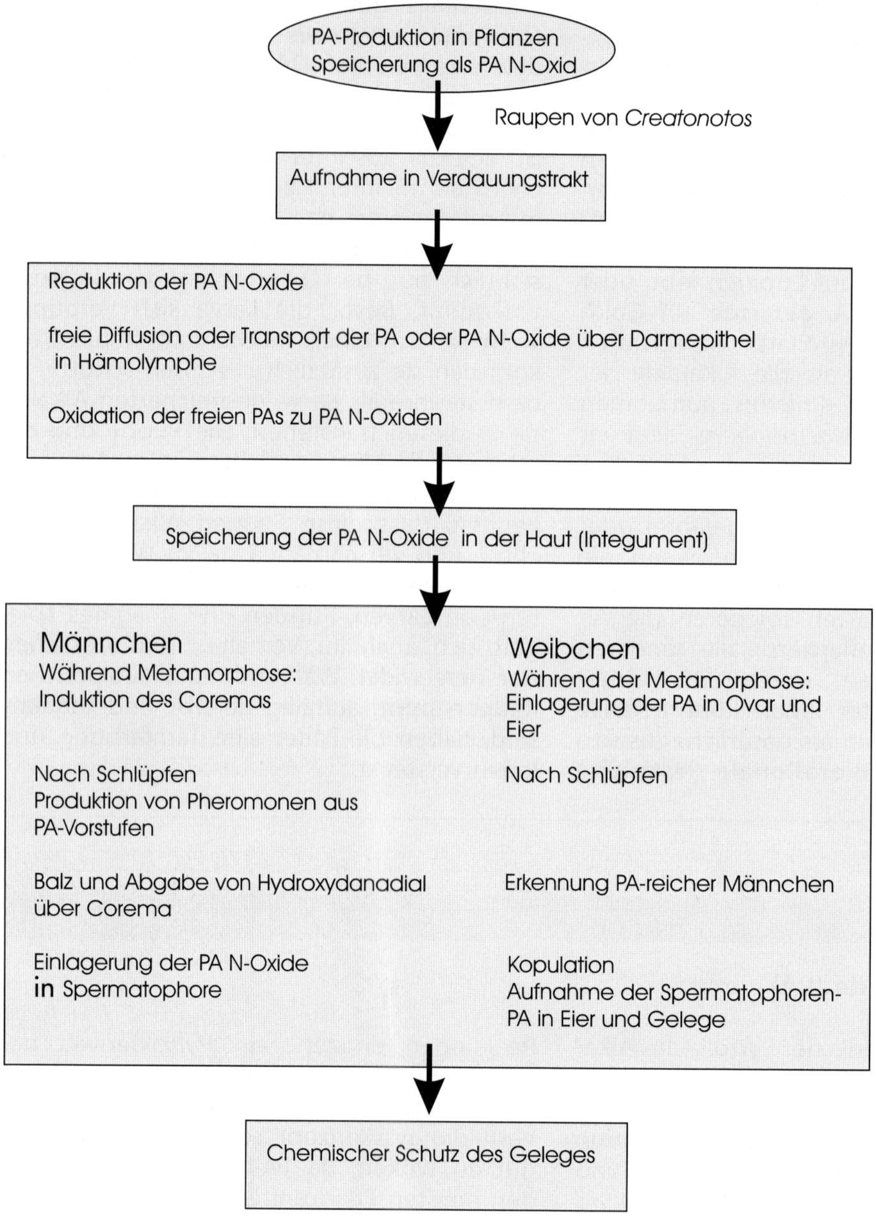

Abb. 4-43. Verarbeitung von pflanzlichen Pyrrolizidinalkaloiden (PAs) in Insekten

EXKURS 4.7 (Fortsetzung)

Trotz dieser Toxizität ist es einer Reihe von Insekten im Verlauf der Evolution gelungen, sich auf PA-Pflanzen zu spezialisieren und die Alkaloide in vielfältiger Weise zu nutzen, wie z.B. der südostasiatische Bärenspinner, ***Creatonotos transiens***, dessen chemische Ökologie gut untersucht wurde. Einige der im Zusammenhang mit der PA-Nutzung wichtigen biochemischen und biologischen Prozesse sind in Abb. 4-43 illustriert. Beim Weibchen wird kurz vor dem Schlüpfen ein Teil der Alkaloide aus dem Integument mobilisiert und in das Ovar bzw. in die Eier transferiert. Das schließlich produzierte Gelege ist damit stark alkaloidhaltig (4–6 mg PA je g Frischgewicht) und erhält damit einen chemischen Schutz vor Eiräubern. Die Männchen transferieren einen Teil der Alkaloide in ihre Spermatophore, die bei der Kopulation auf das Weibchen übertragen wird. So erhält das Weibchen mit den Alkaloiden ein „Brautgeschenk", das jedoch auf die Eier übergeht, die somit auch einen chemischen Schutz vom Vater mitbekommen. Für das Weibchen sollte es deshalb wichtig sein, einen Partner mit möglichst viel PA zu finden. Inzwischen ahnt man, wie dies möglich ist: Von Dietrich Schneider und Michael Boppré wurde bereits 1982 gezeigt, dass nur männliche Raupen, die als Larve PA gefressen haben, als Falter große schlauchförmige Duftorgane (sog. Coremata) an ihrem Abdomen ausbilden, die während der Balz aufgeblasen werden (Abb. 4-44). PA-frei aufgezogene Tiere haben dagegen nur kümmerliche Coremata. Diese stark behaarten Duftorgane enthalten Pheromone, die sich biogenetisch von den gefressenen Alkaloiden ableiten, nämlich 7R-Hydroxydanaidal. Die Menge an Pheromon scheint mit der Menge an gespeichertem PA korreliert zu sein, d.h. je intensiver so ein Bärenspinnermännchen duftet, desto mehr PA hat es gespeichert, die es potentiell an seine Nachkommen weitergeben kann. Die Weibchen besitzen Chemoreceptoren auf ihren Antennen, mit denen sie Hydroxydanaidal riechen und damit ein PA-reiches Männchen erkennen können. Auf diese Weise tragen Weibchen und Männchen zur chemischen Verteidigung ihrer Nachkommen bei, indem sie Alkaloide aus ihren Futterpflanzen verarbeiten und weiterreichen. Auf welche Wei-

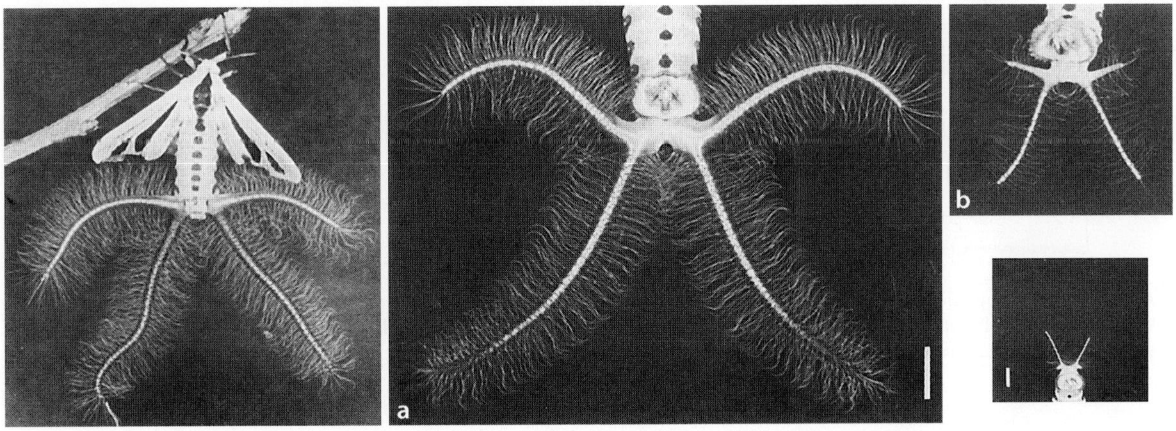

Abb. 4-44. Größe der Coremata von *Creatonotos gangis*-Männchen, die im Larvalstadium PA über die Nahrung erhielten (links und Mitte) oder PA-frei (rechts) aufgezogen wurden (nach D. Schneider et al. 1982)

▶

EXKURS 4.7 (Fortsetzung)

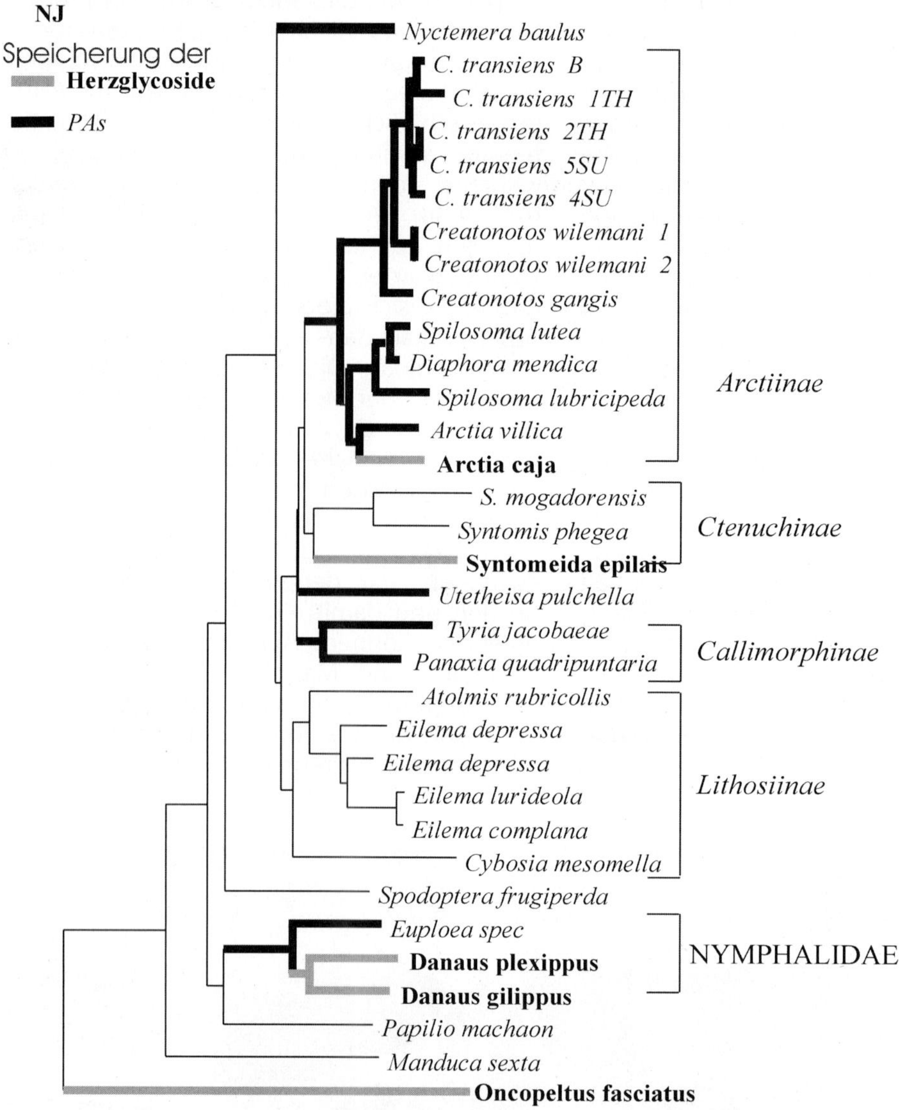

Abb. 4-45. Phylogenie von PA-speichernden und PA-freien Schmetterlingen (4 UF der Arctiidae und Nymphalidae), rekonstruiert über Nucleotidsequenzen der 16S rRNA (nach M. Wink, E. von Nickisch-Rosenegk, L. Legal 1998)

se PA die Entwicklungsgene für die Coremata aktivieren, ist nicht bekannt und stellt eine interessante genetische Frage dar. Das *Creatonotos*-Beispiel illustriert bereits die Komplexität der möglichen Spezialisierungen, mit denen wir zu rechnen haben.

EXKURS 4.7 (Fortsetzung)

Die Fähigkeit, PA zu speichern und zu nutzen, findet man bei verschiedenen Schmetterlingsgruppen (insbesondere den Nymphalidae und Arctiidae) und anderen Insekten (wie z. B. Blattkäfer der Gattung *Oreina*). Hat sich diese Fähigkeit nur einmal in der Evolution herausgebildet oder mehrmals durch parallele Evolution? Da Schmetterlinge und Käfer nicht näher verwandt sind, besteht kaum ein Zweifel an einer konvergenten Entwicklung beider Gruppen. Wie sieht es bei den Schmetterlingen aus? Betrachtet man die molekulare Phylogenie dieser Schmetterlinge und verwandter Arten (Abb. 4-45), so kann man erkennen, dass Nymphalidae und Arctiidae nicht näher verwandt sind. Demnach sollte die gemeinsame Fähigkeit zur PA-Nutzung vermutlich konvergenter Natur sein. Aus Abb. 4-45 wird deutlich, dass die Fähigkeit der PA-Verwertung von einem frühen Vorfahren der Arctiinae entwickelt und an nachfolgende Generationen weitergegeben wurde. Nicht alle Arctiinae sind obligate PA-Speicherer; die meisten nutzen diese Substanzen opportunistisch. Damit ergibt sich für die PA-Verteilung bei den Insekten ein ähnlich heterogenes Bild wie für die PA-Produzenten bei den Pflanzen (Kap. 4.3.3.3). Es handelt sich offensichtlich um ein adaptives Merkmal, dass mehr über die Ökologie der Arten aussagt als über ihre gemeinsame Phylogenie.

EXKURS 4.8

Herzglykoside (HG)

Während Herzglykoside, richtig dosiert, wertvolle Arzneimittel in der Herztherapie darstellen, wirken sie in höherer Konzentration als starke Gifte, sowohl bei Vertebraten als auch bei Insekten. Herzglykoside hemmen die physiologisch wichtige Na^+-, K^+-ATPase.

Während die meisten Herbivoren herzglykosidführende Pflanzen meiden, haben sich einige Insekten geradezu auf diese Wirtspflanzen spezialisiert. Die Larven sind in der Lage, die mit der Nahrung aufgenommenen Herzglykoside zu speichern, die ihnen dann wiederum Schutz vor Prädatoren gewähren. Die meisten HG-speichernden Insekten sind auffällig gefärbt (sog. **aposematische Färbung**) und signalisieren bereits damit ihr chemisches Arsenal. Ein klassisches Beispiel der Chemischen Ökologie ist der amerikanische Monarchfalter (***Danaus plexippus***) (Abb. 4-45), der von Blauhähern aktiv gemieden wird, sobald die Vögel einmal schlechte Erfahrung gemacht haben (d. h. wenn sie nach dem Fressen von einem Falter stark erbrechen mussten). In der Mimikryforschung spielen Schmetterlinge, die dem Monarchen sehr ähnlich sehen und damit dessen chemischen Schutz mitnutzen, ohne selbst Herzglycoside speichern zu müssen, eine große Rolle.

Die aposematisch gefärbte Ctenuchinenart ***Syntomeida epilais*** lebt als Larve nahezu ausschließlich auf dem HG-reichen Oleander (*Nerium oleander*). Seine giftigen Cardenolide werden durch ein spezifisches Transportsystem in die Darmzellen der Larven aufgenommen, d. h. die Resorption erfolgt nicht durch freie Diffusion. Diese Anpassung ist offensichtlich nur bei den HG-speichernden Arten entwickelt, nicht aber bei den übrigen Arten, die keine HG akkumulieren, selbst wenn man sie ihnen über die Nahrung verabreicht. Sowohl die Larven als auch die fertigen ►

EXKURS 4.8 (Fortsetzung)

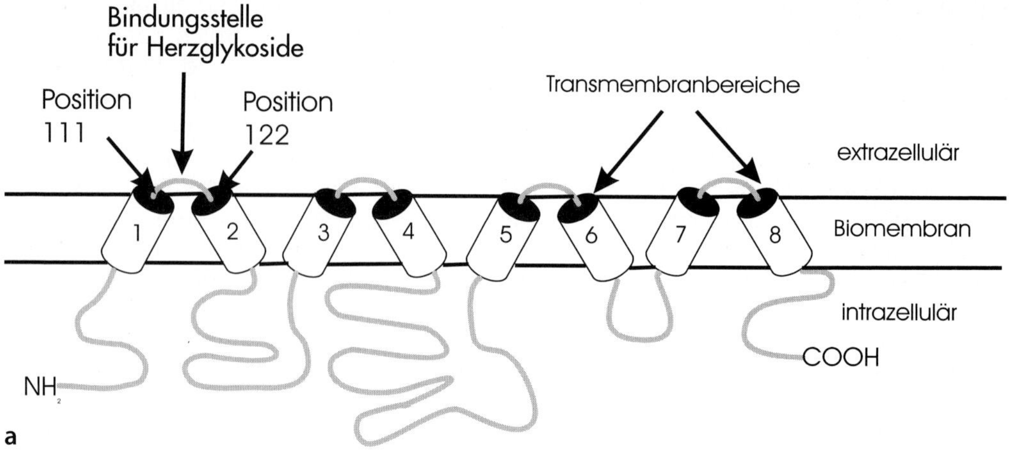

a

Herzglycosid-sensitive Na^+-,K^+-ATPasen

	111				115					120		122
Homo sapiens	Gln	Ala	Ala	Thr	Glu	Glu	Glu	Pro	Gln	Asn	Asp	Asn
Drosophila	Gln	Ala	Ser	Thr	Ser	Glu	Glu	Pro	Ala	Asp	Asp	Asn
Manduca sexta	Gln	Ala	Ser	Thr	Val	Glu	Glu	Pro	Ser	Asp	Asp	Asn
Creatonotos transiens	Gln	Ala	Ser	Thr	Val	Glu	Glu	Pro	Ala	Asp	Asp	Asn
Amata mogadorensis	Gln	Ala	Ser	Thr	Val	Glu	Glu	Pro	Ala	Asp	Asp	Asn

Unempfindliche Na^+-, K^+-ATPasen

	111				115					120		122
Rattus	**Arg**	Ser	Ala	Thr	Glu	Glu	Glu	Pro	Pro	Asn	Asp	Asp
Bufo marinus	**Arg**	Lys	Ala	Ser	Asp	Leu	Glu	Pro	Asp	Asn	Asp	Asn
Danaus plexippus	Gln	Ala	Ser	Thr	Val	Glu	Glu	Pro	Ser	Asp	Asp	**His**
Danaus gilippus	Gln	Ala	Ser	Thr	Val	Glu	Glu	Pro	Ser	Asp	Asp	Asn
Syntomeida epilais	Gln	Ala	Ser	Thr	Glu	Glu	Glu	Pro	Ser	Asp	Asp	Asn

b

Abb. 4-46. a Struktur der Na^+-, K^+-ATPase und die Lage der Herzglykosid-Bindungsstelle. **b** Von den Nucleotidsequenzen abgeleitete Aminosäuresequenz der Ouabain-Bindungsstelle von Herzglycosid-sensitiven und -insensitiven Organismen

EXKURS 4.8 (Fortsetzung)

Falter von *Syntomeida epilais* speichern die Herzglykoside, besonders in ihrem Integument. Beide Formen sind auffällig gezeichnet und tagaktiv. Ebenso wie die Monarchfalter werden sie von Vögeln weitgehend verschmäht.

Obwohl der natürliche Herzglykosidgehalt eines Monarchfalters über 8 mg pro g Trockengewicht betragen kann, scheint dies für ihn selbst keinerlei Bedrohung darzustellen. ***Danaus plexippus*** ist, ähnlich wie andere HG-Speicherer, gegenüber giftigen Herzglykosiden resistent. Erklärt wird die Toleranz durch eine Insensibilität der Na^+-, K^+-ATPase des Monarchs: So zeigen *in-vitro*-Versuche mit Raupen-Homogenaten, dass die Na^+-, K^+-ATPase des Monarchs gegen Ouabain-Einwirkung bis zu 300fach weniger sensitiv ist als bei anderen HG-sensitiven Faltern.

Die Na^+-, K^+-ATPase besteht aus zwei Polypeptiden, einer katalytischen α-Untereinheit mit 1016 Aminosäuren und einer β-Untereinheit mit 302 Aminosäuren bisher unbekannter Funktion (Abb. 4-46). Die extrazelluläre Domäne der α-Untereinheit zwischen H1 und H2 bezeichnet man als „Ouabain-Bindungsstelle" (Ouabain ist ein Herzglykosid). Die Sequenz der 12 Aminosäuren umfassenden Ouabain-Bindungsstelle stimmt bei den HG-sensitiven Tieren (wie *Torpedo* und *Drosophila)* aber auch beim Menschen überein (Abb. 4-46). Die Unempfindlichkeit von *Danaus plexippus* gegenüber Herzglykosiden wird offensichtlich durch eine Punktmutation hervorgerufen: Anstelle eines Asparagin-Restes hat der Monarch einen Histidinrest in Position 122 (Abb. 4-6) der Ouabain-Bindungstelle. Es liegt nahe, dass diese *„Targetsite"*-Modifikation dazu führt, dass Ouabain nicht mehr gebunden wird und dem Monarch eine Toleranz gegen sein Wehrgift vermittelt. Diese Vermutung konnte experimentell bestätigt werden (Holzinger und Wink 1997): Durch eine ortsspezifische Mutation (Einführung eines Histidinrestes in Position 122) konnte die Ouabain-empfindliche Na^+-, K^+-ATPase aus *Drosophila* gegenüber Ouabain unempfindlich gemacht werden.

Ebenso wie bei den PA können wir uns fragen, ob die Herzglykosidspeicherung bei Insekten durch konvergente Evolution zustande gekommen ist, und ob die Unempfindlichkeit auf demselben Prinzip wie beim Monarchen beruht. Betrachten wir den molekularen Stammbaum in Abb. 4-45, so erkennen wir, dass viele Vertreter der Danainae, aber auch einige nicht näher verwandte Arctiiden, Herzglykoside zur Verteidigung nutzen. Die molekulare Analyse der Ouabain-Bindungstelle von weiteren HG-unempfindlichen Schmetterlingen zeigte (Abb. 4-46), dass nur der Monarch die Punktmutation an der Position 122 aufweist, nicht aber die anderen Arten, ja nicht einmal *D. gilippus*, der immerhin zur Gattung *Danaus* zählt. Diese Befunde sprechen für eine unabhängige Entwicklung der Resistenzmechanismen und für eine konvergente Evolution all dieser Merkmale.

4.4 Molekulare Phylogeographie

ÜBERSICHT

Durch genetische Analysen, insbesondere durch Phylogenierekonstruktionen und durch Ermittlung der Divergenzzeiten anhand von DNA-Sequenzen, lässt sich die Verbreitungsgeschichte vieler Organismen rekonstruieren. Kommen verwandte Taxa auf mehreren Erdteilen vor, so waren die Stammarten entweder bereits auf den Urkontinenten vorhanden und gelangten mit der Kontinentaldrift zur heutigen Verbreitung; oder aber die Taxa entwickelten sich auf einem Erdteil und erreichten Inseln und andere Erdteile in Zeiten, als Landbrücken bestanden. Ebenso wichtig ist die Dispersion durch *long-distance dispersal*, indem Organismen durch Wirbelstürme oder Meeresströmungen verdriftet wurden. Als Beispiele werden die Verbreitung der Lupinen, der Elefanten und der flugunfähigen Ratiten angeführt. Auch weniger zurückliegende Ereignisse, beispielsweise die Eiszeiten in Mitteleuropa, lassen sich molekularbiologisch rekonstruieren, wie am Beispiel der Verbreitung der Europäischen Sumpfschildkröte erläutert wird.

4.4.1 Grundlagen der Phylogeographie

Die Organismen unserer Erde zeigen im Allgemeinen definierte Verbreitungsmuster und nur wenige Arten sind kosmopolitisch verbreitet. Die heutige Verbreitung hängt von verschiedensten Faktoren ab, u. a. vom Ort, wo eine Gruppe ursprünglich entstand, von ihrer Mobilität, von erdgeschichtlichen Ereignissen, wie der Kontinentaldrift, Meteoriteneinschlägen, Eiszeiten, Trockenzeiten oder Vulkanausbrüchen, oder von Zufallsereignissen (Verdriftung durch Meeresströmung oder Wirbelstürme).

Die räumliche Veränderung einer Art vom Ursprungszentrum (*center of origin*) aus wird als **Dispersion** (***dispersal***) bezeichnet. Man unterscheidet zwischen Dispersion über Korridore (Erdteile, die durch Landbrücken verbunden sind), temporären Brücken (z. B. die Beringstraße oder die Landenge von Panama), die zeitweise Kontinente durch Landbrücken verbunden haben oder durch **Zufallsereignisse („Lotterie“).**

Für flugfähige Tiere (Vögel, Fledermäuse, Insekten) stellen selbst große Entfernungen keine allzu großen Hindernisse dar, und Dispersion über Meeresteile tritt vermutlich regelmäßig auf, man denke nur an das regelmäßige Auftreten des nordamerikanischen Monarchfalters (*Danaus plexippus*) in Europa und Nordafrika.

Zufallsereignisse können Wirbelstürme sein, die Pflanzensamen in die Stratosphäre aufwirbeln und tausende Kilometer weiter wieder ablagern, oder Tsunamis (hohe Meereswellen), die Organismen ins Meer reißen und weit verdriften. Für Pflanzen (insbesondere Samen) ist ein solches ***long-distance dispersal*** ein realistisches Szenario und wurde bereits von Charles Darwin experimentell untersucht. Bei Wirbelstürmen und Tsunamis werden sogar größere Bäume entwurzelt, ins Meer gespült und dabei verdriftet. Diese Bäume können als Flöße dienen, auf denen sich Tiere, wie Reptilien, Spinnen oder Insekten, festklammern. Meist werden diese Verdriftungen sicher mit dem Tod der blinden Passagiere enden. Aber es reicht schon aus, wenn ein solcher Transport alle 100 000 oder Millionen Jahre erfolgreich ist, um die Besiedlung einer Insel oder eines anderen Erdteils einzuleiten. In der Karibik wurden in rezenter Zeit z. B. Flöße mit mehreren Leguanen gesichtet, die über Hunderte von Kilometern in eine neue Heimat verdriftet wurden. Die auf den Galapagos-Inseln lebenden Landschildkröten haben diese Inseln vermutlich schwimmend erreicht. Dispersion kann in relativ kurzen Zeiträumen erfolgen, wie man dies in der Besiedlung von Vulkaninseln sehen kann. Als 1883 das Leben auf der indonesischen Insel Krakatau durch Vulkanausbruch komplett vernichtet wurde, erfolgte die Rekolonisierung vergleichsweise schnell. 1930 wuchs bereits tropischer Regenwald auf Krakatau und man fand dort 270 Pflanzenarten und 31 Vogelarten. Ein weiteres Beispiel ist die Besiedlung der Makaronesischen Inseln, die im Kap. 3.3 bereits kurz angesprochen wurde.

Warm-, Trocken- und Eiszeiten haben die Tier- und Pflanzenverbreitung maßgeblich geprägt. Auf eine Arealverbreitung bei günstigem Klima folgte häufig ein Rückzug in Refugialräume in schlechten Zeiten, oder aber die Art starb gänzlich aus. Durch Analyse der DNA-Sequenzen von Markergenen lassen sich diese Ereignisse auch heute noch in gewissem Maße rekonstruieren.

4.4.2 Disjunktion zwischen Alter und Neuer Welt

Die Erdgeschichte selbst hat sich auf die globale Verbreitung vieler Organismen stark ausgewirkt. Wie in Kap. 2 dargestellt, kann man davon ausgehen, dass vor rund 200 Mio. Jahren zwei große Erdteile, Laurasia und Gondwana, existierten. Durch einsetzende **kontinentale Drift** wurden nach und nach die Süd- und Nordkontinente sowie Alte und Neue Welt getrennt. Vor ca. 60–80 Mio. Jahren lagen die Kontinente weitgehend getrennt vor. Wenn heutige Organismen einer evolutionären Entwicklungslinie auf verschiedenen Erdteilen vorkommen, kann dies auf die Kontinentalverschiebung zurückgehen. Dass dies nicht immer der Fall sein muss, soll ein Beispiel aus der neueren Forschung erläutern.

4.4.2.1 Evolution der Lupinen

Lupinen (Familie Leguminosae; Gattung *Lupinus*) treten in großer Artenzahl in der Neuen Welt (ca. 150 Arten in Nord- und Mittelamerika, ca. 300 Arten in Südamerika) und mit 12 Arten in der Alten Welt auf. Es wurde bislang angenommen, dass die Lupinen in Amerika vor langer Zeit entstanden und über die Kontinentalverschiebung in die Alte Welt gelangten.

Die Analyse der *rbc*L-Gens und der ITS-Region der rDNA zeigte jedoch eindeutig, dass die genetische Distanz zwischen Alt- und Neuweltlupinen relativ klein ist und bestenfalls eine Divergenzzeit von 10–15 Mio. Jahren erlaubt. Also erfolgte die Trennung zu einem Zeitpunkt, als die Kontinente schon lange getrennt waren. Die entsprechenden Phylogramme (Abb. 4-47) zeigen außerdem, dass die Neuweltlupinen sich in zwei getrennte Evolutionslinien aufspalten. Eine ist im atlantischen Bereich Südamerikas zu Hause, die andere ist über Nord- und Mittelamerika bis in den Andenbereich von Südamerika (Abb. 4-47) verbreitet. Die südamerikanischen Lupinen mit atlantischer Verbreitung clustern im molekularen Stammbaum als Schwestergruppe zu den Altweltarten mit rauer Samenschale (Abb. 4-47). Weil die Astlängen der nordamerikanischen Lupinen im Phylogramm kurz, die der Altweltarten relativ lang sind, muss man folgern, dass die Altweltlupinen früher entstanden als die nordamerikanischen Arten. Dieses Argument wird durch die Chromosomenanalyse gestützt, denn die Chromosomenzahl ist bei den nordamerikanischen Arten weitgehend konstant, während sie bei den Altweltarten größere Variationen aufzeigt.

Legt man die genetischen Daten zugrunde, so lag der Ursprung der Lupinen in der Alten Welt im Mittelmeerraum (in dem auch die meisten anderen Genisteen vorkommen, die mit den Lupinen eine monophyletische Gruppe bilden, die Tribus Genisteae). Aus der Alten Welt wurden Samen der rauschaligen Lupinen vermutlich nach Südamerika verdriftet (vielleicht durch Wirbelstürme; auch heute noch transportieren kräftige Stürme Saharastaub bis ins Amazonasgebiet), andere wie die Samen von glattschaligen Lupinen, wie z.B. *L. angustifolius,* gelangten möglicherweise durch Wirbelstürme nach Nordamerika, von dort erfolgte über den Isthmus von Panama (der vor 3 Mio. Jahren entstand) die Besiedlung Südamerikas im Andenbereich. Demnach wurde die Neue Welt durch *long-distance dispersal* vermutlich auf zwei Wegen erreicht; einmal über das östliche Südamerika und zum zweiten Mal über Nordamerika mit sekundärer Ausbreitung nach Mittel- und Südamerika im Andenbereich.

So besteht über die molekularen Analysen heute die Möglichkeit, die vielen in der Literatur

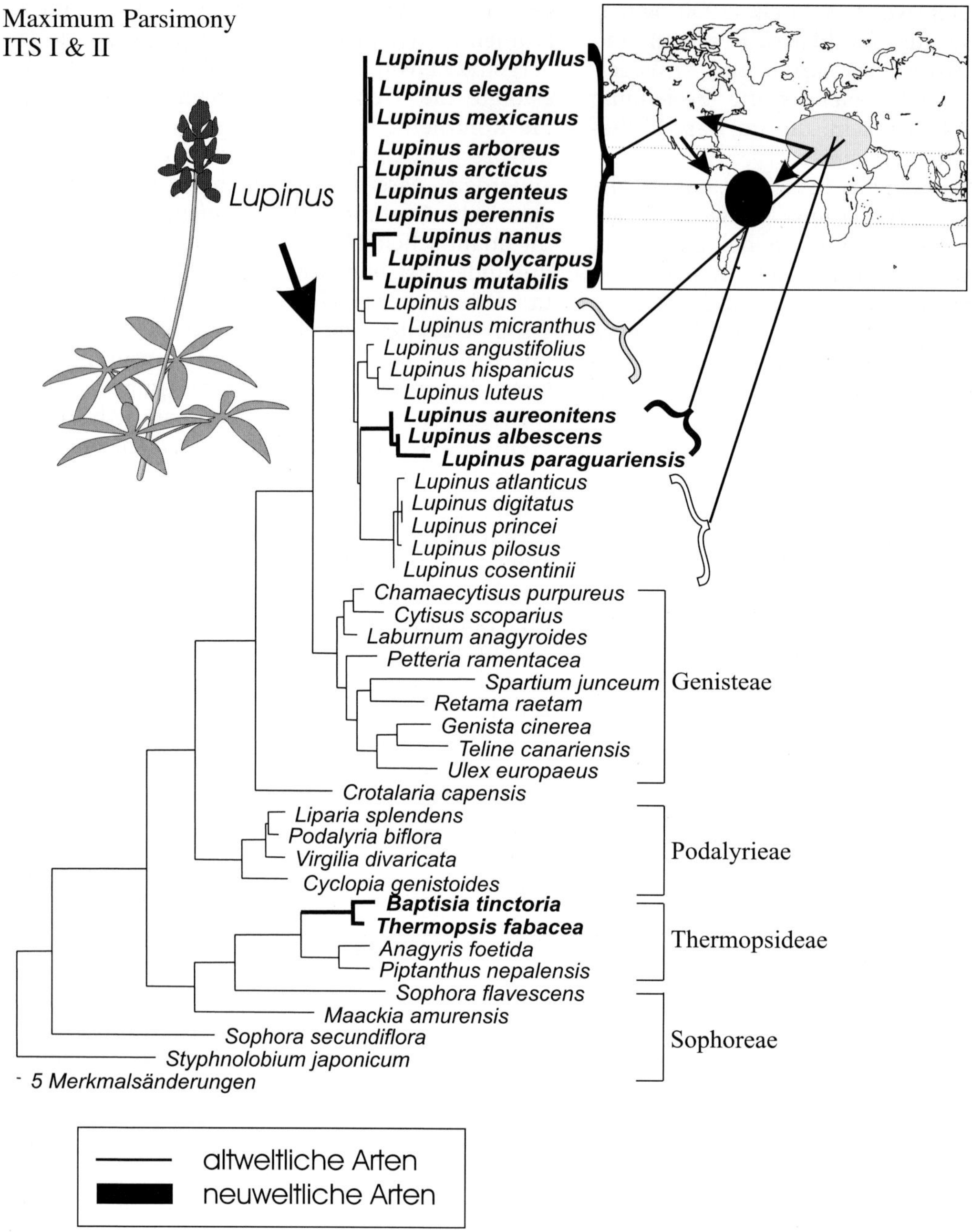

Abb. 4-47. Molekulare Phylogenie und Phylogeographie der Lupinen, rekonstruiert über Sequenzen den ITS 1+2-Bereiche der ncDNA. Analyse mittels *Maximum Parsimony*; Darstellung als Phylogramm; Astlängen korrelieren mit der Anzahl von Merkmalsänderungen. Neuweltliche Leguminosen sind im Fettdruck dargestellt. (nach M. Wink, E. Käss)

genannten Hypothesen zur Biogeographie zu testen. Liegt ausschließlich Vikarianz vor, dann müssen alle Vertreter einer monophyletischen Gruppe, die nicht jünger als 60–80 Mio. Jahre ist, auch dieselbe Großverbreitung zeigen, ansonsten muss Dispersion als Ausbreitungsmechanismus diskutiert werden. Wie das Beispiel der Lupinen darlegt, darf man einige Überraschungen erwarten und muss bislang plausible und liebgewonnene Erklärungen aufgegeben. Viele Verbreitungsmuster, für die heute noch die kontinentale Drift als Ursache angesehen wird, dürften auf erratische Dispersionsereignisse zurückgehen (also ein Lotteriespiel der Erdgeschichte).

4.4.2.2 Evolution der Rüsseltiere (Proboscidea)

Die Evolution der Proboscidea hat die Phantasie der Biologen und Paläontologen schon früh beschäftigt, handelt es sich bei den Elefanten doch um die größten rezenten Landsäugetiere. Ein möglicher Stammbaum der bereits ausgestorbenen Proboscidea im Vergleich zu den heute noch lebenden Elefanten ist in Abb. 4-48 aufgeführt. Das Mammut *Mammuthus primigenius* wird aufgrund von morphologischen und DNA-Sequenzen heute als Schwesterart des Asiatischen Elefanten *Elephas maximus* angesehen.

Aufgrund von Fossilfunden nimmt man an, dass die Proboscidea in Afrika im Paleozän/Oligo-

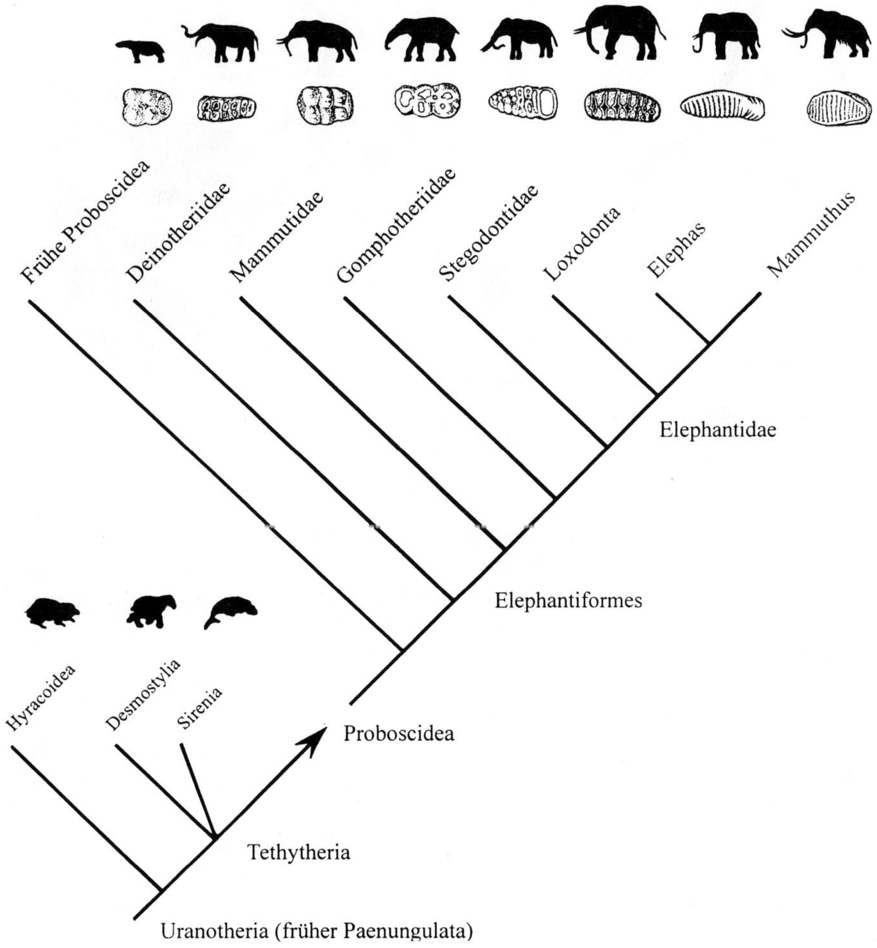

Abb. 4-48. Hypothetischer Stammbaum der Proboscidea (**a**)

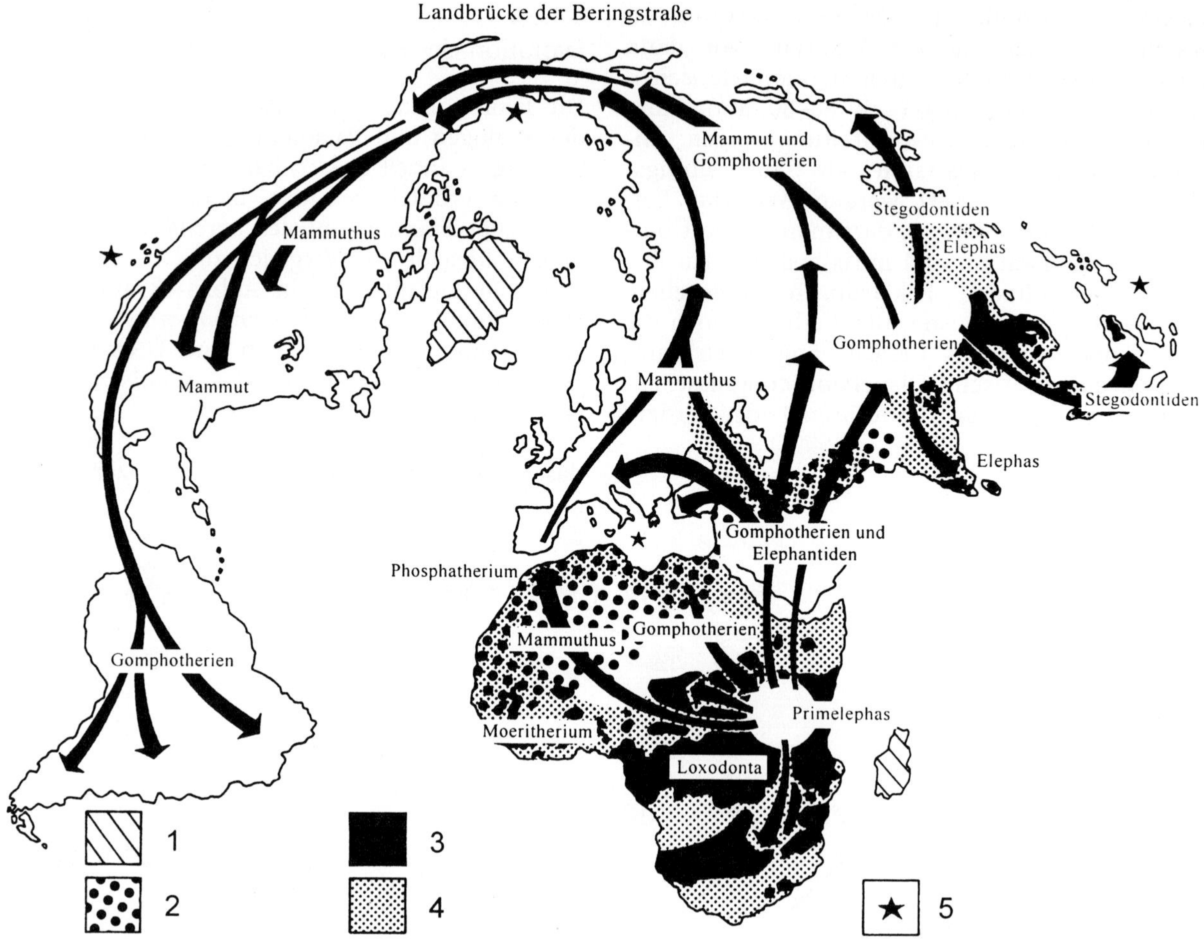

Abb. 4-48 b. Ausbreitungswege der Proboscidea

zän vor ca. 50 Mio. Jahren evolvierten. Von Afrika erfolgte eine Besiedlung Europas und Asiens (Abb. 4-48 b). Über die Beringstraße wurde die Neue Welt von Mammut, *Mastodon* und *Gomphotherium* erreicht. Das Aussterben des Mammuts vor ca. 15 000 bis 10 000 Jahren in Amerika und Eurasien wird unterschiedlich interpretiert; klimatische Veränderungen standen vermutlich im Vordergrund, aber auch die intensive Bejagung dürfte eine Rolle gespielt haben. Eine ähnliche Hypothese (Einfluss des Menschen) hat man für das Aussterben der australischen Megafauna (z. B. von *Genyornis*, einem flugunfähigen straußenähnlichen Vogel) aufgestellt.

4.4.2.3
Evolution der Ratiten (Strauße, Nandus und Verwandte)

In Südamerika, Afrika, Australien, Neuguinea und Neuseeland leben flugunfähige Vögel, wie Nandus, Strauße, Emus, Kasuare oder Kiwis. Da ihre Brustbeine kein Sternum aufweisen, hat man diese Vogelgruppe als Ratiten zusammen gefasst. Die gemeinsame Phylogenie dieser Gruppe wurde durch immunologische Analysen des Transferrins, durch DNA-DNA-Hybridisierung und durch Sequenzanalysen des Cytochrom-b-Gens belegt (Abb. 4-49). Man nimmt an, dass es sich um eine ursprüngliche Vogelgruppe handelt, die sich bereits vor 80 Mio. Jahren, also vor einem endgültigen Auseinanderdriften der Kontinente entwickelt haben müsste. Zum damaligen Zeitpunkte waren die Südkontinente noch als Gondwanakontinent, dem die Antarktis angehörte, miteinander verbunden. Wären die Arten wesentlich jünger, so hätte man Schwierigkeiten, die heutige Verbreitung zu erklären, denn ein *long-distance dispersal* ist kaum vorstellbar, es sei denn, die Vorfahren der Ratiden wären flugfähig gewesen.

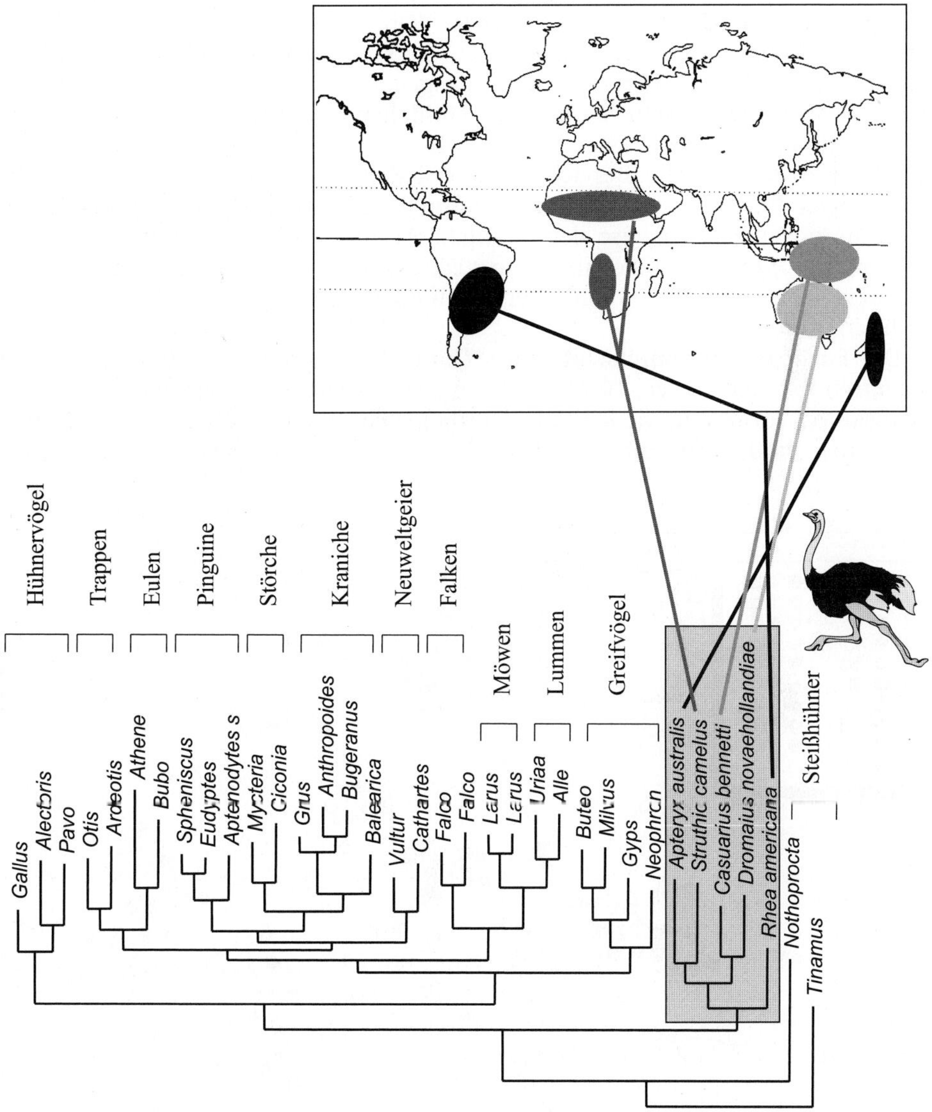

Abb. 4-49. Phylogenie und mögliche frühe Phylogeographie der Straußenvögel und Verwandten. Nucleotidsequenzen des Cytochrom b-Gens wurden zur Rekonstruktion des MP-Phylogramms herangezogen (*strict consensus*). Die flugunfähigen Strauße, Nandus, Kasuare, Emus und Kiwis haben sich vermutlich zu einem Zeitpunkt von einem gemeinsamen Vorfahren getrennt, als die Südkontinente (inklusive der Antarktis) noch als Gondwanakontinent zusammenhingen

4.4.2.4
Einfluss der Eiszeiten in Europa

Bedingt durch die Eiszeiten in der nördlichen Hemisphäre kam es in den letzten 200 000 Jahren zu erheblichen zyklischen Veränderungen in der Verbreitung von Pflanzen und Tieren. Zwischen den Eiszeiten gab es jeweils längere Perioden von etlichen tausend Jahren, in denen in Europa ein gemäßigtes bis warmes Klima herrschte. In diesen Perioden haben sich die Organismen, soweit sie nicht von der vorangegangenen Eiszeit ausgelöscht waren, aus südlichen Refugialräumen heraus wieder nach Norden verbreitet und dabei große Bereiche neu besiedelt. Bei einigen Pflanzen- und Tierarten kann man über die genetische Analyse der heutigen Arten ein solches Szenario rekonstruieren. Dies soll am Beispiel der Europäischen Sumpfschildkröte erläutert werden.

Die **Europäische Sumpfschildkröte** (*Emys orbicularis*) hat sich vor ca. 10 Mio. Jahren von gemeinsamen Vorfahren, die heute in Nordamerika zu Hause sind, getrennt und besiedelt heute Europa von Portugal bis zum Kaspischen Meer (Abb. 4-50). Aufgrund von morphologischen Merkmalen werden einige Unterarten unterschieden, die aber bislang alle zu einer Art gerechnet werden.

Von über 400 Sumpfschildkröten aus dem gesamten Verbreitungsbereich wurden Blutproben entnommen und ihre mitochondriale DNA analysiert. Neben der Sequenzanalyse des Cytochrom-b-Gens kam hier auch eine **RNA-Heteroduplexanalyse** zum Einsatz, mit der man Individuen, die im Cytochrom-b-Gen dieselben Nucleotidsubstitutionen aufweisen, erkennen kann, ohne alle Individuen sequenzieren zu müssen (Lenk und Wink 1997). Die Sequenzanalyse zeigt eine starke innerartliche Differenzierung (Abb. 4-51). Wenigstens sieben Gruppen von Haplotypen lassen sich erkennen, die z. T. mit bekannten Unterarten identisch sind.

Die Verteilung der Haplotypen zeigt ein klares geographisches Muster (Abb. 4-50), so ist Haplotyp V auf das westliche Mittelmeergebiet beschränkt, während Typ I im östlichen Mittelmeer bis hin zum Schwarzen Meer vorkommt.

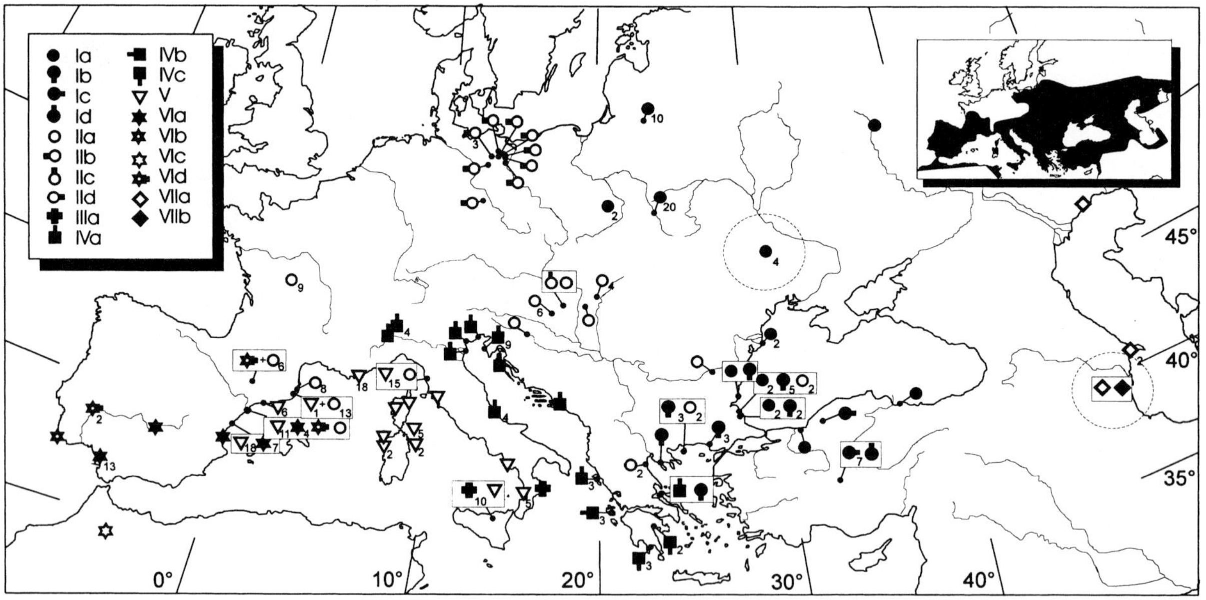

Abb. 4-50. Verbreitung der Sumpfschildkröte (*Emys orbicularis*) und ihrer Haplotypen in Europa (nach Lenk et al. 1999). Die Bezeichnung und Zuordnung der Haplotypen erfolgte entweder über Sequenz- (Abb. 4-51) oder RNA-Heteroduplexanalysen

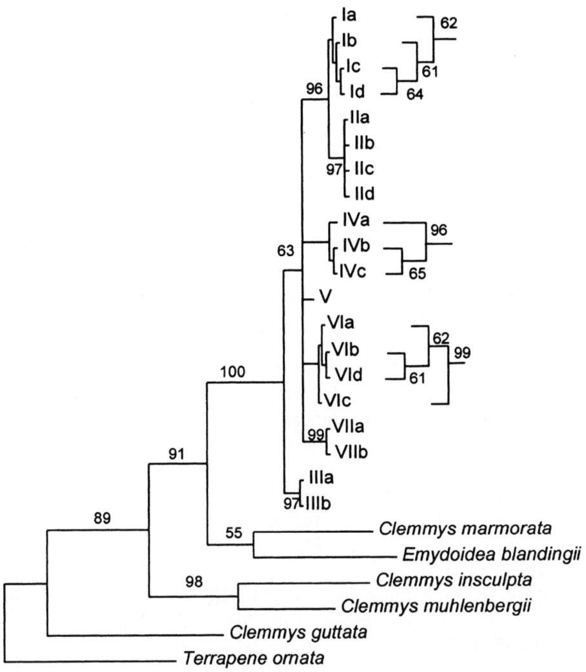

Abb. 4-51. Molekulare Phylogenie der Europäischen Sumpfschildkröte und Aufspaltung der geographischen Haplotypen auf Grundlage des Cytochrom b Gens (nach Lenk et al. 1999). Analyse mittels *Maximum Likelihood*; Darstellung als Phylogramm (Astlängen proportional zur evolutiven Distanz)

In Deutschland gibt es nur noch wenige Vorkommen der Sumpfschildkröte, so z.B. im Enkheimer Ried bei Frankfurt. Die genetische Analyse der Tiere ergab jedoch, dass sie hauptsächlich mediterrane Haplotypen aufweisen, die aber in Deutschland natürlicherweise nicht vorkommen. Damit kann man die für den Naturschutz wichtige Frage, ob Sumpfschildkröten an einer Stelle autochthon oder allochthon sind, eindeutig beantworten.

Wenn man annimmt, dass sich die Sumpfschildkröte in der letzten Eiszeit in wärmere Refugialgebiete des Mittelmeerraumes zurückziehen konnte und sich bei Klimaerwärmung wieder nach Norden ausbreitete, so kann man das heutige Verbreitungsmuster plausibel erklären. Legt man die Kalibrierung von 1–2% Nucleotidsubstitution = 1 Mio. Jahre Divergenz zugrunde, so sind manche Populationen bereits seit 3-4 Mio. Jahren getrennt. Da sich die verschiedenen, häufig para- und allopatrischen Populationen sowohl auf der morphologischen als auch auf der Ebene der Sequenzen von Cytochrom b unterscheiden, stellt sich die Frage, ob es sich bei der Sumpfschildkröte noch um eine Art oder bereits um mehrere distinkte Arten handelt.

4.5 Literatur

1. Bremer K, Chase MW, Stevens PF, et al (1998) An ordinal classification for the families of flowering plants. Ann Missouri Botanical Garden 85:531–553
2. Chase MW, Soltis DE, Olmstead RG et al (1993) Phylogenetics of seed plants: An analysis of nucleotide sequences from the plastid gene rbcL. Ann Missouri Botanical Garden 80:528–580
3. Donoghue MJ, Ree RH, Baum DA (1998) Phylogeny and the evolution of flower symmetry in the Asteridae. Trends Plant Sci 3:311–317
4. Felsenstein J (1993) PHYLIP (Phylogenetic Interference Package Version 3.5.c). Dept Genet Univ Washington, Seattle.
5. Harborne JB (1993) *Introduction to ecological biochemistry.* 4th ed. Academic Press, London
6. Heidrich P, Amengual J, Wink M (1998) Phylogenetic relationships in Mediterranean and North Atlantic *Puffinus* Shearwaters (Aves: Procellariidae) based on nucleotide sequences of mtDNA. Biochemical Systematics and Ecology 26:145–170
7. Hillis DM, Huelsenbeck JP, Cunningham CW (1994) Application and accuracy of molecular phylogeny. Science 264:671–676
8. Holzinger F, Wink M (1996) Mediation of cardiac glycoside insensitivity in the monarch (*Danaus plexippus*): Role of an amino acid substitution in the ouabain binding site of Na^+, K^+-ATPase. J of Chemical Ecology 22.1921–1937
9. Karp A, Isaac PG, Ingram DS (1998) Molecular tools for screening biodiversity. Chapman & Hall, London
10. König C, Weick F, Becking JH (1999) Owls of the world. Pica, Sussex
11. Kumar S, Tamura K, Nei M (1993) MEGA – Molecular Evolutionary Genetics Analysis. Version 1.0. Pennsylvania State Univ
12. Lenk P, Wink M (1997) A RNA/RNA heteroduplex cleavage analysis to detect rare mutations in populations. Molecular Ecology 6:687–690
13. Lenk P, Fritz U, Joger U, Wink M (1999) Mitochondrial phylogeography of the European Pond Turtle, *Emys orbicularis* (LINNAEUS, 1758). Molecular Ecology 8:1911–1922
14. Mindell DP (1997) Avian molecular evolution and systematics. Academic Press, San Diego

15. Nei M (1996) Phylogenetic analysis in molecular evolutionary genetics. Annu Rev Genet 30:371–403
16. Qiu YL, Palmer JD (1999) Phylogeny of early land plants: insights from genes and genomes. Trend Plant Sciences 4:26–30
17. Rosenthal GA, Berenbaum MR (1991/1992) Herbivores: Their interactions with secondary plant metabolites. Vol 1 The chemical participants; Vol 2 Ecological and evolutionary processes. Academic Press, San Diego
18. Schneider D, Boppré M, Zweig J, Horsley SB, Bell TW, Meinwald J (1982) Scent organ development in *Creatonotos* moth: regulation by pyrrolizidine alkaloids. Science 215:1264–1265
19. Searcy WA, Yasukawa K, Lanyon S (1999) Evolution of polygyny in the ancestors of red-winged blackbirds. AUK 116:5–19
20. Sibley C, Ahlquist JE (1990) Phylogeny and classification of birds. A study in molecular evolution. Yale Univ Press, New Haven London
21. Swofford DL (2001) PAUP: Phylogenetic analysis using parsimony, version 4.0b7. Sinauer, Sunderland
22. Wink M (1988) Plant breeding: Importance of plant secondary metabolites for protection against pathogens and herbivores. Theoretical Applied Genetics 75:225–233
23. Wink M (1993) Allelochemical properties and the raison d'tre of alkaloids. In Cordell G (ed) The Alkaloids. Academic press Vol 43:1–118
24. Wink M (1999 a) Biochemistry of plant secondary metabolism, Sheffield Academic Press & CRC Press, Annual Plant Reviews Vol 2
25. Wink M (1999 b) Function of plant secondary metabolites and their exploitation in biotechnology. Sheffield Academic Press & CRC Press, Annual Plant Reviews Vol 3
26. Wink M, Heidrich P (1999) Molecular evolution and systematics of owls (Strigiformes). In: König C, Weick F, Becking JH (eds) Owls of the world. Pica Press pp 39–57
27. Wink M, von Nickisch-Rosenegk E, Legal L (1998). Comment. J Chemical Ecology 24:1285–1291
28. Wink M, Dyrcz A (1999) Mating systems in birds: a review of molecular studies. Acta Ornithologica 34:91–109
29. Wink M, Guicking D, Fritz U (2000) Molecular evidence for hybrid origin of *Mauremys iversoni* Pritchard et McCord, 1991 and *Mauremys pritchardi* McCord, 1997 (Reptilia: Testudines:Bataguridae). Zool Abh Staatl Mus Tierkunde Dresden 51:41–49
30. Wink M, Waterman P (1999) Chemotaxonomy in relation to molecular phylogeny of plants. In Wink M (ed) Biochemistry of plant secondary metabolism. Sheffield Academic Press and CRC Press, Annual Plant Reviews Vol 2, pp 300–341
31. Zink R, McKitrick MC (1995) The debate over species concepts and its implications for ornithology. Auk 112: 701–719

5 Evolution des Menschen und seiner nächsten Verwandten, der nicht-humanen Primaten

5.1 Allgemeine Einführung – Was ist der Mensch?

Verschiedene Auffassungen zur Stellung des Menschen stehen sich heute ohne erkennbare Möglichkeiten eines Kompromisses gegenüber. Die zwei folgenden entgegengesetzten Positionen sind exemplarisch:

- Der Mensch ist das Geschöpf Gottes bzw. eines Schöpfergeistes.
- Der Mensch ist ein zufälliges Produkt der Evolution des Lebens, die vor über 3,5 Mrd. Jahren begann.

Die Frage nach seiner Herkunft beschäftigt den Menschen seit Tausenden von Jahren, wie Mythen und Märchen bezeugen. Sie ist trotz großer Fortschritte der naturwissenschaftlichen Erkenntnis jedoch immer noch umstritten, nicht weil sie mit wissenschaftlichen Methoden nicht zu bearbeiten und zu beantworten wäre, sondern weil die Befundbasis in vieler Hinsicht noch schmal ist und verschiedene Interpretationen zulässt und – vor allem – weil Gefühle (und nicht weiter hinterfragte Vorstellungen) vielen Menschen eine naturwissenschaftliche Beurteilung unmöglich machen, wobei Verwurzelung in Dogmen von Religionen und Ideologien oder in Traditionen der Herkunft und Ausbildung eine wichtige Rolle spielen. Wie weit die verschiedenen Auffassungen zur Herkunft und zur Stellung des Menschen auseinanderliegen, sei kurz dargestellt.

- Zufolge der **christlichen Religion** (und auch anderer Religionen) ist der Mensch ein Geschöpf Gottes, sein Schicksal ist in Gottes Hand, die Geschichte ist nach einem Heilsplan geordnet. Das Ausmaß persönlicher Freiheit des Menschen wird unterschiedlich gesehen. In der Praxis übernimmt vielfach die Kirche die Interpretation des Willens Gottes.
- Seit der Renaissance löst sich die Geistesgeschichte in Europa zunehmend und auf unterschiedliche Art und Weise von kirchlichen Dogmen und z. T. auch von der Religion; es entstand im 16. Jh. der **Humanismus**, der auf Elementen der Antike, aber auch des Christentums beruht und als wichtige Komponente die Idee der Freiheit und Eigenverantwortlichkeit des Menschen enthält. Das humanistische Menschenbild beruht, bei vielen Unterschieden im Einzelnen, auf dem gut 2500 Jahren alten abendländischen Kulturkreis mit Philosophie, religiösen Empfindungen, Kunst, Musik und Geisteswissenschaften, der bis in die jüngere Vergangenheit die Traditionen Europas beherrscht hat und der dem Menschen eine einzigartige, herausgehobene Stellung als Kulturwesen zuspricht. Der Mensch macht sich innerhalb dieses Kulturkreises zum Gegenstand der Erkenntnis, positiv oder negativ auf Transzendenz bezogen, ohne absolute Gewissheit zu erfahren. Moderne Eigenentwicklungen sind Soziologie und Psychologie.
- Eine andere Denkweise wird durch ein Kind des Humanismus, die moderne **Naturwissenschaft**, speziell die Biologie, repräsentiert und sieht den Menschen lediglich als ein Produkt der Evolution. Im Detail existieren aber auch in den Naturwissenschaften und sogar innerhalb der Biologie unterschiedlich differenzierte Konzepte vom Menschen. So besteht gerade in Hinsicht auf den Menschen auch auf naturwissenschaftlicher Seite die Gefahr extremer

Überbewertung – J. Huxley stellt ihn z. B. in einen eigenen Stamm, die „Psychozoa" – oder erheblicher Unterbewertung – J. Diamond sieht ihn nur als dritte Schimpansenart.

Religiöse und humanistische Anschauung auf der einen und naturwissenschaftliche Denkweise auf der anderen Seite stehen sich auch heute i. a. ohne viel gegenseitiges Verständnis gegenüber. Es ist jedoch sehr bemerkenswert, dass für viele Naturwissenschaftler christliche Religion und Naturwissenschaft gut miteinander vereinbar sind; erst recht trifft dies für Humanismus und Naturwissenschaft zu.

Breite Bevölkerungskreise der westlichen Welt nehmen an den Auseinandersetzungen über Herkunft und Stellung des Menschen gar nicht teil und bewegen sich gedanklich in ökonomisch-materialistischen Vereinfachungen.

Gefährlich wird es, wenn Dogmatiker und Glaubensfanatiker meinen, im Besitz der einzig gültigen Wahrheit zu sein. Ein Beispiel hierfür ist der **Kreationismus**, der sich auf breiter Unbildung entwickelt und gerade auch in unserer Zeit – vor allem in Nordamerika – wieder einmal sehr virulent ist.

EXKURS

Kreationismus

Der Kreationismus fordert, die Aussagen der Bibel wörtlich zu nehmen. Nach kreationistischer Auffassung wurde z. B. die Welt in sechs Tagen geschaffen und das vor ungefähr 10 000 Jahren. Alle Tiere wurden an einem Tag, dem 5., geschaffen, was gar keinen Spielraum für die Evolution lässt. Während es jedem freisteht, dies zu glauben, wird es gefährlich, wenn dies als wissenschaftlich begründete Aussage angesehen und benutzt wird, um wirkliche naturwissenschaftliche Aussagen zu diskreditieren. 1999 hat die Lobby des Kreationismus sogar erreicht, dass die Evolutionslehre in den Staatsschulen des US-Bundesstaates Kansas verboten wurde (wie schon 1925 und 1929 in Tennessee, Arkansas und Mississippi sowie im 19. Jh. in Preußen, als man dort die Schriften Haeckels und Darwins an Schulen verbot). Von aktiven Kreationisten kann eine extrem intolerante Aggressivität ausgehen. Zum Beispiel wird der australische Geologe Ian Plimer, der es 1996 gewagt hatte, kreationistische Bücher und Videos von Allen Roberts über die vorgebliche Entdeckung der Arche Noahs in der Türkei als Fälschungen zu bezeichnen, von Kreationisten gerichtlich verfolgt und mit Todesdrohungen überzogen.

Der Kreationismus verfasst Schriften und Bücher, gründet Vereinigungen und Institutionen. Öfter nutzt er Ressentiments gegen die Kultur des Westens. So hat er u. a. in der Türkei und in Russland oder auch bei den Maoris Neuseelands breite Erfolge. Zum Teil werden Darwin, die Juden und der Kapitalismus „in einen Topf geworfen" und gehässig angegriffen. In der islamischen Welt hat Harun Yahya einen eigenen islamischen Kreationismus erfunden, dessen Bücher dort vielfach kostenlos verteilt werden und so weite Verbreitung finden.

Zum Teil werden gedankliche Konstrukte aus Bibelsätzen und einzelnen Gesetzen der Naturwissenschaft produziert und als Wissenschaft dargestellt. Kreationisten geben vor zu wissen, was Gottes Wille ist, was seine Pläne waren und sind und was er für richtig oder falsch hält. Eine unvoreingenommene sachlich-kritische Auseinandersetzung mit den Fragen der Evolution unterbleibt und wird unterdrückt. Der Kreationismus ist daher wie alle anderen intoleranten Dogmen, Parteiprogramme, Manifeste usw. eine Bedrohung der Freiheit des Menschen in jeder Form und steht damit auch im Gegensatz zu echter Religion.

Die Naturwissenschaften nehmen derzeit in Schule, Bildungspolitik und Öffentlichkeit einen zunehmend größeren Raum ein und drängen die Geisteswissenschaften zurück. Von Sinnfragen sich i. a. nicht belastet fühlend, schreitet die Naturwissenschaft rasch voran und entschleiert zunehmend die Natur; sie ist positivistisch, glaubt an den Fortschritt und reklamiert die Zukunft für sich. Ihrem Denken entstammt in jüngerer Zeit die **Soziobiologie**, die eine besonders pointierte Sicht einnimmt und als deren Begründer der Entomologe Edward Osborne Wilson angesehen wird (auch S. 433).

EXKURS

Soziobiologie

Tragendes gedankliches Element der Soziobiologie ist die **Evolution**, die nicht nur auf Kosmos und Biologie bezogen wird, sondern auch dazu dient, die Kultur des Menschen zu erklären. Nicht nur Anatomie und Physiologie, sondern auch Erkenntnisvermögen, Gesellschaft, Sittlichkeit, Kultur, Musik, Moral, metaphysisches Denken und Religion sind zufolge der Soziobiologie Produkte der Evolution. Das Gedankengebäude der Soziobiologie wird auch als wissenschaftlicher Materialismus bezeichnet und als neue Synthese angesehen, die Aussagen der Psychologie, Soziologie und Philosophie in Gesetzmäßigkeiten der Biologie integriert. Ganz in diesem Sinne hat der Biologe Edwards, technischer Vater des ersten nach extrakorporaler Befruchtung geborenen Kindes, gefordert, dass sich die Ethik der Entwicklung der Naturwissenschaft anzupassen habe. Das menschliche Individuum hat im soziobiologischen Denken einen geringeren Stellenwert als im humanistischen abendländischen Denken. Stattdessen treten die Gene in den Vordergrund.

Das Phänomen altruistischer Verhaltensweisen des Menschen und anderer Organismen stellt für die Evolutionsbiologie und Soziobiologie kein grundsätzliches Problem dar. Die Soziobiologie erklärt es so, dass ein solches Verhalten zwar die „Fitness" des betreffenden Einzelnen mindert bzw. mindern kann, aber gleichzeitig praktisch die gleichen Gene, die sich in den Körpern z. B. von Kindern oder anderen Verwandten oder Gruppenangehörigen befinden, schützt bzw. begünstigt, und dass dies einen hohen evolutionsbiologischen Vorteil darstellt (*„inclusive fitness"* und *„kin-selection"*, S. 434). Für Richard Dawkins rücken die Gene noch weiter ins Zentrum. Gene sind die eigentlichen Träger des Lebens, und sie besitzen das Merkmal des Egoismus; den Einzelorganismus, das Individuum, reduziert er zur Überlebensmaschine für Gene. Wilson formuliert ähnlich: der Organismus ist nur die Art und Weise, wie DNA mehr DNA macht.

Im Zentrum des Gedankengebäudes der Soziobiologie steht also, dass es die Funktion der Organismen ist, immer wieder möglichst optimierte Gene weiterzutragen, die Organismen sind also „Vehikel" für die Gene. Das individuelle Schicksal des Menschen verliert an Sinn, der Lebenskampf des einzelnen Menschen wird als Illusion angesehen. Es entsteht eine eigene Ethik der Evolution, und Moral ist im Prinzip nur eine Anpassung, die unsere reproduktiven Ziele erfolgreich fördert (S. 434).

Mit Sicherheit muss in der kommenden, härter werdenden Diskussion um die Bedeutung des Menschen die Frage gestellt werden, ob ein ausschließlich naturwissenschaftliches, biologisches Menschenbild das Sein des Menschen befriedigend und erschöpfend erfassen, und ob sich unter den Vorzeichen einer konsequenten Soziobiologie für den Einzelnen ein durchgehender Lebenssinn ergeben kann. Besonders akzentuiert wird diese Frage, seit sich abzeichnet, dass Säugetiere, und somit auch der Mensch, kloniert werden können. Die Bewertung und geistige Bewältigung dieser Tatsache fällt vielen Menschen sehr schwer, weil hier ein tiefes emotionales Grundbefinden berührt wird. Im Zusammenhang von Gentechnik und Klonieren wird auch diskutiert, ob sich der Mensch nun von der Evolution emanzipieren wird, ob er überhaupt in der Lage ist, diese Techniken und ihre Konsequenzen psychisch und intellektuell zu bewältigen, und ob es nicht weiser wäre, gerade die individuelle Entstehung und Entwicklung des Menschen der Natur oder dem Schöpfer zu überlassen. Allgemeingültige Antworten hierauf gibt es bisher nicht.

Wie alle Wissenschaft hat auch die Naturwissenschaft praktische Grenzen und ihr werden moralische Grenzen gesetzt, die aber nie von allen Forschern und Politikern akzeptiert werden. Grundsätzlich kann Wissenschaft Fragen wie „Was ist der Sinn des Lebens?“, „Was ist der Sinn der Welt?“, „Was war vor Beginn des Universums?“, „Wie war es möglich, dass Mozart seine Musik geschaffen hat?“ usw. nicht beantworten.

5.2 Primaten

5.2.1 Strukturelle und funktionelle Kennzeichen der Primaten

ÜBERSICHT

Das folgende Kapitel schildert Anatomie, typische Entwicklungstendenzen und Biologie der Primaten, der Säugetierordnung, welcher der Mensch zugehört. Sowohl allgemeine, grundlegende als auch spezielle Übereinstimmungen begründen die Zuordnung des Menschen zu den Primaten. Besondere Merkmale der Primaten betreffen Hand, Auge und Gehirn.

Nach naturwissenschaftlicher Erkenntnis zählt der **Mensch** zur Säugetierordnung der **Primaten** (Herrentiere), die einfach ausgedrückt die natürliche Verwandtschaftsgruppe Halbaffen, Affen und Menschen umfasst und die heute schwerpunktmäßig in tropischen und subtropischen Regionen vorkommt (Abb. 5-1) und – je nach Bewertung von anatomischen und biochemischen Merkmalen – 10 bis 12 Familien, 60 Gattungen und ca. 190 bis 200 Arten umfasst (Martin, 1990). Die nicht-menschlichen Primaten werden auch Tierprimaten genannt. Die Primaten sind sehr vielgestaltig und befinden sich auf unterschiedlichen Entwicklungsniveaus, man denke nur an kleine, siebenschläfergroße madagassische Mausmakis und den großen Gorilla. Es ist kaum möglich, Primaten schlagwortartig mit wenigen anatomischen Merkmalen zu kennzeichnen, so wie das z. B. für Paarhufer oder Nagetiere möglich ist. Eine Kombination von Merkmalen, wie sie weiter unten aufgeführt werden, und typische Entwicklungstrends innerhalb der Ordnung erlauben aber, einen Primaten sicher zu erkennen. Typisch ist, dass einseitige Spezialisierungen, wie sie z. B. im Fußskelett der Huftiere vorkommen, bei Primaten fehlen.

Eine vielfach verwendete, auf anatomischen Merkmalen begründete **Definition** der Primaten

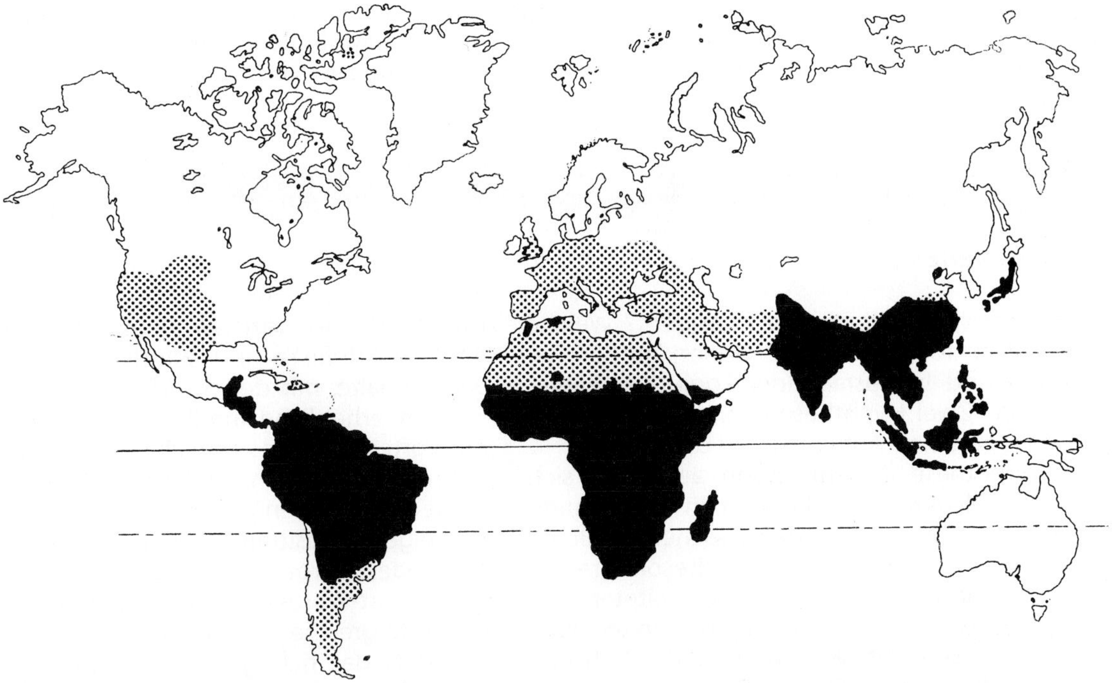

Abb. 5-1. Verbreitung der Primaten. Schwarz: rezente Primaten (außer Mensch), fossile Primaten sind ebenfalls in den schwarz gezeichneten Regionen gefunden worden, darüber hinaus aber auch in den gerasterten Arealen

geht auf den englischen Zoologen St. George Mivart (1817–1900) zurück und lautet: plazentale Säugetiere, Nägel an den Fingern und Zehen; Clavicula (Schlüsselbein) vorhanden; Augenhöhle von Knochenelementen umgeben; Endhirn (Telencephalon) mit Temporallappen; Occipitallappen des Endhirns mit Fissura calcarina (wesentlich für das visuelle System); innere Digiti (Daumen bzw. Zehen) zumindest an einer Extremität opponierbar; gut ausgebildeter Blinddarm; hängender Penis; Hoden im Scrotum (Hodensack); zwei brustständige Milchdrüsen.

Andere Darstellungen erweitern die Liste und weisen u. a. auf folgende Merkmale und **Entwicklungstendenzen** hin: Beibehaltung der ursprünglichen (=plesiomorphen) Fünfstrahligkeit der Hände und Füße; zunehmende Eigenbeweglichkeit des Daumens und der großen Zehe; Entstehung von Nägeln auf den tastempfindlichen Endgliedern von Fingern und Zehen (Ausnahme sind die Krallen südamerikanischer Krallenäffchen, die nur auf der Großzehe einen Nagel tragen, und die Putzkrallen der Lemuren und Loris); zunehmende Fähigkeit zum Aufrichten des Rumpfes und zu fakultativem, bipedem Gang; zunehmende Verkürzung der Schnauzenpartie; Rückbildung des Riechapparates; Entwicklung eines zunehmend perfekten Sehapparates mit Wanderung der Augen nach frontal, so dass ein hochentwickeltes binokulares Sehen entsteht; progressive Entwicklung des Großhirns (Endhirns), speziell seiner Rinde; vier Zahntypen (Inzisiven, Canini, Prämolaren, Molaren) und Rückbildung der Zahnzahl (ursprüngliche Zahnzahl bei Säugetieren: 44; Zahnzahl bei heutigen Altweltaffen, einschließlich Mensch: nur noch 32); Beibehaltung eines recht ursprünglichen Höckermusters der Molaren; auffallend und in unterschiedlicher Art und Weise spezialisierter Kehlkopf; hochentwickelte mimische Muskulatur, die im Verhaltensrepertoire eine große Rolle spielt; progressive Entwicklung von Plazentastrukturen; Verlängerung der postnatalen Lebensperioden; die Lebensweise ist ursprünglich baumlebend (arboricol).

So ergibt sich ein morphologisches Muster, das gut mit funktionellen Parametern korreliert. Bei der Interpretation der morphologischen Daten ist jedoch zu berücksichtigen, dass Primaten eine ungewöhnliche **Intelligenz** und **Plastizität des Verhaltens** aufweisen.

EXKURS

Intelligenz

Warum sind Primaten so intelligent? Welche Faktoren förderten die Evolution großer Gehirne und herausragender kognitiver Fähigkeiten? Zwei Hypothesen versuchen auf diese Fragen eine Antwort zu geben:

Hypothese 1 geht davon aus, dass sich die Intelligenz der Primaten in Zusammenhang mit der Lösung ökologischer Probleme entwickelte. Hier kommen insbesondere die Suche nach unregelmäßig verbreiteter und nur zeitweise zu Verfügung stehender Nahrung in Betracht. Weiterhin ist die Nahrung z.T. schwer erreichbar, z.B. an schwer zugänglichen Zweigen (Früchte) oder im Boden (Wurzeln, Knollen), oder sie muss aus Schoten, Nüssen u.ä. oder versteckten Plätzen extrahiert werden. Manche Affen sind z.B. in der Lage, Eier zu punktieren, um an den Inhalt heranzukommen.

Zufolge Hypothese 2 entwickelte sich die Intelligenz der Primaten im Zusammenhang mit der Lösung sozialer Herausforderungen. Das Leben in sozialen Gruppen bedeutet endlose Konflikte und ständige Konkurrenz, Sachverhalte, mit denen erfolgreich fertig zu werden erhebliche Intelligenz erfordert. Um die Vorteile, die das Sozialleben bietet, wahrnehmen zu können, sind besondere intellektuelle Fähigkeiten erforderlich, die sowohl die eigene Position zufriedenstellend festigen oder verbessern und auch das Ausmanövriert-Werden durch andere verhindern. Das erfolgreiche Überleben im Sozialsystem erfordert das richtige Einschätzen der variablen Absichten anderer, das Sich-Hineinversetzen-Können in andere (Empathie), mit Provokationen umgehen zu können usw.

Für beide Hypothesen lassen sich Argumente beibringen, einige Forscher sehen eine positive Korrelation zwischen der Größe des Neocortex und dem komplexen Sozialverhalten und dem sehr differenzierten Nahrungserwerb bei Primaten.

Die im Prinzip ursprüngliche Anatomie des **Bewegungsapparates** erlaubt eine erstaunliche Vielfalt an ganz verschiedenen Bewegungsmöglichkeiten: Klettern, Springen, Hangeln, Laufen und zum Teil Schwimmen. Auch bei überwiegender Anpassung an einen bestimmten Lebensraum sind geschickte Bewegungen in einem anderen Lebensraum durchaus möglich, z.B. können Paviane, die zumeist am Boden leben, bei Gefahr oder für die Nacht behände auf Bäume klettern. Im Einzelnen lassen sich bei den Primaten folgende **Lokomotionstypen** unterscheiden:

- quadrupeder (vierfüßiger) arboricoler (baumlebender) Typ (z.B. *Aotus*, Callitrichidae),
- quadrupeder terrestrischer (bodenlebender) Typ (z.B. Paviane),
- arboricole vertikale Kletterer, i.a. mit erheblichem Sprungvermögen *(Tarsius, Galago, Indri, Propithecus)*,
- Brachiatoren (Hangler, Schwinghangler, entwickeln lange Arme, z.B. Gibbons, Orang Utan),
- Knöchelgang der afrikanischen Menschenaffen (Mittel- und Endglieder der Finger werden einwärts gekrümmt und so auf dem Bo-

den aufgesetzt). Der Orang-Utan setzt beim Gehen mit der Handfläche oder der Faust auf dem Boden auf.
- Aufrechter, bipeder Gang des Menschen.

Mit der ursprünglich baumlebenden Lebensweise hängt die Entwicklung der typischen **Greifhand** der Primaten zusammen, deren Höhepunkt beim nicht mehr baumlebenden Menschen erreicht wird mit der Herausbildung einer Hand (Abb. 5-2), die fein abgestufte Bewegungen ermöglicht und Grundlage zahlreicher Tätigkeiten und auch der Gestik ist. Wie wichtig für den Menschen die Hand und deren Funktionen sind, zeigen die Worte „begreifen“, „Begriff“, „handhaben“ und „handeln“. Als erster Entwicklungsschritt wird der erste Randstrahl der Hand, der **Daumen**, bzw. des Fußes, die **Großzehe**, den übrigen Strahlen von Hand und Fuß gegenübergestellt. Das ermöglicht einen Klammergriff. Greifhand und Greiffuß sind bei den einzelnen Primaten unterschiedlich gebaut, bei den Loris wird z. B. der zweite Finger reduziert, bei Krallenäffchen und *Tarsius* geht die Abspreizbarkeit des Daumens wieder verloren. Echte Opponierbarkeit des Daumens (mit Abduktion, Adduktion und Rotation des ganzen ersten Strahles, einschließlich des ersten Mittelhandknochens) gibt es nur bei den Catarrhini, d. h. den Altweltaffen. Die Großzehe ist stets nur abspreizbar, eine echte Rotation fehlt ihr. Bei Gibbons ist die Großzehe weitgehend frei (einschließlich ihres Metatarsale), was ihren Greifraum erheblich erweitert. Beim Menschen ist die Ab- und Adduktionsfähigkeit der Großzehe verlorengegangen, diese rückt in eine Reihe mit den übrigen Zehen, die Anordnung der Muskulatur lässt aber noch die ursprüngliche Eigenbeweglichkeit erkennen. Der sehr spezialisierte Fuß des Menschen ist am ehesten vom Fuß eines quadrupeden Menschenaffen, der sowohl am Boden als auch in Bäumen lebte, abzuleiten. Wichtig ist die zunehmende Repräsentation der Hand und speziell von Daumen und Zeigefinger im Großhirn, was auf komplexe, neuronale Steuerung und Kontrolle gerade dieser Gebilde hinweist.

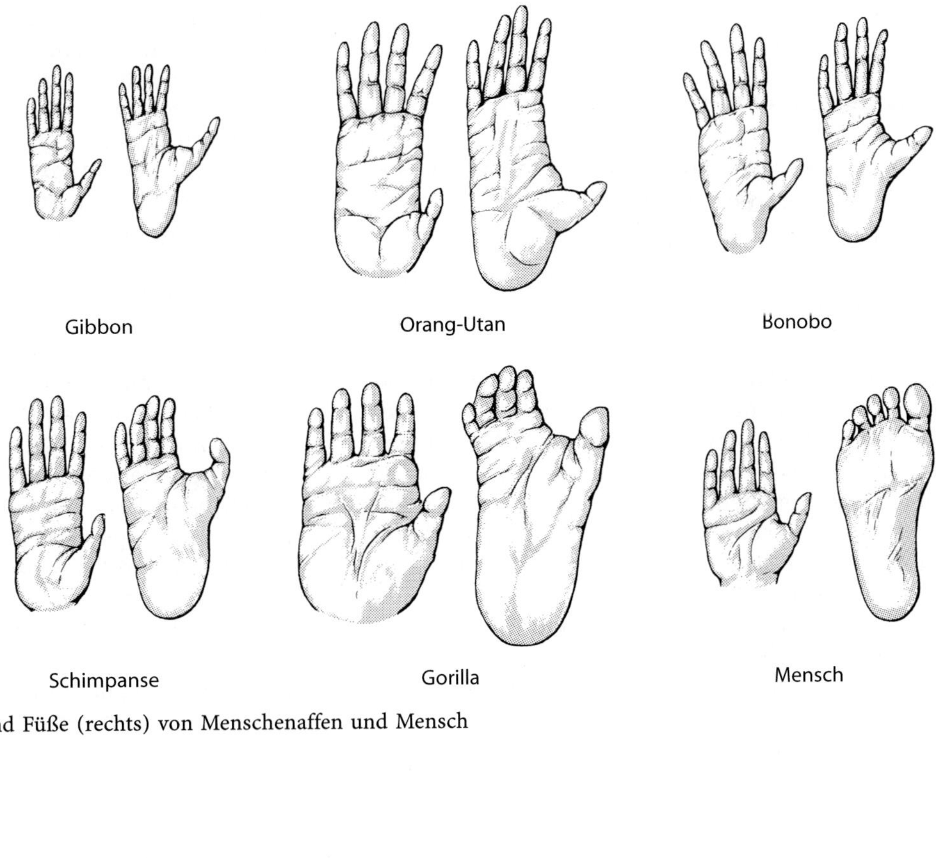

Abb. 5-2. Hände (links) und Füße (rechts) von Menschenaffen und Mensch

Gekoppelt an die Entstehung der Greifhand im dreidimensionalen Raum von Ästen und Zweigen ist die Entwicklung des **binokularen räumlichen Sehens**, das den komplexen Raum erfasst und versteht. Die Augen wandern aus seitlicher Lage nach vorn, wobei es zu Überlappung der Sehfelder und zu Rückbildung der Schnauze und des Riechsinnes kommt. Die große Schnauze von Pavianen entstand erst wieder sekundär und steht wohl in Zusammenhang mit der Verankerung der sehr großen Eckzähne, die im Verhaltensrepertoire der Paviane eine wichtige Rolle spielen.

Die höheren Affen sind mit Ausnahme von *Aotus* tagaktiv, die Halbaffen dagegen meist nachtaktiv. Zweimal ist bei letzteren unabhängig voneinander Tagaktivität entstanden, bei Indriidae und Lemuridae. Lemuren der Gattung *Eulemur* und *Hapalemur* gehören ebenso wie *Aotus azarae* zu den wenigen Primaten mit kathemeraler Aktivität, d. h. sie können bei Tag und bei Nacht aktiv sein. In Nähe von menschlichen Siedlungen können Affen, z. B. *Erythrocebus patas*, auch nächtliche Lebensweisen annehmen, um dem Verfolgungsdruck durch den Menschen auszuweichen.

5.2.2 Sozialsysteme der Primaten

Bei den Sozialsystemen gilt es zwischen drei Ebenen zu unterscheiden:

- demographische Struktur
- soziale Organisation = Muster der sozialen Bindungen und Beziehungen
- Paarungssystem = wer paart sich mit wem?

Die beiden ersten werden auch als „Sozialsystem" zusammengefasst. Primaten besitzen verschiedenartige Sozialsysteme, die sich schematisch in sechs Typen einordnen lassen. Es ist dabei hervorzuheben, dass bei einer Primatenart in Abhängigkeit von den ökologischen Bedingungen mehr als ein soziales System vorkommen kann und dass Einzelkomponenten eines bestimmten Systems einem anderen zugefügt werden können. Bei vielen Arten liegt in Hinsicht auf das Sozialsystem noch erheblicher Forschungsbedarf vor.

- **Gruppen mit einem Männchen und mehreren Weibchen** (*one male, multifemale groups*, Haremsgruppen, Ein-Männchen-Gruppen). Diese Gruppen bestehen aus einem erwachsenen Männchen, mehreren erwachsenen Weibchen und ihren Jungen. Das Männchen dominiert die Weibchen, da es wesentlich größer als sie ist (Sexualdimorphismus), und verpaart sich in der Regel mit allen von ihnen, ist also polygyn. Dieses Sozialsystem kommt bei Gorillas, Mantelpavianen, Dscheladas, Drills, Mandrills, Husarenaffen, einigen Languren und Brüllaffen vor. Es wurde auch bei baumlebenden Meerkatzen beschrieben. Beim Dschelada und Mantelpavian können diese Gruppen verschmelzen und Großverbände bilden, die sich dann wieder auflösen. Beim Husarenaffen spielt das Männchen keine dominante Rolle in der Gruppe, sondern die Weibchen entscheiden über viele der sozialen Aktivitäten. Sie spielen auch die Hauptrolle bei der Verteidigung gegen Feinde, z. B. Leoparden. Bei den Husarenaffen gibt es häufig reine Männergruppen (*all male bands*). Aufgrund dieser Ungleichverteilung der Männchen besteht ein hohes Potenzial für Infantizid (s. Exkurs Infantizid, S. 358).
- **Gruppen mit einem Weibchen und mehreren Männchen** (*one female, multimale groups*). Ein erwachsenes Weibchen paart sich mit mehreren erwachsenen Männchen, es ist polyandrisch. Die Männchen beteiligen sich an der Aufzucht der Jungen (kooperative Polyandrie). Kommt nur bei einigen Neuweltaffen vor.
- **Gruppen mit mehreren Weibchen und mehreren Männchen** (*multimale, multifemale groups*). Solche Gruppen bestehen aus mehreren erwachsenen Männchen, mehreren erwachsenen Weibchen und ihren Jungen. Da sich jedes Männchen und jedes Weibchen mit mehreren Mitgliedern des anderen Geschlechts verpaart, liegt hier ein promiskuitives oder polygames Paarungssystem vor. Es ist bei verschiedenen Arten mit diesem Sozialsystem beobachtet worden, dass ein Männchen oder ein Weibchen zur Fortpflanzung in eine andere Gruppe geht, was negative genetische Folgen durch Inzucht vermeiden hilft. Es kann sich hier um Abwanderungen geschlechtsreifer Tiere aus ih-

rer Geburtsgruppe (*dispersal*) oder kurzfristige „Safaris" eigentlich residenter Tiere handeln. *Multimale, multifemale groups* finden sich bei vielen Altweltaffen (Makaken, Mangaben, Savannenpavianen, manchen Meerkatzen), einigen Neuweltaffen (z.B. viele Cebidae) und Schimpansen und Bonobos. Es kommt – neben den Sozialsystemen mit einem Männchen und mehreren Weibchen – auch bei Mantelpavianen und Mandrills vor. Bei Schimpansen und Bonobo kommt es oft zu temporärer Verschmelzung und Spaltung von Gruppen.

- **Gruppen, die nur aus Männchen bestehen** (*all male groups*). Bei manchen Arten leben die männlichen Tiere in reinen Männchengruppen, bevor sie sich einer gemischt-geschlechtlichen Gruppe anschließen oder eine solche aufbauen, in der sie sich fortpflanzen. Für viele Männchen ist das Leben in einer All-Männchen-Gruppe temporär, aber manche Männchen kehren in sie zurück, wenn sie aus einer gemischt-geschlechtlichen Gruppe vertrieben werden. All-Männchen-Gruppen existieren neben Gruppen mit einem Männchen und mehreren Weibchen (z.B. bei Hanuman-Languren und Husarenaffen). Beim Husarenaffen können zur Fortpflanzungszeit männliche Tiere aus einer All-Männchen-Gruppe in eine Haremsgruppe einbrechen, und es entsteht heftiger Konkurrenzkampf um die Weibchen.
- **Gruppen, die aus einem Männchen und einem Weibchen bestehen** (*one male, one female groups*). Solche Gruppen sind Familien mit Vater, Mutter und nicht-erwachsenen Kindern. Die sexuelle Beziehung zwischen dem erwachsenen Männchen und dem dazugehörigen Weibchen soll im Prinzip monogam sein. Hierher gehören, nach traditioneller Auffassung, die Gibbons, manche Halbaffen, darunter eine Reihe von Lemuren und *Tarsius, Aotus* und *Callicebus* sowie unter den Languren *Simias concolor* und *Presbytis potenziani* (Mentawai-Inseln). Molekularbiologische Vaterschaftsnachweise haben z.B. bei den Fettschwanzmakis Madagaskars gezeigt, dass die Weibchen nicht selten „fremd gehen" und dass die sozialen Väter nicht immer auch die biologischen Väter der Jungen sind. Bei den Gibbons haben langjährige Freilandbeobachtungen (Sommer und Reichard, 2000) gezeigt, dass die bisherige Auffassung eines einfachen monogamen Sozialsystems nicht richtig ist. Das Sozialsystem der Gibbons ist vielmehr flexibel, nicht nur in Bezug auf die Zusammensetzung der Gruppe, sondern auch auf das Paarungsverhalten. Monogames Verhalten ist keineswegs obligat. Zwar besteht zu einem bestimmten Zeitpunkt die Mehrzahl der Gruppen nur aus einem erwachsenen Männchen und einem erwachsenen Weibchen, aber ungefähr ein Viertel aller Gruppen bestehen aus zwei nicht verwandten erwachsenen Männchen und einem erwachsenen Weibchen (Gruppen-Polyandrie). Polygyne und polygynandrische Gruppen sind selten. Partnerwechsel ist sehr häufig, lebenslange Monogamie gibt es wahrscheinlich nicht.
- **Solitäre Primaten** (*one adult systems*). Zu diesen Primaten zählt man insbesondere Arten, bei denen Männchen und Weibchen weitgehend allein leben, die Weibchen jedoch oft zusammen mit ihren Jungen. Relativ viele dieser Arten bilden aber Schlafgruppen, die hauptsächlich aus (verwandten?) Weibchen bestehen. Erwachsene Männchen und Weibchen treffen sich i.a. nur zum Zweck der Fortpflanzung und können verschiedene Geschlechtspartner haben. Hierher zählen viele Halbaffen und der Orang-Utan.

5.2.3 Fortpflanzungsstrategien männlicher Primaten

Sexuelle Selektion (sexuelle Auslese, sexuelle „Zuchtwahl") ist eine Form der natürlichen Auslese, die auf den Fortpflanzungserfolg abzielt. Intrasexuelle Selektion betrifft die Angehörigen eines Geschlechts. Am häufigsten unterliegen die Merkmale der Selektion, die Männchen den Kampf um den Zugang zu den Weibchen erleichtern. Dies führt zur Herausbildung von kräftigen Körpern und großen Eckzähnen, wobei am Ende ein Sexualdimorphismus entsteht. Beispiele für ausgeprägten Sexualdimorphismus finden sich z.B. bei Pavianen, Gorillas und Brüllaffen. Eine weitere Strategie, sich erfolgreich fortzupflanzen, hat zur Erscheinung des Infantizids, also zum Töten von Kindern, geführt.

EXKURS

Infantizid

Besonderes Interesse hat das Phänomen des **Infantizids** (Kindstötung) bei Primaten gefunden. Regelmäßig kommt Kindstötung offenbar beim Hanuman (Hulman, *Semnopithecus entellus*) vor, der eine bedeutsame Rolle in der hinduistischen Mythologie spielt und daher an indischen Tempeln geduldet und gefüttert wird. Das dominante Männchen einer Gruppe wird von einem eindringenden Junggesellen abgelöst, und der neue Chef tötet alle nicht entwöhnten Kinder der Gruppe; trächtige Weibchen werden so lange gehetzt, bis es zum Abortus kommt. Die Verdrängung des dominanten Gruppenmännchens erfolgt beim Hanuman alle zweieinviertel Jahre. Die betroffenen Weibchen stellen ihren Reproduktionszyklus sofort um.

Weitere gut dokumentierte Beispiele für Infantizid finden sich bei anderen haremsbildenden Colobiden, Gorillas und Brüllaffen. Beim Gorilla kommt dieses Verhalten wie bei Hanumanlanguren nur im Zusammenhang mit Gruppenübernahmen vor. Interessanterweise verlassen aber Weibchen mit abhängigen Jungen manchmal die Gruppe mit dem Verlierer, d. h. dem wahrscheinlichen Vater ihres Jungen.

Dem Infantizid liegen also folgende Annahmen zugrunde:

- Männchen töten nur fremde Kinder.
- Betroffene Weibchen werden dadurch schneller wieder empfängnisbereit (Abbruch der Laktationsamenorrhoe).
- „Killer-Männchen" haben eine sehr hohe Wahrscheinlichkeit, das nächste Junge der betroffenen Weibchen zu zeugen.

Alle drei Annahmen wurden bislang nur bei Hanumans mit harten Daten (Verwandtschaftsanalysen) bestätigt.

Auch andere Verhaltensmuster wie Aggressivität, Beißen, Jagen, Kämpfen oder Belästigen stehen im Zusammenhang mit Reproduktionsstrategien. Es können sich Rangordnungen mit einer Dominanzhierarchie herausbilden, um Zugang zu empfängnisbereiten Weibchen zu regeln. Dominanz bezeichnet die Fähigkeit eines Individuums, ein anderes im Rahmen aggressiver oder kompetitiver Verhaltensweisen einzuschüchtern oder zu unterdrücken. Dominanzbeziehungen sind nicht immer linear, es können sich freundliche Allianzen zwischen zwei Individuen herausbilden, die gegen ein dominantes Tier gerichtet sind. Weiterhin wird vermutet, dass auch großes Hodenvolumen und hohe Spermienzahl einen Selektionsvorteil in polygamen Paarungssystemen bieten können. Bei Primaten, deren Sozialverbände aus einem Männchen und einem Weibchen bestehen, sind die äußeren Geschlechtsunterschiede i. a. gering; bei ihnen wird wohl oft die Stimme eingesetzt, um das Territorium des Paares gegen Eindringlinge zu verteidigen.

5.2.4 Fortpflanzungsstrategien weiblicher Primaten

Weibliche Tiere bilden in einer Gruppe oft eine stabile Rangordnung aus, die den höherrangigen Tieren bevorzugten Zugang zu Nahrungsressourcen ermöglicht, wodurch ihr Gesundheitszustand gesichert wird. Dies erhöht dann auch den Fortpflanzungserfolg höherrangiger Weibchen. Solche Rangordnung der Weibchen ist z. B. bei Makaken, Pavianen, Mangaben und Meerkatzenarten beschrieben worden. Weibliche Tiere können Einfluss auf die Wahl des Vaters für ihre Nachkommen nehmen. Damit beeinflussen sie die Qualität der Nachkommen, in die sie ja mehr investieren als die Männchen. Es gibt eine intersexuelle Selektion von Merkmalen bei einem Geschlecht, die vom anderen Geschlecht bevorzugt werden. Diese Selektion geht meist von den Weibchen aus, wobei ganz verschiedene Eigenschaften ausgewählt werden können, z. B. hoher Rang des Männchens,

Verträglichkeit des Männchens und physische Attraktivität, die ihrerseits „gute Gene" anzeigen. In Gruppen mit mehreren Männchen und Weibchen können genetisch verwandte Tiere kooperieren, z. B. bei der Aufzucht der Jungen (viele Krallenäffchen). Weibliche Tiere bleiben i. a. in der Gruppe, in die sie hineingeboren wurden (weibliche Philopatrie), während männliche Tiere die Gruppe verlassen (bei Schimpansen gibt es männliche Philopatrie). Das gegenseitige Helfen war offenbar bei Weibchen, welche die Last von Tragzeit, Laktation und Jungenaufzucht tragen, ein evolutionärer Vorteil.

Altruismus und Bevorzugung von genetisch verwandten Tieren ist bei Primaten verbreitet (S. 434). Als Altruismus wird schon das Teilen der Nahrung und die Fellpflege bei anderen Individuen bezeichnet. Bei Primaten wurde aber oft auch altruistisches Verhalten gegenüber nicht verwandten Tieren beobachtet nach dem Motto „eine Hand wäscht die andere" (reziproker Altruismus, S. 434). Das z. T. sehr subtile Sozialverhalten der Primaten wird oft mit ihrer hohen Intelligenz korreliert.

Wir lernen heute immer erstaunlichere Details des Soziallebens der nicht-humanen Primaten kennen, die enge Übereinstimmungen mit dem Sozialverhalten des Menschen aufweisen. Die Verhaltensforscher scheuen sich daher oft nicht mehr, Begriffe aus dem menschlichen Sozialleben, wie Politik, Machtpolitik, Taktik, Strategie, Fremdgehen usw. auch bei Analysen des Soziallebens der nicht-humanen Primaten anzuwenden, so z. B. B. Jones (2000) in einer Untersuchung der Machtpolitik bei *Alouatta palliata*, einem lateinamerikanischen Brüllaffen.

5.2.5 Systematische Gliederung der Primaten

Die heutige Ordnung der Primaten umfasst ca. 190 bis 200 Arten, die in vier Unterordnungen gegliedert werden (Abb. 5-3) und schwerpunktmäßig in tropischen und subtropischen Regionen vorkommen (Abb. 5-1).

1. Lorisiformes: nachtlebende, meist kleine Primaten Afrikas und Süd- sowie Südostasiens. Sie umfassen

- die langschwänzigen Galagidae mit besonderem Sprungvermögen (Buschbabies, Wald- und Savannengebiete Afrikas von Senegal bis Südafrika) und
- die kurzschwänzigen bzw. schwanzlosen Lorisidae (Abb. 5-4) mit auffallend langsamen Bewegungen (Potto und Bärenmaki, Regenwälder Afrikas und Loris, Regenwälder Südindiens, Sri Lankas und Südostasiens).

Die größeren Arten, z. B. der Potto und große Buschbaby-Arten, ernähren sich von Früchten, die kleineren Arten überwiegend von Insekten. *Euoticus* (Gabun, Kamerun) lebt von Rindensäften und harzhaltigen Bestandteilen der Baumrinde.

Die unteren Inzisiven bilden, wie bei Lemuriformes, oft zusammen mit dem unteren Eckzahn einen „Kamm", d. h. die schlanken, spitzen unteren Schneidezähne und Eckzähne sind weit nach vorn geneigt und werden intensiv bei der Fellpflege eingesetzt. Dieser Kamm wird von der großen, gefransten Unterzunge von Haaren und Epithelresten gereinigt. Trotz zahlreicher Eigenmerkmale spricht die Gesamtanalyse der vorliegenden morphologischen, molekularbiologischen und biogeografischen Befunde dafür, dass Lorisiformes und die im Folgenden knapp dargestellten Lemuriformes eine gemeinsame Wurzel in Afrika haben und Schwestergruppen sind.

2. Lemuriformes: nur auf dem ökologisch sehr vielfältigen Madagaskar. Dort sind sie – abgesehen vom Menschen, der seit über 1000 Jahren auf dieser Insel lebt – die einzigen Primaten. Ihnen werden zugezählt:

- die Daubentoniidae, heute nur noch mit einer in höchstem Maße bedrohten Art, *Daubentonia madagascariensis*, dem Fingertier. *Daubentonia* lebt nächtlich, versteckt, unauffällig und allein, ernährt sich von Früchten und Insektenlarven und besitzt so viele anatomische Besonderheiten, z. B. Nagegebiss und leistenständige Milchdrüsen, dass sie innerhalb der Lemuriformes sehr isoliert ist;
- die Cheirogaleidae (Katzenmakis, z. B. mit *Microcebus*, dem Mausmaki, *Cheirogaleus* und *Mirza*);

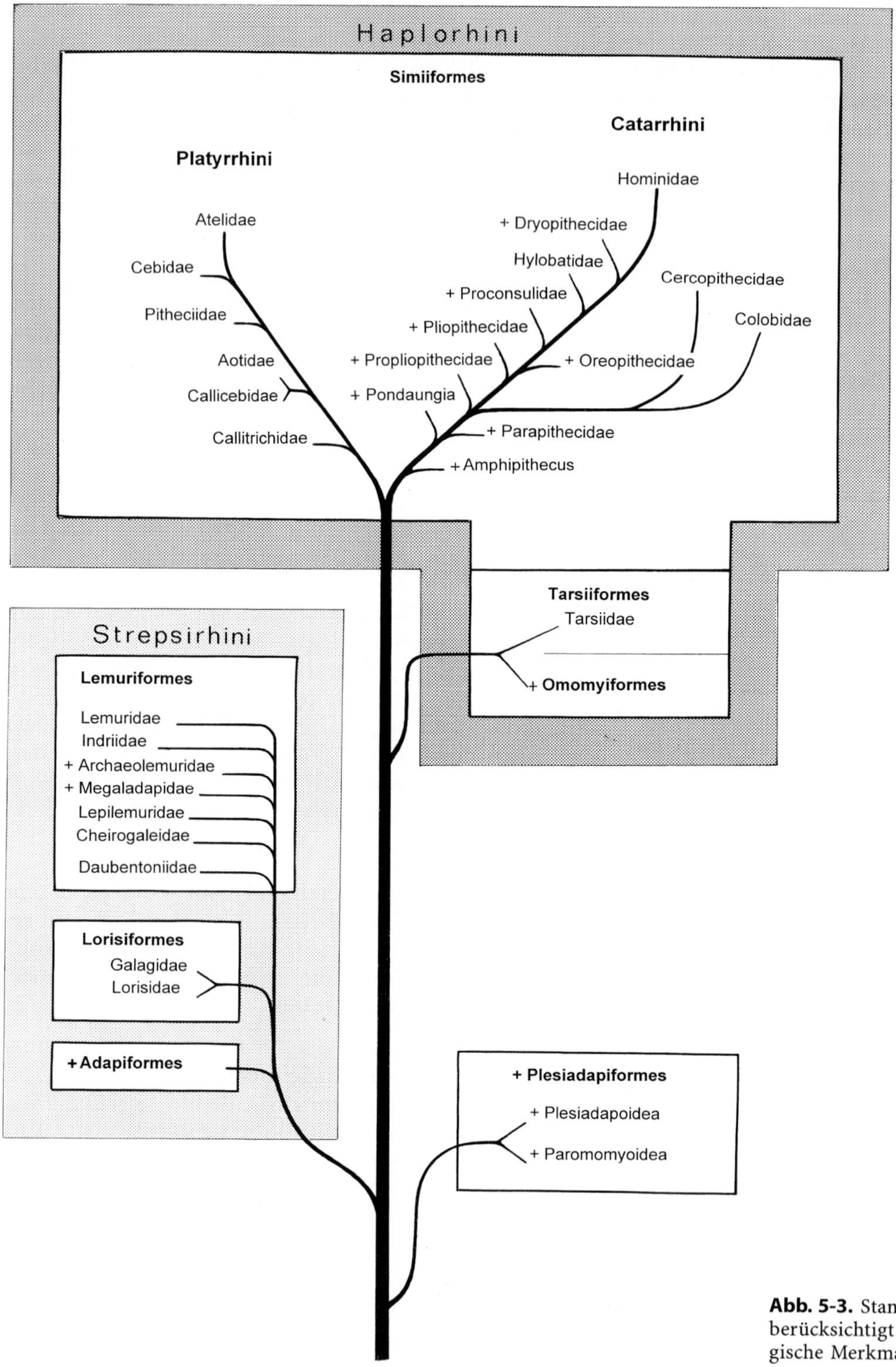

Abb. 5-3. Stammbaum der Primaten, berücksichtigt vor allem morphologische Merkmale

- die Lepilemuridae (mit *Lepilemur*, dem Wieselmaki, wird oft mit dem ausgerotteten *Megaladapis* in Beziehung gebracht, s. unten);
- die Indriidae (Indris und Sifakas, Vertikalkletterer mit ausgezeichnetem Sprungvermögen, *Propithecus* kann ausnahmsweise am Boden biped aufrecht laufen);
- die Lemuridae (echte Lemuren, Abb. 5-4 mit den Gattungen *Lemur, Hapalemur, Varecia* und *Eulemur*).

Die Lemuriformes ernähren sich von Früchten, Blüten, Blättern und Insekten. In den Gruppen der Lemuridae dominieren die Weibchen über die Männchen.

Aus dem Holozän Madagaskars ist eine reiche Fauna z.T. erst vor ca. 1000 Jahren ausgestorbener Lemuriformes bekannt geworden. Das Aussterben korreliert mit der Besiedelung Madagaskars durch den Menschen, d.h. diese Halbaffen wurden ausgerottet. Unter ihnen fanden sich sowohl Lemuridae als auch in besonders reichem Maß Indriidae. Zum Teil waren diese Formen so groß wie Gorillas und erreichten das Evolutionsniveau von Affen (Schädel, Gehirn, Orbita). Es gab eine Reihe bodenlebender Arten *(Archaeolemur, Hadropithecus,* wahrscheinlich *Archaeoindris)*, welche die ökologische Stelle der Makaken und Paviane einnahmen, habituell bärenähnliche Formen *(Megaladapis*, vermutlich baum- und bodenlebend) und Formen, die sich wohl wie Faultiere entlang größerer Zweige bewegten (*Palaeopropithecus*). Das biologische und ethische Desaster der Ausrottung dieser Primaten zeigt uns, wie wertvoll und gefährdet die überlebenden Lemuriformes auf Madagaskar sind.

3. Tarsiiformes: Inselwelt Südostasiens, 4 oder 5 Arten der Gattung *Tarsius* (Gespenstmaki = Koboldmakis, Abb. 5-4). Kleine nachtaktive Waldbewohner mit außergewöhnlich großen Augen und an spezielles Sprungvermögen angepasstem Bewegungsapparat der Beine und Füße. Sie leben paarweise und ernähren sich von Insekten und kleinen Wirbeltieren, z.B. Eidechsen.

4. Simiiformes (Simiae): alle höheren Affen, umfassen zwei Gruppen, die Platyrrhini und die Catarrhini.

a. Platyrrhini, Neuweltaffen (= Breitnasenaffen): Zentral- und Südamerika, Anzahl der Familien umstritten, was an der unterschiedlichen Bewertung der Merkmale der zahlreichen Gattungen liegt. In den vergangenen Jahrzehnten wurden oft nur zwei Familien anerkannt (Cebidae und Callitrichidae), andere Klassifikationen schufen dagegen sechs oder sieben Familien für die ca. 50 (nach anderer Auffassung ca. 70) südamerikanischen Primatenarten. Eine neuere Systematik der Neuweltaffen, die sich bemüht, sowohl morphologische als auch molekularbiologische Befunde zu berücksichtigen, unterscheidet zwei Familien: Cebidae und Atelidae. Den Cebidae werden danach die Callitrichinae (mit den Gattungen *Callithrix, Cebuella, Leontopithecus, Saguinus* [Abb. 5-4] und *Callimico*) und die Cebinae (mit *Saimiri* und *Cebus*) zugezählt. Die Atelidae umfassen die Aotinae (mit *Aotus* [Abb. 5-4] und *Callicebus*), die Pitheciinae (mit *Chiropotes, Pithecia* und *Cacajao*) und die Atelinae (mit *Alouatta, Ateles* [Abb. 5-4], *Brachyteles* und *Lagothrix*).

Es wird immer umstritten bleiben, ob einer Gruppe der Rang einer Familie (z.B. Pitheciidae) oder Unterfamilie (Pitheciinae) zugebilligt wird, und bei den südamerikanischen Affen ist die Bewertung und Einordnung der Krallenäffchen besonders umstritten. Auch die Zahl der südamerikanischen Affenarten sowie die Bewertung der Gattungen *Aotus, Callicebus, Alouatta* und anderer sind kontrovers. Hier liegt noch erheblicher Forschungsbedarf vor. Im Folgenden werden die südamerikanischen Affen in 6 Gruppen eingeteilt, jeweils mit dem Rang einer eigenen Familie.

- Cebidae (Kapuzineraffen [*Cebus*], Totenkopfaffen [*Saimiri*]);
- Callitrichidae (Springtamarins mit der Gattung *Callimico*, und Krallenäffchen mit den Gattungen *Callithrix, Leontopithecus, Mico, Cebuella* und *Saguinus*);
- Aotidae (Nachtaffen [*Aotus*]);
- Callicebidae (Springaffen [*Callicebus*]);
- Pitheciidae (Uakaris [*Cacajao*], Satansaffen [*Chiropotes,*] Sakis [*Pithecia*]);
- Atelidae (Wollaffen [*Lagothrix, Oreonax*], Spinnenaffen [*Brachyteles*], Klammeraffen [*Ateles*] Brüllaffen [*Alouatta*]).

Abb. 5-4 a–i. Auswahl nicht-hominider Primaten. **a** *Lemur*, **b** *Arctocebus*, **c** *Tarsius*, **d** *Saguinus*, **e** *Aotus*, **f** *Ateles*, **g** *Cercopithecus*, **h** *Theropithecus*, **i** *Colobus*

Cebus, der Kapuzineraffe, zeigt viele Besonderheiten, die vermuten lassen, dass diese Gattung eine lange Eigenentwicklung hinter sich hat; z. B. ist das Muster der Hirnwindungen recht ursprünglich, andererseits sind sie sehr intelligent und geschickt und gebrauchen nicht selten Werkzeuge. *Cebus* besitzt einen Greifschwanz, der aber anders strukturiert ist als der der Atelidae und wohl eine Eigenentwicklung darstellt. Adulte Totenkopfäffchen besitzen keinen Greifschwanz, junge Tiere zeigen noch eine Andeutung davon. Das bekannte Totenkopfäffchen (*Saimiri*, Systematik sehr umstritten: 2 bis 7 Arten) lebt oft in Gruppen von 25 bis 50 Tieren, z. T. wurden Großgruppen von einigen Hundert Tieren beobachtet. Die Gruppen umfassen viele Männchen und viele Weibchen, die Tiere sind wahrscheinlich polygam. Die Männchen sind i. a. größer als die Weibchen und werden vor der Fortpflanzungszeit auffallend fett; sie betreuen die Jungtiere nicht. Auffallend ist, dass *Saimiri* kaum Aggressivität gegen andere Gruppenmitglieder zeigt („egalitäre" Gesellschaft). Lediglich in der Fortpflanzungszeit gibt es bei diesen friedfertigen Tieren Auseinandersetzungen und Streit.

Anatomische Spezialisierungen weisen z. B. die Brüllaffen mit ihrem einzigartigen großen Zungenbein- und Kehlkopfapparat auf, wobei sie andererseits recht primitiv strukturierte Molaren und Prämolaren besitzen, oder die Klammer- und Spinnenaffen mit ihren langen Extremitäten und einer Hakenhand mit rückgebildetem Daumen. Die Atelidae besitzen einen echten Greifschwanz mit großem motorischen und sensorischen Repräsentationsfeld in der Großhirnrinde. Bei *Pithecia*, *Cacajao* und *Chiropotes* bilden die oberen und unteren schlanken Schneidezähne ein „Pinzettengebiss", sie ernähren sich von Samen und oft harten Früchten. Die Aotidae weisen viele ursprüngliche Merkmale auf, wobei *Callicebus* die primitivere Gattung ist, vor allem in Hinsicht auf die Zahnmorphologie. *Aotus* ist wohl sekundär nachtaktiv. Sowohl *Aotus* als auch *Callicebus* leben monogam.

Besonders umstritten ist bis heute die Bewertung der kleinen Callitrichiden. Sind sie ursprüngliche oder sekundär verkleinerte Formen, die sich aus eher *Cebus*-ähnlichen Arten entwickelt haben. Sie werden in manchen Klassifikationen auch nur als Unterfamilie der Cebidae geführt. Vermutlich sind ihre Krallen, die auch Tegulae genannt werden, eine sekundäre Entwicklung, die auf Nägel zurückgeht. Die Callitrichidae tragen diese Krallen auf fast allen Zehen, nur auf der Großzehe findet sich ein Nagel. Die Krallen sind eine Anpassung an das Leben an Stämmen und Ästen. Abgeleitet ist der Besitz von lediglich zwei Molaren in jeder Kieferhälfte (nur *Callimico* hat drei Molaren). Ihre Nahrung besteht aus Früchten, Blüten, Insekten (enthalten viel Phosphor), Nektar und Pflanzensäften (enthalten viel Calcium) aus der Rinde von Bäumen. *Callithrix* reißt Löcher in die Rinde, um an diese Pflanzensäfte zu gelangen. Interessant ist das variable Sozialleben der Krallenäffchen. Die Gruppengröße schwankt oft zwischen fünf und fünfzehn Tieren, und im Prinzip handelt es sich meist um Gruppen mit mehreren Männchen und mehreren Weibchen. Es wurde Polyandrie, Polygynie, Promiskuität, aber auch Monogamie beschrieben. In einer Gruppe hat i. a. nur ein Weibchen Junge und zwar Zwillinge. Eine Menstruation fehlt, der weibliche Zyklus dauert gut zwei Wochen, die Tragzeit währt vier bis fünf Monate. Bei der Aufzucht helfen nicht nur ältere Geschwister, sondern auch die Männchen und die nicht am Fortpflanzungsgeschäft beteiligten Weibchen (*communal rearing system*).

b. Catarrhini, Altweltaffen (= Schmalnasenaffen), Afrika, Asien, Europa (Mensch). Zwei Überfamilien: Cercopithecoidea (= Cynomorpha, Hundsaffen, Meerkatzenverwandte) und Hominoidea (= Anthropomorpha, Menschenaffen und Mensch).

Die **Cercopithecoidea** sind morphologisch und proteinbiochemisch eine recht homogene Gruppe und umfassen zwei Familien:

- die Colobidae (Stummel- und Schlankaffen [Languren], mit den Gattungen *Colobus* [Abb. 5-4], *Procolobus, Presbytis, Trachypithecus, Semnopithecus, Nasalis, Simias, Pygathrix, Rhinopithecus;* vor allem in Süd- und Südostasien, in Afrika nur die Gattung *Colobus* und *Procolobus*). Sie ernähren sich im Wesentlichen von Blättern und besitzen einen komplizierten Magen mit einer besonderen Kammer, in der Bakterien leben, die Zellulose abbauen und damit die Ausbeute an Nährstoffen verbessern.

- die Cercopithecidae (Meerkatzen, Makaken, Mangaben und Paviane mit den Gattungen *Cercopithecus* [Abb. 5-4], *Erythrocebus, Miopithecus, Allenopithecus, Cercocebus, Papio, Mandrillus, Theropithecus* [Abb. 5-4] in Afrika und *Macaca* mit einer Art in Nordafrika und mit zahlreichen Arten in Süd-, Ost- und Südostasien). *Macaca sylvanus* lebt in Marokko und auf Gibraltar; in den Warmzeiten des Quartärs kam diese oder eine unmittelbar verwandte Art auch in Deutschland vor. Die Cercopitheciden besitzen einfach gebaute Mägen, sie speichern Nahrung gern in ihren großen Backentaschen. Bei Pavianen und Makaken entwickelten die Weibchen im Genitalbereich bis hin zum After die sogenannte Genitalhaut, die zum Zeitpunkt der Ovulation besonders stark anschwillt. Die Weibchen sind dann für Männchen besonders attraktiv und fordern aktiv zur Kopulation auf.

Den **Hominoidea** werden derzeit zwei Familien mit rezenten Formen zugezählt, die auf S. 368 ausführlicher dargestellt werden:

- die Hylobatidae (Gibbons, Südostasien)
- die Hominidae (große Menschenaffen [Orang-Utan, Gorilla, Schimpanse und Bonobo] und Mensch).

Interessant ist, dass die heutigen Hominoiden recht unterschiedliche Lokomotionsmodi aufweisen (s. unten). Die Übereinstimmungen zwischen den großen Menschenaffen und dem Menschen sind zahlreich und gehen bis in Details wie z.B. ein freies Sigma (Endabschnitt des Dickdarms) und die Ausbildung einer Appendix vermiformis, also des Wurmfortsatzes am Blinddarm.

Es wurde immer wieder versucht, für die genannten vier großen Primatengruppen noch übergeordnete systematische Kategorien zu finden. So werden Lemuriformes und Lorisiformes sowie Tarsiiformes oft als **Halbaffen** (**Prosimiae, Prosimii**) zusammengefasst. Die Halbaffen entsprechen aber keiner echten systematischen Einheit, sondern nur einem gemeinsamen, z.T. relativ niedrigen Entwicklungsniveau. Verbreitet wird eine Zweiteilung der Primaten in **Strepsirhini** und **Haplorhini** vorgenommen. Erstere umfassen Lemuri- und Lorisiformes und sind u.a. durch die Struktur der Nase mit Rhinarium (unbehaarte Nasenspitze mit feuchter Schleimhaut, die sich in Form eines Streifens bis zum oberen Rand des Mundes ausdehnt) und relativ unbewegliche feste Oberlippe geeint. Gemeinsam ist ihnen weiterhin, dass ihre Augen ein Tapetum lucidum besitzen, was dafür spricht, dass der gemeinsame Vorfahr nachtaktiv war. Ihnen stehen die Haplorhini gegenüber, die u.a. durch trockene, behaarte Nasenspitze, behaarte, bewegliche Oberlippe und hämochoriale Plazentastruktur geeint sind. Die Fovea centralis spricht dafür, dass der gemeinsame Vorfahr tagaktiv war. Den Haplorhini werden Tarsier, Neu- und Altweltaffen (einschließlich Mensch) zugerechnet. Während die Haplorhini als phylogenetische Einheit auch heute meist anerkannt werden, blieb die Bewertung der Strepsirhini umstritten. Speziell molekularbiologische Analysen der letzten Jahre und auch Neubewertung morphologischer Daten lassen es aber derzeit als wahrscheinlich erscheinen, dass die Strepsirhini doch eine Einheit bilden.

Erwähnt werden müssen an dieser Stelle die **Spitzhörnchen** (Tupaias, Scandentia), die zeitweise den Primaten als ursprüngliche Formen zugezählt wurden, während sie heute meist als eigene Ordnung neben die Primaten gestellt werden. Sie sind baumlebend und kommen in Südostasien vor. Sie ähneln habituell entfernt Eichhörnchen und besitzen ein Mosaik von Merkmalen: ursprüngliche, die sie mit Primaten teilen, und abgeleitete eigene. Die Übereinstimmungen mit Primaten beruhen vermutlich auf gemeinsamen Vorfahren und auf primär ähnlicher Lebensweise und ähnlichem Lebensraum.

Im Allgemeinen wird vermutet, dass die Primaten von Insectivoren der Kreidezeit abstammen; interessant ist, dass die Flughunde einige primatenähnliche Merkmale besitzen.

5.2.6
Verwandtschaftsforschung in der Ordnung der Primaten mit Hilfe von Biochemie und Molekularbiologie

ÜBERSICHT

Vergleichen und Bewerten sind die grundlegenden Tätigkeiten eines Systematikers und Phylogenetikers. In der Vergangenheit beruhte die Systematik der Primaten weitgehend auf morphologischen Merkmalen fossiler und rezenter Arten. Bei letzteren wurden und werden auch physiologische oder ethologische Merkmale berücksichtigt. Heute wird das Spektrum der Merkmale durch molekulare Daten erweitert, z. B. proteinchemische Daten und Analysen der genetischen Distanz, wie sie sich aus Befunden von DNA-Hybridisierungsexperimenten ergeben. Molekulare und morphologische Daten sind keine Gegensätze, sondern sie ergänzen einander; Widersprüche sind Anreiz zu verstärkter Forschung.

Molekulare Daten sind außerordentlich nützlich, weil sie eine große Anzahl von Merkmalen zur Verfügung stellen, die leicht zu vergleichen sind. Ihre Bearbeitung kann mit Hilfe von Computerprogrammen erfolgen. Überdies erlauben sie, mit bestimmter Methodik, die genetische Distanz zwischen den Arten zu berechnen. Eine sehr wichtige Methode ist in diesem Zusammenhang die DNA-Sequenzierungstechnik (s. Kap. 3). Je kleiner die genetische Distanz (d. h. je größer die DNA-Übereinstimmung), desto enger ist die Verwandtschaft zwischen zwei Arten. Es wird i. a. angenommen, dass die Geschwindigkeit, mit der sich die genetische Distanz innerhalb einer Verwandtschaftsgruppe ändert, ziemlich konstant ist. Wenn die Daten der genetischen Distanz mit gut datiertem Fossilmaterial in Beziehung gesetzt werden, lässt sich berechnen, vor wie vielen Jahren sich zwei verglichene Arten vom letzten gemeinsamen Vorfahren getrennt haben. In die Dimension der Zeit umgerechnet, ergibt z. B. der **DNA-Vergleich** von Schimpanse und Mensch, dass sich diese zwei Taxa vor ca. 6,6 Mio. Jahren getrennt haben. Der letzte gemeinsame Vorfahr von Mensch und Gorilla lebte vor ca. 9 Mio. Jahren, der von Mensch und Orang-Utan vor ca. 15 Mio. Jahren. Unsere Gesamt-DNA unterscheidet sich nur um ca. 1,6% von der Gesamt-DNA des Schimpansen. Interessant ist in diesem Zusammenhang, dass sogar 60% der DNA der Fruchtfliege *Drosophila* mit der des Menschen übereinstimmt. Zum Konzept der molekularen Uhr s. S. 252.

Eine Phylogenie-Rekonstruktion, die auf dem Cytochrom-b-Gen basiert (Abb. 5-5), zeigt, dass Bonobo und Schimpanse nahe verwandte Zwillingsarten sind, deren nächster Verwandter *Homo sapiens* ist. Dann folgen Gorilla und Orang-Utan (mit distinkten Unterarten auf Borneo und Sumatra).

Die geringen genetischen Unterschiede zwischen Mensch und Menschenaffen müssten eigentlich taxonomische Konsequenzen haben. Mehrfach wurde gefordert, zumindest Mensch und Schimpanse in eine gemeinsame Gattung zu stellen; ob man sich einer solchen Forderung wirklich anschließen muss, bleibt zu diskutieren.

DNA-Daten und Sequenzanalysen von Proteinen weisen i. a. gute Übereinstimmung auf. So machen die vergleichenden **proteinchemischen Daten** (Bauer u. Schreiber 1995) wahrscheinlich, dass sich Mensch und Schimpansen vor ca. 5,2 Mio. Jahren getrennt haben. Kurz zuvor, vor ca. 7,4 Mio. Jahren, trennte sich der Gorilla von der Linie Schimpanse/Mensch, während der Orang-Utan vermutlich bereits seit ca. 16 Mio. Jahren einen Eigenweg verfolgt. Entsprechenden vergleichenden proteinchemischen Befunden zufolge haben sich die Gibbons nur unwesentlich früher (vor 20,3 Mio. Jahren) von letzten gemeinsamen Vorfahren mit dem Menschen getrennt. Nach anderen molekularbiologischen Befunden haben sich die Gibbons zwischen 16 Mio. Jahren und 20 Mio. Jahren von der Linie zum Menschen getrennt. Diese Befunde verankern zwar die Gibbons in den Hominoidea, der Zeitpunkt der

Cytochrom-b-Gen

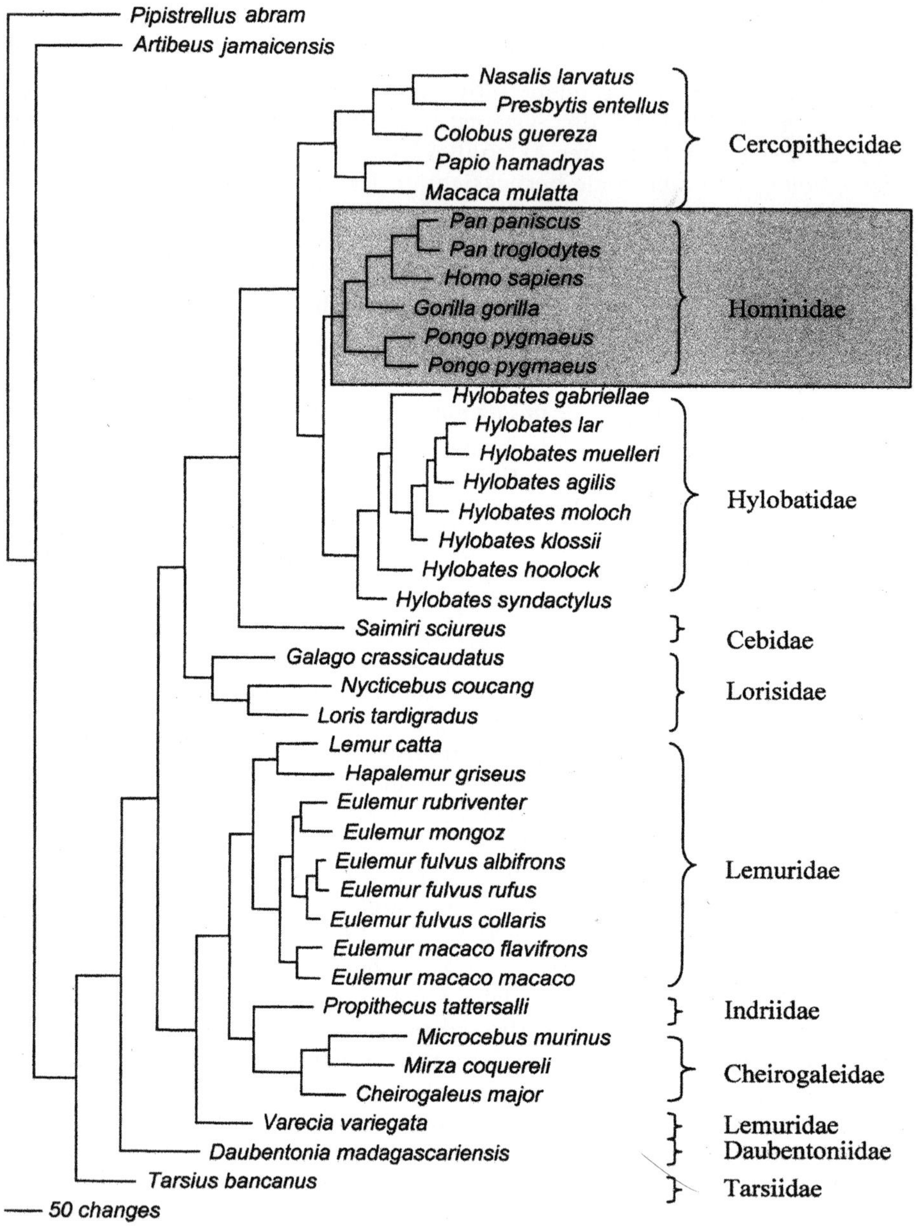

Abb. 5-5. Molekularer Primatenstammbaum auf der Grundlage der Analyse des Cytochrom-b-Gens

Trennung vom letzten gemeinsamen Vorfahren mit dem Menschen bedarf aber der Bestätigung durch andere Zweige der Wissenschaft.

Die folgenden Daten geben den Zeitpunkt der Trennung von *Homo* und nicht-hominoiden Primaten aufgrund von Berechnungen an, die auf proteinbiochemischen Befunden beruhen (berücksichtigt wurden 69 Proteine, nach Bauer und Schreiber 1996):

Trennung von *Homo* und *Papio/Macaca* (Paviane/Makaken) vor 31,4 Mio. Jahren, von *Homo* und *Cebus* (südamerikanischer Kapuzineraffe) vor 52,5 Mio. Jahren, von *Homo* und *Lemur* (madagassischer Halbaffe) vor 67,0 Mio. Jahren, von *Homo* und *Galago* (afrikanische Buschbabys) vor 73,3 Mio. Jahren.

5.3 Menschenaffen und Mensch (Hominoidea)

Mensch und Menschenaffen sind besonders eng verwandt (Abb. 5-5, Abb. 5-6). Im vorliegenden Kapitel sollen daher die Menschenaffen besonders herausgestellt werden. Die Kenntnis ihrer Morphologie, Physiologie und Lebensweise hilft auch dem Verständnis der biologischen Besonderheiten des Menschen. Diese hochdifferenzierten, engsten Verwandten des Menschen sind alle von der Ausrottung durch eben diesen Menschen bedroht. Je mehr wir über sie wissen, desto leichter sollte es uns fallen, die letzten Reste dieser Tierarten zu schützen.

Der Mensch gehört Altweltaffen (Catarrhini) an, die zwei Hauptlinien enthalten (s. oben):

- die Cercopithecoidea (Meerkatzenartige),
- die Hominoidea (Menschenartige).

Im Folgenden sollen die Hominoidea kurz dargestellt werden, wobei Lebensweise, Sozialstruktur und Reproduktionsbiologie besonders berücksichtigt werden, da diese Aspekte der lebendigen Menschenaffen, also unserer nächsten Verwandten, evolutionsbiologisch besonders interessant sind.

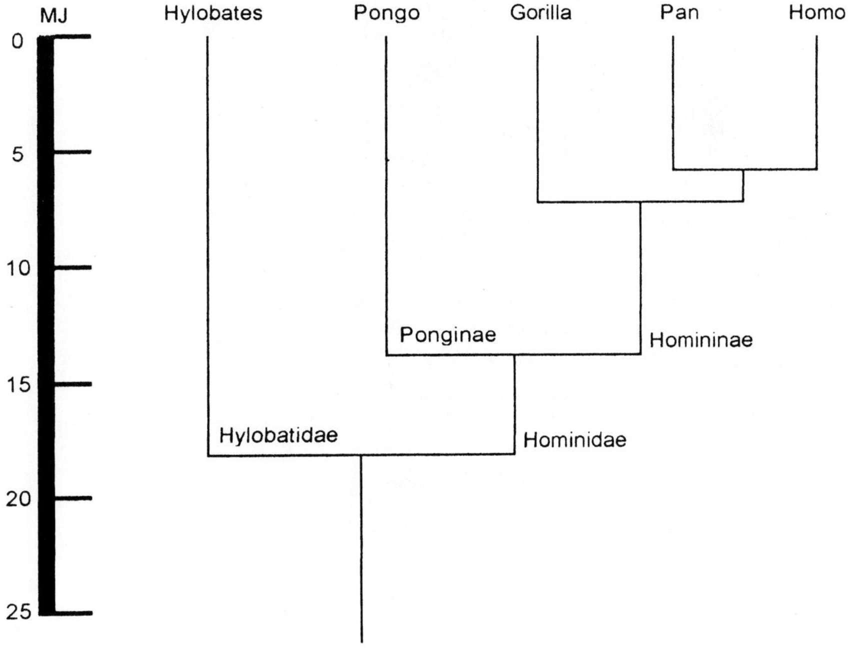

Abb. 5-6. Molekularer Stammbaum der Hominoidea

5.3.1 Gibbons

Die **Gibbons (Hylobatidae,** Abb. 5-7) bilden die erste Familie der Hominoidea und sind auf Südostasien beschränkt. Ihre Fossilgeschichte ist kaum bekannt, möglicherweise sind die miozänen Formen *Dionysopithecus* (China) und *Micropithecus* (Ostafrika) „Proto-Hylobatiden". Sie sind die „kleinen" Menschenaffen und umfassen heute 9 oder 10 Arten. Sie sind in vieler Hinsicht sehr spezialisierte, baumlebende, langarmige, schlanke Tiere ohne Schwanz. Als Schwinghangler können sie im freien Schwingflug bis zu 10 m überwinden, am Boden bewegen sie sich oft biped fort, wobei sie gelegentlich die Arme über den Kopf halten. Durchsicht größeren Skelettmaterials hat gezeigt, dass bei vielen Tieren verheilte Knochenbrüche vorliegen, so dass man annehmen kann, dass öfter Stürze vorkommen. Daumen und Großzehe sind weit abspreizbar und opponierbar (Abb. 5-2). An den Sitzbeinen kommen wie bei Cercopitheciden Sitzschwielen vor. Beide Geschlechter haben große Eckzähne. Das Gehirn ist nicht besonders hoch entwickelt.

Abb. 5-7 a–f. Rezente Hominoidea. **a** Gibbons, **b** Orang-Utan, **c** Gorilla, **d** Schimpanse, **e** Bonobo, **f** Mensch

Gibbons ernähren sich von Früchten, Blüten und Blättern, aber auch von Eiern, Vögeln und Insekten. Sie bauen keine Schlafnester.

Sie galten bisher als monogam und es war Lehrbuchwissen, dass das Sozialsystem der Gibbons praktisch lebenslang aus einem erwachsenen Männchen, einem erwachsenen Weibchen und bis zu vier Jungen besteht. Heute ist bekannt, dass das Sozialsystem der Gibbons flexibel ist (s. oben) und dass Partnerwechsel häufig vorkommen. Die Gibbons geben vor allem morgens weit hörbare Lautäußerungen von sich; dadurch sollen Territorien verteidigt werden. Die Gesänge erfolgen oft im Duett, wobei das Weibchen den Hauptteil übernimmt. Der Duettgesang ist beim Siamang besonders hoch differenziert und soll auch die Paarbindung intensivieren. Bei den meisten Gibbons singen Männchen auch „solo", insbesondere in der Morgendämmerung. Neuere Analysen (Sommer und Reichard 2000) zeigen, dass der biologische Sinn der Gesänge vermutlich darin besteht, auf recht verwickelte Art und Weise die Gesamtfitness der Partner zu testen. Die Gesänge haben einen deutlichen Bezug zur Attraktivität des Partners; „Monogamie", Paarungstreue und Fürsorge für die Jungen stehen keineswegs im Vordergrund. Manche Gibbons haben Kehlsäcke, die beim Siamang besonders groß sind und die den Gesängen eine recht raue Note verleihen. Die Dauer des weiblichen Zyklus beträgt ca. 28 Tage, die Schwangerschaft ca. 210 Tage, es wird ein Junges geboren, das mit ca. 1,5 bis 2 Jahren entwöhnt wird. Geschlechtsreife erfolgt mit 7 Jahren.

5.3.2 Höhere Menschenaffen

Die großen Menschenaffen (Orang Utan, Gorilla, Schimpanse) und der Mensch bilden die zweite Familie der Hominoidea, die **Hominidae**. Diese lässt sich in die Unterfamilien Ponginae (Orang-Utan und verwandte Fossilformen) und Homininae (die afrikanischen Menschenaffen, Mensch und verwandte Fossilformen) gliedern. Die hier vorgenommene, systematische Gliederung der Hominidae ist sicher nicht die einzig mögliche; v. a. in älteren Texten wird der Mensch gern allein in die Familie der Hominidae eingeordnet, und die drei großen Menschenaffen werden ebenfalls in einer eigenen Familie, den Pongidae, untergebracht, was aber die verwandtschaftliche Nähe der vier in Frage stehenden Gattungen (*Pongo, Gorilla, Pan* und *Homo*) nicht korrekt widerspiegelt. Interessant ist, dass alle großen Menschenaffen paarig angelegte – später z. T. median verschmelzende – Kehlsäcke ausbilden, die Lautverstärker und Resonatoren sind. Allen gemeinsam ist auch der Besitz eines kleinen Baculums (Penisknochens). Sie besitzen hochentwickelte Gehirne. Die folgende Tabelle zeigt das Hirngewicht bei großen Menschenaffen und Mensch (nach Schultz, 1969).

Art	Geschlecht	durchschnittliches Hirngewicht	Minimum–Maximum
Orang-Utan	Männlich	416 g	334–502 g
	Weiblich	338 g	276–425 g
Schimpanse	Männlich	381 g	292–454 g
	Weiblich	350 g	282–415 g
Gorilla	Männlich	535 g	412–752 g
	Weiblich	443 g	350–532 g
Mensch	Männlich	1350 g	1000–2000 g
	Weiblich	1250 g	

5.3.2.1 Orang-Utan

Der **Orang-Utan** (malaiisch und indonesisch: Waldmensch, wissenschaftlicher Name: *Pongo pygmaeus*, Abb. 5-7), einst weit über Südostasien verbreitet, lebt heute nur noch in zwei Unterarten auf Borneo und Sumatra. Seine Zahl hat durch die rücksichtslose Zerstörung seines Lebensraumes und die Verfolgung durch den Menschen so abgenommen, dass sein Aussterben befürchtet wird. Im Norden Sumatras, v. a. im Gunung-Leuser-Nationalpark, leben derzeit nur noch ca. 8000, auf Borneo ca. 10 000 bis 14 000 Tiere. Eine ganze Reihe von Populationen steht kurz vor der Ausrottung; allein zwischen 1985 und 1995 gingen für den Orang-Utan ca. 40 bis 50% seines Lebensraumes verloren. Öfter werden Mütter von Kleinkindern getötet, und das „niedliche" Kind wird dann eine Zeitlang – bis es lästig wird – von wohlhabenden Menschen gehalten.

Männliche Tiere werden gut 135 cm groß, weibliche 115 cm. Beide Geschlechter sind durch ein rötliches, langes, raues, aber spärliches Haarkleid gekennzeichnet. Die Männchen besitzen kennzeichnende große Backenwülste und angedeutete Kehlsäcke, die ihre lauten Rufe verstärken. Der Orang-Utan ist Baumbewohner und lebt zumeist als Einzelgänger. Nach neuer Auffassung gibt es jedoch lockere Verbände mit weit auseinander lebenden Weibchen und ihrem Kind sowie einem dominanten Männchen, dem mehrere Weibchenterritorien zugeordnet sind. Orang-Utans sind tagaktive Tiere, die für die Nacht ein Nest bauen; sie leben in Mangroven-, Regen- und Bergwäldern bis in eine Höhe von ca. 1000 m. Sie wandern am Tag bis 1000 m weit, wobei die Männchen weitere Streifzüge machen als die Weibchen. Der schmale Fuß wird meist in leichter Supinationshaltung aufgesetzt. Sie fressen vorwiegend Früchte und andere pflanzliche Nahrung. Der weibliche Zyklus dauert 28 Tage, die Schwangerschaft um 245 bis 250 Tage. Meist wird ein Kind geboren, das im Alter von 2 bis 3 Jahren entwöhnt wird. Im Freien werden Orang-Utans vermutlich 40 bis 50 Jahre alt. Anatomisch weist der Orang-Utan ursprüngliche und abgeleitete Merkmale auf. Ursprünglich sind Züge der Muskulatur und die Zahl der Fußwurzelknochen (acht statt sieben). Abgeleitet sind die Extremitäten, der weit hinten stehende große Zeh, der kleine Daumen, die fast in gleicher Ebene liegenden Augen und die schmale Zwischenaugenregion.

Gegen eine enge Beziehung zwischen Orang-Utan und Mensch, wie sie immer wieder einmal behauptet wird, sprechen nicht nur anatomische, sondern auch molekulare Unterschiede. Dagegen haben gerade biochemische (DNA, viele Proteine, z. B. Hämoglobin) und cytogenetische Vergleiche immer wieder eine enge Beziehung zwischen Schimpanse und Gorilla einerseits und dem Menschen andererseits gezeigt.

5.3.2.2 Gorilla

Der **Gorilla**, heute der Riese unter den Primaten (Abb. 5-7), ist in den Proportionen der Gliedmaßen, seinem breiten Becken, im Bau von Händen und Füssen (Abb. 5-2) und hinsichtlich der mimischen Muskulatur dem Menschen ähnlicher als andere Menschenaffen. Er entfernt sich von diesem jedoch durch seine Größe und die Verlängerung seiner Gesichtspartie einschließlich der Nasenbeine und zeigt im Übrigen viele ursprüngliche Züge. Er lebt heute in drei räumlich getrennten Formen in Zentralafrika, wobei umstritten ist, ob es sich um drei Unterarten einer Art oder um zwei Arten handelt, von denen eine zwei Unterarten ausbildet. Im ersten Fall würde die systematische Gliederung so aussehen, dass die eine Art *Gorilla gorilla* drei Unterarten bildet, *G. gorilla gorilla* (Flachlandgorilla, Zentralafrikanische Republik, Kamerun, Äquatorial-Guinea, Nigeria, Gabun, Kongo-Brazzaville), *G. gorilla graueri* (Osten der Demokratischen Republik Kongo) und *G. gorilla beringei* (Berggorilla, Grenzregionen Uganda, Ruanda, Demokratische Republik Kongo). Im zweiten Falle würde der Flachlandgorilla die Art *Gorilla gorilla* umfassen, während die beiden östlichen Formen als Unterarten einer Art *Gorilla beringei* aufzufassen sind. Der Gorilla ist in sehr hohem Maße durch Vordringen des Menschen, Folgen politischer Wirren und Zerstörung seines Lebensraumes gefährdet. Vom Berggorilla existieren noch ca. 600 Tiere, von *G. gorilla graueri* um 8000 Tiere, vom Flachlandgorilla vielleicht noch 100 000 Tiere. Jagd und Tötung des Gorillas (und anderer Primaten) zur Ernährung von Menschen zeigt einen seltenen Tiefstand der Zivilisation an.

Gorillas werden ca. 140 cm (Weibchen) bis 160 cm (Männchen, selten bis fast 2 m) groß. Männliche Tiere können im Freiland bis 260 kg, weibliche Tiere bis 95 kg schwer werden. In Zoos sind die Tiere oft pathologisch adipös. Die westliche Flachlandform hat ein braungraues, die östlichen Formen besitzen ein schwarzes Fell. Ausgewachsene Männchen haben einen silbergrauen Rückensattel. Die Gorillas sind tagaktiv und bauen Tages- und Nachtnester. Besonders der Berggorilla ist weitgehend Bodenbewohner, der Flachlandgorilla kann z. T. auch auf Bäumen leben. Es werden ganz unterschiedliche Waldformationen bis hin zu Wiesen- und Strauchlandschaften bewohnt. Die Tiere durchstreifen langsam ihr Wohngebiet, wobei sie sich auf allen vieren fortbewegen. Die Füße setzen mit der Sohle auf, die Hände werden mit den

Fingerknöcheln aufgesetzt. Alle Gorillas sind Pflanzenfresser, tierische Nahrung macht weniger als 1% aus (v.a. Insekten). Sozial sind sie in Haremsgruppen organisiert. Diese umfassen oft ca. 10 Tiere mit einem voll ausgewachsenen männlichen Tier (Silberrücken), 4 bis 5 Jungtieren und 5 anderen adulten Tieren, überwiegend Weibchen. Es kommen aber auch Gruppen mit mehreren adulten Männchen vor, vereinzelt auch Männergruppen. Ein alter Haremsboss kann vertrieben werden und wird dann oft durch einen Sohn ersetzt. Es wurde beobachtet, dass der neue Anführer des Harems die Kinder seines Vorgängers tötet (Infantizid), die weiblichen Tiere werden beim Gorilla verschont. Männliche Gorillas imponieren durch Aufrichten, Brusttrommeln und Herumlaufen in aufgerichteter Haltung.

Der weibliche Zyklus dauert 28 Tage, die Schwangerschaft um 260 Tage, i.a. wird ein Kind geboren, das mit 2 bis 4 Jahren entwöhnt wird. Geburtenabstand in ungestörten Regionen 4 bis 5 Jahre. In Freiheit können Gorillas ca. 35 bis 40 Jahre alt werden.

5.3.2.3 Schimpanse

Der **Schimpanse** (*Pan troglodytes*, Abb. 5-7) ist in vielen anatomischen, biochemischen und auch ethologischen Merkmalen besonders menschenähnlich; Beispiele sind zeitiger Verschluss der Zwischenkiefernaht und die Morphologie der Schneide- und Backenzähne und des Brustbeins. Der Schimpanse ist abgeleitet in Merkmalen, die mit seinem gut entwickelten Sprungvermögen und dem Schwinghangeln zusammenhängen, z.B. hinsichtlich Bau des Beckens und Verlängerung der Finger, die eine Hakenhand bilden. Er lebt in drei heute weit voneinander getrennten Unterarten von Guinea bis zum Tanganjika-See: *Pan troglodytes verus* (westafrikanischer Schimpanse, nur noch Restbestände, noch ca. 10000 Tiere an der Elfenbeinküste, in Guinea, Sierra Leone, Liberia, Mali und Ghana). *P. troglodytes troglodytes* (zentralafrikanischer Schimpanse, noch ca. 80000 Tiere in Gabun, Kamerun, Kongo-Brazzaville, Äquatorial-Guinea), *P. troglodytes schweinfurthii* (ostafrikanischer Schimpanse, noch ca. 12000 Tiere im Norden und Osten der Demokratischen Republik Kongo, nördlich und östlich des Kongoflusses, bis zum Tanganjika-See, Restbestände in Burundi, Ruanda und Uganda). Das ehemalige Verbreitungsgebiet wird immer weiter eingeengt und fragmentiert. Auch Schimpansen werden von Menschen abgeschossen und gegessen. Natürliche Feinde sind am ehesten Leopard und Löwe. Das Gesicht der Adulten ist bei den einzelnen Unterarten unterschiedlich pigmentiert, bei den westafrikanischen Schimpansen ist es stets relativ dunkel, bei den zentral- und ostafrikanischen dagegen i.a. zunächst hell, wird aber mit dem Alter dunkler und ist dann oft fleckig gezeichnet. Das Fell ist schwarz, wird aber im Alter im Lumbalbereich grau und am Kinn weißlich. Alte Tiere, besonders bei der zentralafrikanischen Unterart, neigen zu Glatzenbildung. Männchen werden ca. 120 cm, Weibchen 110 cm groß. Schimpansen sind tagaktiv und bauen Tag- und Nachtnester, sie leben die Hälfte der Zeit am Boden, die andere in Bäumen. Sie kommen in dichten Regenwäldern, aber auch in Savanne und Grasland vor und durchstreifen ihre Wohngebiete. Am Boden bewegen sie sich i.a. auf allen vieren fort, wobei wie beim Gorilla die Füße flach aufgesetzt werden und die Hände mit den Knöcheln den Boden berühren. Sie richten sich oft auf und stehen dann auf zwei Beinen, um die Umgebung zu beobachten. Der Daumen ist wie bei Gorilla und Orang-Utan opponierbar, ist jedoch relativ klein und wird etwas seltener als beim Gorilla zum Manipulieren von Gegenständen gebraucht. Zweiter bis vierter Finger sind lang und bilden einen Haken, der beim Hangeln im Geäst eingesetzt wird. Schimpansen ernähren sich weitgehend von Pflanzen, nehmen aber regelmäßig auch tierische Nahrung zu sich, indem sie z.B. kleinere Affenarten, u.a. *Colobus badius*, und kleinere Antilopen erlegen, oder auch verschiedene Insekten zu sich nehmen. Es wurde auch Kannibalismus beobachtet. Sie leben in größeren Gruppen, die sich aber leicht in Untergruppen (*parties*) auflösen. Weibchen gehen oft allein oder mit Kindern auf Nahrungssuche. Ständig gibt es intensive Auseinandersetzungen, besonders zwischen Männchen, die oft Halbbrüder sind. Oft entwickelt sich ein Männchen zum Gruppenführer. Schimpansen sind stimmfreudig und besitzen ausgedehnte laryngeale Luftsäcke. Sie können einfache Werkzeuge herstellen und nutzen: z. B. Holzstäbe zum Insektenfang, Hammer und Amboss (aus Stein) zum Nüsseknacken; einzelne Gruppen können jeweils eigene Traditionen (Kulturen) entwickeln; an der Jagd beteiligen sich vor allem Männchen, am Sammeln vor allem Weibchen; die Nahrung wird oft geteilt. Benachbarte Gruppen können sich bekämpfen (Proto-Kriegsführung) bis hin zur Ausrottung einer ganzen Gruppe. Paare gehen unterschiedlich feste Bindungen ein, vielfach herrscht Promiskuität. Die Aufforderung zur Paarung kann vom Weibchen oder vom Männchen ausgehen. Ein Weibchen im Östrus kann nacheinander von bis zu sieben Männchen begattet werden. Es gibt aber offensichtlich auch Paarbindung. Aus solchen festen Bindungen sollen mehr Kinder entstehen als aus promiskuitivem Geschlechtsverkehr. Der weibliche Zyklus dauert ca. 33 Tage, die Schwangerschaft ca. 230 Tage. Meist wird ein Kind geboren. Entwöhnung mit 4 Jahren, jedoch bleiben Kinder oft noch Jahre bei der Mutter; auffällig sind zyklische ano-genitale Schwellungen der Weibchen.

5.3.2.4 Bonobo

Der **Bonobo** (Zwergschimpanse, *Pan paniscus*, Abb. 5-7) lebt im Waldgebiet südlich des großen Kongobogens in der Demokratischen Republik Kongo, wobei die Mehrzahl der Tiere (genaue Zahlen sind nicht bekannt, vielleicht nur noch einige Tausend, der Bestand reduziert sich rapide) im ca. 3000 km^2 großen Gebiet zwischen den Flüssen Yekokora und Lomako lebt. Der Bonobo ist etwas schlanker, ähnelt jedoch ansonsten den Schimpansen. Männchen werden ca. 120 cm, Weibchen ca. 110 cm groß. Das Gesicht ist stets dunkel, die sehr beweglichen Lippen sind i. a. rot. Bonobos sind tagaktiv, bauen Tag- und Nachtnester, leben die meiste Zeit auf Bäumen und ernähren sich ganz überwiegend von Pflanzen. Tiernahrung macht nur ca. 0,1% der Nahrung aus (Insekten, kleine Säuger, Reptilien u. a.). Sie leben in lockeren Gruppen und streifen langsam durch ihr Wohngebiet. Das Sozialleben wird stark von den Weibchen geprägt. Viel Interesse hat das bunte Sexualleben der Bonobos gefunden: es kommen heterosexuelle Kontakte (mit Bauch-zu-Bauch-Paarungen), homosexuelle Kontakte (zwischen Männchen mit „Penis-Fechten“ und zwischen Weibchen mit genito-genitalem Reiben der Clitoris) und Kontakte zwischen Männchen und Kindern vor. Verbreitet ist auch autosexuelles Verhalten. Es existieren Verbindungen von Weibchen, die häufig miteinander sexuelle Kontakte pflegen und die gegenüber männlichen Tieren dominant sind. Es sind aber auch feste Einzelpaare beobachtet worden. Kaum Werkzeugherstellung, weniger aggressives Verhalten als bei Schimpansen. Weiblicher Zyklus und Fortpflanzung im Prinzip ähnlich wie beim Schimpansen, der Zyklus soll aber im Freiland ca. 45 Tage dauern.

5.3.3 Mensch

Der **Mensch** (*Homo sapiens*) besiedelt heute mit über 6 Mrd. Individuen mit Ausnahme der Antarktis alle Kontinente, seine Zahl vermehrt sich rasant und dramatisch, was mit Abstand die größte Gefahr für den Lebensraum Erde darstellt (S. 429).

5.3.3.1 Bewegungsapparat, Reproduktion

Der Mensch (Abb. 5-7) ist im Vergleich mit den Menschenaffen vor allem durch seinen **Bewegungsapparat** und in Zusammenhang damit durch den **bipeden, aufrechten Gang**, sowie die außerordentlichen Leistungen seines großen **Gehirns** gekennzeichnet. Fuß, Beine, Wirbelsäule und Becken sind in vielen Details an den aufrechten Gang angepasst. Schnelles Laufen, bei dem der Fuß nur mit dem Ballen aufgesetzt wird, erfolgt mit einer Geschwindigkeit von ca. 45 km/h; weiteste Sprünge erreichen ca. 9 m; beim Schwimmen können Geschwindigkeiten von 8 km/h erreicht werden. Die obere Extremität ist zusammen mit der Hand aus dem Funktionskreis Fortbewegung weitgehend befreit und steht für andere Funktionen zu Verfügung,

z. B. Werkzeugherstellung und -gebrauch, Schreiben und Gestik (S. 355).

Das Körpergewicht eines Erwachsenen beträgt i. a. um 70 kg. Die durchschnittliche Körpergröße schwankt zwischen 142 cm (Pygmäen) und 190 cm (manche Niloten im südlichen Sudan). Der Geschlechtsunterschied hinsichtlich Körpergröße ist beim Menschen und Schimpansen sehr viel geringer als bei Gorilla und Orang-Utan. Die Haut des Menschen ist wenig und spärlich behaart und ganz unterschiedlich pigmentiert. Zum Stimmapparat als eine wesentliche Komponente der Sprache s. S. 378.

Die Schwangerschaft beträgt 275 bis 281 Tage, das Geburtsgewicht ist mit ca. 3 kg recht hoch – beim Gorilla liegt es bei nur 1 kg. Die Geburt birgt für jede Mutter Gefahren in sich. Vor Entwicklungen der modernen Medizin starben recht viele Mütter bei der Geburt, was für Menschenaffen kaum zutrifft. Die Menopause, die letzte Regelblutung, befreit die Frau von diesen Gefährdungen. Das relativ abrupte Ende der Fortpflanzungsperiode und der lange postmenopausale Lebensabschnitt der Frau sind typisch für den Menschen und versetzen Frauen in die Lage, Töchtern oder Geschwistern bei Aufzucht und Erziehung von deren Kindern zu helfen oder besondere Aufgaben in der Gesellschaft zu erfüllen; all dies stellt auch aus evolutionsbiologischer Sicht einen Vorteil dar. Vergleichbares gibt es bei Elefanten, bei denen sogar die Gruppe regelmäßig von einem alten Weibchen geführt wird (Matriarchat).

Kennzeichnend für den modernen Menschen ist, dass er recht alt wird. Es wird vermutet, dass diese Verlängerung des Lebens erst vor ca. 40 000 bis 50 000 Jahren einsetzte. Cro-Magnon-Menschen wurden wahrscheinlich ca. 60 Jahre alt, wohingegen Neandertaler kaum älter als 40 wurden. Physiologische Umstellungen, u. U. verbesserte Selbstheilungskräfte in unserem Körper und verbesserte Lebensbedingungen durch den kulturellen Aufstieg waren wohl die Ursache für das höhere Lebensalter. Alte waren primär aufgrund ihrer Erfahrungen geachtet, und es war vorteilhaft, Alte in der Gemeinschaft zu haben. Auch heute und auch in der Gesellschaft der westlichen Welt sind natürlich soziale und andere Lebenserfahrungen vieler älterer und alter Menschen wesentlich und wertvoll (s. auch Dittmar und Henke 1998).

5.3.3.2 Gehirn

Das am schwersten zu verstehende Organ des Menschen ist sein **Gehirn.** Es hat sich in gut 2 Mio. Jahren stürmisch entwickelt und ist das Substrat aller höheren kognitiven Leistungen. Das Gehirn des Menschen unterscheidet sich zwar in der Grundstruktur nicht von dem der Affen, jedoch ist die gewaltige Zunahme des Volumens der Großhirnrinde und der mit ihr in Beziehung stehenden anderen Hirnstrukturen einmalig. Außerdem sind in der Großhirnrinde des Menschen Nervenzell- und Synapsendichte sehr hoch und die Komplexität der Verbindungen ist unüberschaubar groß. Das spezifisch Menschliche in Bezug auf das Gehirn scheint also im Quantitativen und in der extremen Komplexität zu liegen.

Das **Gehirngewicht** schwankt üblicherweise ungefähr zwischen 1250 und 1350 g (Extreme sind 1000 und 2000 g). Es besteht innerhalb der normalen Variationsbreite keine Beziehung zwischen Hirngewicht und Intelligenz. Das Hirngewicht der Männer liegt im Durchschnitt bei 1350 g, das der Frauen bei ca. 1250 g und macht somit ca. 2 % des Körpergewichts aus; das Gehirn beansprucht jedoch ca. 20 % des Grundumsatzes.

Während der Ontogenese des Menschen erfährt sein Gehirn einen sehr eindrucksvollen Größen- und Gewichtszuwachs. Bei der Geburt wiegt es ca. 350 bis 400 g, im Alter von 5 Jahren ca. 1200 bis 1300 g; zu diesem Zeitpunkt hat es ungefähr 90% des Endgewichts, wie es bei jungen Erwachsenen vorliegt, erreicht. Das nachgeburtliche Wachstum des Gehirns beruht im Wesentlichen auf der zunehmenden Verzweigung und Verknüpfung der Nervenzellfortsätze und auf Vermehrung der Glia. In den ersten Lebensjahren entwickelt sich parallel zu Hirnwachstum und -differenzierung auch das unglaublich komplexe und an Varianten besonders reiche Verhalten des Menschen mit allen seinen Komponenten. Ab dem 60. Lebensjahr tritt eine geringe (ca. 3%) Abnahme des Hirnvolumens mit wahrscheinlich nur relativ geringem Rückgang der Neuronenzahl ein.

Die Abnahme des Hirnvolumens beim biologischen Altern beruht möglicherweise auf einem Rückgang der Zahl der synaptischen Verknüpfungen, unterschiedlichen biochemischen Veränderungen, mehr oder weniger stark ausgeprägten Durchblutungsstörungen und weiteren, wenig verstandenen Prozessen. Das Ausmaß solcher Altersveränderungen schwankt individuell sehr stark.

Da das Hirngewicht bei Fossilformen i.a. nicht bestimmt werden kann, wird bei diesen das Volumen des Schädelbinnenraums gemessen (**Schädelkapazität**). Die Messung der Schädelkapazität ergibt einen höheren Wert als die Bestimmung des Hirngewichts, da das Gehirn von Hirnhäuten mit dem unterschiedlich weiten Subarachnoidalraum und Gefäßen bzw. Sinus umgeben wird.

Die progressive Entwicklung des Gehirns wird auch Encephalisation genannt. Als Maß für sie wird das Verhältnis von Großhirnrindenvolumen zum Volumen des restlichen Gehirns bestimmt. Auf das Gehirn des Menschen angewendet ergibt sich, dass seine **Großhirnrinde** um 30% größer ist als die irgendeines anderen Primaten und mit einem Volumen von 550–600 ccm größer als das ganze Gehirn eines Schimpansen ist. Vermutlich ist diese einzigartige Entfaltung sogar noch nicht einmal abgeschlossen. Über den Selektionsdruck, der diese ungewöhnliche Hirnentwicklung begünstigt hat, wissen wir nichts Sicheres. Interessant sind aber Spekulationen, die einen Zusammenhang zwischen Hirnentwicklung einerseits sowie Komplexität des Sozial- und kommunikativen Verhaltens andererseits postulieren. Die zahlreichen kommunikativen Signale erstrecken sich auf den Zusammenhalt der Gruppe (kohäsive soziale Signale) und auf den Wettstreit der Gruppenmitglieder untereinander (agonistische soziale Signale). Ploog (1997) weist darauf hin, dass es eine obere Grenze der Gruppengröße gibt, die offenbar auch mit der Informationsverarbeitungskapazität der betreffenden Art zusammenhängt. Diese Kapazität hängt von der Größe der Großhirnrinde als dem Substrat ab, das diese Verarbeitung leistet. Mit steigender Größe einer Gruppe, in der jeder jeden kennt, nimmt die Zahl kohärenter und agonistischer Verhaltensweisen zu, und dementsprechend muss eine immer größer werdende Zahl von Signalen verarbeitet und ausgesendet werden, um ein soziales Gleichgewicht zu erhalten. Auch auf den Menschen lässt sich diese Regel übertragen, und auch bei ihm lässt sich eine Korrelation zwischen der Komplexität der sozialen Organisation und der Größe der Großhirnrinde erkennen. Beim Menschen liegt die natürliche Gruppengröße bei ca. 150 (100 bis 200), beim Gorilla bei 30 bis 35, beim Schimpansen bei maximal 50 bis 60 Tieren.

Die Oberfläche der Großhirnrinde des Menschen beträgt ca. 2200 bis 2500 qcm, was dadurch erreicht wird, dass sie in ca. 7 mm breite rundliche Wülste (Gyri) aufgeworfen wird, die durch schmale Furchen (Sulci) getrennt sind. Die Rindendicke beträgt i.a. 4 bis 5 mm.

In der Rinde (Cortex) des Großhirns ist – bei erheblicher individueller Variabilität – die unglaublich große Zahl von ca. 14 Mrd. Nerven- und noch 10-mal mehr Gliazellen untergebracht. Die Extrema der Neuronenzahlen lagen in einer Serie von 70 Gehirnen bei 10–20 Mrd. (Haug 1986)! Die Nervenzellen (Neurone) lassen sowohl eine Anordnung in sechs ganz überwiegend horizontale (oberflächenparallele) Schichten (I bis VI) als auch in ca. 500 µm dicke vertikale Säulenstrukturen (Columnen, Module) erkennen. Eingänge in diesen Cortex enden vorwiegend in Schicht IV, Ausgänge entspringen den Pyramidenzellen der Schichten III und V. Der Name Pyramidenzellen leitet sich von der Gestalt der Zellkörper dieser Nervenzellen ab. Sie nehmen über unzählige Synapsen an ihren unterschiedlich weit in die Umgebung ausstrahlenden Dendriten Informationen aus verschiedenen Cortexschichten auf. Die vertikale Gliederung ist im visuellen und somatosensorischen Cortex besonders deutlich erkennbar. In einer Columne, die sich über die ganze Cortexdicke erstreckt, steht eine Gruppe von Nervenzellen im Dienst relativ spezifischer Informationsverarbeitung und bildet eine funktionelle Einheit. Zwischen benachbarten Columnen gibt es randlich einen Überlappungsbereich. Eine bestimmte Information wird in vielen Säulen parallel verarbeitet, was einen hohen Grad an Funktionssicherheit bietet. Ein kleiner Cortexdefekt kann so i.a. kompensiert werden. Ein solches System schließt strenge Lokalisation von Funktionen nicht aus, relativiert sie aber. Aufgrund seiner besonderen Cortexgröße liegt im Gehirn des Menschen eine unglaublich große Zahl Columnen bzw. Module vor. Größere funktionelle Einheiten der Großhirnrinde bilden Netzwerke, die vermutlich hierarchisch strukturiert sind.

In seinem Grundaufbau ist der gesamte Cortex überraschend einförmig. Die Spezifität einzelner Cortexareale ergibt sich aus unterschiedlichen afferenten und efferenten Verbindungen und aus Variationen im quantitativen Verhältnis der einzelnen Nervenzelltypen. Daher lassen sich histologisch verschiedene Rindenareale unterscheiden. Schon 1905 hat der Berliner Neurologe Korbinian Brodmann aufgrund histologischer Kriterien den Cortex in Bezirke aufgeteilt und diese durchnummeriert.

Im Cortex lassen sich primäre, sekundäre und assoziative Felder unterscheiden. Die primären Felder haben direkte sensorische Eingänge und direkte motorische Ausgänge. Ihnen sind in mancher Hinsicht ähnliche sekundäre Felder vorgeschaltet, welche die Einzelaktivitäten in den primären Feldern funktionell bündeln. Die assoziativen Felder verarbeiten auf unterschiedlichen Ebenen die Informationen der primären und sekundären Felder. Beim Menschen machen die primären Felder 10% des Cortexvolumens aus, bei der Ratte 90%. Das heißt, beim Menschen besitzt der Cortex zu ca. 90% assoziative Funktionen.

Zu den höheren Funktionen des assoziativen Cortex gehören beim Menschen neben intellektuellen Leistungen auch die Fähigkeit, soziale Normen zu erkennen und diese in Handlungen zu integrieren. Regionen mit solchen höheren Funktionen liegen im frontalen, parietalen und temporalen Cortex. Die größte derartige Region ist beim Menschen der – im Stirnbereich gelegene – frontale Assoziationscortex, der eigenartigerweise auch „präfrontaler" Cortex genannt wird. Läsionen in diesem Gebiet führen zu Verflachung der Persönlichkeit, Distanzlosigkeit, Verlust des sozialen und beruflichen Engagements usw.

EXKURS

Asymmetrie des Gehirns

Anlass zu Spekulationen und Forschung war immer wieder die vor allem **funktionelle Asymmetrie** der beiden Hemisphären des Großhirns (Telencephalons) des Menschen. Linke und rechte Hemisphäre sind zwar hinsichtlich ihres Volumens annähernd gleich, aber in den Schwerpunkten ihrer Leistungen nicht gleichwertig. Sprachvermögen, Abstraktionsfähigkeit, Logik, Bewusstsein, kritisches Unterscheidungsvermögen, rechnerische Fähigkeiten u.ä. sind i.a. – auch bei Linkshändern – primär an die linke Hemisphäre gebunden (dominante Hemisphäre). Der rechten Hemisphäre kommen andere Hauptfunktionen, z.B. Musikalität und phantasievolles oder emotionales Denken zu; diese sogenannte nicht-dominante Hemisphäre ist aber auch im Erfassen räumlicher Muster und in synthetischen Fähigkeiten der dominanten Hemisphäre überlegen. Auch das übergeordnete Zentrum für Gehörtes und Verständnis des Gehörten und Gesprochenen (Wernicke-Zentrum) im Temporallappen ist in der dominanten linken Hemisphäre größer als in der nicht-dominanten. Das Phänomen der Dominanz sollte aber nicht überbewertet werden, die jeweiligen Hauptfunktionen sind links und rechts aufeinander bezogen und angewiesen. Die beiden Hemisphären sind ja auch über massive Nervenfaserbündel, vor allem den sogenannten Balken, miteinander verbunden. Bei Kindern kann nach Schädigung der sprachdominanten Hemisphäre die Hemisphärendominanz noch wechseln und so können sie sich von Sprachstörungen erholen; nach der Pubertät ist das nicht mehr möglich. Die Suche nach funktionellen Asymmetrien im Gehirn von Affen steht erst am Anfang, aber es gibt z.B. bei *Saimiri* klare Hinweise für eine Dominanz der linken Hemisphäre in Hinsicht auf Lautäußerungen (Jürgens 1999).

Auch unser **Bewusstsein** ist eine Funktion der Großhirnrinde. Unter dem Begriff Bewusstsein werden verschiedene Einzelphänomene von allgemeiner Wachheit über Realitätsbewusstsein, Aufmerksamkeit usw. bis hin zum Selbstbewusstsein zusammengefasst. All die verschiedenen Bewusstseinsformen können bei Schädigungen des Gehirns unabhängig voneinander gestört sein. Bewusstsein ist einerseits an frontale, parietale und temporale Großhirnrindenregionen mit assoziativen Funktionen gebunden, andererseits ist es abhängig von subcorticalen Regionen in der Tiefe des Gehirns wie den meisten Teilen des limbischen Systems (z.B. Amygdala und Hippocampus), Regionen der Basalganglien, Kernen im Thalamus und der Formatio reticularis, die sich vom ventralen Mittelhirn bis weit in die Medulla oblongata erstreckt. In diesen Regionen spielen unterschiedliche Transmittersysteme, z.B. Serotonin, Noradrenalin und Acetylcholin eine entscheidende Rolle. Der Hippocampus spielt eine wichtige Rolle in der Organisation des Gedächtnisses. Störungen der genannten subcorticalen Regionen haben jeweils ganz unterschiedliche Auswirkungen; Zerstörung der Formatio reticularis führt zu allgemeiner Bewusstlosigkeit (Koma); Ausfälle in den anderen Regionen haben mehr oder minder schwere Störungen kognitiver und emotionaler Funktionen zur Folge, z.B. Aufmerksamkeitsstörungen oder Unfähigkeit, die Folgen des eigenen Handelns abzusehen. Typischerweise ist sich ein entsprechender Patient solcher Defizite nicht bewusst.

Die Aktivität der subcorticalen Regionen – und auch der primären und sekundären Cortexareale – die also Voraussetzung für die Entstehung von Bewusstsein sind, wird uns selbst bemerkenswerterweise nie bewusst. Auch die Prozesse im assoziativen Cortex werden uns nur unter bestimmten Bedingungen bewusst.

Stark vereinfacht umfasst der **assoziative Cortex** folgende Funktionen (Roth 1999):

- Hinterer Parietallappen links: analytisch-symbolische Leistungen, rechts: vorgestellte und reale räumliche Orientierung und entsprechende räumliche Aufmerksamkeit.
- Oberer und mittlerer Temporallappen: komplexe auditorische Wahrnehmung, einschließlich des Wernickeschen Sprachzentrums, das einerseits die Bedeutung der Sprache erfasst und andererseits für die Bildung einer mit Sinn und Bedeutung versehenen Sprache verantwortlich ist (s. unten).
- Unterer Schläfenlappen: Verarbeitung komplexer visueller Informationen.
- Dorso-lateraler präfrontaler Cortex: Aufmerksamkeit, Planung von Handlungen, Spontaneität des Verhaltens, Arbeitsgedächtnis u.a.
- Orbitofrontaler präfrontaler Cortex: emotionale Kontrolle des Verhaltens, Abschätzung der Folgen einer Handlung oder einer Verhaltensweise, ethisches Verhalten, soziale Normen.

Für die Entstehung des Bewusstseins sind nicht nur die Aktivierung des assoziativen Cortex durch sensorische Einflüsse, die Tätigkeit der Formatio reticularis, die Tätigkeit des limbischen Systems und anderer Regionen erforderlich, sondern auch hohe lokale Durchblutung und Stoffwechselaktivität. Moderne bildgebende Verfahren, wie die funktionelle Kernspintomographie (fNMR) und die Positronen-Emissions-Tomographie (PET) können Regionen mit hohem lokalen Blutfluss, hohem Stoffwechsel und hoher neuronaler Aktivität sichtbar machen.

Wird das Gehirn mit einer neuen Aufgabe konfrontiert, z.B. dem Erlernen eines neuen Klavierstücks, ist lokal die neuronale Aktivität erheblich erhöht, und es entstehen sogar neue Netzwerke funktionell zusammenarbeitender Neurone, wobei es zu neuen synaptischen Verknüpfungen, Proteinsynthese u.a. Phänomenen kommt. Wird das Gehirn mit einer bekannten Aufgabe konfrontiert, z.B. dem Erkennen des Gesichtes eines guten Freundes, dann wird ohne größeren Stoffwechselaufwand ein vorhandenes neuronales Netzwerk aktiviert.

Besonders interessant ist die Entdeckung von sogenannten „Spiegelneuronen“ bei Affen und Mensch. Solche Nervenzellen werden nicht nur aktiv, wenn eine zugehörige Muskelgruppe des eigenen Körpers aktiviert und eine entsprechende Bewegung ausgeführt wird, sondern auch dann, wenn ein Affe oder Mensch eine gleichartige Bewegung bei einem anderen Affen oder Menschen nur sieht, ohne sie selbst auszuführen. Beim Menschen liegen solche Neurone im Bereich des Broca-Areals, und sie werden schon aktiv, wenn ein Mensch sich eine Bewegung oder Handlung nur vorstellt. Es ist denkbar, dass hier ein zelluläres Phänomen entdeckt wurde, das es uns ermöglicht, dass wir uns in andere Menschen hineinversetzen können. Menschen – und Affen – können dadurch auch rasch gemeinsam handeln. Verhaltenspsychologen sehen hier auch eine Basis der Sprachentwicklung des Menschen. Sprache (s. unten) hat danach primär einen sozialen „Gebrauchscharakter".

Inwieweit bei den Tierprimaten ein Bewusstsein vorliegt, wissen wir nicht sicher. Man kann aber davon ausgehen, dass es bei ihnen zumindest einfachere Bewusstseinsformen gibt, insbesondere bei den Menschenaffen. Die Berichte über langjähriges Zusammenleben und Kommunikation mit Schimpansen (Fouts 1997) sprechen eindeutig für ein Bewusstsein bei Schimpansen, das dem beim Menschen vergleichbar ist. Interessant ist, dass die großen Menschenaffen sich selbst im Spiegel erkennen (wie der Mensch) und offenbar eine Vorstellung von sich selbst haben.

Die Evolution des Bewusstseins ist wohl korreliert mit zunehmend komplexen Handlungen, Vorstellungen, Planungen und sozialen Interaktionen. Das Bewusstsein entspricht eigentlich einer virtuellen Welt (Roth, 1999), in der ein virtueller Akteur, das Ich, agiert, denkt und plant. Für uns – und vermutlich auf andere aber im Prinzip ähnliche Weise für die Tierprimaten – ist das Bewusstsein überlebensnotwendig in einer sich ständig wandelnden sozialen und biologischen Welt, die kurz- und langfristige Planung und ständiges Abschätzen der Situation, in der wir uns befinden, erfordert.

5.3.3.3 Sprache und Sprechapparat

Kommunikation ist mittels verschiedener Mechanismen bei sozialen Tieren weit verbreitet und kommt auch bei Insekten vor, z.B. bei Bienen und Heuschrecken. In einer weiten Fassung des Begriffes „Sprache" hat der Mensch mehrere Sprachen, davon einige mit Tieren gemeinsam, z.B. angeborene mimische Ausdrucksformen, die Stimmungen anzeigen wie Wut, Angst, Vergnügtsein usw. Die Formen dieser **Gesichtssprache** sind bei Mensch und Schimpanse sehr ähnlich. Meerkatzen können ihre Artgenossen mit unterschiedlichen Lauten vor Schlangen, Kampfadlern oder Leoparden warnen. Eine **wortlose Lautsprache** ist auch beim Menschen universell. Wenn Kinder spielen, verursachen sie oft beachtlichen Lärm, der aber großenteils nicht durch Worte entsteht, sondern durch Laute der wortlosen Sprache. Eine Wort- und Begriffssprache schien aber ausschließlich Eigentum des Menschen zu sein. In diesem Zusammenhang sind die Versuche des Ehepaares Gardner und von Roger Fouts mit Schimpansen von Interesse, die darauf hindeuten, dass bei Menschenaffen Keime einer Begriffssprache vorliegen. Da diese Tiere kein Sprechvermögen besitzen (s. unten), suchten die genannten Forscher eine Verständigung mit einer Schimpansin mittels der Zeichensprache für Taubstumme aufzunehmen. Das Experiment gelang: Schimpansen verwenden nicht nur Zeichen für „ich" und „du", sondern auch für Gegenstände. Es gelang ihnen sogar, Stimmungen auszudrücken wie „ich bin traurig" usw.

Der Mensch hat also als Eigenbesitz eine ausgesprochen differenzierte **vokale Wort- und Begriffssprache**. Eine solche Sprache, die auch Ausdrucksmittel für etwas ist, was allein Produkt des Denkens ist, und erst in der Sprache Dasein gewinnt, wird landläufig als Sprache des Menschen im eigentlichen Sinn angesehen. Sie muss vollständig erlernt werden. Mit einer derartigen Sprache ist fraglos eine neue Evolutionsstufe erreicht.

Dass Sprache das Spezifisch-Menschliche, aber auch etwas in höchstem Maße Geheimnisvolles ist, haben Philosophen, Dichter und Gelehrte generell seit Jahrtausenden erörtert. Für uns im Abendland sind u.a. die Beiträge von Plato, Aristoteles („erst mit der Sprache können wir denken"), Francis Bacon, Gottfried Wilhelm Leibniz, Wilhelm von Humboldt, Johann Gottfried Herder, Johann Wolfgang von Goethe, den Brüdern Jakob und Wilhelm Grimm, Friedrich Nietzsche, Martin Heidegger und Karl Jaspers wesentlich. Karl Jaspers (1947) sagt zum Wesen der Sprache: „Sprache ist ein im Grunde unerforschbares Rätsel des Menschseins".

Es liegt angesichts des Zusammenhangs zwischen hochentwickelter Encephalisation und hochkomplexem Sozialverhalten nahe zu vermuten, dass die Sprache die begrenzten Möglichkeiten der nicht-sprachlichen Kommunikation in ungeahntem Ausmaß erweitert und daher vor allem eine soziale Funktion hat. Es liegt sicher eine Co-Evolution der Bereiche Gehirn – Bewusstsein – Sprache vor. Verschiedene Untersuchungen haben gezeigt, dass bei Kindern, Männern und Frauen persönliche Beziehungen und Erfahrungen sowie soziale Aktivitäten, wie z.B. der Urlaub, im Vordergrund der miteinander geführten Gespräche stehen. Auch das gern geübte Sprechen über nicht anwesende Dritte hat eine soziale Funktion, indem es das soziale Wissen vermehrt, Klarheit über die eigene Position in der Gruppe schafft und zum eigenen erfolgreichen Handeln beiträgt. Miteinander sprechen ist auch die Basis für soziale Kompetenz. Man lernt durch Gespräche auch, sich in andere hineinzuversetzen bis zu einem Grad, der es einem ermöglicht, andere zu betrügen. Betrügereien sind übrigens auch von Schimpansen und anderen Affen bekannt (Sommer: Lob der Lüge, 1994).

Im Gegensatz zu den i.a. angeborenen Verhaltensmustern und Lauten in den Kommunikationssystemen der Tiere besitzt der Mensch eine große Freiheit und einen breiten Spielraum der Lautzeichen, was Voraussetzung für die historische Entwicklung von Sprachen und deren große Vielfalt ist. Man schätzt, dass es derzeit noch ca. 5000 Sprachen gibt, darunter ca. 1000 auf Neuguinea. Viele Sprachen in Amerika, Afrika und Asien wurden durch die indogermanischen Sprachen der Kolonisatoren, v.a. Spanisch, Portugiesisch, Französisch und Englisch, verdrängt. Ein Vergleich von auf genetischer Basis beruhenden chemischen Merkmalen in verschiedenen Populationen heutiger Menschen ergab z.T. erstaunliche Parallelen zu Befunden der vergleichenden Sprachforschung. Den Kaukasiern entsprechen beispielsweise im Wesentlichen die indo-europäischen, aber auch afro-asiatische (Südwestasiaten, Berber, Äthiopier) und dravidische (Südostinder) Sprachen. Der nicht unproblematische Begriff „Kaukasier" geht auf Blumenbach (1752–1849) zurück, ist in den USA gebräuchlich und bezeichnet im Wesentlichen die Menschenpopulationen, die man auch als „Europide" oder „Weiße" zusammenfasst.

Atem- und Speisewege zeigen bei Säugetier und Mensch eigenartige anatomische Beziehungen zueinander. Die Atemwege beginnen mit Nase und Nasenhöhle, die Speisewege mit Mund und Mundhöhle. Es kommt im Rachen zu einer Überkreuzung, an der die tiefer gelegenen Atemwege (Kehlkopf, Trachea, Bronchien) nach vorn bzw. ventral vor die Speisewege verlegt werden. An der Überkreuzungsstelle entsteht der **Kehlkopf** (Larynx) primär als Sicherung der tiefen Atemwege gegen das Eindringen von Nahrungsbestandteilen. Sekundär übernimmt der Kehlkopf die Funktion der Lauterzeugung. Der Kehlkopf des Menschen besteht aus einander komplex zugeordneten kleinen Skelettstücken aus hyalinem und elastischem Knorpel, die im Alter teilweise verknöchern. Ein Bandapparat und eine komplizierte, vom Nervus vagus innervierte Muskulatur, verbindet die Skelettelemente. Für die Lauterzeugung ist die Ausbildung der zwei schwingungsfähigen Stimmfalten (Stimmlippen) im Kehlkopf wichtig. Sie verlaufen dorso-ventral und enthalten elastische Fasern (Stimmband) und quergestreifte Muskulatur (Musculus vocalis). Sie werden durch die aus Bronchien und Trachea strömende Luft in Schwingungen versetzt und nähern sich einander bei der Stimmbildung.

Anatomisch-topographisch und mikroskopisch-anatomisch bestehen zwischen dem Kehlkopf des Menschen und dem der Menschenaffen keine großen und schon gar keine grundsätzlichen Unterschiede. Im Vergleich zu dem hochspezialisierten Kehlkopf z.B. von Brüllaffen und Orang-Utans wirkt der Kehlkopf des Menschen bemerkenswert unspezialisiert. Es ist jedenfalls aus der Anatomie des Kehlkopfs nicht erklärbar, warum der Mensch differenziert sprechen kann und warum ein Schimpanse nur grunzt, schreit oder vergleichbare andere Laute hervorbringt.

Etwas Spezifisches der Sprache des Menschen sind die Konsonanten und die spezielle Tönung der Vokale. Die Konsonanten werden im sog. **Ansatzrohr (Resonanzrohr)** gebildet. Der Begriff Ansatzrohr fasst folgende anatomische Strukturen zusammen: den Raum oberhalb der Stimm-

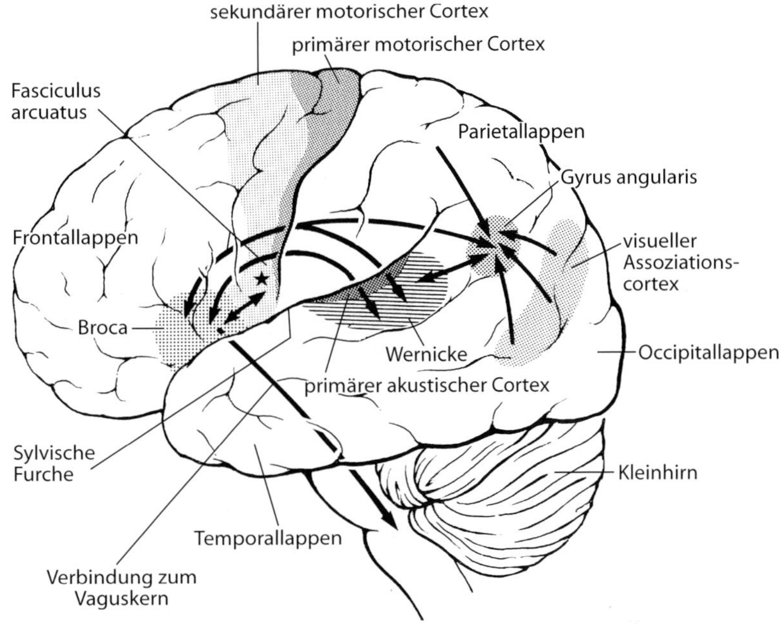

Abb. 5-8. Seitenansicht des Gehirns des modernen Menschen. Einfache Darstellung der Regionen, die mit Sprache (Sprechen, Sprachverständnis) befasst sind. Im Bereich des Gyrus angularis, der einem Assoziationsgebiet entspricht, werden taktile, kinästhetische, vestibuläre, auditive und visuelle Informationen auf höchstem Niveau integriert. Sternchen: Area 43, Region, welche die Zungenmuskulatur koordiniert. Begriffe und Bezeichnungen nach Duus, 1995

falten, Rachen, Mund- und Nasenhöhle. Hier liegen bewegliche und verstellbare Wandstrukturen vor (Zunge, Lippen, Wangen, Kiefer, Gaumensegel). Aber auch im Bereich dieses Ansatzrohres treten beim Menschen keine neuen Strukturelemente auf; Besonderheiten bestehen u. a. in Proportionen und in der Differenzierung der beteiligten Muskulatur. Der relativ enge Mund beim Menschen ist z. B. für die Bildung von Explosionslauten wie dem „p“ wichtig. In der Regel steht der Kehlkopf beim Menschen etwas tiefer als bei Tierprimaten, jedoch besteht erhebliche Variabilität, z. B. liegt er beim Schimpansen zwischen 2. und 5. Halswirbel. Die Epiglottis, der Kehldeckel, liegt beim Menschen – aber i. a. auch bei den Menschenaffen – unter dem Gaumensegel, was eine Voraussetzung für die Sprachfähigkeit ist. Bemerkenswert ist, wie weitgehend verständliche Sprache noch bei krankhaften Veränderungen und nach Zungen- und Kehlkopfoperationen möglich ist.

Insgesamt ergibt sich bei kritischer Analyse, dass allein aus anatomischen Strukturen des Kehlkopfs und des Ansatzrohres einschließlich der Kiefer nicht mit Sicherheit auf Sprachfähigkeit geschlossen werden kann.

Für die Sprachfähigkeit sind natürlich nicht nur der Kehlkopf und das Ansatzrohr Voraussetzung, sondern insbesondere auch Hörorgan und Zentralnervensystem. Im **Gehirn** spielt die ganz außerordentliche Entfaltung der Großhirnrinde der Menschen eine wesentliche Rolle für die Sprache. Klinische Erfahrungen haben gezeigt, dass motorische Sprachstörungen durch Läsionen der linken unteren Windung des Frontallappens (Brocasches Sprachzentrum, Abb. 5-8) sowie anderer Regionen in Frontal-, Parietal- und Temporallappen des Endhirns ausgelöst werden können. Es zeigte sich, dass Störungen der motorischen Sprachfähigkeit von solchen des Sprachverständnisses zu unterscheiden sind und dass eine erhebliche Variabilität hinsichtlich der Begrenzung solcher Sprachregionen besteht. Das Zentrum für das Sprachverständnis, das Wernickesche Sprachzentrum, liegt links im oberen Bereich des Temporallappens und ist Assoziationszentrum der Hörbahn. Die neuere Hirnforschung und Befunde an pathologisch veränderten Gehirnen haben nachgewiesen, dass auch subcorticale Hirnregionen (z. B. das limbische System), bis hin zu Mittelhirnstrukturen, wichtig für Laut- und Sprachäußerungen sind.

Brocasches und Wernickesches Sprachzentrum sind Teil eines umfangreichen neuronalen Netzwerks um die Sylvische Furche der linken Hemisphäre herum, das der Sprache dient. Das Wernickesche Zentrum (Abb. 5-8) hat als wesentliche Funktion, die gehörten Informationen in einem komplizierten Assoziationsprozess zu verstehen, d.h. ihnen Bedeutung zu verleihen. Im Brocaschen Areal (Abb. 5-8) werden Wortentwürfe weiter vorn gelegener Frontalregionen in aussprechbare Sequenzen umgeformt, so dass die Worte in Form der gesprochenen Sprache artikuliert werden können. Die Worte werden in eine Sequenz mit Syntax gebracht. Wernickesches und Brocasches Areal sind untereinander verbunden und mit weiteren perisylvischen, temporalen, präfrontalen und hinteren parietalen Regionen verknüpft, so dass das große Netzwerk entsteht, das die verschiedenen Aspekte der Sprache bedient. Schädigung einer dieser Komponenten führt zu Sprachstörungen (Aphasien). Solche Störungen treten bei Schädigung der linken Sprachregion bei 90% der Rechtshänder und bei 60% der Linkshänder auf (ca. 95% der Menschen sind echte Rechtshänder). Selten ist die rechte Hemisphäre für die Sprache dominant. 2% der Menschen haben für die Sprache keine Hemisphärendominanz.

In das Sprachnetzwerk werden nicht nur gehörte, sondern auch visuelle und andere Informationen eingespeist, was den Funktionskreis Sprache um Schrift und Lesen erweitert. Störungen führen z.T. zu bizarren Symptomen. Die Hirnrindenareale, die für Schreiben und Lesen zuständig sind, haben sich in Nähe des Wernickeschen Areals ausgebildet; sie sind wahrscheinlich phylogenetisch sehr jung.

Sprache ist auch notwendig, um Informationen aus den Sinnesorganen bewusst zu verarbeiten. Dies bedeutet, dass Begriffe gebildet und Konzepte erdacht werden, die wiederum in Worte gefasst (verbalisiert) werden. Für das Funktionieren dieses Beziehungskreises ist auch Gedächtnis bzw. Speicherung im Gedächtnis unabdingbar.

Es ist immer wieder versucht worden, am Innenrelief der Schädel (an Endocranialausgüssen) von Australopithecinen und frühen Vertretern der Gattung *Homo* Hirnregionen mit Sprachfunktionen zu identifizieren. Diese Versuche sind jedoch bisher nicht überzeugend.

Sprache des Menschen ist in hohem und extrem komplexem Maß multifaktorieller Natur und hat sich zusammen mit Selbstbewusstsein und der Fähigkeit zum Denken entwickelt. Sie hat viele Komponenten, soziale, emotionale, künstlerische und intentionale und ist somit offensichtlich das wesentliche Merkmal des Menschen. In welchem Maße sich in der Computerwelt Sprache und Kultur des Menschen verändern werden, bleibt abzuwarten.

5.3.3.3.1
Laute und Rufe bei Affen

Bei allen Affen gibt es das Verständigungssystem mit Lauten, das mit der Sprache des Menschen einige Eigenschaften gemeinsam hat. Affenlaute werden durch die gleichen Muskeln erzeugt wie Sprachlaute des Menschen; diese Muskeln werden durch die gleichen Nerven versorgt (Kehlkopf z.B. durch jederseits drei Vagusäste, einer sensorisch, zwei motorisch, davon der eine [Nervus laryngeus superior externus] für Tonhöhenregulation, der andere [Nervus recurrens] für die Regulation der Stimmritzenweite).

Die Laute sind mehr oder weniger vollständig angeboren, die Sprache des Menschen muss dagegen Wort für Wort erlernt werden.

Die Produktion der angeborenen Lautmuster ist bei Affen im mesialen frontalen Cortex und im Hirnstamm (Neurone um den Aquaeductus sylvii im Mittelhirn und in der Formatio reticularis; Jürgens 1989, 1999) lokalisiert. Experimentelle Ausschaltung dieser Regionen führt bei Affen zu schweren Störungen der Lautgebung bis hin zur Stummheit, ohne dass sich irgendwelche Lähmungszeichen zeigen, d.h. die Stimmlippen bewegen sich unverändert im Rhythmus der Atmung, sie schließen sich beim Husten etc. Auch beim Menschen erzeugen Läsionen im mesialen Cortex und in den genannten Hirnstammregionen Sprachstörungen, und zwar nicht nur hinsichtlich der emotionalen Laute, sondern interessanterweise ist auch die erlernte Sprache betroffen. Das heißt, dass sich das erlernte sprachproduzierende System offensichtlich nicht völlig unabhängig vom stammesgeschichtlich älteren Affenlaute produzierenden System entwickelt hat, sondern auf diesem aufbaut.

Beim Menschen erfolgt, wie erwähnt, die Sprachproduktion im Brocaschen Zentrum und assoziierten Gebieten des Großhirns. Bei Affen ergeben sich keine Lautgebungsstörungen bei Verletzungen der entsprechenden Hirnregionen. Es gibt bei Affen aber auch keine Verbindungen vom Brocaschen Zentrum zum Nucleus ambiguus, Ursprungskern des Nervus vagus.

Dressurversuche mit Affen zeigen, dass ihre Vokalisation willkürlich kontrolliert werden kann, und zwar haben sie eine Willkürkontrolle über die akustische Struktur, d.h. den genauen Frequenz-Zeit-Verlauf des Lautes. Schimpansen können lernen, Zeichen der Taubstummensprache zu verwenden. Sie können also erlernte nicht-phonatorische Bewegungsmuster zur Kommunikation einsetzten. Affen sind also nicht prinzipiell unfähig, unterschiedliche erlernte Zeichen und Bewegungsmuster bestimmten Bedeutungen zuzuordnen; sie sind dazu lediglich im stimmlichen Bereich nicht in der Lage.

Auch beim Menschen sind nicht alle Laute erlernt. Wie schon erwähnt, besitzt auch er ein reiches Repertoire an nicht verbalen emotionalen Lautäußerungen wie Lachen, Weinen, Jauchzen, Stöhnen, Schreien usw., die zumindest teilweise angeboren sind. Selbst beim Sprechen ist nicht alles erlernt; die Art wie wir einen Satz sagen, ob wütend, ob schmeichelnd, ob traurig oder triumphierend, d.h. also die emotionale Intonation ist wahrscheinlich ebenfalls angeboren, da sie von Kultur zu Kultur gleich ist (Eibl-Eibesfeldt, 1995).

5.3.3.4
Zähne und Gebiss

Abschließend sei erwähnt, dass auch Zähne und Gebiss beim Menschen Spezialisierungen zeigen (Abb. 5-9). In Korrelation mit der Vergrößerung des Gehirns haben sich Gesichtsschädel und Zähne beim Menschen zurückgebildet. Die Rückbildung der Zähne dauert an; so fehlen beim heutigen Menschen schon relativ häufig die letzten Molaren („Weisheitszähne"), die oberen äußeren Schneidezähne und ein Prämolar. Der letzte Molar brach auch bei *H. erectus* nicht immer durch und war bei ihm z.T. sogar nicht einmal angelegt. Die Eckzähne des Menschen sind niedrig, und ihre Krone besitzt eine charakteristische Gestalt, wie sie bei keinem anderen rezenten Primaten vorkommt, mit hohem Basisteil und flacher Spitze (Remane, 1922, 1956; Abb. 5-9).

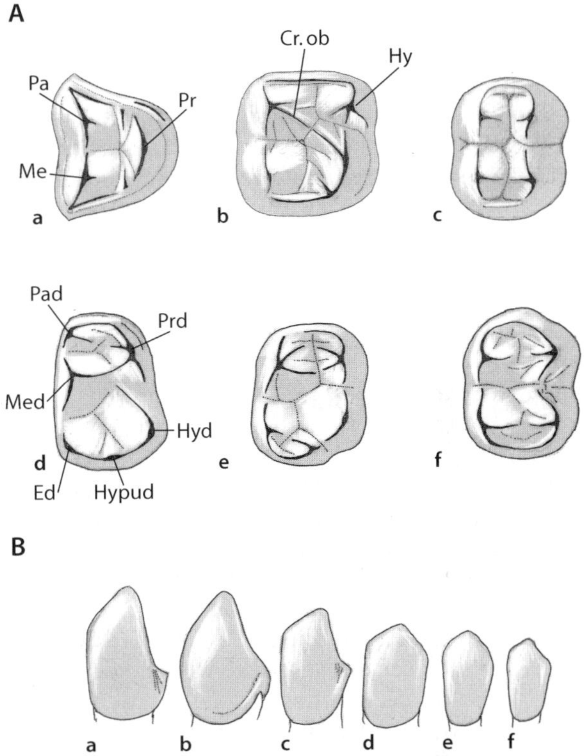

Abb. 5-9. A Höcker, Leisten und Furchen an oberen (**a–c**) und unteren (**d–f**) Molaren. **a** Primitiver oberer Primatenmolar mit drei Höckern (Paraconus: Pa, Metaconus: Me, Protoconus: Pr). **b** Oberer Molar eines Gorillas, der typisch für die Menschenaffen ist; vier Höcker (Hypoconus: Hy) und deutliche Crista obliqua (Cr.ob); **c** oberer Molar einer Meerkatze (*Cercopithecus*) mit zwei Querjochen (bilophodonter Zahn). **d** Unterer primitiver Primatenmolar mit drei vorderen Höckern (Paraconid: Pad, Metaconid: Med, Protoconid: Prd) und drei hinteren Höckern (Endoconid: Ed, Hypoconid: Hyd, Hypoconulid: Hypud). Die drei vorderen Höcker bilden das Trigonid, die drei hinteren das Talonid. **e** Unterer Molar eines Menschenaffen mit typischem Leisten- und Furchenmuster (*Dryopithecus*-Muster), Paraconid fehlt. **f** Unterer Molar eines Colobiden (*Colobus*) mit vier Haupthöckern und zwei Querjochen (ähnlich wie obere Molaren: C). **B** Unterer linker Eckzahn von Schimpansenweibchen (**a, b**), *Australopithecus* (**c**), *Homo erectus* (**d**) und rezenten Menschen (**e, f**); beachte die zunehmende Vergrößerung des Basisteils der Eckzähne. Nach Remane 1960

Es war im Übrigen Carl von Linné, der den Menschen in die zoologische Ordnung der Primaten einreihte. Er stellte sogar Mensch und Menschenaffen in dieselbe Gattung (*Homo*). In die Diskussion um den Unterschied Affe und Mensch bzw. die Eigenstellung des Menschen griff übrigens auch Johann Wolfgang von Goethe ein. In einer umfangreichen Studie wies er nach, dass – anders als von vielen damaligen Wissenschaftlern behauptet – auch der Mensch einen eigenen Zwischenkiefer besitzt und somit auch in dieser Hinsicht kein Unterschied zwischen Affen und Säugetieren auf der einen und Menschen auf der anderen Seite besteht. Der Zwischenkiefer ist ein bei allen Säugern selbständig angelegter Schädelknochen (Os inter- = praemaxillare), in dem die oberen Schneidezähne verwurzelt sind. Die Trennungsnaht zwischen Zwischenkiefer- und Oberkieferknochen verwächst beim Menschen i.a. relativ früh, so dass die Eigenständigkeit der betreffenden Knochen am erwachsenen Schädel sehr oft nicht erkennbar ist. Übrigens verwächst auch bei Schimpansen und Bonobo die Trennungsnaht zwischen Ober- und Zwischenkieferknochen frühzeitig, so dass auch nach diesem Merkmal Mensch, Schimpanse und Bonobo eine besonders enge Verwandtschaftsgruppe bilden.

Zur biologisch-ökologischen und geistig kulturellen Sonderstellung des Menschen siehe auch S. 429 und S. 431.

5.4 Fossilgeschichte der Tierprimaten

ÜBERSICHT

Die Primaten sind fossil ab dem Beginn des Tertiärs nachgewiesen und entstanden vermutlich in der oberen Kreide. Bemerkenswert ist die morphologische und biologische Vielfalt auch der fossilen Formen. Die Simiiformes lassen sich bis ins Eozän zurückverfolgen, Menschenaffen entstanden im Miozän. Von besonderer Bedeutung für die Identifizierung der Primaten ist die minutiöse Interpretation von Schädel- und Zahnmerkmalen. Es ist eigentlich erstaunlich, dass wir schon recht gut über die Fossilgeschichte der Primaten, auch die des Menschen, Bescheid wissen, denn es gibt Hinweise darauf, dass man bei Säugetieren nur von ca. 3% der jeweils existierenden Arten Fossilfunde macht. Wenn man eine fossile Art in einer Lagerstätte findet, dann heißt das natürlich, dass sie nicht nur zu der Zeit vorkam, die dem Fundhorizont entspricht, sondern schon eine längere Entwicklung durchgemacht hat. Im allgemeinen existieren Säugetierarten ca. 1 Mio. Jahre lang.

Die Primaten sind eine **alte Säugetierordnung**, ihre Fossilgeschichte geht bis ins frühe Paleozän, also ca. 65 Mio. Jahre zurück, wahrscheinlich sogar bis in die späte Kreide. Sie lebten damals in tropischen Flachlandwäldern, vermutlich wie Eichhörnchen am Boden und in Bäumen, und ernährten sich wahrscheinlich primär von Früchten. Sie entstammen wohl **ursprünglichen Insectivoren**, ganz altertümlichen Säugetieren, die aber noch heute existieren und denen z.B. der Igel angehört. Unbestrittene Fossilfunde paleozäner Primaten stammen aus Nordamerika und Europa.

Die älteste bekannte Primatenform ist *Purgatorius* aus dem frühesten Paleozän mit noch ganz primitivem Backenzahnmuster und vollständiger Zahnzahl in allen Kieferhälften. Das Gehirn war klein, der Schädel durch eine tiefe Einschnürung unter den Augen gekennzeichnet. Eine knöcherne seitliche Begrenzung der Augenhöhle (Orbita) fehlt, die Endglieder der Finger und Zehen trugen Krallen. *Purgatorius* und eine Fülle weiterer paleozäner und eozäner ursprünglicher Primaten bilden die Unterordnung der **Plesiadapiformes**, die aus zwei großen Untergruppen besteht, den Plesiadapoidea und den Paromomyoidea. Diese

Tiere waren offensichtlich erfolgreiche kleine Formen, deren Überreste uns ein Bild der primitiven Primaten und der bescheidenen Anfänge unserer eigenen Ordnung vermitteln. Da die Plesiadapiformes durchweg auffällige Spezialisierungen des Vordergebisses zeigen, und zwar zumeist wie bei Nagetieren vergrößerte Schneidezähne, sind sie vermutlich nicht die direkten Vorfahren der höheren Primaten. Die altertümlichen Plesiadapiformes lassen sich innerhalb der Primaten als Schwestergruppe allen anderen Formen, den Euprimaten, gegenüberstellen.

Dem Paleozän folgte das Eozän, das vor ca. 53 Mio. Jahren begann und vor 34 Mio. Jahren endete. In diesem langen Zeitraum verschwinden viele der altertümlichen Primaten und es entstehen die moderneren Formen (**Euprimates**); am Ende dieser Epoche gibt es vermutlich sogar schon einzelne Catarrhini. Eozäne Primaten wurden recht zahlreich in Nordamerika, Europa und Asien gefunden. Es ist interessant zu sehen, dass die Zahl der Primaten auf der Nordhalbkugel am Ende des Eozäns deutlich abnimmt, dass sie in Europa verschwinden und in Nordamerika sehr selten werden; vermutlich hängt das mit Abkühlung des Klimas zusammen, außerdem wurde es trockener, und die Jahreszeiten unterschieden sich deutlicher voneinander. Erst im Miozän traten in Europa wieder Primaten auf. Zwei große Gruppen eozäner Primaten werden unterschieden: die **Adapiformes** und die **Omomyiformes**. Beide waren klein und umfassten mehrere Familien. Die Adapiformes ähneln den Lemuren und lassen sich den **Strepsirhini** zuordnen, vermutlich waren sie tagaktiv und lebten auf Bäumen. Sie wurden in China, Nordamerika und Europa gefunden (zu den fossilen **Lemuriformes** S. 361). Die **Omomyiformes** lassen sich den **Haplorhini** (Tarsier und höhere Primaten) zuordnen und kamen im Eozän Europas und Nordamerikas vor, wo sie auch noch im Oligozän recht häufig waren. Vereinzelt überlebten sie bis ins Miozän. Ihr Schädel weist Ähnlichkeiten mit dem der Tarsier auf: Zahnbau, reduzierte Schnauzenregion, vergrößerte Augenhöhlen. Letzteres deutet auf Dämmerungs- oder nächtliche Aktivität hin. Zum Teil als Hinweis auf engere Verwandtschaft mit den heutigen Tarsiern gedeutete Skeletteigentümlichkeiten (Verschmelzung von Tibia und Fibula) werden heute aber eher als Konvergenzen angesehen. Insgesamt ist sehr wahrscheinlich, dass die Omomyiformes nicht nur die Grundgruppe der Tarsier, sondern auch der höheren Affen, der **Simiiformes**, sind.

Zur Evolution der **Platyrrhini** (Abb. 5-3), also der südamerikanischen Simiiformes, wissen wir erst wenig. Die ältesten Primatenfunde aus Südamerika stammen aus dem Oligozän Boliviens (*Branisella*). Die Herkunft der südamerikanischen Affen wird immer noch sehr kontrovers diskutiert, wobei recht sicher ist, dass sie mit den Altweltaffen (Catarrhini) eine gemeinsame Wurzel haben. Es wird vermutet, dass sie entweder aus Nordamerika einwanderten oder dass sie aus Afrika stammen oder dass sie an Ort und Stelle entstanden. Die Herkunft aus Afrika würde bedeuten, dass sie über weite Meere hätten verdriftet werden müssen, was wenig überzeugend wirkt, da sich Afrika und Südamerika schon vor ca. 100 Mio. Jahren trennten und im Oligozän schon durch den ca. 3000 km weiten Atlantischen Ozean getrennt waren. Da echte catarrhine Affen bereits im Eozän Burmas gefunden wurden, stammen die südamerikanischen Primaten u. U. sogar aus Asien. Wenn, wie z. T. vermutet wird, der Ursprung der südamerikanischen Affen unter noch recht primitiven Primaten Nordamerikas zu suchen ist, dann würde das bedeuten, dass sie ihr hohes Evolutionsniveau parallel zu den Catarrhini erreicht haben. Eine weitere oligozäne südamerikanische Primatenform ist *Dolichocebus*, die schon Cebidenmerkmale hat. Die ersten vermutlichen Krallenäffchen wurden im Miozän gefunden (*Micodon*); andere Formen, die z. T. schon deutliche Beziehungen zu modernen südamerikanischen Familien besitzen, stammen auch aus dem Miozän. Im Holozän kamen Affen noch auf Kuba, Jamaika und Hispaniola vor.

Die **Catarrhini** (Abb. 5-3) lassen sich mit *Pondaungia* und *Amphipithecus*, beide aus Myanmar (Burma) stammend, bis ins Eozän zurückverfolgen. Aus dem frühen Oligozän gibt es bekannte Fundstätten catarrhiner Primaten im Fayum-Gebiet von Unterägypten (südwestlich von Kairo). Diese Region war damals ein subtropisches Sumpfgebiet, in dem auch Seekühe vorkamen. Die gefundenen Catarrhini werden drei Familien zugeordnet: den **Parapithecidae** (mit *Parapithecus, Apidium* und *Qatrania*), den **Oligopitheci-**

dae (mit *Protopithecus, Catopithecus* und *Oligopithecus*) und den **Propliopithecidae** (mit *Propliopithecus* und *Aegyptopithecus*). Die Fayum-Formen zeigen viele ursprüngliche Merkmale, die Propliopitheciden könnten gemeinsame Vorläufer der Cercopithecoidea und der Hominoidea sein. Die Parapitheciden und die Oligopitheciden stehen möglicherweise dem Ursprung aller Catarrhinen nahe. Die Analyse der Skelettreste lässt vermuten, dass die Fayum-Primaten vor allem baumlebende Früchtefresser waren, *Protopithecus* und der recht vollständig erhaltene *Catopithecus* waren relativ kleine Formen und ernährten sich vermutlich von Insekten und Früchten. Die kleinen Orbitae deuten auf tagaktive Lebensweise hin. Die kleinen Foramina infraorbitalia (Foramina im Schädel vor der Augenregion) weisen darauf hin, dass der Apparat taktiler Sinneshaare an der Schnauze, wie bei den höheren Affen, gering ausgebildet war.

Erste **Cercopithecoidea** (Hundsaffen), gekennzeichnet durch die Entstehung von Querjochen auf den Backenzähnen (Bilophodontie, Abb. 5-9), tauchen wohl im frühen Miozän Ägyptens und Libyens auf: *Prohylobates*. Die beiden Familien der Cercopithecoidea, die **Colobidae** und **Cercopithecidae**, sind spätestens am Ende des Miozäns getrennt. *Mesopithecus* (Europa und Afghanistan) und *Libypithecus* (Ägypten) waren mio- und z.T. auch pliozäne Colobiden, ebenso der pliozäne europäische *Dolichopithecus*; *Macaca*, ein Vertreter der Cercopitheciden, wurde bereits im späten Miozän Nordafrikas gefunden und ist noch im Pleistozän in West- und Mitteleuropa nachgewiesen. Die häufigste Primatengattung vieler plio-pleistozäner Fundstätten Afrikas war *Theropithecus*. Dieser Gattung gehört heute nur noch der Blutbrustpavian (Dschelada) an, der im Hochland von Äthiopien vorkommt.

Im Miozän (Dauer: von vor 25 Mio. Jahren bis vor 5 Mio. Jahren) erfolgte der Aufstieg der **Hominoidea** (Menschenaffen und Mensch). Unter diesen sind neben den rezenten (und fossilen) Hylobatidae und Hominidae weitere ausschließlich fossile Familien zu unterscheiden. Alle Hominoidea (auch der Mensch) behalten recht ursprüngliche Backenzahnmuster, was oft die Beurteilung von einzelnen Zahnfunden und Kieferbruchstücken erschwert.

Die **Pliopithecidae** sind in ihrer Bewertung besonders umstritten; neben hominoiden besitzen sie auch primitive catarrhine Merkmale. Früher wurden sie i.a. den Gibbons zugeordnet, was sich jedoch als haltlos erwiesen hat (Remane 1965, Groves 1991). Sie wurden im Miozän Europas und vermutlich auch in Westchina gefunden (*Laccopithecus*). Sie besaßen einen kräftigen Kauapparat und waren wohl Blattfresser.

Die **Proconsulidae** wurden mit mehreren Gattungen und Arten im frühen Miozän Ostafrikas nachgewiesen *(Dendropithecus, Micropithecus, Nyanzapithecus, Proconsul, Rangwapithecus, Limnopithecus*). Der langurengroße *Proconsul africanus* war wohl baumlebend und bewegte sich ähnlich wie ein Schlankaffe auf allen Vieren fort. *Proconsul maior* erreichte die Größe eines weiblichen Gorillas. Die Bewertung einzelner Formen (z.B. *Dendropithecus*) ist sehr umstritten, ebenso die Zuordnung der frühpliozänen Gattungen *Afropithecus*, einer langgesichtigen Form, und des kleinen *Turkanapithecus*. Hier muss, wie in anderen ähnlich gelagerten Fällen, weiteres Fundmaterial abgewartet werden, das aber gerade bei den miozänen Hominoiden insgesamt in recht reichem Maße vorhanden ist, über 1500 Einzelfundstücke liegen allein aus Ostafrika vor.

Die **Oreopithecidae** aus den Sumpfwäldern des Miozäns der Toskana haben in den letzten Jahrzehnten eine sehr unterschiedliche Bewertung gefunden; meist ging es hin und her zwischen einer Einordnung in die Cercopithecoiden und die Hominoidea. Die Backenzähne bilden eigentümliche Querjoche aus, was an Cercopithecoidea erinnert, viele Skelettmerkmale sind hominoid. *Oreopithecus* hatte, wie der Orang-Utan, sehr lange Arme und war vermutlich Brachiator (Schwinghangler), konnte aber wohl auch zweibeinig auf dem Boden gehen.

Die **Dryopithecidae** ähneln durchaus den Proconsuliden und umfassten nach verbreiteter derzeitiger Auffassung nur die Gattung *Dryopithecus*, eine menschenaffenähnliche Form des mittleren und oberen Miozäns Europas, mit deutlichen Anklängen an die Hominidae. *Dryopithecus* lebte in Wäldern und wurde in Südfrankreich zusammen mit *Pliopithecus* gefunden. Die ca. 15 Mio. Jahre alte Gattung *Kenyapithecus* aus dem mittleren Miozän Ostafrikas stand vermutlich sowohl den Dryopitheciden als auch den Hominiden nahe, vielleicht letzteren sogar näher als ersteren, so dass er vielfach sogar den Hominiden zugezählt wird. Dies trifft v. a. auf *Kenyapithecus wickeri* zu. Vergleichbare Funde stammen übrigens aus dem Miozän der Türkei und vielleicht auch Deutschlands. Von dieser Fossilform wurden ein Unterkiefer und Einzelzähne beschrieben. *Kenyapithecus africanus* und neue Funde ähnlicher Fossilien aus Kenia weisen primitivere Merkmale auf und werden jetzt der Gattung *Equatorius* zugeordnet. Von *Equatorius* liegen neben Zahn- auch Skelettfunde vor, die vermuten lassen, dass diese gut paviangroße Form sich sowohl in Bäumen als auch am Boden aufhielt. Unter Umständen war *Equatorius* einerseits speziell ein Vorläufer von *Kenyapithecus wickeri* und stand andererseits allgemein den Menschenaffenformen nahe, die Afrika verließen und sich im Miozän nach Europa und Asien ausbreiteten. Eine andere den heutigen großen Menschenaffen vermutlich nahe stehende mittelmiozäne Form war *Otavipithecus namibiensis* aus Namibia.

Da die Fossilgeschichte der Verwandtschaft des Orang-Utans in groben Zügen bekannt ist, sei sie hier kurz dargestellt. Ein recht enger Verwandter war der erst im Pleistozän ausgestorbene *Gigantopithecus*, der größte Primat, der je existiert hat. Die Art *Gigantopithecus blacki* maß aufgerichtet ca. 3 m und war wohl 540 kg schwer. Erste Spuren dieses Riesenprimaten fand der Paläoanthropologe Ralph von Koenigswald 1935 in Form von Einzelzähnen in chinesischen Apotheken in Hong Kong. In diesen traditionellen Apotheken wurden und werden auch fossile Zähne („Drachenzähne") als Heilmittel verkauft. *Gigantopithecus blacki* lebte im Pleistozän in Südostasien und tauchte vor ca. 1 Mio. Jahren auf, er war Teil einer Megafauna (Riesenhirsche, Riesenfaultiere, Riesengürteltiere, Mammuts u. a.), die für weite Bereiche des Pleistozäns typisch war. Wie der ähnliche Orang-Utan war *Gigantopithecus* Pflanzenfresser, lebte aber am Boden. Er starb erst vor ca. 200 000 Jahren aus und lebte vermutlich zeitweilig zusammen mit *H. erectus*. Vermutlich gab es gut 5 Mio. Jahre alte direkte Vorfahren in Nordwestindien (*Gigantopithecus giganteus*), die enge Beziehungen zu *Sivapithecus* hatten. *Sivapithecus* wurde mit einer Reihe von Arten insbesondere in Nordwestindien (Siwalik Hills) und Südchina gefunden und weist u. a. im Schädelbau sehr spezifische Übereinstimmungen mit *Pongo* auf. *Ramapithecus* (spätes Miozän, Nordwestindien, Südchina) hat in der Diskussion der Evolution des Menschen zeitweilig eine erhebliche Rolle gespielt; die nüchterne Analyse des vorliegenden fragmentarischen Schädel- und Zahnmaterials zeigt, dass *Ramapithecus* eng mit *Sivapithecus* verwandt ist und sinnvollerweise nur als eigene Art (oder Arten) der Gattung *Sivapithecus* geführt werden sollte. Der heutige Orang-Utan ist also Rest einer ehemals in Süd- und Südostasien verbreiteten Gruppe der Hominiden, die nach Ansicht einzelner Forscher sogar bis in die Türkei, bis nach Südosteuropa und bis nach Afrika verbreitet war.

Die Entwicklungslinien zu *Pan* und *Gorilla* sind fossil nicht bekannt, aber die Vorfahren des Gorillas und wohl auch des Schimpansen und Menschen dürften am ehesten unter den Dryopitheciden zu suchen sein. In Europa, Afrika und Asien sind (mit Ausnahme von *Gigantopithecus* und pleistozänen *Pongo*-Funden) keine fossilen Menschenaffen aus der Zeit nach dem Miozän mehr gefunden wurden.

5.5 Fossilgeschichte des Menschen

ÜBERSICHT

Für die wissenschaftliche Welt kam der erste Nachweis eines fossilen Menschen 1856 aus dem Neandertal; weitere frühe Funde erfolgten 1891 auf Java. Diese Funde waren für die Akzeptanz des Darwinismus besonders wichtig. Die Zahl der Fundstücke fossiler Menschen ist groß, ihre Analyse und die Zuordnung zu bestimmten fossilen Menschenarten ist umstritten. Die Definition der verschiedenen fossilen Arten der Gattungen *Australopithecus* und *Homo* ist als vorläufig zu betrachten.

Man fand 1856 beim Abbau von Kalkstein die erste fossile Menschenform in der Kleinen Feldhofer Grotte im **Neandertal** (damals: Neanderthal), einem Abschnitt im Tal der Düssel, das nach dem Kirchenliederdichter Joachim Neander (Neumann) benannt ist. Die Veröffentlichung des Fundes entfachte sofort einen lebhaften Streit. Der Fund war dem Vorsitzenden des naturwissenschaftlichen Vereins für Elberfeld, dem Gymnasiallehrer Dr. Johann-Carl **Fuhlrott**, überlassen worden, der das hohe Alter der Skelettteile erkannte und den Neandertaler für einen Repräsentanten einer in den Eiszeiten ausgestorbenen urtümlichen Menschenrasse hielt. Der Bonner Anatom August Friedrich Mayer hielt die Funde für Reste eines in den Befreiungskriegen umgekommenen mongolischen Kosaken, der einflussreiche Pathologe Rudolph Virchow war dagegen der Ansicht, dass es sich bei dem Fund um Reste eines pathologisch veränderten modernen Menschen handelte. Unterstützung erhielt Fuhlrott aus England (Charles Lyell, Thomas Henry Huxley, William King, letzterer schuf die Bezeichnung *Homo neanderthalensis*) und von dem Bonner Anthropologen Hermann Schaaffhausen.

1891 wurden unter Leitung des holländischen Militärarztes Eugene **Dubois** auf **Java** Funde menschenähnlicher Wesen – seinerzeit mit dem Namen *Pithecanthropus* belegt – gemacht; dies war der zweite wesentliche und psychologisch wichtige Meilenstein in der Entwicklung der Paläoanthropologie. Wir wissen heute, dass der „Affenmensch" *(Pithecanthropus)* von Java ein echter, wenngleich ursprünglicher Mensch gewesen ist, der heute als *Homo erectus* bezeichnet wird. Dubois hatte Schriften von Ernst Haeckel gelesen, der den Namen *Pithecanthropus* für eine noch theoretische Zwischenform zwischen Menschenaffen und Mensch geschaffen hatte, und war entschlossen, diese Zwischenform zu finden. Er begann am Hang des Flusses Solo bei Trinil in Ostjava zu suchen. Die ausgewählte Stelle war seit altersher als besonders fossilienreich bekannt. 1894 veröffentlichte er seine Schrift: „*Pithecanthropus erectus*, eine menschenähnliche Übergangsform von Java". Wie viele Forscher und Entdecker stand Dubois seinen Funden sehr gefühlsbetont und relativ unkritisch gegenüber und verschloss sich später (er starb 1940) einer sachlichen wissenschaftlichen Diskussion. Er lehnte die Verwandtschaft seines *Pithecanthropus* mit dem später gefundenen *Sinanthropus* (heute beide *Homo erectus*, S. 399) ab, behauptete dann, sein Fund sei ein Riesengibbon; neue Funde von altertümlichen Menschen aus Ostjava (Sangiran) bezeichnete er als Fälschungen. Beispiele für den unwissenschaftlichen Umgang mit fossilen Menschenfunden lassen sich auch noch heute verbreitet finden, am häufigsten werden Fundstücke überinterpretiert und die Variationsbreite von Merkmalen nicht einbezogen.

Inzwischen haben sich die Funde so vermehrt – und ihre Zahl nimmt noch laufend zu – , dass sich eine in vielen Einzelheiten gesicherte Darstellung der speziellen phylogenetischen Abstammungsgeschichte des Menschen entwerfen lässt. Dennoch sei hervorgehoben, dass auch weiterhin viele wichtige Fragen ungeklärt bleiben und dass infolge des reichen Fundmaterials auch viele neue Fragen entstanden sind. Kein Autor kann heute in Anspruch nehmen, dass er den korrekten Ablauf der Evolution des Menschen kennt. Dies soll jedoch nicht bedeuten, dass die Entwicklung des Menschen innerhalb der Primaten aus mio- oder pliozänen Hominoiden im Grundsatz fraglich ist. Die Entwicklung der Menschen spielt sich im Pliozän (begann vor 5 Mio. Jahren und endete vor ca. 2 Mio. Jahren) und im Quartär (Beginn vor ca. 2 Mio. Jahren) ab und dauert bis heute an. Seine strukturellen Besonderheiten sind vor allem bestimmt durch den aufrechten Gang (Fuß, Becken, Wirbelsäule), die enorme Vergrößerung des Gehirns und die Reduktion des Gesichtsschädels sowie des Gebisses (s. S. 381).

Wie ebenfalls oben ausgeführt, gehört der Mensch zusammen mit Orang-Utan, Schimpanse, Bonobo und Gorilla zur Familie der Hominidae. Innerhalb dieser Familie bildet er zusammen mit Gorilla, Schimpanse und Bonobo die Unterfamilie der Homininae. Generell ist es also wichtig, Homin*oidea* (Überfamilie, Familiengruppe), Homin*idae* (Familie) und Homin*inae* (Unterfamilie) zu unterscheiden. Im Folgenden soll ein kurzer Überblick über die Fossilformen gegeben werden, die in besonders enger Beziehung zum modernen Menschen stehen. Ein solcher Überblick ist mit vielen Unsicherheiten und Problemen verbunden. Die Unsicherheiten beruhen vielfach darauf, dass das Fundmaterial meist fragmentarisch ist, dass Unsicherheiten hinsichtlich der Datierung bestehen können, dass i.a. kaum bekannt ist, in welchem Ausmaß die vorliegenden anatomischen Strukturen bei den gefundenen Fossilformen variieren, in welchem Ausmaß Geschlechtsunterschiede vorlagen und anderes mehr. Gerade die individuelle Variabilität, z.B. hinsichtlich Körpergröße, Schädelkapazität, Dimensionen der Zähne etc. ist bei heutigen Menschenaffen und Menschen erheblich, man vergleiche z.B. heutige Pygmäen, Zulus und Nordeuropäer, oder die Variationsbreite von ca. 1200 bis 1700 ccm (im Extrem von 1000 bis 2000) der Schädelkapazität heutiger Menschen. Auch wenn heute auf breiter Basis beruhende Messdaten und mathematische Berechnungsmethoden vorliegen, bleibt die Variabilität ein Problem bei der Bewertung von Einzelfunden. Die Grenzen zwischen den fossilen Hominoidea-Arten wirken oft artifiziell. Die Methoden hinsichtlich der Altersbestimmung haben sich in letzter Zeit zwar deutlich verbessert, aber oft ist bei den älteren Fossilfunden der genaue Fundort nicht bekannt oder andere Umstände stehen der exakten Altersbestimmung im Wege. Probleme bietet auch die Nomenklatur der Fundstücke, die oft den Charakter eines Jargons hat (z.B. „Lucy", „Ramidus", „Kromdraai B", „black skull", „Turkana boy") oder sehr technisch ist (z.B. A.L.666-1, STs71 oder SkulV). Weiterhin herrschte in den letzten 3 bis 4 Jahrzehnten die Vorstellung einer weitgehend unilinearen Entwicklung des Menschen vor: pliozäner Menschenaffe -> Australopithecine -> *Homo erectus* -> *Homo sapiens* (vielleicht mit archaischer sowie neandertaloider und moderner Entwicklungsstufe). Daneben gab und gibt es aber auch immer eine Tendenz, für jeden Fund eine eigene Art zu errichten, z.B. *Homo heidelbergensis, Homo marstoni, Homo steinheimensis, Homo ehringsdorfensis,* etc., was Einzelfunde überschätzt und zu einem unübersichtlichen Namenswirrwarr führt.

EXKURS

Phasen der Menschwerdung

Die Vorstellung der aufsteigenden, wenn auch vielfach verzweigten und im Einzelnen unklaren Entwicklung liegt auch der Schaffung von **Phasen (Stadien, grades)** zugrunde, die gleichsam Stadien der Menschwerdung beschreiben wollen und die, obwohl sie keine systematisch wissenschaftliche Basis haben und vage sind, doch verbreitet gebraucht werden (besonders auch in der populären Literatur und in Diskussionsrunden), so dass die wesentlichen Phasen (Stadien) hier schlagwortartig skizziert werden sollen:

- **Australopithecinen**-Phase; Vorläufer der Gattung *Homo* mit bipedem Gang, welcher der Höherentwicklung des Gehirns vorausgeht, Schädelkapazität bis ca. 530 ccm, relativ großen Backenzähnen. Man spricht i.a. von grazilen und robusten Formen, was sich auf die Knochen- und Schädelstrukturen bezieht, die einerseits schlank und andererseits kräftiger sind. Älteste Funde sind ca. 4 Mio. Jahre alt und stammen nur aus Afrika.
- **Habilinen**-Phase; weiter entwickelt als Australopithecinen, schon der Gattung *Homo* zugezählt, Schädelkapazität zwischen ca. 550 und 800 ccm. Nur in Afrika nachgewiesen.
- **Ergaster-Erectus**-Phase; Schädelkapazität zwischen 800 und gut 1000 ccm, noch relativ flache Stirn und kräftige Überaugenwülste. Afrika (*H. ergaster*) und Asien (*H. erectus*). Dieser Phase kann wohl auch das Dmanisi-Fundmaterial zugeordnet werden.

▶

EXKURS (Fortsetzung)

- **Heidelberger**-Phase, recht vielgestaltig, Schädelkapazität um 1100 bis 1200 ccm (nach Einzelberechnung bis 1390 ccm), kräftige Gesichtsschädelstruktur, deutlicher Überaugenwulst. Europa *(H. heidelbergensis)*, möglicherweise auch Süd- und Ostasien. Hierher können auch *H. antecessor* und *H. rhodesiensis* (Afrika) gestellt werden. Den Höhepunkt der Phase der „Heidelberger" würde der Neandertaler (*H. neanderthalensis*) darstellen.
- **Sapiens**-Phase; größere Schädelkapazität (um 1200 bis 1700 ccm, s. oben) als bei *H. erectus* und Vertretern der Heidelberger-Phase, weiter verkürzter Gesichtsschädel, höhere Stirn, schwach ausgebildete Überaugenwülste, moderne Typen mit deutlichem Kinn und hohem, relativ kurzen Hirnschädel. Hierher wird *H. sapiens* gezählt. *H. sapiens* ist der heute weltweit verbreitete moderne Mensch.

EXKURS

Fundstellen fossiler Menschen:

Da in der Literatur – Lehrbücher bis hin zu Wissenschafts- und Sonntagsbeilagen von Tageszeitungen – regelmäßig auch Namen von Fundstellen fossiler Menschen genannt werden, sollte im Folgenden kurz wichtige Stätten von Fossilfunden des Menschen aufgeführt werden. Diese liegen vor allem auf Java, in China, in Äthiopien, Ostafrika, Südafrika, Nordwestafrika, Palästina und in Europa.

Java (Abb. 5-10). Hier haben sechs Fundstellen wichtige mittel- und auch spätpleistozäne Funde von fossilen Menschen erbracht, sie liegen alle im östlichen Java zwischen Solo (Surakarta) und Surabaya: Trinil, Kedungbrubus, Sangiran, Perning (Mojokerto), Ngandong, Sambungmacan. Die Datierung der Funde ist schwierig, wahrscheinlich liegen auch frühpleistozäne Funde vor. Sangiran (bei Solo) ist besonders wichtig, hier wird bis heute aktiv geforscht und ein Museum bietet einen Überblick; in Trinil am Fluss Solo (Bengawan Solo) am Fuße des Gunung Lawu hat Eugene Dubois 1891 seine ersten fossilen Menschen gefunden; ein Museum mit einer Nachbildung des Elefanten *Stegodon* am Eingang erinnert daran.

China (Abb. 5-10). Zunehmende Zahl an Fundstellen, u.a. Zhoukoudian (Choukoutien), in der Nähe von Peking (Beijing), reichste Fundstelle; Lantian (bei Xian), Dali (bei Xian) Hexian (Anhui), Yuanmou (Yunnan).

Afrika (Abb. 5-11). Pliozän, frühes Pleistozän: Lothagam, südwestlich des Turkana-Sees (früher Rudolf-See), hier Funde, die gut 4 Mio. Jahre alt sind; Laetoli (Tansania), Hadar Aramis, Middle Awash (Afar-Region, nördliches Äthiopien); Omo (Formationen am Omo-Fluss, südliches Äthiopien, nördlicher Turkana-See); Koobi Fora (Ostufer des Turkana-Sees, besonders wichtige Fundstelle); Westuferregion des Turkana-Sees (Kenia); weitere Stätten in Kenia. Olduvai-Schlucht (Tansania). Malema und Uraha in Malawi. Südafrika: Taung, Sterkfontein, Kromdraai, Drimulen, Swartkrans, Makapansgat, alle unweit von Johannesburg, hier wurden bereits in den 20er, 30er und 40er Jahren des 20. Jh. wichtige Funde gemacht, v.a. von Australopithecinen.

Mittleres und späteres Pleistozän. Ndutu-See (Tansania); Laetoli (Tansania); Bodo

EXKURS (Fortsetzung)

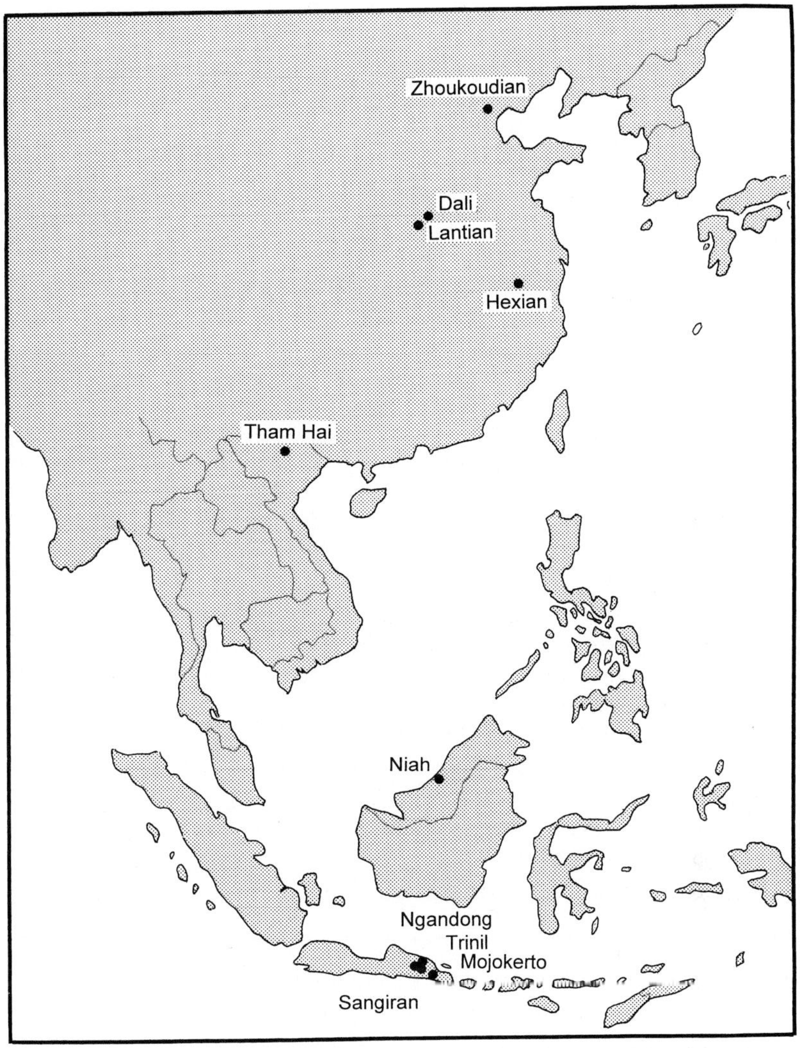

Abb. 5-10. Fossilfundstätten der Gattung *Homo* in Ost- und Südostasien

(Äthiopien); Omo (südliches Äthiopien); Yayo (Tschad); Kabwe (früher Broken Hill, Sambia [früher Nord-Rhodesien]). Mehrere nordwestafrikanische Fundstätten in Marokko und Algerien. Südafrikanische Fundorte: u.a. Saldanha, Florisbad.

Naher bzw. Mittlerer Osten und Zentralasien. Palästina bzw. Israel (Skhul, Tabun, Kebara, Amud, Qafzeh); Usbekistan (Teshik-Tash, bei Samarkand); Georgien (Dmanisi); Irak (Shanidar).

▶

EXKURS (Fortsetzung)

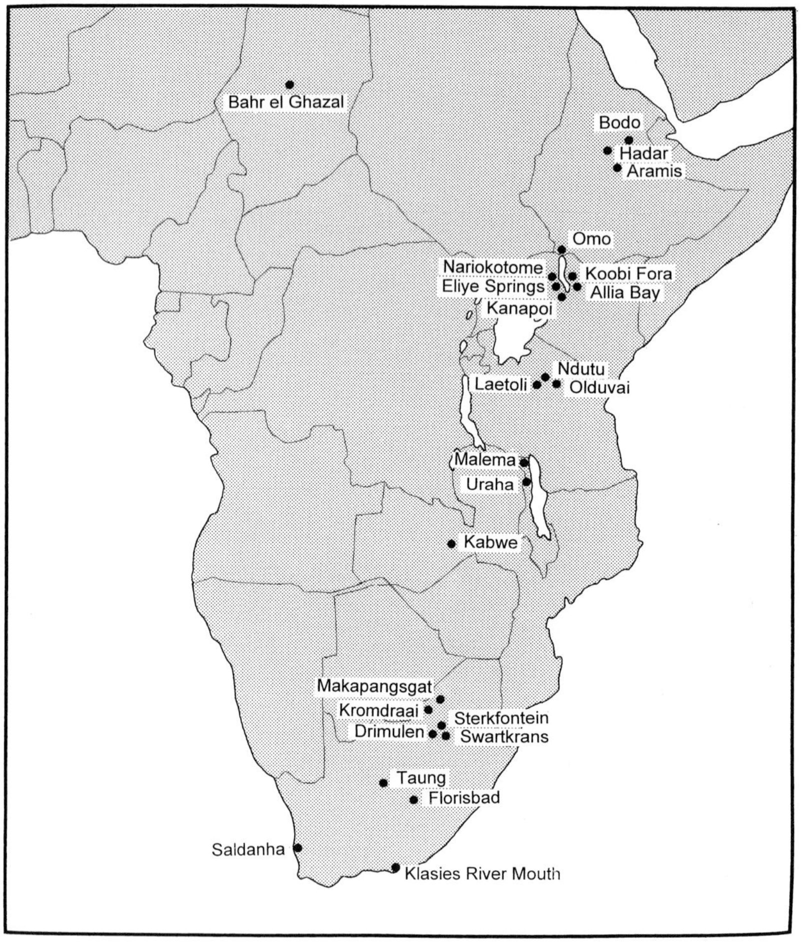

Abb. 5-11. Fossilfundstätten der Gattung *Australopithecus* und *Homo* in Afrika

Europa (Abb. 5-12). Höhlen in der Sierra Atapuerca (Nordwestspanien); Mauer (bei Heidelberg, Baden-Württemberg); Bilzingsleben und Ehringsdorf-Weimar (Thüringen); Steinheim an der Murr (Baden-Württemberg); Vertesszöllös (Ungarn); Arago (bei Perpignan, Südfrankreich); Ceprano (bei Rom); Petralona (bei Saloniki); Boxgrove (Südengland); Swanscombe (Kent, England); Neandertaler-Fundstätten: Spanien, Frankreich, Belgien, Deutschland, Italien, Kroatien, Tschechien, Slowakei, Ukraine.

EXKURS (Fortsetzung)

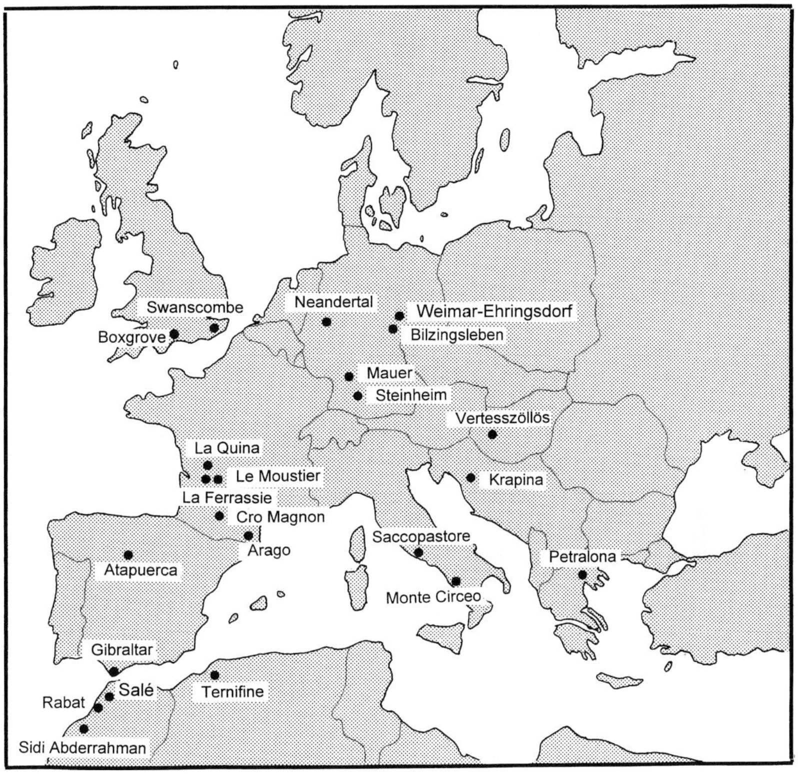

Abb. 5-12. Fossilfundstätten der Gattung *Homo* in Europa und Nordwestafrika

5.6 Fossile Menschenformen

ÜBERSICHT

Heute liegt eine Fülle an Fundstücken fossiler Menschenformen vor, die insbesondere in Afrika, Europa, dem Nahen Osten, Ost- und Südostasien gefunden wurden. Die Bewertung dieser Funde ist durchaus kontrovers, die Zahl der Arten und ihre Entwicklung sind umstritten. Dennoch zeichnet sich ein Bild ab, das in seinen Umrissen verbindlich ist und die Fossilgeschichte recht gut dokumentiert (Abb. 5-13). Die ältesten Fundstücke sind gut 4 Mio. Jahre alt.

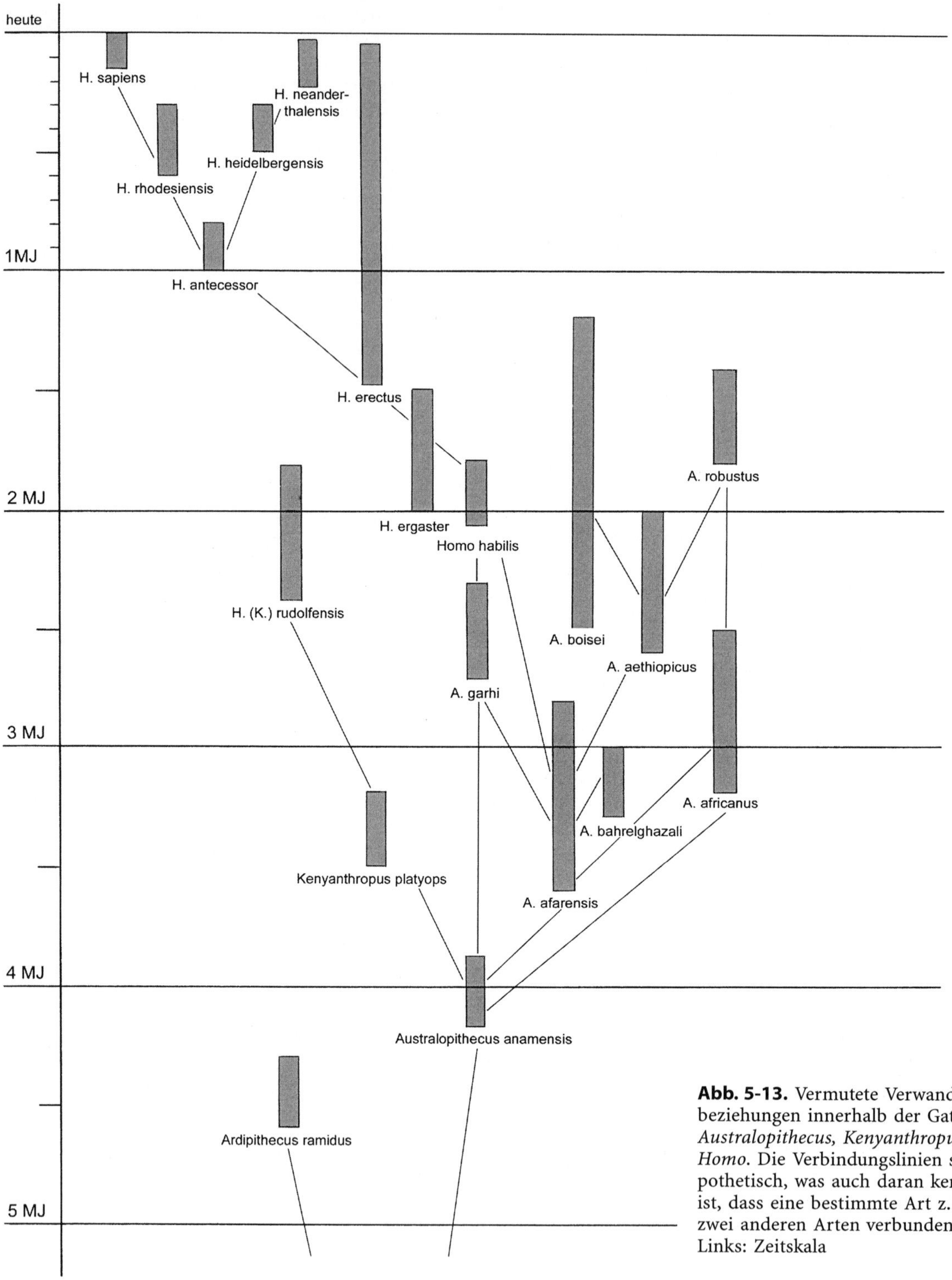

Abb. 5-13. Vermutete Verwandtschaftsbeziehungen innerhalb der Gattungen *Australopithecus, Kenyanthropus* und *Homo*. Die Verbindungslinien sind hypothetisch, was auch daran kenntlich ist, dass eine bestimmte Art z. T. mit zwei anderen Arten verbunden wurde. Links: Zeitskala

5.6.1
Ardipithecus ramidus

Als ursprünglichste Form, die in direkter Beziehung zur Gattung *Australopithecus* und somit auch zur Gattung *Homo* steht, wird derzeit *Ardipithecus ramidus* angesehen. Die Funde (Schädelfragmente, Zähne, Knochen des Bewegungsapparates) sind ca. 4,5 Mio. Jahre alt und stammen aus dem nördlichen Äthiopien. *Ardipithecus* weist noch viele Übereinstimmungen mit den Menschenaffen auf. Das Hinterhauptsloch liegt aber relativ weit vorn, was auf die Möglichkeit des aufrechten Ganges hindeutet.

5.6.2
Australopithecus

Verschiedene Arten der Gattung *Australopithecus* werden unter dem Begriff **Australopithecinen** zusammengefasst. Diese bilden die Grundgruppe, aus der sich die Gattung *Homo* entwickelte. Sie wurden bisher nur in Äthiopien, am Tschad-See sowie in Ost- und Südafrika nachgewiesen und sind eine rein fossile Gruppe. Sie gingen aufrecht und benutzten vielleicht schon einfache Knochen- und Holzwerkzeuge. Sie waren aber auch in der Lage zu klettern und lebten vermutlich z.T. auch im Bereich niedriger größerer Äste von Bäumen. Das Gesicht zeigte noch deutliche Anklänge an das der Menschenaffen, die Arme waren auch noch relativ lang. Die Schädelkapazität lag i.a. bei 450 bis 530 ccm. Ihre ersten Spuren tauchten vor gut 4 Mio. Jahren am Turkana-See in Kenia auf und sie verschwanden vor ca. 1 Mio. Jahren. Dieser Grundgruppe wird auch der 2001 beschriebene *Kenyanthropus* zugeordnet.

5.6.2.1
Australopithecus anamensis

Die älteste *Australopithecus*-Art wird *Australopithecus anamensis* genannt und wurde bei Allia Bay und Kanapoi in Kenia gefunden (Leakey et al., 1998). Das Fundmaterial (mehrere Oberkiefer, Schädelfragmente, Zähne, Teile von Armen und Beinen) ist gut 4 Mio. Jahre (Kanapoi) bzw. 3,9 Mio. Jahre (Allia Bay) alt. Seine Zahnreihen verlaufen, wie bei Menschenaffen, noch verhältnismäßig parallel, der kleine äußere Gehörgang ist ein weiteres ursprüngliches Merkmal. Andere Merkmale erreichen ein höheres Niveau und platzieren *A. anamensis* an der Basis der Australopithecinen. Die Begleitfunde (u.a. Kudus, Impalas, der früchtefressende *Parapapio*, einzelne Colobidae, die Elefanten *Elephas* und *Loxodonta*) lassen vermuten, dass *A. anamensis* in offenem Wald- oder Buschland lebte, das von Flüssen mit Galeriewäldern durchzogen war.

5.6.2.2
Australopithecus afarensis

Besser bekannt ist *Australopithecus afarensis* (Abb. 5-14), von dem nicht nur Schädelmaterial, sondern auch Wirbelsäule, Becken und Extremitätenskelettanteile entdeckt wurden. Es bestand wahrscheinlich ausgeprägter Geschlechtsdimorphismus (wie bei heutigen Menschenaffen). Die Schädelkapazität variiert zwischen 310 und 485 ccm. Von dieser Australopithecidenart wurden relativ viele Fossilien in Äthiopien, Tansania und vermutlich auch in Kenia gefunden. *A. afarensis* lebte wahrscheinlich im Zeitraum vor 3,6 bis 2,8 Mio. Jahren. Dieser Art gehört auch das zwar unvollständige, aber doch recht gut erhaltene Skelett, das den Namen „Lucy“ erhielt, an. Bekannt wurde umfangreiches weiteres Fundmaterial aus der Region bei Hadar in Äthiopien, das mindestens 13 Individuen, darunter ein Kleinkind, umfasst. Diese Gruppe ist vermutlich bei einer Katastrophe ums Leben gekommen. *A. afarensis* wurde ca. 140 cm groß, und von ihm sind in der Region Laetoli Fußspuren erhalten, die unmittelbar zeigen, dass er aufrecht ging. Sein Lebensraum war vermutlich lichter Wald.

Etwa 2500 km westlich des ostafrikanischen Grabens wurden im Tschad ein 3 bis 3,5 Mio. Jahre alter vorderer Unterkiefer mit Prämolaren, Eck- und Schneidezähnen sowie ein oberer Prämolar eines Australopithecinen gefunden. Dieses Fundmaterial ähnelt entsprechenden Strukturen von *A. afarensis*, wurde aber von seinen Entdeckern schließlich der neuen Art *A. bahrelgha-*

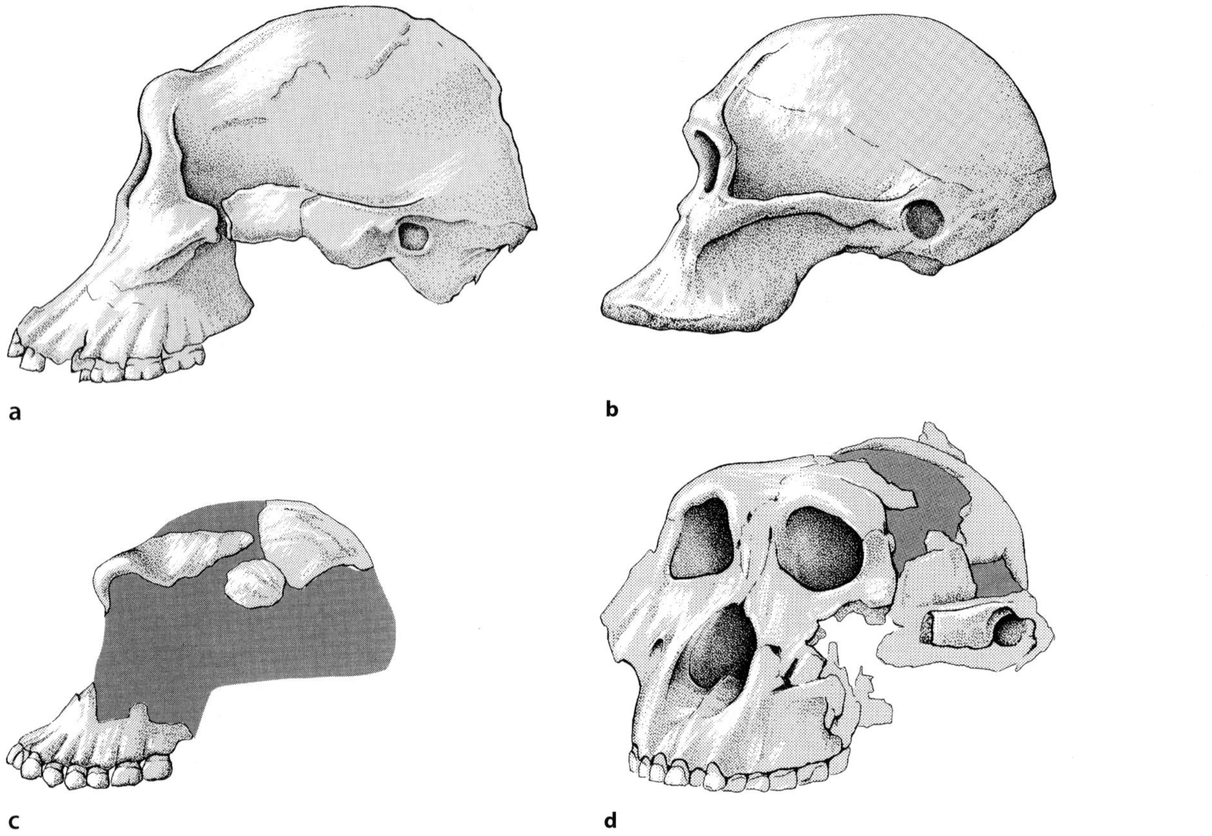

Abb. 5-14 a–d. Schädel von Australopithecinen. **a** *Australopithecus afarensis,* **b** *Australopithecus africanus,* **c** *Australopithecus garhi,* **d** *Australopithecus boisei.* Maßstab unterschiedlich

zali zugeordnet. Ob diese Art zu Recht besteht, können nur weitere, vollständigere Funde entscheiden.

5.6.2.3
Australopithecus garhi

Etwa 2,5 Mio. Jahre alt sind die Funde von *Australopithecus garhi* (Abb. 5-14) aus dem Afargebiet Äthiopiens (westlich des mittleren Abschnitts des Awash-Flusses [„Middle Awash"]). Dieser könnte aus zeitlichen, geographischen und anatomischen Gründen sogar Vorläufer der Gattung *Homo* sein. Möglicherweise sind dieser Art auch einzelne 2,3 bis 2,7 Mio. Jahre alte Funde aus dem Turkana-Becken zugehörig. *A. garhi* werden mehrere Schädelbruchstücke und Zähne, aber auch in der Nähe gefundene Extremitätenknochen zugeordnet. Der Schädel besitzt eine Crista sagittalis, die Schädelkapazität beträgt ca. 450 ccm. Es werden sogar einfache Steinwerkzeuge mit dieser *Australopithecus*-Form, deren Überreste erst 1990 und dann v. a. 1996 bis 1998 gefunden wurden, in Verbindung gebracht. Das Verhältnis von Ober- zu Unterarmlänge entspricht dem von *A. afarensis*, beide Armabschnitte sind ähnlich lang; das Femur dagegen war länger als bei *A. afarensis*, was den Verhältnissen der Gattung *Homo* näher kommt. Die postcaninen Zähne sind größer als bei *A. afarensis.*

5.6.2.4
Australopithecus africanus

Jünger als *Australopithecus afarensis* ist auch *Australopithecus africanus* (Abb. 5-14), der an verschiedenen Stellen Südafrikas gefunden wurde, das Alter wird auf ca. 2,5 bis 3 Mio. Jahre geschätzt (Makapansgat, Member 3 ist vermutlich 3,1 bis 3,2 Mio. Jahre alt). Hierher gehört auch das „Kind von Taung", das von Dart 1924 als erster Vertreter der Australopithecinen gefunden wurde und das u. U. Beute eines Greifvogels war. Seither sind eine ganze Reihe weiterer Funde von *A. africanus* in der Höhle von Sterkfontein gemacht worden, darunter Wirbel und Becken. Es zeigte sich eine erhebliche Variationsbreite der anatomischen Strukturen, so dass die Vermutung nicht ganz unbegründet ist, dass hier u. U. zwei verschiedene Arten vorliegen. Die Schädelkapazität liegt durchschnittlich bei 440 ccm. Es wird vermutet, dass das individuelle Lebensalter von *A. africanus* ca. 20 Jahre betrug.

Eine große Überraschung bietet ein am Ende der 90er Jahre des 20. Jh. in der Höhle von Sterkfontein (Südafrika) gemachten Skelettfund einer noch nicht definitiv klassifizierten *Australopithecus*-Art. Das Fundmaterial wird mit der Abkürzung StW573 bezeichnet; ob es *A. africanus* zugerechnet werden kann, werden die kommenden Analysen zeigen. Hier sind recht umfangreiche Schädel und postkraniale Skelettanteile eines *Australopithecus*-Individuums gefunden worden. Bedeutsam ist weiterhin, dass das Alter des Skeletts bei ca. 3,3–3,5 Mio. Jahren liegt; es ist also älter als viele Fundstücke von *A. afarensis*. Der Jochbogen des noch nicht völlig freigelegten Schädels ist robuster als bei typischen *A. africanus*. Das Fußskelett deutet darauf hin, dass diese Form sowohl auf Bäumen als auch am Boden lebte.

5.6.2.5
Australopithecus robustus

Ebenfalls in Südafrika, und zwar in Kromdraai, fand man *Australopithecus robustus*, den ersten bekannt gewordenen Vertreter der „robusten" Australopithecinen, d. h. von *Australopithecus*-Formen mit kräftigen Schädelstrukturen und sehr großen Backenzähnen. Die anderen weniger kräftig gebauten Arten werden als „grazile" Formen bezeichnet (*A. anamensis, A. afarensis, A. garhi, A. africanus*). Die robusten Australopithecinen werden auch in der Gattung *Paranthropus* zusammengefasst. Es ist nicht klar, ob die robusten Australopithecinen eine genetische Einheit sind, oder ob sie sich z. T. parallel entwickelt haben. *A. robustus* war ca. 155 cm groß, hatte eine Schädelkapazität von 530 ccm, wog ca. 40 kg und besaß eine mächtige Kaumuskulatur, die an den Schädelseiten und einem sagittalen Knochenkamm (Crista sagittalis) ansetzte. Der ganze Kieferapparat war sehr kräftig, die Backenzähne ungewöhnlich groß, die Schneidezähne dagegen relativ klein. Es ist zu vermuten, dass diese Form derbe, faserreiche und eher harte Pflanzennahrung, darunter auch Pflanzensamen oder Nüsse zu sich nahm. Es ist anzunehmen, dass *A. robustus* auch Fleischfresser war, worauf das für Fleisch fressende Säugetiere typische Verhältnis von Strontium zu Calcium in Knochen und Zähnen spricht. *A. robustus* lebte vor ca. 1,8 Mio. Jahren und verschwand vor ca. 1 Mio. Jahren. Es wurde geschätzt, dass er im Durchschnitt 17 Jahre alt wurde. Berichte der letzten Jahre kündigen weitere, gut erhaltene Skelettreste aus Südafrika an, z. B. aus Drimolen.

5.6.2.6
Australopithecus aethiopicus und *Australopithecus boisei*

Inzwischen wissen wir, dass in Ostafrika und Äthiopien weitere „robuste" Australopithecinen verbreitet waren. Die älteste Form war *A. aethiopicus*, der in Kenia und vielleicht auch im südlichen Äthiopien vorkam; das Alter des Fundmaterials liegt bei ca. 2,6 Mio. Jahren. Seine Schädelkapazität betrug 410 ccm. Von dieser Form wird *A. boisei* (Abb. 5-14) abgeleitet, der ungefähr von vor 2,5 bis vor ca. 1,2 Mio. Jahren lebte und in Tansania, Kenia, im südlichen Äthiopien und auch in Malawi (Uraha und Malema) gefunden wurde. Er war „hyperrobust" gebaut („Nussknackermensch"), seine Schädelkapazität lag bei 500 bis 530 ccm. Nach Ansicht einiger Paläoanthropologen verbergen sich in dem Fundmaterial, das heute *A. boisei* zugezählt wird, sogar zwei Arten. Die Funde von *A. boisei* in Malawi sind zusammen mit solchen von *Homo rudolfensis* (s. unten) gemacht worden und sind auch deswegen interessant, weil Malawi zwischen Ost- und Südafrika liegt und gleichsam eine Brücke zwischen diesen Regionen, aus denen die Masse der bisherigen Fossilfunde stammt, bildet.

Älteste Funde der robusten Australopithecinen sind also ca. 2,6 Mio. Jahre alt. Ihre Schädelkapazität schwankte zwischen ca. 410 (*A. aethiopicus*) und 530 ccm. Mit *A. boisei* und *A. robustus* starben die Australopithecinen vermutlich vor 1 Mio. Jahren insgesamt aus.

5.6.3 *Kenyanthropus platyops*

Im März 2001 wurde über 3,2–3,5 Mio. Jahre alte Funde fossiler Homininen berichtet, die aus dem Lomweki-Gebiet am Westufer des Turkana-Sees stammen. Unter den ca. 30 Einzelstücken (zumeist Zähnen und Schädelfragmenten) befindet sich ein relativ gut erhaltener, flachgesichtiger Schädel, der einer neuerrichteten Gattung *Kenyanthropus* zugeordnet wurde. Als Artname wurde *platyops* gewählt. Typisch ist folgende Merkmalskombination: kleiner Gehörgang (ähnlich wie bei *A. anamensis* und *Pan*), Backenzähne mit relativ dickem Schmelz (ähnlich wie bei *A. anamensis* und *A. afarensis*), relativ kleine postcanine Zähne, kleines Gehirn (vermutlich ähnliches Volumen wie bei *Australopithecus*), flache Ränder der schmalen knöchernen Nasenöffnung, abgeplattete Region unter der Nasenöffnung, hohe Wangenregion, flache knöcherne Augenbrauenregionen und anderes. Viele dieser Merkmale erinnern an den 1,5 Mio. Jahre jüngeren *Homo rudolfensis*. Die Begleitfunde lassen vermuten, dass *Kenyanthropus* in baumreicher Umgebung lebte.

Ob die Errichtung der Gattung *Kenyanthropus* Bestand haben wird, wird erst die weitere Forschung erweisen. Der Fund deutet aber darauf hin, dass mehrere Radiationen unter den frühen Homininen stattfanden mit mehreren Arten, die sich rasch auseinander entwickelten.

5.6.4 *Homo*

Über den Übergang von Australopithecinen zur Gattung *Homo* ist nur wenig bekannt. Zeitlich könnten *A. africanus* und *A. garhi* Ursprungsart angesehen werden. Die Mehrheit der Forscher vermutet, dass *Homo* monophyletisch entstand.

Die Gattung *Homo* entstand vermutlich vor ca. 2,5 Mio. Jahren in Ostafrika, lebte also über längere Zeiträume gemeinsam mit den Australopithecinen. Offensichtlich lebten hier vor 1,8 bis 2 Mio. Jahren sogar vier oder noch mehr Arten der Gattungen *Australopithecus* und *Homo* zusammen (*A. boisei, H. rudolfensis, H. habilis* und *H. ergaster*). *Homo* war etwas größer und schwerer als *Australopithecus*, besaß aber vor allem eine größere Schädelkapazität (mindestens 600 bis 640 ccm), hatte also sehr wahrscheinlich auch ein größeres Gehirn. Der Kieferapparat und die Zähne waren kleiner als bei *Australopithecus*, die Zähne waren deutlich bogenförmig in den Kiefern angeordnet, und das Skelett der Extremitäten und die Wirbelsäule erreichten ein modernes morphologisches Niveau, u. a. waren die Beine relativ länger als bei den Australopithecinen. Vor allem aber, mit *Homo* entsteht eine zunehmend differenzierte Kultur. Die frühen *Homo*-Formen sind oft schwer von den grazilen Australopithecinen zu unterscheiden, aus denen sie offensichtlich hervorgingen. Auch die ältesten Steinwerkzeuge in Ostafrika sind ca. 2,5 Mio. Jahre alt.

5.6.4.1 *Homo rudolfensis*

Die älteste *Homo*-Art ist nach derzeitigem Kenntnisstand *Homo rudolfensis* (Abb. 5-15, zuerst am Turkana-See, früher Rudolf-See genannt, gefunden). Der älteste Fund dieser Art ist ca. 2,4 Mio. Jahre alt und wurde bei Uraha am Malawi-See gemacht; die Funde vom Turkana-See (Koobi-Fora) und aus Omo sind jünger (ca. 1,8 bis 1,9 Mio. Jahre) und vollständiger erhalten. *H. rudolfensis* besaß schon ein relativ großes Gehirn (Schädelkapazität ca. 775 ccm), hatte aber noch kräftige Zähne mit relativ dickem Schmelz, wie die der Australopithecinen. Der Gesichts-

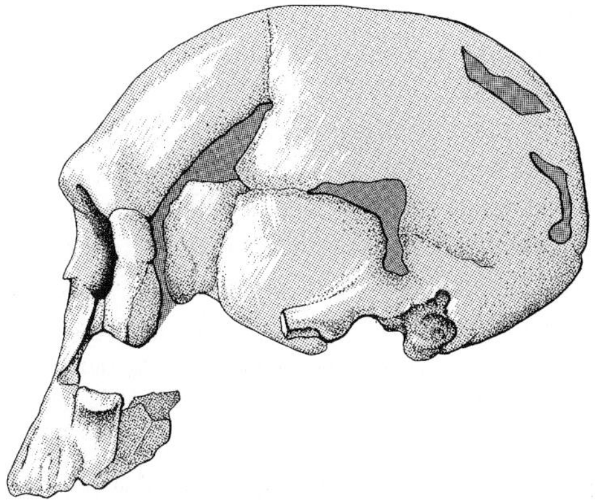

a

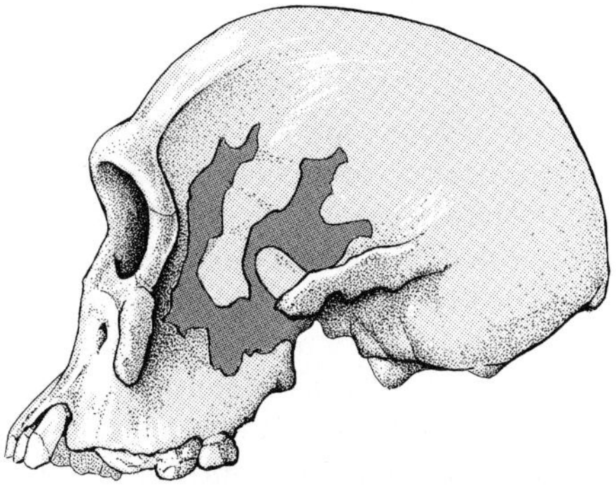

b

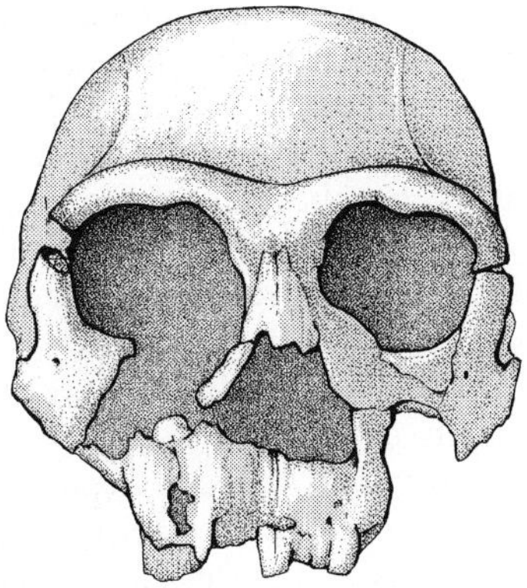

c

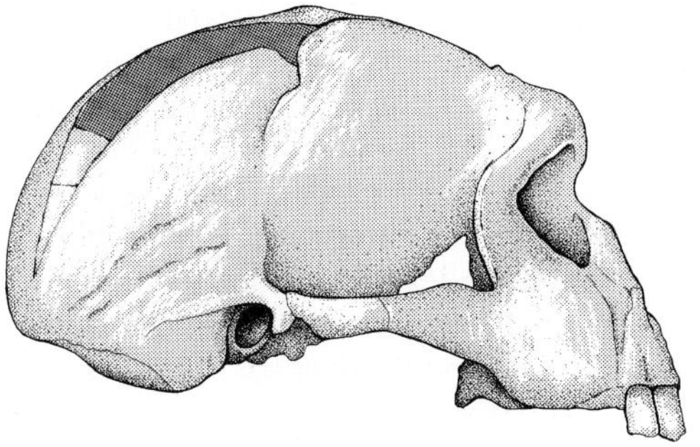

d

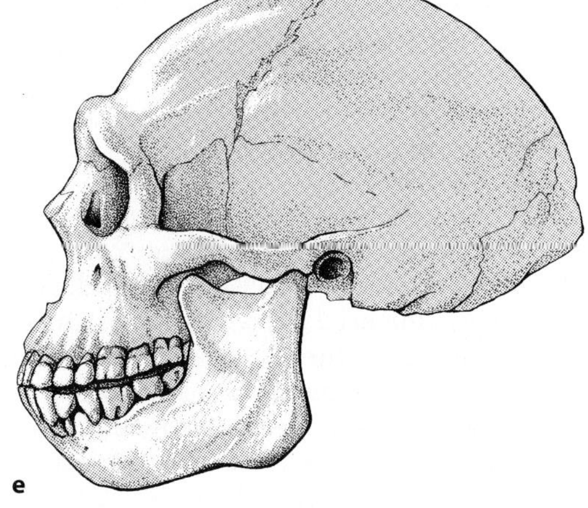

e

Abb. 5-15 a–e. Frühe Vertreter der Gattung *Homo*. **a** *Homo rudolfensis* (KNM-ER 1470), **b** *Homo habilis* (KNM-ER 1813), **c** *Homo ergaster* (KNM-ER 3733), **d** *Homo erectus* (Java, Sangiran 17), **e** *Homo erectus* (China, Zhoukoudian)

schädel war auffällig flach. *H. rudolfensis* könnte sich aus *A. afarensis* entwickelt haben; neuerdings wird seine enge Beziehung zu *Kenyanthropus* diskutiert. Hier existiert ein Grundproblem der Paläontologie: es ist kaum sicher abzugrenzen, wo eine fossile Art „beginnt“ und wo sie „aufhört“, außerdem ist fast nie die morphologische Variationsbreite bekannt.

5.6.4.2 *Homo habilis*

Eine weitere, ca. 2 Mio. Jahre alte Art der Gattung *Homo* war *Homo habilis* (Abb. 5-15, Olduvai-Schlucht, Tansania, offensichtlich auch aus Koobi-Fora am Turkana-See und aus Sterkfontein und Swartkrans in Südafrika), deren Schädelkapazität recht unterschiedlich angegeben wird; nach einigen Autoren lag sie um 610 bis 650 ccm, war also niedrig und befand sich eigentlich noch im Bereich der Australopithecinen, nach anderen Autoren lag sie zwischen 650 und 700 ccm und erreichte vielleicht 750 ccm. Es ist möglich, dass diese Funde mit größerem Volumen *H. rudolfensis* repräsentieren. Der Gesichtsschädel war relativ klein, die Zähne ebenfalls. Anatomie der unteren Extremitäten war eher noch die der Australopithecinen. *H. habilis* wird im Vergleich mit *H. rudolfensis* oft als die ursprünglichere Form angesehen, aber die Beziehung von *H. rudolfensis* und *H. habilis* zueinander bietet noch viele offene Fragen. Die neuen *Kenyanthropus*-Funde lassen es sogar möglich erscheinen, dass *H. rudolfensis* eine Seitenlinie darstellt.

H. habilis und *H. rudolfensis* waren Hersteller von Steinwerkzeugen; die Werkzeugkultur, die ihnen neu zugeordnet wird, gehört zum sogenannten Oldowan (Abb. 5-22). Über sprachliche Fähigkeiten lassen sich keine Aussagen machen.

5.6.4.3 *Homo ergaster*

Homo ergaster (Abb. 5-15) ist eine ca. 2 Mio. Jahre alte afrikanische Art, von der besonders instruktives Skelettmaterial in Nariokotome am Turkana-See gefunden wurde. Anderes Fundmaterial stammt aus Äthiopien, Tansania und wohl auch aus Südafrika sowie vermutlich auch aus Vorderasien (Dmanisi, s. S. 399). Die jüngsten Funde sind ca. 1,5 Mio. Jahre alt. Diese Art weist viele Ähnlichkeiten mit *H. erectus* auf, und die Funde wurden auch zunächst als *H. erectus* beschrieben. Zum Teil findet man in der derzeitigen Literatur auch die Bezeichnung „afrikanischer *H. erectus*". Die Schädelkapazität betrug ca. 900 bis 1000 ccm, was ebenso wie einige Schädelmerkmale, z. B. die deutlichen Überaugenwülste, an *H. erectus* (s. unten) erinnert. Der gut erhaltene Fund von Nariokotome (KNM-WT 15000) gehörte zu einem ca. 162 cm großen Jugendlichen, der als erwachsener Mensch vermutlich gut 180 cm groß und 67 kg schwer geworden wäre, es lag also ein großer, schlanker Körperbau mit langen Beinen vor, der weitgehend mit dem moderner Menschen vergleichbar ist. Das Becken des Jungen war relativ schmal; es erscheint zum Laufen und Gehen besonders geeignet. Vermutlich lebte *H. ergaster* auch in Südafrika; ein zunächst als *Telanthropus capensis* beschriebenes Schädelfragment aus Swartkrans (westlich von Johannesburg) wird heute z. T. dem *H. ergaster* zugeordnet. Vermutlich hat *H. ergaster* nicht nur eine noch einfache Steinwerkzeugkultur (Oldowan und Acheuléen) – von eventuellen Werkzeugen aus anderen Materialien ist nichts erhalten geblieben – geschaffen, sondern vielleicht auch schon das Feuer beherrscht und genutzt. In Koobi Fora (Turkana-See) fanden Wissenschaftler bei Steinwerkzeugen eine ca. 1,6 Mio. Jahre alte Stelle mit auffallend gehärteter („gebackener") Erde, vermutlich eine Feuerstelle. Er hat wohl auch schon mit seinen Steinbeilen größere Tiere getötet. In diesem Zusammenhang sind pathologisch veränderte Knochen eines weiblichen *H. ergaster*-Fundes aus Koobi-Fora (KNM-ER 1808) interessant. Die Knochenveränderungen entsprechen denen, die bei übermäßigem Vitamin-A-Konsum auftreten. Das Vitamin A kann nur tierischer Herkunft sein und z. B. aus der Leber eines Raubtieres stammen.

Es ist wahrscheinlich, dass in Zukunft weitere Funde, u. U. auch von neuen *Homo*-Arten, aus der Periode zwischen 2,5 und 1,5 Mio. Jahren, beschrieben werden. Die Verwandtschaftsverhältnisse der frühen afrikanischen *Homo*-Arten untereinander, ihre Verbindung zu den grazilen Australopithecinen und schließlich ihre Beziehung zu den späteren *Homo*-Arten, v. a. zu *H. erectus*, sind in vielen Details noch ungeklärt. Derzeit billigt man *H. ergaster* eine herausgehobene Position zu, indem er als möglicher Vorläufer von *H. erectus* und auch von *H. antecessor* (s. S. 402) angesehen wird. Von großem Interesse sind die Schädelfunde, die von 1992 bis 1999 in Dmanisi in Georgien gemacht wurden. Sie sind ca. 1,9 bis 2 Mio. Jahre alt und weisen morphologische Anklänge an *H. ergaster*, aber in geringerem Maße auch an *H. erectus* auf (Gabunia et al. 1999). Es ist denkbar, dass diese Funde eine Population von *H. ergaster* repräsentieren, die nach Vorderasien ausgewandert war, von hier aus nach Ost- und Südostasien weiterwanderte und sich hier zu *H. erectus* weiterentwickelte. Die Schädelkapazität der Dmanisi-Funde war wohl noch relativ gering und wird mit 625 ccm bzw. 780 ccm angegeben.

5.6.4.4 *Homo erectus*

Homo erectus (Abb. 5-15) war lange Zeit die älteste bekannte Art der Gattung *Homo*. Er wurde 1891 vom niederländischen Militärarzt Eugene Dubois in Trinil bei Ngawi (Ostjava) entdeckt (S. 386). Funde stammen nicht nur aus Java (zunächst als *Pithecanthropus* bezeichnet), sondern auch aus China (zunächst als *Sinanthropus* bezeichnet). Sein Vorkommen in Ostafrika (Olduvai-Schlucht, vielleicht auch Turkana-See und Omo) und u. U. auch in Südafrika wurde über längere Zeit als Tatsache angesehen, wird aber heute mehrheitlich abgelehnt. Die entsprechenden afrikanischen Funde werden heute oft *H. ergaster* und/oder auch einer noch zu definierenden weiteren Art zugerechnet. Auch das Vorkommen von *H. erectus* in Europa ist heute sehr umstritten; i. a. werden die entsprechenden Funde jetzt *H. heidelbergensis* zugeteilt. Derzeit ist die klare Tendenz erkennbar, *H. erectus* auf Ostasien und Südostasien zu beschränken.

H. erectus folgt zeitlich den genannten frühen *Homo*-Arten. Wie er nach China und Java gelangt ist, darüber wissen wir nichts Sicheres. Es wäre plausibel anzunehmen, dass er sich vom recht ähnlichen afrikanischen *H. ergaster* herleitet und zwar von einer Teilpopulation, die sich nach Ost- und Südostasien ausgebreitet hat und hier vermutlich vor 1,7 bis 1,8 Mio. Jahren etabliert war. In dieser Hinsicht sind die Funde von Dmanisi (Georgien) sehr interessant. Nach Ansicht einiger europäischer, nordamerikanischer und chinesischer Forscher hat er im fernen Osten eine spezielle Entwicklung bis hin zum modernen Menschen erfahren. Diese Auffassung steht jedoch insgesamt eher isoliert da (S. 400).

Die Schädelkapazität von *H. erectus* betrug ca. 900 bis 1100 ccm, was zwischen den Werten von *H. ergaster* einerseits und *H. antecessor, heidelbergensis, neanderthalensis* und *sapiens* andererseits vermittelt. Der Schädel ist relativ flach (Abb. 5-15) und nach hinten ausladend, besitzt kräftige Überaugenwülste, eine Einschnürung hinter den Orbitae und einen kräftigen Knochenwulst am Hinterhaupt (Torus occipitalis). Die Knochen der Schädelwand sind im allgemeinen recht dick. Die Zähne sind größer als die des modernen Menschen, aber erheblich kleiner als die der Australopithecinen. Ob die rekonstruierte Anatomie des Gehirns und Kehlkopfes den Schluss zulassen, dass die Sprachentwicklung erheblich fortgeschritten war, sei dahingestellt. Dem Unterkiefer fehlt das Kinn.

Das vergrößerte Gehirn (s. unten) von *H. erectus* wird mit der vermutlichen Ausbreitung und Auswanderung nach Ost- und Südostasien in Verbindung gebracht. Verbesserte Werkzeuge und Waffen und u. U. ein erst jetzt entstandenes „Neugierverhalten“ förderten die Ausbreitung; möglicherweise hat sich auch der Populationsdruck infolge Vermehrung und vergrößerter Nahrungsreviere verstärkt. Die Werkzeugkultur von *H. erectus*, aber auch von *H. heidelbergensis*, ist das Acheuléen (Abb. 5-22, S. 416), jedoch ist auffällig, dass in Ostasien entsprechende Steinwerkzeuge selten sind. Vermutlich hat *H. erectus* überwiegend Holz- und Knochenwerkzeug benutzt.

Inzwischen liegen aus Java ca. 100 Einzelfundstücke von *Homo erectus* vor. Sie stammen alle aus dem östlichen Java und sind in ihrer Datierung immer noch umstritten, möglicherweise sind die ältesten ca. 1,7 bis 1,2 Mio. Jahre alt. Morphologisch gibt es unter den Fundstücken erhebliche Unterschiede, z. T. handelt es sich offenbar um Geschlechtsunterschiede, möglicherweise verbergen sich aber auch verschiedene Arten in diesem Material. Von einigen Forschern werden die javanischen Funde drei Gruppen zugeordnet: archaischen, klassischen und fortschrittlichen Formen. Von den archaischen Formen sind nur wenige Reste bekannt; sie sind möglicherweise 1,7 – 0,7 Mio. Jahre alt und hatten besonders dicke Schädelknochen. Die Schädelkapazität betrug um

900 ccm. Hierher gehören z. B. die Fundstücke Sangiran 4 und 31 aus dem unteren Pleistozän. Besonders umstritten ist ein Fragment eines auffallend großen Unterkiefers („*Meganthropus palaeojavanicus*“).

Die klassischen Formen umfassen die Mehrzahl der Fundstücke. Sie sind mittelpleistozänen Alters und ca. 800 000 bis 400 000 Jahre alt. Die Schädelkapazität lag bei ca. 1000 ccm. Hierher gehören u. a. die Fundstücke Sangiran 2, 3, 10, 12, 17 (Abb. 5-15) und 38, das Kind von Mojokerto, sowie die Trinil-Fundstücke. Wesentliche Erkenntnisfortschritte zu diesen Funden lieferten in der Zeit vor dem 2. Weltkrieg insbesondere G.H.R. von Koenigswald (1903–1982) und in jüngerer Zeit die indonesischen Forscher T. Jacob und S. Sartono.

Die fortschrittlichen Formen sind wahrscheinlich nur 100 000 bis 40 000 Jahre alt. Die Schädelkapazität betrug 1100–1300 ccm. Hierher gehören die Funde von Ngandong, Ngawi und Sambungmacan. Vermutlich ist *H. erectus* also auf Java erst vor 40 000 Jahren ausgestorben.

Die ältesten, relativ spärlichen Steinwerkzeuge aus Sangiran sind vermutlich 1,5 bis 2 Mio. Jahre alt. Kürzlich wurde gemeldet, dass auf Flores (Indonesien) ca. 800 000 Jahre alte Steinwerkzeuge gefunden wurden, die, falls zutreffend, fast nur auf *H. erectus* zurückgehen können. Diese Funde sind aber sehr umstritten, und erst weiteres Fundmaterial wird erweisen, ob *H. erectus* Flores erreicht hat.

Unter den chinesischen *H. erectus*-Funden gibt es offenbar auch ältere und jüngere. Die älteren (z. B. Lantian) sind vermutlich frühpleistozän, ihr Alter wird z. T. sogar mit 1,8 Mio. Jahren angegeben, die Zähne werden z. T. noch als „australopithecin“ bezeichnet. Die klassischen Funde aus Zhoukoudian (Pekingmensch, Abb. 5-15) sind mittelpleistozän und ca. 500 0000 bis 400 000 Jahre alt. *H. erectus* beherrschte hier zu dieser Zeit eindeutig das Feuer.

Die ersten Funde in Zhoukoudian wurden 1929 von dem chinesischen Paläontologen Wenzhong Pei gemacht. Vor dem 2. Weltkrieg hat dann in Zhoukoudian v. a. der kanadische Anatom Davidson Black gegraben, das Material war insbesondere von dem emigrierten deutschen Anatomen Franz Weidenreich bearbeitet worden, der glücklicherweise Kopien der Funde gemacht hatte, die noch existieren. Leider sind viele der Originalfunde in den Wirren des japanischen Einmarsches in China (1941) verloren gegangen.

Eine Schädeldecke aus dem mittleren Pleistozän bei Hathnora im Narmadatal in Nordwestindien wurde von ihren Entdeckern *H. erectus* zugeordnet. Falls sich das bestätigen sollte, wäre die weite geographische Lücke zwischen Afrika und Ost- bzw. Südostasien wenigstens an einer Stelle überbrückt. Die detaillierte Analyse der Schädeldecke spricht aber derzeit wohl eher dafür, dass es sich bei diesem Fund um eine *H. heidelbergensis*- oder eine *H. antecessor*-ähnliche Form handeln könnte.

EXKURS

Multiregionale- und Out-of-Africa-Theorie

Unter der **multiregionalen Theorie** der Entstehung des modernen Menschen wird verstanden, dass die heutigen Menschen getrennt an verschiedenen Stellen der Erde entstanden sind, aber alle von einem ca. 1 Mio. Jahre alten Vorfahren abstammen. Die verschiedenen Fossilfunde des Menschen aus den letzten 1 Mio. Jahren stellen also bestenfalls morphologisch unterscheidbare Populationen einer Art dar; alle diese Populationen blieben stets in einem genetischen Zusammenhang. Zum Teil findet sich sogar die prononcierte Auffassung, dass alle modernen Menschen aus fossilen Populationen des *H. erectus* (oder *H. ergaster*) an verschiedenen Stellen der Erde entstanden.

Dagegen steht die **Out-of-Africa-Theorie**, derzufolge alle Ethnien des modernen Men-

EXKURS (Fortsetzung)

schen von einem frühen *H. sapiens* aus Afrika abstammen. Die Out-of-Africa-Theorie ist vereinbar mit der „Replacement"-Hypothese, die besagt, dass es verschiedene früh- und mittelpleistozäne *Homo*-Arten gab und dass vor ca. 200 000 bis 150 000 Jahren in Afrika *H. sapiens* entstand, der alle anderen noch existierenden *Homo*-Arten schließlich verdrängte bzw. „ersetzte" (*replacement*).

Die Out-of-Africa-Theorie wird auch durch biochemische und molekularbiologische Untersuchungen gestützt. Bei der genetischen Analyse des Menschen wurde 1983 zunächst die mitochondriale DNA (mtDNA) aus unterschiedlichen Populationen durch Restriktionsanalyse (s. Kap. 4.1.2) bearbeitet. Es stellte sich heraus, dass die Variation der mtDNA bei den rezenten menschlichen Populationen vergleichsweise gering ist; die genetischen Distanzen deuteten auf einen gemeinsamen Ursprung vor ca. 200 000 Jahren hin. Innerhalb der untersuchten Populationen weisen die afrikanischen Populationen die grösste genetische Variation auf. Dieser Befund macht wahrscheinlich, dass die afrikanischen Populationen älter sind als die übrigen menschlichen Populationen und sich der moderne *Homo sapiens* demnach von afrikanischen Vorfahren ableitet. Auch die Sequenzierung des mitochondrialen Genoms (Abb. 5-19) zeigt, dass die Sequenzen afrikanischer Individuen basal stehen und die grössten genetischen Distanzen aufweisen. Die Auswanderung des modernen Menschen aus Afrika wird über die Molekulare Uhr (s. Kap. 3.5) auf die Zeit zwischen 100 000 und 60 000 Jahren datiert. Eine Zeitskala für die Evolution des modernen Menschen ist in Abb. 5-21a gezeigt.

Die Tatsache, dass die Mitochondrien praktisch nur von der Mutter vererbt werden, bedeutet, dass die Mitochondrien aller lebender Menschen Kopien eines Mitochondriums einer einzigen Frau in der Vergangenheit des Menschen sind („mitochondriale Eva"), ein etwas irreführender Name, da sie nur die „Mutter" unserer Mitochondrien ist; unsere chromosomalen Gene stammen von vielen „Müttern" in der Population, in der sich auch die mitochondriale Eva befand.

Die Mutationen in der mitochondrialen DNA erlauben, die Abstammung der Mitochondrien zu rekonstruieren. Solche Rekonstruktionen werden manchmal Gen-Bäume (*gene trees*) genannt und ermöglichen auch die Zeit zu berechnen, welche die Mutanten trennt. Es ist aber insgesamt bisher nicht gelungen zu berechnen, wann die mitochondriale Eva gelebt hat; eine Korrelation mit der Entstehung der Art *H. sapiens* besteht nicht, vielleicht lebte sie lange nach Entstehung unserer Art, vielleicht sogar früher.

Die Aussagekraft der mitochondrialen DNA-Daten zur Phylogenie des Menschen wurden von verschiedenen Wissenschaftlern aus verschiedenen Gründen angezweifelt. Aber die Analysen von nukleärer DNA des männlichen Y-Chromosoms, des Dystrophiegens und verschiedene Mikrosatellitenanalysen bestätigen die Out-of-Africa-Hypothese weitgehend.

Wahrscheinliche Zeitpunkte der Ausbreitung und der Beginn der kulturellen Evolution des modernen Menschen sind in Abb. 5-21a, b zusammengefasst. Eine zusätzliche Analyse der menschlichen Sprachen durch Cavalli-Sforza fand eine erstaunliche Übereinstimmung zwischen den DNA-Gruppierungen und der Struktur der Sprachen. Auch dieser Befund legt nahe, dass die Out-of-Africa-Hypothese stimmt, während die multiregionale Evolutionshypothese nicht zutreffend ist.

Dennoch betonen Anhänger der multiregionalen Evolution des modernen Menschen, dass betreffs der tatsächlichen biologischen Eigenständigkeit der verschiedenen beschriebenen fossilen Arten der Gattung *Homo* Unsicherheit herrsche und dass zumindest genetische Beiträge verschiedener ausgestorbener Formen zum modernen Men- ▶

EXKURS (Fortseztung)

schen nicht auszuschließen sind. Diese Beiträge könnten an verschiedenen Stellen der Erde unterschiedlich sein. Besonders hartnäckig hält sich die Auffassung, dass speziell in Ostasien Mechanismen der multiregionalen Evolution am Werke waren. Das letzte Wort zur Entstehung des modernen Menschen ist also wohl noch nicht gesprochen.

Nach traditioneller Auffassung entwickelte sich der heutige *H. sapiens* aus *H. erectus*, und zwar entstanden zunächst „archaische *H. sapiens*-Formen", wie z.B. der Heidelberger, und erst am Ende der letzten Eiszeit entstanden die modernen Menschen. Eine besondere fossile Unterart war der Neandertaler, der als erster Mensch an ein Kaltklima angepasst war. Dieses Bild hat sich seit ca. 1990 gründlich gewandelt. Die archaischen Sapiensformen wurden in der letzten Zeit einer eigenen Art zugezählt, dem *Homo heidelbergensis*. Dieser Name war übrigens schon 1908 von dem Paläontologen Otto Schoetensack für den Unterkiefer von Mauer geprägt worden. Diese Einschätzung, dass also *H. heidelbergensis* die Art ist, die – vereinfacht gesagt – einerseits auf *H. ergaster* zurückgeht und aus der sich andererseits *H. sapiens* und *H. neanderthalensis* entwickelt haben, hat sich in allerjüngster Zeit wieder verändert, insbesondere seit 1994, als in der Gran-Dolina-Höhle in der Sierra Atapuerca bei Burgos in Spanien Reste fossiler Menschen gefunden wurden, die deutlich älter sind als die typischen *H. heidelbergensis* und die mit dem Namen *Homo antecessor* belegt wurden. Derzeit ist die Situation bezüglich der früh- und mittelpleistozänen Funde der Gattung *Homo* außerordentlich komplex und umstritten.

5.6.4.5
Homo antecessor

Die *H. antecessor*-Funde in Spanien (s. oben) sind mindestens 780000 Jahre alt und stammen aus einer Warmzeit am Ende des frühen Pleistozän. Der Art-Status von *H. antecessor* wird tatsächlich noch kontrovers diskutiert, aber es gibt Gründe, davon auszugehen, dass es sich um eine eigene Art handelt und damit wäre *H. antecessor* die erste *Homo*-Art in Europa. Seine Überreste wurden zusammen mit einfachen Prä-Acheuléen-Steinwerkzeugen gefunden. Die Rekonstruktion des Skeletts hat ergeben, dass der erwachsene *H. antecessor* ca. 175 cm groß war, dass seine Schädelkapazität deutlich über 1000 cm lag. Der Gesichtsschädel sowie Hände und Füße sind erstaunlich modern, die Nase sprang deutlich vor. Ob am Unterkiefer ein Kinn vorhanden war, ist bisher nicht bekannt, vermutlich fehlte es. Die Stirn war wohl fliehend, die Überaugenwülste waren nicht sehr stark ausgeprägt.

Die Entdecker der Funde von *H. antecessor* halten es für wahrscheinlich, dass *H. antecessor* aus Afrika kommend ungefähr vor ca. 1 Mio. Jahren in Südeuropa auftauchte und sich von *H. ergaster* herleitet. Weiterhin wird vermutet, dass sich aus *H. antecessor* einerseits *H. sapiens* und andererseits – über *H. heidelbergensis* – *H. neanderthalensis* entwickelt habe. Diese Gedanken sind natürlich in hohem Maße hypothetisch. Zu der Vermutung, dass vor ca. 1 Mio. Jahren eine erste *Homo*-Art in Südeuropa auftauchte, passen Funde fossiler Menschen aus Ceprano bei Rom, die ca. 800000 Jahre alt sind. In diesen Kreis gehören dann vermutlich auch Funde aus Algerien (Ternifine, ca. 700000 Jahre alt) und Tanger (ca. 400000 Jahre alt) und von anderen nordafrikanischen Fundstellen. Interessant sind auch die Unterkiefer- und Schädelfunde aus Dmanisi in Georgien (s. oben), die mit ca. 1,9–2 Mio. Jahren viel älter als die spanischen Funde sind und die eher noch zu *H. ergaster* gehören. Es wird auf alle Fälle deutlich, dass ein engerer Zusammenhang zwischen *H. ergaster*, *H. erectus*, *H. antecessor* und auch *H. heidelbergensis* sowie *H. rhodesiensis* (s. unten) – und somit auch *H. neanderthalensis* sowie *H. sapiens* – besteht. Von einzelnen Forschern wird dieser Zusammenhang dahingehend interpretiert, dass die genannten Arten in Wahrheit keine getrennten Arten sind, sondern nur Varianten oder Populationen einer einzigen Art repräsentieren.

5.6.4.6 *Homo heidelbergensis* und *Homo rhodesiensis*

Es ist derzeit schwer zu entscheiden, welche Funde dem *H. heidelbergensis* zuzuordnen sind. Nach Auffassung einer Reihe von Paläoanthropologen ist *H. heidelbergensis* eine rein europäische Art und führt zu *H. neanderthalensis*. Andere Auffassungen sehen ihn als Ausgangsart sowohl von *H. sapiens* als auch von *H. neanderthalensis* und halten die Beschränkung auf Europa für nicht zwingend. Wenn *H. heidelbergensis* auf Europa beschränkt war, dann ergibt sich u. a. das Problem der Benennung der afrikanischen – und auch asiatischen – Formen, die hinsichtlich Alter und Struktur *H. heidelbergensis* ähneln. Für die afrikanischen Formen wird jetzt wieder der Name *Homo rhodesiensis* vorgeschlagen. Zu *H. rhodesiensis* lassen sich dann vorläufig folgende Funde zählen: Bodo (Äthiopien, ca. 600 000 Jahre alt), Saldanha (Südafrika, ca. 400 000 Jahre alt), Kabwe (Sambia, früher Nordrhodesien, „Rhodesia man", ca. 300 000 Jahre alt, Abb. 5-16). *H. rhodesiensis* wäre dann der direkte Vorläufer von *H. sapiens* und würde denkbarerweise auf ost- bzw. sogar südafrikanische *H. antecessor*-Populationen zurückgehen. Diese Spekulation ist ganz hypothetisch; afrikanische *H. antecessor*-Populationen südlich der Sahara sind bisher nicht gefunden worden.

Auch in China wurden Funde gemacht, die Merkmale von *H. heidelbergensis* aufweisen. Ge-

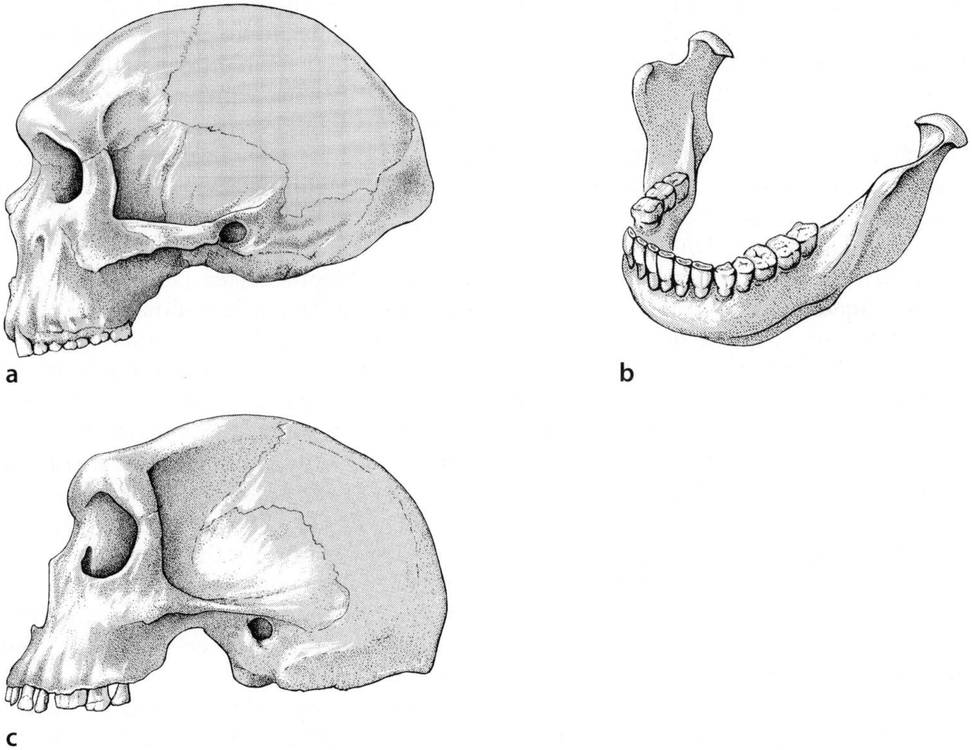

Abb. 5-16. a, b *Homo heidelbergensis* und **c** *Homo rhodesiensis*. **a** Petralona 1 (Petralona, Griechenland), **b** Unterkiefer aus Mauer bei Heidelberg, **c** Broken Hill 1 (Kabwe, Sambia)

nannt sei der Fund von Yinkou (= Jinniushan) in Nordchina (Cranium und postcraniale Skelettanteile), der ca. 200 000 Jahre alt ist. Ähnliche, aber etwas jüngere Funde stammen aus Dali in Nordchina und aus Maba in Südchina. Es ist also denkbar, dass in China *H. heidelbergensis* mit *H. erectus* zusammengelebt und diesen ersetzt hat. Der Fund aus Maba weist sogar Übereinstimmungen mit dem Neandertaler auf, was nachdrücklich auf manche Unsicherheit vieler derzeitiger Aussagen hinweist. Die Fundsituation erlaubt einfach keine definitiven Aussagen.

Für *Homo heidelbergensis* (Abb. 5-15) bleiben in Europa folgende Fundstellen: Mauer bei Heidelberg (Abb. 5-16, ca. 500 000 Jahre alt, lebte in einer Warmzeit, Kap. 2), Arago (ca. 400 000 Jahre alt, Pyrenäen, Südfrankreich), Sierra de Atapuerca (die jüngeren Funde, ca. 300 000 Jahre alt, Spanien) und Petralona (Abb. 5-16, ca. 350 000 bis 200 000 Jahre alt, Griechenland); Swanscombe (ca. 400 000 Jahre alt, bei London, England), Boxgrove (ca. 500 000 Jahre alt, Südengland), Schöningen (ca. 400 000 Jahre alt, keine Skelettreste, aber Funde schöner Speere, Sachsen-Anhalt, Deutschland), Bilzingsleben (ca. 350 000 Jahre alt, Thüringen, Deutschland), Vertesszöllös (ca. 350 000 Jahre alt, Ungarn). Die Funde aus Steinheim und der Region Weimar (s. unten) repräsentieren Prä-Neandertaler, entsprechen also einer „Brücke" *zwischen H. heidelbergensis* und *H. neanderthalensis.*

H. heidelbergensis besaß noch einen oft kräftigen Überaugenwulst, ein Kinn fehlte dem Unterkiefer, die Schädelkapazität betrug ca. 1150 bis 1220 ccm. Hinter den Augenhöhlen war der Schädel – wie bei *H. erectus* - eingeschnürt. *H. heidelbergensis* ist mit der Steinwerkzeugkultur des Acheuléen verbunden, die deutlich über der Kultur des Oldowan *(H. rudolfensis, H. habilis,* z. T. *H. ergaster)* steht und auch über dem Prä-Acheuléen *(H. antecessor).*

Der Unterkiefer von **Mauer** (Abb. 5-16) wurde in einer Kiesgrube 1907 vom Arbeitsmann Daniel Hartmann gefunden. Er ist ca. 500 000 Jahre alt (die verschiedenen Schätzungen ergeben ein Alter von 475 000 bis 620 000 Jahren) und stammt aus einer Cromer-Warmzeit-Phase, in Nähe der Fundlokalität fanden sich z. B. Reste von *Palaeoloxodon antiquus* und Elchen. Der Kiefer wurde von Otto Schoetensack und vielen anderen Forschern untersucht, sein ursprünglich guter Erhaltungszustand hat am Ende des Zweiten Weltkrieges gelitten.

Sehr intensiv wird seit ca. 30 Jahren die Fundstelle **Bilzingsleben** in Thüringen erforscht. Es wurden hier Schädelfragmente, Zähne und vor kurzem ein Unterkieferfragment von mittelpleistozänen Menschen gefunden, die sinnvollerweise dem *H. heidelbergensis* zugerechnet werden. Abgesehen von den spärlichen Schädelresten wurden hier zahllose Werkzeuge aus Stein, Knochen, Geweihen und Holz gefunden. Analysen von Jagdfauna, Mollusken und Pollen lassen den Lebensraum dieser Menschen lebendig werden. Die Zeit entsprach einer Warmzeit, und zwar der Holstein-Warmzeit (speziell einer Phase, die Wacken-Warmzeit genannt wird), mit Wäldern, in denen Eichen, Fichten, Birken, Erlen, Ahorn und Pappeln sowie Haselnuss, Faulbaum und Flieder vorkamen. Die Menschen jagten Waldelefanten, Wald- und Steppennashörner, Wildpferde, Auerochsen, Rothirsche, Damhirsche, Rehe und Wildschweine, außerdem kamen hier Höhlenlöwen, Biber und Füchse vor. Auch Fische wurden verzehrt. Die Großwildjagd erfolgte vermutlich vor allem mit Hilfe von Speeren. Die Rekonstruktion der frühmenschlichen Siedlung bei Bilzingsleben ergibt die Existenz einfacher, runder Hütten und von Feuerstellen am Ufer eines flachen Sees. Ein runder, offenbar gepflasterter Platz im Zentrum der Siedlung diente u. U. kultischen Zwecken.

1933 wurde ein relativ gut erhaltener Schädel in **Steinheim** an der Murr (Baden-Württemberg) gefunden. Er ist ca. 250 000 Jahre alt und stammt aus der Holstein-Warmzeit. Zur Begleitfauna gehörten u. a. das Mercksche Nashorn *(Dicerorhinus kirchbergensis), Palaeoloxodon antiquus*, Riesenhirsch, Auerochs, Wisent und Wasserbüffel. Der Schädel war relativ klein, seine Kapazität lag bei 1100 bis 1200 ccm. Dieser Schädel erfuhr verschiedenartige Bewertungen, heute wird er i. a. in das Feld der Prä-Neandertaler gestellt.

Aus der Region **Weimar** (Taubach, Ehringsdorf) stammt recht reiches Fundmaterial, darunter Schädelfragmente, von Menschen und Werkzeugen aus der Endphase der vorletzten Warmzeit, der Holstein-Warmzeit. Auch dies Material lässt sich frühen Neandertalern (Prä-Neandertalern) zuordnen, die ja aus *H. heidelbergensis* hervorgehen.

Den Prä-Neandertalern wird jetzt auch der unvollständige Schädelfund aus **Reilingen** (Baden-Württemberg) zugezählt. Dieser Fund wurde 1978 gemacht und ist wahrscheinlich 115 bis 125000 Jahre alt, stammt also aus der Eem-Warmzeit.

5.6.4.7 *Homo neanderthalensis*

Der Neandertaler wird heute von vielen Wissenschaftlern aus verschiedenartigen sachlichen Gründen (Morphologie, Molekularbiologie, Kultur) als eigene Art, *Homo neanderthalensis*, angesehen, nachdem er in den letzten Dekaden meist nur als Unterart von *H. sapiens* geführt wurde. Auch Ende des 19. und in der ersten Hälfte des 20. Jh. war der Neandertaler i.a. als eigene Art angesehen worden, wobei er oft als besonders primitiv und brutal dargestellt wurde. Eine solche abqualifizierende Einschätzung besitzt natürlich keinerlei wissenschaftliche Basis.

H. neanderthalensis leitet sich sehr wahrscheinlich von *H. heidelbergensis* her, der ihm zeitlich vorausgeht und dem er in mancher Hinsicht ähnelt. Der Zeitpunkt des ersten Auftretens der Neandertaler ist umstritten. Zum Teil wird angenommen, dass sie vor ca. 230000 Jahren erschienen, eine andere Meinung hält es eher für wahrscheinlich, dass sie sich erst vor gut 150000 bis 120000 Jahren aus *H. heidelbergensis* entwickelt haben. Nach molekularbiologischen Berechnungen können sie sogar schon seit ca. 600000 Jahren eine eigene Entwicklungslinie repräsentieren. Die letzten Neandertaler wurden aus dem Zeitraum vor 35000 bis 28000 Jahren nachgewiesen. Die älteren Funde zeigen die typischen Merkmale der „klassischen“ Neandertaler, wie sie weiter unten beschrieben werden, noch nicht so ausgeprägt und werden Prä-Neandertaler genannt; nach Auffassung einiger Forscher sind diese Prä-Neandertaler noch Angehörige von *H. heidelbergensis*. Eine Reihe von Eigenmerkmalen weisen auch die in Israel gefundenen Neandertaler auf.

Die Analyse der mtDNA aus Knochen des Neandertaler-Skeletts aus der Feldhofer Grotte im Neandertal (Krings et al. 1997, 1999) zeigt deutliche Sequenzunterschiede zu *H. sapiens* und legt eine Divergenzzeit von ca. 317000 bis 741000 Jahren nahe. Eine weitere mtDNA-Analyse von Neandertaler-Material aus der Mezmaiskaya-Höhle im nördlichen Kaukasus (Ovchimikov et al. 2000) erbrachte gut vergleichbare Ergebnisse, denen zufolge die Trennung von *H. neanderthalensis* und *H. sapiens* zwischen 365 000 und 853000 Jahren erfolgte. Die mtDNA-Befunde des Feldhofer- und Mezmaiskaya-Materials unterscheiden sich um ca. 3,5%. Diese molekularbiologischen Befunde lassen vermuten, dass es kaum Hybridisierung zwischen Neandertalern und *H. sapiens* gegeben hat und dass *H. sapiens* die Neandertaler verdrängt und vor ca. 30000 Jahren dann in den Untergang getrieben hat.

In Bezug auf die mtDNA-Unterschiede wurde verschiedentlich vermerkt, dass bei Schimpansen *(Pan troglodytes)* eine interindividuelle Variabilität herrscht, die größer ist als die gefundenen Unterschiede zwischen *H. neanderthalensis* und *H. sapiens*. Hierzu muss aber gesagt werden, dass die genetische Variabilität des modernen Menschen auffallend gering ist. Hierfür wird z.T. eine ungewöhnliche Bevölkerungsentwicklung verantwortlich gemacht, die zufolge von genetischen Berechnungen vor ca. 100000 Jahren von ca. 10000 Menschen ausging, die längere Zeit in Afrika relativ isoliert gelebt hatten.

Die Neandertaler besaßen eine recht hohe Werkzeugkultur (Moustérien), lebten in Gruppen und hatte wahrscheinlich eine komplexe Sozialstruktur, zu der vermutlich auch gehörte, dass Gruppenangehörige sich um Kranke und Verwundete kümmerten, wofür z.B. abgeheilte große Schädelverletzungen sprechen. Andererseits fanden sich Schädel mit Schnitt- und Kratzspuren, die vermuten lassen, dass auch Kannibalismus möglich war (wie auch bis in unsere Zeit hinein bei Populationen von *H. sapiens*). Sie lebten in einer unwirtlichen, oft kalten Umgebung, z.T. in Nähe von Gletschern, und jagten in Gruppen Wild, darunter Großwild, wie Elch, Wollnashorn und Mammut. Sie erlebten aber auch Wärmeperioden. Vielleicht deuten die Funde in Israel auf ein Ausweichen vor vorrückenden Gletschern hin. Ihre Fähigkeit, in kalten Klimaten zu überleben, erfordert, dass sie, zumindest zeitweise, Kleidung trugen.

Ihre Verbreitung erstreckte sich von Spanien und Italien nach West- und Mitteleuropa und von hier bis auf den Balkan (Kroatien), in den Nordirak (Shanidar), bis zum Kaukasus und nach Zentralasien (Teshik-Tash, Usbekistan), sie erreichten auch den Nahen Osten. Besonders informationsreiche Funde stammen vor allem aus Südwestfrankreich (La Chapelle aux Saints, La Ferrassie u.a.), Israel (Kebara, Tabun und Amud) und Usbekistan (Teshik-Tash, bei Samarkand). Vermutlich waren sie nie häufig, ihre Gesamtpopulation betrug zu einer bestimmten Zeit wohl nie mehr als einige Zehntausend.

Sie waren untersetzt, sehr muskulös und hatten dicke, robuste Knochen sowie relativ kurze Extremitäten, v.a. kurze Beine, so wie heutige Bewohner arktischer Lebensräume. Ihr Schädel war verhältnismäßig flach, die Überaugenwülste deutlich (Abb. 5-17). Ihre Schädelkapazität war im Durchschnitt etwas größer (1400 bis 1500 ccm) als die des modernen Menschen (ca. 1250 bis 1450 ccm), was u.U. mit der kräftigen Muskulatur zusammenhängt. Der Sexualdimorphismus war hinsichtlich der Schädelkapazität erheblich: Frauen: 1270 bis 1350 ccm, Männer: 1550 bis 1740 ccm. Die Nase war vermutlich groß, die Kinnregion war unterschiedlich ausgeprägt; einige Funde besitzen ein in geringem Maße vorspringendes Kinn, bei der Mehrzahl lag ein mäßig bis schwach fliehendes Kinn vor. Die kräftige Konstruktion des Gesichtsschädels lässt vermuten, dass Kiefer und Zähne besonders belastet wurden und nicht nur der Nahrungsaufnahme dienten, sondern auch bei anderen Tätigkeiten, z.B. beim Festhalten von Geräten oder Leder eine Rolle spielten („Zähne-als-Werkzeuge-Hypothese", Abb. 5-18). Zeichen von Verletzungen und Arthritis finden sich häufig, vermutlich wurden sie i.a. nur bis zu 30 oder höchstens 40 Jahre alt. Sie kannten einfache Bestattungsriten; die Toten erhielten offensichtlich keine wertvollen Grabbeigaben, so wie das bei *H. sapiens* seit ca. 40 000 Jahren oft üblich wurde. Vielleicht haben Neandertaler mancher Populationen die Toten mit Blumen bestreut. Über ihre Jenseitsvorstellungen wissen wir gar nichts. Wahrscheinlich stammen einige der gefundenen Überreste von Neandertalern, die des Hungertods gestorben sind, was auf ihre vielfach schwierigen Lebensverhältnisse in unwirtlichem Klima hindeutet.

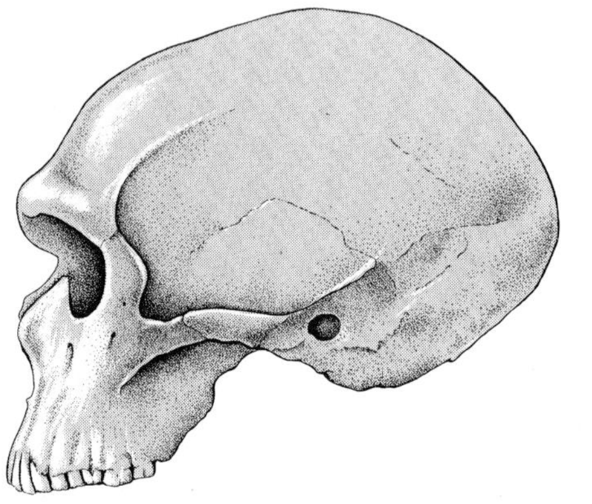

Abb. 5-17. Schädel von *Homo neanderthalensis* (La Ferrassie 1, Frankreich)

Eine vielfach diskutierte Frage betrifft die Sprachfähigkeit der Neandertaler. Ein aufgefundenes Zungenbein unterscheidet sich nicht von dem des modernen Menschen, was jedoch wenig Aussagekraft in Hinsicht auf Sprachfähigkeit hat. Angesichts ihrer differenzierten Sozialstruktur, ihres großen Gehirns, ihrer hohen Werkzeugkultur u.a. würde es durchaus Sinn machen, dass sie schon eine Sprache besessen haben. Sie haben keine großartigen Spuren einer Kunst hinterlassen, wie sie von den Cro-Magnon-Menschen überliefert sind (S. 418). Mit Neandertalern, deren Reste zwischen 36 000 und 32 000 Jahren vor heute in Frankreich und Nordspanien gefunden wurden, ist eine besondere spät-paläolithische Steinkultur gefunden worden, die Châtelperronian-Kultur (= Châtelperronien) genannt wird. Diese Kultur zeigt ein höheres Niveau als die des Moustérien, erreicht aber i.a. nicht die Stufe des Aurignacien, die für *H. sapiens* kennzeichnend ist. Die Bewertung des Châtelperronien erfolgt in unterschiedlicher Art und Weise. Anhänger der multiregionalen Theorie der Entstehung des modernen Menschen sehen in dieser Kultur den Übergang vom Neandertaler zum modernen Menschen. Anhänger der „Replacement-Hypothese" sehen in ihr einen Einfluss der (höheren) Kultur von *H. sapiens* auf die Kultur der Neandertaler.

Abb. 5-18. Lebensbild der Neandertaler vor ihrer Wohnhöhle. Eine ältere Frau kaut Leder weich

Die vielen Fragen, welche die Neandertaler und ihre Beziehungen zum modernen Menschen betreffen, einschließlich der Diskrepanzen in chronologischer Hinsicht zwischen molekularbiologischen und morphologischen Befunden, werden sich erst in der Zukunft plausibel erklären lassen.

Wahrscheinlich lebten im Nahen Osten Neandertaler und Angehörige von *Homo sapiens* längere Zeit nebeneinander. Einem aktuellen Szenario zufolge haben hier Neandertaler einen ersten Vorstoß von *H. sapiens*, der von Afrika aus nach Norden vordrang, vor ca. 100 000 Jahren abwehren können (S. 409); erst vor ca. 40 000 Jahren gelang es *H. sapiens* in Europa Fuß zu fassen.

Das Verschwinden der Neandertaler ist noch ungeklärt. Nachdem vor ca. 40 000 Jahren moderne Menschen in Europa auftauchten, bleiben Neandertaler nur noch für gut 10 000 Jahre nachweisbar. Die letzten Spuren finden sich in Höhlen an der Küste Südspaniens (Gibraltar, Zafarraya) und auf dem Balkan. Vielleicht wurden sie von den modernen Menschen (*H. sapiens)* ausgerottet, was bei den Verhaltensweisen dieser Spezies durchaus möglich erscheint (Beispiele für Genozid sind seit mehreren Tausend Jahren überliefert). Vielleicht brachten die modernen Menschen auch Krankheitserreger mit, die zum Aussterben der Neandertaler führten, so wie die Windpocken der Europäer vielen Indianern zum Verhängnis wurden, oder sie starben langsam aus, weil sie nicht mit den modernen Menschen und ihrer Kultur konkurrieren konnten. Auch hierfür gäbe es Beispiele aus der Zeit der Kolonisierung Afrikas oder Amerikas. Empfohlen wird ein Besuch des Neandertaler-Museums, Talstraße 300, 40822 Mettmann.

5.6.4.8
Homo sapiens

Der jetzige Mensch, *Homo sapiens*, entstand vermutlich vor ca. 200 000 bis 150 000 Jahren in Afrika. Die Analyse der mitochondrialen DNA (mtDNA) des heutigen Menschen spricht auch für ein Alter von 120 000 bis 150 000 Jahren. Die mtDNA aller heutigen Menschen weist einen recht hohen Ähnlichkeitsgrad auf (Abb. 5-19), so dass die Anhänger der „Out-of-Africa"-Hypothese nicht am einheitlichen Ursprung in Afrika zweifeln.

Die Funde aus Omo, Südäthiopien, besonders Omo I (ca. 130 000 Jahre alt, Abb. 5-20) sind unbezweifelt modern: lange gewölbte Scheitelbeine, weiter Hirnschädel, Schädelkapazität ca. 1435 ccm, hohe Stirn, flaches Gesicht, vorhandenes

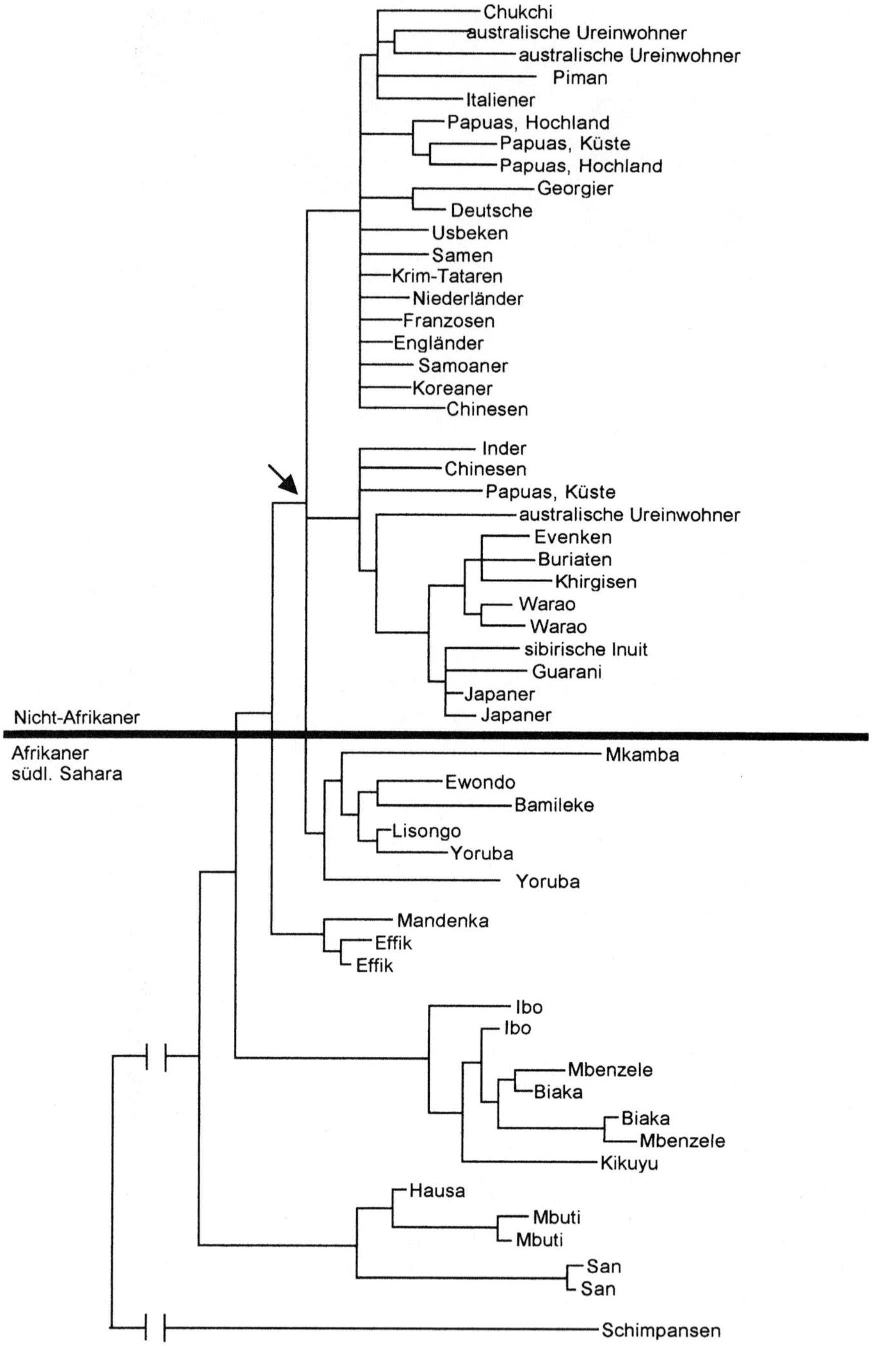

Abb. 5-19. Molekularer Stammbaum des modernen Menschen auf der Basis des mitochondrialen DNA-Genoms (außer der D-Schleife). Dieser Stammbaum wurde mit Hilfe eines PAUP4.0-Beta-Rechenprogramms konstruiert. Die kräftige horizontale Linie trennt afrikanische (südlich der Sahara) und nicht-afrikanische Individuen. Der mit dem Pfeil markierte Knotenpunkt bezieht sich auf den letzten gemeinsamen Vorfahren der letzten Gruppierung, die noch afrikanische und nicht-afrikanische Individuen umfasst. Nach Ingman, Kaessmann, Pääbo und Gyllensten (2000)

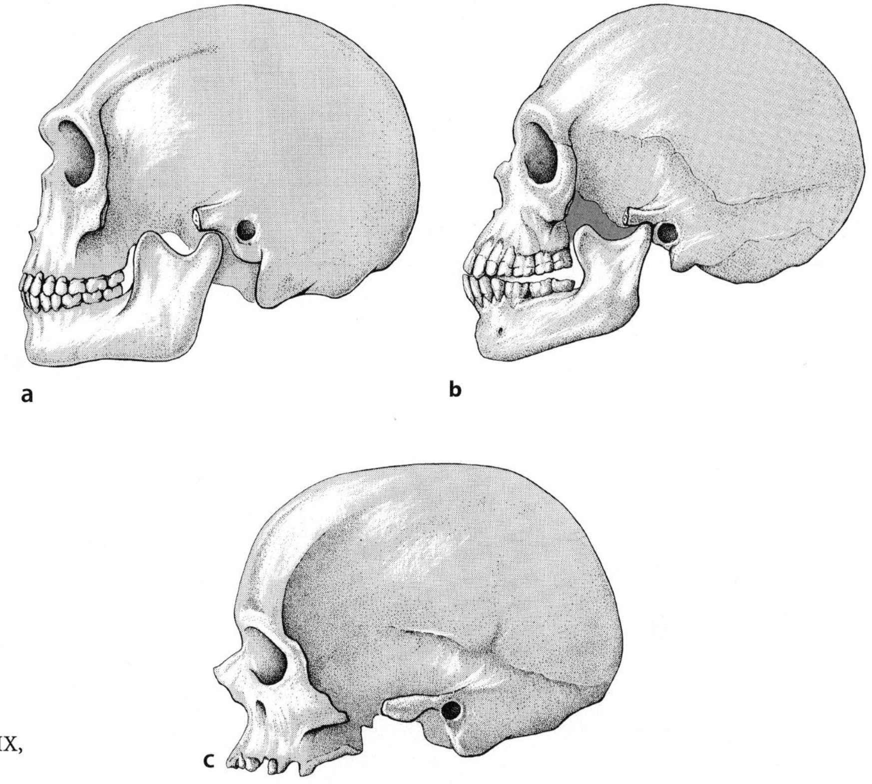

Abb. 5-20 a–c. Schädel von *Homo sapiens*. **a** Omo Kibish, **b** Qafzeh IX, **c** Cro-Magnon I

Kinn. Ein ähnliches Alter besitzen Fußspuren vom Rande der Langebaan-Lagune (Südafrika), Skelettreste und Werkzeuge aus einer Höhle an der Mündung des Klasies-River (Südafrika) und Spuren kultureller Tätigkeit an anderen Stellen in Südafrika. Etwas älter ist der Schädelfund aus Florisbad (Oranje-Freistaat, Südafrika), dem ein Alter von ca. 260 000 Jahren zugeschrieben wird. Da in Ost- und Südafrika auch um 500 000 Jahre alte humane Skelettreste gefunden wurden, die jetzt *H. rhodesiensis* (s. oben) zugezählt werden, könnte sich hier die frühe Eigenentwicklung des *H. sapiens* abgespielt haben, während sich die Entwicklung des *H. heidelbergensis* zu *H. neanderthalensis* eher in Europa vollzog. Da einerseits eine lange afrikanische Eigenentwicklung vorliegt und andererseits derzeit z. T. ein sehr spekulatives Szenario diskutiert wird (s. oben), dass *H. antecessor* Ahnform sowohl von *H. sapiens* als auch von *H. heidelbergensis* und *H. neanderthalensis* sein könnte, muss wohl angenommen werden, dass *H. antecessor* auch im östlichen und vielleicht sogar im südlichen Afrika (und nicht nur im westlichen Mittelmeerraum) präsent war und sich hier über *H. rhodesiensis* zu *H. sapiens* weiterentwickelte.

In Israel wurde der älteste Fund moderner Menschen in der Qafzeh-Höhle (Berg Karmel, Qafzeh IX, Abb. 5-20) gemacht. Dieser Fossilfund ist ca. 90 000 bis 100 000 Jahre alt. Sein Schädelvolumen betrug ca. 1550 ccm, war also relativ groß. Ähnlich alt ist der Fund (Abb. 5-21) aus der Höhle Skhul (Skhul V) am Berg Karmel im Norden Israels. Die Morphologie auch dieser Funde ist eindeutig modern und unterscheidet sich von der der Neandertaler, die in der gleichen Region (Tabun, Kebara, Amud), offenbar gleichzeitig und auch später lebten. Es ist anregend, sich Vorstellungen über das Zusammenleben von diesen frühen Vertretern von *H. sapiens* und Neandertalern zu machen. Interessanterweise waren zu dieser Zeit die kulturellen Unter-

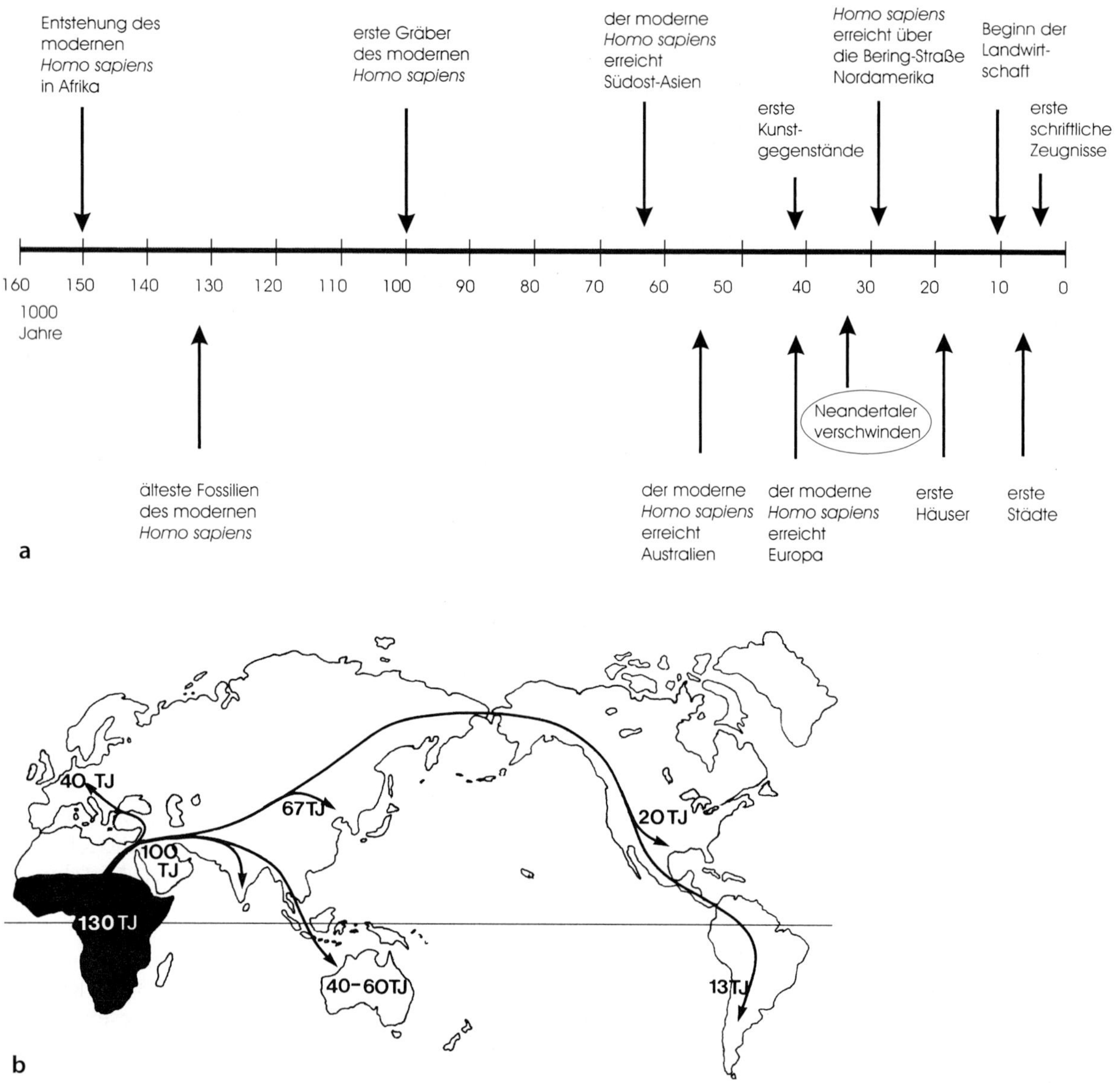

Abb. 5-21. **a** Zeitliche und kulturelle Entwicklung von *Homo sapiens*. **b.** Ausbreitung des modernen *Homo sapiens*. Ursprung ist Afrika südlich der Sahara. TJ: 1000 Jahre

schiede von *H. sapiens* und *H. neanderthalensis* noch nicht groß. Möglicherweise verhinderte *H. neanderthalensis* damals vor ca. 100 000 Jahren im Nahen Osten das Vordringen von *H. sapiens* nach Europa. Erst vor ca. 40 000 Jahren gelang es *H. sapiens* dorthin einzuwandern und dann erst gelang es ihm im Laufe von ca. 10 000 Jahren den Neandertaler bis zum völligen Verschwinden zurückzudrängen.

Es ist anzunehmen, dass *H. sapiens* längere Zeit auf einem noch relativ niedrigen kulturellen Niveau lebte, ähnlich wie die Neandertaler, und dass erst vor ca. 40 000 bis 60 000 Jahren aus noch unbekannten Gründen ein dramatischer kultureller Entwicklungssprung erfolgte, dessen weitere Entwicklung noch heute anhält und heute sogar eine für viele sehr beunruhigende Beschleunigung erfährt. Möglicherweise entstand in dem Zeitraum vor 40 000 bis 60 000 Jahren die Fähigkeit zum symbolischen Denken. Ein solches Denken erlaubt Abstraktion, Analyse der Vergangenheit und vorausschauende Planung der Zukunft. Das symbolische Denken ist wohl auch die Voraussetzung von Kunst und Entstehung einer differenzierten Sprache. Zwischen Kultur und Symbolen besteht eine enge Beziehung. Alte australische Felszeichnungen sind ca. 40 000 Jahre alt, ebenfalls 40 000 Jahre alt sind Skelettfunde und Kulturgegenstände von hohem künstlerischem Rang aus Höhlen der Schwäbischen Alb (z.B. Höhle bei Geisenklösterle und Vogelherdhöhle, Abb. 5-23). Die ältesten Höhlenmalereien in Südfrankreich und Nordspanien sind wohl bis ca. 27 000 Jahre alt. Der Höhepunkt dieser vermutlich magischen Kunst lag im Zeitraum 16 000 bis 9000 Jahre vor heute, was v.a. die Höhlen von Altamira, Lascaux, Cougnac und viele andere bezeugen. Es ist jedoch auch ziemlich sicher, dass sich diese Menschen nicht nur durch kulturelle Leistungen auszeichneten, sondern dass sie sich auch schon gegenseitig umbrachten und die Umwelt zerstörten. Überall, wo der moderne Mensch auftauchte, kam es zum Aussterben vieler Tierarten, v.a. der Fauna der großen Tiere, z.B. in Nord- und Südamerika, auf Madagaskar und Neuseeland.

Schon vor ca. 40 000 Jahren wanderten die modernen Menschen in Europa ein mit zahlreichen technischen Fortschritten, z.B. der Fähigkeit, sichere Unterkünfte (Abb. 5-21) mit festen Feuerstellen einzurichten. Dies verschaffte ihnen auch die Möglichkeit, in einer kalten Umwelt zu überleben, was vorher nur die Neandertaler konnten. Dieser moderne Mensch wurde im 19. Jahrhundert von französischen Paläontologen „Cro-Magnon“ (Abb. 5-20) genannt, nach der 1868 entdeckten Höhle Abri de Cro-Magnon bei der Ortschaft Les Eyzies-de-Tayac im Tal der Vézère im Departement Dordogne in Südwestfrankreich, in dessen Nähe unter einem Felsüberhang die ersten Funde gemacht wurden. Die Cro-Magnon-Menschen waren die Träger der Aurignacien-Kultur (s. unten) und haben die oben genannten Höhlenmalereien in Nordspanien und Südfrankreich geschaffen. Sie waren groß und besaßen lange, schmale Schädel, deren Gesichtspartie relativ kurz und breit war. Das Schädelvolumen lag i.a. etwas über den heutigen Mittelwerten. Cro-Magnon-ähnliche Skelette wurden aus dem oberen Paläolithicum Nordafrikas bekannt, ihre Überaugenwülste waren etwas kräftiger als bei den europäischen Formen. Nach Ansicht mancher Anthropologen sind Züge dieser Menschen noch in Teilen der heutigen nordafrikanischen und sardischen Bevölkerung zu erkennen.

Vor ca. 67 000 Jahren wurde Ostasien und vor ca. 50 000 Jahren Australien besiedelt (Abb. 5-21). Australien blieb bis zur Ankunft der Westeuropäer vor ca. 250 Jahren auf einer relativ ursprünglichen kulturellen Stufe. Die im 19. Jh. ausgerotteten Tasmanier kannten z.B. keine Metallwerkzeuge.

Nord- und Südamerika wurden über die Beringstrasse wahrscheinlich erst vor ca. 15 000 Jahren besiedelt, vielleicht aber auch schon vor 30 000 Jahren. Vermutlich erfolgte dies in verschiedenen Schüben, die mal mehr im ostasiatischen mal mehr im zentral-nordasiatischen Raum ihren Ursprung hatten. Dementsprechend unterschieden sich die Stämme der amerikanischen Ureinwohner, der Indianer, erheblich in ihrem Aussehen und in ihrer Gestalt.

5.7 Die Menschheit heute

Die heutige Menschheit ist körperlich nicht einheitlich gestaltet, und es werden daher seit langem verschiedene Gruppierungen unterschieden, die man seit mehr als hundert Jahren Rassen nennt. Dieser Begriff ist aber im 19. Jh. vor allem in verschiedenen europäischen Ländern und dann speziell in der ersten Hälfte des 20. Jh. insbesondere im Dritten Reich mit so viel dummer und gefährlicher Ideologie (Rassismus) überfrachtet worden, dass er verständlicherweise in Misskredit geriet, zumal Rassismus in den Kolonien der Europäer und dann im Nationalsozialismus zu Exzessen und unglaublichem Elend geführt hat. Dennoch blieb er vielfach in der englischsprachigen Literatur gebräuchlich und könnte auch zur sachlichen naturwissenschaftlichen Benennung von ja tatsächlich vorhandenen genetischen Unterschieden unter den modernen Menschen herangezogen werden. Gerade die modernen molekularbiologischen Stammbäume beruhen auf solchen Unterschieden. Alternative unbelastete Begriffe sind Populationen oder Ethnien. Es ist selbstverständlich, dass all diese Ethnien die gleichen Rechte haben sollen und keine Ethnie besser oder schlechter als die andere ist (s. die Erklärung der American Association of Physical Anthropologists, AAPA, 1996).

EXKURS

Ethnien und Krankheit

Von wissenschaftlichem Interesse sind die Ursachen der Entstehung der verschiedenen Ethnien und der biologischen Bedeutung der Unterschiede, die z. B. auch in der praktischen Medizin wichtig sein können. Ethnische Zugehörigkeit spiegelt sich auch in Bezug auf die Häufigkeit von Krankheiten wider. Dabei spielen genetische Faktoren eine Rolle, die natürlich möglichst von kulturellen, sozialen, ökonomischen sowie ernährungs- und umweltbedingten Ursachen zu trennen sind. Sichelzellanämie und andere Hämoglobinopathien finden sich fast ausschließlich bei Menschen afrikanischen, arabischen, griechischen, türkischen und italienischen Ursprungs. Auf Sardinien besitzen z. B. 12% der Menschen das Merkmal für Thalassämie, einer genetischen Veränderung des α- oder β-Globulins im Hämoglobinmolekül. Arterieller Bluthochdruck kommt bei Nordamerikanern afrikanischen Ursprungs 2- bis 4-mal häufiger vor als bei weißen Nordamerikanern, wobei schwarze Frauen am häufigsten betroffen sind. Nicht-insulinpflichtiger Diabetes mellitus ist in Nordamerika bei Schwarzen und Indianern doppelt so häufig anzutreffen wie bei Weißen. Das Risiko für das Erleiden eines Schlaganfalls ist bei Schwarzen größer als bei Weißen. Symptomatische koronare Herzerkrankung ist bei schwarzen Frauen häufiger als bei weißen. Tuberkulose tritt bei Schwarzen doppelt so häufig wie bei Weißen auf. Osteoporose und Wirbelfrakturen kommen bei weißen Frauen häufiger als bei schwarzen vor. An pathologischen Verknöcherungen des hinteren Längsbandes der Wirbelsäule erkranken vor allem Japaner. Die Wirbelerkrankung Spondylitis ankylosans und das Reiter-Syndrom (eine Chlamydienerkrankung) sind bei Weißen häufiger als bei Schwarzen. Maligne Melanome sind bei Weißen öfter zu beobachten als bei Schwarzen. Die Nervenkrankheit Morbus Parkinson ist bei schwarzen Männern besonders häufig anzutreffen. Die Multiple Sklerose, ebenfalls eine Nervenkrankheit, ist besonders häufig auf den Orkney-Inseln und in Skandinavien zu beobachten; in Japan dagegen ist diese Krankheit sehr selten und bei Schwarzafrikanern kommt sie praktisch nicht vor. Eigentümlicherweise erhöht sich bei Schwarzen, Nordafrikanern und Japanern, die seit wenigen Generationen in Nordamerika leben, das Risiko an Multipler Sklerose zu erkranken. In den USA leiden derzeit 350000 Menschen an dieser Krankheit, die wahrscheinlich eine komplexe Genese hat: es wird vermutet, dass sie eine Autoimmunerkrankung ist, die durch einen Umweltfaktor ausgelöst wird bei Menschen, die genetisch dafür empfänglich sind. Die endemische Variante des Burkitt-Lymphoms, einer bösartigen leukämischen Krankheit der Lymphocyten, ist auf schwarzafrikanische Kinder beschränkt und durch Translokationen zwischen Chromosom 8 und 14 sowie Besitz des Epstein-Barr-Virus im Genom gekennzeichnet.

Zur Kennzeichnung einer Ethnie reicht natürlich ein Merkmal, z. B. die Hautfarbe, nicht aus, sondern es wird eine größere Zahl an anatomischen und biochemischen Unterschieden (z. B. Blutgruppentypen) herangezogen.

Die modernen Ethnien hatten sich wohl schon am Ende des Pleistozäns differenziert. Vermutlich begünstigte das Ende der Eiszeit die rasche Anpassung verschiedener Gruppierungen an die neu entstehenden Landschaften und Lebensbedingungen. Einer der Väter der vergleichenden Anthropologie war Johann Friedrich Blumenbach (1752 bis 1840), Professor für Anatomie in Göttingen. Er unterschied fünf Menschengruppen („Rassen"): Kaukasier, Mongolide, Äthiopier, Amerikaner und Malayen. Linné unterschied Europäer, amerikanische Indianer, Asiaten und Afrikaner. Blumenbachs Kaukasier werden heute oft Kaukasoide genannt und umfassen die Menschenpopulationen, die man auch als „Weiße" zusammenfasst. Ihnen gehören hell- und dunkelhäutige Menschen an mit relativ stark entwickelter Körperbehaarung und oft gewelltem Kopfhaar; die Nase ist relativ groß und schmal, die Lippen sind verhältnismäßig schmal. Hinsichtlich der Blutgruppenmerkmale sind das A_2-Gen, die MS-Kombination und auch rhesusnegative Genotypen häufig. Der rhesusnegative Genotyp ist unter den Basken und Berbern besonders häufig. Auch die Sprachen dieser beiden Bevölkerungsgruppen gelten als verwandt. In Mitteleuropa ist die Kombination cde besonders häufig. Innerhalb der Kaukasier werden viele Untergruppen unterschieden, z. B. Basken, Dinarier und Balten. Eine Kerngruppe sind die Mediterranen mit verschiedenen Varianten, die sich vom Atlantik bis Indien erstrecken.

Die **australischen Ureinwohner** werden vielfach auf einen „alten" kaukasoiden Grundstock zurückgeführt. Dies wird derzeit auch für die japanischen **Ainus** und die **Melanesier** angenommen sowie für die **Veddas** Indiens und Sri Lankas. Alle genannte Gruppen besitzen sehr häufig die Blutgruppe V.

Zur Besiedlung der pazifischen Inseln gibt es unterschiedliche Vorstellungen. Die Bewohner der pazifischen Inseln lassen sich in zwei Gruppen teilen, die dunkelhäutigen Melanesier (v. a. auf Neuguinea und den Fiji-Inseln) und die helleren Polynesier, denen sich auch die Mikronesier zuordnen lassen. Die Melanesier sind mit den Ureinwohnern Australiens verwandt, wofür auch die Häufigkeit der Blutgruppe N spricht. Sie gehen vermutlich auf jungpaläolithische Menschen Südostasiens zurück. Ihnen werden oft auch die Negritos der Andamanen, Malayas, der Philippinen und in manchen Regionen Melanesiens zugeordnet.

Über die Herkunft der Polynesier gibt es ganz unterschiedliche Theorien, die durch die spektakuläre Reise Thor Heyerdals mit seiner Kon Tiki weites Interesse fanden. Die Polynesier stammen entweder von den indonesischen Inseln, aus der Neuen Welt (Thor Heyerdal) oder aus Südchina, wobei sie auf den Philippinen Zwischenstation machten. Vermutlich trugen zu ihrer Entstehung archaische weiße, d. h. melanesische, und mongolide Ahnen bei. Hierfür spricht auch die Vielfalt an Typen, die unter ihnen zu finden sind.

Hinsichtlich ihrer Sprachen wurde festgestellt, dass sich polynesische Dialekte zu ca. 50% von melanesischen unterscheiden. Wenn man davon ausgeht, dass sich Sprachelemente in 1000 Jahren um ca. 20% ändern, dann spricht das dafür, dass die polynesischen Inseln seit ca. 2500 Jahren mit einer eigenen Bevölkerung besiedelt sind, was grob mit den archäologischen Daten übereinstimmt.

Der Raum, den sie besiedeln, reicht von Hawaii, Samoa, Tonga, den Osterinseln bis nach Neuseeland. Tahiti befindet sich im Zentrum. Neuseeland wurde vor gut 3000 Jahren, die Osterinseln vor gut 2000 Jahren, die Marquesas vor gut 4000 Jahren, Tahiti vor ca. 3000 Jahren, Hawaii vor ca. 2000 Jahren besiedelt. Als diese Inseln im 17. bis 18. Jh. von Europäern entdeckt wurden (Captain James Cook entdeckte z. B. Hawaii 1778), war die Bevölkerung dort auf einer neolithischen Kulturstufe. Die Begegnung mit den weißen Kolonialmächten wirkte sich i. a. sehr nachteilig aus. Zur Zeit Cooks gab es auf Hawaii ca. 300 000 Polynesier, infolge Krankheiten und anderer Widrigkeiten reduzierte sich ihre Zahl rasch, heute gibt es noch ca. 11 000 rein-polynesische Hawaiianer.

EXKURS

Die Eidechse *Lipinia*

In einigen Fällen verläuft sogar die Ausbreitungsgeschichte von Wildtieren parallel zur menschlichen Phylogeographie. Die Eidechse *Lipinia noctua* lebt auf den pazifischen Inseln in enger Nachbarschaft zu menschlichen Siedlungen. Eine Analyse der Nucleotidsequenzen des Cytochrom-b-Gens zeigt eine Reihe von inselspezifischen Haplotypen (Austin 1999). Die Astlängen im Phylogramm deuten darauf hin, dass die Inseln, die am längsten vom Menschen besiedelt werden, auch die ältesten Eidechsenpopulationen aufweisen. Entsprechend weisen kleine, weit im Pazifik liegende Inseln, die erst innerhalb der letzten 1000 Jahren vom Menschen besiedelt wurden, junge Eidechsenpopulationen auf. Man kann demnach postulieren, dass die Eidechsen ihre Inseln nicht selbständig, sondern als „blinde Passagiere" zusammen mit den Menschen erreicht haben.

Linnés amerikanische Indianer und Asiaten werden heute i.a. als **Mongolide** bezeichnet. Es gibt die Hypothese, dass sie sich relativ eigenständig aus *H. erectus* entwickelten (s. oben), plausibler aber ist die Vermutung, dass auch sie aus einer archaischen kaukasoiden Gruppe hervorgingen und zwar erst vor relativ kurzer Zeit. Sie sind vermutlich besonders gut an Kälte angepasst, wobei sich diese Charakteristika im Laufe der letzten Eiszeit entwickelt haben. Manche Anthropologen halten einen Teil ihrer körperlichen Merkmale für pädomorph (Brachycephalie, Fehlen ausgeprägter Überaugenwülste, epikantische Augenfalte, weitgehendes Fehlen von Bart- und Körperhaaren), worunter zu verstehen ist, dass bei ihnen oft Merkmale jugendlicher Menschen beibehalten werden. Die Theorie der Pädomorphie ist keineswegs unumstritten und könnte auch hinsichtlich der z.T. ähnlichen Merkmale bei Buschmännern herangezogen werden. „Klassische" Mongolide sind die Inuit (Eskimos), Japaner, Koreaner und Nordchinesen. Bei den Burmesen, Thais, Malaien und Indonesiern sind einige der typischen Merkmale abgeändert und weniger scharf ausgeprägt, u.U. als Anpassung an das wärmere Klima.

5.7.1 Die Besiedlung Amerikas

Noch in den 80er Jahren des 20. Jh. herrschte die Auffassung vor, dass Amerika vor 14000 bis 15000 Jahren über eine breite Landbrücke besiedelt wurde, die damals noch zwischen Sibirien und Alaska bestand; von Alaska aus verbreiteten sich die Neuankömmlinge langsam über den ganzen Kontinent. Heute finden wir eine Vielfalt von Auffassungen, die verschiedene Besiedlungswellen, die schon seit 20000 oder 30 000 Jahren erfolgt sein sollen, und verschiedene Besiedlungsweisen postulieren. Datierte Skelettfunde sind bisher höchstens ca. 13500 Jahre alt (Brasilien). Für Werkzeuge wurde z.B. folgendes Alter ermittelt: 13700 Jahre (Mesa, Alaska), 13500 Jahre (Neu-Mexiko), 18000 Jahre (Virginia, insbesondere Pfeilspitzen und Lanzen), 14500 Jahre (Chile) und 14000 Jahre (Florida). Die ältesten Spuren menschlicher Besiedlung in Feuerland sind ca. 8500 Jahre alt.

Während vermutlich mehrfach erfolgte Wanderungswellen von Nordostasien aus zu Fuß oder mit Booten sehr plausibel erscheinen, ist die Theorie, dass auch von Europa aus eine Besiedlung erfolgte, noch sehr spekulativ. Sie beruht vor allem auf der Ähnlichkeit der ca. 20000 Jahre alten Solutréen-Steinwerkzeuge Westeuropas mit ca. 13000 bis 15000 Jahre alten nordamerikanischen Waffen und Steinwerkzeugen, die der sogenannten Clovis-Kultur zugeordnet werden. Funde in Cactus Hill in Virginia sind möglicherweise 18 000 Jahre alt und könnten erste Spuren von Menschen der Solutréen-Kultur sein. Der Besiedlungsweg wäre dann vermutlich am Eisrand über den Atlantik verlaufen.

Die Mehrzahl der Fundstätten früher menschlicher Kulturen liegt im westlichen Nordamerika, was auch für die Besiedlung über die Landbrücke zwischen Sibirien und Alaska oder entlang der Küsten des nordöstlichen Asiens und des nordwestlichen Nordamerikas spricht. Die Landbrücke war vor ca. 17 000 bis 18 000 Jahren vereist, wies danach aber eisfreie Korridore auf. Für die Theorie, dass Nordamerika in mehreren Wellen besiedelt wurde, werden folgende Argumente beigebracht:

- das unterschiedliche Aussehen der heutigen Indianer in Nord- und Südamerika und auch die jeweils eigentümliche Anatomie der allerdings sehr wenigen Schädelfunde, die von den ersten Menschen in Amerika gemacht wurden.
- DNA-Vergleiche lassen vermuten, dass eine frühe Einwanderungswelle vor 35 000 bis 25 000 Jahren aus dem südöstlichen Sibirien erfolgte; andere frühe Einwanderer stammen aus der Baikal-Amur-Region. Eine weitere Einwanderungswelle könnte vor 30 000 bis 24 000 Jahren aus Nordostchina stammen, und eine letzte große Besiedlungsphase Nordamerikas ging vor 30 000 bis 15 000 Jahren von Europa aus. Indiander des Nordens (Sioux, Navajo, Ojibwa und andere) weisen besondere DNA-Gemeinsamkeiten mit Europäern auf.
- Auch Linguisten stärken die Multi-Immigranten-Hypothese. Es gibt ca. 140 Sprachgruppen in Amerika, die sich z. T. außerordentlich stark unterscheiden. Man rechnet, dass es ca. 6000 Jahre dauert, bis sich aus einer Sprache zwei verschiedene Sprachen entwickeln, für die Entstehung von 140 Sprachen wurde ein Zeitraum von 60 000 Jahren veranschlagt. Dieser Zeitraum kann halbiert werden, wenn man mehrere Einwanderungswellen mit unterschiedlichen Sprachen annimmt.

Die Afrikaner Linnés werden heute i. a. **Negride** genannt, z. T. auch wieder Afrikaner oder Schwarzafrikaner. Viele Fragen hinsichtlich der Definition und des Ursprungs der heutigen Negriden bleiben noch unbeantwortet. Typische negride Skelette sind nicht alt und stammen aus dem frühen Holozän. Die Pygmäen und Buschmänner stellen vielleicht Eigenentwicklungen der Negriden in Anpassung an spezielle Lebensräume dar. In Nordostafrika und Ostafrika sind nicht selten kaukasoide Züge erkennbar. Die Äthiopier werden mehrheitlich den Kaukasiern zugezählt. Typische Negride leben südlich der Sahara und besitzen u. a. einen schmalen Kopf, vorspringenden Unterkiefer, breite Lippen, abgerundete Stirn, relativ gering ausgebildetes Kinn, breite Nasenöffnungen, lange schlanke Unterarme, schlankes Becken, krause kurze Haare und spärliche Körperbehaarung. Relativ häufig sind die Rhesus-Kombination cDe-positiv sowie das V-Gen des Rhesussystems. Buschmänner und Hottentotten, zusammen als **Khoi San** bezeichnet, sind wahrscheinlich schon lange im südlichen Afrika isoliert und haben früher auch Gebiete weiter im Norden besiedelt, aus denen sie wohl verdrängt wurden. Man fand z. B. im heutigen Tansania typische Felszeichnungen von Buschmännern. Die Khoi San sind in ihrer Eigenständigkeit durch die aggressiven modernen weißen und schwarzen Kulturen sehr gefährdet.

Alle bisherigen Arten des Menschen (einschließlich der Australopithecinen) sind nach ca. 1 Mio. Jahren wieder ausgestorben; es ist kaum anzunehmen, dass es dem modernen Menschen anders ergehen wird.

5.8 Die Entwicklung der Werkzeugkultur und der Zivilisation des Menschen

ÜBERSICHT

Im folgenden Abschnitt wird ein Überblick über die Werkzeugkulturen von *H. sapiens* gegeben. Über weite Zeiträume liegen nur Funde von Steinwerkzeugen vor (Steinzeiten). Erst ab Neolithicum wurde die Herstellung und Bearbeitung von Metall (Kupfer, Bronze, Eisen, auch Gold und Silber) entdeckt. Die Entwicklung der Kulturen und der dazugehörigen Technik erfolgte dann mit immer zunehmender Geschwindigkeit und war von ständigen sozialen Umwälzungen und Neuorientierungen begleitet.

Unter Primaten benutzen nur Schimpansen und der Mensch regelmäßig Werkzeuge. Dieser Werkzeuggebrauch ist erlernt, im Gegensatz zum angeborenen Werkzeuggebrauch, wie er sich relativ selten bei Tieren findet (Vögel, Ameisenlöwe, Schützenfisch u. a.). Hinsichtlich des Menschen wird jetzt vielfach vermutet, dass bereits die Australopithecinen einfache Werkzeuge aus Knochen, Holz und unbearbeitetem sowie vielleicht grob bearbeiteten Stein (*Australopithecus garhi*) benutzt haben, ohne dass hierfür eindeutige Beweise vorliegen. Nach heutiger Auffassung haben aber erst Angehörige der Gattung *Homo* **Steinwerkzeuge** hergestellt und in unterschiedlicher Weise bearbeitet, natürlich spielten auch andere Materialien wie Holz und Knochen eine wichtige Rolle. Erst vor ca. 9000 Jahren begann die Nutzung von Metall. Zuerst wurde Kupfer verarbeitet, und vor 6000 Jahren kam die Nutzung von Gold, Bronze, Eisen u. a. hinzu. Die zunehmende Vervollkommnung der Steinwerkzeuge war Anlass, verschiedene Stufen der Steinwerkzeugskultur **(Steinzeiten)** zu unterscheiden. Die grobe Einteilung erfolgt in

- Paläolithicum (umfasst den bei weitem längsten Zeitraum und wird in mehrere Perioden unterteilt)
- Mesolithicum
- Neolithicum.

Die Menschen der Steinzeit waren Jäger und Sammler und begannen im Mesolithicum sesshaft zu werden.

5.8.1 Paläolithicum

Das Paläolithicum (Altsteinzeit) beginnt mit dem **Oldowan** (Abb. 5-22). Dieser Kulturstufe werden die ältesten bekannten Steinwerkzeuge zugerechnet, die vor ca. 2,4 Mio. Jahren auftauchen und vor ca. 1,5 Mio. Jahren verschwinden. Der Name wurde nach einer bekannten Fundstelle, der Olduvai-Schlucht in Tansania, geprägt. Die ältesten Fundstellen liegen in der Omo-Region im südlichen Äthiopien. Vermutlich wurden Werkzeuge der Oldowan-Stufe auch anderswo gefunden, z. B. in Pakistan und China, was manche neue Fragen aufwirft. Es handelt sich um einfache und grob aus Basalt und Flint zugeschlagene Hack-, Schabe- und Hau-(„chopper")Geräte. Vermutlich wurden dünne scharfschneidige Abschläge zum Zerschneiden von Haut, Sehnen und Fleisch benutzt. Auffällig sind auch annähernd kugelrunde Steine („Sphäroide"), die möglicherweise dadurch entstanden, dass ein zunächst unregelmäßiger Schlagstein über längere Zeit zum Herstellen feiner Abschläge von anderen Steinen genutzt wurde, sich dabei langsam abnutzte und kugelige Gestalt annahm. Das Oldowan wird mit *H. rudolfensis* und *H. habilis* in Beziehung gebracht.

- Das typische Werkzeug des **Acheuléen**, das einer etwas höheren Kulturstufe des Altpaläolithicums angehört, sind beidseitig sorgfältig bearbeitete spitze Faustkeile von lanzenspitzenförmiger Gestalt (Abb. 5-22), die mit der Hand gehalten wurden. Daneben existierten

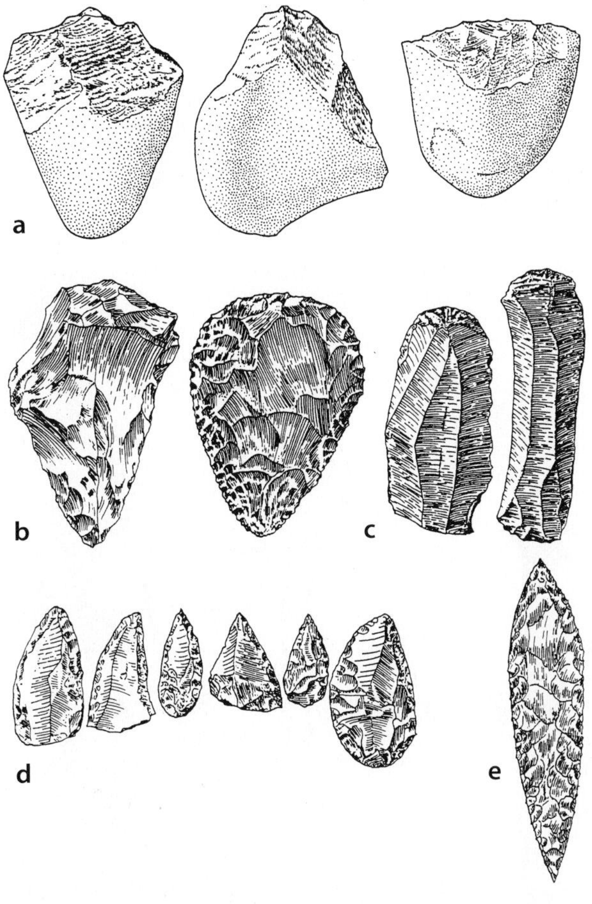

Abb. 5-22 a–e. Steinwerkzeuge aus verschiedenen Epochen: **a** Primitive Steinwerkzeuge (Oldowan) aus der Olduvai-Schlucht Ostafrikas, **b** Handäxte aus dem Unteren Paläolithicum (Acheuléen), **c** Schaber aus dem Oberen Paläolithicum (Magdalénien), **d** Steinwerkzeuge von Neandertalern (Moustérien), **e** „Blattspitze" aus dem Oberen Paläolithicum. Nach verschiedenen Autoren aus Romer (1962) und Oakley (1968)

eher beilförmige Werkzeuge mit gerader Schneide (*cleaver*). Der Name Acheuléen geht auf die Fundstelle Saint-Acheul in Frankreich zurück. Werkzeuge dieses Typs tauchen vor ca. 1,4 Mio. Jahren in Äthiopien und Tansania (Olduvai) auf und stehen hier zu dieser Zeit möglicherweise in Zusammenhang mit *H. ergaster*, in Europa mit *H. antecessor*. Die Frühphase dieser Kulturstufe wird als Prä-Acheuléen bezeichnet. In Europa fanden sich typische Acheuléen-Funde, die ca. 500 000 Jahre alt sind. Das Acheuléen bleibt in Europa bis zu einem Zeitpunkt von vor 200 000 Jahren nachweisbar und wurde hier nach aller Wahrscheinlichkeit von *H. heidelbergensis* geschaffen. Lokal kommen einzelne Sonderentwicklungen vor. Typisches Acheuléen wurde offenbar in Ost- und Südostasien bisher nur ausnahmsweise gefunden, u. U. wurde hier Holz-(Bambus-)Werkzeug bevorzugt.

Das **Moustérien** gehört dem mittleren Paläolithicum an, begann vor ca. 200 000 Jahren und endete vor ca. 40 000 Jahren. Es wurde nach der Fundstelle La Moustier in Frankreich benannt und ist die Kultur der Neandertaler. Die Werkzeuge sind kleiner als die des Acheuléen, die Formen sind recht verschiedenartig (Abb. 5-22), es finden sich Schaber, Speerspitzen und Pfeilspitzen. Letztere wurden mit einer besonderen Schlagtechnik von einem Kernstein (Ausgangsstein) abgeschlagen. Sonderformen des Moustérien konnten abgegrenzt werden und erhielten besondere Namen (z. B. Atérien). Die späte Kultur der Neandertaler, das Châtelperronien, ähnelt schon dem Aurignacien (s. unten) und wurde wahrscheinlich von diesem beeinflusst. Eine eigene Form des Moustérien, das Levallois-Moustérien, ist mit den frühen *H. sapiens*-Funden von Skhul und Qafzeh assoziiert.

Die Kulturen, die in Europa dem Moustérien folgen, werden dem oberen Paläolithicum zugezählt und sind hier über den Zeitraum von vor 40 000 bis vor 10 000 Jahren nachweisbar. Es ist ein deutlicher Fortschritt hinsichtlich verfeinerter Technik und Vielgestaltigkeit der Werkzeuge zu erkennen. Typisch sind lange Flintklingen oder „Stichel", feine, flache, meißelartige Spitzen, die mit einem Holz- oder Knochengriff versehen wurden. Typisch für diese Zeit sind auch vielgestaltige Werkzeuge aus Knochen und Geweih, sowie Ketten aus Tierzähnen, Perlen und kleinen Figuren. Vergleichbare Knochenwerkzeuge (Pfeilspitzen, Harpunen) wurden aber auch in Afrika gefunden, wo sie z. T. jedoch deutlich älter als in Europa sind. In das obere Paläolithicum fällt auch die Erfindung von Musikinstrumenten: Flöte, mit einer Saite bespannter Bogen und Trommel. In Europa entstanden rasch regionale Unterschiede der Kultur des oberen Paläolithicums, z. B. die „Blattspitzen-Gruppe" in Süddeutschland, Tschechien, der Slowakei und Ungarn (Abb. 5-22). Am Anfang steht das **Aurignacien**, benannt nach einer Fundstelle am Fuße der nördlichen Pyrenäen, die mit Cro-Magnon-Menschen assoziiert ist. Die Periode dauerte von vor 40 000 bis vor 28 000 Jahren und ist an vielen Stellen in Europa nachweisbar. Aurignacien-Funde wurden auch im Nahen Osten gemacht. Zum Aurignacien gehören auch künstlerisch bedeutsame Kultgegenstände (Abb. 5-23) und die ersten Höhlenmalereien.

Eine weitere Phase des oberen Paläolithicums in Europa war das **Gravettien** (von vor 28 000 bis vor 22 000 Jahren) mit speziellen Klingen und besonderen knöchernen Speerspitzen. Elfenbeinperlen waren typische Schmuckstücke. Erste sogenannte „Venus"-Figuren tauchten verbreitet auf.

Es folgt das **Solutréen** (von vor 21 000 bis vor 19 000 Jahren), eine recht kurze kulturelle Phase mit sehr hochentwickelten Bearbeitungstechniken der Steine.

Der Höhepunkt des oberen Paläolithicums war das **Magdalénien** (von vor 18 000 bis vor 12 000 Jahren) mit außerordentlichen Kunstwerken, z. B. den Höhlenmalereien von Lascaux, Altamira und Chauvet (Abb. 5-24) sowie verfeinerten Waffen (Abb. 5-22). Ein berühmter, gut erhaltener Skelettfund aus dem Magdalénien stammt aus Chancelade, das im bedeutsamen prähistorischen Museum von Perigeux mit seiner Umwelt zu sehen ist.

Mit dem Magdalénien kommt das Paläolithicum, die Altsteinzeit, zu ihrem Ende. Die sich im Holozän anschließenden Phasen der kulturellen Entwicklung können hier nur kurz dargestellt werden.

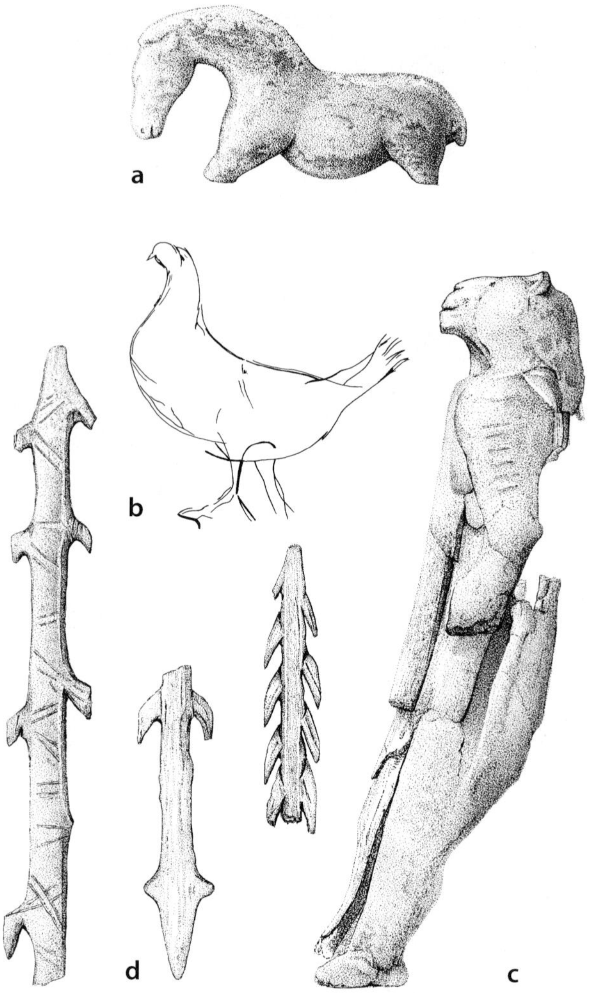

Abb. 5-23 a–d. Künstlerisch gestaltete Gegenstände und Harpunenspitzen aus dem Oberen Paläolithicum. **a** Wildpferdfigur aus der Vogelherdhöhle im Lohnetal (ca. 30 000 Jahre alt), **b** Schneehuhnzeichnung aus Gönnersdorf bei Neuwied (Rhein), ca. 12 000 Jahre alt, **c** Mensch-Tierwesen mit Löwenkopf (Höhle Hohlenstein-Stadl bei Asselfingen, Alb-Donau-Kreis), ca. 30 000 Jahre alt, **d** Harpunenspitzen (Le Morin, Frankreich), ca. 17 000 Jahre alt

5.8.2 Mesolithicum

Das Mesolithicum (mittlere Steinzeit) dauerte in Mitteleuropa von vor 10 100 bis vor 6 500 Jahren vor heute, in anderen Regionen der Erde (z. B. Indochina und Vorderer Orient) beginnt es früher und ging früher zu Ende; kennzeichnend sind die weitere Vervollkommnung von Werkzeugtechniken, der Bau von gebäudeähnlichen Unterkünften u. a. In vieler Hinsicht ist diese Periode eine Übergangszeit zwischen Alt- und Jungsteinzeit. Die Menschen waren noch Jäger und Sammler. Relativ häufig gingen sie regelmäßig dem Fischfang und dem Sammeln aquatischer Wirbellosen nach, was an manchen Orten

Abb. 5-24. Höhlenmalerei mit Löwen aus der Höhle Chauvet (Tal der Ardèche, Südfrankreich), Oberes Paläolithicum, ca. 30 000 Jahre alt

den Beginn der Sesshaftigkeit begünstigte. Nahrungssammler und Jäger wie die Menschen im oberen Paläolithicum und im Mesolithicum sind bis in unsere Zeit hinein Inuit, Feuerländer, australische Ureinwohner, Veddas (Südindien, Sri Lanka), Negritos (Ozeanien, Südostasien). Vergleichbar leben auch die Pygmäen (Zentralafrika) und Buschmänner (westliches Südafrika). Erst in unserer Zeit gehen diese Lebensformen infolge der rücksichtslosen Ausbreitung der modernen Zivilisation zu Grunde.

5.8.3 Neolithicum

Mit dem Übergang vom Meso- zum Neolithicum (Jungsteinzeit) erfolgte eine wichtige Veränderung, der Mensch gab vielfach sein Nomadensein auf, wurde sesshaft und betrieb Ackerbau und Viehzucht. Dieser Übergang erfolgte wohl unabhängig an verschiedenen Stellen auf der Erde; zuerst wahrscheinlich in großen Flussebenen, z. B. an Euphrat und Tigris in Mesopotamien, am Unterlauf des Nils (Ägypten), am Indus (Indien, Pakistan) und am Hoangho und Yangtsekiang (China). Die kulturelle Wende des Neolithicums brachte viele neue soziale Strukturen mit sich, und die schriftlichen Urkunden dokumentieren auch die Schattenseiten der Zivilisation, wie Genozid und Drogenabhängigkeit.

5.8.3.1 Haustiere

ÜBERSICHT

Die Überführung von Tieren in den Hausstand (Domestikation) war ein wichtiger Schritt in der Geschichte des Menschen und gehört eng verbunden mit Landbau und Sesshaftwerden zu den wesentlichen Merkmalen des Neolithicums.

Nicht alle Tiere lassen sich gleich gut domestizieren, Hund (Abb. 5-25), Schaf, Rind, Pferd, Schwein, Lama u. a. gehören zu den wenigen geeigneten Arten. Das Vorkommen der Wildformen dieser Haustiere vorwiegend in den eher gemäßigten Zonen der Alten Welt, z. B. in der Türkei, im Irak, in Indien und auch in Ost- und Südostasien verlieh der dortigen Bevölkerung einen großen Vorteil gegenüber den Bewohnern Amerikas (Diamond, 1997 „Arm und Reich"). Im Vergleich mit den wilden Stammformen kam es bei den meisten Haustieren zu einem Rückgang des Gehirngewichts (beim Schwein bis zu 30%), was mit Verhaltensänderungen, wie z.B. geringerer Aggressivität und geringerer motorischer Aktivität, in Verbindung gebracht wird. Die Hirnreduktion ist bei manchen Haustieren, v.a. bei Hausvögeln, umstritten, und es liegen Befunde vor, dass sich einzelne Hirnregionen bei der bisher kurzen Domestikationsgeschichte unterschiedlich verhalten können; bei Brieftauben sind die Anteile des Riechhirns wahrscheinlich sogar größer als bei der Wildform (Felsentaube). Bei Ratten, deren Gehirn morphologisch eine allgemein geringe Evolutionshöhe zeigt, ist es im Laufe der Domestikation bisher kaum zu Reduktionen gekommen. Interessant ist, dass die Verhaltensforschung gerade beim Hausschwein ungewöhnliche Intelligenzleistungen nachgewiesen hat, was bei einer Reduktion des Hirngewichts von bis zu 30% erstaunlich ist.

Schwerpunkte der Haustierwerdung sind das östliche Mittelmeergebiet, Mesopotamien, Südrussland, Pakistan, Indien, Ost- und Südostasien, Mittel- und Südamerika.

Bei der Mehrzahl der Haustiere besteht über die Wildart weitgehende Einigkeit. Bei manchen ist aber die Wildart umstritten, z.B. bei Lama und Alpaka, und z.T. ist auch umstritten, wo die Domestikation erfolgte. Beim Hund ist nicht auszuschließen, dass er an verschiedenen Stellen unabhängig domestiziert wurde.

In **Südamerika** entstanden nur wenige Haustiere: Meerschweinchen (2000 v. Chr., Peru), Lama und Alpaka (Wildform Guanako, 5000 v. Chr., Anden), Moschusente, Truthuhn (300 v. Chr., Mexiko).

Alle anderen Haustiere entstanden in der **Alten Welt** (siehe die folgende Tabelle: Haustiere der **Alten Welt**):

Haustier	Wildform	Beginn der Domestikation	Ursprung
Hauskaninchen	Wildkaninchen *Oryctolagus cuniculus*	100 v. Chr.	Spanien
Hauskatze	Wildkatze *Felix silvestris*	7000 v. Chr.	Naher Osten
Hund	Wolf *Canis lupus*	11 000 v. Chr.	Naher Osten
Hauspferd	Wildpferd *Equus przewalskii*	4000 v. Chr.	Südrussland
Hausesel	Wildesel *Equus africanus*	4000 v. Chr.	Naher Osten
Hausschwein	Wildschwein *Sus scrofa*	7500 v. Chr.	Naher Osten
Hausrind	Auerochse *Bos primigenius*	7000 v. Chr.	Naher Osten
Yak	Wildyak *Poephagus mutus*	Unbekannt	Ostasien
Balirind	Banteng *Bos javanicus*	Unbekannt	Indonesien
Gayal	Gaur *Bos gaurus*	Unbekannt	Südostasien

Haustier	Wildform	Beginn der Domestikation	Ursprung
Wasserbüffel	Wilder Wasserbüffel *Bubalis arnee*	Unbekannt	Südostasien
Hausschaf	Wildschaf *Ovis ammon*	8000 v. Chr.	Naher Osten
Hausziege	Bezoarziege *Capra aegagrus*	8500 v. Chr.	Naher Osten
Hausren	Wildren *Rangifer tarandus*	Unbekannt	Ostasien
Trampeltier und Dromedar	Wildform(en) umstritten *Camelus bactrianus*, *C. dromedarius*	Unbekannt	Ostasien
Hausgans	Graugans	Unbekannt	Südostasien
Höckergans	Schwanengans	Unbekannt	China
Hausente	Stockente	Unbekannt	Naher Osten/China
Haustaube	Felsentaube	Unbekannt	Naher Osten
Haushuhn	Bankivahuhn	Unbekannt	Indonesien
Perlhuhn	Helmperlhuhn	Unbekannt	Afrika
Verschiedene domestizierte Karpfen	Wildkarpfen *Cyprinus carpio*	Unbekannt	China/Europa

Wichtig sind auch Honigbiene (*Apis mellifera*) und Seidenspinner (*Bombyx mori*). Neuere Haustiere sind Laborratte, Labormaus, Goldhamster, Nutria, Chinchilla, Nerz, Frettchen, Silber- und Blaufuchs. Da im archaologischen Fundgut ein Haustier erst dann erkannt wird, wenn seine Merkmale erkennbar ausgeprägt sind, besteht die Wahrscheinlichkeit, dass zumindest manche Haustiere älter sind als die angegebenen Zahlen.

Morphologische und physiologische Veränderungen können bei den Haustieren in sehr kurzer Zeit erfolgen. Zuchtziele verändern sich und folgen z.T. Modeerscheinungen (Abb. 5-25). Beeindruckend sind Leistungssteigerungen. Während z.B. ein Wildrind ca. 600 l Milch pro Saugzeit bildet, produzieren heute leistungsstarke Kühe ca. 6000 l pro Jahr. Zum Teil ist dokumentiert, dass in bestimmten Kuh-Beständen die Milchleistung von 1905 bis 1960 um 1000 l gesteigert werden konnte (von ca. 3550 l auf ca. 4550 l). In Australien konnte das Schurgewicht von Schafwolle in ca. 60 Jahren durchschnittlich von 1,8 kg auf 4 kg erhöht werden. Einzelne Schafe haben 19 kg Wolle geliefert, genug für 13 Herrenjacken.

Bei den Haustieren sind keine neuen Tierarten entstanden. Sie zeigen aber, welche Leistungssteigerungen und Abwandlungen durch Veränderung von Genotyp und Umwelt (Haltung, Fütterung) möglich sind.

Abb. 5-25. Altägyptische Hunderassen. Nach Senglaub (1976)

5.8.3.2
Neolithicum im Nahen Osten und in Europa

Von herausragender Bedeutung ist die frühe kulturelle Entwicklung in **Mesopotamien** und umliegenden Regionen – bis hin nach Anatolien, Palästina, Syrien und Iran (fruchtbarer Halbmond). Hier liegen günstige klimatische Bedingungen vor, und hier sind die ersten Spuren von Ackerbau und Haustierhaltung gut 10 000 Jahre und in Ägypten ca. 7000 Jahre (Abb. 5-25, 5.26) alt. Die neuen Wirtschaftsformen führten zum Bau größerer Siedlungen und schließlich zu Städten. Diese bestanden zunächst aus Lehmziegelhäusern (z. B. Chatal Höyük im südlichen Anatolien, ca. 9000 Jahre alt, oder das ähnlich alte Abu Hurreira im nördlichen Mesopotamien). Der Lehmziegel wird in der Region vielfach noch heute unverändert in der damals erfundenen Form genutzt. Hier und anderswo fand man Spuren von Gemeinschaftshäusern, Nahrungsspeichern, Mühlen u. a. Verarbeitet wurden u. a. frühe Formen des Weizens und der Gerste sowie Hülsenfrüchte; weiterhin fand man Reste von Haustieren wie Rind, Schaf, Ziege, Schwein und Hund; im späteren Neolithicum kam der Esel dazu. Friedhöfe mit z. T. wertvollen Grabbeigaben (Varna) waren Teil dieser neolithischen Siedlungen. Reste von einfach gewebten Stoffen (Wolle, vermutlich auch Leinen) lassen sich verbreitet nachweisen. Es wurden perfekte Steinwerkzeuge, wie heute z. T. noch auf Neuguinea, hergestellt. Die Steinwerkzeuge treten aber mehr und mehr in den Hintergrund. Schon früh wurden um die Siedlungen Steinmauern, oft mit einem Turm, gebaut, z. B. in Jericho. In neolithischen Siedlungen Ägyptens (Merimde, westlich des Rosetta-Arms des Nils, nordwestlich von Kairo, ca. 7000 Jahre alt) fand man z. B. Harpunen, Angelhaken, Netze, Löffel aus Muschelschalen, Küchengerät aus Knochenmaterial und Elfenbeinarbeiten. Mit der Vorratshaltung entwickelten sich verschiedene Keramikkulturen, z. B. Band und Schnurkeramik.

In Mitteleuropa begann das Neolithicum vor ca. 6500 Jahren, und vor ca. 5500 bis 5000 Jahren begannen landwirtschaftliche Siedlungsformen sich in der norddeutschen Tiefebene auszudehnen. Es handelt sich um Siedlungsreste, z. B. bei Köln, Mannheim und Tauberbischofsheim. Diese frühen Bauern rodeten und bauten Langhäuser und legten Felder an. Das Vieh weidete in den umliegenden Wäldern. Angebaut wurden Emmer, Gerste, Weizen und Hülsenfrüchte. Werkzeuge wurden vorwiegend aus Feuerstein, Knochen und Holz angefertigt. Es entstand ein Handel mit Feuerstein. Diese Bauern stellten Gefäße aus Ton her; die Töpferei war neben Viehzucht und

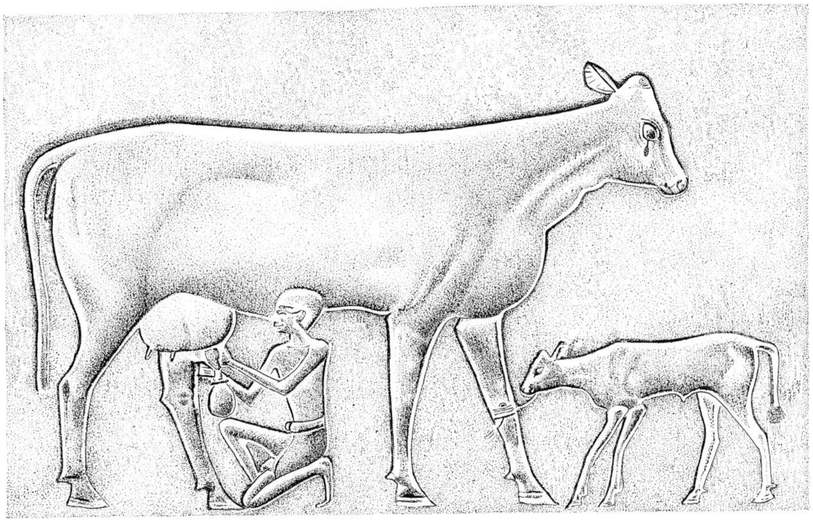

Abb. 5-26. Melken einer hornlosen Kuh, Sarg der Prinzessin Kawit, 11. Dynastie (2134 bis 1991 v. Chr), Mittleres Reich, Ägypten. Die Bedeutung der Träne am Auge der Kuh ist nicht bekannt

Ackerbau eine Haupttätigkeit der Menschen. Die Tongefäße wurden mit bandartigen Ornamenten verziert („Bandkeramik", Abb. 5-27 b). Vermutlich kam es zu rituellen Menschenopfern, u. U. auch zu kultischem Kannibalismus.

5.8.3.3
Neolithicum in Ost- und Südostasien

In alten neolithischen Kulturen **Indochinas** (Hoabinh) fand man neben Spuren der Jagd und des Fischfangs schon früh (ca. 10 000 bis 9000 Jahre vor heute) Hinweise auf die Kultivierung von Pflanzen (Hülsenfrüchte, Gurken, Wassernuss, Mandel, Betel u. v. a.). Aus der jüngeren Hoabinh-Kultur (ca. 8000 bis 7000 Jahre vor heute) gibt es u. a. verbesserte Erntegeräte und vieles spricht dafür, dass in dieser Zeit auch schon Schweine gehalten wurden. Ackerbau ist ab ca. 6000 Jahren vor heute verbreitet in Südostasien nachgewiesen u. a. auch mit Taro (*Colocasia esculenta*) und Yam (*Dioscorea*). Entscheidend war in dieser Zeit der Beginn der Reiskultur, deren ältester Nachweis in Mittelthailand gelang (zwischen 6000 und 5000 Jahren vor heute). Reis ist heute für mehr als die Hälfte der Menschheit die wichtigste Nahrungspflanze.

Eine ganz eigenständige Entwicklung der landwirtschaftlichen Kultur fand in der Lösslandschaft **Nordchinas** statt. Aus klimatischen Gründen bestanden hier günstige Anbaumöglichkeiten für Hirse und (später) Reis. Vor ca. 2800 Jahren existierte in Nordchina die Ci-Shan-Kultur mit Siedlungen und Spuren des Hirseanbaus und der Haustierhaltung (Hund, Schwein, vielleicht Hühner, später dann auch Rinder). Vor ca. 2500 Jahren setzte sich der Reisanbau durch. Hinweise auf die Nutzung des Sekretfadens des Maulbeerseidenspinners finden sich schon vor ca. 6000 Jahren (Yang-shao-Kultur).

5.8.3.4
Neolithicum in Lateinamerika

Eine eigene neolithische Entwicklung vollzog sich in **Mittel-** und **Südamerika** mit Zentren in Zentralmexiko und im peruanischen Hochland. Über eine Vorstufe mit verstärkter Jagd und Sammeltätigkeit lokaler Nahrungsressourcen (Berge von Muschelschalen an den Küsten von Kalifornien bis Chile und von der Golfküste der USA bis Brasilien bezeugen z. B. intensive Nutzung der Molluskenfauna) kam es zu anhaltender Sesshaftigkeit.

In **Zentralmexiko** sind Spuren regelmäßigen Ackerbaus 10 000 bis 9000 Jahre alt (Hochtal von Tehuacán). Zu den ältesten kultivierten Pflanzen zählen hier u. a. Kürbis (*Cucurbita mixta*) und Amaranth (*Amaranthus spec.*). Auch der Mais (*Zea mays*) ist eine alte Kulturpflanze Mittelamerikas. 2800 und 2700 Jahre vor heute erweiterte sich die Zahl der kultivierten Pflanzen, z. B. kamen Sapote (*Pouteria sapota*) und die Bohne (*Phaseolus vulgaris*) dazu. Gerade die gesicherte Ernährung mit Mais und Bohnen ermöglichte eine deutliche Vermehrung der Bevölkerung. Eine weitere neue Kulturpflanze wurde dann die Baumwolle (*Gossypium hirsutum*). Es ist dokumentiert, dass sich aus kleinflächigem Anbau mehrerer Pflanzen ein großflächiger Anbau weniger Pflanzen (v. a. Mais, Bohne und Kürbis) entwickelte. Die Jagd blieb aber immer noch wichtiger Teil der Nahrungsbeschaffung, die Domestikation von Haustieren (Meerschweinchen, Lama, Alpaca, Moschusente) erfolgte in Amerika erst relativ spät. Die Domestikation von Hunden war wohl vor ca. 8000 Jahren erfolgt, wahrscheinlich wurden auch schon relativ früh Peccaris (wilde süd- und mittelamerikanische Schweine) gehalten und gezähmt (so wie heute noch bei einigen südamerikanischen Urwaldindianern), aber nicht im eigentlichen Sinne domestiziert.

Älteste Spuren von landwirtschaftlicher Tätigkeit in **Peru** sind ca. 9000 Jahre alt (Kürbis, Bohnen, Quinoa [*Chenopodium guinoa*, der „Andenreis"]). Vor 2600 Jahren kamen Bataten (Süßkartoffeln, *Ipomoea batatas*) und etwas später dann die Kartoffel (*Solanum tuberosum*) und die Tomate (*Lycopersicon esculentum*) dazu. Seit 2700 Jahren vor heute sind im Ayacucho-Becken Hinweise auf Baumwoll- und Maisanbau zu finden. In Südamerika erfolgte die Domestikation von Tieren schon früh. Die Kleinkamele Lama und Alpaka entstanden in Peru mindestens vor 6000 Jahren. Sie wurden als Fleischlieferanten, Tragtiere und Wolllieferanten genutzt. Im Andenhochland entstand sogar ein spezielles Nomadentum, das auf der Haltung von Lama und Alpaka basierte. In dem Zeitraum von vor 6000 bis vor 3000 Jahren erfolgte die Domestikation des Meerschweinchens, das von der Bevölkerung vor allem als Fleischlieferant genutzt wurde. Hunde sind in Südamerika seit gut 8000 Jahren bekannt. Der Zeitpunkt der Domestikation der Moschusente (*Anas moschata*) ist nicht genau bekannt. An den Küsten Südamerikas entstanden früh Siedlungen, die ihre ökonomische Basis im Fischfang, in der Jagd auf Robben und im Sammeln von Mollusken und Krebsen hatten. Ab 2700 Jahren vor heute ist es aber auch in den Küstentälern zu landwirtschaftlichem Anbau von Yamsknollen (*Pachyrhizus tuberosus*), Kartoffel, Ulluco (*Ullucus tuberosus*) und Maniok (*Manihot esculenta*) gekommen. Der Flaschenkürbis (*Lagenaria siceraria*) war früh als Behälter beliebt.

Bei einer Gesamtbewertung der neolithischen Entwicklung Mittel- und Südamerikas hat u. a. Diamond (1998) darauf hingewiesen, dass es dort nie zu einer so produktiven Verbindung zwischen Tierhaltung und Pflanzenanbau wie im Vorderen Orient gekommen ist, dass das Ertragsniveau des Pflanzenanbaus relativ gering blieb, dass die Tierhaltung relativ ineffektiv blieb und dass all dies zusammen eine langsamere gesellschaftliche Entwicklung zur Folge hatte. Dies war wohl ein Grund für das rasche Zusammenbrechen vorkolumbianischer Kulturen nach dem aggressiven Auftreten der europäischen Kolonisatoren.

5.8.3.5 Neolithicum in Afrika

Auch in **Nordafrika** haben die Menschen des Neolithicums viele Spuren hinterlassen. Zum Teil waren solche Kulturen in Rückzugsgebieten sogar noch bis in unsere Zeit lebendig. Vor ca. 12 000 Jahren befanden sich dort, wo sich heute in Nordafrika die Sahara ausbreitet, noch weite Savannengebiete mit Elefanten, Giraffen, Nashörnern und Antilopen. In diesen Savannen lebten auch Menschen, die diese Tiere jagten und malten, sowie eingemeißelte Felsbilder von Tieren und Menschen hinterließen. Vor ca. 7000 Jahren traten in diesen Abbildungen domestizierte Rinder auf. 1650 v. Chr. eroberten die vermutlich westasiatischen Hyksos Unterägypten und brachten Pferde und Streitwagen in die Region. Kamele erreichten Nordafrika aus Asien vor ca. 2200 Jahren. Felszeichnungen sind in ganz Afrika verbreitet zu finden, insbesondere auch in **Südafrika**, wo sie auf die Buschmänner (San) zurückgehen. Die ältesten Darstellungen sind hier 30 000 bis 40 000 Jahre alt. Sie sind Ausdruck paläo- bis neolithischer Kultur, und es ist interessant zu sehen, dass sich die uralten Buschmannbilder kaum von viel jüngeren, nur 100 Jahre alten Darstellungen unterscheiden. Einblicke in die Kultur der Buschmänner, z. B. der Kalahari, können uns also z. T. etwas über Lebensweise und Vorstellungen der neolithischen afrikanischen Menschen sagen. Vermutlich gehen auch einige heutige nomadisch lebende Stämme der Sahelzone oder Südäthiopiens ziemlich direkt auf die Träger der neolithischen Kultur Nordafrikas zurück.

5.8.4 Kupferzeit

In der Spätphase des Neolithicums kam es zur Herstellung und Nutzung von **Metall**, und zwar von Gold und Kupfer, die kalt bearbeitet wurden; diese Phase wird daher auch als Kupferzeit abgegrenzt (Abb. 5-27). In Anatolien begann man schon vor ca. 9000 Jahren, in Ägypten vor 6500 Jahren, mit der Herstellung von Gegenständen aus Kupfer; vor 5500 Jahren waren in Ägypten Werkzeuge und Waffen aus Kupfer verbreitet; auch in China begann man vor 5500 Jahren mit der Kupferverarbeitung.

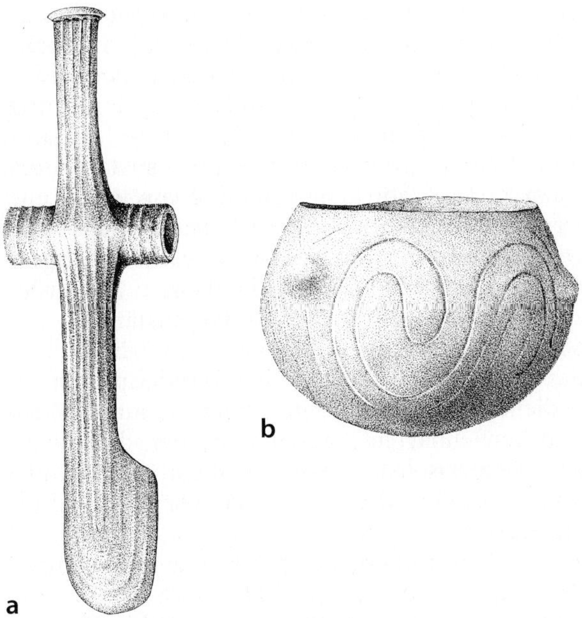

a b

Abb. 5-27. a Kupferne Streitaxt, schnurkeramische Kultur 4800–4400 Jahre alt aus der Gegend von Mainz. **b** Gefäß der älteren Bandkeramik, ca. 6000 Jahre alt, Mommenheim (Rheinhessen)

5.8.5 Bronzezeit

Die Bronzezeit ist durch die verbreitete Nutzung von Metall für die Herstellung von Werkzeugen und Waffen gekennzeichnet; Gold und Kupfer wurde vorwiegend für Schmuck, Grabbeigaben und kultische Gegenstände benutzt. Die Entdeckung, dass die Metalle Kupfer und Zinn (oder Arsen) mit Hilfe eines Schmelzverfahrens zu einem neuen und härteren Metall (Bronze) verbunden werden konnten, beeinflusste die Entwicklung der Kultur ganz erheblich. Vor ca. 6000 Jahren begannen die Menschen in vielen Regionen aus diesem neuen Metall Werkzeuge und Waffen herzustellen (Abb. 5-28). Stein, Knochen, Holz und Kupfer wurden als Materialien damit zunehmend verdrängt. Eine aus künstlerischer Sicht besonders hochentwickelte Bronzekunst, z. T. mit Edelsteinintarsien, entwickelte sich in China.

Bronzezeitkulturen blühten im **Nahen Osten** von vor 6000 bis vor 3200 Jahren. Von ihrem Ursprung in Mesopotamien (Sumerer) breitete sich diese Kultur nach **Ägypten** und **Indien** aus. In Europa dauerte die Bronzezeit unterschiedlich lange, oft nur ca. 600 bis 700 Jahre und erreichte hier nie Glanz und Raffinement, wie sie sich im höfischen Leben Ägyptens und Mesopotamiens entfalteten. In manchen Regionen, z. B. in Südamerika, Australien und Teilen Zentral- und Westafrikas gab es wohl keine eigene Bronzezeit, hier folgte dem Neolithicum gleich die Eisenzeit.

In **Mitteleuropa** beginnt die Bronzezeit vor ca. 3800 Jahren. Frühe Zentren der Bronzeherstellung liegen in Böhmen, Mitteldeutschland und in Wessex (England). Tote wurden in Urnengräbern bestattet. Die Urnen wurden oft in großen Urnenfriedhöfen vergraben. In der Bronzezeit wurden auch Hügelgräber angelegt (z. B. die Hünengräber Norddeutschlands).

Eigentümlich und fremdartig wirken die Zeugnisse der 2000 bis 1500 Jahre alten Kulturen **Mittelamerikas**. Sie sind formal eher noch neolithisch, kulturell aber entsprechen sie der Bronzezeit der Alten Welt. Die Stadt Teotihuacan war zu ihrer Blütezeit zwischen 200 und 650 n. Chr. mit ca. 250 000 Einwohnern die größte Stadt Mittelamerikas, deren Ernährung durch einen

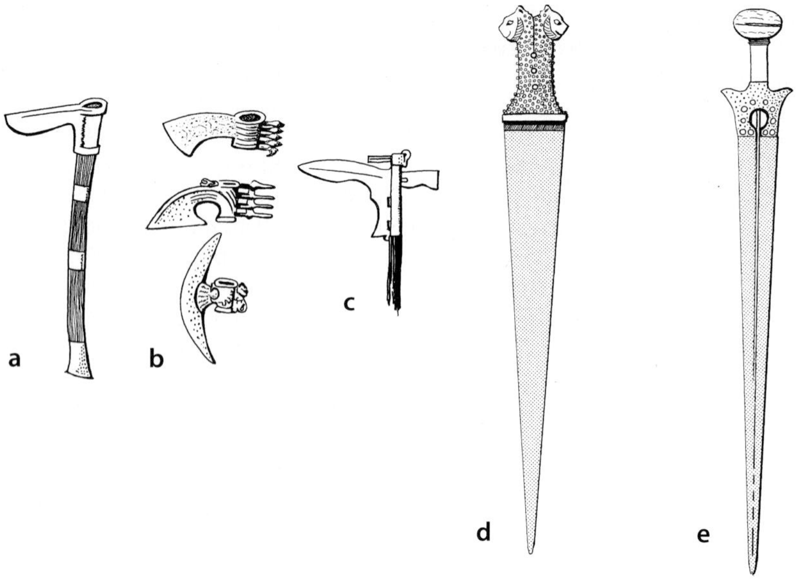

Abb. 5-28. Waffen aus der Bronzezeit: **a** Sumerisches Streitbeil, **b** Luristanische Bronzeklingen (Persien), **c** Chinesische Langaxt, **d** Anatolisches Schwert, **e** Mykenisches Bronzeschwert

intensiven Ackerbau gesichert war. Die Herrscher dieser Stadt kontrollierten den Abbau, die Verarbeitung und den Handel mit Obsidian, aus dem ganz verschiedenartige begehrte Gegenstände hergestellt wurden. Der Staat wurde durch effizientes Militär und religiöse Kulte mit z. T. grausamen Riten zusammengehalten. Astronomische Kenntnisse lagen wie in den Bronzezeitkulturen der Alten Welt vor.

In der Bronzezeit entstanden Monumentalbauten und große Städte, zuerst in großen Flussebenen, z. B. am **Indus**, an **Euphrat** und **Tigris** und am **Nil**. Hochentwickelte Landwirtschaft führte zu Wachstum der Bevölkerung. Es lebten in den städtischen Zentren spezialisierte Handwerker, die z. B. vor ca. 5500 Jahren in Mesopotamien das Rad erfanden. Es entwickelten sich hier auch Schrift, Verwaltung und zentralisierte politische Macht. Zuerst bildeten sich Stadtstaaten, bald aber immer größere Reiche mit komplizierten sozialen Hierarchien. Einblick in die Struktur einer bronzezeitlichen Stadt bietet Palaiokastron auf Kreta, eine ca. 4000 Jahre alte Stadt, in der auch Scherben mit Schrift gefunden wurden. Es herrschte ein hoher kultureller und materieller Lebensstandard.

Aus **Ägypten** sind wunderschöne Abbildungen musizierender Menschen bekannt.

Lebhafte Wanderungen von handelstreibenden Leuten führten in der Bronzezeit zu kulturellem Austausch und Vermischungen. Die frühen Metallkulturen verschafften denen, die sie beherrschten, überlegene Waffen. Im östlichen Mittelmeerraum entstanden zu Land und zu Wasser Handelswege, welche die Produkte der mykenischen Kultur Griechenlands, der Kanaaniter, Zyprioten, Ägypter, Kassiten, Assyrer, Mitanni und Nubier transportierten und austauschten. Dazu kamen natürliche Produkte von weiter entfernten Gebieten wie z. B. Bernstein aus dem Ostseeraum oder Zinn aus Cornwall oder Afghanistan. Gold, Edelsteine, Elfenbein u. a. wurden zu zum Teil sehr schönen Gegenständen und Schmuck verarbeitet. Vor ca. 3500 Jahren hatte das **mykenische Reich** viele Handelsposten im östlichen Mittelmeerraum errichtet. Aus Mykene und benachbarten Städten stammten die Helden der Homerischen Epen Agamemnon, Achilles und Odysseus, die vermutlich vor 3300 Jahren nach Troja segelten.

Auf dem Höhepunkt der Kultur der späteren Bronzezeit, also vor ca. 3500 Jahren herrschte in Ägypten Pharao Echnaton (Amenophis IV), der vermutlich als erster eine monotheistische Religion verkündete, mit Königin Nefertiti (Nofretete). Die Entwicklung der Gedanken Echnatons wird sehr lebendig in Thomas Manns Roman „Joseph und seine Brüder" dargestellt.

Vor ca. 3200 Jahren brachen viele der bronzezeitlichen Reiche – in Griechenland das Reich von Mykene, im anatolischen Großraum das Reich der Hethiter, Reiche auf Zypern und im syrischen Raum – zusammen, nur Ägypten hielt sich noch über 1000 Jahre länger. Die Ursache für diesen Rückgang ist nicht bekannt.

Die älteste **Schrift** ist vermutlich die **Keilschrift** Mesopotamiens, die gut 5000 Jahre alt ist. Nur unwesentlich jünger sind die **Hieroglyphen** des alten Ägypten. Im Industal (vor ca. 4800 Jahren), in China (vor ca. 3200 Jahren), in Phönizien (vor ca. 3000 Jahren) und in Mittelamerika (vor ca. 1750 bis 1100 Jahren) entstanden weitere eigenständige Schriften. Besonders erfolgreich waren die Schriftzeichen der Phönizier, die vor gut 3000 Jahren entstanden und von denen sich die griechischen und lateinischen Buchstaben sowie die aramäischen Zeichen herleiten. Von letzteren stammen sowohl die hebräischen als auch die arabischen Buchstaben ab. Neben diesen wesentlichen Zentren der Schriftentstehung gab es weitere Schriftformen mit mehr lokaler Bedeutung wie die Runenschrift der alten Germanen.

5.8.6 Eisenzeit

Die Hethiter kannten schon vor ca. 3500 Jahren die Geheimnisse der Eisenherstellung, anderswo begann diese Zeit später. Während des Eisenzeitalters kam es in Europa zu zahlreichen Eroberungszügen von gut bewaffneten Stämmen von Barbaren, die erst vor ca. 2500 zur Ruhe kamen. Im folgenden Jahrtausend kam es aber immer wieder zu ähnlichen Invasionen ostasiatischer Stämme (Hunnen, Mongolen) nach Europa mit erheblichen, oft katastrophalen Auswirkungen auf diejenigen, die diesen Reiterstämmen ausgeliefert waren.

Eisenzeitliche Kulturen gab es auch im südlichen Afrika vor Eintreffen der Europäer. Besonders hochentwickelt war die Kultur von Altsimbabwe, deren Blütezeit zwischen dem 13. und 15. Jh. n. Chr. lag. Altsimbabwe, zwischen Sambesi und Limpopo gelegen, war ab ca. 1000 n. Chr. Hauptstadt eines mächtigen Shona-Reiches. Spuren der Siedlung Altsimbabwes gehen bis in die Jahre 100 bis 300 n. Chr. zurück.

Städtisches Leben, wie es in der Bronzezeit begann und sich in der Eisenzeit weiterentwickelte, hatte sicherlich viele verschiedene Konsequenzen, z. B. wirkten sich Infektionskrankheiten infolge des dichten Beisammenlebens oft katastrophal aus. Es kam zu weiterer Arbeitsteilung, immer mehr Berufe entstanden. Körperliche Kraft und Fähigkeit zur Ausdauer war nicht mehr alleinige Voraussetzung zum Überleben. Es entwickelten sich nützliche Tätigkeiten, die im Sitzen verrichtet werden konnten, auch von körperlich weniger robusten Menschen. Auch in der zunehmend um sich greifenden Verwaltung boten sich körperlich wenig belastende Beschäftigungen.

Von herausragender Bedeutung war die **klassische Antike.** Sie entwickelte sich im östlichen und zentralen Mittelmeerraum, vielfältig und nachhaltig beeinflusst von ägyptischen und vorderasiatischen Kulturen. Das griechische und vor allem das römische Staatswesen beruhte auf einer städtischen multinationalen Gesellschaft mit differenzierter sehr aktiver Wirtschaft, sowie effizienter Verwaltungs- und Infrastruktur. Die griechische Mythologie sowie die klassische griechische und römische Literatur sind wesentlicher Teil unseres abendländischen Kulturerbes.

Nach dem Untergang des römischen Reichs folgte in Europa das **Mittelalter**, zunächst mit einer frühen instabilen Phase. Es entstanden in wenigen Jh. aber neue stabile Reiche, in denen die christliche Kirche Macht und Einfluss gewann. Im südlichen Mittelmeerraum bildeten sich islamische Reiche, skandinavische Wikinger entdeckten als erste Europäer Nordamerika.

1492 n. Chr. erreichte Kolumbus Amerika; damit begann die **Kolonialzeit**, in der Europäer neue Länder in Amerika, Afrika und Asien entdeckten und eroberten. Reiche blühten auf, z. B. Portugal und Spanien, neue Wirtschaftsformen brachten einerseits großen Reichtum, z. B. in den Niederlanden oder in englischen Städten, andererseits viel Elend unter den Einheimischen in den Kolonien. Die westeuropäischen Sprachen, vor allem Spanisch, Portugiesisch, Französisch und Englisch wurden auf der ganzen Welt verbreitet und führten zum Untergang vieler außereuropäischer Sprachen und zum Entstehen von sog. Pidginsprachen. Die Auswanderer und Eroberer waren, wie üblich, i.a. aktiver, unternehmungslustiger und durchsetzungsfähiger als die zu Hause Gebliebenen. In der neuen Umgebung entwickelten sich innerhalb weniger Generationen neue Menschentypen. Die Auswirkungen dieser Kolonisation auf die Einheimischen war i.a. verheerend. Massenhaft kamen Einheimische z.B. durch eingeschleppte Krankheiten, Zwangsarbeit, Kriege und Ermordung um. Manche der einheimischen Bevölkerungen, z.B. die Feuerländer, sind praktisch ausgerottet worden. Es kam teilweise auch zu ausgedehnten Vermischungen. So entstanden lokal neue Gruppierungen, z.B. die „Neo-Hawaiianer", die „nordamerikanischen Farbigen", die „Latinos" u.a.

Im 15. Jh. n. Chr. kam es zu revolutionären Veränderungen in Religion, Kunst und Wissenschaft, die **Renaissance** begann, und damit setzte die **Neuzeit** ein mit zunehmender Differenzierung des Individuums in der Gesellschaft. Die letzte große Epoche der Neuzeit, das **Industriezeitalter**, entwickelte sich im 19. Jh. n. Chr. Dieses Industriezeitalter ist durch die Dominanz der Technik gekennzeichnet, die heute in das Leben des Menschen wie nie zuvor eingreift. Daher kann jetzt auch vom **Zeitalter der Technik** gesprochen werden.

EXKURS

Technik

Die moderne Technik ist etwas ganz anderes als die Fähigkeit, zweckdienliche Geräte herzustellen, welche die Arbeit effektiver gestalten und erleichtern und das Leben sicherer machen. Sie ist heute eng mit dem Phänomen der Massengesellschaft verbunden. Was Technik eigentlich sei, dazu gibt es verschiedenartige Antworten von Philosophen, Ökonomen, Soziologen, Schriftstellern und anderen. Eine These lautet z.B., Technik sei angewandte Naturwissenschaft. Eine weitere These: Forschung und Technik seien, zumindest in ihrer ungebremsten Dynamik, von einer ökonomischen Rationalität industrieller Verwertung bestimmt.

Ein Merkmal der Technik ist ihr rastloses Fortschreiten in zunehmend beschleunigtem Tempo. Woher rührt die enorme Innovationsdynamik der Technik? Geht sie im Wesentlichen auf wissenschaftliches Erkenntnisverlangen und einen technischen Realisierungsdrang zurück? Hat die Technologie eine Eigendynamik? Oder spielt die ökonomische Rationalität eines globalen Industrialismus, zu dem sich Wissenschaft, Technik und Wirtschaft verbunden haben, die Hauptrolle?

Die Innovationsdynamik der Technik, so sehr sie von wissenschaftlichem Erkenntnisdrang u.ä. profitieren mag, ist letztlich doch vor allem das Vehikel des wirtschaftlichen Wachstums und der damit verbundenen Interessen. Den Menschen wird heute nicht einmal mehr die Zeit gelassen, darüber nachzudenken, wie viel neue Technik sie eigentlich wollen. Ist das menschliche Leben zum technisch Gemachten geworden, kennt das Machen der Machenden keine Grenzen? Grenzenlosigkeit ist eine gefährliche Illusion. Es droht der Kollaps des irdischen Ökosystems, aber nicht nur dies, sondern der Mensch überfordert sich auch selbst mit seiner Machtversessenheit, genauer: was eine Minderheit fortgesetzt an neuen Realitäten schafft, überfordert die Mehrheit der Menschen.

Vielleicht hat die menschliche Innovationstoleranz, die jetzt von der Technisierungsdynamik strapaziert wird, anthropologisch fixierte oder psychosozial geprägte Grenzen, die nur um den Preis pathologischer Reaktionen verletzt werden können.

5.9 Die biologisch-ökologische Sonderstellung des Menschen

Aufrechter Gang und Lauf waren die ersten Neuerungen des Menschen, die ihm das weite Vordringen in Steppengebiete ermöglichten. Die Entstehung des aufrechten Ganges bietet dem Verständnis kein grundsätzliches Problem. Als Nebenfunktion besitzen viele Affen und besonders die Menschenaffen die Fähigkeit, aufrecht zu gehen, sogar mit durchgedrückten Knien. Der Gorilla kann dabei sogar die große Zehe anlegen. Der Übergang von dem aufrechten Gang als Nebenfunktion zur Hauptfunktion entspricht einem häufigen Vorgang in der Evolution. Die Umformungen von Becken und Fuß sind gering im Vergleich zu dem, was sonst beim Wechsel der Lebensweise geschieht. Dass ein Vorstadium, das auch das Klettern in Bäumen praktizierte, anzunehmen ist, zeigt die Tatsache, dass bei allen Primaten (exklusive Krallenäffchen) ein Greiffuß vorhanden ist und dass die meisten Menschenaffen Schlafnester in Bäumen bauen. Die Nahrungssuche kann dabei in wechselndem Ausmaß am Boden des Waldes erfolgen, ebenso ein Vordringen in die Savanne, wie manche Populationen des Schimpansen zeigen. Im Fuß sind die Besonderheiten des Menschen das Fußgewölbe und der Verlust der Abspreizbarkeit der großen Zehe (Abb. 5-2). In mancher Beziehung ist die Anpassung des Menschen an den aufrechten Gang noch unvollkommen, wie häufige Wirbelsäulenschäden, Störungen des Fußskeletts (Senk-, Spreizfüsse und andere Fußdeformitäten) sowie Fehler der Säuglingshüfte zeigen.

Im Gegensatz zu den anderen höheren Primaten war der Mensch über lange Phasen seiner Entwicklung Jäger und Fleischfresser und verschonte dabei, wie die Skelettfunde zeigen, von Anfang an seine Artgenossen nicht. Zwar kann auch der Schimpanse kleine *Colobus*-Affen, junge Paviane und Antilopen erbeuten, zerreißen und fressen, aber hauptsächlich ernährt er sich von Früchten.

In einer Beziehung ist der Mensch völlig aus den ökologischen Naturgesetzen herausgetreten. Jedes Lebewesen ist in eine Lebensgemeinschaft eingefügt, die nur beständig ist, wenn die Bevölkerungszahl einer Art auf längere Zeit konstant bleibt. Rein rechnerisch muss ein Paar zwei überlebende Nachkommen erzeugen. Nun ist aber die Nachkommenzahl eines Paares meist größer – und erreicht bei vielen Tieren Tausende. Die Art übt also einen sogenannten Vermehrungsdruck auf die Lebensgemeinschaft aus. Dieser wird aufgefangen durch die Vernichtung des Produktionsüberschusses durch die anderen Lebewesen und durch Umweltsituationen. So entsteht ein Vernichtungsdruck, der den Vermehrungsdruck ausgleicht.

Aus dieser Bindung ist der Mensch herausgetreten. Durch die Wirksamkeit seiner ständig verbesserten Waffen wuchs seine Macht rapide. Erst fielen ihm nur kleinere Tiere um Opfer, aber schon der *Homo erectus* fing vermutlich Elefanten in Fallgruben und kannte Nutzung des Feuers, welche die Auswirkungen der Unbilden der Witterung herabsetzte. Es verschwanden die Großtiere, seien es Feinde oder Nahrungstiere, und der Mensch hat sicher viele Tiere ausgerottet, beispielsweise die Riesenstrauße auf Madagaskar und Neuseeland. Mit Speer, Pfeil und Bogen, Gewehr und schließlich mit biologischen und chemischen Kampfmitteln wurden seine Feinde immer mehr zurückgedrängt, einschließlich der Kulturschädlinge und der Krankheitserreger. Unter- und gegeneinander setzt der Mensch die gleichen Waffen ein.

So hat sich der Mensch vom Vernichtungsdruck seiner Umwelt zunehmend befreit. Die Folge ist ein Bevölkerungswachstum, dessen Eindämmung nicht abzusehen ist. Gelingt es nicht, diese Vermehrung zu drosseln, wird der Mensch in einer Katastrophe mit den Naturgesetzen kollidieren.

Da die menschliche Bevölkerung exponentiell wächst, bedeutet ein stetiges Wachstum in der Vergangenheit nicht, dass es in Zukunft so weitergehen kann. In einem Gedankenspiel wollen wir die Problematik aufzeigen: In einem großen Aquarium, das 500 Fischen Platz geben soll, wird ein Fischpärchen gehalten. Jeden Monat soll sich die Zahl der Fische verdoppeln, d.h. nach 7 Monaten ist die Kapazität des Beckens zur Hälfte ausgenutzt: es tummeln sich in ihm 256 Fische, alles ist bisher „gutgegangen". Im nächsten Monat wird jedoch die Kapazitätsgrenze überschritten, eine Katastrophe ist nicht mehr aufzuhalten.

Theoretisch breitet sich eine exponentiell wachsende Population schließlich mit „Lichtgeschwindigkeit“ aus. Dazu kommt es aufgrund von Nahrungsverknappung, Seuchen, Kriegen usw. nicht. Für jede Art gibt es eine Umweltkapazität, die das Populationswachstum in Grenzen hält (logistisches Wachstum) und die nicht dauernd überschritten wird. Kurzfristig jedoch kann es zu einem abnormen Bevölkerungswachstum kommen, das dann mit einem Einbruch der Population zu bezahlen ist. Dieses Naturgesetz – das für alle Organismen gilt – kann auch durch Fortschritte in der Landwirtschaft (vgl. Kap. 3) nicht außer Kraft gesetzt werden. Die „grüne Revolution“, d.h. die z.T. lange nicht für möglich gehaltenen Produktivitätssteigerungen der Landwirtschaft, wird den Umfang des Populationseinbruches von *Homo sapiens* eher vergrößern, ähnlich wie die Fortschritte der Medizin die Bevölkerungszunahme beschleunigt haben. Der Mensch hat die Einsicht und die Möglichkeiten, der Problematik noch Herr zu werden. Ob er davon Gebrauch machen wird, weiß niemand, ist aber unwahrscheinlich.

Mit dem Wachstum der Bevölkerung geht die Zerstörung der Natur einher. In kurzer Zeit hat der Mensch das Bild der Erde so verwandelt wie kein anderes Lebewesen zuvor. Es fehlt hier der Platz, die Wirkungen zu schildern, die von seiner unterschiedlichen Lebensweise – vom Wildtöter zum Ackerbauer, Nomaden und schließlich zum Stadtbewohner in einer Industriegesellschaft – ausgehen. Der Mensch ist wie alle Primaten ein Sozialwesen, seiner Norm entspricht die Sammler- und Lagergemeinschaft, die Frauen und Kinder und einen Teil der Männer umfasst. Für die Jagd und den dem Menschen eigenen Krieg hat sich die Jagd- und Kampfhorde der aktiven Männer herausgebildet, die kooperativ zusammenarbeiten. Zu Vorstufen des Krieges bei Schimpansen S. 372. Eine Ehe kennen die Menschenaffen Gorilla und Schimpanse nicht: „Jede gehört jedem“, wie es Thomas Henry Huxley auch für die Zukunftsgesellschaft des Menschen prophezeit. Der Mensch kennt aber ein „Sichverlieben“, das eine natürliche Bindung schafft, wenn auch oft nur auf beschränkte Zeit.

Es gibt durchaus Gründe, pessimistisch und sehr kritisch in die Zukunft zu blicken. Die rasante Entwicklung der Technik hat uns Waffen in die Hand gegeben, die den Fortbestand des Menschen in kurzer Zeit beenden können. Außerdem plündert und belastet der heutige Mensch Natur, Umwelt und Ressourcen der Erde in einem Ausmaß, dass es so nur noch Jahrzehnte weitergehen kann. Die dringend notwendige Begrenzung der Zahl der Menschen wird nicht in Angriff genommen, die Zerstörung der Umwelt schreitet ungebremst voran. Die Menschheit und i.a. auch der einzelne Mensch sind unfähig, aus Fehlern zu lernen. Vernunft und Idealismus bewirken bislang allenfalls lokal etwas. Ob die einzelnen erdachten und auch schon begonnenen Projekte eine Wende herbeiführen, ist schon fast nicht mehr zu erwarten. Offensichtlich können heute wirksame Maßnahmen zum Erhalt der Umwelt und unserer Lebensgrundlagen nur durchgesetzt werden, wenn sich handfeste Eigeninteressen von Staaten, Verbänden oder anderen Gruppierungen mit denen des Naturschutzes decken.

Zahlenmäßige Entwicklung der modernen Menschheit:

1830:	1 Mrd.
1930:	2 Mrd.
1960:	3 Mrd.
1974:	4 Mrd.
1987:	5 Mrd.
1999	6 Mrd.

Eine weite biologische Besonderheit des Menschen liegt im langsamen Ablauf seiner Lebensphasen (*Life history*), auf die schon hingewiesen wurde: langanhaltende Phase der Hilflosigkeit nach der Geburt, später Eintritt der Geschlechtsreife, niedrige Reproduktionsrate, Menopause und lange Postmenopause bei Frauen, lange sich hinziehender physiologischer Verfall. Es besteht hier möglicherweise eine Korrelation zum großen Gehirn, das lange Zeit benötigt zum Ausreifen, und dieses große Gehirn steht offensichtlich in Beziehung zur Evolution komplexer Sozialsysteme. Diese wiederum fördern offensichtlich sowohl kognitive Fähigkeiten (s. unten) als auch die Verminderung der Gefährdungen durch die Umwelt, was dann wieder die Evolution eines verzögerten Alterns begünstigt.

5.10 Die geistig-kulturelle Sonderstellung des Menschen

Sie beruht auf einer Reihe von Grundeigenschaften: Tradition, Sprache, Intellekt. Biologen versuchen, Vorstadien oder Prädispositionen dieser Eigenschaften bei Tieren aufzusuchen, und meist finden sie sie.

Tradition ist die Übernahme von Gedankengut, Verhaltensweisen und Techniken von anderen Menschen, vor allem von denen vorangegangener Generationen. Durch Tradition wird eine ganz neue und sehr schnelle Ausbreitung der Leistungen eines Einzelwesens möglich. Während die Vererbung über die Gene nur eine langsame Ausweitung ihres Bestandes innerhalb der Art schafft, leistet dies die Tradition in wenigen Monaten (Modeerscheinungen) oder Jahren. So ermöglicht die Tradition eine ganz neue und rasche **Evolution der Sitten, Gebräuche und Denkweisen.** Traditionen sind wesentliche Komponenten der menschlichen Kultur, sie garantieren Stabilität und ruhige Entwicklung, wenn sie vernünftig gehandhabt werden und wenn sie Freiraum für Veränderungen lassen. Wir kennen sichere Traditionen aber auch bei Tieren. Japanische Forscher, die intensiv das Verhalten der Rotgesichtsmakaken (*Macaca fuscata*) auf Honschu beobachteten, fanden in einzelnen Populationen das Aufkommen und die Verbreitung von Gewohnheiten. In einem Fall begann ein jüngeres Tier seine Nahrung (Süßkartoffeln) zu waschen, bald taten das auch die anderen, zunächst mit Ausnahme der älteren Tiere. Meisen begannen in England, die Deckel von Milchflaschen, die vor Haustüren abgestellt waren, zu durchlöchern und die Sahne abzuschlürfen. Diese Sitte oder Unsitte breitete sich von einzelnen Zentren rasch aus. Eine Art Tradition kann auch die Heimprägung im Jugendalter bewirken. Vögel kehren nach ihrer Winterreise oft an den gleichen Brutplatz zurück. Waldvögel, die in Steppenumgebung aufgezogen worden waren, bevorzugten für die nächste Brut Steppengelände.

5.10.1 Lernen, Intellekt, Erinnerung

Dass Tiere lernen können, ist allgemein bekannt. Bienen können beispielsweise auf Farben dressiert werden: Wenn längere Zeit auf gelben Untergrund Futter gegeben wurde, fliegen sie bald „gelb“ an, auch wenn dort kein Futter steht. Sie haben also die Assoziation „gelb – Futter“ vollzogen, oder allgemeiner: „wenn a, dann b“.

Intellekt ist eine höhere Stufe: hier wird aus den Eigenschaften von Dingen auf ihre Verwendbarkeit geschlossen. Die Dinge können dann als Mittel für die Erreichung eines Ziels eingesetzt werden. Außerdem können die Eigenschaften komplexer Dinge aus den Merkmalen der Einzelteile verstanden werden. Hier gilt „weil a, so b“. Nach dem Prinzip „wenn a, dann b“ geben wir Wettervorhersagen, nach dem Prinzip „weil a, so b“ bauen wir Brücken und Maschinen.

Dass Intellekt in diesem Sinne bei Menschenaffen vorhanden ist, wissen wir. Er ist weit verbreitet und vereint sich beim Schimpansen mit technischer Begabung. Einige Beispiele der Untersuchungen von Bernhard Rensch mögen das verdeutlichen. Ein Schimpanse musste, um zur Nahrung zu gelangen, eine Reihe von Schlössern aufschließen und wählte jeweils den richtigen Schlüssel für das entsprechende Schloss. Ein Schimpanse sollte aus einem Labyrinth eine Kugel zu dem einzigen Ausgang führen. Nach jedem Versuch wurde ein anderes Labyrinth geboten. Der Schimpanse probierte nicht durch Versuch und Irrtum, sondern betrachtete das Labyrinth und fand gedanklich die richtige Lösung. Bei diesem Intelligenztest überschnitten sich Leistungskurven von Schimpansen und Menschen (Versuchspersonen waren Studenten).

Es taucht nun die Frage auf, warum es beim modernen Menschen zu der rasanten Kulturentwicklung kommen konnte, obwohl die Grundlagen für den geistigen Aufstieg schon relativ lange vorhanden sind. Verantwortlich sind vor allem die quantitative Steigerung der cerebralen Anlagen und die Ausweitung seines Eigenbesitzes der Vokal-, Wort- und Begriffssprache durch die Erinnerung.

Das Gedachte enthält zwei Komponenten: Wiedererkennen und Erinnerung. Unter Wiedererkennen verstehen wir, dass ein früher gesehener Gegenstand, eine Person oder eine Landschaft erkannt werden, wenn man sie wieder sieht. Eine solche Leistung ist bei Tieren intensiv ausgeprägt und weit verbreitet. Der Hund des Odysseus erkennt seinen Herren bei dessen Rückkehr. Die Erinnerung gestattet es uns, abwesende Menschen und vergangene Erlebnisse uns in Gedanken vorzustellen. Man hat bei Affen das Erinnerungsvermögen durch aufgeschobene Handlungen geprüft und festgestellt, dass es sehr kurz ist. Die Tiere leben also fast nur in der Gegenwart wie wir als Säuglinge. Bei erwachsenen Menschen reichen aber die Erinnerungen bis ins dritte oder vierte Lebensjahr zurück. Von diesem Zeitpunkt an beginnt der Aufbau der bewussten Persönlichkeit. Die Sprache gestattet, Erlebnisse und Gedanken anderen Menschen mitzuteilen und so ein geistiges Kontinuum zu schaffen. Seit Erfindung von Schrift und Druck legen wir ein Depot von Gedanken, Untersuchungen und Entdeckungen an, das ein riesiges Menschheitsgedächtnis darstellt und den sukzessiven kulturellen Aufbau der Menschheit gestattet.

5.10.2 Evolutionäre Erkenntnistheorie

Wesentliche, im vorhergehenden Text schon zum Teil erwähnte Merkmale des Menschen – u.a. ausgeprägtes Lernvermögen, Sprache, logisches Denken, einsichtiges Handeln, Fähigkeit zu verallgemeinern, Ausbildung von Tradition und Kultur u.ä. – beruhen offenkundig auf der sehr hohen Leistungsfähigkeit seines Gehirns. Es liegt daher der Gedanke nahe, dass auch Bewusstsein, Erkenntnis, religiöse und moralische Normen, Wissenschaft und Kunst letztlich auch Leistungen des Gehirns und damit auch Ergebnis der Evolution sind.

Auf der Grundlage der Annahme, dass die Evolution ein universelles Prinzip ist, hat sich in den letzten Jahrzehnten die „evolutionäre Erkenntnistheorie" intensiv artikuliert und mit den naturwissenschaftlichen Grundbedingungen des Erkenntnisapparates des Menschen auseinandergesetzt. Die Grundposition, dass auch unsere Erkenntnisfähigkeit, unser ganzes Seelen- und Geistesleben Ergebnis der Evolution seien, ist nicht neu und ist auch eine tragende Komponente der **Soziobiologie**. Neben Denkern der Antike sind hier v.a. Wissenschaftler des 19. und 20. Jh. zu nennen wie – unter vielen anderen – Ernst Haeckel und Konrad Lorenz. Der moderne Urheber für die kurz umrissene Position, die das Selbstverständnis des Menschen tiefgreifend erschüttern kann, ist aber eigentlich **Charles Darwin**. Der philosophische Gehalt seines Werkes wird vielfach unterschätzt, was auch an der unaufdringlichen Art seiner Gedankenführung liegt. Es lässt sich sogar der Standpunkt vertreten, dass evolutionäre Erkenntnistheorie nur ein Aspekt – wenn auch ein gewichtiger – des „Darwinismus" ist. Eigentlich versucht die evolutionäre Erkenntnistheorie unter Berücksichtigung naturwissenschaftlicher Ergebnisse nur Fragen zu beantworten, die Philosophen schon sehr lange beschäftigen, z.B. Fragen nach dem Wesen des Menschen, nach dem, was an sogenannten höheren Eigenschaften angeboren sei, nach dem, was *„a priori"* seinem Erkenntnisvermögen mitgegeben sei u.ä.. Während in der traditionellen Philosophie bisher Grundlagen der Naturwissenschaften insgesamt eher marginal berücksichtigt wurden und wenn, dann vor allem solche der Mathematik und Physik, so zieht die evolutionäre Erkenntnistheorie insbesondere Ergebnisse der Biologie in ihr Denken ein.

Die Einsicht, dass alle geistigen Äußerungen des Menschen an die Funktionen des intakten Gehirns gebunden sind, ist von wesentlicher Bedeutung und bedarf einer sorgfältigen wissenschaftlichen Auseinandersetzung. Die Ergebnisse der sich sehr expansiv entwickelnden Neurowissenschaften – der Wissenschaften, welche die Strukturen und Funktionen des gesunden und kranken Gehirns und der Nervenzellen erforschen, also unter anderem Neurophysiologie, zelluläre Neurobiologie, Neurochemie, Neurologie, Psychiatrie und Psychologie einschließlich der experimentellen Psychologie – sind zu berücksichtigen, wenn es um den Versuch geht, die geistigen Leistungen zu verstehen. Die grundsätzliche Richtigkeit des Postulats der unabdingbaren Bedeutung des Gehirns für unsere Erkenntnisleistungen wird durch zahllose Beobachtungen gestützt und nicht dadurch beeinträchtigt, dass es in vielen entscheidenden Bereichen noch nicht möglich ist, eine Korrelation zwischen Funktionen des Nervensystems und komplexen geistigen Äußerungen herzustellen. Aber es bleibt das Ziel der sogenannten Identitätstheorie, die Korrelation zwischen physischen und geistig-psychischen Vorgängen zu erkennen. Inwieweit dieses Ziel erreicht werden wird, ist angesichts der schwer durchschaubaren und außerordentlich hoch differenzierten Komplexität unseres Gehirns einerseits und der Weite und Tiefe der Aussagen und Ausdrucksformen einzelner Philosophen, Dichter und Musiker andererseits, kaum abschätzbar. Des Weiteren deutet sich zum Teil an, dass sogenannte „künstliche" Intelligenz, wie sie in Computern vorliegt, Gemeinsamkeiten mit manchen Grundformen der natürlichen Intelligenz aufweist, die – dieses Eindruckes kann man sich gelegentlich nicht erwehren – bei einer ganzen Reihe von Menschen im Allgemeinen auch zu nicht mehr genutzt wird als dazu, bestimmte Zeichen und Signale zu erkennen und darauf zu reagieren.

Ein besonders wichtiger Gedankengang der evolutionären Erkenntnistheorie betrifft die Bezüge zwischen Erkenntnisfähigkeit, die als den Gesetzen der Evolution unterworfen angesehen wird, und Umwelt. „Evolutiv entstandene Strukturen müssen zur und auf die Umwelt passen" (Vollmer 1998). Schlagwortartig wird vom „Passungscharakter der Wahrnehmungsstrukturen" gesprochen. Unser Erkenntnisapparat versteht und interpretiert eine reale Umwelt; er kann die Natur erkennen, weil er selber ein Teil der Natur ist. Wenn unsere Erkenntnisfähigkeit uns nicht ein reales Bild der Umwelt lieferte, wären die Hominiden früh im Laufe der Evolution ausgestorben. Irreale Vorstellungen von den auf der Erde herrschenden Gesetzmäßigkeiten sind mit einem Überleben nicht vereinbar. Die Annahme außernatürlicher Entstehungsweisen für einsichtiges, vorausschauendes, Zusammenhänge begreifendes, methodisches Denken und andere den Menschen auszeichnende Leistungen sind nach der evolutionären Erkenntnistheorie folgerichtig nicht erforderlich.

In vielen Kernpunkten steht die evolutionäre Erkenntnistheorie klar im Gegensatz zu anderen Auffassungen vom Wesen des Menschen und der Herkunft seines Bewusstseins und seiner Erkenntnisfähigkeit. Solche Überzeugungen ganz anderer Art, die in allen Völkern entstanden, fanden schon früh Höhepunkte in den „maßgeblichen Menschen", wie sie Karl Jaspers nannte, in **Buddha, Konfuzius, Sokrates** und **Jesus**. Was von diesen und anderen großen Menschen gedacht wurde, ist sicherlich nicht generell falsch oder überholt. Auf dem Felde der Philosophie oder Theologie gibt es ja keinen Fortschritt wie in der Technik, die heute z. T. sogar das Denken zu überholen scheint („Gemachtes überholt Gedachtes").

Es ist die Aufgabe der denkenden Menschen unserer Zeit, sich der Spannung zwischen einem Bewusstsein aus rational wissenschaftlichem Ursprung und einer Philosophie, einem Offenbarungsglauben oder einem einfach akzeptierten Lebensgefühl aus nicht rationaler Quelle zu stellen. Die Spannung wird das Selbstwertgefühl und Selbstverständnis vieler Menschen bedrohen oder zumindest beunruhigen. Definitive Antworten sollten auf keinen Fall vorschnell gegeben werden, vermutlich bleiben sie für viele Menschen generell aus.

5.10.3 Moral

Die zahlreichen Beiträge, die Evolutionsbiologen in den letzten Jahrzehnten zum Thema Moral gemacht haben, haben den Blick für die Vielseitigkeit dieses Begriffes geschärft. Zufolge Konrad Lorenz (1954) gibt es bei Tieren viele instinktive Antriebe und Hemmungen, die analoge Funktionen zur „rational-verantwortlichen Moral" des Menschen haben und die Lorenz daher moralanaloges Verhalten nennt. Daraus wird gefolgert, dass eine am Überleben und an der Erhaltung der evolutiven Potenz orientierte Ethik wünschenswert sei, was von Donald Campbell (1978) normativer Biologismus genannt wird. Die biologische Art ist ein Superorganismus, der ständig optimiert werden muss, und zwar im Sinne von „Gemeinnutz geht vor Eigennutz". „Natürliche Moral" ist eine „uneigennützige", „gemeinschaftsdienliche" Moral: Es gibt eine natürliche" art- und gemeinschaftsdienliche Selbstlosigkeit (Altruismus), die Natur soll dem Menschen als Richtschnur dienen.

Soziobiologische Ansätze gehen oft von der Beobachtung altruistischen Verhaltens im Tierreich aus und wiederholen die Frage Darwins, wie auf der Basis strikter Fortpflanzungskonkurrenz, also natürlicher Selektion, überhaupt kooperatives, gemeinnütziges, vor allem aber „altruistisches“ Verhalten entstehen kann. Die natürliche Selektion würde eigensüchtiges gegenüber altruistischem Verhalten favorisieren; es würde automatisch eine stetige und starke Kontra-Selektion gegen jene Tugenden herrschen, die der Gemeinschaft nützlich sind. Darwin selbst gibt keine Antwort auf seine Frage.

Die Soziobiologie geht davon aus, dass für die Evolution nicht das Schicksal des Individuums, sondern das Überdauern der Gene durch die Generationsfolge zählt. Verhaltensprogramme, die Individuen, den „Vehikeln“ der Gene (Richard Dawkins), zu mehr erfolgreich aufgezogenen Nachkommen verhelfen, werden sich stärker ausbreiten als Konkurrenz-Programme. Da das gleiche Erbprogramm auch in anderen Individuen wie Eltern, Kindern, Geschwistern, Enkeln, Onkeln, Basen, Vettern usw. steckt, sollte die natürliche Selektion im Interesse der Gene nicht nur Verhaltensprogramme fördern, die dem Einzelindividuum zu mehr gesunden Nachkommen verhelfen, sondern auch solche Verhaltensprogramme mit verstärkter Ausbreitung belohnen, die den nächsten Verwandten zu höherem Reproduktionserfolg verhelfen. Verwandtenunterstützung (Nepotismus) ist eine zwangsläufige Konsequenz der Auffassung, dass die eigentlichen „Kontoinhaber“ der Evolution nicht die Individuen – und schon gar nicht die Arten oder Populationen – sind, sondern „Erbprogramme“, die ihr „Kapital“ auf möglichst viele „Firmenfilialen“ verteilen, die ihrerseits natürlich kooperieren sollten (Vogel 1988). Den Prozess der abgestuften Verwandtenunterstützung hat man auch „Kin selection“ (Verwandten-Selektion) genannt (Maynard Smith 1964).

Im Tierreich ist Verwandtenunterstützung weit verbreitet, und auf ihrer Basis kann auch altruistisches Verhalten entstehen; einen solchen Altruismus nennt man auch phänotypischen Altruismus oder Bioaltruismus. Es gibt Situationen (auch beim Menschen), in denen verschiedene verwandte Einzelindividuen insgesamt weniger Nachwuchs erfolgreich aufziehen können, als wenn einzelne Familienmitglieder ganz oder zeitweise auf eigene Kinder verzichten und aktiv bei der Aufzucht der Kinder ihrer Geschwister oder Eltern mithelfen. Regelmäßig ist das der Fall z.B. den afrikanischen Brillenwürgern und manchen Carnivoren, z.B. der Zwergmanguste.

Demnach wird durch die natürliche Selektion letztlich nicht die Maximierung der „persönlichen Fitness“, sondern die „Gesamtfitness“ (*inclusive fitness*) gefördert. Die Lösung für Darwins Problem heißt also „Kin selection“. „Adaptiv“ ist, was der „Gesamtfitness“ dient.

Genetischer Eigennutz geht also vor jedem art-, populations- oder gesellschaftsumspannenden Gemeinnutz. Das Gebot einer auf dieser Selektionsbasis entstandenen natürlichen Moral müsste lauten: „Hilf deinen Verwandten nach Maßgabe ihrer genetischen Verwandtschaftsnähe zu dir, aber im Zweifelsfalle allen weniger als dir selbst und deiner eigenen Nachkommenschaft“ (Vogel 1988).

Der Soziobiologe Robert Trivers (1971) stellte dem altruistischen Verhalten im Rahmen der Verwandtenselektion den Reziproken Altruismus an die Seite. Das Prinzip dieses Altruismus liegt darin, dass die „Kosten“ des altruistischen Akteurs nicht das Ausmaß seines „Gewinns“ übersteigen. Der augenblickliche Nutznießer revanchiert sich sogar i.a. später. Die Effizienz solcher „Reziprok-Beziehungen“ ist am größten bei langer Lebensdauer der Partner und bei längerem sozialen Zusammenleben bzw. langer Vertrautheit, also Bedingungen, die gerade für Primaten und Menschen kennzeichnend sind. D.R. Hofstadter (1983) hat hierfür das Motto geprägt „Der wahre Egoist kooperiert“. Individualinteressen setzen sich i.a. uneingeschränkt gegen Artinteressen durch. Neue „Haremschefs“ bei Hanuman-Languren töten Kinder des abgelösten Chefs.

Es gibt also in der Natur kein altruistisches Verhalten für ein übergeordnetes Gemeinschaftsinteresse, kein moral-analoges Gebot zugunsten von Gemeinnutz. Stattdessen existieren genetisch eigensüchtiger Nepotismus und auf den eigenen Vorteil bedachter reziproker Altruismus. Liegt darin auch der Kern der menschlichen Moral und Ethik? Dann hätte Edward Gibbon recht mit seiner Mahnung: man traue keinem erhabenen Motiv für eine Handlung, wenn sich auch ein niedriges finden lässt.

Immerhin lässt die soziobiologische Argumentation erkennen, warum und wie auf der Basis natürlicher Selektion konform mit Darwins Theorie altruistisches Verhalten entstehen konnte.

Es bleibt jedoch festzuhalten, dass Natur nur „Schein-Moral" produziert, sie ist prinzipiell „genetisch eigensüchtig" und nicht übergeordneten Gemeinschafts- oder Artinteressen verpflichtet. Aber mittels natürlicher Selektion kann auch kein rein boshaftes Verhalten entstehen, ein Verhalten, das anderen schadet, ohne dem Akteur in reproduktiver Hinsicht Nutzen zu bringen. Jedoch schaut der Mechanismus der natürlichen Selektion nicht in die Zukunft, sondern ist kurzsichtig; Wolfgang Wickler (1983) hat gesagt: „Wie Selektion sich abspielt, gibt es keinen Weg, auf einen unmittelbaren Fortpflanzungsvorteil zu verzichten, selbst wenn er in wenigen Generationen in einen Nachteil umschlägt."

Im natürlichen Evolutionsprozess ist keinerlei Moral oder „Moral-Analoges" im Spiel; er zeichnet sich durch absolute moralische Indifferenz aus und steht außerhalb jeder moralischen Dimension (so schon Thomas Henry Huxley 1888, und jetzt die modernen Soziobiologen).

Es ist jedoch nicht zu bestreiten, dass die phänotypisch altruistischen Verhaltensweisen als prämoralische Komponenten in das moralische Verhalten des Menschen eingegangen sind. Der natürliche Adressatenkreis von kooperativem, gegenseitigem und altruistischem Verhalten ist ja i.a. begrenzt, wobei Verwandtenbevorzugung und verlässliche Reziprok-Beziehungen üblicherweise die Auswahl begrenzen. Ständig wird nach „*in-group*"- und „*out-group*"-Kriterien differenziert. Das, was man seit jeher gern als doppelte Moral bezeichnet, entspricht offensichtlich unseren natürlichen Verhaltenstendenzen. Es ist immer wieder ernüchternd, feststellen zu müssen, wie sich Menschen innerhalb ihrer Familie oder ihrer Gruppe i.a. anständig, feinsinnig und hilfsbereit verhalten, außerhalb dagegen von empörender Inhumanität sein können. Hilfsbereitschaft und Solidarität werden i.a. sorgfältig abgestuft.

Die Proklamation der allgemeinen Menschenrechte und die zwei Schlagworte der französischen Revolution „Gleichheit" und „Brüderlichkeit" sind naturfern. Ebenso ist eine Verantwortlichkeit für die eigene Art oder alle Organismen der Erde nicht Ergebnis der natürlichen Evolution.

Eine verantwortliche Moral gibt es offenbar nur beim Menschen; sie hat offensichtlich Wurzeln in der biologischen Evolution, wo aber ihr eigentlicher Ursprung liegt, wissen wir nicht in allgemeinverbindlicher Form. Mit verantwortlicher Moral sind bewusstes Handeln, freie Entscheidung und die Fähigkeit, die Folgen des Handelns abzusehen, gekoppelt. Weiterhin gehören dazu Wahrnehmung einer personalen Identität über eine bestimmte Situation hinaus, das Vermögen, sich in eine andere Person hineinzuversetzen als Vorbedingung für Einfühlungsvermögen, und Mitleid, welche die zentralen Kriterien in vielen allgemeinmenschlichen Definitionen für Altruismus sind. Eine verantwortliche Moral setzt dann auch allgemein verbindliche Verhaltensregeln und Wertsysteme, die bei Nichterfüllung zu Schuldgefühlen führen. Interessant ist, dass einzelne Verhaltensforscher der Auffassung sind, dass es bei Orang-Utan und Schimpanse Verhaltensweisen gibt, die Ausdruck eines Schuldgefühls sind.

Ein besonders schwieriges Problem der Moral und Ethik liegt darin, dass verschiedene kulturelle Gruppen verschiedene ethische Normen haben können und dass sich in überschaubaren historischen Zeiträumen solche kulturell-ethischen Normen ändern können, z.B. in Hinsicht auf Eigentumsrechte, Ehrlichkeit, Rechte der Frau und sexuelle Freizügigkeit. Verschiedene soziale Schichten können durchaus unterschiedliche ethische Normen haben. Komplexe Gesellschaften können durch unterschiedliche ethische Normen konfliktgeladen sein, man denke an die Vorstellung zur Rolle der Frau bei einem religiösen Fundamentalisten und einem modernen großstädtischen Westeuropäer.

Der **Behaviorismus** ist der Ansicht, dass der Mensch als „*tabula rasa*" zur Welt kommt und unser ganzes – auch das moralische – Verhalten erlernt wird. Die Soziobiologie glaubt eher an eine weitgehende genetische „Programmierung". Die normale Erfahrung geht eher dahin, dass Vieles im Verhalten durch Unterweisung vermittelt wird. Es gibt aber eine angeborene Fähigkeit, Normen und Unterweisung aufzunehmen, wobei das Ausmaß dieser Fähigkeit verschieden ist: es gibt offensichtlich von vornherein „rücksichtslose“ oder „liebe“ Kinder – eine Erfahrung, die schon im „Struwwelpeter“ illustriert wurde.

Das Verhaltensprogramm des Menschen ist relativ offen. Daher können in dieses Programm leicht ethische Normen eingebaut werden, insbesondere in der Kindheit, in der ein Mensch leicht „Indoktrinationen“ akzeptiert. Dieser Tatbestand wurde und wird politisch immer wieder ausgenutzt. Heute ist eine verantwortlich-moralische Erziehung wichtiger denn je. Ein Kind nicht selbst zu erziehen, ist besonders gefährlich. Ein Heranwachsen ohne verantwortliche Normen birgt Gefahren auf vielen Feldern: Familie, Drogen, Gewalt, Verlust der Fähigkeit zu lesen und zu schreiben, unbegrenzte Fortpflanzung, Naturzerstörung usw.

In der heutigen Situation ist die Fähigkeit zu verantwortlichem Abwägen besonders wichtig geworden. Starre Normen helfen nicht mehr. Unsere alt- und neutestamentarischen Ethiknormen beruhen auf ca. 3000 Jahre alten Erfahrungen von Hirtenvölkern. In Massengesellschaften und Riesenstädten müssen sie überdacht werden. Wesentliches Anliegen muss v.a. die Bekämpfung der Überbevölkerung und eine ernstzunehmende Umweltethik sein.

Eine verantwortliche Moral mit allen ihren Qualitäten und Potenzen sollte universal menschlich sein, was nicht heißt, dass sich jedermann jederzeit uneingeschränkt nach ihr richtet. In Bruchstücken mögen Einzelelemente bei Schimpansen andeutungsweise vorhanden sein, z.B. ein gewisses Maß an Entscheidungsfreiheit oder die Fähigkeit, die Folgen eigenen Tuns oder des Tuns von Partnern abzusehen, vielleicht liegt bei ihnen auch personale Identität vor (Fouts 1997). Generell ist Tieren aber kein moralisches Verhalten zuzuschreiben, sie handeln außermoralisch. Unser verantwortlich-moralisches Bewusstsein lässt uns auch unser natürliches Verhalten mit prämoralischen Tendenzen (s. oben) erkennen und bewerten. Ethik braucht keine evolutionsbiologische Legitimation. Begriffe der Biologie, wie „fit“ und „adaptiv“ dürfen nicht in moralische Wertvorteile wie „gut“ oder „richtig“ umgedeutet werden.

Wissenschaftsgläubigkeit in einer in Bezug auf allgemein verbindliche Werte eher desorientierten geistigen Welt sollte nicht dazu verführen, die „richtigen“ Prinzipien menschlichen Zusammenlebens durch naturwissenschaftliche Analysen direkt zu ermitteln. Biologen geraten immer wieder in Gefahr, Fehlschlüsse zu begehen und gesellschaftspolitischen Ideologien pseudowissenschaftlich Vorschub zu leisten, die schnell ins moralische Abseits führen. Thomas Mann schrieb 1939 in einer Einführung zum Zauberberg „ ... Der Gral ist ein Geheimnis, aber auch die Humanität ist das. Denn der Mensch selbst ist ein Geheimnis, und alle Humanität beruht auf Ehrfurcht vor dem Geheimnis des Menschen.“

5.11 Literatur

1. AAPA (1996) Statement on biological aspects of race. Am J of physical Anthropology 101:569–570
2. Asfaw B, White T, Lovejoy O, Latimer B, Simpson S, Suwa G (1999) *Australopithecus gahri*: A new species of early hominid from Ethiopia. Science 284: 629–636
3. Bartels C, Briggs DEG, Brassel G (1998) The fossils of the Hunsrück slate. Marine life in the devonian. Cambridge Univ Press, Cambridge
4. Bauer K, Schreiber A (1995) Tricky relatives: consecutive dichotomous speciation of gorilla, chimpanzee and hominids testified by immunological determinants. Naturwissenschaften, Springer 82:517–520
5. Bermudez de Castro JM, Arsuaga JL, Carbonell E, Rosas A, Martinez I, Mosquera A (1997) A Hominid from the Lower Pleistocene of Atapuerca, Spain: Possible Ancestor to Neandertals and Modern Humans. Science 276:1392–1395
6. Boessneck J (1988) Die Tierwelt des Alten Ägypten. C.H. Beck, München
7. Boyd R, Silk JB (2000) How humans evolved. W.W. Norton, New York London
8. Carretero JM, Lorenzo C, Arsuaga JL (1999) Axial and appendicular skeleton of *Homo antecessor.* Journal of Human Evolution 37:459–499
9. Clarke RJ (1999) First ever discovery of a well-preserved skull and associated skeleton of *Australopithecus.* Beitr z. Archäozool u Prähist Anthrop II, 21–27
10. Cole S (1965) Races of man. Trustees of the British Museum (Natural History)
11. Condemi S (1996) Does the human fossil specimen from Reilingen (Germany) belong to the *Homo erectus* or to the Neanderthal lineage? Anthropologie XXXIV/1–2, 69–77
12. Conroy GC (1990) Primate Evolution. W.W. Norton, New York London
13. Dawkins R (1976) The selfish gene. Oxford Univ Press, Oxford
14. Diamond J (1998) Arm und Reich. Die Schicksale menschlicher Gesellschaften. Fischer, Frankfurt

15. Diamond J (1999) Der dritte Schimpanse. 2. Aufl. Fischer, Frankfurt
16. Dittmar M, Henke W (1998) Gerontologie – Forschungsinhalte und -perspektiven aus anthropologischer Sicht. Anthrop. Anz. 56:193–212
17. Duus P (1995) Neurologisch-topische Diagnostik. 6. Aufl., Thieme, Stuttgart
18. Ehlers J (1994) Allgemeine und historische Quartärgeologie. Enke, Stuttgart
19. Eibl-Eibesfeldt I (1984) Die Biologie des menschlichen Verhaltens. Grundriss der Humanethologie. Piper, München
20. Falk D (2000) Primate diversity. W.W. Norton, New York London
21. Fleagle JG (1988) Primate adaptation & evolution. Academic Press
22. Fouts R (1997) Unsere nächsten Verwandten. Limes, München
23. Gabunia L, Vekua A, Lordkipanidze D, Justus A, Nioradze M, Bosinski G (1999) Neue Urmenschenfunde von Dmanisi (Ost-Georgien). Jahrb des Römisch-Germanischen Zentralmus Mainz, 23–43
24. Geissmann T (2000) Duet Songs of the Siamang, *Hylobates syndactylus*: I. Structure and organization. Primate Report 56:33–60
25. Groves CP (1991) A theory of human and primate evolution. Clarendon, Oxford
26. Henke W, Rothe H (1998) Stammesgeschichte des Menschen. Springer, Heidelberg
27. Herre W, Röhrs M (1990) Haustiere – zoologisch gesehen. Fischer, Stuttgart New York
28. Ingman M, Kaessmann H, Pääbo S, Gyllensten U (2000) Mitochondrial genome variation and the origin of modern humans. Nature 708–712
29. Jäger KD (2000) Zur quartärstratigraphischen Zuordnung der fossilen Menschenfunde von Weimar-Ehringsdorf (Thüringen). HOMO Vol 51/Suppl S 56
30. Johanson D, Edgar B (1998) Lucy und ihre Kinder. Spektrum, Heidelberg
31. Jones CB (2000) *Alouatta palliata* politics: empirical and theoretical aspects of power. Primate Report 56: 3–22
32. Jürgens U (1989) Vom Affenlaut zur menschlichen Sprache im Lichte der Hirnforschung. In: Gessler U (Hrsg), Evolution. Fischer, Frankfurt/M
33. Kaessmann H, Wiebe V, Weiss G, Pääbo S (2001) Great ape DNA sequences reveal a reduced diversity and an expansion in humans. Nature genetics 27:155–156
34. Knapp A (1989) Von den Grenzen eines biologischen Zugangs zur Moral. In: Gessler U (Hrsg), Evolution. Fischer, Frankfurt/M
35. Kullmer O, Sandrock O, Schrenk F, Bromage, Timothy G (1999) The Malawi Rift: biogeography, ecology and coexistence of *Homo* and *Paranthropus*. Anthropologie XXXVII/3, 221–231
36. Küster H (1996) Die Geschichte der Landschaft in Mitteleuropa. C.H. Beck, München
37. Leakey MG, Ward CV, Walker AC (1998) *Australopithecus anamensis* – a new hominid species from Kanapoi, 3. Kongr der Ges für Anthropologie e.V., pp 5–9
38. Lorenz K (1954) Moral-analoges Verhalten geselliger Tiere. Forschung und Wirtschaft. 4:1–23
39. Martin RD (1990) Primate origins and evolution: a phylogenetic analysis. Princeton Univ Press, Princeton /NY
40. Maynard-Smith J (1964) Group selection and kin selection. Nature 201:1145–1147
41. Mayr E (1998) Das ist Biologie (Die Wissenschaft des Lebens). Spektrum, Heidelberg
42. Meier H, Ploog D (Hrsg) (1997) Der Mensch und sein Gehirn, Piper, München Zürich
43. Meyer RKF, Schmidt-Kaler (1997) Wanderungen in die Erdgeschichte. Auf den Spuren der Eiszeit südlich von München westlicher und östlicher Teil. Pfeil, München
44. Michaelis W (2000) Halten wir Gentechnologie aus? In: Raem AM, Braun RW, Fenger H, Michaelis, W, Nikol S, Winter SF (Hrsg) Gen-Medizin, Springer, Heidelberg
45. Orschiedt J, Auffermann B, Weniger GC (1999) Familientreffen, Deutsche Neanderthaler 1856–1999, Neanderthal Museum
46. Roth G (1999) Entstehen und Funktion des Bewusstseins. Dt. Ärzteblatt 1999, 96:A1957-1961 (Heft 30)
47. Schmid P (1998) Neuste Entdeckungen in den *Australopithecus*-Fundstellen Südafrikas. 3. Kongr der Ges für Anthropologie e.V., pp 33–39
48. Schultz AH, (1969) The life of primates. Weidenfeld & Nicolson, London
49. Schwartz JH (1999) Can we really identify species, living or extinct? Anthropologie XXXVII73, pp 211–220
50. Springer SP, Deutsch G (1990) Linkes u. Rechtes Gehirn. Spektrum, Heidelberg
51. Sommer V, Reichard U (2000) Rethinking monogamy: the gibbon case, In: Kappeler PM (ed) Primate males, causes and consequences of variation in group composition. Cambridge Univ Press, Cambridge
52. Tattersall I (1999) Neanderthaler (Der Streit um unsere Ahnen). Birkhäuser, Basel Boston Berlin
53. Tattersall I (2000) Wir waren nicht die Einzigen. Spektrum d Wiss 3:46–53
54. Vlcek E (1993) Fossile Menschenfunde von Weimar-Ehringsdorf. In: Weimarer Monographien zur Ur- und Frühgeschichte, Bd 30. Theiss, Stuttgart
55. Vogel C (1989) Gibt es eine natürliche Moral? Oder: wie widernatürlich ist unsere Ethik? In: Meier H (Hrsg) Die Herausforderung der Evolutionsbiologie. 3. Aufl. Piper, München
56. Vollmer G (1998) Evolutionäre Erkenntnistheorie. Hirzel, Stuttgart
57. Wagner GA, Beinhauer KW (1997) *Homo heidelbergensis* von Mauer (Das Auftreten des Menschen in Europa). HVA, Heidelberg
58. Wuermeling HB (1989) Gentechniken und Individuum. Der Wert des menschlichen Individuums in soziobiologischer Sicht. In: Gessler U (Hrsg) Evolution. Fischer, Frankfurt/M
59. Yoder AD (1997) Back to the future: a synthesis of strepsirrhine systematics. Evolutionary Anthropology, pp 11–22

Sachverzeichnis

Druck- und Bindearbeiten: Stürtz AG, Würzburg

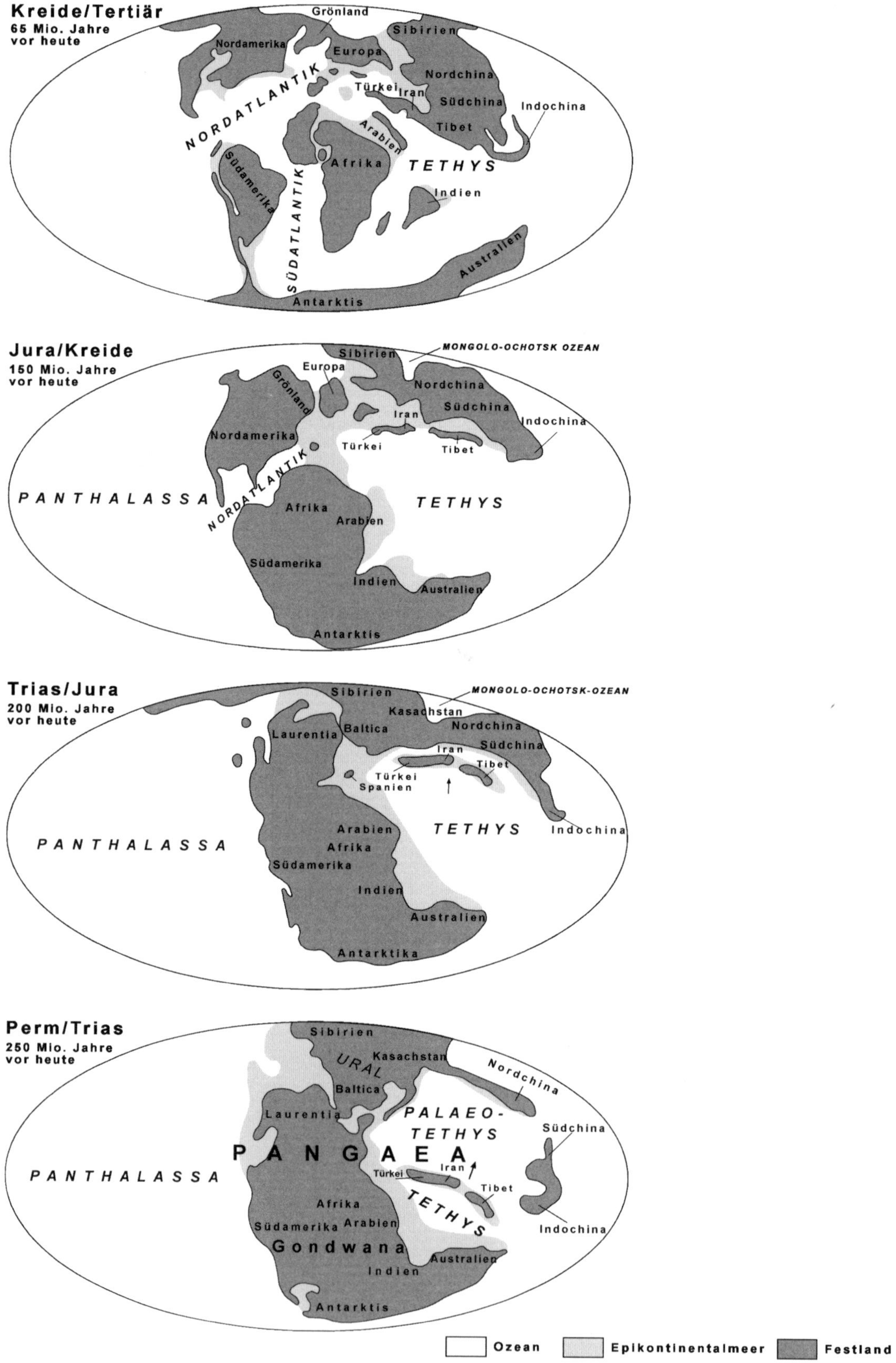
Kreide/Tertiär
65 Mio. Jahre
vor heute
Grönland
Nordamerika
Europa
Sibirien
Nordchina
Türkei
Iran
Südchina
Indochina
Tibet
NORDATLANTIK
Arabien
Südamerika
SÜDATLANTIK
Afrika
TETHYS
Indien
Australien
Antarktis
Jura/Kreide
150 Mio. Jahre
vor heute
Sibirien
MONGOLO-OCHOTSK OZEAN
Europa
Grönland
Nordchina
Südchina
Iran
Indochina
Nordamerika
Türkei
Tibet
PANTHALASSA
NORDATLANTIK
Afrika
TETHYS
Arabien
Südamerika
Indien
Australien
Antarktis
Trias/Jura
200 Mio. Jahre
vor heute
Sibirien
MONGOLO-OCHOTSK-OZEAN
Kasachstan
Baltica
Nordchina
Laurentia
Südchina
Iran
Tibet
Türkei
Spanien
PANTHALASSA
Arabien
TETHYS
Indochina
Afrika
Südamerika
Indien
Australien
Antarktika
Perm/Trias
250 Mio. Jahre
vor heute
Sibirien
Kasachstan
URAL
Nordchina
Baltica
Laurentia
PALAEO-
TETHYS
Südchina
PANGAEA
Iran
PANTHALASSA
Türkei
Tibet
TETHYS
Afrika
Südamerika
Arabien
Indochina
Gondwana
Australien
Indien
Antarktis
Ozean
Epikontinentalmeer
Festland